机械设备故障诊断与监测技术

黄志坚 编著

JIXIE SHEBEI GUZHANG ZHENDUAN
YU JIANCE JISHU

化学工业出版社
·北京·

本书是一本全面介绍各类机械设备故障监测与诊断、维修及案例的综合性实用工具书。包括5大类故障的诊断及排除：振动故障诊断及排除（诊断基础、旋转机械、滚动轴承、齿轮箱、各种典型机械设备）；摩擦与润滑故障诊断及排除；密封与泄漏问题诊断及排除；温度异常问题诊断及排除；液压与气动系统故障诊断及排除（液压泵、液压阀、液压缸和液压马达、液压辅件、气动系统）。还介绍机械设备故障在线监测与远程监测技术。

本书涉及的机械设备种类非常广泛，主要有轧钢机、汽轮机、发动机、空压机、压力机、泵类设备、石油化工设备、工程机械、交通运输机械、矿山机械、轻工机械、机床等，适用于企业广大机械动力设备维修工程技术人员，仪器仪表设计开发与制造专业技术人员，大中专院校相关专业的师生学习、查阅和参考。

图书在版编目（CIP）数据

机械设备故障诊断与监测技术/黄志坚编著. —北京：化学工业出版社，2020.7（2023.4重印）
ISBN 978-7-122-35687-1

Ⅰ.①机…　Ⅱ.①黄…　Ⅲ.①机械设备-故障诊断　Ⅳ.①TH17

中国版本图书馆CIP数据核字（2020）第040014号

责任编辑：金林茹　张兴辉　　　装帧设计：王晓宇
责任校对：宋　夏

出版发行：化学工业出版社（北京市东城区青年湖南街13号　邮政编码100011）
印　　装：北京盛通数码印刷有限公司
787mm×1092mm　1/16　印张31¾　字数854千字　2023年4月北京第1版第3次印刷

购书咨询：010-64518888　　　售后服务：010-64518899
网　　址：http://www.cip.com.cn
凡购买本书，如有缺损质量问题，本社销售中心负责调换。

定　　价：128.00元

前言

机械设备在运行过程中要承受力、热、摩擦、磨损等多种作用。随着使用时间的增长，其运行状态不断发生变化，有的性能将逐步劣化，有的零件将失效，甚至完全不能工作，从而发生了故障。

在机械设备维修中，研究故障的目的是通过故障诊断技术查明故障模式，追寻故障机理，探求减少故障发生的途径，提高机械设备的可靠程度和有效利用率。同时，把故障的影响和结果反映给设计和制造部门，以便采取对策。

机械设备出现故障会使某些特性改变，使能量、力、热及摩擦等各种物理和化学参数发生变化，发出各种不同的信息。捕捉这些变化的征兆，检测变化的信号及规律，从而判定故障发生的部位、性质、大小，分析原因和异常情况，预报未来，判别损坏情况，作出决策，消除故障隐患，防止事故的发生，这就是故障诊断。它是一门识别机械设备运行状态的科学。故障诊断是近年来发展较快的多学科交叉的实用性新技术，是建立在信息检测、信号处理、计算机应用、模式识别和机械工程等现代科学技术成就基础上的综合性及应用性技术科学。它在保证关键机械设备的完好和正常工作、提高生产率、降低成本、加强生产管理等方面起着重要的作用。据资料统计，采用该项技术后，可减少 75% 以上的机械设备事故，维修费用能降低 25% ~ 50% 。故障诊断技术是维修制度改革——将计划预防维修变为视情维修的技术基础，具有巨大的经济价值。目前，故障诊断技术已被提到维修技术的里程碑的高度，并鼓励大力开展故障诊断技术的开发工作。

机械设备正朝着大型、高速、精密、连续运转以及结构复杂的方向发展。对机械设备进行在线监测是保障其安全、稳定、长周期、满负荷、高性能、高精度、低成本运行的重要措施。设备监测系统从最初的人工现场维护的方式，发展到以网络为基础的监测系统，并逐步向远程监测方式发展，实现了设备运行现场与控制终端的分离。

本书结合实例全面介绍了各类机械设备故障诊断与监测技术。全书共 16 章。其中第 1 ~ 5 章介绍机械设备振动故障诊断及排除方法。第 6、 7 章介绍机械设备摩擦与润滑故障诊断及排除方法。第 8 章介绍机械设备密封与泄漏问题诊断及排除方法。第 9 章介绍机械设备温度异常问题诊断及排除方法。第 10 ~ 14 章介绍液压与气动系统故障诊断及排除方法。第 15、 16 章分别介绍机械设备故障在线监测与远程监测技术。书中涉及的机械设备主要是轧钢机、汽轮机、发动机、空压机、压力机、泵类设备、石油化工设备、工程机械、交通运输机械、矿山机械、轻工机械、机床等。

本书概念清晰、文字通俗浅显，技术内容翔实、具体、实用与先进。书中所选案例涉及面广，以满足不同领域专业人员的需求。

本书可供企业机械动力设备维修工程技术人员、仪器仪表设计开发与制造专业技术人员、大中专院校相关专业的师生参考。

由于笔者水平有限，书中不足之处在所难免，恳请广大读者批评指正。

编著者

目录

第 1 章 机械振动及故障监测与诊断基础

第 2 章 旋转机械振动故障监测与诊断

第 3 章 滚动轴承振动故障监测与诊断

第 4 章 齿轮箱振动故障监测与诊断

第 5 章 典型机械设备振动故障监测与诊断

第 6 章 润滑故障及诊断基础

第 7 章 典型设备润滑故障诊断与排除

第 8 章 机械设备密封故障诊断与排除

第 9 章 机械设备温度异常故障诊断与排除

第 10 章 液压泵故障诊断与排除

第 11 章 液压阀故障诊断与排除

第 12 章 液压缸与液压马达故障诊断与排除

第 13 章 液压辅件故障与排除

第 14 章 气动系统故障诊断与排除

第 15 章 机械设备在线监测与故障诊断

第 16 章 机械设备远程监测与故障诊断

参考文献

第 1 章

机械振动及故障监测与诊断基础

1.1 机械振动概述

机械设备中任何一个运动部件或与之相关的零件出现故障，必然破坏机械运动的平稳性，在传递力的参与下，这种力和运动的非平稳现象表现为振动。

如不能准确判断设备异常振动的原因，会给系统运行带来较大隐患，最终造成设备无法正常运转，给企业生产带来巨大的损失。

振动分析及测量在机械故障诊断中占据重要的地位。建立在现代故障诊断技术和系统集成技术上的机械设备故障诊断系统，可对设备的运行状态实现实时在线监测，通过对监测信号的处理与分析，以及对不同时期信号变化的对比，可判断出设备的运行状态和松动、磨损等情况的发展程度及趋势，为预防事故、科学安排检修提供依据。

从力学的角度来看，振动可以定义为：物体围绕某一固定位置来回摆动并随时间变化的一种运动。

图 1-1 所示的弹簧质量系统中质量块的运动就是一个典型的振动例子。

在质量块上作用一个力（如作用一个向上的力），让其偏离平衡位置，到达上限位置后，将作用力撤除，于是质量块便会因重力而向下运动，并穿过平衡位置到达某个下限位置，之后又会在弹簧拉力作用下向上运动。这种周而复始的运动就是振动。

根据这样的力学模型，心脏的跳动、肺部的呼吸、潮汐的涨落、柴油机排气管的噪声等都可归到振动学研究的范畴。

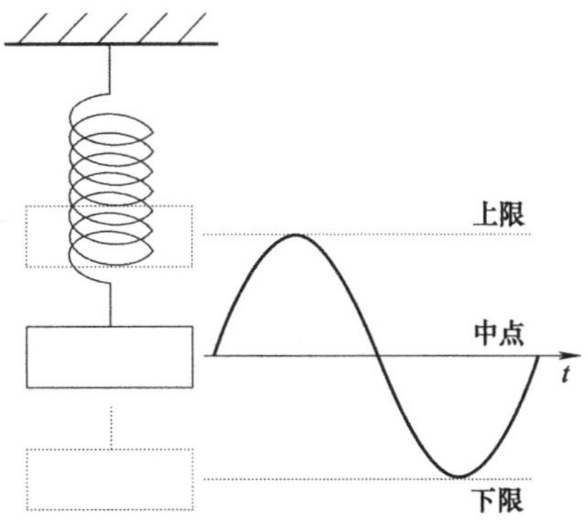

图 1-1　质量块运动随时间变化

引起机械振动的原因有很多种，概括起来主要有：转动部件不平衡；联轴器和轴承安装不对中；轴弯曲；齿轮磨损、偏心或损坏；传动带或传动链损坏；轴承损坏；扭矩变化；电磁力；空气动力；水动力；松动；摩擦；油膜涡动和油膜振荡。

任何振动工程问题都可以用图 1-2 所示的振动问题简化系统模型来概括说明。这里的输入是指作用在系统上的激励或干扰，输出也称为响应。对于机械振动而言，激励大多为力，而常用的响应物理量一般分为位移、速度和加速度。

图 1-2　振动问题简化系统模型

要引起振动，必须有干扰（力）。人们坐在开动的汽车中感到振动是由于汽车发动机转动和车轮通过不平的路面而产生的干扰力所致。这种有输入的振动称为强迫振动或受迫振动。当人们上船经过跳板时也会感到振动，这种振动也属于受迫振动之列。但人走过之后，跳板仍在振动，这种现象在跳板较薄时更为显著。这种在外界干扰力撤去之后依然存在的振动称为自由振动或固有振动。从理论上讲，若无阻力存在，跳板会永远地振动下去。事实上，阻力总是存在，在一定的时间之后，振动便感觉不到了，这就是自由衰减振动。

1.2 机械振动的分类

机械振动一般有以下几种分类方法。

1.2.1 按振动规律分类

按振动规律，一般将机械振动分为如图 1-3 所示的几种类型。

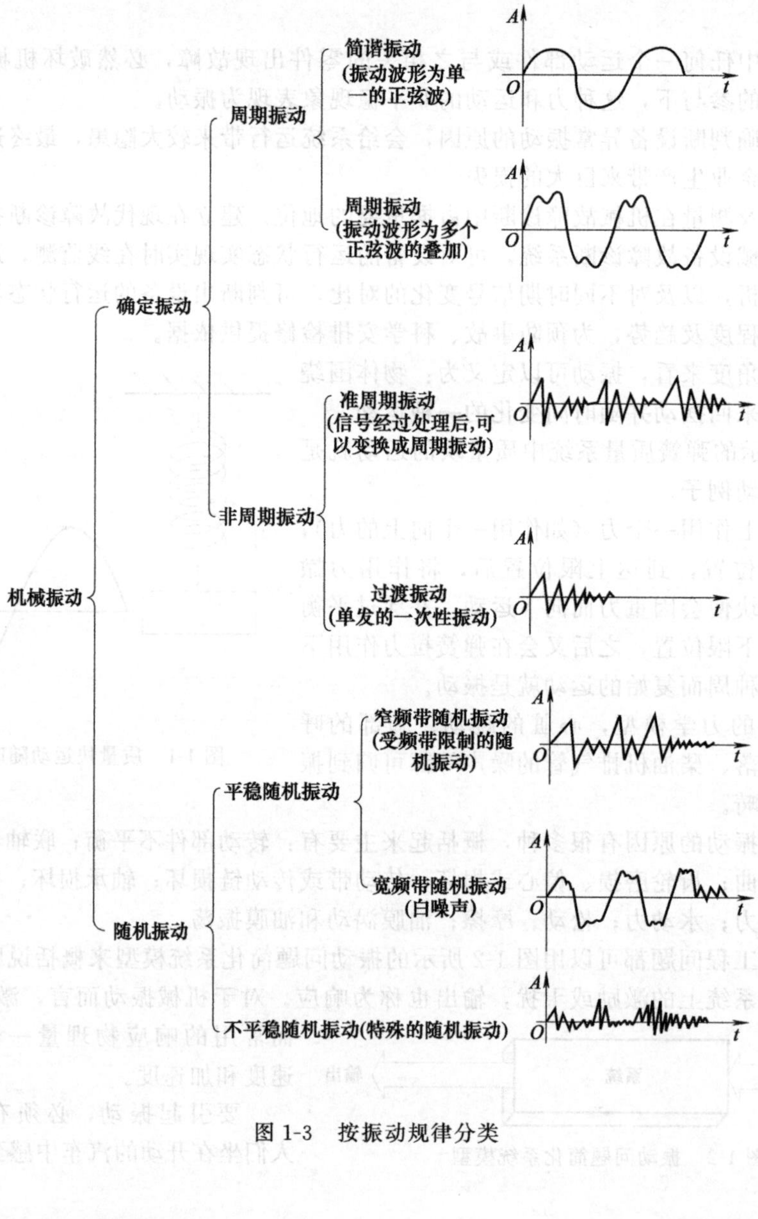

图 1-3 按振动规律分类

这种分类主要是根据振动在时间历程内的变化特征来划分的。大多数机械设备的振动是周期振动、准周期振动、窄频带随机振动和宽频带随机振动中的一种，或是某几种振动的组合。一般在启动或停机过程中的振动信号是非平稳的。设备在实际运行中，其表现的周期信号往往淹没在随机振动信号之中。若设备故障程度加剧，则随机振动中的周期成分加强，从而整台设备振动增大。因此，从某种意义上讲，设备振动诊断的过程，就是从随机信号中提取周期成分的过程。

1.2.2 按振动动力学特征分类

机器产生振动的根本原因在于存在一个或几个力的激励。不同性质的力激起不同类型的振动。了解机械振动的动力学特征不仅有助于对振动的力学性质作出分析，而且有助于说明设备故障的机理。因此，掌握振动动力学知识对设备故障诊断具有重要的意义。据此，可将机械振动分为三种类型。

（1）自由振动与固有频率

自由振动是物体受到初始激励（通常是一个脉冲力）所引发的一种振动。这种振动靠初始激励一次性获得振动能量，历程有限，一般不会对设备造成破坏，不是现场设备诊断必须考虑的因素。自由振动给系统一定的能量后，系统产生振动。若系统无阻尼，则系统维持等幅振动；若系统有阻尼，则系统为衰减振动。描述单自由度线性系统的运动方程式为

$$m\frac{\mathrm{d}^2x(t)}{\mathrm{d}t^2}+kx(t)=0 \tag{1-1}$$

式中　x——振动位移量。

通过对自由振动方程的求解，导出无阻尼自由振动的振动角频率 ω_n 为

$$\omega_\mathrm{n}=\sqrt{\frac{k}{m}} \tag{1-2}$$

式中　m——物体的质量；

k——物体的刚度。

这个振动频率与物体的初始情况无关，完全由物体的力学性质决定，是物体自身固有的，称为固有频率。这个结论对复杂振动体系同样成立，它揭示了振动体的一个非常重要的特性。许多设备的强振问题，如强迫共振、失稳自激、非线性谐波共振等均与此有关。

物体并不是一受到激励都可发生振动。实际的振动体在运动过程中总是会受到某种阻尼作用，如空气阻尼、材料内摩擦损耗等，只有当阻尼小于临界值时才可激发起振动。临界阻尼是振动体的一种固有属性，用 c_e 表示。

$$c_\mathrm{e}=2\sqrt{km} \tag{1-3}$$

实际阻尼系数 c 与临界阻尼 c_e 之比称为阻尼比，记为 ζ。

$$\zeta=c/c_\mathrm{e} \tag{1-4}$$

当阻尼比 $\zeta<1$ 时，是一种振幅按指数规律衰减的振动，其振动频率与初始振动无关，振动频率 ω 略小于固有频率 ω_n（$\omega=\sqrt{1-\zeta^2}\,\omega_\mathrm{n}$，$\omega<\omega_\mathrm{n}$）；当 $\zeta\geqslant1$ 时，物体不会振动，而是作非周期运动。

（2）强迫振动和共振物体

在持续周期变化的外力作用下产生的振动叫强迫振动，如由不平衡、不对中所引起的振动。强迫振动的力学模型如图 1-4 所示。其运动方程式为

$$m\frac{\mathrm{d}^2x}{\mathrm{d}t^2}+c\frac{\mathrm{d}x}{\mathrm{d}t}+kx=F_0\sin\omega t \tag{1-5}$$

式中　m——振动体质量；

c——阻尼系数；

k——弹性系数；

x——振动位移；

$m\dfrac{d^2x}{dt^2}$——惯性力；

$c\dfrac{dx}{dt}$——阻尼力；

kx——弹性力；

F_0——激振力。

这是一个二阶常系数线性非齐次微分方程，其解由通解和特解两项组成，即

$$x(t)=Ae^{-\zeta\omega_n t}\sin(\sqrt{1-\zeta^2}\,\omega_n t+\varphi)+B\sin(\omega t-\Psi) \tag{1-6}$$

（通解，衰减自由振动）　　　　（特解，稳态强迫振动）

式中 A——自由振动的振幅；

B——强迫振动的振幅；

ζ——阻尼比；

φ、Ψ——初相角。

记 $x_1=Ae^{-\zeta\omega_n t}\sin(\sqrt{1-\zeta^2}\,\omega_n t+\varphi)$，$x_2=B\sin(\omega t-\Psi)$。该强迫振动的时间波形如图 1-5 所示。

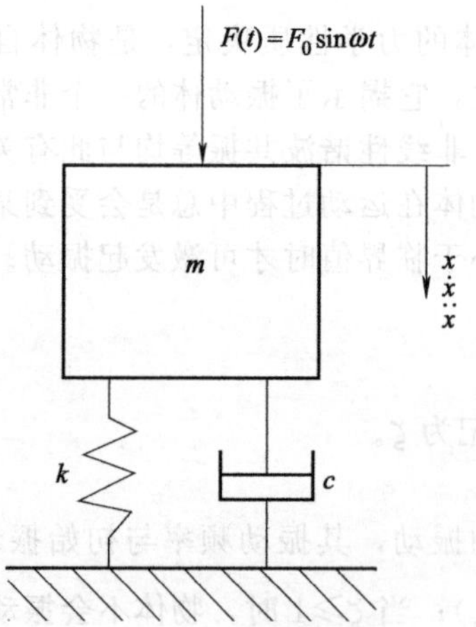

图 1-4　强迫振动的力学模型

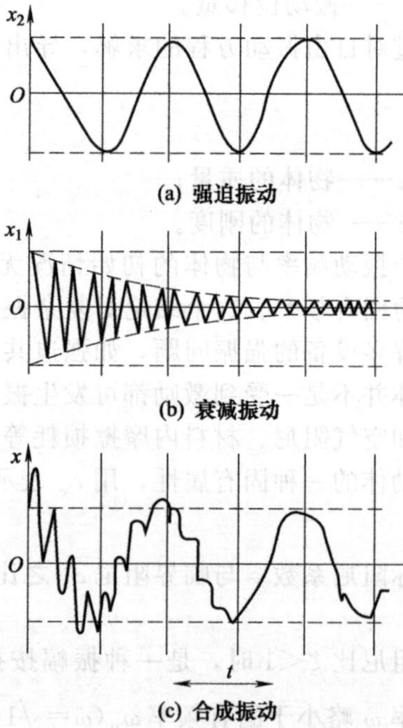

图 1-5　强迫振动的时间波形

如图 1-5 所示，衰减自由振动随时间的推移迅速消失，而强迫振动则不受阻尼影响，是一种和激振力同频率的振动。由此可见，强迫振动过程不仅与激振力的性质（激励频率和振幅）有关，而且与物体自身固有的特性（质量、弹性刚度、阻尼）有关，这就是强迫振动的特点。

物体在简谐力作用下产生的强迫振动也是简谐振动，其稳态响应频率与激励力频率

相等。

振幅 B 的大小除与激励力大小成正比、与刚度成反比外，还与频率比、阻尼比有关。当激励力的频率很低时，即 ω/ω_n 很小时，振幅 B 与静力作用下位移的比值 $\beta=1$，或者说强迫振动的振幅接近静态位移（力的频率低，相当于静力）。当力的频率很高时，$\beta\approx0$，这是物体由于惯性原因跟不上力的变化而几乎停止不动。当激励力的频率与固有频率相近时，若阻尼很小，则振幅很大，这就是共振现象。注意，共振频率不等于振动体的固有频率，因最大振幅不仅和激振频率有关，还和阻尼的大小有关。经推导得知，发生共振的频率 $\omega=\sqrt{1-\zeta^2}\,\omega_n<\omega_n$。此时共振振幅

$$B_r=\frac{\lambda_u}{2\zeta\sqrt{1-\zeta^2}} \tag{1-7}$$

为了避免共振振幅过大造成的危害，设备转速应避开共振区，共振区的宽度视角频率上、下限而定，一般为（0.7～1.4）ω_n。

物体位移达到最大值的时间与激振力达到最大值的时间是不同的，两者之间存在一个相位差。这个相位差同样和频率比、阻尼比有关。当 $\omega=\omega_n$，即共振时，相位差 Ψ 等于 90°。当 $\omega\gg\omega_n$ 时，相位差 $\Psi\approx180°$。了解这些特点，对故障诊断是很有用的。

（3）自激振动

自激振动是在没有外力作用下，由系统自身原因所产生的激励而引起的振动，如油膜振荡、喘振等。自激振动是一种比较危险的振动，设备一旦发生自激振动，会使设备运行失去稳定性。

自激振动是由振动体自身能量激发的振动。比较规范的定义是：在非线性机械系统内，由非振荡能量转变为振荡激励能量所产生的振动称为自激振动。自激振动也称为负阻尼振动，因为这种振动在振动体运动时非但不产生阻尼力来阻止振动，反而按振动体运动周期持续不断地输入激励能量来维持物体的振动。物体产生自激振动时，很小的能量即可产生强烈振动。只是由于系统的非线性，振幅才被限制在一定量值内。

自激振动有如下特点：

① 随机性。因为能引发自激振动的激励力（大于阻尼力的失稳力）一般都是由偶然因素引起的，没有一定规律可循。

② 振动系统非线性特征较强，即系统存在非线性阻尼元件（如油膜的黏温特性，材料内摩擦）、非线性刚度元件（柔性转子、结构松动等）时才足以引发自激振动，使振动系统所具有的非周期能量转变为系统振动能量。

③ 自激振动频率与转速不成比例，一般低于转子工作频率，与转子第一临界转速相符合。只是需要注意，由于系统的非线性，系统固有频率会有一些变化。

④ 转轴存在异步涡动。

⑤ 振动波形在暂态阶段有较大的随机振动成分，而稳态时，波形是规则的周期振动，这是由于共振频率的振值远大于非线性影响因素所致；与一般强迫振动近似的正弦波（与强迫振动激励源的频率相同）有区别。

自由振动、强迫振动、自激振动这三种振动在设备故障诊断中有各自的主要适用场合。

对于结构件，因局部裂纹、紧固件松动等原因导致结构件的特性参数发生改变的故障，多利用脉冲力所激励的自由振动来检测，以测定构件的固有频率、阻尼系数等参数的变化。

对于减速箱、电动机、低速旋转设备等的机械故障，主要以强迫振动为特征，通过对强迫振动的频率成分、振幅变化等特征参数的分析，来鉴别故障。

对于高速旋转设备以及能被工艺流体所激励的设备，除了需要监测强迫振动的特征参数

外，还需监测自激振动的特征参数。

1.2.3 按振动频率分类

机械振动频率是设备振动诊断中一个十分重要的概念。在各种振动诊断中常常要分析频率与故障的关系，要分析不同频段振动的特点，因此了解振动频段的划分对振动诊断的检测参数选择具有实用意义。按照振动频率的高低，通常把振动分为三种类型：

$$\text{机械振动（按频率分类）}—\begin{cases}\text{低频振动} & f<10\text{Hz}\\ \text{中频振动} & f=10\sim1000\text{Hz}\\ \text{高频振动} & f>1000\text{Hz}\end{cases}$$

在低频范围，主要测量的振幅是位移。这是因为在低频范围造成破坏的主要因素是应力的强度，位移是与应变、应力直接相关的参数。

在中频范围，主要测量的振幅是速度。这是因为振动部件的疲劳进程与振动速度成正比，振动能量与振动速度的平方成正比。在这个范围内，零件主要表现为疲劳破坏，如点蚀、剥落等。

在高频范围，主要测量的振幅是加速度。加速度表征振动部件所受冲击力的强度。冲击力的大小与冲击的频率与加速度值正相关。

1.3 振动信号与传感器

1.3.1 振动信号

一个确定性振动有三个基本要素，即振幅 s、频率 f（或 ω）和相位角 φ。即使在非确定性振动中，有时也包含有确定性振动。振幅、频率、相位是振动诊断中经常用到的三个最基本的概念。下面以确定性振动中的简谐振动为例，来说明振动三要素的概念、它们之间的关系以及在振动诊断中的应用。

（1）振幅 s

简谐振动可以用下面的函数式表示，即

$$s=A\sin\left(\frac{2\pi}{T}t+\phi\right) \tag{1-8}$$

式中 A——最大振幅，指振动物体（或质点）在振动过程中偏离平衡位置的最大距离，在振动参数中有时也称峰值或单峰值，$2A$ 称为峰峰值、双峰值或简称双幅，μm 或 mm；

t——时间，s；

T——周期，振动物体（或质点）完成一次全振动所需要的时间，s；

ϕ——初始相位，rad。

由于 $2\pi/T$ 可以用角频率 ω 表示，即 $\omega=2\pi/T$，所以式（1-8）又可写成

$$s=A\sin(\omega t+\phi) \tag{1-9}$$

简谐振动的时域图像如图 1-6 所示。

振幅不仅可用位移 s 表示，还可以用速度 v 和加速度 a 表示。将简谐振动的位移函数式（1-9）进行一次微分即得到速度函数式

$$v=V\cos(\omega t+\phi)=V\sin\left(\omega t+\frac{\pi}{2}+\phi\right) \tag{1-10}$$

式中 V——速度最大幅值，$V=A\omega$，mm/s。

再对速度函数式（1-10）进行一次微分，即得到加速度函数式

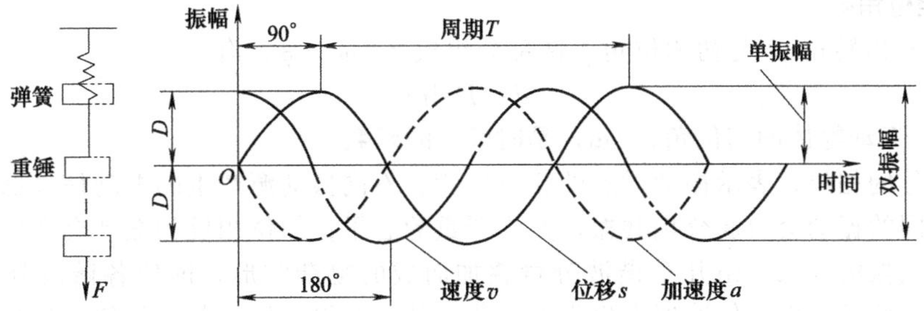

图 1-6 简谐振动的时域图像

$$a=K\sin(\omega t+\pi+\phi) \tag{1-11}$$

式中 K——加速度最大幅值，$K=A\omega^2$，m/s^2。

由式（1-9）～式（1-11）可知，速度比位移的相位超前 90°，加速度比位移的相位超前 180°，比速度超前 90°，如图 1-7 所示。

在这里，必须特别说明一个与振幅有关的物理量，即速度有效值 V_{rms}，亦称速度方均根值。这是一个经常用到的振动测量参数。目前许多振动标准都是采用 V_{rms} 作为判别参数，因为它最能反映振动的烈度，所以又称振动烈度指标。

对于简谐振动来说，速度最大幅值 V_p（峰值）与速度有效值 V_{rms}、速度平均值 V_{av} 之间的关系如图 1-7 所示。

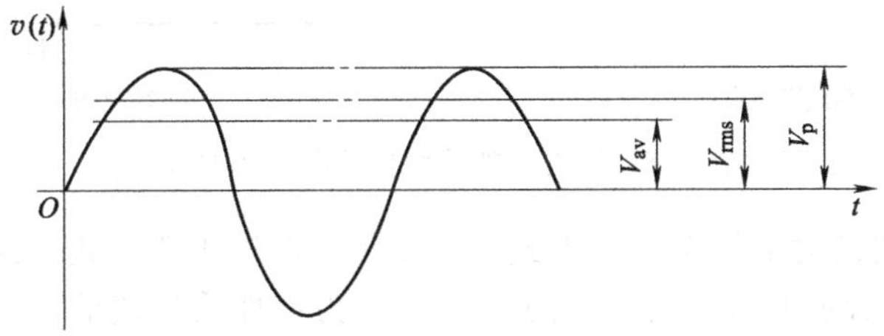

图 1-7 简谐振动的速度有效值 V_{rms}、速度峰值 V_p、速度平均值 V_{av} 之间的关系

可见，速度有效值是介于速度最大幅值和速度平均值之间的一个参数值。用代数式表示，三者有如下关系：

$$V_{rms}=\frac{\sqrt{2}\pi}{4}V_{av}=\frac{\sqrt{2}}{2}V_p\approx 0.707V_p \tag{1-12}$$

振幅反映振动的强度，振幅的平方常与物体振动的能量成正比。因此，振动诊断标准都是用振幅来表示的。

（2）频率 f

振动物体（或质点）每秒钟振动的次数称为频率，用 f 表示，单位为 Hz。

振动频率在数值上等于周期 T 的倒数，即

$$f=1/T \tag{1-13}$$

式中 T——周期，s 或 ms，即质点再现相同振动的最小时间间隔。

频率还可以用角频率 ω 来表示，即

$$\omega=2\pi f \tag{1-14}$$

交流电源频率为 50Hz。一台机器的转速为 1500r/min，其转动频率 $f_t=25$Hz。频率是振动诊断中一个最重要的参数，确定诊断方案、进行状态识别、选用诊断标准等各个环节都与振动频率有关。对振动信号作频率分析是振动诊断最重要的内容，也是振动诊断在判定故障部位、零件方面具有的最大优势。

(3) 相位角φ

相位角 φ 由转角 ωt 与初相位角 ϕ 两部分组成 $\varphi=\omega t+\phi$，有

$$d=D\sin\varphi \tag{1-15}$$

式中　φ——振动物体的相位角，rad，是时间 t 的函数。

振动信号的相位，表示振动质点的相对位置。不同振动源产生的振动信号都有各自的相位。相位相同的振动会引起合拍共振，产生严重的后果；相位相反的振动会产生互相抵消的作用，起到减振的效果。由几个谐波分量叠加而成的复杂波形，即使各谐波分量的振幅不变，仅改变相位角，也会使波形发生很大变化，甚至变得面目全非。相位测量分析在故障诊断中亦有相当重要的地位，一般用于谐波分析、动平衡测量、识别振动类型和共振点等。

1.3.2 测振传感器

(1) 压电式加速度传感器

压电式加速度传感器工作原理如图 1-8 所示。

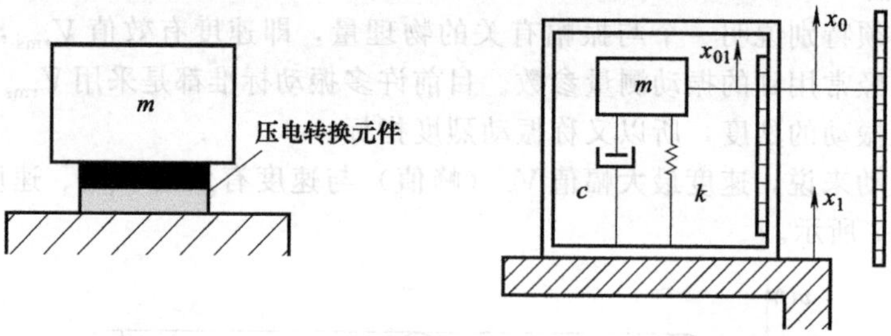

图 1-8　压电式加速度传感器工作原理

1）惯性式传感器的力学模型　压电式加速度传感器属于惯性式（绝对式）测振传感器，可简化为图 1-8（b）所示的力学模型。图 1-8 中 m 为惯性质量块的质量，k 为弹簧刚度，c 为黏性阻尼系数。传感器壳体紧固在被测振动件上，并同被测件一起振动，传感器内惯性系统受被测振动件运动的激励，产生受迫振动。

设被测振动件（基础）的振动位移 x_1（速度 $\mathrm{d}x_1/\mathrm{d}t$ 或加速度 $\mathrm{d}^2x_1/\mathrm{d}t^2$）作为传感器的输入，质量块 m 的绝对位移为 x_0，质量块 m 相对于壳体的相对位移 x_{01}（相对速度 $\mathrm{d}x_{01}/\mathrm{d}t$ 或相对加速度 $\mathrm{d}^2x_{01}/\mathrm{d}t^2$）作为传感器的输出。因此，质量块在整个运动中的力学表达式为

$$m\frac{\mathrm{d}^2x_0}{\mathrm{d}t^2}+c\left(\frac{\mathrm{d}x_0}{\mathrm{d}t}-\frac{\mathrm{d}x_1}{\mathrm{d}t}\right)+k(x_0-x_1)=0 \tag{1-16}$$

如果考察质量块相对于壳体的相对运动，则 m 的相对位移为

$$x_{01}=x_0-x_1 \tag{1-17}$$

式（1-16）可改写成

$$m\frac{\mathrm{d}^2x_{01}}{\mathrm{d}t^2}+c\frac{\mathrm{d}x_{01}}{\mathrm{d}t}+kx_{01}=-m\frac{\mathrm{d}^2x_1}{\mathrm{d}t^2} \tag{1-18}$$

设被测振动为谐振动，即以 $x_1(t)=X_1\sin\omega t$，则 $\mathrm{d}^2x_1/\mathrm{d}t^2=-X_1\omega^2\sin\omega t$，故式（1-18）又可改写成

$$m\frac{\mathrm{d}^2x_{01}}{\mathrm{d}t^2}+c\frac{\mathrm{d}x_{01}}{\mathrm{d}t}+kx_{01}=m\omega^2X_1\sin\omega t \tag{1-19}$$

式（1-19）是一个二阶常系数线性非齐次微分方程。从系统特性可知，它的解由通解和

特解两部分组成。通解即传感器的固有振动，与初始条件和被测振动有关，但在有阻尼的情况下很快衰减消失；特解即强迫振动，全由被测振动决定。在固有振动消失后剩下的便是稳态响应。惯性式位移传感器的幅频特性 $A_x(\omega)$ 和相频特性 $\varphi(\omega)$ 的表达式为

$$A_x(\omega)=\frac{X_{01}}{X_1}=\frac{(\omega/\omega_n)}{\sqrt{[1-(\omega/\omega_n)^2]^2+[2\xi(\omega/\omega_n)]^2}}$$

$$\varphi(\omega)=-\arctan\frac{2\xi(\omega/\omega_n)}{1-(\omega/\omega_n)^2} \tag{1-20}$$

式中，ξ 为惯性系统的阻尼比，$\xi=-\frac{c}{2\sqrt{km}}$；$\omega_n$ 为惯性系统的固有频率，$\omega_n=\sqrt{\frac{k}{m}}$。

按式（1-19）和式（1-20）绘制的幅频曲线和相频曲线如图 1-9 和图 1-10 所示。

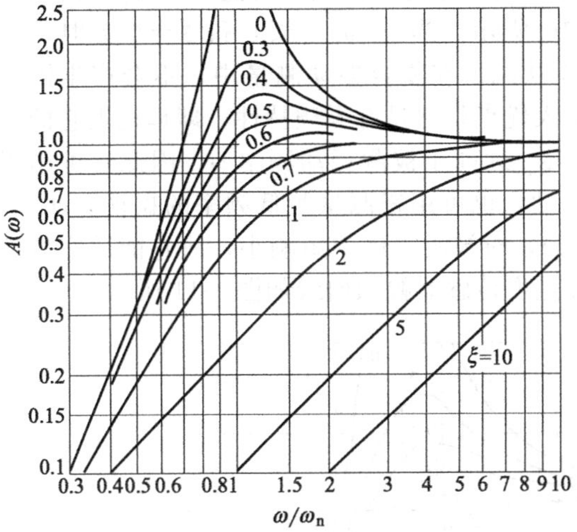

图 1-9 惯性式位移传感器幅频曲线

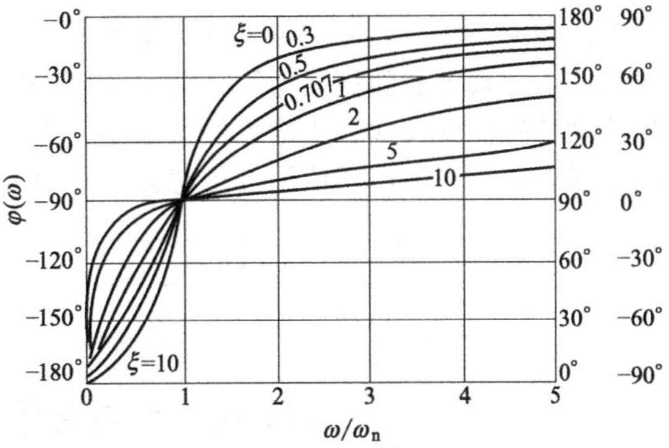

图 1-10 惯性式传感器相频曲线

显然，质量块 m 相对于壳体的位移 $x_{01}(t)$ 也是谐振动，即 $x_{01}(t)=X_{01}\sin(\omega t-\varphi)$，但与被测振动的波形相差一个相位角 φ。其振幅与相位差的大小取决于 ξ 及 ω/ω_n。

2）惯性式位移传感器的正确响应条件 要使惯性式位移传感器输出位移 X_{01} 能正确地反映被测振动的位移量 x_1，则必须满足下列条件：

① $\omega/\omega_n \gg 1$，一般取 $\omega/\omega_n>(3\sim5)$，即传感器惯性系统的固有频率远低于被测振动下限频率。此时 $Ax(\omega)\approx1$，不产生振幅畸变，$\varphi(\omega)\approx180°$。

② 选择适当阻尼，可抑制 $\omega/\omega_n=1$ 处的共振峰，使幅频特性平坦部分扩展，从而扩大下限的频率。例如，当取 $\xi=0.7$ 时，若允许误差为±2%，下限频率可为 2.13ω；若允许误差为±5%，下限频率则可扩展到 1.68ω_n。增大阻尼，能迅速衰减固有振动，对测量冲击和瞬态过程较为重要，但选择不适当的阻尼会使相频特性恶化，引起波形失真。当 $\xi=0.6\sim0.7$ 时，相频曲线 $\omega/\omega_n=1$ 附近接近直线，称为最佳阻尼。

位移传感器的测量上限频率在理论上是无限的，但实际上受具体仪器结构和元件的限制，不能太高。下限频率则受弹性元件的强度和惯性块尺寸、重量的限制，使 ω_n 不能过小。因此位移传感器的工作频率范围仍然是有限的。

3）惯性式加速度传感器的正确响应条件 惯性式加速度传感器质量块的相对位移 x_{01} 与被测振动的加速度 d^2x_1/dt^2 成正比，因而可用质量块的位移量来反映被测振动加速度的大小。加速度传感器幅频特性 $A_\alpha(\omega)$ 的表达式为

$$A_{\alpha}(\omega)=\frac{x_{01}}{\frac{d^2x_1}{dt^2}}=\frac{x_{01}}{X_1\cdot\omega^2}=\frac{1}{\omega_n^2\sqrt{[1-(\omega/\omega_n)^2]^2+[2\xi(\omega/\omega_n)]^2}} \tag{1-21}$$

要使惯性式加速度传感器的输出量能正确地反应被测振动的加速度，则必须满足如下条件：

① $\omega/\omega_n \ll 1$，一般取 ω/ω_n（1/5～1/3），即传感器的 ω_n 应远小于 ω，此时 $A_{\alpha}(\omega)\approx 1/\omega_n^2$，为常数。因而，一般加速度传感器的固有频率 ω_n 均很高，在 20kHz 以上，这可通过使用轻质量块及“硬”弹簧系统来达到。随着 ω_n 的增大可测上限频率也提高，但灵敏度减小。

② 选择适当阻尼，可改善 $\omega=\omega_n$ 的共振峰处的幅频特性，以扩大测量上限频率，一般取 $\xi<1$。若取 $\xi=0.65\sim0.7$，则保证幅值误差不超过 5% 的工作频率可达 $0.58\omega_n$。其相频曲线与位移传感器的相频曲线类似，如图 1-10 所示。当 $\omega/\omega_n \ll 1$ 和 $\xi=0.7$ 时，在 $\omega/\omega_n=1$ 附近的相频曲线接近直线，是最佳工作状态。在复合振动测量中，不会产生因相位畸变而造成的误差，惯性式加速度传感器的最大优点是它具有零频特性，即理论上它的可测下限频率为零，实际上是可测频率极低。由于 ω_n 远高于被测振动频率 ω，因此它可用于测量冲击、瞬态和随机振动等具有宽带频谱的振动，也可用来测量甚低频率的振动。此外，加速度传感器的尺寸、质量可做得很小（小于 1g），对被测物体的影响小，故它能适应多种测量场合，是目前广泛使用的传感器。惯性式加速度传感器幅频曲线如图 1-11 所示。

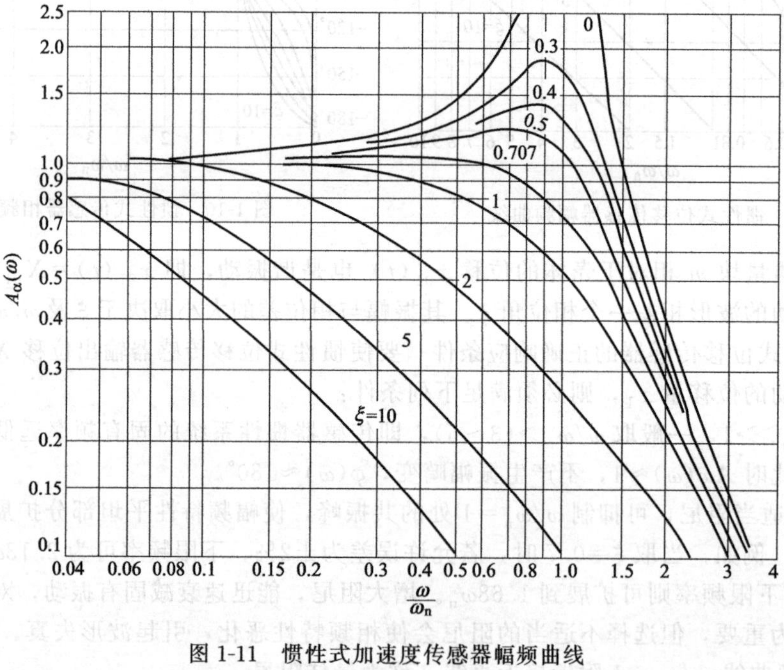

图 1-11　惯性式加速度传感器幅频曲线

要做到 $\omega/\omega_n \ll 1$，就要将 ω_n 设计得很大，以满足频率范围高端的要求。压电加速度计就属于这种情况。由于压电元件有极高的刚度，且这类传感器结构上没有多少连接件和接合面，k 值很大，因而 ω_n 可以做得很高。

如图 1-8（a）所示，在压电转换元件上，以一定的预紧力安装一惯性质量块 m，惯性质量块上有一预紧螺母（或弹簧片），就可组成一个简单的压电加速度传感器。

压电转换元件在惯性质量块 m 的惯性力作用下，产生的电荷量为

$$q=d_{ij}m\mathrm{d}^2y/\mathrm{d}t^2 \tag{1-22}$$

对每只加速度传感器而言，d_{ij}、m 均为常数。式（1-22）说明压电加速度传感器输出的电荷量 q 与物体振动加速度成正比。用适当的测试系统检测出电荷量 q，就实现了对振动加速度的测量。

压电片的结构阻尼很小，压电加速度计的等效惯性振动系统的阻尼比 $\xi\approx0$，所以压电加速度计在 $0\sim0.2f_n$ 的频率范围内具有常数的幅频特性和零相移，满足不失真传递信号的条件。传感器输出的电荷信号不仅与被测加速度波形相同，而且无时移，这是压电加速度计的一大优点。

在工作频率范围内，压电加速度计的输出电荷 $q(t)$ 与被测加速度 $a(t)$ 成正比

$$q(t)=S_q\cdot a(t) \tag{1-23}$$

式中，S_q 为电荷灵敏度，单位为 $\mathrm{pC/(m\cdot s^{-2})}$ 或 pC/g。

4）惯性式速度传感器的正确响应条件　惯性式速度传感器质量块的相对位移 x_{01} 与被测振动的速度 $\mathrm{d}x/\mathrm{d}t$ 成正比，因而可用质量块的位移量来反映被测振动速度的大小。速度传感器幅频特性 $A_v(\omega)$ 的表达式为

$$A_v(\omega)=\frac{x_{01}}{\mathrm{d}x_1/\mathrm{d}t}=\frac{x_{01}}{X_1\cdot\omega}=\frac{\omega}{\omega_n^2\sqrt{[1-(\omega/\omega_n)^2]^2+[2\xi(\omega/\omega_n)]^2}} \tag{1-24}$$

要使惯性式速度传感器的输出量能正确地反映被测振动的速度，则必须满足如下条件：

$$\omega/\omega_n\approx1 \tag{1-25}$$

此时，$A_v(\omega)\approx1/2\xi\omega_n=$常数。

由于惯性式速度传感器的有用频率范围十分小，因此，在工程实践中很少使用。工程中所使用的动圈型磁电式速度传感器是在位移计条件下应用的。其工作原理是基于振动体的振动引起放在磁场中的芯杆、线圈运动，运动的线圈切割磁力线，使线圈中产生感应电动势。该电动势与芯杆、线圈以及阻尼环所组成的质量部件的运动速度 $v=\mathrm{d}x/\mathrm{d}t$ 成正比。

（2）电阻应变式与压阻式加速度传感器

电阻应变式加速度传感器和压阻式加速度传感器由于低频特性好且性价比较高，因而也广泛应用在振动测量领域内。

电阻应变式加速度传感器的原理如图 1-12 所示。图中三角形弹性板的端部装有一个质量为 m 的惯性锤。传感器安装在被测振动物体上，受到一个上下方向的振动。设物体的振幅位移为 x、惯性锤上下振动幅度为 y，且振动物体的振动频率为 f，系统的固有频率为 f_0，则当 $f_0\ll f$ 时，y 与 x 成正比；当 $f_0\gg f$ 时，y 与 $\mathrm{d}^2x/\mathrm{d}t^2$（即振动加速度）成正比；当 $f_0\approx f$ 时，y 与 $\mathrm{d}x/\mathrm{d}t$（即振动速度）成正比。因为 y 是弹性板受振动力作用而产生应变的函数，可以通过应变电桥的输出信号进行测量。所以，针对振动频率 f，适当设定系统的固有频率 f_0，并分别满足上述关系时，即可知道物体振动的幅度 x、振动速度 $\mathrm{d}x/\mathrm{d}t$ 和振动加速度 $\mathrm{d}^2x/\mathrm{d}t^2$。

图 1-13 为一种板簧式结构电阻应变式加速度传感器。这是一种结构简单的加速度传感器。它是基于悬臂梁在振动力作用下产生应变的原理。应变计可以粘贴在板簧的根部，那里具有最大灵敏度。全部结构被密封在一个充有硅油的外壳内。传感器可以工作在上下或左右振动状态下。

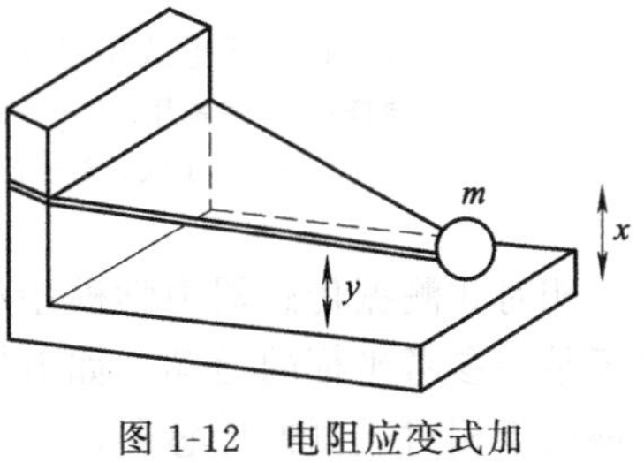

图 1-12　电阻应变式加速度传感器原理

目前，压阻式加速度传感器的机械结构绝大多数都采用悬臂梁，如图 1-14 所示。

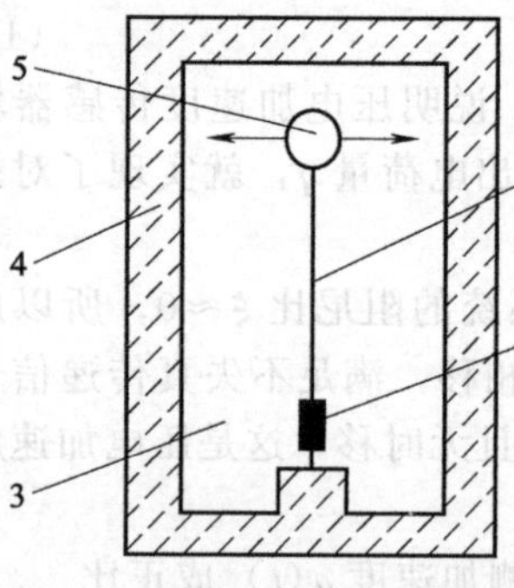

图 1-13　板簧式结构加速度传感器

1—板簧；2—应变片；3—硅油；4—外壳；5—惯性质量

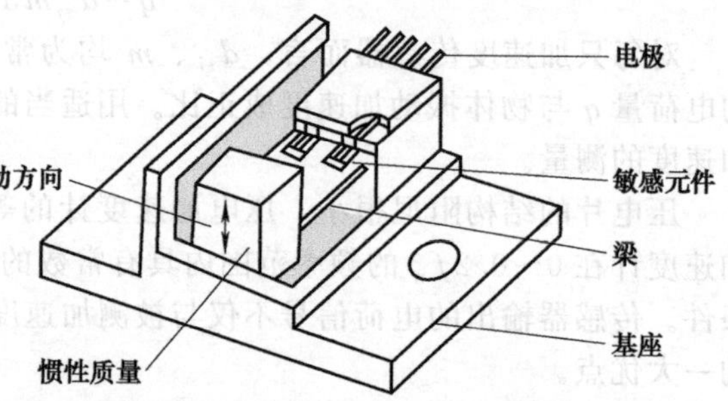

图 1-14　压阻式加速度计结构原理

悬臂梁可用金属材料，也可用单晶硅。前者在其根部的上下两对称面上各粘贴两对半导体应变计。如果用单晶硅作应变梁，就必须在根部连接四个电阻组成全桥。当悬臂梁自由端的惯性质量受到振动产生加速度时，梁受弯曲而产生应力，使四个电阻发生变化。其应力大小为

$$\sigma_L = 6mLa/bh^2 \tag{1-26}$$

式中，m 为惯性质量；b、h 为梁的宽度和厚度；L 为质量中心至梁根部的距离；a 为加速度。

（3）磁电式速度传感器

磁电式速度传感器是利用电磁感应原理将传感器的质量块与壳体的相对速度转换成电压输出。图 1-15 为磁电式相对速度传感器的结构图，它用于测量两个试件之间的相对速度。壳体 6 固定在一个试件上，顶杆 1 顶住另一个试件，磁铁 3 通过壳体构成磁回路，线圈 4 置于回路的缝隙中，两试件之间的相对振动速度通过顶杆使线圈在磁场气隙中运动，线圈因切割磁力线而产生感应电动势 e，其大小与线圈运动的线速度 u 成正比。如果顶杆运动符合前述的跟随条件，则线圈的运动速度就是被测物体的相对振动速度，因而输出电压与被测物体的相对振动速度成正比。

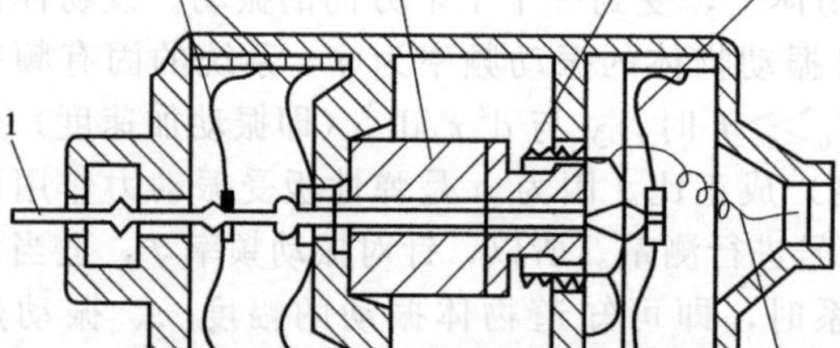

图 1-15　磁电式相对速度传感器

1—顶杆；2—弹簧片；3—磁铁；4—线圈；5—引出线；6—壳体

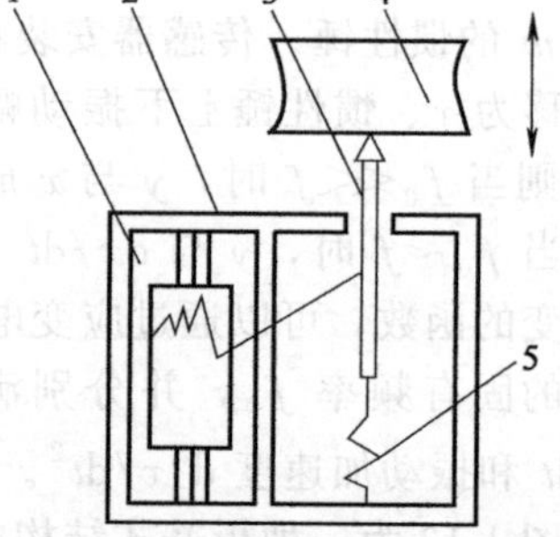

图 1-16　相对式测振传感器力学模型

1—变换器；2—壳体；3—活动部分；4—被测部分；5—弹簧

相对式测振传感器力学模型如图 1-16 所示。相对式测振传感器测出的是被测振动件相对于某一参考坐标的运动，如电感式位移传感器、磁电式速度传感器、电涡流式位移传感器等都属于相对式测振传感器。

相对式测振传感器具有两个可做相对运动的部分。壳体 2 固定在相对静止的物体上作为

参考点。活动的顶杆3用弹簧以一定的初压力压紧在振动物体上，在被测物体振动力和弹簧回复力的作用下，顶杆跟随被测振动件一起运动，因而和测杆相连的变换器1将此振动量变为电信号。

测杆的跟随条件是决定该类传感器测量精度的重要条件，其跟随条件简要推导如下：

设测杆和有关部分的质量为 m，弹簧的刚度为 k，当弹簧被预压 Δx 时，则弹簧的回复力 $F=k\Delta x$，该回复力使测杆产生的回复加速度 $a=F/m$，为了使测杆具有良好的跟随条件，它必须大于被测振动件的加速度，即

$$F/m>a_{max}$$

式中，a_{max} 为被测振动件的最大加速度（如果是简谐振动，$a_{max}=\omega x_m$，x_m 为简谐振动的振幅值）。考虑 $F=k\Delta x$，则

$$k\Delta x/m>\omega^2 x_m$$

因而可得

$$\Delta x>\frac{m}{k}\omega^2 x_m=\left(\frac{\omega}{\omega_n}\right)^2 x_m=\left(\frac{f}{f_n}\right)^2 x_m$$

式中，f_n 为被测振动件固有频率（$f_n=\omega_n/2\pi$，$\omega_n=\sqrt{k/m}$）。

如果在使用中弹簧的压缩量 Δx 不够大，或者被测物体的振动频率 f 过高，不能满足上述跟随条件，顶杆与被测物体就会发生撞击。因此相对式传感器只能在一定的频率和振幅范围内工作。

（4）涡流式位移传感器

涡流式位移传感器是非接触式传感器。它具有测量动态范围大、结构简单、不受介质影响、抗干扰能力强等特点。

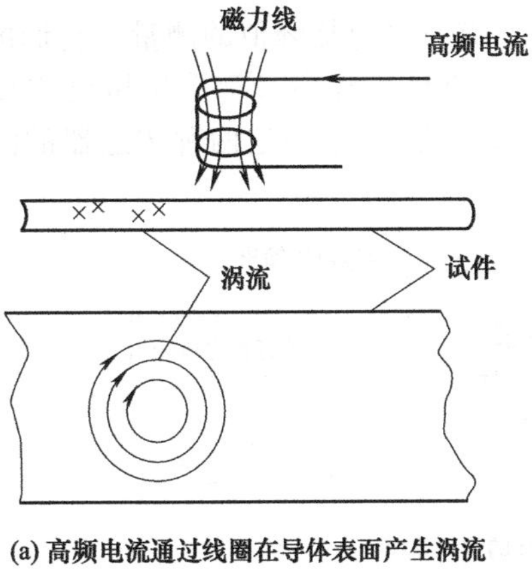

(a) 高频电流通过线圈在导体表面产生涡流

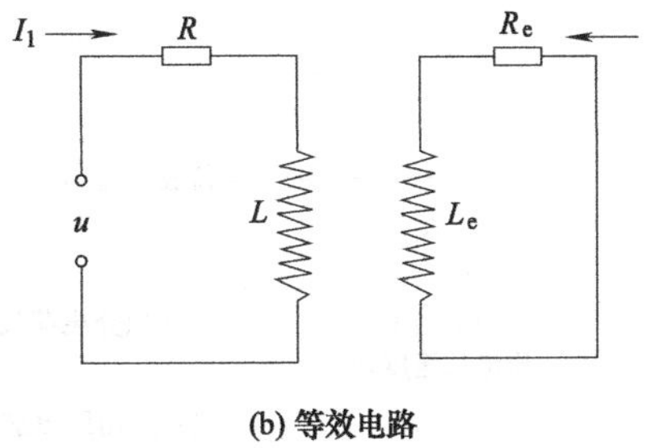

(b) 等效电路

图 1-17　电涡流传感器的原理图

图1-17为电涡流传感器的原理图。传感器以通有高频交流电流的线圈为主要测量元件。当载流线圈靠近被测导体试件表面时，穿过导体的磁通量随时间变化，在导体表面感应出电涡流。电涡流产生的磁通量又穿过线圈，因此线圈与涡流相当于两个具有互感的线圈。互感的大小和线圈与导体表面的间隙有关，等效电路如图1-17（b）所示。R、L 为传感器线圈的电阻与自感，R_e、L_e 为涡流的电阻和电感。当电流频率 ω 很高时，$\omega L_e\gg R_e$。传感器线圈的等效阻抗可简化为

$$Z=R_0+j\omega L_0 \tag{1-27}$$

式中，$R_0=R+\frac{L}{L_e}k^2R_e$，$L_0=L(1-k^2)$

式中，$k=M/\sqrt{LL_e}$ 为耦合系数；M 为互感系数。由于互感 L_0 和传感器线圈与导体试件表面的距离 d 有关，因此耦合系数也随 d 而变化。在测量线圈上并联一个电容 C，构成 L-C-R 振荡回路，其谐振频率为

$$f_0=\frac{1}{2\pi}\frac{1}{\sqrt{LC(1-k^2)}} \tag{1-28}$$

由此可见，传感器等效阻抗 Z、谐振频率 f_0 和耦合系数 k 有关，也就是与间隙系数 d 有关。

在谐振回路之前引进一个分压电阻 R_c，令 $R_c \gg |Z|$，则输出电压信号为

$$e_0=\frac{1}{R_c}e_i Z \tag{1-29}$$

当 R_c 确定时，输出电压仅取决于振动回路的阻抗。

电涡流传感器的特点是：结构简单，灵敏度高，线性度好，频率范围为 0～10kHz，抗干扰性强。因此被广泛用于不接触式振动位移测量。

1.4 振动的测量与校准

1.4.1 振动的测量

机械振动测量主要是指测定振动体（或振动体上某一点）的位移、速度、加速度大小，以及振动频率、周期、相位、衰减系数、振型、频谱等。

（1）振幅的测量

机械振动测量中，有时不需要测量振动信号的时间历程曲线，而只需要测量振动信号的幅值，即振动位移、速度和加速度信号的有效值，有时也包括峰值的测量。它们的物理单位分别为米（m）、米/秒（m/s）和米/秒^2（m/s^2）。机械工程中最常采用压电式加速度计和磁电式速度计作为测振传感器来测量机械振动。图 1-18 为采用这两种传感器的测振系统原理框图。

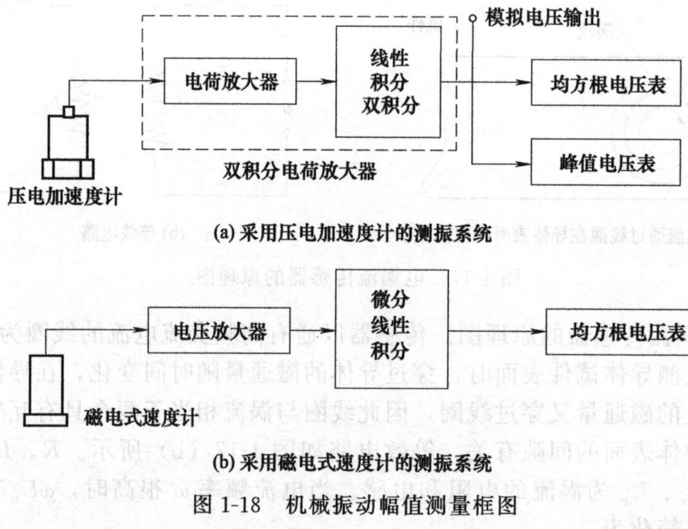

图 1-18 机械振动幅值测量框图

工程实际中的机械振动一般不会是纯正弦振动。为保证测量结果的准确性，信号有效值的测量必须使用所谓均方根电压表，而不能用一般的毫伏表。因为一般的毫伏表是针对正弦信号设计的，以简单的绝对均值测量代替有效值测量，这种电压表在测量非正弦复杂信号时

会产生大的测量误差。

若所测的振动信号是典型的简谐信号，只要测出振动位移、速度、加速度幅值中的任何一个，就可以根据位移、速度、加速度三者的关系求出其余的两个。

设振动位移、速度、加速度分别为 x、v、a，其幅值分别为 X、V、A，即

$$x = B\sin(\omega t - \varphi)$$

$$v = \frac{dy}{dt} = \omega B\cos(\omega t - \varphi)$$

$$a = \frac{d^2y}{dt} = -\omega^2 B\sin(\omega t - \varphi) \tag{1-30}$$

式中，B 为位移振幅；ω 为振动角频率；φ 为初相位。

振动信号的幅值可根据式（1-31）中位移、速度、加速度的关系，分别用位移传感器、速度传感器和加速度传感器来测量。也可利用信号分析仪和测振仪中的微分、积分功能来测量。

$$X = B$$

$$V = \omega B = 2\pi f B$$

$$A = \omega^2 B = (2\pi f)^2 B \tag{1-31}$$

对于一般复杂振动信号幅值的测量，当用电测法进行测量时，可将记录（或显示）的振动波形幅值大小乘以相应的灵敏度（可由系统定度得到），即可得到振动体振动的幅值。在实际振动波形的记录（或显示）图中，通常波形基线不易确定，故常读取波形的峰-峰值，再折算为振动峰值或有效值。测量值可以是位移、速度、加速度。

（2）振动频率和相位的测量

1）简谐振动频率的测量　简谐振动频率的测量是频率测量中最简单、最基本的，但它又是复杂振动频率测量的基础。

简谐振动频率的测量方法有李萨如图形比较法、录波比较法、直读法、频谱分析法等。现在，一般多用频谱分析法直接进行测读。

用傅里叶频谱法测量简谐振动的频率：傅里叶频谱法，就是用快速傅里叶变换的方法，将振动的时域信号变换为频域中的频谱，从而从频谱的谱线测得振动频率的方法。

傅里叶变换可由下列积分表示

$$X(f) = \int_{-\infty}^{+\infty} x(t) e^{-j2\pi f t} dt \tag{1-32}$$

式（1-32）中频率的函数 $X(f)$ 便是振动时间函数 $x(t)$ 经傅里叶变换（在实际工作中便是 FFT）后得到的频域函数，或称频谱。

2）同频简谐振动相位差的测量　同频简谐振动相位差的测量方法也有多种，如线性扫描法、椭圆法、相位计直接测量法、频谱分析法等，现在应用最多的是频谱分析法。直接利用互谱或互相关分析即可方便地测读出两个同频简谐振动信号之间的相位差。

（3）机械系统固有频率的测量

固有频率是机械系统最基本、最重要的动态特性参数之一。在机械系统的振动测量中，固有频率的测量往往优先考虑。

这里，有两个必须明确区分的基本概念，即固有频率和共振频率。

固有频率是当机械系统作自由振动时的振动频率（也称自然频率），它与系统的初始条件无关，只由系统本身的参数决定，与系统本身的质量（或转动惯量）、刚度有关。

在系统做受迫激励振动过程中，当激振频率达到某一特定值时，振动量的振幅值达到极大值的现象称为共振。共振时的激励频率称为共振频率。但要注意，振动的位移幅值、速度

幅值、加速度幅值及其各自达到极大值（对单自由度系统，极大值就是最大值）时的共振频率是各不相同的。

在现代工程振动测试中，广泛采用瞬态激振中的锤击法测量机械系统的低阶固有频率，该法方便快捷，虽然测量精度稍差，但在某些情况下仍可满足工程测试所要求的精度。

（4）衰减系数及相对阻尼系数的测定

衰减系数及相对阻尼系数是通过振动系统的某些其他参数进行间接测量的。通常可用自由振动衰减法、半功率点法和共振法进行测定。这些方法对于多自由度系统也是适用的。

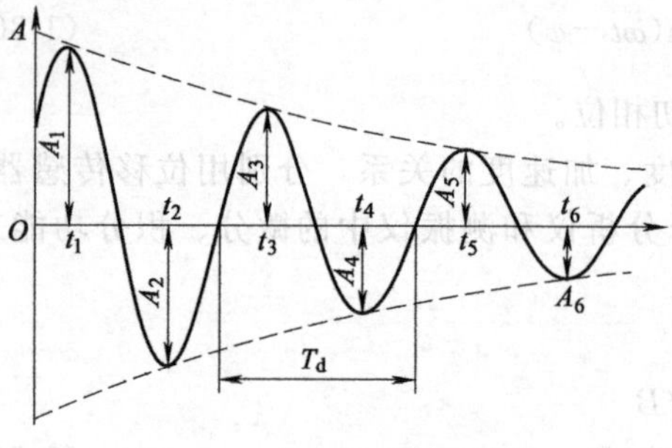

图 1-19　自由振动衰减曲线

对于一个有阻尼的单自由度系统，其自由振动可用式（1-33）来描述

$$x=A\mathrm{e}^{-nt}\sin(\sqrt{\omega_{\mathrm{n}}^{2}-n^{2}}\,t+a) \tag{1-33}$$

它的图像如图 1-19 所示。这是一个逐渐衰减的振动，其振幅按指数规律衰减，衰减系数为 n。

在振动理论中，常常用“对数衰减比”来描述其衰减性能，它的定义是两个相邻正波峰幅值比的自然对数值。按照图 1-19 所示的图像，其对数衰减比为

$$\delta=\ln\frac{A_1}{A_3}=\ln\frac{\mathrm{e}^{-nt}\sin\left(\sqrt{\omega_{\mathrm{n}}^{2}-n^{2}}\,t_1+a\right)}{\mathrm{e}^{-n(t_1+T_{\mathrm{d}})}\sin\left[\sqrt{\omega_{\mathrm{n}}^{2}-n^{2}}\,(t_1+T_{\mathrm{d}})+a\right]}$$

$$=\ln\frac{\mathrm{e}^{-nt}}{\mathrm{e}^{-n(t_1+T_{\mathrm{d}})}}=\ln\mathrm{e}^{nT_{\mathrm{d}}}=nT_{\mathrm{d}} \tag{1-34}$$

由此得

$$n=\left(\ln\frac{A_1}{A_3}\right)\frac{1}{T_{\mathrm{d}}}=\frac{\delta}{T_{\mathrm{d}}} \tag{1-35}$$

式中，$T=2\pi/\sqrt{\omega_{\mathrm{n}}^{2}-n^{2}}$，称为衰减振荡周期。

将 T_{d} 的表达式代入式（1-34）后得

$$\delta=\frac{2\pi n}{\sqrt{\omega_{\mathrm{n}}^{2}-n^{2}}}=\frac{2\pi n}{\omega_{\mathrm{n}}\sqrt{1-\xi^{2}}}=\frac{2\pi\xi}{\sqrt{1-\xi^{2}}} \tag{1-36}$$

在 ξ 比较小（$\xi\ll1$）时，$\sqrt{1-\xi^{2}}\approx1$。因此式（1-36）的近似方程可表达为

$$\delta=2\pi\xi \tag{1-37}$$

由图中可以看出，当相对阻尼系数在 0.3 以下时，可以用式（1-37）来代替式（1-36）。这时，$\xi=\delta/2\pi$。式（1-36）表达了 δ 与 ξ 之间的关系；另外，还有 ξ、n 和 ω_{n} 之间的关系

$$\xi=\frac{n}{\omega_{\mathrm{n}}} \tag{1-38}$$

式（1-36）～式（1-38）三个方程中共有五个参数，其中 ζ 和 T_{d} 可以通过测量得到，因此其他三个参数 n、ξ 和固有频率 ω_{n} 也就可以确定了。

自由振动法通常只能用来测量第一阶固有振型的衰减系数。如果要测量高阶固有振型的衰减系数，必须确知能激出高阶振型，并确知要测的某阶固有频率。

利用带通滤波器阻断其他各阶自由振动信号，只容待测的那一阶通过，然后可用以上方法来求得待测阶数的衰减系数。

1.4.2 测振系统的校准

机-电转换元件有随时间变化的性质，且易受其他因素的影响，因此制造单位必须进行

严格的性能校准，以确定其灵敏度、频率响应特性、动态线性范围等技术指标和各种非振动环境（如温度、湿度、磁场、声场、安装方式、导线长度、横向灵敏度等）的影响，使用者也必须定期对测量传感器及仪器进行校准，特别是在进行重大的和大型的试验前，更需进行一次校准，以保证测量数据的精度和可靠性。

校准测振仪的方法很多，但从计量标准和基准传递的角度来看，可分成两类：一类是复现振动量值最高基准的绝对法；另一类是以绝对法校准的标准测振仪作为二等标准，用比较法校准工作测振仪和传感器。

（1）绝对校准法

绝对校准法是将被校准的传感器置于精密的振动台上承受振动，通过直接测量振动的振幅、频率和传感器的输出电量来确定传感器的特性参数。

绝对校准法有两种，即振动标准装置法和互易法。目前振动标准装置法运用得最多。振动标准装置法又有激光干涉校准法、重力加速度法和共振梁法等。下面介绍激光干涉校准法。

激光干涉校准法的原理是将被校准的测振装置安装在一个能产生正弦振动的标准振动台上，用激光干涉仪等手段测出振动台的振动频率和振幅，此法用于校准测振装置的机械输入量。被校测振装置的输出量可通过相应的电气测量系统获得，从而计算出灵敏度或其他特性参数。如校准一只加速度传感器的灵敏度，它的机械输入量是加速度 a，即

$$a=(2\pi f)^2 A\sin(2\pi ft) \tag{1-39}$$

式中，f 和 A 分别为振动台的振动频率和振幅。传感器的电压输出量为

$$e=\sin(2\pi ft+\varphi) \tag{1-40}$$

式中，e 为电压幅值，mV；φ 为输出与输入之间的相位差（通常在计算灵敏度时不予考虑）。

加速度传感器的灵敏度为

$$S_a=\frac{e}{(2\pi f)^2 A}[\mathrm{mV/(mm/s^2)}]=\frac{e\times 9800}{(2\pi f)^2 A}(\mathrm{mV/g}) \tag{1-41}$$

（2）比较校准法

比较校准法是将被校准的传感器与标准传感器相比较，校准时，将被校准传感器和标准传感器一起安装在标准振动台上，使它们承受相同的振动，然后精确地测定它们的输出电量，被校传感器的灵敏度 S 由式（1-42）计算得到

$$S_a=(e_a/e_0)S_{a0} \tag{1-42}$$

式中，S_a 为标准传感器的灵敏度；e_0 为标准传感器的输出电压；e_a 为被校传感器的输出电压。

在用比较法校准试验中，为了使被校传感器和标准传感器同时感受相同的振动输入，常采用图 1-20 所示的“背靠背”安装法。标准传感器端面上常有螺孔可直接安装被校传感器或用刚性支架安装。

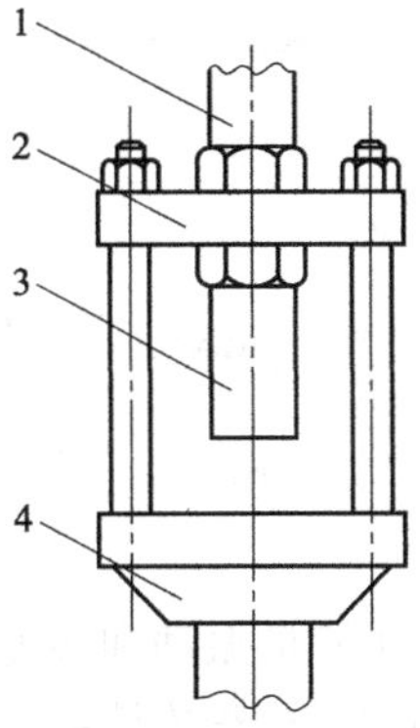

图 1-20 “背靠背”比较法校准装置

1—被校传感器；2—支架；3—标准传感器；4—标准振动台

1.5 振动测试系统的设置与调试

传感器所处位置必须能保证其所测得的振动能对横向运动做出评价。对于相对和绝对测量，一般应将两个传感器置于或邻近于机器的每一个轴承。它们应呈辐射状安装在垂直于轴线的同一横向平面内，轴线应互成 90°±5°，选择的位置在每个轴承上应是相同的。在每个

测量平面上也可使用单传感器，以代替常用的一对正交传感器，只要它能提供轴振动特性的足够信息。测试前应做专门的测量以确定总的非振动偏差，这是由于轴表面金属材质的不均匀，局部残余磁性及轴的机械偏差所引起的，这种偏差也叫金属材质响应。应当注意，对于非对称轴，重力效应也可引起一种虚假的偏差信号。

1.5.1 测试方案的选择

在设计测试系统时应考虑温度、湿度、腐蚀性空气、轴表面速度、轴材料及表面洁度、传感器所接触的工作介质（如水、油、空气或蒸汽）、振动和冲击（三个主轴上）、气动噪声、磁场、传感器的端部邻近的金属物质、电源电压波动及瞬变等因素的影响。

仪器系统应有直读式仪器的在线校准，还有合适的分离输出，以允许需要时做进一步分析。

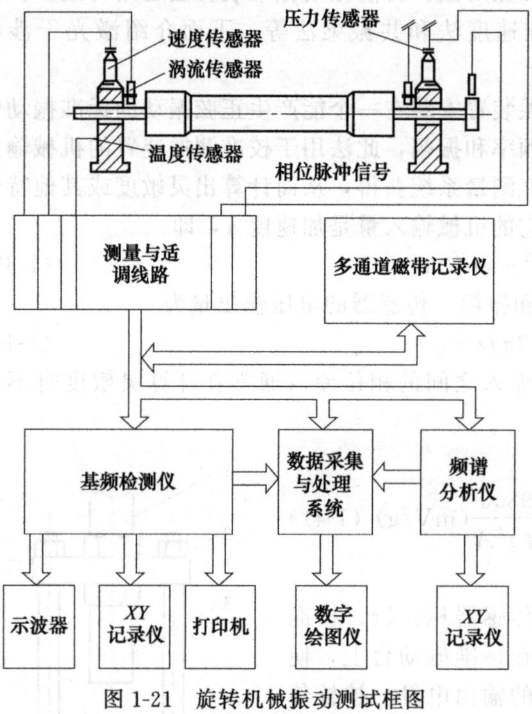

图 1-21 旋转机械振动测试框图

（1）测试系统的一般结构

图 1-21 给出了旋转机械振动测试的一般框图，它不是一成不变的。可根据问题研究的需要、机器的特点以及手头现有仪器的情况有所变化。

图 1-22 所示的测试系统可以划分为两大部分。前一部分包括传感器和专用测量适调线路，这一部分的功能在于将机械测量量转换为可以被一般分析测量仪器所接受的，并具有归一化机电灵敏度的电压信号。后一部分的功能是对前面所获得的原始电压信号加以分析、处理并取得所要的数据。

传感器是将机械测量量转换为电量的机电转换装置。传感器的性能及种类都直接影响整个测试系统的功能。在旋转机械测试装置中，常用的传感器有两种类型，它们是慢变信号传感器和快变信号传感器。慢变信号传感器主要用于测量温度、压力、流量等慢变信号。而快变信号传感器则主要用于测量振动和转速等快变信号。快变信号传感器又分速度传感器、加速度传感器及位移传感器。这些传感器及其专用测量线路分别如图 1-22（a）～（c）所示。由于振动测量比较复杂，本节以振动测量为例来说明测量系统的选择。

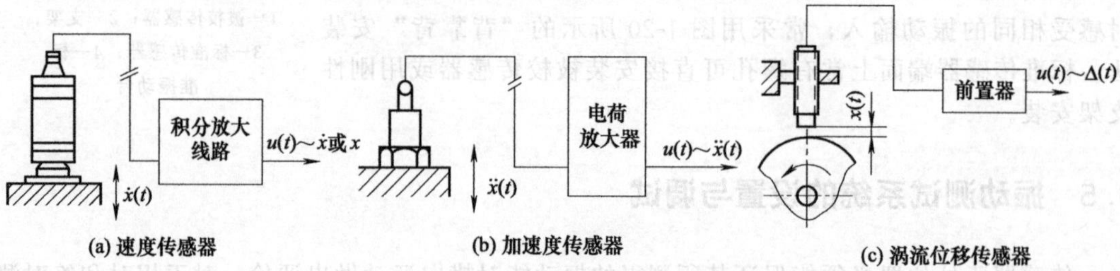

图 1-22 传感器及其专用测量线路

惯性式速度传感器适用于测量轴承座、机壳及基础的一般频带内的振动速度和振动位移

(经积分后)。其频带约为 5～500Hz（即 300～30000r/min)。测量更低的频率时，要求采用具有摆式结构的速度传感器。少数场合也可利用速度传感器配上一特制的“轴鞍”来测量转子的绝对振动。

压电式加速度传感器适用于测量轴承座、机壳等的绝对运动。它具有较宽的频带，一般为 0.2Hz～20kHz，因此比较适合于测量高转速机器及因气流脉动或滚动轴承噪声等引起的高频振动。

最具特点的是非接触式电涡流位移传感器，它适合测量转子相对于轴承的相对位移（包括轴心平均位置及振动位移)。由于转子轴表面有很大的切线速度，因此用接触式传感器难以实现振动的接收。例如，大型汽轮发电机组的发电机转子，轴颈直径为 300～400mm，转速为 3000r/min，因此其轴颈表面的线速度高达 47～62m/s。对于某些高速离心式压缩机，其转轴表面的线速度可能更高。涡流传感器是利用转轴表面与传感器探头端部间的间隙变化来接收振动，从而避免了与轴表面的直接接触。涡流式位移传感器另一特点是具有零频率的响应，因此它不仅可以测出转轴轴心的振动位移，而且还可测出转轴轴心静态位置的偏离，这对判断运转过程中轴心是否处于正常的偏心位置是很有用处的。

总而言之，传感器的选用以及测试对象和部位的选择原则应为：该部位的振动最能反映出被测对象的特点。

图 1-21 的后一部分是对原始信号的分析与处理部分。这一部分的内容非常丰富，而且具体仪器繁多。现仅就最基本的要求进行叙述：

1）转速的测量　这是指直接从安装在转子上的转速传感器（涡流传感器、光电传感器或磁电式传感器）获得转速信号，并进行测量。有时不仅要给出瞬时转速，而且要知道转速随时间的变化率，即角加速度。在用 x-y 函数记录仪绘制幅频图时，希望转速的测量装置能输出正比于转速的直流信号。

2）1×RPM 基频幅值与相位的测量　RPM 代表转子的转速。旋转机械的振动（轴承座的或转轴的）不可能是只有与转速同频率（1×RPM）的纯正弦振动，波形中还包含许多其他频率成分的振动，例如，2×RPM、3×RPM、4×RPM 等频率成分的振动。在发生自激励振动时，还可能包含近似于 0.5RPM 和等于某一阶临界转速的频率成分。

此外，还有可能出现随机振动成分等。但是，1×RPM 频率的振动为基频振动。由于转轴质量不平衡而引起的振动就属于基频振动。在进行动平衡时，要求较精确地测定基频振动的幅值及其相对于转子上某一刻线的相位角。为了从合成波形中获得基频的幅值与相位，要求分析仪器具有调谐滤波、跟踪滤波或相关处理等功能。为了绘制幅频及相频特性曲线，要求仪器具有正比于幅值及相位的直流输出。为了绘制振动向量端图（或称之为极坐标图）要求仪器设置正比于同向分量 $X=A\cos\varphi$ 及正比于正交分量 $Y=A\sin\varphi$ 的直流输出。

（2）测试方式

测试系统采用的测试方法取决于测试系统的性能指标，诸如非线性度、精度、分辨率、误差、零漂、温漂及可靠性等。

在上述测试系统性能指标确定后，根据成本预算、人机界面、测量模块与其他模块的界面要求选择测试方法。这里以旋转设备为例来说明测试方式的确定。

旋转设备的测试有其特殊性，这一特殊性表现在测试的主要对象是一个转动部件，即转子或转轴。

常见的旋转设备主要有汽轮发电机组、工业燃气轮机、压缩机、风扇、电机、泵及离心机等。它们都是由转动部件和非转动部件构成。转动部件包括转子及连接转子的联轴器等；非转动部件包括轴承、轴承座、机壳及基础等。

转子是旋转设备的核心部件。整个旋转设备能否正常工作主要取决于转子能否正常运转。当然，转子的运动不是孤立的，它是通过轴承（流体膜轴承或滚动轴承）支承在轴承座及机壳或基础上，构成转子-支承系统。支承的动力学特征在一定程度上影响转子的运动。但是可以说，旋转设备的大多数振动问题或故障都与转子直接相关，只有少数问题直接与支承、箱体或基础相关。曾有这样的估计，大约 70%的振动故障都能从转子运动上发现，而从轴承机壳及基础上只能发现 30%的故障。这一估计数字虽是近似的，但说明大多数振动故障是与转子直接相关的。

与转子直接相关的振动故障包括：各种原因引起的质量不平衡振动；转子热弯曲或机械弯曲；转子连接不对中引起的振动；油膜涡动及油膜振荡；润滑中断；推力轴承损坏；轴裂缝或叶片断裂；径向轴承磨损；部件脱离；动静部件间的不正常接触等。

与轴承、机壳及基础直接相关的振动故障包括：支承损坏；基础共振；基础材料损坏；机壳不均匀膨胀；机壳固定不妥；各种管道作用力引起的振动等。

既然大多数振动故障都直接与转子运动相关，因此，要求人们主要从转子运动中去监测和发现故障，这比只局限于轴承座或机壳的振动信息更为直接和有效。当然，监测转子轴的振动比测量非转动部件的振动在测试技术的难度上要稍大一些。随着传感器及其他电子测试仪器的发展，对旋转机械的试验研究及运转监测，特别是对转子运动的测试技术都有了发展，使人们有可能借助于试验和测量手段进一步研究旋转设备的振动问题。

旋转设备的测试内容按其目的不同，大体上可列出以下几方面：

① 运转中的旋转设备的振动监测与保护。

② 流体压力、流量、温度的监测与保护。

③ 转子-支承系统的动力学特性的试验研究。

④ 转子动平衡。

对以上内容的分述如下。

在工厂中，旋转机械按其在整个生产过程中所占的地位不同可分为关键性设备、半关键性设备和非关键性设备。发电厂的汽轮发电机组、化工厂的压缩机组、原子能电站的反应堆冷却泵等都属于关键性设备。对于关键性设备，要求设置有完整的实时监测与保护系统，及时指出设备是否出现非正常的测量量或超过该设备所规定级别的量值，并及时发出警报和自动执行保护动作，以防止故障扩大。人们要求监测系统能最大限度地发现机器的故障信息，比如说 95%，这是最大限度较为形象的说法。因为 100%是难以实现的，特别是那些事前并无明显征兆的事故，如涡轮机叶片的突然断裂。对于半关键性设备，如锅炉给水泵，以及非关键性设备，如一般的通风机和水泵等，从经济角度出发都应设有相应级别的监测与保护装置。

转子-支承系统动力学特性实验研究包括多方面的内容，它为转子-支承系统设计提供实验数据，包括：临界转速的测定；振形的实验测定；转子内阻的研究；支承及油膜刚度和阻尼的实验分析；各种类型转子动平衡技术的探讨；各种类型转子-支承系统稳定性问题实验分析等。

现场动平衡是振动测试的重要内容，同时它也是一个很有实际意义的问题。任何一种平衡理论都有精良的测量技术作物质基础。长期以来，现场动平衡都是以轴承座的振动为依据。但是，质量不平衡是一个与转子直接有关的问题，因此转子的不平衡响应一般说来应比轴承座或机壳更为敏感。所以结合转子的振动测量进行动平衡，从而提高平衡精度，减少停机和加重次数应是振动测试工作研究的重要内容。

（3）测试方案选择原则

在测试系统的设置中，应防止信息过多和信息不足两种情况的发生。第一种情况是由于不断提高测试系统的测量水平和不断扩大测量范围所致，从而形成了一种以过分的高精度和高分辨率采集所有可以得到的信息的趋势。其结果是使有用的数据混在大量无关的信息中，且由于这些无关数据的存在给系统的数据处理带来沉重的负担。第二种情况大多是因为对测量在整个系统中的功能和目的考虑不周所致。这种不能提供所需的全部信息的缺点会导致系统整体功能明显下降。

测试应根据测试目的确定测试方法和手段，研究测点布置和仪器安装方法，对可能发生的问题和测试中的注意事项应事先予以周密考虑，以便达到预期目的。

建立测试方案，确定使用的测量系统，安排操作程序的步骤如下：

① 将测量量分类，估计测量量范围，判别测量量的性质，如振动是周期性振动、随机振动还是冲击型或瞬变型振动。

② 根据研究需要和性能要求，确定测量方法、测量参数和记录分析方式。

③ 考虑环境条件，如电磁场、温度、湿度、声场和振动等各种因素，选择合适的传感器种类和变换器的类型。

④ 仔细确定安装测量传感器的位置，选定能代表被测对象特征的安装位置，并考虑是否会产生传感器附加质量载荷的影响。

⑤ 选择仪器的可测频率范围，注意频率的上限和下限。对传感器、放大器和记录装置的频率特性和相位特性进行认真的考虑和选择。

⑥ 考虑需测范围和仪器的动态范围，即可测量程的上限和下限，了解仪器的最低可测振动量级。注意在可测频率范围内的量程是常量还是变量，因为有的仪器量程随频率增加而增大，有的仪器量程随频率增加而减小。注意避免使仪器在测试过程中过载和饱和。

⑦ 标定的检验包括传感器、放大器和记录装置全套测试系统的特性标定，定出标定值。

⑧ 画出测量系统的工作方框图以及仪器连接草图，标出所用仪器的型号和序号，以便于测试系统的安装和查校。

⑨ 在选定了振级和频率范围、解决了绝缘及接地回路等问题后，就要确定测振传感器最合理的安装方法，以及安装固定件的结构并估计可能出现的寄生振动。

⑩ 在被测构件上做好测试前的准备，把测试仪器配套连线，传感器安装固定，并记下各个仪器控制旋钮的位置。

⑪ 对测试环境条件做详细记录以便供数据处理时参考，并可以查对一些偶然因素。

⑫ 在测试过程中应经常检查测试系统的“背景噪声”，即“基底噪声”。把传感器装在一个非振动体上，并测量这个装置的“视在”振级，在数据分析处理时，可去掉这部分误差因素。在实际振动测量中，为了获得适当的精度，“视在”振动应小于所测振动的1/3。

1.5.2 测试干扰的排除

测试过程中经常会有各种各样的干扰使测量仪器无法正常工作，因此，如何提高测试系统的抗干扰能力、保证其在规定条件下正常工作是设置测试系统时必须考虑的问题。而要想提高测试系统的抗干扰能力，首先要知道干扰产生的原因以及干扰窜入的途径，然后才能有针对性地解决测试系统的抗干扰问题。

(1) 干扰产生的原因

对仪器来说，干扰可分为外部干扰和内部干扰两类。

仪器能否可靠运行受到使用环境的限制。使用环境中的电磁场、振动、温度、湿度等构成了外部干扰源，它们都可能干扰仪器的正常运行。因此，仪器在实际使用中必须要了解使用的环境条件，在设计仪器时也必须保证其具备较强的环境防护能力。

在测试中，许多因素都会对测试信号产生干扰，如测试系统的安装固定要仔细考虑，不合理的安装固定和固定件的寄生振动会给测试信号带来各种干扰，严重影响测量结果。另外，电源、信号线、接地等也会产生干扰。这些可归为内部干扰源。为了确保正确的测试，对测试系统要注意下面几个问题：

① 首先要注意传感器的安装和测点布置位置能否反映被测对象的振动特征。

② 传感器与被测物需要有良好的固定，保证紧密接触，连接牢固，振动过程中不能有松动。

③ 考虑固定件的结构形式和寄生振动问题。

④ 对小型、轻巧结构的振动测试，要注意传感器及固定件的“额外”质量对被测结构原始振动的影响。

⑤ 导线的连接及仪器的接地等。

（2）干扰传播途径

干扰是一种破坏因素，但它只有通过一定的传播途径才能影响到仪器。为此，有必要对干扰的传播途径进行深入的分析，以便找到有效消除干扰的方法。

一般说来，干扰的传播途径主要包括以下几个方面：

① 静电感应。任何通电导体之间或通电导体与地之间都存在着分布电容，干扰电压通过分布电容的静电感应作用耦合到有效信号，造成干扰。

② 电磁感应。由于干扰电流产生磁通，当此磁通随时间变化时，它可通过互感作用在另一回路引起感应电动势。当印刷电路板中两根导线平行敷设时，就会有互感存在。

③ 公共阻抗。图 1-23 是公共阻抗连接示意图。公共点 C 为公共接地点，R_c 是公共阻抗；Z_1、Z_2 分别是两个电路的等效阻抗。C 点电压可看作 Z_1 和 R_c 对电源 U 的分压以及 Z_2 和 R_c 对 U 的分压。若 Z_1、Z_2 彼此产生干扰，这就是公共阻抗干扰。

④ 辐射电磁干扰与漏电耦合。在电能频繁交换的地方和高频换能装置周围存在着强烈的电磁辐射，会对仪器产生干扰电压；而电器元件绝缘不良或功率元器件间距不够也会产生漏电现象，由此引入干扰。

（3）常用抗干扰技术

测试仪器设计过程中必须考虑电磁兼容问题。电磁兼容性是指以电为能源的电气设备，在其使用的场合运行时，自身的电磁信号不影响周边环境，也不受外界电磁干扰的影响，更不会因此发生误动或遭到破坏，完成预定功能的能力。要做到这一点，常采取屏蔽、隔离或接地等方法。

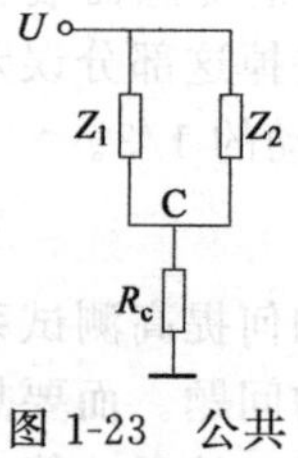

图 1-23　公共阻抗连接

① 屏蔽技术。屏蔽技术是利用金属材料对电磁波具有良好的吸收和反射能力来抗干扰的。一般分为静电屏蔽、磁屏屏蔽和电磁屏蔽三种。

用导体做成的屏蔽外壳处于外电场时，由于壳内场强为零，可保护放置于其中的电路不受外电场干扰；或将带电体放入接地的导体壳内，则壳内电场不能穿透到外面，这就是静电屏蔽。磁屏屏蔽是用一定厚度的铁磁材料做成外壳，由于磁力线无法穿入壳内，可以保护内部仪器不受外部磁场影响。而电磁屏蔽是用一定厚度的导电材料做成外壳，由于交变电磁场在导体中按指数规律衰减，可以使壳内仪器不受外界电磁场影响。

导线是信号有线传播的唯一通道，干扰将通过分布电容耦合到信号中，因此导线的选取要考虑电磁屏蔽问题。导线可选用同轴电缆，同时其屏蔽层要接地，并且同轴电缆的中心抽出线要尽量短；仪器的机箱为金属材料时，也可作为屏蔽体；而采用塑料机箱时，可在其内壁喷涂金属屏蔽层。

② 隔离技术。隔离是抑制干扰的有效手段之一。仪器中的隔离可分为空间隔离和器件隔离。空间隔离实现手段如下：

a. 包裹干扰源。

b. 功能电路合理布局，如使数字电路与模拟电路、微弱信号通路与高频电路、智能单元与负载回路相隔一段距离，以减少互扰。

c. 信号之间的隔离。由于多路信号输入时也会产生互扰，可在信号之间用地线隔离。

d. 器件性隔离一般有隔离放大器、信号隔离变压器和光电隔离器。

③ 接地技术。正确的接地能够有效地抑制外来干扰，同时可以提高仪器本身的可靠性，减少仪器自身产生的干扰因素，是屏蔽技术的重要保证。

仪器中所谓的“地”是一个公共基准电位点。该基准电位点用于不同场合就有了不同的名称，如大地、基准地、模拟地、数字地等。接地的目的是保证仪器的安全性和抑制干扰。为此，常见的接地方法有保护接地、屏蔽接地和信号接地等。

④ 滤波技术。共模干扰并不是直接干扰电路，而是通过输入信号回路的不平衡转换成串模干扰来影响电路的。抑制串模干扰最常用的方法是滤波。滤波器是一种选频器件，可根据串模干扰与信号频率分布特性选择合适的滤波器来抑制串模干扰的影响。一般串模干扰的频率比实际信号的频率高，因此可采用无源阻容低能滤波器将其滤掉。

1.5.3 构建测试系统时应注意的问题

（1）传感器的安装和测点布置

被测对象测点的具体布置和传感器的安装位置应该合理选择。测点的布置和仪器安装位置决定了测到的是什么样的频率和幅值。实际被测对象都有主体和部件、部件和部件之间的区别。不合理的安装布点，会产生一些错乱现象。例如，需测主体结构振动，却得到部件振动的数据；需测部件的振动状态，实际获得的却是主体结构的振动状态。对一个有复杂部件的结构或机器，如火车车厢、车厢车体、车轮和车轴及轴箱盖等，不同地方的振动幅值和频率的差别是很大的。因此，必须找出能代表被测物体特征的测量位置，合理布点。另外，垂直、水平等测试方向的电缆不能装错。同时，不论哪种安装连接方式，都应注意避免发生额外的寄生振动，而能较真实地反映需测振动的实际情况。

（2）传感器与被测对象的接触和固定

在测试过程中，传感器需要与被测物良好接触（必要时传感器与被测物间应有牢固的连接）。如果在水平方向产生滑动，或者在垂直方向脱离接触，都会使测试结果严重畸变，使记录无法使用。这在一般的位移波形上的反映是很清楚的。

（3）固定件的结构、固定形式

仪器固定中采用固定件，使传感器与被测体中增加了一个弹性垫层。固定体本身所产生的振动就是寄生振动。振动测试中，首先应尽量减少不必要的固定件，最好使传感器直接安装在被测物上，仅在必要时才设置固定件。良好的固接，要求固定件的自振频率大于被测振动频率的 5～10 倍以上，这时可使寄生振动减小。实际上由于测试的需要和安装条件的限制，一定的固定件和连接方式总是不可避免的。现以压电式加速度计为例，介绍以下几种安装方式：

① 用钢螺栓。

② 用绝缘螺栓和云母垫圈。

③ 用永久磁铁。

④ 用胶合剂和胶合螺栓。

⑤ 用蜡和橡胶泥黏附。

⑥ 用手持探针。

其安装方法如图 1-24 所示。这六种安装方法，各有不同特点。第一种方法［图 1-24 (a)］的频率响应最好，基本符合加速度计实际校准曲线所要求的条件。若安装面不十分平滑，那么用螺钉拧紧加速度计之前最好在表面涂一层硅润滑脂，以便增加安装刚度。每次使用安装螺栓时，特别注意不要将螺栓完全拧入加速度计基座的螺栓孔中，不然会引起加速度

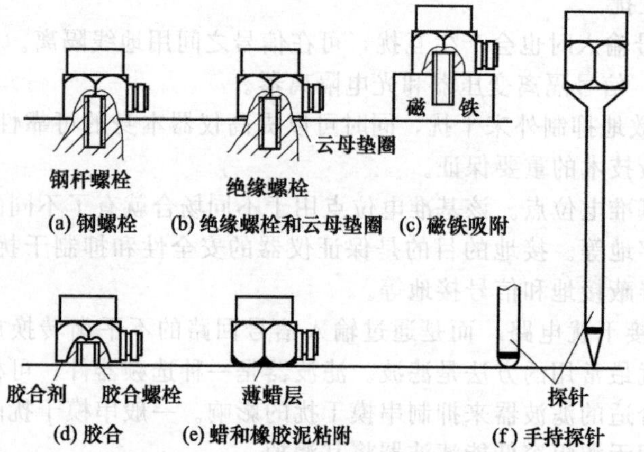

图 1-24　压电加速度计的安装方法

计基座面弯曲，影响加速度计的灵敏度。第二种方法［图 1-24（b）］是当加速度计和振动体之间需要电绝缘时采用。使用绝缘螺栓和薄云母垫圈，因云母的硬度较好，这样频率响应较好。使用时应使垫圈尽可能薄（云母容易被剥成薄层）。第三种方法［图 1-24（c）］是使用永久磁铁的吸引力固定。该磁铁也需和振动件电绝缘。磁铁使用闭合磁路，所以，在加速度计处实际上没有泄漏磁场。这种安装方法，不适用于加速度幅值高于 200g 的范围，当温度为 150℃时，可允许短时间使用。

当适合用胶合技术时，第四种方法［图 1-24（d）］是方便的，因为可以随时移动加速度计。最好用 50i 胶和环氧树脂连接胶合螺栓。第五种方法［图 1-24（e）］是使用一薄层蜡，将加速度计黏附在振动物体的面上，虽然蜡的硬度差，但此种安装方法给出了一个非常好的频率响应。在较高温度下，蜡的硬度变小，导致它的频率响应变坏。应该避免使用软胶或树脂，后者有去耦作用，会滤掉一些频率成分。第六种方法［图 1-24（f）］是用手持探针测量，使用可更换的圆头和尖头探针。这种方法适用于闪速测试，如在某些测试地点很多而又不要固定的场合。但是，测试频率不能太高，一般要在小于 1000Hz 频率范围内，因为这时仪器的安装自振频率很低。

另外，在安装中要注意对压电晶体加速度计螺栓的安装力矩不能太大。否则会损坏加速度计基础上的螺纹和加速度计壳体，尤其使用绝缘螺栓时，一般不能承受大于 36kgf·cm[1] 的力矩，因此，螺栓的安装力矩定为不大于 18kgf·cm，以使用 4in[2] 扳手为宜。

（4）传感器对被测构件附加质量的影响

对于一些小巧轻型的结构振动或在薄板上测量振动参数时，传感器和固定件质量引起的“额外”载荷可能改变结构的原始振动，从而使测得结果无效，因此，在这种情况下应该使用小而轻的传感器，估算加速度计质量-载荷的影响

$$a_r = a_s \frac{m_s}{m_s + m_a} \tag{1-43}$$

式中　a_r——带有加速度计的结构加速度；

a_s——不带有加速度计的结构加速度；

m_s——待装加速度计的结构“部件”的等效质量；

m_a——加速度计的质量。

应注意，因附加质量而改变结构振动的频率在大型的工程结构测试中并不突出，而对小型的机械零部件影响较大，测试分析中要考虑。

（5）传感器安装角度引起的误差

传感器的感振方向应该与待测方向一致，否则会造成测试误差。在测量正弦振动时因重力作用会引起测量误差，因此，在标定和测试时应该用波形的峰和谷之和来消除重力引起的

---

[1] 1kgf·cm＝0.098N·m。

[2] 1in＝25.4mm。

误差。当所测加速度很大时，即 $a \gg g$，则此时的重力加速度 g 可忽略不计。

测量小加速度时，传感器更应该精确安装，使惯性质量运动的方向和待测振动方向重合。

（6）电源和信号线干扰的排除

电源是测试系统唯一的能量提供者，是一个较大的磁辐射源，容易产生干扰。同时，测试中的导线连接也会严重地影响测试结果，因为信号线的电辐射和磁辐射以及磁、电耦合也会构成干扰空间。因此，要保证传感器的输出连接导线之间，导线与放大器之间的插头连接处于良好的工作状态。测试系统每个接插件和开关的连接状态和状况也要保证完善和良好。有时因接头不良会产生寄生的振动波形，使得测试数据忽大忽小。在一次性测试中，这些误差难以被发现。

另外，使用压电式传感器测量时还存在一个特殊问题，即连接电缆的噪声问题，这些噪声既可由电缆的机械运动引起，也可由接地回路效应的电感应和噪声引起。机械上由于摩擦生电效应引起的噪声称为颤动噪声。它是由于连接电缆的拉伸、压缩和动态弯曲引起电缆电容变化和摩擦引起的电荷变化产生的，这些容易发生低频干扰。因此，压电式和电感调频式传感器对这个问题都是十分敏感的。在采用低噪声电缆的同时，为避免因导线的相对运动引起颤动噪声，应该尽可能牢固地夹紧电缆线，其形式如图 1-25 所示。此外，在选择和布置电缆时，还可采取下列措施以减少信号线的干扰。

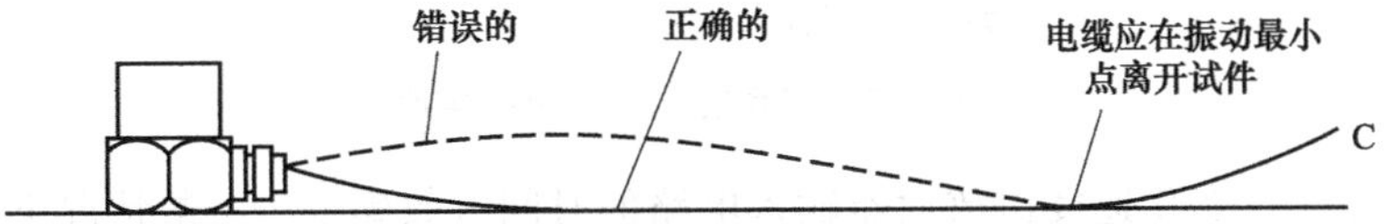

图 1-25　固定电缆避免颤动噪声示意图

① 坚持使用带屏蔽层的二芯导线（专用信号线）。

② 尽可能避免信号传输中输出干扰和输入干扰。

③ 电源线与信号线分开布置。

④ 强信号线与弱信号线（及高、低频信号）分开布置。

⑤ 电源与测试系统的隔离及良好连接。

⑥ 信号线屏蔽层在同一端相连并接地。

（7）接地

接地是抗干扰的有效措施，但不良的接地或不合适的接地地点会在测试中产生较大的电气干扰，同样会使测试受到严重的影响，甚至导致整个测试系统无法正常工作。对大型设备和结构的多点测量更应引起足够的重视。对于压电晶体加速度计的测振回路，有时需用绝缘螺栓和云母垫圈对加速度传感器与安装部件的结构实施电气绝缘。避免形成接地回路的唯一方法是确保装置接地在同一点上，接地点最好设置在放大器或分析仪器上，如图 1-26 所示。在接地时，要注意以下几个问题。

① 地线指标：优质地线 $\leqslant 2\Omega$；仪表地线 $\leqslant 5\Omega$。

② 地线选择：可靠、电阻小（选择尽可能粗的铜线或铜条）。

③ 电源的可靠接地。

④ 多仪表的接地：所有仪表统一接地。

⑤ 多系统、多电源的接地：严禁多点接地（避免不同地线间的连线有电流）；各系统、电源的地线用粗线相连，然后在同一点接地，如图 1-27 所示。

（8）其他问题

在测量极低频率和极低振级的振动时，还可能产生温度的干扰效应，即温度变化引起传

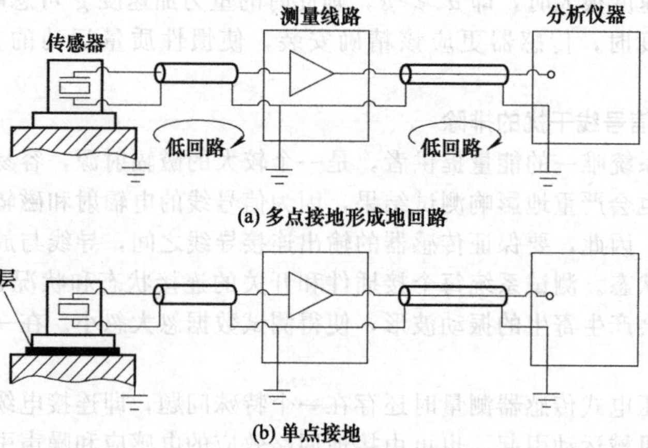

图 1-26 接地点的安置

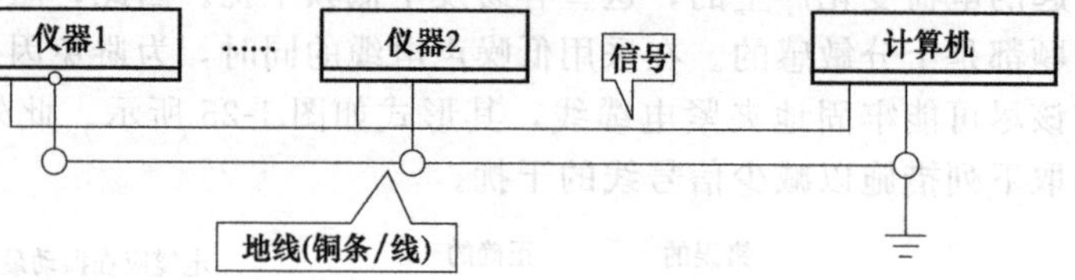

图 1-27 多系统、多电源的接地

感器的输出值变化，变化速度由放大器输入电路的时间常数确定。一般情况下温度效应是不显著的。

最后，应该指出的是防潮问题。传感器本身到接头的绝缘电阻会因受潮气和进水而降低，从而严重地影响测试。

受潮使电阻式仪器不能调平衡，而压电晶体传感器因测试数据误差很大而不能使用。所以测试系统的防潮是一项细致的工作，平时要保持接插件、插头、插座的清洁、干燥。尤其是压电式传感器与电压和电荷放大器的连接，需用酒精、四氯化碳等清洁剂去除插头的脏物和汗渍。如果在液体内或非常潮湿的环境中进行测量，传感器与电缆的接头必须密封（见图 1-28）。密封材料可用环氧树脂或室温硫化硅橡胶，保证在－70～60℃的温度范围内表现出极好的性能。

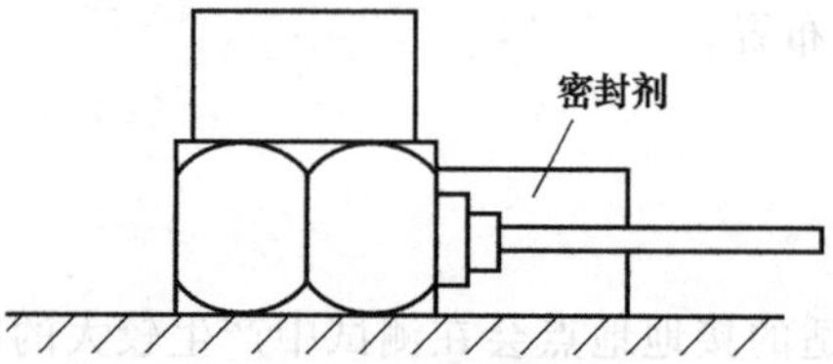

图 1-28 加速度计电缆接头的密封

1.5.4 测试系统的调试

在测试前必须对测试系统进行调试，否则会产生各种误差。

（1）各环节的单独调试

1）接地检查　接地对于测试十分重要，接地好坏不仅直接影响测试精度，而且关系到仪器设备的安全。因此，对系统进行调试时，首先要对接地进行检查。

2）单个仪器的检测　用标准信号源逐一检查仪器（含传感器）的线性度及线性范围、满度、灵敏度和精度，以便准确了解仪器的工作状态，并正确选用和设置初始状态。

3）短路检查　短路会造成测试仪器和系统的损毁甚至引起火灾，因此，测试前一定要仔细地排除短路的可能，即进行零点检查。

4）输出检查　用标准信号源对测试仪器的输出进行检查，并校准仪表的精度。

各环节检测的界面如图 1-29 所示。

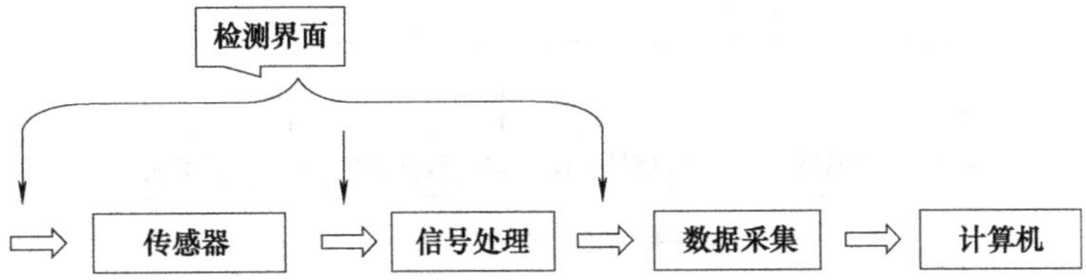

图 1-29　检测界面

（2）连接

在连接测试系统时，要注意以下问题：

① 编号。工程实际中的测试一般都是多测点的，少则几十个，多则几百个。为了防止接错信号，应该对传感器、电缆和通道进行编号。连接时，将同号的传感器、电缆和通道连接在一起，并按图 1-30 的连接界面进行仔细检查。以防接错。

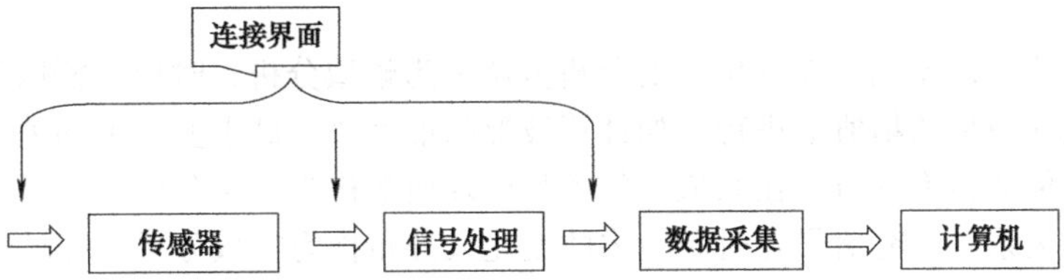

图 1-30　连接界面

② 极性。有些电缆是有极性的，在连接时必须严格按照标明的极性进行连接，特别是屏蔽线。

③ 断电连接。另外，连接必须在断电的情况下进行，以防发生意外。

（3）统调

在完成上述步骤之后，要对测试系统进行统调。统调包括以下几步。

① 系统检测。用标准信号源对测试系统的线性度、灵敏度、精度、零漂、温漂等指标逐一进行检测和记录，以便准确了解测试系统的工作状态，为测试误差分析提供依据。

② 校准。用标准被测量对测试系统的输出进行检查，并对测试系统的精度进行系统校准和标定。

③ 实测实验。按图 1-31 对测试系统进行初步实验，以检查测试系统是否能正常工作。

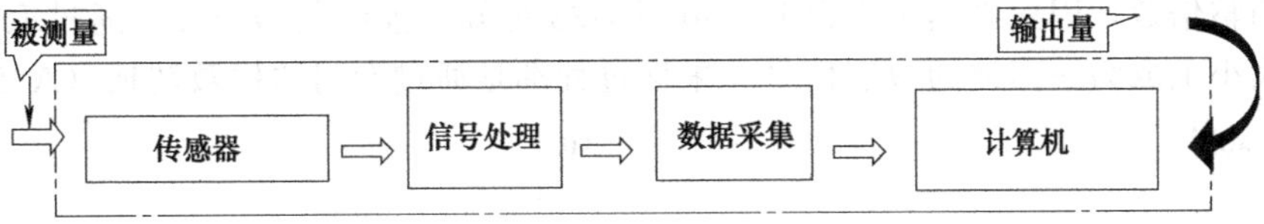

图 1-31　实测实验

当测试系统工作不正常时，要对测试系统进行故障排除，然后方可进行测试。检查故障的方法有隔离法和排除法两种。

① 排除法。对测试系统进行逐级检测，以确定故障发生的范围。

② 隔离法。对有问题的子系统中的仪器进行单独检测，以发现问题所在。

在用上述方法检测故障时，还可通过输入短路来查看输出变化以发现问题。查错界面如图 1-32 所示。

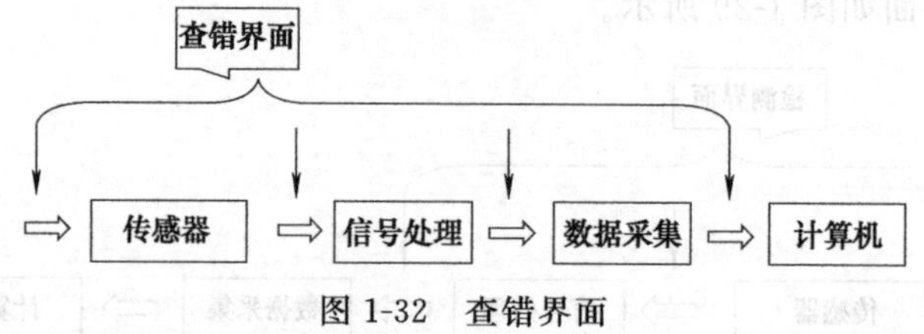

图 1-32　查错界面

1.6　机械振动信号的分析

信号中包含对诊断有用的信息，但是也存在一些无用的东西，为了提取有用信息，必须对信号进行处理。任何信号都不可能是纯正的，去伪求真处理的最终目的就是要提取与状态有关的特征参数。任何信息的采集都是以信号的形式存在，如果没有信号的分析处理，就不可能得到正确的诊断结果，因此信号处理广泛地应用于各种各样的领域，信号处理是设备诊断中的重要手段。

按信号处理方式的不同，振动信号的分析方法分为幅域分析、时域分析以及频域分析。信号的早期分析只在波形的幅值上进行，如计算波形的最大值、最小值、平均值、有效值等，进而研究波形的幅值的概率分布。在幅值上的各种处理通常称为幅域分析。信号波形是某种物理量随时间变化的关系，研究信号在时间域内的变化或分布称为时域分析。频域分析是确定信号的频域结构，即信号中包含哪些频率成分，分析的结果是以频率为自变量的各种物理量的谱线或曲线。不同的分析方法是从不同的角度观察、分析信号，使信号处理的结果更加丰富。

1.6.1　数字信号处理

机械故障诊断与监测所需的各种机械物理量（振动、转速、温度、压力等）一般用相应的传感器转换为电信号再进行深处理。通常传感器获得的信号为模拟信号，它是随时间连续变化的。随着计算机技术的飞速发展和普及，信号分析中一般都将模拟信号转换为数字信号进行各种计算和处理。

（1）采样

在信号处理技术中，采样定义为将所得到的连续信号离散为数字信号，其过程包括取样和量化两个步骤。

取样是对一连续信号 $x(t)$ 按一定的时间间隔 Δt 逐点取其瞬时值。量化是将取样值表示为数字编码。量化有若干等级，其中最小的单位称为量化单位。由于量化将取样值表示为量化单位的整倍数，因此必然引入误差。由图 1-33 可知，连续信号 $x(t)$ 通过取样和量化，在时间和大小上成为一离散的数字信号。采样过程都是通过专门的模数转换（A/D）芯片实

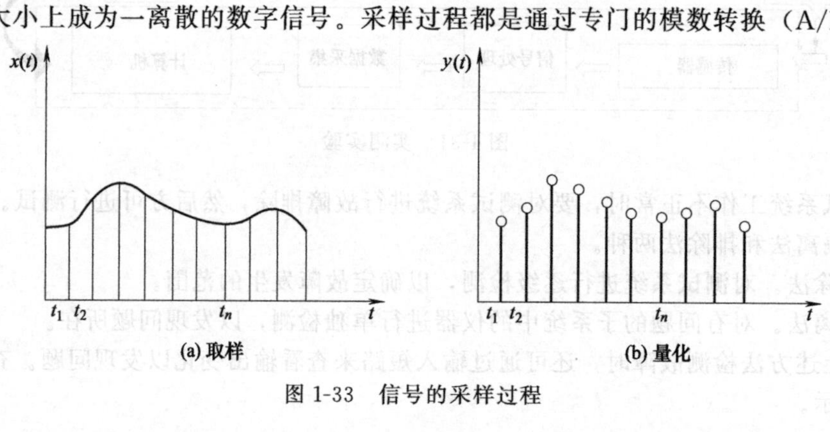

图 1-33　信号的采样过程

现的。

(2) 采样间隔及采样定理

采样的基本问题是如何确定合理的采样间隔 Δt 和采样长度 T，以保证采样所得的数字信号能真实反映原信号 $x(t)$。显然，采样频率 f_s（$f_s=1/\Delta t$）越高，则采样越细密，所得的数字信号越逼近原信号；但当采样长度一定时，f_s 越高，数据量 $N=T/\Delta t$ 越大，所需内部存贮量和计算量就越大。根据 Shannon 采样定理，带限信号（信号中的频率成分 $f<f_{max}$）不丢失信息的最低采样频率为

$$f_s \geqslant 2f_{max} \tag{1-44}$$

式中，f_{max} 为原信号中最高频率成分的频率。当不满足采样定理时，将会产生频率混淆现象，采样得到的数字信号将不能正确反映原有信号的特征。

解决频率混淆的办法是：

① 提高采样频率以满足采样定理。$f_s=2f_{max}$ 为最低限度，一般取 $f_s=(2.56\sim4)f_{max}$。

② 用低通滤波器滤掉不需要的高频成分以防止频混现象。此时的低通滤波器也称为抗混频滤波器。如滤波器的截止频率为 f_c，则有 $f_s=(2.56\sim4)f_c$。

(3) 采样长度和频率分辨率

采样长度太长会使计算量增大；采样长度过短则不能反映信号的全貌，信号分析的频率分辨率不够（$\Delta f=1/T$）。因此，必须综合考虑采样频率和采样长度的问题。一般在信号分析仪中，采样点数是固定的（如 $N=1024$、2048，4096 点等），各档分析频率范围取

$$f_a=f_s/2.56=1/(2.56\Delta t) \tag{1-45}$$

则频率分辨率：

$$\Delta f=1/N\Delta t=2.56f_a/N=(1/400,1/800,1/1600,\cdots)f_a \tag{1-46}$$

这就是信号分析仪的频率分辨率选择中通常所说的 400 线，800 线，1600 线……

1.6.2 振动信号的时域分析

幅域分析尽管也是用样本时间的波形来计算，但它不关心数据产生的先后顺序，将数据次序任意排序，所得结果一样。我们在这里提出的时域分析主要是指波形分析、轴心轨迹分析、相关分析和时序分析等，它们可以在时域中抽取信号的特征。

(1) 波形分析

时间波形是最原始的振动信息源。由传感器输出的振动信号一般都是时间波形。对于具有明显特征的波形，可直接用来初步判断设备故障。例如，大约等距离的尖脉冲是冲击的特征，削波表示有摩擦，正弦波主要是不平衡等。波形分析具有简捷、直观的特点，这是波形分析法的一大优势。分析波形有助于区分不同故障。一般说来，单纯不平衡的振动波形基本上是正弦式的；单纯不对中的振动波形比较稳定、光滑，重复性好；转子组件松动及干摩擦产生的振动波形比较毛糙、不平滑、不稳定，还可能出现削波现象；自激振动，如油膜涡动、油膜振荡等，振动波形比较杂乱，重复性差，波动大。

图 1-34 所示的波形基本上为一正弦波，这是比较典型的不平衡故障；图 1-35 所示的波

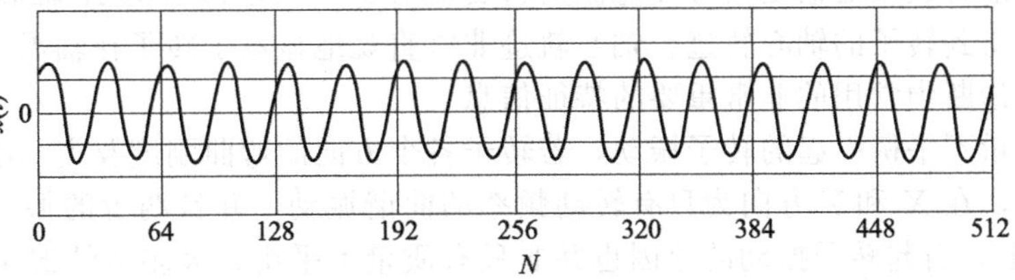

图 1-34 不平衡的时域波形

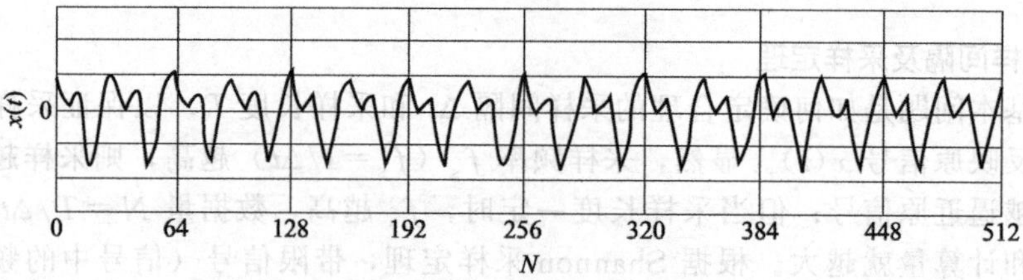

图 1-35　不对中的时域波形

形在一个周期内，比转动频率高一倍的频率成分明显加大，即一周波动两次，表示转轴有不对中现象。

（2）同步平均

同步平均是一种把与机器转速同步的大量的周期信号进行平均信号分析和预处理技术。这种技术不仅可以消除背景噪声，而且还可以消除与被监测机器非精确同期的周期信号。它特别适用于具有多轴的齿轮振动诊断。所有与所测轴的不同步部件都能予以排除。典型的测量组态是由一个加速度传感器、一个能够产生参考脉冲的转速表以及一个信号平均器组成。如果还能有一个脉冲频率放大器用来更正参考脉冲的重复率，则与参考轴不同步的轴信号也可以进行平均。图 1-36 是截取不同的段数 N 进行同步平均的结果，虽然原来图像（$N=1$）时的信噪比很低，但经过了多段平均后，信噪比大大提高。当 $N=256$ 时，就可以得到几乎接近理论的正弦周期信号，而原始信号中的周期分量几乎完全被其他信号和随机噪声淹没。

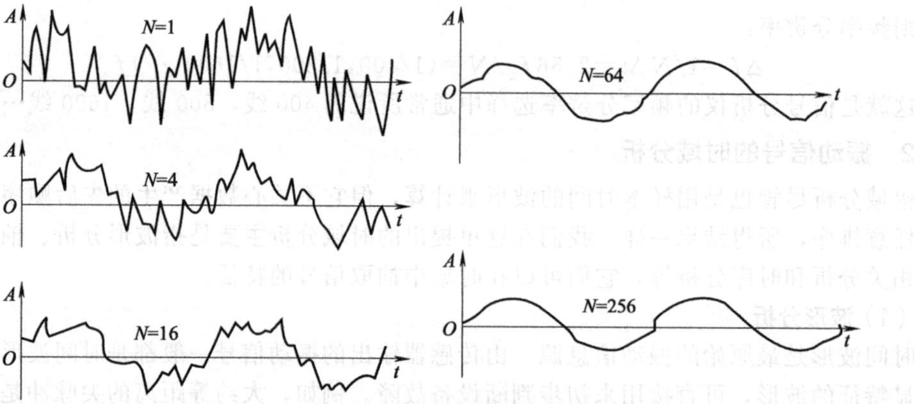

图 1-36　同步平均对信噪比的影响

（3）轴心轨迹分析

轴心运动轨迹是利用安装在同一截面内相互垂直的两只电涡流传感器对轴颈振动测量后得到的，如图 1-37 所示。它可以用来指示轴颈轴承的磨损、轴不对中、轴不平衡、液压动态轴承润滑失稳以及轴摩擦等。

传感器的前置放大器输出信号经滤波后将交流分量输入示波器的 X 轴和 Y 轴或监测计算机，便可以得到转子的轴心轨迹。轴心轨迹非常直观地显示了转子在轴承中的旋转和振动情况，是故障诊断中常用的非常重要的特征信息。

对仅由质量不平衡引起的转子振动，若转子各个方向的弯曲刚度及支承刚度都相等，则轴心轨迹为圆，在 X 和 Y 方向为只有转动频率的简谐振动，并且两者的振幅相等，相位差为 90°。实际上，引起转子振动的原因也并非只有质量不平衡，大多数情况下转子各个方向的弯曲刚度和支承刚度并不相同，因此轴心轨迹不再是圆，而是一个椭圆或者更复杂的图

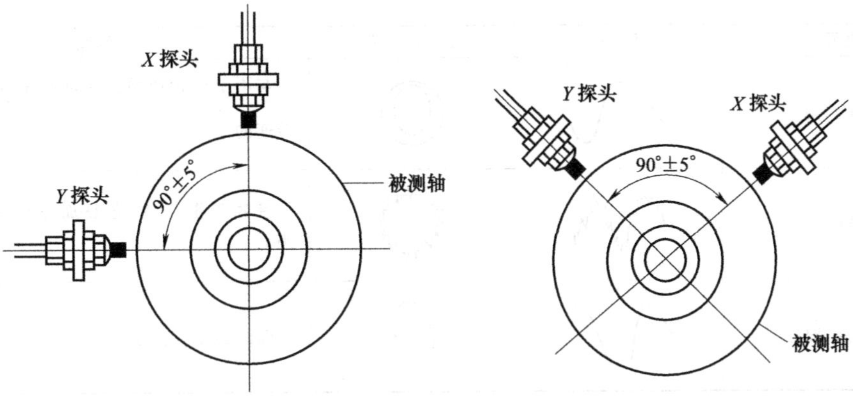

图 1-37　轴心轨迹测量传感器的安装

形，反映在 X 和 Y 方向的振幅并不相等，相位也不是 90°。表 1-1 分别列出了振动频率分别为 1、1/2、1/3 和 1/4 转动频率下转子的轴心轨迹。如果同时从轴心轨迹的形状、稳定性和旋转方向等方面进行综合分析，可以得到比较全面的机组运行状态信息。

表 1-1　典型的正反进动轴心轨迹图

振动频率	正进动	反进动
$\Omega=1\omega$		
$\Omega=\frac{1}{2}\omega$		
$\Omega=\frac{1}{3}\omega$		
$\Omega=\frac{1}{4}\omega$		

转轴轴心相对于轴承座的运动轨迹直观地反映了转子瞬时运动状态，它包含许多有关机械运转状态的信息。因此，轴心轨迹分析是诊断设备故障很有用的一种方法，对确诊设备故障能起到很好的作用。

轴心轨迹有未滤波的轴心轨迹和提纯的轴心轨迹两种类型。前者由轴端两个空间相距 90°的位移传感器输出综合而成。由于所含成分比较复杂，轨迹一般较为凌乱，不易获得清晰的特征。后者是在频谱分析基础上提取相应频率成分重构而成，也可通过带通保相滤波对轴心轨迹进行重构。提纯的轴心轨迹比原始轨迹简洁得多，而且突出了与故障有关的成分，因此轨迹的特征与故障的相关性更加突出，诊断价值更大。观看轨迹的重复性可判断机组运转稳定与否。分析轴心轨迹还可发现，探头的安装方向不一定就是振动最大的方向。也就是说，仅据单一的探头信号有可能低估转子实际振动的大小，只有将两个方向探头的信号合成轴心轨迹才可获得评价轴振动所需的振动最大值。分析轨迹的形状可以得知转子受力的状态，直观地区分多种类型故障。表 1-2 给出了典型故障的波形及轴心轨迹图。

表 1-2　典型故障的波形及轴心轨迹

缺陷	时域	x-y 轨迹	诊断
不对中	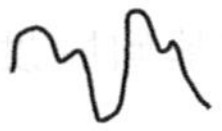		典型的严重不对中

续表

缺陷	时域	$x-y$ 轨迹	诊断
油膜涡动	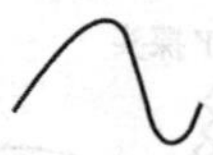		与不平衡相似而且涡动频率较慢，小于轴转速的$\frac{1}{2}$
摩擦			接触产生花状，它叠加在正常的轴心轨迹上
不平衡或轴弯	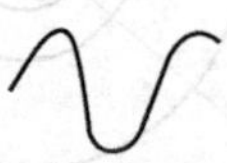		椭圆的 x-y 显示

正常情况下，轴心轨迹是稳定的，每次转动循环基本都维持在同样的位置上，轨迹基本上都是相互重合的。如果轴心轨迹紊乱，形状、大小不断变化，则预示转子运行状态不稳，如得不到及时地调整控制，很容易导致机组失稳，酿成停车事故。

（4）启停过程（开/停车分析）

通常将开机、停机过程的振动信号称为瞬态信号，是转子系统对转速变化的响应，是转子动态特性和故障征兆的反应。在启停过程中，转子经历了各种转速，其振动信号是转子系统对转速变化的响应，是转子动态特性和故障征兆的外在反应，包含了平时难以获得的丰富信息。因此，起停过程分析是转子检测的一项重要工作。

用于起停过程的分析方法很多，除轴心轨迹、轴心位置和相位分析外，主要通过奈奎斯特图、伯德图和瀑布图来了解起停过程的特性。奈奎斯特图是将启停过程中每个转速下的基频振幅和相位用极坐标表示的一条曲线。由奈奎斯特图可以得到有关转子运行状态的一些基本特性。分析振幅峰值和相位偏移能够发现转子系统共振频率和临界转速。低速下的幅值和相位可反映转子弯曲的程度。纵观奈奎斯特图的全图，还可以看出整个启停过程中转子系统对转子不平衡激振的响应。

伯德图是将各转速下的振幅和相位分别绘在以转速为横坐标的直角坐标系上所得到的曲线，其作用与奈奎斯特图相同，只是表现形式不同。瀑布图也是一种转子过渡状态振动分析方法，它是由各个转速下的振动信号的幅值谱叠置而成的，纵坐标是转速，横坐标是频率。瀑布图反映了全部频率分量的振幅变化情况，图像直观易懂，不足之处是丧失了振动的相位信息。

实践表明，振动瞬态信号的变化是随激励源的变化而变化的，不同的激励源产生不同的振动瞬态信号。在振动分析中，通过作伯德图可以分析振动瞬态信号的形态。伯德图是描述某一频带下振幅和相位随过程变化而变化的两组曲线。频带可以是一次、二次或其他谐波；这些谐波的幅值、相位可以用 FFT 法计算，也可以用滤波法得到。当过程的变化参数为转速时，例如开机、停机期间，伯德图实际上又是机组随转速不同其幅值和相位变化的幅频响应和相频响应曲线。

图 1-38 是某压缩机转子在升速过程中的伯德图。从图中可以看出，系统在通过临界转速时幅值响应有明显的共振峰，而相位在其前后变化近 180°。

图 1-39 是从一台通风机轴承座上测得的伯德图，图形说明该机组存在共振现象。风机共振转速为 850r/min，共振范围 800～920r/min，由于该机设计工作转速为 900r/min，恰好落在共振区内，故运行时会产生共振现象。因此，必须采取措施使风机运行转速避开共振区，解决办法有两个，一是改变机器结构，增大基础刚度；二是保证转子有良好的平衡性。

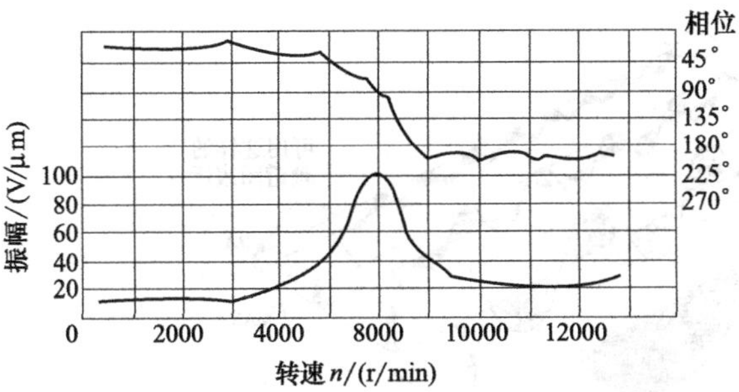

图 1-38　压缩机转子伯德图

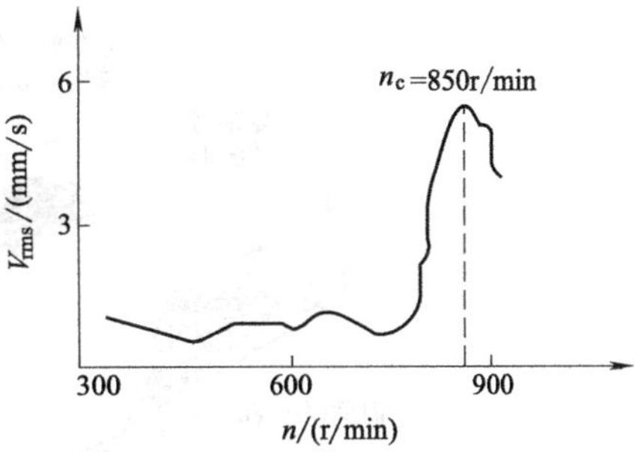

图 1-39　风机转子伯德图

在设备诊断中，通过分析振动瞬态信号来识别故障的方法有一定的局限性。因为测量机器的振动瞬态信号只有在机器降速停机或升速启动的时候才能进行，操作比较麻烦，在没有备用设备的岗位上，无法用此法进行测试，特别是连续生产线上的设备。设备振动瞬态信号曲线也比较复杂，往往难以作出准确判断。

（5）其他

相关分析又称时延分析，用于描述信号在不同时刻的相互依赖关系，是提取信号中周期成分的常用手段。相关分析包括自相关分析和互相关分析。自相关函数描述的是同一信号中不同时刻的相互依赖关系，其定义为

$$Rx(\tau)=\lim_{T\to\infty}\frac{1}{T}\int_0^T x(t)x(t+\tau)\mathrm{d}t \tag{1-47}$$

1.6.3　振动信号的频域分析

对于机械故障的诊断而言，时域分析所能提供的信息量是非常有限的。时域分析往往只能粗略地回答机械设备是否有故障，有时也能得到故障严重程度的信息，但不能提供故障发生部位等信息。作为机械故障诊断中信号处理最重要和最常用的分析方法，频域分析能通过了解测试对象的动态特性，对设备的状态作出评价，准确而有效地诊断设备故障，并对故障进行定位，进而为防止故障的发生提供分析依据。

实际的设备振动信号包含了设备许多的状态信息，因为故障的发生、发展往往会引起信号频率结构的变化。例如，齿轮箱的齿轮啮合误差或齿面疲劳剥落都会引起周期性的冲击，相应在振动信号中就会有不同的频率成分出现，根据这些频率成分的组成和大小就可对故障进行识别和评价。频域分析是基于频谱分析展开的，即在频率域将一个复杂的信号分解为简单信号的叠加，这些简单信号对应各种频率分量，并同时体现幅值、相位、功率及能量与频率的关系。

频谱分析是设备故障诊断中最常用的方法。频谱分析中常用的有幅值谱和功率谱，另外自回归谱也常用来作为必要的补充。功率谱表示振动功率随振动频率的分布情况，物理意义比较清楚。幅值谱表示对应于各频率的谐波振动分量所具有的振幅，应用时显得比较直观，幅值谱上谱线高度就是该频率分量的振幅大小。相应自回归谱为时序分析中自回归模型在频域的转换。频谱分析的目的就是将构成信号的各种频率成分都分解开来，以便于振源的识别。

频谱分析计算是以傅里叶积分为基础的，它将复杂信号分解为有限或无限个频率的简谐分量，如图 1-40 所示。目前频谱分析中已广泛采用了快速傅里叶分析方法（FFT）。

实际设备振动情况相当复杂，不仅有简谐振动、周期振动，而且还伴有冲击振动、瞬态振动和随机振动，必须用傅里叶变换对这类振动信号进行分析。

时域函数 $x(t)$ 的傅里叶变换为

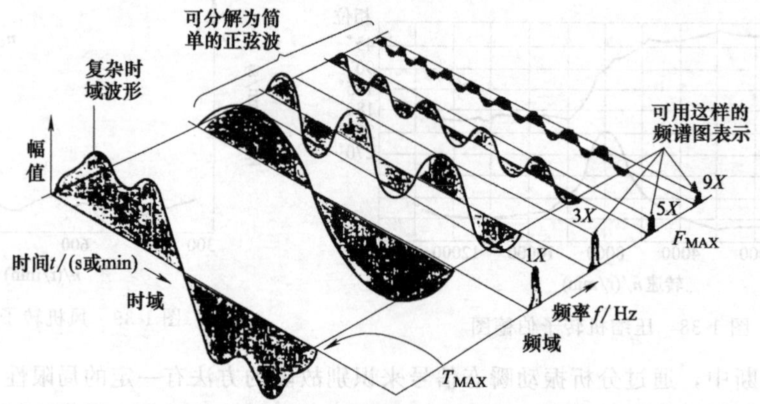

图 1-40　傅里叶变换与频谱分析图示

$$X(f)=\int_{-\infty}^{\infty} x(t)e^{-j2\pi ft}\,dt \tag{1-48}$$

相应的时域函数 $x(t)$ 也可用 $X(f)$ 的傅里叶逆变换表示

$$x(t)=\int_{-\infty}^{\infty} X(f)e^{j2\pi ft}\,df \tag{1-49}$$

式（1-48）和式（1-49）被称为傅里叶变换对。

$|X(f)|$为幅值谱密度，一般被称为幅值谱。

自功率谱可由自相关函数的傅里叶变换求得，也可由幅值谱计算得到。其定义为

$$S_x(f)=\int_{-\infty}^{\infty} R_x(\tau)e^{-j2\pi f\tau}\,d\tau \tag{1-50}$$

$$S_x(f)=\lim_{T\to\infty}\frac{1}{2T}|X(f)|^2 \tag{1-51}$$

实际上，对于工程中的复杂振动，我们正是通过傅里叶变换得到频谱，再以频谱图为依据来判断故障的部位以及故障的严重程度的。

从某种意义上讲，振动故障分析诊断的任务就是读谱图，把频谱上的每个频谱分量与监测的机器的零部件对照联系，给每条频谱以物理解释。主要内容包括：

① 振动频谱中存在的频谱分量。

② 每条频谱分量的幅值。

③ 这些频谱分量彼此之间存在的关系。

④ 如果存在明显高幅值的频谱分量，其准确来源及其与机器的零部件对应关系。

⑤ 如果能测量相位，应该检查相位是否稳定，并分析各测点信号之间的相位关系。

进行频谱分析，建立频谱上每个频谱分量与监测的机器的零部件对照联系时，要注意以下几个方面。

① 进行频谱分析首先要了解频谱的构成。依据故障推理方式的不同，对频谱构成的了解可按不同层次进行：

a. 按高、中、低频段进行分析，初步了解主故障发生的部位。

b. 按工频、超谐波、次谐波进行分析，用以确定转子故障的范围。振动信号中的很多分量都与转速频率（简称工频）有密切关系，往往是工频的整数倍或分数倍，所以一般均先找出工频成分，随后再寻找其谐波关系，弄清它们之间的联系，故障特征就比较清楚了。

c. 按频率成分的来源进行分析。实际的谱图往往很复杂，除故障成分以叠加的方式呈现在谱图上外，还有由于非线性调制生成的和差频成分、零部件共振的频率成分、随机噪声

干扰成分等非故障成分。弄清振动频率的来源有利于进一步进行故障分析。

d. 按特征频率进行分析。振动特征频率是各振动零部件运转中必定产生的一种振动成分，如不平衡必定产生工频，气流在叶片间流动必定有通过频率，齿轮啮合有啮合频率，过临界有共振频率，零部件受冲击有固有振动频率等。根据特征频率可大体上掌握机组各构成部件的振动情况。

② 对主振成分进行分析。做频谱分析时，首先抓住幅值较高的谱峰进行分析，因为它们的量值对振动的总水平影响较大，需要分析一下产生这些频率成分的可能因素。如工频成分突出，往往是不平衡所致，要加以区分的原因还有轴弯曲、共振、角度不对中、基础松动、定转子同心度不良等故障。2×频为主往往是平行不对中以及转轴存在横裂纹；1/2 分频过大，预示涡动失稳；0.5×～0.8×是流体旋转脱离；特低频是喘振；整数倍频是叶片流道振动；啮合成分高是齿轮表面接触不良；谐波丰富是松动；边频是调制；分频是流体激振、摩擦等。

③ 做频谱对比发现状态异常。在分析和诊断过程时应注意从发展变化中得出准确的结论，单独一次测量往往难于对故障做出较有把握的判断。在机器振动中，有些振动分量虽然较大，但是很平稳，不随时间的变化而变化，对机器的正常运行也不会构成多少威胁。而一些较小的频率成分，特别是那些增长很快的分量，常常预示着故障的发展，应该加以重视。特别需要注意的是，一些在原来谱图上不存在或比较微弱的频率分量突然出现并扶摇直上，可能会在比较短的时间内破坏机器的正常工作状态，因此分析幅值谱时不仅要注意各分量的绝对值大小，还要注意其发展变化情况。

分析幅值谱的变化可以从以下几个方面着手：

a. 某个谱峰的变化情况，是单调增大，单调减少，还是波动而无固定趋势。

b. 哪些谱峰是同步变化的？哪些谱峰不发生变化？

c. 是否有新的频率成分出现？

d. 转子同一部分各测点（例如轴承座水平、垂直方向）振动之间，或相近部位各测点的振动之间振动谱上的相互联系，各种变化的快慢等。

1.6.4 几种常用的频谱处理技术

（1）加窗技术

时间信号 $z(t)$ 的采样过程可理解为用一矩形窗去截取原信号，在矩形窗外的信号值都假设为零。作傅里叶变换时，变换原理决定了必须将原信号解释为以窗长度为周期的周期信号。显然当原始信号不是周期信号，或即使是周期信号但截取长度不等于整周期时，将遇到原信号的曲解问题，于是信号的频率结构被改变，这在信号分析中称为频率泄漏。为了克服这种现象，常采用其他的时窗函数来对所截取的时域信号进行加权处理，于是产生了加窗技术。

常用的窗函数有

① Hanning 窗

$$w(t)=\begin{cases}0.5(1-\cos 2\pi t/T) & 0\leqslant t\leqslant T\\ 0 & t<0 \text{ 或 } t>T\end{cases} \tag{1-52}$$

② Hamming 窗

$$w(t)=\begin{cases}0.54(1-0.85\cos 2\pi t/T) & 0\leqslant t\leqslant T\\ 0 & t<0 \text{ 或 } t>T\end{cases} \tag{1-53}$$

③ 矩形窗

$$w(t)=\begin{cases}1 & 0\leqslant t\leqslant T\\ 0 & t<0 \text{ 或 } t>T\end{cases} \tag{1-54}$$

通常，矩形窗频率泄漏最严重，主瓣顶点误差最大，但主瓣最窄，故只用于要精确定出主瓣峰值频率时。Hanning窗频率泄漏在这几种中最少，故使用最多，缺点是主瓣较宽，且主瓣顶点误差也不小。

（2）频率细化技术（Zoom技术）

频谱分析中常常会遇到频率很密集的谐波成分，从而产生了分辨率的问题。在故障诊断信号处理技术中，通过减小分析带宽的特殊技术（如复调制法或相位补偿法）来细化频谱，以提高局部频段频谱分析的分辨率的技术，称为频率细化技术。频率细化的另一作用是提高分析中的信噪比。

1.7 振动的监测与诊断概述

1.7.1 监测与诊断系统的任务与组成

（1）监测与诊断系统的任务

机械故障监测与诊断的任务是对振动信号进行特征参数提取，并依据特征参数进行设备正常与否的分析以及对特征参数序列进行数据解释。其工作程序为：采用正确的信号分析技术，将信号中反映设备状况的特征信息提取出来，与过去值进行比较，找出其中的差别，以此判定设备是否有故障。若有故障，则进一步指出故障的类型以及故障的部位。

① 能反映被监测系统的运行状态并对异常状况发出警告。通过监测与诊断系统对机械设备进行连续的监测，可以在任何时刻了解设备的当前状况，并通过与正常状态的特征值的比较判定现状是否正常。若发现或判定异常，及时发出故障警告。

② 能提供设备状态的准确描述。在正常运行状态时，能反映设备主要零部件的劣化程度，为设备的检修提供针对性的依据。当设备发生故障时，能反映故障的位置——造成故障的零部件及故障的程度，为是坚持运行还是停机检修提供决策依据。

③ 能预测设备状态的发展趋势。通过对状态特征数据时间历程的统计分析，描绘出状态特征数据的时间历程曲线及趋势拟合方程的曲线，对后续的设备状态发展进行预测，以提供制定大修工作计划内容的依据，避免欠维修或过维修现象发生。

（2）监测与诊断系统的组成

监测与诊断系统的组成与任务目标是配合协调的。它们分为简易诊断系统和精密诊断系统两种。大多数点巡检系统属于简易诊断系统，在线监测与诊断系统属于精密诊断系统。

简易诊断系统由便携式测量仪表（如振动参数测试仪、轴承故障测试仪等）和一些统计图表组成。统计表由示意图、设备名称、结构参数、测量部位、测量参数、判别标准、点检数据及测点趋势图等组成，是简易诊断系统的重要组成部分。

属于精密诊断系统的在线监测与诊断系统由数据采集部分、状态识别部分和数据库部分组成。

数据采集部分包含传感器、信号调理器（放大、滤波等）、A/D转换器及计算机，还可以有其他辅助仪器，如图1-41所示。

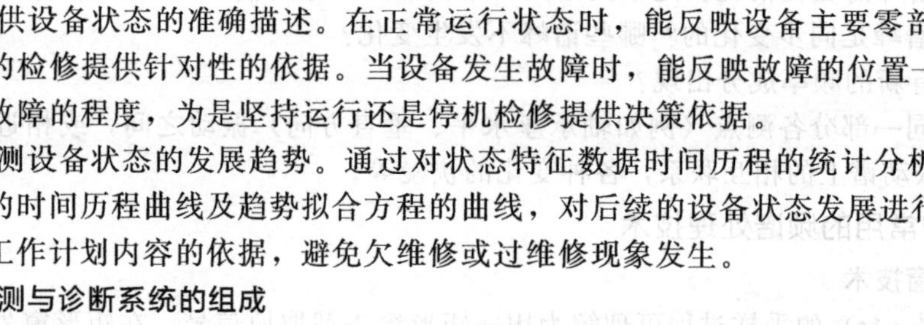

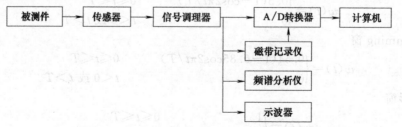

图1-41 监测与诊断系统的数据采集部分组成

状态识别部分包含信号分析模块（时域统计分析、频域分析等）、状态识别模块、趋势分析模块、图形显示模块、数据解释模块、故障诊断模块、数据管理模块、系统管理模块等。

数据管理部分有两种，早期的监测与诊断系统依托操作系统中的文件管理系统来管理采集的数据，分为周、日、时及故障等几个子目录，分别管理 54 个周数据文件、60 个日数据文件、48～72 个分钟数据文件以及包含事故数据的故障数据文件。每个数据文件包含一组（n 个测点）采集的信号数据。

现在的数据管理部分主要依托数据库，最常见的是 Access 数据库和 SQL Server 网络数据库。分别将设备结构参数、测点基础数据、监测数据及周、日数据等划分为多个既独立存在又相互关联的数据表。表 1-3 是 SQL 数据库中监测数据表的记录结构定义。

表 1-3 监测数据表的记录结构定义

序号	字段名	数据类型	字段长度	备注
1	记录序号	长整型	32	主键
2	测点编号	字符	18	外键，测点基础数据表
3	采样时间	日期		
4	采样频率	整型	16	
5	采样参数	字符	2	a、v、s、t、p…
6	采样长度	整型	16	
7	当时转速	整型	16	
8	有效值	浮点型		
9	平均值	浮点型		
10	峰峰值	浮点型		
11	峭度指标	浮点型		
12	脉冲指标	浮点型		
13	裕度指标	浮点型		
14	歪度指标	浮点型		
15	状态判定	逻辑型		
16	采样数据	二进制数组	2048	

1.7.2 振动监测参数与标准

（1）振动参数及其选择

通常用来描述振动响应的三个参数是位移、速度和加速度。为了提高振动测试的灵敏度，在测试时应根据振动频率的高低来选用相应的参数（或传感器）。从测量的灵敏度和动态范围考虑，低频时的振动强度用位移值度量；中频时的振动强度用速度值度量；高频时的振动强度用加速度值度量。从异常的种类考虑，冲击是主要问题时应测量加速度；振动能量和疲劳是主要问题时应测量速度；振动的幅度和位移是主要问题时，应测量位移。

对大多数机器来说，速度是最佳参数，这也是许多标准采用该参数的原因之一。但是另外一些标准都采用相对位移参数进行测量，这在发电、石化工业的机组振动监测中用的最多。对于轴承和齿轮部件的高频振动监测来说，加速度却是最合适的监测参数。

（2）测量位置的选定

首先应确定是测量轴振动还是轴承振动。一般说来，监测轴比测试轴承座或机壳的振动信息更为直接和有效。在出现故障时，转子上振动的变化比轴承座或机壳要敏感得多。不过，监测轴的振动常常需要比测量轴承座或外壳的振动更高的测试条件和技术，其中最基本的条件是能够合理地安装传感器。测量转子振动的非接触式涡流传感器安装前一般需要加工设备外壳，保证传感器与轴颈之间没有其他物体。在高速大型旋转设备上，传感器的安装位置常常是在制造时就留下的，目的是对设备实行连续在线监测。而对低中速、小设备来说，常常不具备这种条件，在此情况下，可以选择在轴承座或机壳上放置传感器进行测试。测量轴承振动可以检测机械的各种振动，因受环境影响较小而易于测量，而且所有仪器价格低，装卸方便，但测量的灵敏度和精度较低。

其次应确定测点位置。一般情况下，测点位置选择的原则是：能对设备振动状态做出全面的描述；应是设备振动的敏感点；应是离机械设备核心部位最近的关键点；应是容易产生劣化现象的易损点。一般测点应选在接触良好、表面光滑、局部刚度较大的部位。值得注意的是，测点一经确定之后，就要经常在同一点进行测量。特别是高频振动，测点对测定值的影响更大。为此，确定测点后必须做出记号，并且每次都要在固定位置测量。如一般都选机座、轴承座为典型测点。对于大型设备，必须在机器的前中后、上下左右等部位上设点进行测量。在监测中还可以根据实际需要和经验增加特定测点。

无论是测轴承振动还是测轴振动，都需要从轴向、水平和垂直三个方向测量。考虑到测量效率及经济性，一般应根据机械容易产生的异常情况来确定重点测量方向。

（3）振动监测的周期

监测周期的确定应以能及时反映设备状态变化为前提，根据设备的不同种类及其所处的工况确定振动监测周期。通常有以下几类：

① 定期检测。即每隔一定的时间间隔对设备检测一次，间隔的长短与设备类型及状态有关。高速、大型的关键设备，振动状态变化明显的设备，新安装及维修后的设备都应较频繁检测，直至运转正常。

② 随机检验。对不重要的设备，一般不定期地进行检测。发现设备有异常现象时，可临时对其进行测试和诊断。

③ 长期连续监测。对部分大型关键设备应进行在线监测，一旦测定值超过设定的门槛值即进行报警，进而对机器采取相应的保护措施。

定期检测是为了早期发现故障，以免故障迅速发展到严重的程度，检测的周期应尽可能短一些；但如果检测周期定得过短，则在经济上可能不合理。因此，应综合考虑技术上的需要和经济上的合理性来确定合理的检测周期。连续在线监测主要适用于重要场合或由于工况恶劣不易靠近的场合，相应的监测仪器较定期检测的仪器要复杂，成本也要高些。

（4）振动监测标准

衡量机械设备的振动标准，一般可分为绝对判断标准、相对判断标准和类比判断标准三大类。

① 绝对判断标准。绝对判断标准是将被测量值与事先设定的“标准状态槛值”相比较以判定设备运行状态的一类标准。常用的振动判断绝对标准有 ISO2372、ISO3495、VDI2056、BS4675、GB/T 6075.1、ISO10816 等。

② 相对判断标准。对于有些设备，由于规格、产量、重要性等因素难以确定绝对判断标准，因此将设备正常运转时所测得的值定为初始值，然后对同一部位进行测定并进行比较，实测值与初始值相比的倍数叫相对标准。相对标准是应用较为广泛的一类标准，其不足之处在于标准的建立周期不长，且槛值的设定可能随时间和环境条件（包括载荷情况）而变化。因此，在实际工作中，应通过反复试验才能确定。

③ 类比判断标准。数台同样规格的设备在相同条件下运行时，通过对各设备相同部件

的测试结果进行比较，可以确定设备的运行状态。类比时所确定的机器正常运行时振动的允许值即为类比判断标准。

绝对判断标准是在规定的检测方法的基础上制定的标准，因此必须注意其适用频率范围，并且必须按规定的方法进行振动检测。适用于所有设备的绝对判断标准是不存在的，因此一般都是兼用绝对判断标准、相对判断标准和类比判断标准，这样才能获得准确、可靠的诊断结果。

1.7.3 故障诊断的程序

故障诊断步骤可概括为三个环节，即准备工作、诊断实施、决策与验证。

（1）了解诊断对象

诊断的对象就是机器设备。在实施设备诊断之前，必须对设备的各个方面有充分的认识和了解。经验表明，诊断人员如果对设备没有足够充分的了解，甚至茫然无知，那么即使是信号分析专家也是无能为力的。所以了解诊断对象是开展现场诊断的第一步。

了解设备的主要手段是开展设备调查。在调查前应做出一张调查表，它由设备结构参数子表、设备运行参数子表、设备状况子表组成。

设备结构参数子表有下列项目。

① 清楚设备的基本组成部分及其连接关系。一台完整的设备一般由三大部分组成，即原动机（大多数采用电动机，也有用内燃机、汽轮机、水轮机的，一般称辅机）、工作机（也称主机）和传动系统。要分别查明它们的型号、规格、性能参数及连接的形式，画出结构简图。

② 必须查明各主要零部件（特别是运动零件）的型号、规格、结构参数及数量等，并在结构图上标明，或另予以说明。这些零件包括轴承形式、滚动轴承型号、齿轮的齿数、叶轮的叶片数、带轮直径、联轴器形式等。

设备运行参数子表包括以下内容。

① 各主要零部件的运动方式。旋转运动还是往复运动。

② 机器的运动特性。平稳运动还是冲击性运动。

③ 转子运行速度。低速（＜600r/min）、中速（600～6000r/min）还是高速（＞6000r/min），匀速还是变速。

④ 机器平时正常运行时及振动测量时的工况参数值，如排出压力、流量、转速、温度、电流、电压等。

⑤ 载荷性质。均载、变载还是冲击载荷。

⑥ 工作介质。有无尘埃、颗粒性杂质或腐蚀性气（液）体。

⑦ 周围环境。有无严重的干扰（或污染）源存在，如强电磁场、振源、热源、粉尘等。

设备状况子表包括以下内容。

① 设备基础形式及状况，搞清楚是刚性基础还是弹性基础。

② 有关设备的主要设计参数，质量检验标准和性能指标，出厂检验记录，生产厂家。

③ 有关设备常见故障分析处理的资料（一般以表格形式列出），以及投产日期、运行记录、事故分析记录、大修记录等。

（2）确定诊断方案

一个比较完整的现场振动诊断方案应包括下列内容。

1）选择测点　测点就是设备上被测量的部位，它是获取诊断信息的窗口。测点选择的正确与否，关系到能否获得所需要的真实完整的状态信息，只有在对诊断对象充分了解的基础上，才能根据诊断目的恰当地选择测点。测点应满足下列要求。

① 对振动反应敏感。所选测点要尽可能靠近振源，在传递通道上避开或减少界面、空

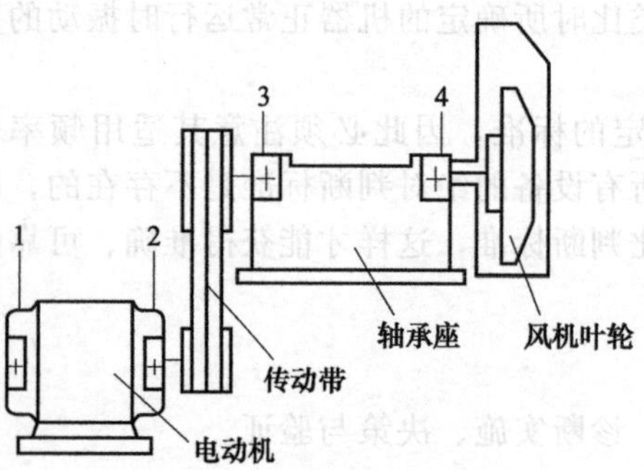

图 1-42　测点选择示意图

腔或隔离物（如密封填料等），最好让信号沿直线传播，这样可以减少信号在传递途中的能量损失。

② 信息丰富。通常选择振动信号比较集中的部位，以便获得更多的状态信息。

③ 所选测点要服从于诊断目的，诊断目的不同，测点也应随之改换位置。如图 1-42 所示，若要诊断风机叶轮是否平衡，应选择测点 4；若要诊断轴承故障，应选择 3、4；若要诊断电动机转子是否存在故障，则应选择测点 1、2。

④ 适于安置传感器。测点必须有足够的空间用来安置传感器，并要保证有良好的接触。测点部位还应有足够的刚度。

⑤ 符合安全操作要求。由于现场振动测量是在设备运转的情况下进行的，所以在安置传感器时必须确保人身和设备安全。对不便操作或操作起来存在安全隐患的部位，一定要有可靠的保安措施，否则只好暂时放弃。

在通常情况下，轴承是监测振动最理想的部位，因为转子上的振动载荷直接作用在轴承上，并通过轴承把机器与基础连接成一个整体，故轴承部位的振动信号还反映了基础的状况。所以，在无特殊要求的情况下，轴承是首选测点。如果条件不允许，也应使测点尽量靠近轴承，以减小测点和轴承座之间的机械阻抗。此外，设备的地脚、机壳、缸体、进出口管道、阀门、基础等部位也是测量振动的常设测点，必须根据诊断目的和监测内容决定取舍。

在现场诊断时常常碰到这样的情况，有些设备在选择测点时遇到很大的困难。例如，卷烟厂的卷烟机、包装机，其传动机构大都包封在机壳内部，不便对轴承部位进行监测。碰到这种情况，只有另选测量部位。若要彻底解决问题，必须根据适检性要求对设备的某些结构做一些必要的改造。

有些设备的振动特征有明显的方向性，不同方向的振动信号也往往包含着不同的故障信息。因此，每一个测点一般都应测量三个方向，即水平方向（H）、垂直方向（V）和轴向（A），如图 1-43 所示。水平方向和垂直方向的振动反映径向振动，测量方向垂直于轴线，轴向振动的方向与轴线重合或平行。

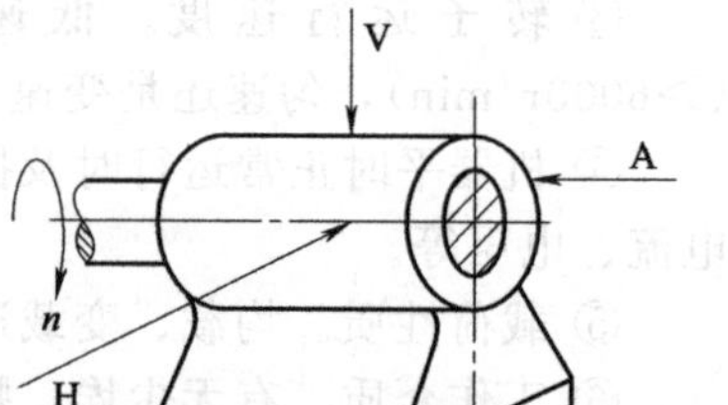

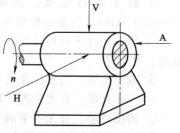

图 1-43　测点的三个测量方位

测点一经确定，必须在每个测点的三个测量方位做上永久性标记，如打上样冲眼或加工出固定传感器的螺孔。

2）预估频率和振幅　测量振动前，对所测振动信号的频率范围和振幅大小要作一个基本的估计，为选择传感器、测量仪器和测量参数、分析频带提供依据，同时防止漏检某些可能存在的故障信号而造成误判或漏诊。预估振动频率和振幅可采用下面几种简易方法。

① 根据长期积累的现场诊断经验，对各类常见多发故障的振动特征频率和振幅作一个基本估计。

② 根据设备的结构特点、性能参数和工作原理计算出某些可能发生的故障特征频率。

③ 利用便携式振动测量仪，在正式测量前进行分区多点搜索测试，发现一些振动烈度较大的部位，再通过改变测量频段和测量参数进行多次测量，也可以大致确定其敏感频段。人们在诊断实践中总结出一条普遍性原则，即根据诊断对象振动信号的频率特征来选择诊断参数。常用的振动测量参数有加速度、速度和位移，一般按下列原则选用：

低频振动（<10Hz）采用位移测量；

中频振动（10～1000Hz）采用速度测量；

高频振动（>1000Hz）采用加速度测量。

对大多数机器来说，最佳诊断参数是速度，因为它是反映振动强度的理想参数，所以国际上许多振动诊断标准都是采用速度有效值（V_{rms}）作为判别参数。

以往我国一些行业标准大多采用位移（振幅）作诊断参数。在选择测量参数时，还须与所采用的判别标准使用的参数一致，否则判断状态时将无据可依。

3）选择诊断仪器　测振仪器的选择除了重视质量和可靠性外，最主要的还要考虑两条：

① 仪器的频率范围要足够宽。要求能记下信号内所有重要的频率成分，一般为10～10000Hz或更宽一些。对于预示故障来说，高频成分是一个重要信息，设备早期故障首先在高频段中出现，待到低频段出现异常时，故障已经发生了。所以，仪器的频率范围要能覆盖高频低频各个频段。

② 要考虑仪器的动态范围。要求测量仪器在一定的频率范围内能对所有可能出现的振动数值，从最高至最低均能保证近似相同的增益和一定的记录精度。这种能够保证一定精度的数值范围称为仪表的动态范围。对多数设备来说，其振动水平通常是随频率变化的。

4）选择与安装传感器　用于振动测量的传感器有三种类型，一般都是根据所测量的参数类别来选用。测量位移采用涡流式位移传感器，测量速度采用电动式速度传感器，测量加速度采用压电式加速度传感器。

由于压电式加速度传感器的频响范围比较宽，所以现场测量时，在没有特殊要求的情况下，常用它同时测量位移、速度和加速度三个参数，基本上能满足要求。

振动测量不但对传感器的性能质量有严格要求，而且对其安装形式也有要求，不同的安装形式适用不同的场合。在现场测量时，尤其是大范围的普查测试，采用永久性磁座安装最简便。长期监测测量用螺栓固定为好。在测量前，传感器的性能指标须经检测合格。

还必须要说明的是，测量转子振动有两种不同的方式，即测量绝对振动和相对振动。由转子交变力激起的轴承振动称为绝对振动；在激振力的作用下，转子相对于轴承的振动称为相对振动。压电式加速度传感器是用于测量绝对振动，而测量转子的相对振动则必须使用电涡流位移传感器。在现场实行简易振动诊断时，主要使用压电式加速度传感器测量轴承的绝对振动。

5）做好其他相关事项的准备　测量前的准备工作一定要仔细。为了防止测量失误，最好在正式测量前做一次模拟测试，以检验仪器是否正常、准备工作是否充分。比如，检查仪器的电量是否充足，这看起来似乎是小事，但绝不能忽视，在现场常常发生因仪器无电而使诊断工作不得不中止的情况。各种记录表格也要准备好，真正做到“万事俱备”。

（3）振动测量与信号分析

1）两种测量系统　目前，现场简易振动诊断测量系统有两种基本形式。

① 模拟式测振仪所构成的测量系统。我国企业开展设备诊断的初期（即20世纪80年代），现场振动诊断广泛采用模拟式测振仪，其基本功能主要是测量设备的振动参数值，对设备做出有无故障的判断。当需要对设备状态做进一步分析时，可加上一台简易示波器和一台简易频率分析仪组成简易测量系统，既可以观察振动波形，又可以在现场作简易频率分析，这种简易测量分析系统在现场诊断中能解决大量的问题，发挥很大的作用，即使到现在仍有实用价值。

② 以数据采集分析系统为代表的数字式测振仪器所构成的振动诊断测量系统。以数据采集器为代表的便携式多功能测振仪器在企业中得到了广泛的推广和应用，逐步取代了模拟式测振仪，成了现场简易诊断的主角，使简易诊断技术发生了革命性的变化。其操作方法简

便，功能丰富，是模拟式仪器不可比的。建立在数字信号分析技术上的精密诊断系统和在线监测与诊断系统也是在这一时期发展起来的。

2）振动测量与信号分析　在确定了诊断方案之后，根据诊断目的对设备各项相关参数进行测量。在所测参数中必须包括所选诊断标准（例如 ISO 2372）中所采用的参数，以便进行状态识别时使用。如果没有特殊情况，每个测点必须测量水平（H）、垂直（V）和轴向（A）三个方向的振动值。

对于初次测量的信号，要进行信号重放和直观分析，检查测得的信号是否真实。若对所测的信号了解得比较清楚，对信号的特性也较熟悉，那么在现场可以大致判断所测信号的振幅及时域波形的真实性。如果缺少资料和经验，应进行多次复测和试分析，确认测试无误后再作记录。

如果所使用的仪器具有信号分析功能，那么在测量参数之后，即可对该点进一步作波形观察、频率分析等有关项目，特别对那些振动值超过正常值的测点做这种分析很有必要。测量后要把信号储存起来，若要长期储存，则必须储存到合适的数据库中。

3）数据记录整理　测量数据一定要作详细记录。记录数据要有专用表格，做到规范、完整。除了记录仪器显示的参数外，还要记下与测量分析有关的其他内容，如环境温度、电源参数、仪器型号、仪器的通道数（数采器有单通道、双通道之分），以及测量时设备运行的工况参数（如负荷、转速、进出口压力、轴承温度、声音、润滑等）。如果不及时记录，以后无法补测，将严重影响分析和判断的准确性。

对所测得的参数值最好进行分类整理，比如，按每个测点的各个方向整理，用图形或表格表示出来，这样易于抓住特征，便于发现变化情况。也可以把两台设备定期测定的数据或相同规格设备的数据分别统计在一起，这样有利于比较分析。

（4）实施状态判别

根据测量数据和信号分析所得到的信息，对设备状态作出判别。首先判断它是否正常，然后对存在异常的设备做进一步分析，指出故障的原因、部位和程度。对那些不能用简易诊断解决的疑难故障，必须动用精密诊断手段去加以确诊。

（5）诊断决策

通过测量分析、状态识别等，弄清设备的实际状态，为作出决策创造条件。这时应当提出处理意见——继续运行或是停机修理。对需要修理的设备，应当指出修理的具体内容，如待处理的故障部位、所需更换的零部件等。

（6）检查验证

必须检查验证诊断结论及处理决策的结果。诊断人员应当向用户了解设备拆机检修的详细情况及处理后的效果。如果有条件的话，最好亲临现场察看，检查验证诊断结论与实际情况是否相符，这是对整个诊断过程权威的总结。

第2章

旋转机械振动故障监测与诊断

旋转机械指主要功能是由旋转运动完成的机械。如电动机、离心式风机、离心式水泵、汽轮机、发电机等，都属旋转机械范围。

2.1 转子的振动故障

转子组件是旋转机械的核心部分，由转轴及固定装上的各类盘状零件（如叶轮、齿轮、联轴器、轴承等）组成。

从动力学角度分析，转子系统分为刚性转子和柔性转子。转动频率低于转子一阶横向固有频率的转子为刚性转子，如电动机、中小型离心式风机等。转动频率高于转子一阶横向固有频率的转子为柔性转子，如燃气轮机转子。

工程上，也把对应于转子一阶横向固有频率的转速称为临界转速。当代的大型转动机械，为了提高单位体积的做功能力，一般均将转动部件做成高速运转的柔性转子（工作转速高于其固有频率对应的转速），采用滑动轴承支撑。由于滑动轴承具有弹性和阻尼，因此它的作用远不止是作为转子的承载元件，而是已成为转子动力系统的一部分。在考虑滑动轴承的作用后，转子-轴承系统的固有振动、强迫振动和稳定特性就和单个振动体不同了。

由于柔性转子在高于其固有频率的转速下工作，所以在启动、停车过程中，它必定要通过固有频率这个位置。此时机组将因共振而发生强烈的振动，而在低于或高于固有频率转速下运转时，机组的振动是一般的强迫振动，幅值都不会太大，共振点是一个临界点。因此，机组发生共振时的转速也被称为临界转速。

转子的临界转速往往不止一个，它与系统的自由度数有关。实际情况表明，带有一个转子的轴系可简化成具有一个自由度的弹性系统，有一个临界转速；带有两个转子的转轴可简化成两个自由度系统，对应有两个临界转速，依次类推。其中转速最小的那个临界转速称为一阶临界转速 n_{c1}，比之大的依次称为二阶临界转速 n_{c2}、三阶临界转速 n_{c3}……工程上有实际意义的主要是前几阶，过高的临界转速已超出了转子可达到的工作转速范围。

机组的临界转速可由产品样本查到或在起停车过程中由振动测试获取。需指出的是，样本提供的临界转速和机组实际的临界转速可能不同，因为系统的固有频率受各种因素影响会发生改变。这样，当机组运行中因工艺需要调整转速时，机组转速很可能会落到共振区内。针对这种情况，设备故障诊断人员应该了解影响临界转速改变的可能原因。一般来说，一台给定的设备，除非受到损坏，其结构不会有太大的变化，因而其质量分布、轴系刚度系数都是固定的，其固有频率也应是一定的。但实际上，现场设备结构变动的情况还是很多的，最常遇到的是更换轴瓦，有时是更换转子，不可避免的是设备维修安装后未能准确复位等，这些因素都会使临界转速的改变。多数情况下，这种临界转速的改变量不大，在规定必须避开的转速区域内，因而被忽略。

2.1.1 转子不平衡

（1）不平衡故障的特征

由于受材料的质量分布、加工误差、装配因素以及运行中的冲蚀和沉积等因素的影响，旋转机械的转子的质量中心与旋转中心存在一定的偏心距。偏心距较大时，静态下，所产生的偏心力矩大于摩擦阻力矩，表现为某一点始终恢复到水平放置的转子下部——偏心力矩小于摩擦阻力矩的区域内，称为静不平衡。偏心距较小时，不能表现出静不平衡的特征，但是在转子旋转时，表现为一个与转动频率同步的离心力矢量，离心力 $F=M_e\omega^2$，从而激发转子的振动，这种现象称为动不平衡。静不平衡的转子，由于偏心距 e 较大，表现出更为强烈的动不平衡振动。

虽然做不到质量中心与旋转中心绝对重合，但为了设备的安全运行，必须将偏心所激发的振动幅度控制在许可范围内。

1）不平衡故障的信号特征

① 时域波形为近似的等幅正弦波。

② 轴心轨迹为比较稳定的圆或椭圆，这是由于轴承座及基础的水平刚度与垂直刚度不同造成的。

③ 频谱图上转子转动频率处的振幅。

④ 在三维全息图中，转频的振幅椭圆较大，其他成分较小。

2）敏感参数特征

① 振幅随转速变化明显，这是因为激振力与转动角速度 ω 是指数关系。

② 当转子上的部件破损时，振幅突然变大。如某烧结厂抽风机转子焊接的合金耐磨层突然脱落，造成振幅突然增大。

（2）离心式氢气压缩机不平衡振动实例

某厂芳烃车间的一台离心式氢气压缩机是该厂生产的关键设备之一。驱动电动机功率为610kW，压缩机轴功率为550kW，主机转子转速为15300r/min，属4级离心式回转压缩机，工作介质是氢气，气体流量为38066m^3/h，出口压力为1.132MPa，气体温度为200℃，该压缩机配有本特利公司7200系列振动监测系统；测点有7个，测点A、B、C、D为压缩机主轴径向位移传感器，测点E、F分别为齿轮增速箱高速轴和低速轴轴瓦的径向位移传感器，测点G为压缩机主轴轴向位移传感器。

该机没有备用机组，全年8000h连续运转，仅在大修期间可以停机检查。生产过程中一旦停机将影响全线生产。因该机功率大、转速高且介质是氢气，振动异常有可能造成极为严重的恶性事故，是该厂重点监测的设备之一。

该机组于5月中旬开始停车大检修，6月初经检修各项静态指标均达到规定的标准。6月10日下午启动后投入催化剂再生工作，为全线开车做准备。再生工作要连续运行一周左右。再生过程中工作介质为氮气（其分子量较氢气大，为28），使压缩机负荷增大。压缩机启动后，各项动态参数，如流量、压力、气温、电流振动值都在规定范围内，机器工作正常，运行不到两天，于6月12日上午振动报警，测点D振动值越过报警限，在高达60～80μm之间波动，测点C振动值也偏大，在50～60μm之间波动，其他测点振动没有明显变化。当时7200系统仪表只指示出各测点振动位移的峰-峰值，说明设备有故障，但是什么故障就不得而知了。依照惯例，设备应立即停下来，解体检修，寻找并排除故障，但这会使再生工作停下来，进而拖延全厂开车时间。

首先采用示波器观察各测点的波形，特别是D点和C点的波形，其波形接近原来的形状，曲线光滑，但振幅偏大，由此得知，没有出现新的高频成分。然后用磁带记录仪记录了各测点的信号，利用计算机进行了频谱分析，见图 2-1，并与故障前 5 月 21 日相应测点的频谱图（图 2-2）进行对比，见表 2-1，发现：

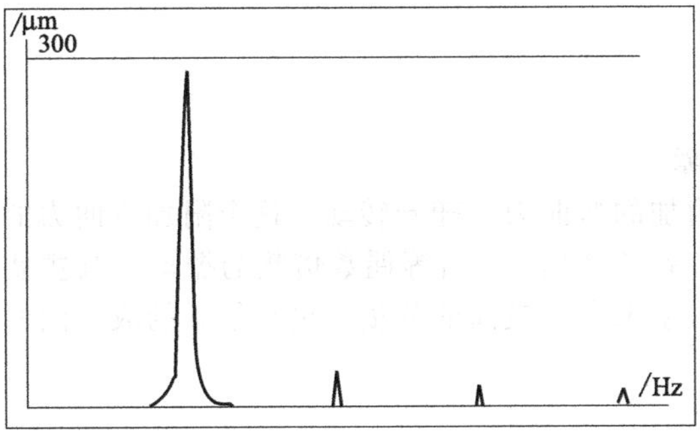

图 2-1　6 月 12 日 D 点频谱图

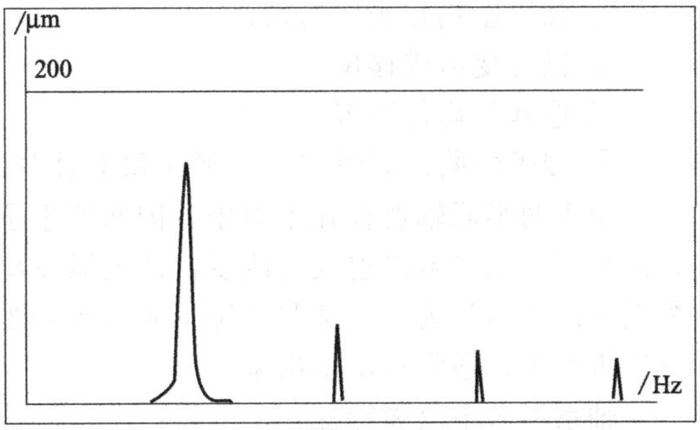

图 2-2　5 月 21 日 D 点频谱图

表 2-1　5 月 21 日与 6 月 12 日频率 振幅对比表

谐波	频率/Hz	5 月 21 日振幅	6 月 12 日振幅	改变量
1×	254.88	170.93	295.62	125
2×	510.80	38.02	38.82	0
3×	764.65	34.40	35.38	1
4×	1021.53	23.38	26.72	3

① 1 倍频的幅值明显增加，D 点增大 1.73 倍；

② 其他倍频成分的幅值几乎没变化。

根据以上特征，可作出以下结论：

① 转子出现了明显的不平衡，可能是因转子的结垢所致；

② 振动虽然大，但属于受迫振动，不是自激振动。

因此建议做以下处理：

① 可以不停机，再维持运行 4～5 天，直到再生工作完成；

② 密切注意振动状态，再生工作完成后有停机的机会，做解体检查。

催化剂再生工作完成，压缩机停止运行。对机组进行解体检查，发现机壳气体流道上结垢十分严重，结垢最厚处达 20mm 左右。转子上结垢较轻，垢的主要成分是烧蚀下来的催化剂，第一节吸入口处约 3/4 的流道被堵，只剩一条窄缝。因此检修主要是清垢，其他部位，如轴承、密封等处都未动，然后安装复原，总共只用了两天时间。

压缩机再次启动，压缩机工作一切正常。

工业现场的一般情况是：当新转子或修复的转子在投入运用前，都必须做动平衡检查。正常投入运行后，如果突发振动超高或逐渐升高，应首先检查是否为动平衡失衡。这是旋转机械的常见多发性故障。

2.1.2　转子与联轴器不对中

（1）转子不对中故障的原因与特征

转子不对中包括轴承不对中和轴系不对中。轴承不对中本身不引起振动，它影响轴承的载荷分布、油膜形态等运行状况。一般情况下，转子不对中都是指轴系不对中，故障原因在联轴器处。

引起轴系不对中的原因：

① 安装施工中对中超差；

② 冷态对中时没有正确估计各个转子中心线的热态升高量，工作时出现主动转子与从动转子之间产生动态对中不良；

③ 轴承座热膨胀不均匀；

④ 机壳变形或移位；

⑤ 地基不均匀下沉；

⑥ 转子弯曲，同时产生不平衡和不对中故障。

由于两半联轴器存在不对中，因而产生了附加的弯曲力。随着转动，这个附加弯曲力的方向和作用点也被强迫发生改变，从而激发出转频的 2 倍、4 倍等偶数倍频的振动。其主要激振量以 2 倍频为主，某些情况下 4 倍频的激振量也占有较高的分量。更高倍频的成分因所占比重很少，通常显示不出来。

轴系不对中故障特征：

① 时域波形在基频正弦波上附加了 2 倍频的谐波。

② 轴心轨迹图呈香蕉形或 8 字形。

③ 频谱特征主要表现为径向 2 倍频、4 倍频振动成分，有角度不对中时，还伴随着以回转频率的轴向振动。

④ 在全息图中 2 倍频、4 倍频轴心轨迹的椭圆曲线较扁，并且两者的长轴近似垂直。

故障甄别：

① 不对中的谱特征和裂纹的谱特征类似，均以二倍频为主，二者的区分主要是振动幅值的稳定性，不对中振动比较稳定。用全息谱技术则容易区分，不对中为单向约束力，二倍频椭圆较扁。轴横向裂纹则是旋转矢量，二倍频全息谱比较圆。

② 对于带滚动轴承和齿轮箱的机组，不对中故障可能引发轴承转动频率或啮合频率的高频振动，这些高频成分的出现可能掩盖真正的振源。如高频振动在轴向上占优势，而联轴器相连的部位轴向转频的振动幅值亦相应较大，则齿轮振动可能只是不对中故障所产生的过大的轴向力的响应。

③ 轴向转频的振动原因有可能是角度不对中，也有可能是两端轴承不对中。一般情况下，角度不对中，轴向转频的振动幅值比径向大，而两端轴承不对中正好相反，因为后者是由不平衡引起的，它只是对不平衡力的一种响应。

（2）烟机-主风机组故障诊断实例

某冶炼厂一台烟机-主风机组配置及测点如图 2-3 所示。2～6 测点都是测量轴振的涡流传感器，布置在轴承座附近。

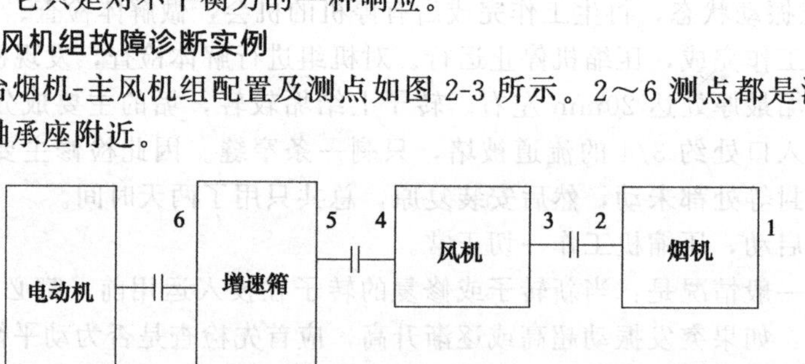

图 2-3　机组配置及测点图

首先，该机组在不带负荷的情况下试运了 3 天，振动约为 50μm，5 月 20 日 2：05 开始带负荷运行，各测点振值均有所上升，尤其是排烟机主动端 2＃测点的振动由原来的 55μm 上升至 70μm 以上，运行至 16：54 时机组发生突发性强振，现场的本特利监测仪表指示振动满量程，同时机组由于润滑油压低而联锁停机。停机后，惰走的时间很短，大约只有 1～2min，停车后盘不动车。

机组事故停机前振动特点如下：

① 20 日 16：54 之前，各测点的通频振值基本稳定，其中烟机 2＃轴承的振动大于其余各测点的振动。20 日 16：54 前后，机组振值突然增大，主要表现为联轴器两侧轴承，即 2＃、3＃轴承振值显著增大，如表 2-2 所示。

表 2-2　强振前后各轴承振动比较　　μm

部位	1＃轴承	2＃轴承	3＃轴承	4＃轴承
强振前振值	26	76	28	20
强振后振值	50	232	73	22

注：2＃轴承与 3＃轴承变化最大，约 3 倍，说明最接近故障点。

② 20 日 14：31 之前，各测点的振动均以转子工频、二倍频为主，同时存在较小的 3×、4×、5×、6×等高次谐波分量，2＃测点的合成轴心轨迹很不稳定，有时呈香蕉形，有时呈“8”字形，图 2-4 是其中一个时刻的时域波形和合成轴心轨迹（1×、2×）。

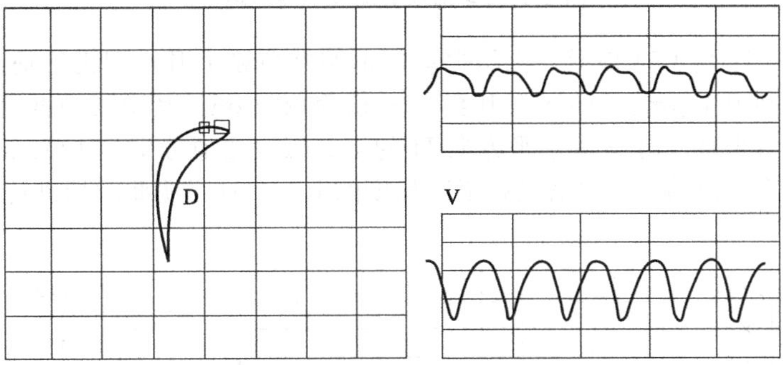

图 2-4　2＃测点的合成轴心轨迹图（1×、2×）
D—轴心轨迹；V—径向振动波形

③ 20 日 14：31，机组振动状态发生显著变化。从时域波形上看，机组振动发生跳变，其中 2＃、3＃轴承处的振动由大变小（如烟机后水平方向由 65.8μm 降至 26.3μm，如图 2-5 所示），而 1＃与 4＃轴承处的振动则由小变大（如烟机前垂直方向由 14.6μm 升至 43.8μm，如图 2-6 所示），说明此时各轴承的载荷分配发生了显著变化，很有可能是由于联轴器的工作状况改变所致。同时，如图 2-7 所示，2＃轴承垂直方向出现很大的 0.5×成分，并超过工频幅值，水平方向除有很大的 0.5×成分外，还存在突出的 78Hz 成分及其他一些非整数倍频率分量。烟机前 78Hz 成分也非常突出，这说明此时机组动静碰摩加剧。

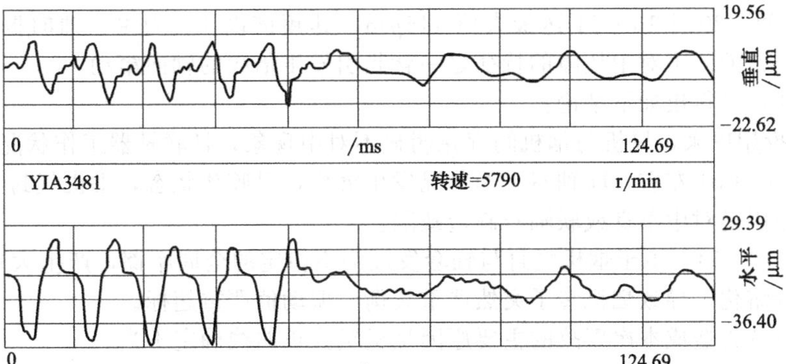

图 2-5　2＃轴承振动波形突然跳变

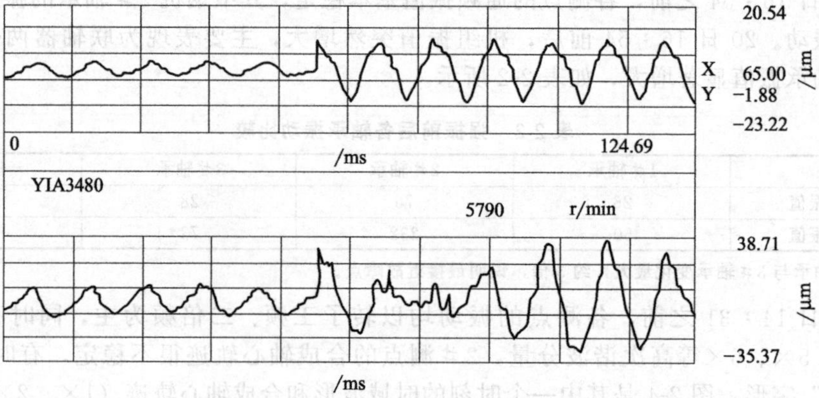

图 2-6 1♯轴承振动波形突然跳变

④ 运行至 20 日 16：54 前后，机组振动幅值突然急剧上升，烟机后垂直方向和水平方向的振动幅值分别由 45μm、71μm 上升至 153μm 和 232μm，其中工频振动幅值上升最多，且占据绝对优势（垂直方向 V 和水平方向 H 的工频振动幅值分别为 120μm 和 215μm），同时 0.5 倍频及高次谐波的振动幅值也有不同程度的上升。这说明此时烟机转子已出现严重的转子不平衡现象。

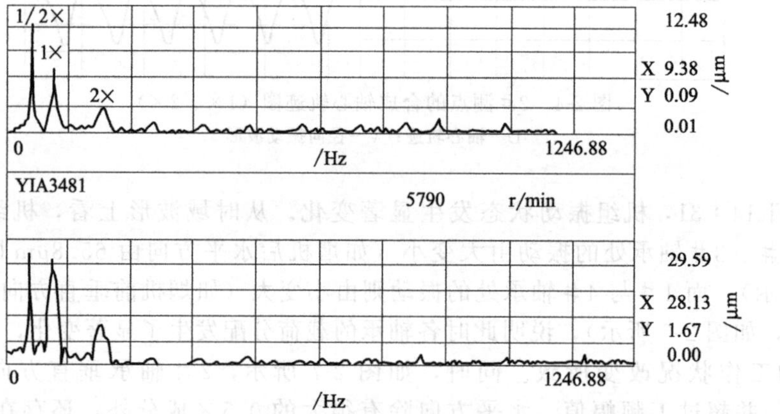

图 2-7 2♯轴承振动频谱图

⑤ 开机以来，风机轴向振动一直较大，一般均在 80μm 以上，烟机的轴向振动也在 30～50μm 之间。20 日 16：54 达最大值 115μm，其频谱以 1× 为主，轴向振动如此之大，这也是很不正常的。不对中故障的特征之一就是引发 1 倍频的轴向窜动。

综上所述，可得出如下结论：

① 机组投用以来，风机与烟机间存在明显不对中现象，且联轴器工作状况不稳定。

② 20 日 14：31 左右，联轴器工作状况发生突变，呈咬死状态，烟机气封与轴套碰摩加剧。其直接原因是对中不良或联轴器制造缺陷。

③ 20 日 16：54，由于烟机气封与轴套发展为不稳定的全周摩擦，产生大量热量，引起气封齿与轴套熔化，导致烟机转子突然严重失衡，振动值严重超标。

因此分析认为造成本次事故的主要原因是机组找正曲线确定不当。

事故后解体发现：

① 烟机前瓦（1♯测点）瓦温探头导线破裂；

② 副推力瓦有磨损，但主推力瓦正常；

③ 二级叶轮轮盘装配槽部位法兰过热，有熔化痕迹及裂纹；

④ 气封套熔化、严重磨损，熔渣达数公斤之多；

⑤ 上气封体拆不下来；

⑥ 烟机——主风机联轴器咬死，烟机侧有损伤。

后来，机组修复后，在 8 月底烟机进行单机试运时，经测量发现烟机轴承箱中分面向上膨胀 0.80mm，远高于设计给出的膨胀量 0.37mm。而冷态下当时现场找正时烟机标高比风机标高反而高出 0.396mm，实际风机出口端轴承箱中分面仅上胀 0.50mm，故热态下烟机比风机高了 0.80＋0.396－0.50＝0.696mm，从而导致了机组在严重不同轴的情况下运行，加重了联轴器的咬合负荷，引起联轴器相互咬死，烟机发生剧烈振动。由于气封本身间隙小(冷态下为 0.5mm)，在烟机剧烈振动的情况下，引起气密封套磨损严重，以致发热、膨胀，摩擦加剧，导致气封齿局部熔化，并与气密封套粘接，继而出现跑套，气密封套与轴套熔化，烟机转子严重失衡。

按实测值重新调整找正曲线后，该机组运行一直正常。

2.2 转轴的振动故障

2.2.1 转轴弯曲

(1) 转轴弯曲引起的故障

设备停用较长时间后重新开机时，常常会遇到振动过大甚至无法开机的情况，这多半是设备停用后产生了转子轴弯曲的故障。转子弯曲有永久性弯曲和暂时性弯曲两种情况。永久性弯曲是指转子轴呈弓形。造成永久弯曲的原因有设计制造缺陷（转轴结构不合理、材质性能不均匀)、长期平放方法不当、热态停机时未及时盘车或遭凉水急冷。临时性弯曲指可恢复的弯曲。造成临时性弯曲的原因有预负荷过大、开机运行时暖机不充分、升速过快等致使转子热变形不均匀等。

轴弯曲振动的机理和转子质量偏心类似，都要产生与质量偏心类似的旋转矢量激振力，与质心偏离不同点是轴弯曲会使轴两端产生锥形运动，因而在轴向还会产生较大的一阶转频振动。

轴弯曲故障的振动信号与不平衡的基本相同，振动信号特征为：

① 时域波形为近似的等幅正弦波；

② 轴心轨迹为一个比较稳定的圆或偏心率较小的椭圆，由于轴弯曲常伴有某种程度的轴瓦摩擦，故轨迹有时会有摩擦的特征；

③ 频谱成分以转频为主，伴有高次谐波成分。与不平衡故障的区别在于弯曲会在轴向产生较大的振动。

(2) 转轴弯曲故障分析与排除实例

某公司一台 200MW 的汽轮发电机组，型号为 C145/N200/130/535/535，型式为超高压、中间再热、单抽、冷凝式。在长期的运行中，该机高压转子振动一直保持在较好范围，轴承振动小于 10μm，轴振动小于 100μm。在一次热态启动时 2＃、3＃轴和 1＃、2＃轴承振动出现短时突增，被迫紧急关小闸门；再次冲车后并网运行。并网后，2＃轴和 1＃、2＃轴承振动虽然仍处于良好范围，但其振动有明显增大趋势，连续运行近一个月，也未能恢复至以前运行时的振动水平。为此，结合该机历史振动数据、停机前后振动数据及运行参数进行诊断分析。

1）振动趋势历史数据　在长期运行中，该机 1＃、2＃轴承的振动幅值分别为＜2μm 及＜10μm，2＃轴的振动幅值为 80～90μm。为突出比较，停机前振动选取 4 月 2～5 日，热态启动后数据选取 4 月 6～9 日，作该期间的振动趋势记录曲线。如图 2-8 所示，其中轴承的振幅（曲线 1、2）看左边的纵坐标，轴的振幅（曲线 3）看右边的纵坐标。该趋势记录曲线表明长期运行时高压转子的轴及轴承振动均处于优良范围，热态启动后高压转子轴承及轴振动仍然在正常范围以内。

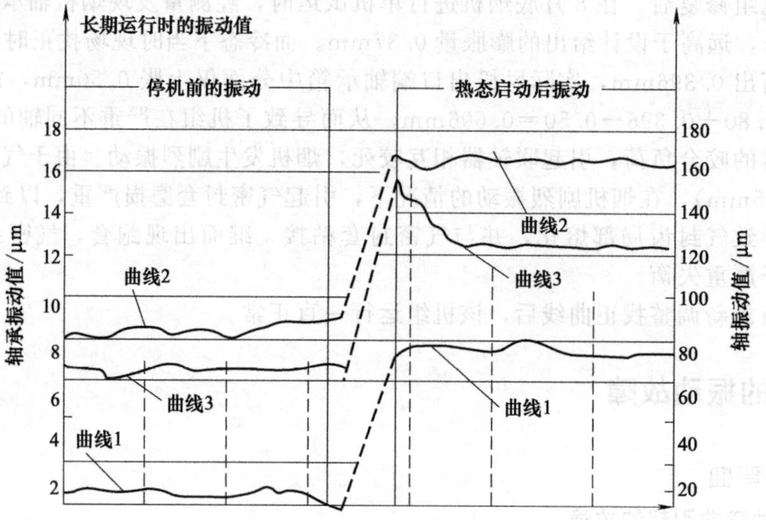

图 2-8　振动历史历程

曲线 1——停机前 1＃轴承振动≤1μm，热态启动后为 6～8μm；

曲线 2——停机前 2＃轴承振动≤6μm，热态启动后为 16～18μm；

曲线 3——停机前 2＃轴振动≤80μm，热态启动后为 120～140μm

2）停机前后数据　因处理隐患而停机，停机时主要参数及振动数据如下。

① 停机前振动数据如表 2-3 所示，停机前各轴承和轴振动均在良好范围内，其中，1＃、2＃轴及轴承振动均处于优秀标准以内，反映高压转子停机前状态良好。

② 停机时的临界振动数据通过查一周振动趋势记录，2＃、3＃轴停机临界振动值均未超过 230μm，处于良好范围内。

表 2-3　停机前振动数据

1＃机 4 月 4 日(20：00)的振动数据										
轴承编号			1＃	2＃	3＃	4＃	5＃	6＃	7＃	8＃
轴振通频	垂直振幅/μm			82	52	131	89			149
	水平振幅/μm				58	86	126			70
轴振工频	垂直	振幅/μm		68	45	88	88			131
		相位/(°)		143	85	312	187			176
	水平	振幅/μm			52	50	125			60
		相位/(°)			215	91	110			125
轴承振动	通频振幅/μm		2	11	14	30	50	9	9	28
	工频	振幅/μm		12	16	33	54	11	9	28
		相位/(°)		223	28	350	190	255	129	269

注：通频指在不滤波状态下的测量值，工频指转动频率的测量值。

③ 4 月 5 日，停机主要参数如下。

6：05，1＃机关闸停机。

6：25，机组止速投入盘车，盘车电流为 32A，大轴挠度值为 30μm。高压缸外缸内壁上/下温度为 363℃/364℃，中压缸内壁上/下温度为 386℃/387℃；主机润滑油温 40℃，中压缸外壁上/下温度为386℃/383℃，均属正常。

④ 4月6日，热启动主要参数与振动数据如下。

主要动力蒸汽参数：压力2.2MPa，温度412℃，再热蒸汽温度392℃，真空77kPa，大轴挠度值30μm，主机润滑油温40℃。

4：15，冲车（转速迅速上升）：低速500r/min、10min，摩擦检查。

4：25，升速至1600r/min，此时1＃轴承振动幅值达120μm，2＃轴承振动幅值达65μm，2＃、3＃轴振动幅值达到监测表的满量程（即轴振动幅值已＞400μm），运行人员采取紧急关闸措施停机。

5：05，转子静止投入盘车，大轴挠度值增大为120μm，盘车电流32A。

6：40，再次启动，快速冲车至3000r/min定速，然后并入电网。

从热态启动数据知，在启动过程中，机组1＃、2＃轴承及2＃、3＃轴振动异常增大，紧急打闸停机后，电动盘车时机组大轴挠度值增加较大，盘车电流略有增加。

⑤ 热态启动运行后的振动数据。自再次启动并网后，机组高压转子轴和轴承振动均未能恢复历史振动水平，尽管1＃、2＃轴承振动均小于20μm，仍处于优秀振动标准范围内，但与历史数据比较均有所增大。尤其是2＃轴的振动增大显著。从频率成分来看，主要是一倍频成分增加，其余频率的振动成分无变化。见表2-4。

表2-4　1＃机热态启动并网后的振动数据

轴承编号			1＃	2＃	3＃	4＃	5＃	6＃	7＃	8＃
轴振通频	垂直振幅/μm			140	55	132	90			133
	水平振幅/μm				60	110	132			67
轴振工频	垂直	振幅/μm		120	43	82	82			140
		相位/(°)		166	95	312	189			180
	水平	振幅/μm			47	45	120			70
		相位/(°)			220	90	132			120
轴承振动	通频/μm		8	17	10	26	46	15	14	20
	工频	振幅/μm	7	16	13	28	49	10	9	21
		相位/(°)	254	227	37	352	190	255	137	269

注：通频指在不滤波状态下的测量值，工频指转动频率的测量值。

⑥ 运行近一月后，停机时临界振动数据。4月30日，该机因电网调峰转为备用停机。在机组停机惰走降速过程中，2＃轴和1＃、2＃轴承临界振动值与历史数据相比成倍增加，其振动成分是1倍频，机组停机临界振动数据见表2-5。

表2-5　4月30日停机临界振动数据

位置	1＃轴承	2＃轴承	2＃轴垂直	3＃轴垂直	3＃轴水平
临界转速/r·min^{-1}	1815	1947	1969	1968	1947
振幅/μm	36	44	645	263	175
相位/(°)	200	162	123	68	175

3）数据分析　综合图2-8、表2-3～表2-5数据及启动前后运行参数分析，可得出下列分析结论：

① 探头所在处的转子跳动值从30μm增至120μm，比启动前增大了3倍，反映出高压转子挠曲程度加剧，提示可能已产生转子弯曲。

② 从振动频率以及振值随转速变化的情况来看，其症状和转子失衡极为相似。但停机前运行一直很正常，只是在机组停车后再次启动中振动异常，且在并网后一直维持较大振值，缺乏造成转子失衡的理由或转子零部件飞脱的因素，故可排除转子失衡的可能。

③ 综合二次启动及并网运行一个月后停机惰走振动情况，表明机组在第一次启动时即

存在较大的热弯曲，而停车后间隔 1.5h 再次启动，盘车时间不足，极易造成转子永久性弯曲。

a. 在第一次热态启动时，高压转子的轴及轴承振动急剧增加（转速刚达 1600r/min 时，轴振动已超满量程值，即已大于 400μm。

b. 机组启动并网连续运行近一月，其振动一直处于稳定状态。1＃、2＃轴承和 2＃轴振幅在热态启动后比历史数据明显增大，并且振幅增大的主要原因是一倍频振幅增大。工频振幅的增大反映出转子弯曲程度的增大，振幅的稳定反映出弯曲量的大小基本恒定。

1＃和 2＃轴承的振动相位也一直保持稳定，且基本相近，2＃轴的振动相位较历史数据变化了近 20°。相位的稳定性表明弯曲的方向基本不变，2＃轴的振动相位增大，表明还受到轴系角度对中状况变差（转子弯曲所致）的影响。

c. 查启动后运行近一月的频谱图，除一倍频振动和 2＃轴处的少量二倍频振动成分外，无其他振动频率成分。少量二倍频振动成分的产生则认为是高压转子弯曲后与中压转子的对中性变差所造成的。

d. 中、低压转子各轴承及各轴的振动与历史数据相比基本无变化，反映出故障发生部位主要是在高压转子。

④ 分析机组的历史故障及结构特点，预测潜在的故障隐患。

转子故障的历史记录表明，该机曾发生过因高压末三级围带铆接不良造成的围带脱落故障，并且末三级围带具有铆接点较薄弱的结构特点，因此，在转子可能存在热弯曲的情况下进行启动，同时又发生了临界振动过大及转子挠度增大的异常情况，不能排除围带再次受损的可能性。如围带损伤容易造成脱落，可能进一步发生运行中的动静碰摩而使转子严重损伤。

综上所述，尽管该机高压转子振动仍在良好范围以内，但各种参数的综合分析均表明高压转子已发生了转子弯曲故障。而无论是转子弯曲引起机组超过临界振动过大或是存在围带损伤等事故隐患，均对该机组安全运行构成极大的威胁。因此，诊断分析的结论是：该机立即提前进行大修，解体查明故障并予以消除。

解体大修检查情况：

5 月 4 日，该机提前转入大修。经揭缸解体检查证实，高压转子前汽封在距调速级叶轮 180mm 处弯曲 0.08mm，中压转子在 19 级处弯曲 0.055mm，高压汽封、围带、隔板汽封和中压汽封、隔板汽封及围带均有不同程度的摩擦损伤，其中，中压 19 级近半圈围带前缘已磨坏，为此，高压转子采取直轴、中压转子采取低速动平衡处理，同时对损伤的围带也进行了相应的处理，经大修处理后高压转子振动重新恢复到优等标准内。

本例中，热态启动条件下轴封窜气及摩擦检查时间较长是造成该机转子热弯曲的主要原因，由于轴封汽温、蒸汽参数及机组的热态温度难以匹配和控制，转子容易形成较大的热弯曲而减小与汽封（或围带）间的动静间隙，导致过临界时转子与密封部件发生动静碰摩；而摩擦不但使临界振动值迅速上升，还进一步加剧了转子的弯曲，因而在第一次启动到冲过临界转速时振动过大，紧急停机之后，伴随有在盘车状态下挠度值急剧增大的现象。

2.2.2 转轴横向裂纹

转轴横向裂纹的振动响应与所在的位置、裂纹深度及受力情况等有极大的关系，因此所表现出的形式也是多样的。一般情况下，转轴每转一周，裂纹就会发生张合。转轴的刚度不对称，从而引发非线性振动，能识别的振动主要是 1×、2×、3×倍频分量。

振动信号特征：

① 振动带有非线性性质，出现旋转频率的 1×、2×、3×等高倍分量，随裂纹扩展，刚度进一步下降，1×、2×等频率的幅值随之增大，相位角发生不规则波动，与不平衡故障的

相角稳定有区别。

② 开停机过程中，由于谐振频率的非线性关系，会出现分频共振，即转子在经过1/2、1/3……临界转速时，相应的高倍频（2×、3×）正好与临界转速重合，振动响应会出现峰值。

③ 裂纹的扩展速度随深度的增大而加速，相应的1倍频、2倍频的振动也会随裂纹扩展而快速上升，同时1倍频、2倍频相位角出现异常波动。

④ 全息谱表现为2倍频的椭圆形状，与轴系不对中的扁圆有明显的差别。

故障甄别：

稳态运行时，应能与不对中故障区分。全息谱是最好的区分方法。

2.3 其他原因引起的振动故障

2.3.1 连接松动

（1）连接松动引起异常振动

振动幅值由激振力和机械阻抗共同决定，松动使连接刚度下降，这是松动振动异常的基本原因。支承系统松动引起异常振动的机理可从两个侧面加以说明。

① 当轴承套与轴承座配合具有较大间隙或紧固力不足时，轴承套受转子离心力作用，沿圆周方向发生周期性变形，改变轴承的几何参数，进而影响油膜的稳定性。

② 当轴承座螺栓紧固不牢时，由于结合面上存在间隙，使系统发生不连续的位移。

上述两项因素的改变都属于非线性刚度改变，变化程度与激振力相关，因而使松动振动显示出非线性特征。松动的典型特征是产生2×、3×、4×、5×等高倍频的振动。

振动特征：

① 轴心轨迹混乱，重心飘移。

② 频谱图中，具有3×、5×、7×等高阶奇次倍频分量，也有偶次分量。

③ 松动方向的振幅大。

高次谐波的振幅值大于转频振幅的1/2时，应怀疑有松动故障。

（2）大型锅炉引风机故障诊断实例

某发电厂一台大型锅炉引风机如图2-9所示。由一台转速840r/min的电动机直联驱动。该机组运转时振动很大，测量结果显示电动机工作很平稳，总振幅不超过2.5mm/s，但在引风机上振幅很高，前后轴承在水平和垂直方向上的振幅很大。$A_{FV}=150\mu m$，$A_{FH}=250\mu m$，$A_{RV}=87\mu m$，$A_{RH}=105\mu m$。风机的轴向振幅小于50μm。频率分析指出，振动频率主要是转速频率成分。这些数据表明，风机振动并不是联轴器不对中或轴发生弯曲所引起的，应诊断为转子的不平衡故障。但是对风机振动最大的外侧轴承在水平和垂直方向上的相位进行分析，发现两个方向上的相位是精确地同相的，在水平、垂直两个方向上的振幅同步地增高下降，说明是“定向振动”问题，而不是单纯的不平衡原因。然后对外侧轴承、轴承座和基础各部分位置进行振动测量，检查出轴承架一边的安装螺钉松动了，使整个轴承架以另一边为支点进行摆振。用同样的方法检查了内侧

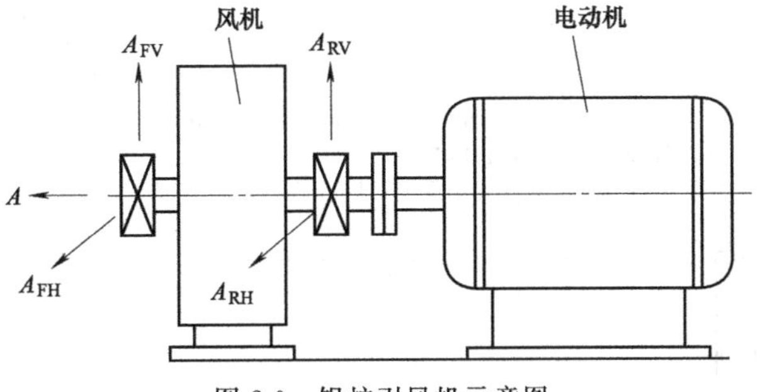

图2-9 锅炉引风机示意图

轴承架的安装螺钉，也发现有轻微松动。当全部安装螺钉被紧固以后，风机的振值就大大下降，达到可接受的水平。

（3）离心式压缩机齿轮箱故障诊断实例

某离心式压缩机，转速为 7000r/min，通过齿轮增速器，由一台功率为 1470kW、转速为 3600r/min 的电动机驱动。机组运行中测得电动机和压缩机的振动很小，振幅不超过 2.5mm/s，但是齿轮增速器却振动很大，水平方向振幅为 12.5mm/s，垂直方向振幅为 10mm/s，振动频率为低速齿轮的转速频率（60Hz），轴向振幅很低。停机后打开齿轮箱，检查了齿轮和轴承，并没有发现任何问题，怀疑是不平衡引起的振动。把低速齿轮送到维修车间进行了平衡和偏摆量检查，在安装过程中又对电动机和齿轮箱进行了重新对中，但是这一切措施对于改善齿轮箱的振动毫无效果。

为了对齿轮箱振动做进一步分析，测量了水平和垂直方向上的相位，发现两个方向上的相位是精确地同相，显示是一种“定向振动”。然后又对齿轮箱壳体安装底脚和底板进行测振和检查，底脚螺钉是紧固的，但从底板的振动形态中发现一边挠曲很厉害。移去底板，就看到底板挠曲部分下面的水泥已经破碎，削弱了该处的支承刚度。解决底板局部松动的处理办法是把混凝土基础进行刮削，在底板下重新浇灌了混凝土，当机组放回原处安装后，齿轮箱的振幅就下降到 2.5mm/s 以下了。

（4）压缩机故障诊断实例

某钢铁公司氧气厂压缩机自建成以来长期因振动过大，不能投入生产。该机组由一台 2500kW、转速 2985r/min 的电动机带动，经增速齿轮箱后，压缩机转子转速为 9098r/min。其振动波形和频谱如图 2-10 所示。

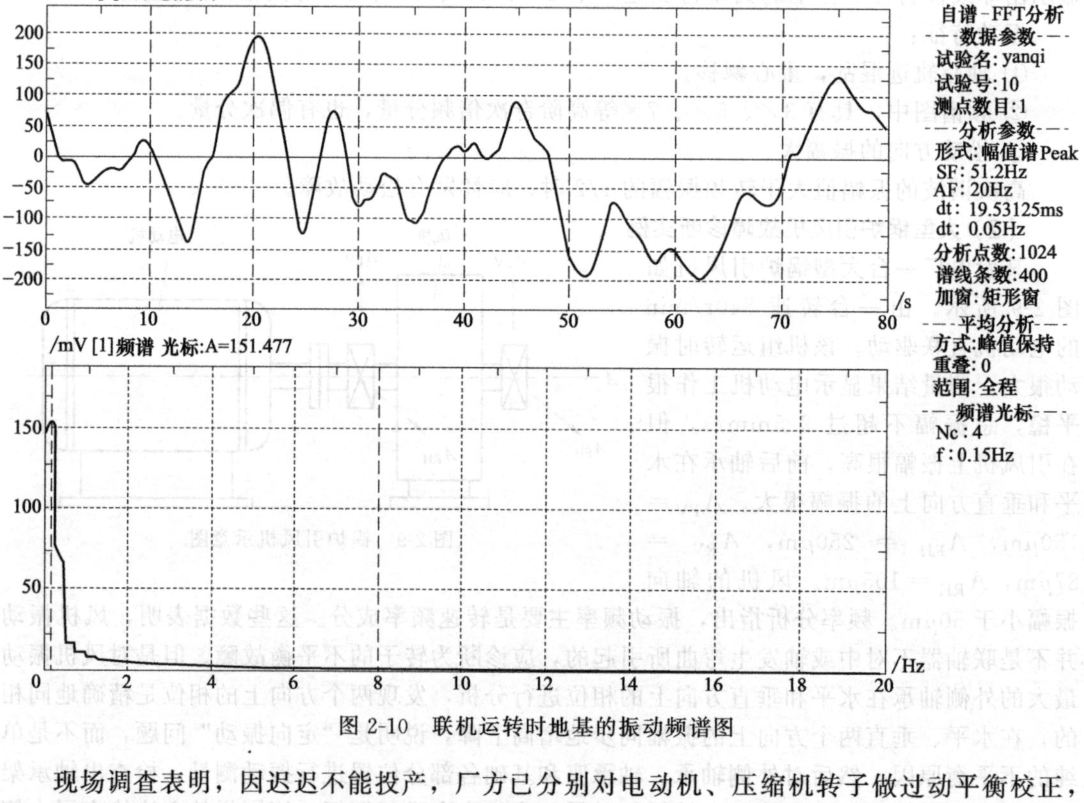

图 2-10 联机运转时地基的振动频谱图

现场调查表明，因迟迟不能投产，厂方已分别对电动机、压缩机转子做过动平衡校正，也对联轴器进行多次找正、找同心，但仍然未能降低振动。

根据调查情况，采用频谱分析技术，期望能从振动成分的频率分布中分析振动的原因。

① 测得厂房大地的基础振动频率为 0.1Hz，振幅为 5.6mV。

② 测得地基的固有频率为 7Hz（10.14mV）；二阶频率为 19Hz；三阶频率为 29Hz；四阶频率为 38Hz。

③ 测得在联机运转时，地基的振动主频为 0.15Hz；振幅为 110～151mV。图 2-10 中下图所示。

分析与结论如下。

①振动以低频振动为主要矛盾，地基是 0.15Hz；电动机是 50Hz。两者不一致。

② 地基振动的振幅 151mV 远大于电动机的振幅 62mV，说明地基的振动是主要矛盾。若地基偏软，刚度不足。但与地基固有频率 7Hz 相矛盾，因而问题应在电动机与地基连接部位。

③ 电修厂方面提供的信息说明安装后电动机垂直振动大于水平振动。这与通常的状态相矛盾，即垂直刚度小于水平刚度，也证明地基存在问题。正常状态是垂直刚度大于水平刚度。

④ 导致地基垂直刚度不足的可能原因：a. 安装垫板与地基的接触面积不够，空洞面积大，导致弹性变形大。b. 地脚螺栓与地基的联结刚度不足。c. 地脚螺栓直径偏小，刚度不足。

2.3.2 油膜涡动及振荡

（1）油膜涡动及振荡的特征

转子轴颈在滑动轴承内作高速旋转运动时，若随着运动楔入轴颈与轴承之间的油膜压力发生周期性变化，迫使转子轴心绕某个平衡点做椭圆轨迹的公转运动，这个现象称为涡动。当涡动的激励力仅为油膜力时，涡动是稳定的，其涡动角速度是转动角速度的 0.43～0.48，所以又称为半速涡动。当油膜涡动的频率接近转子轴系中某个自振频率时，引发大幅度的共振现象，称为油膜振荡。

油膜涡动仅发生在完全液体润滑的滑动轴承中，低速及重载的转子建立不起完全液体润滑条件，因而不发生油膜涡动。所以消除油膜涡动的方法之一就是减小接触角，使油膜压力小于载荷比压。此外，降低油的黏度也能减小油膜力，消除油膜涡动或油膜振荡。

油膜振荡仅发生在高速柔性转子以接近某个自振频率的 2 倍转速运转的条件下。在发生前的低速状态时，油膜涡动会先发生，再随着转速的升高发展到油膜振荡。

（2）二氧化碳压缩机组故障诊断实例

某化肥厂的二氧化碳压缩机组，检修后运行了 140 多天，高压缸振动突然升到报警值而被迫停车。

在机组运行过程中及故障发生前后，在线监测系统均做了数据记录。高压缸转子的径向振动频谱见图 2-11，图（a）是故障前的振动频谱，振动信号只有转频的幅值，图（b）是

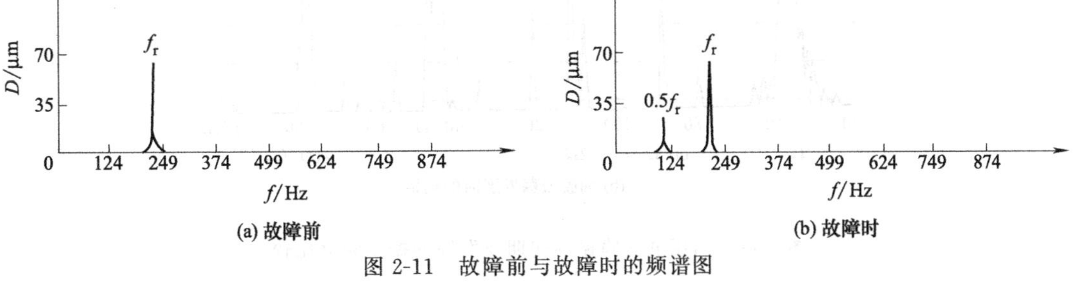

图 2-11　故障前与故障时的频谱图

故障发生时的振动频谱，振动信号除转频外，还有约为 1/2 转频的振幅，这是典型的油膜涡动特征。据此判定高压缸转子轴承发生油膜涡动。

（3）离心式氨压缩机组故障诊断实例

某公司国产 30 万吨合成氨装置，其中一台 ALS-16000 离心式氨压缩机组在试车中曾遇到轴承油膜振荡。

该机由 11000kW 的汽轮机拖动，压缩机由高压缸和低压缸两部分组成，中间是速比为 56∶42 的增速器。低压缸工作转速为 6700r/min，高压缸工作转速为 8933r/min。轴承型式为四油楔。轴承间隙＝$0.0016D$。在试车中，高压缸转子在 7800r/min 以后振幅迅速增大，至 8760r/min 时，振幅达到 150μm 左右。从不平衡响应图上可以确定高压缸第一临界转速为 3000～3300r/min。

图 2-12（a）表示高压缸轴振动刚出现油膜振荡时的频谱。从图中可以看出，140.5Hz（8430r/min）是轴的转速频率 f，由轴的不平衡振动引起。55Hz 为油膜振荡频率 Ω。当转速升至 8760r/min（146Hz）时，油膜振荡频率 Ω 的幅值已超过转速频率 f 的幅值，见图 2-12（b），这是一幅典型的油膜振荡频谱图，从图 2-12（b）中可见，频率成分除了 f（146Hz）和 Ω（56.5Hz）之外，还存在其他频率成分；这些成分是主轴振动频率 f 和油膜振荡频率 Ω 的一系列和差组合频率。

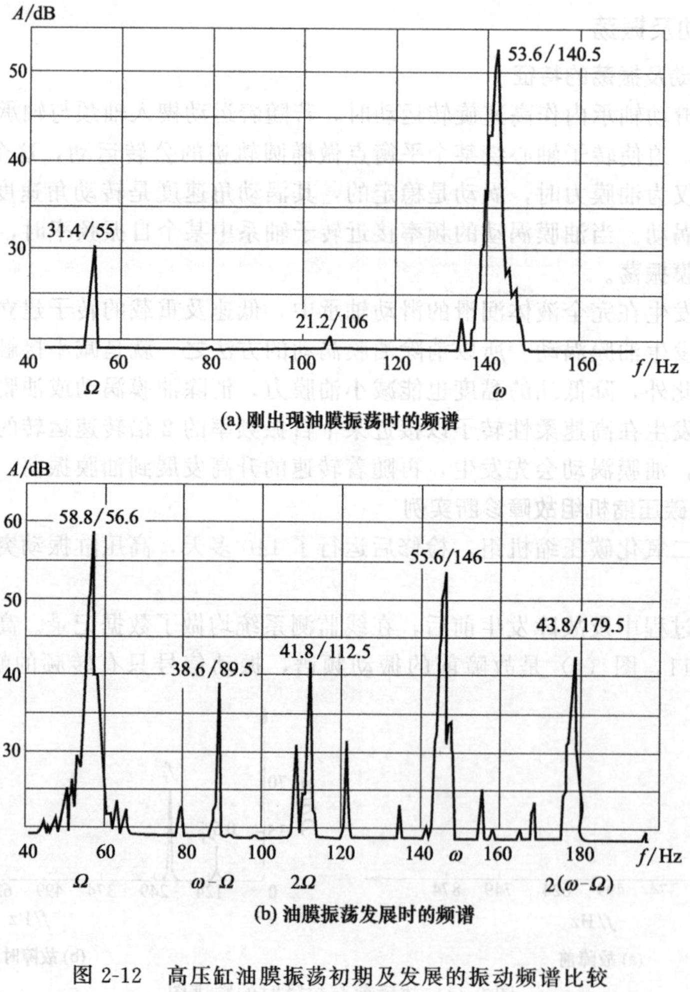

图 2-12　高压缸油膜振荡初期及发展的振动频谱比较

例如：

$$f-\Omega=146-56.5=89.5\text{Hz}$$
$$2\Omega=2\times56.5=113\approx112.5\text{Hz}$$
$$2(f-\Omega)=2\times(146-56.5)=179\approx179.5\text{Hz}$$

（4）空气压缩机故障诊断实例

某公司一台空气压缩机，由高压缸和低压缸组成。低压缸在一次大修后，转子两端轴振动持续上升，振幅达 50～55μm，大大超过允许值 33μm，但低压缸前端的增速箱和后端的高压缸振动较小。低压缸前、后轴承上的振动测点信号频谱如图 2-13（a）、（b）所示，图中主要振动频率为 91.2Hz，其幅值为工频（190Hz）振幅的 3 倍多，另外还有 2 倍频和 4 倍频成分；值得注意的是，图中除了非常突出的低频 91.2Hz 外，4 倍频成分也非常明显。对该机组振动信号的分析认为：

① 低频成分突出，它与工频成分的比值为 0.48，可认为是轴承油膜不稳定的半速涡动；

② 油膜不稳定的起因可能是低压缸两端联轴器的对中不良，改变了轴承上的负荷。

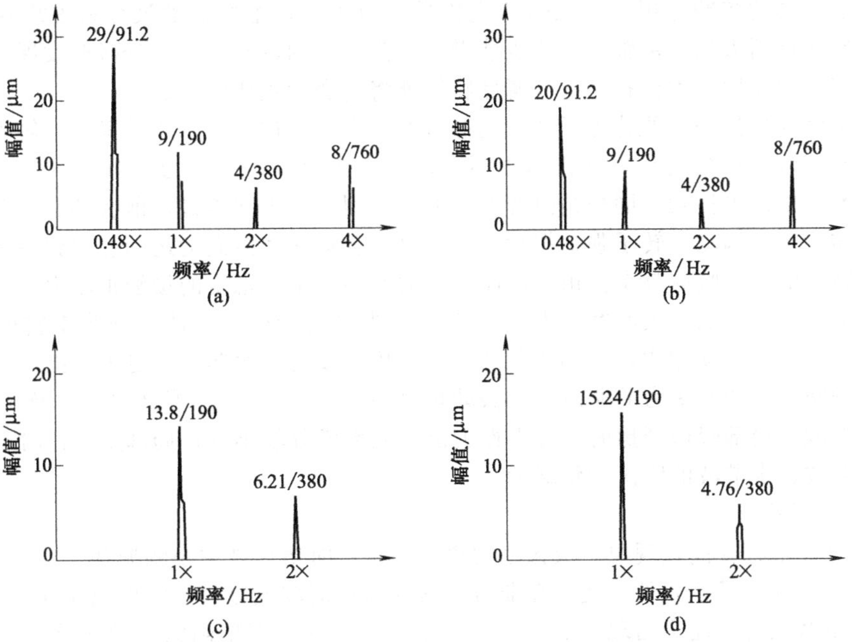

图 2-13 低压缸前、后轴承上的振动测点信号频谱比较

停机检查，发现如下问题：

① 轴承间隙超过允许值（设计最大允许间隙为 0.18mm，实测为 0.21mm）。

② 5 块可倾瓦厚度不均匀，同一瓦块最薄与最厚处相差 0.03mm，超过设计允许值。瓦块内表面的预负荷处于负值状态（PR 值原设计为 0.027，现降为－0.135），降低了轴承工作稳定性。

③两端联轴器对中不符合要求，平行对中量超差，角度对中的张口方向相反，使机器在运转时产生附加的不对中力。

对上述问题分别做了修正，机器投运后恢复正常，低压缸两端轴承的总振值下降到 20μm，检修前原频谱图上反映轴承油膜不稳定的 91.2Hz 低频成分和反映对中不良的 4 倍频成分均已消失［图 2-13（c）、（d）］。

（5）高速空压机故障诊断实例

某高速空压机开机不久，发出阵发性强烈吼叫声，最大振值达 17mm/s（正常运行时不大于 2 mm/s），严重威胁机组的正常运行。

对振动的信号作频谱分析。正常时，机组振动以转频为主。阵发性强烈吼叫时，振动频谱图中出现很大振幅的 0.5×转频成分，转频振幅增加不大。基于这个分析，判定机组的振动超标是轴承油膜涡动引起的，并导致了动静件的摩擦触碰。

现场工程技术人员根据这个结论，调整润滑油的油温，使供油油温从 30℃提到 38℃后，机组的强烈振动消失，恢复正常运行。

事后，为进一步验证这个措施的有效性，还多次调整油温，考察机组的振动变化，证实油温在 30℃～38℃左右时，可显著降低机组的振动。

2.3.3 碰摩

（1）碰摩的特征与诊断

动静件之间的轻微摩擦，开始时故障症状可能并不十分明显，特别是滑动轴承的轻微碰摩，由于润滑油的缓冲作用，总振值的变化是很微弱的，主要靠油液分析发现这种早期隐患；有经验的诊断人员，由轴心轨迹也能做出较为准确的诊断。当动静碰摩发展到一定程度后，机组将发生碰撞式大面积摩擦，碰摩特征就将转变为主要症状。

动静碰摩与部件松动的特点类似。动静碰摩是当间隙过小时发生动静件接触再弹开，改变构件的动态刚度；松动是连接件紧固不牢，受交变力（不平衡力、对中不良激励等）作用，周期性地脱离再接触，同样是改变构件的动态刚度。不同点是，前者还有一个切向的摩擦力，使转子产生涡动。转子强迫振动、碰摩自由振动和摩擦涡动运动叠加到一起，产生出复杂的、特有的振动响应频率。由于碰摩产生的摩擦力是不稳定的接触正压力，在时间上和空间位置上都是变化的，因而摩擦力具有明显的非线性特征（一般表现为丰富的超谐波）。因此，动静碰摩与松动相比，振动成分的周期性相对较弱，而非线性更为突出。

由于碰摩产生的摩擦力的非线性，振动频率中包含 2×、3×等高次谐波及 1/2×、1/3×等分次谐波。局部轻微摩擦时，冲击性突出，频率成分较丰富；局部重摩擦时，周期性较突出，超谐波、次谐波的阶次均将减少。

振动特征如下。

① 时域波形存在削顶现象，或振动远离平衡位置时出现高频小幅振荡。

② 频谱上除转子工频外，还存在非常丰富的高次谐波成分（经常出现在气封摩擦时）。

③ 严重摩擦时，还会出现 1/2×、1/3×、…、1/N×等精确的分频成分（经常出现在轴瓦磨损时）。

④ 全息谱上出现较多、较大的高频椭圆，且偏心率较大。

⑤ 提纯轴心轨迹（1×、2×、3×、4×合成）存在“尖角”。

⑥ 轴瓦磨损时，还伴有轴瓦温度升高、油温上升等特征，气封摩擦时，在机组启停过程中，可听到金属摩擦时的声音。

⑦ 轴瓦磨损时，对润滑油样进行铁谱分析，可发现如下特征：

a. 谱片上磁性磨粒在谱片入口沿磁力线方向呈长链密集状排列，且存在超过 20μm 的金属磨粒；

b. 非磁性磨粒随机地分布在谱片上，其尺寸超过 20μm；

c. 谱片上测试的光密度值较上次测试有明显的增大。

故障甄别：

① 由于故障机理与松动类似，两者不容易区分。据现场经验，松动时以高次谐波为特征，摩擦时以分量谐波为特征。另外，松动振动来源于不平衡力，故松动振动随转速变化比

较明显，碰摩受间隙大小控制，与转速关系不甚密切，由此可对两者加以区分。在波形表现形式上，摩擦常可见到削顶波形，松动则不存在削顶问题。

② 局部碰摩与全弧碰摩的区分。全弧碰摩分频明显，超谐波消失；局部轻摩擦很少有分频出现，谐波幅值小但阶次多；局部严重摩擦介于两者之间，有分频也有低次谐波，且谐波幅值比基频还大。基频则由未碰撞前的较大值变为较小值。在轨迹上，局部碰摩轨迹乱而不放大，正进动；连续的全弧碰摩则随时间逐渐扩散，进动方向为反进动。

(2) 烟气轮机故障诊断实例

某炼油厂烟气轮机正常运行时，轴承座的振动不超过 6mm/s。该机组经检修后刚投入运行即发生强烈振动。壳体上测得的振动频谱如图 2-14 所示。图中：s 表示振幅，H 为水平方向、V 为垂直方向、A 为轴向。除转子工频外，还存在大量的倍频谐波成分，如 2×、3×、4×、5×等，南瓦的 5 倍频振动特别突出。时域波形存在明显的削波现象。

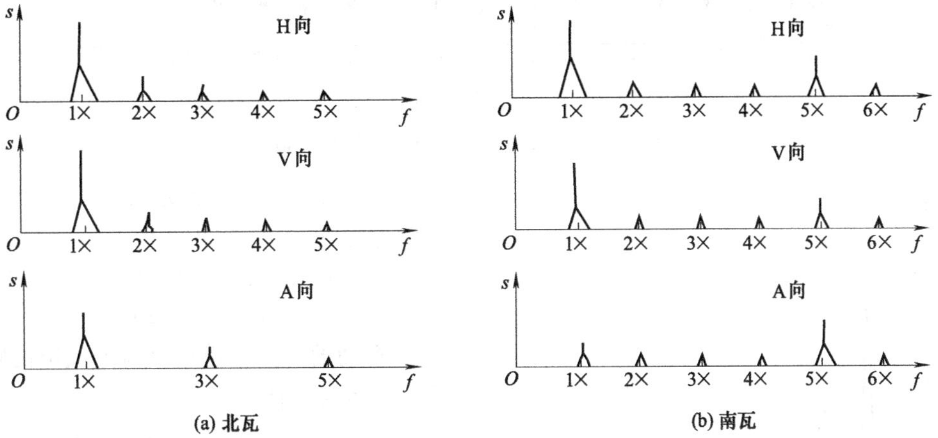

图 2-14 烟机强振时的频谱

分析认为烟机发生严重的碰摩故障，主要部位应为轴瓦（径向轴承和推力轴承均由 5 块瓦块组成）。

拆开检查，发现南北瓦均有明显的磨损痕迹，南瓦有一径向裂纹，并有巴氏合金呈块状脱落，主推力瓦有三个瓦块已出现裂纹。

更换轴瓦，经仔细安装调整，开机恢复正常。

(3) 风机故障诊断实例

某风机运行过程中突然出现强振现象，风机出口最大振值达 159μm，远远超过其二级报警值（90μm），严重威胁着风机的安全生产。图 2-15、图 2-16 分别是风机运行正常时和强振发生时的时域波形和频谱。

由图 2-15 可见，风机正常运行时，其主要振动频率为转子工频 101Hz 及其低次谐波频率，且振幅较小，峰-峰值约 21μm。而强振时，一个最突出的特点就是产生一振幅极高的 0.5×(50.5Hz) 成分，其幅值占到通频幅值的 89%，同时伴有 1.5×(151.5Hz)、2.5×(252.5Hz) 等非整数倍频，此外，工频及其谐波幅值也均有所增长。

结合现场的一些其他情况分析认为，机组振动存在很强的非线性，极有可能是由于壳体膨胀受阻，造成转子与壳体不同心，导致动静件摩擦而引起的。随后的停机揭盖检查表明，风机第一级叶轮的口环磨损非常严重，由于受到巨大的摩擦力，整个叶轮也已经扭曲变形，如果再继续运行下去，其后果将不堪设想。及时的分析诊断和停机处理，避免了设备故障的进一步扩大和可能给生产造成的更大损失。

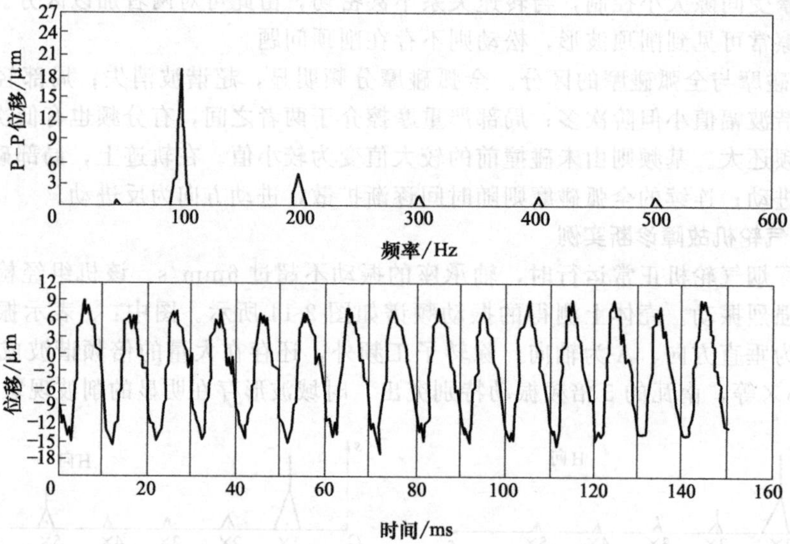

图 2-15　风机运行正常时的波形和频谱

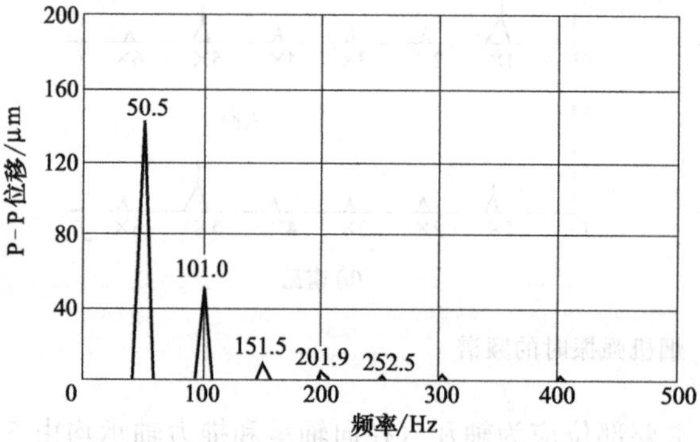

图 2-16　风机强振时的频谱

0.5 倍频的振动也有可能是油膜涡动的特征，这里最主要的判断依据是 1.5×（151.5Hz）、2.5×（252.5Hz）等非整数倍频的振动，它们是非线性振动的特征，也就是碰摩故障的特征。

2.3.4　喘振

（1）喘振的特征与机理

喘振是一种很危险的振动，常常导致设备内部密封件、叶轮导流板、轴承等损坏，甚至导致转子弯曲、联轴器及齿轮箱等机构损坏。它也是流体机械特有的振动故障之一。

喘振是压缩机组严重失速和管网相互作用的结果。它既可能是管网负荷急剧变化引起的，也可能是压缩机工作状况变化引起的。当进入叶轮的气体流量减少到某一最小值时，气流的分离区扩大到整个叶轮流道，使气流无法通过。这时叶轮没有气体甩出，压缩机出口压力突然下降。由于压缩机总是和管网连在一起的，具有较高背压的管网气体就会倒流到叶轮里来。瞬间倒流来的气流使叶轮暂时弥补了气体流量的不足，叶轮因而恢复正常工作，重新又把倒回来的气流压出去，但过后又使叶轮流量减少，气流分离又重新发生。如此周而复始，压缩机和其连接的管路中便产生一种低频率高振幅的压力脉动，造成机组强烈振动。

喘振是压力波在管网和压缩机之间来回振荡的现象，其强度和频率不但和压缩机中严重的旋转脱离气团有关，还和管网容量有关；管网容量大，则喘振振幅大，频率低；管网容量小，则喘振振幅小，喘振频率也较高，一般为 0.5～20Hz。

这个压力波源于两种情况。第一种情况：压缩机因吸入不足，发生旋转失速。旋转失速严重时，压缩机内压力低于管网压力，引起压力波回冲压缩机，压缩机升压，再倒回管网。第二种情况：管网用户端由于某种原因造成管网内压力、流量突变，引起压力波冲向压缩机。

旋转失速是发生于压缩机内旋转气团脱离叶轮所激发的振动，而喘振还把管网联系在一起，是更严重的故障形态。它们在频谱图中都以叶片通过频率及各阶倍频的形式出现。

(2) 压缩机组故障诊断实例 1

某化肥厂二氧化碳压缩机组由汽轮机和压缩机组成。压缩机分为 2 缸、4 段、13 级。高压缸为 2 段共 6 级叶轮，低压缸为 2 段共 7 级叶轮。低压缸工作转速 6546r/min，高压缸工作转速 13234r/min，中间通过增速齿轮连接。正常出口流量应为 $9400m^3/h$。但投产后不久，因生产的原因，将流量下降至额定流量的 66%左右，机器第四段的轴振动达 58μm，而且高压缸机壳和第四段出口管道振动剧烈，甚至把高压导淋管振裂。当开大“四回一”防喘阀以后，振幅可下降至 50μm，然而机器剧烈振动的现象还难以消除。频谱分析显示，一个 55Hz 及其倍频成分占有显著的地位，其幅值随通频振幅的增大而增大，转速频率成分的幅值则基本保持不变。

从频谱图［图 2-17（c）］上看出，55Hz 低频成分是引起机器振动的主要因素，但属何种原因尚不很清楚。分析四段轴振动信号和四段出口气流压力脉动信号随工况的变化过程，可得到该机故障原因的信息。

图 2-17 为高压缸四段轴振动和气流压力脉动的频谱图，压力脉动信号直接从四段出口管线上用压力传感器测取。当四段出口压力为 11MPa 时，振动测点测得的通频值为 37μm，频谱图上除了转速频率 219Hz 成分外，无明显的低频成分出现，压力脉动的信号也比较小，见图 2-17（a）和（b）。

在升压过程中，当测点通频振幅增至 47μm 时，轴振动频谱图和压力脉动信号频谱图上均突然出现 55Hz 的低频及其倍频成分，见图 2-17（c）和（d）。图 2-17（d）中，55Hz、110Hz、165Hz、220Hz 等都是 55Hz 的倍频成分。

继而在小流量区域出口压力升到 14MPa 以上时，通频振幅达 60μm，55Hz 的低频及其倍频成分则始终存在。当压缩机背压降低，流量上升后，通频振幅下降至一定值，55Hz 低频成分随之消失。

由以上的变工况试验可见，55Hz 低频成分是随出口压力升高和流量下降而出现的，又随背压下降和流量增加而消失，因此诊断 55Hz 的低频成分是压缩机高压缸旋转失速所产生的一种气体动力激振频率，这一振动频率严重危及机器的安全运转。最后通过加装“四回四”管线（即从四段出口加一旁通管至四段入口，并在其间加一调节阀），调节“四回四”或“四回一”阀门，适当增加四段供气量，四段轴振动就由原来的高振幅下降至 22μm，机器强烈振动情况也就随之消失。

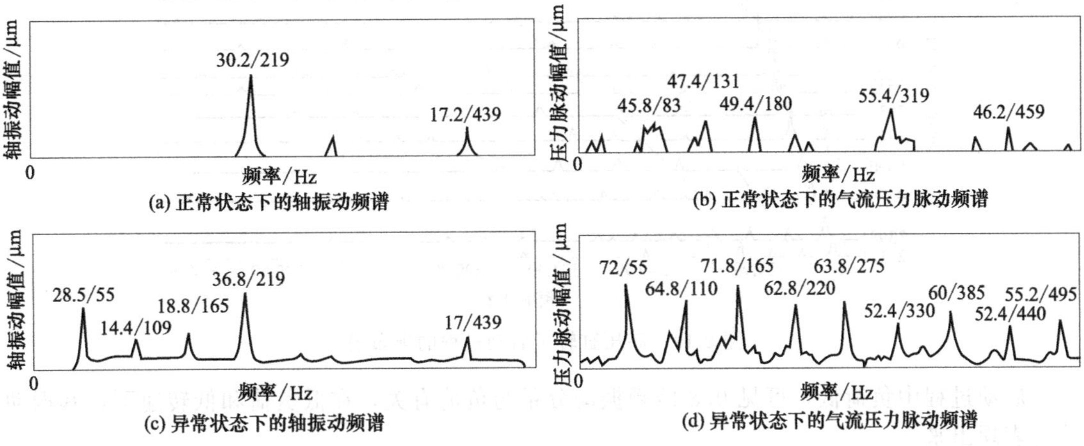

(a) 正常状态下的轴振动频谱

(b) 正常状态下的气流压力脉动频谱

(c) 异常状态下的轴振动频谱

(d) 异常状态下的气流压力脉动频谱

图 2-17　高压缸四段轴振动和气压脉动频谱

（3）压缩机组故障诊断实例 2

某二氧化碳压缩机组是尿素生产装置的关键设备之一，其运行状态正常与否直接关系到安全生产的顺利进行。但是该机组高压缸转子振动中始终存在一个与转速大致成 0.8 倍关系的振动分量，有时这一振动分量的幅值与基频振动分量的幅值相等，甚至大于基频幅值。图 2-18 是二氧化碳压缩机高压缸转子振动幅值谱，各主要振动分量，按振幅的大小，依次用 1～9 标记。图中“1”就是 0.8 倍频振动分量，其振动频率 $f_{0.8}=183.59\text{Hz}$，“2”是基频振动分量，其振动频率 $f_1=222.66\text{Hz}$，从图中可以看到 0.8 倍频的振动幅值大于包括基频在内的其他振动成分的幅值，成为引起转子振动的主要因素，为此，需要分析其产生原因，以便加以控制和消除。

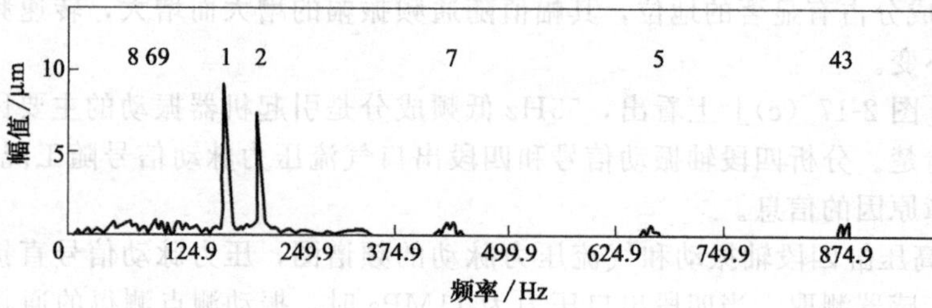

No.	频率/Hz	幅值/μm	No.	频率/Hz	幅值/μm	No.	频率/Hz	幅值/μm
1	183.59	9.971	2	222.66	7.750	3	892.58	1.178
4	884.77	1.063	5	669.92	0.987	6	97.66	0.901
7	447.27	0.816	8	67.36	0.811	9	111.33	0.775

图 2-18　高压缸转子振动幅值谱

1）振动特性分析　0.8 倍频振动比较特殊，它不同于基频和 2 倍频振动等有明显的影响因素和解释，为此，采用多种分析方法就其振动方式以及振动与运行工况之间的关系进行分析。首先用瀑布图分析 0.8 倍频的振动特性，图 2-19 是二氧化碳压缩机组高压缸转子启动过程中振动的瀑布图，从图中可以看到启动过程无论哪一种转速下都没有 0.8 倍频这一振动分量出现。

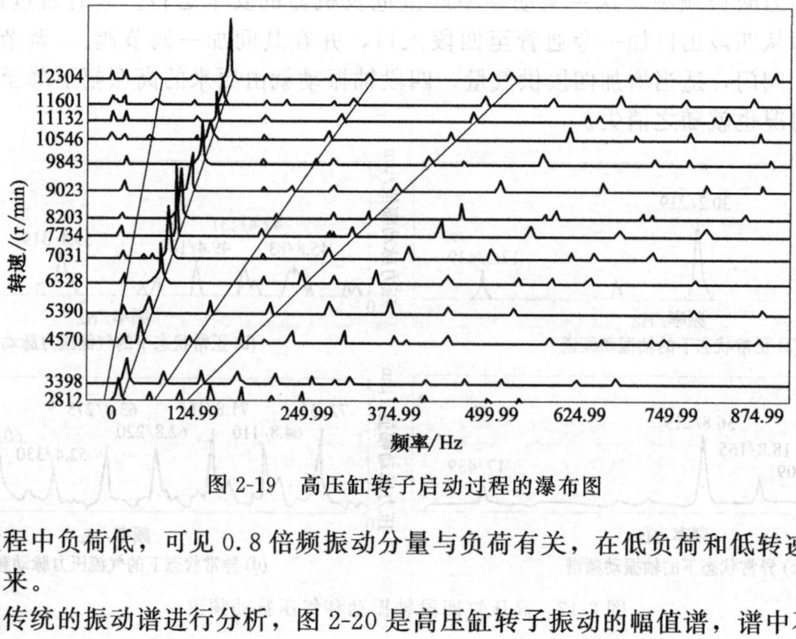

图 2-19　高压缸转子启动过程的瀑布图

启动过程中负荷低，可见 0.8 倍频振动分量与负荷有关，在低负荷和低转速下，其振动并不表现出来。

其次用传统的振动谱进行分析，图 2-20 是高压缸转子振动的幅值谱，谱中不但包括 0.8

倍频、基频、2 倍频等振动成分，而且包含一个频率为 $f=39.06\text{Hz}$ 的振动分量，其幅值大小仅次于 0.8 倍频、基频、2 倍频、3 倍频振动分量的幅值。而且 $f+f_{0.8}=39.06+183.59=222.65\text{Hz}$，近似于转子基频振动频率 $f_1=222.66\text{Hz}$（其中的误差是由 FFT 谱分辨率引起的），由此可见，转子振动中不但包含有一个 0.8 倍频的振动分量，对应还有一个 0.2 倍频的振动分量。

此外，通过频谱分析，还可以发现 0.8 倍频这一振动成分的频率随转速的升高而升高，但也没有明显的线性关系。表 2-6 是转速微小变化后 0.8 倍频振动频率随转速的变化。

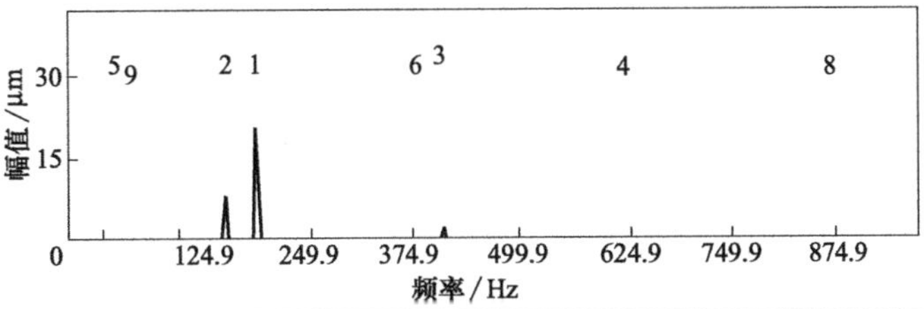

No.	频率/Hz	幅值/μm	No.	频率/Hz	幅值/μm	No.	频率/Hz	幅值/μm
1	222.66	20.564	2	183.59	8.948	3	445.31	2.627
4	667.97	1.007	5	39.06	0.954	6	406.25	0.945
7	216.80	0.921	8	890.62	0.858	9	50.78	0.591

图 2-20　高压缸转子振动幅值谱

表 2-6　0.8 倍频振动频率随转速变化

转子基频/Hz	0.8 倍频振动频率/Hz	$f_{0.8}/f_1$
219.0	178.3	0.814
233.8	181.5	0.810
225.5	182.3	0.810

最后，用二维全息谱对 0.8 倍频的振动特性进行分析，图 2-21 是高压缸转子振动的二维全息谱，从二维全息谱上可以看到，0.8 倍频振动的轨迹是一个椭圆，与基频振动的轨迹类似。

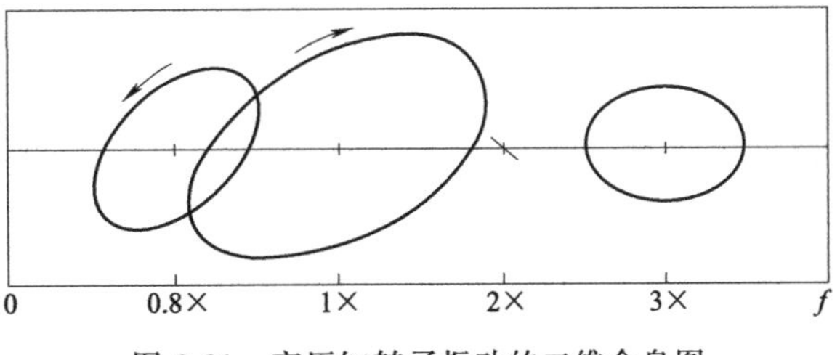

图 2-21　高压缸转子振动的二维全息图

通过上面几种方法的分析，说明二氧化碳压缩机高压缸转子 0.8 倍频振动主要有下列特性：

① 只有当压缩机达到一定的负荷及一定转速的情况下，才产生 0.8 倍频振动。

② 其振动频率随转速的升高而增加，但并不成线性关系。

③ 0.8 倍频的振动伴随着一个 0.2 倍频的振动，两者振动频率之和恰好是转子的回转频率。

④ 引起 0.8 倍频振动的激振力是一个旋转力，类似于不平衡力引起的转子振动。

⑤ 0.8 倍频振动的涡动方向与转子转动方向相反。

2）振动原因分析　上面分析可得出 0.8 倍频振动的特征与转子中气团旋转脱离引起的振动比较吻合，气团旋转脱离是由于气体容积流量不足等原因引起，气体不能按设计的合理角度进入叶轮或者扩压器，造成叶轮内出现气体脱离团，这些气体脱离团以与叶轮转动方向相反的方向在通道间传播，造成旋转脱离。当气体脱离团以角速度 ω 在叶轮中传播，方向与转子旋转方向相反时，对转子的激振频率为 $\Omega-\omega$ 和 ω，其中 Ω 表示转子回转频率。因此，气团旋转脱离引起对转子的作用力表现为 $\Omega-\omega$ 和 ω 两个频率成分。反映在频谱图上，就出现了两个振动频率之和等于旋转频率的振动分量，而在二维全息谱上表现为与转子旋转方向相反运动的圆或椭圆。所以认为引起 0.8 倍频振动的最大可能是气团旋转脱离。

为了进一步说明问题，查找了二氧化碳压缩机组高压缸转子在刚投入运行以及这几年的运行记录和振动频谱，也都发现 0.8 倍频振动分量的存在。所以旋转脱离引起转子 0.8 倍频的振动，可能与压缩机制造上的某些不足有关。有关资料也证明压缩机制造上的不足是引起旋转脱离的主要原因之一。

第3章

滚动轴承振动故障监测与诊断

随着现代工业的发展和科学技术水平的不断提高，机电设备正朝着大型化、高速化、连续化、集中化、自动化和精密化的方向发展，其组成和结构也变得越来越复杂，这直接导致故障率增加和故障诊断异常困难，其中关键零部件如滚动轴承、齿轮等某些细微的损伤性故障或异常若不及时检测并排除，就可能造成整个系统的失效、瘫痪，甚至导致灾难性后果。

3.1 滚动轴承振动故障诊断与监测概述

滚动轴承是机电设备中应用最为广泛的机械部件，也是最易损坏的部件之一。近年来，国内外因轴承损伤性故障而引起的重大事故屡有发生。

3.1.1 滚动轴承

滚动轴承由内圈、外圈、滚动体和保持架四类零件组成（见图 3-1），它的主要优点是：摩擦阻力小、启动快、效率高；安装、维修方便；制造成本低。

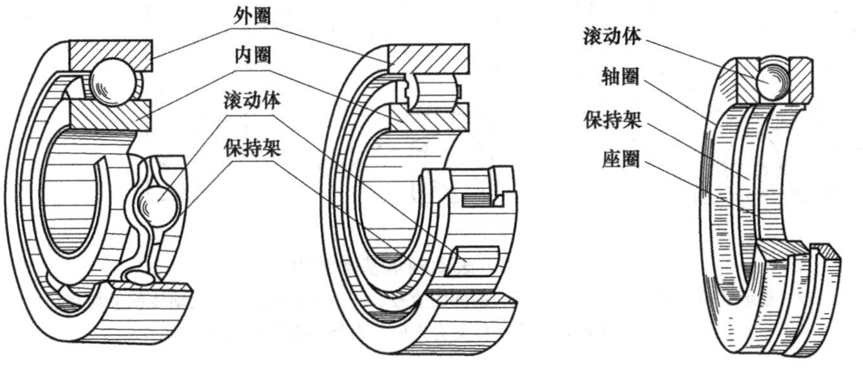

(a) 深沟球轴承　(b) 圆柱滚子轴承　(c) 推力球轴承

图 3-1　滚动轴承的构造

滚动轴承在运转过程中可能会由于各种原因引起损坏，如装配不当、润滑不良、水分和异物侵入、腐蚀和过载等都可能会导致轴承过早损坏。即使在安装、润滑和使用维护都正常的情况下，经过一段时间运转，轴承也会出现疲劳剥落和磨损而不能正常工作。滚动轴承工作时内、外套圈间有相对运动，滚动体既自转又围绕轴承中心公转，滚动体和套圈分别受到不同的脉动接触应力。总之，滚动轴承的故障原因是十分复杂的。

3.1.2 滚动轴承的失效形式

（1）疲劳剥落

滚动轴承的滚道或滚动体表面，由于承受交变负荷的作用使接触面表层金属呈片状剥落，并逐步扩大而形成凹坑。若继续运转，将形成面积剥落区域。

由于安装不当或轴承座孔与轴的中心线倾斜等原因将使轴承局部区域承受较大负荷而出现早期疲劳破坏。

（2）磨损

滚动轴承密封不好使灰尘或微粒物质进入轴承，或润滑不良，将引起接触表面较严重的擦伤或磨损，并使轴承的振动和噪声增大。

（3）裂纹和断裂

材料缺陷和热处理不当、配合过盈量太大、组合设计不当，如支承面有沟槽而引起应力集中等，将形成套圈裂纹和断裂。

（4）压痕

外界硬粒物质进入轴承中，并压在滚动体与滚道之间，可使表面形成压痕。此外，过大的冲击负荷也可以使接触表面产生局部塑性变形而形成凹坑。当轴承静止时，即使负荷很小，由于周围环境的振动也将在滚道上形成均匀分布的凹坑。

3.1.3 振动机理

滚动轴承基本结构如图 3-2 所示。

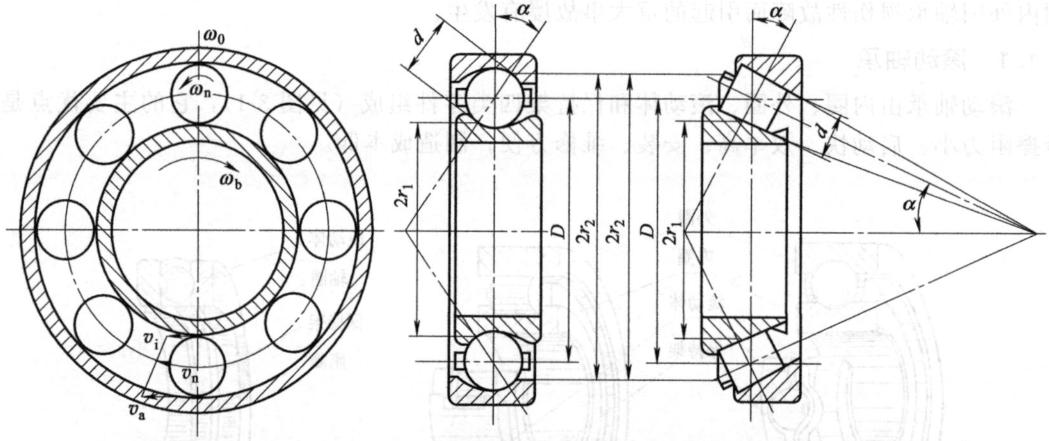

图 3-2 滚动轴承基本结构

D—轴承节径，轴承滚动体中心所在的圆的直径；d—滚动体直径，滚动体的平均直径；α—接触角，滚动体受力方向与内外垂直线的夹角

（1）基本频率：

内圈滚道回转频率 f_i，$f_i = N/60$

外圈滚道回转频率 f_o，一般为 0。

（2）滚动轴承故障的通过频率

滚动轴承元件出现局部损伤时，机器在运行中就会产生相应的振动频率，称为故障特征频率，又称轴承通过频率。

设外圈固定，滚动体在外圈上的通过频率

$$f_{bc} = \frac{1}{2}\frac{D}{d}(f_i - f_o)\left[1 - \left(\frac{d}{D}\right)^2 \cos^2\alpha\right] \tag{3-1}$$

滚动体在内圈上的通过频率

$$f_{bi}=zf_{ic}=\frac{1}{2}Z\left(1+\frac{d}{D}\cos\alpha\right)f_{i} \tag{3-2}$$

保持架相对内圈的旋转频率

$$f_{ci}=\frac{1}{2}f_{i}\left[1+\frac{d}{D}\cos\alpha\right] \tag{3-3}$$

保持架相对外圈滚道的旋转频率

$$f_{co}=\frac{1}{2}f_{i}\left[1-\frac{d}{D}\cos\alpha\right] \tag{3-4}$$

需特别指出的是，故障频率和特征频率相等只是理论上的推导，在实际情况中，滚动体除正常公转与自转外，还有因轴向力变化而引起的摇摆和横向滚动，因此，在滚动过程中，尤其是滚动体表面存在小缺陷时，缺陷可能时而能碰到内外圈，时而又碰不到，以致产生故障信号的随机性，给故障诊断带来复杂性。

（3）滚动轴承故障的固有频率

当轴承某一元件表面出现损伤时，在受载运行过程中损伤点要撞击其他元件表面而产生冲击脉冲力。损伤产生的冲击可以激起系统的各个固有振动。但所产生的脉冲不像理想脉冲那样能量沿频率轴分布，而是频率越高，能量分布越小。所以，在损伤大小和轴承运动速度一定的条件下，在轴承系统的多个固有振动中，损伤更容易引起频率较低的固有振动，而很难引起频率较高的固有振动。

另外，在滚动轴承中，由于损伤点在运动过程中周期性地撞击其他元件表面，所以产生周期性的脉冲力，也就产生一系列高频固有衰减振动。这种振动是一种受迫振动，当振动频率与轴承元件固有频率相等时振动加剧。固有频率仅取决于元件本身的材料、形状和质量，与轴转速无关。

3.1.4 信号特征

（1）轴承内圈损伤

轴承内圈产生损伤时，如剥落、裂纹、点蚀等，若滚动轴无径向间隙，会产生频率为 nzf_{i}（$n=1$，2，……）的冲击振动。波形如图 3-3 所示。

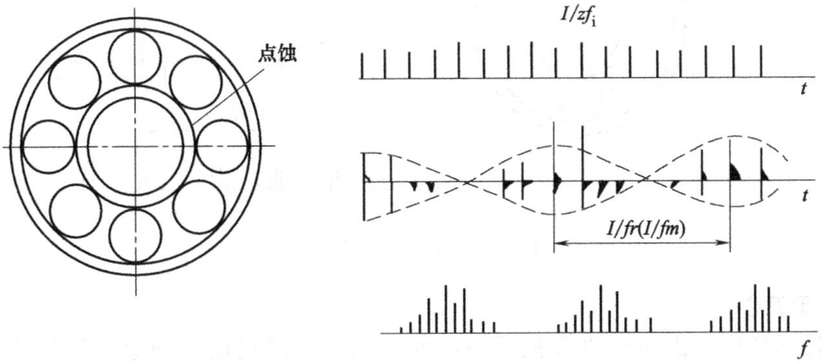

图 3-3 点蚀振动波形

通常滚动轴承都有径向间隙，且为单边载荷，根据点蚀部分与滚动体发生冲击接触的位置的不同，振动的振幅大小会发生周期性的变化，即发生振幅调制。

若以轴旋转频率进行振幅调制，这时的振动频率为

$$nzf_{i}\pm f_{r}(n=1,2,\cdots\cdots)$$

若以滚动体的公转频率（即保持架旋转频率）进行振幅调制，这时的振动频率为

$$nzf_{\mathrm{i}} \pm f_{\mathrm{m}} \quad (n=1,2,\cdots\cdots)$$

（2）轴承外圈损伤

当轴承外圈损伤时，如剥落、裂纹、点蚀等（如图 3-4 所示），在滚动体通过时也会产生冲击振动。由于点蚀的位置与载荷方向的相对位置关系是一定的，所以这时不存在振幅调制的情况，振动频率为

$$nzf_{\mathrm{o}} \quad (n=1,2,\cdots\cdots)$$

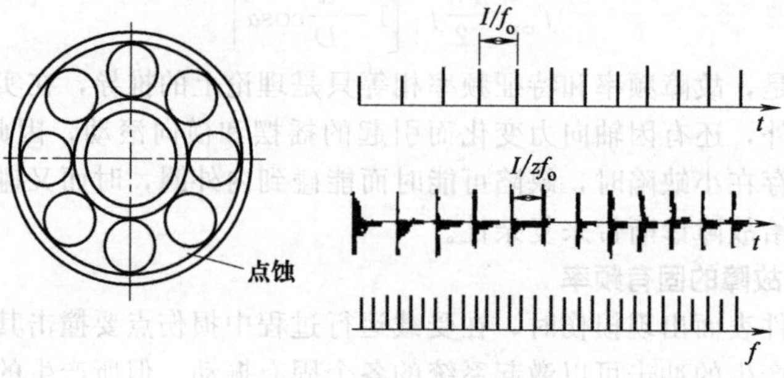

图 3-4　轴承外圈损伤

（3）轴承滚动体损伤

当轴承滚动体产生损伤时，如剥落、裂纹、点蚀等，缺陷部位通过内圈或外圈滚道表面时会产生冲击振动。

在滚动轴承无径向间隙时，会产生频率为 nzf_{b} 的冲击振动，如图 3-5 所示。

通常滚动轴承都有径向间隙，因此，同内圈存在点蚀时的情况一样，根据点蚀部位与内圈或外圈发生冲击接触的位置不同，也会发生振幅调制的情况，不过此时是以滚动体的公转频率进行振幅调制。这时的振动频率为 $nzf_{\mathrm{b}} \pm f_{\mathrm{m}}$　（$n=1$，2，……）

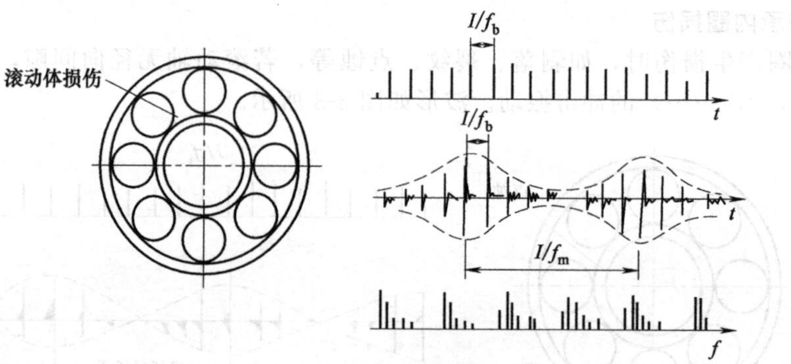

图 3-5　轴承滚动体损伤

（4）轴承偏心

当滚动轴承的内圈出现严重磨损等情况时，轴承会出现偏心现象，当轴旋转时，轴心（内圈中心）便会绕外圈中心振动摆动，如图 3-6 所示，此时的振动频率为 nf_{r}（$n=1$，2，……）

3.1.5　滚动轴承的振动测量与简易诊断

（1）测点位置的选择

不同机械轴承安装的方式和结构是不同的。有的轴承安装在轴承座上，而轴承座是外露的，测点（即传感器）应布置在轴承座上。有的装在机械内部，或直接装在箱体上，测点应

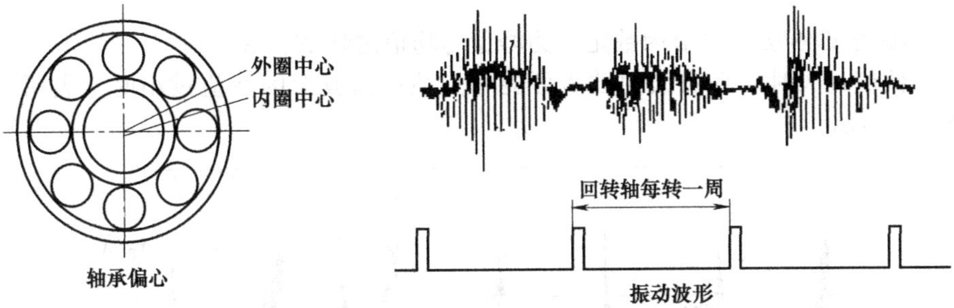

图 3-6 轴承偏心

选在与轴承座连接刚度较高的地方或箱体上的适当位置。总之，测点选择应以尽可能多地获得轴承外圈本身的振动信号为原则。

注意：如果定期巡回监测，则每次测量时测点的位置要一致，这样采得的数据才具有可比性。

（2）测点方向的选择

测量方向应根据轴承的承载情况来考虑。如果轴承承受径向载荷，则应测量径向振动；如果轴承承受轴向载荷，应测量轴向振动；如果轴承同时承受径向和轴向载荷，则一般应同时在两个方向布置传感器。

注意：传感器应尽可能布置在载荷密度最大的地方，以保证获取尽可能大的轴承本身的振动信号。

（3）测量标准的确定

① 绝对标准　绝对标准是在规定了正确的测量方法后而制订的标准。它包括国际标准、国家标准、部颁标准、行业标准和企业标准等。采用绝对标准，必须用相同仪表、在同一部位、按相同条件进行测量。选用绝对标准，必须注意掌握标准适用的频率范围和测量方法等。

② 相对标准　相对标准是对同一部位定期进行测量，并按时间先后进行比较，以正常情况下的值为基准值，根据实测值与基准值的倍数比来进行判断的方法。对于低频振动，通常规定实测值达到基准值的 1.5～2.0 倍时为注意区，约 4 倍时为异常区；对于高频振动，当实测值达到基准值的 3 倍时为注意区，6 倍左右时为异常区。

③ 类比标准　类比标准是指对若干个同一型号的轴承，在相同的条件下，对同一部位进行振动监测，并将振值相互比较进行判别的标准。

需要注意的是，绝对标准是在标准和规范规定的检测方法的基础上制定的标准，因此必须注意其适用频率范围，并且必须按规定的方法进行振动检测。适用于所有轴承的绝对标准是不存在的，一般都是兼用绝对标准、相对标准和类比标准，这样才能获得准确、可靠的诊断结果。

（4）滚动轴承振动信号的简易诊断

① 振幅值诊断法　峰值反映的是某时刻振幅的最大值，因而振幅值诊断法适用于表面点蚀损伤之类的具有瞬时冲击的故障诊断。另外，对于转速较低的情况（如 300r/min 以下），也常采用峰值进行诊断。

均值用于诊断的效果与峰值基本一样，其优点是检测值较峰值稳定，但一般用于转速较高的情况（如 300r/min 以上）。

均方根值由于是对时间取平均的，因而它适用于磨损、表面裂痕无规则振动之类的振幅值随时间缓慢变化的故障诊断。对于表面剥落或伤痕等具有瞬变冲击振动的异常竟实践证明是不合适的。

② 波形因数诊断法　波形因数定义为峰值与均值之比 $X_p/\overline{X}$

波形因数值过大时，表明滚动轴承可能有点蚀；而波形因数值过小时，表明发生了磨损，如图 3-7 所示。

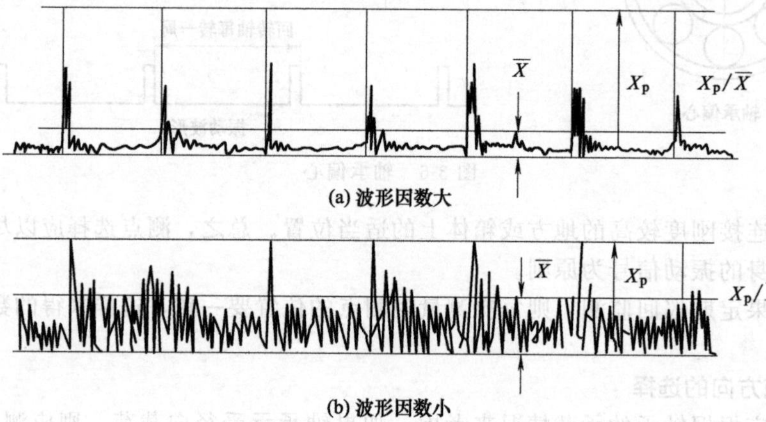

图 3-7　轴承的波形因数

③ 概率密度诊断法　无故障滚动轴承振幅的概率密度曲线是典型的正态分布曲线，如图 3-8（a）所示；一旦出现故障，则概率密度曲线可能出现偏斜或分散的现象，如图 3-8（b）所示。

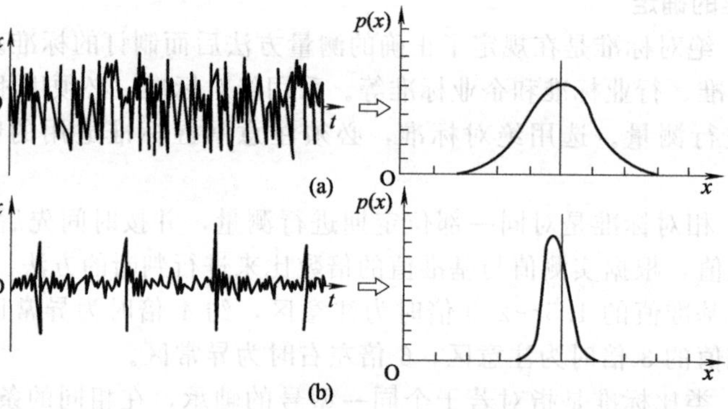

图 3-8　轴承振幅的概率密度

④ 峭度系数诊断法

峭度 k 的表达式为

$$k=\frac{\int_{-\infty}^{+\infty}(x-\overline{x})^4 p(x)\,\mathrm{d}x}{\delta^4}$$

振幅满足正态分布规律的无故障轴承，其峭度值约为 3。随着故障的出现和发展，峭度值具有与波峰因数类似的变化趋势。此方法的优点在于与轴承的转速、尺寸和载荷无关，主要适用于轴承表面有伤痕的诊断。缺点是峭度系数波动较大，对轴承表面皱裂、磨损等异常缺乏诊断能力，特别是在信噪比很低的情况下几乎无法做出判断。

滚动轴承的精密诊断与旋转机械、往复机械等精密诊断一样，主要采用频谱分析法。由于滚动轴承的振动频率成分十分丰富，既含有低频成分，又含有高频成分，而且每一种特定的故障都对应特定的频率成分。进行频谱分析之前需要通过适当的信号处理方法将特定的频率成分分离出来，然后对其进行绝对值处理，最后进行频率分析，以找出信号的特征频率，确定故障的部位和类别。

3.2 电动机滚动轴承异常振动噪声的分析及处理

电动机是企业生产中使用最广泛的动力设备，其可靠性直接影响生产，其中电动机的轴承故障在设备故障中占有很大的比例。作为电动机的易损件，轴承需要按要求及时进行更换，如不能准确判断轴承异常振动噪声的原因，会给电动机运行带来较大隐患，最终造成电动机无法正常运转，给企业生产带来巨大的损失。

3.2.1 电动机轴承异常振动噪声的分析

(1) 电动机轴承异常振动噪声的识别

电动机噪声分为电磁噪声、通风噪声及机械振动噪声。其中机械振动噪声中主要是轴承振动噪声，轴承振动噪声是相对滚动轴承基本噪声而言，轴承振动噪声的频率的频带分布较宽，不同的人可能听到异响的大小不一样。因此，要识别异常振动噪声还要有一定的实践经验。根据经验提出可识别轴承异常振动噪声的几种方法。

① 根据声音的特征识别。基本噪声一般是连续的平坦的声音，没有明显的高低，而轴承异常振动噪声则是断续声响或嗡嗡声，甚至有时能听到似乎有物体的互相摩擦声或撞击声等；

② 根据声源识别。根据异响声源是否来自电动机端盖或轴承部位进行判断。一般滚柱轴承比滚珠轴承发生异响的概率要高，所以可以根据电动机滚柱轴承的位置初步判断声源；

③ 更换轴承识别。将原轴承进行清洗或更换后，若异常噪声消失，则可判断为轴承异常振动噪声；

④ 用电子听诊器识别。轴承噪声分布在 1～20kHz 广阔范围内，随时间的波动往往被电动机的端盖所放大。大多数轴承噪声出现在 1～5kHz 频段内，用电子听诊器听起来呈嗞嗞声。

(2) 电动机轴承异常振动噪声形成的原因

① 轴承质量。轴承异常振动噪声可能出自轴承。轴承本身的质量对异常振动噪声的大小起决定作用。轴承有先天性的品质缺陷，如轴承滚柱或滚珠的加工精度差，表面有划痕碰伤，内外轴承套的圆度、波度、粗糙度较差，保持架加工精度及定位精度不高，与滚柱或滚珠间的窜动较大等，或轴承购进后，由于保存或安装不当形成的品质性缺陷，如锈蚀、碰伤、划伤等，均是形成异常振动噪声的重要因素。

② 轴承的润滑。良好的润滑是保证轴承正常运行、维持低振动噪声的基本条件。在正常润滑情况下，滚动体与滚道之间会被一层润滑油膜隔开，这层油膜起到减少金属与金属间的摩擦、吸振延缓作用。一旦油膜因外界因素而失效、消失或油膜厚度不足时，均会产生刚性体之间的接触、碰撞，最终出现异常振动噪声，多数中小型电动机一般采用锂基润滑脂，润滑脂的稠度大小也会影响轴承异常振动噪声。

③ 轴承的清洁度。轴承在污染的条件下工作，很容易让杂质和微粒进入。当这些污染微粒被滚动体碾压后，会产生振动。杂质内不同的成分、微粒的数量和大小会导致振动不同，频率也没有固定的模式，同样可能产生令人烦扰的噪声。

④ 轴承的配合及装配。轴承的内外圈与电动机轴及轴承座配合精度至关重要。轴承装入电动机后，因轴承内外圈与轴及轴承座有一定的配合公差，使轴承产生径向变形，使游隙减小，故运行时另有一个工作游隙值，试验研究表明，当工作游隙为 10μm 左右时，对噪声来说是最佳值。过大会使振动加大，过小则使噪声加大。工作游隙与原始游隙的差值主要与

轴承内外圈、轴及轴承座的加工精度有关，如果配合选择的过紧，加工精度过低，致使大部分轴承工作游隙偏小，甚至造成无间隙运行，会导致轴承产生噪声。轴承装配时不按轴承装配工艺要求进行、野蛮装配造成的轴承损伤，也会引起轴承异常振动噪声。

3.2.2　电动机轴承异常振动噪声的消除措施

（1）严格控制进厂轴承质量及防止轴承锈蚀

轴承进厂时应进行相应的检验，除进行外观及尺寸的检查外，还要用仪器对轴承进行振动检测，采用冲击脉冲法检测并进行诊断。其原理是：当两个不平的表面撞击时，就会产生冲击波，即冲击脉冲，这个冲击脉冲的强弱直接反映了撞击的猛烈程度。根据这个原理，如果通过检测轴承内滚珠或滚柱与滚道的撞击程度，也就可以了解轴承的工作状态，低的冲击脉冲值客观地反映了轴承良好的工作状态，而当测得较高的冲击脉冲值时，说明轴承处于不良的工况，如图 3-9 所示。

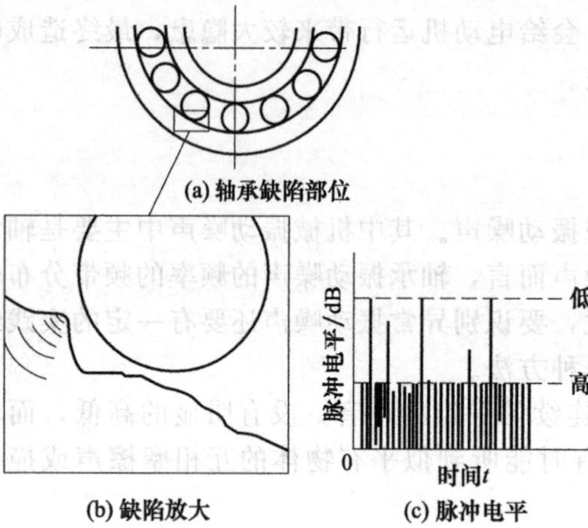

图 3-9　冲击脉冲法检测滚动轴承缺陷

一般用户对轴承的保存不太注意，实际上，普通轴承涂的防锈油有效期只有一年，如果超过期限，不进行重新防锈处理，就有可能生锈，如果轴承滚珠或滚柱及滚道锈蚀，一定会引起异常振动噪声，因此，对轴承的保存管理一定注意轴承的出品期和防锈有效期，做到定期检查。

（2）严格控制清洁度

电动机行业有许多企业不重视清洗，大多数企业没有专门的清洗设备，靠手工吹、扫或随意清洗一下，导致电动机在一个不干净的条件下装配，既影响电动机的表观质量，又会使轴承产生异响。

为了控制清洁度，在电动机装配时，要对装配的零部件，如机座、端盖、轴承套、转子及轴等，进行清洗。只有清洗干净、验收合格的零部件才能装配。

（3）严格控制轴承座及轴承台内外径公差

实践证明，多数轴承外圈均为减差，为降低轴承异常振动噪声，轴承座内径的公差设计值一般取 J6 或 JS6 为宜，这样可以保证轴承与轴承座为过渡配合，并保证轴承座公差尽量取中间公差，既不要太接近正公差，也不要太接近负公差，且轴承座内径圆柱度公差为 5 级。为保证轴承内圈与轴承台配合的合理性，一般轴承台处公差根据需要取 k5 或 k6，且轴承台外径圆柱度公差为 5 级，轴承台台肩处倒角不应大于轴承倒角，否则轴承装配时不到位，所以轴承台台肩处倒角应小于轴承倒角。

（4）改进轴承装配工艺

安装轴承时，可以根据轴承类型和尺寸选择机械、加热或液压等方法进行。但在任何情况下都不可以直接敲击轴承圈、保持架、滚动体或密封件。安装时对轴承施加的作用力绝不可通过滚动体从一个轴承圈传递到另一个轴承圈，否则会对滚道造成损伤，使轴承产生异常振动噪声。轴承装配最好是采用油加热或用专用的感应加热器加热，对于小型电动机轴承尽量采用油加热。油加热设备简单，但油经多次使用后会不干净，所以用油加热的轴承装配后要用汽油清洗两次。第一次清洗的汽油不干净了，要用汽油进行第二次清洗，然后加入少许的 20＃机油，可提高轴承耐磨性，延长寿命，降低轴承噪声，在涂油时一定保证均匀涂抹，使之形成均匀油膜，最后加入锂基脂。对中大型电动机必须采用专用的感应加热器加热，保证轴承均匀加热，不会产生尺寸变形。

3.3 齿轮箱中滚动轴承的故障诊断与分析

齿轮箱运行状态往往直接影响传动设备能否正常工作。

齿轮箱通常包含齿轮、滚动轴承、轴等零部件。据统计，齿轮箱内零部件失效情况中，齿轮和轴承的失效所占比重最大，分别为60%和19%。因此，齿轮箱故障诊断研究的重点是齿轮和轴承的失效机理与诊断方法。对齿轮箱中滚动轴承的故障诊断，具有一定的技巧性和特殊性。

3.3.1 振动检测技术在齿轮箱滚动轴承故障诊断中的应用

（1）齿轮箱振动信号及分析

对齿轮箱的故障诊断，目前普遍采用的是基于振动技术的诊断方法。它通过提取齿轮箱轴承座上或齿轮箱壳体中上部的振动信号，运用适当的信号处理技术，分析可能出现的故障特征信息，以判断发生故障的性质及部位。

振动检测技术是基于机械设备在动态下（包括正常和异常状态）都会产生振动，振动的强弱及其包含的主要频率成分和故障的类型、程度、部位以及原因等有着密切的联系这一事实。它可以检测出人的感官和经验无法直接查出的故障因素，尤其是不明显的潜在故障。齿轮箱中的轴、齿轮和轴承在工作时都会产生振动，若发生故障，其振动信号的能量分布和频率成分将会发生变化，振动信号是齿轮箱故障特征的载体。

振动检测技术中，振动信号分析方法通常有频谱分析法、倒频谱分析法、时域分析法、包络分析法等。

（2）齿轮箱滚动轴承的故障

一般情况下，当齿轮箱发生故障时，故障的特征频率会出现大量谐波，同时其周边会存在许多边频带。由于引起故障的原因很多，许多故障的振动现象不是单一的，轴承故障特征频率也会受到调制。

当齿轮箱滚动轴承出现故障时，在滚动体相对滚道旋转过程中，常会产生有规律的冲击，能量较大时，会激励起轴承外圈固有频率，形成以轴承外圈固有频率为载波频率、以轴承通过频率为调制频率的固有频率调制振动现象。

齿轮箱滚动轴承出现严重故障时，在齿轮振动频段内可能会出现较为明显的故障特征频率成分。这些成分有时单独出现，有时表现为与齿轮振动成分交叉调制，出现和频与差频成分，和频与差频会随其基本成分的改变而改变。

（3）齿轮箱滚动轴承故障诊断的难点

① 确定齿轮箱中间传动轴的转速难。齿轮箱通常具有多级结构，每级传动产生不同的速比。一般情况下，齿轮箱厂家仅提供齿轮总速比，并不详细提供每级传动速比以及齿轮齿数，这为准确判断中间传动轴的轴承故障增加了难度。确定每根传动轴的转速，是正确分析判断轴承故障的关键，因为轴承故障特征频率与轴承结构尺寸及轴的转速相关。轴承的结构尺寸（滚子直径、滚子分布圆直径、接触角）以及轴承滚子数量等是内在因素，是由轴承制造商决定的。而转速属外在因素，同一轴承在不同的转速时，轴承的故障特征频率不同。

② 确定频谱中故障特征频率成分难。目前齿轮箱故障诊断方法是以箱体振动信号进行研究的，信号在传递过程中经过的环节很多，例如齿轮信号传递会经过齿轮→轴→轴承→轴承座→测点环节，这样会导致部分信号在传递过程中衰减或受调制。另外，由于齿轮箱结构复杂，工作条件多样，箱内多对齿轮和滚动轴承同时工作，频率成分多且复杂，各种干扰较

大，所以传感器所提取的振动信号中，各信号频率杂、多且不易区分，确定其中某故障特征频率就存在一定难度。滚动轴承故障产生的振动信号能量要比齿轮或轴系故障产生的振动能量小，其故障信号很容易被淹没在其他振动信号中，故障特征更不明显，这为确定轴承故障特征频率增加了很大难度。

3.3.2 齿轮箱中滚动轴承故障诊断实例

采用SKF振动检测技术，Version3.1.2版本分析软件，结合振动频谱图、时域图、加速度包络图等，对齿轮箱中滚动轴承故障进行分析诊断。

(1) 浆板四压下辊传动齿轮箱诊断

齿轮箱型号 H3SH10B（FLENDER），齿轮总速比 1520.9/38＝40.023，结构见图3-10。

该齿轮箱现场有周期噪声，如同齿轮啮合不良产生的周期冲击。这之后，车间曾两次计划停机检查齿轮箱，结果并没有发现齿轮明显损伤。后来现场噪声越加尖锐，产生的高振动给产品质量也带来了一定影响。为进一步诊断产生该噪声的根源并消除故障，对该齿轮箱进行了振动数据采集并分析。

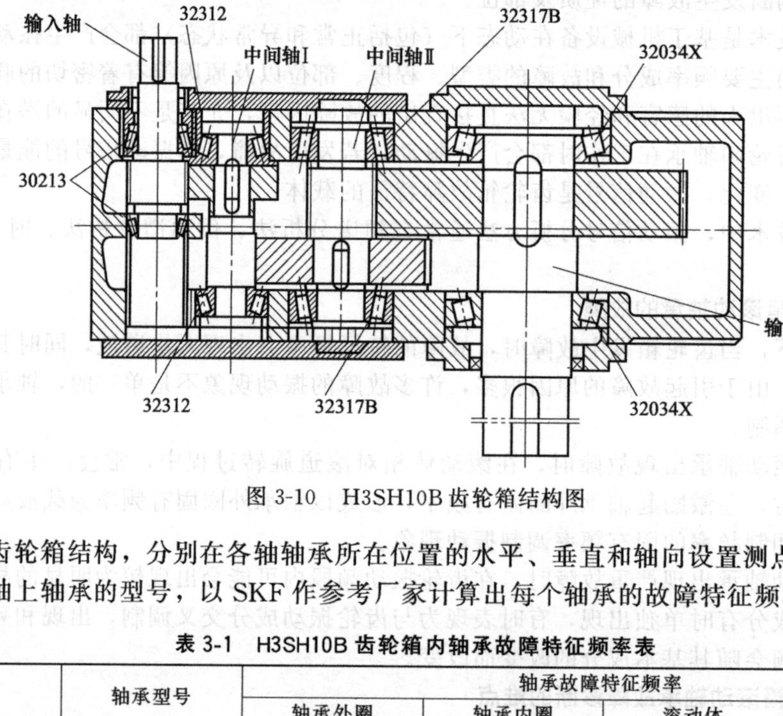

图 3-10　H3SH10B 齿轮箱结构图

根据齿轮箱结构，分别在各轴轴承所在位置的水平、垂直和轴向设置测点。从资料上查出了每根轴上轴承的型号，以SKF作参考厂家计算出每个轴承的故障特征频率，见表3-1。

表 3-1　H3SH10B 齿轮箱内轴承故障特征频率表　Hz

轴	轴承型号	轴承故障特征频率			
		轴承外圈	轴承内圈	滚动体	保持架
输入轴	30213	$8.08497f_1$	$10.915f_1$	$3.1688f_1$	$0.4255f_1$
中间轴Ⅰ	32312	$6.56395f_2$	$9.436f_2$	$2.627f_2$	$0.410f_2$
中间轴Ⅱ	32317B	$7.6616f_3$	$10.338f_3$	$3.08967f_3$	$0.4256f_3$
输出轴	32034X	$13.128f_4$	$15.8719f_4$	$5.0229f_4$	$0.4527f_4$

f_1、f_2、f_3、f_4——所在轴转速频率

根据浆板车速推算出齿轮箱输入轴转速为 1419r/min，即输入轴转频 f_1＝23.65Hz。分析输入轴的振动速度频谱，发现频谱中有非常明显的 110.9Hz 的异常频率及其谐波（图3-11），并有大量边频带。频率 110.9Hz＝4.69（输入轴转频倍数）×23.65Hz（输入轴转频）。该谐波不像是齿轮的啮合频率，很可能是某轴承的故障特征频率。假定该异常频率为轴承故障特征频率，从谐波周围可计算出 11.72Hz 的边频带。因资料中只提供了该齿轮

箱的总速比为 40.023，不能一一确定每根轴的实际转速，这就需要从频谱中捕捉轴转速信息。

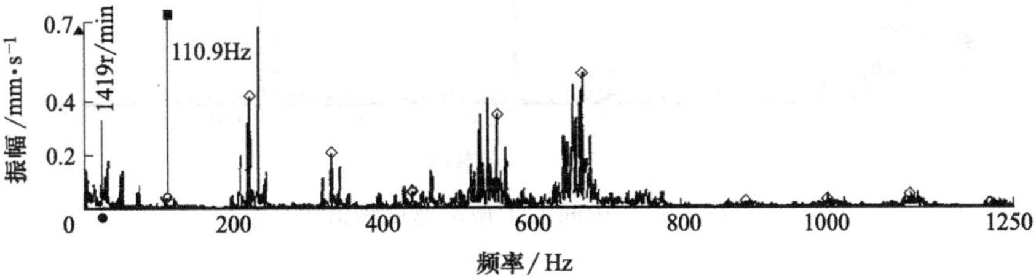

图 3-11 输入轴振动速度频谱图

分析中间轴Ⅰ振动速度频谱，频谱中有明显的 11.72Hz 的频率，特别在时域图（图 3-12）中捕捉到了 11.72Hz 的高强度脉冲。因为中间轴Ⅰ的转频是 11.72Hz，即 703r/min，这样频谱中的 110.9Hz 的频率将变为 110.9Hz＝9.47（中间轴Ⅰ转频倍数）×11.72Hz（中间轴Ⅰ转频）。对照 H3SH10B 齿轮箱内轴承故障特征频率表，发现中间轴Ⅰ轴承 32312 的内圈故障特征频率 9.436×11.72Hz（此时 f_2＝11.72Hz）与频谱中的 9.47×11.72Hz 非常接近。在系统中输入 32312 轴承内圈故障特征频率，频谱中的 110.9Hz 的频率就是轴承 32312 的内圈故障特征频率（图 3-13）。

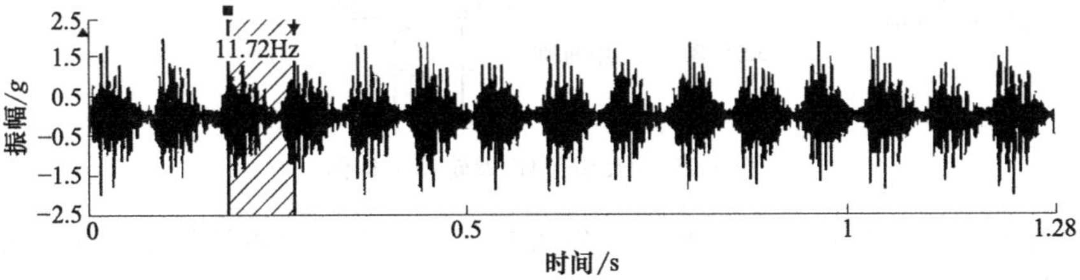

图 3-12 中间轴Ⅰ时域图

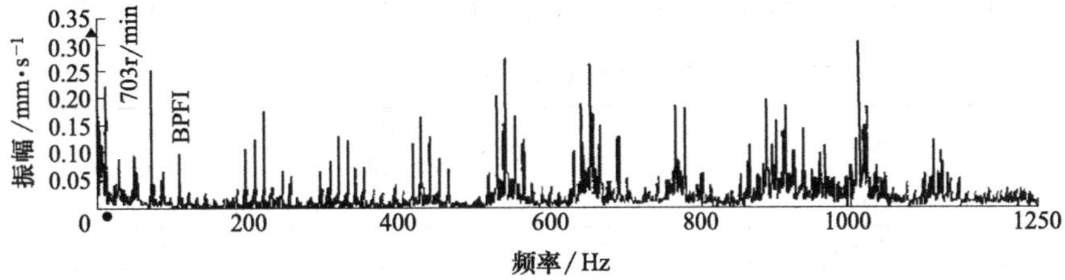

图 3-13 中间轴Ⅰ振动速度频谱图

经过上面的数据分析判断，并结合以往停机检查的结果，可确诊该齿轮箱中间轴Ⅰ的轴承 32312 存在严重损伤。齿轮箱内发出的周期性异常噪声很可能是因轴承损坏引起齿轮啮合不良产生的。

计划停机更换轴承。拆下的 32312 轴承内圈 180°范围严重剥落，轴承滚动体研磨，外圈麻点疲劳磨损。

更换轴承开机后第二天进行检测，发现振动频谱中原轴承故障特征频率消失，振动速度值降低（图 3-14），现场周期性异常噪声也随之消除，运行状态良好，产品质量也明显好转。

（2）纸板 25 传动齿轮箱诊断

齿轮箱型号 H2SH04B，齿轮总速比 1633.4/192.5＝8.485，结构见图 3-15。

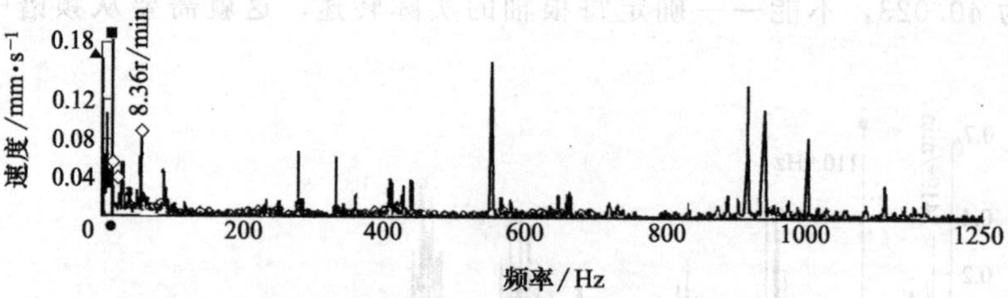

图 3-14　中间轴Ⅰ振动速度频谱图

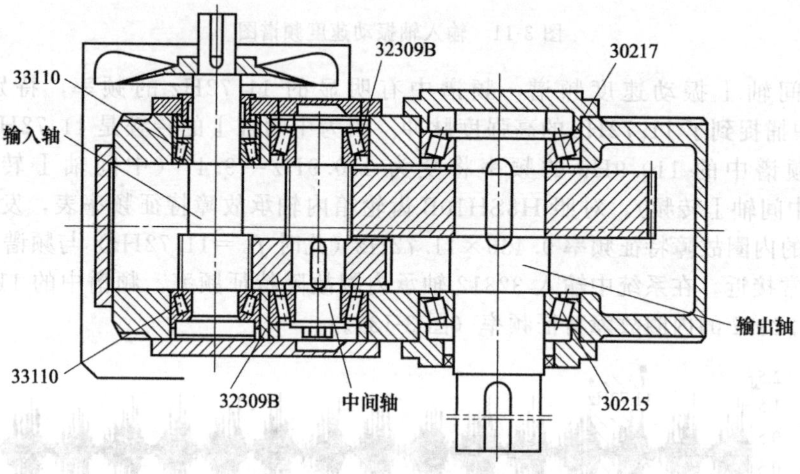

图 3-15　H2SH04B 齿轮箱结构图

车间纸机提速，巡检 25 传动齿轮箱，发现现场噪声大，齿轮箱振动明显。采集振动数据并分析诊断。

根据结构图分别在三根轴上轴承所在位置的水平、垂直和轴向设置测点。从资料上查出了每根轴上轴承的型号，以 SKF 作参考厂家计算出每个轴承的故障特征频率，见表 3-2。

表 3-2　H2SH04B 齿轮箱内轴承故障特征频率表　　Hz

轴	轴承型号	轴承故障特征频率			
		轴承外圈	轴承内圈	滚动体	保持架
输入轴	33110	$9.650771f_1$	$12.34923f_1$	$33.872214f_1$	$0.438671f_1$
中间轴	32309B	$7.181758f_2$	$9.818242f_2$	$2.956694f_2$	0.4224562
输出轴	30217	$8.57083f_3$	$11.42917f_3$	$3.300186f_3$	$0.428541f_3$
	30215	$9.0592f_3$	$11.9408f_3$	$3.433763f_3$	$0.43139f_3$

f_1、f_2、f_3、f_4——所在轴转速频率

根据纸机车速推算出齿轮输入轴转速为 1527.5r/min，即输入轴转频 $f_1=25.46$Hz。分析输入轴加速度包络频谱发现，其加速度包络非常高，基本在 30 多 gE（SKF 加速度包络单位）。包络频谱中有非常明显的 249.2Hz 异常频率及其谐波，并有 6.094Hz 的边频带（图 3-16），频率 249.2Hz＝9.79（输入轴转频的倍数）×25.46Hz（输入轴转频）。这与 33110 轴承外圈故障特征频率很接近。时域图上有约 246.1Hz 的冲击（图 3-17），该冲击频率与输入轴频谱中的 249.2Hz 频率相近。

分析中间轴频谱，从频谱上确定出轴的转频为 6.25Hz。这样频谱中 249.2Hz 的频率在中间轴上将表现为 249.2Hz＝39.88（中间轴转频的倍数）×6.25Hz（中间轴转频），这与中间轴轴承故障特征频率相差很远。同样，根据速比可计算出最后输出轴的转频为 3Hz，这与

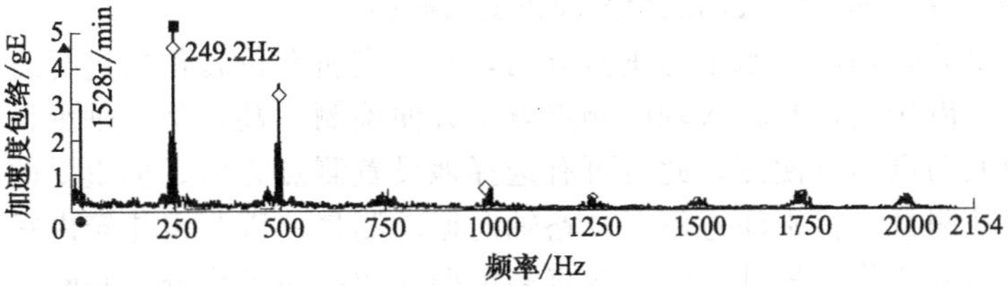

图 3-16 输入轴加速度包络频谱图

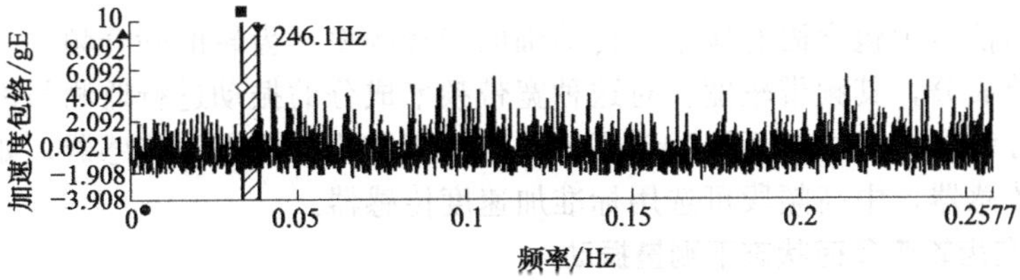

图 3-17 输入轴时域图

该轴上的轴承故障特征频率也不符。

鉴于以上分析，在系统中输入 33110 轴承外圈故障特征频率，频谱中的 249.2Hz 的频率就是轴承 33110 的外圈故障特征频率。最后诊断齿轮箱输入轴上的 33110 轴承外圈严重损伤。

计划停机更换 33110 轴承。拆下的轴承外圈负荷区研磨，并有明显的滚子压痕。

更换轴承开机后的第三天检测，发现振动频谱中轴承故障特征频率消失，加速度包络值大幅降低（图 3-18）。现场异常噪声也随之消失，运行状态良好。

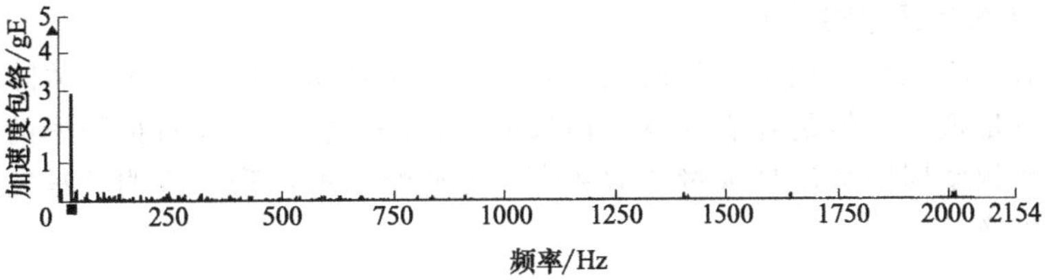

图 3-18 输入轴加速度包络频谱图

3.3.3 齿轮箱中滚动轴承故障诊断经验

（1）清楚齿轮箱内部结构及轴承故障特点

要知道齿轮箱内基本结构，比如齿轮是何种模式、传动轴有几根、每根轴上有哪些轴承和什么型号的轴承等。知道哪些轴和齿轮是高速重载，可以帮助确定测点的布置；知道电动机转速和各传动齿轮的齿数、传动比，可以帮助确定各传动轴的转频、啮合频率；知道各轴承座等滚动轴承的型号，可以帮助确定各轴承的故障特征频率。另外，还要清楚轴承故障的特点。一般情况下，齿轮啮合频率是齿轮数及转频的整数倍，而轴承故障特征频率却不是转频的整数倍。清楚齿轮箱内部结构及轴承故障特点，是正确分析齿轮箱中滚动轴承故障的首要前提。

（2）尽可能在每根传动轴所在的轴承座上测量振动

在齿轮箱壳体上不同位置设置测点，由于信号传递路径不同，因而对同一激励的响应也有差异。齿轮箱传动轴的轴承座处对轴承的振动响应比较敏感，此处设置监测点可以较好地接收轴承振动信号，而壳体中上部比较靠近齿轮的啮合点，便于监测齿轮的其他故障。

（3）尽量从水平、垂直和轴向三个方向去测量振动

测点的选择要兼顾轴向、水平与垂直方向，不一定所有位置都要进行三个方向的振动测量。如带散热片的齿轮箱，其输入轴的测点就不方便检测。甚至某些轴承设置在轴的中间位置，部分方向的振动也不方便测，此时可有选择地设置测点方向。但重要的部位，一般要进行三个方向的振动测量，特别注意不要忽略轴向振动测量，因为齿轮箱内很多故障都会引起轴向振动能量与频率变化。另外，同一测点多组振动数据还可为分析判断所在传动轴转速提供足够的数据参考，并为进一步诊断出哪端的轴承故障更严重些提供更多的参数依据。

（4）兼顾高低频段振动

齿轮箱振动信号中包含固有频率、传动轴的旋转频率、齿轮的啮合频率、轴承故障特征频率、边频族等成分，其频带较宽。对这种宽带频率成分的振动进行监测与诊断时，一般情况下要按频带分级，然后根据不同的频率范围选择相应测量范围和传感器。如低频段一般选用低频加速度传感器，中高频段可选用标准加速度传感器。

（5）最好在齿轮满负荷状态下测量振动

满负荷下测量齿轮箱振动，能够较清晰地捕捉到故障信号。有时候，在低负荷时，部分轴承故障信号会被齿轮箱内其他信号淹没，或者受其他信号调制而不容易发现。当然，当轴承故障比较严重时，即使在低负荷时，通过速度频谱也能够清晰地捕捉到故障信号。

（6）分析数据时要兼顾频谱图与时域图

当齿轮箱发生故障时，有时在频谱图上各故障特征的振动幅值不会发生较大的变化，无法判断故障的严重程度或中间传动轴转速的准确值，但在时域图中可通过冲击频率来分析故障是否明显或所在传动轴转速是否正确。因此，要准确确定每一传动轴的转速或者某一故障的冲击频率，需要将振动频谱图和时域图结合起来推断。特别是对异常谐波的边频族频率的确定，更离不开时域图的辅助分析。

（7）注重边频带频率的分析

对于转速低、刚性大的设备，当齿轮箱内的轴承出现磨损时，轴承各故障特征频率的振动幅值往往并不是很大，但是随着轴承磨损故障的发展，轴承故障特征频率的谐波会大量出现，并且在这些频率周围会出现大量的边频带。这些情况的出现，表明轴承发生了严重的故障，需要及时更换。

第4章

齿轮箱振动故障监测与诊断

齿轮传动具有结构紧凑、效率高、寿命长、工作可靠和维修方便等特点，所以在运动和动力传递以及变更速度等方面得到了普遍应用。

齿轮传动也有明显缺点，其特有的啮合传力方式造成两个突出的问题：一是振动、噪声较其他传动方式大；二是当其制造工艺、材质、热处理、装配等未达到理想状态时，会成为诱发机器故障的重要因素，且诊断较复杂。

4.1 齿轮箱的失效原因与振动诊断

齿轮传动多以齿轮箱的形式出现。齿轮在运动中若产生故障，温度、润滑油中磨损物的含量及形态、齿轮箱的振动及噪声、齿轮传动轴的扭转和扭矩、齿轮齿根应力分布等，都会从各自角度反映出故障信息，但是受现场测试条件及分析技术所限，有些征兆的提取与分析不易实现。而有些征兆反量对运行状态的反应迅速、真实、全面，能很好地反映出绝大部分齿轮故障的性质范围。振动诊断在齿轮的故障诊断中占有重要的地位。

4.1.1 齿轮箱的失效形式和原因

齿轮箱中的各类零件的失效比例分别为：齿轮60%，轴承19%，轴10%，箱体7%，紧固件3%，油封1%。由此可看出，在所有零件中，齿轮自身的失效比例最大。

（1）由制造误差引起的缺陷

制造齿轮时通常会产生偏心、周节误差、基节误差、齿形误差等几种典型误差。偏心指齿轮基圆或分度圆与齿轮旋转轴线不同心的程度；周节误差指齿轮同一圆周上任意两个周节之差；基节误差指齿轮上相邻两个同名齿形的两条相互平行的切线间，实际齿距与公称齿距之差；齿形误差指在轮齿工作部分内，容纳实际齿形的两理论渐开线齿型间的距离。当齿轮的这些误差较严重时，会引起齿轮传动中忽快忽慢的转动，啮合时产生冲击引起较大噪声等。

（2）由装配误差引起的故障

由于装配技术和装配方法等，通常在装配齿轮时会造成"一端接触"和齿轮轴的直线性偏差（不同轴、不对中）及齿轮的不平衡等异常现象。

（3）运行中产生的故障

齿轮运行一段时间后才产生的故障，主要与齿轮的热处理质量及运行润滑条件有关，也可能与设计不当或制造误差或装配不良有关。根据齿轮损伤的形貌和损伤过程或机理不同，故障通常分为齿的断裂、齿面疲劳、齿面磨损或划痕、塑性变形4类。

（4）滚动轴承的失效

滚动轴承是齿轮箱中最常见也是最易损坏的零件之一，它的破坏形式很复杂，主要有磨损失效、疲劳失效、腐蚀失效、压痕失效、断裂失效和胶合失效。

4.1.2 齿轮箱振动诊断分析方法

（1）时域平均法

其原理是在检测信号中消除噪声干扰。此方法应用于故障分析的要点是：①要有两个检测信号，一是振动信号，二是转轴旋转的时标信号；②光滑滤波；③如需对传动链中每一个齿轮进行监测，则需根据每个齿轮的周期更换时标。

（2）频谱分析法

将测得的齿轮加速信号进行频谱分析，从频谱图上看齿轮的啮合频率及其各阶谐波的幅值变化情况，从而判断有无故障。

（3）倒频谱分析法

倒频谱方法用于齿轮故障边频带的分析具有独特的优越性，它的主要特点是受传输途径的影响很小，在功率谱中模糊不清的信息在倒频谱中却一目了然，且倒频谱能较好地检测出功率谱上的周期成分，使之定量化。

（4）其他分析法

上述几种方法是齿轮箱故障检测的常用方法，但仅仅应用这些方法还不够，这是因为齿轮箱的局部故障对振动的影响往往是短促的、脉冲式的，它既改变振动信号的振幅，又使信号相位发生突变。因此，必须重视相位信号，应用时序模型、频率调解等方法来解决。

4.1.3 齿轮箱振动诊断实例

某型柴油机齿轮箱是大型舰船的主动力装置，其技术状况直接影响各项任务的完成，为了保障该装备的完好，跟踪振动监测过程，并发现故障。

（1）故障现象

用红外测温仪对齿轮箱外壳进行温度监测时，发现左主机齿轮箱表面温度普遍在40～44℃之间，较右主机齿轮箱表面温度（37～40℃）高，并且在左齿轮箱倒车齿轮部位温度偏高，为47～55℃，较右主机齿轮箱相同部位温度（40～45℃）高。

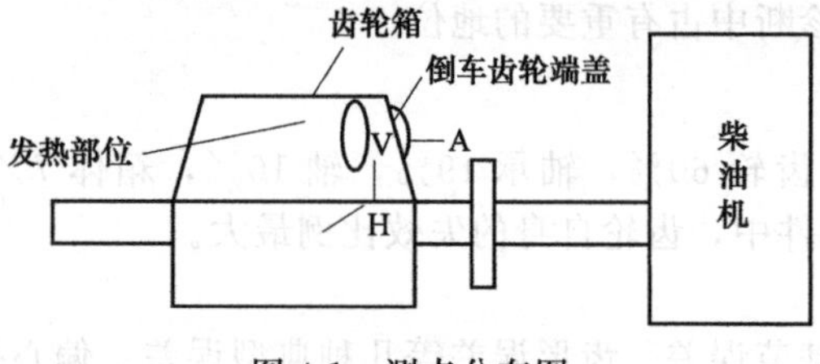

图 4-1 测点分布图

（2）故障监测

在高温部位选测点，见图 4-1。选3个测点，分别为垂直（V）、水平（H）、轴向（A）。采用振通903数据采集器在主机进三（824r/min）工况下，对3个测点进行了振动数据采集，应用其分析软件对采集的数据进行了分析处理。

（3）故障诊断

用振通900信号分析系统对采集的振动信号进行频谱分析，谱图见图4-2～图4-5。

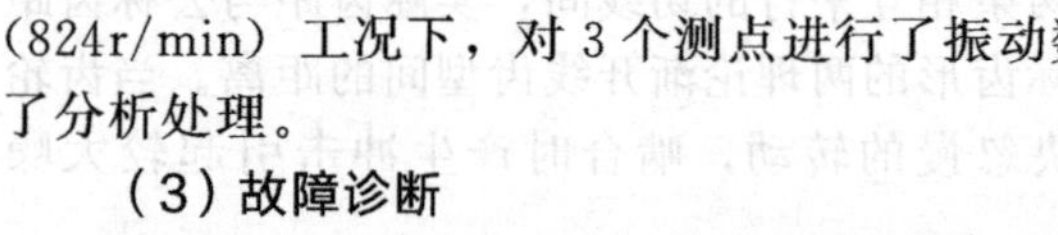

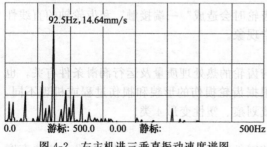

图 4-2 左主机进三垂直振动速度谱图

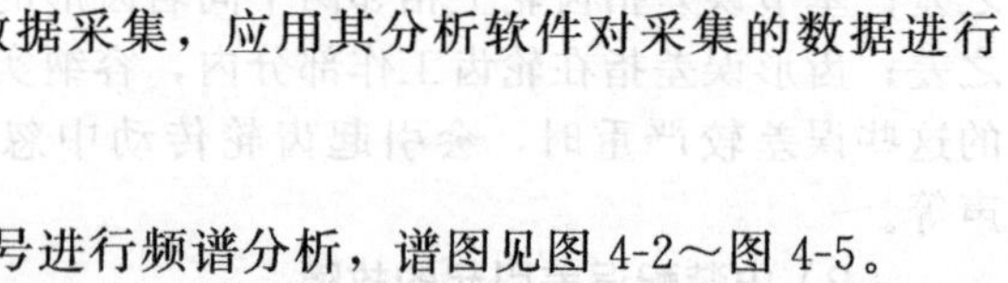

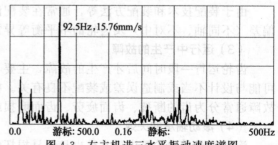

图 4-3 左主机进三水平振动速度谱图

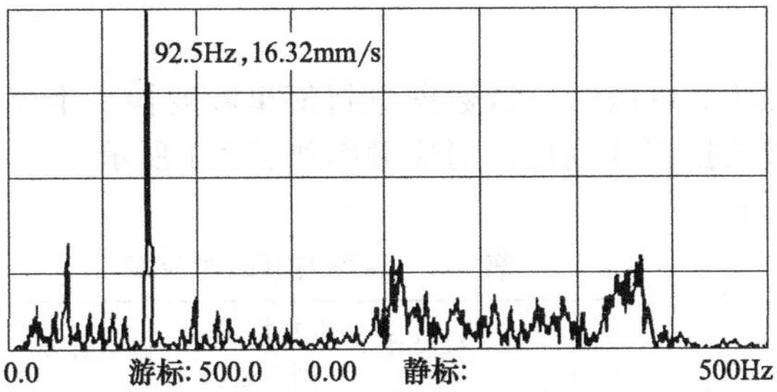

图 4-4 左主机进三轴向振动速度谱图

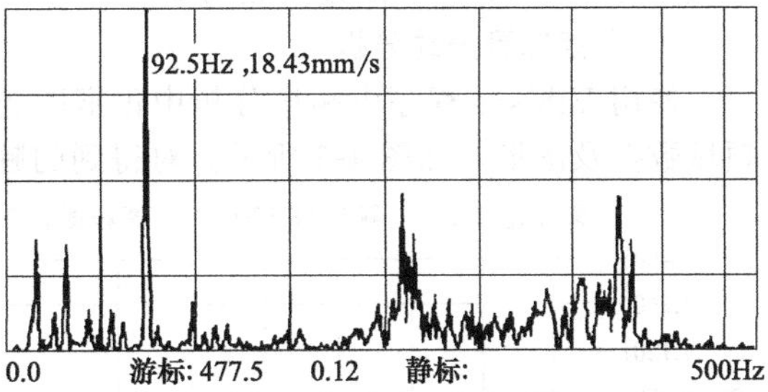

图 4-5 左主机进四垂直振动速度谱图

通过振动图谱分析判断左主机齿轮箱在 92.5Hz 频率速度振动值异常，经检查其结构资料并计算，发现与倒车箍支撑轴承内圈 4 倍频 92.34Hz 相近，说明轴承内圈存在问题，从波形图上看有“截头”现象，说明带有干摩擦现象。经拆检，发现齿轮箱倒车箍支撑轴承内圈断裂，倒车齿轮轴颈磨损（最大处 20μm）。

（4）故障原因及排除

倒车箍上的支撑轴承属于滚动轴承，采用过盈配合工艺加装在倒车齿轮轴上，从而保证了齿轮轴与支撑轴承内圈紧密配合为一体。正常情况下，齿轮轴高速旋转，带动支撑轴承内圈通过支撑轴承的滚动体与支撑轴承外圈产生相对旋转，达到既支撑整个倒车箍的重量又减小了轴承与轴之间摩擦的目的。该滚动轴承的润滑由齿轮箱专门的油路保证。

支撑轴承内圈断裂，使支撑轴承与倒车齿轮轴之间的配合间隙增大，齿轮轴与支撑轴承形成了相对独立的个体，从而导致齿轮轴高速旋转时，支撑轴承的内圈与倒车齿轮轴产生相对滑动，形成了一对摩擦副，该摩擦副无正常的油路供给润滑油润滑，发生干摩擦磨损，同时产生大量的热量，使得该部位局部温度升高。随着齿轮箱的使用时间增加，倒车齿轮轴与支撑轴承的受力部位磨损加大，之间的间隙也随之加大，形成了倒车箍的不对中状态。这种状态如不拆检进行修复，干摩擦磨损量加大，产生大量磨粒流入到整个润滑系统中，将造成整个倒车箍损坏，甚至整个齿轮箱的报废。

齿轮箱监测主要方法可分为油液监测和振动监测。在实际工作中，振动监测对齿轮箱工作状态的作用较油液监测明显。红外测温虽然简易，但机械发生故障的征兆往往是装备的局部或整体温度升高，这种测量方法是一种对装备故障进行初期诊断的有效手段。

4.2 变速箱齿轮副振动测试与性能分析

变速箱是汽车拖拉机的主要部件，其质量直接关系到汽车拖拉机的主要性能。采用模拟技术，即在实验室内，采用专门的试验装置和控制手段，模拟被试装置或部件的各种工作条件，并同时测试和记录被试件在整个试验过程中的各种数据，根据试验结果判断被试件是否满足要求，以及影响原因及解决办法，以改进和优化产品质量。

4.2.1 变速箱齿轮副振动测试

（1）测试

选用丰收 180-3 变速箱的Ⅱ挡啮合齿轮副 z27/z29（共 3 套）进行开式试验，其加工精度分别为 9 级（变速箱原装齿轮）、8 级、10 级各 1 套。当测试试验台对变速箱的输入转速为 2000r/min 时，变速箱中间轴转速约为 666.667r/min，输出转矩为 30N·m，相当于拖拉机以Ⅱ挡工作。振动信号用安装在变速箱箱体上的振动传感器来测量，拾取的信号是变速箱复合振动信号。输入转速范围为 0～2030r/min，扭矩为 0～30N·m；采样时间为 3s，采样频率为 2000Hz，采样数据点为 6000 个。

（2）齿轮副振动分析

使用 Vib'sys 程序中频谱分析中正富氏变换功能可以对时域数据进行傅里叶变换，生成频域数据及图形，如图 4-6 所示。对得到的频域数据统计处理，对应频率如表 4-1 所示。

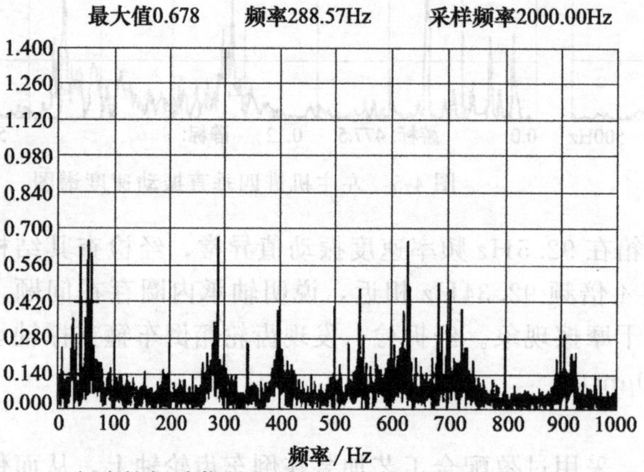

图 4-6 变速箱振动信号频域图（齿轮副转速 640r/min）

表 4-1 转速与频率对应表

序号	输入轴转速 /r·min^{-1}	Ⅱ挡齿轮副转速 /r·min^{-1}	啮合频率 /Hz
1	550	183.333	82.5
2	800	266.667	120.0
3	1200	400.000	180.0
4	1600	533.333	240.0
5	2000	666.667	300.0

4.2.2 测试数据处理分析

（1）数据及处理分析

在该对啮合齿轮的轴承座处由加速度传感器测得的振动信号经频谱分析，峰值频率均出现在齿轮Ⅱ挡齿轮副转速 $n=640$r/min，$z=27$（主动齿轮齿数）及其倍频处，证明了齿轮系统振动的主要激励源是轮齿的啮合力。各级精度在频域内加速度值试验测试数据处理如图 4-7 所示。

① 振动与转速的关系　由图 4-7（a）、（c）可以看出，当输出转矩保持一定，随着输入轴转速（Ⅱ挡齿轮副转速）的升高，频谱图上的振幅增高；同时，振动加速度量值也增大。说明当转矩不变时，随着转速升高，齿轮的激励力增大。

② 振动与负载的关系　由图 4-7（b）、（d）可以看出，当输入轴转速保持不变，随着输出负载的增大，峰值频率保持不变，但各峰值的加速度值有所增加，且近似线性变化。以上频谱数据分析表明，齿轮运转过程中，受到轮齿的啮合冲击，转速增加则齿面动载荷增大，有时不仅在基频处，且在其高次谐频处也显现较大峰值。随着负载的增大，振动加速度值也逐渐上升，但其增长比较平缓。

③ 振动与齿轮精度的关系　由图 4-7（e）、（f）可以看出，当转速＜300r/min 时 3 种精度下加速度值的差异及变化较小且基本不受速度变化的影响，受载荷变化的影响也很小；当转速在 300～500r/min 时，对加速度的影响随转速增加明显增加，随载荷增加也有所增加。

图 4-7 中可以看出 9 级与 8 级精度 n 挡齿轮副加速度值较为接近，且随转速及扭矩的变化趋势相同，表明两种精度下齿轮副啮合激励力较稳定。10 级精度时随转速的增加，加速度值有明显的增大，试验现场也表明，变速箱噪声加大。

④ 振动的频谱图分析　振动噪声的能量主要集中于齿轮的啮合频率及其倍频处，因此轮齿的啮合冲击是主要的振动源、噪声源，提高齿轮的精度，对降低齿轮的振动和噪声有良好的作用。

（2）结论

① Ⅱ挡齿轮副振动信号的频域分析证明了齿轮系统振动的主要激励源是轮齿的啮合力，随转速的提高，齿轮啮合激励力增大，轮齿的啮合冲击是主要的振动源、噪声源。其符合理论分析振动噪声的能量主要集中于齿轮的啮合频率及其倍频处。转速对齿轮振动的影响很

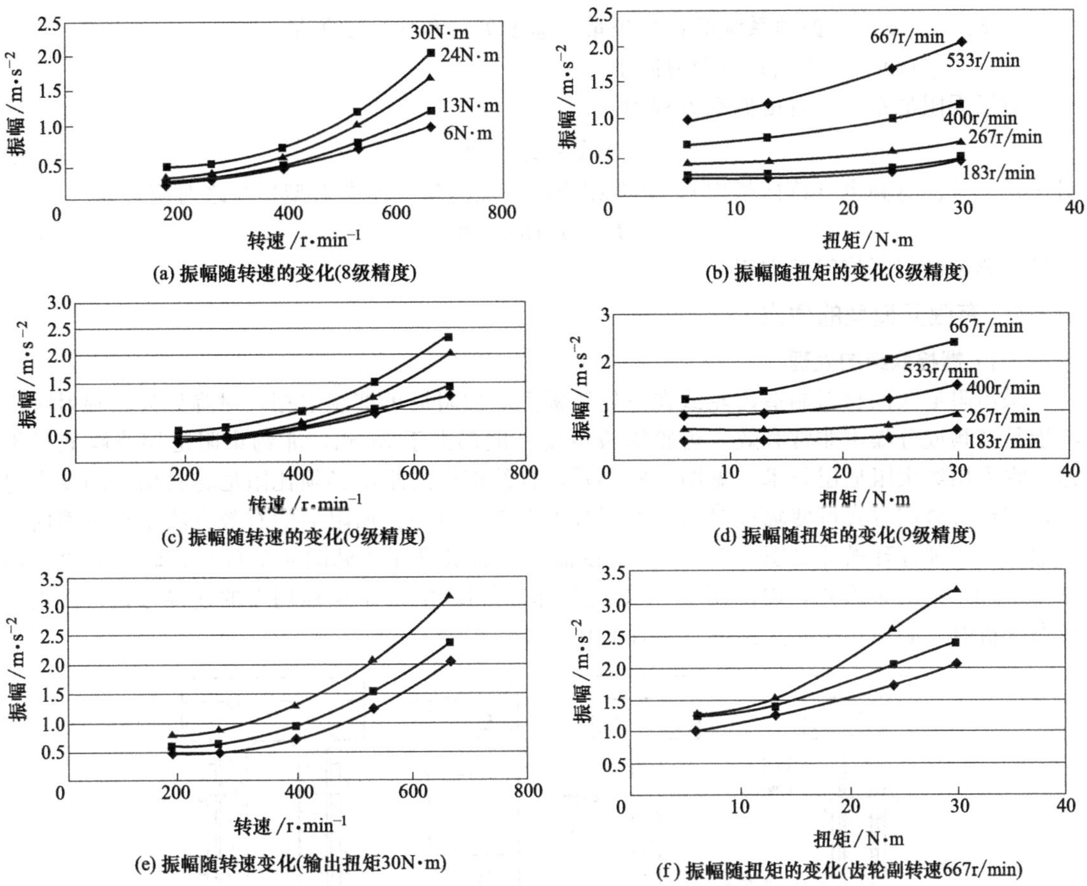

(a) 振幅随转速的变化(8级精度)　(b) 振幅随扭矩的变化(8级精度)

(c) 振幅随转速的变化(9级精度)　(d) 振幅随扭矩的变化(9级精度)

(e) 振幅随转速变化(输出扭矩30N·m)　(f) 振幅随扭矩的变化(齿轮副转速667r/min)

图 4-7　变速箱齿轮副振动测试数据处理结果

大，载荷变化不是振动的主要原因。

② Ⅱ挡齿轮副振动信号的频域分析同时说明提高齿轮精度，对降低齿轮的振动和噪声有良好的作用，可以改善拖拉机变速箱的振动特性。

4.3　船用齿轮箱的振动分析

齿轮箱是船舶动力装置的重要组成部分。为降低工作转速范围内的振动，提供充分的阻尼是一种相当有效的途径。阻尼减振简单而实用的方法是在齿轮上安装阻尼环或附加黏弹性阻尼层，这是因为黏弹性阻尼对宽频带的随机振动可实现有效的控制。

4.3.1　船用减速齿轮箱振动问题

某船用减速齿轮箱低速级齿轮即采用附加黏弹性阻尼层的方法来达到减振降噪的目的，为了解该减速器的动力学性能，应用有限元分析方法，计算了自由振动、刚性支撑、柔性支撑3种情况下齿轮的固有振动特性。振动是结构系统常见问题之一，模态分析就是将线性定常系统振动微分方程组中的物理坐标变换为模态坐标，使方程组解耦，成为一组以模态坐标及模态参数描述的独立方程，以便求出系统的模态参数。

任意一个典型的振动系统，模态分析基本方程如式（4-1）所示。

$$\boldsymbol{M}\ddot{\boldsymbol{x}}+\boldsymbol{C}\dot{\boldsymbol{x}}+\boldsymbol{K}\boldsymbol{x}+\boldsymbol{f}(t)=\boldsymbol{0} \tag{4-1}$$

式中　$\boldsymbol{M}$、$\boldsymbol{C}$、$\boldsymbol{K}$——振动系统的质量矩阵、阻尼矩阵和刚度矩阵；

$\boldsymbol{x}$、$\dot{\boldsymbol{x}}$、$\ddot{\boldsymbol{x}}$——振动系统的位移矢量、速度矢量和加速度矢量；

$\boldsymbol{f}(t)$——结构的激振力向量。

对于无阻尼系统，自由振动方程为：

$$\boldsymbol{M}\ddot{\boldsymbol{x}}+\boldsymbol{K}\boldsymbol{x}=\boldsymbol{0} \tag{4-2}$$

对于任一阶固有频率（特征频率），必有相应的特征向量（模态振型）与之对应，即

$$\boldsymbol{K}-\omega_i^2\boldsymbol{M}\psi_i=\boldsymbol{0} \tag{4-3}$$

这是个典型的特征值问题方程。

4.3.2 有限元模型的建立

（1）螺栓联结的处理

采用阻尼大的材料制造齿轮或在齿轮辐板上添加阻尼可抑制谐振，对降低齿轮辐射噪声特别是高频成分噪声非常有效。齿轮辐板厚度一般都大于 3mm，非约束阻尼层降噪效果不佳，宜采用约束阻尼层技术［见图 4-8（a)］，且约束层的刚度必须比阻尼材料层的刚度大得多，用螺钉紧固方式可使辐板对振动的衰减更有效。另一种加阻尼的有效方法是在齿圈内侧增加预载的弹性环槽［见图 4-8（b)］或在辐板上加阻尼环［见图 4-8（c)］。研究对象采用图 4-8（d）的约束形式，内圈用 14 个螺栓均布、外圈用 16 个螺栓均布的连接方式，在进行模态分析时，必须对螺栓连接进行合理简化。

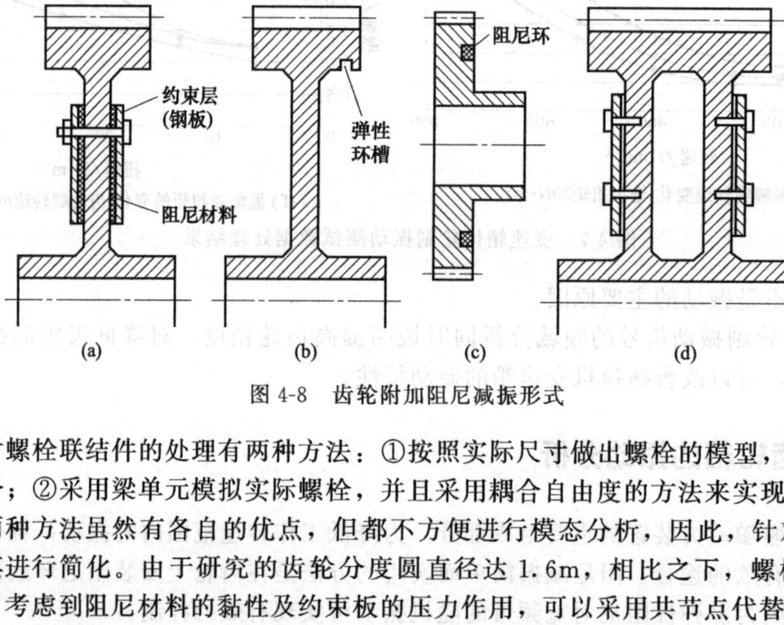

图 4-8　齿轮附加阻尼减振形式

一般对螺栓联结件的处理有两种方法：①按照实际尺寸做出螺栓的模型，用连续单元进行网格划分；②采用梁单元模拟实际螺栓，并且采用耦合自由度的方法来实现螺栓的联结作用。以上两种方法虽然有各自的优点，但都不方便进行模态分析，因此，针对具体连接情况，需对其进行简化。由于研究的齿轮分度圆直径达 1.6m，相比之下，螺栓尺寸可以忽略。另外，考虑到阻尼材料的黏性及约束板的压力作用，可以采用共节点代替螺栓连接，从而使有限元造型更加方便，单元数量大大减少，网格更加均匀，计算速度更快。

（2）有限元模型

利用 I-DEAS 软件建立齿轮三维实体模型，以 IGES 格式输出并导入 Altair Hyper Mesh 中进行有限元网格划分；对有限元网格质量进行检查，检查项目包括翘曲、扭曲度、单元内角等。有限元模型见图 4-9、图 4-10。

节点数 38234，单元总数 26292。

为了更加精确地模拟实际情况，分别将齿轮结构中的加强筋、连接环、阻尼板等部分进行投影，在同一平面上划分二维有限元网格，然后根据不同部件的位置，按照其本身的高度进行拉伸，这样在共节点处理时可以避免网格畸变，得到了准确的三维有限元网格。利用网格划分中的旋转拉伸功能，按照斜齿轮的螺旋角，以齿轮轴为轴线旋转拉伸得到准确的齿轮

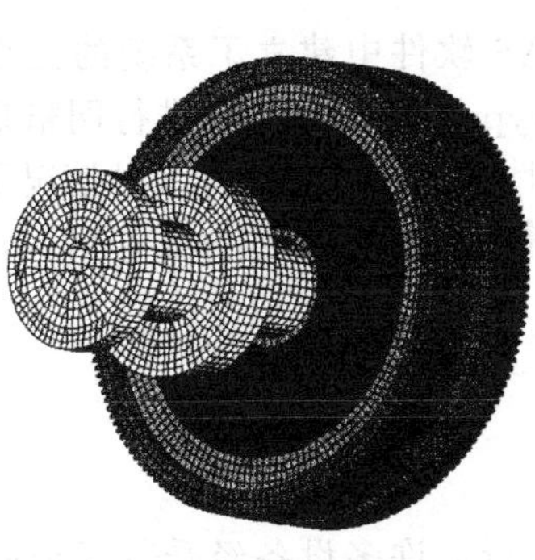

图 4-9　齿轮有限元整体模型

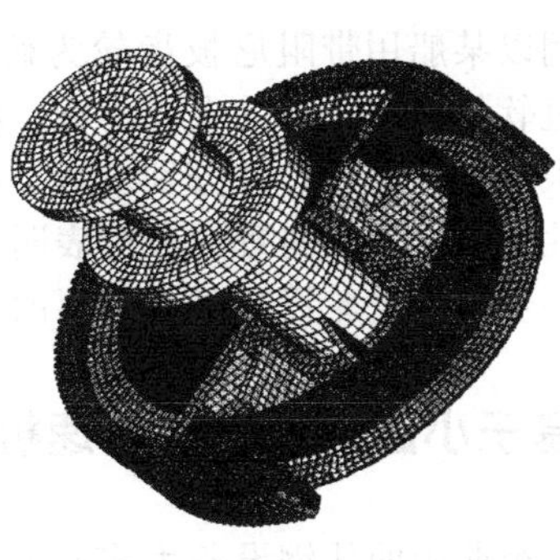

图 4-10　有限元模型内部结构

有限元模型。在齿与齿圈的连接上采用共节点处理，从而得到完整的有限元分析模型。最后对整个有限元模型进行了单元质量检测，全部合格，可以根据此模型进行后续计算分析。

4.3.3　三种支撑方式振动特性分析

（1）自由振动特性分析

阻尼板弹性模量 1MPa，密度 $1400kg/m^3$，泊松比 0.1。压板、齿轮体及辐板均为钢材，弹性模量 210GPa，密度 $7800kg/m^3$，泊松比 0.3。对振动系统来讲，其低阶固有频率对系统的振动特性影响较大，因此，主要关心计算得到的低阶频率与振型情况。将上述基本参数赋予有限元模型，选择 Lanczos 法计算齿轮自由振动前 20 阶模态频率及振型。

第 1～10 阶自由振动固有频率见表 4-2。

表 4-2　3 种支撑状态下齿轮第 1～10 阶固有频率

阶数	1	2	3	4	5	6	7	8	9	10
自由振动	229.68	238.32	303.56	313.35	339.44	340.21	368.55	382.75	440.64	454.72
柔性支撑	233.07	245.17	350.75	362.44	369.01	369.13	463.93	464.65	504.00	551.54
刚性支撑	275.27	365.97	366.06	493.34	516.08	552.52	569.55	618.38	628.33	642.88

（2）刚性支撑振动特性分析

研究刚性支撑振动特性时，刚性连接的处理方法是把齿轮的内周视为固结在轴上，即采用约束内圈各节点的方法。参数设置同上。

（3）柔性支撑振动特性分析

在进行柔性支撑条件下的振动计算时，轴与轮体对应节点之间采用弹簧单元连接，各部分的材料属性与自由振动设置相同。利用这种处理方法即可得到柔性支撑边界条件下的齿轮体的固有特性。

（4）计算结果对比分析

3 种边界条件下的振动频率变化见图 4-11。

自由状态是同阶次固有频率中最小的，刚性支撑最大。根据振动理论，当系统自由振动时，没有考虑齿轮与轴连接处的刚度，由总刚度合成原理，此时系统总刚度相对较小，在质量一定时，系统固有频率较小。刚性支撑时，齿轮与轴连接处的刚度可视为无穷大，这样导致系统总刚度增大，同样在质量一定时，系统固有频率就增大。所以，由柔性边界条件计算得到的结果与实际工作情况最接近。

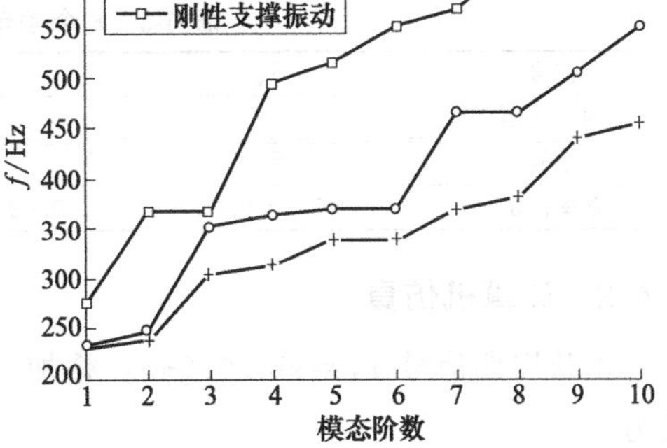

图 4-11　3 种边界条件下的振频率变化曲线

本例以某船用带阻尼板齿轮为研究对象，在 I-DEAS 软件中建立了系统的三维实体模型。通过软件之间文件的有效传输，将实体模型导入 HyperMesh 软件中进行网格划分，得到了有限元计算模型，并分别求解了系统自由振动、刚性支撑、柔性支撑 3 种情况下的振动固有特性。计算结果与理论分析表明，采用柔性支撑进行计算更符合实际工作情况，计算结果对进一步优化齿轮设计具有重要的参考价值。

4.4 基于小波包分析的减速机故障诊断

冶金企业中的轧钢设备大多在复杂的工作环境下运行，许多设备经受着复杂的工作负载。时变负荷及温度变化是影响轧钢设备工作过程的主要因素，例如，在轧机的工作过程中，每一次咬钢、甩钢都伴随着较强烈的振动冲击现象，而作为重要的调速设备的轧机减速机就会受到影响，由减速机故障引起且导致轧钢设备产生的故障将直接影响设备的运行状况及所生产的产品质量，因此做好机械设备状态监测以及早期故障诊断尤为重要。

4.4.1 小波包变换

小波包变换是一种全新的时频分析方法，在信号领域得到了广泛的应用。小波变换通过小波函数的伸缩和平移实现对信号的多分辨率分析，所以能有效地提取信号的时频特征。小波包分析是从小波分析延伸出来的一种对信号进行更细致分解和重构的方法。在小波分析中，每次只对上次分解的低频部分进行再分解，对高频部分则不再分解，故在高频频段分辨率较差。小波包分析不但对低频部分进行分解，而且对高频部分也做了二次分解，所以小波包可以对信号的高频部分做更加细致的刻画，对信号的分析能力更强，小波包的分解过程如图 4-12 所示。

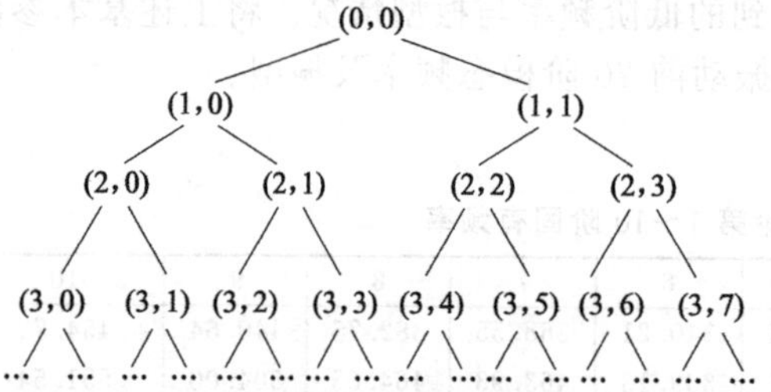

图 4-12　小波包分解树形结构

图 4-12 中，(0，0) 表示原始信号，(i，0) 表示小波包的第 i 层的低频系数 X_{i0}，$i=1, 2, \cdots, 7$。对减速机的振动信号进行 3 层小波包分解，分别提取第 3 层从低频到高频 8 个频带成分的信号特征：低频系数 X_{30}，高频系数 X_{31}，X_{32}，X_{33}，X_{34}，X_{35}，X_{36}，X_{37}。对小波包进行重构，提取各频带范围的信号。设 S_{3j} 是 X_{3j} 的重构信号，则总信号 S 可以表示为：

$$S=S_{30}+S_{31}+S_{32}+S_{33}+S_{34}+S_{35}+S_{36}+S_{37} \tag{4-4}$$

假设原始信号 S 中，最低频率成分为 0，最高频率成分为 1，则提取的 8 个频率成分所代表的频率范围见表 4-3。

表 4-3　8 个频带成分所代表的频率范围

信号	S_{30}	S_{31}	S_{32}	S_{33}
频率范围	0～0.125	0.125～0.250	0.250～0.375	0.375～0.500
信号	S_{34}	S_{35}	S_{36}	S_{37}
频率范围	0.500～0.625	0.625～0.750	0.750～0.875	0.875～1.000

4.4.2 计算机仿真

正弦周期信号 $x_1=\sin(0.2\pi t)$ 叠加 $x_2=0.2\mathrm{e}^{-5t}\sin(10\pi t)$ 这样的冲击信号，其表达式为

$$s(t)=\sin(0.2\pi t)+2\cdot e^{-0.5t}\sin(10\pi t) \tag{4-5}$$

图 4-13 为正弦信号 x_1、x_2 和二者叠加信号（x_1+x_2），通过选择 db4 小波对叠加信号（x_1+x_2）进行分解。图 4-14 为小波包分解后的信号，对比分解前和分解后的信号可以看出，小波包分解信号、提取信号特征的效果相当好，这一点有利于机械故障诊断，因为一般故障信号为数个信号的叠加，通过计算机仿真证明了小波包分析在故障信号提取中的有效性。

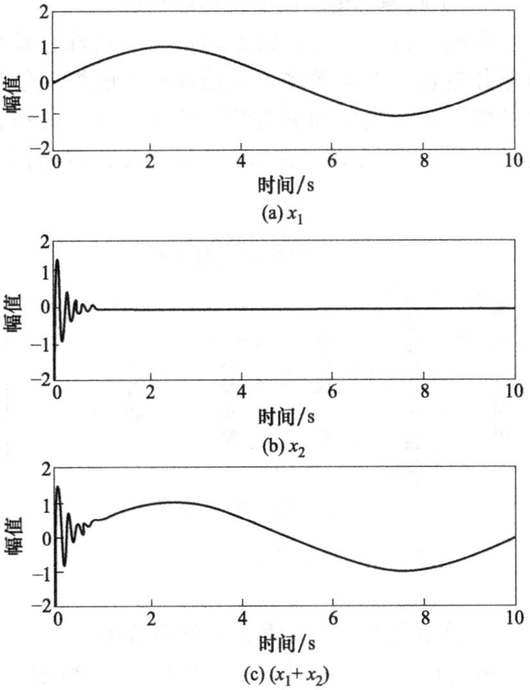

图 4-13　正弦信号和冲击信号

4.4.3　实例分析

（1）减速机振动测试系统

减速机被广泛用于冶金机械轧钢设备中，用以传递动力和改变速比，其故障将直接影响整台设备的工作状况。减速机作为常用的传动部分，其中的齿轮、滚动轴承和轴系的工作情况很复杂，各种典型故障一般并不以单一形式出现，而是多个故障同时发生。因此，当其中某一部件发生故障时，由于其他振动信号的干扰，很难显示出故障特征频率，从而给故障诊断工作带来较大的困难。一些用于故障诊断的传统分析方法因自身局限性，不能很好地诊断故障。如快速傅里叶变换（FFT）通过有限时间域上的一组复指数函数与信号乘积的积分来表示，分析的频谱结果是在整个被分析时间段上的平均，不能反映故障信号的细节。传统的假设信号要在平稳的条件下才能有效地对故障信号进行诊断，而实际信号大多是非平稳信号。小波包变换克服了上述缺点，利用其空间局部化性质和多分辨率分析，可以在不同的时间分辨率下对信号进行分析，这些特性使小波包分析能识别振动信号中的故障特征。

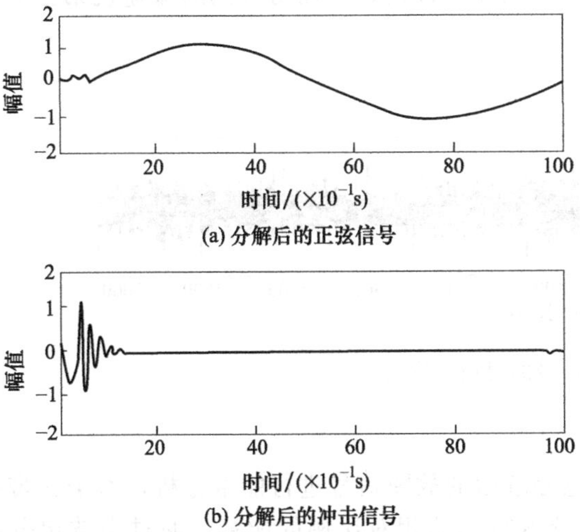

图 4-14　信号的分解

测试选用 ZonicBook/618E 型振动测试系统，它是一种便携式振动测试系统，可以直接测量振动加速度、振动烈度（速度），测量范围宽，有最大值保持功能，并有相关处理软件，可以对其所测的数据做进一步分析。Zonic Book/618E 是一个 8 通道的振动信号分析仪器，最大可以扩展到 56 个通道，可以对微小振动及超强振动进行测量，它可以储存 1000 组以上测点的数据，具有信息管理功能，仪器可以与计算机进行通信，实现现场监测的功能，并通过 eZ. Anayst 软件进行实时状态监测和频谱分析。

测试系统如图 4-15 所示。

(2) 减速机传动简图及测点布置

在减速机中，齿轮的振动信号经过轴、轴承、轴承座传至减速机箱体。由于振动信号经过路径较长，振动源多，从箱体测得的振动信号非常复杂。因此，测点的选择很重要，选择振动能量较为集中和突出的轴承座垂直方向作为测点位置，测取振动加速度信号，其中，电机的功率为 500kW，转速 1000r/min，减速机传动简图及测点布置如图 4-16 所示。

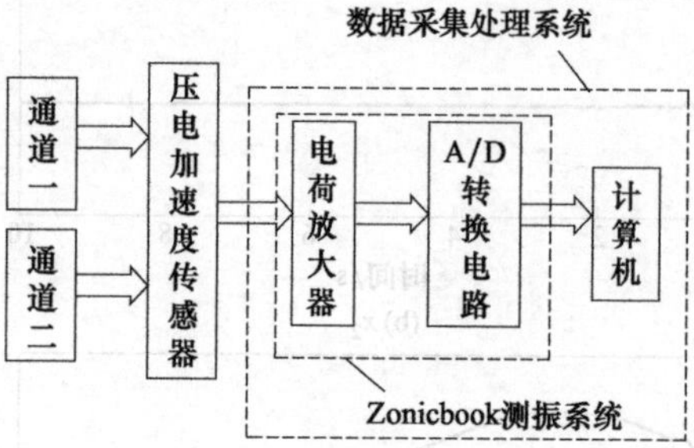

图 4-15　测试系统示意图

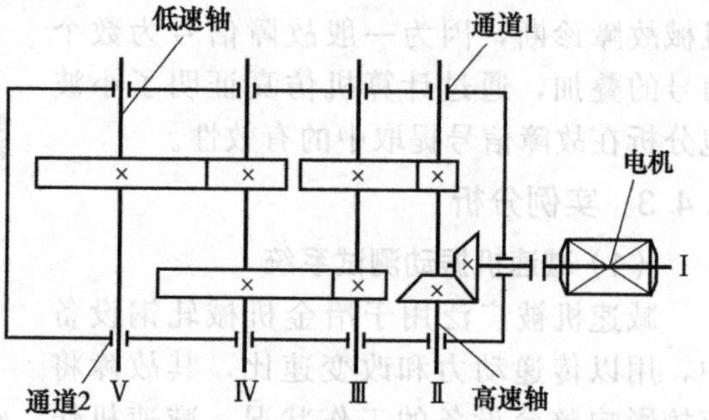

图 4-16　传动简图及测点布置

(3) 减速机故障信号的小波包分解

振动信号采集的时域波形如图 4-17 所示，从振动信号的时域波形图中不能得到故障特征频率，对其进行小波包分解，由于减速机振动信号的采样频率为 1000Hz，经过三层小波包分解后的各个结点频段所代表的频率范围为 [0, 62.5)，[62.5, 125)，[125, 187.5)，[187.5, 250)，[250, 312.5)，[312.5, 375)，[375, 437.5)，[437.5, 500] 这 8 个频段，并对小波包分解系数进行重构，得到各个频段的重构信号，分解后的各结点的重构信号见图 4-18。

从图 4-18 中看出，结点 (3, 0) 对应的最大幅值与其他结点幅值相差很大，说明结点 (3, 0) 对应的频段 0～62.5Hz 有故障频率，减速机的第三对齿轮的啮合频率 $f=47.5$Hz 位于此频段，从结点 (3, 0) 中也可以看到一个明显的冲击，从而可以判断减速机第三对齿轮出现故障。

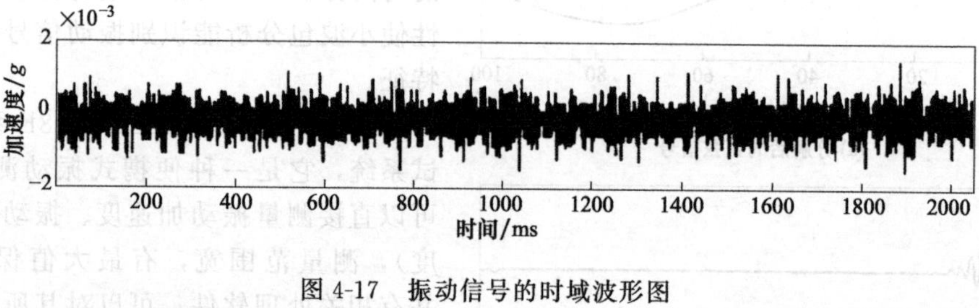

图 4-17　振动信号的时域波形图

(4) 减速机故障信号的能量分析

为了更加直观地显示故障特征，把小波包分解后的故障信号进行能量分析，八个频带的能量形成一个八维向量，图 4-19 为各个频带分解得到的相对比例的能量，通过小波包分解能量监测，发现第 1 频带 (0～62.5Hz) 的能量比很大，与上面所提取的故障频率一致。

故障信号的特征提取是进行故障诊断的基础，本节提出了基于小波包分解在减速机故障中的应用和基于小波包的频带能量特征提取方法。并通过仿真结果可以看出，这两种方法在减速机故障诊断中提取故障信号特征效果明显，为减速机的故障特征提取提供了一种新方法。

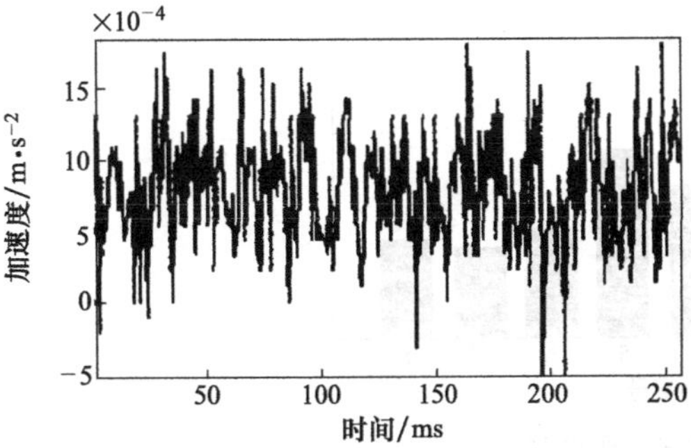

(a) [0,62.5)

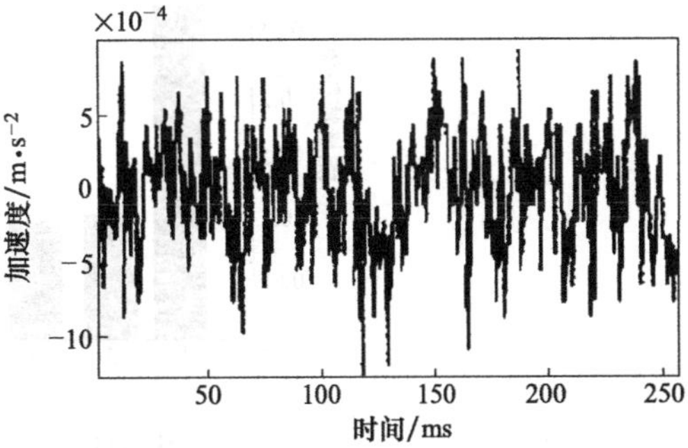

(b) [62.5,125)

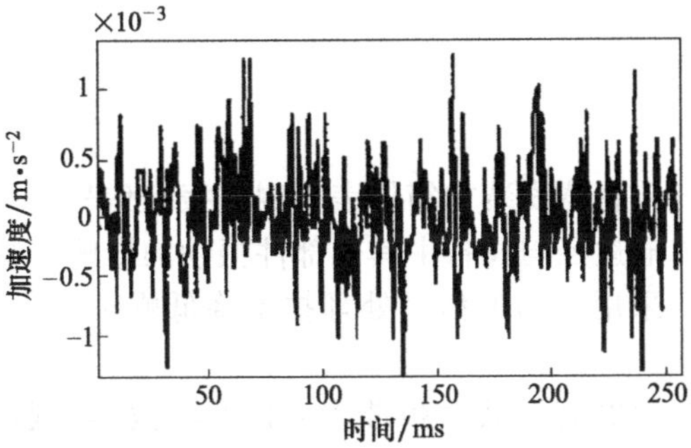

(c) [125,187.5)

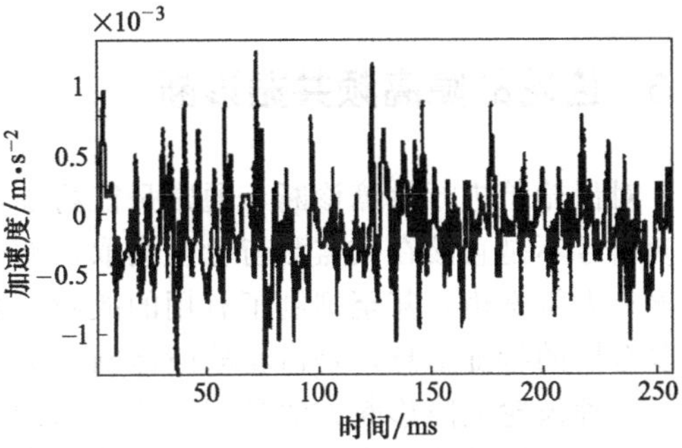

(d) [187.5,250)

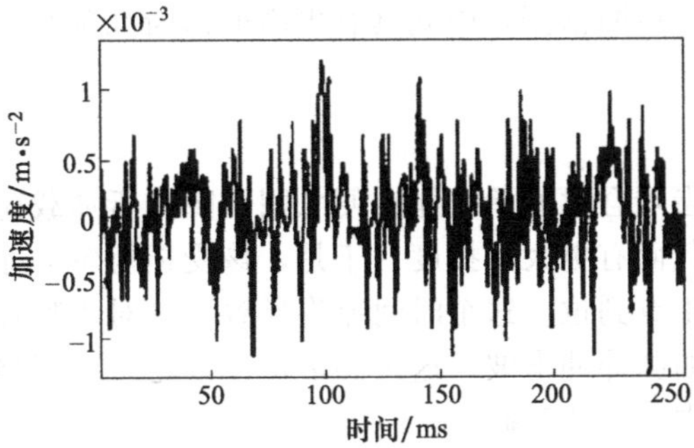

(e) [250,312.5)

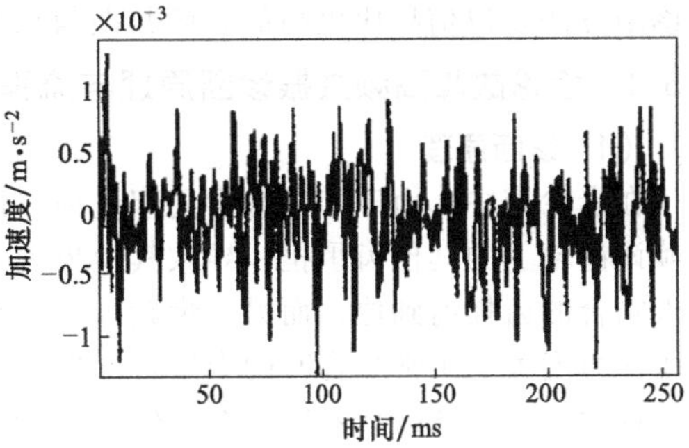

(f) [312.5,375)

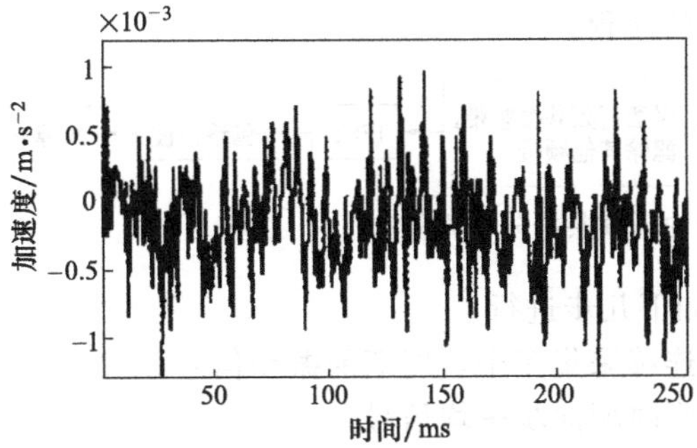

(g) [375,437.5)

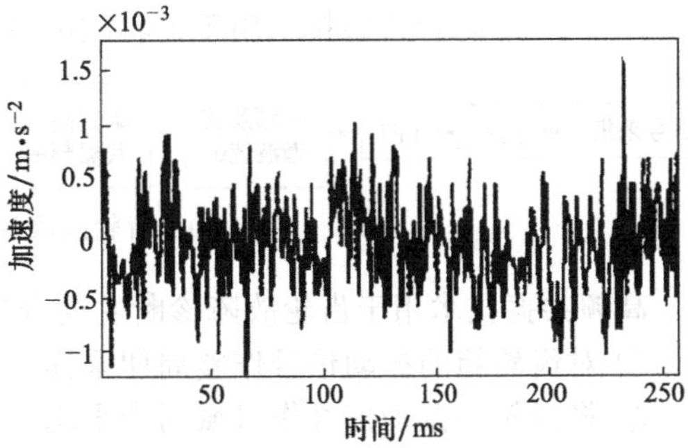

(h) [437.5,500]

图 4-18　振动信号的小波包分解

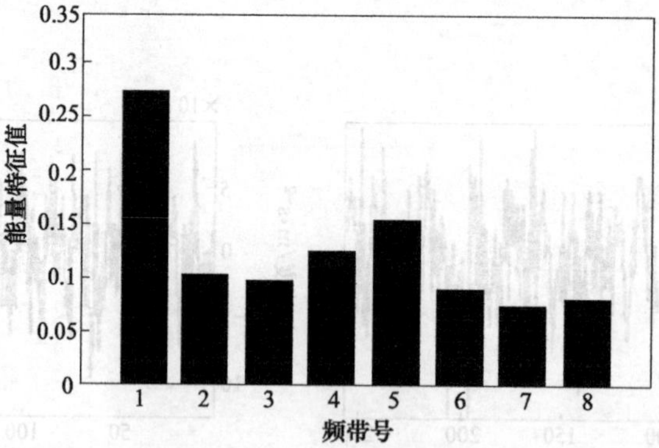

图 4-19　小波包频带能量监测

4.5　齿轮故障高频共振诊断

对齿轮箱进行故障诊断，通常只能将加速度传感器安装在箱体表面测取振动信号，由于振动信号不是直接在被监测齿轮上测取，故受传输途径与设备中其他部件振动的影响，其中常含有大量噪声，甚至抑制了有用的故障信息。采用适当的信号处理技术降低噪声的影响、提取有用的特征信息，是齿轮故障诊断的关键。

一种齿轮故障诊断方法是把齿轮故障冲击激起的高频共振频带作为带通滤波器的通带，对同步平均振动信号进行带通滤波，然后作包络检波，实现齿轮故障的高频共振诊断。由于该诊断方法是以信噪比更高的高频共振信息作为诊断依据，因此具有更高的诊断准确性。

4.5.1　齿轮故障高频共振诊断原理与流程

（1）诊断原理

在齿轮箱中，由于某啮合齿局部受损，该齿啮合时的承载能力便急剧下降，所加载荷需依赖该齿轮上的其他齿承担，导致其他齿因过载而有更大的挠度。于是，该受损齿轮上即将进入啮合的齿提前到位，而另一齿轮的齿仍然正点到位。这个时间差将导致下一对齿啮合时的碰撞力度大于正常啮合时的力度，产生显著的脉冲冲击波。这一冲击将使齿轮产生高频共振。这就是高频共振技术得以在齿轮故障诊断中应用的基础。

（2）诊断流程

图 4-20 是高频共振技术用于齿轮故障诊断的流程。

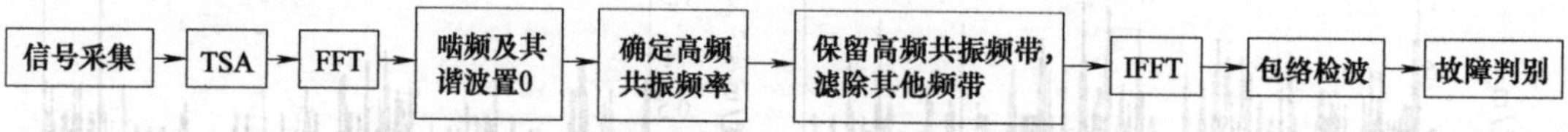

图 4-20　齿轮故障诊断的高频共振分析流程

高频共振技术用于齿轮故障诊断主要分为如下几步进行。

① 对齿轮箱的振动信号作整周期采样，并连续采集多个整周期的振动信号；

② 将齿轮箱振动信号作时域同步平均，得到时域同步平均信号；

③ 对时域同步平均信号作傅里叶变换，即计算 FFT；

④ 滤除信号频谱中的啮合频率及倍频成分；

⑤ 确定信号频谱中的高频共振频带；

⑥ 根据确定的高频共振频带，对信号频谱进行带通滤波；

⑦ 对带通滤波后的频谱作傅里叶逆变换，即计算 IFFT，得到残余信号；

⑧ 对残余信号进行包络检波，得到包络信号；

⑨ 计算包络信号的 FFT；

⑩ 根据包络频谱，进行齿轮故障诊断。

在实际应用中，可以不必进行上述的第⑨和第⑩步，直接根据残余信号的包络进行齿轮故障诊断。

4.5.2 应用实例

在一个齿轮箱实验器上对齿轮箱中的某一齿轮人工设置了故障，并用上述方法对该齿轮箱的齿轮故障进行诊断。实验器与振动测试装置的简图如图 4-21 所示。它由 JZQ-250 型齿轮减速机、交流驱动电机、变频调速器和抱闸等部件组成。齿轮 1～4 的齿数依次为 35、64、18 和 81。减速机和驱动电机均固定在平台上。变频调速器可调整电机转速在 100～3000r/min 范围内运转。抱闸系统为齿轮箱提供转矩负载，其大小可由系统中的力簧调整。法兰（联轴器）上贴有反光纸，光电转速传感器为振动信号采集提供相位信号。由加速度传感器测得的箱体振动信号经电荷放大器，送入信号调理器预处理，再通过 NI（DAQCard-AI-16E-4）采集卡（A/D 转换）到达计算机，最后由装于计算机的自行研制的/齿轮状态监测与故障诊断软件包分析与处理。NI 采集卡的最大采样频率为 1.25MHz，16 通道并行采集，驱动程序利用 C++语言自行编制。

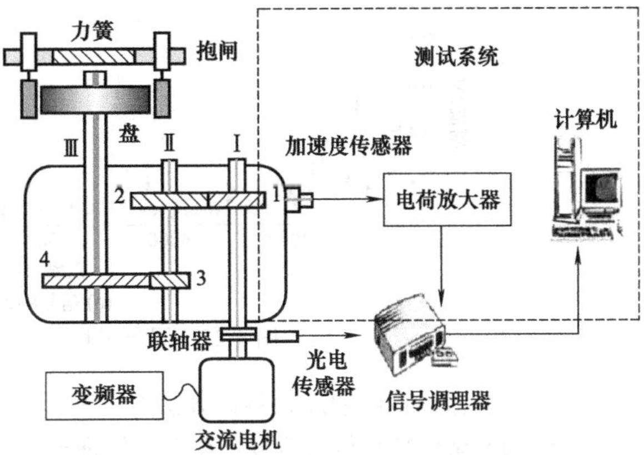

图 4-21 齿轮箱实验器及其振动测试装置的简图

实验前，拆开齿轮箱，在齿轮 1 第 24 齿（以光电标记为起始齿记数）侧面节圆附近制造一凹坑（<1.5mm）。测试时，电机转速为 1260r/min，信号采样触发方式为转速脉冲触发采集。连续采集多个周期，每周期采样 1024 点，于是采样频率为 21504Hz。各轴转频及各个齿轮副啮合频率如下：

$f_{Ⅰ}=21\text{Hz}$，$f_{Ⅱ}=11.48\text{Hz}$，$f_{Ⅲ}=2.55\text{Hz}$

$f_{M1}=735\text{Hz}$，$f_{M2}=206.64\text{Hz}$

图 4-22 为加速度传感器测得的箱体振动信号的时域波形。

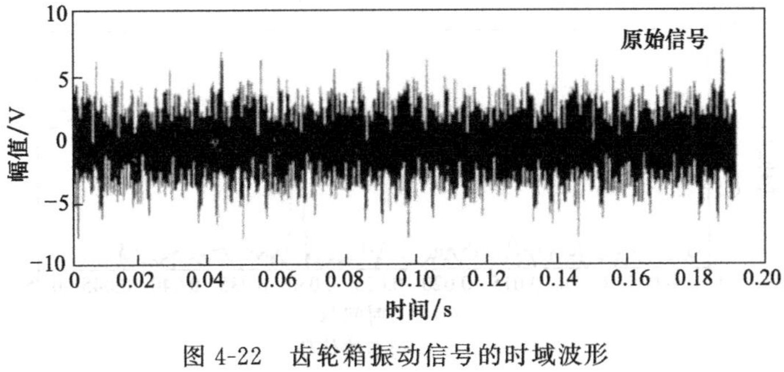

图 4-22 齿轮箱振动信号的时域波形

图 4-23 为振动信号的同步时域平均信号及其频谱，同步平均的周期个数为 32。在图 4-23 的频谱中，可以清楚地看出齿轮的啮合频率 f_{M1} 和 f_{M2}，以及 f_{M1} 的 2，3，4，6 阶倍频，同时还可以发现在 8700Hz 附近有一个较明显的高频共振峰。

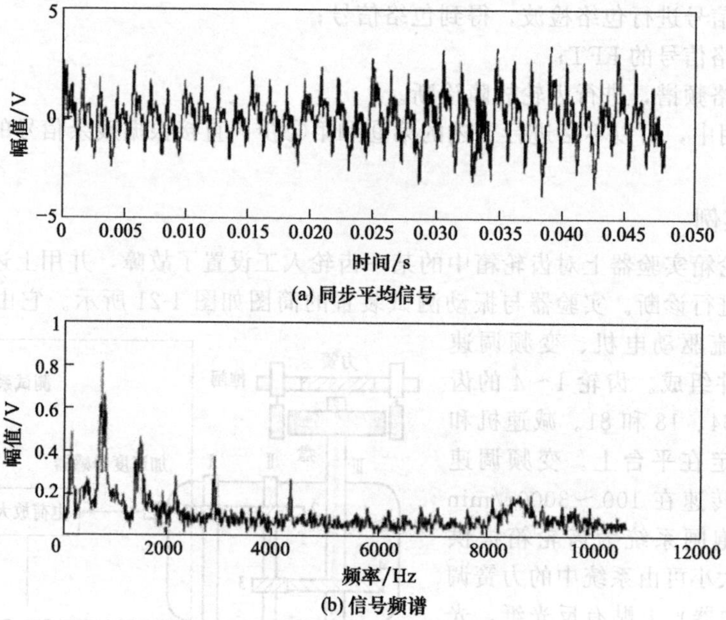

图 4-23　同步平均振动信号及其频谱

用上述齿轮故障诊断的高频共振方法对图 4-23 中的同步平均振动信号进行处理，图 4-24 为处理后得到的残余信号和包络信号。在信号处理过程中，带通滤波器的中心频率为 8700Hz。

从图 4-24 的残余信号和包络信号中可以看出，在 0.032s 附近有一个明显冲击峰，根据信号采样频率和齿轮 1 的总齿数，可以计算出 0.032s 与齿轮 1 的第 24 齿对应，说明齿轮 1 的第 24 齿存在故障，这与预期结果相同。

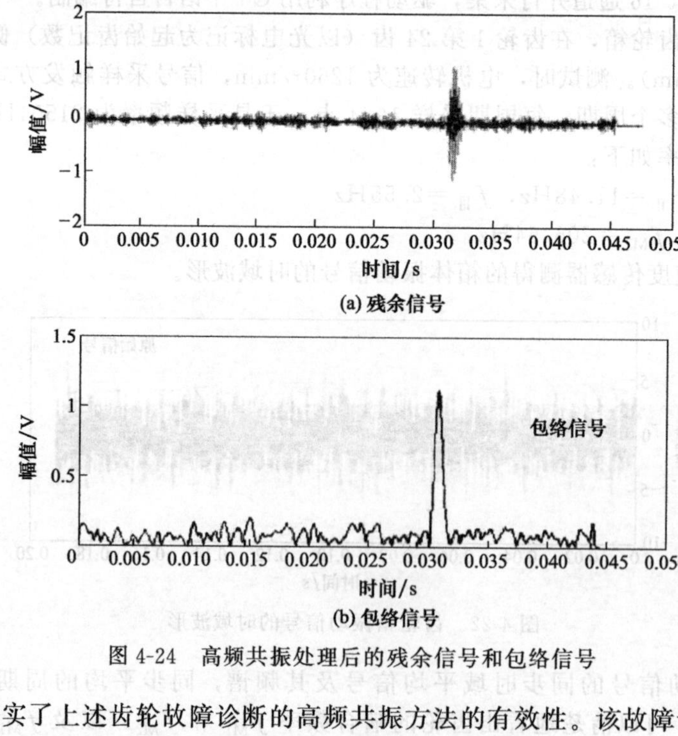

图 4-24　高频共振处理后的残余信号和包络信号

实验结果证实了上述齿轮故障诊断的高频共振方法的有效性。该故障诊断方法具有可以较准确地辨别出故障齿的位置以及诊断早期齿轮故障的优点。

第5章 典型机械设备振动故障监测与诊断

5.1 轧机振动故障诊断

轧机是通过碾压把金属原料加工成所需断面形状的重型机械设备。轧机机械故障在线监测诊断系统也有各自不同的针对目标。

5.1.1 轧机常见振动故障

（1）倾斜传动轴引起的振动

轧机必须适应原料的尺寸变化，同时为了控制成品的尺寸，轧辊之间的距离必须可以调节。如图 5-1 所示。

由于传递力和运动的齿轮箱中，齿轮中心距是固定不可调的，因此调节轧辊之间的距离，必然使传动轴发生倾斜，为适应这种变动，通常传动轴两端的联轴节采用万向联轴节类的结构（如虎克接手等）。

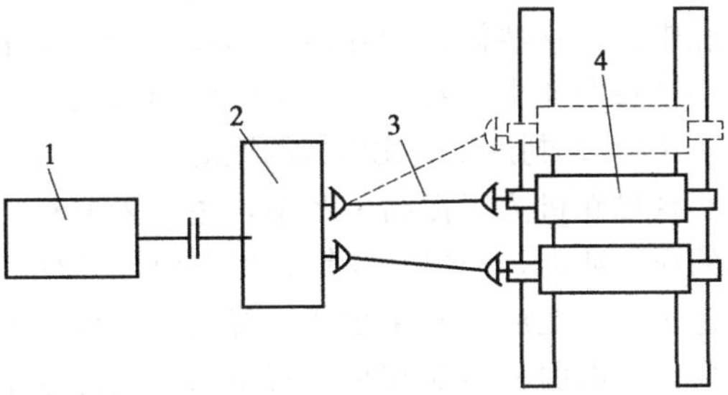

图 5-1 板材轧机传动示意图
1—电动机；2—齿轮箱；3—传动轴；4—轧辊

根据机械传动的原理及运动力学分析，倾斜的传动轴在转动时必然产生径向和轴向力，表现为径向和轴向的振动，其大小与转动角速度的平稳性、倾斜角度、万向联轴节内部的摩擦力等因素相关。在齿轮箱的输入、输出轴处测量径向和轴向的振动，若齿轮箱的输出边的轴向振动远大于输入边，基本可以判定传动轴联轴节处存在故障。

轧辊在生产中难免磨损，为保证成品的尺寸精度、表面质量指标，轧辊要经常更换。多数情况下，为方便更换轧辊，万向节与轧辊连接处留有较大的间隙。这些间隙必然造成万向节的重心与旋转中心不重合，在转动中附加离心力产生径向振动。振幅的大小与间隙和转速两个因素相关，在转速不变的条件下，振幅随着间隙的增大而增加。

（2）原料厚度、硬度变化引起的振动

轧制过程是一个强制原料金属变形的过程，材料变形的抗力称为轧制力，其大小取决于变形量的大小。材料变形的抗力通过轧辊、轧辊轴承、辊缝调节机构作用到轧机机架上，使机架发生弹性变形。

因为轧件坯料的厚度变化必然造成变形量的变化，从而导致轧制力的波动。同样轧件坯料内部硬度的变化也必然使材料变形的抗力发生变化，也会造成轧制力的波动。轧制力的波动表现在轧机机架上就是机架的振动。

轧件坯料的厚度变化与轧件坯料的生产方式有关，采用连铸机生产的铸造坯料，其厚度变化是随机的，所引起的振动在频率和振幅两方面都具有随机成分。若轧件坯料是前道工序轧制出来的，受前道工序中轧辊的偏心、椭圆度等因素的影响，坯料的厚度变化也是有规律的，所造成的振动频率取决于厚度节距与轧制速度。

通常，轧件坯料的硬度沿整个轧件的长度分布是随机分布的，硬度变化导致的轧制力波动也是随机的。某些热轧坯料在加热过程中，受加热炉内炉底托梁的影响，轧件全长上的温度出现非均匀分布，由此造成轧件的硬度分布与温度同样的分布规律，导致轧制力波动所引起的振动具有同样的规律。

（3）咬钢、抛钢工艺过程引起的振动

轧件坯料的长度都是有限的，因此必然有轧件坯料进入轧辊及离开轧辊的过程。

在轧件坯料进入轧辊前，轧机的各部分没有承受轧制力，处于应力松弛状态，传动系统中的间隙是随机的。轧件坯料被咬入轧辊的瞬间，轧机突然加载上轧制力，从应力松弛状态突变为应力张紧状态，传动系统中的间隙猛然消失。轧机及传动系统可以看成一个具有复杂的微分方程组构造的高阶振动物理模型，在突加的载荷作用下，激发出冲击性的衰减振动。轧机的振动由两部分组成，一个是平均轧制力引起的稳态振动；另一个是瞬间冲击产生的暂态衰减振动。暂态衰减振动的频率由轧机及系统的综合固有频率决定，轧机状态好，则暂态衰减振动的时间很短。影响轧机及系统的综合固有频率的因素主要有：①某个零部件的内部裂纹，使该零部件的固有频率降低，从而降低了轧机及系统的综合固有频率。②磨损造成间隙增大，轧机及系统的非线性振动特性的影响加大。这两个因素都使暂态衰减振动的时间延长，严重情况下可贯穿整个轧制过程。

在轧制过程中，轧制力转变成轧机及系统的应力，以弹性能的形式存储起来。当轧件离开轧辊时，这些储存的弹性能迅速地释放出来，这个过程称为抛钢过程。突然释放的弹性能是一个瞬态冲击，对轧机及系统同样引发一个衰减震荡过程。

（4）轧制速度变化引起的振动

现代轧机为了提高生产率，主要采取提高轧制速度的方式。为了降低咬钢、抛钢过程引起的应力冲击，需要在咬钢、抛钢时降低轧制速度，这样一来，轧机的转动速度不再是一个恒速运动，变成了变速运动。特别是连续轧制的机组，轧件在轧制过程中，总质量（体积）不变，断面面积不断减小，其结果是轧件愈来愈长。这就要求在连轧工艺中，各轧机的转速从前至后愈来愈快，每台轧机单位时间内的体积流量相同。由于各种因素的影响，如轧辊的椭圆、偏心都是无法避免的，前道轧机的体积流量和后道轧机的体积流量做不到绝对相同，这样一来，两道轧机之间的轧件内部有可能出现两种状态：①轧件内是负应力状态，即前道轧机的体积流量大于后道轧机的体积流量，造成的结果就是堆钢故障。②轧件内是正应力状态，即轧件是在拉伸状态下挤压变形，这种状态有利于提高轧机的生产率，也就是张力轧制。现代的连轧机组全部都采用张力轧制工艺，张力控制的要求应运而生。张力过小，易产生堆钢事故，张力过大，则会使轧件拉断，两种情况都使得连轧工艺中断。张力控制的实质就是控制前后轧机的轧制转速，使两轧机之间的轧件张力控制在一定范围内。因此轧制速度就成了变速转动。

现代连轧机的转速控制大多数采用变频调速技术，其中最重要的是轧机传动系统的质量惯性对速度变动的影响，早期的轧机变频调节技术对这方面考虑不足，引起过多种故障，目前轧机变频调节技术已经成熟，此类故障基本消除。

轧机传动系统的多发常见故障是传动轴断裂，断裂的原因主要有两种。一种是由传动轴的内部缺陷引起的，如内部裂纹、夹杂、局部应力集中等。另一种是疲劳断裂，其中危害最大的是传动轴的扭振，咬钢、抛钢、频繁地变速都能引发扭振。许多研究资料指出影响扭振持续时间和振幅的最大因素是传动系统内的间隙，扭振加快了传动轴疲劳损伤的过程。

传动轴扭振断裂的断口特征为：①断口中找不到内部裂纹、夹杂、气孔等内部缺陷特征；②断口存在一个以上的断裂斜面，斜面初始部分与轴线的角度接近45°。

5.1.2 轧机故障的测试与分析

轧机的故障诊断基本是通过表面现象、工作原理、结构特点推测故障的部位、原因。诊断过程可分为下列步骤。

（1）充分了解轧机的构造

轧机的种类繁多，其结构的多样性是特别突出的。首先应深刻掌握开展故障诊断的轧机机械传动原理、构造、运行特点等；其次是工作状态，如工作电压、电流，是否存在变速控制等；还有工作环境状态，如热轧、冷轧等。

（2）调查研究设备的多发、常见故障

设备故障诊断目的是提高设备的生产率，降低运行维修成本，获得更好的经济效益。设备故障按发生的频度可分为多发常见故障和偶发故障，按时间关系可分为渐变性故障和突发性故障。多发常见故障一定存在稳定的系统原因，是可以查找的。一旦找到准确的原因，采取针对措施，可以通过故障率的降低而得到证实。偶发性故障的影响因素很多，查找困难，也很难证实。渐变性故障有一个发展过程，可以通过发现早期故障征兆，采取措施，降低故障损失。突发性故障的发展时间短，即使发现早期故障特征，也来不及采取消除措施。所以故障诊断监测系统的针对目标应为多发常见故障及渐变性故障。

（3）分析研究针对性监测的物理参数、部位

在充分分析故障可能原因的基础上，分析当存在这些原因条件下，有哪些物理参数可以充分证实故障原因存在。由此决定监测的物理参数，并选择合适的检测方案，包括传感器种类、型号、数量、部位等。并按检测方案组织实施。

注意，在制定检测方案时，一定要把所有可能原因都考虑到，为了避免遗漏，有时不妨把网撒大一点。同时也要考虑经济适用性，检测方案愈大、愈复杂，则成本愈高。

（4）依据所获得的各项数据分析故障的原因

诊断故障原因的基本方法是排除法。全部故障可能的原因构成了一个故障原因集，而按检测方案实施所测得的数据构成证据集。仔细地分析各项数据，判断它们可以证实哪些故障原因存在，不能证实的原因被排除，剩下的即为故障的可能原因。证据越充分，则可能性越大。

在这个过程中要尽量避免孤证，优先考虑复证。这是因为孤证的证据不充分，可信度较低。

（5）采取必要措施，降低故障，证实故障原因

确定了故障原因后，应考虑采取必要的措施来减少故障。通过措施的效果来证实故障原因的判定正确与否。

下面通过一个实例，来说明诊断各步骤的应用。

某公司冷轧厂的五机架薄板冷连轧机组是从德国进口的设备，奥钢联设计制造，是典型的四辊轧机结构，如图5-2所示。投产初期设备运行正常，三年以后，轧辊轴承烧损事故逐渐增多。该厂就此问题向奥钢联提出咨询。奥钢联建议购买油雾润滑系统。

油雾润滑系统投入运行后，轴承烧损事故明显下降。两年以后，重新出现，并且逐年增多，该厂就此问题经过多方调研、测试、核算，得出该轴承的使用寿命为680h，建议在运行600h左右更换。某单位接到故障诊断委托时，该机组已经运行了11年。

接到委托后，首先调查了该厂前面所做的工作，以免重复前面的工作。在现场调查中发现故障的特点规律，烧损轴承事故集中在2＃、3＃、4＃轧机上，其中3＃的压下量最大，

轧制力最高，4＃的轧制速度大，5＃轧机主要用于平整，控制钢板表面质量，虽然转速最高，轧制力却不大。故障发生的特点是：轧制功率（轧制力×轧制速度）高的轧机，轴承烧损故障发生的次数多。

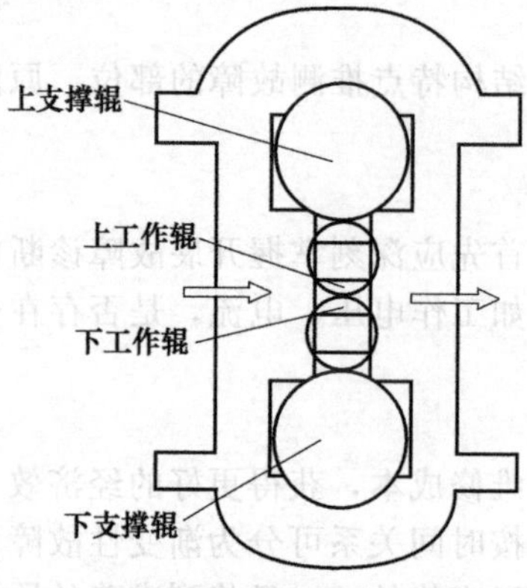

图 5-2　四辊轧机结构示意图

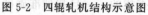

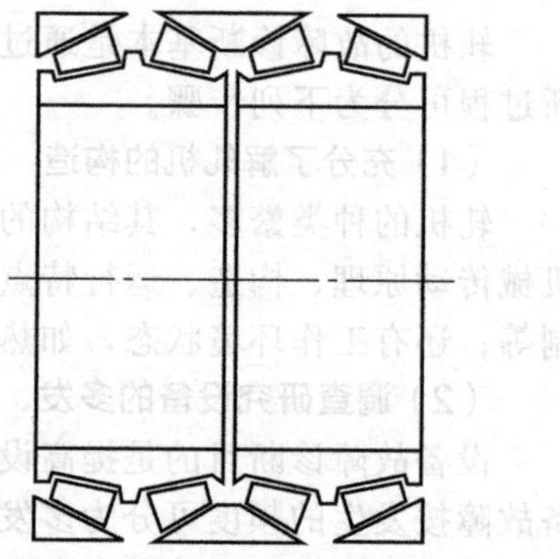
图 5-3　轧辊轴承结构示意图

烧损故障发生的规律还表现为随着在役时间的延长，故障发生的频率增高。这个规律符合某种设备状态劣化的特点。

轧辊轴承采用四列圆锥滚子轴承结构，如图 5-3 所示。厂方将工作时数小于 200h 的轴承损坏归于烧损事故，实际上发生烧损事故的轴承最小工作时数甚至只有十多个小时。一旦发生，轴承根本无法从轧辊及轴承箱中拆除，厂内只能采取氧气火焰切割拆除。使用这种四列轴承的最关键要求是载荷均担，如果安装时各环位置调整不好，容易发生早期损坏。厂方对这个调整非常重视，指定专人做这项工作。从现场调查的信息来分析，使这种轴承烧损的条件是：存在过大的轴向力，使载荷集中到 2 列甚至 1 列轴承上。这个轴向力在轧钢机械设计的书上是查不到的，在书上轧辊的受力分析是在理想状态下，而理想状态下轧制载荷均匀分布，是没有轴向力的。

通过上述分析，故障原因的测试将针对轴向力有多大、轴向力是什么原因产生的这些具体的问题，测试的轧机选择故障率最高的 3＃轧机。

针对轴向力有多大这个问题，采用在轴承箱门栓螺栓上布置应变片的方式，测量螺栓承受的应力。并在测试前将所有测量螺栓在拉力试验机上做好标定，即做好拉力吨位与测量仪器输出电压的关系曲线图，以便在测试时通过仪器的输出电压获得轧制时的轴向力。实际上，在测试中得到的平均轴向力约为 85 吨，最大冲击情况的轴向力接近 100 吨。

至于轴向力是什么原因产生的，从故障发展规律看，磨损是符合随时间延长而劣化情况增长的因素之一。当然还有位移、下沉等因素，因此在测量方案中应包含对这类可能因素的测量。

轧机牌坊测量方案的实施：

测量的首要问题是定位测量基准，在轧机机组的两端保留有安装时的原始轧制中心线标点，它就是基准，见图 5-4。轧机牌坊中心线应与轧制中心线成 90°，但是测量仪器无法布置在轧机牌坊中心线与轧制中心线相交的位置，这是因为测量施工时，这个区域有许多人员移动，对测量不利，需要另设与轧制中心线平行的辅助中心线，在辅助中心线与轧机牌坊中心线相交的位置布置测量经纬仪。

因为辅助中心线与轧制中心线的距离较远，在两根小型工字钢梁上各卡紧 1 根 1m 钢板尺，作为读数部分。工字钢梁两端铣端面，并将两辅助读数尺校准，放到基准点上。

测量经纬仪布置到轧机牌坊中心线延长处，调整测量经纬仪，使两端钢板尺上的读数相同，则测量经纬仪中心与两端钢板尺上的读数三点一线，构成辅助中心线。测量经纬仪旋转90°，使读数方向对准轧机牌坊，测量经纬仪定位完成，测量经纬仪的读数光学平面构成测量轧机牌坊中心线的基准平面。

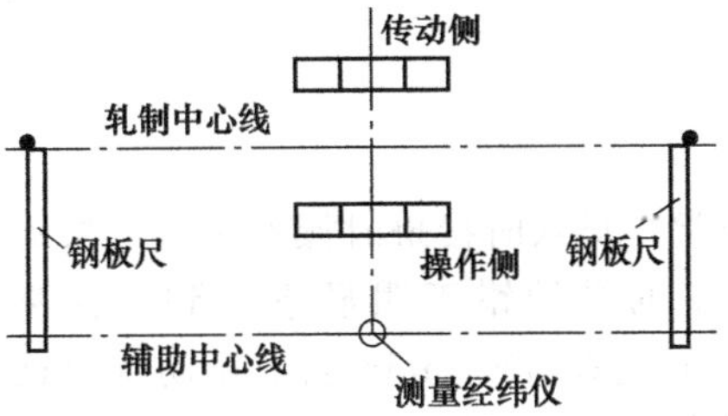

图 5-4　经纬仪位置的定位

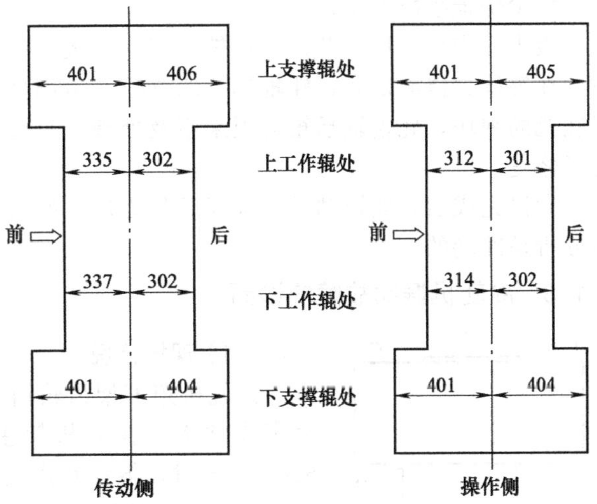

图 5-5　轧机牌坊的尺寸测量数据图

测量基准平面完成后，就可以对轧机牌坊的各部分进行测量了。在此要定义数字中的前后的含义，轧机的入料口处称为前面，轧机的出料口处称为后面，即前进后出。

被测量的平面有：传动侧牌坊的上支撑辊前定位面、后定位面，上工作辊前定位面、后定位面，下工作辊前定位面、后定位面，下支撑辊前定位面、后定位面；还有操作侧牌坊的8个对应的定位面。共16个测量面，每个面测量上中下左中右9个点，取平均值为该面的测量值。经处理后的测量数据如图5-5所示。

分析图5-5的数据分布，可以看到如下特点：①支撑辊的磨损面在后面（出口侧），传动侧与操作侧的磨损相差不大，支撑辊的中心线基本保持了对轧制中心线的垂直；②工作辊的磨损面在前面（入口侧），并且传动侧比操作侧的磨损大20多毫米，即工作辊的中心线在传动侧向前倾斜，与轧制中心线不垂直；③由于传动端存在联轴节的不平衡甩动，所以传动侧的磨损大于操作侧。考虑同样的原因，传动侧的工作辊轴承箱的磨损必然大于操作侧，估计工作辊的中心线的实际倾斜程度是图5-5所示的2倍左右。

四辊轧机的辊系布局设计中，工作辊、支撑辊的轴心线不是布置在轧机牌坊的中心上，而是工作辊向前错位，支撑辊向后错位。轧制时，轧辊使钢坯向后运动，钢坯的反作用力使工作辊向前。这种布局有利于辊系的稳定。如图5-6所示，轧制时轧辊下面是钢坯的反作用力，轧辊的上面是支撑辊的作用力，上下合力在水平方向上的投影是 F，垂直于轧辊轴线，使轧辊向前靠近。T 是 F 的轴向分量，也就是使轧辊轴承发生烧损故障的轴向力。随着轧机的使用，磨损增大，轧辊的倾斜度增大，轧辊轴承的轴向力也逐步增加。

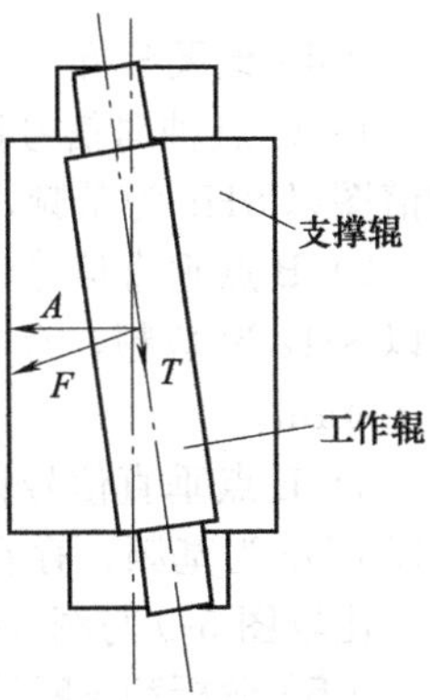

图 5-6　轧辊受力分析

在上述分析的基础上，提交给厂方的报告指出：

造成轧辊轴承烧损的主要原因是轧制时的轴向力过大。随着轧机牌坊的磨损增大，轧辊与轧制中心线的倾斜程度加大，这个倾斜是轧制时产生轴向力的主要因素。

建议采取的解决措施：

① 更换轧机牌坊的衬板，修复牌坊的几何尺寸，使之恢复到图纸设计的标准。

② 更换轧辊轴承箱的衬板，修复轧辊轴承箱的几何尺寸到图纸设计的标准。

轧辊轴承箱在安装前测量尺寸，与轧机牌坊的尺寸采用选配方式，以控制轧辊的倾斜程度，减少烧损事故发生。

报告提交后，厂方开始准备轧机牌坊衬板等备件，安排在年底大修时修复五台轧机的牌坊。在等待大修的期间，轧辊轴承的烧损基本维持在每月 10 多套的程度。大修工作只修复了轧机的牌坊，轧辊轴承箱衬板来不及处理，只对其中部分磨损程度明显大的轧辊轴承箱进行了修复。

大修完成后，轧辊轴承的烧损下降为过去的三分之一以下。说明修复措施有效，故障原因分析是准确的。

5.1.3 冷轧机振动故障的诊断

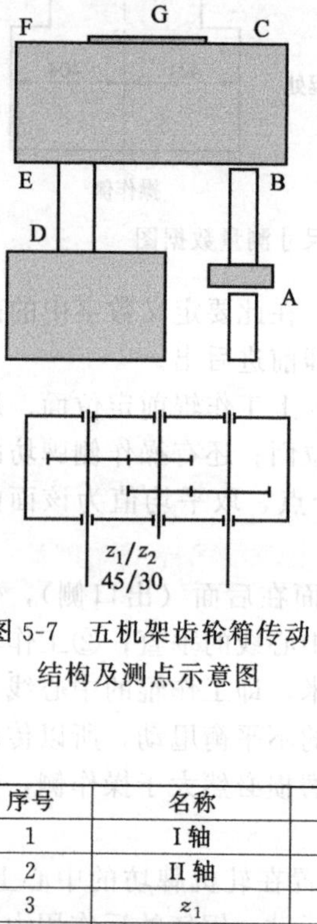

图 5-7 五机架齿轮箱传动结构及测点示意图

（1）现场情况

某轧机第五架齿轮箱有异常，早八时接班时操作工感觉振动和噪声非常大。在五机架主电室的维护钳工明显感觉到：转速为 600r/min 时，振动噪声较小，转速在 600r/min 以上振动噪声逐渐加大；在五机架传动侧铁板平台上，第五架振动和噪声不仅比其他几架要大，也比自身以往大。

次日早上九时左右，五架齿轮箱振动加大，中午停机通过窥测孔观察，齿面和轴承等没有问题，但上输出轴轴向窜动大，点温枪检测上下输出接手等部位温度正常，于是继续生产，为了防止设备异常劣化，组织专业监测人员采集数据并分析诊断。

（2）传动链图及测点布置

传动链图及测点布置如图 5-7 所示，其中 G 点为输出轴端，A、D 为电机输入端。

（3）特征频率

电机轴承和主要传动件特征频率如表 5-1 所示。

表 5-1 电机轴承和主要传动件特征频率

序号	名称	齿数	转速/r·min^{-1}	频率/Hz	频率描述	备注
1	I 轴		600	10	转频	电机轴
2	II 轴		900	15	转频	
3	z_1	45	600	(450)	啮合频率	
4	z_2	30	900	(450)	啮合频率	

（4）谱图分析

1）G 点轴向信号谱图　如图 5-8 所示，G 点轴向振动的信号有明显的低频周期成分，频谱图以 8Hz 为基频，存在多阶倍频成分。时域振幅达 150μm，频谱图最高幅值 38μm。

2）B 点垂直信号谱图　从图 5-9 的时域波形中可以看到有明显的低频周期成分，频谱图以 8Hz 为基频，存在多阶倍频成分，且有高有低。时域振幅达 30μm，频谱图最高幅值 4.4μm。

3）E 点垂直信号谱图　从图 5-10 的时域波形中可以看到有明显的低频周期成分，频谱图以 8Hz 为基频，存在多阶倍频成分。时域振幅达 15um，频谱图最高幅值 1.7μm。

比较图 5-9 与图 5-10，B 点振幅大于 E 点，B 点对应于上辊，说明振源在上辊。

（5）分析和诊断结论

1）分析

① 垂直频谱比较图 5-9 与图 5-10 发现，B 点振幅大于 E 点，B 点对应于上辊，说明振源在上辊。

② 轴向频谱比较图 5-8 可见，G 点振幅远大于 B 点振幅，说明故障振源在 G 点附近。

③ G 点轴向振幅时域达 150μm，是其他最大振幅的 3 倍。

2）诊断结论

根据上述分析，故障源可能有两处：

① 齿轮箱外部的上辊输出轴连接处，最有可能的部位是联轴节处。

② 齿轮箱内部的上辊输出轴部件。

估计是某个零件存在严重磨损、松动或破碎。

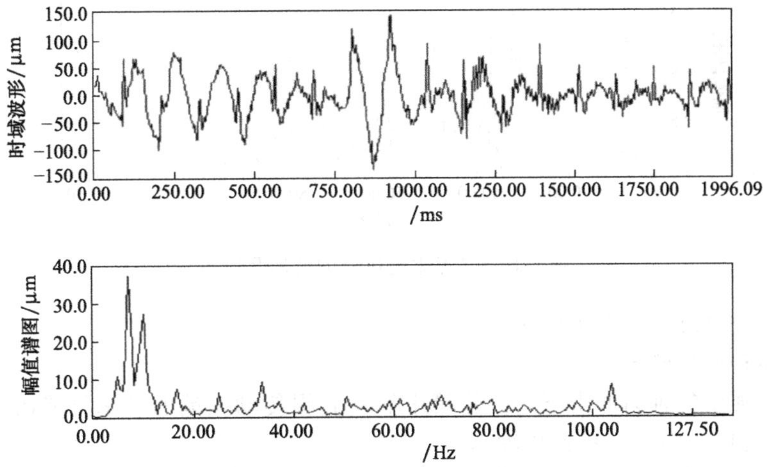

图 5-8　G 点轴向信号的波形及谱图

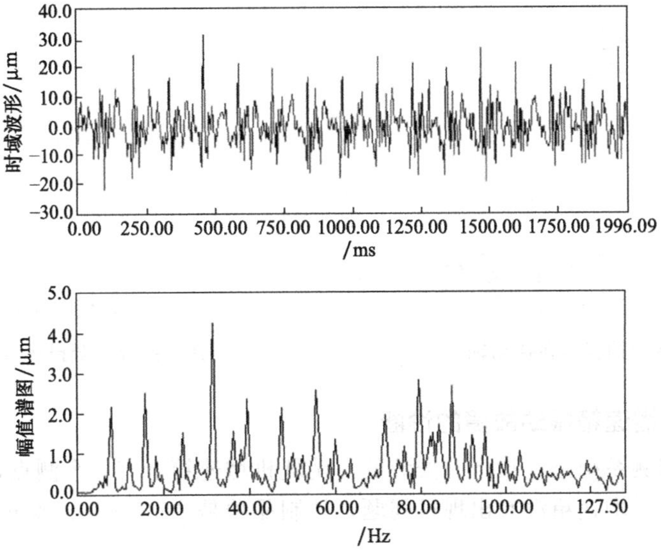

图 5-9　B 点垂直信号的波形及谱图

（6）维修建议

故障隐患不仅加速第五架齿轮箱劣化，也会影响整个五机架，对产品质量也有一定影响，建议如下：

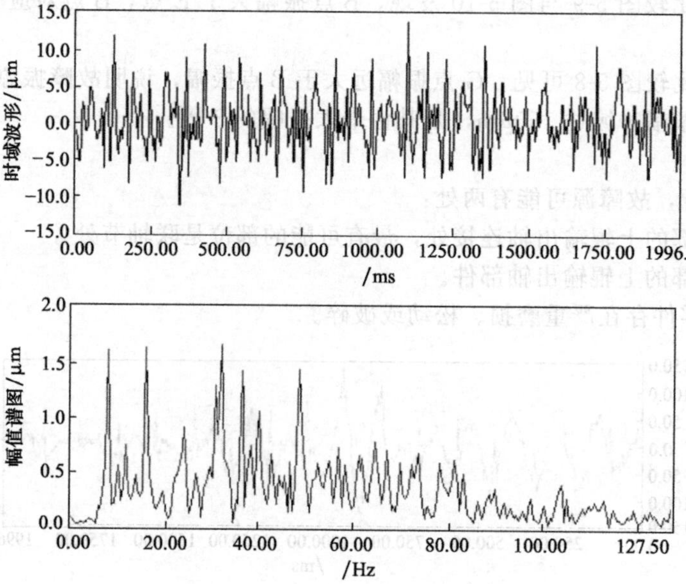

图 5-10　E 点垂直信号的波形及谱图

① 尽早检查处理第五架齿轮箱。

② 重点检查处理联轴节。

③ 在这样强度的轴向冲击下，齿轮箱中靠近轧辊传动轴端的轴承可能已经产生严重损伤。建议在处理联轴节时，更换该轴承。

停产检修，拆除输出轴处的联轴节，发现联轴节内的弹簧挡板损坏。如图 5-11、图 5-12 所示。

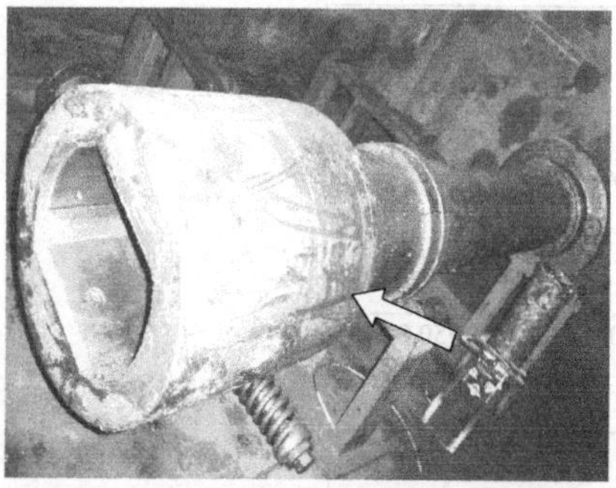

图 5-11　端盖弹簧挡板所在传动轴

图 5-12　弹簧挡板完全损坏（沿圆周断裂）

5.1.4　高线轧机增速箱振动故障的诊断

某高线在线监测系统是在投产时安装的，精轧机增速箱上有 3 个测点，输入端 1 个，输出端 2 个，投产以后增速箱没有出现过问题，轧制品种是 $\phi 6.5 \sim 10$。次年 9 月 18 日发现增速箱振动异常。

（1）传动链图

增速箱传动链如图 5-13 所示。

（2）趋势图分析

故障趋势如图 5-14 所示，可以看出，8 月 25 日以后峰值有明显的上升趋势。

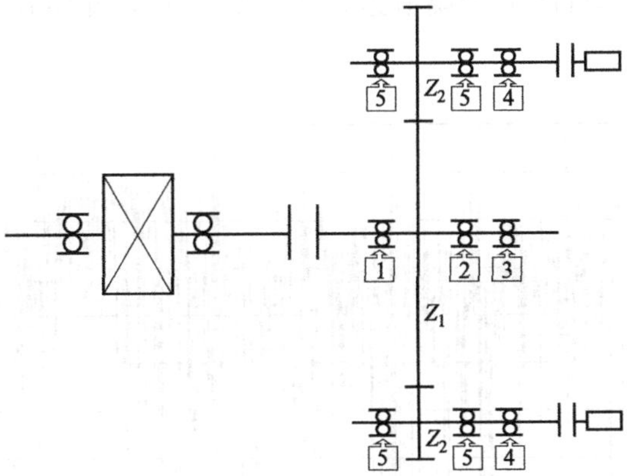

序号	轴承型号	数量
1	162250B	1
2	NU228EC	1
3	QJ228N2MPA	1
4	162250X	2
5	162250D	4

序号	齿数
Z_1	150
Z_2	齿轮轴单(上)57
Z_2	齿轮轴双(下)43

图 5-13　增速箱传动链

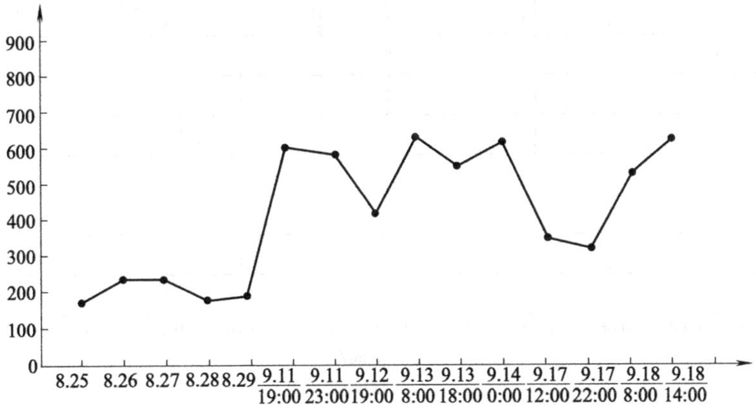

图 5-14　增速箱 8 月 25 日到 9 月 18 日振动峰值趋势

（3）自相关分析

图 5-15 为自相关图，可以看出，增速箱测点在 9 月 18 日 08：00 的自相关图有明显的等时间间隔存在，时间间隔为 0.054s。对应的频率为 1/0.054＝18.519Hz，与已知的轴承 162250X 的保持架旋转频率（18.592Hz）接近。

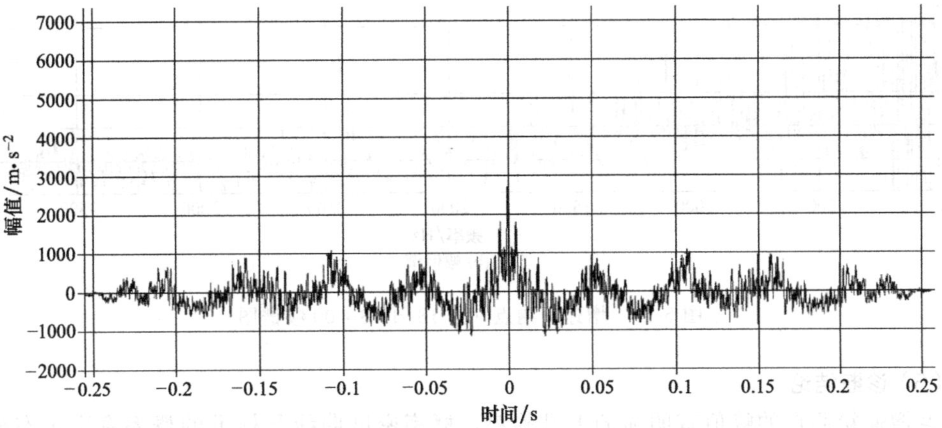

图 5-15　增速箱测点 9 月 18 日 08：00 自相关图

（4）频谱幅值分析

从图 5-16 可以看出，时域波形有明显的冲击信号，从图 5-16 频域图看出增速箱

162250X 轴承保持架旋转频率（19.531Hz）的幅值达到 23.128m/s²，并伴有 2、3、4、5、6、7、8 倍频成分。

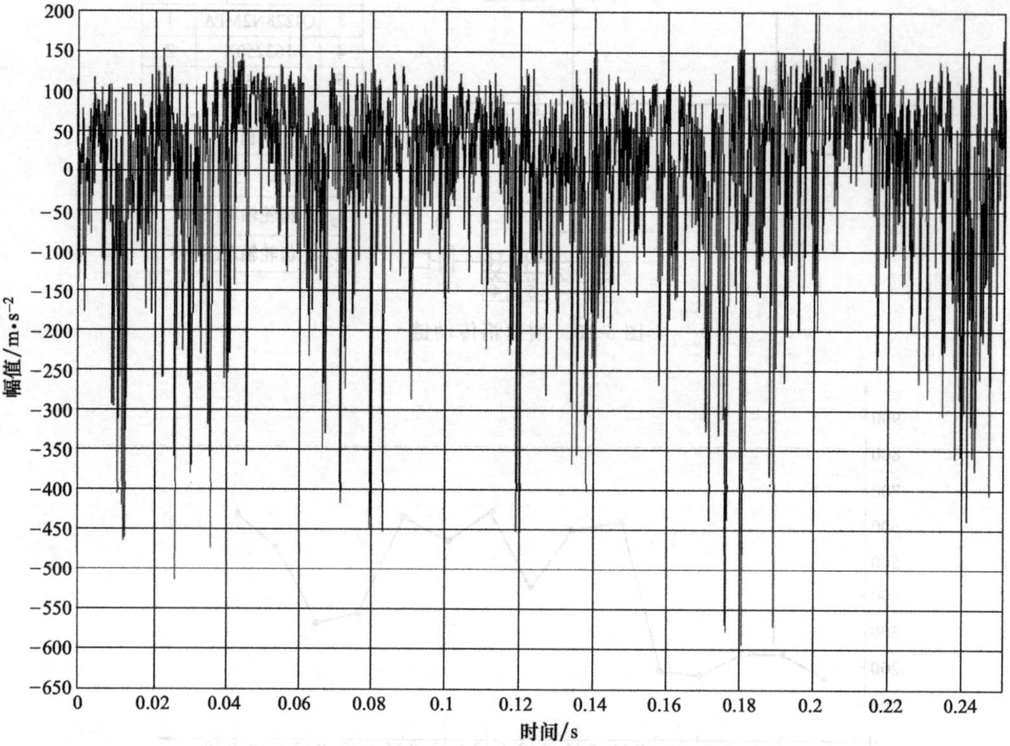

(a) 时域波形

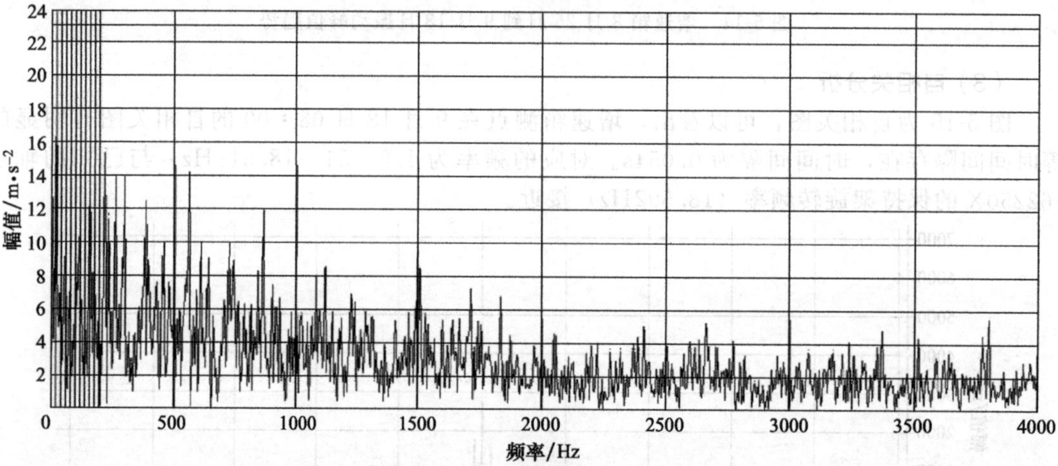

(b) 幅值谱

图 5-16　增速箱测点 9 月 18 日 08：00 频谱图

(5) 诊断结论

1＃增速箱测点的峰值有明显的上升趋势，概率密度曲线与标准的概率密度正态分布相差很大，说明增速箱有故障隐患出现。自相关图有明显的等时间间隔存在，所对应的频率 18.519Hz，与已知的轴承 162250X 的保持架旋转频率（18.592Hz）接近。时域波形有明显的冲击信号，从频域图看出增速箱 162250X 轴承的保持架旋转频率的幅值达到 23.128m/s²，并伴有 2、3、4、5、6、7、8 倍频成分。说明增速箱有故障隐患出现。测量的峭度系数上升，说明轴承发生了疲劳破坏，峭度系数已由 3 上升到 6.54，而此时峰值趋势尚无明显剧烈增大。它需要在故障进一步明显恶化后，峰值、趋势值才有强烈的反应。

当时建议密切关注振动情况，振动趋势仍然继续上升的话，应该开箱检查 1# 增速箱的轴承。拆箱发现轴承和阻尼垫片损坏（如图 5-17 所示）。

图 5-17　拆箱检查的照片

5.2　发电机组振动故障诊断

5.2.1　600MW 机组轴系振动故障诊断及处理

某电厂 5 号机组是 600MW 汽轮发电机组。5 号机组投产后，振动逐渐增大，至第一次大修前有多根转子轴振偏大，检修对轴系振动未有改善，大修后对机组轴系进行了故障诊断和动平衡处理，使机组振动达到优良水平。

（1）轴系振动故障诊断及处理方法

1）轴系结构及测点布置　5 号机组汽轮机为哈尔滨汽轮机厂与日本三菱公司联合设计生产的超临界、一次中间再热、三缸四排汽、单轴、双背压凝汽式汽轮机，型号为 CLN600-24.2/566/566，配套的发电机型号为 QFSN-600-2YHG。整个轴系结构由高压转子、中压转子、2 个低压转子和发电机转子组成，其间均为刚性联轴器连接。轴系结构如图 5-18（a）所示，轴振测量探头与键相器的相对位置见图 5-18（b）。

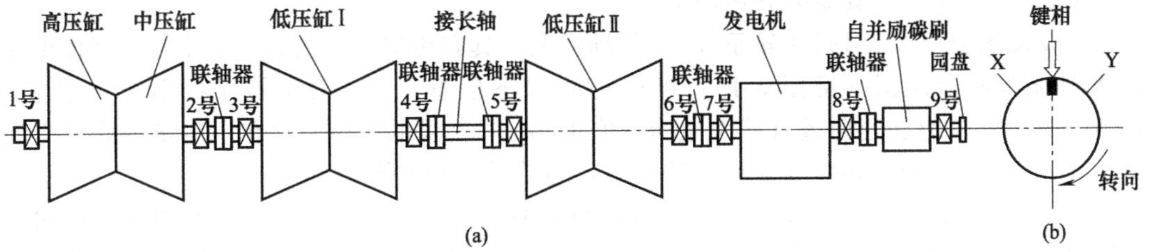

图 5-18　轴系结构及测点布置简图

2）轴系振动故障诊断方法　轴系振动故障诊断是以机组特定部位检验取得的振动信号为分析对象，依据振动信号的结构、强度和变化方式，识别机组运行状态和故障模式，从而提出相应的处理措施的一种技术。轴系振动故障诊断的主要方法如下。

① 幅相特性分析法　绘制机组启停波德图，辨识转子的共振频率及临界转速区。

② 频谱分析法　绘制频谱图、瀑布图或 CAS-CADE 图，从不同的振动频率找出对应的振动原因。

③ 相位分析法　通过相位分析可以判断轴系振动状态是否正常，确定转子不平衡质量的位置。

3）改进型影响系数法　针对最小二乘法有时会出现求解结果不合理且唯一的不足，对其进行了改进。在计算过程中运用了平衡面优化理论，最终可给出 M（平衡面数）个不同平衡面组合的加重结果，便于现场选择。最小二乘法的矩阵表示见式（5-1）：

$$\boldsymbol{q}=[\overline{\boldsymbol{\alpha}}^{T}\boldsymbol{\alpha}]^{-1}\overline{\boldsymbol{\alpha}}^{T}\boldsymbol{x} \tag{5-1}$$

式中，$\overline{\boldsymbol{\alpha}}$、$\overline{\boldsymbol{\alpha}}^{\mathrm{T}}$、$\boldsymbol{\alpha}^{-1}$ 分别为 $\boldsymbol{\alpha}$ 的共轭矩阵、转置矩阵和逆矩阵。

则影响系数矩阵 $\boldsymbol{\alpha}$、原始振动矩阵 $\boldsymbol{x}$ 和平衡质量列阵 $\boldsymbol{q}$ 可表示为：

$$\boldsymbol{\alpha}=\begin{bmatrix}\alpha_{11} & \cdots & \alpha_{ln}\\ \cdots & \cdots & \cdots\\ \alpha_{m1} & \cdots & \alpha_{mn}\end{bmatrix},\boldsymbol{x}=\begin{Bmatrix}x_1\\ x_2\\ \vdots\\ x_m\end{Bmatrix},\boldsymbol{q}=\begin{Bmatrix}q_1\\ q_2\\ \vdots\\ q_n\end{Bmatrix} \tag{5-2}$$

令 $\boldsymbol{\alpha}^{\mathrm{H}}$ 为 $\boldsymbol{\alpha}$ 的共轭转置矩阵，再令 $\boldsymbol{B}=\boldsymbol{\alpha}^{\mathrm{H}}\boldsymbol{\alpha}$，$\boldsymbol{F}=-\boldsymbol{\alpha x}$，则方程（5-1）变为：

$$\boldsymbol{Bq}=\boldsymbol{F} \tag{5-3}$$

人们习惯上称式（5-2）为法方程。令 $\|\boldsymbol{B}^{-1}\|\cdot\|\boldsymbol{B}\|=\mathrm{cond}(\mathbf{B})$ 为法方程的条件数，该方法适合于法方程的条件数比较小的情况。

由式（5-4）得出的各加重平衡面对所有测点振动的影响贡献数 S 来进行平衡面的优化选择。根据平衡面的影响贡献数来判断各个平衡面对减少测点振动幅值的贡献大小，并在去除贡献最小的平衡面后，对（$n-1$）个平衡面进行下一轮的最小二乘法计算求解，就这样可一直计算到只剩下一个平衡面为止。该准则的实质是在平衡面数目一定的情况下，采用测点剩余振动均方根最小的平衡面组合，见式（5-4）。

$$s[j]=\sqrt{\sum_{i=1}^{m}(|\alpha_{ij}||q_j|)^2/m} \tag{5-4}$$

式中，测点数 $i=1, 2, \cdots, m$；平面数 $j=1, 2, \cdots, n$；$|\alpha_{ij}|$ 为 j 平面对 i 测点的影响系数；q_j 为 j 平面上的校正质量。

（2）轴系振动故障诊断及处理

1）轴系振动故障诊断　5 号机组首次大修后启动，进行了启动升速试验和定速 3000r/min 振动测试。从升速过程和 3000r/min 振动数据来看，轴系中 1 号、2 号低压转子和自并励碳刷转子振动偏大，其原因分述如下。

① 波德图分析。1 号低压转子 3、4 号轴承振动具有相似性，仅以 3X 轴振为例作说明。从 3X 轴振升速伯德图（见图 5-19）可以得到以下信息：1 号低压转子一阶临界转速为 1130r/min；在临界转速附近有偏大振动峰值 100μm，1 号低压转子存在一定量一阶不平衡；从 1400r/min 至 3000r/min 振动呈上升趋势，与转子离心力增大有关。

同样地，2 号低压转子 5、6 号轴承振动特点具有相似性，仅以 5X 轴振为例作说明。2 号低压转子 5X 轴振升速伯德图（见图 5-20）指出：全转速范围无明显峰值，无法判定一阶临界转速值；2 号低压转子的一阶振型的平衡状态良好；高转速区振动呈单调上升趋势，是作用于转子上的离心力增大所致。

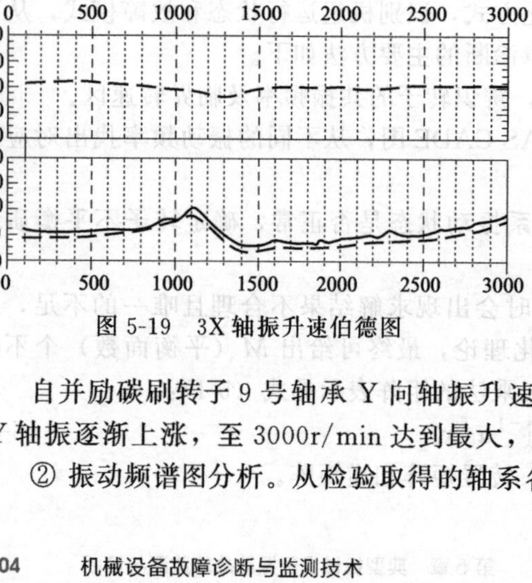

图 5-19　3X 轴振升速伯德图

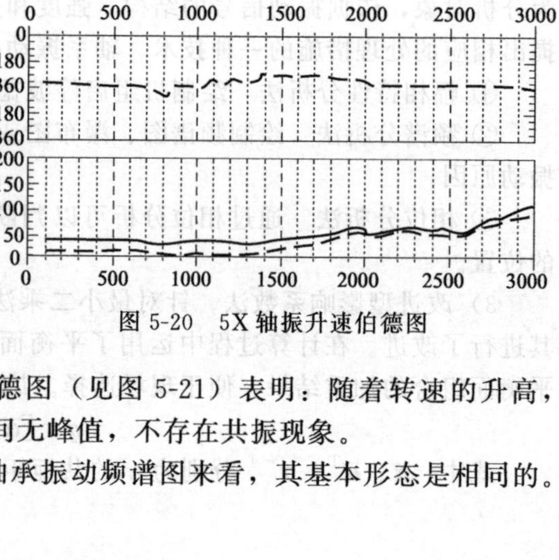

图 5-20　5X 轴振升速伯德图

自并励碳刷转子 9 号轴承 Y 向轴振升速伯德图（见图 5-21）表明：随着转速的升高，9Y 轴振逐渐上涨，至 3000r/min 达到最大，其间无峰值，不存在共振现象。

② 振动频谱图分析。从检验取得的轴系各轴承振动频谱图来看，其基本形态是相同的。

此处仅以 2 号低压转子 5X 轴振频谱图（见图 5-22）和自并励碳刷转子 9Y 轴振频谱图（见图 5-23）说明。由频谱图可知：轴承振动频率成分以转频分量为主，其他频率成分较小。因此，就振动性质而言，2 根低压转子和自并励碳刷转子振动应为不平衡引起的普通强迫振动，振动大小主要受转子不平衡量和轴承支撑刚度的影响。对 5 号机组来说，前者应为主要原因。

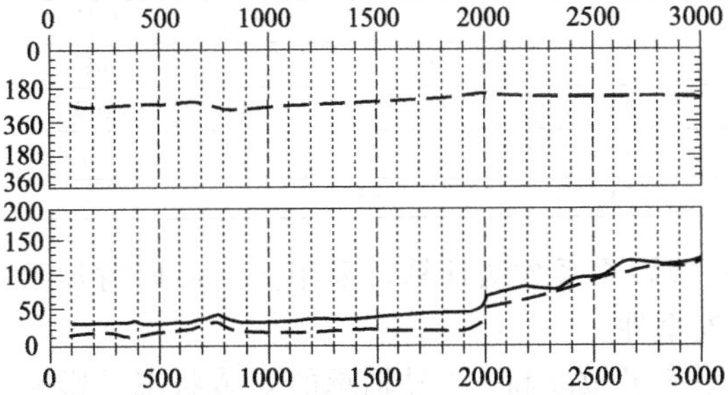

图 5-21　9Y 轴振升速伯德图

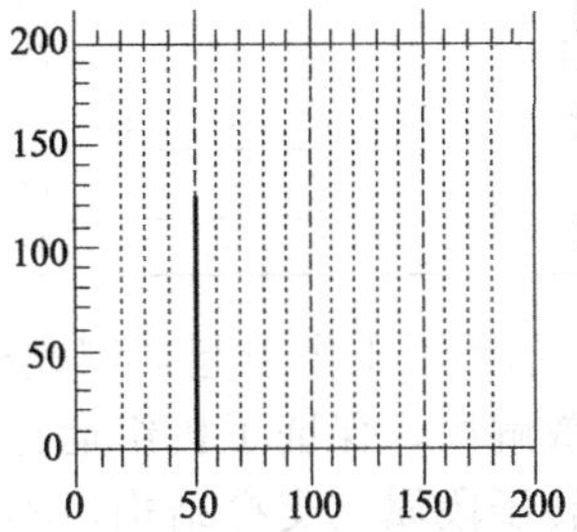

图 5-22　5X 轴振频谱图

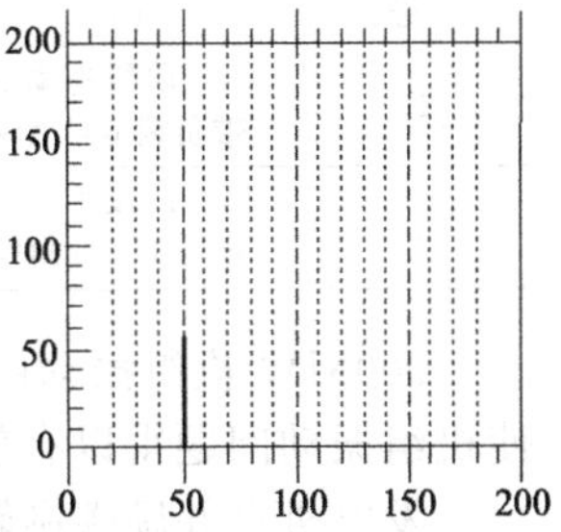

图 5-23　9Y 轴振频谱图

③ 3000r/min 振动数据分析。3～6 号、9 号轴承 3000r/min 空载振动数据如表 5-2 所示，可以看出：1 号低压转子的 3 号轴承 X 和 Y 向轴振均为 87μm，4 号轴承 X 向轴振为 82μm，Y 向轴振为 53μm，3、4 号轴振相位相差约 40°，主要表现为同相振动。

2 号低压转子的 5 号轴承 X 和 Y 向轴振分别为 111μm 和 82μm，6 号轴承 X 和 Y 向轴振分别为 36μm 和 48μm。5、6 号轴振相位相差约 200°，主要表现为反相振动，说明在 3000r/min 下 2 号低压转子以二阶振型为主，转子存在二阶不平衡。自并励碳刷转子在 3000r/min 下 9Y 轴振达 130μm，超过报警值，属不合格。

综上所述，1 号、2 号低压转子和自并励碳刷转子振动基本稳定，具有再现性，主要由不平衡引起，可以通过现场高速动平衡予以解决。

表 5-2　典型轴承 3000r/min 空载振动数据　　μm∠deg，μm

工况	测点	3 号	4 号	5 号	6 号	9 号
机组空载	X	76∠337,87	70∠20,82	98∠8,111	13∠217,36	82∠73,82
3000r/min	Y	77∠80,87	47∠111,53	66∠108,82	29∠339,48	130∠230,130

2）轴系现场动平衡处理　用改进型影响系数法计算，采用多平面同时加重。第一次平衡在 2 号低压转子两侧加反对称重量（P5＝450g ∠135°，P6＝450g∠315°），以消除 2 号低压转子的二阶不平衡；在自并励碳刷转子外伸端平衡圆盘加重（P9＝205g ∠340°），以减小 9Y 轴振。

第一次加重效果明显，仅 9X 轴振增大。针对 9X 轴振增大，进行了第二次调整加重，即在自并励碳刷转子外伸端平衡圆盘 9 号瓦侧另加重 P9＝190g∠246°，加重后，在空载条件下轴系最大轴振为 104μm（9Y 轴）。第一阶段动平衡前后轴系振动变化如表 5-3 所示。

表 5-3　第一阶段动平衡前后振动数据对比　　μm

序号	工况	测点	3 号	4 号	5 号	6 号	7 号	8 号	9 号
1	第一阶段平衡前空载 3000r/min	X	87	82	111	36	49	75	82
		Y	87	53	82	48	47	78	130
2	第一阶段平衡后空载 3000r/min	X	76	81	63	68	63	95	65
		Y	78	62	78	44	75	86	104

机组并网带负荷后，汽轮机转子各轴承振动基本维持空载时的状况，发电机转子 7Y、8Y 振动稍有增大，从第一阶段动平衡试验后带负荷数据可以看出，1 号、2 号低压转子振动得到有效降低，余下的振动问题集中在发电机自并励碳刷转子段。

综合考虑发电机自并励碳刷转子段的三支撑结构和振动状态，在自并励碳刷转子上加重1085g，在自并励碳刷转子外伸端平衡盘上加重350g，7～9X/Y轴振均降低至优良水平。具体数据见表5-4。

表5-4　第一、二阶段动平衡后带负荷振动数据对比

μm

序号	工况	测点	3号	4号	5号	6号	7号	8号	9号
1	第一阶段平衡后带负荷600MW	X	66	77	56	56	65	73	69
		Y	73	65	84	45	91	90	106
2	第二阶段平衡后带负荷600MW	X	57	78	53	52	63	40	63
		Y	69	68	79	47	66	79	77

600MW机组振动由轴系不平衡引起，用改进型影响系数法计算，采用多平面同时加重使机组振动问题得以有效解决，保证了机组运行安全性。

发电机自并励碳刷转子段属三支撑结构，不平衡灵敏度高。9号轴承的安装状态是影响9号轴振的关键因素之一，检修安装时应引起足够的重视。

5.2.2　1000MW汽轮机组轴瓦振动保护误动的原因分析及对策

某1000MW超临界机组汽轮机的安全监测保护装置（TSI）采用瑞士Vibro-Meter公司的VM600系统，汽轮机危急跳闸系统（ETS）和DEH功能用西门子T3000分散控制系统实现。由于TSI的状态信号2、5、8号瓦振动探头状态自检信号NOT OK误发导致保护误动停机，为此取消了此保护条件。为充分发挥该项保护功能的作用，从探头的安装与绝缘、电缆的接地、保护延时的设置等环节进行分析并提出可采取的改进措施。

（1）汽轮机轴瓦振动保护

1）西门子引进型汽轮机轴瓦振动保护的机理　上海汽轮机厂的所有引进西门子机型的1000MW和660MW超临界机组的轴瓦振动保护都有NOT OK的触发条件。根据对上海汽轮机厂供货的西门子汽轮机的21个电厂的29台1000MW机组和14台660MW机组进行调研发现，大多数电厂因雷击、励磁机干扰、碳刷接地干扰等情况曾引起NOT OK信号误发，因此取消了此项保护条件。

西门子引进型1000MW汽轮发电机组1～5号瓦为汽轮机轴瓦，6～8号瓦为发电机轴瓦，每个轴瓦上有2个振动探头，振动保护停机的定值设定如表5-5所示，轴瓦振动保护原理如图5-24所示。

表5-5　西门子超临界汽轮机轴瓦振动保护设定值

汽轮机轴瓦(1～5号)	发电机侧轴瓦(6～8号)
11.8mm/s	14.7mm/s

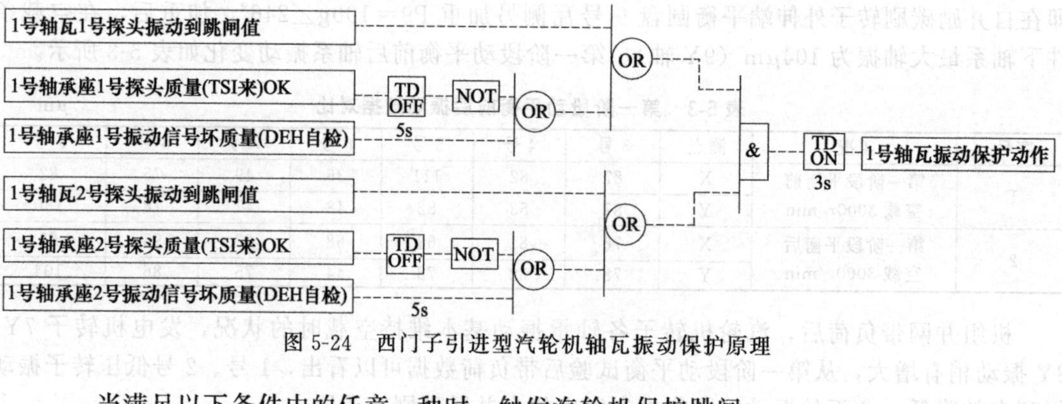

图5-24　西门子引进型汽轮机轴瓦振动保护原理

当满足以下条件中的任意一种时，触发汽轮机保护跳闸：

①同一轴瓦上的 2 路轴瓦振动信号均达到跳闸值；②2 路 TSI 测量信号 OK 质量判断信号消失后延时 5s；③2 路数字电液控制系统（DEH）通道自检值均不正常；④一路轴瓦振动到跳闸值与另一路 TSI 测量信号 OK 质量判断信号消失后延时 5s；⑤一路轴瓦振动到跳闸值与另一路 DEH 通道自检值不正常；⑥一路 TSI 测量信号 OK 质量判断信号消失后延时 5s 与另一路 DEH 通道自检故障。

以上保护共有 9 种组合方式，任一组合方式条件满足后延时 3s 即跳机。

这种保护体现了西门子充分保护汽轮机的思想：当测量信号不可靠时（TSI 的质量判断 OK 信号消失或者 DEH 通道自检故障），等同于“振动信号到跳闸值”。

2）VM600 轴瓦探头及 OK 品质判断的标准

① VM600 车由瓦振动探头的测量原理。VM 轴瓦振动传感器采用压电式加速度探头，将加速度信号转换为力，压电晶体将力转换为电荷输出。

② VM600 的 OK 检测系统。VM600 的 MPC 模件通过 2 个独立的分支对信号的 AC 和 DC 分量处理。DC 分量代表了探头间隙并用于检测同路的 OK 信号，而 AC 分量代表了测量值，例如轴振。

VM600 的 OK 检测系统工作原理如图 5-25 所示。VM600 检测输入信号的工作电流，正常值为 12mA DC，当低于 7mA DC（最小值）或者高于 17mA DC（最大值）时，OK 信号消失。当工作电流超过最大值时，表示电压传感器连接短路或者电流传感器连接开路；当工作电流超过最小值时，表示电压传感器连接开路或电流传感器连接短路。

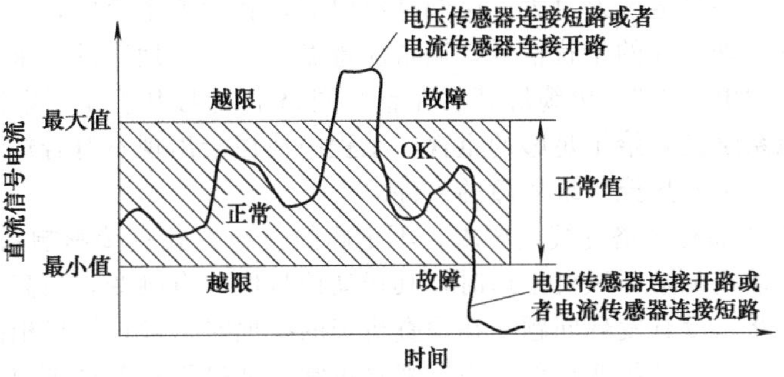

图 5-25　OK 系统所需的最大和最小工作电流

（2） VM600 轴瓦振动保护误发的原因分析及预防措施

1）对某 1000MW 机组轴瓦振动保护动作后的分析　某电厂的机组为引进西门子技术生产的 1000MW 机组，机组采用 VM600 轴瓦振动保护系统，机组跳闸时模拟量瓦振信号未发生明显异常，而 TSI 测量信号 OK 值发生反转，属于热工保护误动，对现场检查发现存在以下问题。

① 就地前置器到机柜框架间接线的问题。信号的屏蔽电缆与信号线路不一一对应，并且轴振探头的信号电缆共用屏蔽电缆，而按照要求应该是每一路信号必须使用单独的屏蔽层，且屏蔽层必须通过单点接地。

2 台机组的大、小及其部分屏蔽电缆存在 2 点接地问题。由于 TSI 系统信号电缆屏蔽层两端接地，虽然对外部电磁场有很好的屏蔽作用，但是在地网电位差的作用下屏蔽层会产生电流，对信号电缆造成干扰。其原理如图 5-26 所示。

② VM600 框架瓦振通道接线的问题。每个通道的 LO 端子应该不接线，但实际上都连了线，并且连接到柜内的端子排。虽然这根线没有连接到现场，且在柜内只有约 1m 的距离，但由于这根线起到了类似天线的作用，当电缆槽内其他电缆的屏蔽层有干扰信号流过时，有可能影响相邻的导线，形成感应电压，当感应电压达到 20V 以上时，则会导致信号

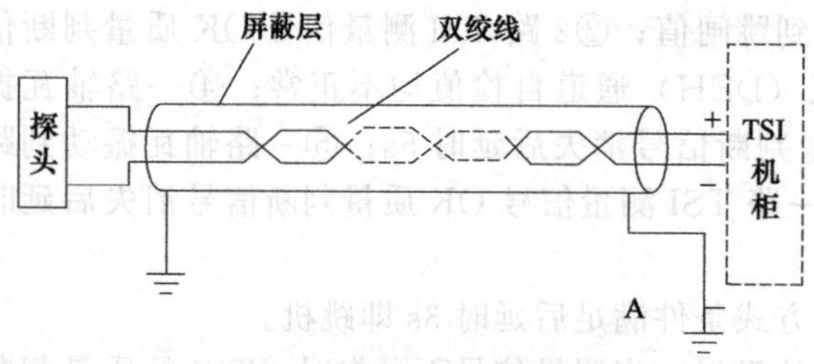

图 5-26　TSI 信号屏蔽层两端接地对系统产生的干扰电流

出现 NOT OK 现象，而模拟量几乎不变。

③ 施工时使用了不规范电缆的问题。在检查 2 号瓦时，发现探头的电缆由于长度不够，安装期间电建单位对电缆线进行了延长，但是通过焊接延长的电缆并没有探头电缆的电荷保护层，而且屏蔽效果也不好，这样可能导致 2 号瓦的信号更容易受到信号波动的干扰。

④ 8 号瓦瓦振探头安装不规范的问题。检查 8 号瓦时发现探头安装孔不规范，不能满足探头安装的要求，应装 4 个螺栓固定的探头，只安装 3 个螺栓，这也对信号的稳定性产生了影响。

⑤ 软件组态的问题。上海汽轮机厂进行 ETS 组态时，NOT OK 跳机设置了 8s 的跳机延时，以避免保护的误动。几年前对 VM600 系统进行了更新，所有通道出现 NOT OK 时会保持 10s，这就使 ETS 的延时时间失效，导致跳机保护动作。

2）轴瓦振动与测量信号的常见影响因素及预防措施

① 接地不规范的影响。接地系统是确保机组安全、可靠运行的重要环节，是机组在设计、安装、调试和运行维护中不可忽视的重要系统。

控制系统不同的接地点存在不同的接地电阻，当有电流经接地点流入大地时，各接地点的电位就会有波动。一旦电位差过大，引起环路电流，就影响系统的正常工作。

为消除接地不合理引入的干扰信号，通常应遵循“一点接地”的要求，即整个接地系统最终只有一点接入“电气地”，电缆屏蔽层在整个回路中应无中断并可靠接地，然而在实际工作中往往对接地系统没有给予足够的重视，工程中往往会出现不符合规程规定的情况，导致因为接地系统异常引发热控系统故障的事件。

大多数 TSI 系统都有严格的接地要求，不正确的接地方式直接影响系统的抗干扰能力。如某电厂 1 号机组在脱硫增压风机停运时，其振动信号值一直跳变，最高甚至超过了振动保护值。检查测量回路，没有发现问题。在检查机柜的接地时，发现该机柜的接地虚焊，重新焊接机柜接地扁铁后，信号跳变现象消失，恢复正常。某机组在基建调试阶段，1 号机组的脱硫增压风机振动突然发生跳变，导致增压风机跳闸。经检查和仿真试验发现，其原因是机柜附近有电焊机工作，因电焊机接地点离机柜较近，焊接时导致机柜附近接地线上有电势差产生，并在屏蔽层产生环流，窜入信号电缆引起模拟量波动。如果延伸电缆的屏蔽层在安装敷设时未做好防护，电缆屏蔽层因振动等原因在运行过程中磨损，导致 2 点或多点接地，或者连接电缆屏蔽层未接地，也会引起信号跳变。如某电厂 1000MW 机组在负荷为 750MW 时，汽轮机 3 号瓦振动持续跳变，检查回路发现电缆的屏蔽线没有接地，正确接地后 3 号瓦振动信号恢复正常。

② 接线方式的影响。

a. 电缆小直径弯曲对测量的影响。VM 的瓦振探头是电容式加速度传感器，其结构形式采用弹簧质量系统。当质量块在加速度的作用下会改变质量块与固定电极之间的间隙，使电容值变化。电容式加速度计与其他类型的加速度传感器相比具有灵敏度高、零频响应、环境适应性好等特点，尤其是受温度的影响比较小；但不足之处表现在信号的输入与输出为非线性，量程有限，易受电缆电容的影响，以及电容传感器本身是高阻抗信号源，电容传感器的输出信号往往需通过后继电路给予改善。因此，在 Vibro-Metex 安装手册上专门有这样一段描述“电缆起到了电容的特性，要避免电缆的小直径弯曲。”对于这句话可以理解为电缆的电容量是监测信号的一部分，电缆安装完成后机组在正常运行时。不能再去改变；电缆安装时弯曲半径必须符合一定的要求，在正常运行期间不允许大幅度地移动电缆，否则会引起测量值的变化。这种情况也在现场的实际案例中得到了证实。

案例1：2010年某机组因4号瓦瓦振2点信号同时到达跳闸值，汽轮机跳闸。经检查是因为电建公司在4号瓦轴承盖上涂刷油漆时，移动了测量4号瓦瓦振的延长电缆，导致信号突变，致使汽轮机跳闸。

案例2：对某机组进行例行检查时，发现2号瓦和5号瓦信号产生跳变。由于此探头的电缆传输电荷信号，对电缆的弯曲度很敏感，端子盒内的电缆可用空间又很小，一旦移动，很容易造成电缆的小直径弯曲，导致电缆的电容发生变化，所以信号出现尖峰。

解决以上问题的方法是将测量瓦振所用电缆的一部分放到电缆槽内，在盒内只保留接线安全所需的长度，并且将测量瓦振和轴振的电缆分开放置，且单独固定。这样在对轴振测量系统等检查时就不会导致测量瓦振电缆的过度弯曲。

经现场重新布线，并进行敲击接线盒等检测，瓦振信号没有出现尖峰。

b. 电缆接头连接时对测量的影响。在检测中，探头前置放大器的电缆接头连接的瞬间会造成测量系统信号异常，具体表现为输出的测量信号值会迅速增大并达到最大值，持续几秒钟后再恢复至正常值，信号OK值随后会正常。在此过程中，该模拟量限值的开关量也会误动作，若该信号参与取大逻辑则会造成取大值亦增大至最大值。这种现象会造成电缆连接瞬间信号失真，甚至引起保护误动。

由于AC回路中没有信号的平滑处理以及噪声处理回路，这就有可能在信号回路接通的瞬间引起信号突变，并且在信号OK值恢复正常前信号一直为非正常值，如果在检修过程中需更换前置放大器有可能会造成保护误动。

③ 发电机电磁干扰的影响。由于发电机碳刷接地，发电机的轴电压对TSI易产生干扰。例如，2006年某日，某电厂机组运行人员发现大屏TSI异常报警，就地检查该主机振动未发现异常；热工人员检查TSI测量系统，发现5号轴承振动测量信号存在异常干扰，现场观察测量探头安装环境，认为5号轴承处碳刷存在接地不良问题，经检查得到了确认，碳刷接地点存在约100V AC电压，经电气人员对接地部位进行处理后振动信号基本恢复正常。

VM600原设计的发电机侧瓦振探头的接线方式如图5-27所示。为了加强发电机侧瓦振探头测量的可靠性，有些公司更改了接线设计，改造后的VM600发电机侧瓦振探头的接线方式如图5-28所示。在探头侧加装了绝缘块，使探头脱离励磁的强干扰环境，同时在仪表侧将“信号地”与“屏蔽地”短接处理（图5-28中VM600框架的2和4端子），使原通过现场接地的模式改为仪表接地模式。

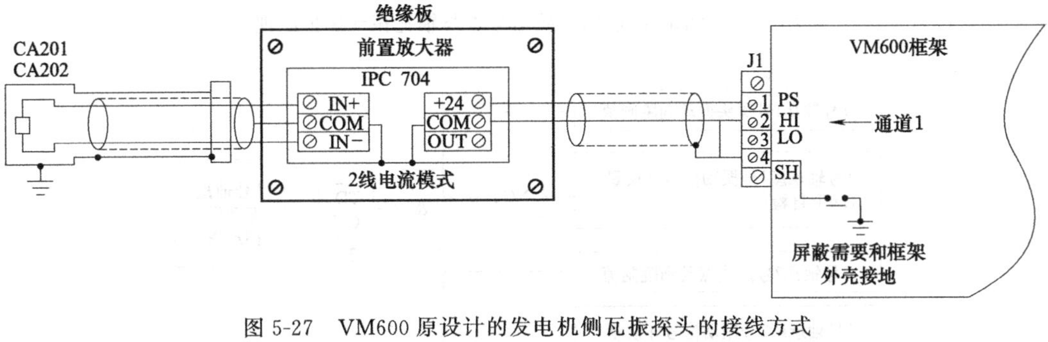

图5-27 VM600原设计的发电机侧瓦振探头的接线方式

④ 探头安装的影响。探头安装的位置对安装表面的平整度或弯曲度有一定的要求，不平整或弯曲的表面会直接导致干扰信号的产生。固定探头的螺栓一定要紧固，否则会产生共

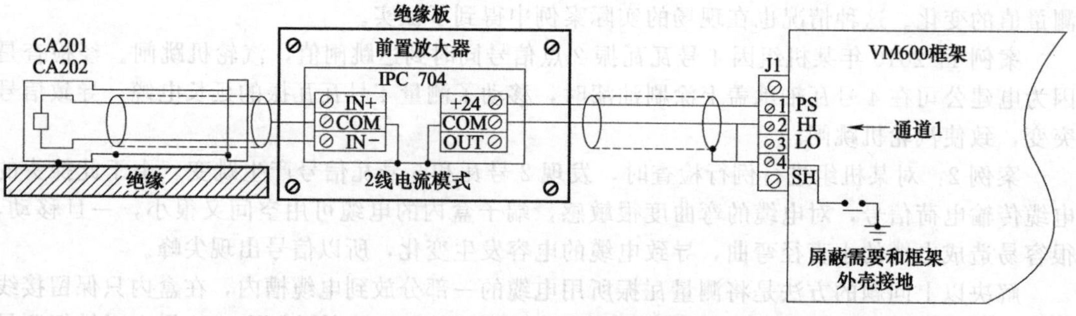

图 5-28　VM600 改进后的发电机侧瓦振探头的接线方式

振的干扰。

⑤ VM600 参数设置的影响。VM600 的 NOT OK 状态发生后保持 10s 的时间太长，不能满足 ETS 保护的需要，因此需要进行进一步的调整与改进。

（3）轴瓦振动保护逻辑的修改分析

目前国内超临界机组的汽轮机轴瓦振动保护已经取消了“NOT OK”条件，将轴瓦振动保护的控制逻辑修改分为 2 类：振动信号由 DEH 通道进行品质判断，坏品质信号作为一个跳闸的条件，如图 5-29 所示；坏品质信号作为一个闭锁跳闸的条件，如图 5-30 所示。

图 5-29 所示的方案充分体现了西门子公司的原设计思想，只是将 TSI 的 NOT OK 跳机信号取消，保留了 DEH 通道自检值品质判断。

图 5-30 所示的方案将 DEH 的通道自检值不正常作为闭锁瓦振保护动作的条件，只有 2 个探头的信号都是好品质并且 2 路轴瓦探头振动值都偏高时才会触发保护动作。虽然减少了保护误动的风险，但是却增加了保护拒动的风险。

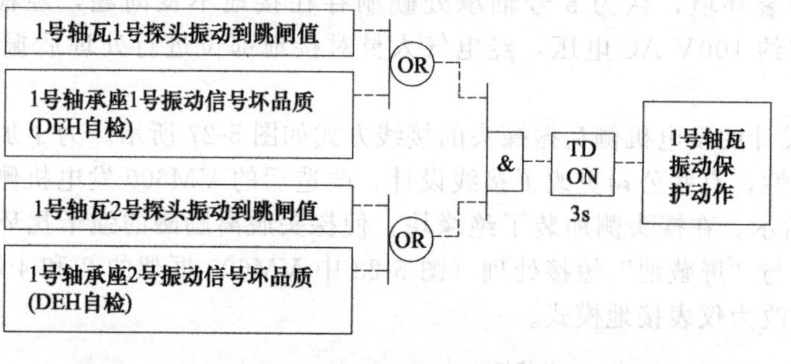

图 5-29　DEH 通道坏品质信号参与轴瓦振动保护原理

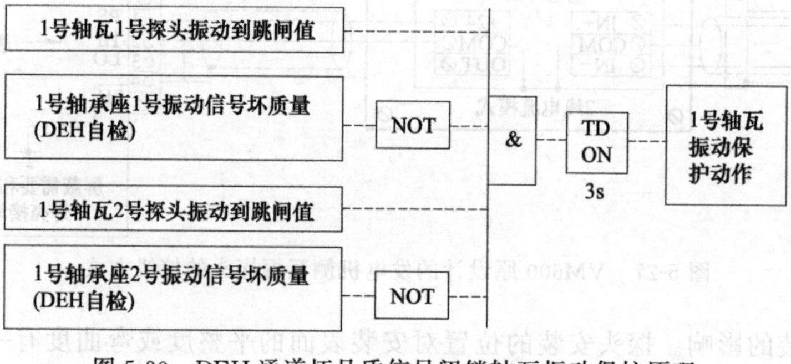

图 5-30　DEH 通道坏品质信号闭锁轴瓦振动保护原理

5.3 发动机振动故障诊断

5.3.1 发动机振动故障诊断概述

发动机振动故障主要是转子不平衡、转子不对中、转子变形、失速、喘振、碰磨、转子裂纹、密封不严、油膜震荡、转子支撑松动、叶片缺损、爆震、齿轮和滚动轴承损坏等原因。

发动机故障诊断方法有很多，包括基于物理化学原理的传统诊断方法、基于信号处理的故障诊断方法、基于规则的专家系统诊断方法、基于故障树的诊断方法、基于神经网络的诊断方法、基于模型的故障诊断方法、基于 MonteCarlo 方法的故障诊断等。

发动机振动信号具有多分量、非平稳等特性。对于这样的信号，时频分析是一种有效的分析方法。它可以将时间和频率局部化，通过时间轴和频率轴组成的坐标系得到整体信号在局部时域内的频率组成，或者看出整体信号各个频带在局部时间上的分布和排列情况。近年来，在发动机故障诊断中，许多时频分析方法都得到应用。

利用振动信号对发动机进行故障监测与诊断时，由于其功率比较大，结构异常复杂，且兼有往复与旋转振动，振动激励较多，某零件故障振动信号常常被其他零部件中的振动信号和大量的随机噪声淹没，检测的困难较大。通常为了提高信号的信噪比、提取信号的有效特征信息，常采用滤波技术、时域平均、谱分析等方法。

发动机振动对机械装备本身的性能和强度影响很大，对装备的使用寿命和人员的安全有很大危害。研究和减小发动机振动是十分重要的，可以避免共振、减弱振源和隔振，从根本上解决发动机振动对发动机的影响。减弱振源是降低发动机振动的重要途径，主要是在发动机的研发和制造中解决。避免共振就是避免频率相互重合，这需要改变发动机的各项参数来实现。隔振就是在发动机共振无法避免时，想办法来降低共振强度，隔绝振动可以控制振源、产地过程、受振对象。

5.3.2 钻井用柴油机振动故障的诊断

图 5-31 是某油田钻井用 12V190 型柴油机 12 个月间用润滑油光谱分析仪监测到的 Cu、Fe、Pb 元素浓度变化曲线。

由图 5-31 可见，Cu 元素浓度自第 8 次（第 2 年 4 月）开始出现了显著的异常变化，而 Fe 和 Pb 未见异常。由于表现为 Cu 元素的单纯性异常，认为磨损不太可能产生于柴油机主轴承，而可能产生于柴油机上部的某些铜套。为了确定磨损来源于哪一个缸，在各缸缸盖上检测振动信号，得到各缸振动信号幅值，如图 5-32 所示。

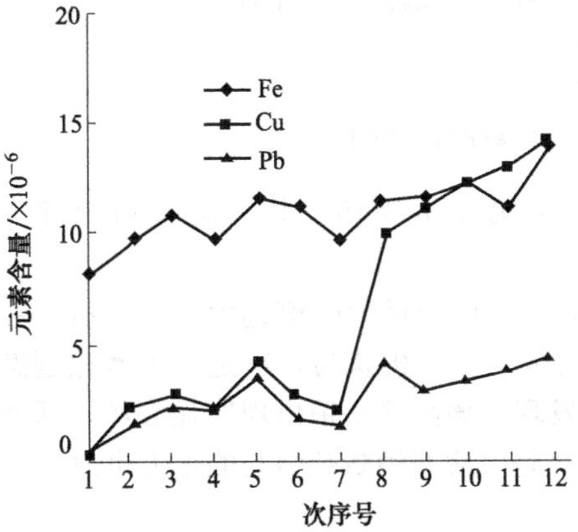

图 5-31 柴油机润滑油光谱分析结果

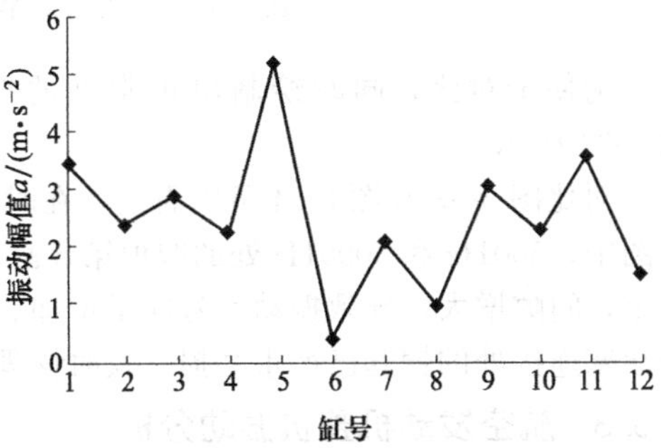

图 5-32 各缸振动幅值

由图 5-32 看出，第 5 缸振动幅值出现了异常，比其他各缸大很多。为将图 5-31 油液分析信息和图 5-32 振动信息复合，首先根据振动幅值确定各缸对严重磨损的模糊隶属度：

$\mu_{R1}=\{0.56, 0.40, 0.48, 0.36, 0.86, 0.08, 0.34, 0.15, 0.49, 0.35, 0.58, 0.23\}$

它是由各缸的振动幅值除以柴油机严重磨损时的平均幅值得到的。

然后依据油液分析指标，确定第 1 缸各摩擦组件（Fe、Cu、Pb）对严重磨损的模糊隶属度为

$\mu_{R21}=\{0.26, 0.99, 0.39\}$

它是由各元素的含量除以严重磨损时相应元素的含量得到的。

由于油液分析对各缸磨损程度的判断是等权重的，故柴油机各缸摩擦组件的模糊隶属度为

$$
\begin{aligned}
R_2=\{&0.26, 0.99, 0.39; 0.26, 0.99, 0.39;\\
&0.26, 0.99, 0.39; 0.26, 0.99, 0.39;\\
&0.26, 0.99, 0.39; 0.26, 0.99, 0.39;\\
&0.26, 0.99, 0.39; 0.26, 0.99, 0.39;\\
&0.26, 0.99, 0.39; 0.26, 0.99, 0.39;\\
&0.26, 0.99, 0.39; 0.26, 0.99, 0.39\}
\end{aligned}
$$

选择极大～极小公式进行复合，得到复合结果为

$\mu_{R1\cdot R2}=\max\min[\mu_{R1},\mu_{R2}]=\{0.26,0.86,0.39\}$

复合结果表明，第 5 缸含 Cu 元素的摩擦组件发生了严重磨损。为进一步分析，绘出该缸振动信号时域图和频域图，如图 5-33 所示。

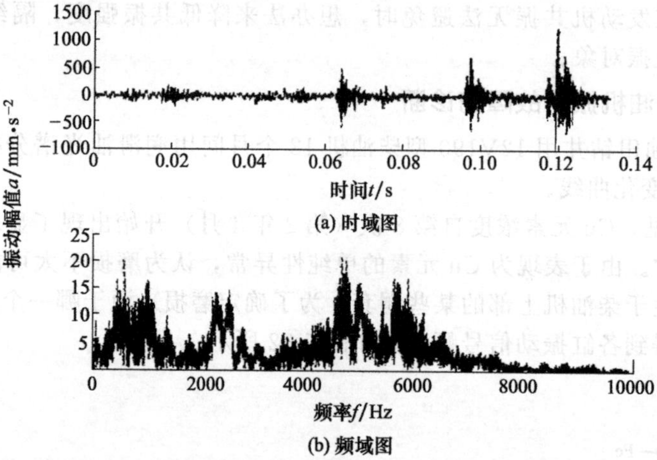

图 5-33　磨损后的第 5 缸振动信号时域图和频域图

为便于对比，同时绘制出正常缸的振动信号，以第 4 缸为例，其时域图和频域图如图 5-34 所示。

对比图 5-33 和图 5-34 可以看出，在时域图中，第 5 缸振动最大幅值远大于第 4 缸；在频域图中，500Hz 和 5000Hz 处的幅值第 5 缸较第 4 缸大很多。经析认为，这是由于摩擦副磨损严重，间隙增大，导致振动信号能量增加。停机检查发现，该缸活塞销出现明显裂纹，活塞销与活塞连接处的铜套已严重磨损。及时修理后避免了一起由活塞销断裂引起的重大事故。

5.3.3　航空发动机整机振动分析

整机振动是影响航空发动机寿命和飞行安全的关键性因素。现代的航空发动机追求高性

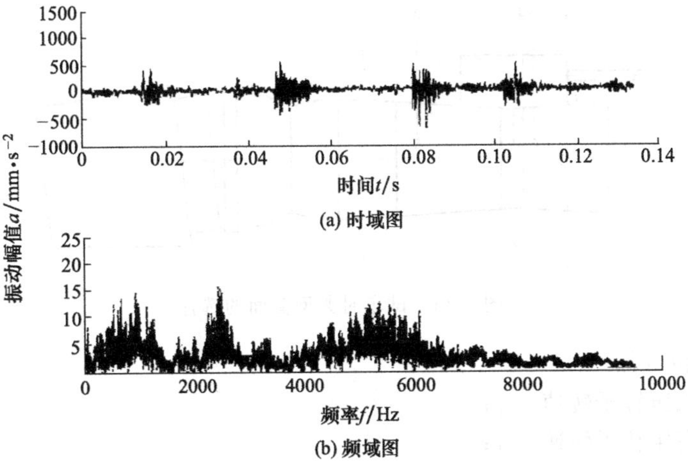

图 5-34 未磨损的第 4 缸振动信号时域图和频域图

能和高推重比，结构日趋复杂，工作条件越发苛刻，导致整机振动过大的因素逐步增多。

(1) 发动机转子异常振动的频谱特征

1）转子不平衡　由于材质不均匀、结构不对称、加工误差以及装配误差致使转子质量偏心较大。转子静弯曲、转子热弯曲、转子对中不良等情况，均会产生较大的不平衡振动。发动机不平衡振动具有以下特征：

① 在亚临界区运转的刚性转子，其振动幅值随转速增高而增加，随转速降低而减小；

② 在频谱图上基频峰值显著高于其分频和倍频峰值。

2）转子不对中　转子在装配过程中经常出现不对中偏差。轴不对中偏差是由相邻轴承座不同心而导致轴中心线偏斜引起的。轴不对中偏差可能出现三种情况：平行度偏差、角度偏差和同时存在平行度、角度偏差。对中不良的转子运行将导致轴承负荷不均衡，使发动机振动加剧，关键件过早失效。发动机转子不对中振动具有以下特征：

① 转子轴向振动增大，并大于 0.5 倍径向振动值；

② 从振动信号的频谱图上可以观察到转速二倍频或三倍频峰值高于基频峰值的典型现象。

3）转动件与静止件碰摩　在发动机运转过程中，当转子不平衡、转动件与静子件的径向间隙小、轴承座同心度不良等时，均能发生转动件与静子件碰摩，并导致振动剧增。

发动机转、静子件碰摩的振动具有以下特征：

① 机匣振动响应会出现转子旋转频率的次谐波、高次谐波和组合谐波成分；

② 振动随时间而变化，当碰摩接触面积增大或接触位置增加时，机匣振动响应幅值剧增；

③ 双转子发动机，其转、静子发生碰摩时，系统发生次谐波和组合谐波频率的振动。

(2) 发动机整机振动数据与故障识别

1）发动机整机振动测点分布　被测发动机为某型双转子、双涵道混合加力式涡轮风扇发动机，该发动机试车中测点分布的 6 个截面如图 5-35 所示，其中：

1—1 截面穿过风扇前支点；

2—2 截面穿过中介机匣；

3—3 截面穿过低压涡轮支点；

4—4 截面穿过外置附件机匣；

5—5 截面穿过减速器（只测一个水平方向）；

6—6 截面穿过涡轮启动机。

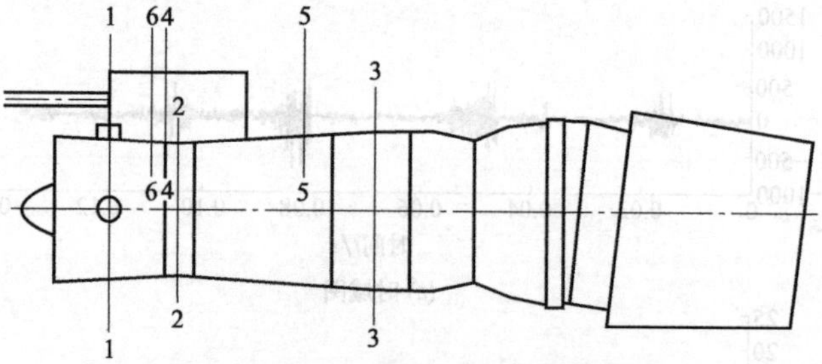

图 5-35　试车时典型截面的选择

各测点对应位置如下：

测点 1——低压转子转速 N_1；

测点 2——高压转子转速 N_2；

测点 3——前机匣水平测点（前水）；

测点 4——前机匣垂直测点（前垂）；

测点 5——中机匣水平测点（中水）；

测点 6——中机匣垂直测点（中垂）；

测点 7——后机匣水平测点（后水）；

测点 8——后机匣垂直测点（后垂）。

2）整机振动故障识别　发动机在最大转速状态试车时，各测点的振动幅值没有超过试车标准，但是出现了振动异常频率，以前水测点为例。如图 5-36 所示，前水测点的振动波形为正弦波形，有削波现象发生，振动幅值不是很大。从图 5-36 可以看出，在 169.6Hz 和 219.5Hz 处，振动明显，这是发动机在最大转速状态低压和高压转子的转频，在低压轴转频处，振动均方根幅值最大，具有突出的峰值，表 5-6 给出了振动均方根幅值大小。这说明，前水测点振动主要是由低压转子不平衡引起的，图 5-37 中还出现了 389Hz 的频率，这是低压和高压转子的组合频率，怀疑发动机还存在转动件与静止件碰摩故障。

表 5-6　发动机最大转速状态前水测点部分振动数据

序号	频率/Hz	均方根幅值/mm · s^{-1}
1	169.6	15.04
2	219.5	6.388
3	389.0	4.673

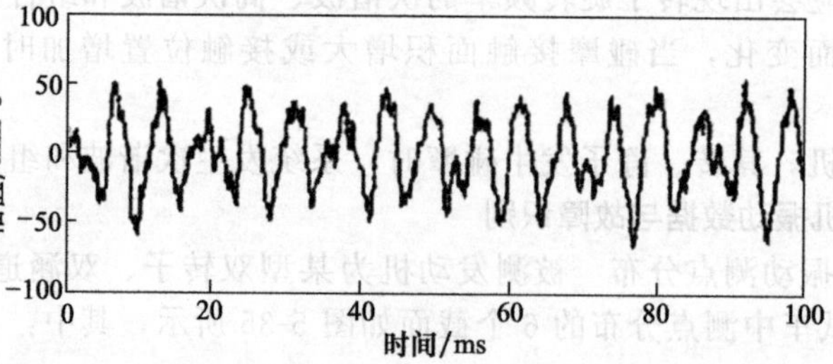

图 5-36　发动机最大转速状态前水测点振动时域波形

发动机在慢车到最大状态试车时，前水、前垂、中垂、后水和后垂测点振动有异常现象发生，而后水测点振动时域信号更加明显。如图 5-38 所示，可以看到后水测点振动信号幅值随时间的变化趋势，在开始加速时（7900ms 附近）有明显的突变，随后振动趋于稳定。加速到最大状态时，保持在一定范围内振动。在图 5-39 中，出现了异常振动频率

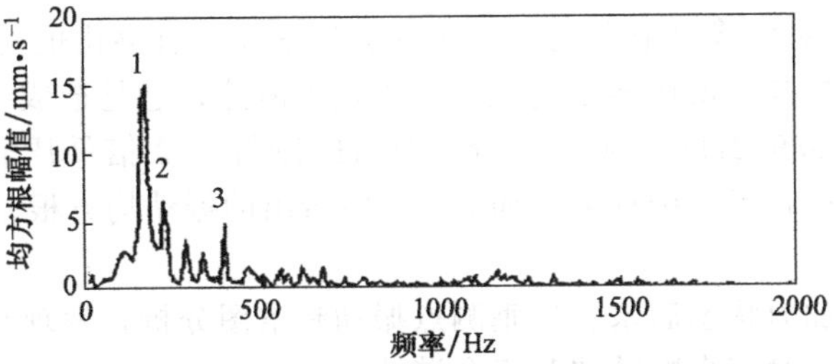

图 5-37 发动机最大转速状态前水测点振动频谱图

(380Hz)，发动机在慢车状态，低压转子和高压转子的振频分别为 60Hz 和 160Hz，由此推断，该异常频率是 2 倍高压转子转频与低压转子转频的组合频率。出现这种现象可能是由于发动机转子的转动频率增加，激起的不平衡振动加剧，导致发动机局部碰摩。

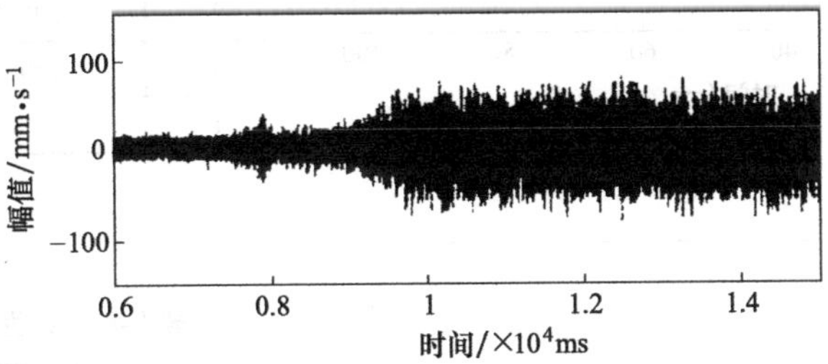

图 5-38 发动机慢车到最大加速状态后水测点振动时域波形

发动机全加力状态时，前垂测点振动强烈，振动的时域波形不稳定，在图 5-40 前垂测点振动频谱图中可以看出，在 169.6Hz 和 229.4Hz 处，振动明显，这是发动机在全加力状态低压和高压转子的转频，在低压轴转频处，具有突出的峰值，这说明该状态前垂测点振动过大主要是由低压转子不平衡引起的，表 5-7 给出了振动的均方根幅值，其值的大小表明了转子的不平衡度。图中还出现了 19.95Hz 的低率成分和 109.7Hz 的频率成分，109.7Hz 刚好是 2 倍低压转子转频和高压转子转频的差频率，根据发动机转子异常振动频谱特征推断发动机可能还存在碰摩故障。

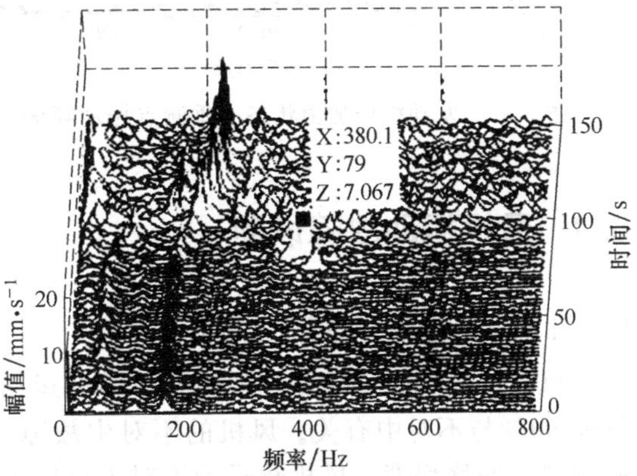

图 5-39 发动机慢车到最大加速状态后水测点振动三维谱阵图

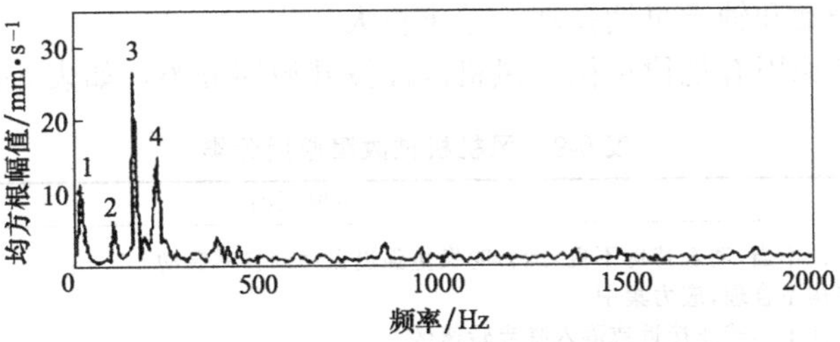

图 5-40 发动机全加力状态前垂测点振动频谱图

发动机全加力状态时，中垂测点振动十分强烈，如图 5-41 所示，振动的时域波形严重畸变，在图 5-42 的振动频谱图中发现，19.95Hz 频率处具有突出的峰值，这可能是由于发动机转子转速高，连接高、低压转子的滚动轴承发生故障，这是造成中垂测点振动过大的主要原因。同时伴随有 339.2Hz 的频率成分，339Hz 刚好是 2 倍低压转子转频（169.6Hz），说明发动机低压转子存在不对中现象，而表 5-8 中给出的振动均方根幅值不大，说明低压转子不对中程度小。

通过对发动机全加力状态后水、后垂测点振动频谱图分析，发现高压转子有不平衡现象发生，不平衡度小，同时有高次谐波和组合谐波。

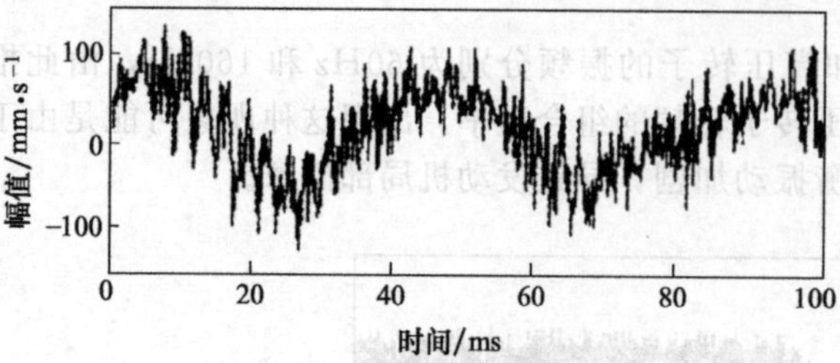

图 5-41　发动机全加力状态中垂测点振动时域波形

表 5-7　发动机全加力状态前垂测点部分振动数据

序号	频率/Hz	均方根幅值/$mm \cdot s^{-1}$
1	19.95	11.32
2	109.7	6.285
3	169.6	26.61
4	229.4	14.97

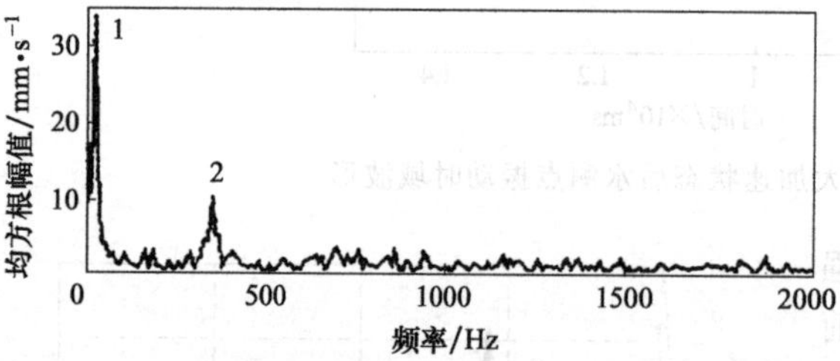

图 5-42　发动机全加力状态中垂测点振动频谱图

表 5-8　发动机全加力状态中垂测点部分振动数据

序号	频率/Hz	均方根幅值/$mm \cdot s^{-1}$
1	19.95	33.44
2	339.2	10.08

5.4　风机振动故障诊断

5.4.1　风机故障基本原因分类

风机与电机之间由联轴器连接，传递运动和转矩。不对中是风机最常见的故障，风机的故障 60%与不对中有关。风机的不对中故障是指风机、电机两转子的轴心线与轴承中心线的倾斜或偏移程度。风机转子的不对中可以分为联轴器不对中和轴承不对中。风机转子系统产生不对中故障后，在旋转过程中会产生一系列对设备运行不利的动态效应，引起联轴器的偏转、轴承的磨损、油膜失稳和轴的挠曲变形等，不仅使转子的轴颈与轴承的相对位置和轴承的工作状态发生了变化，同时也降低了轴系的固有频率，使转子受力且轴承受附加力作用，导致风机异常振动和轴承早期损坏，危害极大。

风机故障现象及原因有规律可循，风机故障按其原因分类，如表 5-9 和表 5-10 所示。

表 5-9　风机机械故障原因分类

故障分类	主要原因
设计原因	①设计不当，动态特性不良，运行时发生强迫振动或自激振动 ②结构不合理，应力集中 ③设计工作转速接近或落入临界转速区 ④热膨胀量计算不准，导致热态对中不良

续表

故障分类	主要原因
制造原因	①零部件加工制造不良，精度不够 ②零件材质不良，强度不够，制造缺陷 ③转子动平衡不符合技术要求
安装、维修	①机械安装不当，零部件错位，预负荷大 ②轴系对中不良 ③机器几何参数(如配合间隙、过盈量及相对位置)调整不当 ④管道应力大，机器在工作状态下改变了动态特性和安装精度 ⑤转子长期放置不当，改变了动平衡精度 ⑥未按规程检修，破坏了机器原有的配合性质和精度
操作运行	①工艺参数(如介质的温度、压力、流量、负荷等)偏离设计值，机器运行工况不正常 ②机器在超转速、超负荷下运行，改变了机器的工作特性 ③运行点接近或落入临界转速区 ④润滑或冷却不良 ⑤转子局部损坏或结垢 ⑥启停机或升降速过程操作不当，暖机不够，热膨胀不均匀或在临界区停留时间过久
机器劣化	①长期运行，转子挠度增大或动平衡劣化 ②转子局部损坏、脱落或产生裂纹 ③零部件磨损、点蚀或腐蚀等 ④配合面受力劣化，产生过盈不足或松动等，破坏了配合性质和精度 ⑤机器基础沉降不均匀，机器壳体变形

表 5-10　转子系统的异常振动类型及其特征

频带区域	主要异常振动原因	异常振动的特征
低频	不平衡	由于旋转体轴心周围的质量分布不均，振动频率一般与旋转频率相同
	不对中	当两根旋转轴用联轴器连接有偏移时，振动频率一般为旋转频率或高频
	轴弯曲	因旋转轴自身的弯曲变形而引起的振动，一般产生旋转频率的高次成分
	松动	因基础螺栓松动或轴承磨损而引起的振动，一般产生旋转频率的高次成分
	油膜振荡	在滑动轴承做强制润滑的旋转体中产生，振动频率为旋转频率的 1/2 左右
中频	压力脉动	发生在水泵、风机叶轮中，每当流体通过涡旋壳体时产生压力变动，如压力产生机构异常时，则压力脉动发生变化
	干扰振动	多发生在轴流式或离心式压缩机上，运行时在动静叶片间因叶轮和扩压器、喷嘴等干扰而产生的振动
高频	空穴作用	在流体机械中，由于局部压力下降而产生气泡，到达高压部分时气泡破裂，通常会产生随机的高频振动和噪声
	流体振动	在流体机械中，由于压力产生机构和密封件的异常而产生的一种涡流，也会产生随机的高频振动和噪声

5.4.2　引风机振动故障的诊断与分析

(1) 引风机振动概述

某风机为双吸、双支撑离心式通风机，齿式联轴器传动，结构简图及测点布置如图 5-43 所示，其工作介质为锅炉燃烧所产生的带有灰粒等杂质的高温烟气，工作转速为 740r/min。

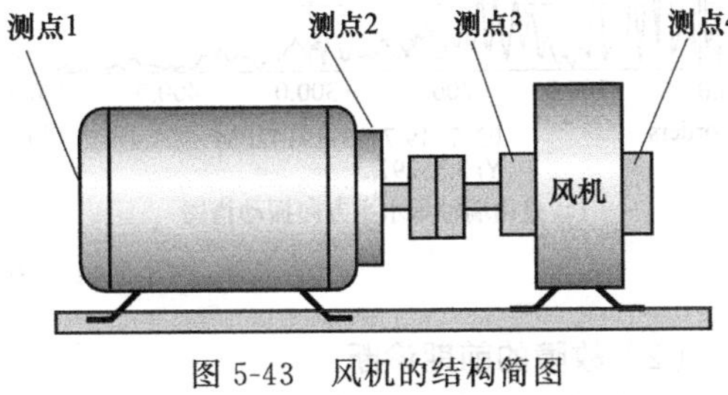

图 5-43　风机的结构简图

该风机按计划进行检修，由于自由端轴颈变细，在检修期间利用新技术实施了修复，并更换了自由端轴承及轴承座。在试运时，风机振动严重超标，其振值如表 5-11 所示，振动谱图如图 5-44 所示。

表 5-11　风机处理前数据

μm

测点	水平	垂直	轴向
电机自由端 1	28	20	24
电机驱动端 2	29	25	30
风机驱动端 3	26	9	178
风机自由端 4	29.8	19	204

风机的振动呈现以下特征：

① 测点 1、测点 2 在水平、垂直、轴向 3 个方向的振动均在 30μm 以下。

② 测点 3、测点 4 在水平、垂直两个方向的振动均不足 30μm，但轴向振动严重超标，最大振动为测点 4，高达 204μm。

③ 振动数据再现性差，往往不同时间测到的同一工况的振动也有明显差别。

④ 振动不断波动，瞬间的变化范围可达几十微米。

⑤ 该风机在检修以前，水平、垂直方向的振动很小，轴向振动偏大（134μm），但振值稳定，长时间变化不大。

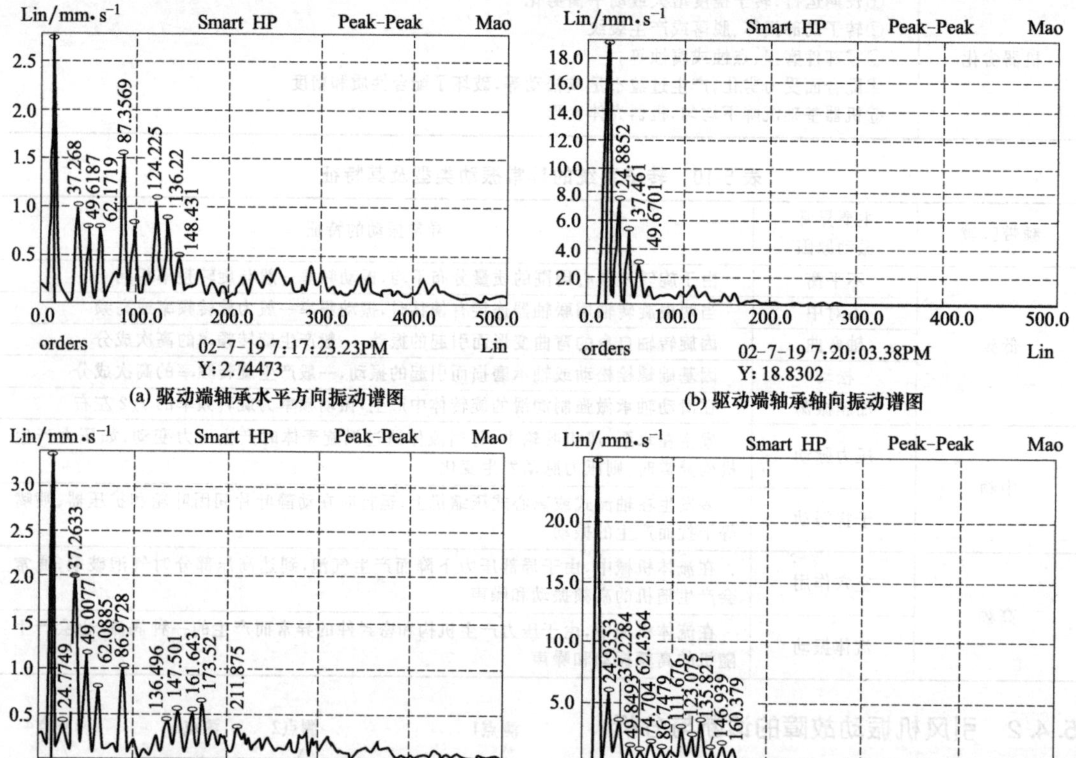

(a) 驱动端轴承水平方向振动谱图　(b) 驱动端轴承轴向振动谱图

(c) 自由端轴承水平方向振动谱图　(d) 自由端轴承轴向振动谱图

图 5-44　引风机振动谱图

（2）故障的前期诊断

1）诊断的思路　随着故障诊断工作的深入，此次对风机的故障诊断彻底摆脱了传统的方式，避免了解体检查直观寻找故障的现象，同时也抛弃了目前人们常用的反向推理方法，而是采用正向推理方法，避免诊断结果不肯定、产生漏诊和误诊的现象。

使用正向推理诊断故障必须明确诊断故障范围，搜索、比较、分析能够引起风机振动故障的全部原因与风机实际存在的振动特征、故障历史，采取逐个排除的方法，剩下不能排除的故障即为诊断结果。这一诊断结果包括两个方面：

① 当只有一个故障不能排除时，它是引起振动故障的原因；

② 当还剩下两个以上故障不能排除时，这些故障都是振动的可能原因，需要进一步试验，排除其中无关的故障。

2）风机振动的类型　从振动诊断的角度来看，风机具有以下特点：

① 风机是一种旋转机械，因而有不平衡、不对中之类的故障；

② 风机是一种流体机械，有旋转失速、喘振存在的可能性；

③ 风机受工作环境的影响，经常造成叶片的磨损，输入的介质还可能黏附在转子上形成随机变化的不平衡；

④ 风机由电机驱动，可能存在电磁振动。

基于上述特点，风机的振动可归结为 8 种类型，见表 5-12。

表 5-12　风机的振动类型

序号	故障类型	特征频率/Hz	振源
1	基础不牢	$f=n/60$	支承动刚度不足
2	风机转速接近临界转速	$f=n/60$	共振
3	喘振	$f=n/60$ 或 $f=zn/60$	气流不稳定力
4	电磁振动	$f=nP/60$， P 为转子磁极个数	电磁力
5	转子不平衡	$f=n/60$	不平衡量产生的离心力
6	不对中	$f=Kn/60$ $(K=1,2,3\cdots)$	联轴器故障；转子不同心、不平直和轴径本身不圆
7	部件松动(或配合不良)	$f=Kn/60$ $(K=1,2,3\cdots)$	部件引起的冲击力
8	轴承故障	轴承各部件的特征频率	轴承各部件的冲击力

注：n 为风机的转速；z 为风机的叶片数。

（3）振动试验与分析

1）轴承座动刚度的检测　影响轴承座动刚度的因素有连接刚度、共振和结构刚度。通过检测可知：连接部件的差别振动仅为 2～3μm，认为动态下连接部件之间的紧密程度良好；风机的工作转速为 740r/min，远远低于共振转速，风机的振动不属于共振；风机为运行多年的老设备，结构刚度不存在什么问题。因此，风机轴承座动刚度没问题，可以排除风机转速接近临界转速和基础不牢的故障。

2）气流激振试验　利用调节门开度对风机进行气流激振试验，在调节门开度为 0、25%、50%、75%和 100%的工况下，对各轴承的水平、垂直、轴向振动进行测试，目的是判别风机振动是否是由喘振引起的。但测量结果表明：风机振动与调节门的开度无关，喘振引起的振动是高频的，振动方向为径向。从频谱上未发现高频振动，且风机的振动主要表现在轴向。因此，风机的振动不是由喘振引起的。

3）电机的启停试验　将简易测振表的传感器置于电机地脚，若在启动电机的瞬间，测振表的数值即刻上升到最大值，或在电机断电后，数值迅速下降到零，则属于电磁振动。通过测试得知，振动随转速的升高而逐渐增大，随转速的降低而逐渐下降。因此，风机的振动不属于电磁振动。

4）不平衡振动　风机不平衡振动最明显的特征：一是径向振动大；二是谐波能量集中于基频。而该风机的径向振动均在 30μm 以下，在图 5-44 所示的径向频谱中，基频振动最大只有 3.35mm/s，因此，风机的振动并非由不平衡引起。

5）不对中故障　由不对中引起的振动主要有三个特点：轴向振动较大；与联轴器靠近的轴承增大；不对中故障的特征频率为 2 倍频，同时常伴有基频和 3 倍频。

该风机振动最明显的特征是轴向振动较大。由表 5-13 可知，靠近联轴器的轴承轴向振动为 178μm，自由端轴承轴向振动为 204μm；由图 5-44（b）和（d）可知，轴向振动的频谱中除基频外，有明显的 2 倍频和 3 倍频，且 2 倍频的幅值高达基频的 44%，尽管检修人员一再强调对中没有问题，但是，如果联轴器本身有问题，检修水平再高也无法排除不对中故障。

6）部件松动或配合不良　由图 5-44（a）和（c）可知，在测点 3 的水平方向，3 倍频的分量占基频的 37%；而在测点 4 的水平方向，3 倍频的分量达到基频的 60%，且存在 4、5 等高次谐波。显然，自由端轴承与轴配合不良，所以，也不能排除自由端轴承的松动故障。

7）轴承故障　进一步分析谱图，未发现轴承的故障频率，说明轴承本身没问题。

综上所述，引起风机轴向振动故障的原因有两个：①自由端轴承与轴配合不良或者轴承松动；②联轴器本身的故障。其中轴承与轴配合不良是振动的根本原因，联轴器本身的故障属于次要原因，对轴承与轴配合不良产生的振动起到了加剧作用。在抢修期间，经检查发现，自由端轴承偏转，联轴器部分齿面有凹坑和麻点。

（4）振动机理

由于轴承座偏转，在旋转状态下，轴承对轴径的承力中心点随转速周期性地沿轴向变化。图 5-45（a）表示转子在某一位置时，轴承承力中心点偏于 A 侧；图 5-45（c）表示转子转过 180°后，轴承承力中心点偏于 B 侧。若轴承座和基础没有弹性，则轴承承力中心点的变化始终在轴承座底边 AB 范围内，不会引起轴承座的轴向振动。实际上，轴承座和基础组成的支承系统具有一定的弹性，在轴承承力中心点周期性变化的作用下，轴承座将沿某一底边发生周期性的轴向振动，且振值忽大忽小，极不稳定。即使轴承座固定螺栓很紧，这种现象也难以避免。

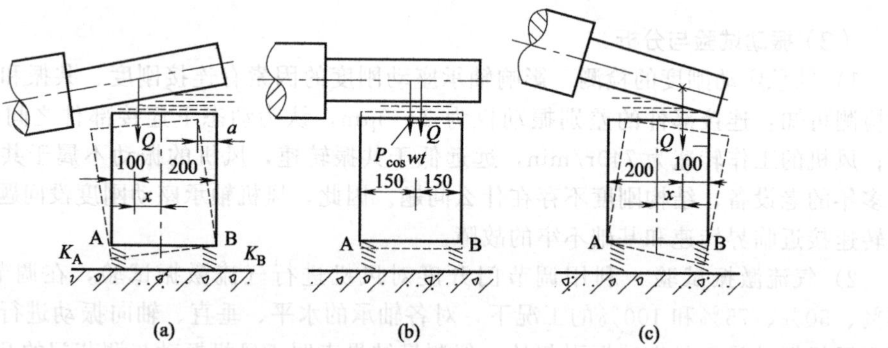

图 5-45　轴径承力中心变化引起的轴向振动

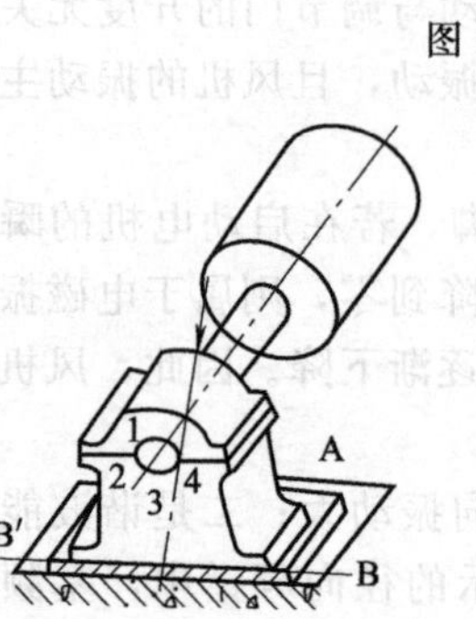

图 5-46　风机自由端轴承座示意图

振动的 3 个要素是振动幅值、圆频率和相位。因此，振动是一个具有大小和方向的矢量，相位与频率一样，也含有丰富的振动信息，该风机轴承偏转和不对中的故障也可以从相位的变化来判断。

对于风机自由端轴承来讲，可以对比图 5-46 所示的 4 个测点的相位来识别轴向振动的故障源。如果 4 个测点的相位明显不同，说明轴承有扭振，是由于轴承在轴上或者在轴承座中翘起造成的。联轴器两侧（图 5-43 中测点 2、

3）径向振动的相位差如果基本上为180°，说明齿式联轴器属于平行不对中；两侧轴向振动相位差如果接近180°，说明齿式联轴器属于偏角不对中。但当时没有意识到这一点，只注重振动的幅频特性，否则利用幅、频、相进行综合诊断，会大大增强诊断的信心，提高诊断的准确性。

该风机更换了自由端轴承和齿式联轴器后，振值如表5-13所示，频谱如图5-47所示，振动状况良好。

表5-13　风机处理后数据　μm

测点	水平	垂直	轴向
电机自由端1	21	9	16
电机驱动端2	28	12	21
风机驱动端3	25	10	14
风机自由端4	28	14	20

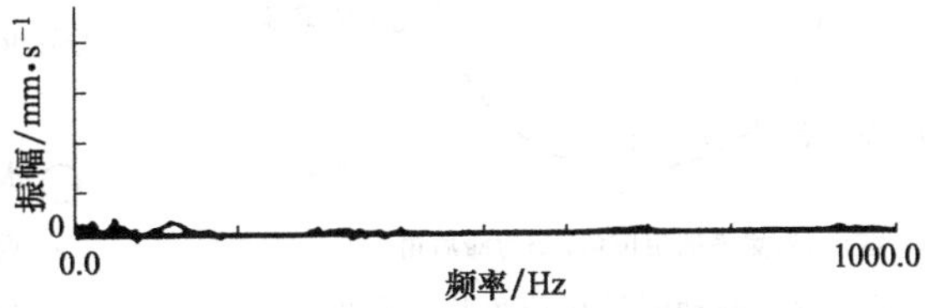

图5-47　处理后的风机振动谱图

5.4.3 发电厂一次风机异常振动故障诊断及处理

一次风机是火电厂的主要辅助设备，其运行情况的好坏直接关系到锅炉能否安全稳定运行，而振动是影响风机正常运行的重要因素，克服和解决风机振动问题将有助于锅炉长期安全稳定运行。在此介绍一个由于外伸端风机机械侧的不平衡引起的一次风机电机侧振动超标的故障，经过对故障进行分析、诊断及处理最终消除了振动故障，保证了一次风机的安全稳定运行。

（1）一次风机振动

1）振动情况　某发电厂300MW汽轮发电机组一次风机为上海鼓风机有限责任公司生产的离心式风机，其驱动电机为YKK560-4型电动机，额定功率1400kW，额定电压为6000V，额定转速为1495r/min，驱动电机与一次风机机械侧通过对轮及半挠性联轴器连接，驱动电机两支撑轴承为端盖轴承（1、2）、一次风机机械侧两支撑轴承为斯坦福滚柱轴承（3、4），其轴系示意图见图5-48。

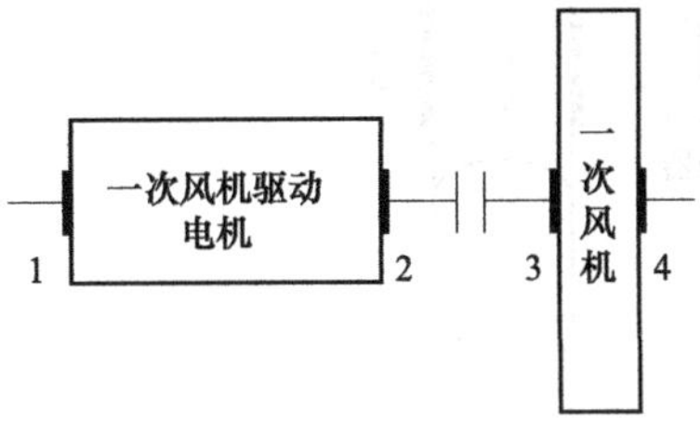

图5-48　一次风机轴系示意图

电厂锅炉点检在对一次风机设备巡检时发现该一次风机驱动电机1、2号两支撑轴承水平振动处于超标状态，振动最大峰峰值振幅达到150μm，且电机壳体的振动比轴承振动大，但是一次风机机械侧3、4号两支撑轴承振动处于优良水平，振动最大峰峰值振幅仅为30μm。

2）振动测试　一次风机系统振动测试采用美国Bently公司生产的Bently208-DAIU振动数据采集系统和ADRE FOR WINDOWS分析软件。该类一次风机轴承振动均是水平振动大于垂直振动，因该类风机垂直方向上的刚度大于水平方向的刚度，在对此类风机进行现场动平衡时应注重水平方向的振动水平，如果水平方向上的振动水平合格，垂直方向的一般均处于合格水平，所以在振动测量过程中应重点对各轴承水平方向的振动进行测量。

振动测量准备过程中，应该在转子裸露处贴好反光带，转子转动时，振动传感器会测得周期变化的振动信号，类似于正弦曲线，而安装光电传感器会在转子每转动一周就被贴在转子上的反光带触发一次，就会形成随时间变化的脉冲信号，测得的振动相位就是振动信号的高点与脉冲信号之间的角度。振动相位图见图5-49，此一次风机现场振动测量系统的布置见图5-50。

启动一次风机测得相关测点的最大振动数据见表5-14，其他位置的振动数据见图5-51。

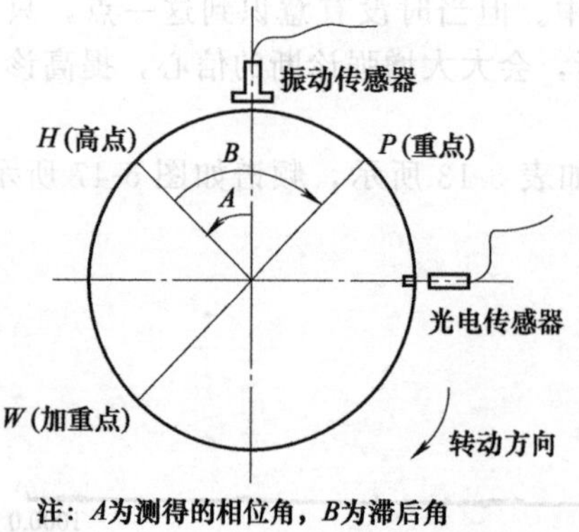

图 5-49　振动测量相位角及滞后角图

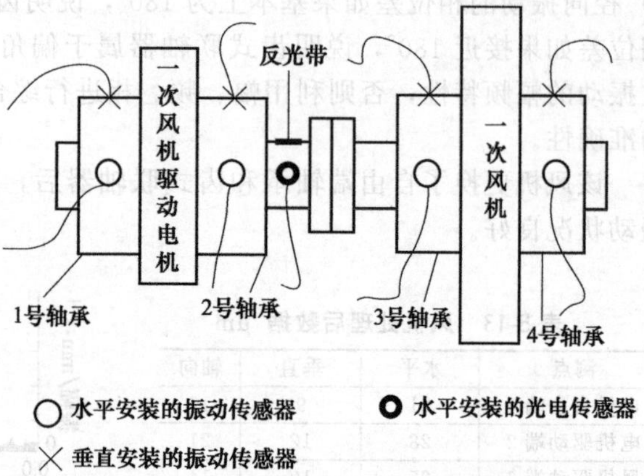

图 5-50　一次风机各测点现场测振布置图

表 5-14　一次风机各测点原始振动数据表

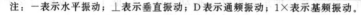

转速/r·min^{-1}	挡板开度/%	振动测量	振幅值/μm				
			1 号轴承	2 号轴承	3 号轴承	4 号轴承	电机壳体
1495	80	D(—)	145	124	28	25	156
		1×(—)	143∠83	118∠81	20∠40	19∠10	143
		D(⊥)	23	20	20	23	
		1×(⊥)	15∠170	14∠79	16∠190	18∠252	

注：—表示水平振动；⊥表示垂直振动；D表示通频振动；1×表示基频振动。

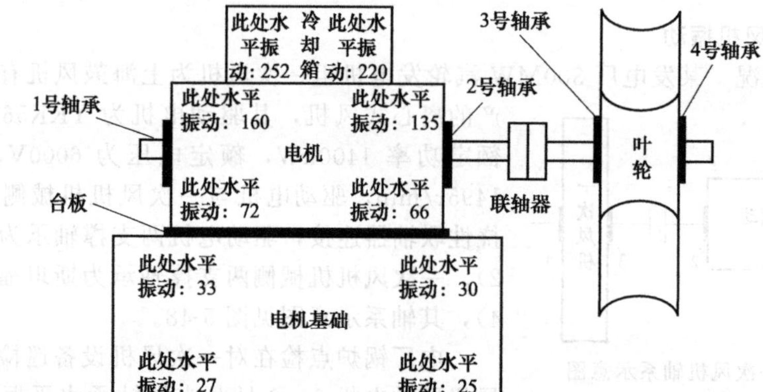

图 5-51　一次风机系统振动详细数据图（峰-峰值/μm）

在对一次风机系统振动情况进行测试的过程中，着重测量了驱动电机侧，电机的壳体、轴承振动均处于严重超标状态，其主要测点的水平振动频率以基频振动为主，其振动频谱如图 5-52、图 5-53 所示。

（2）一次风机电机侧振动原因分析

从振动测量可知，一次风机系统驱动电机侧振动严重超标，而风机机械侧振动良好，且振动从电机侧向风机侧呈现逐渐递减现象；电机侧振动从基础至冷却箱呈现逐渐增加的趋势，这与常规的风机系统振动存在很大的差异。通常导致电机振动大的原因有：电机转子本身存在一定的质量不平衡；电机转子和定子的同心度不好；电机支撑轴承存在问题；电机基础连接刚度弱；电机与基础之间存在共振等。

1）相关试验　为了查明风机侧振动超标的原因，并从中寻找解决振动的途径，针对此异常振动故障，对该一次风机系统进行如下试验。

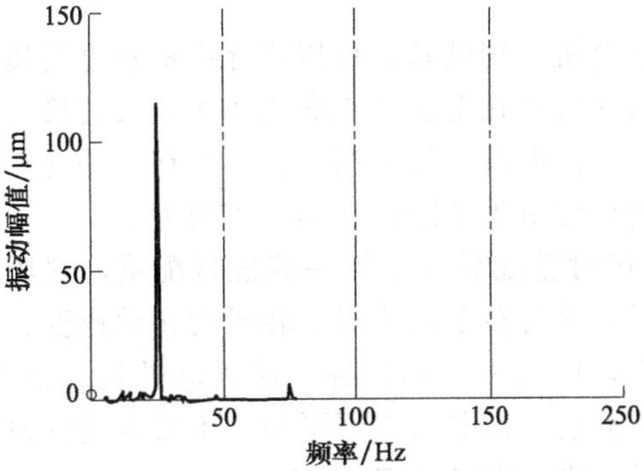

图 5-52　额定转速下 1 号轴承水平振动频谱

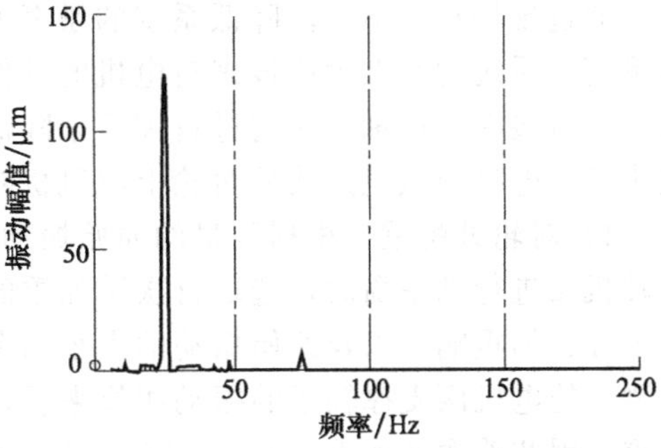

图 5-53　额定转速下电机壳体水平振动频谱

电机空转试验：将电机与风机连接的对轮解开，拿掉联轴器，对电机进行空转试验，并测量电机各测点的振动情况。试验表明，电机空转各测点的振动水平均处于合格范围内，1、2 号支撑轴承的振动处于较好状态。

固有频率测量试验：对一次风机系统电机侧基础进行固有频率测量，并与一次风机额定转速下频率进行比较。试验结果表明，电机侧基础的固有频率与风机系统额定转速下的频率有足够的避开率（分别为 16Hz 和 24.5Hz）。

差别振动测量试验：在对风机系统进行原始振动数据测量时，也着重对风机电机侧的各结合面进行了差别振动测量。试验结果表明，电机侧基础与台板之间、台板与电机座之间的差别振动均大于 20μm，而风机机械侧各结合面的差别振动均小于 5μm。

通过分析一次风机系统试验的结果可以得到如下结论：

① 一次风机电机侧转子平衡良好，不存在转子定子同心度不良问题，且电机自身工作状态良好。

② 一次风机系统额定转速下的激振力不能激起或放大电机侧基础的振动，即电机与其连接的基础不存在共振问题。

③ 一次风机系统电机侧各结合面的差别振动较大，表明存在各结合面的连接刚度弱问题。

2）振动原因分析　该一次风机系统的振动问题集中体现在电机侧轴承与电机壳体上，且振动表现以工频振动为主，虽然存在其他频率的振动成分，但均很小。通过对风机的启停试验，发现各测点的振幅与相位重合较好，说明此系统在此支撑刚度上存在较为稳定的激振力。

这种相对稳定的周期性振动可以简化为单自由度强迫振动的响应：

$$y=(P/k)\sin\omega t(1-\omega^2/p^2) \tag{5-5}$$

式中，P 为周期激振力幅值；k 为系统刚度；p 为系统的固有频率。

由此可见，对一定激振频率系统的振幅响应与激振力幅值大小成正比，与系统的刚度成反比。因此，要解决该一次风机电机侧振动，应从减小系统激振力与增加系统支持刚度两方面入手。

（3）一次风机电机侧振动处理

通过对一次风机系统振动情况的测量、试验与分析，现场决定采用减小系统激振力与增加系统支持刚度同时进行的方法对该风机电机侧振动超标进行治理。

对风机电机侧各结合面的连接刚度进行加固，对各连接螺栓进行打紧，进一步提升支持系统的连接刚度，空转电机试验，各测点振动水平均有下降，连接风机后电机各测点振动仍然处于超标状态。

通过现场动平衡手段降低系统的激振力。通过电机空转试验，可以排除电机自身的质量不平衡，系统的激振力应该来自电机的外伸端。振动反映在电机轴承和壳体上，最直接的办法就是直接在电机轴承跨内进行配重来降低激振力，但电机空转表明自己不存在不平衡，因此决定在电机与风机连接的对轮上或风机叶轮上进行配重来消除存在的不平衡力。

1）对轮处配重　根据测量的原始振动数据，在对轮处靠近电机一侧进行配重，现场对旋转机械进行动平衡时，选取首次试加重的重量时应该将转子的质量、转子的转动速度、加重半径、加重响应以及原始振动的大小均考虑在内，因为平衡的目标是风机电机侧的振动，由测得的电机两支撑轴承的振动相位来看，是同相振动，而非力偶不平衡，不需要进行力偶配重。因此首次试加重 700g，启动后电机侧各测点的振动数据见表 5-15。

表 5-15　一次风机对轮配重 700g 后各测点振动数据表

转速 /r·min^{-1}	挡板开度/%	振动测量	振幅值/μm				
			1 号轴承	2 号轴承	3 号轴承	4 号轴承	电机壳体
1495	80	D(—)	139	120	38	35	154
		1×(—)	133	114	27	26	145

经过对对轮上的配重和响应进行计算，发现在对轮上配重对电机侧各测点的振动情况改善很小，并导致风机机械侧振动增加，且影响系数与同类型风机对轮加重相差甚远，决定放弃进一步在对轮上配重。

2）风机叶轮处配重　对该一次风机系统异常振动进一步分析，发现风机机械侧的质量和刚度都比电机侧高很多，不能排除因风机侧的质量失衡导致刚度较弱的电机侧振动超标故障，而风机侧由于自身的刚度较好，其振动响应并不明显。由于风机侧的加重半径较大，且原始振动较小，因此决定在风机叶轮上尝试加重 150g，启动后，电机侧与风机侧各测点的振动均有所下降，尤其是电机侧振动下降明显。根据加重后对各振动测点的响应进行准确计算，决定在风机叶轮处共计加重 350g，启动风机后，一次风机系统所有测点的振动均下降至合格水平。具体数据见表 5-16。

表 5-16　一次风机叶轮配重 350g 后各测点振动数据表

转速 /r·min^{-1}	挡板开度/%	振动测量	振幅值/μm				
			1 号轴承	2 号轴承	3 号轴承	4 号轴承	电机壳体
1495	80	D(—)	55	48	15	14	65
		1×(—)	51	35	11	11	59
		D(⊥)	10	22	10	9	—
		1×(⊥)	6	17	6	4	

3）结论　引起该一次风机电机侧异常振动的根本原因为电机外伸端存在不平衡，且电机侧自身的连接刚度较弱。

在解决振动问题时，不应局限于常规处理振动故障方法，应该在关注故障设备自身问题的同时关注其连接设备。

在旋转机械工程应用中，要充分关注相连两设备质量与刚度差异较大引起的异常振动故障。

对于此一次风机电机侧异常振动故障，通过对其外伸端进行配重最终消除了电机侧的异常振动，但是，一旦风机侧再次出现明显失衡，仅仅局限于此风机，则电机侧的振动应明显大于风机侧，因为电机侧对激振力的响应高于风机侧。

5.5 泵类设备振动故障诊断

5.5.1 泵类设备故障概况

各种水泵在运行过程中，有时会出现打不出水、流量不足、扬程不够，轴承及轴封发热功率消耗过大、振动、零部件损坏等故障。

泵的故障分析和排除对于连续生产的工厂甚为重要。如电厂、炼油厂、化工厂等，一旦由于泵的故障发生重大事故，会给生产带来很大影响，造成重大损失。因此，在搞好水泵运行及维护保养的同时，还必须以预防为主，及时发现故障，准确分析故障原因，并针对性地根据故障原因去修理，严防乱拆乱修，避免造成不必要的人力浪费和机件损坏，及时排除故障，使水泵正常运行。

泵在运行中出现的常见故障有：

① 性能故障泵输液的工作性能变坏，如扬程太低、流量不足、汽蚀等均是水泵工作性能上的故障。

② 机械故障这类故障主要是泵的零部件损坏，如轴承烧坏、抱轴、叶片和轴断裂等均是机械上的问题。

③ 电气故障如配套电机功率太小，电动机烧坏，对于输送易燃、易爆的介质未采取防爆电机等。这些故障均是电气上的问题。

④ 其他综合因素。

5.5.2 离心泵振动的原因及其防范措施

大多数离心泵会因产生振动而不能充分发挥其效果，还直接缩短了运行寿命。

（1）离心泵振动原因及主要防范措施

1）离心泵振动原因

① 设计欠佳所引起的振动：离心泵设计上刚性不够、叶轮水力设计考虑不周全、叶轮的静平衡未做严格要求、轴承座结构不佳、基础板不够结实牢靠，这些是泵产生振动的原因。

② 制造质量不高所引起的振动：离心泵制造中所有回转部件的同轴度超差、叶轮和泵轴制造质量粗糙，这些是泵产生振动的原因。

③ 安装问题所引起的振动：离心泵安装时基础板未找平找正、泵轴和电动机轴未达到同轴度要求、管道配置不合理、管道产生应力变形、基础螺栓不够牢固，这些是泵引起振动的原因。

④ 使用运行不当所引起的振动：选用时采用了过高转速的离心泵、操作不当产生小流量运转、泵的密封状态不良、泵的运行状态检查不严，这些是泵引起振动的原因。

2）从设计上防治泵振动

① 提高泵的刚性。刚性对防治振动和提高泵的运转稳定性非常重要。其中很重要的一点是适当增大泵轴直径和提高泵座刚性。提高泵的刚性是要求泵在长期的运转过程中保持最小的转子挠度，而增大泵轴刚性有助于减小转子挠度，提高运转稳定性。运转过程中发生轴的晃动，破坏密封，磨损口环，振型轴承等诸多故障均与轴的刚性不够有关。泵轴除强度计算外，其刚度计算不能缺。

② 周全考虑叶轮的水力设计。泵的叶轮在运转过程中应尽量少发生汽蚀和脱流现象。为了减少脉动压力，宜将叶片设计成倾斜的形式。

③ 严格要求叶轮的静平衡数据。离心泵叶轮的静平衡允许偏差数值一般为叶轮外径乘0.025g/mm，对于高转速叶轮（转速在2970r/min以上），其静平衡偏差还应降低一半。

④ 设计上采用较佳的轴承结构。轴承座的设计应以托架式结构为佳。目前使用的悬臂式轴承架看起来结构紧凑、体积小，但刚性不足、抗振性差、运转中故障率高。而采用托架式泵座不仅可以提高支承的刚性，而且可以节约泵壳使用的耐腐蚀贵重金属材料，既省略了泵壳支座又可减薄壁厚。

⑤ 结实可靠的基础板设计。一些移动使用的泵对基础板并没有很严格的要求，这是因为泵的进出口管都为胶皮软管，泵在运转过程中处于自由状态。而在工艺流程中固定使用的泵往往跟复杂而强劲的钢制管道联系在一起，管道的装配应力、热胀冷缩所产生的应力与变形最终都作用在泵的基础上，因此基础板的设计应有足够的强度和尺寸要求，对于直联形式的低速泵，应为机械重量的3倍以上，高速泵则为5倍以上。

3）从制造质量上防治

① 同轴度应达到要求。有不少泵的振动或故障是由于同轴度失调引起的，同轴度包括泵的所有回转部件，如泵轴、轴承座、联轴器、叶轮、泵壳及轴承精度等，这些都需要按设计图纸上标注的精度加工检测来保证。

② 精细的制造叶轮和泵轴。泵轴的表面光洁度要高，尤其是密封和油封部位。泵轴的热处理质量应达到要求，高转速泵更应严格要求。叶轮的过流面应尽可能光洁，材质分布应均匀，型线应准确。

4）安装上防治泵振动的主要措施

① 基础板找平找正。垫铁应选好着力点，最好设置于基础附近并对称布置，同一处垫铁数量不能多于3块。垫铁放置不适当时，预紧螺栓可能造成基础板变形。

② 泵轴和电动机轴要保证同轴度。校准联轴器同轴度时，应从上下和左右分别校正。两联轴器之间应留有要求的间隙以保证两轴在运转过程中做限定的轴向移动。

③ 管道配置应合理。泵的进口管段应避免突弯和积存空气，进口处最好配置一段锥形渐缩管，使流体吸入时逐渐收缩增速，以便流体均匀地进入叶轮。

④ 应设计避免管道应力对泵的影响。管道配置时应尽可能避免装配应力、变形应力和管道阀门的重力作用到泵体上，对温差变化较大的管系应设置金属弹簧软管，以消除管道热应力的影响。

⑤ 检查基础螺栓是否牢固可靠。新泵安装好后，一定要预紧地脚螺栓后再行试机。如果这一关键被忽略，往往造成基础板下的斜垫铁振动而退位，再紧就容易破坏基础板的水平，这将对泵的运转造成长期的不良影响。

（2）在运转维修环节防治泵振动

① 尽可能地选用低转速泵。尽管高转速泵可以减小泵的体积和提高效率，但有些高转速泵由于设计制造问题难适应高速运转的要求，运转稳定性差，使用寿命较短，故从运行方面考虑，为了减少停机损失和延长运行寿命，还是选用低转速泵较为有利。

② 防止小流量运转或开空泵。操作上不允许使用进口阀门调节流量，运行情况下进口阀门一般要全开，控制流量只能调节出口阀门，如果运转过程中阀门长期关得过小，说明泵的容量过大，运行不经济且影响寿命，应当改选泵型或降低转速运行。

③ 保持泵良好的密封状态。密封不好的泵除了造成跑冒滴漏损失以外，最严重的问题是流体进入轴承内部，加剧磨损，引起振动，缩短寿命。施加填料函（盘根）时，除了遵照通常的操作要求外，最容易被忽视的问题是将填料函弄脏。轴套上显现的道道沟槽往往是由于装入了粘有泥土和砂粒的脏填料函所致。如果采用机械密封，需要注意的问题是动、静环的材质选择要恰当，材料不能抵抗工作介质的腐蚀作用，是机械密封故障多发的重要因素之一。

严格检查泵的运转状态并及时处理。

a. 检查润滑油的油温及温升；

b. 检查填料函部位的温度及渗漏情况；

c. 检查振动情况和异响噪声等；

d. 要注意排出口、吸入口的压力变化及流量变化情况，排出压力变化剧烈或下降时，往往是由于吸入侧有异物堵塞或者是吸入了空气，要及时停泵处理；

e. 检查电动机的运转情况并经常注意观察电流表指针的波动情况，日常检查情况的内容最好记入运行档案，发现异常情况应及时停机处理，不可延误。

5.5.3 大型锅炉给水泵振动原因分析及处理

（1）水泵振动现象

某厂汽动给泵是上海电力修造厂与英国韦尔（WEIR）泵公司合作生产配套 300MW 机组 50%容量的主给泵，型号为 DG600-240Ⅱ（FK5D32）。如图 5-54 所示，泵为 5 级叶轮，刚性转子。

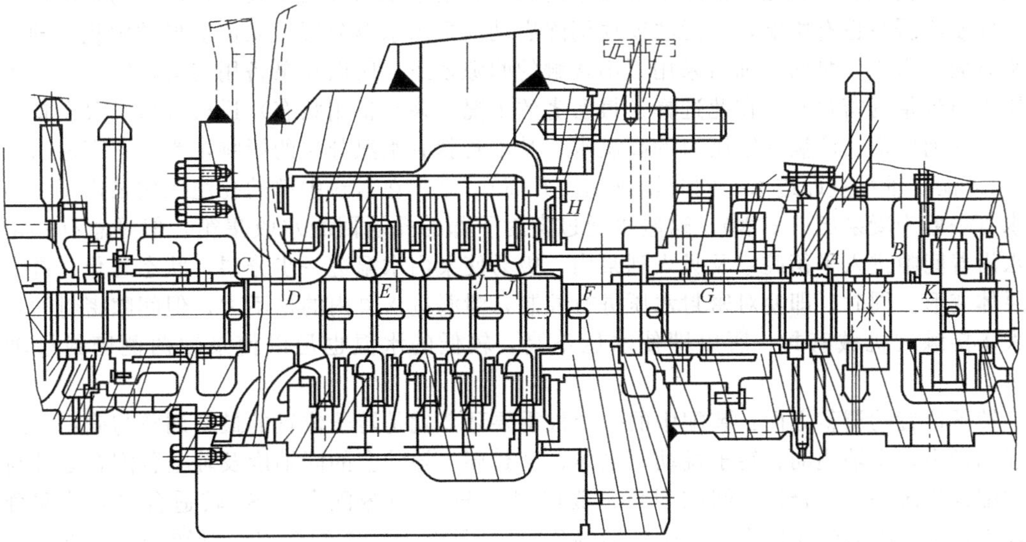

mm

A	径向间隙	0.41/0.35	E	径向间隙	0.49/0.41	H	轴向间隙	1.23/2.27
B	径向间隙	0.22/0.14	F	径向间隙	0.49/0.41	J	轴向间隙	4
C	径向间隙	0.49/0.41	G	径向间隙	0.49/0.41	K	推力轴承总轴向间隙	0.4
D	径向间隙	0.49/0.41						

图 5-54 FK5D32 型给水泵动静间隙示意图

该泵随炉改造进行大修，解体后发现第二、四两级叶轮叶柄（轮毂）与导叶套间隙超标（标准间隙 0.49/0.41mm），更换该两级导叶套，更换后的导叶套在机床上修整，转子做动平衡。泵大修后投运发现，泵吐出侧轴承振动大，振幅 0.03mm 左右，且振动随转速上升而上升，在 5600r/min 时高达 0.06mm，当时为确保发电，该泵勉强运行。在一次主机因故跳闸后，该泵又启动运行，发现泵吐出侧轴承在 5600r/min 时，振动高达 0.22mm，同时测得振动频率 2、3 倍等高次谐波，周期性较突出，超次谐波相对较少，停泵进行解体检查。

（2）检查及原因分析

解体发现仍是二、四级叶轮叶柄与导叶套碰摩，其中第四级较严重，其余部位未发现明显碰摩痕迹。根据上述两次碰摩部位的情况，在机床上对该两级叶轮的中段检查同心度及止口配合尺寸，结果发现 2#、4# 中段配合止口松动，约有 0.20mm 左右。

两次解体检查发现问题产生的症结基本是一致的，不同的是碰摩程度带来的后果有些差异。

由于第一次发现2＃、4＃导叶套磨损间隙超标后，深入分析不够，所以才产生第二次。锅炉给水泵静止部分与转子之间在装配与运转时所需保持的同心度要求很高，它主要依靠以下四方面来保证最终的同轴度：

① 各配合部件在加工过程中的工艺、工装及配合尺寸公差要求。

② 装配时对转子位置准确调整。

③ 给水泵在冷态或备用态的暖泵效果与转子两侧密封水的水温、流量控制。

④ 管道对泵的连接附加应力。

以上四个方面只要有一个不行，就会造成泵动静件间碰摩，所以必须一一分析。

暖泵方面：由于暖泵不妥善，高温水在泵内形成上下分层，造成泵体变形，使叶轮密封环间隙变小或等于0。尽管各国对暖泵方式、泵体结构上进行很多改进，但由于泵内流道结构较复杂，仍无法做到完全消除暖泵带来的影响。给水泵虽称无须暖泵，但它的结构形式决定了即使不暖泵也有影响，仍无法彻底消除启动前泵内水温分层、泵体变形的困扰。轴封密封水方面：由于该泵两侧轴封采用了不接触的间隙密封，所以在泵备用与运转时必须注入一定压力与流量的密封水。在此选择了最恶劣的工况（泵在备用状态）进行分析。泵在备用状态或启动前内部已注满一定压力的高温水，其本身就有水温分层的影响，为防止高温水外泄（如果外泄，轴承室即进水，同时轴颈温度升高），必须在密封中部的孔注入比泵内压力高的凝水（一般为凝泵出口来水）。这些水通过密封下部的孔返回凝水收集箱，但是总有一定量的水沿着间隙进入平衡腔室及吸入到泵内，极易使泵内水温进一步分层，状态恶化，进一步使泵体变形。同时，即使对密封水压进行控制，泄漏进入泵内的量不大，但间隙密封的长度远大于接触式机械密封，所以即使水压不高，较低的水温也足以使泵轴两侧密封段轴颈变形。

转子位置的调整方面：装配中的一个极重要环节就是转子位置的最终调整与确定。这里需强调指出，主轴跳动、转子跳动，泵体、密封环、导叶套的同轴度及轴上各配合零件与主轴的配合状态一定要合格。间隙配合一般控制在H7，过盈配合为S6较适合（叶轮配合过盈较小，在离心力的作用下有发生松动的危险）。只有上述工作合格，对转子位置进行精确调整才显得有意义。

同时，有一个问题要引起注意，即叶轮与轴是过盈配合，叶轮内孔开制了键槽后，它对轴表面的压应力在周向是不等的，容易造成叶轮与轴线的垂直度发生变化。实践表明，过盈量越大，问题越突出。由于它的影响，也占去了有效密封间隙中的一部分。一般可在叶轮密封环部位测得径向跳动0.04～0.07mm，也曾测得0.25～0.30mm，但进行火焰局部加热是可以得到纠正的。问题关键是在组装时是无法检测的，所以要对叶轮内孔的圆柱度，轴与叶轮配合部位的表面进行细致检查，不允许有凸点存在，即使是微小的凸点也应修正。这也是透平式芯包得以推广的原因之一。

综上所述，不难得出一个结论：仅将抬轴数据加上转子在抬轴调整后盘动的灵活性作为质量控制标准是不够的。应全面综合分析，特别是抬轴这项工作属于经验型，出入较大。

如果上述环节中有一处存在问题，就会对轴试验与盘动的灵活性产生影响，在有限的情况下（动静部分间只要有0.01mm的间隙），它是不会影响盘动转子灵活性的，但是一旦泵投入备用，问题即会显现。

在检修实践中，有时往往对中段处的配合情况不做测量，依据是：从制造厂出来的不会有问题，虽然有些松动但使用中确实未发生过由于配合松动而造成后果，因而重视不够。

实际上装配方式是立装，各中段配合的同轴度的随机性很大，有时会产生极端状况，而不易被察觉。

尤其在2＃、4＃中段位置，此处离轴承端较远，利用最后的抬轴来发现问题的可能性较小，所以最终是叶轮与密封环同轴度偏差；再加上暖泵的影响，那么碰摩的产生就不难解释了。但从当时轴承的振幅看，碰摩只是轻度的。第二次泵紧急联动投入运行后振动大幅上升，原因初步分析是：在备用状态时，由于暖泵、密封水的原因导致泵转子启动初期在原有的基础上再次发生碰摩。应该说，碰摩点上的正压力是大于前次的，同时因材质的关系，碰摩部位的间隙在短时间内不是增大，而是更小了。这种碰摩现象是动静部分接触弹开的过程，同时它将改变转子的动态刚度，反过来再进一步加剧碰摩，其量的大小取决于动静接触时正压力的大小。所以外部现象表现为振动是加剧的。

尽管给水泵转子有足够高的阻尼系数，但仍属于高速轻载型转子。一旦有局部碰摩产生，碰摩点的摩擦力作用在转子回转的反方向上，从而迫使转子振摆旋转，属于自激振动类型。振摆的大小与接触点的压应力成正比，振动频率一般为工频，它与负荷的大小无关，仅与转速有关。同时，转子在高速回转时总会产生一定的动挠度，其大小与转速成正比，特别是碰摩产生的切向摩擦力会使转子陷入涡动，摩擦使动挠度增大，此时碰摩点的压应力就再增大，由此相互循环，不断加剧转子的涡动。就本次情况看，碰摩发生在2＃、4＃叶轮处，且4＃叶轮处较严重，反映出在吐出侧振动偏大。从解体情况看，磨损弧度较大，所以修前测得2＃、3＃成分非线性加强；正是碰摩后期较大弧度的接触使接触部分起了一个支承作用。由此随转速变化的现象也就不难理解。

（3）处理对策

1）电弧喷涂　在机床上校验各级中段，特别是2＃、4＃中段的同心度（应在机床上一次性将中段上四个内外径、两个平面找正），对已发现的2＃、4＃中段进行喷涂处理，保证其配合间隙为0.04～0.05mm。

控制转子径向跳动量：仔细清理、检查轴与叶轮配合，配合面上不能存在凸出部分，以免导致配合面压应力不均。

中段的处理：在机床上测量中段上的四个内外径配合处及两个平面的同轴度、垂直度，对于配合超标的间隙应采取措施加以修复。

处理措施：a. 中段凹止口内侧（见图5-55）左侧的线表示的加工面，车去氧化层，加工时应考虑涂层的厚度，应控制在0.25～0.30mm；b. 喷涂方式采用电弧喷涂；c. 喷涂材质用2Cr13；d. 喷涂质量应只保证表面涂层不疏松，无气孔、裂纹；结合力≥50MPa；硬度为HRC3035；e. 机加工时必须将中段在机床上精确找正后再加工内孔，保证配合间隙为0.04～0.05mm；f. 内孔边缘加工成15°倒角，其余配合面喷涂时加保护，以防损伤。

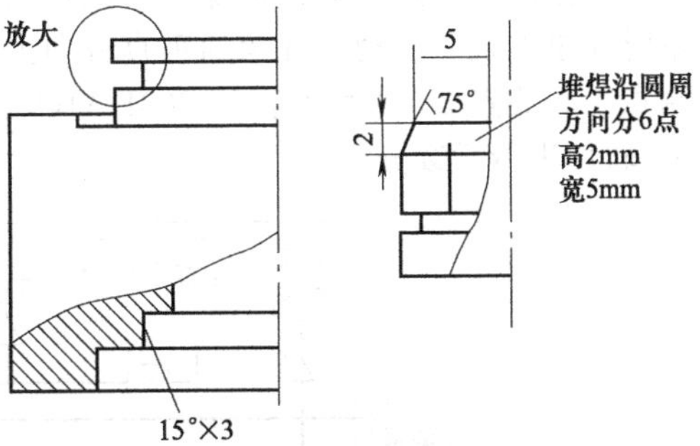

图5-55　中段凹止口

2）止口局部氩弧堆焊　如图5-55右侧所示，在不破坏放置“O”形环槽为准，在配合柱面上用2Cr13焊丝，沿轴向堆出高1.5～2mm、宽4～5mm，然后再加工至有效尺寸。

3）转子动平衡　泵转子小装后，必须做动平衡。但一般讲，转子在水中部分，即使有不大的平衡，反映出的振动不会太明显。这正是泵与其他旋转机械的一个重要差别。

4）轴封水的问题　将轴封水源由目前的低温（43℃）凝水改为取自轴加或1＃低加旁路门后，作为轴封水源点，以适当提高轴封水温。这样有利于泵在启动初期控制转子两侧的变形量。即使，轴封水沿密封渗入泵体内（低温水在下部）的部分将缓解泵体的变形量，同时给泵停运后，应立即进行有效暖泵，这将有利于泵的快速启动。

5）泵的大端盖与筒体配合问题　由于备用芯包可互换用于各泵的筒体，考虑给泵配合尺寸要求较高，建议对芯包作永久性钢字编号。同时测量大端盖止口尺寸，作好记录，更换芯包时，再对筒体内止口测量，防止此处配合松动，给转子位置确定带来问题。

（4）小结

高压给水泵的振动诱因颇多，尤其是现代高速给水泵。它的动静间隙较小，并且密封环材质已与传统给水泵有较大变化。一旦碰摩发生后，想在短时间使间隙磨大的可能性较小，这种可能性就伴随着振动。这是一较危险的过程，所以应注意以下工作。

检修方面：应对泵的动静部分的同轴度进行严格控制，做到应测量检查的项目不漏项，只有在此基础上做好转子位置的确定，才是有意义的。

运行方面：给水泵在启动的暂态过程中，对泵转子应是最恶劣的状态，所以应有效暖泵，一般将泵上下端盖温差控制在15℃内，泵入口与除氧器水温差值在20～25℃内；轴密封水流量、温度应作合适的调整。同时建议，轴封水源用机组轴加或加热器出口水源，以适当提高水温，减少转子在备用期间的变形。

5.5.4 交流润滑油泵振动故障原因分析及处理

大部分汽轮机组正常运行时，各轴承润滑油由主油泵提供，而对燃气轮机机组来说，由于大轴上无主油泵，机组运行的全过程均利用交流润滑油泵供油，因此交流润滑油泵的安全稳定对保证机组的安全至关重要。某燃气轮机电厂1号机组运行中发现B交流润滑油泵在运行中电机非驱动端振动很高，在330～500μm间波动，严重影响了机组的安全运行。为此，针对该油泵的振动进行了分析检测，并通过动平衡处理，使泵组的振动得到了较好解决，满足长期运行的要求。

（1）振动情况及原因分析

某燃气轮机1号机组共配置3台润滑油泵，2台为交流润滑油泵，1台为直流润滑油泵，均立式布置在主油箱上，采用螺栓固定在主油箱上盖，泵和主油箱内相关油管的布置如图5-56所示。

为了充分了解B泵振动超标的原因，需要对B泵电机顶部的振动进行测量分析。对于立式泵，振动最大点一般在顶部，因此重点监视了电机非驱动端轴承水平方向的振动情况，测量时在泵电机非驱动端轴承的垂直方向上安装两个本特利9200型速度传感器，分别设定为测点1和测点2。采用本特利208DAIU型数据采集器进行数据采集，用ADRE for Windows软件进行后续分析。

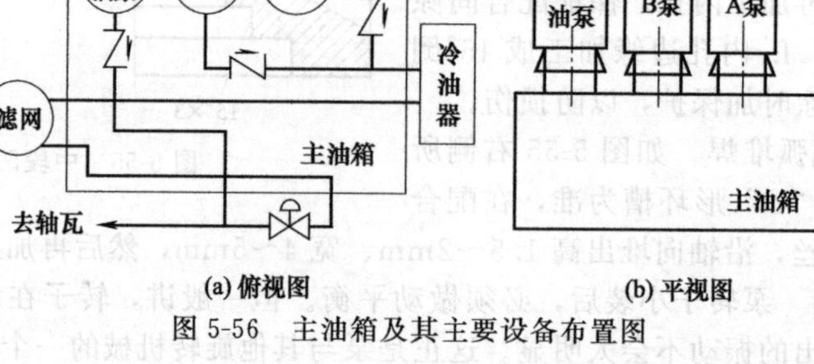

图5-56　主油箱及其主要设备布置图

1）B润滑油泵停运时的振动情况　当B泵停运、A泵运行时，能明显感到B泵电机顶部振动较大。为此，首先测量了此时的振动情况，如图5-57所示。从图5-57中可以看到，在B润滑油泵停运时电机顶部的振动幅值较大，而且存在明显的波动，振动的通频振动幅值为 50～100μm；从频谱图上看，各个时刻的频谱图波动也较大，但是比较一致的是除了泵运行的 25Hz 频率的分量外，还存在 16Hz、19Hz、28Hz 等多个频率的分量，频谱较为复杂。

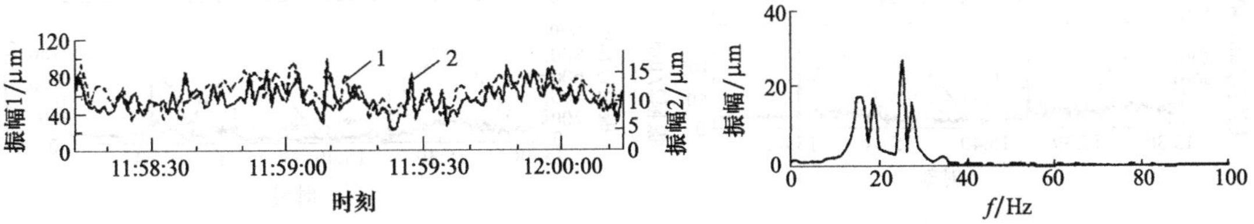

(a) 趋势图　　(b) 频谱图

图 5-57　B 润滑油泵停运时的振动情况

1—通频振幅；2—工频振幅（以下各图同）

2）B 润滑油泵运行时的振动情况

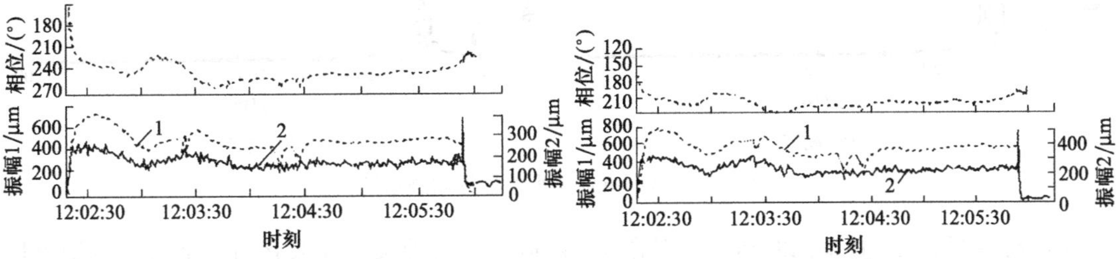

(a) 测点1　　(b) 测点2

图 5-58　B 润滑油泵平衡前振动趋势

启动 B 润滑油泵运行后，测得如图 5-58 和图 5-59 所示的频谱图，可以看到两个测点的振动幅值均在 300～500μm 之间，波动较大。频谱图上显示，工频振动占了较大的部分，但也包含其他频率成分。

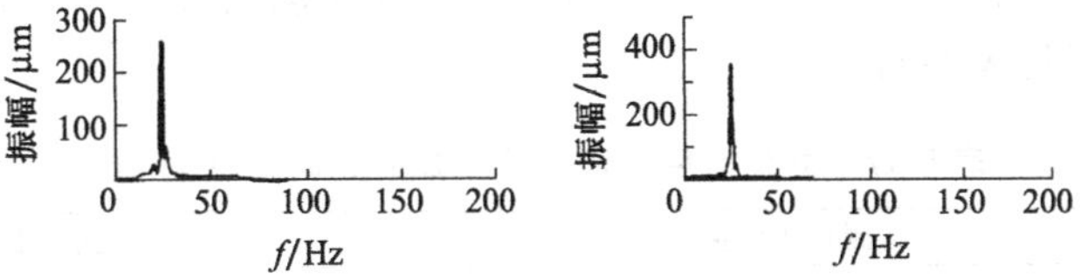

(a) 测点1　　(b) 测点2

图 5-59　B 润滑油泵平衡前振动频谱

根据泵组启动和停运时的振动情况可知，泵组的工频振动成分大，说明存在较明显的不平衡分量，可通过现场高速动平衡方法降低不平衡激振力，从而达到降低振动的目的。而振动中包含的其他非工频和非倍频成分，应与泵及其管道的结构设计、泵电机结构刚度不足等有关。针对目前工频分量很大的情况，决定首先进行高速动平衡处理。

（2）故障处理

经过分析计算，决定在电机非驱动端风扇处进行配重，方案为在风扇处取掉 18g $\angle 40^\circ$ 并添加 26g$\angle 280^\circ$。平衡后，恢复 B 润滑油泵单泵运行，测点 1、测点 2 的振动趋势和频谱如图 5-60、图 5-61 所示。

在趋势图中，按照 2 台润滑油泵运行的情况，可以分为 4 个时段，分别是：时段 1，启动 B 润滑油泵，A，B 泵同时运行；时段 2，停运 A 润滑油泵，B 泵单独运行；时段 3，启

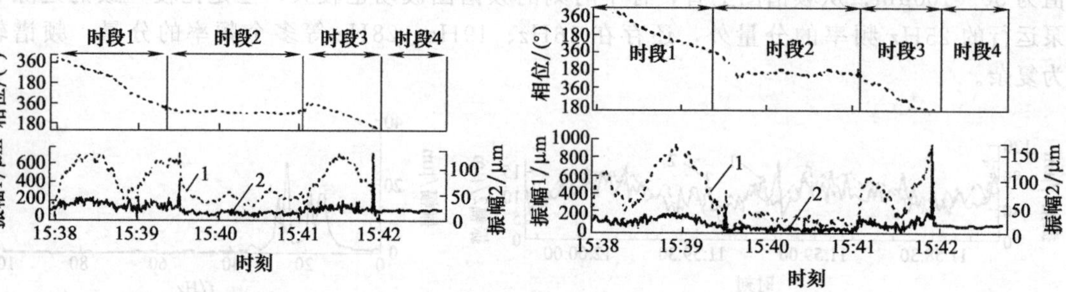

(a) 测点1　　　　(b) 测点2

图 5-60　B 润滑油泵平衡后振动趋势图

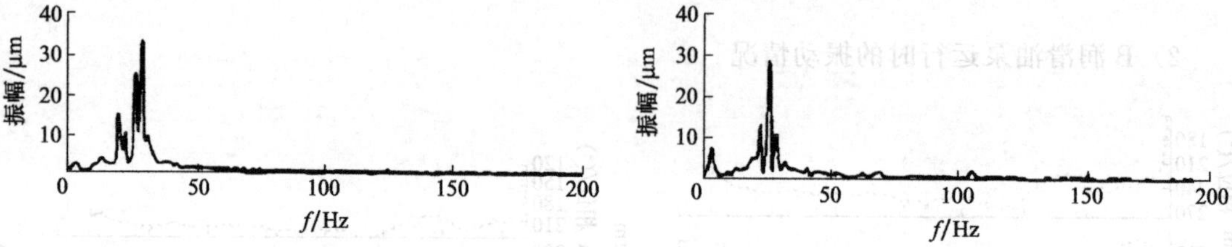

(a) 测点1　　　　(b) 测点2

图 5-61　B 润滑油泵平衡后振动频谱图

动 A 润滑油泵，A，B 泵同时运行；时段 4，停运 B 润滑油泵，A 泵运行。通过趋势图可以看到，在各个时段下，测点 1 和测点 2 的工频振动较稳定，且均为较小值，而两个测点的通频振动则相差较大，其中，A、B 泵同时运行时，两个测点的通频振动均大幅波动，波动的范围达到 300～800μm，而在 B 泵单独运行时，通频振动较小，在 50～100μm 之间波动。

从频谱图上看，两个测点的工频振动在平衡之后，均在 30μm 左右，不过除了工频的振动外，依然存在 16Hz、19Hz、28Hz 等其他频率的振动分量，从而使其通频振动在 50～100μm 之间波动，其情况与 B 泵停运但 A 泵运行时的振动情况基本一致。B 润滑油泵动平衡处理前后振动数据见表 5-17。

表 5-17　处理前后 B 润滑油泵瓦振数据（峰-峰值）　　μm

测试时间	测点 1 的振幅		测点 2 的振幅	
	通频	工频	通频	工频
平衡前	315	283	457	414
平衡后	76.5	31.8	48.2	32.3

分析平衡结果可以看到，通过动平衡，在 B 泵单独运行时，其工频振动大幅降低，两个测点的工频分量均在 30μm 左右，达到了优良的水平。但是，由于存在着其他频率的分量，通频振动依然在 50～100μm 之间波动。另外，在备用泵启动的瞬间，由于泵出口压力的波动，造成 B 泵的振动会有一个短时间的较大幅值。针对这些情况，综合分析认为：

① 造成 B 泵振动超标的原因是多方面的，一方面是泵组存在一定的不平衡量，另一方面 A 泵运行时，油压、油流的变化均对 B 泵有较大影响。

② 通过对润滑油泵电机端进行高速动平衡，有效降低了不平衡激振力，将油泵的振动控制在合格范围内，其工频分量达到优秀水平，使泵组具备长期安全运行的条件。

③ B 泵停运，A 泵运行时，电机非驱动端的振动已经有 50～100μm，其振动的频谱图和平衡后 B 泵运行、A 泵停运时的频谱图类似，说明导致平衡后 B 润滑油泵振动幅值依然

较大的原因与泵及相关管道的连接及其固定方式有关。

④ 对油箱内管道结构进行了解可知，A润滑油泵和B润滑油泵出口经过各自逆止阀后汇入大管，其逆止阀段的管道较短，同时，在安装时由于存在垫片偏差，造成油泵出口管与管道连接处存在一定的预应力，因此分析认为该应力对泵的振动影响较大，管道中的油流压力变化较快的状况由电机顶部的振动变化表现出来，从而产生了非倍频的振动分量。

⑤ 由于机组运行时油箱内的管道结构修改较困难，建议在停机时对润滑油泵电机的基础进行加固，通过增强泵的结构刚度来改善电机顶部的振动情况。例如，可以增厚电机的筋板，采用梯形的筋板加强电机的刚度，或者改变泵与主油箱固定的螺栓尺寸，增强连接的刚度等。

5.6 机床振动故障诊断

现代机床是先进制造技术的主要发展方向之一，它是集材料科学、工程力学、控制理论和制造技术于一体的综合高新切削加工技术，在机械制造、汽车模具和航空航天等行业中得到了广泛应用，并取得了显著的经济和社会效益。例如，高速加工技术有高的生产效率、加工精度与表面质量，并降低生产成本，它是先进制造技术的一项全新的共性基础技术，是切削加工技术的发展方向，具有广阔的应用前景。国内外加工领域面临的难以逾越的障碍是切削过程中远比额定速度低的工况下出现的强烈振动（颤振），即丧失系统稳定性。轻者影响加工精度和工件表面质量，降低生产效率，重者刀具破坏、工件报废或造成事故，殃及人身及机床系统的安全。

机床内部结构的某些故障，系统一般不呈现报警信息，诊断故障比较困难。故障的监测、识别和预测，可通过对振动、温度、噪声等物理量进行测定，将测定结果与正常值或规定值进行比较分析，以判断机械系统的工作状态是否正常。如数控机床的主传动、进给传动等，运行过程中会产生振动、噪声、温升等异常信息，因此可通过安装在主轴箱、工作台某些特征点上的传感器，测量其振级、位移、速度、加速度及幅频特征等，达到对故障进行监测和诊断的目的。

5.6.1 高速切削振动的原因及其控制

深入分析高速切削加工振动形成的主要原因，探讨高速加工振动形成的机制，对确保高速加工的正常运行、促进高速切削加工技术迅速发展及应用具有重要的理论意义和较大的实用价值。

(1) 影响高速切削加工振动的主要因素

通常情况下，高速加工中机床主轴转速很高（10000～100000r/min），并且需要具备高的进给速度（15～60m/min），现代高速加工机床进给系统执行机构的运动速度甚至要求达到120m/min。主轴从启动到最高转速只需要1～2s的时间，工作台的加速度可以达到1～10g。如此高的切削速度和如此大的加速度，势必需要高速加工机床具有良好刚性和抗振性。而且高速加工刀具的动平衡失稳问题是直接影响高速加工稳定性和安全性的一个重要因素。

高速切削加工可以说是一个复杂的加工系统，它是由机床-刀具-工件-夹具构成的。因此影响及导致高速切削加工振动的主要原因有高速机床结构、工具系统构成、工件材料特性、切削参数选用和加工环境状况等。

1）高速机床结构　高速机床使用的是电主轴，这样虽然简化了传动链且消除了传动误差，但这种直接传动的方式使电主轴自身的振动直接传到刀具，从而引起刀具和工件之间的振动。影响电主轴振动的因素主要有电主轴的谐振、电主轴的电磁振荡以及电主轴的机械振动。

目前，许多高速机床用直线电机直接驱动进给机构，这样就使进给机构的刚性受到电机的直接影响，此时机构的刚性往往取决于电机推力的大小，高速加工中如果选用的是小推力电机，则进给系统具备低刚性、高进给的特点，在加工过程中就容易引起振动。另外，高速切削加工机床自身要有足够的刚性，并且机床的工作频率应尽量远离机床固有频率，如果工作频率和机床某阶固有频率相接近的话就会引起振动。

2）高速刀柄及其工具系统　高速刀柄及其工具系统是指由刀具、刀柄、刀盘、夹紧装置构成的系统。目前用于高速加工的刀柄主要有 HSK、KM、Big、Plus 等，而刀杆形式主要有热装夹头、液压夹头以及弹性夹头等形式，刀具材料主要有金刚石、CBN 和涂层硬质合金。不同的加工条件就要选择不同的刀柄、刀杆以及刀具材料。引起工具系统振动的主要因素有刀具的平衡极限和残余不平衡度、刀体结构的不平衡、刀具的不对称、刀具及夹头的安装不对称等。高速加工在加工薄壁工件时也有自己的优势，因为其采用的是小切深，对应的切削力小，使工件产生的变形小，从而可以保证加工精度。但在加工薄壁零件时，随着工件厚度的减小，工件刚度降低，固有频率降低，当工件的某阶固有频率降低到激振力的倍频分量附近时，就会诱发切削振动。

3）工件材料及切削参数　工件材料与加工参数的选择是密切相关的。不同的加工方式、不同的工件材料与刀具材料匹配有不同的高速切削速度范围。例如，铝合金的切削速度可高达 7500m/min，而铸铁的切削速度约为 500～1500m/min，要根据工件材料及其毛坯状态和加工要求正确选择刀具材料、刀具结构和几何参数以及切削用量等。如果参数选择不当，就会引起振动，加剧刀具磨损。对切削振动影响较大的刀具几何参数是前角 γ_0、后角 $\alpha_。$、主偏角 x_γ 以及刀尖圆角半径 r_ε 等。在切削加工过程中可以适当调整切削参数从而减少切削振动，例如，在切削加工过程中，适当地增加前角可以降低切削力，从而可以减少切削振动；适当地减小后角可以增加后刀面与工件之间的摩擦，从而可以有效地抑制振动。另外，切削参数选择不当可能会引发颤振，会严重恶化工件加工质量，加剧刀具磨损甚至可能造成重大事故。

4）加工环境　高速加工振动产生的一个很常见的原因就是有外在振源的干扰，例如，在高速加工中心周围有其他高振动机床，则其振动就会传递到高速加工中心从而引起高速加工中心的振动。另外，高速加工时加工中心所处的温度环境、切削液的使用与否以及切削液的选择也是与高速切削振动相关的重要因素。

（2）控制高速加工振动的基本策略及途径

机械振动通常分为自由振动、强迫振动和自激振动 3 类。自由振动是指物体在外力撤销后按自身固有频率进行振动，由于阻尼的存在振幅逐渐减小而停止。强迫振动有外力的作用而且振动频率和激励力频率一致。要解决强迫振动的问题就要首先找出激励源，然后采取相应的措施减小或者消除激励力。对于外部激励可以采取相应的隔振措施或者远离振源。机床的很多故障都伴随有振动的产生，此前人们已经做了大量的研究并将其应用到工程中去，例如，将通信诊断、自修复系统、人工智能与专家系统、神经网络诊断、多传感器信息融合技术以及智能化集成诊断等应用到机床的故障诊断中，取得了很好的效果。基于系统控制理论，可给出高速切削加工振动形成及控制的因果关系图（见图 5-62）。

从图 5-62 可以看出，影响高速切削加工振动的因素很多，并且它们相互影响、相互制约，其结果取决于各影响因素的综合作用。高速切削中可根据加工需要和条件，采取相应措施控制或消除切削振动的影响，确保加工质量和生产效率不断提高。

研究表明，影响高速加工效率进一步提高的一个重要因素就是加工过程中颤振的存在。再生型颤振是目前得到公认并且研究相对成熟的一种颤振理论，对颤振的控制主要有两类：一类是振动控制方法，一类是调整切削参数控制方法。

基于系统工程理论，并针对高速加工系统各部位控制的特点、主要成因，提出主动控制高速加工振动的主要控制策略及改进途径见表 5-18。

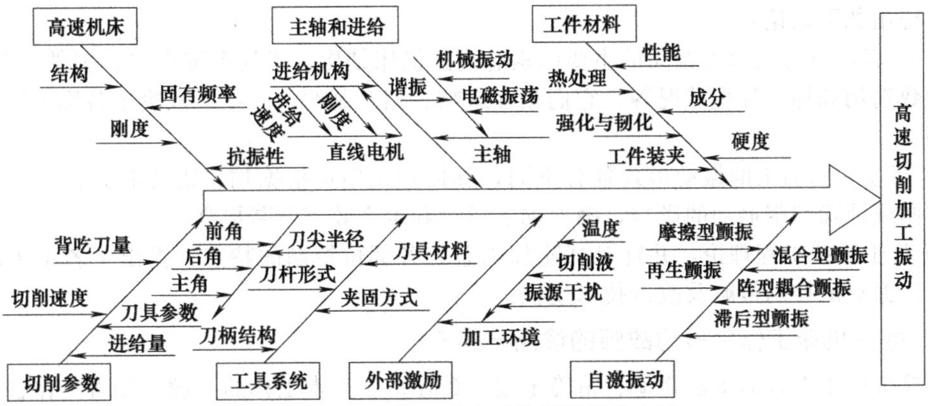

图 5-62　高速加工形成及控制因果关系图

表 5-18　高速加工振动的主要成因、主要控制策略及改进途径

<table>
<tr><th colspan="5">振动源(部位)</th><th colspan="2">主要成因</th><th colspan="3">主要控制策略及改进途径</th></tr>
<tr><td colspan="5">机床整体</td><td colspan="2">周围存在高振动设备</td><td colspan="3">远离振源，将机床安装在合适的弹性装置上或者在其地基上建防振沟</td></tr>
<tr><td rowspan="11">工艺系统</td><td colspan="4">机床</td><td colspan="2">机床刚度以及抗振性欠佳</td><td colspan="3">提高系统动刚度和阻尼</td></tr>
<tr><td colspan="4">夹具</td><td colspan="2">夹具的选择和安装直接关系到工件-夹具系统的刚性</td><td colspan="3" rowspan="2">选择适当的夹具和装夹方式以提高工件-夹具系统的刚性</td></tr>
<tr><td colspan="4">工件</td><td colspan="2">在加工过程中工件自身刚性随材料的去除而降低</td></tr>
<tr><td rowspan="8">刀具系统</td><td colspan="3">刀柄</td><td rowspan="3">存在偏心质量</td><td rowspan="3">装配误差或各组件不平衡质量叠加使动平衡精度降低</td><td rowspan="3">提高动平衡精度</td><td colspan="2" rowspan="3">组装以后进行动平衡调节，可以在刀杆上安装调整环</td></tr>
<tr><td colspan="3">刀盘</td></tr>
<tr><td colspan="3">夹紧装置</td></tr>
<tr><td rowspan="5">刀具</td><td colspan="2">刀具磨损</td><td colspan="2">磨损前较磨损后稳定性低</td><td colspan="3">适当将刀具进行钝化处理</td></tr>
<tr><td rowspan="4">刀具参数</td><td>前角</td><td colspan="2">随着前角的减小，切削力逐渐增大且加工表面质量下降</td><td colspan="3">适当增大前角(过大会削弱刀尖强度)，减小切削力</td></tr>
<tr><td>后角</td><td colspan="2">后角增大减小了后刀面摩擦，降低了阻尼作用</td><td colspan="3">适当减小后角(2°～3°，过小会引起自激振动)或磨负倒棱</td></tr>
<tr><td>主偏角</td><td colspan="2">随着主偏角的减小(≤90°)，切削力逐渐增大</td><td colspan="3">适当增大主偏角(>90°时切削力随之增大)，减小切削力</td></tr>
<tr><td>刀尖半径</td><td colspan="2">径向切削力随着刀尖半径的增加而增大</td><td colspan="3">适当减小刀尖半径(刀具寿命随之下降)以减小径向切削力</td></tr>
<tr><td colspan="5" rowspan="3">机床主轴</td><td>谐振</td><td>主轴工作频率与自身固有频率重合</td><td colspan="3">找出电主轴固有频率，使常用工作频率避开主轴固有频率</td></tr>
<tr><td>电磁振荡</td><td>定子、转子在电磁场作用下产生的单边电磁拉力，驱动控制器的供电品质低，驱动控制器与电主轴的匹配是不合理</td><td colspan="3">提高电动机的加工制造精度使定子转子间的空气隙尽可能均衡，选用供电品质优良的驱动控制器，设置阻抗自动检索功能使控制器取得与主轴电动机匹配的阻抗值</td></tr>
<tr><td>机械振动</td><td>主轴存在偏心不平衡质量</td><td colspan="3">控制不平衡质量到最小以减少由不平衡质量引起的振动</td></tr>
<tr><td colspan="5">进给机构</td><td colspan="2">进给机构刚性直接和直线电机的推力相关</td><td colspan="3">根据加工条件选取合适的直线电机</td></tr>
<tr><td colspan="5" rowspan="3">自激振动</td><td colspan="2" rowspan="3">再生型颤振
阵型耦合型颤振
摩擦型颤振
混合型颤振
滞后型颤振</td><td rowspan="2">振动控制</td><td>主动控制</td><td>在线测出工件和刀具之间的相对振幅和切削力大小进行反馈控制</td></tr>
<tr><td>被动控制</td><td>在系统中加入吸振部件进行控制</td></tr>
<tr><td>调整参数</td><td colspan="2">变切削速度、变进给量以及变刀具角度</td></tr>
</table>

可得出如下结论：

① 引起高速切削加工振动的主要因素有高速机床结构、工具系统构成、工件材料特性、切削参数选用和加工环境状况等，它们相互影响、相互制约，其结果取决于各影响因素的综合作用。

② 高速切削加工的振动形式各有不同，具体加工中可根据加工需要和条件，采取相应措施控制或消除切削振动的影响，确保加工质量和生产效率不断提高。

③ 基于系统工程理论，并针对高速加工系统各部位控制的特点，提出了若干主动控制高速加工振动的控制策略及改进技术途径。

5.6.2 数控机床工作台振动故障的诊断与维修

数控机床工作台的平稳移动、精确定位是数控机床正常工作的关键。随着工作台控制系统的应用复杂化和控制性能要求的提高，深入掌握数控机床工作台的伺服控制技术原理和工作台传动机械运动结构，对维护使用好数控机床有很大帮助。

数控机床工作台振动指运行时爬行、正常加工过程中运动不稳定、工作台在起、停或换向时，发生振动，严重时整个工作台振动不停，同时发出尖锐声音，直接影响数控机床的加工精度和正常工作。要了解其形成的原因，首先要了解机床工作台的工作原理。

（1）数控机床工作台伺服驱动工作原理

数控机床工作台由机械传动机构和伺服控制系统两部分组成。

1）工作台机械传动机构　工作台的机械传动机构是伺服电机通过联轴器带动变速齿轮，再由变速齿轮通过齿型皮带，传动到滚珠丝杠、丝母，使工作台在导轨上平稳移动。数控机床进给装置的传动精度和定位精度对加工零件的精度起着关键作用。为了确保进给传动系统的定位精度、快速响应特性和稳定性要求，机械传动装置通过在进给系统中加入减速齿轮，减小脉冲当量，预紧滚珠丝杠螺母，消除齿轮、蜗轮等传动件的间隙，达到提高传动精度与定位精度的目的。

2）工作台进给伺服控制系统　工作台进给伺服系统采用闭环或半闭环控制，如图 5-63 所示。

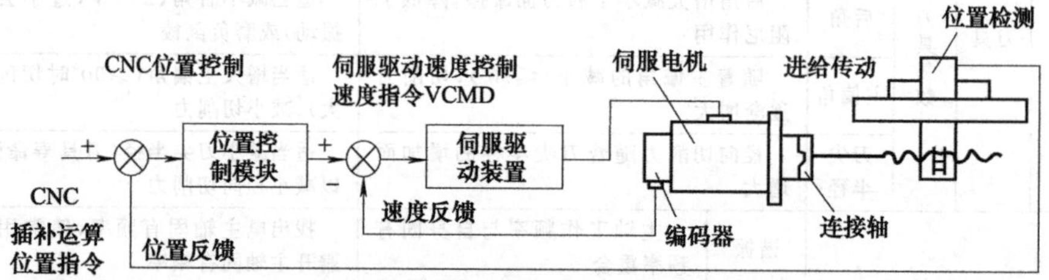

图 5-63　闭环进给伺服系统结构图

伺服系统是由位置控制环和速度控制环嵌套组成的闭环进给伺服系统。位置控制环由CNC中的位置控制、速度控制、位置检测及反馈装置组成。在位置控制中，根据插补运算得到的位置指令与位置检测装置反馈来的工作台移动的实际位置信号相比较，形成位置偏差，经变换得到速度给定电压。速度控制环由伺服电机、伺服驱动装置、测速装置及速度反馈等组成。在速度控制中，伺服电机驱动装置，根据速度给定电压和速度检测装置反馈的实际转速，对伺服电机进行实时控制。

（2）故障诊断

在数控机床维修过程中，工作台振动是一个比较棘手的问题。引起工作台振动的原因复杂多样，在此通过维修案例，介绍数控机床发生工作台振动时的处理步骤或思路。

机床工作台发生振动，会使定位精度差、加工零件表面光洁度下降，此时首先要认真观察故障发生的详细过程，对机床进行看、听、触、嗅等诊断。工作台振动，又分有报警和无报警两种情况。

1）有报警　数控机床的故障大多是通过数控系统自诊断功能以报警文本的形式，指示出故障内容及故障产生的可能原因，给维修人员提供一些分析判断故障部位的线索，充分利用数控系统的自诊断功能，依靠数控系统内部计算机对出错系统进行多路、快速的信号采集处理。然后由诊断程序进行逻辑分析判断，以确定系统故障部位。

维修人员根据报警提示，进行针对性的检查修理。在数控系统内部，不但有自诊断功能状态显示软件报警，而且还有许多硬件报警指示灯，它们分布在电源板、伺服控制单元、输入和输出接口等部件上，根据这些报警灯的指示，可大致判断故障所在部位。

2）无报警　数控机床工作台发生轻微振动，一般不报警，而振动加大时，出现过流报警。机床工作台振动，一般是速度调节问题，机床速度的整个调节过程，是由速度调节器完成的。速度调节器的相关因素有速度给定指令、测速反馈信号和速度调节器本身。

① 发现数控机床工作台振动又无报警，首先测量位置控制器给速度调节器送来的给定信号模拟量 VCMD，可以通过伺服板上的插脚（FANUC6 系统的伺服板是 X18 脚）来看这个信号是否有振动分量。如果测量结果有一个周期的振动信号，那么问题出在位置单元或 CNC 控制系统；如果测量结果没有任何振动周期性波形，那么从速度环往下找。

② 半闭环系统脱开伺服电机联轴器，电气控制系统和机械传动机构分离，通电观察伺服电机是否振动。如果振动，检查反馈信号线路连接、电源线缆连接，通过相同型号的电机、编码器、测速电机的交换，来确定故障部位，更换损坏元件；如果不振动，检查机械传动机构、滚珠丝杠螺母、轴承间隙、工作台导轨润滑等，必要时调整间隙和预紧力，磨损严重则要进行更换。

③ 通过上述检查处理后，仍然无法消除振动，可能是系统本身参数设置引起振动。闭环系统由于参数设置和各种扰动引起振荡，最简单的方法就是减小放大倍数，调整位置环、速度环增益、速度调节器积分时间常数等。但这样的调节要和机械调整配合进行，否则会影响设备跟随误差及响应速度。

（3）数控加工中心旋转工作台振动分析与排除实例

1）故障现象　一台带圆旋转工作台的数控加工中心，在加工零件时，圆周分度不均，零件圆周表面粗糙，精度达不到技术要求，仔细观察旋转工作台在圆周分度时，有轻微不规则振动。

2）判断与处理　调整放大器增益。振动随放大器增益的减小有可能静止，但很不稳定。测量 CNC 输出位置指令信号 VCMD 正常，交换伺服控制器后，故障依然存在。

把伺服电机和同轴编码器与旋转工作台分离，让伺服电机带编码器反馈低速转动，给伺服电机轴加一个反向力，感到电机轴在旋转时，有间断的摆动。查看控制信号、电源电压、反馈电缆都正常，把伺服电机和编码器分离，测量直流伺服电机的各项参数，单独给电旋转电机一段时间，没有异常。

试编码器。在增量式光电编码器信号线的分部，外接一个 DC+5V 电源，用示波器测量编码器的输出信号 A、B 的输出波形，用手轻轻转动编码器轴，正常情况下 A、B 应该输出两组相位差 90° 的矩形波信号，但这个编码器输出的波形有杂波，不整齐，给编码器轴加一个力，输出矩形波，变形很大，更换一只新的同型号光电编码器，该机床旋转圆工作台加工正常。

3）原因分析　编码器轴径有间隙。在加工零件时，随着进刀量的变化，阻力大小不均匀，因为轴径间隙使编码器输出反馈信号不稳定，通过伺服系统的位置环比较放大，使系统经常处于补偿调整状态。

（4）数控铣床 X 轴工作台振动分析与排除实例

1）故障现象　一台数控铣床，使用多年一直很稳定，最近操作者反映 X 轴工作台启动、停车或换向时振动，加工圆弧曲线零件时，光洁度较差。

2）故障分析　让操作者开机正常加工零件，调出故障存贮信息，没有和工作台运动有关的故障记录。查看CNC系统和伺服单元运行，指示灯显示无异常，测量各关键点电压正常，把相同的X、Y轴伺服驱动单元进行交换，结果故障依然表现在X轴。说明伺服驱动器往前的信号都是好的。该控制系统采用半闭环控制，脱开伺服电机与滚珠丝杆相连接的联轴器，使电气控制和机械传动机构分离，开机试验电气控制系统，结果振动消失。根据以上检查结果，判定问题出在工作台机械传动部分。

3）处理方法

① 滚珠丝杠两端采用角接触球轴承，工作台电机一端有3个轴承，由于长时间使用，环境较差，保养不到位，轴承有一定磨损，选择3个C级轴承进行更换，轴承预紧力通过两个背对背轴承内外圈轴向尺寸差来实现，用螺母通过隔套将轴承内圈压紧，外圈因为比内圈轴向尺寸稍短，有微量间隙，用螺丝通过法兰盘压紧轴承外圈，修磨垫片厚度，调整预紧力到合适为止。

② 调整滚珠丝杠副轴向间隙。轴向间隙是指静止时丝杠与螺母之间的最大轴向窜动量。这台机床滚珠丝杠副采用双螺母螺纹式预紧，调整时松开锁紧螺母，旋转调整圆螺母消除轴向间隙，并产生一定预紧力，然后用锁紧螺母锁紧，预紧后两个螺母中的滚珠相向受力，从而消除轴向间隙，更换轴承和调整丝杠间隙后，开机试车，工作台移动平稳，加工出的零件合格。

4）原因分析　工作台进给机械传动由联轴器、齿轮、轴承、丝杠、导轨等多个环节串联起来，由于某种间隙误差扰动，使控制器不断调整输出位置指令，造成工作台振动。预紧力消除间隙，是预加载荷，可有效减少弹性变形带来的轴向位移，但预紧力不可过大，否则增加摩擦力，降低传动效率。预紧力要反复调整，在机床最大轴向载荷下，既能消除间隙，又能灵活运转。

（5）激光切割机工作台振动分析与排除实例

1）故障现象　一台激光切割机，投入使用以来一直很稳定。开机，轴工作台振动不停，关机后复位重新启动，初始化找原点，工作台一走就振动，数控系统故障诊断显示，轴误差寄存器出错。

2）检查步骤　根据诊断提示，问题集中在伺服控制单元，把相同的Y轴伺服控制单元信号送到轴，则轴工作台移动正常，说明轴伺服控制单元有问题。印刷电路板过流指示红灯亮，检查电路板上电源电压正常，各项参数设定没有变化，查验各元件没有发现异常，试着对伺服控制系统参数进行调整。

3）处理方法

① 将位置环增益降低，在工作台移动平稳不振动的情况下，逐渐增加速度环增益至最大值。

② 逐渐降低速度环增益值，同时一边逐渐加大位置环增益，一边移动工作台，把手放在工作台上，注意观察在无振动的前提下，将位置环增益设置尽可能大。

③ 速度环积分时间常数取决于定位时间的长短，在机械系统不振动时，尽量减小此值。

④ 对位置环增益、速度环增益及积分时间常数进行微调，找到最佳点。

通过以上调整，工作台运行平稳，定位精度没有发生变化。

4）原因分析　位置回路增益决定伺服系统反应速度。位置回路增益设定较高时，反应速度增加，跟随误差减小，定位时间缩短。但位置回路增益加大，会使整个伺服系统不稳定，工作台产生振荡，为了保持控制系统稳定工作，应当注意：

① 降低位置回路增益，同时调整速度环增益；

② 尽量减小机械传动机构的各种扰动误差。

系统参数调整和机械传动机构误差调整是相辅相成、互相补充的，只有把伺服系统参数和机械传动机构都调整到最佳状态，机床的性能才能发挥到极致。

第6章

润滑故障及诊断基础

6.1 机械摩擦、润滑与磨损

6.1.1 摩擦、润滑与磨损的概念

当两个紧密接触的物体沿着它们的接触面做相对运动时，会产生一个阻碍这种运动的阻力（图 6-1），这种现象叫摩擦，这个阻力就叫作摩擦力。

摩擦力与垂直载荷的比值叫做摩擦系数。

机器中凡是互相接触和相互之间有相对运动的两个构件组成的连接称为运动副（也可称为摩擦副），如机床里的滑块与导轨、滚动轴承里的滚珠与套环、火车的车轮与铁轨等。

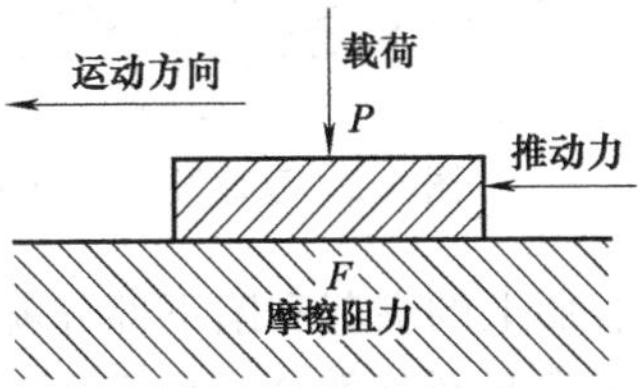

图 6-1 摩擦及摩擦力示意图

任何机器的运转都是靠各种运动副的相对运动实现的，而相对运动时必然伴随着摩擦的发生。摩擦首先是造成不必要的能量损失，其次是使摩擦副相互作用的表面发热、磨损乃至失效。

磨损是运动副表面材料不断损失的现象，它引起了运动副的尺寸和形状的变化，从而导致损坏。例如，轴在轴承内运转，轴承孔表面和轴径逐渐磨损，间隙逐渐扩大、发热，使机器精度和效率下降，伴随着产生冲击载荷，摩擦损失加大，磨损速度加剧，最后使机器失效。

润滑是在相对运动部件相互作用表面上涂润滑物质，把两个相对运动表面隔开，使运动副表面不直接发生摩擦，而只是润滑物质内部分子与分子之间的摩擦。

所以，摩擦是运动副做相对运动时的物理现象，磨损是伴随摩擦而发生的，润滑则是减少摩擦、降低磨损的重要措施。

6.1.2 摩擦分类法

（1）按摩擦副运动状态分

静摩擦：一个物体沿着另一个物体表面有相对运动趋势时产生的摩擦，叫做静摩擦。这种摩擦力叫做静摩擦力。静摩擦力随作用于物体上的外力变化而变化。当外力克服了最大静摩擦力时，物体才开始宏观运动。

动摩擦：一个物体沿着另一个物体表面相对运动时产生的摩擦叫做动摩擦。这时，产生的阻碍物体运动的切向力叫做动摩擦力。

（2）按摩擦副接触形式分

滑动摩擦：接触表面相对滑动时的摩擦叫做滑动摩擦。

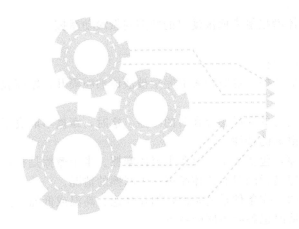

滚动摩擦：在力矩作用下，物体沿接触表面滚动时的摩擦叫做滚动摩擦。

（3）按摩擦副表面润滑状态分

干摩擦：指既无润滑又无湿气的摩擦。

流体摩擦：即流体润滑条件下的摩擦。这时两表面完全被液体油膜隔开，摩擦表现为由黏性流体引起。

边界摩擦：指摩擦表面有一层极薄的润滑膜存在时的摩擦。这时，摩擦不取决于润滑剂的黏度，而是取决于接触表面和润滑剂的特性。

混合摩擦：属于过渡状态的摩擦，包括半干摩擦和半流体摩擦。半干摩擦是指同时有边界摩擦和干摩擦的情况。半流体摩擦是指同时有流体摩擦和干摩擦的情况。

现代机器设备中的一些摩擦副的工作条件是复杂的，如在高速、高温或低温、真空等苛刻环境条件下工作，其摩擦、磨损情况也各有不同的特点。

6.1.3 产生摩擦的原因

对接触表面做相对运动时产生摩擦力这一现象有各种各样的解释，综合起来有以下几点。

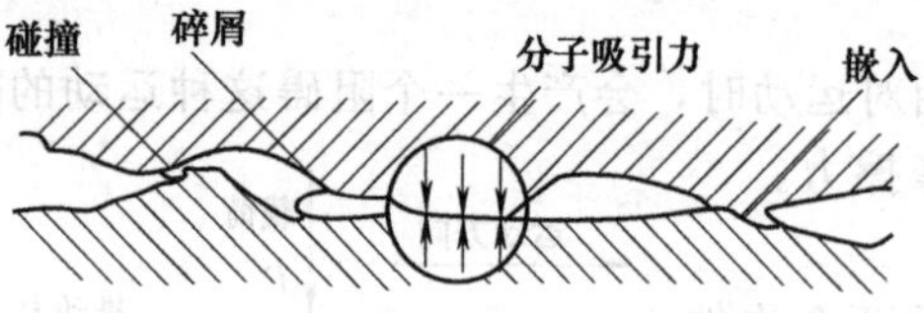

图 6-2 摩擦及摩擦力示意图

① 机械上发生相对运动的部位一般都经过加工，具有光滑的表面。但实际上，无论加工程度怎样精密，机件表面都不可能绝对平滑，在显微镜下看，都是有高有低、凸凹不平的，如图 6-2 所示。

如果摩擦表面承受载荷面又紧密接触，两个表面上的突起和陷下部分就会犬牙交错地嵌合在一起，两个接触表面做相对运动时，表面上的突起部分就会互相碰撞，阻碍表面间的相对运动。

② 由于两个摩擦表面承受载荷并紧密接触，表面是由若干突起部分支撑着的，支撑点处两表面之间的距离极小，处于分子引力的作用范围之内，表面做相对运动时，突起部分也要跟着移动，因此就必须克服支撑点处的分子引力。

③ 由于碰撞点和支撑点都要承受极高的压力，这就使这些地方的金属表面发生严重的变形，一个表面上的突起就会嵌入另一表面中。碰撞和塑性变形都会导致局部瞬间高温，而撕裂粘结点要消耗动力。

以上各点综合起来就表现为摩擦力。

6.1.4 磨损

定义：物体工作表面的物质由于表面相对运动而不断损失的现象叫做磨损。

（1）磨损过程

机械零件正常运动的磨损过程一般分为三个阶段，见图 6-3。

1）跑合阶段（又称磨合阶段） 新的摩擦副表面具有一定的粗糙度，真实接触面积较小。跑合阶段，表面逐渐磨平，真实接触面积逐渐增大，磨损速度减缓，如图 6-3 中 0-a 段。可以利用跑合阶段的轻微磨损，为正常运行的稳定磨损创造条件。

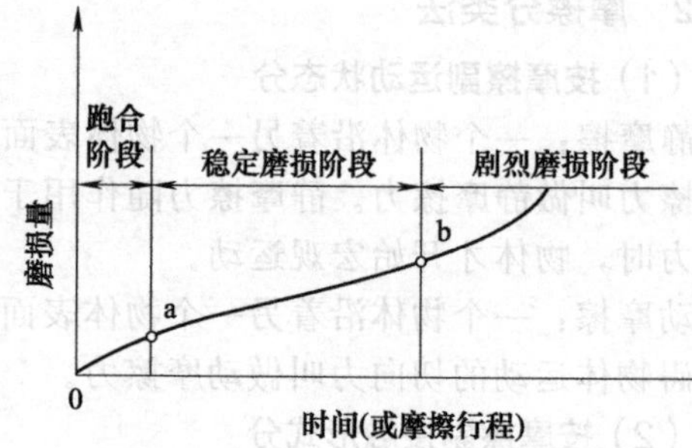

图 6-3 磨损量与时间的关系示意图

选择合理的跑合规程，采取适当的摩擦副材料及加工工艺，使用含活性添加剂的润滑油（磨合油）等，都能缩短跑合期。跑合结束应重新换油。

2）稳定磨损阶段　这一阶段磨损缓慢稳定。如图 6-3 中 a-b 段。这一线段的斜率就是磨损速度，横坐标时间就是零件耐磨寿命。

3）剧烈磨损阶段　图 6-3 中 b 点以后，磨损速度急剧增长，机械效率下降，功率和润滑油的损耗增加，精度丧失，产生异常噪声及振动，摩擦副温度迅速升高，最终导致零件失效。

有时也会发生下述情况：

① 转入稳定磨损阶段后，长时间内磨损甚微，并无明显的剧烈磨损，零件寿命较长。

② 跑合阶段和稳定磨损阶段无明显磨损，当表层达到疲劳极限后，产生剧烈磨损。

③ 磨损条件恶劣，跑合阶段后，立即转入剧烈磨损阶段，机器无法正常运转。

（2）磨损的类型

根据磨损的破坏机理及机械零件表面磨损状态，磨损可大体分为下列几种类型。

1）粘着磨损　定义：摩擦副相对运动时，由于固相焊合，接触表面的材料从一个表面转移到另一个表面的现象，叫做粘着磨损。严重时摩擦副咬死。

图 6-4 所示为滑靴面润滑不足导致的黏着磨损，可能原因为润滑不充分或者选用的液压油不合适。

粘着磨损可按摩擦表面破坏程度分为五类，见表 6-1。

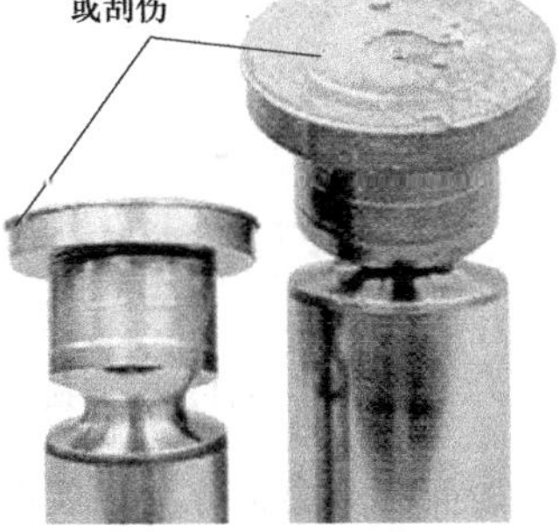

图 6-4　滑靴面润滑不足导致的黏着磨损

表 6-1　粘着磨损的分类

类别	破坏现象	损坏原因	实例
轻微磨损	剪切破坏发生在粘着结合面上，表面转移的材料极轻微	粘着结合强度比摩擦副的两基本金属都弱	缸套-活塞环的正常磨损
涂抹	剪切破坏发生在离粘着结合面不远的较软金属浅层内，软金属涂抹在硬金属表面	粘着结合强度大于较软金属的剪切强度	重载蜗杆副的蜗杆上常见
擦伤	剪切破坏主要发生在软金属的亚表层内；有时硬金属亚表面也有划痕	粘着结合强度比两基体金属都高，转移到硬面上的粘着物质又拉削软金属表面	内燃机的铝活塞壁与缸体摩擦常见此现象
撕脱（胶合）	剪切破坏发生在摩擦副一方或两方金属较深处	粘着结合强度大于任一基体金属的剪切强度，剪切应力高于粘着结合强度	主轴-轴瓦摩擦副的轴承表面经常可见
咬死	摩擦副之间咬死，不能相对运动	粘着结合强度比任一基体金属的剪切强度都高，而且粘着区域大，切应力低于粘着结合强度	不锈钢螺母在拧紧过程中常发生这种现象

润滑状态对粘着磨损值影响较大，边界润滑粘着磨损值大于流体动压润滑，而流体动压润滑又大于流体静压润滑。

润滑油、脂中加入油性和极压添加剂能提高润滑油吸附能力及油膜强度，能成倍地提高抗磨损能力。

2）磨料磨损　定义：硬的颗粒或硬的突起物，在摩擦过程中引起材料脱落，这种现象叫做磨料磨损。

在农业机械、工程机械或矿山机械中许多机械零件与泥沙、矿石等直接摩擦，有的是硬的颗粒进入相对运动副间，有的是借助流体或气体输送矿物颗粒时与壳体摩擦，都会发生不同形式的磨料磨损。

图 6-5 所示为发生磨料磨损的零件。

根据磨损的产生条件和破坏形式可以把磨料磨损分成三类：凿削式磨料磨损、高应力碾碎式磨料磨损和低应力擦伤式磨料磨损。

3）表面疲劳磨损　定义：两接触表面作滚动或滚动滑动复合摩擦时，在交变接触压应力作用下，材料表面疲劳而产生物质损失的现象叫做表面疲劳磨损，如图 6-6 所示。齿轮副、滚动轴承、钢轨与轮箍及凸轮副都能产生表面疲劳磨损。

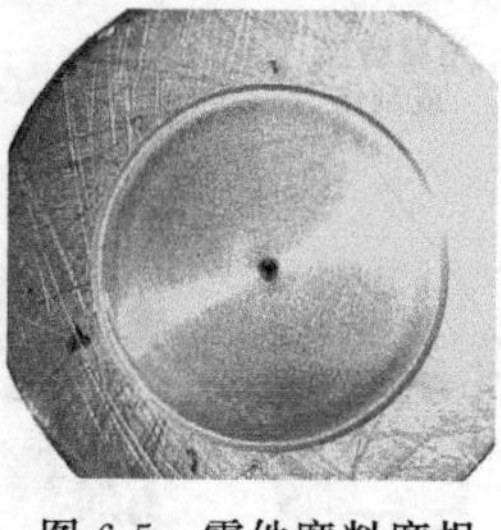

图 6-5　零件磨料磨损

图 6-6　齿轮副表面疲劳磨损

表面疲劳磨损分为扩展性及非扩展性两种。当交变压应力较大时，由于材料塑性稍差或润滑选择不当而发生扩展性表面疲劳磨损。

按照引起疲劳剥落的初始裂纹出现的部位，表面疲劳磨损可以分为以下两大类型。

① 点蚀。点蚀的特征是初始裂纹出现在零件表面，表面裂纹逐渐扩展并产生疲劳破坏。材料破坏深度浅，以甲壳虫状小片脱落，最后在零件表面形成麻点状小坑。例如，在闭式传动的减速器中，主动齿轮的齿面常会发生这种磨损，点蚀多集中在节点以下 2～3mm 的部位，研究表明，当表面接触压应力较小（小于材料剪切强度的 55%），而摩擦系数较大时，表面磨损主要表现为点蚀。尤其是当零件表面质量较差时（如脱碳、淬火不足、有夹杂物等），更是如此。

② 剥落。当表面接触压应力较大（大于材料剪切强度的 60%），而摩擦系数较小时，其初始裂纹往往在表面以下萌生并扩展，疲劳破坏大多突然发生，材料呈片状脱落，破坏区较大，这种疲劳磨损的形式称为剥落。一般滚动轴承常发生这种形式的表面疲劳磨损，其破坏部位大多在轴承内、外圈的滚道和滚动体表面。

4）腐蚀磨损（或称腐蚀机械磨损）

定义：在摩擦过程中，金属同时与周围介质发生化学或电化学反应，产生物质损失，这种现象称为腐蚀磨损。

表 6-2　腐蚀磨损的分类

类别	产生的基本条件	损坏特征	示例
氧化磨损	金属表面与氧化性介质的反应速度很快，形成的氧化膜从表面磨掉后，又很快形成新的氧化膜。一般在空气中，其磨损速度较小	金属的摩擦表面沿滑动方向呈匀细磨痕，磨损产物为红褐色片状或为黑色丝状	曲轴轴颈、铝合金零件等摩擦副表面
特殊介质腐蚀磨损	摩擦副与酸、碱、盐等特殊介质作用，其磨损机理与氧化磨损相似，但磨损速度较大	摩擦表面遍布点状或丝状腐蚀痕迹，一般比氧化磨损痕迹深，磨损产生物为酸、碱、盐的金属化合物	化工设备中的零件表面

续表

类别	产生的基本条件	损坏特征	示例
微动腐蚀磨损	机械零件配合较紧的部位，在载荷和一定频率振动条件下，使零件表面产生微小滑动，其磨损产物为氧化物	摩擦表面有较集中的小凹坑，使紧配合部位松动，磨损产物为红褐色细颗粒	紧配合轴颈、螺母、螺栓及键槽处
气蚀	液体与零件接触处，发生相对摩擦，液体在高压区形成涡流，气泡在高压区突然溃灭，产生较大的循环冲击力使零件表面疲劳破坏，流体介质的化学与电化学作用，加速了表面破坏	受液体作用零件，表面先产生麻点，再扩展成泡沫或海绵状穴蚀，严重者，深度可达 20mm	水泵零件、水轮机转轮、柴油机气缸壁

由于介质的性质、介质作用在摩擦面上的状态及摩擦材料性能的不同，腐蚀磨损出现的状态也不同，分类见表 6-2。

图 6-7 所示为零件表面存在带凹点的气蚀斑。产生原因：超速、低补油压力、吸空以及油液中含气量过高。

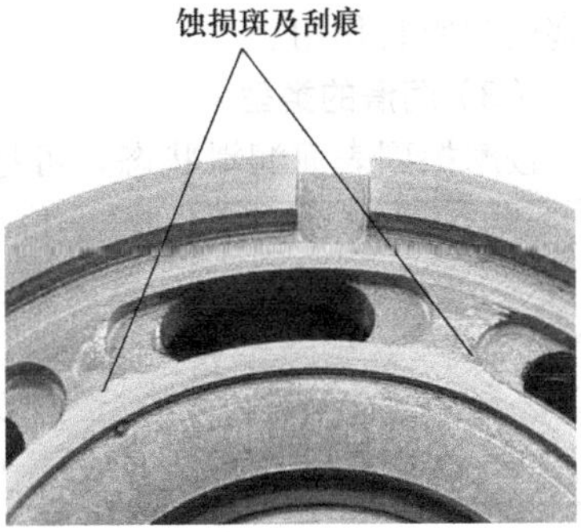

图 6-7　腰形孔面存在带凹点的气蚀斑

6.1.5　润滑

定义：在发生相对运动的各种摩擦副的接触面之间加入润滑剂，从而使两摩擦面之间形成润滑膜，将原来直接接触的干摩擦面分隔开来，变干摩擦为润滑剂分子间的摩擦，减小摩擦，降低磨损，延长机械设备的使用寿命。

（1）润滑要求

各摩擦副的作用、工作条件及性质不同，对润滑的要求也是各不相同的，归纳有以下几点：

① 根据摩擦副的工作条件和作用性质，选用适当的润滑剂。

② 根据摩擦副的工作条件和作用性质，确定正确的润滑方式和方法，将润滑油按一定的量分配到各摩擦面之间。

③ 搞好润滑管理。

（2）润滑剂的作用

使用润滑剂的目的是润滑机械的摩擦部位，减少摩擦抵抗、防止烧结和磨损、减少动力的消耗，以提高机械效率。除此之外，还有一些实用方面的作用，归纳如下：

① 减少摩擦。在摩擦面之间加入润滑剂，能使摩擦系数降低，从而减少了摩擦阻力，节约能源的消耗。在流体润滑条件下，润滑油的黏度和油膜厚度对减少摩擦起着十分重要的作用。随着摩擦副接触面间金属-金属接触点的增多，出现了边界润滑条件，此时润滑剂的化学性质（添加剂的化学活性）就显得极为重要了。

② 降低磨损。机械零件的黏着磨损、表面疲劳磨损和腐蚀磨损与润滑条件有关。在润滑剂中加入抗氧、抗腐剂有利于抑制腐蚀磨损，而加入油性剂、极压抗磨剂可以有效地降低粘着磨损和表面疲劳磨损。

③ 冷却作用。润滑剂可以减轻摩擦，并可以吸热、传热和散热，因而能降低机械运转摩擦所造成的温度上升。

④ 防腐作用。摩擦面上有润滑剂覆盖时，就可以防止或避免因空气、水滴、水蒸气、腐蚀性气体及液体、尘土、氧化物等引起的腐蚀、锈蚀。

润滑剂的防腐能力与保留于金属表面的油膜厚度有直接关系，同时也取决于润滑剂的组成。采用某些表面活性剂作为防锈剂能使润滑剂的防锈能力提高。

⑤ 绝缘性。精制矿物油的电阻大，如作为电绝缘材料的电绝缘油的电阻率是 $2\times10^{16}\Omega\cdot mm^2/m$（水是 $0.5\times10^{16}\Omega\cdot mm^2/m$）。

⑥ 力的传递。油可以作为静力的传递介质，如汽车、起重机的液压油。也可以作为动力的传递介质，如自动变速机油。

⑦ 减振作用。润滑剂吸附在金属表面，本身应力小，所以，在摩擦副受到冲击载荷时具有吸收冲击能的本领。如汽车的减振器就是利用油液减振的（将机械能转变为流体能）。

⑧ 清洗作用。通过润滑油的循环可以带走油路系统中的杂质，再经过滤器滤掉。内燃机油还可以分散尘土和各种沉积物，起着保持发动机清洁的作用。

⑨ 密封作用。润滑剂对某些外露零部件形成密封，防止水分或杂质的侵入，在汽缸和活塞间起密封作用。

（3）润滑的类型

按摩擦副表面润滑状态，可把润滑类型分为流体润滑、边界润滑、混合润滑。

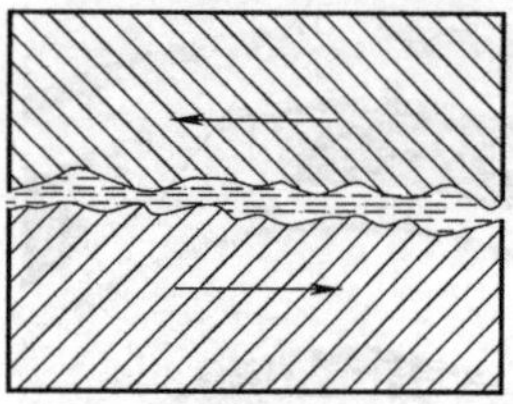

图 6-8　流体润滑状态

1）流体润滑　在两摩擦面之间加液体润滑剂，润滑油把两摩擦面完全隔开，变金属接触干摩擦为液体的内摩擦，这就是流体润滑（图 6-8）。

流体润滑的优点是液体润滑剂的摩擦系数小，通常为 0.001～0.01。只有金属直接接触时的几十分之一。

2）边界润滑　流体润滑膜遭到破坏后，在接触面上仍然存在着一层极薄（约为 0.01μm）的油膜，这一薄层油膜和摩擦表面之间具有特殊的结合力，形成膜，从而在一定程度上继续起保护摩擦表面的作用，这种润滑状态称为边界润滑（图 6-9），所生成的膜叫做边界膜。由于边界膜的厚度很小，摩擦表面形貌的表层性质对润滑情况会有很大影响。

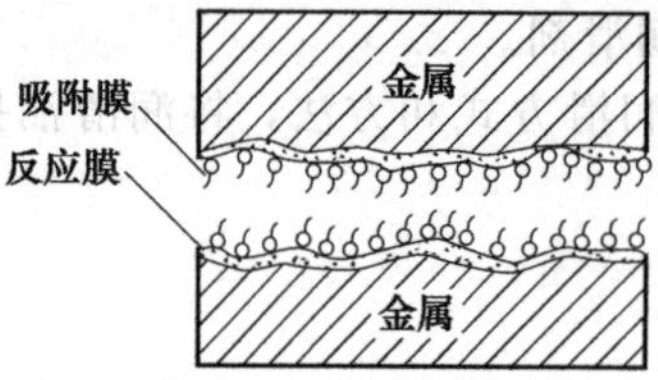

图 6-9　边界润滑状态

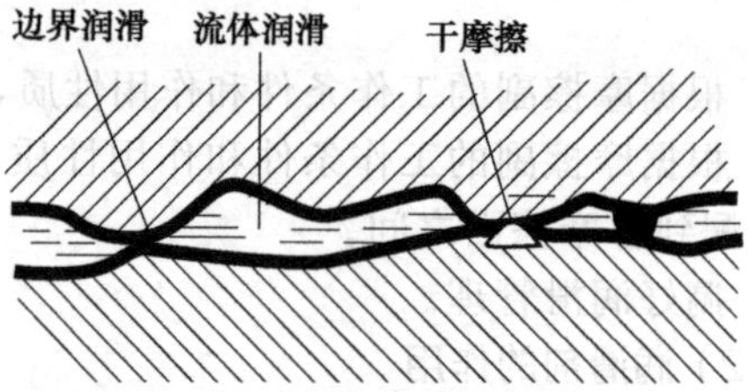

图 6-10　半流体润滑状态

3）半流体润滑（或称混合润滑）　摩擦面上形成的润滑膜局部遭到破坏，油既不均匀又不连续，使摩擦面上同时出现流体润滑、边界润滑和干摩擦的润滑状态叫做半流体润滑，如图 6-10 所示。产生半流体润滑的原因主要是载荷过大，或速度、载荷变化频繁，选用油品不当，以及摩擦面粗糙等。

6.2　油液的测试分析与监测

润滑油变质及携带外来污染物均会造成设备故障，设备有故障时产生的颗粒及泄漏物也会落在润滑油中，因此检测润滑油的各指标及污染物的含量，即可推测设备状况并作出故障预测。

6.2.1　润滑油常规指标变化

指标变化到一定程度后，继续使用该润滑油就会影响设备的正常工作或使设备磨损加剧而发生故障，措施就是更换新油。为了保护设备，润滑油生产厂和设备生产厂都推荐一些换油指标值，提供给设备使用者或管理者作为换油的指导。反过来，可把这些值作为设备可能发生故障的警告值，并通过设备运行过程中这些值的异常变化推测设备发生故障的可能性。如某设备在运行中润滑油黏度突然快速上升，酸值也随之快速上升，数值已高于换油的警告值，就可肯定润滑油此阶段在高温下工作而剧烈氧化，应从造成油温高的原因去跟踪，检查影响温度升高的有关部位如冷却系统等的故障。又如某柴油机润滑油使用中黏度下降较大，其闪点也随之下降，可以肯定原因是润滑油被柴油稀释，应去检查柴油雾化系统有何问题。内燃机润滑油在运行中几个常规指标的变化原因如表 6-3 所示。

表 6-3　润滑油在运行中几个常规指标的变化与设备故障

项目	上升的原因	下降的原因	规律
黏度	设备操作温度过高，提前点火，检查冷却系统	内燃机燃料雾化不良，气缸-活塞间隙过大	
酸值	换油期过长，工况苛刻		一般为上升
闪点	设备温度高	内燃机雾化不良，气缸-活塞间隙过大	
残炭灰分	外来污染大，油过滤失效		一般为上升
碱值		换油期过长	一般为下降
不溶物	换油期过长，工况苛刻		一般为上升
水分	操作温度过低，漏水		一般为上升

在用润滑油测试出某一指标达到规定值时，表明此油已不能胜任其工作而需更换新油，若继续使用，会影响设备的正常工作或对设备有损害，但与设备将发生故障并无直接关系，只有一定的因果关系。凭以上的几个常规指标对润滑油及设备状态监测已足够，并不一定要动用很多复杂的仪器。例如，很多情况下设备会因进水而发生不正常磨损，可从油中含水量得到警告。不必从润滑油中颗粒分析得知异常磨损，再去进行油的常规分析，从含水量超标得知异常磨损的原因，才去寻找水的来源，这种因果倒置的思路大大增加了工作量，贻误了处理故障的时间。又如，从润滑油的闪点和黏度大幅下降肯定润滑油被汽、柴油稀释，必然表明此发动机燃烧不良及可能磨损大，应及时检查燃料供给系统。

润滑油在降解后，除了各常规理化指标发生变化外，润滑性能也随之变坏，如抗氧性、抗磨性、抗泡性、抗乳化、空气释放值等与新油比也越来越差，也预示故障的发生，因而也要定时测定。

6.2.2　光谱分析法

用光谱化学分析法测定油样中各元素的浓度已经有很多年了。光谱分析技术原用于分析化学，自从解决了油质样品的制作与分析技术问题之后，很快用于测定机器润滑油中所含各种微量元素的浓度，它以 ppm（百万分之一）为单位。这一技术是基于这样的一个事实，即在任何磨损过程中，要求严格的元件表面被磨蚀，从而产生了磨屑。由于液压系统要容纳油液而必须完全封闭，不可能直接观察磨损表面，而且拆开元件进行尺寸检测也不现实。因此，对磨损颗粒浓度进行分析便为评定液压系统磨损过程的严重程度提供了一种方法。例如，在许多液压元件中，受力强的零件都用铁或钢制成，所以，通过测量铁元素的浓度就可以确定铁类零件的磨损率。

油液分析目前使用的光谱法有两种，即发射光谱和原子吸收光谱。这两种方法用在评价润滑系统磨损方面比用在液压系统方面更为广泛。发射光谱所依据的原理是：每一种元素在火焰、电弧或火花中受激发时，会发射出该元素所特有的波长。例如，普通食盐撒到火里时，由于盐中的钠而发出黄色的光。如果让这种火焰中发出的黄光通过分光计，那么通过测定那种波长的光强，就可测出钠浓度。

在用发射分光计分析用过的油样时，油和混入的磨粒装在一个杯子里。驱动转盘使杯中的油受电火花的作用。这种电火花发出的光通过分光计的入口狭缝，并在光栅作用下色散，使特定波长的光落在特定光电倍增管上。使用一系列这样的光电倍增管，就可以同时测定几种不同的元素。

常用的第二种光谱分析方法是以原子吸收原理为基础的。这种装置用以测量试样所吸收的电磁辐射量。分析时，把少量用过的油样放入火焰中气化，让光源通过蒸气，用光电池测定该试样透射出来的光的量。用棱镜或光栅使光源来的光发生色散，这样，就可以在给定的时间里只让某限定频率范围的光来照射蒸气试样。测量通过蒸气后照射在光电池上的光的量，就表明已知吸收这一波长的光的元素存在。改变光源的波长范围就能测出不同元素的浓度。

（1）发射光谱技术

物质的原子是由原子核和在一定轨道上绕其旋转的核外电子组成的。当外来能量加到原子上时，核外电子便吸收能量从较低能级跃迁到高能级的轨道上。此时原子的能量状态是不稳定的。电子会自动由高能级跃迁回原始能级，同时以发射光子的形式把它所吸收的能量辐射出去。所辐射的能量与光子的频率成正比关系：$E=h\nu$，其中 h 为普朗克常数。由于不同元素原子核外电子轨道所具有的能级不同，因此受激后所放出的光辐射都具有与该元素对应的特征波长。光谱仪就是利用这个原理，采用各种激发源使被分析物质的原子处于激发态，再经分光系统，将受激后的辐射线按频率分开，通过对特征谱线考察和对其强度测定，可以判断某种元素是否存在并测定它的浓度。

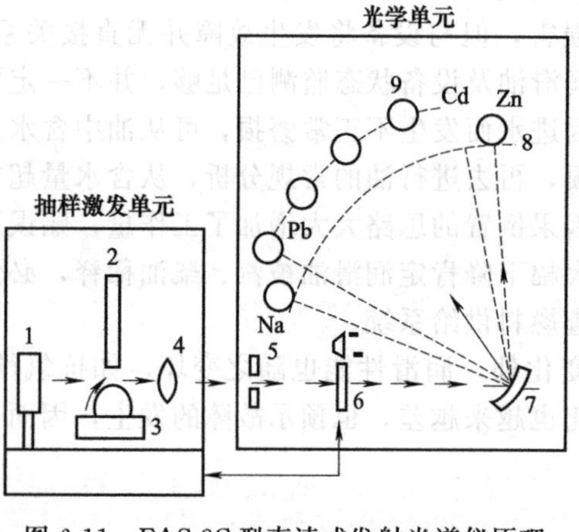

图 6-11　FAS-2C 型直读式发射光谱仪原理

1—汞灯；2—电极；3—油样；4—透镜；5—入射狭缝；6—折射波；7—光栅；8—出射狭缝；9—光电倍增管

图 6-11 是美国 Baird 公司 FAS-2C 型直读式发射光谱仪的原理。采用电弧激发，一级是石墨棒，另一级是缓慢旋转的石墨圆盘。该盘下部浸入油样中，旋转时将油带到两极之间，电弧击穿油膜激发其中微量金属元素发出特征辐射线。经过光栅分光，各元素的特征辐射照到相应的位置上，由光电倍增管接收辐射信号，再经电子线路处理信号，便可直接检出和测定油样中各元素的含量。整个分析过程在电子计算机控制下进行，最后打印输出结果。

（2）原子吸收光谱技术

其原理如图 6-12 所示。空心阴极灯由所需分析元素制成，点燃时发出该种元素的特征光辐射。分析油样被燃烧器雾化并燃烧，其中各种金属微粒被原子化而处于吸收态。当空心灯光辐射穿过光焰时，就被相应的元素原子所吸收。其吸收量正比于样品中该元素浓度(ppm)。一般来说，一种灯只能分析一种元素，测量另一种元素就要换灯，不过近年来已经出现了多元素灯。该种仪器的读数也是利用光电倍增管将光信号转换为电信号。

通过对特征谱线的考察和对其强度的测定，可以判断某种元素是否存在并测定它的浓度。

原子吸收光谱分析法的优点是精度较高，不受周围环境干扰，应用日益广泛。现在出现了将润滑油样直接送入燃烧器的新方法，免除了油样预处理的烦琐程度，进一步缩短了分析时间。

（3） X射线荧光光谱

X射线荧光光谱仪的激发源是一种硬X射线。分析元素受激后发射出具有特征频率的软X射线，将它检出并测定其强度，便可得知所含元素的种类及含量。X射线光谱仪的原理如图6-13所示。X射线在伦琴管内产生，并照射到试样上。试样元素的二次发射辐射到分析晶体上，又被分析晶体衍射到一个盖格探测器，最终通过记录器及计数器输出。分析晶体的平面可以转动，以适应不同波长辐射的衍射角度。

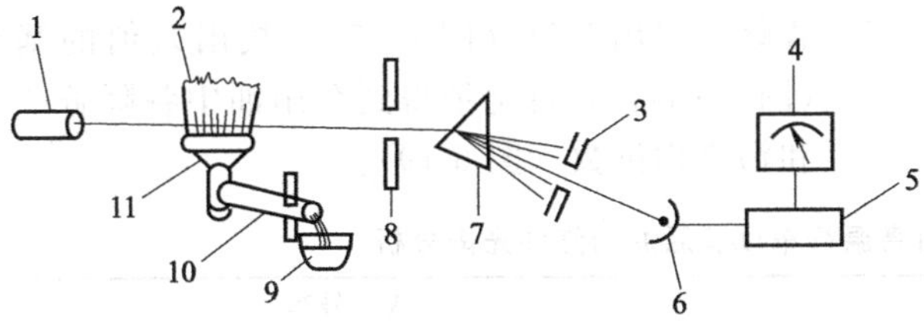

图6-12 原子吸收光谱仪原理

1—阴极灯；2—火焰；3—出射狭缝；4—表头；5—放大器；6—光电管；7—分光器；8—入射狭缝；9—油样；10—喷雾器；11—燃烧器

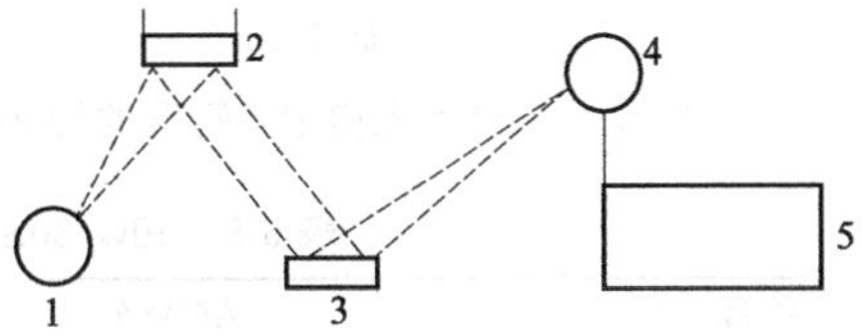

图6-13 X射线荧光光谱

1—X射线源；2—油样；3—分析晶体；4—盖格探测器；5—记录器及计算器

这种光谱仪灵敏度高、操作简便、可靠性高，因油样无须富集故分析速度快，更适于机器状态监测。荷兰铁路中心试验室曾将几种元素的溶液分析结果与这几种元素的悬浮液的分析结果进行比较，证明当悬浮粒子直径小于0.5mm时，两者结果相同。

由于X射线荧光光谱仪无须制备油样的一整套设备，故可制成移动式的。如美国空军装备了移动式X射线荧光光谱仪，其分析部分只有22kg，探测Fe、Cr、Mn、Ni的灵敏度高于发射和吸收光谱法。

（4）润滑油红外光谱分析

从润滑油一些常规理化指标的变化了解润滑油降解后的外在情况，而油降解的化学组成变化要通过红外光谱分析，它可检测出油氧化后的醇、醛、酮、酸等含氧化合物及硝化物等官能团的量，从而得知油的降解程度。此外它还可检测油中某些添加剂和污染物含量，其情况如表6-4、图6-14所示。

表6-4 红外光谱对在用油的分析

品名	吸收峰位置/cm^{-1}	意义	警告值
烟炱	2000	油污染程度	>0.7ABS/0.1mm
氧化物	1700	降解程度	>0.02ABS/0.1mm
硝化物	1630	降解程度	>0.02ABS/0.1mm
水	3400		0.1%
柴油	800		2.0%
汽油	750		1.0%
乙二醇	880	冷却液污染	0.1%
硫化物	1190	油的降解	>0.02ABS/0.1mm
硫磷锌盐	960	添加剂消耗	−0.02ABS/0.1mm

高档汽油机油高温性能的行车试验，试验中把油温升至150℃以强化氧化，模拟汽车在高速公路上持续行驶时润滑油的工作条件，试验后机油的黏度上升程度与红外光谱的氧化值和硝化值如表6-5所示。从表6-5看到，黏度上升与润滑油的氧化值一致，说明黏度上升是油高度氧化所致。

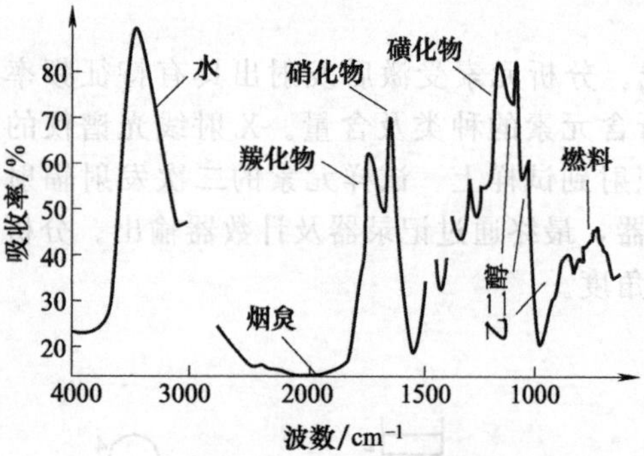

图 6-14 红外光谱中各物质的特征峰

由于油温特别高，润滑油高度氧化，其红外光谱的氧化值增长快，分散性能消耗不大，因而硝化值增长慢甚至负增长。红外光谱仪是一种应用范围很广的分析仪器，专用于润滑油分析时有一套软件，如美国 PE 公司的软件。工作过程是：先分别做出参比油和要测的在用油的谱图（图 6-15、图 6-16），除去相同的吸收峰，得出差值（图 6-17），找出差值的基线（图 6-18），就可定量得到在用油中各降解产物和污染物读数（图 6-19）。

表 6-5 10w/30SH 油高温行车试验后油的红外光谱分析

项目	A6 号车			A19 号车		
里程/km	400C 黏度增长/%	氧化值/(A/cm)	硝化值/(A/cm)	400C 黏度增长/%	氧化值/(A/cm)	硝化值/(A/cm)
4000	14.32	5.05	4.37	10.78	4.37	3.98
8000	28.96	11.9	7.77	24.15	10.40	6.41
12000	42.35	20.10	10.10	38.02	19.90	12.60
16000	56.92	24.90	13.80	61.94	60.10	32.00
20000	80.72	39.90	25.00	123.60	71.50	28.00
24000	127.20	63.90	29.00	221.11	74.70	25.40

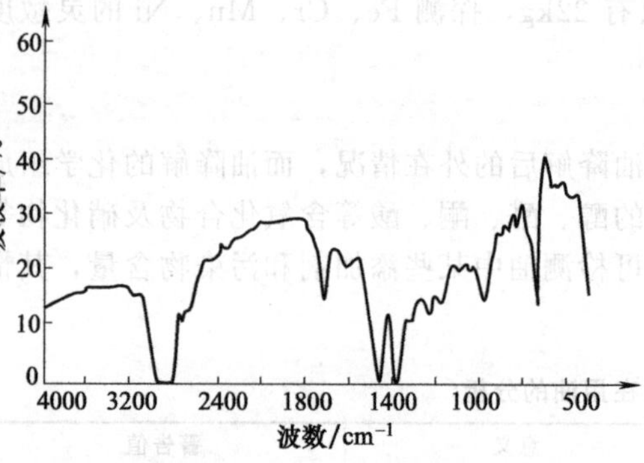

图 6-15 在用油的图谱

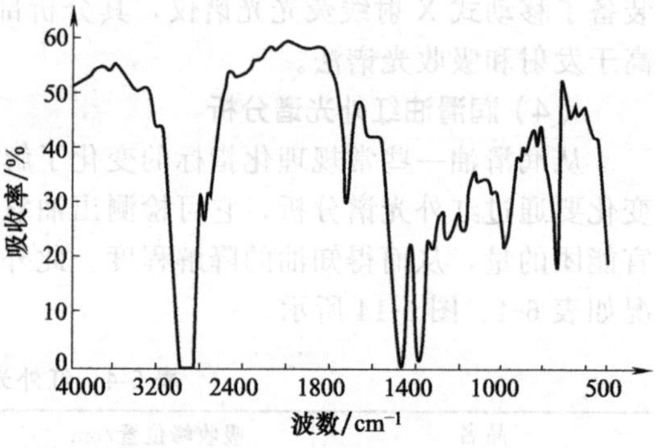

图 6-16 参比油谱图

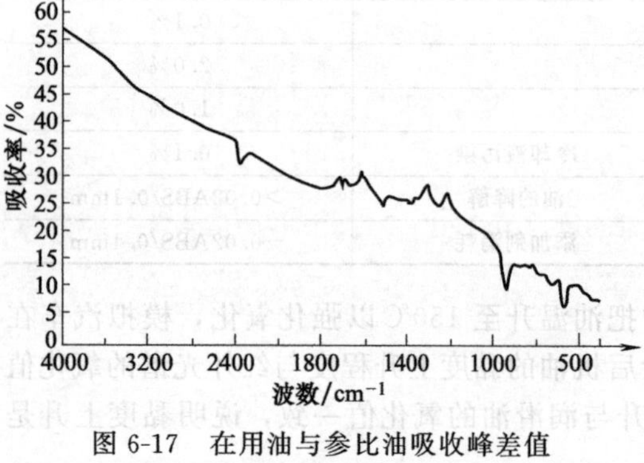

图 6-17 在用油与参比油吸收峰差值

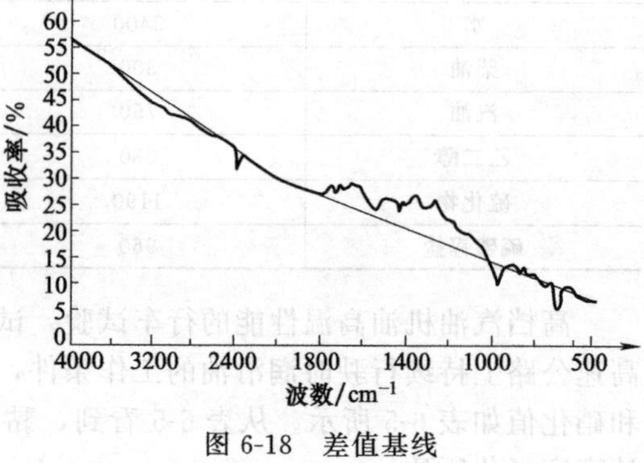

图 6-18 差值基线

（5）光谱分析在风机润滑油检测中应用

1）风机设备润滑油中磨损元素的来源

在进行油品分析前，必须了解设备的实际情况，对于不同设备而言，磨粒元素有一定的差异。风机成套设备除风机外，还有电动机（汽轮机）、齿轮箱等。连接形式有：汽轮机-风机；电动机-齿轮箱-风机；汽轮机-风机-齿轮箱-能量回收膨胀机；能量回收膨胀机-发电机等。产生磨损的部位一般有驱动机、变速箱、风机的主轴及轴承，附属设备的齿轮、轴承、衬套等，磨损元素来源如下。

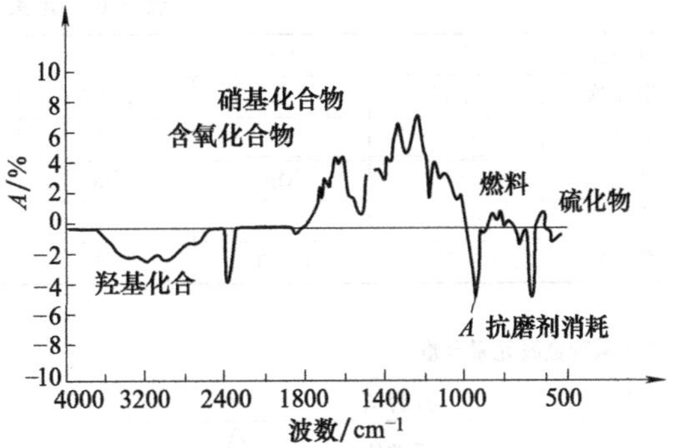

图 6-19　在用油中各物质读数

① 铁来自齿轮、高速轴、齿轮轴等钢铁类摩擦副。若其含量迅速增加，表明可能出现异常磨损，尤其是腐蚀磨损。

② 铜来自轴承、连杆轴承、衬套制动器等含铜类摩擦副。

③ 铝污染物。

④ 铬来自高速轴、齿轮轴等含铬摩擦副。

⑤ 锡来自锡合金轴承、高速轴承覆盖层等含锡类摩擦副。

⑥ 硅酸盐和氧化硅是外界污染物，由于润滑油中加有防起泡添加剂，会存在少量的有机硅。

⑦ 钠和硼冷却水中有大量钠及硼。

2）光谱分析在风机设备故障诊断中的应用案例

① 风机异常磨损故障的分析

对某公司一套硝酸四合一机组进行例行光谱监测时，发现其在用润滑油中 Cu、Sn 等主要磨损元素的含量急剧上升，已经超过了异常界限值的三倍。根据经验，磨损元素含量的急剧变化，已经超过了设备故障的前期预告，表明该设备运转存在异常。为了进一步验证这个结论，立即着手对该油样进行颗粒分析，在观察分析谱片时发现大量的金属异常磨损颗粒。

根据光谱与颗粒的综合分析，发现设备存在严重的故障隐患，同时，该设备在用润滑油的品质也存在问题，因此立即通知用户安排停机。检查后发现，由于该设备的密封圈泄漏，导致废气 NO_x 进入润滑油中，油品的润滑效力降低，导致轴瓦异常磨损。由于问题发现早，处理及时，避免了恶性设备事故的发生。

② 冷却系统泄漏问题诊断

某钢铁公司 AV56-13 轴流压缩机轴承温度异常，在确定机械部分没有问题的前提下，对润滑油进行常规检验，发现润滑油有大量气泡，含水量 0.1%。为弄清水的来源随即进行光谱分析，发现油品中钠元素含量超过正常值（见表 6-6），怀疑冷却器泄漏，建议停机修复，经打压发现冷却器一处有水珠存在，表明有裂纹。修熨后用光谱分析润滑油中 Na 含量已正常。

③ 检测油品中添加剂的消耗

在设备运行中，由于高温、高压，内在及外界污染、泄漏、过滤等各方面的作用，油品的添加剂势必逐渐损耗。当一种或几种添加剂消耗至规定标准时就不能再保障设备应用的技术要求。为保证设备使用寿命就要及时采取必要措施，最方便的办法是更换新油品。经过分析比对确定了当添加剂消耗放吸的一种为原来总量的 75%时，即消耗 75%时，就必须更换润滑油或补加。

表 6-6 元素光谱分析含量 ppm（1ppm=10^{-6}）

3 号机组	Fe	Cr	Cu	Sn	Al	Si	B
第 1 次	0.55	0.02	0.27	1.28	0.14	0.58	0.06
第 2 次	0.43	0	0.24	1.19	0	0.45	0.04
3 号机组	Na	Mg	Ba	P	Zn	Mn	Cd
第 1 次	4.07	0.73	6.10	3.87	3.50	0.01	0.15
第 2 次	3.74	0.69	5.61	2.93	3.25	0	0.03

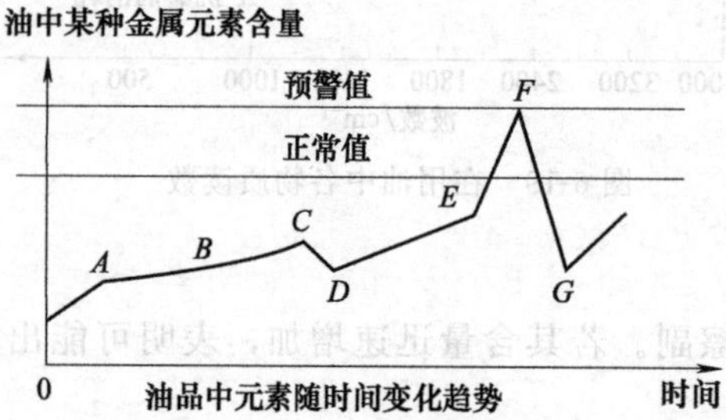

图 6-20 设备预警戒线

3) 磨损元素界限值确定的理论依据及方法

风机主要磨损元素 Fe、Sn、Cu 和来自空气的 Si 关于磨粒含量界限值的确定就是根据设备多次（$N \geqslant 6$）测定的光谱数据，应用数理统计方法确定其报警界限值作为此类设备的预警戒线。图 6-20 是根据在用油中金属含量的变化进行故障预报。图中 A 点是新油加入设备后开始运行时油中某种金属元素（一般取易磨损件的金属成分，对风机取铁、铜或锡）的含量；随着运行时间的增加，油中金属元素含量逐渐由 A 经 B 至 C 点；由于补加了新油，使在用油中金属元素含量降至 D 点；设备继续运行，油中的金属元素含量再由 D 点至 E 点。金属元素含量增加的速率明显上升，这时应引起警惕；当金属元素含量达到 F 点预警值时，必须进行主动性停机维修。G 点是设备经维修后加入新油取样分析的结果。油中金属元素含量预警值根据设备工况来确定，关于报警界限值、异常值根据资料来确定（见表 6-7）。

表 6-7 报警界限值 ppm

设备	报警界限值	异常界限值
连续运转设备	2	3
其他机械设备	2	4

成套设备除主风机外，还有电动机（汽轮机）、齿轮箱等。磨损部位主要有变速箱齿轮、轴及轴承合金。进入润滑油里的磨损元素主要有 Fe、Sn、Cu 和来自空气的 Si 元素。根据风机油品光谱分析相关数据，确定风机设备主要磨损元素 Fe、Sn、Cu 和来自空气的 Si 元素绝对报警界限值和相对报警界限值。

根据不同风机磨损元素测定情况，并根据数理统计方法确定风机主要磨损元素 Fe、Sn、Cu 和来自空气的 Si 元素光谱报警值、界限值（见表 6-8）。

表 6-8 正常值以及界限值 ppm

型号	元素名称	正常值	报警界限值	异常界限值
TRT	Fe	1.49	1.88	2.27
	Cu	5.95	6.78	7.61
	Sn	0.79	0.95	1.11
	Si	0.93	1.13	1.33

如某钢铁公司 TRT 能量回收透平机组，经过数理统计分析认为，润滑油中 Fe0～1.49ppm、Cu0～5.95ppm、Sn0～0.79ppm、Si0～0.93ppm 时设备磨损正常，处于安全运行状态；当润滑油中上述四种元素含量分别超过 1.88ppm、6.78ppm、0.95ppm 和 1.13ppm 时就认为已到报警值，这时就应关注设备的运行情况，适当缩短取样周期，随时关注设备的运行情况。当 Fe、Cu、Sn、si 元素光谱含量值超过 2.27ppm、7.61ppm、1.11ppm 和 1.33ppm 时，且连续 3 次以上监测数据超过异常界限值时，则认为设备可能出

现故障（Fe 超标即检查轴承箱齿轮磨损情况，如果 Sn、Cu 超标即检查轴瓦，Si 表示空气中的灰尘），就必须停机进行设备维修。

6.2.3 铁谱分析法

铁谱是为了分离流动油液中的磨损颗粒并使颗粒沉积下来，以便能用光学的或扫描式的电子显微镜进行分析而发展起来的一门技术。铁谱仪问世，很快在各工业国家推广、发展，至今已有分析式铁谱仪、直读式铁谱仪和在线式铁谱仪三大类。

运动部件之间的表面磨损是机器工作的普通特征。在任何确定时间内发生的磨损方式和磨损率取决于机器的材料、工作周期、运动部件的负载、工作环境以及使用的抗磨添加剂。正常工作期间，有亿万个磨损颗粒进入系统油液中，这些颗粒的尺寸范围从几个纳米至十微米以上。通常，高应力磨损的机械元件用钢制成，从这些元件掉下来的磨损颗粒都受磁场的强烈影响。但是，通常不受磁场影响的颗粒在磨损的过程中却变成具有磁性吸引的东西，这些过程包括冷加工、拉伸和切割等。与磨损有关的颗粒显示出来的磁性是铁谱油液分析系统的基础。

铁谱系统由四个主要部件组成：直读（D.R）铁谱仪、载片铁谱仪（或铁谱分析仪）、铁谱读数仪以及带拍摄附件的双色显微镜。铁谱利用一个特制的磁铁体，其两极附近产生超高梯度的磁场强度使磨损颗粒在流动油液中沉淀下来。直读铁谱仪使颗粒从流动的油液中沿玻璃管轴向聚集起来。分析铁谱仪则用一个倾斜的经化学处理的载片作为基片，被吸收的颗粒可聚集于其上。小心地调节油液试样的压力，以使油样连续地慢速通过玻璃管或沿基片的长度方向通过。

（1）分析式铁谱仪（Analytical Ferro graph）

① 原理。分析式铁谱仪的原理如图 6-21 所示。取自机器的润滑油样被微量泵输送到铁谱片上，该片成一定倾斜角度放在具有高梯度强磁场的磁铁上。油样流下时，其中可磁化的磨屑在磁场作用下，按其自身尺寸由大到小依次沉积在铁谱基片的不同位置，并沿磁力线方向排列成链状。经清洗残油和固定磨屑的工序后，制成了铁谱片（Ferro gram），如图 6-22 所示。在铁谱片的入口端（左端）即 54mm 位置处，沉积大于 5μm 的磨屑；在 40mm 处沉积 1～2μm 的磨屑；在 40mm 以下位置则分布着亚微米级的磨屑。利用各种分析仪器对铁谱片上沉积的磨屑进行观测，便可得到有关磨粒形态、大小、成分和浓度的定性及定量分析结果，包括有关摩擦副状态的丰富信息。

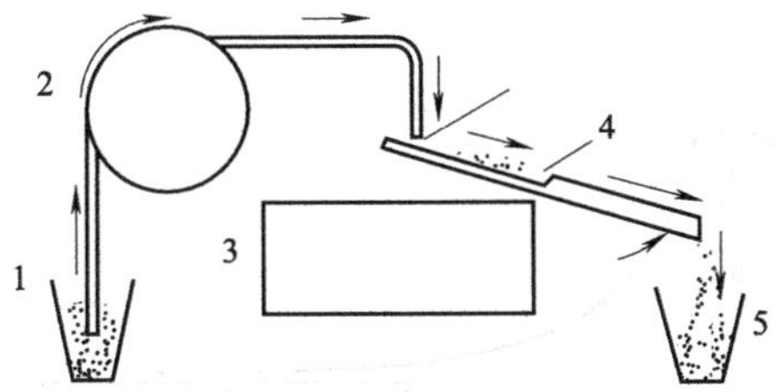

图 6-21 分析铁谱仪原理

1—油样；2—微量泵；3—磁铁；4—铁谱片；5—废油

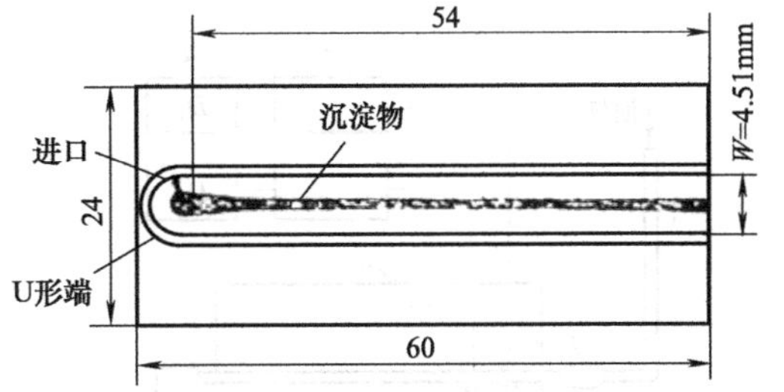

图 6-22 铁谱片

② 铁谱显微镜。（Ferro scope） 铁谱显微镜是分析式铁谱仪配套使用的专用分析仪器。它由双色显微镜和铁谱片读数器组成。在双色显微镜下可以观察铁谱片上沉积磨屑的形态，分析磨屑的成分，测量磨屑的尺寸。铁谱片读数器可以分别测出大磨屑（大于 5μm，在铁谱片上 54mm 处沉积）和小磨屑（1～2μm，在 40mm 处沉积）的覆盖面积百分比 Al 和 As，由此得出油样磨屑粒度的分布。一般选择磨损严重指数 Is 作为机械磨损状态的监测指标。

定义为

$$Is=(Al+As)(Al-As)=Al^2-As^2$$

此外，也有其他判据，如$\sum(Al+As)$，$\sum(Al-As)$等。因此，采用铁谱显微镜就可以完成一般的常规定量分析。

③ 扫描电子显微镜（SEM）。由于磨屑分析的需要，各种现代化分析仪器和技术也逐渐渗透到铁谱技术领域。扫描电子显微镜是重要工具之一。由于它分辨率高，焦深长，从而弥补了铁谱显微高倍光学镜焦深短的弱点。它能更准确地观察磨屑形态，分析磨屑表面细节，还能得到立体感很强的照片。

利用与扫描电子显微镜配套的X射线能谱分析系统（EDAX）可以对磨屑进行成分的定性定量分析。它有三种分析方式：a. 某微区的元素组成；b. 某元素在某扫描线上的一维分布曲线；c. 某元素在某一区域的二维分布图。对磨屑成分作出准确的分析，便可判断某些产生于严重磨损的磨屑的来源，从而进行故障定位并辨别失效模式。

④ 图像分析仪（Quantimet）。该仪器能够对铁谱片上一矩形区域内的沉积磨屑进行统计分析。它的计算机系统可以对不同粒度磨屑进行精确计数，最终拟合成威布尔分布规律并给出其各参量值。此外，它还可以自动而高速地测出磨屑长短轴比值、磨屑周长和特征参数等。由于此类仪器能提供准确而丰富的数据和信息，应用日渐广泛。

⑤ 铁谱片加热法（HFA）。铁谱片加热法是由铁谱技术发展起来的判断磨屑成分的简易实用方法。其原理是：厚度不同的氧化层其颜色不同。具体操作是把铁谱片加热至330℃，保持90s，冷却后放在铁谱显微镜下进行观察。此时不同合金成分的游离金属磨粒就会呈现不同的回火色。例如，铸铁变为草黄色，低碳钢变为烧蓝色，铝屑仍为白色。采用铁谱片加热法，仅利用铁谱显微镜便可大致区分磨屑成分，免于购置大型昂贵设备，适用于要求精度不高的监测，其应用亦相当广泛。

（2）直读式铁谱仪（Direct Reading Ferrograph）

这类铁谱仪是在分析式铁谱仪的基础上研制的。其原理如图6-23、图6-24所示。油样在虹吸作用下流经位于磁铁上方的磨屑沉积管。由光导纤维将两束光线引至三大磨屑（5μm以上）和小磨屑（1～2μm）沉积区域，经光敏探头接收穿过磨屑层的光信号。信号的强弱反映了沉积量的大小，经放大和模数转换后可在屏幕上显示大小磨屑沉积量的相对读数D_I和D_S。

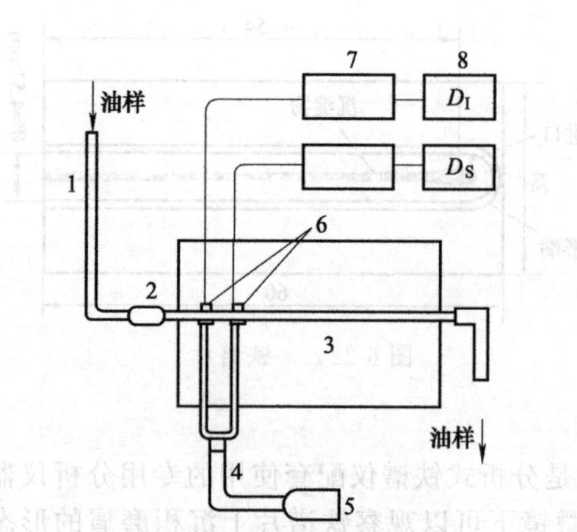

图6-23 直读式铁谱仪原理

1—毛细管；2—沉积管；3—磁铁；4—光导纤维；5—光源；6—光电探头；7—信号调制；8—读出装置

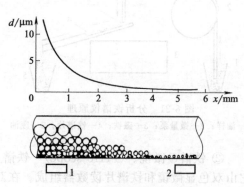

图6-24 直读式磨屑分布

1，2—光电池

直读式铁谱仪分析速度快、重复性好，因此称为铁谱定量分析仪，很适于机器状态监测。由它完成大量日常油样测定工作，建立基准限度，一旦发现磨损急剧发展，可用分析式铁谱仪来观察磨屑形貌、分析化学成分、辨别失效模式、探明磨损机理。因此直读式与分析式铁谱仪配合使用效果最好。

（3）在线式铁谱仪（On-line Ferro graph）

在线式铁谱仪用于在线监测，它由传感器和显示单元两部分组成。传感器接入到机器润滑系统的旁路上，通过电缆将传感器产生的信号传递到远离机器的显示单元。传感器按照一定的程序周而复始地工作。它先将油中磨屑沉积在表面电容器上，沉积量的多少会使表面电容器的电容值发生变化，从而产生正比于油样内磨屑浓度的电信号。该信号经放大和模数转换后，在显示板上显示数字表示磨屑浓度测定值。该仪器分为大、小磨屑两个通道。测定后自动冲洗掉沉积的磨屑进入下一测试循环。这种仪器随主机安装，不必人工采集油样，十分适于大型设备的状态监测。

从铁谱系统中得到的数据是定量的，又是定性的。直读铁谱仪提供了位于沉淀管入口附近位置的（流入油液）和出口附近位置的（流出油液）颗粒密度刻度值。铁谱读数仪则用可光学方法测出在谱片各位置上沉积的磨损颗粒的密度。某个特定位置上的颗粒密度读数总是以离谱片出口端的毫米距离来给定的，如指示为 54mm 的密度读数便是取自离谱片端（即油液出口处）54mm 的那点。从双色显微镜得到的数据是定性的，因为操作者只提出凭经验和训练得来的知识就能判别和联系的东西。双色显微镜的照明特性，使操作者能够观察颗粒形状、沉淀样式和颗粒的外观结构。因此，铁谱的测定为人们透彻地了解颗粒产生环境的化学条件提供了不可多得的手段。

（4）龙门导轨磨床的油液分析实例

铁谱分析技术磨粒观察范围为 1～100μm，而机器在失效期所产生的磨粒尺寸大多在 20～100μm，该范围是铁谱观察的子集，因此，铁谱分析可有效地应用于表面运动副的磨损类型、程度以及磨损部位的观察和分析中，从而进行机床状态预测，对机床及时有效地维护有重要价值。

铁谱技术对磨粒的识别与分析分为定性和定量分析两种方式。前者称为分析式铁谱仪，后者是直读式铁谱仪，工作原理见图 6-25、图 6-26。铁谱分析有采样、制谱、观察与分析、结论四个基本环节。

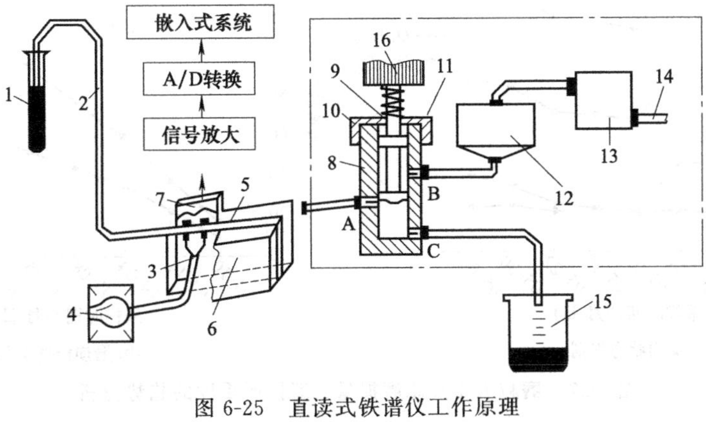

图 6-25　直读式铁谱仪工作原理

1—样品油试管；2—毛细管；3—光纤；4—光源；5—沉积管；6—磁体；7—光电传感器；8—切换阀壳体；9—切换阀柱塞；10—切换阀盖；11—行程开关；12—缓冲容器；13—微量真空泵；14—排气管；15—废液杯；16—虹吸按钮

通过直读铁谱仪对采样进行分析，获得大、小磨粒 D_L、D_S 值，其计算公式为：

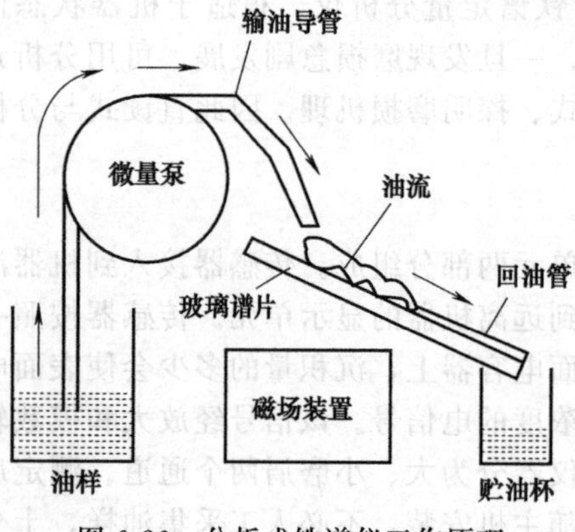

图 6-26　分析式铁谱仪工作原理

$$D_i = \lg\left(\frac{I_0}{I_p}\right) = \lg\left(\frac{A_0}{A_0 - A_p}\right) \tag{6-1}$$

式（6-1）中，I_0 为清洁谱片的光亮度；I_p 表示磨粒沉积谱片的光亮度；A_0 表示光密度孔径面积；A_p 为光密度孔径被磨粒遮盖的面积；i 指代 L（large）、S（small）。

为从数量上表征磨损变化程度和磨损速度，引入磨损烈度指数 L_D：

$$L_D = (D_L + D_S)(D_L - D_S) = D_L^2 - D_S^2 \tag{6-2}$$

总磨损量为 $D_L + D_S$、磨损严重度为 $D_L - D_S$、累计总磨损为 $\Sigma(D_L + D_S)$ 和累计磨损度为 $\Sigma(D_L - D_S)$ 等。

某机床厂对正在生产的 MMA52160A 型龙门导轨磨床进行油样监测。采用直读式铁谱仪的型号是 YTZ-5，分析式铁谱仪的型号是 YTF-5，包括铁谱仪主机、铁谱分析显微镜、YTF 系列图谱管理系统 3 部分。

检测时间是从 2013 年 4 月 10 日到 6 月 5 日，每周定时、定点对 MMA52160A 磨床（机床的工作时间为每周 5 天，每天 8h）的油样进行检测与分析，根据铁谱分析参数变化趋势分析与预测机床的状态。

龙门导轨磨床 MMA52160A 的油样检测数据如表 6-9 所示，磨粒大小、总磨损量和磨损严重度数据变化在某一水平线上下浮动，呈现稳定系统的随机特征。为直观获取系统特征，用折线图绘制大磨粒 D_L、小磨粒 D_S、（$D_L + D_S$）、（$D_L - D_S$）的趋势图，见图 6-27（a），其中 D_L 和 D_S 值分别在 19.5、8.75 上下浮动，且磨粒总量保持稳定，没有出现突变，说明机床运转正常，处于正常磨损状态；图 6-27（b）为 $\Sigma(D_L + D_S)$、$\Sigma(D_L - D_S)$ 变化曲线，两条直接呈分散状态，由铁谱分析规律可知，在实验检测的时间段内该磨床没有出现剧烈磨损现象。同时，结合表 6-9 中磨损烈度指数 L_D 的变化趋势，同样可以判断该机床磨损烈度稳定。

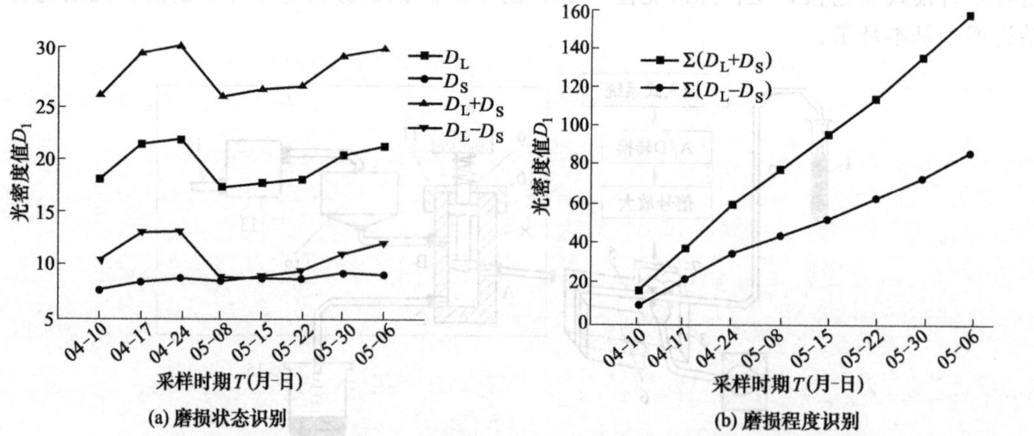

图 6-27　磨粒大小及总磨损量、磨损严重度的趋势分析

6.2.4　磨损颗粒分析

设备磨损下来的金属颗粒被流动的润滑油携带出来，可从润滑油中磨粒的数量和大小推测磨损程度，从磨粒的形貌推测磨损发生的类型，从磨粒的合金成分推测发生磨损的部位。

原理上，润滑油的理化分析从设备故障的原因（如油降解、进污染物、进水、进燃料）进行故障诊断，颗粒分析是从故障的后果进行故障诊断。

表 6-9　龙门导轨磨床 MMA52160A 的油样检测直读数据记录

日期	D_L	D_S	D_L+D_S	D_L-D_S	L_D	$\frac{(D_L-D_S)}{(D_L+D_S)}/\%$
04-10	18.4	7.8	26.2	10.6	277.72	40.46
04-17	21.7	8.5	30.2	13.2	398.64	43.71
04-24	22.1	8.8	30.9	13.3	410.97	43.04
05-08	17.5	8.6	26.1	8.9	232.29	34.10
05-15	17.9	8.9	26.8	9.0	241.20	33.58
05-22	18.3	8.8	27.1	9.5	257.45	35.06
05-30	20.6	9.4	30.0	11.2	336.00	37.33
06-05	21.5	9.2	30.7	12.3	377.61	40.07

各种润滑油中磨损颗粒检测方法汇总如表 6-10 所示。

表 6-10　润滑油中磨损颗粒检测方法汇总

方法	方式	检测颗粒/μm	优点	缺点
原子发射光谱，等离子光谱，X 荧光光谱	离线	<5	定量，溶或不溶于油的金属或非金属均可，快速	只能测小颗粒
原子吸收光谱	离线	1～100	定量	费时间，可测元素少
铁谱	离线，在线	5～50	检出大颗粒量和形貌	限于磁性物，不表示浓度，操作麻烦
颗粒计数器	离线	1～3	费用低	限于磁性物
磨屑探测器(非指示式)	在线	100～400	连续输出	限于磁性物
磨屑探测器(指示式)	在线	100～400	可用于非磁性物	易指示错
磁塞	在线	>6	连续输出	限于大磁性物
颗粒传感器	在线	>1	连续	对粒径和流量敏感
碎片检测器	在线	>150	对碎片随时检出	对温度敏感
超声法	在线	35～75	快速低费用	限于磁性物
X 射线法	离线	1～10	便携	需液氯
X 射线法	在线	1～10	连续检测	对特定金属
放射性同位素法	在线		灵敏度高	接触放射性物

从设备的典型磨损过程模式（图 6-28）和设备故障率模式（图 6-29）可看出，除了初始阶段差别大外（故障的发生除了摩擦磨损外，还有很多因素，如材料强度、安装质量、设计水平、操作失误等），后两个阶段趋势基本一致，在发生异常磨损前，应有一般磨损逐渐增加的过程，也就是在大磨粒大量产生前，小磨粒的浓度增加也预示非正常磨损即将到来，所以在磨粒分析中，以光谱法应用较多，也较有用。小磨粒及腐蚀磨损的金属化合物能均匀分布在油中，样品代表性好，其测量快速方便，在发生恶性磨损前一般有一个正常磨损增加（也就是小磨粒浓度升高）的过程，能给出一个明确的数值对故障作准确的预测。铁谱原理是搞理论研究的好工具，但由于它存在先天的缺点，再加上监测时试验较麻烦，很难给出通用数值，限制了它在故障诊断上的应用，适合做些抽查式检查及对一些怀疑现象的验证。表 6-11 给出了润滑油中一些金属的来源和相应的检查，表 6-12 给出了一些用光谱法测定，金属元素含量的警告值。

表 6-11 仅是简单的举例，实际发生的情况是多种因素相互作用造成的。表 6-12 中的范围值视某设备的金属构成而定。

某矿对大型矿井减速机用油进行监测，用了 7440h 的润滑油的光谱法元素含量如

表 6-13 所示。同时又做了铁谱、红外光谱及常规分析，然后用 GOAFDS 系统进行计算，得出“可能轴承存在异常磨损”的诊断，拆机后证实巴氏合金轴承磨损严重。表 6-13 中铅含量大，也会怀疑含铅大的轴瓦有大问题而立即拆机检查。

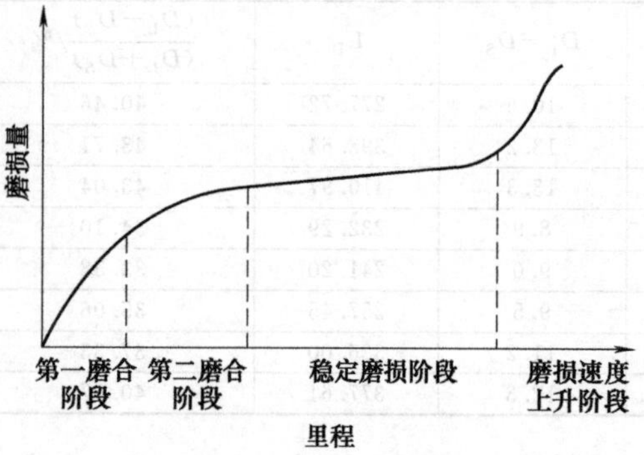

图 6-28　发动机磨损曲线

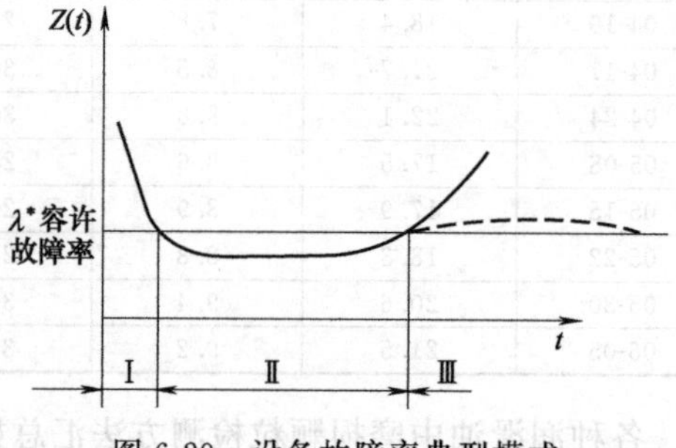

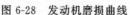

图 6-29　设备故障率典型模式

Ⅰ—早期故障阶段；Ⅱ—偶发故障阶段；Ⅲ—损耗故障阶段

表 6-11　润滑油中金属磨粒的来源和检查原因

金属	来源	检查原因
硅	外来尘砂，硅抗泡剂	环境灰尘大，进气过滤失效
铝	铝活塞，铝合金轴瓦磨损	动力损失大，噪音大
铁	各部分都可能磨损大	窜气，油耗、噪音大，动力损失
铜	轴套磨损	油压不够，噪音大
铬	镀铬环、铬合金轴颈磨损	窜气大，振动
钠	含钠添加剂的冷却水泄漏	查垫片和密封
铅	汽油稀释，含铅轴瓦磨损	动力下降，振动
钒、镍	重油污染，镍合全部件磨损	燃料系统失效
铝	铝合金部件磨损	检查相应部件
钙、钡锌、镁	添加剂消耗	换油期过长

表 6-12　光谱分析法润滑油中金属含量警告值

元素	Pb	Si	Fe	Cr	Al	Cu	Sn	Ag
含量/(μg/g)	5～14	10	100～200	30～60	15～40	5～40	5～15	5～10

表 6-13　某矿交流机组减速机润滑油样检测

元素	Fe	Cr	Pb	Al	Si	Na
含量/(μg/g)	20	<1	105	6	3	1

对蜗轮蜗杆箱的润滑油进行元素含量光谱分析如表 6-14。又做了铁谱，最后推测蜗轮磨损严重，拆机后得到证实。从表 6-14 中铜和硅含量极高即知铜蜗轮磨损严重和进砂子多，应立即拆检和换机油。

表 6-14　蜗轮蜗杆箱润滑油元素含量光谱分析

元素	Fe	Cu	Cr	Ni	Sn	Pb	Mn	Sb	B	Si	Al
含量/(μg/g)	42.27	366.99	1.06	1～71	2～24	2～28	40～79	1.01	1.02	86.73	5.74

从配件磨损表面状况及磨粒形态推测故障性质及原因，实际发生的磨损现象较难分辨，必须在现场做判断，才能推测故障原因，从而提出处理措施，一般从磨损的各自特征出发，抓主要矛盾推测原因。表 6-15 是在这方面可供参考的提示。当有色金属与黑色金属配件一起工作时，情况复杂得多，这就有赖于经验及从其他方面的验证。

表 6-15 几类磨损的摩擦副表面及磨粒特征及原因推测（以黑色金属为例）

类型	磨损表面形态	磨粒	发生原因推测
粘着磨损	从严重程度分划伤，拉伤，烧结。表面粗糙，有高温变色，可见金属突头或楔形流动形成	大而厚，长 5μm，厚 0.15～1μm，边缘粗糙尖锐，也有熔融金属冷却后的珠状	接触面过小而造成局部压力过大；油质差而油膜破裂；供油失效；冷却差使局部过热膨胀；金属表面强度差
磨料磨损	磨料为大而硬的颗粒造成沿运动方向有直线沟槽，小颗粒造成表面光亮	切削状如卷曲、螺旋及带状，大颗粒长 25～100μm，宽 2～5μm，小颗粒为几微米	外部硬颗粒侵入，磨损颗粒侵入，润滑油过滤效果差
疲劳磨损	表面片状剥落，有孔穴、空洞、裂痕，有倒锥形麻点坑	剥落碎片，扁平，外轮廓不规则，最大 100μm，长/厚≈10/1	表面强度不足或匹配不好，压强过大，油膜强度不够
腐蚀磨损	麻坑状点蚀，有的表面变暗，有的经腐蚀使表面强度差而被磨至光亮	红色氧化物屑，有碎片状，很多极小悬浮油中	油降解程度高，进水，操作温度高，环境有腐蚀物，设计不合理造成表面受高速流体冲击

6.3 油液系统的维护要点

6.3.1 污染的防治

由污染物引起故障所造成的结果是极坏的。许多污染物是研磨剂，当污染物进入系统以后，将加速零件的磨损。

一般情况下，润滑油可能遇到两种类型的污染物，一种是来自外部的污染，包括灰尘、铁锈、布屑、纤维和水垢等，另一种是由油液添加剂变质形成的可溶解的和不可溶解的成分造成的污染。

第一种类型污染物可以采取以下提到的预防措施加以控制，但是如果仅靠预防性的维护，由油液添加剂变质引起的油液的污染则不能被有效地防止，尤其是当系统油温过热时，会加速这种污染物的形成。假如采取措施避免系统过热，可减少这些可溶解的和不可溶解的污染物的产生。但即使在精心维护的情况下，由于氧化、冷凝和酸的形成，油液最终会变质。因此，定期地更换油液是减少这些有害成分的唯一途径。

将污染物阻挡在系统之外是关键，可以采取以下几个措施预防污染物进入系统：

① 保持盛装油的容器清洁，把油桶储存在符合要求的位置，并应加盖保护，防止在油桶上积聚雨水，油桶的盖子应密封良好，在打开油桶之前，应仔细清洗油桶的顶盖；

② 把油加入油箱时使用清洁的加油设备；

③ 对过滤器和滤网规定并遵循一个确定的维护周期；

④ 必要时检查并更换防尘圈和密封圈。

油液对元件起到润滑和冷却的作用，假如污染物进入到系统，以上功能都将受到影响。

系统中有一个元件不能被忽略，这就是过滤器，其作用众所周知。关键设备使用者面临的问题不是如何去更换滤芯，而是什么时候去更换。关键设备液压元件的价格远远高于过滤器的价格，但是如果忽略了对过滤器滤芯的更换，结果可能造成其他昂贵的元件（例如泵）损坏。当然不必要地频繁更换滤芯是浪费，但是当工作条件比较恶劣时，滤芯的更换周期就应当比推荐的工作周期要更短些。

那么这个间隔到底多少是合适的呢？一般情况下，有些技术人员认为，滤芯更换的时间是要等到滤芯堵塞报警的时候，其实这是不合理的。理由是：首先，当一台过滤器的滤芯堵塞时，这台过滤器可能已经不在工作了；其次，由于许多过滤器装置都安装有旁通阀，允许油液旁通堵塞的过滤器，滤芯堵塞时未被过滤的油液会通过旁通阀进入系统，而没有旁通阀的过滤器，在高压的作用下，被堵塞的滤芯可能被压溃，也会使污染物进入系统，因此，当过滤器堵塞时，系统的油液清洁度就难以得到保证。

建立一个准确地更换滤芯的时间表是比较困难的，这是因为污染物在过滤器内的积累速度受许多因素影响。它们是：

① 首次注入系统的油液的清洁度和补充添加的油液的清洁度；

② 在补油时不小心进入系统中的污染物的含量；

③ 在工作中设备遇到的污染物和环境灰尘含量；

④ 系统密封和防尘状态。

维修人员如何知道应在什么时候更换滤芯呢？一种有效的方法是经常检查过滤器的滤芯的污染情况，假如经过认真检查发现滤芯纸的外部污染物的薄层，此时，油液通过滤芯时就已经很费力了，假如污染物已经在纸褶的根部出现，滤芯此时就需要更换了。虽然此时滤芯仍能捕获污染物，但不久它就会开始阻挡油流，以至大量的油液会通过旁通阀不经过滤进入系统，结果是污染物会积聚到液压元件上，加速元件的磨损。

6.3.2 泡沫的形成原因和防治

形成泡沫的条件是空气和油液混合，这会形成很小的气泡，它们会积聚在系统的各个部分。当油液形成泡沫还会产生过热现象，这是因为当油被压缩时，由于气泡的存在增加了系统的温度。也就是说，当空气被压缩时，就像在发动机气缸中一样使温度升高，热的空气气泡依次加热周围的油液，因此应当防止空气进入系统和引起泡沫。泡沫还是一种可压缩性高的物质，它的存在会影响泵的输出特性，可能产生不规则的运动并造成系统过早失效。在液压润滑系统中产生过多的泡沫的原因主要是：

① 油箱中油位太低，泵可能将空气吸入系统中。

② 吸油管道连接处泄漏。

③ 使用不合适的油液，或者是油液黏度太高。

④ 油变质或存在有有害的杂质。

应当采取的措施是：

① 必要时，检查并更换防尘圈和密封圈，如果没有采取措施及时地更换，将会导致空气泄漏。当更换密封圈和防尘圈时，应当选用制造商推荐的材料。

② 安装软管时，要保证它们被牢固地支撑，振动的软管可能会造成管接头松弛，使空气进入系统，所以应定期检查软管的连接处和固定部位。压力油管泄漏是可见的，而吸油管路泄漏则是不可见的，假如由于空气存在引起泵的噪声，可以把油涂在吸油管处，一次一个接头，假如噪声消失，可以确信这个管接头产生泄漏了。

③ 维修和重装元件时一定要仔细，密封不合适会导致泄漏，马马虎虎地工作带来的后果是系统不可靠的工作和费用非常高的重新修理。

④ 选取黏度合适的工作介质，油的黏度太高，对控制的反应有减慢的趋向，也会造成流体摩擦增加使系统的油温升高，或者造成泵吸空，从而增加泡沫的形成。

6.3.3 润滑装置与系统常见故障及维修

(1) 润滑系统故障的一般原因

设备在运转过程中，常因润滑系统出现故障致使设备各个机构润滑状态不良，性能与精度下降，甚至造成设备损坏事故。

设备润滑系统发生故障的原因很多，通常可归纳为设计制造、安装调试、使用操作和保养维修不当等原因而引起的设备失效，分述如下。

1）机械设计制造方面的原因

① 设备润滑系统设计计算不能满足润滑条件。例如，某种摇臂钻床主轴箱油池设计得较小，储油量少，润滑泵开动时油液不能满足循环所需，但当停机后各处回油返流至油箱时，又会过满而溢出。一些大型机床润滑油箱散热性差，使润滑油黏度波动大，甚至高温季节发生润滑不良。齿轮加工机床润滑系统与冷却系统容易相混，使油质污染劣化。

② 产品更新换代时未对传统的润滑原理与落后的加油方法加以改造，如有些机床改造后重要的导轨面或动压轴承依然用手工间歇加油润滑，机床容易出现擦伤损坏。

③ 对设备在使用过程中的维修考虑不足，一些暴露在污染环境的导轨与丝杠缺乏必要的防护装置，油箱防漏性差或回油小于出油，或加油孔开设不合理等，不仅给日后维修造成诸多不便，也易发生故障。

④ 设备润滑状态监测与安全保护装置不完善，对简单设备定时定量加油即可达到要求，但对连续运转的机构应设有油窗以观察来油状况。一些大型轧钢连续生产线，当轧辊轴承供油不正常时，欠缺必要的报警信号与电气安全联锁装置。

⑤ 设备制造质量不佳或安装调试得不好。零件油槽加工不准确，箱体与箱盖接触不严密，供油管道出油口偏，油封装配不好，油孔位置不正，轴承端盖回油孔倒装，油管折扁，油管接头不牢，密封圈不合规格等都将造成润滑系统的故障。

2）设备保养维修方面的原因　设备在使用过程中，保养不善或检修质量不良是润滑系统发生故障最主要的原因。这些问题与企业设备管理体制不健全，设备润滑“五定”规范贯彻执行不认真，维修人员（含润滑工人）与设备操作者的技术素质都有密切关系。特别是一些大型现代化设备润滑系统比较复杂，要求也较严格，更容易发生故障。常见故障原因有以下几种：

① 不经常检查调整润滑系统工作状态。即使是润滑系统完好无缺的设备，在运转一定时间之后，难免存在各种缺陷，如不及时检查修理，就会成为隐患，进而引起设备故障。

② 清洗保养不良。不按计划定期清洗润滑系统与加油装置，不及时更换损坏了的润滑元器件，致使润滑油中夹带磨粒，油嘴注不进油，甚至油路堵塞。一些负荷很重、往返运动频繁的滑动导轨，油垫储油槽内的油毡因长期不清洗而失效，结果使导轨咬粘、滑枕不动。一些压力油杯的弹簧坏了，钢球不能封闭孔口；利用毛细管作用，均匀滴油的毛线丢失或插入不深等，这些润滑元器件都应在日常保养中清洗或更换。

③ 人为的故障。不经仔细考虑随意改动原有润滑系统，造成润滑不良的事故也有发生。一般拖板都设有防屑保洁毡垫，要求压贴在与之相对的导轨表面，但有些企业对之长期不洗，任其发硬失效或洗后重装时不压贴。

④ 盲目信赖润滑系统自动监控装置。设备润滑状况监控与联锁装置常因本身发生故障或调整失误而失去监控功能，因而不发或错发信号。因此，要定期检查调整润滑监控装置，只有在确信其工作可靠的前提下，才可放心地操作设备。

以上主要是从设备故障表面现象加以分析，实际生产中，许多故障产生的原因是错综复杂的，有些故障直接原因是保养不良，但包含润滑系统设计不合理或制造质量欠佳，或是选择润滑材料不当，或是机械零部件的材质与工艺存在问题等因素。因此，对具体故障要做具体分析，从实际出发，找出主次原因，采取有效易行的故障排除方法。必要时对反复发生故障的原有的润滑系统加以改进，以求更完善。

（2）加油元件常见故障的检修

1）油环　可分式活动油环由两部分组成，轴在转动过程中，其连接处可能发生跳动，使润滑装置受损，且有松脱的危险，故应定期检查修理。油环润滑要求油箱油面有一定高度，使油环浸过其直径 1/6～1/5。当油面过低时，带进轴承的油量不足，润滑不良，甚至完全失效；反之，油面过高，油液受到激烈搅拌（特别是随轴旋转的固定油轮），使油箱发热，也会产生润滑故障，故应经常保持规定的油面高度。

2）油杯　三种型式压注油杯都是由弹簧顶住小钢球遮蔽加油孔，以防止尘埃落入杯中。这种油杯结构简便，且效果好，使用非常广泛，但也经常出现弹簧卡死，钢球遮蔽不严，脏物易积集孔中而堵塞，偶或钢球脱出，使油孔外露。因此，要正确使用加油工具，及时修复或更换已损坏的油杯。

3）弹簧盖油杯　利用毛线油芯的毛细管原理，使杯中油液缓慢不断地进入摩擦表面。常见故障是油芯脏或油芯插入油芯管中太浅，或者因油芯材料缺少而用棉纱代替。

4）针阀式注油杯　针阀式注油杯是利用针阀锥面间隙调节滴油量大小，可根据设备运转强度调整间隙量大小，并由爪形固定针阀锥体。当设备使用久时，油中的胶质黏附锥体或脏物积聚在针阀出口，间隙逐渐变小，流油量也随之减少，甚至无油滴出，造成零件干磨损坏，故应经常清洗和调整油杯。

（3）润滑装置常见故障的检修

1）齿轮油泵常见故障及消除方法　齿轮油泵常见故障及消除方法见表 6-16。

表 6-16　齿轮油泵常见故障及消除方法

现象	原因分析	消除方法
噪声大，压力波动大	泵体与泵盖接触面平面度不好，或者有毛刺，使旋转时有空气吸入	若泵体与泵盖平面度不好，可在平板上用金刚沙研磨，使平面度不超过 0.005mm。若有毛刺，可用油石磨掉或加纸垫
	卸荷槽位置开的不对	更换泵盖或修正卸荷槽
	齿轮齿形精度不高，齿面磨损或研伤	调换齿轮或对齿轮进行修正
	滤油器被脏物堵塞或吸油管口贴近滤油器底面	清除污物，移动吸油管口位置，使其距离滤油器底面 2/3 高度处
	吸油管口露出油面，油泵吸油位置太高	吸油管应深入油池，只许低于液面；吸油口至油泵的垂直高度不得超过 500mm
	传动轴上骨架式回转轴唇形密封圈损坏或密封圈内弹簧脱落	更换密封圈避免空气吸入
	泵与连接电动机的联轴器不同轴或有松动	调整联轴器使两者同轴度误差不超过 0.2mm；更换联轴器中已损坏或失效的零件
	齿轮轴各部分不同轴或轴已弯曲，轴承已损坏	更换齿轮轴或进行修复，更换已损坏的轴承并调整使其适度
流量不足，压力上不去或压不出油，容积效率降低	齿轮磨损使轴向间隙或径向间隙过大，内泄漏严重	修复零件，调整间隙，使轴向间隙保持 0.03～0.04mm
	油黏度太大或油液温度升高使油黏度太低	校正黏度，可考虑选用黏温性较好的油
	液压补偿侧板失灵	更换密封圈
	各连接处泄漏使空气混入	紧固各连接处螺钉，检查密封圈安放是否正确
	压力阀的阀芯在阀腔内移动不灵活	检查并调整压力阀
	吸油高度太大，超过油泵允许最大吸入高度	降低吸油高度，提高吸油面或补充油液
	吸油口和排油口接错	重接吸、排油口的接管
	吸油管堵塞	检查、修理、清除堵塞
	电动机运转方向反了	检查、调换电动机接线
	泵内没有灌注油（专指大流量的 XCB 型斜齿轮泵）	拧开泵体顶部螺堵并向吸油室内灌油

续表

现象	原因分析	消除方法
油泵旋转不灵活	装配时盖板与轴不同轴，滚针质量差，滚针折断，滚针轴承不干净；齿轮有毛刺，轴上的螺栓紧固脚太长	根据检查出的不同情况，逐项加以处理
	轴向或径向间隙过小	修理有关零件并调整间隙
	油液中污物吸入泵内	严防污物进入油池，加强过滤，保持油液清洁
密封塞子被压出	压盖堵塞了前后盖板的回油通道，造成回油不畅，压力升高	重新装配压盖，使回油通道畅通
	骨架油封与泵的前盖配合过松	调整或更换骨架油封
	泄漏通道被污物堵塞	清除污物，清除堵塞
排油压力高，降不下来	排出管路堵塞	清洗、通畅管路
	排出管路的阀门未开或开的不大	开启关闭的阀门
	油太脏引起堵塞	加强过滤和更换润滑油
	冬天油温低，润滑油黏度大	加热油液
泵密封部分渗漏、混入空气	压盖没有压紧	拧紧压盖螺栓
	密封圈失效	更换密封圈
	密封结合面不平、有毛刺	研平结合面、磨去毛刺
	结合面的衬垫损坏	更换衬垫

2）回转活塞油泵常见故障及消除方法　回转活塞油泵常见故障及消除方法见表6-17。

表6-17　回转活塞油泵常见故障及消除方法

现象	原因分析	消除方法
油压升不高，油泵不向外送油	油泵反转	调换电动机电源接线
	吸油管路堵塞	清洗并通开堵塞的吸油管路
油压增高后突然降落	调压弹簧失效	重新装配或更换弹簧
内活塞销轴断裂，油压突然降落，油泵运转声音异常	曲线槽不在销轴轴心的圆弧上，因此销轴与滑板上的曲槽反复摩擦造成磨损	卸开油泵，按图纸检查，将滑板曲槽按正确尺寸修理；更换已磨损的销轴
油压油量调整不高，调节机构正常	曲线槽圆弧不正，使销轴移动受到限制，偏心距调不大	拆开油泵，按图检查各部尺寸是否相符，并将不正确部位加以整修
油泵经过短期运转后，电动机声音沉重，油泵转子与泵体发生摩擦	转子与泵体外壳间隙太小，转子与外壳材质不同，运转后温度升高，因膨胀系数不同而使间隙减小，甚至抱住转子无法转动	检查转子与外壳间隙并进行研磨，使间隙符合设计要求
旧式构造的泵调整连杆断裂；油压、油量突然改变，振动加剧	油压、油量调整过高，输出的润滑油间断地通过安全阀返回油箱，因此油压不稳定，引起曲柄剧烈振动，造成连杆断裂	重新更换连杆，并检查各部件有无磨损现象，然后加以处理

3）叶片油泵常见故障及消除方法　叶片油泵常见故障及消除方法见表6-18。

表6-18　叶片油泵常见故障及消除方法

现象	原因分析	消除方法
吸不上油液	油液黏度过大，使叶片移动不灵活	油温低时，适当提高油温，调配或更换黏度较小的油
	油面过低，油液吸不上	把油加到油位线
	叶片在转子槽内配合过紧	叶片和转子装配时，要求每个叶片在转子槽内能灵活移动，如果配合过紧，则需要研磨叶片

续表

现象	原因分析	消除方法
吸不上油液	泵体有砂眼，进出油液互通	修补或调换泵体
	油泵旋转方向反了	纠正泵的旋转方向，并注意叶片前倾角度要正确
	配流盘和泵体接触不良，高低压腔互通	修正配流盘的接触面(配流盘常因受压力而变形)
	花键轴断裂	更换花键轴
压力提不高，压力表指针振动很大	吸入空气	检查吸入口及盖板处的泄漏情况以及吸油滤油网是否畅通
	个别叶片移动不灵活	检查叶片、过紧的可单槽配合研磨处理
	配流盘与转子、叶片间轴向间隙过大	检查配流盘端面间隙及是否凸凹不平，可在板上推平，如转子端面磨损，应适当与定子厚度相配
	叶片与转子装反	纠正转子和叶片的方向
	叶片顶部与定子内壁接触不良	在专用工具上将定子内壁磨损处抛光
	配流盘内孔磨损	调整端面或用金刚砂在平板上推研或更换配流盘
油量不足	配流盘与转子、叶片间轴向间隙过大	转子宽度小于定子宽度，叶片宽度小于转子宽度，配流盘过凹，后盖没有紧固，应适当调整上述配合零件间隙
	转子槽与叶片间隙过大	根据转子槽单配叶片间隙
	叶片与定子接触不良	定子磨损一般在压油腔，可转动180°再装上(即将吸油腔变作压油腔)
	叶片与定子表面径向间隙过大	调换新的叶片。转子轴颈磨损后，单配流盘的孔径
噪声异常	叶片高度不一致	同一个叶片泵的一套叶片的长度差应保持最小，最好不超过0.01mm
	定子内圆曲线不良	定子内圆曲线要在专用工具上抛光
	转子和叶片松紧不一致，个别叶片在槽内卡死	检查转子叶片槽内的叶片是否灵活，配研个别卡死的叶片
	配油盘产生困油现象	配油盘节流开口必须保持相邻两叶片这种关系，即当一片经过节流槽时，另一片开启，按此关系修正
	配流盘垂直度不良，叶片垂直度不良	校正配流盘及叶片的垂直度
	主轴油封过紧，用手摸轴及端盖有烫手现象	适当调整油封
	叶片倒角太小	原叶片一例倒角为0.5×45°，可增大为1×45°，其目的是在叶片运动时减小突变，降低噪声

4）离心泵常见故障及消除方法　离心泵常见故障及消除方法见表6-19。

表6-19　离心泵常见故障及消除方法

现象	原因分析	消除方法
启动后轴不出油	吸入管连接处漏气	紧固吸入管连接处
	胶管磨损，有孔漏气	更换胶管
	泵体内油液不够	将泵体内灌满油液
	过滤器沉入油液深度不够	应将其全部沉入油液中
	进油口吸入高度太大	降低吸入高度，使其不超过6m
泵的抽油量不足	过滤器阻塞	清理过滤器
	扬程太大(太高)	降低扬程
	油管上局部阻力太大	消除油管扭曲现象及堵塞情况
	叶轮气蚀磨损或损坏	清除叶轮上的脏物或修理更换叶轮
	空气从密封处进入泵内	更换密封圈
	泵体内可拆卸板磨损	更换可拆卸板
泵停后油液不能保持在泵内	止回阀磨损或阻塞	清除污垢、修理止回阀，并使阀板与吸入套管紧密相贴

5）冷却器常见故障及消除方法　冷却器常见故障及消除方法见表6-20。

表6-20　冷却器常见故障及消除方法

现象	原因分析	消除方法
进排水温差小、压差大，冷却效果不佳	气泡阻隔，热交换不好	按开动冷却器步骤重新开动，以除去铜（铝）管外壁附着的气泡
	管壁水垢厚，管孔通过截面减少，且不利于热传递	用化学-物理方法除去管壁水垢，根据水质情况定期除垢，或使用软水剂、水磁软水装置等
冷却水中带油	热交换管（板）渗漏	找出漏点焊补或粘补；管口与管板不严，可用扩孔法修理，必要时将漏管拆除（但不多于管总数10%），然后将管口板孔堵死

6）离心净油机常见故障及消除方法　离心净油机常见故障及消除方法见表6-21。

表6-21　离心净油机常见故障及消除方法

现象	原因分析	消除方法
转筒实际转速低于额定转速	摩擦联轴器的闸皮磨损，间隙过大	更换闸皮，调整间隙
	摩擦联轴器打滑，摩擦部位粘上油脂及脏物，接触不良	将油脂及脏物擦洗干净，调整联轴器
	电源电压太低	检查电源电压及电动机接线方法是否正确
油浑浊，颜色发暗	用澄清法时，转筒内分离出的水很快充满	打开转筒进行清洗，并检查油中含水量。如果含水量过多，应改为净化法先除水
净化效果不好，分离出的水中含有大量的油	油、水混合，呈乳化状态	取样化验，根据标准更换新油（或将变质的油再生处理）
	油温过低，使黏度太大	提高油温至55～65℃，以降低油的黏度；检查电加热器的电源电压及接线是否正确
	油中含水及杂质量超过规定3%	先加热沉降杂质，再进行净化
	净渣上罩位置太低，净油流入集水室	重新调整转筒位置
分离法净油时，油和水一起流出	水封失效	重新向转筒注入热水，形成良好水封
	脏油进入量过大、不均匀	适当调整进油阀门，使油流速连续、均匀进入
	选用了不合适的流量孔板	更换较小内径的流量孔板
净油机工作时，座盘内出现水和油	转筒盖下的密封胶圈破裂或膨胀失效	更换密封胶圈
	转筒的压紧螺母松动	拧紧压紧螺母
净油室内进水	转筒装置太高	调节止推轴承的高度
转筒振动异常	在转筒内壁上淤积的沉淀不均衡	清洗转筒
	立轴颈部轴承减振器弹簧不正常	更换弹簧，并调整正确
润滑泵出口压力过低	齿轮泵的齿轮端面与端盖之间的间隙太大	调整并减少齿轮侧面与端盖的间隙

7）阀常见故障及消除方法　阀常见故障及消除方法见表6-22。

表6-22　阀常见故障及消除方法

阀类	现象	原因分析	消除方法
安全阀	不起安全作用	阀芯卡死	修至活动自如
		弹簧太紧	调整弹簧压力
		进出口反接	重装拧紧

续表

阀类	现象	原因分析	消除方法
安全阀	主油管压力低于正常压力，且噪声大	阀芯与阀体接触不良	修理接触表面，使之光滑吻合
		脏物使阀芯接触不严	清洗除去外来杂物、油污等
	压力突然下降	弹簧断裂	检查更换弹簧
单向阀	没油通过	进出口反接	检查重装
	油流阻力太大，有撞击噪声	弹簧太紧不灵活	调整弹簧压力
	逆向泄漏超允许量	阀芯(片)与阀口接触不良	检修接触表面，清除油污杂物
	螺纹泄漏	密封不良	垫好密封环拧紧螺堵

8）气动加油（脂）泵常见故障及消除方法　气动加油（脂）泵常见故障及消除方法见表 6-23。

表 6-23　气动加油（脂）泵常见故障及消除方法

现象	原因分析	消除方法
气动加油泵的流量明显降低	进油活门卡死	拆开检查、清洗
	活塞与活塞杆之间的月形槽通道被污物卡住	拆开检查、清洗
	油缸活塞行程换向顶杆的位置不对	检查后，重新调整换向顶杆的固定位置，以保证油缸活塞行程符合要求
气动加油泵换向不灵	换向气阀被污物卡住	拆开检查、清洗
	电磁铁芯孔与分配活塞杆有摩擦阻碍	拆开检查并消除摩擦阻碍，并检查电气线路是否完好
	空气滤清器未正常工作	检查，清洗空气油清器
气动加油泵压力上不去	气缸或油缸与其活塞的间隙过大	更换活塞，调整间隙
	送油管路或气路有泄漏	检查泄量，及时堵漏

9）润滑油箱常见故障及消除方法　润滑油箱常见故障及消除方法见表 6-24。

表 6-24　润滑油箱常见故障与消除方法

现象	原因分析	消除方法
油箱故障性漏油(即非设计或制造质量造成的量油)	油箱透气帽盖堵塞，运转中油箱自然温升，箱内气压大于外界	找出透气孔不通原因并改进；有些透气孔因内外套错位而关闭
	油面超过油标最高刻线	加油时需按油标规定油面高度加油
	油箱上盖或其他盖板日久变形，使间隙增大	用配刮方法使其接触均匀贴合紧密
	盖板垫纸破损，原有密封胶发硬	更换破损了的垫纸；用密封胶重新涂接触面(先将残留的旧密封胶彻底刮除)
	箱盖(法兰盖)与箱体之间有杂质，使接缝不严密	每次揭开盖板(法兰盘)再盖(装)时，应除去夹杂物，除尽毛刺
	回油管(孔)被脏物堵塞而使油漫出	清理脏物，采取保洁防脏措施
	属于维修性的各种漏油原因	及时更换磨损零件与密封装置
油箱中含有水分	切削液溅入或雨水漏入	检查箱体各孔板，加强密封，防止渗漏
	大气中的湿气通过透气孔“呼吸”进入箱内凝聚而成	加强透气孔的过滤吸湿装置
	装有冷却器的油箱漏水	检查补焊漏处
油箱最高与最低油位不准	油箱最高与最低油位指示信号失灵，浮子渗漏下沉	检查液位控制器，修理浮子漏点
	油箱藏在地坑，油标难以看准	在箱顶加装测油针，定期取出观看

（4）润滑系统常见故障的检修

1）油雾润滑系统常见故障及消除方法　油雾润滑系统常见故障及消除方法见表 6-25。

表 6-25　油雾润滑系统常见故障及消除方法

现象	原因分析	消除方法
油雾压力下降	供气压力太低	检查气源压力，重新调整减压阀
	分水滤气器积水过多，管道不畅通	放水、清洗或更换滤气器
	油雾发生器堵塞	卸下阀体，清洗吹扫
	油雾管道漏气	检修
油雾压力升高	供气压力太高	调整空气减压阀
	管道有 U 形弯，或坡度过小，凝聚油堵塞管道	消除 U 形弯，加大管道坡度或装设放泄阀
	管道不清洁，凝缩嘴堵塞	检查清洗
油雾压力正常，但雾化不良，或吹纯空气，油位不下降	润滑油黏度太高	换油
	油温太低	检查油温度调节器和电加热器使其正常工作
	吸油管过滤器堵塞	清洗或更换
	喷油嘴堵塞	卸下喷嘴，清洗检查
	油位太低	补充至正常油位
	油量针阀开启太大	调节油量针阀
	空气针阀开启太大，压缩空气直接输至管道	调节空气针阀

2）MWB 型动静压滑动轴承润滑系统常见故障及消除方法　MWB 型动静压滑动轴承润滑系统常见故障及消除方法见表 6-26。

表 6-26　MWB 型动静压滑动轴承润滑系统常见故障及消除方法

故障	现象	原因分析	消除方法
建立不起完全液体润滑状态	启动供油系统后，一般用手能轻松地转动（或移动）滑动件，若转不动或比不供油时更难转动，说明某些地方金属直接接触	油腔有漏油现象，致使滑动件被顶在支承件一边，金属直接接触	检查各个油腔的压力是否正常，针对漏油、无压力或压力相差悬殊的油腔采取措施
		节流器堵塞使某些油腔中无压力	调整备油腔的节流比
		各个节流器的液阻相差甚大，造成某些油腔的压力相差悬殊	保证润滑油的清洁
		可变节流器弹性元件刚度太低，造成一端出油孔被堵住	合理设计节流器参数
		深沟球轴承的同轴度或推力轴承的垂直度太差，使轴承无足够的间隙	保证零件的制造精度和装配质量
油腔压力不稳定	主轴不转动时，油泵后备油腔的压力都逐渐下降，或某几个油腔的压力下降	滤油器逐渐被堵塞	更换润滑油，清洗滤油器及节流器
		油泵容量不够	更换油泵
	主轴不转动时，各油腔的压力有抖动	供油系统的压力脉动太大	检修油泵和压力阀
		系统失稳	调整参数，使其在稳定范围内工作
	主轴转动后，各油腔压力有周期性的变化	主轴转动时的离心作用	主轴部件进行动平衡
	主轴高速旋转时，油腔压力有不规则的波动	油腔吸入空气	改变油腔形式和回油槽结构
		动压力的影响	
油膜刚度不足	节流比在公差范围内，而油膜刚度太低	供油压力太低	提高供油压力，对于可变节流器，减小膜片厚度或减小弹簧刚度
节流比超出公差范围		轴承的配合间隙超出设计要求	重配主轴，适当加大或减小间隙，此时若引起油膜刚度不足，可提高供油压力
		节流器的间隙（或孔径）超出设计要求	同时调整轴承配合间感和节流器参数

续表

故障	现象	原因分析	消除方法
主轴拉毛或抱轴		润滑油不清洁,过滤器过滤精度不够	检修过滤器
		轴承及油管内杂质未清除	清洗零件
		节流孔堵塞	清洗零件
		安全保护装置失灵	维修安全保护装置
油腔压力升不高		油腔配合间隙太大	重配主轴
		油路有漏油现象	消除漏油现象
		油泵容量太小	选用容量较大的油泵
		润滑油黏度太低	选用合适黏度的润滑油
轴承温升太高	主轴运转一小时左右,油池或箱体温度过高	轴承间隙太小	加大轴承间隙
		供油压力太高	在承载能力及油膜刚度允许条件下,降低供油压力
		润滑油黏度太高	降低润滑油黏度
		油腔摩擦面积太大	减小封油面宽度
液压冲击	在系统未达负刚度时,发生剧烈振动	压力油通过节流器间隙时,流速突然增大,压力突然下降,溶于油中的空气分解而释放出来,形成气泡	降低供油压力
			减小节流比
			增大润滑油黏度
			增大薄膜厚度
			改变管道长度

3）滑动轴承失效形式、特征及原因　表 6-27 为滑动轴承失效形式、特征及原因。

表 6-27　滑动轴承失效形式、特征及原因

失效形式				特征	原　因
磨损失效	按磨损机理分类	磨粒磨损		轴承表面划伤、材料脱落	轴承表面与硬质颗粒发生摩擦
		粘着磨损		轴承表面局部点被撕脱,形成凹坑或凹槽	由于实际接触面上某些点接触应力过高,形成粘着点,相对滑动时粘着点被剪断
		疲劳磨损		首先产生裂纹,继而裂纹扩展,最终形成疲劳剥落。剥落坑呈大小不一的块状,有时呈疏松的点状,有时呈虫孔状	轴承表面受到交变应力作用
					轴承表面工作时产生摩擦热和咬粘现象,温度升高产生热应力
					铅相腐蚀和渗出形成疲劳源
		腐蚀磨损	电解质腐蚀	轴承表面产生麻点	硬而脆的氧化膜在载荷作用下崩碎剥离
			有机酸腐蚀	轴承表面粗糙	内燃机燃料油不完全燃烧及润滑油被氧化
			其他腐蚀	硫化膜破碎形成磨粒磨损	润滑油中的硫化物与轴承中的银和铜等元素生成硬而脆的硫化膜
	按磨损形态分类	早期正常磨损		轴承与轴颈的接触面增大,接触面表面粗糙度减小	工作表面微凸体峰谷相互切割,产生微观磨合
		正常磨损		在规定的使用期限内,配合间隙逐渐增大,轴承承载能力逐渐减弱。当磨损过大时发生振动噪声	滑动轴承的正常磨损量逐渐积累并超过了规定极限
		伤痕		滑动轴承表面形成点状凹坑或沿轴向分布形成线状痕迹和拉槽	由于不均匀磨损,凹坑和拉槽使油膜变薄或破坏
		异常磨损		轴承表面严重损伤	安装时轴线偏斜,轴承承载不均,或刚性不足,局部磨损大
		咬粘		轴承和轴颈直接局部接触,抱死	高温、高负荷、偏载、轴承间隙过小
气蚀失效				轴承表面出现不规则的剥落,一般较轻微	润滑油中的小油蒸气气泡在压力较高区域破裂形成压力波
油膜涡动和油膜振荡				动压轴承发生半频涡动。转速接近等于轴承系统一阶临界转速的两倍时,发生近似等于一阶临界转速的共振	轴承油膜作用力引起的自激振动
过　热				油温或轴承温度升高	承载能力不足,供油不充分,油质劣化,涡动剧烈,超载运行

4）由液压油引起的机械故障及消除方法　由液压油引起的机械故障及消除方法见表6-28。

表 6-28　由液压油引起的机械故障及消除方法

性质的变化		容易产生的故障	与液压油有关的原因	应采取的措施
黏度	太低	①泵产生噪声，排出量不足，产生异常磨损，甚至咬死 ②机器的内泄漏，液压缸、油马达等执行元件产生异常动作 ③压力控制阀不稳定，压力计指针振动 ④润滑不良，滑动面异常磨损	①由于油温控制不好，油温上升 ②在使用标准机器的装置中，使用了黏度过低的油 ③高黏度指数油长时间使用后黏度下降	①改进、修理冷却器系统 ②更换液压油牌号，或使用特殊的机器 ③更换液压油
	太高	①由于泵吸油不良，产生烧结 ②由于泵吸油阻力增加，产生空穴作用 ③由于过滤器阻力增大，产生故障 ④由于管路阻力增大，压力损失（输出功率）增加 ⑤控制阀动作迟缓或动作不良	①液压油黏度等级选择不当 ②设计时忽视了液压油的低温性能 ③低温时的油温控制装置不良 ④在标准机器中使用了黏度过高的油	①改用黏度等级低的油 ②设计低温时的加热装置 ③修理油温控制系统 ④更换或修理机器
防锈性不良		①由于滑动部分生锈，控制阀动作不良 ②由于铁锈的脱落而卡住或咬死 ③由于随油流动的锈粒产生动作不良或伤痕	①无防锈剂的汽轮机油等防锈性差的液压油中混入水分 ②液压油中有超过允许范围的水混入 ③从开始时就已发生的锈蚀继续发展	①使用防锈性良好的液压油 ②改进防止水混入的措施 ③进行冲洗，并进行防锈处理
抗乳化性不良		①由于多量的水而生锈 ②促进液压油的异常变质（氧化，老化） ③由于水分而使泵、阀产生空穴作用和侵蚀	①新液压油的抗乳化性不良 ②液压油变质后，抗乳化性变，水分离性降低	①使用抗乳化性好的液压油 ②更换液压油
变质、老化、氧化		①由于产生油泥，机器动作不良 ②由于油的氧化增强，金属材料受到腐蚀 ③由于润滑性能降低，机器受到磨损 ④由于防锈性、抗乳化性降低而产生故障	①在高温下使用液压油氧化变质 ②水分、金属粒末、酸等污染物的混入促使油变质 ③局部受热	①避免在高温（60℃以上）下长时间使用 ②除去污染物 ③防止在加热器等处局部受热
发生腐蚀		①锡、铝、铁的腐蚀 ②伴随着空穴作用的发生而产生的侵蚀 ③泵、过滤器、冷却器的局部腐蚀	①添加剂有腐蚀剂 ②液压油的变质，腐蚀性物质的混入 ③由于水分的混入而产生空穴作用	①注意添加剂的性质 ②防止液压油受污染和变质 ③防止水分的混入
抗泡性不良		①油箱内产生大量泡沫，液压油抗泡性能变差 ②泵吸入气泡而产生空穴作用 ③液压缸、液压马达等执行元件发生爆震（敲击），发出噪声，动作不良和迟缓	①抗泡剂已消耗掉 ②液压油性质不良	①更换液压油 ②研究、改进液压装置（油箱）的结构
低温流动性不良		在比倾点低10～17℃的温度下，液压油缺乏充分的流动性，不能使用	①液压油的性质不适合 ②添加剂的性质不适合	选择合适的液压油
润滑性不良		①泵发生异常磨损，寿命缩短 ②机器的性能降低，寿命降低 ③执行元件性能降低	①含水液压油的性质 ②液压油变质 ③黏度降低	①选油时考虑润滑性 ②更换液压油 ③更换液压油

续表

性质的变化	容易产生的故障	与液压油有关的原因	应采取的措施
受到污染	①泵发生异常磨损，甚至烧结 ②控制阀动作不良，产生伤痕，泄漏增加 ③流量调节阀的调节不良 ④伺服阀动作不良，特性降低 ⑤堵塞过滤器的孔眼 ⑥促进液压油变质	①组装时机器、管路中原有的附着物发生脱落 ②在机器运转过程中从外部混入污染物 ③由于生锈，在机器的滑动部分产生磨损粉末 ④液压油变质	①组装时要把各元件和管路清洗干净，对液压系统要进行冲洗 ②重新检查装置的密封情况 ③利用有效的过滤器 ④换油

6.4 润滑脂应用故障诊断

6.4.1 自动干油润滑系统故障分析及维护

自动干油润滑系统出现故障会降低设备的使用寿命，严重时会造成设备损坏，影响生产。自动干油润滑系统的故障一般会出现系统压力不正常，出现延时报警、超压报警等现象。故障分析主要以系统压力为主线进行，主要表现形式包括压力超高、压力低或无压力等。

（1）系统压力低或无压力故障分析

① 干油润滑站不输出润滑脂。储油筒补润滑脂时如果带有空气，会造成干油润滑站不输出润滑脂，压力表表现为无压力或压力较低。这种情况是由于没及时补润滑脂，储油筒内的润滑脂用完，造成泵体吸油口处有空气。解决办法：拆开出油管路，开泵排出空气直至润滑脂排出，停泵后再连接出油管路。

② 管路漏润滑脂造成系统压力低。查找管路漏点，主要查看管接头、管路焊口处及主管锈蚀情况，针对不同部位采取不同的处理办法，如紧固管接头或更换密封圈、焊接管路焊口、更换锈蚀的管路。

③ 单向阀堵塞或损坏造成压力偏低。泵运行时发出撞击声，单向阀堵塞一侧出油管有发热现象，这是由润滑脂含有杂质或单向阀本身质量原因造成的，通过清理单向阀或更换损坏机件解决。

④ 泵体溢流阀出现问题造成系统压力低。这种情况有两种原因：一是泵体溢流阀零件损坏，密封圈损坏造成回油，需更换；二是溢流阀在低压下开启，使润滑脂溢流回储油筒，这时需调整溢流阀压力。

⑤ 润滑泵使用时间较长，泵缸、柱塞等零件过渡磨损，造成系统压力偏低，需根据实际情况更换。

⑥ 压力表损坏。若系统运行正常，压力表指针动作不正常，则需进行更换。

⑦ 分配器串油。这种现象较少出现，主要与分配器产品质量有关，表现为系统无压力，润滑脂回流至干油润滑站储油筒内。处理这种故障一般先排查泵体溢流阀是否有问题，再分段排查分配器。

（2）系统压力高故障分析

① 干油润滑站出口过滤网堵塞。过滤网定期用煤油等清洗或更换。

② 换向阀不换向或换向不到位。EM 型电动换向阀存在偏心连杆机构磨损及行程开关固定螺栓松动问题，阀腔内进入杂质滑芯出现卡死现象；24EJF-P 型二位四通换向阀存在电机轴与偏心轮松动，行程开关触杆螺钉松动。以上两种常用换向阀存在的问题均能造成系统压力高，需视情况紧固或更换。

③ 压差开关或压力操纵阀失灵。压差开关或压力操纵阀装置中，行程开关的固定螺栓松动或行程开关本身出现故障。需调整好行程开关的位置后紧固固定螺栓或更换行程开关。

④ 主管路堵塞。由两种情况造成：一是杂质堵塞主管路，常发生在新系统运行初期；二是高温工作环境管路隔热措施不到位，造成干油在管路内碳化堵塞。处理这类故障，需拆开堵塞主管路一端，开泵用润滑油顶出堵塞物或更换堵塞主管路。

(3) 润滑系统的维护要点

润滑系统日常维护最重要、最关键的核心是要保证润滑脂的清洁度。

① 要适时用加油泵往电动润滑泵储油器内补充润滑脂，不能用其他方法加油，以防止杂质和空气进入，加油前应松开和点动润滑泵连接的螺帽，取出加油过滤器，清洗干净，然后再加油。

② 电动润滑泵本身的润滑油需定期更换，第一次约 200h，以后每隔 2000h 更换一次。

③ 定期检查和清洗干油过滤器，清洗可用煤油或柴油，然后用压缩空气吹干。

④ 定期检查分配器的动作、液压换向阀的动作压力是否正常，分配器拆检时，要注意指示杆原位原件装入，不能混装互换。

⑤ 定期检查系统管路及设备有无漏油及松动的地方。

⑥ 润滑脂应保存在清洁、密闭良好的容器内，储存在干净的地方，并不允许将不同牌号的油脂混杂在一起。

⑦ 设备大修或管道拆检时，应确认管道内无压力时再卸管，拆卸清洗管子时防止脏物进入管内及设备内，清洗好或拆卸下的管子开口处要密封好。

⑧ 为保证设备的正常运转，用户应根据实际使用情况储备适当数量的易损件备件。

6.4.2 滚动轴承润滑脂的正确应用

润滑脂使用不当会造成轴承发热超标，引起电机润滑脂溶化溢出，导致电机轴承过热烧毁。此外，轴承发热还会引起润滑脂泄漏，漏出的油脂积在电机线圈上，会导致灰尘以及其他杂物的积聚，造成线圈散热性下降，使绝缘性能下降。

润滑脂选用不当、轴承运转过程中润滑不足或润滑脂过多和润滑脂中夹有杂物，都会造成轴承运转温度增高，噪声和振动加大。

(1) 润滑脂作用及选用

润滑脂在轴承润滑中起的作用主要是：在滚动体表面形成一层油膜，把滚动体与滚动轨道隔开，减少接触表面的摩擦和磨损，延长轴承的疲劳寿命；此外，润滑脂还可防止外部的灰尘等异物进入轴承内部，起到一定的密封防尘作用；使用抗水性好的润滑脂，可预防漆锈的产生，防止轴承锈蚀。

电机轴承润滑脂的基本指标有针入度、滴点、氧化安定性和低温性能。滚动轴承润滑脂的选择要根据轴承的运转条件，包括负荷、使用环境（潮湿或干燥）、工作温度和电机转速。

对重负荷应选针入度小的润滑脂；在高压下工作时除针入度小外，还要有较高的油膜强度和抗挤压性能。

三相交流异步电动机大多使用开放式深沟球轴承。由于锂基润滑脂性能好，适用温度范围宽，这种轴承一般采用 2 号、3 号锂基脂。如 YX3 及其派生系列电动机密封轴承润滑均使用锂基滑脂，可以减少维护工作量，增加轴承使用寿命，降低维护费用。对于一些高转速（>1500r/min）重负荷的轴承，一般选用二硫化钼锂基脂。

(2) 润滑脂填充量

滚动轴承润滑脂填充量可参考下列原则。

① 一般轴承内不应装满润滑脂，以轴承内腔全部空间的 1/2~3/4 为宜。

② 卧式电机的轴承，填充内腔空间的 2/3～3/4；立式电机的轴承填充腔内空间的 1/2（上侧）和 3/4（下侧）。

③ 在容易污染的环境中，对低速或中速的轴承，要把轴承和轴承盒里全部空间填满。

④ 高速轴承在装脂前应先将轴承放在优质润滑油中，一般是在所装润滑脂的基础油中浸泡，以免在启动时因摩擦面润滑脂不足而引起轴承干磨。

⑤ 电机加油时，为了加油方便和避免加油过多，有时只对轴承的外侧加油。这样电机刚运转时，润滑脂没有全部分布到轴承的内部，滚动体表面不能形成完整的油膜，导致电机轴承异响。

电机轴承润滑脂填充量与轴承温度和运转时间之间的关系见图 6-30。

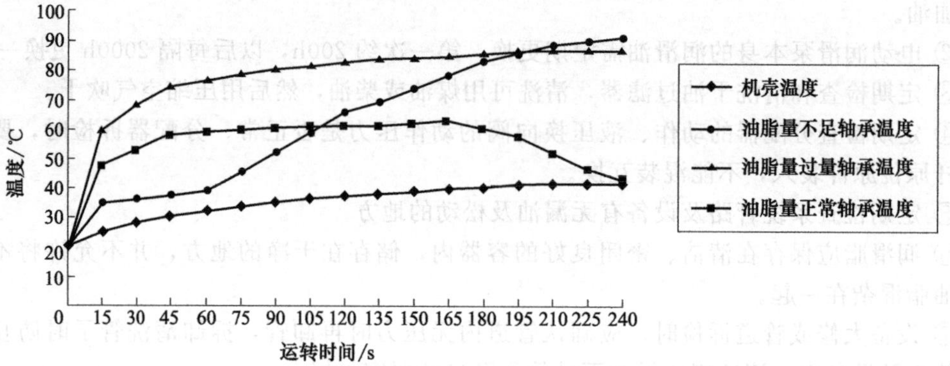

图 6-30　Y400M 1-4-H 电机润滑脂用量与轴承温度和运转时间关系

根据电机启动后轴承的温度变化，可以判断轴承内部的运转情况及油脂填充量是否合适。所加润滑脂的量正常的电机轴承经过一段时间的磨合，温度升高后再下降，并最终稳在一个较低的温度范围。如果开始运转轴承温升就较高，并持续在一个较高的温度范围时，通常是油脂过量引起的，要停机检查；若开始温度没有升高，且维持在较低的温度下，运转一段时间后，温度再升高，且居高不下，可视为加脂量不足。一般滚动轴承的加脂量不超过轴承空间的 80%，相关试验证明，加脂量为轴承空间的 50%～70% 最为合适。通过图 6-26 可以看出，润滑脂的添加量过多或过少都可能造成轴承温度高。

6.4.3　摊铺机集中润滑系统故障的分析

摊铺机集中润滑系统是摊铺机正常运行的重要保障，由系统的控制元件、安全阀、油脂泵、油脂箱、搅拌叶片等系统元件组成。摊铺机集中润滑系统的各个元件发挥自身的功能，可以有效保证集中润滑系统的正常工作，提高摊铺机的工作效率。集中润滑系统在工作中要注意其技术职能，保证集中润滑系统的工作电压、注脂间歇时间、注脂持续时间、工作环境温度以及润滑脂的黏度等，可以有效提升摊铺机的使用寿命以及施工质量。

（1）摊铺机集中润滑系统安全阀自动开启

摊铺机集中润滑系统的安全阀安装在系统电动活塞泵出油口的油管接头处，可以有效保护集中润滑系统的其他元件，避免元件在工作中出现损伤。安全阀在工作中出现自动开启的情况主要是在注脂的过程中，当注脂管道内的压力过高时，就会出现安全阀自动开启的情况。其中安全阀自动开启的影响因素有：第一，摊铺机集中润滑系统选用的润滑脂黏度不符合系统标准，润滑脂的黏度过大；第二，摊铺机集中润滑系统的注脂管道内润滑脂出现了大量硬块，造成管道内的润滑脂结胶与堵塞，从而造成注脂管道内的注脂压力过大；第三，摊铺机集中润滑系统中的顺序分配器在工作中出现工作不良的情况也会造成安全阀自动开启；第四，摊铺机集中润滑系统的润滑点的油脂头出现损坏的情况，从而造成润滑点的油脂头工作不良，安全阀会自动开启。

（2）摊铺机集中润滑系统注脂泵发生故障

摊铺机集中润滑系统的注脂泵是通过直流电动机驱动工作的，当注脂泵发生故障时，集中润滑系统接通注脂启动开关的指示灯会亮起。注脂泵的出油口处有相应的油管接头，拆下油管接头进行查看，管道内没有油脂流出，从而发生集中润滑系统的油脂泵故障。出现油脂泵故障的主要原因是：油脂箱内残存的油脂量过少，导致油脂箱内出现了大量的空气；注脂泵在长期工作中出现了损坏，已经无法维持正常工作；润滑脂在工作中出现了氧化变质的情况，受污染严重，造成注脂泵堵塞无法进行工作；摊铺机集中润滑系统在长时间停用的情况下，由于保养不当，会导致泵内进入大量空气使润滑脂变硬，无法进行工作。摊铺机集中润滑系统的注脂泵发生故障，会直接影响摊铺机的正常工作，从而降低工程建设的施工效率。

（3）摊铺机集中润滑系统循环油脂量过少

摊铺机集中润滑系统工作中，当对各个润滑点进行注脂时，会出现系统循环油脂量过少的问题。循环油脂量过少，无法达到集中润滑系统的规定运行要求，会导致摊铺机集中润滑系统出现工作问题，无法顺利完成工程建设的施工工作。其中，摊铺机集中润滑系统出现循环油脂量过少的主要原因是：第一，集中润滑系统选用的润滑脂黏度不符合标准，黏度过大或过小都会造成循环油脂量过少的问题；第二，循环油脂运行管道的各个结合处有密封不良的情况，会造成循环油脂量过少；第三，集中润滑系统的循环油脂工作时，油脂活塞与泵体之间间隙过大，导致注脂量的调节能力过小，从而使循环油脂量过小，集中润滑系统无法完成工作。

（4）摊铺机集中润滑系统搅拌叶片出现故障

搅拌叶片是摊铺机集中润滑系统的重要组成部分，当搅拌叶片发生故障时，会出现摊铺机在接通注脂开关时，电机与油脂箱的搅拌叶片不转动，从而导致油脂泵无法工作，阻碍摊铺机的正常工作。摊铺机集中润滑系统的搅拌叶片出现故障，主要是受以下因素影响：第一，搅拌叶片的电源线路出现接触不良的问题，从而造成搅拌叶片工作断路；第二，集中润滑系统的注脂间歇时间调整过大，从而导致搅拌叶片不转动；第三，搅拌叶片的直流电机出现损坏情况，无法提供足够的电量维持搅拌叶片的工作；第四，集中润滑系统选用的润滑脂黏度过大，使搅拌叶片在转动中受到阻碍，造成搅拌叶片在工作中不相应，无法完成工作。

6.4.4 风电机组变桨集中脂润滑系统故障的诊断

目前广泛使用的几种主要风电机组变桨润滑设备，其系统原理大同小异，润滑系统的故障排查也基本相同。变桨集中脂润滑系统的主要故障现象有电机不运转、泵打不出油、分配器堵塞。

（1）电机不运转

导致此现象的原因可能是：

① 电源未接通。

② 电机故障。

应按照以下步骤进行检查：

① 检查电源开关是否合上。当检查发现润滑泵开关断开时，应首先用万用表测量润滑泵电源开关输出端有无电压、有无短路或接地现象，确认无上述问题后方可重新合上电源开关；

② 检查润滑泵电源线有无短路或接地、断路现象，需要时更换润滑泵电源线；

③ 检查电机电源插头有无松动或脱落。

必要时更换电机。

（2）泵打不出油脂

导致该现象的原因可能有以下几个：

① 油箱油脂已排空。

② 润滑脂中有气泡。

③ 使用了不适当的油脂。

④ 泵芯的吸油口被堵死。

⑤ 泵芯磨损。

⑥ 泵芯的止回阀损坏或卡死。

按照以下步骤进行排查：

① 当润滑油泵内润滑脂低至 1/3 时，应及时加脂。由于补油接头带有油脂过滤接头，建议从加油嘴处补加。

② 当润滑油脂内或油管存有大量空气时也会导致系统不出脂，这就需要拔下一级分配器输入油管快插头并按下润滑泵强制启动按钮，当听到油管内有啪啪的声音时为系统在排空气，直至油管内有大量润滑脂流出时方可重新插上油管。

③ 由泵内刮油板观察泵工作是否正常，拔下出油口若无油脂流出来时，应检查安全阀有无堵塞，需要时更换安全阀或更换新泵。

（3）一级分配器或二级分配器堵塞

导致此故障现象的原因可能有以下几个：

① 油脂内有脏物导致出油口堵塞。

② 油管路到各润滑点无润滑脂流出。

③ 分配器内部故障。

④ 润滑系统内压力不够或达不到系统设定压力值。

按照以下步骤进行排查：

① 在选择符合规格的润滑脂以后，加油过程应尽量避免脏物进入油泵中。必要时清理脏物或重新加注润滑油脂。

② 拔下一级分配器的输入端快插头，用油枪手动打压，查看一级分配器压力指示器有无动作，这个过程大概需要 1～2min。如果手动打压时，压力指示器未动作，则需要依次拔下一级分配器上的输出快插头，根据被拔出快插头的输出口有无油流出来判断一级分配器的好坏（当出油量少时，可以用细铁丝慢慢疏通出油口，以防出油口堵塞）；同时可以根据手动打压时一级分配器压力指示器的动作情况来判断是哪个二级分配器堵了。当确认后，拔出该二级分配器的输入快插头，将油脂枪嘴放入该插头内，并拔下分配器出油口快插头，通过手动打压观察出油口有无润滑脂流出来判断是分配器堵塞或者是通往各润滑脂的油管路堵塞，分配器堵塞时更换分配器，油管路堵塞可用油枪直接接到堵塞油管路上打压，如果不能打通，则需要更换新的油管路。

③ 在润滑泵出口加装压力表检测出口压力，如果其压力过低，则需要更换润滑泵。

6.4.5 卡车自动润滑系统故障的分析

（1）故障描述

某 930E 卡车主要承担着露天煤矿运输黄土和岩石的工作任务，其自动润滑系统较为复杂，主要由林肯泵、定时器、注油器、手动电磁阀以及连接的橡胶软管等组成，某一环节出现问题将会直接影响卡车的运行状况。自动润滑系统故障集中表现为各销类部件、轴类部件不润滑或润滑效果差。

930E 卡车自动润滑系统为设备的各种销类、轴类部件提供润滑油，润滑不充分将会导致连接部位磨损加剧，甚至会导致零部件的异常损坏，给生产带来不必要的损失。

（2）自动润滑系统

自动润滑系统为加压润滑脂输送系统，它将受控量的润滑脂输送至指定润滑点，系统由电子定时器控制，电子定时器向电磁阀发送信号，以操作由液压马达提供动力的润滑脂泵。用于泵操作的液压油由卡车转向油路供应，润滑脂的输出流量与液压马达输入流量成正比，安装于液压马达顶部的泵控制集流块，控制输入流量和压力，安装于集流块上的 24V DC 电磁阀打开和关闭林肯泵。林肯泵由液压马达的旋转运动驱动，然后此转动通过 1 个偏心曲柄机构转换为往复运动，此往复运动使泵油缸上下移动。由于上升、下降行程均出现润滑脂输出，此泵为排液、双作用泵。

下降行程期间，泵油缸被吸入润滑脂，通过装载动作和在泵油缸内产生真空的复合作用，润滑脂被迫流入泵油缸，同时，润滑脂通过泵的出口被排出。吸入的润滑脂量为 1 个周期内润滑脂排放量的 2 倍，上升行程期间，进口单向阀关闭，上一行程中吸入润滑脂的 1/2 通过出口单向阀被传送并排至出油口。

930E 卡车共有 19 处润滑点，分布于全车各销类、轴类部件位置处。

（3）自动润滑系统工作原理

自动润滑系统油路如图 6-31 所示。自动润滑系统的工作原理如下。

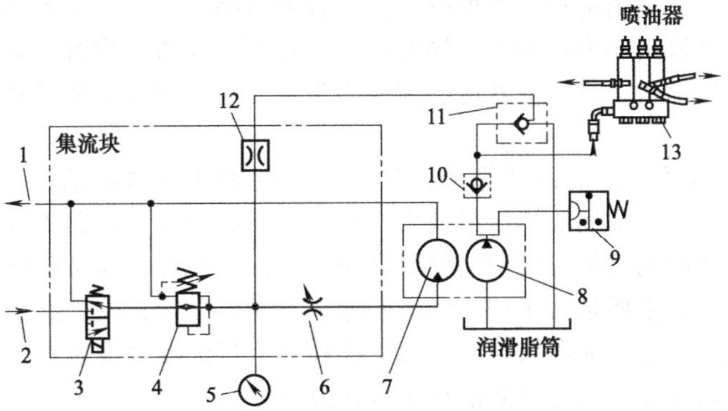

图 6-31　自动润滑系统油路

1—液压油回油路；2—液压油供油路；3—泵电磁阀；4—减压阀；5—压力表；6—流量控制阀；7—液压马达；8—润滑脂泵；9—压力开关；10—单向阀；11—排放阀；12—节流孔；13—喷油器

① 卡车工作时，润滑周期定时器将在预设的时间间隔启动系统。

② 定时器通过泵电磁阀激磁关闭继电器，使由转向泵油路提供的液压油流向泵马达并开始泵送周期。

③ 来自转向油路的液压油压力在进入马达前，被减压阀调整到 325～350psi，提供给泵的油量被流量控制阀限制，这时安装在集流块上的压力表可以读出泵的压力。

④ 当油流入液压马达时，润滑脂泵将工作，把来自润滑脂筒的润滑脂通过单向阀、排放阀、泵送到注油器。

⑤ 在此期间，喷油器将计量至各润滑部位合适的润滑脂量。

⑥ 当润滑脂压力达到压力开关的设定值时，开关触点将闭合并使继电器通电，除去来自液压马达/泵电磁线圈的电力并使泵停止，这时继电器将保持通电，直到润滑脂压力下降，压力开关再打开或定时器关闭。

⑦ 在泵电磁阀消磁后，集流块内的液压压力下降并且排放阀打开，以释放至喷油器管路中的润滑脂压力，这时喷油器可以重新充入润滑脂用于下一个润滑周期。

⑧ 系统将保持静止状态，直到润滑周期定时器打开并开始 1 个新的润滑周期。

（4）**自动润滑系统失效的原因及排除方法**

① 润滑脂筒内缺油。润滑脂筒的最大油量约为41kg，一旦筒内无润滑油，那么相应的各润滑点处将会出现不打油现象，通常可以利用以下方法判断润滑脂筒是否为空：a. 润滑脂压力开关正常的开路开关，压力设定为2000psi，此开关监控后桥壳上喷油器组内的润滑脂压力，如果在60s内未检测到正常的压力（开关触点不关闭），则位于司机驾驶室控制面板上的报警灯将会持续闪烁，这时应该及时检查润滑脂筒内的油脂量；b. 在平时的检修过程中，如果发现各润滑点处不打油，则可以使用1个铁制工具敲击润滑脂筒，如果润滑脂筒内有油，敲击声通常比较沉闷；如果润滑脂筒内没有油，敲击声通常比较清脆，可以通过发出的声音来判断筒内是否有油；c. 过滤器总成的主要功能是对润滑脂在进入润滑脂筒之前进行过滤，在长期的使用过程中，过滤器内部的滤芯难免会发生堵塞，进而导致润滑油脂很难进入筒内，最终引发筒内缺油。对于这种情况，每次在加注润滑油脂之前，油脂车司机应及时检查过滤器旁通灯是否点亮，如果是亮着的，那么应及时告知重卡维修人员，及时拆开过滤器总成，并对滤芯进行清洗或更换。

② 润滑油管管路内进入空气。如果管路内进入空气，那么由于空气阻力的作用，润滑脂不能被输送到各润滑部位，导致不打油，配合部件之间发生干摩擦，影响配件的使用寿命。遇到这种情况，应使用电动黄油枪分别连接各主管路以及与注油器相连的各分管路，直至该胶管另一端口处流出润滑油为止。同时，每次在更换润滑油管时，应及时解开油管的较远端口，然后启动发动机，直至该处流出润滑脂为止，只有这样才能将液压胶管内部的空气完全排出。

③ 注油器发生故障。注油器的作用是将一定量的加压润滑油输送到指定的润滑部位。如果发现某一润滑点处不出油或出油量较少，则可以对相关的注油器进行调整，逆时针转动位于注油器壳体顶部的调整螺钉可增加润滑脂输送量，顺时针转动可降低润滑脂输送量。有时某处润滑点不出油，主要是由于位于润滑脂嘴下方的调节螺钉拧得过紧，卡住了注油器上柱塞的往复运动，进而使注油器内部的活塞无法移动，最终使润滑脂在注油器内部的工作循环终止，引发了与该注油器相连的润滑点不打油故障。

如发现润滑点发生淌油现象，说明注油器有故障，这时应打开注油器上套着的壳体，如果润滑油脂从注油器活塞上部冒出，说明位于活塞上的密封件损坏；如果注油器活塞上部没有润滑油脂冒出，说明位于柱塞上的密封件损坏。由于某个注油器局部密封件的损坏，导致自动润滑系统内的压力从局部释放（即所谓的泄压），其他注油器无法正常工作，造成全车所有的润滑油都从该处流出，其他位置则不打油，进而导致销类、轴类、孔类部件磨损加剧，相应的寿命缩短。这时可以直接更换与该处相连接的注油器即可将险情排除。

④ 手动电磁阀故障。电磁阀在通电情况下，会使系统的液压油导通并流向液压马达，进而驱动林肯泵的动作，一旦手动电磁阀发生故障，那么液压马达也就无法实现周期性动作，而且液压马达的动力也将会大幅度地削减，相应的林肯泵的定时动作也将发生紊乱，同时也可能会带来林肯泵动力不足的现象，最终影响整个自动润滑系统的正常工作。判断手动电磁阀故障的方法其实很简单，就是在卡车启动后，倾听电磁阀位置处是否有尖锐、刺耳的声音，如果有，则说明电磁阀位置处发生泄压，这时应及时更换手动电磁阀。

⑤ 定时器发生故障。定时器安装于电气接口舱内，提供1个24VDC定时间隔信号，以使提供油流的电磁阀激磁，操作润滑脂泵马达。

启动卡车后，手动电磁阀不得电，则说明线路出现断路，可以推断是定时器发生故障。

卡车刚启动时往外出一股油，卡车启动后再无动作。这时，可以拆开手动电磁阀上的插头，然后将手动电磁阀打到手动位，如果注油器动作，则说明林肯泵完好，应及时联系电工检查线路的得电情况，一旦插头处常带电，则说明定时器出现故障。

⑥ 林肯泵装置故障。如果林肯泵上方油位螺塞的端盖处有润滑油冒出，则说明林肯泵穿腔，导致林肯泵动力不足，无法实现注油器的往复运动，导致润滑点位置处不打油，应及时更换泵出口处的橡胶密封件。

位于集流块上的减压阀的作用就是把来自卡车转向油路的液压压力调整为 325～350psi 的工作压力，使液压马达正常工作，进而驱动润滑泵。如果压力表读数不在上述范围且本车也无其他液压故障，则说明减压阀发生故障。

如果通过减压阀后的压力正常，启动卡车后，无论手动电磁阀在手动位还是自动位，液压马达均无动作，说明液压马达出现故障。

启动卡车后，通过减压阀的压力正常并且液压马达也发生周期性的动作，但林肯泵就是不动作，说明林肯泵故障。

6.4.6 车载集中润滑问题的分析及处理

（1）车载集中润滑技术的局限性

国内车载集中润滑技术的水平近年来提高很快，但近年来的成果大多是已有成熟技术的简单完善，这体现了创新观念的局限性。这些局限性具体表现为：

① 车载集中润滑技术往往被理解为底盘集中润滑系统。车辆上除了底盘外还有不少需要润滑的点，如果把润滑对象仅局限于底盘，则不可能充分发挥集中润滑技术的优势，在创新时就会受到指导思想的束缚。车载集中润滑和底盘集中润滑两种表述其实表明了对集中润滑技术应用的两种不同的观点，前者把集中润滑看作了一种通用的技术，这对扩大应用范围是有益的，这是在应用观念上的创新。

② 出于成本的考虑，车载集中润滑系统在设计时往往采用的是完全集中式的结构，即不管润滑点的数量和分布，只配有一个供油源，这对某些超长超重的特殊运载车辆和需要360°旋转的润滑点是不适合的。实践证明，当供油距离长、润滑点多、供油量大时，单供油源是不能提供可靠润滑的。对于 360°旋转的润滑点采用单供油源亦不现实。采用分布式的集中润滑方案更为合理，即允许根据具体情况提供多个供油源，通过联成控制网络进行联动润滑。新的自动润滑技术不断涌现，如自动注油器一类的技术，也为经济型的分布式集中润滑系统提供了技术支持。分布式集中润滑的设计理念既体现了传统集中润滑技术高工作效率的优点，又把集中润滑的概念提升到了新的高度。因此，车载集中润滑系统的设计应采取更为灵活的手法。

③ 现有的车载集中润滑系统在结构上大同小异，受传统技术影响非常大。传统的结构存在明显的不足，如动力源即是供油源的结构就限制了供油距离和压力。在某些特殊应用场合已有在一条供油线上采用中继动力（二次泵送）加大供油距离和提高供油压力的先例，这不仅可以有效降低液压泵的工作压力，提高其寿命，且可实现大黏度油脂的更可靠的泵送。传统车载集中润滑系统结构存在的诸如此类的问题其实可以通过开阔思路，提高设计的灵活性来解决。

④ 由于集中润滑技术的局限，不管润滑点工作载荷及工作频度一律只能供同一种润滑油脂。比如车辆中个别高温部分本来需要黏度更大的油脂，但只能供给小黏度油脂，故明显不合理。解决这一问题就不能受“集中”概念的影响，要大胆采用多类油脂分别供油的方案。局部多出的成本可以通过采用后文介绍的新技术来平抑。重要的是实际应用效果会好得多，由此获得的效益会远远高出预期。

（2）问题及改进

在传统集中润滑技术的基础上进行适应性改进不失为一种经济稳妥的措施。但目前采用传统结构的车载集中润滑系统在实际应用中还存在一些技术难题，这些难题影响到了车载集中润滑系统的推广应用。从技术角度而言，这些问题主要体现在以下几个方面。

1）液压泵　液压泵是集中润滑系统中提供动力的重要功能部件，主要采用齿轮泵和柱塞泵，其他类型的液压泵在成本上不具优势，在车载集中润滑系统中很少被采用。

因为齿轮泵具有结构简单、体积小、自吸能力强等优点，目前在车载集中润滑系统中占有相当大的比例，但由于轮齿普遍采用的是普通渐开线齿形，未充分发挥材料的强度，建议采用双圆弧齿形。与渐开线齿形相比，双圆弧齿形的齿轮泵齿数少，体积小，无根切干涉，磨损小，效率高，寿命长。由于尺寸的限制，现有车载集中润滑系统使用的齿轮泵一般无卸荷或力平衡结构，长期工作在输送较高黏度油脂时所产生的高压力下，磨损自然较大。建议研发新型的、适合于车载集中润滑系统的、可平衡径向力的行星轮结构式齿轮泵，它不仅能很好地平衡径向力，提高轴承寿命，还能提高泵油量达4～12倍，且压力脉动小，非常适合高黏度油脂的快速、大量泵送。此外，从目前实际应用的效果来看，多齿差内啮合摆线齿轮泵对大排量泵送高黏度油脂非常有效，很适合低温条件下工作的车载集中润滑系统，建议相关企业进行开发。

国外的某些车载润滑系统采用了柱塞泵，如美国帕尔萨的Pulsarlube M自动润滑器。对于柱塞泵而言，其优势是明显的，如工艺性好，排油压力高，对油脂适应性强，吸入和自吸性好。但其压力脉动较为严重，排出压力不是由泵本身限定，而是取决于泵装置的管道特性，这带来了排出压力的不确定性，会给相应的控制阀带来负面影响。如采用柱塞泵建议加装压力缓冲装置。柱塞泵对油路堵塞较为敏感，严重时会损坏泵体，在高寒地区有条件使用。

2）低温环境　车载集中润滑系统往往要在较大的温差下工作。温度较高时系统工作基本上没有问题，但在低温环境下工作时，油脂的黏度增加，流动性能下降，其结果是泵油不畅。在这种情况下，通常的做法是加大泵油压力。尽管如此，也往往达不到良好润滑的目的。同时还付出了高能耗、液压泵寿命缩短的代价。还有一种做法是降低油脂的黏度，以限制其在低温下黏度增长过大。这种做法却导致常温时油脂的极压性能下降，抗磨损能力也下降。保守的做法是根据不同的工作温度换用不同黏度的润滑脂，对于实际运行的车载集中润滑系统而言，这往往是用户不容易接受的。

除了加大泵送压力的手段外，研发适合于车载集中润滑系统的辅助恒温系统也是必要的。恒温系统可解决润滑液压泵送性和润滑性能之间的矛盾。工业应用中采用的方法主要是加热，即采用蒸汽和电加热的方法降低油脂的黏度，蒸汽加热对车载集中润滑系统不太实际，电加热温度不易控制，可能造成油脂局部高温变性，故现有技术皆不可取。恒温可以采用保温和加温相结合的方式来实现，建议利用车辆废热为加温热源，以达到节能、降低恒温系统复杂性的目的。

3）空吸现象　当油脂流动性差、泵送量也大时，泵入口供油处可能会形成无油真空区，此时油泵就会发生空吸现象。空吸现象直接导致断油，这是不允许的。空吸现象常常伴随着低温而频发。分析空吸现象可以发现连续地使无油真空区塌陷是解决这一问题的根本。目前有采用机械间歇刮油的方法促使该区域塌陷的技术，但该技术增加了油箱结构的复杂性，不能有效形成无油真空区的连续塌陷趋势，短暂的空吸无法避免，故要研究基于振动效应的连续促塌陷技术。振动发生器可以采用机械振动方式，也可采用超声波振动方式。采用人为增加油箱内压力，迫使润滑脂流动也是一种很好的解决方案。

4）底层油脂变质　由于大多数车载集中润滑系统的油泵入口向下，呈平面状的底层油脂可能很长时间不会被抽吸使用，随着时间的推移可能变质。其实这是油箱结构造成的。建议开发新型底面为斜坡的油箱，利用重力增加油脂的流动性，并将液压泵吸油口没入坡底可方便置换的集油区即可解决该问题。目前也有利用刮板刮底油提高底油循环能力的技术，但比单纯改造油箱结构复杂得多。

5）油脂分配器　车载集中润滑系统多采用单线润滑方式，所配备的是卸压式油脂分配器。因结构空间的限制，卸压式油脂分配器的弹簧不可能做得很硬，在润滑点存在较大注油阻力和管内残压的共同影响下，其出油会不充分，低温下尤为明显。所以新研制的车载集中润滑系统采用双线润滑的方式避免这种现象的发生。如不希望牺牲单线润滑方式结构简单的优点，则解决问题的重点就应该放在传统卸压式油脂分配器的改造上。较为现实的方案是充分利用管路残压辅助弹簧回弹，达到充分排油的目的。

6）压力损耗　尽管所需的润滑点注油压力并不高，但高压泵油却是必需的选择，因为大部分压力将要被管路、阀门和油脂分配器消耗。油压升高给防泄漏带来了麻烦，也降低了关键元件的可靠性，这是集中润滑系统的通病。但从另一个角度来看，造成压力损耗的因素很多，而现场情况千差万别，设计人员无暇全面顾及或平衡各种影响因素。降低压力损耗的关键一是减少管路上各类元件的阻力，二是尽量缩短管路长度，三是采用分布式集中润滑结构。故全面的优化设计是必不可少的，而目前企业往往依靠简单的计算和经验来进行设计。针对车用集中润滑系统压力损耗原因众多，不易形成规范的计算流程的特点，企业可引进专业仿真软件进行系统优化设计。

7）360°旋转点的润滑　由于连续油路拓扑结构上的限制，对360°旋转点的润滑一直是集中润滑技术中的难题。解决这一问题的方法目前有两种：一是开发可360°旋转的可耐高压防泄漏的特殊管路连接件；二是采用分布式集中润滑结构。无论采用哪种方法，分析360°旋转润滑点的结构是必要的，这不仅可以化相对旋转运动为相对静止，以便利用传统的集中润滑体系，而且也为后续合理配置管路打下基础。从分布式集中润滑结构出发，360°旋转的局部润滑点在数量不多时可以采用独立自动注油装置。

该多点自动注油装置依靠干电池电化学产气方式驱动活塞进行精密连续注油，这与传统自动集中润滑系统采用电机驱动断续注油的工作方式截然不同。可通过微处理器控制其定时定量地产生氢气或氮气，从而推动活塞精确注入润滑油脂。

该装置优势很明显，如能在－40℃低温环境下正常工作，可重复使用，价格低廉，防爆安全，安装灵活，不受方向、位置的限制，还可直接安装于水下，最引人注目的是它可方便地实现多类油脂的同时供油，解决了车载集中润滑系统只能供一种油脂的弊病。可以明确地说该技术是现有集中润滑技术的替代技术。该装置因为既无供电电线，又无长的油路，故可随润滑点一起运动，已成功应用于风力发电机360°旋转润滑点的自动润滑，这是一个很好的先例。可以预见，该产品极可能进入工程机械360°旋转副自动润滑领域，并部分挤占传统车载集中润滑系统的份额。

8）润滑脂的选择问题　润滑脂种类很多，适合于车载集中润滑系统的有极压锂基脂、二硫化钼极压锂基脂、极压复合锂基脂和聚脲脂。其中极压锂基脂因价格适中，在车载集中润滑系统中被普遍采用。目前，考虑泵油性能往往选择黏度低、流动性好的NLGI-00＃极压锂基脂。尽管常温泵油性能较好，但某些高温高速润滑点的润滑效果欠佳，单纯加大供油量也无济于事，还导致耗油量大增，污染工作面的情况出现。低温时黏度相对较大，常常泵油不畅。如果车辆常年工作在高寒地区应采用黏度更低的润滑脂，如NLGI-000＃。

正确使用润滑油脂的原则是选用适合工作环境和载荷条件的润滑油脂。常温下可以选用黏度相对大些润滑脂，车辆中个别的润滑点需加注黏度更高的润滑脂时最好能单独供油。为此，供油系统要做相应的改进。如车辆从常温到低温，或从低温到常温，都应更换相应的润滑脂。这就要求车载集中润滑系统能很方便地更换油脂。

很多用户对润滑脂的使用很不注意，企业有责任指导用户正确使用润滑脂。同时，在行业内也应尽快建立起相应的用脂标准，以保证车载集中润滑系统正常运行，并达到有效润滑的目的。

第7章

典型设备润滑故障诊断与排除

7.1 发动机润滑故障诊断及排除

发动机在运行过程中，润滑系统故障会破坏发动机的正常润滑条件，直接影响发动机的使用性能和使用寿命，严重的突发性故障有可能造成机损事故，必须引起充分的关注。

7.1.1 发动机润滑系统常见故障

（1）机油消耗异常

发动机在使用过程中，因为受热效应的影响，机油逐渐损耗，就客车而言，正常的机油消耗量为 0.1～0.5L/100km，若机油消耗量超过正常值均属消耗异常，应予以检查排除。

渗漏是机油消耗异常，主要机油渗漏有内渗、外渗和外泄。外泄机油一般是从气缸盖、油底壳、气门罩、曲轴前、后油封的结合面处渗出，都有明显的渗漏痕迹。机油外渗一般是由密封盖板变形、密封垫损坏及装配工艺错误造成的。这类故障只要找到外渗部位，就可以排除。在机油外渗故障中，较难排除的是曲轴后油封、挡油环或回油槽渗漏，引起曲轴后油封、挡油环或回油槽渗漏的原因较多，其中油封的损坏及曲轴轴向变形是主要原因，特别是曲轴的轴向变形必须拆下曲轴检测并调整或更换曲轴。曲轴变形给予修复后，曲轴前后的滑动支承、挡油环、气缸体的油封套等必须同时予以更换。机油内渗，因为没有明显的表征，必须认真分析故障的原因，并有针对性地排除。

从发动机构造可知，油底壳的机油内渗有两种途径：一是通过缸体本身缺陷或缸盖与缸体的接合面或机油冷却器渗入缸体水套中，另一种是通过活塞与气缸套配合面窜入燃烧室。

第一种途径的内渗会导致冷却水含有漂离机油，往往容易发现，排除方法也可以从检查气缸垫开始，逐一确定是气缸垫击穿还是接合面缺陷，最后检查机油冷却器的机油管与接头是否完好，对症排除，机油管道与水套相通是一个互渗过程。也有可能冷却水渗入机油管道中造成油底壳机油面升高，若出现这种现象，须特别注意是否有人添加机油，若确定无人加入机油，可将机油标尺插到底，再拔出观察机油尺末端是否有水珠，一般来说油底壳油面升高，应考虑有水渗入机油，然后再详细检查。

第二种途径的内渗往往是因活塞与气缸配合松旷造成的，故障伴随出现异响和排气异常，需要认真分析。

机油上窜造成混合气的辛烷值下降导致混合气不完全燃烧而使排气黑色且带有异味，所以说，若发现机油消耗增大，排气有黑烟，基本上确认为机油上窜气缸。

造成机油上窜燃烧室的原因有活塞与气缸配合间隙过大和活塞环弹性减弱或折断，或装配不符合标准。

气缸与活塞磨损或活塞环弹性减弱、折断都伴随有明显的敲击声，若发动机经过长时间工作，发现机油消耗量增加，排气有黑烟且伴有敲击声（特别是冷车和高速时），基本上可以定为活塞与气缸组件损坏造成机油上窜燃烧室，即应视故障的严重程度，必要时拆检活塞、活塞环进行检查，并及时排除。

（2）机油使用性能变坏

机油中的闪点和针入度两项性能指标，在使用过程中，在热化学作用下不断降低，性能也随着硫化物和胶质不断而增加降低，润滑性能退化由渐变向突变发展。随着机油中的磨料沉淀物的增多，机油逐渐变成硫化物与磨料胶浆状混合物而渐失润滑的功能，这就是机油变质的过程。

机油变质后，其流动性变差，沉淀物增多，除了极易将机油管道堵塞和沿路中的阀门卡死造成油压升高或降低外，还因腐蚀而使配合件表面产生斑蚀，最终使配合件的表面润滑受到破坏，可能导致机损事故的发生。

变质机油的危害很大，故在发动机运行过程中，必须注意经常检查机油的质变状态，当发动机机油的压力过高或过低时，应先检查机油的质量，这也是把检查机油列入驾驶员例保内容的主要原因。

（3）机油压力变化

机油压力异常除了机油变质外，还有机油泵、阀的机械故障、曲轴轴承和连杆轴承配合间隙松旷等原因。

机油泵齿轮端隙增加，齿隙增大、节流阀（安全阀）阀门弹簧性减弱、阀门泄漏、曲轴连杆轴承配合间隙增大等是机油压力降低的主要原因。若在发动机运行过程中发现机油压力过低，如经检查机油变质严重，应考虑阀门卡死不能关闭，经清洗后若仍不能排除，必须逐一检查阀门弹簧弹性，再拆检机油泵检查端隙。若发现机油压力过低，又伴有曲轴连杆轴承响声，则可以认定为轴承松旷。针对以上不同表征逐一检查，并予以修复，调整排除，可达到事半功倍的效果。

机油压力过高，并非表示机油供油量增加，相反可视为某一润滑点缺油，其危险性比机油压力过低更为严重。机油压力过高多因机油道堵塞或阀门无法打开或高压弹簧弹性过大，无论是何种原因，均会使润滑终端机油量减少而导致不正常润滑的发生。若机油压力过高，还可能导致管道接头破裂而失去润滑。上述状况均有可能导致突发性机损事故的发生。

机油压力过高，大部分因机油变质严重引起，也有因使用或维修过程中装配调节不当造成。

若发现机油严重变质伴随机油压力过高，应清洗油道、油泵阀门并同时更换机油。为避免工作重复，在清洗时应检查油泵齿轮端隙、齿隙，调节限压阀（安生阀）压力弹簧弹性。

（4）案例

1）海南马自达轿车机油渗漏　一辆装备 HM4830Q 发动机的海南马自达轿车，故障表现为发动机的油底壳与气缸体的结合面出现大量机油渗漏，气门室盖沿气缸盖接合面也有不同程度的渗漏。

经分析以上各拼接面渗漏均属于修理时不按操作规范使接合面变形而破坏密封性。

通过按规定预紧力装配和清洁接合面，同时更换新的曲轴和曲轴油封，最终使故障得到了彻底排除。

2）大客车机油耗量异常　一辆装备 EQ6100-1 发动机的大客车，每行驶 100km 所耗机油量为 2～2.5L，远远超过正常消耗值。

发动机外表没有机油泄漏现象，检查冷却系统中的水，也未发现有机油渗入，唯一消耗机油的途径只有机油进入燃烧室燃烧，拆检活塞连杆组，检查气缸的磨损量、活塞与气缸的配合间隙及气门与气门导管的配合间隙。

检查结果：气缸的失圆度变了0.02mm（汽油发动机使用极限为0.05mm），符合使用要求。活塞与气缸的配合间隙为0.05mm（极限值为0.06mm），符合使用要求。气门导管与气门杆的配合间隙排气为0.12mm（极限值为0.15mm），符合使用要求。对活塞环槽的磨损为0.01mm（极限为0.15mm），符合使用要求。对活塞进行检查，活塞环的压缩弹力为35N（极限为41～51N）、油环弹力32N（极限为34～49N），表明活塞环弹力不合格，最后确定该发动机更换活塞环，当按规定选配和按规定装配更换发动机活塞环后，其机油消耗量恢复正常。

3）大宇客车机油耗量突然增多　某大宇客车装用CDW68801H柴油发动机，运行了十多万千米后，机油耗量突然增多（3～5L/100km），同时机油压力也明显下降，排气也大量冒黑烟，其动力性也有所下降，没有其他漏油迹象。

对机油质量进行检查发现机油中含有大量的碳质混合物。同时，进气系统中的废气涡轮增压器，由于增压器的转轴弯曲变形，密封套不能起密封作用，使机油经进气管进入燃烧室里燃烧。含有大量杂质的机油，使机油泵的安全阀不严、造成机油压力下降。

通过更换发动机机油和更换新的涡轮增压器排除了故障。

4）教练车高压机油喷射　一辆装备Q6100-1发动机的教练车在二级维护后，当发动机加大油门高速时，高压的机油突然从细滤器的中间密封胶垫喷出来。

拆检细滤器发现：由于清洗转子滤芯时采用密封胶来密封壳体结合面，未注意多余密封胶液流进旁通阀，粘死阀门，因而在高压时阀门不能开启，机油不能及时地回流到油库壳，导致压力过高所致。

清洗后重新装配，发动机高速时，虽然机油没有冲破密封胶。但机油压力仍然很高，检查发动机气门摇臂上的喷口没有机油喷射出。该油道从主油道经凸轮轴承后，从缸盖螺栓到气门摇臂轴上的细孔供给摇臂。由于缸盖螺栓处有变质的机油中的杂物堵塞，引起了机油压力的增高而摇臂未得到良好的润滑，该油道经清洗畅通后，机油压力恢复正常，摇臂上的机油喷口也喷出机油，恢复润滑。

7.1.2 发动机润滑系统沉积物的生成因素

发动机运转时，它的主要摩擦副活塞环与缸套、曲轴与主轴瓦、连杆与连杆瓦、凸轮与挺杆之间，都在相对地运动和摩擦，并且这些部件经常在高速、高温和高压下运转，运行环境相当恶劣。如果这些部件得不到适当的润滑，就会造成金属之间的干摩擦，不仅会消耗很多动力，甚至会造成两个接触面的金属磨损、融化，使机件卡住。所以发动机运转时，必须使用合适的润滑油。

润滑油是基础油和添加剂按一定比例调配而成的，其中发动机润滑油是润滑油当中要求较高的一种油品，发动机润滑油的主要作用是润滑、冷却、清洁、密封和防锈、防腐蚀。

（1）发动机中沉积物的性能和危害

发动机润滑油所处环境比较恶劣，易在高温作用下发生氧化、聚合、缩合等一系列变化，在活塞顶部形成积碳，在活塞侧面形成漆膜，在曲轴箱中产生油泥。

1）积碳　积碳的成分与发动机使用的燃料和润滑油有很大的关系。积碳外观是一种坚硬，从黑到灰白的炭状物，它是燃烧不完全或是润滑油窜入燃烧室在高温下分解的烟炱等物质。这些物质沉积在活塞顶部、燃烧室周围等部位形成积碳，其主要危害有：

①使发动机产生爆震的倾向更大。②积碳容易在燃烧室中形成高温颗粒，造成混合气点火提前，发动机功率损失2%～15%。③火花塞电极之间的积炭会使火花塞短路，从而引起功率下降和燃料消耗增大。④排气阀附近的高温积碳会使阀或阀座烧蚀。⑤积碳掉到曲轴箱中能引起润滑油变质并会堵塞过滤器等。⑥活塞环槽的积碳把活塞环顶出，也使活塞位置不

正，增加机油消耗，增加缸套磨损。

2）漆膜　漆膜是一种坚固的有光泽的漆状薄膜，它主要是烃类在高温和金属的催化作用下经氧化、聚合生成的胶质、沥青质等高分子烃类聚合物。它的形成机理可分为油品氧化和油液微燃烧两类，产生的部位主要是活塞环区、活塞裙部及内腔。

漆膜的危害：

① 漆膜在发动机工作的热状态下是一种黏稠性物质，会使运动副之间的间隙减小，从而增加摩擦，甚至会发生粘连现象。

② 漆膜散热不良，导致油温升高，加速油品变质。

③ 漆膜附着颗粒，导致机件之间磨粒磨损。

④ 漆膜还会堵塞油环及活塞上的油孔，造成机油耗量上升。

⑤ 有的漆膜沉积物混在油中，堵塞供油系统，使供油量降低，影响润滑效果。

3）油泥　油泥是一种棕黑色稀泥状物，主要沉积在曲轴箱边盖、挺杆盖、油底壳及滤清器等温度较低的部位。

油泥的危害：使机油黏度增加，堵塞油路造成供油不足，使摩擦部件得不到润滑，从而加速零件的磨损，直至发生故障。

4）烟炱　油中存在的烟炱沉积物是国内外近年来出现的新问题，随着排放要求不断严格，发动机也要不断改进以达到新要求，制造商在发动机设计上不得不采用一些新技术，例如，柴油机采用排气循环装置（EGR）、延迟喷射燃料技术等，汽油机采用燃料直接喷射（DGI），都能很好地改善排放质量，但这些措施却使润滑油中的烟炱含量大大增加。

烟炱是由多种物质组成的混合物，是一种炭状沉积物，其主要成分为石墨化炭黑，它在润滑油中是以胶体悬浮存在的，其初始大小为 30～60μm，烟炱的主要危害：

① 大颗粒会造成滤网堵塞，影响供油。

② 烟炱是一种不溶物，悬浮油中使油黏度增大，流动变差。

③ 烟炱本身就是一种磨料，会加剧机件磨损，同时它吸附一些燃烧后的酸性物质，产生腐蚀磨损。

（2）发动机中沉积物的来源及形成过程

发动机中沉淀物的生成有两方面的因素：①润滑油高温氧化；②含硫燃料燃烧生成的 SO_2、SO_3 进一步与润滑油作用生成漆膜和积碳。以下阐述汽油发动机和柴油发动机中沉积物的形成过程。

柴油机一般作载重车的动力源，经常处于连续工作状态。柴油机活塞上的漆膜和积炭主要源于润滑油，曾用示踪原子测定漆膜和积碳的来源，结果表明漆膜和积碳 90％来源与润滑油的氧化有关。燃料燃烧不完全的产物只占 10％左右，但燃烧产物中的 SO_2、SO_3 能使润滑油进一步磺化氧化，加速漆膜和积碳的生成。实验表明，当燃料的含硫量从 0.4％增加到 1.0％时，活塞上的沉淀物增加一倍。

汽油机在高温条件下生成的沉淀物和柴油机相似，而在城市中行驶的汽车时停时开，发动机经常在低温条件下运行，容易在曲轴箱内产生油泥。由于积碳和漆膜是在高温条件下形成的沉淀物，所以，将润滑油抑制积碳、漆膜生成的性能称为高温清净性；油泥是在低温下形成的，将抑制油泥生成的性能称为低温分散性。

（3）发动机中影响沉积物生成的因素

1）影响高温沉淀物生成的因素　发动机方面：发动机的增压程度、润滑油温度及冷却液温度对沉淀物生成的影响比较大。

增压发动机中润滑油的工作条件比较苛刻，容易产生积碳和漆膜，见表 7-1。

表 7-1　增压程度对产生积碳、漆膜的影响（清净性评分）

增压强度	润滑油代号		
	1	2	3
非增压 1105 单缸机	2.05	2.48	5.43
增压 1105 单缸机	3.46	4.7	9.98

冷却液的温度对沉积物的影响是其温度越高，越容易产生积碳、漆膜，见表 7-2。

润滑油的温度越高，也越容易产生积碳、漆膜，见表 7-3。

表 7-2　柴油机单缸冷却液温度对积碳、漆膜生成的影响

冷却液温度/℃	125	130	140
清净性评分	7.78	14.2	24.7

表 7-3　单缸中润滑油温度对积碳、漆膜生成的影响

润滑油温度/℃	110	130	140
清净性评分	1.51	2.43	3.79

注：清净性评分愈高，积碳、漆膜生成愈严重。

油品方面：燃料的含硫量和馏分范围，润滑油的组成、精制方法、馏分轻重等都与积碳及漆膜的形成相关。

燃料的馏分越重，活塞上的积碳、漆膜就越多。

与燃料对沉积物的生成影响相比，润滑油的性能对发动机中形成积碳、漆膜的影响更大。一般来说，润滑油的馏分越大，在发动机中形成的积碳、漆膜也越多（见表 7-4）。环烷基润滑油比烷基润滑油生成的沉淀物要多。润滑油的精制程度对积碳、漆膜的生成也有影响，精制适当，积碳、漆膜的生成就少。但是并不是精制程度越高越好，过分的精制反而使润滑油的清净性变差。

表 7-4　润滑油馏分对 1105 单缸机清净性的影响

润滑油代号	润滑油馏分来源	清净性评分	润滑油代号	润滑油馏分来源	清净性评分
1 号	减三线加减四线	12.1	3 号	减四线：渣油＝7：3	15.0
2 号	减四线：渣油＝9：1	13.4			

注：清净性评分愈高，积碳、漆膜生成愈严重。

2）影响油泥生成的因素　影响油泥生成的因素是发动机的操作条件、燃料和润滑油的性质。当发动机处于时开时停或空转状态时，发动机的温度较低，燃烧后产生的水蒸气、CO_2、CO、炭末以及燃料的重馏分等落入曲轴箱，使润滑油氧化并使之乳化，生成不溶于油的油泥。

由于油泥是在低温下形成的，与影响积碳、漆膜生成的条件相反，温度越低，越容易生成油泥。燃料、润滑油性能对油泥生成的影响基本与对生成积碳、漆膜的影响相似。由于发动机的发展趋势使润滑油的工作条件越来越苛刻，改善润滑油品才是关键，因此需要提高润滑油的清净分散性以适应这种趋势。

（4）减少沉积物的措施

1）清净分散剂抑制沉积物的生成　在发动机润滑油中加入清净分散剂是抑制沉积物生成的主要方法。润滑油的性能越高，档次越高，加入的清净分散剂越多。

清净分散剂的结构基本上是由亲油、极性和亲水三个基团组成，由于结构不同，清净分散剂的性能有所不同，一般来说，有灰添加剂的清净性较好，无灰添加剂的分散性突出。

清净分散剂的作用不仅是清净，还有良好的分散性。它能抑制、减少沉积物的生成，使发动机内部清洁，同时还能将油泥和颗粒分散于油中，另外还能中和油中的酸性物质。清净分散剂的作用概括起来就是分散、增溶、洗涤、中和四点。

2）抗氧剂及抗氧防腐剂　氧化是发动机润滑油降解的根本原因，沉积物的生成、磨损的加剧、泡沫的增加等都与油的氧化有直接的关系。使用抗氧剂来破坏氧化反应中的活性游离基，以控制油品的氧化。

7.1.3　发动机烧机油故障的辨别及处理

烧机油是指机油进入了发动机的燃烧室，与混合气一起参与了燃烧。车辆如果出现烧机油的现象，会导致车辆氧传感器损坏过快、燃烧室的积炭增加、怠速不稳、加速无力、油耗上升、尾气排放超标等多种不良后果。烧机油最严重的后果是发动机润滑不足，从而使发动机造成难以修复的损伤甚至报废，造成维修成本大幅升高，甚至存在事故隐患。

（1）故障现象

1）冷车启动烧机油　清晨冷车启动后，查看排气管是否会冒蓝烟。因为发动机长时间不运转时，机油就会在重力的作用下通过气门油封的间隙流入汽缸。在启动发动机时，汽缸内的机油就会在高温高压的作用下燃烧，产生大量蓝色烟雾。

2）加速时烧机油　在车辆行驶中或者原地猛踩加速踏板时，排气管是否有大量蓝烟冒出。严重时可以从排气管一侧的后视镜中看见蓝色烟雾。这种检测方法主要是检查发动机活塞环与汽缸壁之间是否存在密封不严。车辆在急加速时，活塞环上下运动的频率加快。汽缸壁上残存的润滑油容易被活塞环带入燃烧室，导致烧机油。

3）机油口不时冒蓝烟　如果在任何情况下，排气管都有蓝烟冒出，而且机油口不时冒出蓝烟，通过机油尺的检测，机油损耗过快。说明发动机的磨损情况已相当严重，车辆需要及时进行大修，否则会造成严重的事故。

（2）修理界定

如果车辆有烧机油情况，不要盲目维修，要经过一些判断和测试再确定维修方案。先把车辆加满机油，行驶 1000km 后对机油进行称重，然后再加满机油后再行驶 1000km。如此反复 3 次，将称重值取平均值。磨合期后机油的正常消耗一般在 1L/1000km 的水平，如果超过这个标准值较多的话，就需要对发动机进行维修检查。

（3）情况处理

发动机烧机油主要是由于发动机润滑系统存在机油渗漏、汽缸壁和活塞环过度磨损、气门油封损坏或老化变硬等造成的。如果是老旧车辆出现烧机油的话，可以适当选择为发动机添加黏度比较大的机油来增加发动机活塞、缸壁间的密封性。

当然，彻底解决烧机油的最终办法还是对车辆进行比较彻底的检修，从根本上解决问题。因为气门油封长时间使用后老化并磨损严重，已经无法达到很好的密封效果，所以，一些使用年限较长或行驶里程数较多的车辆更容易出现烧机油现象。如果发现车辆有烧机油迹象，要经常检查机油的标尺，按产品使用说明书要求定期更换机油和机油滤清器。一旦发现机油损耗异常，就要去修理厂（所）进行检修。为了使发动机工作正常、延长其使用寿命并减少机油消耗，选择一款高品质的机油很有必要。尤其是带涡轮增压器的发动机，其工作温度更高，对机油的要求也更高。要选择使用挥发率较低的优质发动机机油，因为机油挥发也是导致汽车烧机油的一个重要因素。尤其是全合成机油，能大大减少烧机油现象的发生，给车辆带来全面的保护。

7.1.4　发动机气缸套磨损因素及预防措施

发动机工作过程中，由于混合气体燃烧膨胀产生压力、活塞的惯性运动使活塞对气缸壁产生侧压力，活塞往复运动时对气缸产生摩擦力，柴油燃烧后所产生的固体微粒、摩擦下来的金属粉末以及随空气带到气缸内的灰尘，柴油和机油中含有的硫化物等对气缸套有腐蚀作用，都会使气缸套产生磨损。这些原因造成了发动机的正常磨损。

而当安装、使用及维修不当时会造成活塞环与气缸壁之间的间隙过早变大。发动机功率下降、启动困难，油耗增加，有时甚至引起严重的拉缸和烧瓦，这些属于气缸套的异常磨损。

（1）气缸套磨损的原因分析

发动机气缸套是在高温、高压、交变载荷和腐蚀的情况下工作的，因发动机固有构造造成气缸套的正常磨损，因安装使用、维修保养不当造成气缸套的异常磨损。

1）正常磨损因素

① 空气和燃料混合气体燃烧后产生的水蒸气和酸性氧化物生成矿物酸，和燃烧后产生的有机酸共同对气缸壁产生腐蚀作用，造成气缸套腐蚀磨损。

② 缸套磨损产生的脱落物、机油中的杂质、空气中的尘埃进入气缸内造成气缸壁磨料磨损，因活塞在气缸套中部的运动速度最大，所以气缸套中部产生的磨料磨损也最严重。

③ 气缸套上部靠近燃烧室部分温度较高，润滑油被新进的空气冲刷并被燃料油稀释，造成气缸套上部的润滑条件差，气缸套上部承受活塞环的正压力较大，润滑油膜难以形成和难以保持，因此磨损严重。

2）异常磨损因素

① 发动机长时间在高负荷状态下运转。发动机温度一直处在95℃以上，润滑油变稀。气缸套与活塞环在高温润滑不良的条件下相对滑动，形成局部高温，发生熔融磨损，严重时甚至会引起“拉缸”。

② 空气滤清器损坏或缺少保养，未能过滤掉空气中的尘埃微粒，造成气缸套壁磨损。实践证明，缺少空气滤清器的保护，气缸的磨损将增加7倍左右。

③ 因机油滤清器损坏或缺少保养造成机油过滤效果差，润滑油中的杂质和发动机自身的磨屑等进入气缸，造成磨料磨损。

④ 发动机长时间怠速运转造成温度低，机油黏度大、流动性不好，供油系统供油不够，使气缸活塞环摩擦副得不到足够的润滑油。另外，发动机在启动瞬间气缸的润滑条件因停车后气缸壁上的润滑油沿缸壁流下而变差，气缸的磨损在发动机启动时加重。发动机机体温度过低，润滑效果差，工作时产生积碳多。加速了气缸的早期磨损。

⑤ 低温启动频繁。当柴油中的含硫量过高时，容易生成腐蚀性气体，造成腐蚀磨损，这种磨损多发生在气缸的上、中部，要比正常磨损大1～2倍。并且冷却液温度过低会使最大磨损部位下移，气缸周围温度不均衡。使气缸表面的磨损不一样而造成气缸内圆圆度误差加大，冷却液温度高的方向磨损大。

⑥ 润滑不良。不定期更换润滑油，所用的润滑油牌号不符合要求或润滑油太脏、变质，润滑油中有水等原因。使活塞环与气缸之间润滑条件恶化，其磨损量比正常值大3～4倍。

⑦ 新的或大修后的发动机没有经过严格的磨合试运转就投入作业，造成气缸等零件的早期异常磨损。

⑧ 因气缸套安装时产生安装误差使气缸套中心和曲轴轴线不垂直，造成气缸套异常磨损。

⑨ 在修理过程中因铰刀的倾斜而造成连杆铜套孔偏斜，使活塞倾斜到气缸套的某一边造成气缸套异常磨损。

⑩ 不及时校正连杆因飞车事故或其他原因产生的弯曲变形、不及时校正曲轴因发动机烧瓦或者其他原因造成的冲击变形，都会使气缸套快速磨损。

（2）气缸套异常磨损可预防的措施

① 新的或者大修后的发动机必须经过严格的试运转后才能投入使用。发动机初次启动时应先空转几圈，发动机启动后要怠速运转逐渐升温，油温度升到40℃左右时再起步：先

挂低速挡，待到油温升到正常，方可以使发动机转为正常工作。

② 发动机最适合的工作温度是 80～90℃，气缸和活塞环在低于 80℃温度环境下易产生酸性腐蚀；而在高于 90℃的温度下因机油稀释润滑效果也很差，所以发动机在高温或者低温的工作环境下气缸容易磨损。

③ 严格按标准和技术规范实施作业，提高发动机维修质量。换气缸套时对选用的气缸套要严格按技术要求进行检验。安装气缸套时要保证气缸中线与主轴线垂直。弹力太小的活塞环容易造成燃气窜入气缸吹落气缸壁上的机油而增大气缸壁的磨损，弹力太大的活塞环会破坏气缸壁上的润滑油而加大气缸磨损或者对气缸壁直接造成磨损，所以更换的活塞环要选取弹力适中的。

④ 对“三滤”(空气滤清器、燃油滤清器、机油滤清器) 做到定期检查和保养，使它们在良好的状态下工作，防止机械杂质由燃油、空气、机油通道进入气缸，减轻发动机气缸套的磨损。在有风沙等较差的工作环境下应该缩短保养周期。

⑤ 根据季节和发动机的性能选取润滑油的黏度值，购买和使用品质有保障的润滑油。换油的同时也应清洁机油滤清器。已经损坏了的机油滤清器要及时更换。经常检查润滑油，保持机体内有足够的润滑油，保证润滑油的品质可靠。

⑥ 禁止使发动机处于长期急速运转状态。因为发动机在长期急速运转时，经喷油嘴喷出的燃油雾化不良，使燃油与空气混合不均匀，因燃烧不完全而产生积碳，加剧气缸磨损。

⑦ 禁止发动机长时间超负荷运转。

⑧ 严禁轰油门。轰油门不仅会引起连杆、曲轴变形，甚至会造成曲轴折断，而且燃油燃烧也不充分。

一般情况下，粘着磨损和腐蚀磨损是气缸套的主要损坏形式，正常磨损和异常磨损都存在这两种磨损形式。造成气缸早期过度磨损的主要原因是维修保养和使用不当，只有了解、掌握了气缸套的正常磨损因素和早期异常磨损因素即可采取相应的预防措施，才能在发动机使用过程中，做到科学规范的使用和维修保养，才能不断提高发动机的使用寿命和使用经济性。

7.1.5 柴油发动机烧瓦抱轴原因的分析与改进

(1) 柴油发动机烧瓦抱轴问题

轴瓦是柴油发动机最重要的零件之一，运转中受力比较复杂，承受着很大的气体爆发力和运动惯性以及连杆盖压紧力的作用，并且受力是周期交变的，工作环境相当恶劣，如果使用不当极易造成曲轴轴颈和轴瓦的早期磨损和破坏。烧瓦抱轴是指发动机曲轴与支承其转动的滑动轴承——曲轴瓦、连杆瓦之间，由于润滑不良出现干摩擦和半干摩擦，在高温、高压和高转速下，轴颈与轴瓦相互烧结，导致发动机无法正常运转的现象。轴瓦在运转中出现了不应有的剥离、龟裂、烧损和严重拉伤等现象，轻者需要更换主轴瓦及连杆活塞组，重者会使柴油机曲轴颈严重拉伤，甚至还会使曲轴、机体报废。这一故障不但给正常的生产带来严重的干扰，而且还会造成很大的经济损失。造成发动机烧瓦抱轴的原因虽然是多方面的，但归根到底是其润滑条件被破坏，引起摩擦性质改变而形成黏附磨损。

(2) 柴油机烧瓦抱轴的机理及原因

1) 柴油机烧瓦抱轴的机理　柴油发动机在高速运转中，整个连杆相对于气缸中心线做摆动，连杆颈旋转速度相当高。由于承受较大的冲击负载，连杆瓦与连杆颈之间严重摩擦，产生大量的热量；同时润滑机油长期在高温条件下，不断氧化产生有机酸，对瓦的表面产生腐蚀，并且机油中不可避免存在各种机械杂质，进入轴颈与瓦之间发生微粒摩擦。不同原因造成轴瓦故障的症状不同，由各自的物理性质所致，但是都离不开润滑理论。众所周知，摩擦和抗磨存在于任何摩擦副中，润滑是减少摩擦和阻止磨损的最简单有效的方法。因为摩擦副处于完全液体动力润滑状态时，相对运动的摩擦表面依靠传递赫兹接触压力支撑，固体表面几乎不接触，所以磨损几乎是不会发生的；同时，液体动力润滑油膜的存在也极大地改善了摩擦表面的负荷条件，使相对运动的摩擦表面处于小得多而又比较均匀的受力状态，这对减少甚至完全避免摩擦磨损是极为有利的。轴瓦与曲轴颈这对配合摩擦副，表面被润滑油层分隔开，曲轴依靠油膜层托付在轴瓦表面。要在两零件表面相对运动时产生油楔间隙，将轴托起，使摩擦表面分开，就要求作用在轴上的载荷应小于油楔的承载能力，轴瓦与轴颈内表面几何形状偏差尽可能地小。破坏了这些条件，轴瓦就要发生故障。因此轴瓦烧损的机理是由于轴颈与轴瓦之间的润滑油膜破裂，导致轴瓦与轴颈产生干摩擦，在高温、高压和高转速下，轴瓦的耐磨合金层过早地磨损或熔化，从而引起轴瓦合金层剥落损伤，并粘咬在轴颈上。更严重者由于轴与瓦的黏结，会使轴瓦的钢背在连杆大端座孔中产生旋转运动，再由钢背与座孔的进一步摩擦引起高温，使轴瓦烧坏，并会造成连杆螺栓折断，发生连杆甩出捣坏发动机的恶性事故。

2）柴油发动机烧瓦抱轴的主要原因　造成发动机拉瓦抱轴的原因是多方面的，主要有以下几方面。

① 轴瓦材质的影响。轴瓦材料选择不当，其耐磨性、嵌入性和抗疲劳性差，合金层与钢板粘接不牢，出现剥离、气泡、合金层厚度不均匀等现象。柴油机组装后，试验磨合初期发生烧瓦，检查时往往发现连杆瓦合金脱落，这属于合金层贴合不牢，受力后造成脱落。研究表明：对于采用铝—锡—铜合金的减磨层，提高其中的铜含量能提高其耐磨性，但是随之会产生“甲虫状裂皮”而降低其疲劳强度，因此要用尽可能薄的减磨层。

② 清洁度对拉瓦抱轴的影响。柴油机主要配件（如曲轴、轴瓦、缸体、连杆）和润滑油中杂质较多，且在装配过程中有二次污染，金属磨屑或外来硬性物质进入曲轴轴瓦工作表面，当这些金属磨粒形成的高点大到足以同轴颈接触而产生摩擦，曲轴转动时，很容易拉伤瓦合金及曲轴颈，导致轴承衬层被破坏。在瓦背与座孔之间的异物（主要是磨粒）使轴瓦背与座孔贴合不好，由于热传导不良，引起轴瓦表面局部温度升高；同时由于载荷不均，在轴瓦表面出现异常高压区，加剧了局部磨损。通过对多起烧瓦抱轴事故的分析表明，事故是由于杂质等异物引起的，这些杂质与异物一部分源自机械磨损，另一部分则源自零件的清洁度与油管路内的清洁度不合要求。对于杂质重量、数量和尺寸严重超标，堵塞主油道这种情况，发动机在出厂前的试验中就会发生拉瓦，同时表现出机油压力低、漏气量大等现象，这种情况属于发动机前期故障。发动机中杂质总重量合格但杂质尺寸不合格，会在瓦上造成划伤现象，但是不会马上造成拉瓦或抱瓦。因此必须加强零件的清洁度和装配清洁度，同时也要加强机油滤清系统的滤清效果。

③ 润滑油的影响。

a. 机油压力的影响。机油压力不足造成连杆轴瓦抱轴多为偶发。轴瓦损坏特征是合金大面积撕裂，钢表面呈蓝褐色，轴瓦内无润滑油，温度较高。

b. 机油温度的影响。一般情况下，中、低速柴油机曲轴轴颈与轴承之间的最小润滑油膜厚度为 5～10μm，高速柴油机的为 2～5μm，其中连杆轴承可低至 1μm，而轴颈与轴承之间的配合间隙一般为 0.03～0.13μm。图 7-1 给出了连杆大端最小油膜与油温之间的关系。从图中可以看出，发动机在正常工作过程中，连杆大端上的润滑油膜厚度大多在 1μm 左右。随着发动机温度的升高，机油温度随之上升，轴颈与轴承之间的润滑厚度却减小，当机油温度高于 150℃时，油膜发生断裂，导致曲轴轴颈与轴承之间的滑动面固体接触，使滑动面的温度急剧升高，当滑动面的温度升高到一定程度时，发生粘着烧结，造成烧瓦抱轴的故障。众所周知，油温过低时，润滑油黏度过大，流动性较差，特别是在冷机启动阶段，进入曲轴轴承的油量较小，油膜不易形成，容易造成滑动面直接接触，加快了轴承的磨损和损坏；当机油起沫（在标准大气状态下机油中存有部分空气）值提高时，连杆轴瓦的磨损也会增加。图 7-2 给出了轴瓦在额定功率下的相对磨损率与机油温度的关系。从图 7-2 中可以看出，机油温度升高，机油黏度降低，油膜强度减弱，使轴瓦的磨损增大，轴颈与轴瓦两者之间的直接摩擦导致温度迅速升高，造成膨胀变形，直至间隙完全消失，发展成烧瓦抱轴，这与图 7-1 所描述的结果是完全吻合的。

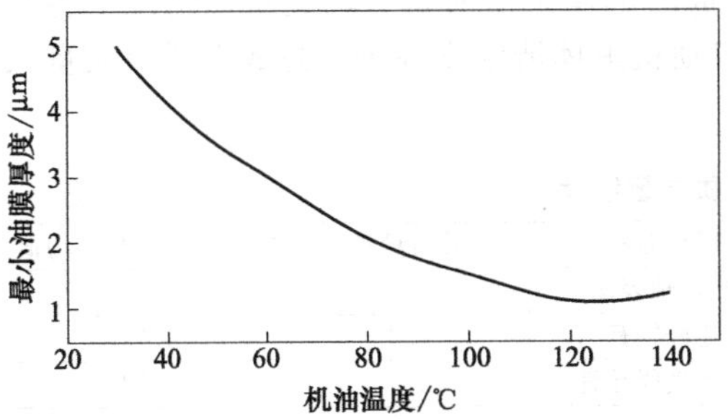

图 7-1　连杆大端最小油膜厚度与机油温度的关系

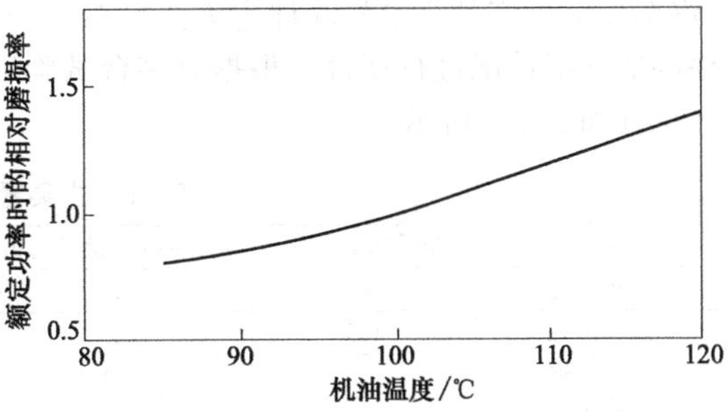

图 7-2　轴瓦相对磨损率与机油温度的关系

④ 曲轴工作表面的影响。曲轴工作表面精度和表面粗糙度是保证良好润滑的重要条件，如果曲轴的直径、圆度、直线度、轴颈圆角达不到技术要求，会使曲轴轴颈与轴承间隙发生变化，油膜厚度减小或阻止油膜形成，导致润滑条件不好，造成金属直接接触和轴承出现不正常磨损。多台试验发动机检测结果表明，轴颈的不平度平均高度 Rz 从 1.1μm 下降到 0.7μm 时，连杆轴承磨损率下降将近 50%，这真实地反映了轴颈光洁度对连杆轴承磨损率的影响。

⑤ 轴瓦尺寸对碾瓦的影响。轴瓦尺寸是保证连杆瓦的瓦背与连杆大端孔紧密贴合的重要条件。如果连杆瓦定位唇、镀层、厚度、减薄量达不到技术要求，容易造成瓦背与连杆大端孔贴合不好，瓦在孔内转动，导致瓦的润滑间隙减小，润滑条件不好。

⑥ 连杆尺寸对拉伤轴瓦的影响。连杆大头孔的直径、粗糙度、直线度、圆度、扭曲度不合格，会造成轴颈和轴瓦之间的正常间隙发生变化。间隙过大，将导致轴瓦与轴颈间的接触弧度变小，增加油膜的压力载荷，加剧轴瓦的疲劳；间隙过小，会限制机油流动，难以形成油膜，不能将摩擦产生的热量及时带走，会增加过热变形和抱瓦倾向，并且连杆弯曲或扭曲变形后，使连杆瓦与连杆轴颈之间产生不正常偏磨，造成连杆瓦局部受力过大，产生过热烧损。连杆直径、圆度、弯曲度、粗糙度不达标，反映在瓦上就是瓦的两侧出现偏磨的亮带，反映在瓦背上就是瓦的背面出现黑块。这是因为瓦背和连杆大头孔贴合不好，有微动的磨痕，瓦背和连杆大头孔中间有间隙，有机油渗入间隙而留在瓦背上。

⑦ 装配不当。连杆螺栓拧紧力矩不当、主轴承盖拧紧力矩不当，连杆轴承盖、轴承装配错等，会造成曲轴不同程度和不同形式的损坏，从而造成轴瓦与曲轴的配合间隙、油隙不合适或组装质量不高，使瓦与轴局部无油润间隙而发热，造成烧瓦抱轴。

（3）改进措施

针对柴油机烧瓦抱轴问题，改进措施如表 7-5 所示。

表 7-5　系统改进项目

系统改进项目	具体改进内容	系统改进项目	具体改进内容
清洁度控制系统	发动机零配件的清洁度控制	装调工艺	装配曲轴连杆测量机力矩、配合间隙的控制
曲轴、轴瓦、连杆	关键尺寸的控制，生产过程能力的提升	发动机试验系统	改进试验系统的管理

1）建立完善的清洁度检验系统　建立更加完善的清洁度检验系统，包括高标准洁净清洁度试验室的建立、清洁度检验规范的制订、产品工艺方式的改进。洁净清洁度试验室的先进检测设备有颗粒收集设备、颗粒自动计数设备、进口颗粒分析设备。把清洁度作为一个质

量控制点加以控制，对日常供货进行严格的入库检验，并在过程控制中强制执行。对自制件，每日进行零件清洁度的检查；凡是与机油接触的采购件均在制造过程、入厂验收过程中，对零件清洁度作严格控制。控制与改善工位器具与装配台清洁度，在装配过程中要杜绝零件的二次污染，保证其清洁度。某公司多年进行零件清洁度检查跟踪，主要零件的清洁度状况统计如表 7-6 所示。公司每月对三台发动机总成清洁度进行检查。按 QC/T901-1998《汽车发动机产品质量检验评定方法》对发动机总成的解体杂质质量、轴瓦拉伤情况、各摩擦副的磨损情况进行评价。根据对多台试验后的发动机解体清洁度评价，总成杂质总质量状况统计如表 7-7 所示。

表 7-6　主要零件杂质质量统计

mg

零件名称	杂质质量极限	实测杂质质量平均值	零件名称	杂质质量极限	实测杂质质量平均值
缸体油道	30	9.17	凸轮轴表面	15	3.51
缸体缸孔	4.5	1.36	连杆轴瓦	5.0	1.74
缸盖气道	15	7.48	缸盖气阀导管	2.6	1.14
曲轴表面	60	10.06	齿轮室	35	11.37

表 7-7　发动机总成解体清洁度杂质统计

mg

发动机系列	杂质总质量极限	实测杂质总质量平均值	发动机系列	杂质总质量极限	实测杂质总质量平均值
G	1062	901.5	N	1602	1009.3
D	1494	1059.6			

结果表明，发动机总成解体清洁度的杂质质量远低于指标要求，这与零件清洁度检查是吻合的。而轴承间隙中进入硬质颗粒是轴瓦产生拉伤的主要原因，多数轴瓦拉伤属于一级，并且这种拉伤的轴瓦在多次的 250h 试验中并无损伤的扩展。由于清洁度同时由杂质质量和粒度来控制，在杂质质量达标的条件下，个别粒度超标对摩擦副造成异常磨损的可能性很小。由于在润滑系统中机油滤清器的滤清作用，与机油接触的零件表面的杂质在进入主油道前被机油滤清器过滤，这些杂质再次参与磨粒磨损的可能性很小。此外，柴油机试验完成后，将试验机油放尽，这样润滑系统中的杂质又被进一步排出柴油机外，大大减少了由于清洁度的原因造成的烧瓦抱轴故障。

2）严格按照工艺规定安装轴瓦　轴瓦装配过程中，要严格按照工艺规定安装轴瓦，安装轴瓦时在轴瓦内径表面涂一层润滑油，以保证发动机冷态时运转和启动时的润滑。测试表明，发动机在冷启动时的磨损量占总磨损量的 6%～8%。因此发动机厂应提升装配车间曲轴连杆力矩测量的能力，保证轴瓦在工作状态下无松动现象，薄壁轴瓦应充分坚固，使瓦背紧贴在座孔中，以提高散热效果和改善应力分布。

3）选用质量稳定及可靠的连杆瓦　选用质量稳定及可靠的轴瓦厂生产的连杆瓦。不同生产厂家由于工作环境、条件不同，生产出的连杆瓦质量不相同；采用高强度的轴瓦，同时对连杆瓦的减薄区严格控制，防止轴瓦早期磨损。

4）控制加工工艺参数　提升连杆生产的过程控制能力，严格按照技术要求测量连杆的关键技术参数，如连杆大端孔的直径、圆度、弯曲度。

5）控制试验机油温度　试验前对机油温度进行控制，由此保证试验条件的一致性，为精确测试提供有利条件。

6）改进试验　改进发动机试验过程控制，规范发动机的试验程度及相关工作。通过标准发动机进行台架间的基准传递和对试验台架进行安装评审的方式确保发动机出厂系统的准确性，通过首批小批量发动机的生产一致性试验评审，制订出生产控制标准，并在今后批量生产中不断修正。具体做法如下：

① 产品一致性后，发放小批量级别的产品，供应商据此生产一批配件。

② 小批量发动机先由制造部进行发动机出厂试验。

③ 质量部对其中的5台发动机进行17～20h的磨合。

④ 对磨合后的发动机按性能试验方法进行性能试验。

⑤ 如果发动机达到产品要求，则根据产品文件及相关试验建立的相关性制定出厂试验规范，此为第一阶段生产试验指标，反之查找原因。

⑥ 发动机大批量生产中，根据大量的发动机的出厂试验，结合产品文件，制定出大批量生产阶段的生产试验规范。

7.1.6 发动机润滑故障

（1）发动机故障现场处置步骤

首先要确认事故机组型号及事故表现，收集故障发动机运行参数及保养维护记录，判断是否存在操作或维护维修不当的情况；同时了解同类型其他机组和其他机型在类似工况下的使用情况。在此基础上，根据故障复杂程度，按照轻重缓急顺序，采用以下5个步骤进行调查分析。

① 检查确认发动机润滑油是否泄漏。如是否存在发动机外部油管断裂、发动机缸体连接处密封垫圈破损、油底壳放油孔丝堵没有拧紧等。若发动机润滑油出现泄漏，会使曲轴箱内润滑油减少，出现机油泵“抽空”现象。

② 检查确认发动机润滑油是否消耗太快。检查配气门、活塞环部位及曲轴箱正压通风阀（PCV）等是否因密封不好，使发动机润滑油进入燃烧室被烧掉，导致曲轴箱内发动机润滑油减少，机油泵出现“抽空”现象。

③ 观察油底壳及管路中在用发动机润滑油是否有存在大量氧化油泥、燃油稀释、进水乳化或存在泡沫等现象，以便做出初步推断：发动机冷却液渗漏到曲轴箱，会导致发动机润滑油乳化，使发动机润滑油在轴与轴瓦之间难以形成良好的润滑油膜；发动机的燃油窜入曲轴箱，会导致发动机润滑油被稀释，使其运动黏度变小，油压降低，油膜稳定性、密封性和润滑性变差；发动机若超期使用、喷灯烤车和不及时补加发动机润滑油，或发动机受环境、工况（如长期超负荷、低速、高温、高扭矩）等因素影响导致发动机润滑油发生严重氧化，产生大量油泥，堵塞发动机润滑油集滤器、滤清器或油道等，会造成供油不足和油压降低。必要时，应对在用发动机润滑油留样，分析检测其运动黏度、闭口闪点、水分、胶质及硅、铁等元素含量等，以帮助确认事故原因。

④ 检查机油泵和油路。在检查机油泵时，首先通过检查机油泵齿轮或转子的磨损状况、齿轮或转子之间的间隙、机油泵传动轴密封状况来初步判断是否存在发动机润滑油大量从机油泵传动轴处回流到油底壳，使进入主油道内的发动机润滑油量不足导致油压降低；然后进一步测试机油泵的性能，检验油压和油量是否合格。油路的检查主要是判断油路是否堵塞，限压阀工作是否正常。如油路堵塞或机油道限压阀在低压下就打开或关闭不严，会导致发动机润滑油大量回流到油底壳，使进入主油道的发动机润滑油量不足导致油压降低。必要时，可通过内窥镜或线切割的方法，对发动机的润滑油路（包括滤清器）进行堵塞或泄漏检查；对发生损坏的零部件（轴瓦、轴、活塞环、缸套等）进行材料和尺寸检测，并对故障部位进行断口分析。

⑤ 油品检测分析。如果以上因素都被排除，则可能是因润滑油本身质量不合格，如抗磨性能不足、氧化安定性差或泡沫严重等导致发动机出现异常磨损甚至烧瓦抱轴。此时，需要安排油样检测分析。

油品的检测分析包括新油复查、正常更换油品检测以及事故车辆在用油检测。

a. 新油复查：在对事故本身进行调查讨论的过程中，如果对新油的质量存在分歧，有必要对工厂留样或客户现场剩余新油进行检测，以确认其符合标准及使用要求。

b. 正常更换油品检测：如果对油品质量及换油周期的适宜性存在分歧，有必要多采集一些在用车辆正常更换下来的润滑油进行检测，并对照国家或企业换油规范进行分析讨论。

c. 事故车辆在用油的检测：为了查清事故的原因，有时即使不是发动机润滑油本身的原因，也需要通过在用油检测寻找事故分析的线索。此时除了检测油品本身的理化指标，更要关注磨损金属含量以及铁谱磨粒大小、形态信息。

根据以上程序的调查结果，对故障进行基本判断，形成调查结论，得到客户的确认，并在公司内部通报相关方周知；必要时，对工作程序提出修订输入。与发动机润滑相关的故障原因有时会非常复杂，涉及设备本身及其零部件的设计和质量。在这种情况下，进一步的调查就需要以客户为主，技术服务人员可根据客户需要做好配合工作。

（2）发动机润滑故障处理案例

某公交公司先后有 8 辆公交车出现烧瓦抱轴事故（如图 7-3 所示），希望 A 公司作为润滑油供应商，委派专家到现场一同拆解发动机（保留 1 台事故发动机未拆），对事故原因进行排查。

图 7-3　发生烧瓦抱轴事故的主轴颈和连杆轴颈

① 首先对发动机润滑油的真假以及发生烧瓦抱轴事故的发动机进行了整体观察，随后参与了事故发动机的拆解，发现：

a. 从现场发动机润滑油的包装信息初步判断，所用发动机润滑油应为 A 公司的 CI-4 柴油机机油正品。

b. 该公交公司有上千辆公交车，主要发动机为 B、C 这 2 家发动机公司的产品，全部使用相同牌号的发动机润滑油，而此次发生烧瓦抱轴事故的全部是 B 公司生产的发动机，初步判断故障原因可能与发动机本身有关。

② 解体发动机总行驶里程 270000km，距上次保养行驶了 16000km，事故现象为第 5 缸连杆抱瓦，对应主轴颈擦伤，由此判断故障直接原因可能是因供油不好导致润滑不良。

该发动机所有机体外油管均完好，可排除漏油少油；发动机的配气系统和活塞缸套部位均未发现异常磨痕，活塞也没有出现对口和粘环现象，可排除烧机油少油。

③ 从现场采样过程观察发动机润滑油油流、颜色、味道及发动机部件表面油迹等，判断油品被冷却液乳化和被燃油稀释的可能性不大。

④ 对油底壳、摇臂罩、滤清器、油道等部位及油样进行观察，均未发现大量氧化油泥存在，判断油品氧化并不严重。经切割检查机油滤清器，未发现明显杂质，无堵塞现象。

⑤ 喷射清洗剂检查主油道，发现其干净通畅，无堵塞现象。检查第 5 连杆曲轴油孔，发现其干净通畅，无堵塞现象。

⑥ 对机油泵进行拆解（如图 7-4 所示），发现机油泵转子表面光滑，无异常磨损痕迹；但机油泵齿轮传动轴异常松动，间隙较大。初步判断是因为发动机润滑油从机油泵齿轮传动轴处大量回流到油底壳，致使进入主油道的发

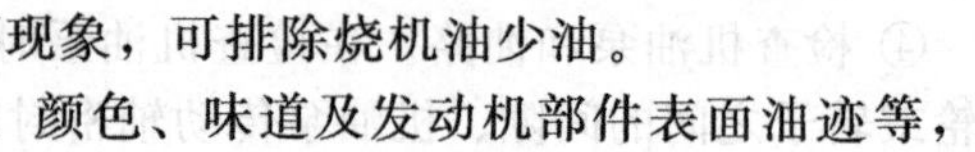

图 7-4　机油泵解体

动机润滑油因量不足而造成发动机烧瓦抱轴的事故。

⑦ 对在用发动机润滑油进行理化分析，结果（表 7-8）表明，油品黏度、碱值、酸值和水分等指标均在柴油机油换油指标范围内；磨损金属铝含量较低，说明缸套、活塞、摩擦副工作正常，没有发生异常磨损；磨损金属铁和铜含量较高，这与发动机发生抱瓦事故相对应。

表 7-8　对发动机润滑油进行理化分析结果

项目	实测值	换油指标	试验方法
运动黏度变化率(100℃)/%	6.8	>±20	GB/T 11137
闪点(闭口)/℃		<130	GB/T 261
碱值下降率/%	27.2	>50	SH/T 0251,SH/T 0688
酸值增值/mgKOH·g^{-1}	1.4	>2.5	GB/T 7304
ω(水分)/%	0.07	>0.20	GB/T 260
ω(正戊烷不溶物)/%		>2.0	GB/T 8926 B法
铁含量/mg·kg^{-1}	194.6	>150	SH/T 0077,GB/T 17476,ASTM D6595
铜含量/mg·kg^{-1}	151.5	>50	GB/T 17486
铝含量/mg·kg^{-1}	5.26	>30	GB/T 17476
硅含量(增加值)/mg·kg^{-1}		>30	GB/T 17476

⑧ 发动机拆检结果表明：主要摩擦副（活塞-缸套、凸轮-挺杆、曲轴轴瓦）工作正常，摩擦表面光滑，无明显磨损痕迹。除机油泵以外，润滑油路各部位包括油底壳、机油滤网、滤清器、主油道均正常，无明显的油泥或烟臭沉积物产生，无堵塞现象；除发生抱瓦的第 5 缸外，其他各缸轴瓦均完好无损，轴瓦背面刻的零件编号清晰可见，初步判定发动机润滑油具有良好的热氧化安定性和抗磨性能，质量可靠。

⑨ 事故原因：发动机发生抱瓦事故的主要原因是机油泵磨损导致供油压力不足。

因机油泵主泵齿轮（转子）轴出现磨损，并产生明显的轴向窜动，导致机油泵工作效率下降，机油压力不足。抱瓦事故发生在第 5 缸也印证了这一观点。发动机润滑油自机油泵经由主油道依次进入第 1、第 2、第 3、第 4、第 5 缸，机油压力呈现递减趋势，而第 6 缸位于油道末端，油压会有一个反弹。

7.1.7　发动机润滑油的简单检验方法

发动机润滑油的性能好坏对发动机的使用寿命有着至关重要的影响，然而在使用的过程中如果润滑油发黑，有大量泡沫且有乳化现象，无黏稠感等，则说明润滑油的性能出现了异常，如不及时更换将会对发动机造成伤害。下面介绍几种鉴别使用过的发动机润滑油品质的方法，见表 7-9。

表 7-9　使用过的发动机润滑油的简单检验方法

方法	操作	结论
稀释法 (检测杂质)	对于黏度大的润滑油，用汽油或者柴油进行稀释后观察有无悬浮颗粒杂质	肉眼便可看出悬浮的颗粒杂质
比对法 (检测黏度)	两支试管，一支装标准润滑油，预留 5mm 空间，用软木塞封口；另一支装待检润滑油，留 5mm 空间，封口，两支试管同时倒置观察气泡上升速度	如气泡上升速度比标准润滑油快，则黏度低，反之黏度高
试管法 (检测水分)	① 倒油至试管的三分之二处，软木塞封口，置于酒精灯上加热，看是否有气泡 ② 投入一定的无水硫酸铜于待测油中	①如有气泡，且发出啪啪声，或在试管壁上有水珠，则有水分 ②如无水硫酸铜由白色变为蓝色，则有水分

续表

方法	操作	结论
观察法（综合情况）	用试管取一定的润滑油样，静置观察，放置一段时间后用放大镜观察确定发动机的磨损情况，或者对着阳光观察油滴，看油滴是否光亮透明	①清澈透明，说明污染较轻 ②不透明，呈雾状，说明进水 ③变成灰色，说明受铅污染 ④变成黑色，说明有不完全燃烧的燃料污染 ⑤若有刺激性气味，说明被燃料稀释
油滴斑点法（检测磨损）	用金属棒或玻璃棒从发动机内取一滴油样滴在滤纸上进行观察	①看扩散的环，中心黑色为圆核，是颗粒杂质的沉淀区，往外可见一条色深且不齐的圆带，是沉淀区的界面，可以根据沉淀区的颜色估计油的污染情况，如发现金属颗粒，则说明发动机有异常磨损 ②沉淀区外是颜色比较浅的扩散区，常有分散的悬浮杂质，扩散区越宽说明油的清净分散性好，反之则清净分散性差。一般没有扩散区的润滑油不含添加剂
爆裂法（检测水分）	将润滑油滴于加热到110℃的薄金属片上，看爆裂情况	如发生爆裂说明此润滑油含水

7.1.8 润滑油分析技术在发动机状态监控中的应用

润滑油分析技术是一项对机械设备使用润滑油的物理、化学性能以及润滑油中所含磨屑杂物等进行分析的技术，是当今设备状态监测的有效方法之一。它对以磨损为主要失效形式的汽车发动机监测特别有效，有其他方法无法比拟的优越性。运用润滑油分析技术可以对汽车发动机运行状态进行监测和分析，为现场及时检修保养、视情维修提供科学可靠的依据。

（1）润滑油分析技术

1）铁谱分析　铁谱分析技术是一种以从润滑油中分离并检测磨损颗粒、进行分析为基础的诊断技术。铁谱分析技术在不破坏零部件结构关系、发动机不需解体的条件下就可确定其零部件的磨损状态。由机械零部件产生的磨损颗粒通过铁谱仪磁场的作用，将它们从润滑油中分离出来，特定的工况条件和不同的金属零件产生的磨粒具有不同的特性，通过对磨粒观察分析，不仅能监测磨粒的浓度、大小，而且能了解磨粒的形貌及组成，从而使人们能更深入地认识磨损的过程和机理。目前，铁谱分析技术已广泛应用于机械工况监测、磨损机理研究等领域。大量的研究实例表明，润滑油中的磨粒携带的有关机械磨损状态的详细信息可以通过磨粒的浓度、尺寸、形态及组成等表现出来。根据这些特征，可以判断零件所处的磨损状态以及该状态下发生的磨损原因、磨损类型和磨损部位，可以定量地分析磨损的严重程度，检测出机械的运行情况，考察润滑油对机械的适应性及在使用过程中的质量衰变规律，从而科学合理地提出控制对策。但铁谱分析技术不适合非铁系磨粒的分析，因此需要应用光谱分析等技术对非铁元素进行分析，以补其不足。

2）光谱分析　光谱分析技术是将含有磨粒的润滑油用电火花激发，使磨粒元素发出特征光谱，通过测定特征光谱的强度来测定磨粒元素在润滑油中的含量变化。研究表明，利用MOA型光谱分析仪可以同时测定20种元素，包括铁、铜、铅、铬、锡、硅、钼、锂、钠、锰、银、锑、钒、钛、硼、钙、锌、磷、镍和铝。元素的测量精度达$0.01\mu g \cdot g^{-1}$，分析时间为30s。根据油样中磨粒元素的含量变化就可以判断零件的磨损状态和工作状况。当汽车发动机处于正常磨损阶段时，润滑油中的磨粒元素光谱分析结果是随运行时间大致成连续的线性变化，具有一定的规律性；当发动机零件处于异常磨损阶段时，光谱分析数据体现出下列特征：动态性、离散性、相关性和统计性。所以对具体的某台发动机，经过定期的润滑油跟踪采样，可以得到各种磨损元素随发动机运行时间的变化规律。如果某一种元素在以后的测量中不满足该元素的一般变化规律或发展趋势，则可判断包含该元素的零件处于不正常的磨损状态，再经过元素之间的相关性分析，可进一步判断出异常磨损所对应的零件。

3）理化分析　空气和废气中存在氧气、氮气和氧化物、氮化物、硫化物，会使汽车发动机润滑油在工作中受高温、高剪切作用时发生氧化、硝化、硫化反应，且抗氧剂、抗磨剂、清净分散剂等会进行降解。基于理化性质分析的润滑油状态监测主要是通过监测润滑油性质评定指标来判断油品本身的质量衰变情况和发动机工况变化情况。油品理化性质评定指标主要有黏度、水分、闪点、酸值、正戊烷不溶物和总碱值等。当使用中某项指标达到限定值时，就需更换润滑油。当指标的变化呈现连续的线性规律时，说明发动机工作是正常的；如果某项指标发生突然变化时，表明发动机工况发生异常变化。如油品黏度突然变小，闪点降低，说明与燃油稀释有关；油品中水分突然变大，说明冷却液渗漏；酸值和正戊烷不溶物突然变大，说明有大量废气进入曲轴箱。这些变化通过相关性分析就可判断发动机的工况以及磨损状况。

（2）润滑油分析技术的应用实例

通过一个工况实例的润滑油分析和验证，评价润滑油分析技术对汽车发动机状态监控的实际效果。分析油样是在某行车实验中从发动机润滑系统中定期抽取的润滑油。表 7-10 列出了待测油样的情况。

表 7-10　待测油样参数

编号	取样部位	油样使用时间/h
1 号样	下曲轴箱	50
2 号样	下曲轴箱	100
3 号样	下曲轴箱	150

应用直读式铁谱分析仪、MOA 光谱分析仪、Avatar360 傅里叶变换红外光谱仪、黏度计等理化分析仪器对上述三个油样进行分析，分析结果见表 7-11 和表 7-12。

表 7-11　油样理化分析结果

项目	1 号样	2 号样	3 号样
100℃运动黏度变化/%	11.42	8.87	14.47
积炭变化/%	0.11	0.24	0.32
闪点(开口)/℃	250	170	247
总酸值/mgKOH·g^{-1}	1.7	5.0	4.6
总碱值/mgKOH·g^{-1}	1.9	5.0	4.0

表 7-12　油样光谱分析结果

元素质量分数	1 号样	2 号样	3 号样
铁/μg·g^{-1}	25.27	53.14	41.09
铜/μg·g^{-1}	2.59	10.45	70.2
铅/μg·g^{-1}	2.16	4.19	19.69
钠/μg·g^{-1}	0	0.71	1.66
硅/μg·g^{-1}	11.21	24.69	23.12
铬/μg·g^{-1}	0.21	1.68	1.34
铝/μg·g^{-1}	1.24	3.75	1.08

从表 7-11 理化分析结果看，1 号样理化分析正常；2 号样黏度、总碱值、闪点指标不正常；3 号样理化指标严重超标。铁谱分析结果，1 号样的铁谱分析正常，谱片上观察到的金属磨粒细而短，这是磨粒磨损正常的表现；2 号样分析发现在铁谱上有较多 5～25μm 的滑动、粘着金属磨粒，还有少量 5～15μm 的金属切屑，铁谱分析不正常；3 号样的铁谱分析只发现极少量的 5～10μm 滑动、粘着金属磨粒，未见其他类型的异常磨损金属磨粒。

从表 7-12 光谱分析结果看，1 号样光谱分析结果基本正常；2 号样分析结果硅、铁含量偏高；3 号样分析结果钠、铜元素偏高。

由此可以判断，1 号样油样的铁谱、光谱和理化分析各项指标都在控制范围内，说明这时发动机工作状态良好，基本上不会发生故障，可以继续使用。2 号样油样的黏度、闪点明显偏低，说明发动机燃油泄漏严重。光谱分析硅、铁元素偏高，铁谱上有较大尺寸的铜、钢磨粒，说明发动机润滑不良引起的轴承磨损较严重，建议立即换油，解决燃油泄漏问题，缩短发动机润滑油的采样周期，继续跟踪监测。3 号样油样中的钠元素和铜元素均严重超标，铁谱上未见异常磨粒，铜元素超标是冷却液泄漏造成的铜件腐蚀磨粒，因为冷却液中防锈剂含有钠，故油样中钠也超标。冷却液泄漏严重，建议尽快解决。

（3）润滑油分析技术综合运用策略

利用润滑油分析技术对汽车发动机状态进行科学合理的监控，必须系统地研究所监控发动机的基本性能参数、运行工况和润滑部位的材料，掌握润滑油中各元素的来源，合理确定润滑油的取样周期，综合运用各种分析技术提取有关详细信息，建立发动机润滑油理化指标限定值和磨粒元素控制界限，通过分析和比较，进行判断和决策。其监控策略的具体路线如图 7-5 所示。

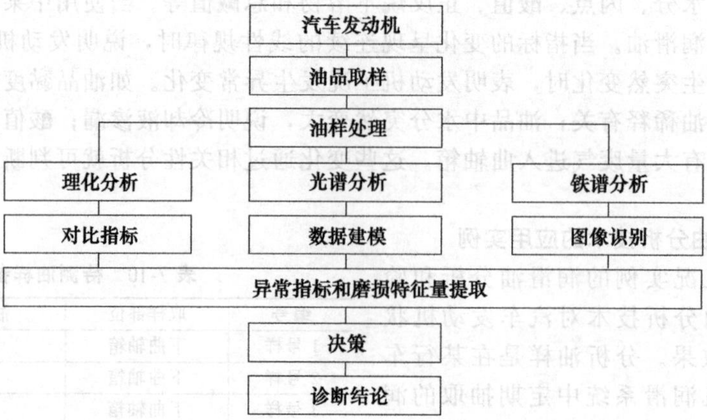

图 7-5　监控策略框图

实际应用中，通过油样理化分析，并同在用油理化指标限定值进行分析比较，一方面可以判断润滑油的质量和发动机的润滑状况；另一方面可以诊断发动机有无渗油、渗水、窜气等异常工况发生。通过光谱分析，建立数据模型，确定润滑油中各元素的含量以及变化情况，可以评判其磨损状况和工作状况。通过润滑油铁谱分析，建立发动机正常磨损的铁谱图数据库，当发动机运行时对采集的油样进行分析后，即可以根据所制定的界限值，判定出被监测油样中磨损元素的浓度和梯度的范围，如果所提供的信息不足以进行判断，可以利用模糊数学知识进行模糊综合评判，判断发动机的磨损类型和磨损部位。通过以上综合分析和处理，即可对发动机状态进行有效监测，对发动机故障进行诊断和预测，从而实现对发动机失效和损坏的控制。

7.2　空气压缩机润滑故障的诊断

7.2.1　压缩机的润滑及润滑油

不同结构形式的压缩机由于工作条件、润滑特点以及压缩介质性质不同，对润滑油的质量与使用性能的要求也不同。大多数容积型压缩机，由于润滑油直接接触压缩介质，易受压缩气体性质的影响，容易产生因润滑引起的故障。因此对容积型压缩机润滑油的选择应该十分慎重。

（1）往复式压缩机的润滑特点

往复式压缩机的润滑系统，可分为与压缩气体直接接触部分的内部润滑和与压缩气体不接触部分的外部润滑两种。内部润滑系统主要指气缸内部的润滑、密封与防锈、防腐；外部润滑系统即运动部件的润滑与冷却。通常在大容量压缩机、高压压缩机和十字头式压缩机中，内部润滑系统和外部润滑系统是独立的，分别采用适合各自需要的内部油和外部油。而在小型无十字头式压缩机中，运动部件的润滑系统兼作对气缸内部的润滑，其内外部油是通用的。

1）气缸内部的润滑　往复式压缩机气缸内部润滑具有如下的功能：

① 减少气缸、活塞环、活塞杆及填料等摩擦表面的磨损。

② 压缩气体的密封（在活塞环和气缸壁之间）。

③ 各部件的防锈、防腐蚀。

内部润滑油在完成上述使命后，与压缩气体一起被排出，通过润滑排气阀和后冷却器，一部分经分离后排出，未被分离的油进入储气罐和罐前的管路。因此，往复式压缩机的内部润滑属全损失式润滑，润滑油在压缩机中的移动路线如图 7-6 所示。

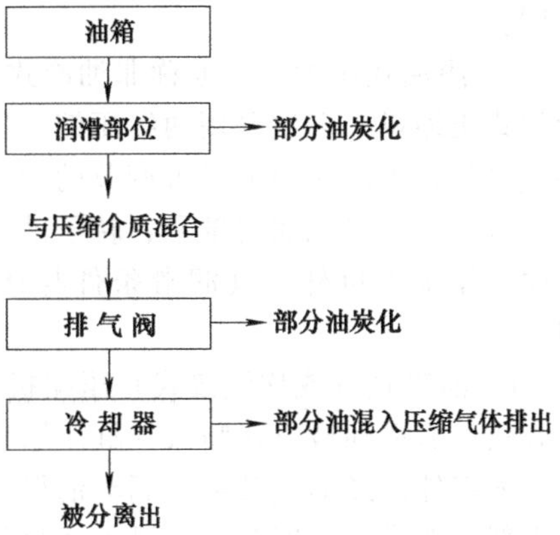

图 7-6　压缩机油在压缩机中的移动路线

目前，气缸内部润滑大致有如下三种方式：

① 飞溅润滑。大多数用于无十字头式的小型通用压缩机。

② 吸油润滑。这是一种在压缩机进气中吸入少量润滑油的润滑方法，常用于无法采用飞溅润滑的无十字头式压缩机。

③ 压力注油润滑。此方式的最大优点是能以最少的油量达到各摩擦表面的最均匀而合理的润滑，被广泛用于有十字头式压缩机和其他大容量、高压压缩机。

2）外部润滑（即运动机构的润滑）　往复式压缩机运动机构的润滑除了可减少运动部件各轴承及十字头导轨等摩擦表面的磨损与摩擦功率消耗外，还起到冷却摩擦表面及带走摩擦下来的金属磨屑的作用。

往复式压缩机运动机构润滑的主要方式是压力强制润滑，其特点是油量充足，润滑充分，并能有效地带走摩擦表面的热量与金属磨屑，因此在各种压缩机上广泛采用。而在微型压缩机和一部分小型压缩机中，还常采用飞溅的润滑方式。

3）往复式压缩机油的使用条件　往复式压缩机，就其对润滑油恶劣影响的程度来说，内部润滑系统严重得多，内部润滑油由于直接接触压缩气体，易受气体性质的影响和高温高压的作用，使用条件比较苛刻。因此，应该根据气缸内部工作条件和润滑特点来决定润滑油应具有的性能。其使用条件是：

① 高温、高压缩比（温度可达 220℃以上），冷却条件差，容易氧化，形成积炭。

② 高氧分压（指空气压缩机），油品与气氛的接触比在大气中多，更易被氧化。

③ 冷凝水和铜等金属在高温下的催化作用，会使油品更迅速地氧化，在气缸及排气系统中形成积炭。

④ 油品在气缸内部润滑完毕后被排出，不再回收、循环回气缸内使用。

4）往复式压缩机油基本性能要求

① 适宜的黏度。其要求是随润滑部位的不同而不同，当内部、外部润滑系统独立时，应采用不同黏度的油。对内外部油兼用的通用压缩机，应以润滑条件差的内部用油来选择，黏度一般是考虑气缸与活塞环之间的润滑与密封要求，根据压缩压力、活塞速度、载荷及工作温度确定的。往复式压缩机外部润滑系统用润滑油黏度的选择，主要是考虑维持轴承液体润滑的形成。一般可采用黏度等级为 32～100 的汽轮机油或液压油。

② 良好的热氧化安定性。在高温下不易生成积炭。

③ 积炭倾向小，生成的积炭松软易脱落。通常深度精制的油比浅度精制的油、低黏度油比高黏度油、窄馏分油比宽油分油的积炭倾向小；环烷基油生成的积炭比石蜡基油松软。

④ 良好的防锈防腐蚀性。由于空气中含有水分，空气进入压缩机受压缩后凝缩出的水气会对气缸、排气管及排气阀等造成锈蚀，因此要求压缩机油有良好的防锈防腐性。

⑤ 好的油水分离性。

（2）回转式压缩机的润滑特点

1）润滑特点　回转式压缩机应用最广泛的是螺杆式和滑片式，按其采用的润滑方式又可分为三种润滑类型。

① 干式压缩机。指气腔内不给油，压缩机油不接触压缩介质，仅润滑轴承、同步齿轮和传动机构。其润滑条件相当于往复式压缩机的外部润滑系统或速度型压缩机，选油也相同。

② 滴油式压缩机（亦称非油冷式压缩机）。这是一种采用滴油润滑、双层壁水套冷却的滑片式压缩机，多数采用两级压缩，排气量较大，作为固定式使用。它有卸荷环式和无卸荷环式之分，采用一个油量可调节的注油器，通过管路将油注滴在气缸、气缸端盖及轴承座的各个润滑点，以此润滑轴承、转子轴端密封表面及气缸、滑片、转子槽等摩擦表面，然后随压缩气体排出机外。其润滑条件与往复式压缩机内部润滑的压力注油方式相仿，选油也相同。

③ 油冷式（或称油浸式）压缩机。这是目前螺杆式和滑片式压缩机中最广泛采用的润滑方式。润滑油被直接喷入气缸压缩室内，起润滑、密封、冷却等作用，然后随压缩气体排出压缩室外，经油气分离，润滑油得以回收、循环使用。油冷回转式压缩机与往复式压缩机的内部润滑或滴油回转式、滑片式压缩机相比具有两个明显的特点：a. 供油量大（约排气量的 0.24%～1.1%），以保证最佳的冷却和有效的密封。b. 润滑油可以回收和循环使用。

2）回转式压缩机油的使用条件　润滑油在油冷回转式压缩机中的工作条件是极其严苛的。

油成为雾状并与热的压缩空气充分混合，使氧化的接触面积大大增加，受热强度大，这是油品最易氧化的恶劣条件。

润滑油以高的循环速度，反复地被加热、冷却，且不断地受到冷却器中铜、铁等金属的催化，易氧化变质。

混入冷凝液造成润滑油严重乳化。

易受吸入空气中颗粒状杂质，悬浮状粉尘和腐蚀性气体的影响。这些杂质常常成为强烈的氧化催化剂，加速油的老化变质。

3）回转式压缩机油的基本性能要求

① 良好的氧化安定性。否则，油品氧化，黏度增加就会减少油的喷入量，使油和压缩机的温度升高，导致漆膜和积炭生成，造成滑片运动迟钝，压缩机失效。由于回转式压缩机油循环使用，其老化变质、形成积炭的倾向甚至大于一次性使用的往复式压缩机油。

② 合适的黏度，以确保有效的冷却、密封和良好的润滑。为了得到最有利的冷却，在满足密封要求的前提下，尽量采用低黏度的润滑油。其黏度范围通常为 $5\sim15mm^2/s$（100℃）。

③ 良好的水分离性（即抗乳化性）。一级回转式压缩机通常排气温度较高，使水分呈蒸汽状态随气流带出机外。但在两级压缩机中，有时会因温度过低凝结大量水分，使润滑油乳化，其结果不仅造成油气分离不清，油耗量增大，而且造成磨损和腐蚀加剧。因此，对两级压缩机的润滑应该选用水分离性好的压缩机油，而不应该选用易与水形成乳化的油品（如使用内燃机油代用）。

④ 防锈蚀性好。

⑤ 挥发性小与抗泡沫性好。为了使压缩机油从压缩空气中得到很好的分离与回收，必须选择一种比较不易挥发的油，通常石蜡基油比环烷基油具有低的挥发性而应优先选用。此外，回转式压缩机油还应具有良好的抗泡沫性，否则，会使大量的油泡沫灌进油分离器，使分油元件浸油严重，导致阻力增大，造成压缩机内部严重过载，并且会使油耗剧增。

(3) 速度型压缩机的润滑特点

速度型压缩机的润滑油与气腔隔绝，润滑部位是轴承、联轴器、调速机构和轴封。

其中高速旋转的滑动轴承的润滑是其主体，故可以采用蒸汽轮机轴承润滑所建立的技术理论。

速度型压缩机油的使用条件及质量要求与蒸汽轮机油基本相同，主要要求油品具有适当的黏度、良好的黏温性能、氧化安定性、防锈性、抗乳化性以及抗泡沫性等。

目前，运转中的速度型压缩机除特殊情况下，一般均使用防锈汽轮机油。

7.2.2 压缩机润滑管理维护

合理地使用压缩机油不仅是保证压缩机安全正常运转的重要条件，而且是节约能源的重要途径。

(1) 正确控制给油量

供给压缩机的润滑油量，应在保证润滑和冷却的前提下尽量减少。给油量过多，会增加气缸内积炭，使气阀关闭不严，压缩效率下降，甚至引起爆炸，并浪费润滑油；给油量过少，则润滑和冷却效果不好，引起压缩机过热，增大机械磨损。因此，必须根据压缩机的压力、排气量和速度以及润滑方式和油的黏度等条件来正确控制给油量。关于最佳给油量，有不少的经验数据和计算公式，尚无统一的说法，一般认为达到这种状况的给油量即为最佳给油量：

① 遍及气缸全面，无块状油膜。

② 不从气缸底部外流。

当往复活塞式压缩机的气缸内部和传动机构分别润滑时，气缸的给油量可根据压缩机的类型和运转条件不同直接用注油器调节，给油量原则上按气缸和活塞的滑动面积确定（见表7-13)，但即使滑动面积相同，如压力增加，给油量亦要增加。

滴油式回转压缩机的给油量按功率大小确定，见表7-14。

对新安装或新更换活塞环的压缩机，则必须以2～3倍的最低给油量进行磨合运转。

表7-13 往复活塞式压缩机气缸润滑参考给油量

气缸直径/cm	活塞行程容积/m^3	滑动表面积/$m^2 \cdot min^{-1}$	给油量/$mL \cdot h^{-1}$	给油滴数/min^{-1}
15以下	1以下	45以下	3	2/3
15～20	1～2	45～70	2	1
20～25	2～4	70～100	6	4/3
25～30	4～6	100～140	10	1～2
30～35	6～10	140～185	18	2～3
35～45	10～17	185～240	23	3～4
45～60	17～30	240～340	33	4～5
60～75	30～50	340～450	40	5～6
75～90	50～75	450～560	50	6～8
90～105	75～105	560～700	75	8～10
105～120	105～150	700～840	100	0～12

表7-14 滴油式回转压缩机的参考给油量

压缩机的功率/kW	55以下	55～75	75～150	150～300
给油量/$mL \cdot h^{-1}$	15～25	27～30	20～25	14～20

(2) 合理确定换油指标

压缩机的换油期，随压缩机的构造形式、压缩介质、操作条件、润滑方式和润滑油质量的不同而不同。通常，可以根据油品在使用过程中质量性能的变化情况确定换油。

往复式压缩机的内部油是全损式润滑，冷却器回收用过的油不再循环使用。

外部油及内外部共用油的换油指标可参考表 7-15。

油冷式回转空气压缩机油的换油标准可参考表 7-16。

表 7-15 压缩机油换油参考指标

类型	润滑部位		换油质量指标				附注
			黏度	酸值/(mgKOH/g)	残炭/%	正庚烷不溶物/%	
往复式	高压用	内部用(气缸)					不反复使用，排出可作轴承润滑用
		外部用(轴承)	1.5 倍	2.0	1.0	0.5	
	低压用	气缸轴承共用	1.5 倍	2.0	1.0	0.5	
回转式	气缸轴承共用		1.5 倍	0.5		0.2	主要使用汽轮机油和回转压缩机油
离心式	轴承用		1.5 倍	0.5		0.2	主要使用汽轮机油

表 7-16 油冷式回转空气压缩机油换油参考指标

项目	指标	项目	指标
闪点/℃	下降 8	黏度变化/%	+/−15～20
杂质(在油浴最低部取样)/%	0.1	酸值变化/$mgKOH \cdot g^{-1}$	0.2

(3) 压缩机因润滑油选用不当或质量不好而引起的事故

① 炭的附着、着火、爆炸等。

② 疏水器动作不良，滑阀启动不灵导致凝缩液排放问题。

③ 气缸、活塞环的磨损、烧结。

其中，最危险的是排气管的着火、爆炸。

(4) 生成积炭的原因

① 排气温度高。

② 选油不当。例如，黏度过大，质量不好等。

③ 给油量过大。

④ 被压缩的气体不安全。

⑤ 油中混入了杂质或水（加速了油在高温下的老化）。

⑥ 管线结垢、锈蚀等。

其中，最常见的是给油量过大。

7.2.3 空气压缩机润滑常见故障及对策

(1) 润滑油使用不当的问题

1) 润滑油使用不当　某空气压缩机在运行过程中出现异常噪声，运行人员称之为“冒气”现象。润滑油太脏会导致停机事故发生。

检查运行记录，发现其很多天未换油，更换同牌新油之后设备恢复正常。如果空气压缩机润滑油太脏，导致润滑效果不好，就不能使其有效地发挥冷却效果，同时导致润滑油自身过热。其自身的冷却效果不能保证，就会导致润滑油过热失效。

2) 运行过程中压缩机有关压力逐渐降低　这种例子很常见。某运行良好的压缩机突然出现油压变低的情况，随着继续运行，油压降得更低。让其保持继续运行的状态，查看油泵，正常运行。检查润滑油质量合格，检查油表也是正常的。查看油温范围，均为正常值。这样就可以把故障发生范围缩小到润滑的管路系统。仔细检查发现，油管处的连接垫片有些松动，更换、拧紧连接螺丝，再次试车运行，恢复正常。

3）润滑油氧化　在使用过程中，润滑油中混入空气，进入漩涡压缩室，氧化是不可避免的。氧化后的润滑油含有水分、老化润滑油、磨耗的金属颗粒并发生化学反应，成为黏稠状，称之为金属皂。缺少水分就不会发生氧化反应，润滑油温度上升到不产生蒸馏水即气化是非常关键的。从阴雨连绵的初夏到大雨倾盆的盛夏是润滑油最容易氧化的时期。

当压缩机内部温度上升没有达到冷凝温度时，查看在潮湿天气下压缩机温度的变化状态。首先需要大量仪器来测试内部温度，当然可以通过在压缩机侧面贴标签记录不同时段温度来进行测试，并且反复对压缩机温度和运转率进行测定。收集大量数据保证数据的有效性，从而掌握运转中压缩机相对于外界温度的提升情况。

某车间测量结果显示，No.2空气压缩机比No.1空气压缩机温度平均低了4℃左右，这就是梅雨季节，No.2空气压缩机润滑油频繁发生氧化的原因。形成差异的原因则是空气压缩机结构差异。

改进对策：将压缩机内部温度控制在可以产生冷凝水之上。提高压缩机内部温度就是要提高压缩机的运转率。在空气量一定的情况下，除了向外排气之外，很难提高效率，况且向外排气也会产生噪声，因此要考虑改变压缩机运转范围，一种是采用连续运转方式，使压缩机内部温度上升，一次性使水分气化；另一种是用防风板覆盖，抑制流动气体使空气冷却失效。

4）运行过程中压缩机内部温度突然升高　原因有以下几点：润滑油质量不高或者掺有杂质；冷却水管水垢过多，堵塞排气管，不能很好地发挥冷却效果；间隙过小，或者夹有颗粒；压缩机不能适应润滑油的黏度。相应解决措施是：更换质量良好的润滑油，调整间隙到规定数值，调整结构符合标准，清理金属小颗粒，清洗冷却器，加大用水量。

5）压缩机漩涡故障　此种情况发生表现为杂质、酸值超标，润滑油劣化。相应对策为：压缩机使用过程中尽量避开共振高速旋转区域，更换新的润滑油，调整和提高润滑油的压力；稳定压缩机机组操作，调整参数，满足系统要求，严格控制间隙和结构，提高机组运行稳定性和合理性，安装轴承，严格控制间隙，提高稳定性操作。

（2）压缩机不加载故障分析及解决办法

螺杆压缩机组不加载故障是常见故障，其问题主要出现在空气调节系统及相关元件上。

1）进气调节器故障或加载压力设置过低　某康普艾空压机进气调节器由动力气缸和蝶阀两部分组成。其工作原理是：系统压力克服压力开关弹簧的阻力而控制进气蝶阀的开闭状态，实现机组加、卸载。压缩机启动时，进气调节器处于关闭状态，使压缩机在低负载下启动，减轻电机启动时的负载，便于电机正常工作。压缩机启动后，进气调节器打开，压缩机实现加载。若动力气缸内的活塞、弹簧、缸体三者因使用维护不当，出现不对中或有异物卡住时，进气蝶阀无法打开，进气口封死，机组便无法正常加载，需清除异物或更换损坏件。如是加载压力的设置问题，则正确设置加载压力即可。

2）加、卸载电磁阀或放气电磁阀故障　电磁阀在机组中主要起通断作用，通过电磁阀的得电和失电控制气路的通、断状态，实现加、卸载功能。通常，加、卸载电磁阀为常闭，放气电磁阀为常开。机组启动时，加、卸载阀打开，压缩空气驱动动力气缸蝶阀控制是否进气；放气电磁阀得电后常闭，机组正常加载。加、卸载阀出现故障，则机组无法正常进气；放气阀出现故障，机组始终处于放气状态，上述两种情况都会导致机组不能加载。电磁阀本身结构并不复杂，造成其故障的原因主要有：

① 若电磁阀控制线圈损坏，更换线圈即可。

② 电磁阀内的隔膜配件因长期使用老化，无法回复到原位，需更换隔膜配件。

③ 电磁阀内的气体通道孔极小，可能会被杂质堵塞，需清理气体通道。

3）压力传感器故障　压力传感器用于检测机组压力，发生故障后，压力显示不准确。若是用于加载检测的压力传感器，则机组不能正常加载，并同时可能出现其他故障，如机组的产气量异常、频繁加、卸载、油分压差异常等，可通过更换压力传感器处理此类故障。

4）空滤芯严重堵塞　空滤芯是压缩机的一道重要的保护屏障，同时也是压缩机进气口的主要部件，一旦出现严重堵塞故障，压缩机不能完成吸气过程，一般需要更换空滤芯，若使用时间不长，可拆下空滤芯，用压缩空气由内向外吹，直到没有灰尘为止，同时清洗空滤芯箱体及其管道，再安装好空滤芯。一般在一个更换周期内，空滤芯反吹不宜超过五次。

7.2.4　空气压缩机润滑常见故障分析及维护实例

（1）运行中空压机的油管压力逐渐降低

例 1：某机械加工厂的空气压缩站内的一台运行中的空气压缩机在一个运行班次突发油压变低，故障发生后，随着空压机的运行，油压继续逐渐降低。在维修过程中，保持该空压机继续运行状态，查看油泵，运行正常；润滑油质量正常且合格；停车，检查油压表，正常；查看润滑油油温，在正常范围。最后把故障点缩小到润滑的管路系统；检查、确认润滑回路的油管有一处连接垫片松动。更换该垫片并拧紧管路连接螺栓，试车，空压机恢复正常运行。

例 2：同一台空压机，在例 1 故障后月余出现同样的故障现象，检修同例 1，没有解决问题。现场维修人员以疑难设备故障报厂部机动处维修。对该空压机局部解体检查发现，轴瓦磨损严重，出现了过大的间隙。更换磨损的轴瓦，试车，故障排除。

例 2 故障现象虽然与例 1 相同，但在故障维修总结时发现，例 2 故障不同于例 1 的特点是：油压降低的渐进过程在轴瓦的间隙过大时开始，渐进过程更长；“轴瓦磨损”导致的润滑油压力的降低较“油路连接不牢固而渗漏油”导致的润滑油压力的降低相比，前者更慢一些。

例 3：某装配制造厂空压站的一台活塞式空压机出现同例 1 的故障，反复按照例 1 和例 2 的方法检修，故障均不能排除，油路连接牢固，轴瓦没有过量的磨损。组织技术人员会诊发现，该空压机的油路的冷却水压力不足（因该空压站前期从该空压机冷却水管路新增一用水管路造成），致使运行中出现润滑油过热、黏度降低，从而导致空压机的油路系统压力降低。改造该冷却系统，恢复使用专用的冷却回路保证冷却水压力和水量，加强油路冷却；同时对油路系统补充润滑油。试车，故障排除。

诊断维修要点：①轴瓦磨损会造成空压机油压逐渐降低，并且降低进程缓慢。②油管连接松动会造成突发的空压机油压逐渐降低，压力进程较轴瓦磨损所致更快。③空压机在运行中要加强润滑油的冷却，润滑油黏度降低会造成空压机油路系统油压逐渐下降。

（2）运行中空压机的润滑油温度异常升高

例 4：往复式空气压缩机的油温检测表显示压缩机润滑油温度过高，检查油量正常、冷却系统正常、油路无渗漏现象。取润滑油油样，确认润滑油过脏。对压缩机的油路系统进行清洗，并更换新的润滑油，故障排除。

例 5：同样型号的空气压缩机，故障现象与例 4 相同，空压机运行过程中润滑油过热。采用与例 4 相同的处理方法，故障依旧。对故障空压机进行解体、修理，确认曲轴连杆机构的一连接处出现过大的连接间隙，修复该故障点；重装机，试车，故障排除。

诊断维修要点：润滑油油量不足或者冷却不好、油路系统阻塞也会出现例 4 和例 5 的故障现象。但油量不足容易及时发现，冷却不好会伴随压力逐渐下降，管路阻塞的主要表现则为压力突然下降。容易与此类故障区分。①润滑油的油量和品质要每班点检。②油温过高是空压机的故障表象，曲轴连杆机构故障是空气压缩机单纯性油温过高故障的一个主要诱因。

（3）空气压缩机启动后无油压指示

例 6：某矿井用活塞空气压缩机，在运行周期的上一个班次运行正常；本班次空压机启动后油压表无指示。检查润滑油油量、油质正常，排除润滑管路系统故障。试车，发现油循环正常。确认为油压表失灵。更换油压表，故障排除。

例 7：故障现象同例 6。同样试车，发现油路无油循环。油泵空转状态。查油路，发现止回阀失灵。更换止回阀，故障排除。

诊断维修要点：因油泵供电回路或者泵体本身故障造成油泵不工作，故障现象类似。但查看泵体工作或者测量泵体供电电流即可确认。①要注意区分油泵本体和油泵供电电源引起的泵油故障。②止回阀应当每班点检，随空气压缩机大修周期更换。③油压表也应当每班点检，每 3 个月送仪表检定。

（4）空气压缩机运行中油管内压力突然减低或消失

例 8：某运行中的空压机出现油管压力小于 0.1MPa，首先检查泵体和油路故障。用钳形电流表测齿轮油泵的供电回路电流，发现电流过大。确认为泵体或油路故障。先查油路，发现过滤网阻塞。清洗过滤网，故障排除。

例 9：故障现象同例 8，同样处理，故障依旧。将齿轮油泵输出端拆开，试油泵，测量油泵供电电流，同样过大。检修油泵，发现齿轮油泵管路阻塞。疏通管路，故障排除。

例 10：故障现象同例 8。排除油泵油路故障，发现油路安全阀失灵，更换安全阀，故障排除。

维修要点：油压表损坏、油管破裂的故障现象与此类故障现象相同。①利用油泵供电电流的检测和油压表、油管路的目测，可以判定油压失压故障。②安全阀要每班点检，随空压机大修周期更换。

（5）空气压缩机无法加载

例 11：某个冬季，中原地区一家工厂内一运行中的螺杆压缩机出现启动后不能加载故障。检查油路系统，清洗油过滤器，检查上载电磁阀，均无故障。取油样检查分析正常。试运行空压机，故障依旧。重新对该空压机进行排查，并组织人员会诊，发现空压工房内没有暖气设备，运行中的润滑油黏度过高，采取运行前对压缩机油槽加热 24h，蒸发部分溶解在润滑油内的制冷剂，保证润滑需要的措施。试车，故障排除。本例中之所以油样分析正常，是因为分析油样是在实验室室内进行的，实验室室内温度与空压机工作现场环境温度不一致。

诊断维修要点：空压机运行环境温度过低会导致润滑油黏度高引起空压机无法加载。①空压机润滑油油样的检测应注意设备实际运行的环境温度；②在室温过低时，空压机润滑系统应采取加热措施。

（6）空气压缩机无法卸载

例 12：某个冬季，例 9 中的螺杆压缩机运行中出现不能卸载故障。对卸载电磁阀、卸载活塞环、排气端盖、上载活塞盘、机组控制系统进行检查，均排除故障诱因。组织设备故障分析会讨论，发现润滑油油位过低。补充添加同型号规格润滑油至游标达到上油位，故障排除。

例 13：某个冬季，例 9 中的螺杆压缩机启动后不能卸载故障重现。检查润滑油油位正常。对卸载电磁阀、卸载活塞环、排气端盖、上载活塞盘、机组控制系统进行检查，发现排气端盖衬垫破损严重。更新该衬垫，故障排除。故障原因在于排气端盖衬垫破损导致气态冷媒进入油压缸中，致使空压机无法卸载。

诊断维修要点：①空压机润滑系统油量不足会导致空压机无法卸载；在北方冬季该故障较多见，应及时补油。②应在每个小修周期检修包含排气端盖衬垫在内的所有密封件；应每半年更换排气端盖衬垫一次。

7.2.5 螺杆压缩机润滑油路分析及维护实例

喷油式螺杆压缩机是容积式气体压缩机，由相互啮合的转子（即螺杆）、机壳及适当配置在两端的进排气口组成压缩气体的工作腔，通过减小工作容积来提高气体压力。压缩机工作时，润滑油循环使用起着润滑、密封、冷却和降低噪声的作用。在螺杆压缩机机组中安装有油分离器、油冷却器、油过滤器和油泵及各类阀门等设备，以便润滑油能够循环利用。

（1）螺杆压缩机系统

1）概况　某公司溶剂脱蜡车间安装有5台美国约克公司生产的制冷压缩机，设备型号RWBII-676E，电机转速2950r/min，机组结构如图7-7所示。设备运行参数为：入口温度17℃；出口温度80℃；分离器温度82℃；油温58℃；润滑油压力820kPa；滑阀开度100%；过滤器压差0；节流压力0.5MPa；出口压力909kPa；油位1/3；容积比5；经济器入口温度－0.1℃；经济器出口温度18℃。

介质通过入口过滤器进入压缩机，气体在阴阳螺杆的作用下被压缩，压力增大，温度升高。氨被压缩后吸收润滑油的热来降低温度。从压缩机出来后，带有润滑油的氨气进入油气分离器，润滑油被除去。从分离器排出来的油经过油泵、油冷却器（管壳式换热器）、油过滤器和各种管路阀门后再次进入压缩机入口。而离开油气分离器的气体进入风冷系统进行冷却，然后进入套管系统。

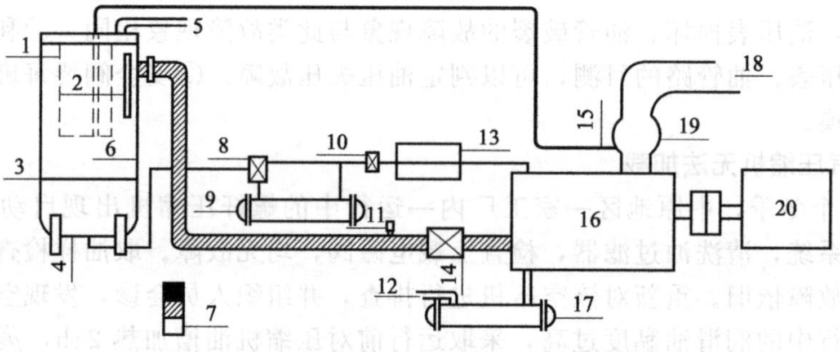

图7-7　某溶剂脱蜡车间螺杆压缩机组部件

1—分离器芯；2—折流板；3—看窗；4—油气分离器；5—压缩氨气进入系统；6—油气分离器；7—油（润滑油）/气（氨气）；8—恒温阀；9—油冷却器；10—油路阀门；11—压力表；12,18—自系统来的氨气；13—油过滤器；14—单向阀；15—油注入；16—螺杆压缩机；17—经济器；19—入口；20—电机

2）油气分离器　某公司溶剂脱蜡车间使用的油分离器如图7-7所示，为立式罐结构，高温高压的油气混合物进入分离器后，撞在挡板上，润滑油顺着挡板进入分离器下部，密度小的剩余油气混合物继续向上进入分离器顶部的分离器芯，滤芯使润滑油留在分离器芯上，进而向下聚集，通过分离器下部的看窗可观察润滑油的油位高低，通过分离器的润滑油含气量能够降低到0.2‰。在分离器底部安装有回油管路，润滑油在油泵作用下进入油冷却器。

3）油冷却器　溶剂脱蜡车间使用的油冷却器为卧式水冷管壳式换热器，这种换热器通过调整冷却水量控制冷却达到的温度，可有效降低出口润滑油温度，冷却器前面管路上安装有控制油温的恒温控制阀，防止油冷却器出来的油温度过高，过高温度的润滑油将使轴承温度和压缩机出口温度增高，导致系统停车，因此控制温度显得尤为重要。

4）油过滤器　溶剂脱蜡车间的螺杆压缩机系统的油过滤器（又名篮式过滤器）安装在管道上能除去流体中的较大固体杂质，使机器设备能正常工作和运转，达到稳定工艺过程，保障安全生产的作用。其过滤精度为10～15μm，且能承受油路上的工作压力和冲击压力，压力降小于0.35MPa。压缩机各润滑点如图7-8所示。

5）经济器　经济器在溶剂脱蜡车间螺杆压缩机系统中起着补气和闪蒸制冷的作用。来自冷凝器的高压液态氨在进入经济器后，分为两部分，一部分通过节流来吸收另一部分的热量，以膨胀的方式进一步冷却去降低另一部分的温度，其中一部分稳定下来的过冷液体通过电磁阀直接进套管结晶器系统制冷，而另一部分未冷却的氨通过经济器与压缩机的连通线，重新进入压缩机继续压缩进入循环。它巧妙通过膨胀制冷的方式来稳定液态制冷介质，以提高系统容量和效率。

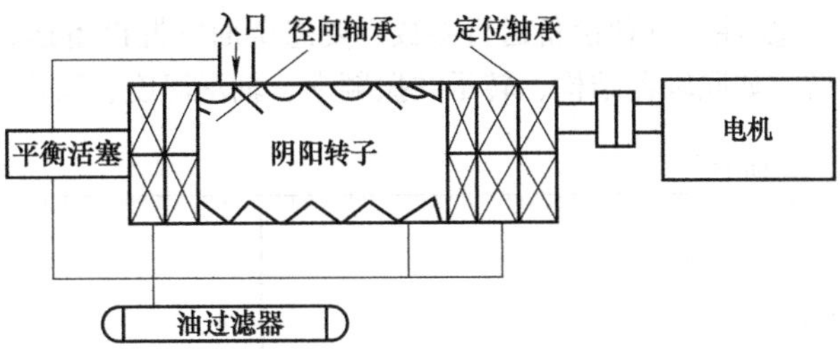

图 7-8　压缩机各润滑点

6）其他部件　为保证系统中介质压力和温度，螺杆压缩系统中安装有单向阀、泄压阀、温度控制阀和其他电磁阀、油泵、喷油嘴等保证润滑油运行压力的结构；此外还有压缩机出口安装温度传感器、压力表、入口过滤器等结构，这些部件和前面几种主要设备组成螺杆压缩机系统。

（2）日常维护和故障处理

1）日常巡检　日常巡检维护对于及时发现和处理故障，保证设备平稳长周期运行至关重要，检维修的巡检维护主要包括以下内容。

① 进入螺杆压缩机泵房时要先闻是否有刺激性的氨气气味，若氨气气味大，要及时撤离泵房，防止窒息。

② 检查管道、机械密封、阀门和接头等处是否有泄漏（机械密封泄漏不大于 5 滴/min），做好巡检记录，泄漏严重要向设备操作人员反应并进行处理。

③ 检查压缩机各处的温度和振动，重点是前后轴承的振动和温度是否超标，其中轴承振动不大于 2.8mm/s，润滑油进口温度不高于 65℃，压缩机排出口温度不高于 110℃。

④ 检查各部件有无杂音，检查分离器油位高低和油泵等运行情况。

2）常见故障及处理　螺杆压缩机组运行中常出现的情况及处理如表 7-17 所示。

表 7-17　螺杆压缩机常见故障及处理

故障现象	故障原因	处理方法
开车时不能启动	机体内充满油或转子部件摩擦	盘车排除油或检修
机组振动大	吸入介质或润滑油过量，滑阀不能定位且振动	停机盘车排出润滑油，检查活塞是否泄漏
机体温度高	转子和壳体摩擦发热，吸气温度过高	停机检查，降低吸气温度
排气温度或油温过高	压缩比过大，油冷却效果不够	降低压缩比或降低负荷，清除污垢，降低水温，增加水量
排气压力低	气量调节的压力控制器上限调的过低	提高压力控制器上限
轴承温度过高	配油器油量分配不合理，油变质、进入异物等	调整配油器各阀门，解体检查

3）维护经验　现代监测技术的使用使设备维护人员能够利用计算机软件判断压缩机的设备故障，提高了故障的预判断能力。根据使用 VM-2004 监测软件对溶剂脱蜡车间螺杆压缩机监测总结经验如下。

① 监测部位的选择。日常监测时要对主、副转子前后的垂直、水平和轴向（主转子驱动端除外）3 个方向进行测量，以保证对各个故障部位全面了解。

② 振动数据类型的选择。对螺杆压缩机的监测除了正常的振动值监测外，还要对轴承速度和加速度的频谱进行监测提取。

③ 注重其他设备运行参数。要想全面掌握设备运行状态，需要做到对设备运行的其他参数了解，如联轴器结构、转子共振频率、轴承温度、噪声、电机振动、地基情况、油温和油压等。

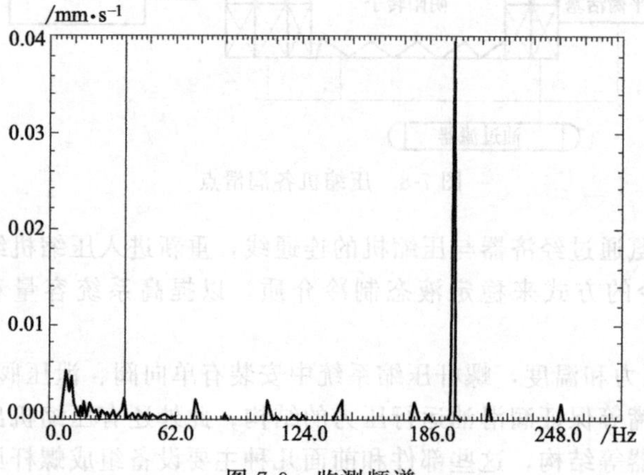

图 7-9 监测频谱

④ 常见的故障频谱特征。通常情况下螺杆压缩机能够正常运行，而频谱中也经常出现类似于离心泵的叶轮通过频率，它表示承载的压力和脉动，叶轮通过频率等于转子啮合次数乘以基频，24 单元螺杆压缩机转子在一次压缩中啮合 4 次，转子基频 49.17Hz（转速 2950r/min），则 4 × 48.17 = 196.7Hz 为频谱中的常见高幅值对应频率。如图 7-9 所示，频谱中出现 199Hz，除此之外，还出现保持架 18Hz 的谐波频率，预示轴承可能存在问题，应该在以后的监测和巡检中加以重视。而叶片通过频率或谐波频率都与转子或支承结构的自振频率不重合，因此不会产生过大振动，监测中只留意其变化即可。

监测中要长期坚持对比设备频谱变化前后的特征，每次故障检修时，打开设备内部或轴承故障部位等进行观察，进而和判断的故障进行对比分析，进一步提高判断水平，保证设备长期平稳运行。

7.3 汽轮机润滑故障诊断及排除

7.3.1 汽轮机油及应用

（1）汽轮机油的作用

无论是蒸汽涡轮机、燃气涡轮机或是水力涡轮机，汽轮机油在其机组中的作用是相同的，主要起润滑、冷却和调速作用。

1）润滑作用 通过润滑油泵把汽轮机油输入到汽轮机组滑动轴承的主轴与轴瓦之间，在其间形成油楔，起到流体润滑作用。此外，汽轮机油还将给汽轮机组的齿轮减速箱及调速机构等运动摩擦部件提供润滑作用。

2）冷却作用 汽轮机组运行时，转速较高，一般达到 3000r/min 以上，轴承及润滑油的内摩擦会产生大量的热。此外，对于蒸汽涡轮机和燃气涡轮机，蒸汽或燃气的热量也会通过叶轮传递到轴承。这些热量如不及时传递出来，将会严重影响机组的安全运行，甚至会导致主轴烧结的故障。因此，汽轮机油要在润滑油路中不断循环流动，把热量从轴承上吸走并带出机外，起到散热冷却的作用。一般，轴承的正常温度要在 60℃ 以下，如果超过 70℃，则表示轴承润滑或散热不良，需要增加供油量加以调节，或立即查找原因。

3）调速作用 实际上用于汽轮机调速系统的汽轮机油是作为一种液压介质传递控制机构给出的压力，对汽轮机的运行起到调速作用。

（2）汽轮机油的性能

汽轮机油要起到上述三种作用，应具备如下的一些性能。

1）适宜的黏度及良好的粘温特性 合适的黏度是保证汽轮机组正常润滑的一个主要因素。汽轮机对润滑油黏度的要求，依汽轮机的结构不同而异。用压力循环的汽轮机需选用黏度较小的汽轮机油；而对用油环给油润滑的小型汽轮机，因转轴传热，影响轴上油膜的黏着力，需用黏度较大的油；具有减速装置的小型汽轮发电机组和船舶汽轮机，为保证齿轮得到良好的润滑，也需要使用黏度较大的油。此外，汽轮机油还应有良好的黏温特性，通常都要求黏度指数在 80 甚至 90 以上，以保证汽轮机组的轴承在不同温度下均能得到良好的润滑。

2）优良的氧化安定性　汽轮机油的工作温度虽然不高，但用量较大，使用时间长，并且受空气、水分和金属的作用，仍会发生氧化反应并生成酸性物质和沉淀物。酸性物质的积累会使金属零部件腐蚀，形成盐类，使油加速氧化并降低抗乳化性能；溶于油中的氧化物，会使油的黏度增大，降低润滑、冷却和传递动力的效果；沉淀析出的氧化物，会污染堵塞润滑系统，使冷却效率下降，供油不正常。因此，要求汽轮机油必须具有良好的氧化安定性，使用中老化的速度应十分缓慢，使用寿命不少于 5～15 年。

3）优良的抗乳化性　蒸汽和水往往不可避免地在汽轮机的运行过程中从轴封或其他部位漏进汽轮机油系统，所以抗乳化性能是汽轮机油的一项主要性能。如果抗乳化性不好，当油中混入水分后，不仅会因形成乳浊液而使油的润滑性能降低，而且还会使油加速氧化变质，对金属零部件产生锈蚀。压力循环给油润滑的汽轮发电机组，汽轮机油投入的循环油量很大，约 1500L/min，始终处于湍流状态，遇水易产生乳化现象。要使汽轮机油具有良好的抗乳化性，则基础油必须经过深度精制，尽量减少油中的环烷酸、胶质和多环芳香烃。

4）良好的防锈防腐性　汽轮机组润滑系统进水后，不仅会造成油品的乳化，还会造成金属的锈蚀、腐蚀。同时，在船用汽轮机组中，润滑油冷却器的冷却介质是海水，由于海水含盐多，锈蚀作用很强烈，如果冷却器发生渗漏，就会使润滑系统的金属部件产生严重锈蚀。因此，用于船舶的汽轮机油更需要具有良好的防锈蚀性能。

5）良好的抗泡沫性　汽轮机油在循环润滑过程中，会由于以下原因吸入空气：油泵漏气；油位过低，使油泵露出油面；润滑系统通风不良；润滑油箱的回油过多；回油管路上的回油量过大；压力调节阀放油速度太快；油中有杂质；油泵送油过量。

当汽轮机吸入的空气不能及时释放出去时，就会产生发泡现象，使油路发生气阻，供油量不足，润滑作用下降，冷却效率降低，严重时甚至使油泵抽空和调速系统控制失常。为了避免汽轮机油产生发泡现象，除了应按汽轮机规程操作和做好维护保养，尽可能使油少吸入空气外，还要求汽轮机油具有良好的抗泡沫性，能及时地将吸入空气释放出去。

6）汽轮机油的特殊性能　以氨气为压缩介质的压缩机和汽轮机共用一套润滑系统的汽轮机油需具有抗氨性能，极压汽轮机油要具有极压抗磨性，难燃汽轮机油或称抗燃汽轮机油则要具有较矿物油型汽轮机油更好的难（耐）燃烧性，以适应大型发电机组中高压调速系统和液压系统的润滑及安全要求。

表 7-18 为特殊性能的汽轮机润滑油、脂情况。

表 7-18　特殊性能的汽轮机润滑油脂

汽轮机型式	汽轮机型式	转速/r·min^{-1}	润滑部位	用油名称
电站汽轮机组	大　型	3000	滑动轴承	L-TSA32 防锈汽轮机油
电站汽轮机组	中、小型	1500	滑动轴承、减速齿轮、发电机轴	L-TSA46 防锈汽轮机油
电站汽轮机组			液压控制系统	与润滑系统同一牌号的汽轮机油
水轮机	卧式	1000 以上	径向轴承 止推轴承	L-TSA32 防锈汽轮机油
水轮机	卧式	1000 以下		L-TSA46 防锈汽轮机油
水轮机	立式 大型		推力轴承 导轨轴承	L-TSA46、68 防锈汽轮机油
水轮机	立式 中、小型			L-TSA46 防锈汽轮机油
船舶用汽轮机	军用船舰 大型远洋船		滑动轴承 减速齿轮	L-TSA68 防锈汽轮机油
船舶用汽轮机	巨型远洋轮			L-TSA100 防锈汽轮机油
船舶用汽轮机	船舶副机	3000 以上	滑动轴承	L-TSA32 防锈汽轮机油
船舶用汽轮机	船舶副机	3000 以下		L-TSA46 防锈汽轮机油

续表

汽轮机型式	转速/r·min^{-1}	润滑部位	用油名称
励磁机轴承		轴承	同汽轮机润滑油
油泵电动机		轴承	2号通用锂基脂
水轮机导向叶片或针阀操纵机构			极压0号或1号钙基脂或锂基脂
导向轴承		轴承	极性0号或1号钙基脂或锂基脂或TSA32-68汽轮机油

(3) 汽轮机油的选择及使用管理

1) 汽轮机油的选择　根据汽轮机的类型选择汽轮机油的品种。如普通的汽轮机组可选择防锈汽轮机油，接触氨的汽轮机组须选择抗氨汽轮机油，减速箱载荷高、调速器润滑条件苛刻的汽轮机组须选择极压汽轮机油，而高温汽轮机则须选择难燃汽轮机油。

根据汽轮机的轴转速选择汽轮机油的黏度等级。通常在保证润滑的前提下，应尽量选用黏度较小的油品。低黏度的油，其散热性和抗乳化性均较好。

2) 汽轮机油的使用管理

① 汽轮机油的容器，包括储油缸、油桶和取样工具等必须洁净。尤其是在储运过程中，不能混入水、杂质和其他油品。不得用镀锌或有磷酸锌涂层的铁桶及含锌的容器装油，以防油品与锌接触发生水解和乳化变质。

② 新机加油或旧机检修后加油或换油前，必须将润滑油管路、油箱清洗干净，不得残留油污、杂质，尤其是如金属清洗剂等表面活性剂。合理的方法是先用少量油品把已清洗干净的管路循环冲洗一下，抽出后再进油。每次检修抽出的油品，应进行严格的过滤并经检验合格后，方可再次投入运行。

③ 汽轮机油的使用温度以40～60℃为宜，要经常调节汽轮机油冷却器的冷却水量或供油量，使轴承回油管温度控制在60℃左右。

④ 在机组的运行过程中，要防止漏气、漏水及其他杂质的污染。

⑤ 定期或不定期地将油箱底部沉积的水及杂质排出，以保持油品的洁净。

⑥ 定期或根据具体情况随机地对运行中的汽轮机油取样，观察油样的颜色和清洁度，并有针对性地对油样进行黏度、酸值、水分、杂质、水分离性、防锈性、抗氧剂的含量等分析。如变化过大，应及时换油。

表7-19是电厂用运行中汽轮机油质量标准，可供用户参考。

表 7-19　运行中汽轮机油质量标准

序号	项目		质量标准	测试方法
1	外观		透明	外观目视
2	运动黏度(50℃)/(mm^2/s)		与新油原始测值的偏离值<20%	GB/T 265
3	闪点(开口)/℃		①不比新油标准值低8℃ ②不比前次测定值低8℃	GBT/T 2167
4	机械杂质		无	外观目测
5	酸值/(mgKOH/g)	未加防锈剂的油不大于	0.2	GB 7599 或
		加防锈剂的油　不大于	0.3	GB/T 264
6	液相锈蚀		无锈	YS-21-1
7	破乳化度/min　不大于		60	GB 7605
8	水分/级			外观目视

7.3.2　汽轮机润滑油压过低的原因分析及解决实例

某电厂工程装设2台150MW燃煤机组，配两台超高难、单汽包自然循环、一次中间再热、循环流化床汽包炉及二缸两排汽、直接空冷抽凝式汽轮机。在调试期间，出现润滑油过低。根据现场解决情况，总结润滑油系统润滑油压过低的原因及解决措施。

汽轮机润滑油系统配备了在机组启、停及事故状态时用的 1 台交流润滑油泵和 1 台直流润滑油泵，以及在机组正常运行时用的由汽轮机主轴驱动的主油泵。该系统主要供汽轮机各轴承润滑油和盘车装置用油。润滑油系统还配备了维持机组正常运行油温的油冷却器，维持润滑油系统及油管道微负压的油箱排烟除雾装置。

（1）润滑油系统

为了满足轴承供油的需要，在较大功率汽轮机中，一般是由主油泵提供压力油经射油器或油涡轮从润滑油箱吸油使之达到一定的流量和压力向轴承供油。轴承进口油压一般为 0.08～0.12MPa。0.07MPa 时交流润滑油泵启动并报警；0.05MPa 时直流事故油泵启动并停机。轴承供油系统如图 7-10 所示，它是由主油泵、交流润滑油泵、直流事故油泵、射油器、冷油器、油箱、溢油阀、油管路、测压和测温仪表等诸多设备和元部件组成，运行中，这些设备和元部件相互匹配，共同完成向调节保安系统和轴承等供油的任务，其中任何一个部件或环节出现问题或配合不合适都将影响整个系统的工作。润滑油压过低是润滑油系统最常见的故障。

（2）润滑油压过低常见原因

1）轴承润滑油用量过大　由于轴承的实际耗油量超出设计值，在油系统刚投运时，很多电厂一度出现润滑油压过低，交直流泵陪转现象。开始时不能确定事故原因，后来采用先进的超声流量计测量各轴承的流量，发现润滑油油压过低是由于发电机轴承润滑油用量过大引起的，然后对轴承进行了限流，将发电机轴承进口的节流孔板孔径适当调小，使问题得以解决。

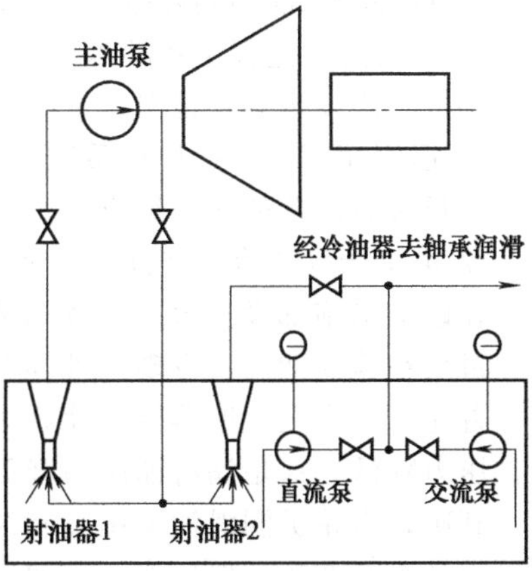

图 7-10　润滑油系统工作原理简图

2）主油泵出力不足　射油器的工作压力油来自主油泵。主油泵出口流量和压力达不到设计值，射油器进口压力油的压力也就达不到设计值，从而影响射油器出口压力和流量。在主机带主油泵系统中，反映在启动时润滑油压还可以，在主油泵投入后，润滑油压降下来，联动交流润滑油泵或直流事故油泵。这时发现主油泵出口压力都较设计值偏低。对于首次投运的新机组，常属于设计制造问题，可采用加大主油泵泵轮外径等办法解决；对于投运一段时间正常运行后，主油泵出口压力突然或缓慢降下来，应查找其他原因，例如，系统有无泄漏和堵塞；对于主油泵同时供调节用油的系统，还应查找调节部套有无问题。

3）交流润滑油泵出口压力偏低　交流润滑油泵出口压力偏低与主油泵出口压力偏低情况正好相反，表现为机组启动时润滑油压过低联动直流事故油泵。主油泵投入后润滑油压正常。只是交流润滑油泵一般由电动机驱动，解决起来较主油泵方便些。解决的办法同主油泵。

4）交流润滑油泵与主油泵均未满足设计要求　机组启动过程中轴承润滑油压过低联动直流事故油泵投入，机组正常运行时轴承润滑油压也偏低；更换交流润滑油泵的叶轮以提高机组启动过程中最低润滑油压；加大主油泵外径以提高机组正常运行时的润滑油压。

5）调节系统用油量过大　对于没有专门 EH 供油装置的机组，调节系统用油量很大，当调节系统用油量超出设计值，引起启动油泵和主油泵出口压力降低，使射油器口油压降低，出口油压降低，而导致润滑油压降低。

6）射油器结构参数不合理　轴承润滑油是由射油器供给的。如前所述，各种原因（如轴承润滑油量增大、油泵出口压力偏低）引起润滑油压降低，是因为它们改变了射油器的初参数，使射油器的特性发生了改变。射油器主要构件几何参数如喷嘴直径、喉管直径、喷嘴到喉管距离等对射油器性能影响很大。在射油器初参数一定情况下，射油器结构参数选择或搭配不合理同样会使射油器的特性发生改变。

7）系统泄漏和堵塞　润滑油压过低现象多发生在机组安装后的第一次启动，一般在机组调试及试运行阶段被发现和解决，如果投运一段时间后润滑油压下降，往往是系统泄漏和堵塞引起的。压力油路泄漏和堵塞间接引起润滑油压下降，而润滑油路泄漏和堵塞将直接导致润滑油压下降。

（3）系统泄漏初步检查与处理

根据上述的润滑油压过低常见原因及解决措施，针对上湾出现的情况，在主油泵速度小的情况下，主油泵回油管路压力小，油泵出口压力变化不明显。当汽轮机速度达到 1000r/min 时，油泵出口压力开始下降，启动备用直流油泵，随着汽轮机转速升高，油泵出口压力还是逐渐下降，所以只能停机。按照以下步骤做了仔细检查：

① 将主机润滑油放入汽轮机房外净储油箱，对主油箱内油泵、各逆止脚、进出口法兰等可能发生泄漏的部件进行检查，未发现异常情况。

② 对各轴承油挡间隙按图纸要求进行调整，消除了外部渗漏，油压无变化。

③ 核对施工过程中各轴承座内部的技术安装数据，对影响进油量的有关数据进行初步复查确认，未发现异常情况。

④ 运用超声波流量计对系统各部位流量进行测量，由于直管段不足、流量不稳定，其他各点很难有准确的测量结果，无法判断系统内各部位的润滑油流量情况。

⑤ 由于天气寒冷，连续投入润滑油箱电加热，油温最高只达到37℃，油压提高不明显。

在以上措施都没有解决问题的情况下，根据润滑油压过低常见原因，又做了一些现场检查，最后在检修期间，发现两处问题：

首先，厂家在注射器做完水压实验出厂后，忘了安装堵头，部分润滑油通过该堵头泄漏，压力降低，这是润滑油压力降低的主要原因。

其次，汽轮机润滑油采用套装油管路，将油箱附近一路回油管路封闭住，建立油压，看看压力是否有变化，然后将另一回油管路封闭住，做同样的实验，发现通往发电机侧的回油管路有漏油现象，压力有降低趋势，最后发现发电机侧回油管路上有个漏焊点，该回油管路比另一路回油管路温度明显偏高。同时，对进油管路也做了相应检查，没发现异常现象。

解决了上述两个问题后，润滑油系统压力低的问题最终得以解决，为机组后来的冲转及带负荷调试等提供了保障。

7.3.3 汽轮机润滑油水分超标的分析与治理

某电厂 2×300MW 上大压小循环流化床燃煤发电工程 5 号、6 号机组的汽轮机是由上海汽轮机厂生产的新型 300 MW、亚临界、一次再热、双缸双排汽、单背压凝汽式汽轮发电机组，型号为 N300-16.7/538/538。

自调试投产以来，机组运行状况良好。汽轮机各项技术指标基本能达到原设计参数要求，主要辅机设备运行状况良好。但在调试运行中，汽轮机润滑油、密封油水分超标现象比较普遍。5 号机组检修前一直存在主机润滑油、密封油中水的质量浓度维持在 200mg/L 左右的现象。润滑油水分长期超标，给机组的安全稳定运行带来很大威胁。

（1）润滑油水分严重超标的危害

5 号机组运行中多次出现主机润滑油、密封油水分超标现象。化学取样分析发现，主机润滑油、密封油水分超标较多。

1）主机润滑油、密封油水分控制标准　根据化学监督标准，每周对主机润滑油、密封油等油质取样化验1次。主机润滑油中水的质量浓度控制标准为小于100mg/L；密封油中水的质量浓度控制标准为小于30mg/L。

2）主机润滑油、密封油水分超标危害

① 主机润滑油带水和乳化的危害。主机润滑油带水，如不及时排出，长时间乳化会导致水滴越来越小，一般滤油分离方式很难将其去除。同时，润滑油中含水易造成油质乳化，降低润滑效果，造成瓦温、油温高，严重时将破坏油膜的形成，产生较大的振动，并有可能烧坏轴承，给设备造成较大程度的损坏。

由于油中带水，会加快油系统内油泥和杂质的产生：

a. 在油箱或管路死点等处细菌和霉菌的产生加快，使油中黏稠物质增加。

b. 润滑油中添加剂特别是防锈剂都溶解于水，导致管路氧化生锈加快，产生更多氧化物。

c. 润滑油中含水易造成油质乳化，降低轴承冷却润滑效果，瓦温、油温升高引起金属屑和油质碳化颗粒、石油醚解析等物质增加。

② 主机密封油带水的危害。密封油水分随主机润滑油水分变化而变化，但一般低于润滑油水分。因为密封油的一部分在密封油系统自身循环，另一部分来自润滑油补油，润滑油有滤油净化装置除水，而密封油仅靠空侧排烟风机排出少部分水汽，因此密封油水分下降幅度不及润滑油水分下降幅度。

主机密封油中带水会引起油质乳化，其洁净程度、颗粒度均下降，导致油氢差压调节阀、空氢侧平衡阀等出现卡涩或调节异常；不良的密封油会导致密封瓦处轴颈产生划沟或磨损，造成密封瓦与轴颈径向总间隙超标，导致发电机漏氢增大。同时，密封油水分长期超标也会影响氢气纯度和露点等，影响发电机的安全运行。

（2）润滑油水分超标原因分析

主机润滑油中水分来源主要有以下几个方面：

① 机组运行中轴封汽压偏高，轴封出现冒汽现象；轴封回汽不畅，轴封疏水器失灵或轴封加热器风机故障使轴封加热器正压，导致轴封汽进入润滑油系统。

② 润滑油或密封油冷油器出现渗漏现象，使冷却水进入润滑油系统。

③ 油净化装置异常，不能正常脱水。

④ 轴承轴封齿、油挡齿因机组振动大产生磨损，轴承附近处漏汽被抽吸进主油箱内，凝结后进入润滑油系统。

⑤ 运行中润滑油系统密封性能不好，在环境湿度较大时，部分水汽进入润滑油系统，或补油时人为将水带入油系统，使润滑油水分偏高。

以上几类原因在机组正常运行时均有可能导致油中水分增大，但通过系统排查和运行观察分析，上述原因对润滑油中水分增大的影响大小并不相同，下面进行具体分析。

1）轴封系统运行方面的影响　机组投产以来，由于轴封间隙偏大或系统内漏，5号、6号机组均出现运行中轴封压力偏离正常值较多的现象，轴封母管压力控制值为15kPa，但5号机组中修前轴封母管压力最高达75kPa。由于轴封加热器疏水不畅或轴封加热器风机故障导致轴封加热器出现短时正压，主机轴封出现冒汽现象，因此修前5号机组因轴封方面的问题出现主机润滑油长期超标现象；之后运行人员加强监视，轴封压力一直稳定在15 kPa左右，轴封加热器风机未出现过正压或过流故障跳闸的现象，低压缸各轴承处轴封无冒汽现象。在不影响真空的情况下将轴封压力尽量调低，润滑油水分明显减少。

2）冷油器方面的影响　冷油器所用的冷却水为工业水，正常运行中工业水系统运行的母管压力约为580kPa，6月时气温较高，早、中、晚温差较大，为保障各辅机温度不超标，经常启动2台工业水泵，中午所用冷却水流量较大，早、晚各辅机用冷却水流量较小；但工业水系统不能自动调节工业水压力、温度，手动调节又比较困难，因此经常会引起工业水压力超出正常值较多，有可能导致冷油器渗漏。但密封油压力一般均高于冷却水压力运行，而且通过油样分析发现密封油水分均低于润滑油水分，所以可以排除密封油冷油器泄漏。

主机冷油器为管式冷油器，油压低于冷却水水压，渗漏一般会发生在大端盖处，但通过主油箱油位曲线分析，油位无任何变化。在机组运行期间进行主机冷油器切换排查实验，将大端盖O型圈进行隔离拆换，然后分析冷油器出口管处油样，未发现其油中水分有突变现象，因此也可以排除主机润滑油冷油器泄漏。

综上所述，基本可以排除因冷油器泄漏导致润滑油水分超标的可能。

3）油净化装置异常的影响　根据原设计，5号、6号机组均配备1台油净化装置，后来发现5号机组油净化装置的1台加热器经常无故跳闸，另1台加热器由于线路问题未投用，可以初步确认油净化装置脱水功能不正常，脱水效果不好。后加强对净化装置的监护，油中带水现象得到改善。

4）轴承轴封齿及油挡齿因振动磨损的影响　通过化学取样数据比较分析发现，在短短1周时间内，主机润滑油水分超标，上升速度很快，通过现场初步排查，很可能是因为轴承附近外漏热蒸汽窜进轴承油系统。当时轴封压力不高，油中带水主要是由蒸汽混入油系统中引起的，但不一定只是轴封漏汽，还有可能是轴承附近的缸体结合面漏汽，结合面包括高、中压缸结合面和轴封套结合面等。

4号、5号轴瓦在机组启动初期振动均较大，外轴封齿、油挡间隙可能会因磨损变大，容易将轴承附近的水吸附进主机润滑油箱。

5）油系统的密封及人为因素的影响　主机润滑油及密封油系统与外界相通的主要是排烟风机及各轴承外油挡处，正常运行时主油箱的排烟风机、空气预热器侧密封油箱排烟风机是一直运行的，以保持油箱处于微负压运行，所以正常运行时大气中的水分不可能由此进入油系统。油箱负压较大时也会通过轴承外油挡将少量空气抽吸进主油箱。大气中湿度不可能长期很大，吸入的湿气会被排烟风机带走，所以系统密封问题对油中带水的影响可忽略不计。

密封油与发电机氢气接触，但发电机氢气露点可以通过氢气干燥器改善和监视，定期化验氢气纯度和露点，结果均很正常，因此由氢气将水汽带进密封油的可能性也大。

主机在正常运行中补油很少，不会带入水分。

从这些分析可知，油系统的密封及人为因素对油中带水的影响可忽略。

6）综合分析　通过上述分析可知，造成5号主机润滑油水分超标严重的主要原因是油挡齿、外轴封齿碰磨，间隙变大，轴承附近外漏蒸汽增加，通过转子表面被抽吸进轴承回到主油箱，引起润滑油中带水严重；不仅会造成机组润滑不良，油膜建立不佳，钨金磨损大，还会引起初组振动增大，调节部套失灵，甚至造成发电机氢气湿度增大，严重威胁机组安全运行。

（3）采取的措施

由于机组处于运行阶段，为能按时完成调试，客观上尚不能彻底解决5号机组外轴封齿、油挡间隙偏大的问题，为了能最大程度地降低5号机组主机润滑油、密封油水分，采取以下临时方案。

1）运行方面的监护与操作

① 加强对油净化装置的监控。运行中加强对润滑油净化装置的监护，包括滤网差压、油水液面、排水情况及主油箱油位等，必要时手动排放脱水罐内存水，每隔2h检查1次，一旦液位高或低跳滤油机后应及时处理，并尽快开启净化装置运行，同时将密封油系统的净化装置一并投入，以达到更好的脱水效果。

② 适当调低轴封压力运行，控制高压轴封汽外漏量。运行中不断进行轴封压力调整实验，根据真空、排汽缸温度变化情况，逐步降低轴封压力运行，并观察油质变化趋势。通过实验比较，5 号机组轴封压力为 9kPa 时，低压缸 A 缸排汽温度逐步上升。轴封压力目前已调整至最低允许值 14kPa，再调低会影响机组真空。同时，一段时间一直维持 2 台轴封加热器风机运行，并注意轴封压力、温度、轴封加热器负压等参数的调节和监视，检查轴封加热器疏水器工作是否正常，防止轴封加热器正压、轴封冒汽。

③ 加强油质化验与跟踪，及时进行相应调整比较实验。在润滑油水分严重超标期间，应每天化验 5 号主机润滑油、密封油油质，观察其变化趋势，并加强对 5 号主机润滑油油中带水异常情况的分析、处理。相关排查、调整实验后应观察油质是否变化明显，以进一步采取积极的应对措施。

④ 防止主机冷油器渗漏。根据负荷及辅机用水情况及时调节工业水温（24℃，不应低于 20℃）、压力（不允许超过 500kPa），各冷却器回水调门旁路微开，避免调门大幅调节，尽量控制冷却水压不出现大幅波动。将主机冷油器冷却水进水门节流，回水旁路门微开，控制主机冷油器内冷却水压不超压。

⑤ 加强对轴承及密封油系统的运行监视，防止油质恶化影响机组运行。要求运行人员加强对主机汽轮机检测仪表画面的定期检查，特别是对各轴承金属温度、回油温度、轴承振动及轴向位移、推力瓦温等参数的检查和监视，防止出现大幅波动或异常；同时加强对密封系统的检查和监视，特别是油氢差压阀、空气预热器氢气侧平衡阀动作是否正常，注意控制氢气纯度、露点、氢压、密封油温及滤网差压等参数，定期进行氢气严密性实验，观察漏氢是否增大。

2）检修方面采取的方案与措施

① 对轴封加热器风机出口管路疏水进行改造，增加疏水点。针对现场管路布置不合理的问题，在轴封加热器风机出口处增加新的疏水点和阀门，确保轴封加热器风机运行正常。运行中加强对轴封加热器风机出口管路疏水情况的检查，防止轴封加热器风机因出口管疏水不畅而过负荷跳闸，影响轴封系统的正常运行，加重轴封蒸汽外漏进润滑油系统。

② 增加主油箱底部临时放水。由于机组在运行，润滑油系统原先无底部放水装置或预留接口，只能考虑在主油箱事故放油一、二次门之间增加临时放水门。改动之前通过实验排查事故放油二次门关闭严密后才进行改接，改接后运行人员定期进行放水检查，以改善润滑油水分超标现象。

3）治理成效　通过对油中带水情况的分析和治理，5 号主机润滑油水分超标严重的现象得到有效控制，润滑油中水的质量浓度基本能控制在 150mg/L 以下，低负荷期间可以降至 100mg/L 以下。

（4）小结

由于机组在运行中，很难彻底解决 5 号机组外轴封齿、油挡间隙偏大导致润滑油水分超标的问题，但通过加强分析和采取必要的临时措施，可以有效地控制汽轮机润滑油水分超标，为汽轮机及机组的安全运行提供保障。

要彻底消除这一安全隐患，必须利用停机机会在容易漏轴封汽的油挡处增加阻汽装置（气封环），修复低压缸轴承油挡间隙，调整高、中压轴承油挡间隙。同时，对轴封系统进行检查和优化，检查清理高、中压轴封进汽滤网，防止阻塞。利用机组调试、停机机会，将主油箱内油放空，对主机冷油器进行彻底查漏，采取主油箱增加油水分析装置或外接大流量、脱水效果强的滤油装置等措施，以彻底消除主机润滑油水分超标的安全隐患。

7.4 起重运输机械润滑故障的诊断

7.4.1 起重运输机械润滑概述

（1）起重运输机械的特点

起重运输机械是指吊运或顶举重物以及在一定线路上搬运、输送、装卸物料的物料搬运机械。涉及千斤顶、葫芦、卷扬机、提升机、起重机、电梯、输送机、堆取料机、搬运及装卸车辆等，它们具有不同的润滑特点，简述如下：

① 由于起重运输机械使用的范围很广，环境及工况条件不同，包括室内或露天环境、常温及高温环境下使用等，因此润滑材料的选择、润滑方法、更换补充周期常常会有很大差异。所以，对于两个完全相同的设备，常常因工况条件不同而选用不同的润滑材料。一些中、小吨位的桥式及门式起重机械，常常采用分散润滑，一些不易加油部件的滚动轴承及滑动轴承常采用集中供脂的润滑方法，一些大型起重机的减速器，又常用集中供油系统，包括油浴润滑或由油泵供油。

② 起重运输机械使用的润滑材料，通常需要耐水、耐高温、耐低温以及有防锈蚀和抗极压的特性。

③ 润滑材料的选用一定要遵照说明书及有关资料，并结合起重运输机械的实际使用条件进行综合考虑。

④ 起重运输设备不同部位的润滑材料差异较大，千万不能混用，否则将要引起设备事故，导致零部件损坏。

（2）起重运输机械润滑点的分布

起重运输机械的润滑点大致分布如下：

① 吊钩滑轮轴两端及吊钩螺母下的推力轴承。

② 固定滑轮轴两端（在小车架上）。

③ 钢丝绳。

④ 各减速器（中心距大的立式减速器、高速一、二轴承处设有单独的润滑点）。

⑤ 各齿轮联轴器。

⑥ 各轴承箱（包括车轮组角型轴承箱）。

⑦ 电动机轴承。

⑧ 制动器上的各铰节点。

⑨ 长行程制动电磁铁（MZSI 型）的活塞部分；

⑩ 反滚轮。

⑪ 电缆卷筒，电缆拖车。

⑫ 抓斗的上、下滑轮轴，导向滚轮。

⑬ 夹轨器上的齿轮、丝杆和各节点。

（3）起重运输机械典型零部件的润滑

① 钢丝绳的润滑：钢丝绳的用油选择主要是根据环境温度及绳的直径，环境温度愈高和绳的直径愈大，应选择黏度大的油，因为直径大时，钢丝绳的负荷也大。另外钢丝绳的运动速度愈高，润滑油被甩出愈厉害，所以油需要更黏稠些。

② 减速器的润滑：使用初期为每季一次，以后可根据油的清洁程度半年到一年更换一次，随着使用季节和环境的不同，选用油料也有所不同，可参见表 7-20。

表 7-20 减速器润滑油的选用

工作条件	选用润滑油	工作条件	选用润滑油
夏季或高温环境下	CKB46 工业齿轮油	冬季低于－20℃	DRA22 冷冻机油
冬季不低于－20℃	CKB46 工业齿轮油		

③ 开式齿轮的润滑：一般要求每半月添油一次，每季或半年清洗一次并添加新油脂，所选用润滑材料是 1 号齿轮脂。

④ 齿轮联轴器、滚动轴承、卷筒内齿盘以及滑动轴承的润滑参看表 7-21。

表 7-21 齿轮联轴器、滚动轴承、卷筒内齿盘以及滑动轴承的润滑

零部件名称	添加时间	润滑条件	润滑材料的选用
齿轮联轴器	每月一次	①工作温度在－20～50℃ ②工作温度高于 50℃ ③工作温度低于－20℃	①冬季用 1～2 号锂基润滑脂，夏季用 3 号锂基润滑脂，但不能混合使用 ②用锂基润滑脂，冬季用 1 号，夏季用 3 号 ③用 1～2 号特种润滑脂
滚动轴承	3～6 个月一次		
卷筒内齿盘	每 3～6 年添加一次（添满）		
滑动轴承	每 1～2 年添加一次		

⑤ 液压推杆与液压电磁铁的润滑：一般每半年更换一次，使用润滑条件在－10℃以上时可用 25 号变压器油。使用润滑条件低于－10℃时，可用 10 号航空液压油。

7.4.2 起重运输机械润滑注意事项

（1）润滑剂选用注意事项

① 由于起重运输机械使用的范围很广，环境及工况条件不同，包括室内或露天环境、常温及高温环境下使用等。因此在润滑剂的选择、润滑方法、更换补充周期常常会有很大差异。所以，对于两个完全相同的设备。常常因工况条件不同而选用不同的润滑剂。

② 起重运输机械使用的润滑剂，通常需要耐水、耐高温、耐低温以及有防锈蚀和抗极压的特性。

③ 起重运输设备不同部位的润滑剂差异较大，所以，不同型号、牌号的润滑脂、润滑油千万不能混用，否则将引起零部件损坏，导致设备事故。

④ 润滑剂的选用一定要遵照说明书及有关资料，并结合起重运输机械的实际使用条件进行综合考虑。

（2）润滑操作注意事项

① 润滑剂必须保持清洁，更换润滑油时应严格进行过滤。

② 经常检查润滑系统的密封情况，定期添加润滑剂。

③ 保证润滑管路不被挤压碰伤。

④ 经常清洗输油管道，以保持油路畅通无阻。需要拆卸管路时，必须将管端和连接处防护好，以免碰伤或混入杂质。重新安装时，要认真清除连接处的污垢。确保油路清洁。

⑤ 各机构没有注脂点的转动部位，应定期用稀油壶点注在各转动缝隙中。以减少机件的磨损和防止锈蚀。

⑥ 润滑油加入量以探油针或油标（如有）的上下限刻度为准。若加油过量则会出现漏油现象。

⑦ 操作时应严格按使用说明书进行。对于新安装的润滑系统必须进行试验，先把各润滑点连接的分油路接头拆开，直到各接头处都流出润滑油，并检查润滑油中没有管内残存的污垢后再与润滑点接好。

7.4.3 起重机集中润滑系统常见故障分析

（1）润滑油（稀油）集中润滑系统故障分析

起重机一般都配有自动润滑系统，但是一些系统效果不太好，主要原因与改进方法如下：

① 自带加油泵电机输出功率小，油桶容积不足，且油泵电机在恶劣环境下（高温、粉尘大）故障率高。因此应采用大功率、大容量加油泵，安置在车体上，并且外部采取一定的防护措施，覆盖防尘、耐火材料的防护罩。

② 润滑管路一般使用铜管，接头比较多，没有保护盖板。在日常运行或者检修过程中，管路容易被破坏。这种加油管路可采用耐高温橡胶软管，以钢管作为防护罩，并且总控制阀能够分别对每一条管路的开闭进行控制（手动或电动控制）。

③ 集中加油时，因压力、管路等原因，往往会出现加油遗漏或过多现象，一旦某管路出现问题，其他部位都将受到影响。此时可预备1条长橡胶软管，替代坏的加油管路或给联轴器加油。

④ 车轮、轴承座等加油油孔位置在斜面上，加油接头安装不方便，可把加油孔设计在平面位置。

（2）润滑脂（干油）集中润滑系统故障分析

润滑脂集中润滑系统故障集中体现在以下三个方面：

① 润滑系统供油末端不出油。

② 系统零部件缺失。

③ 个别管路变形严重。

主要原因如下：

① 通用试车中未对该部分提出试车要求，因现场润滑系统初始注油时间过长（经现场试验，最长管线润滑点出油时间长达16h），安装人员出于惰性，未能完成整个系统管道注油，当用户使用时发现长时间不出油，即认为该系统存在问题，随即出现个别现场仍旧采用传统的手动润滑方式。

② 用户为降低油脂使用成本，未按使用要求填加2＃或硬度小于2＃的锂基润滑脂，而采用3＃锂基润滑脂，造成润滑泵压力过大而无法使用的问题。

③ 个别管路由于运输或安装过程中未加防护，导致灰尘等异物进入管路内部，造成管路堵塞。

④ 用户疏于维护，个别管接头出现脱落，油脂泄漏现象未能得到及时维修。

⑤ 整个管线铺设不规范，在易踩踏部位未做防护，个别油管出现踩踏变形，造成整个系统油脂运行不畅，甚至出现报警现象。

7.4.4 起重机减速机漏油故障的分析

起重机作业繁重，因此其减速机经常会有不同的漏油情形。减速机润滑油渗漏程度是评价检验减速机性能的一个重要指标。一般而言，起重机减速机漏油的原因如下。

（1）内外压差

减速机运行过程中，由于齿轮啮合发热以及工作环境影响，会引起减速机通气不顺、通气器堵塞等现象，这时将会导致减速机内温度迅速升高。箱体内容积不变，造成箱体内压力增大，与箱体外部大气压形成压力差。箱体内润滑油经齿轮带动，抛洒到减速箱的内壁，加上润滑油渗透性的缘故，将会使减速箱内润滑油在压力的作用下，从缝隙处漏出。

（2）结构设计不合理

① 减速机制造过程中，铸造箱体时效处理不当以及未进行退火处理，或者处理不彻底，未能完全消除内应力，易发生变形，产生间隙，导致润滑油泄漏。

② 回油槽起不到作用，设计缺陷使回油通道易堵塞，阻碍润滑油的回流，从而使润滑油积聚在轴封圈、端盖、结合面等处。在压差的影响下，润滑油便从间隙渗漏出来。

③ 检查孔盖板厚度不够，在螺栓的预紧力下，出现塑性变形，使结合面的连接缝隙处

容易有漏油现象发生。

④ 轴封设计不合理。轴封的作用是防止油外漏，同时防止粉尘进入箱体内部。由于轴的转速较高，在较高气流作用下，一些粉尘会被卷入减速机内部，这些粉尘进入润滑油中，使油中杂质增加，造成密封圈的过度损耗，甚至出现失效的情形，导致润滑油从密封圈处渗漏。

⑤ 高、低速轴和轴承端盖的同心度相差较大。在制造过程中，如果轴和轴承端盖同心度误差过大，那么密封圈的局部磨损量将会上升，磨损严重的部位会有润滑油泄漏。

（3）加油量不规范

一般来讲，减速机在日常工作中，油池波动幅度较大。减速机内部润滑油被抛洒到箱体内壁上。这时，如果加油量过多，润滑油就会聚集到轴封、结合面等处，从而导致泄漏。

（4）检修维护工作失误

在减速机检修维护过程中，检修人员由于疏忽等原因，没有按照减速机使用说明书的要求，或没有严格遵守本单位的相关维保规程，造成结合面处出现选用密封胶不当或涂抹不均、密封圈已损坏没及时更换或方向装反等现象，这是检修维护不力造成减速机漏油的一个重要原因。

7.4.5 堆料机润滑系统故障分析与改造实例

某港堆料系统共有 3 台堆料机，额定能力均为 4400t/h。

（1）问题的分析

原有的润滑系统为手动集中润滑，润滑泵采用的是手动润滑泵，润滑类型采用双线递进式。由于设计不合理，所采用的润滑管为普通无缝钢管，分配器等也为普通材质，没有采取很好的防腐措施，使用后都已严重锈蚀。

由于港周围环境恶劣，空气中水分腐蚀性强，加上堆料机经常冲水，更加剧了润滑系统的锈蚀。原润滑系统不能满足现场使用环境的要求，所使用的润滑管及分配器等都已锈蚀严重，各润滑点得不到良好的润滑，设备损坏频繁。

滚筒轴承、行走轮及各铰点等均采用手动润滑，每 3 个月使用电动泵对堆料机各润滑点润滑 1 次，每台堆料机 1 次润滑大约需要 3 天，而且需要停机，既耗费人力，影响堆料机作业时间，又润滑不及时，润滑效果也不好，造成滚筒轴承及各铰点的损坏。

（2）技术改进内容

为了使堆料机各润滑点得到良好的润滑，对堆料机进行了润滑改造，具体要求如下：

① 保证均匀、连续地对各润滑点供应一定压力的润滑油，油量充足，并可按需要调节。

② 工作可靠性高，采用有效的密封装置，保持润滑剂的清洁，防止外界环境中灰尘、水分进入系统，并防止因泄漏而污染环境。

③ 保证使用寿命，根据现场使用环境的要求，选择合适的备件，防止由于腐蚀等原因降低使用寿命。

④ 结构简单，尽可能标准化，便于维修及快速调整，便于检查及更换润滑剂，起始投资及维修费用低。参考以上几点要求及现场工作环境，根据现场润滑点摩擦副的种类及运转条件，确定了采用壳牌 EP2 锂基润滑脂。为了降低投入成本，将翻车机润滑改造后替换下来的林肯牌润滑泵进行了修复，经过计算满足使用条件。由于现场环境对设备的腐蚀性较强，润滑管、油管接头、油嘴及分配器等均采用不锈钢材质，能保证其使用寿命。

堆料机共有润滑点 42 个，其中悬臂及回转部分滚筒轴承座润滑点 10 个，回转轮润滑点 16 个，回转水平轮润滑点 4 个，俯仰液压缸铰点 4 个，大臂俯仰销轴润滑点 2 个，尾车滚筒轴承座润滑点 6 个。根据实际分布及所需润滑油量情况，设计了润滑系统管路分配图，见图 7-11、图 7-12。

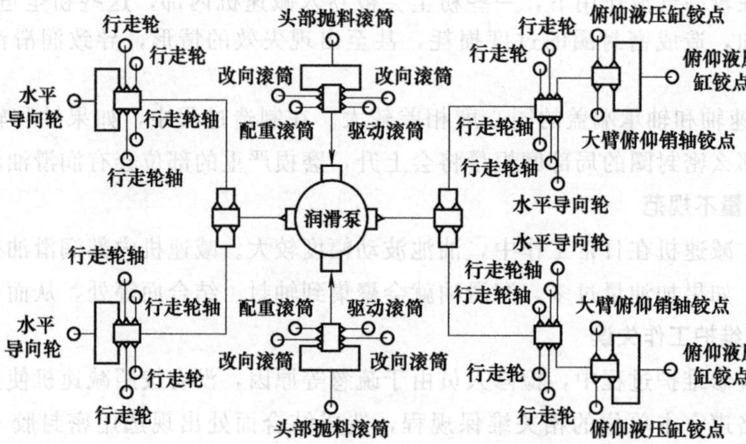

图 7-11 悬臂部分润滑管路图

（3）改造效果

堆料机润滑系统安装完毕，并把润滑泵的控制电源接入了堆料机 PLC 系统，设定了自动润滑时间，之后投入了正式使用。改造使用效果良好，保证了各润滑点的润滑效果，未发生由于润滑原因引起的设备故障。

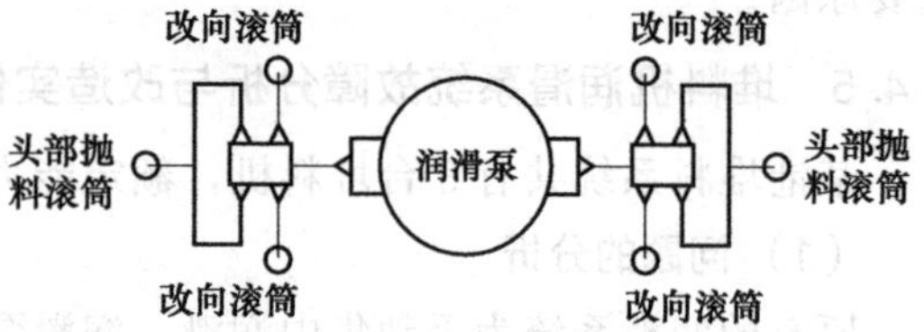

图 7-12 尾车部分润滑管路图

7.5 轧钢机润滑故障诊断及排除

7.5.1 轧钢机润滑采用的润滑油、脂

（1）轧钢机采用的润滑油、脂

轧钢机经常采用的润滑油、脂，参见表 7-22。

表 7-22 轧钢机经常选用的润滑油、脂

设备名称	润滑材料选用	设备名称	润滑材料选用
中小功率齿轮减速器	L-AN68、L-AN100 全损耗系统用油或中负荷工业齿轮油	轧钢机油膜轴承	油膜轴承油
		干油集中润滑系统、滚动轴承	1 号、2 号钙基脂或锂基脂
小型轧钢机	L-AN100、L-150 全损耗系统用油或中负荷工业齿轮油	重型机械、轧钢机	1～4 号、5 号钙基脂
		干油集中润滑系统，轧机辊道	压延机脂(1 号用于冬季、2 号用于夏季)或极压锂基脂、中、重负荷工业齿轮油
高负荷及苛刻条件用齿轮、蜗轮、链轮	中、重负荷工业齿轮油		
轧机主传动齿轮和压下装置，剪切机、推床	轧钢机油，中、重负荷工业齿轮油	干油集中润滑系统，齿轮箱，联轴器，轧机	复合钙铅脂，中、重负荷工业齿轮油

（2）轧钢机典型部位润滑形式的选择

轧钢机工作辊辊缝间、轧材、工作辊和支承辊的润滑与冷却、轧机工艺润滑与冷却系统采用稀油循环润滑（含分段冷却润滑系统）。

轧钢机工作辊和支承辊轴承一般用于油润滑，高速时用油膜轴承和油雾、油气润滑。

轧钢机齿轮机座、减速机、电动机轴承、电动压下装置中的减速器，采用稀油循环润滑。

轧钢机辊道、联轴器、万向接轴及其平衡机构、轧机窗口平面导向摩擦副采用干油润滑。

7.5.2 轧钢机常用润滑系统

(1) 稀油和干油集中润滑系统

由于轧钢机结构不同且对润滑的要求有很大差别，故在轧钢机上采用了不同的润滑系统和方法。如一些简单结构的滑动轴承、滚动轴承等零部件可以用油杯、油环等单体分散润滑方式。而对复杂的整机及较为重要的摩擦副，则采用了稀油或干油集中润滑系统。从驱动方式看，集中润滑系统可分为手动、半自动及自动操纵三类系统，从管线布置等方面看可分为节流式、单线式、双线式、多线式、递进式等，图 7-13 是电动双线干油润滑系统简图。

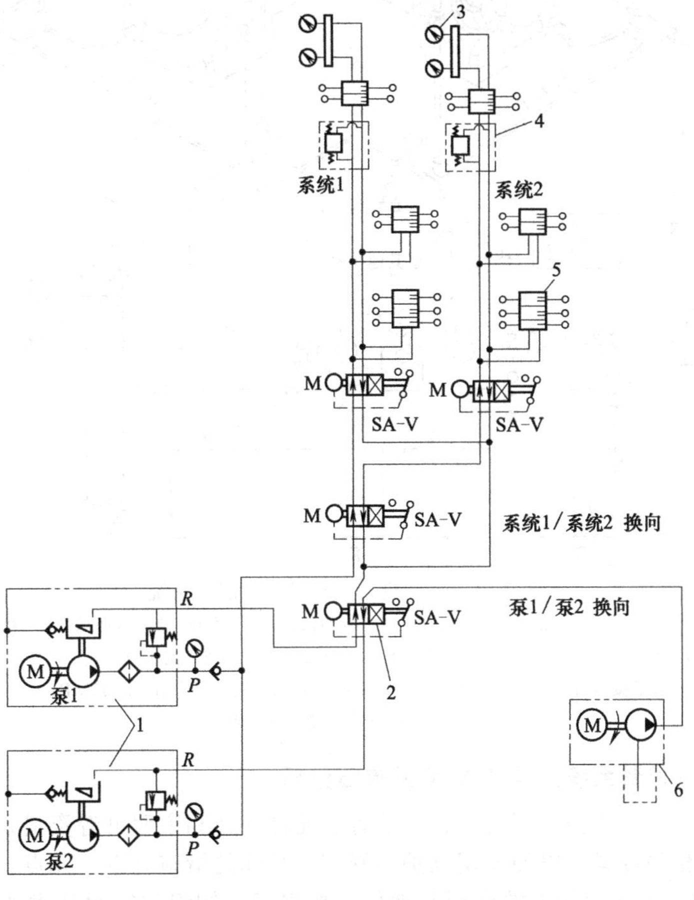

图 7-13 电动双线干油润滑系统

1—泵装置；2—换向阀；3—压力表；4—压差开关；5—分配器；6—补油泵

(2) 轧钢机油膜轴承润滑系统

轧钢机油膜轴承润滑系统有动压系统、静压系统和动静压混合系统。动压轴承的液体摩擦条件在轧辊有一定转速时才能形成。当轧钢机启动、制动或反转时，其速度变化就不能保障液体摩擦条件，限制了动压轴承的使用范围。静压轴承靠静压力使轴颈浮在轴承中，高压油膜的形成和转速无关，在启动、制动、反转甚至静止时，都能保障液体摩擦条件，承载能力大、刚性好，可满足任何载荷、速度的要求，但需专用高压系统，费用高。所以，在启动、制动、反转、低速时用静压系统供高压油。而高速时关闭静压系统，用动压系统供油的动静压混合系统效果更为理想。图 7-14 为动压系统。

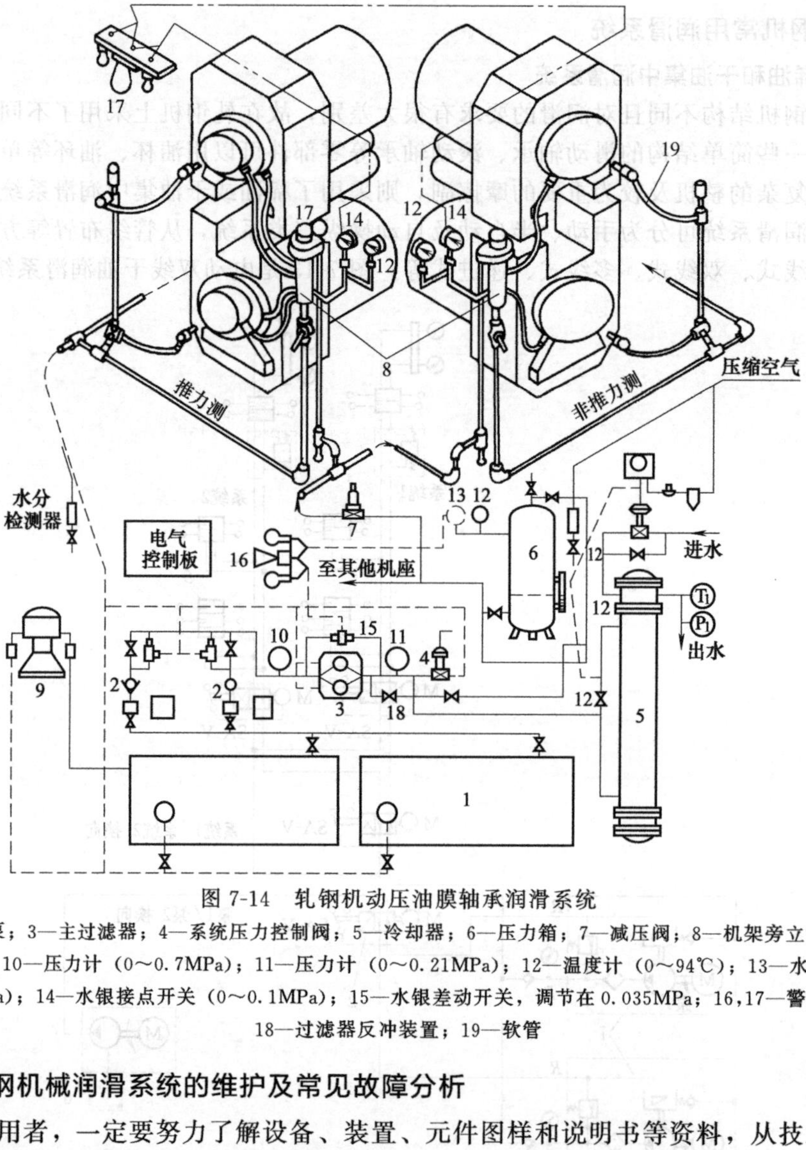

图 7-14　轧钢机动压油膜轴承润滑系统

1—油箱；2—泵；3—主过滤器；4—系统压力控制阀；5—冷却器；6—压力箱；7—减压阀；8—机架旁立管辅助过滤器；9—净油机；10—压力计（0～0.7MPa）；11—压力计（0～0.21MPa）；12—温度计（0～94℃）；13—水银接点开关（0～0.42MPa）；14—水银接点开关（0～0.1MPa）；15—水银差动开关，调节在 0.035MPa；16,17—警笛和信号灯；18—过滤器反冲装置；19—软管

7.5.3　轧钢机械润滑系统的维护及常见故障分析

现场使用者，一定要努力了解设备、装置、元件图样和说明书等资料，从技术上掌握使用、维护修理的相关资料，以便使用维护与修理。具体的措施有以下几点：

① 正确认识润滑在设备中的作用与地位，加强润滑知识和密封技术的普及与提高，对于大型机械设备，必须建立详细的润滑系统工作档案。例如，轧钢机经常选用的润滑油。轧机传动齿轮和压下装置，剪切机、推床采用轧钢机油，中、重负荷工业齿轮油；轧钢机油膜轴承采用油膜轴承油；干油集中润滑系统，滚动轴承采用 1 号、2 号锂基脂或复合锂基脂；重型机械、轧钢机采用 3 号、4 号、5 号锂基脂或复合锂基脂；干油集中润滑系统，轧机辊道采用压延机脂（1 号用于冬季、2 号用于夏季）或极压锂基脂、中、重负荷工业齿轮油；干油集中润滑系统，齿轮箱、联轴器 1700 轧机采用复合钙铅脂、中、重负荷工业齿轮油。轧钢机工作辊辊缝间与冷却系统采用稀油循环润滑（含分段冷却润滑系统）；轧钢机工作辊

和支承辊轴承一般用干油润滑，高速时用油膜轴承和油雾、油气润滑；轧钢机齿轮机座、电动机轴承、电动压装置中的减速器，采用稀油循环润滑；轧钢机辊道、联轴器，万向接轴及其平衡机构、轧机窗口平面导向摩擦副采用干油润滑。

② 重视润滑系统的适时检测和故障诊断、预报工作，发现故障征兆，应及时予以排除，以免更大事故发生。

③ 机器使用过程中，应定期换油。油品一旦变质恶化，务必及时更换。在更换润滑油时，应对整个润滑系统进行清洗，以保证过滤通畅，新油清洁无杂质。

④ 润滑油的保管要有专人负责，油品存放地不得曝晒和雨淋；盛装油品的容器、输油设备、量具切忌混用，否则会加速润滑油的氧化变质。

⑤ 通过净油装置，可将润滑油中的杂质清除、净化，并补充损失的成分，因而使润滑油能永久或半永久的使用。经过肾型净油技术处理后的润滑油，其净化程度可达次微米级，并可有效地分离水分，使其自动排出。

稀油站、干油站常见事故与处理见表 7-23。

表 7-23 稀油站、干油站常见事故与处理

发生的问题	原因分析	解决方法
稀油泵轴承发热(滑块泵)	轴承间隙太小;润滑油不足	检查间隙,重新研合,间隙调整到 0.06～0.08mm
油站压力骤然高	管路堵塞不通	检查管路,取出堵塞物
稀油泵发热(滑块泵)	泵的间隙不当	调整泵的间隙
	油液黏度太大	合理选择油品
	压力调节不当,超过实际需要压力	合理调整系统中各种压力
	油泵各连接处的漏泄造成容积损失而发热	紧固各连接处,并检查密封,防止漏泄
干油站减速机轴承发热	滚动轴承间隙小;轴套太紧;蜗轮接触不好	调整轴承间隙;修理轴套;研合蜗轮
液压换向阀(环式)回油压力表不动作	油路堵塞	将阀拆开清洗、检查,使油路畅通
压力操纵阀推杆在压力很低时动作	止回阀不正常	检查弹簧及钢球,并进行清洗修理或换新的
干油站压力表挺不住压力	安全阀坏了;给油器活塞配合不良;油内进入空气;换向阀柱塞配合不严;油泵柱塞间隙过大	修理安全阀,更换不良的给油器;排出管内空气;更换柱塞;研配柱塞间隙
连接处与焊接处漏油	法兰盘端面不平;连接处没有放垫;管子连接时短了;焊口有砂眼	拆下修理法兰盘端面;加垫并拧紧螺栓;多放一个垫并锁紧;拆下管子重新焊接

7.5.4 轧钢机油膜轴承常见故障分析及处理

油膜轴承的失效形式主要有磨损、锈蚀、划伤、片状剥落、塑性流动、龟裂、烧熔、规则裂纹、边缘磨损。现场油膜轴承易发生的故障，主要体现在以下方面：漏油；轴承进水；轴承发热、烧损；异常磨损。轴承的失效是轴承发生故障的重要因素。

(1) 轧机油膜轴承漏油

主要分为轴承本体漏油和连接管件漏油。

1）轴承本体漏油　现场主要表现在轴承密封处，或轴承端盖接合部，或排气孔部位漏油。原因分析：

① 端盖螺栓松动。由于轧制时振动较大，端盖螺栓易被震松，造成端盖松动，形成漏油；

② 端面密封老化、破损造成漏油；

③ 轴承油封损坏或装配不到位。

对以上情况采取的对策是：

① 紧固端盖螺栓并全部加弹簧垫，并在螺栓头部钻孔，用铁丝穿孔对称拉紧；

② 定期对密封进行检查更换；

③ 对油封、水封、端面密封要装配到位，不能有卡滞现象。

2）轴承连接管件漏油　主要表现为出油管、管接头、排气孔等处的渗漏现象。原因分析：

① 进出油管接头未接好；

② 管接头密封损坏；

③ 油管破损；

④ 回油不畅，造成排气孔漏油。

处理、预防对策：

① 对进出油口管接头接好后进行再确认；

② 装管接头时要检查密封使用情况并及时对老化、破损的密封进行更换；

③ 定期对进出油管进行在线运行检查；

④ 对排气孔进行改造，将排气孔从油管接头处改至油膜轴承端盖上侧。

（2）轧机油膜轴承进水

从现场观察主要是供油系统油箱液位增高，在没有补充油品的情况下，说明冷却水已大量渗入。并且从油箱排水口可以排出水。进水的主要原因是：

① 轴承回转密封、老化破损，从而导致进水；

② 排气孔位置不合理，可导致系统在运行一段时间后，回转密封处出现轻微负压从而进水；

③ 从油箱的蒸汽加热管路或冷却水的管路中进水。

进水后所产生的后果主要是造成衬套的大量锈蚀报废，降低油膜强度，减弱润滑油的脱水性能，缩短油品的使用周期。

针对以上情况采用的对策是：

① 对所有下机的轴承箱的水封进行全面检查更换；

② 对在线运行的轴承箱进行跟踪，严密注意油箱的液位变化及每天油箱定时放水的时间和水量；

③ 重新设计改造进气孔的位置及形状，也就是将进排气孔从回油接头处改至轴承箱端盖上侧，从而避免了系统在启动后由于进出油口的压力变化而影响轴承内部的压力。

（3）轴承发热、烧损

现场运行中，油膜轴承在某种异常情况下会突然发热，而且温度会急剧升高，并会产生烟雾和大量水蒸气，最后电机无力拖动或传动环节损坏而被迫停机，这就是“烧熔”，即发生在轧机运行中，衬套巴氏合金被熔化的现象。它还有一种情况是在轴承拆开时发现巴氏合金被熔化。

造成故障的主要原因可能为：

① 违规操作。在润滑油尚未循环的情况下便启动轧机；

② 在轧机工作中润滑油系统突然停止供油，如管路堵塞、油管接头脱落等；

③ 在轧机速度升高到正常轧制速度时，润滑油供应严重不足；

④ 轧制压力过大，轧速过高；

⑤ 油膜轴承相对间隙过小或者过大；

⑥ 润滑油黏度过小或者润滑油乳化严重，含水量过高，从而造成边界摩擦，发热后难以导出，造成巴氏合金熔化。

采取的预防对策：

① 加强维护，避免润滑系统事故，主要对自控、自锁装置做经常性的检查；

② 定期检查轴承的间隙并及时进行调整更换；

③ 强化现场的点检，关键部位定时专人检查；

④ 对以前的管路及管接头进行改造，杜绝由于管路泄漏造成的故障。

7.5.5 高线精轧机组油膜轴承烧损分析实例

某高速线材厂设计最大速度为 65m/s，设计年产量 20 万吨。工艺流程：断面为 215×195 的方坯经 Φ650 轧机→保温辊道→初轧机组 4 架→中轧机组 4 架→预精轧机组 4 架→精轧机组 10 架→水冷段→吐丝机→斯太尔摩风冷辊道→集卷站，最终轧制成 Φ5.5～Φ20 的成品盘卷。由 2＃润滑系统给精轧、精轧齿轮箱、精轧油膜轴承及吐丝机等设备供油润滑，选用油品为美孚 525。1＃润滑系统给初轧机组、中轧机组的减速箱供润滑油。

（1）存在的问题

自高速线材轧机投产，精轧机组油膜轴承的烧损问题就一直严重影响生产。第 1 年烧损 40 台；第 2 年烧损 35 台；第 3 年烧损 30 台；第 4 年烧损 20 台。精轧机组第 1 架烧损约占 50%；第 3 架烧损约占 20%；第 6、8、10 架烧损约占 15%；其他架次约占 15%。每更换 1 台精轧机，全厂需停产 2h，每烧损 1 台精轧机，至少产生中间废钢与成品废钢 5t，因此，该问题已成为制约产量及质量的瓶颈。通过制定严格的装配工艺及上线装配清洁要求和轧机定期更换制度，使精轧机组油膜轴承烧损数逐年下降，但远未达到理想的程度。

（2）原因分析

① 通过对精轧机零部件和装配工艺的严格把关和测试，认定精轧机油膜轴承烧损不是由制造及装配工艺所致。

② 通过对油膜轴承结构的原理分析，认定油膜轴承烧损与油膜轴承结构设计无关。

③ 通过对精轧机润滑系统的分析，发现现用油品中水分含量高，远未达到设计要求：油品为美孚 525；工作压力 0.4MPa，工作温度 40℃，水分含量 0.5%，过滤精度 10μm，40℃时黏度 $90\times10^{-6}m^2/s$；100℃时黏度 $10.7\times10^{-6}m^2/s$。化验现用油品：水分含量 3%～6%，超出设计要求 6～12 倍。40℃时黏度值 $(74\sim82)\times10^{-6}m^2/s$，100℃时油膜强度的 PB 值 55～58kg。可见，由于油品中涌入大量的水分，致使油膜轴承供油量不足，降低了油膜的强度，造成精轧机油膜轴承大量烧损，同时烧熔的油膜轴承杂质通过回油进入油箱，对油品形成二次污染，导致过滤器滤芯频繁更换，形成严重的恶性循环。由此认定油品中的水分含量严重超标是引起轧机烧损的主要原因。

（3）水分进入润滑系统的原因分析

在轧制过程中，冷却辊环需要使用冷却水，如果迷宫环与八字板之间的间隙调整不当或迷宫环下密封损坏，冷却水就会通过回油系统大量渗入油箱，造成油品中水分含量严重超标。

由于轧机设计结构存在渗水的必然性，所以 2＃润滑系统采用了 2 个 55m^3 的油箱，一用一备，对备用油箱中的油采用加温至 80℃，静置 24h 后，通过油箱底部截止阀放水的方法脱水，并使用了脱水性较好的美孚 525，系统原理见图 7-15。

但实际中对处理过的备用油箱中的油品采样化验发现：实际水分含量为 1.5%，严重超标。因此在正常轧制过程中，不足 4 h，实际在用油箱中集水器水位即显示为满刻度，须进行放水，同时，远不能阻止混有水分的油去供给油膜轴承润滑。

综上所述，备用油箱的脱水速度没有在用油箱的进水速度快，备用油箱起不到真正脱水备用的目的，原润滑系统的设计不能满足实际使用的需要。

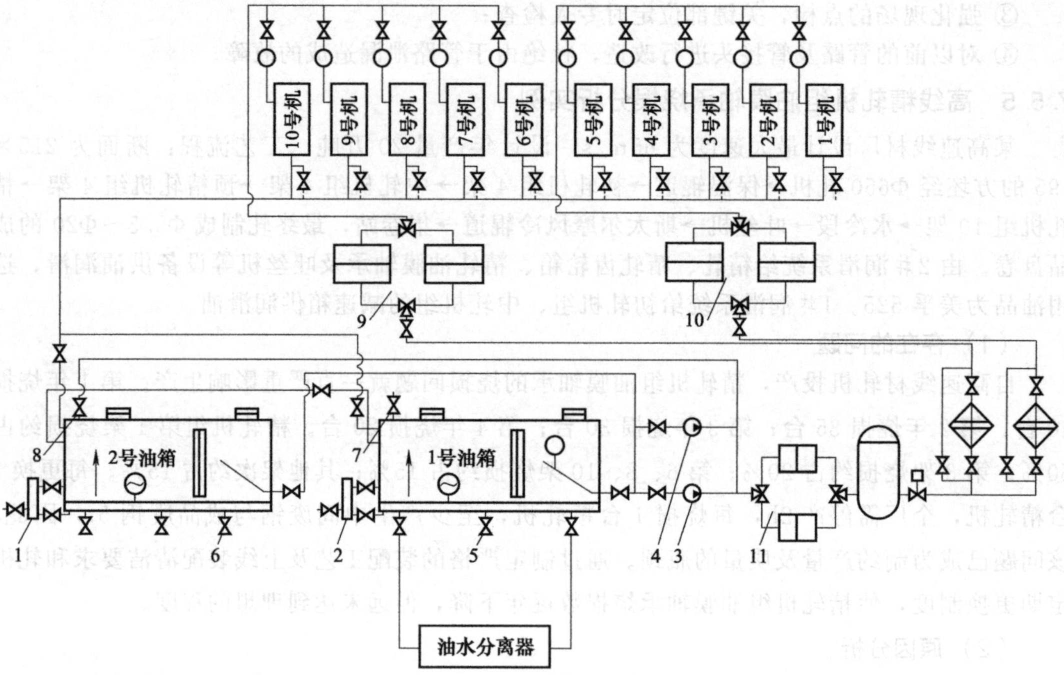

图 7-15 系统原理图

1,2—集水器；3,4—泵组；5,6—放水截止阀；7,8—回油截止阀；9～11—过滤器

（4）应对措施

针对以上情况，该厂在日常维护中规定：

① 每周定期更换八字板上密封。

② 在用油箱每 1h 放水 1 次并放尽。

③ 每 3 天用备油箱轮换 1 次。这些措施仅缓解了油箱中水分含量，并不能从根本上解决油品质量的问题。

为此，对 2＃润滑系统油箱配置了德国韦斯特一法利亚公司的 OSC-91-066 型油水分离器。这是一种自清洗式油水分离器，采用离心、加热的原理脱水、脱杂，工作过程中不改变油品的物理、化学性能。在油品水分含量＜5%时，最大的脱水量为 0.2%，处理油品能力为 7.5m^3/h。油水分离器与油箱的连接见图 7-16。

油水分离器投入使用后，油品质大大改善，随机抽取的化验报告表明，油品各项指标均符合使用要求，仅水分含量基本接近 0.5%。

（5）效果

自油水分离器投运以来，成效显著。

① 精轧机油膜轴承烧损 1 架（非设备原因）。

② 不需再使用油箱放水阀放水，大大地减轻了工人的劳动强度。

③ 提高了经济效益。2＃润滑系统由原每班更换滤芯 3～5 套，减少为每天更换 1 套。

④ 以每台轧机烧损直接费用 5 万元计，每年按 20 台计算，1 年可减少损失 100 万元。

⑤ 烧损 1 台轧机按产废钢 5 t 计，每吨按 2500 元计算，减烧 20 台，1 年可减少损失 25 万元。

⑥ 减少更换轧机时间用于生产，每年为 40h。

轧机润滑系统采用油水分离器与油箱的合理配置，既能满足油品各项指标的设计要求又能保证水分含量的要求，具有较强的适用性。

7.5.6 轴承润滑系统油管及管接头故障分析与改进实例

油膜轴承的润滑系统就像它自身的血液，要确保它畅通地运行，则需要一套安全、可靠的油管和管接头来做保证。

（1）故障分析

某厂轧线油膜轴承的出油管为不锈钢金属网复合接管，管接头为 300×300 的铝制方形法兰接头，重量为 15kg 左右，体积也较大。由于轧线换辊时，每次都必须装、拆一次管接头，而油管的管接头由于过于笨重，往往需要两人配合才能进行作业，操作起来既费时又费力，而且拆装质量难以保证，常常发生漏油现象。

（2）技术改进

为改善这种情况，制订了一个改进方案：

① 杜绝轴承进出油管的跑冒滴漏；

② 操作方便，节省换辊时间；

③ 增加设备、设施的安全性、可靠性；

④ 降低成本、减少费用。

具体措施：

① 将不锈钢网复合管改成带钢丝骨架的高强度波纹管，这样管体自重减轻为原来的 1/4，而成本价格只为原来的 1/4；

② 回油管接头改为对接快拆螺母式快速接头，进油管接头改为卡套式快拆接头，而原来用的铝质法兰式回油接头，体积质量均为改造后接头的 3 倍，而改造后接头的价格只为原来的 1/2；

③ 同生产制造厂紧密配合，严把质量关，确保备件的质量。

改造实施以后，现场的效果非常明显：

① 缩短了轧线的换辊时间 1h/次，每月平均节省换辊时间 3h。

② 降低了操作人员的劳动强度。以前拆装至少需要两个人进行作业，现在只需一个人就可以完成。

③ 基本上消除了油膜轴承进出油路及接头的渗漏及故障时间。

7.5.7 轧钢机润滑脂故障及清洁度控制

轧钢机的润滑，对于大型齿轮箱、滑动轴承设备，主要以稀油润滑为主，润滑方式常采用集中循环给油、油浴润滑等方式。对于滑动摩擦副、滚动轴承，主要采用干油集中润滑、油脂封入润滑、干油枪给脂、用油杯加脂及手动加脂润滑。

（1）给油脂过程中存在的问题

在某公司检修现场调研发现，机械设备实施的给油脂计划中，虽然有按照设备“五定”（定量、定方法、定周期、定人、定点）的要求，但实际执行中，因缺少必要的工具，无法满足给油脂的定量、定方法的加注要求，致使在给油脂过程中，严重污染润滑脂。另一方面，因没有确定合理的加注量，且在一些手册中加注量只有经验公式，不适合不同工况下的设备润滑油脂的加注。

据 SKF 统计数据显示，轴承的提前失效有 36% 是因润滑不良所致，14% 是污染所致。典型的润滑不良包括：润滑剂选型不当，即润滑剂类型不适合特定的工况或者润滑剂质量太差；润滑周期和润滑量不对，即润滑不足或润滑过量；润滑油品本身已经被污染或加注过程中被污染。

长时间跟踪设备维护和现场检修过程，发现公司目前给油脂方式中导致润滑油脂污染的主要原因有以下几点：

① 润滑油脂存储过程存在污染。包装破损时，灰尘和水进入导致污染；润滑油脂存储过程中，由于露天存放或长时间存放，油桶发生“呼吸”作用，水蒸气混入润滑油；润滑油脂变质导致的污染。

② 润滑油脂取用过程污染。润滑油脂取用过程是润滑油脂受到污染最多的环节。主要有过早打开包装，致使环境中的灰尘和水汽进入；环境不够清洁、操作方法不当引入的污染（如铁锤、铜棒和油煮）；初次填充润滑剂引入的污染（如裸手或者脏物进入）；密封不好，环境中的粉尘、水汽进入轴承；补充润滑引入的污染物；轴承磨损、表面剥落产生的颗粒污染；油脂取用过程中，作业者未使用合适的工具以及采用不当的作业方式，导致润滑脂污染。

③ 润滑对象所处环境存在污染。冶金设备工作环境复杂，部分设备工作环境恶劣，不可避免地给设备的润滑油脂带来污染。

（2）解决方法

润滑脂存储过程存在的污染可以通过各种管理手段得到改善，如改善存储环境，做到“早到早领取”，避免油品长时间存放，并对油品的消耗做到定额管理，有计划地存储油品，保证仓储时间缩短，避免油品变质。

对于润滑油脂取用过程中的污染控制，针对不同的润滑方式存在不同的污染因素进行控制研究，从而实现清洁控制。取用过程中，由于流体的流动特性相对比较容易控制，目前各个生产单位的取用流程为：油品运抵现场→取油设备准备（加油泵或者加油小车）→连接取油设备→目的设备（润滑系统润滑油箱或者大型齿轮箱）。对于润滑脂，由于其流动性差，主要有 3 种不同的润滑方式。

1）手动取脂涂抹方式　手动取脂润滑方式主要针对开式齿轮和链条传动以及以平面摩擦副为运动形式的设备，如板带轧机工作辊轴承座与轧机牌坊之间的耐磨衬板等；一些滚动轴承开盖检查进行手工涂抹润滑。这种润滑方式，由于缺乏必要的工具，就地取用如铁板、木板条等作为工具，致使这些简易工具上的杂质带入润滑对象，同时也污染了润滑脂。因此，对于大型开式齿轮，一次消耗润滑脂在 0.5kg 以上，使用专用防油手套（一般采用橡胶手套）或者专用涂抹工具进行润滑，以防止污染润滑脂和危害人体健康。对于轴承等一次涂抹脂量在 0.5kg 以内的，使用油枪进行加注。对于专用涂抹工具，设计了一种带润滑工具的包装，附带小勺，操作者润滑设备时，只需从包装中取出即可方便使用，避免对润滑脂和润滑对象污染。

2）手动取脂用干油枪润滑　对于设备上的大部分滚动轴承，多采用手动取脂，脂杯法或脂枪法润滑。采用脂杯法或者脂枪法时，对于清洁的控制，主要在取脂环节。

脂杯法是指在轴承旁开小孔，以通向脂杯，向脂杯加压使杯内的脂不断补充给轴承。脂枪法是通过润滑脂枪加压将润滑脂打入轴承，这种方式多用于补充润滑。

以上两种润滑方式是润滑油脂受到污染最多的方式，为此，研究市场上主要几家润滑脂供应商的包装，如中国石油润滑油公司（昆仑润滑油脂）、中国石化润滑油公司（长城润滑油脂）、壳牌中国有限公司、美孚石油公司，以及天津、重庆一坪等公司的产品。包装主要为 175kg/200L 钢桶、17kg/20L 钢桶或者塑料桶，对于 5kg、3kg、1kg 以下包装多采用塑料桶。17kg 以上大包装的桶，使用中由于取脂次数较多，容易受到污染。手动取脂时，要求采用 5kg 以下小包装的润滑脂。这种方式，基本上等同于手动取脂涂抹方式中使用脂枪法的润滑方式。

另外，通过对润滑脂进行集中分装，可避免润滑脂污染。这种取脂方式，就是为了避免大包装润滑脂多次取脂导致的污染。还可以采用黄油灌装机或黄油加注器，直接从 17～200L 的油桶中抽取油脂，根据实际使用情况进行分装或者直接注入油枪，可避免油脂的污染。

3）集中给脂法　集中给脂法就是用泵通过管线输送到各个润滑点，对润滑点比较集中的设备，这种润滑方式最佳。例如，板带轧机输送辊道、冷床等设备。目前在集中给脂法的设备中，集中干油润滑系统本身就配置了 16L 左右的干油桶。对集中干油桶充脂，一般是系统本身配置了充脂泵或手动加注。

本身配置充脂泵的系统，控制污染的关键主要在油桶的开启过程是否规范，可通过管理和规范操作来控制。但是手动给干油桶加注润滑脂的方式，建议采用以下两种方法。

① 要求在集中干油润滑系统中，将加脂泵作为标准配置。未将其作为标准配置的设备，建议通过设备系统改造等方案配置加脂泵。这种标准化配置，可避免油脂污染。

② 对于没有加脂泵的系统，则通过分装系统分装为标准包装，再由人工加入。对于集中干油润滑系统，造成污染的大部分原因在于维护过程中润滑工具和维修工具使用不当，导致管接头处漏油，最后使整个集中干油润滑系统失效。因此，提高维护工作的质量，也是重要的防污染环节，一定要按照冶金机械设备润滑设备安装规范的要求进行维护检修，以保证整个系统的污染问题得到控制。

（3）实现清洁润滑需要的设备

手动取脂润滑方式：按照目前的润滑对象，小型设备采用黄油枪或一次性润滑手套；大型设备采用涂抹铲。选择工具为表 7-24 中 1、2、4、5、6 项。

表 7-24　清洁润滑配置工具和设备

序号	名称	序号	名称
1	一次性润滑手套	6	润滑脂添加泵
2	手动黄油枪	7	润滑脂泵
3	电子润滑脂计量表	8	黄油分装机
4	开式轴承润滑脂填注器	9	电动黄油桶加油泵/气动黄油桶加油泵
5	轴承充脂器		

手动取脂干油枪润滑方式：润滑对象多为带有加油嘴的闭式轴承等润滑点。配置的设备有润滑脂分装机和脂袋式分装脂弹。通过分装机分装为脂弹，脂弹直接装入干油枪。需要的设备有润滑脂分装机与手动黄油枪。选择工具为表 7-24 中 2、4、5、6 项。

集中给油脂系统：配置表 7-24 中 6、7、8、9 装置。

7.6　压力机润滑故障的诊断

7.6.1　压力机润滑概况

机械压力机是机械传动，传动环节多，摩擦副多，润滑点必然多。

（1）润滑方式

由于大型压力机高度很高，上去人工加油也不方便。为了保证润滑效果，减少维修工作量，机械压力机通常采用集中润滑。当不易实现集中润滑或采用某些专用润滑方式更好时，才辅以分散润滑。

1）稀油集中润滑　稀油集中润滑多数情况是压力循环润滑。一般是把润滑站（油箱、泵、阀等）安放在压力机的底座旁边或地坑内，用齿轮泵通过控制阀将润滑油送到各润滑点。常用在小吨位机械压力机的轴承、导轨、连杆上。

2）稀油分散润滑　稀油分散润滑有人工润滑和自动润滑两种。人工加油润滑一般只用在不经常动作的小部件或不易接通由集中润滑站供油的部位或不易回收的部位，如凸轮、滚轮。稀油分散自动润滑在机械压力机上常被采用，有油池润滑和油雾润滑。封闭齿轮采用油池润滑，维护简单，润滑效果不错。气缸采用油雾润滑，是结构上的特殊需要。

3）干油集中润滑　干油集中润滑分机动油泵和手动油泵两种。机动油泵一般放在压力机顶部，也有安装在底座旁边的。手动油泵都安装在立柱上操作方便的地方。机动油泵由专用电动机带动，可以根据压力机运转的需要，开动或停止油泵供油；也有的油泵没有电动机，而是靠主传动通过一套另加的传动装置来驱动油泵。大型机械压力机的轴承、导轨常采用干油集中润滑。

4）干油分散润滑　干油分散润滑用在供油不易到达的部位，如一些旋转部件。一般是定期用油枪加少量的油或直接涂抹。干油分散润滑比稀油分散人工润滑用得广泛些。机械压力机上的开式齿轮、连杆螺纹、离合器轴承常采用干油分散润滑。压力机的常用润滑方法见表 7-25。

表 7-25　压力机的常用润滑方法

润滑方法	使用场合
手工加油润滑	开式齿轮、滑轮销轴、蒸汽锤导轨、水压机导轨、蒸汽锤操纵机构
飞溅润滑	离合器飞轮轴承、蜗轮副
油浴润滑	密闭式齿轮、蜗轮副、调节螺杆
油环润滑	摩擦轮滑动轴承
压力循环润滑	传动轴轴承、滑块导轨、齿轮、调节螺杆、连杆轴承、销轴轴承、小型快速压力机曲轴轴承、空气锤曲拐轴承、压缩缸及工作缸、导轨、蒸汽锤及水压机导轨
油雾润滑	开式齿轮、离合器和制动器气缸、蒸汽锤气缸、摩擦压力机气缸
手工加脂润滑	螺杆、蒸汽锤、螺旋压力机及水压机导轨、空气锤气缸导轨、操纵机构和滑动销轴、传动系统及摩擦轮滚动轴承
电动干油站润滑	大型压力机主传动轴承及曲轴轴承
润滑脂润滑	滚动轴承、离合器飞轮滚动轴承、小型快速压力机主传动轴承及曲轴轴承

（2）润滑材料选用

机械压力机的润滑以采用 HL 液压油或 AN 全损耗系统用油和锂基润滑脂为主。常用的有 AN32、AN46、AN68、AN100、AN150，2＃、3＃锂基脂。当这几种润滑材料不满足需要时，再选用其他材料。

采用集中润滑时，润滑点较多，而这些润滑点的负荷、速度、温度有可能不同，又不可能采用多种黏度的润滑材料来满足各润滑点的需要。在这种情况下，可采用两种办法：①按照最关键的润滑点的需要选择润滑材料；②采取折中的办法，即选择的润滑材料的黏度比这些润滑点所需黏度的中间值偏高一些。

7.6.2　压力机润滑失效分析

大型机械式压力机的润滑系统由两部分组成：一部分是自动循环的稀油集中润滑系统；另一部分是分散润滑系统，有手动加油及油雾器供油两处，其中稀油润滑系统有压力过高及压力过低保护，系统有多处供油点，许多供油点是看不见的，但是当整个系统润滑油流量偏少或某个分油器供油点油量减少时，系统没有保护作用，这时就会引起润滑不良甚至失效而使机件损坏。如何保持有效润滑、减少机件磨损就显得极为重要。

保持有效润滑的重要意义：

① 可减少各摩擦副之间的磨损，延长机件的使用寿命，保证设备的精度。

② 可减少润滑油的污染，延长润滑油的使用寿命，达到节约的目的。

③ 可减少润滑系统及液压系统的故障，提高设备的利用率。

（1）油雾器供油不良所引发的故障

油雾器供油不良主要有以下几种情况：

① 油雾器缺油，造成润滑不良；

② 油雾器油孔堵塞，造成空气中含油量极少，达不到润滑要求；

③ 由于压缩空气中含水量过大而污染油雾器中油液，造成气缸（润滑点）生锈而润滑不良。

某 J36-600/1000 压力机离合器有异响，立即停机检查，离合器气缸皮碗完好，无泄漏，旋转配气接头有不正常磨损迹象，而且气缸内无油，油雾器内却有油。经调查车间操作工人已经有一段时间未补充油，初步诊断为润滑不良而引起干摩擦导致异响，经清洗油雾器、调整油量，并在离合器气缸内注入少量 68＃机械油，重新试车，异响排除。针对上述情况，要求操作工及维修人员应经常给油雾器补充润滑油，观察油雾器的用油量并调整至合适值（15 天左右补充 1 次油），经常排除压缩空气管道内积水，清洗过滤器，保持空气的清洁度。

（2）集中润滑系统中分油器供油不足而引发的故障

机械式压力机稀油集中润滑系统为油泵总分油器供油，再由各分油器向各润滑点供油（如 630 T 压力机分油器有 5 个，润滑点达 22 个）。当压力机使用时间过长（一般为 2～3 年）后，分油器转速会越来越慢，致使供油量减少，特别是当某一个分油器转速下降，或某一节点堵塞，对系统压力上升无反应时，润滑系统压力继电器不起高压保护作用（一般压力机正常工作时，分油器转速调为 70 次/min），这时由于供油不足，润滑不良，个别摩擦副的磨损加大，影响设备的使用寿命。

针对这种情况，某厂对所有压力机分油器进行一次全面检修。调节润滑系统中的流量控制阀，使分油器转速达到 70r/min，重新确定每一个润滑点的供油量，使其达到设备所规定的要求，并重新确定压力继电器的上下保护压力。针对分油器转速控制问题，对 250～800t 压力机润滑系统进行改造，在每个分油器附近增加 1 个光电接近开关，当分油器转速低于 60r/min 或高于 80r/min 时，都会发出信号使主机停止运行，这样可防止个别润滑点润滑不良。

（3）分散润滑点未按时加油所引发的故障

大型机械式压力机有很多点是手动加油式稀油润滑，这些点如果不按时加油也会造成故障及危害，如轴承烧损、运转不良等。针对这种情况，要把所有压力机的分散润滑点制成表格（很多是机床未标明的），确定专人按照表格按时润滑并做记录，车间操作工人每天都要对各润滑点进行检查，及时发现，及时排除。

另外，添加润滑脂时，特别要注意离合器大飞轮轴承的润滑。由于加油口离轴承有一段较长的距离，4＃二硫化钼的流动性不好，用黄油枪注油无法把二硫化钼注到轴承处。某厂在大修 1 台离合器时发现了这个问题，加油口处有黄油，但大飞轮轴承处却无足够的黄油，造成离合器运转声音不正常。重新对所有压力机大飞轮轴承加注黄油，用脚踏式黄油枪及过渡接头，使整个油腔充满压力，用压力把油脂压到轴承处，保证充分润滑。

（4）操作工人操作不当造成润滑不良加剧磨损

由于大型压力机（如 J36-600/1000）大飞轮的惯性很大，一般主电机停机后，由于惯性大飞轮还要运转 4min 左右。有的操作工人经常在关掉主电机后，立刻关掉油泵电机，造成大飞轮无油状态下运转几分钟，长期这样，对大飞轮轴承磨损影响很大。因此，不管大飞轮是干油润滑还是稀油润滑，应一律要求主电机停机 4min 以后才能关掉油泵电机。对于干油润滑大飞轮轴承的设备，当大飞轮惯性运转不足 3～4min 时，说明其轴承润滑不良，需添加油脂。

（5）润滑失效实例

某 1J36-800B 型锻压机，由于工人添加润滑脂后，忘记将堵塞拧上，大飞轮运转过程中，润滑脂（4＃二硫化钼）洒出，造成润滑不良，而工人未及时发现，最后导致润滑失效，主轴与大飞轮轴承咬死，造成大飞轮 3 个轴承挡圈烧损、摩擦片破碎而报废，主轴轴颈部分烧损，其他零部件在拆装过程中也有损坏，直接经济损失达 12000 元，停机 7 天，属重大设备事故。

7.6.3 锻压机传动轴承过热原因分析

25MN 以上的绝大多数的热模锻压力机都是 2 级传动，有作为中间环节的传动轴。传动轴支承轴承大多采用滚动轴承。由于多种因素的影响，支承传动轴的滚动轴承经常出现在很短时间内就过热的问题，低者 50～60℃，高者可以达到近 100℃，且不能达到温度平衡点，严重影响轴承使用寿命。

总结起来，除正常工作引起轴承温升外，造成传动轴滚动轴承过热的原因主要有如下几种：轴承结构类型的影响；润滑方式的影响；极限转速的影响；安装定位方式的影响；冷却条件的影响；轴承自身质量的影响。

（1）轴承结构类型的影响

由于锻压机传动轴支承距离一般都比较远，小的在 1m 左右，大的可达到 4m 多。锻压机机身庞大，轴承支承孔受加工工艺的影响，很难达到理想的同轴度。为消除支承座孔加工精度的影响，锻压机传动轴轴承绝大多数都采用调心滚子轴承作为两端的支承。有些早期制造的锻压机全采用了圆柱滚子轴承或调心轴承与圆柱滚子轴承的组合方式，如果这些轴承安装孔出现磨损或存在较大制造误差，将造成轴承过热甚至早期损坏。如果传动轴两端支承全采用单个的调心轴承就能够在很大程度上避免因制造误差和磨损造成的轴承过热和早期损坏。需要说明的是，有些早期锻压机传动轴小齿轮端支承采用了两个调心轴承，这种设计结构其实不能起到调心作用，轴承过热问题也经常发生。很多世界著名的压力机厂商近期设计制造的锻压机除采用滑动轴承外，几乎都采用两个调心轴承作为传动轴的支承。

（2）润滑和冷却方式的影响

传动轴轴承润滑一般有定期人工润滑和自动集中润滑，定期人工润滑的润滑剂一般是干油脂，自动集中润滑的润滑剂是稀油。根据经验，滚动轴承干油润滑的存油量一般是轴承空腔的 1/3～1/2，油量过少和过多都将引起传动轴承过热，一般来说油量过低会很快使轴承因温度升高而损坏。油量较多时，轴承温度逐渐升高，慢慢使润滑剂黏度降低，使润滑剂从端盖的间隙流出，最后使轴承温度逐渐趋于稳定和平衡。但是如果干油脂过多，会使轴承温度上升过快，导致轴承失效，因此就必须采取措施将过多的干油脂取出。采用稀油集中润滑时，供油量和油品必须保证轴承的极压特性和热平衡，客观上稀油润滑还起到了非常明显的冷却作用，因此在实践中很少出现稀油集中润滑轴承过热而损坏的问题。当然，无论采用何种润滑方式，都必须保证润滑剂的纯净度，尤其不能含有较大硬质颗粒等具有严重破坏性的杂质。在锻压机传动轴设计中，除滑动轴承外几乎未发现对滚动轴承采取强制冷却措施的例子。

（3）极限转速的影响

在锻压机设计时很少考虑转速对轴承的影响，其实使用转速对轴承影响很大。滚动轴承的极限转速受精度等级、轴承游隙、组件材质、使用载荷、润滑和冷却条件等很多因素影响，使用转速不能超过极限转速。调心滚子轴承不适合高速场合，当转速上升到一定程度时，滚子和保持架的惯性力以及极小的形状偏差不仅会导致运转状态恶化，而且会引起摩擦面间温度升高和润滑剂性能改变。因此，必须限制轴承的极限转速，或采取可以提高极限转速的措施：提高制造精度、改善组件材质、加大游隙、改变润滑方式、采取冷却措施。根据有关资料推荐，我国制造的调心滚子轴承脂润滑的 $[d.n]$ 值为 80000mm.r·min^{-1}，其中 d 为轴承内径，n 为使用转速。

某厂现役锻压机的传动轴承情况如表 7-26 所示。

表 7-26　某厂现役锻压机的传动轴承情况

序号	设备名称	使用转速/ $r\cdot min^{-1}$	轴承型号	极限转速/ $r\cdot min^{-1}$	$d.n$ 值/ $mm.r\cdot min^{-1}$	$d.n/[d.n]$	润滑方式
1	FM180/18MN	232	23156K	560	64960	81.2%	黄油定期
2	Y251/20MN	555	3003752	580	144300	180%	黄油定期
3	Y252/25MN	485	3003156	610	135800	170%	黄油定期
4	Y253/40MN	308	3003780	390	123200	154%	黄油定期
5	国产 MP63MN	330	23288CA/W33,C3	320	145200	181.5%	黄油定期
6	国产 80MN	178	30031/630	270	112140	140%	黄油定期
7	LZK3150B	290	23280B	350	116000	145%	黄油定期
8	LZK4000B	283	23280B	350	113200	142%	黄油定期
9	K8549/80MN	188	30037/500	—	99000	124%	稀油自动

由表 7-26 可以看出，在 $d.n$ 值指标上，某厂除 18MN 锻压机外全部超过许用值，而 63MN 轴承的 $d.n$ 值最大，超过许用值 81.5%，同时其使用转速超过了对应的极限转速。在维修实践中，除 63MN 的其他压机 $d.n$ 值虽然超标，但使用转速在极限范围之内，所以也很少出现轴承超温的现象，如工作任务繁重的 LZK3150B 锻压机传动轴承将原装的进口轴承改用国产 3053280 轴承后，即使在高温季节同样没有出现过超温，已经安全运行很多年了，18MN 锻压机传动轴承使用 40 年从未换过，至今仍保持良好的状态。从监测和统计数据来看，轴承过热的程度与 $d.n/[d.n]$ 和使用转速/极限转速的比值成相同趋势，使用寿命也和这两个比值有关系。

（4）安装定位方式的影响

在锻压机传动设计中，离合器大齿轮和传动轴小齿轮绝大部分都是人字齿形，大小齿轮有确定的空间位置关系，并且大齿轮有轴向定位，小齿轮与传动轴一起要保证足够的轴向间隙，以便让传动轴能够随大齿轮做自由的轴向游动。如果传动轴轴承的轴向间隙 X 不足，大齿轮的轴向摆动将受到传动轴的限制，必将造成传动轴承过热。某 63MN 锻压机传动轴承曾发生过严重的过热，且造成 2 个轴承损坏，换新轴承后依然过热严重，1 个小时可以从室温达到 70℃以上，且没有减缓的迹象，使用强冷风扇也不能连续开动设备。经过检查，发现轴承外圈与左右端盖均有明显的接触痕迹，说明轴承的轴向间隙很小。将左右端盖分别加垫片放大轴承轴向间隙后，温度明显降低，并且比较稳定，即使在高温季节 24 小时生产都很少出现超温，效果非常明显。因此，在设计时应该保证传动轴双向足够的间隙，同时要选择适当的配合公差，保证轴承能够在外套内移动。

（5）轴承自身的影响

由于国内外制造厂家综合技术水平还存在一定差距，因此其生产的轴承质量水平也存在差异。轴承质量主要反映在制造精度、尺寸稳定性、组件材质、热处理工艺等方面，相应的 $[d.n]$ 也较高。在实践中，像 FAG、SKF 等世界著名厂家的轴承普遍表现良好，如同样使用条件下的温升和寿命有显著优势。质量好的轴承在承载能力、极限转速等方面都明显优越。某些锻压机最初使用国产轴承，温升高，寿命短，换为 FAG 轴承后使用多年仍然正常。

7.6.4　机械压力机滑动轴承故障分析

锻压设备之一的曲柄压力机在锻压生产中得到广泛应用。曲柄压力机的负载特点是短期的高峰负荷和较长期的空负荷相互交替。在压力机的传动系统中，传动轴多采用低速、低噪音、运动平稳、并能承受瞬间高比压的滑动轴承。

（1）滑动轴承结构特点和性能

根据滑动轴承工作时能承受瞬间高峰负荷的特点，对滑动轴承材料的以下性能提出要求：①强度、塑性、硬度；②减摩性和耐磨性；③耐腐蚀性；④润滑性能和热膨胀性及传热性；⑤工艺性。

根据某厂各种压力机滑动轴承统计，其结构主要有两种：开合式（瓦）和整体式（套），滑动轴承材料为铸造青铜，常见牌号有 ZQSn6-6-3、ZQSn10-1、ZQA19-4 等。

压力机滑动轴承一般采用周期油脂润滑和稀油压力润滑，因此压力机滑动轴承是处于边界摩擦与半液体摩擦的工作条件下，润滑油槽的型式有直槽和环形槽两种。

（2）机械压力机滑动轴承常见故障

滑动轴承正常失效时磨损，由于强度不足而出现疲劳损坏和由于工艺及装配等原因而出现轴承脱落也时有发生。

根据某厂多年现场维护与修理统计，压力机滑动轴承经常发生以下损坏故障：

① 滑动轴承严重研伤，轴套（瓦）表面研出很深沟槽，铜屑嵌入轴颈表面，轴颈表面出现疤痕和金属瘤。如某 J31-1250 压力机的曲轴瓦内表面 80%受力面研伤，最深处达 1.5mm 甚至更大。

② 轴套（瓦）烧伤抱死在轴上，例如，某冲压作业区的 J30-400 偏心轮芯轴套内表面遍布伤痕，表面变色，轴套紧紧抱在通轴上，轴套外径在连杆孔内转动；又如某 J36-3500 吨压力机和某 J31-1250 压力机快速轴瓦，偏心齿轮芯轴套多次发生抱轴事故（见图 7-16）。

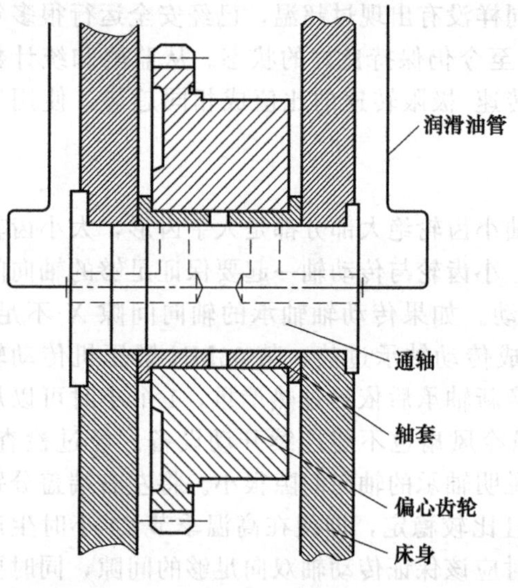

图 7-16　偏心齿轮芯轴套发生抱轴事故

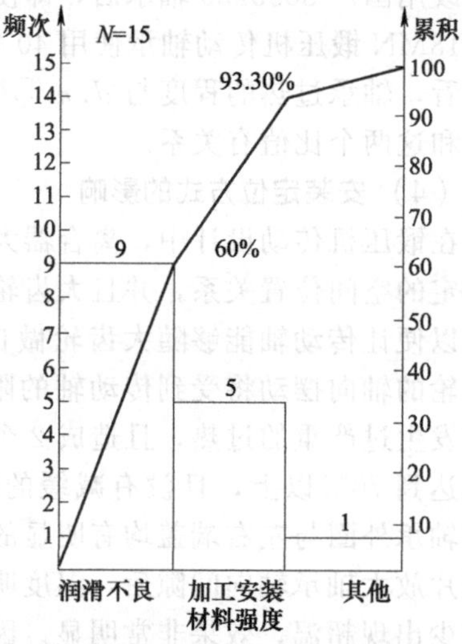

图 7-17　滑动轴承故障原因排序

③ 轴瓦（套）断裂研伤研碎，如某 J31-400 连杆瓦套。

④ 轴瓦（套）严重塑性变形从本体中挤出来，如某 J31-400 吨快速轴套等。

（3）机械压力机滑动轴承故障原因分析

引起压力机滑动轴承故障的原因是多方面的，以某厂出现的故障进行原因排序分析如图 7-17 所示。

① 润滑不良是引起滑动轴承非正常故障的主要原因。正常情况下要求轴承与轴颈之间形成压力油膜，轴承摩擦情况变坏时，摩擦阻力增加，增加摩擦而产生功，摩擦功转变成热能使轴套（瓦）和轴颈进一步受到破坏。另外，温度使轴承工作间隙变小（热膨胀引起），使轴承工作状态进一步恶化，如此随着压力机不停运转周而复始恶性循环，最终轴承烧伤，出现裂纹，轴承内表面金属脱落，出现金属瘤，轴承抱死在轴颈上，传动失效。某厂 J35-3500、J31-1250、JA31-400、JD31-400、J31-400 偏心轮芯套，通轴套等大量故障都是由于润滑不良而造成的，引起润滑不良的原因有以下两个方面：压力机大部分是早期产品，其润滑系统比较陈旧，而且大部分都没有检测装置，油泵虽然在转动，可不能保证润滑点是否来

油，如某J31-1250压力机就是此原因造成快速轴套不正常损坏；维修保养不及时，设备点检不认真，系统漏油严重，流入润滑点油量不足，润滑油质量差，管理不良落入杂质。

② 轴承材料强度不足，安装时瓦背悬空，这也是引起瓦（套）挤压变形破裂的原因之一。

③ 轴承配合间隙选择不当，是轴承失效的另一种原因。轴承配合间隙太大或太小都会引起润滑不良，间隙太小油进不去，间隙太大又保存不住油，压力油膜形不成，容易造成抱死；轴承外径与本体过盈量太小受力后容易松动，这是引起轴承在本体内转动的重要原因。

④ 轴瓦加工安装前后没有进行刮研，或研后接触点不够，造成轴与轴套之间接触不良，这也是轴承失效的原因之一。

⑤ 冲压工艺不合理导致压力机长期在超负荷下运行也是轴承失效的原因之一。例如，某JA31-400压力机连杆产生严重变形（此JA31-400压力机主要用于生产刹车碗和贮气桶盖），就是因为工艺安排不合理、超负荷使用引起。

7.7 矿山机械润滑故障的诊断

7.7.1 矿山机械对润滑油的要求

根据矿山机械的特点，对润滑油提出如下要求：

① 矿山机械的体积和油箱的容积都小，所装的润滑油的量也少，工作时油温较高，这就要求润滑油要有较好的热稳定性和抗氧化性。

② 因为矿山的环境恶劣，煤尘、岩尘、水分较多，润滑油难免受到这些杂质的污染，所以要求润滑油要有较好的防锈、抗腐蚀、抗乳化性能；要求润滑油受到污染时，性能变化不会太大，即对污染的敏感性要小。

③ 露天矿的机械冬夏温度变化很大，有的地区昼夜温差也大，因此要求润滑油黏度随温度的变化要小，既要避免在温度高时，油品黏度变得太低，以致不能形成润滑膜，起不到应起的润滑作用，又要避免在温度低时黏度太高，以致启动、运转困难。

④ 对于某些矿山机械，特别在容易发生火灾、爆炸事故的矿山中使用的一些机械，要求使用抗燃性良好的润滑剂（抗燃液），不能使用可燃的矿物油。

⑤ 要求润滑剂对密封件的适应性要好，以免密封件受到损坏。

不同的矿山机械要使用不同类型、不同牌号、不同质量的润滑油。

矿山机械厂、机修厂要用导轨油、轴承油、金屑切削冷却液、淬火和退火介质、锻造、挤压、铸造用润滑剂等。运输汽车要用内燃机油、自动传动油、汽车制动液、减振器油、防冻液等。内燃机火车用内燃机油、汽缸油、车轴油、三通阀油等。

7.7.2 矿山机械油品选用

（1）有链牵引采煤机用油

有链牵引采煤机用油，见表7-27。

表7-27 有链牵引采煤机用油

润滑部位及注油(脂)点名称	注油点数	注油方式	使用油(脂)名称和牌号
摇臂齿轮箱	2	注油器	CKC N320～CKC N460中负荷工业齿轮油（OMAL320或460）
机头齿轮箱	2	注油器	CKC N320～CKC N460中负荷工业齿轮油
牵引部液压泵箱	1	注油器	N100抗磨液压油（TELLUS 100）
牵引部辅助液压箱	1	注油器	N100抗磨液压油
牵引部齿轮箱	1	注油器	CKC N320～CKC N460中负荷工业齿轮油（OMALA320或N460）

续表

润滑部位及注油(脂)点名称	注油点数	注油方式	使用油(脂)名称和牌号
导链轮轴承	2	油枪	ZL-3锂基脂
电动机轴承	4	手工	ZL-3锂基脂
回转轴衬套和挡煤板衬套	2	油枪	ZL-3锂基脂
破碎机构侧减速箱	1	注油器	CKC N320～CKC N460中负荷工业齿轮油(OMALA320或460)
破碎机构耳轴	1	注油器	CKC N320～CKC 460中负荷工业齿油
破碎机构摇臂齿轮箱	1	注油器	CKC N320～CKC 460中负荷工业齿油

注：OMALA为壳牌公司齿轮油牌号，TELLUS为壳牌公司液压油牌号。

(2) 气动凿岩机及气(风)动工具用油

气动凿岩机及气动工具是既有往复运动又有旋转运动的带有冲击性的机具，对所使用的润滑油有以下要求：

① 要具有较高的油膜强度和极压性能；

② 不会产生造成环境污染的油雾与有毒气体；

③ 不易被有压力气体吹走，不会干扰配气阀的动作；

④ 对所润滑的部件无腐蚀性；

⑤ 能适应高温和低温的气候条件。

润滑方式可通过注油器给油，或通过机具进气口对气动管线手动加油。

表7-28为露天潜孔凿岩机钻机的润滑用油，表7-29为潜孔钻机用油，表7-30～表7-32为履带潜孔钻机、气腿式凿岩机及风动工具用油。

表7-28 露天潜孔凿岩机钻机的润滑用油

润滑部位	环境温度	用油名称
气缸、冲击器及其操纵阀	−15℃以上	HL32液压油、TSA32防锈汽轮机油
	−15℃以下	HL15或22液压油、DRA15冷冻机油
减速箱		半流体锂基脂、CKC220工业齿轮油
绳轮、直压油嘴部位、行走下滑轮、各铜瓦、脂杯部位		2号锂基脂

表7-29 潜孔钻机的润滑用油

润滑部位			用油名称
回转减速箱			CKC220工业齿轮油
主传动减速箱			CL-3车辆齿轮油
回转减速箱滚动轴承、顶部传动轴及提升主轴滚动轴承、辅卷卷筒滚动轴承、走行传动滚动轴承、主传动减速箱及单、双链轮滚动轴承			3号锂基脂
液压系统用油	环境温度	−15℃以上	HL32液压油
		−15℃以下	HV32液压油
走行传动开式齿轮、主、副钻杆螺纹、链条			石墨钙基脂
底部链轮轴、走行传动轴、履带装置			2号、3号锂基脂
冲口器前后接夹螺纹			2号二硫化钼锂基脂

表7-30 履带潜孔钻机用油

润滑部位	用油名称
液压油箱	−15℃以上 32HL液压油 −15℃以下 32HV液压油
气动马达、各减速器、运动机构的加油处、重载轮、支承轮等旋转、活动零件上的所有压注油嘴	2号锂基脂

表 7-31　气腿式凿岩机用油

润滑部位	环境温度	用油名称
气缸、冲击器及其操作阀	－15℃以上	HL32 液压油、TS32 汽轮机油
	－15℃以下	HL15 或 22 液压油、DRA15 冷冻机油

表 7-32　风动工具用油

工具名称	环境温度	用油名称
铆钉机、风镐、风铲及风钻、风砂轮等	－15℃以上	HL32 液压油、TSA32-100 汽轮机油
	－15℃以下	HL15 或 22 液压油、DRA15 冷冻机油

7.7.3　矿山机械润滑故障分析与润滑管理

（1）矿山设备常见润滑故障的分析

矿山设备的主要故障大多表现为杂质的污染，机械杂质和其他形式的污染物会对设备的润滑油膜进行破坏，出现润滑油变质或者润滑系统堵塞现象，严重时引起设备参数变化和零部件磨损，导致设备不能正常运行。

在设备故障中，设备由于缺油而直接摩擦以及混用油和酸性物质的浸入造成润滑油的整体碱值下降的现象就是润滑油的失效。另外如果水分浸入到润滑油中也会造成添加剂出现不良反应，例如，会产生加水分解状况，产生乳化现象以及凝聚与分离、分离沉降等现象，这也就意味着润滑油完全失去润滑作用；当出现分解现象时，就会造成设备的磨损；当润滑油黏度降低时，极易出现摩擦副烧坏的现象；当机械设备出现这些问题就会造成机械的损坏和故障。

一般情况下设备出现故障主要是因为环境的污染以及润滑油使用的失效以及供油量不够等。

首先，矿山机械在工作过程中，由于工作人员的专业性有限且对设备的润滑技术以及管理知识缺乏、工作人数有限等致使润滑工作不到位，认识不到机械设备润滑作用的重要性等。例如，进行设备的擦洗工作时，由于操作工人的不注意把水溅入油箱中，导致油质乳化起不到润滑作用。在轴承以及轴瓦的不断运动过程中产生铁屑进入到润滑油中等都会造成润滑油变质和失效的问题。

其次，机械在环境污染的情况下也容易出现润滑故障，在恶劣的工作环境中，在外界的粉尘以及强酸气体与内在的机械负荷载重的双重影响下，润滑油更容易出现污染、失效、变质等现象，起不到应有的润滑作用，设备更容易出现故障和损坏。

（2）矿山机械设备的保养管理

1）提高矿山的机械维护保养水平　首先要加强对员工专业技能和职业道德的培训，贯彻实施润滑的定点、定质、定量、定期和定人“五定”工作，制订设备润滑工作的各项制度，并专人负责润滑技术和业务指导，深入现场检查、监督，这样可以在很大程度上延长机械的寿命，也更利于机械的保养。同时要求机械的操作人员要懂得相关的机械构造、原理以及机械性能等知识，对机械的使用和保养检测等基本工作也要具有相应的知识。矿山的管理人员要树立一定的管理意识，提高对机械设备的管理认识，积极推广应用润滑新技术、新材料和装置，把润滑工作与节约能源、环境保护有机地结合起来，并根据实际的环境因素来加强相关的防范措施，提高机械的工作性能和使用寿命，避免故障的发生。

其次要进行专业的维修人员培训。在实际的操作过程中，矿山机械设备的正常运行和工作是离不开维修人员的，但是大多数的工作人员对设备润滑的重要性存在认识不足的现象，对润滑原理以及润滑管理的相关理论知识也有一定的欠缺。维修人员在实际的工作过程中要清楚地了解机械设备的工作过程和运行状况，了解机械的性能，预测可能出现的各种故障，故障发生时可以在第一时间用最科学合理的方法进行维修检测。

此外，维修人员还要对矿山机械设备进行定期的维护以及保养，维修人员要遵循“养修并重，预防为主”的原则，根据我国设备管理制度相关规定，操作人员在设备日常维护工作中应做到“三好”（管好、用好、维护好），“四会”（会使用、会保养、会检查、会排除故障）。

所以要定期组织相关的润滑管理知识技术培训讲座，提高各级润滑工作人员的润滑管理素质。例如，在润滑管理的技术培训上重点传授润滑机理、合理选择润滑油品、主动控制污染以及现场常见的润滑失效分析与故障诊断等方面的润滑知识，这可以有效地提高各级润滑工作人员对润滑的认识，使他们的润滑理念、意识明显增强，技术水平得到提高。

2）定期检测矿山机械设备的润滑情况和运行状态　矿山机械的润滑保养要根据实际的机械设备的整体状况，有针对性地制定适合每个机械设备的、固定的、统一的检测标准。

机械设备在工作过程中，会受到不同程度的冲击和损坏，机械设备损坏的客观原因主要包括现场工作人员的操作失误、维修人员的专业技能不达标、管理制度不到位以及环境的客观因素等，还有在生产或装备机械的实际过程中材料与机械内部的零件所产生的能量导致的损坏。这些能量一般情况下是以机械能、化学能以及热能的形式出现，如果这些能量超过一定的参考数据，就会给机械造成不同程度的磨损变形、润滑缺失以及腐蚀等损伤，这些损伤会导致机械设备的零件参考系数改变，如形位公差、配合间隙等。

同时机械设备实际输出参数也会受这些结构参数变化的影响，最终导致机械输出的整体功率以及机械输出的实际参数发生改变，这些内部零件损伤的程度会不断增强，最终导致机械设备的变动超出一定的参数值范围，最后发生机械设备故障，导致无法正常工作。若维修人员对设备进行定期检测和专业维修，就会在第一时间发现这些潜在的因素，从而进行全面维修，消除故障隐患，让机械设备可以正常的运行工作。潜在的故障是预防机械维修的前提，预防维修的目的主要是在实际的工作过程中减轻或者消除零件的损伤程度。这些基本上属于机械的外部维修与护理工作，不能解决机械设备的维修和延长寿命的根本任务。

所以就要强调定期保养的重要性，定期保养可以分为一级保养、二级保养和三级保养，主要的工作内容就是对机械设备进行整体的清洁润滑以及检查、调整、局部换件等工作，不同机械设备的润滑保养级别不同，周期也不同，所以对机械设备的工作影响程度也不同。润滑保养的级别与保养的范围是成正比的，级别越高的润滑保养需要对机械设备进行维修检测的范围越大。这些工作都是为了在实际的工作过程中减少设备各种故障的发生，提高矿山机械的工作效率和工作的整体质量。

7.7.4　大型电动挖掘机油脂润滑系统故障排查

矿山挖掘机油脂润滑系统用于其行走装置的润滑，分为单线和双线润滑系统。其中斗容量 $1.2m^3$ 以下挖掘机一般选用单线润滑系统，斗容量 $1.2m^3$ 以上挖掘机均采用双线润滑系统。

（1）油脂润滑系统

大型电动挖掘机双线油脂润滑系统主要由气动补油泵、气动泵、Y型过滤器、二位四通换向阀、油脂分配器、油箱以及管路等组成，如图 7-18 所示。

来自润滑室油雾器出口的压缩空气驱动气动泵运转，气动泵将油箱中的油脂吸出并形成压力油，通过二位四通换向阀 A 口进入系统，到达油脂分配器，通过油脂分配器对行走装置润滑部位进行润滑。润滑结束后，分配器经换向阀泄压，为下一次润滑做好准备。当二位四通换向阀换向后，分配器中油脂改变流动方向。此时压油管 A 变为回油管，回油管 B 变为压油管。在二位四通换向阀作用下，这两个主管路可实现交替供油和泄压，同时油脂分配器上的两个油口也交替进油和泄油。每个油脂分配器均与主管路连接，每个摩擦副的油脂供给量均可通过油脂分配器进行调节，油脂压力由压力传感器控制。

双线油脂润滑系统有4个特点：①所用油脂是消耗品，随着对行走装置的润滑，油箱中的油脂不断消耗，需要适时添加；②润滑结束后压力油路随即泄压，可对分配器和二位四通换向阀起保护作用，以延长其使用寿命；③压油管与回油管经常进行功能互换，可使润滑油路畅通，并可防止摩擦副过润滑和欠润滑；④对行走装置摩擦副定时、定量、定压供油，以满足其润滑需要。

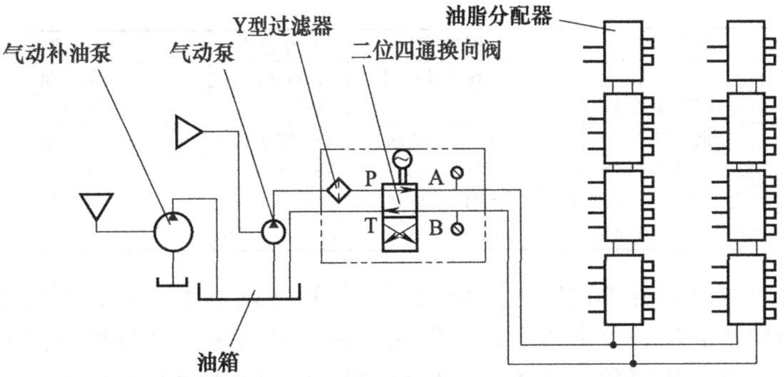

图 7-18 大型电动挖掘机双线油脂润滑系统

（2）故障诊断

1）气动泵不工作　首先，检查气路系统的换向阀是否能够换向。若不能换向，应检查其电路接头是否脱落、线圈是否损坏。其次，按动该换向阀手动按钮，检查其阀芯是否卡滞。然后，检查气动泵输入气压是否符合要求。最后，检查气动泵内部换向阀是否卡滞。通过以上排查，就可找到故障部位。

2）二位四通换向阀不换向　首先，检查从二位四通换向阀到油脂分配器主管路有无泄漏。若此段主管路存在泄漏，会使该换向阀端不能建立起压力，即达不到压力传感器及控制器检测的临界值，将导致该换向阀不能正常换向。其次，检查二位四通换向阀控制器是否工作正常。若控制器工作不正常，应检查控制器接电是否松动、检测端磨损是否过多、信号传递是否失效。最后，检查二位四通换向阀阀芯是否卡滞。通过以上排查，就可找到故障部位。

3）气动泵出油口压力过高　气动泵工作时，若其油脂出口压力过高，大多是油脂分配器阀芯卡滞所致，此时应将油脂分配器拆卸、清洗，或更换新件。

4）润滑点无油脂流出　大型电动挖掘机底盘双回路油脂润滑系统初次运行时，其各个润滑点均应有油脂流出。若无油脂流出，应及时停机检查。此时应首先检查油箱油位是否低于气动泵正常工作的最低油位。然后应检查油脂分配器是否工作正常，其阀芯是否移动灵活。

5）油脂供给不正常　若双回路油脂润滑系统油脂供给时间过长，应通过控制系统调整润滑间隔时间；若油脂供给量过少，应调节油脂分配器阀芯行程。通过以上调整，可消除对摩擦副的过润滑和欠润滑，达到良好的润滑效果。.

7.7.5 润滑油脂化验检测在矿山设备故障诊断中的应用

（1）润滑油脂的化验检测与故障诊断

油脂化验检测的目的是检验设备使用油脂是否合格有效，特别是在矿山大型设备的维检保养期间，如果化检的润滑油脂不合格，就需要及时更换，以免因润滑油脂失效造成设备损坏。随着润滑油脂检验方法的细化和发展，在原来化验的基础上，逐渐形成了以油脂化验为核心的新一代故障诊断和预测判断体系。常用油脂化验的相关项目和执行标准见表7-33。

表 7-33 油脂化验相关项目及执行标准

检测项目	国内标准	国外标准	检测项目	国内标准	国外标准
运动黏度	GB/T 265	ASTM D445	总碱值	SH/T 0251	ASTM D2896
黏度指数	GB/T 1995	ASTM D2270	直读铁谱	RC1001	
开口闪点	GB/T 3536	ASTM D92	分析铁谱	SH/T 0573	
闭口闪点	GB/T 261	ASTM D93	水分(蒸馏法)	GB/T 260	ASTM D95
总酸值	GB/T 7304	ASTM D664	机械杂质	GB/T 511	

续表

检测项目	国内标准	国外标准	检测项目	国内标准	国外标准
清洁度	GB/T 14039	ISO 4406	碳含量	SH/T 0656	ASTM D5291
颗粒计数(显微镜法)		ISO 4407	氢含量	SH/T 0656	ASTM D5291
铜片腐蚀	GB/T 5096	ASTM D130	硫含量	GB/T 17040	ASTM D4294
磨斑直径(四球法)	SH/T 0189	ASTM D4172	氮含量	SH/T 0704	ASTM D5762
最大无卡咬负荷(四球法)	GB/T 3142		氯含量	RC1008	
烧结负荷(四球法)	GB/T 3142	ASTM D2783			

对上面各项内容进行检测，就能够在设备不停机、不解体的情况下检测工况，诊断设备的异常部位、异常程度；从所测元素含量的多少来分析故障发生的原因和预判即将发生的故障现象，从而预报设备可能发生的故障。润滑油脂的化验检测是提高设备管理水平、改善维护保养的一个重要手段，也是保证设备正常运转、创造经济效益的有效途径。

目前各大露天矿对润滑油脂的化验检测主要是铁、铜、铝、硅、磷、锡、铅、钙、钡、硼等元素的测定，依此来检验使用期的润滑油脂是否失效，判断失效原因，给出发生故障的可能部位，指导设备维保人员对设备进行相应的保养检修。某露天矿对运输设备的油脂化验检测单见表7-34。

表 7-34　某露天矿运输设备油脂化验检测单

项目指标	铝	铜	铁	硅	磷	锡	铅	钙	钡	硼
实测值/ppm	78.8	28.8	873.5	340.3	200.7	2.1	0	66.12	0	2.9
最小预警值/ppm	10	300	800	30						
最大预警值/ppm	20	500	1000	70						
结论	超标	正常	稍高	超标	/	/	/	/	/	/

油脂的故障诊断是建立在对被测元素合理分析的基础之上，以上述化检单为分析内容，可以发现，实测值中铝、硅超标严重，铁稍微超标但程度不大，由此对设备进行初步分析。首先对超标元素进行列表归类，检测元素分析见表 7-35，其内容包括被测元素、被测元素的超标情况、初步分析超标原因以及其他重要说明等。然后根据元素超标的初步分析内容，分析设备运行情况及可能引起超标的传动部位，包括设备运行的环境、作业对象的理化性质(水分、土性、岩性、空气成分等)、运行周期、相应传动部位检测、油脂性能（纯度、基础油、添加剂、酸碱值等)。最后通过针对性故障排除，采取有效措施（降尘、更换密封、更换磨损过量的传动件、更换失效油脂等)，从而消除引起超标的内在原因。

表 7-35　检测元素分析

被测元素	超标率（逻辑评判）	初步分析	备注说明
铝	严重	粉尘、沙土、含铝传动件等	油品添加剂、窜油混合
硅	严重	粉尘、沙土，橡胶密封等	油品添加剂、窜油混合
铁	稍重	传动轴承、承压面、缓冲片等	

(2) 应用实例

某大型露天矿油脂化验室例行对采排土设备 TR100 减速油箱取油样化验，其检测数据见表 7-36。

表 7-36　某大型露天矿 TR100 减速油箱油脂化验单

项目指标	铬	铝	铜	铁	钠	硅	硼	锡	铅	钼
实测值/ppm	1.5	1.0	99	8.2	6.9	15.7	0.3	3.9	1.8	1.7
最小预警值/ppm	1.5	10	60	50	30	15	3	3	3	3
最大预警值/ppm	10	15	100	100	100	30	10	20	20	10
结论	观察	正常	超标	正常	正常	观察	/	观察	/	/

从表 7-36 可知，需要对该种设备含铬、硅、锡部位观察，对含铜元素部位进行故障分析并处理。设备负责人通过对设备运行工况、油脂性能、传动部件查看发现，铬、硅、锡元素达到最小预警值的原因是设备运行期间，长时间处于煤场，恰好正值煤场倒堆，粉尘和煤场二次反应物（气体）较多，对油脂性能造成一定影响。

对动力输出端检查发现，由于维修人员粗心，箱内铜套未安装至标准位置，突出端部与壳体发生无润滑磨损，表面铜粉被带入油箱，造成铜元素含量超标，接近最大预警值。

通过油脂化验与故障诊断，及时发现了设备运行问题，避免了设备停机检修的发生，提高了生产运行效率，减少了设备维修成本。

第8章

机械设备密封故障诊断与排除

8.1 密封

8.1.1 密封的概念

密封是防止流体或固体微粒在相邻结合面间泄漏以及防止外界杂质如灰尘与水分等侵入机器设备内部的零部件的措施。较复杂的密封件称为密封装置。

对密封件的基本要求有如下几点：

① 在一定的压力和温度范围内具有良好的密封性能。

② 摩擦阻力小，摩擦系数稳定。

③ 磨损小，磨损后在一定程度上能自动补偿，工作寿命长。

④ 与工作介质相适应。

⑤ 结构简单，装拆方便，价格低廉。

⑥ 应保证互换性，实现标准化，系列化。

密封件是机械产品的重要基础元件，其制造精度要求较高，密封件产品无论结构还是材料都需要高精的技术和装备支撑。

8.1.2 密封的分类

密封可分为相对静止接合面间的静密封和相对运动接合面间的动密封两大类。

静密封主要有点密封、胶密封和接触密封三大类。根据工作压力，静密封可分为中低压静密封和高压静密封。中低压静密封常用材质较软、垫片较宽的垫密封，高压静密封则用材料较硬、接触宽度很窄的金属垫片。

动密封可以分为旋转密封和往复密封两种基本类型。按密封件和与其相对运动的零部件是否接触，可以分为接触式密封和非接触式密封。一般说来，接触式密封的密封性好，但受摩擦磨损限制，适用于密封面线速度较低的场合。非接触式密封的密封性较差，适用于较高速度的场合。

具体密封形式与主要应用如下。

① 填料密封：用于泵、水轮机、阀、高压釜。可用缠绕填料、纺织填料或成型填料。

② O型密封圈：用于活塞密封，可广泛用作静密封，耐久性良好。

③ Y型密封圈：用于活塞密封，有时作静密封。

④ 机械密封：用于泵、水轮机、高压釜、压气机。可用不同的材料组合，包括金属波纹管密封。

⑤ 油封：或与其他密封并用，防尘，用于轴承、齿轮箱等。

⑥ 分瓣滑环：用于水轮机、汽轮机，多用石墨作滑环。

⑦ 迷宫式密封：汽轮机、泵、压气机往复用时，宜高速，低速不用。

⑧ 浮动环：用于泵、压气机。

⑨ 活塞环：用于气体压缩机、内燃机等。

⑩ 离心密封和螺旋密封：用于泵类设备。

⑪ 磁流体密封：用于压气机，只用于气体介质。

8.1.3 密封材料

密封材料应满足密封功能的要求。由于被密封的介质以及设备的工作条件不同，要求密封材料具有不同的适应性。对密封材料的要求一般是：材料致密性好，不易泄漏介质；有适当的机械强度和硬度；压缩性和回弹性好，永久变形小；高温下不软化、不分解，低温下不硬化、不脆裂；抗腐蚀性能好，在酸，碱、油等介质中能长期工作，其体积和硬度变化小，且不黏附在金属表面；摩擦系数小，耐磨性好；具有与密封面结合的柔软性；耐老化性好，经久耐用；加工制造方便，价格便宜，取材容易。橡胶是最常用的密封材料，适合做密封材料的还有石墨、聚四氟乙烯以及各种密封胶等。

密封材料特性及主要应用如下：

① 丁腈橡胶耐油、耐热、耐磨性好，广泛用于制作密封制品，但不适用于磷酸酯系列介质，使用温度为－40～120℃。用于制作O型圈、油封，适用于一般的液压、气动系统。

② 氢化丁腈橡胶强度高、耐油、耐磨、耐热、耐老化，使用温度为－40～150℃。用于高温、高速的往复密封和旋转密封。

③ 橡塑胶材料弹性模量大，强度高，其他性能同上，使用温度为－30～80℃。用于制作O型圈、Y型圈、防尘圈等，用于工程机械及高压液压系统的密封。

④ 氟橡胶耐热、耐酸碱及其他化学药品、耐油（包括磷酸酯系列液压油），适用于所有润滑油、汽油、液压油、合成油，使用温度为－20～200℃。适用于化学药品、耐燃液压油的密封，在冶金、电力等行业用途广泛。

⑤ 聚氨酯耐磨性能优异、强度高、耐老化性能好，使用温度为－20～80℃，适用于工程机械和冶金设备中的高压、高速系统密封。

⑥ 硅橡胶耐热、耐寒性好，压缩永久变形小，但机械强度低，使用温度为－60～230℃，适用于高、低温下的高速旋转密封及食品机械的密封。

⑦ 聚丙烯酸酯耐热性优于丁腈橡胶，可在含极性添加剂的各种润滑油、液压油、石油系液压油中工作，耐水性较差。使用温度为－20～150℃，可用于各种小汽车油封及各种齿轮箱、变速箱，可耐中高温。

⑧ 乙丙橡胶耐气候性能好，在空气中耐老化、耐油性能一般，可耐氟利昂及多种制冷剂，使用温度为－50～150℃，用于冰箱及制冷机械的密封。

⑨ 聚四氟乙烯化学稳定性好，耐热、耐寒性好，耐油、水、汽、药品等各种介质，机械强度较高，耐高温、耐磨，摩擦系数极低，自润滑性好，使用温度为－55～260℃，用于制作耐磨环、导向环、挡圈，为机械上常用的密封材料，广泛用于冶金、石化、工程机械、轻工机械。

⑩ 尼龙耐油、耐热、耐磨性好，抗压强度高，抗冲击性能好，但尺寸稳定性差，使用温度为－40～120℃，用于制作导向环、支撑环、压环、挡圈。

⑪ 聚甲醛耐油、耐热、耐磨性好，抗压强度高，抗冲击性能好，有较好的自润滑性能，尺寸稳定性好，但耐屈挠性差，使用温度为－40～140℃，用于制作导向环、挡圈。

8.2 泄漏治理

所谓泄漏是指从运动副的密封处越界漏出的少量不作有用功的流体的现象。

设备泄漏是一个不可忽视的质量问题，漏油、漏水、漏气严重影响设备的正常运转、外观、工作效率及使用寿命，并会引起环境污染，浪费能源。因此，产品的密封性能是评价其性能、质量的重要指标。泄漏治理与企业生产安全、生产秩序稳定、节能环保、降本减耗有密切的联系。泄漏治理是现场一项专业性强的技术工作，又是一项涉及因素复杂的管理工作，历来是设备工作的难点之一，搞好泄漏治理意义重大。

8.2.1 泄漏的分类

系统的泄漏可分为两种类型，一种是内部泄漏，另一种是外部泄漏。

（1）外部泄漏

压力管道的泄漏可很容易地被发现，因为可以看到泄漏出的介质。维护人员和操作者应当经常检查整个系统的各个元件，及时发现泄漏点并立即着手解决泄漏问题。

（2）内部泄漏

由于系统中元件磨损，随着时间的推移，在元件内部产生的泄漏会越来越明显，轻微的内部泄漏可能察觉不到，但是，随着内漏的增加，系统过热将成为问题。

系统中的元件一旦发生泄漏，不仅会造成介质的浪费和环境的污染，而且更严重地会使整个系统发生故障，中止工作，甚至发生安全、质量事故。

为了减少系统的故障，提高系统的效率，防止环境污染和减少介质的损耗，必须注意泄漏问题，并分析造成泄漏的原因，采取相应的措施，达到减少泄漏以至避免泄漏的目的。

8.2.2 泄漏相关因素

（1）工作压力

在相同的条件下，系统的压力越高，发生泄漏的可能性就越大，因此应该使系统压力的大小符合系统所需要的最佳值，这样既能满足工作要求，又能避免不必要的、过高的系统压力。

（2）摩擦副相对运动速度

介质在摩擦副缝隙中流动，由于黏性力的影响，泄漏量与摩擦副相对运动速度成正比。

（3）摩擦副间隙与密封长度

泄漏量与摩擦副间隙关系密切，摩擦副间隙的增大将显著影响介质泄漏量。密封长度的增大将使介质泄漏的阻力增大，有利于减少泄漏。

（4）工作温度

系统损失的能量大部分转变为热能，这些热能一部分通过元件、管道等的表面散发到大气中，其余部分就贮存在介质中，使温度升高，造成密封元件加速老化、提前失效，引起严重泄漏。同时，温度的升高导致介质黏度下降，会增大泄漏量。显然，外部环境温度与冷却条件与介质的泄漏也密切相关。

（5）介质的黏度与清洁程度

介质的黏度越低，流动阻力越小，越容易从缝隙中流出；但是介质的黏度过高，流动阻力过大又会引起流动不畅，所以黏度应适中。系统的介质常含有各种杂质，例如，元件安装时没有清洗干净，附在上面的铁屑和涂料等杂质进入介质中；侵入设备内的灰尘和脏物；介质氧化变质所产生的胶质、沥青质和碳渣等。油中的杂质能使元件滑动表面的磨损加剧，阀的阀芯卡阻，小孔堵塞，密封件损坏等，从而造成阀损坏，引起油泄漏。

（6）密封装置

正确地选择密封装置，主要是密封的结构形式与材料，对防治系统的泄漏非常重要。密封装置选择的合理，适合系统的工作压力、摩擦副相对运动速度、工作温度及介质，就能提高设备的性能和效率，延长密封装置的使用寿命，从而有效地防止泄漏。否则，密封装置不适应工作条件，造成密封元件过早磨损或老化，就会引起介质泄漏。

（7）机械设备的状况

零件的机械强度与加工精度、系统管道连接的牢固程度及其抗振能力、设备维护的状况等，也都会影响设备的泄漏。

8.2.3 防漏治漏的基本途径

由于机械设备的泄漏涉及密封件的设计、生产、使用及机械结构的各个环节，因此需要运用系统观点分析、诊断泄漏原因，进行综合治理，预防、均压、疏导与封堵兼用。一般而言防漏治漏的基本途径如下。

（1）均压

使密封部位内外侧的压力差均衡。例如，设置适当的通气帽或在介质通道中加设小型泵送元件，可使动密封的接触压力分布均匀。

（2）疏导或引流

在零部件上开设回油槽、回油孔或加装挡油板等，将泄漏的流体引导流回吸入室、吸入侧或引回油池中。

（3）流阻或反压

利用密封件的狭窄间隙或曲折通道造成密封所需的流动阻力，如间隙密封、迷宫密封。或利用密封件对泄漏流体造成反压，使之部分平衡或完全平衡，达到密封目的。

（4）封堵或阻塞

应用密封技术封堵界面泄漏通道，例如，用密封垫、密封团、密封环和填缝敛合或者涂密封胶、缠绕密封带等进行密封。或利用在适当间隙中保持有适当流体阻塞被密封流体的泄漏，如气封、液封、水环密封或铁磁流体密封等。也可将不接合部位的表面焊合、铆合、压合、折边等，以封死泄漏通道。

（5）全封闭或部分封闭

特种设备用机壳或护罩全部或部分封闭住，例如，目前有不少数控机床或加工中心采取了全封闭的方法，以防止冷却液或润滑液飞溅。

（6）回流抛甩

采用回流结构密封，如在流体动力型旋转轴盾形密封唇口内侧锥面上开设三角形凸垫或凹槽、正弦波形的弓形或半圆形的凸棱，或是在零件上增设螺旋槽等回流措施。或使用甩油环（或槽），将泄漏的油（或水）抛甩回油池。

（7）分隔与间隔

利用密封件将泄漏处与外界分隔或间隔开，如隔膜密封与机械密封等。

（8）其他

消除密封部位的振动、冲击及腐蚀等可能引起泄漏的因素。也可以调换润滑脂或（固体）润滑剂，以消除流体的泄漏。

采用以上几种方法的组合可以达到密封目的。显然，泄漏的治理是一项系统性强的工作，它涉及因素众多，牵涉面广，必须在整体层面综合治理，才能实现全局的、长远的技术经济效益。

8.3 阀门密封故障诊断维修及泄漏治理方法与案例

工业阀门广泛用于各类带压、高温介质输送系统，密封与泄漏治理问题普遍。

8.3.1 阀门的泄漏问题及治理方法

（1）阀体和阀盖的泄漏

1）在实际生产中阀体和阀盖泄漏的主要原因

① 铸铁件铸造质量不高，阀体和阀盖体上有砂眼、松散组织、夹渣等缺陷。

② 天冷冻裂。

③ 焊接不良，存在夹渣、未焊接、应力裂纹等缺陷。

④ 铸铁阀门被重物撞击后损坏。

2）预防方法

① 提高铸造质量，安装前严格按规定进行强度试验。

② 对气温在0℃及以下的阀门，应进行保温，停止使用的阀门应排除积水。

③ 焊接阀体和阀盖的焊缝，应按有关焊接操作规程进行，焊后还应进行探伤和强度试验。

④ 阀门上禁止堆放重物，不允许用手锤撞击铸铁和非金属阀门，大口径阀门的安装应有支架。

（2）填料处的泄漏

1）原因

① 填料选用不对，不耐介质的腐蚀，不耐阀门高压或真空、高温或低温的使用。

② 填料安装不对，存在着以小代大、螺旋盘绕接头不良、上紧下松等缺陷。

③ 填料超过使用期，已老化，丧失弹性。

④ 阀杆精度不高，有弯曲、腐蚀、磨损等缺陷。

⑤ 填料圈数不足，压盖未压紧。

⑥ 压盖、螺栓和其他部件损坏，使压盖无法压紧。

⑦ 操作不当，用力过猛等。

⑧ 压盖歪斜，压盖与阀杆间空隙过小或过大，致使阀杆磨损，填料损坏。

2）措施

① 应按工况条件选用填料的材料和型式。

② 按有关规定正确安装填料，盘根应逐圈安放压紧，接头应成30°或45°。

③ 使用期过长、老化、损坏的填料应及时更换。

④ 阀杆弯曲、磨损后应进行矫直、修复，损坏严重的应及时更换。

⑤ 填料应按规定的圈数安装，压盖应对称均匀地把紧，压套应有5mm以上的预紧间隙。

⑥ 损坏的压盖、螺栓及其他部件，应及时修复或更换。

⑦ 应遵守操作规程，除撞击式手轮外，以匀速正常力量操作。

⑧ 应均匀对称拧紧压盖螺栓，压盖与阀杆间隙过小，应适当增大其间隙；压盖与阀杆间隙过大，应予更换。

（3）密封面的泄漏

1）原因

① 密封面研磨不平，不能形成密合线。

② 阀杆与关闭件的连接处顶心悬空、不正或磨损。

③ 阀杆弯曲或装配不正，使关闭件歪斜或不对中。

④ 密封面材质选用不当或没有按工况条件选用阀。

2）措施

① 按工况条件正确选用垫片的材料和型式。

② 精心调节，平稳操作。

③ 应均匀对称地拧螺栓，必要时应使用扭力扳手，预紧力应符合要求，不可过大或小。法兰和螺纹连接处应有一定的预紧间隙。

④ 垫片装配应对中、找正，受力均匀，垫片不允许搭接和使用双垫片。

⑤ 静密封面腐蚀、损坏、加工质量不高时，应进行修理、研磨，并进行着色检查，使静密封面符合有关要求。

⑥ 安装垫片时应注意清洁，密封面应用煤油清洗，垫片不应落地。

（4）密封圈联结处的泄漏

1）原因

① 密封圈碾压不严。

② 密封圈与本体焊接，堆焊质量差。

③ 密封圈连接螺纹、螺钉、压圈松动。

④ 密封圈连接面被腐蚀。

2）措施

① 密封碾压处泄漏应注胶粘剂再碾压固定。

② 密封圈应按施焊规范重新补焊，堆焊处无法补焊时应清除原堆焊和加工。

③ 卸下螺钉、压圈清洗，更换损坏的部件，研磨密封与连接座密合面，重新装配。对腐蚀损坏较大的部件，可用焊接、粘接等方法修复。

④ 密封圈连接面被腐蚀，可用研磨、粘接等方法修复，无法修复时应更换密封圈。

（5）关闭件脱落产生泄漏

1）原因

① 操作不良，使关闭件卡死或超过上死点，连接处损坏断裂。

② 关闭件连接不牢固，松动而脱落。

③ 选用连接件材质不对，经不起介质的腐蚀和机械的磨损。

2）措施

① 正确操作，关闭阀门不能用力过大，开启阀门不能超过上死点，阀门全开后，手轮应倒转少许。

② 关闭件与阀杆连接应牢固，螺纹连接处应有止退件。

③ 关闭件与阀杆连接用的紧固件应经受住介质的腐蚀。

8.3.2 阀门密封结构的改进

（1）一般修复方法

在工业生产中，阀门的密封面有损坏可以采取以下方法对其进行修复：

① 研磨法。这种方法适用于阀门密封面受损程度比较小的情况，采用研磨石或者砂纸再添加适量的研磨剂进行研磨。

② 深度修复。用车削加工的方法对受损的密封件进行加工，但是这种方法很浪费时间和精力，经过深度修复加工后，其材料质量和硬度、结构组织等都会发生或多或少的变化，无法达到最佳的使用效果。

（2）改进的方法

由于阀门的密封面是坚硬材质的结构，不容易修复，所以，可以把一个全螺纹状的小螺栓焊在阀盘端面中心处，使用聚四氟乙烯板或者橡胶板等制成与阀盘密封面尺寸相符的密封垫。为了将密封垫定制在阀芯上面，可以调整垫片和螺母压紧装置，这样密封垫就可以和对应的阀座一同使用。

（3）阀门改善后的处理

对改善后的阀门要多次试验验证其精密度，当产生一系列问题时可采取一定的办法合理解决。

① 如果阀门发生内漏，只需把密封垫子进行替换，这样能有效节约成本。

② 软密封垫与硬质阀座密封面形成一个密封接合面，由改进前的刚性硬密封变为软硬接合密封，同时增大了密封面积。

③ 当阀座的密封面上面受到小规模损伤时，可以调整阀门丝杆开启度以调紧软质密封垫作为补充。

④ 改善后的阀门一旦出现问题，很容易检修，成本低廉。

（4）防护措施

① 焊着在阀盘上面的螺栓不要过长，不然会堵塞阀体的内流道，导致密封面被“架空”，无法起到密封的功效，装配时要认真查阅并调试丝杆的展开度，确保密封面可以密切接触。

② 科学合理地选择尺寸与厚度相当的调整垫，衬垫的高度要略矮于阀盘密封面台阶的厚度。让软密封垫和阀盘密封面密切接触，融合在一起，使它们被放在同一个平面。

③ 要把拧紧的螺母进行适当放松，以防压紧螺母脱落。为了防止流体介质出现腐蚀或者遇高温变形的情况发生，要科学合理地选择合适介质要求的软密封垫。

④ 当阀座的密封面出现严重损坏时，可以放弃对阀座的使用，因为经过改善后的阀芯仍然能与同样规格的阀座配套使用。同时，在调整阀门时要做好标志记号，要轻开轻关，这样才能延长密封垫的使用周期。在高温、高压等特殊环境下，要更换并使用新阀门，不要为了一味地节约成本继续使用改进后的阀门。

这种改进措施仅适用于流线式等构造比较简略单一的截止阀，流体结构形式要求不同类型的阀门，不宜采取此种方法。

8.3.3 高温阀门阀杆填料密封技术

高温阀门是指工作温度高于450℃的阀门，主要用于锅炉、蒸汽管道、炼油、化工、火力发电及冶金等领域。

（1）阀杆填料密封结构的原理及问题分析

常见的阀杆填料密封结构如图8-1（a）所示，填料装于填料函内，通过填料压盖对填料施加轴向压力。由于填料的塑性使其产生径向力，并与阀杆紧密接触。但这种接触并不是均匀的，填料径向压紧力的分布与介质压力的大概分布情况如图8-1（b）所示，从图中可以看出压紧力没有与介质压力对应分布，受力不均匀。这就可能出现密封填料局部过度密封或密封不足。靠近压盖的2～3圈填料处径向压紧力最大，同时摩擦力也大，此处的阀杆容易出现磨损，如果散热不良还会加大磨损速率。

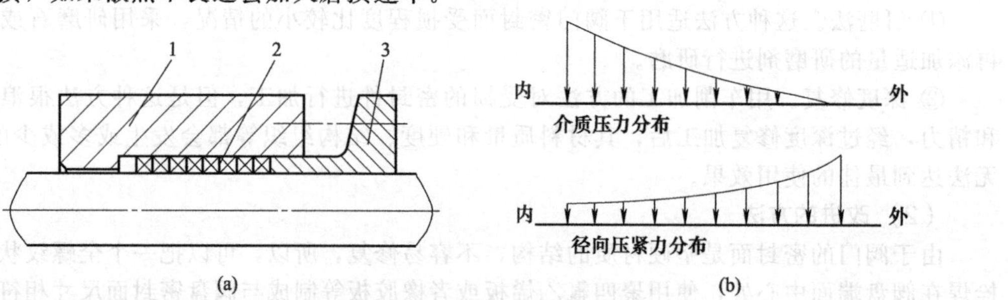

图8-1 填料密封结构

1—填料函；2—填料；3—压盖

（2）填料材料的选取

为了达到良好的密封效果，一般要求填料组织致密，化学稳定性好，耐温性好，有一定的弹塑性，摩擦系数较小，侧压系数较大等。高温阀门选取的填料一般都是膨胀石墨填料和石墨石棉编织填料。膨胀石墨填料的自润滑性和膨胀性好，回弹系数高，但缺点是易碎，抗剪切力差，一般安装在填料函的中间部位。石墨石棉编织填料强度好，结实抗挤压，一般安装在填料函的里/外层，防止膨胀石墨填料受填料压盖和填料函底部的挤压而损坏。膨胀石墨在设备运转后受热发生膨胀，使填料在轴向和径向增加了附加压力，总压紧力增大，密封效果良好。目前石墨石棉编织填料已有成型环产品，解决了手工切口质量不好影响密封的问题。国内研制出一种新型阀门填料——波形填料，它是用金属波纹带（一般为 1.6mm 的 1Cr18Ni9Ti）夹纯石棉线在模具内压制，并在表面涂石墨粉。这种填料即使在高温下也具有较高的弹性，非常适合应用于高温阀门的阀杆填料密封结构中。

（3）阀杆处填料密封结构的设计

因高温阀门的温度、压力、介质各不相同，故阀杆处填料密封的结构形式较多，一般采用图 8-2 所示结构，在填料中间设置间隔环，间隔环可以使压盖的压紧力均匀地传递给各填料，阻止介质从填料中渗漏。除此之外，还可以在应急状况时通过注入口注入液体密封胶，防止介质出现外漏。如果管道内的介质含有固体颗粒，则采用图 8-3 所示结构，增设蒸汽吹扫口和密封套，防止介质冲蚀填料函及填料，同时还有降低填料函温度的作用。图 8-4 结构为串联式双填料密封结构。填料函的内侧用石墨石棉编织填料，为备用填料；外侧用柔性石墨，为工作填料。当工作填料失效或需要更换时，通过液体填料注入口注入配制的液体填料，将内侧的备用填料挤紧，起到密封的作用，即可在阀门工作状态更换外侧的工作填料。同时填料函处设有阀杆吹扫接口，工作时通入过热蒸汽，具有防止介质进入填料函和冷却填料函的作用。图 8-5 结构为双填料函密封结构。可以通过液体填料注入口注入配制的液体填料进行密封，并且可以通过主、辅填料之间的泄漏量来判断主填料是否需要压紧。在设计中可以根据具体情况组合设计，力求结构简单合理、密封性能稳定。

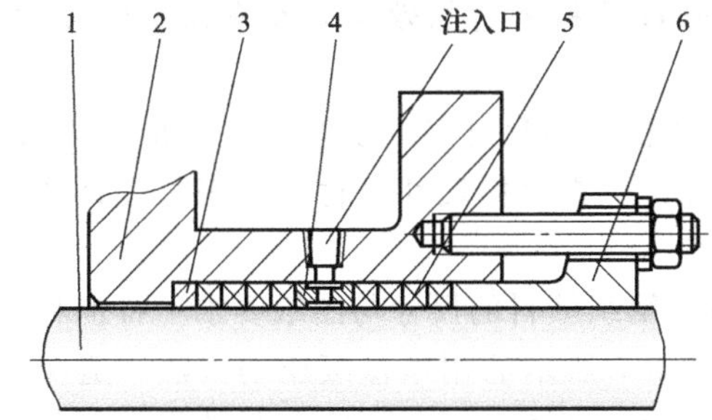

图 8-2　高温阀门填料密封结构 1

1—阀杆；2—填料函；3—填料垫；4—间隔环；5—填料；6—填料压盖

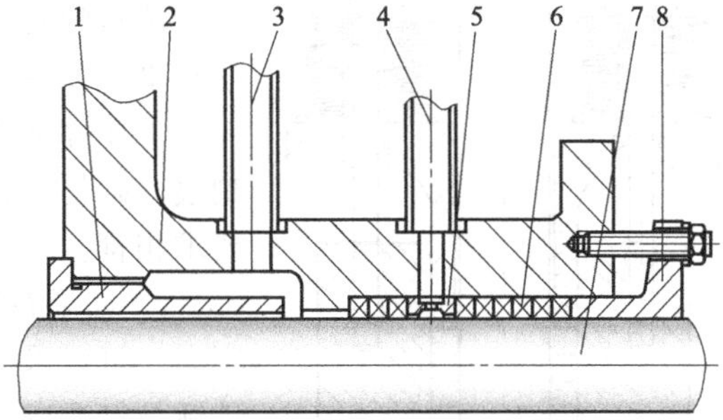

图 8-3　高温阀门填料密封结构 2

1—密封套；2—填料函；3—蒸汽入口；4—液体填料注入口；5—间隔环；6—填料；7—填料压盖；8—阀杆

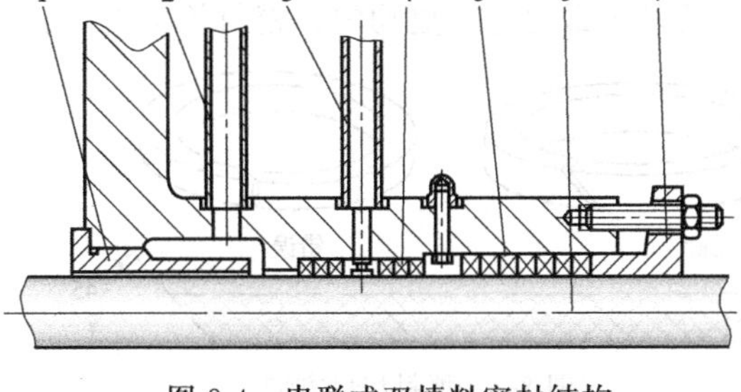

图 8-4　串联式双填料密封结构

1—密封套；2—蒸汽入口；3—液体填料注入口；4—内侧填料；5—外侧填料；6—填料压盖；7—阀杆

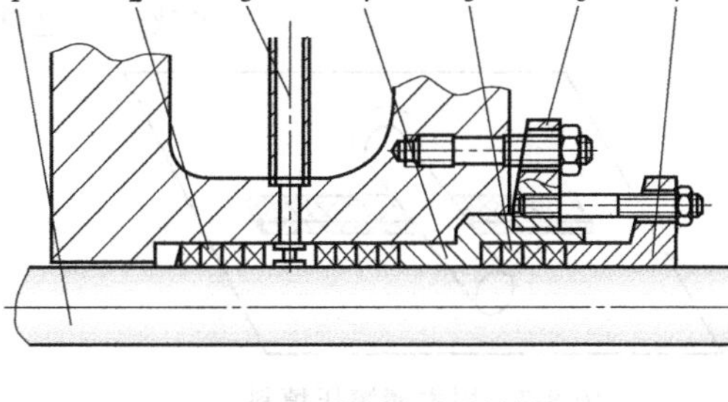

图 8-5　双填料函密封结构

1—阀杆；2—主填料；3—液体填料注入口；4—压盖；5—辅填料；6—填料压盖Ⅰ；7—填料压盖Ⅱ

阀杆等主要零部件一般采用耐高温、耐腐蚀的不锈钢，并进行调质、固溶处理，提高基体的综合机械性能。如果流道内介质含有固体颗粒，则阀杆必须进行喷焊、氮化等表面处理，以提高其硬度和耐磨性。阀杆外径公差一般取H8或H9，表面粗糙度Ra1.6以下，填料函内径公差一般取H9或H10。膨胀石墨填料外径公差取d11，内孔公差取H8或H9，其压制压力视阀门工作温度和工作压力制定。填料函入口处应有适当的倒角，防止填料装入时被刮伤。另外，设计时应注意填料压盖的刚度要足够好，能承受螺栓带来的预紧力。填料压盖压入填料函的深度一般为2～3个填料的高度，以便在应急状况时能够及时增加填料防止泄露。填料压盖与阀杆之间应有0.5～1.0mm的间隙，防止划伤阀杆表面。

压紧填料总力的计算：

$$F_{YT}=\frac{\pi}{4}(D_W^2-D_n^2)\psi P \tag{8-1}$$

式中 F_{YT}——压紧填料总力，N；

ψ——系数；

P——介质压力，MPa；

D_W、D_n——填料函外径与内径，mm。

长时间运行后容易出现填料密封力不足引起泄漏。一般采取加大预紧力的方法，容易使局部的预紧力过大，造成密封填料与阀杆接触面之间的摩擦力加大，使填料和阀杆磨损严重。为了改善填料密封状况，可以在压盖螺栓处根据压紧填料总力F_{YT}的大小设计预紧弹簧，如图8-6所示，在长周期运行中保持稳定的预紧力，使填料径向压紧力保持在比较合理的范围，自动补偿填料磨损，提高填料密封使用的寿命。

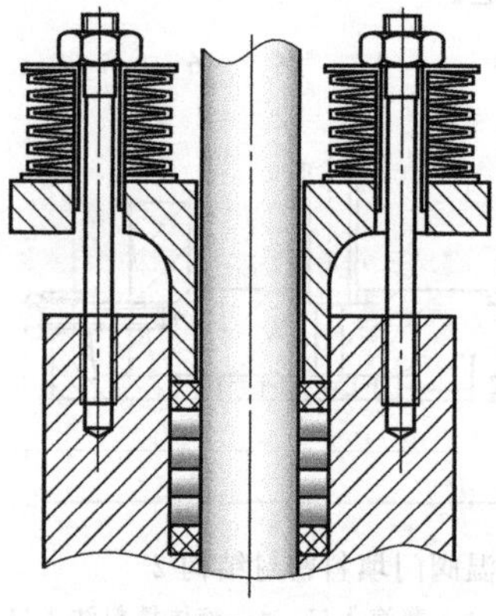

图 8-6 填料预紧碟簧示意图

（4）阀杆填料密封的安装

填料的安装对阀杆填料密封的效果以及寿命影响较大，注意事项如下。

① 检查阀杆与填料函的尺寸及相关要求，不应有划痕、刻痕、碰伤、锈蚀等。检查填料尺寸与材质是否与设计图纸要求相符。

② 如果石墨石棉编织填料的尺寸与图纸要求不符但相差不大，可以采取如图8-7所示的用木棒滚压的方法，避免用铁锤敲打造成填料截面尺寸不一样，影响密封效果。石墨石棉编织填料与切成后的环接头应是吻合的，如图8-8所示，切口最好是45°斜口，避免出现介质流向的贯穿通道。膨胀石墨可选用一组不同压制压力的填料，由内到外压制压力依次减小，这样填料径向压紧力分布更均匀，密封效果更好。

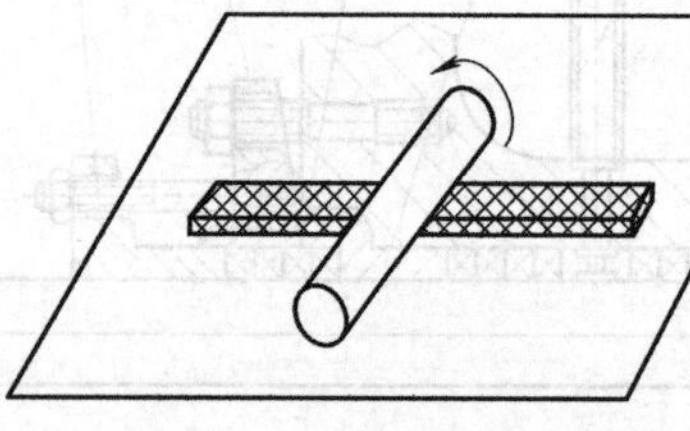

图 8-7 用木棒滚压填料

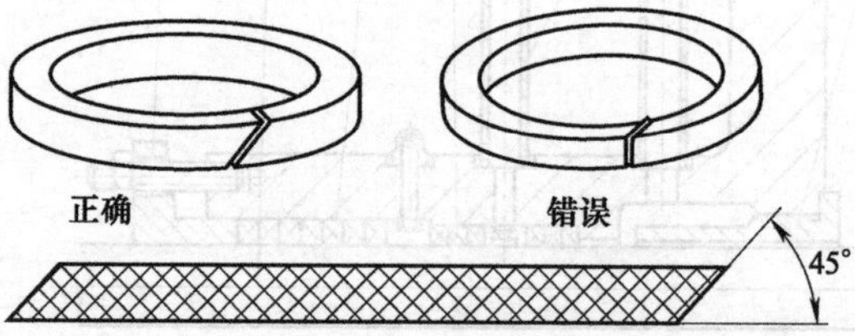

图 8-8 填料切口方向

③ 石墨石棉编织填料由于工艺不同，编织质量有所差别。组装前最好经过预压成型，如图8-9所示，经过预压后填料的径向压紧力分布情况明显好于未经预压的填料，径向压紧力分布比较合理均匀，利于密封。图8-10所示为预压工装简图，预压缩的比压可取介质压

力的 2 倍。预压后填料应尽快进行装配，以免恢复原有状态。

④ 填料装填的最佳方法如图 8-11 所示，用填料尺寸相同的对半木轴套将填料一圈圈的压装入填料函，然后用填料压盖施加适当压紧力压紧木轴套，同时应避免伤及阀杆表面。有切口的填料应该错开接口，每装入一圈填料用手转动一次阀杆，以便控制压紧力。

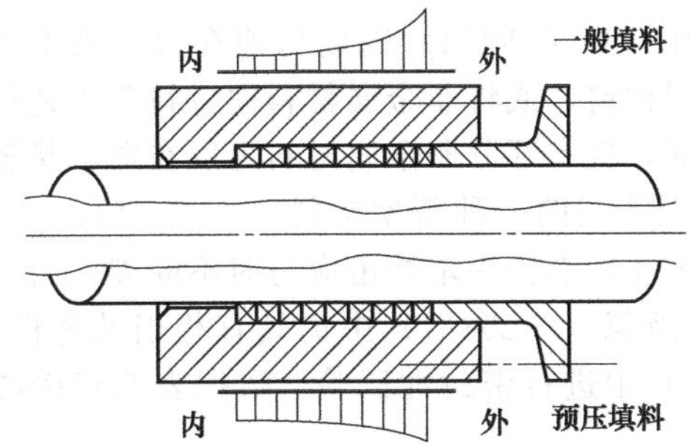

图 8-9　填料径向压力分布比较

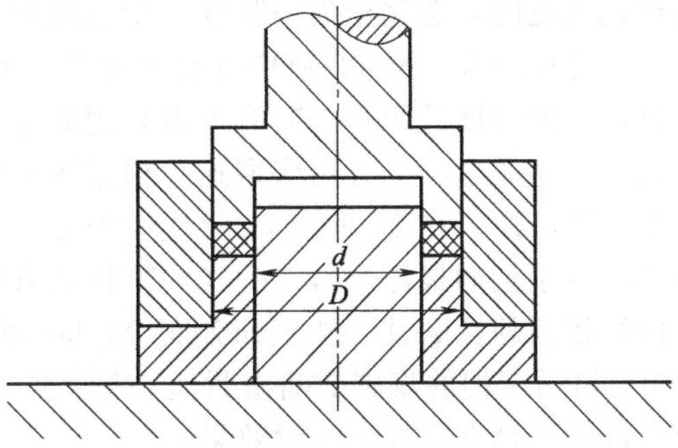

图 8-10　填料预压工装简图

⑤ 安装过程中，填料应放置于清洁处，避免表面沾上铁屑、灰尘等污物，否则随填料进入填料函，就会严重磨损阀杆。

⑥ 由于阀杆的运动不连续，根据工艺要求的不同，相隔时间长短不一。膨胀石墨填料与不锈钢阀杆容易发生电化学腐蚀，所以建议在膨胀石墨圈之间加入锌粉或锌片，降低腐蚀，延长阀杆的使用寿命。

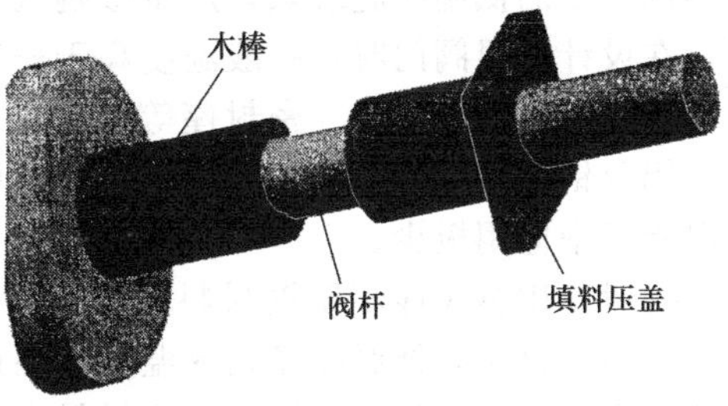

图 8-11　填料安装示意图

⑦ 装配时最好使用扭力扳手，施加合适的填料压紧力，力量不能太大，避免阀杆抱死影响开关。阀门投入运转后，随着温度的升高，膨胀石墨开始膨胀，密封效果达到最好。

8.3.4　低温阀门密封技术

（1）概述

随着石油、化工和燃气行业的迅速发展，尤其是液化天然气（LNG）作为一种新兴能源的广泛应用，使 LNG 用深冷阀门的需求量大增。根据国家能源战略，我国将积极参与世界油气市场的开发。LNG 接收站、LNG 运输船以及到用户端的输送管路上都需要用到大量的阀门。由于 LNG 常压下的温度为－162℃，且易燃易爆，因此在设计 LNG 深冷阀门时，对其密封性能提出了更高和更严格的要求。

阀门的密封性能是考核阀门质量优劣的主要指标之一，其主要包括两个方面，即内密封性能和外密封性能。内密封是指阀座与关闭件之间对介质所达到的密封程度，如球阀的球体与阀座之间的密封，蝶阀的蝶板与阀座之间的密封，截止阀的阀瓣与阀座之间的密封，闸阀的闸板与阀座之间的密封等。这些密封型式主要有平面密封、球面密封及锥面密封等。密封材料可以分为金属对非金属材料、金属对金属材料密封。外密封是指阀杆填料部位的密封和中法兰垫片部位的密封。在某些介质不允许排入大气的特殊工况下，外密封比内密封更为重要。

（2）低温对阀门内密封性能的影响

1）非金属密封副　在常温下工作的球阀和蝶阀等一般均采用金属对非金属材料密封副。

由于非金属材料的弹性大，获得密封所需的比压小，因此密封性好。但是在低温状态下，由于非金属材料的膨胀系数较金属材料大得多，其低温时的收缩量与金属密封件、阀体等配合件的收缩量相差较大，从而导致密封比压严重降低而产生无法密封的结果。大多数非金属材料在深冷温度下会变硬和变脆，失去韧性，从而导致冷流和应力松弛。如橡胶在温度低于其玻璃化温度时，会完全失去弹性，变成玻璃态，失去密封性。

另外橡胶在LNG介质中存在泡胀性，也无法用于LNG阀门。因此目前在设计低温阀门时，一般温度低于－70℃时不再采用非金属密封副材料，或将非金属材料通过特殊工艺加工成金属与非金属复合结构型式。根据国外资料记载，也有部分非金属材料可以在深冷状态下很好地应用。在20世纪70年代，爱尔兰合金有限公司的一种新型塑料——slipshod（一种超高分子量的聚乙烯），在－269℃仍具有很好的韧性，承受一定冲击应力时不断裂，而且能保持相当的抗磨性。法国研制的Mylar型塑料在液氢（－253℃）中仍具有相当的弹性。H. T. 洛马宁柯的聚碳酸酯密封座在液氮（－196℃）中进行密封性试验，数据表明聚碳酸酯在低温下具有良好的密封效果。

2）金属密封副　在低温条件下，金属材料的强度和硬度提高，塑性和韧性降低，呈现出不同程度的低温冷脆现象，严重影响阀门的性能和安全。为了防止材料在低温下低应力脆断，在设计低温阀门时，一般温度高于－100℃采用铁素体不锈钢材料，而温度低于－100℃时，阀体、阀盖、阀杆、密封座等大多采用具有面心立方晶格的奥氏体不锈钢、铜及铜合金、铝及铝合金等。但因铝及铝合金的硬度不高，密封面的耐磨、耐擦伤性能较差，所以在低温阀门中应用极少。

一般使用奥氏体不锈钢材料居多，常用的有0Cr18Ni9、00Cr17Ni12M02（304、316L）等，这些材料没有低温冷脆临界温度，在低温条件下，仍能保持较高的韧性。但是，奥氏体不锈钢作为低温阀门的金属密封副材料也存在着某些不足。因为这类材料在常温下处于亚稳定状态，当温度降低到相变点（M ）以下时，材料中的奥氏体会转变成马氏体。体心立方晶格的马氏体致密度低于面心立方晶格的奥氏体，且由于部分碳原子规则化排列占据体心立方点阵位置，使晶格沿C轴方向增长，从而体积发生变化引起内部应力的增加，使原本经研磨后达到密封要求的密封面产生翘曲变形，造成密封失效。

除了低温相变引起密封面变形失效外，零件各部分的温度差或不同材料间物理性能的差异也会引起收缩不均，产生温变应力。当应力低于材料的弹性极限时，会在密封面产生可逆性的弹性扭曲。当某一部分的温变应力超过了材料的屈服极限时，零件将发生不可逆转的扭曲变形，同样会造成密封面的失效，影响密封效果。

低温对金属密封副有影响，因此必须采取相应的措施，使金属密封面的变形最小或密封面的变形对密封性能的影响最小。首先在材料方面尽量选用金相组织稳定性较高的材料（如316L但成本较高）。其次对阀体、阀盖、阀杆、密封件等奥氏体材料制作的零件必须进行低温处理，以使材料的马氏体转变和变形充分进行后再进行精加工。低温处理的温度应低于材料相变温度（M）且低于阀门实际工作温度，处理时间以2～4h为宜，如需要可以进行多次低温处理或进行适当的时效处理。除了以上措施，在结构设计时也要进行考虑，以降低密封面变形对密封性能的影响，如在进行闸阀、球阀和蝶阀设计时可以考虑采用弹性密封结构，以使低温变形得到部分补偿。对于截止阀应采用锥面密封结构，使低温变形对密封面的影响较小。

（3）低温对阀门外密封性能的影响

1）阀杆填料　由于低温下橡胶材料有的缺陷，且大多数非金属材料存在冷脆及严重冷流现象，因此低温阀阀杆与阀体间的密封设计无法采用密封圈的形式，只能采用填料函密封结构和波纹管密封结构。一般波纹管密封多用于介质不允许微量泄漏和不适宜填料的场合，其单层结构的寿命很短，多层结构的成本高，加工困难，所以一般不采用。

填料函密封结构制造加工简单，维修更换方便，在实际中应用相当普遍。但是填料一般工作温度不能低于－40℃。为了保证填料的密封性能，低温阀门的填料函装置应在接近环境温度的条件下工作。在低温状态下，随着温度的降低填料弹性逐渐消失，防漏性能逐渐下降。由于介质渗漏造成填料与阀杆处结冰，将会影响阀杆的正常操作，同时也会因阀杆运动而将填料划伤，引起严重泄漏。所以在一般情况下要求低温阀填料在0℃以上工作，这就要求设计时通过长颈阀盖结构，使填料函远离低温介质，同时选用具有低温特性的填料。常用填料有聚四氟乙烯、石棉、浸渍聚四氟乙烯石棉绳和柔性石墨等，其中由于石棉无法避免渗透性泄漏，聚四氟乙烯线膨胀系数很大、冷流现象严重，所以一般不采用。柔性石墨是一种优良的密封材料，对气体、液体均不渗透，压缩率大于40%，回弹性大于15% ，应力松弛小于5%，较低的紧固压力就可达到密封。它还有自润滑性，用作阀门填料可以有效防止填料与阀杆的磨损，其密封性能明显优于传统的石棉材料，因此是目前最优秀的密封材料之一。

由于填料一般都是非金属材料，其线膨胀系数比金属填料函和阀杆大得多，因此在常温下装配的填料，降到一定温度后，其收缩量大于填料孔和阀杆的收缩量，可能造成预紧压力减小引起泄漏。在设计时可以对填料压盖螺栓采用多组碟形弹簧垫片进行预紧，使填料在低温时的预紧力得到连续补偿，以保证填料密封效果。

美国Garlock公司生产的低逸散组合式阀杆填料，其端环采用碳纤维编织盘根，密封环采用高纯度菱形纹理石墨带模压成型，利用杯锥状结构和径向扩张特性，使其密封性能大大提高。

阀杆材料的低温变形对填料的密封性能也会造成一定的影响。因此同阀体、阀盖、密封副材料一样，阀杆也必须进行低温深冷处理后再精加工，以使低温变形最小。另外，由于低温阀杆材料采用的奥氏体不锈钢无法通过热处理来提高表面硬度，使阀杆与填料接合处容易相互擦伤，致使在填料处泄漏。因此，对阀杆表面必须进行镀硬铬或氮化处理，以提高表面硬度。

2) 中法兰垫片　无论是阀门的中法兰密封还是法兰连接式阀门的外部连接，一般均采用垫片的形式。由于垫片材料在低温下会硬化且塑性降低，因此对用于低温阀门的垫片要求更高，其必须在常温、低温及温度变化下具有可靠的密封性和复原性，应综合考虑低温对垫片密封性能的影响。

根据常用垫片密封形式（图8-12）可知，随着温度的降低，螺栓长度、密封垫片和法兰的厚度都会收缩变小，为了保证低温下垫片的可靠密封，必须满足

$$\Delta H_{T3}+\Delta H_{T}-\Delta H_{T1}-\Delta H_{1}<0$$

式中　ΔH_1——螺栓装配时的拉伸变形量，mm，$\Delta H_1=\sigma_1/E_1 H$；

ΔH_{T1}——螺栓在 ΔT 的温度区间的收缩量，mm，$\Delta H_{T1}=h\alpha_1\Delta T$；

ΔH_T——密封垫片在 ΔT 温度区内的收缩量，mm，$\Delta H_T=h\alpha_2\Delta T$；

ΔH_{T3}——上、下法兰在ΔT温区内的收缩量，mm，$\Delta H_{T3}=(H-h)\alpha_3\Delta T$；

σ_1——螺栓预紧力，MPa；

E_1——螺栓的弹性模量，MPa；

α_1、α_2、α_3——分别为螺栓、垫片和法兰材料的线膨胀系数，mm/m；

H、h——如图8-12所示，mm。

垫片密封从常温到设计的工作低温时，上下法兰的收缩量与密封垫片的收缩量之和必须小于螺栓的收缩量与螺栓装配时的拉伸变形量之和，这样才能保证密封垫片在工作温度时仍有部分预紧力存在，保持密封能力。

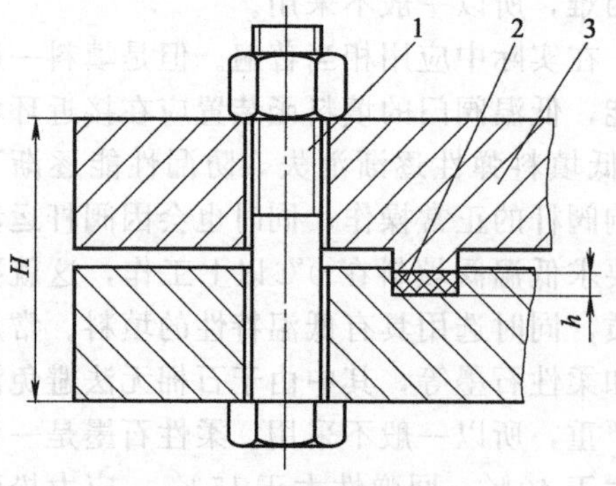

图 8-12 垫片密封结构

1—螺栓；2—密封垫片；3—法兰

据此，设计应从 4 个方面考虑：①螺栓采用线膨胀系数较大的材料，在低温下有较大的收缩量。②法兰采用线膨胀系数较小的材料，减小 ΔH_{T3}。③减小密封垫片的厚度，用线膨胀系数小的材料作密封垫。④增加螺栓的拉伸变形量。

低于－100℃的低温阀门，其阀体材料和螺栓材料一般都采用奥氏体不锈钢，其线膨胀系数一致，因此选用合适的垫片材料和增加螺栓拉伸变形量更为重要。理想的低温密封垫材料，在常温下其硬度较低，在低温下的回弹性能好，线膨胀系数小，并具有一定的机械强度。在实际应用中一般采用不锈钢带填充石棉或聚四氟乙烯或柔性石墨缠制而成的缠绕式垫片，其中以柔性石墨与不锈钢绕制而成的缠绕式垫片的密封效果最为理想。对于增加螺栓的拉伸变形量，由于受螺栓安装预紧力的限制，增加的余量不多，可考虑通过设置碟形弹簧垫片来进行补偿。

8.4 机械密封故障诊断维修及泄漏治理方法与案例

8.4.1 机械密封的基本结构、作用原理、特点及分类

机械密封按国家有关标准定义为：由至少一对垂直于旋转轴线的端面在流体压力和补偿机构弹力（或磁力）的作用以及辅助密封的配合下保持贴合并相对滑动而构成的防止流体泄漏的装置。

（1）基本结构与作用原理

机械密封一般主要由四大部分组成：

① 由静止环（静环）和旋转环（动环）组成的一对密封端面，该密封端面有时也称为摩擦副，是机械密封的核心；

② 以弹性元件（或磁性元件）为主的补偿缓冲机构；

③ 辅助密封机构；

④ 使动环和轴一起旋转的传动机构。

机械密封的结构多种多样，最常见的结构如图 8-13 所示。

从结构上看，机械密封主要是将极易泄漏的轴向密封改为不易泄漏的端面密封。由动环端面与静环端面相互贴合而构成的动密封是决定机械密封性能和寿命的关键。据统计，机械密封的泄漏大约有 80%～95%是由于密封端面摩擦副造成的。因此，对动环和静环的接触端面要求很高，我国机械行业标准 JB/T4127.1—2013《机械密封　第 1 部分：技术条件》中规定：密封端面平面度不大于 0.0009mm；金属材料密封端面粗糙度 Ra 值应不大于 0.2μm，非金属材料密封端面粗糙度 Ra 值不大于 0.4μm。

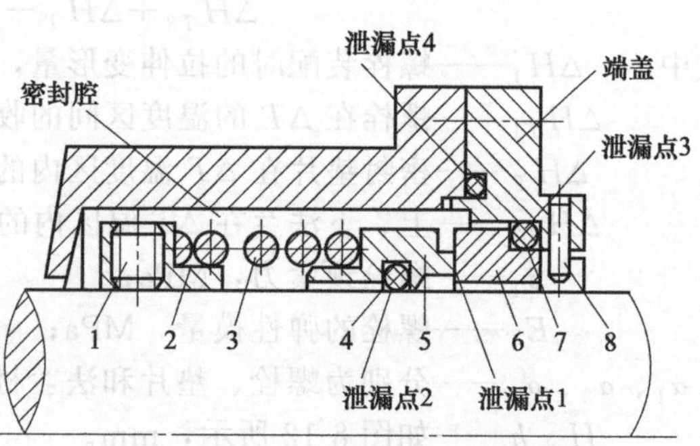

图 8-13 机械密封的基本结构

1—紧定螺钉；2—弹簧座；3—弹簧；4—动环辅助密封圈；5—动环；6—静环；7—静环辅助密封圈；8—防转销

（2）主要特点

机械密封与其他形式的密封相比，具有以下特点。

① 密封性好。在长期运转中密封状态很稳定，泄漏量很小，据统计约为软填料密封泄漏量的1%以下。

② 使用寿命长。机械密封端面由自润滑性及耐磨性较好的材料组成，还具有磨损补偿机构。因此，密封端面的磨损量在正常工作条件下很小，一般可连续使用1～2年，特殊的可用到5～10年以上。

③ 运转中不用调整。机械密封靠弹簧力和流体压力使摩擦副贴合，在运转中即使摩擦副磨损后，密封端面也始终自动地保持贴合。因此，正确安装后，就不需要经常调整，使用方便，适合连续化、自动化生产。

④ 功率损耗小。机械密封的端面接触面积小，摩擦功率损耗小，一般仅为填料密封的20%～30%。

⑤ 轴或轴套表面不易磨损。由于机械密封与轴或轴套的接触部位几乎没有相对运动，因此对轴或轴套的磨损较小。

⑥ 耐振性强。由于机械密封具有缓冲功能，因此当设备或转轴在一定范围内振动时，仍能保持良好的密封性能。

⑦ 密封参数高，适用范围广。在合理选择摩擦副材料及结构，加之设置适当的冲洗、冷却等辅助系统的情况下，机械密封可广泛用于各种工况，尤其在高温、低温、强腐蚀、高速等恶劣工况下，更显示出其优越性。目前机械密封技术参数可达到如下水平：轴径5～1000mm；使用压力10^{-6}～42MPa；使用温度－200～1000℃；机器转速可达50000r/mim；密封流体压力p与密封端面平均线速度v的乘积pv值可达1000MPa·m/s。

⑧ 结构复杂、拆装不便。与其他密封比较，机械密封的零件数目多，要求精密，结构复杂。特别是在装配方面较困难，拆装时要从轴端抽出密封环，必须把机器部分（联轴器）全部拆卸，要求工人有一定的技术水平。这一问题目前已作了某些改进，例如，采用拆装方便并可保证装配质量的剖分式和集装式机械密封等。

一些流体具有腐蚀性、可燃性、易爆性及毒性，一旦密封失效，介质泄漏，不仅污染环境，影响人体健康和产品质量，而且还可能导致火灾、爆炸和人身伤亡等重大事故。因此，机械密封是流体机械和动力机械中不可缺少的要素，它对整台机器设备、整套装置甚至对整个工厂的安全生产影响都很大，对设备可靠运转、装置连续生产具有重大意义。

8.4.2 泵用机械密封的安装维护要点

（1）装前对水泵的检查

为了使密封性能稳定，并获得理想的密封效果，安装机械密封的泵必须保持一定的精度。

① 轴径向跳动量允许值：当轴径≤50mm时为0.04mm；当轴径＞50mm时为0.06mm。

② 轴向窜动量允许值：≤0.1mm。

③ 轴与密封腔内径的同轴度允许值：当轴径≤50mm时为0.2mm；当轴径＞50mm时为0.25mm。

④ 轴与密封腔端面的垂直度允许值：当轴径≤50mm时为0.04mm；当轴径＞50mm时为0.06mm。

轴承质量不好、安装位置不正确及加工不良均会造成精度超标，必须进行校正或重新装配。

（2）装前对机械密封的检查

① 机械密封端面应无气孔和裂纹，表面粗糙度≤0.2μm，避免泄漏和早期磨损。

② 动环内径与轴颈的间隙值控制在0.2～0.4mm之间，避免密封圈挤出或浮动性差。

③ 静环与密封圈装配部位的配合尺寸精度为H9/h8，避免泄漏。

④ 密封圈压缩余量应适当，橡胶O型圈的允许值为0.5～1mm。

⑤ 弹簧的自由度应一致，弹簧两端面应保持平行，避免弹簧压力不平衡产生端面单边磨损。

（3）机械密封的安装要求

① 安装机械密封的工作长度由装配图确定，弹簧的压缩量取决于弹簧座在轴上的定位尺寸。首先固定轴与密封腔壳体的相对位置（以壳体垂直于轴的端面为基准），并作记号，然后计算弹簧座的定位尺寸位置。若安装位置不当，弹簧比压过大或过小易使机械密封早期磨损、烧伤或泄漏量增大。

② 在轴上安装机械密封的表面涂一层薄薄的润滑油，减少摩擦阻力。若不宜用油，可涂肥皂水。

③ 非补偿环与压盖一起装在轴上时，注意不要与轴相碰，以免密封环受损伤，然后将补偿环组件装入。弹簧座的紧固螺钉应分几次均匀拧紧。

④ 在未固定压盖之前，应检查是否有异物黏附在摩擦副的接触端面上，用手推补偿环作轴向压缩，松开后补偿环能自动弹回，无卡滞现象，然后将压盖螺钉均匀地锁紧。

⑤ 不要损伤密封圈及密封端面，注意弹簧座不要偏斜，保证静环密封端面与轴的同心度。

（4）机械密封的维护

① 维护液膜的稳定性。输送原油过程中，原油的黏度大、润滑性好，可提高动、静环两端面的液膜形成的稳定性；但是纯水则降低了两端面的液膜形成的稳定性，易发生泄漏。在条件许可时，增加机械密封的润滑，提高防泄漏效果，延长机械密封使用寿命。

② 维持冷却系统的效能。机械密封依靠动、静端面形成液膜形成密封，因而切忌端面干磨，否则两端面间的液膜就会汽化，使摩擦产生的热量无法散失，造成动、静环破裂。因此机械密封在使用中必须保证冲洗冷却液的供应及畅通。如依靠输送介质降低机械密封的温度时，应保证输送介质的充足。

③ 合理使用机械密封。机械密封使用一段时间后，静泄漏量增大，为减少静泄漏量，操作人员有时会人为排空泵内液体，造成短时间内动环、静环干磨，违反机械密封使用规程，大大降低机械密封的使用寿命。

④ 适当更换机械密封。机械密封泄漏很大程度上是由于泵体的内部间隙、工况发生变化，而密封本身并没有损坏，因此在实际中需要分析是机械密封损坏还是泵的工况发生变化，例如，当泵平衡盘严重磨损时，会造成多级离心泵一端机械密封急剧泄漏输送介质，而密封完好，只需要对旧密件进行清洗，重新安装使用即可。但当旧机械密封损坏时，若选用新密封的材质、端面光洁度不达标，使用效果会差于旧密封的使用效果。

8.4.3 机械密封漏损原因及消除方法

泵用机械密封装置种类繁多，型号各异，但泄漏点主要有以下5处：动、静环间密封；动环与轴套间的密封：轴套与轴间的密封；对静环与静环座间的密封；密封端盖与泵体间的密封。

常用型号水泵的机械密封漏损的类别与造成的原因及其消除方法。

（1）周期性漏损

原因为：转子轴向窜动，动环来不及补偿位移；操作不稳，密封箱内压力经常变动及转子周期性振动等。

消除办法为：尽可能减少轴向窜动，使其在允差范围内，并使操作稳定，消除振动。

（2）经常性漏损

原因是：

① 动、静环密封面变形。有可能是端面比压过大，从而产生过多的摩擦热量，使密封面受热变形；机械密封的零部件结构不合理，刚性不足，受压后产生变形；安装不妥，受力不匀而造成变形等。

消除办法为：使端面比压在允差范围内；采取合理的零部件结构，增加刚性；应按规定的技术要求正确安装机械密封。

② 组合式的动环及静环镶嵌缝隙不佳而产生的漏损。

消除办法为：动环座、静环座的加工应符合要求，正确安装，确保动、静环镶嵌的严密性。

③ 摩擦副不能跑合，密封面受伤。

消除办法为：摩擦副应研磨，达到正确跑合；严防密封面的损伤，如已损坏应及时研修。注意弹簧的旋向在轴转动时应越旋越紧，消除弹簧偏心或更换弹簧使其符合要求。

④ 密封副内有杂物侵蚀。

消除办法为：保护密封副的清洁。如有杂物侵蚀，则应及时消除。

⑤ 密封面的比压过小，不能形成端面密封。

消除办法为：采取适当措施如调节弹簧，适当增加比压。

⑥ 密封圈的密封性不好。造成的原因可能有：V 型密封圈本身有缺陷存在；O 型密封圈材质不好，老化或有伤痕，过盈不够等；V 型密封圈安装方向不符合要求。

消除办法为：V 型密封圈的安装方向应正确，不能搞错，使其在介质的压力下能胀开，并且其质量应符合要求；O 型密封圈的材质应符合规定要求，并有适当的过盈量。

⑦ 静环或动环的密封面与轴垂直度误差太大，密封面不能补偿调整。

消除办法为：应使其垂直度误差符合规定的技术要求。

⑧ 防转销端部顶住防转槽。

消除办法为：应使防转销不顶住防转槽。

⑨ 使用的弹簧方向不对或弹簧偏心。

消除办法为：应使弹簧的旋向在轴转动时越旋越紧，消除弹簧偏心，或更换弹簧使其符合要求。

⑩ 转子振动。根据振动的原因，针对性地采取措施以消除转子振动。

⑪ 轴套表面上的水垢堆积过多，使动环不能自由滑动。

消除办法为：清除轴套上的水垢，使其在轴向能自由移动。

⑫ 轴套表面在密封圈部位有轴向沟槽、凹坑等。

消除办法为：更换或修补轴套，提高其表面光洁度，使其符合技术要求。

（3）突然性漏损

离心泵在运转中突然泄漏少数是因正常磨损或已达到使用寿命，而大多数是由于工况变化较大引起的，如抽空导致密封破坏；高温加剧泵体内油气分离，导致密封失效。造成的原因有：抽空、弹簧折断、防转销切断、静环损伤、环的密封表面擦伤或损坏、泄漏液形成的结晶物质等使密封副损坏。

消除办法为：及时调换损坏的密封零部件；防止抽空现象发生；采取有效措施消除泄漏液所形成的结晶物质的影响等。

（4）停车后启动漏损

原因为：弹簧锈住失去作用、摩擦副表面结焦或产生水垢等。

消除办法为：更换弹簧或擦去弹簧的锈渍、采取有效措施消除结焦及水垢。

（5）安装静试时发生漏泄

机械密封安装调试好后，一般要进行静试，观察泄漏量。如泄漏量少于10滴/分，则可认为在正常范围内；如泄漏量比10滴/分多，一般为动环或静环密封圈存在问题；泄漏量较大时，且向四周喷射，则表明动、静环摩擦副间存在问题。在初步观察泄漏量、判断泄漏部位的基础上，再手动盘车观察。若泄漏量无明显变化，则静、动环密封圈有问题；如盘车时泄漏量有明显变化，则可断定是动、静环摩擦副存在问题。如泄漏介质沿轴向喷射，则动环密封圈存在问题居多；泄漏介质向四周喷射或从水冷却孔中漏出，则多为静环密封圈失效。此外，泄漏通道也可同时存在，但一般有主次区别，只要观察细致，熟悉结构，一定能正确判断。

（6）运转过程中泄漏

泵用机械密封经过静试后，运转时高速旋转产生的离心力会抑制介质的泄漏。排除静密封点泄漏外，运转过程中泄漏主要是由于动环、静环液膜受破坏所致，引起密封失效的原因主要有：

① 泵体内抽空造成，泵体内无液体，使动、静环面无法形成完整的液膜。

② 安装过程中动环面压缩量过大，导致运转过程中，短时间内动环、静环两端面严重磨损、擦伤，无法形成密封液膜。

③ 动环密封圈制造安装过紧，轴向力无法调整动环的轴向浮动量，动、静环之间液膜厚度不随泵的工况发生变化，造成液膜不稳定。

④ 工作介质中有颗粒状物质在运转中进入动环、静环端面，损伤动、静环密封端面，无法形成稳定液膜。

⑤ 颗粒状物质进入动环弹簧元件（或波纹管）时，造成动环无法调整轴向浮动量，使动、静环端面间隙过大，无法形成稳定液膜。

⑥ 设计选型有误。密封端面比压偏低或密封材质冷缩性较大等。

⑦ 泵叶轮轴向窜动量超过标准，转轴发生周期性振动及工艺操作不稳定，密封腔内压力经常变化均会导致密封周期性泄漏。

⑧ 摩擦副损伤或变形而不能跑合引起泄漏。

⑨ 密封圈材料选择不当，溶胀失弹。

⑩ 设备运转时振动太大。

⑪ 动、静环与轴套间形成水垢，使弹簧失弹而不能补偿密封面的磨损等。

在现场中出现上述问题时，大多需要重新拆装机械密封，有时需要更换机械密封，有时仅需清洗机械密封。

（7）停一段时间后再启动时发生泄漏

泵在停一段时间后再启动时发生泄漏，主要原因有摩擦副附近介质的凝固、结晶，摩擦副上有水垢、弹簧腐蚀、阻塞而失弹，泵轴挠度太大。

（8）密封的失效

1）由于两密封端面失去润滑膜而造成的失效

① 因端面密封载荷的存在，在密封腔缺乏液体时启动泵而发生干摩擦。

② 介质的压力低于饱和蒸汽压力，使端面液膜发生闪蒸，丧失润滑。

③ 如介质为易挥发性产品，当机械密封冷却系统出现结垢或阻塞时，由于端面摩擦及旋转元件搅拌液体产生热量而使介质的饱和蒸汽压上升，也造成介质压力低于其饱和蒸汽压的状况。

2）由于腐蚀而引起的机械密封失效

① 密封面点蚀，甚至穿透。

② 由于碳化钨环与不锈钢座焊接，使用中不锈钢座易产生晶间腐蚀。

③ 焊接金属波纹管、弹簧等在应力与介质腐蚀的共同作用下易发生破裂。

3）由于高温效应而产生的机械密封失效

① 热裂是高温油泵如油渣泵、回炼油泵、常减压塔底泵等最常见的失效现象。在密封面处干摩擦、冷却水突然中断、杂质进入密封面和抽空等情况都会导致环面出现径向裂纹。

② 石墨炭化是使用碳-石墨环时密封失效的主要原因之一。在使用中，石墨环一旦超过许用温度（一般在－105～250℃），其表面会析出树脂，摩擦面附近树脂会发生炭化。当有黏结剂时，会发泡软化，使密封面泄漏增加，密封失效。

③ 辅助密封件（如氟橡胶、乙丙橡胶、全橡胶）在超过许用温度后，会迅速老化、龟裂、变硬失弹。现在使用的柔性石墨耐高温、耐腐蚀性较好，但其回弹性差，而且易脆裂，安装时容易损坏。

4）由于密封端面的磨损而造成的密封失效

① 摩擦副所用的材料耐磨性差、摩擦系数大、端面比压（包括弹簧比压）过大等，这些都会缩短机械密封的使用寿命。常用的材料按耐磨性排列的次序为：碳化硅-碳石墨、硬质合金-碳石墨、陶瓷-碳石墨、喷涂陶瓷-碳石墨、氮化硅陶瓷-碳石墨、高速钢-碳石墨、堆焊硬质合金-碳石墨。

② 对于含有固体颗粒的介质，密封面中进入固体颗粒是导致密封失效的主要原因。固体颗粒进入摩擦副端面起研磨剂作用，使密封发生剧烈磨损而失效。密封面合理的间隙以及机械密封的平衡程度，还有密封端面液膜的闪蒸都是造成端面打开而使固体颗粒进入的主要原因。

③ 机械密封的平衡程度 β 也影响着密封的磨损。一般情况下，平衡程度 $\beta=75\%$ 最适宜。$\beta<75\%$，磨损量虽然降低，但泄漏增加，密封面打开的可能性增大。对于高负荷（高 PV 值）的机械密封，由于端面摩擦热较大，β 一般取 65%～70%为宜；对低沸点的烃类介质等，由于介质气化对温度较敏感，为减少摩擦热的影响，β 取 80%～85%为好。

5）因安装、运转或设备本身产生的误差而造成机械密封泄漏　由于安装不良，造成机械密封泄漏。主要表现在以下几方面：

① 动、静环接触表面不平，安装时碰伤、损坏。

② 动、静环密封圈尺寸有误、损坏或未被压紧。

③ 动、静环表面有异物。

④ 动、静环 V 型密封圈方向装反，或安装时反边。

⑤ 轴套处泄漏，密封圈未装或压紧力不够。

⑥ 弹簧力不均匀。单弹簧不垂直，多弹簧长短不一。

⑦ 密封腔端面与轴垂直度不够。

⑧ 轴套上密封圈活动处有腐蚀点。

8.4.4 给水泵机械密封事故的原因分析

（1）给水泵机械密封的工作原理

某发电厂两台给水泵为水平中分四级圆筒高压离心式，为防止通过泵内高压循环液体向外泄漏，在泵轴两端装有机械密封装置。机械密封是一种不用填料的密封装置，它通过固定在泵上的一个浮动的动环与固定在泵壳上的静环之间的紧密接触来达到密封的目的，所以又称端面密封。

如图 8-14 所示，机械密封装置由动环与静环组成密封端面，转动部分由动环、动环座和保护轴套等组成，它们之间用螺栓连成一体，由保护轴承套上的键使动环与泵轴一起移动；静止部分由静环、静环座推环、弹簧和端盖组成，弹簧通过推环、静环座将静环紧压在动环上。静环与动环都有密封垫料进行密封。动环O型密封环阻止动环与旋转泵轴之间的泄漏；静环O型密封环阻止静环与静环部件间的泄漏，并吸收运行时所产生的振动。

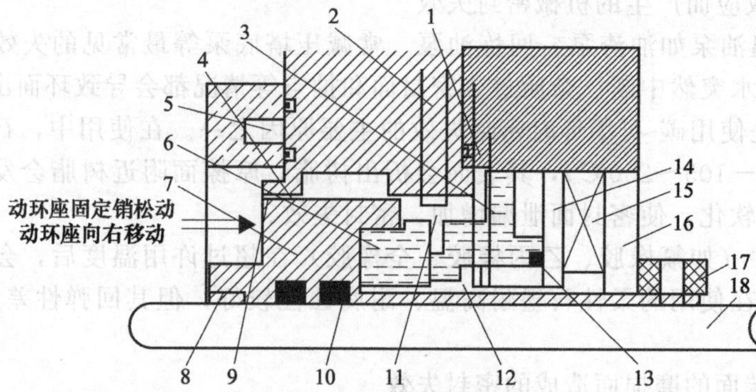

图 8-14 机械密封装置

1—进水管；2—出水管；3—静环；4—A间隙；5—闭式冷却水槽；6—动环；7—动环座（轴保护套）；8—键；9—磨损部位；10—动环O型密封环；11—C腔室；12—B腔室；13—静环O型密封环；14—静环座推环；15—弹簧；16—弹簧座；17—动环座压盖；18—轴

当泵静止时，泵内的水经过间隙A泄到水室C中，这里由于动静环在弹簧的作用下紧密贴合，形成有效密封。当泵转动时，动静环之间不断产生相对运动，在运动接触端面形成一层很薄的水膜，这层水膜不但起着动静环的密封作用，还起着平衡压力和润滑、冷却端面的作用。机械密封在工作过程中由于转动部分和静止部分发生摩擦，会引起密封腔室B内的水温升高，甚至汽化，从而造成动静环之间发生干摩擦，因此机械密封装置设有冷却器和磁性滤网，用于冷却和净化B腔室中的水。动环座的外缘部有凹弧形径向螺旋槽，相当于水泵叶片的作用，当它随泵轴旋转时，沿着机械密封端盖的反向螺旋槽，将C腔室中进入机械密封壳内的冷却水送至滤网和冷却器后再返回B腔室，再经过密封面和反向螺旋槽泄漏到C腔室，形成一个冷却密封循环。这样，C腔室的水就在动环座的推动下，不断在回路中循环冷却，并产生一定压力的自身密封水。冷却器装在泵轴的上方，它可以利用热虹吸自然吸压作用增加动环座的推力，特别是可以补充给水泵启停时因转速低而造成的推力不足。如果泵内有气体，在低速时虹吸就会失去作用。因此在给水泵启动前，要对泵体及机械密封水进行注水排气。此外，在泵壳和机械密封壳之间还有一闭式冷却水室，防止泵内的高温传至密封装置，参见图8-15。

（2）事故经过

事故当日01：10，运行人员将1A气动给水泵退出消缺；01：24，气泵停运后投入盘车；02：01，停盘车，做工作票隔离措施；15：35，终结检修1A气泵工作票；16：36，1A气泵注水排气后启动盘车，CRT上显示最大偏心度为17μm，就地确认盘车不动，盘车马达过负荷跳闸，手动盘车不动，通知维修处理；19：20，检修拆开靠背轮，对小汽机进行盘动180°，而泵侧盘不动；22：52，启动小汽机盘车（靠背轮拆开），重新启动小汽机，最大偏心度为33μm，后稳定在10μm以下，正常。由于用人力无法盘动泵侧，检修外包

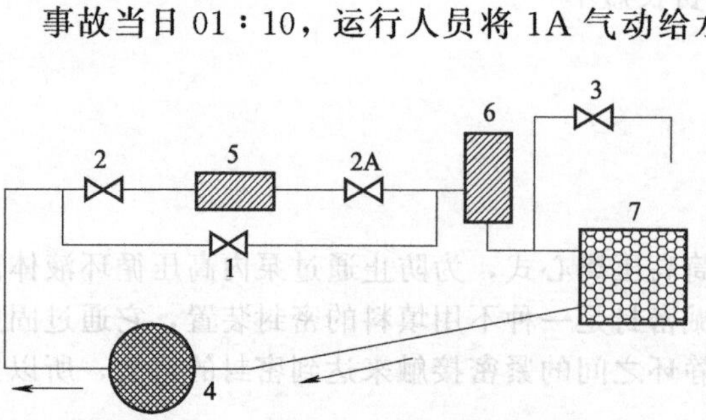

图 8-15 机械密封冷却密封水系统

1—旁路阀；2,2A—隔绝阀门；3—放空气门；4—机械密封端面；5—磁性过滤器；6—温度监视器；7—冷却器

队用行车挂吊 2t 葫芦盘动泵侧，盘动后把靠背轮装好。

次日 0：37，重新投入 1A 汽泵盘车，最大偏心宽为 40μm，很快回落至 12μm 左右；06：51，启动 1A 汽泵，发现汽泵轴端有大量水喷出，手动将 1A 小汽机跳闸，后解体汽泵检查，发现用于固定静环的三个销子断了两个，静环接合面几乎断裂，动环接合面碎裂，动环座外缘拉伤磨损，动环座压盖螺丝松脱。

（3）事故原因分析

动环座外部磨损较严重，转子盘不动主要原因是动环座与机械密封压盖卡住。值班人员为了尽快消除缺陷，并根据以前调试经验（曾试过 18min 停盘车），故未按厂家说明书连续盘车 6h，而过早停运盘车，过早放水，使泵内长时间有余汽（停泵放水时间约 12h 后才开工），使小汽机转子和泵轴受热不均，从而使泵轴和小汽机转子同时热弯曲，其状况如图 8-16 所示。

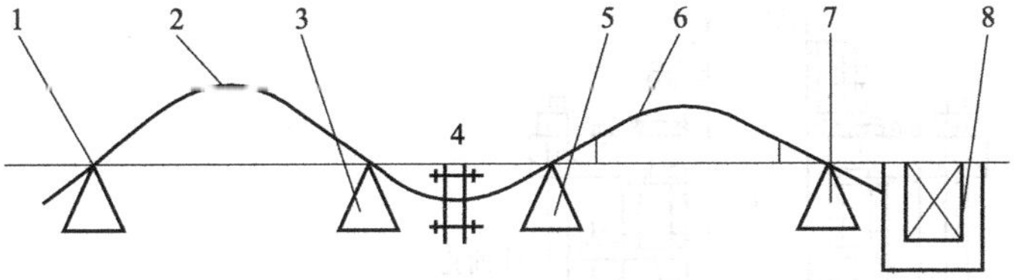

图 8-16 转子弯曲示意图

1,3,5,7—轴承；2—小汽机转子；4—半扰性靠背轮；6—汽泵转子；8—推力轴承

在泵低压端，由于此处的靠背轮是半扰性的，刚好使小汽机的热弯曲与泵轴的热弯曲叠加，致使泵轴弯曲变形较大，使低压端的动环套与机械密封座接触而卡住。而高压端由于有推力轴承限制，只受泵轴热弯曲影响，所以弯曲变形不大。当然也有异物卡住动环套的可能。

而动、静环的碎裂主要是由于断水干磨造成的。当动、静环卡住，人力无法盘动时，强行用 2t 葫芦盘动转子，由于动环座的转动是通过轴上的键传递力矩的，在盘动动环座的同时，可能把动环座的定位销盘松。在盘车时泵内压力低，对动环套的推力不大，故定位销仍能固定动环套，当给水泵启动时，先启动前置泵，使汽泵内的压力升高，对动环套的推力大大增加，定位销因松动承受不住这个推力，动环座向右推移，将弹簧压死，使动、静环端面被压死，密封水不能进入动、静环端面的间隙中形成水膜。在汽泵低速盘车时，因摩擦产生的热量较少，不影响动、静环，所以不会产生泄漏。给水泵启动后，由于高速运行，动、静环端面因无水润滑直接干磨而急剧发热，使动、静环碎裂，密封失效，泵内水大量喷出。

从给水泵机械密封损坏故障中看出，小汽机盘车应严格按照规程执行，汽泵停运排空放水不能过早。在检修机械密封过程中，当人力无法盘动时，不能强行盘车，以免进一步损坏设备，而且还应定期清洗机械密封水滤网，以防脏物进入，并监视机械密封的进水温度，确保机械密封安全运行。

8.4.5 催化剂反应釜密封系统失效分析与改进

催化剂反应釜是催化剂择形分子筛装置生产中的关键设备，物料由上部一次性或间歇加入釜内，在搅拌机的作用下，迅速地混合并进行成胶、晶化两个反应过程。因此，反应釜运行的好坏决定了产品的产量和质量。反应釜的搅拌装置是其核心部件，直接影响两个化学反应的进程。釜内物料湍流强度大，为防止介质泄漏，在反应釜主轴上装有机械密封装置，密封失效可导致物料泄漏，严重影响设备的平稳运行。

某催化剂厂一套分子筛反应釜 4 频繁发生机械密封泄漏和损坏，月平均出现机械密封泄漏故障 4 次，严重时设备无法运行，有时甚至启动一次修理一次，使设备配件消耗及人力维修成本大幅增加，直接影响装置生产的顺利进行。

（1）反应釜密封系统失效分析

1）机械密封结构　反应釜 4 的原装机械密封为 207 系列双端面机械密封，结构见图 8-17。反应釜采用的机械密封包括弹簧加荷装置、动环、静环及辅助密封圈 4 部分，有 3 个静密封工作面和 1 个动密封工作面：①反应釜机械密封静环与静环座之间的密封，是反应釜的静密封，一般采用具有弹性的辅助密封圈防止泄漏。②反应釜机械密封静环座与设备之间的密封，也是反应釜的静密封，采用普通垫片就能够实现密封要求。③反应釜机械密封动环和轴（轴套）之间的密封，也是一个相对静止的密封，常用 O 型圈来密封。④反应釜机械密封静环与动环间相对旋转密封，属于动密封，是依靠弹簧加载装置和介质压力，在相对旋转的静环和动环间的接触面（端面）上产生一个合适的压紧力，使这两个光洁、平直的端面紧密贴合，端面间维持一层极薄的流体而达到密封的目的。

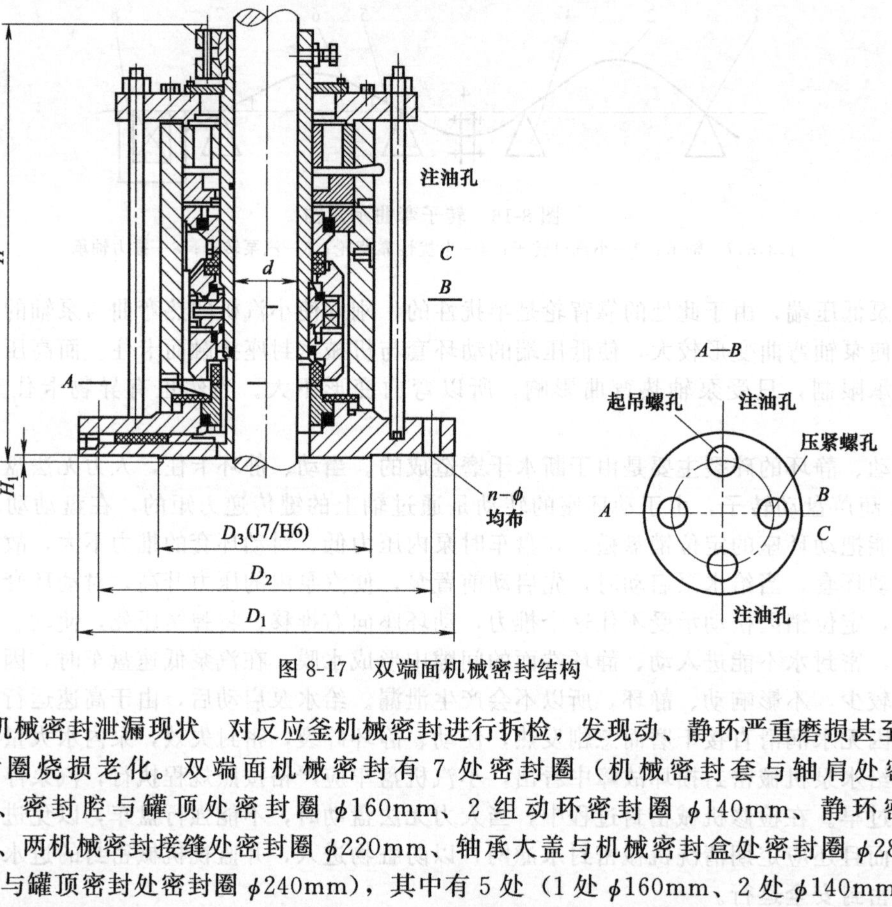

图 8-17　双端面机械密封结构

2）机械密封泄漏现状　对反应釜机械密封进行拆检，发现动、静环严重磨损甚至破裂，多处密封圈烧损老化。双端面机械密封有 7 处密封圈（机械密封套与轴肩处密封圈 $\phi120$mm、密封腔与罐顶处密封圈 $\phi160$mm、2 组动环密封圈 $\phi140$mm、静环密封圈 $\phi165$mm、两机械密封接缝处密封圈 $\phi220$mm、轴承大盖与机械密封盒处密封圈 $\phi280$mm、机械密封与罐顶密封处密封圈 $\phi240$mm），其中有 5 处（1 处 $\phi160$mm、2 处 $\phi140$mm、2 处 $\phi220$mm）密封圈经常失效，反复拆卸使动、静环的密封面碰伤或破坏，严重时造成一个月更换一次机械密封总成。

机械密封失效后，油箱的压力忽高忽低，压力不稳定，经常使油外泄或者回流到罐内介质中，污染工作环境或破坏物料反应性质，造成产品质量不合格。

机械密封与轴承箱为一体，由于罐内与密封腔的压差作用，机械密封失效后，常使物料进入轴承盒中，腐蚀和损坏轴承，造成设备无法正常运行。

另外，检修和更换反应釜 4 双端面多弹簧的机械密封难度大，每次都需要将搅拌轴上的轴承拆掉后才能检修机械密封故障或更换机械密封，从而增加了配件费用的消耗和检修人员的劳动强度，增大了设备维护成本。

3）故障原因　207型机械密封系轴向双端面平衡型，具有多弹簧、外流、传动套传动的特点。双端面机械密封是2套单密封按照方向相同或相反方式布置的一种密封方案。密封中的阻塞液体压力高于工艺流体压力和大气侧压力，因而可避免工艺流体外漏。其用于极为危险的场合，防止剧毒、有害、易燃、易爆介质的泄漏。由于靠近大气侧密封的端面压差较大，所以很多双端面密封的介质侧布置非平衡型密封而大气侧布置平衡型密封。在采用双端面机械密封时，应考虑封油系统的压力源与动力源，其目的是使封油系统实现高压阻隔和冷却循环流动两方面的功能。但是双端面机械密封对轴的窜动量和径向跳动有较高的要求，一般的釜用双端面机械密封要求轴的轴向窜动不大于0.5mm，径向跳动不大于0.5mm，安装机械密封的法兰与轴线垂直度不大于0.05mm，安装机械密封部位的轴公差为h8，表面粗糙度 Ra 为1.6μm。

这些要求在反应釜4上不太容易实现。此外，搅拌轴在罐内搅拌物料，轴与底护套之间存在间隙，使轴的轴向窜动量和径向跳动增大，极易造成端面机械密封磨损。机械密封泄漏导致物料泄漏，釜内压力降低，直至设备停止运行。

① 机械密封失效原因

此釜用机械密封处于气相空间中（只有物料为满釜时才是液相），易出现干运转。

介质在釜内进行化学反应，其压力、温度和物料的形态等都随时间变化，在压力循环和冷热循环的作用下，密封端面易产生变形。

在釜内的高温条件下使用时，由于热传导的作用使其温度上升，引起摩擦面的液膜汽化，产生干运转，并加快腐蚀，加速辅助密封圈老化，致使密封性能在短期内恶化。

搅拌轴长径比大，运行中会产生一定的摆动量，这会影响动、静环端面的贴合，导致泄漏。在反应釜的运行过程中，搅拌器桨叶和物料之间的相对运动产生的涡流也会引起搅拌轴的振动，进而影响动、静环端面的贴合，造成机械密封的泄漏。这些泄漏会导致介质外泄，使密封系统失效，影响釜内成胶、晶化过程的同时造成环境污染。

在安装时若不能保证机械密封面与搅拌主轴的垂直度要求，安装初期就会出现摩擦副不贴合的现象。相对于精度较高的机械密封，搅拌轴的摆动、振动不能满足稳定密封的要求，而机械密封干摩擦后产生的高温则会加剧密封圈的老化。

② 机械密封泄漏征兆判断

在反应釜压力正常的条件下，油箱液面高出总液位2/3甚至满液位时，出现气泡，罐内的压力大于密封腔的压力，说明上机械密封的密封圈失效，严重时会造成润滑油泄漏，污染检修现场环境。

油箱液面低或润滑油回流到介质中时，若罐内压力小于密封腔压力，润滑油泄漏，说明上机械密封密封圈失效。若油箱液面越来越低，润滑油内漏，判断为下机械密封密封圈失效造成泄漏，润滑油回流到罐内介质中，污染物料，影响产品质量。油箱内供油设备（泵）磨损后，供油量不足，压力一般在0.5～0.6MPa，造成密封腔压力低于反应釜内压力，在压差的作用下，密封圈承受负荷大，说明下机械密封的密封圈失效，造成泄漏。

（2）密封改造

与双端面机械密封相比，盘根密封有一定的塑性，在压紧力作用下能产生一定的径向力并与轴紧密接触。其次，盘根密封有足够的化学稳定性，不污染介质，填料不被介质泡胀，填料中的浸渍剂不被介质溶解，填料本身不腐蚀密封面，且其自润滑性能良好，耐磨。轴存在少量偏心时，填料有足够的浮动弹性。盘根密封制造简单，安装方便。因此，盘根密封能满足反应釜4的密封要求。

1）改造方案　改原机械密封为盘根密封，盘根密封主要取决于迷宫效应和轴封效应。

其中迷宫效应是指轴表面在微观下非常不平整，与盘根只能部分贴合，而部分未接触，所以在盘根和轴之间有微小间隙，像迷宫一样，带压介质在间隙中多次被节流，从而达到密封的效果。轴封效应是指在盘根与轴之间存在一层薄液膜，在盘根与轴之间起润滑作用，从而避免了盘根和轴的过度磨损。因此，设计填料盘根结构，在原机械密封处安装盘根箱(图 8-18)，改造传动结构口。

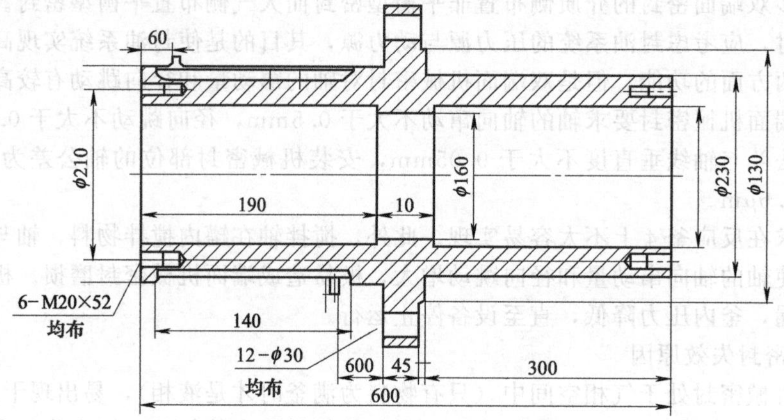

图 8-18　反应釜 4 盘根箱结构

根据工艺条件和工序要求，研究反应釜 4 原轴和各配件的尺寸，分析多家反应釜密封圈的橡胶产品，通过试验选取合适的密封圈。

在原有设备框架基础上，设计加工填料密封结构，加工轴套、轴、盘根箱、压盖等相关配件。

此次改造中，将搅拌大轴加长 300mm，在密封处留出足够的填料密封位置，在罐顶部装上盘根箱，然后再装入轴承箱。如此，盘根泄漏发生后，润滑油不会回流罐内而影响产品质量。由于采用填料密封装置后，不需要供油系统，因此拆除它可增大检修作业空间，同时减少检修程序的作业环节，大幅降低劳动强度。

2）改进工艺流程　为提高密封装置的使用周期，在该生产装置的反应釜 4、反应釜 5 和反应釜 2、反应釜 3 之间增加一台乳化机。增加乳化机后，反应釜 4、反应釜 5 内的物料反应后经乳化机高速剪切，分别输送到反应釜 2 以及反应釜 3 中继续进行反应。将原来在反应釜 4、反应釜 5 罐内进行的成胶、晶化过程改成了只进行成胶反应过程，而晶化过程分别在反应釜 2、反应釜 3 罐内进行，生产出的半成品由输送泵直接输入储存罐中。这一工艺流程的改变使反应釜 4、反应釜 5 中的反应介质由正丁胺液体、硫酸铝和化学水变成了水玻璃、硫酸铝、化学水，釜用填料密封和搅拌系统的腐蚀得到很大改善，可延长密封装置的使用周期。

（3）改造效果

以反应釜 4 为例，改进工艺流程，将原机械密封更换为盘根密封，密封装置的使用寿命和相关配件材料消耗都取得了明显的效果。

改造前，机械密封配件是由原设计厂家提供货源，常常存在供货不及时的问题，再加上机械密封使用寿命短，造成了反应釜 4 有 4 个多月缺配件，设备无法运行。根据统计，反应釜 4 在 1 年共进行了 12 次维修，其中一次检修的配件费用可达 4763.96 元，全年配件费用共 57 167.52 元，造成间接产值损失大于 90 万元。

反应釜 4 改造后运行 2 年，仅进行了 2 次加盘根的泄漏故障处理。每年检修费用可节省大约 4.54 万元，间接经济效益非常可观。此外，填料盘根密封泄漏故障检修只需 1 人即可，维修员工的劳动强度很低。

盘根密封在催化剂分子筛反应釜中的应用，实现了设备的长周期运行，降低了配件维护费用和维修员工的劳动强度，效果良好。

8.5 油封及使用维修

8.5.1 油封概述

油封，即润滑油的密封。其功用在于把油腔和外界隔离，对内封油，对外防尘。

（1）油封的特点与技术参数

油封与其他唇形密封不同之处在于具有回弹能力更大的唇部，密封接触面宽度很窄（约为 0.5mm），且接触应力的分布呈尖角形。图 8-19 为油封的典型结构及唇口接触应力示意图。油封的截面形状及箍紧弹簧，使唇口对轴具有较好的追随补偿性。因此，油封能以较小的唇口径向力获得较好的密封效果。

油封与其他密封装置比较，有下列优点：①结构简单，容易制造。简单油封一次便可以模压成型，即使最复杂的油封，制造工艺也不复杂。金属骨架油封也只需经过冲压、胶接、镶嵌、模压等工序即可将金属与橡胶组成所要求的油封。②重量轻，耗材少。每种油封都是薄壁的金属件与橡胶件的组合，其材料耗费极少，因而每个油封的重量很轻。③油封的安装位置小，轴向尺寸小，容易加工，并使机器紧凑。④密封性能好，使用寿命较长。对机器的振动和主轴的偏心都有一定的适应性。⑤拆卸容易，检修方便。⑥价格便宜。

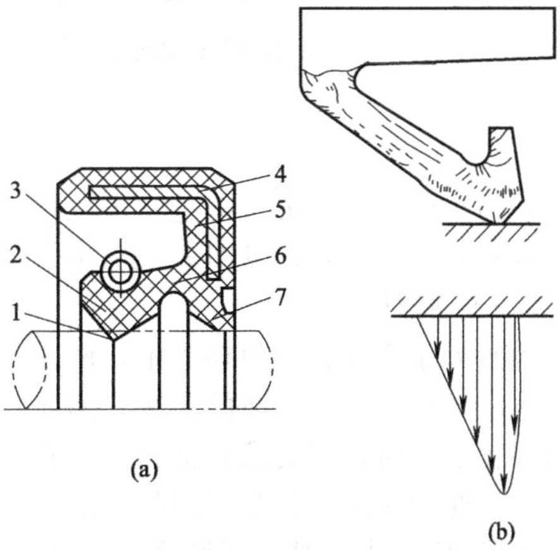

图 8-19 油封结构及唇口接触应力示意图

1—唇口；2—冠部；3—弹簧；4—骨架；5—底部；6—腰部；7—副唇

油封的缺点在于不能承受高压，所以只能作轴承润滑油的密封。

油封的工作范围如下。

工作压力：约 0.3MPa；

密封面线速度：低速型＜4m/s，高速型 4～15m/s；

工作温度：−60～150℃（与橡胶种类有关）；

适用介质：油、水及弱腐蚀性液体；

寿命 500～2000h。

（2）油封的结构

常用油封的结构见图 8-20。

① 粘接结构。这种结构的特点在于橡胶部分和金属骨架可以分别加工制造，再由胶粘接在一起，成为外露骨架型，有制造简单、价格便宜等优点。美国、日本等多采用此种结构。它们的截面形状如图 8-20（a）所示。

② 装配结构。它是把橡胶唇部、金属骨架和弹簧圈三者装配起来而组成油封。它一定有内外骨架，并把橡胶唇部夹紧。通常还有一挡板，以防弹簧脱出［参见图 8-20（b）］。

③ 橡胶包骨架结构。它是把冲压好的金属骨架包在橡胶之中，成为内包骨架型，其制造工艺稍微复杂一些。但刚度好，易装配，且钢板材料要求不高［参见图 8-20（c）］。

④ 全胶油封。这种油封无骨架，有的甚至无弹簧，整体由橡胶模压成型。其特点是刚

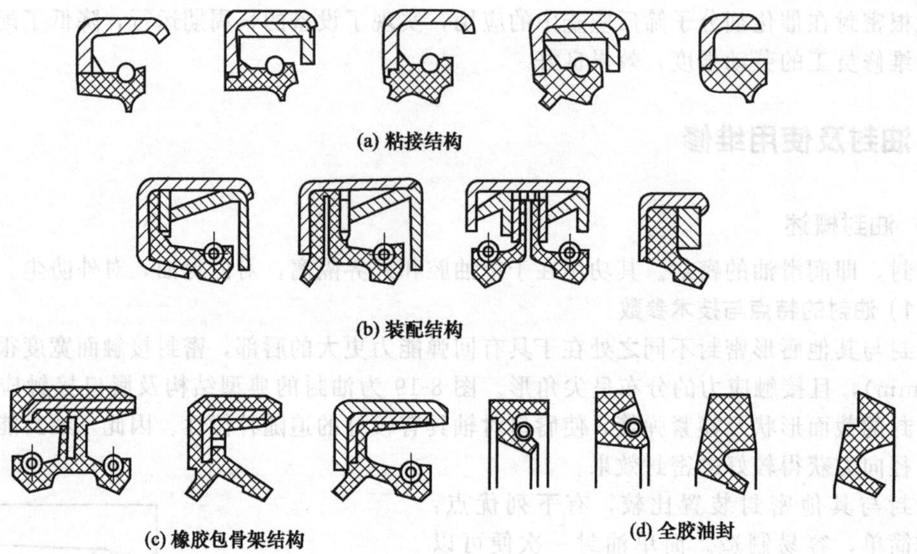

图 8-20 油封结构

度差，易产生塑性变形。但是它可以切口使用，这对于不能从轴端装入而又必须用油封的部位是仅有的一种型式，见图 8-20（d）。

（3）油封材料

油封处于大气和油的环境中，所以要求材料的耐油性、耐大气老化性能良好；同时它常遇灰尘、泥水，且有很高的转速，因此要求耐磨性和耐热性良好。某些特殊情况，如油封用来密封化学品时，则要求其材料应与介质相适应。

用作油封的橡胶主要是丁腈橡胶、丙烯酸酯橡胶和聚氨酯橡胶，特殊情况用到硅橡胶、氟橡胶和聚四氟乙烯树脂。丁腈橡胶的耐油性能优异；聚氨酯橡胶的耐磨性能突出；而硅橡胶耐高、低温性能都很好；氟橡胶则较耐高温。考虑转速及温度时对油封的选择可参考表 8-1。

表 8-1 考虑转速及温度时对油封的选择

转速	温度/℃			
	−45 −15	10 40	65 95 120	150 170
低速	硅橡胶	丁腈橡胶	丁腈橡胶	硅橡胶
中速	硅橡胶	丁腈橡胶	丙烯酸酯橡胶	硅橡胶
高速	硅橡胶	硅橡胶	硅橡胶	氟橡胶

此外，油封还用到骨架材料和弹簧材料。前者常用一般冷压或热轧钢板、钢带，只有海水及腐蚀性介质才用不锈钢板；后者用一般弹簧钢丝、琴钢丝或不锈钢丝等。

8.5.2 油封安装注意事项

（1）骨架自紧橡胶油封安装注意事项

① 安装油封前，必须检查轴径表面是否过于粗糙，有无伤痕，尤其是有无沿轴向的较长伤痕。否则易损坏油封或加速唇口的磨损，破坏其密封性能。若轴径表面因装拆不当造成较严重的伤痕，会使轴封唇口与轴径表面贴合不严，造成油液渗漏，可对伤痕部堆焊或更换新轴。如果只有金属毛刺或轴头飞边等小问题，可用锉刀修磨平整。

② 检查油封唇口有无破缺、伤裂或油化腐蚀。若有则更换新油封。

③ 安装骨架油封时，须采用专用安装工具。若无工具，可先在轴颈乃至轴头部位卷上

一层透明的硬塑料膜（俗称玻璃纸），在其表面抹上少许机油，将油封套进裹着塑料膜的轴头。均匀用力将油封慢慢推压至轴颈，然后将塑料膜抽出。注意，不可将唇口的方向装错，应使其朝向贮有油液的内侧，若油封装反，势必造成油液渗漏，密封作用减弱或失效。要避免将油封装歪或用锤棒等工具在油封表面乱敲猛打，否则容易使油封伤损。

④ 在安装过程中，应保持油封和轴颈部位的清洁，并注意勿使油封自紧弹簧跳出弹簧槽外。若自紧弹簧松弛，可视情况截下来一段，将两端头接牢靠即可继续使用。

（2）毛毡油封的使用注意事项

毛毡油封具有较好的密封作用，主要用于柴油机的前后端部与后桥等部位。使用中应注意以下事项。

① 根据密封部位，选择规格及厚度符合要求的毛毡垫，以保证密封装置的安装紧度合适。若安装过紧，会使毛毡弹力减低，密封性能下降，而且由于压力过大，摩擦阻力增大，毛毡会因过热而早期损坏。若安装过松，毛毡的渗透性没有改变，则会产生漏油。因此，毛毡油封在安装时必须加以适当的预紧力，通常毡条的自然厚度应比密封装置中固定时的尺寸大 1/4～1/3。

② 毛毡油封在安装前必须用机油浸透。安装在旋转部位的环形毛毡，如果没有浸过机油，在轴件初始旋转时，毛毡因与轴颈干摩擦会产生高温，造成接触面弹力失效，失去密封性能。安装在平面槽中的条形毛毡，如果没有浸过机油，装好后会自行吸附大量润滑油，使自身体积收缩，造成密封不严，同时使箱室润滑油降低，影响润滑质量。

③ 在使用过程中，应经常检查毛毡油封的密封情况，一旦发现毛毡油封漏油或损坏，应及时予以更换。不管什么原因，拆装毛毡油封所在部位时，都应检查毛毡油封的弹性，必要时予以更换。

（3）牛皮油封的安装注意事项

① 同一油封的牛皮不能厚薄不匀，否则吸油后厚薄相差太大，影响安装和密封。

② 剪取牛皮油封的尺寸可比密封部位的直径稍大一点，但过大安装困难，还易变形，影响密封。

③ 安装前，在温机油泡软后方可安装。

8.5.3 油封的润滑与漏油

油封使用情况的好坏，大致可以用泄漏量是否在允许范围内以及使用寿命的长短来衡量。由于油封的影响因素甚多，要做到绝对不漏是不可能的。为此各国对油封的允许泄漏量做了规定。若实际泄漏量在此规定范围之内，就算密封情况良好，详见表 8-2。

表 8-2　各国标准中规定的油封泄漏量

国名	标准	泄漏允许量
美国	美国汽车协会标准 SAEJ110a	无规定
	美国军用标准 MIL-S-45005A	不超过 0.5mL/24h
	汽车公司标准	不超过 110mL/24h
	建筑公司标准	不超过 0.5g/50h
英国	英国国家标准(BS1399)	不超过 1.0g/50h
日本	日本工业规格 JISB2402	不允许漏油
德国	德国国家标准(DIN3760)	无规定

油封常用的润滑方法有：

① 安装时对油封唇部涂润滑脂。通常，应根据使用条件对脂基进行选择。锂基润滑脂的耐热、耐水性能好，温度变化时稠度很少变化，适用温度范围广，遇水也不降低其润滑性能；钠基脂遇水容易乳化；钙基脂不耐高温；二硫化钼润滑脂在长期停车后在大气作用下容

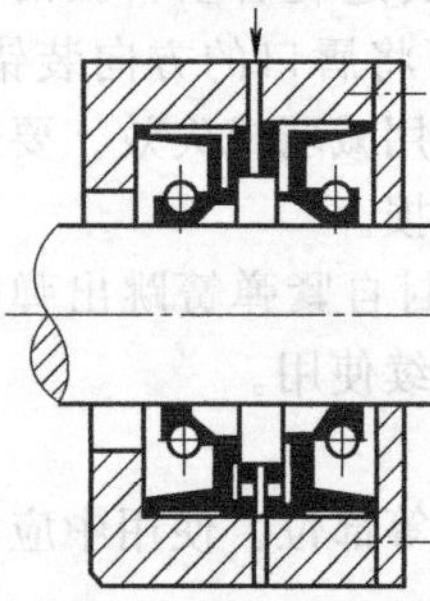

图 8-21　组合油封的润滑

易蒸发干固，选用时应予注意。

② 滴油润滑。需要有 5～10mL/min 的油量滴在油封唇口附近，滴油高度应在 10mm 以上。

③ 溅油润滑。必须有一定量的油溅到油封唇部。

④ 强制循环润滑。循环系统应设油泵（或其他轴送机械）、冷却器、滤清器。

⑤ 当油封组合使用时，必须在油封之间留有空隙，并从空隙中注油（参见图 8-21）。双唇油封之间常涂锂基润滑脂。

⑥ 定期换油，但必须用规定的油种。

油封漏油原因很多，归纳起来列于表 8-3。

表 8-3　油封漏油及其处理方法

原因	处理方法
唇口有伤痕，裂口	检查油封质量，更换新油封
轴表面划伤	伤痕不深时（约 20μm），用油石修光
轴表面加工刀痕明显	磨削油封部位
轴运行振动或跳动	①检查转子的不平衡重量，需保证在允许误差范围内 ②检查轴承是否损坏或者轴承间隙过大 ③提高机器零部件的加工精度和装配精度，减少累积误差
油封翘起	使用专用装配工具及装配程序
装配太松	选用尺寸精度合格的油封，并使轴公差在配合精度范围内，变形油封，予以报废
安装偏心	检查油封同心度及壳体配合内外圆的同轴度，找出引起偏心的原因，或更换同轴度好的油封，或改变零件的同轴度
轴挠度过大	加粗主轴或缩短支点间距
油封距轴承太近	适当远离或加挡圈
唇口材料老化，浮动性变差	更换新油封
轴表面有螺旋线加工痕迹	不准用砂纸成螺旋线移动来打光轴表面
轴表面粗糙度过高	改变粗糙度
开口油封的切口不齐或有缝	切齐开口，或另用新油封按计算尺寸切口
装配前预加润滑油过多	减少润滑油
弹簧损坏	修理弹簧或更换弹簧
骨架损坏	更换油封
唇口下塌	更换油封
轴和油封表面粘上油漆	涂漆时，对表面覆盖保护物
油封被腐蚀	材料与介质不适应，应改换耐介质的油封

8.5.4　油封密封中降低旋转轴磨损的对策

油封直接和传动轴表面接触时形成摩擦副，转速较高，工作一段时间后，在油封接触处，传动轴就会被磨出沟痕，密封效果会变差。更换油封和轴的接触位置数次后，轴就会报废，但这时的传动轴除油封接触处磨损严重外，其他精度仍满足技术要求，所以造成的浪费很大，因此，对密封结构做一些改进以避免传动轴的快速磨损是十分必要的。采用在旋转轴上安装套筒和聚四氟乙烯环的方法来避免油封唇口对轴的直接磨损是一可行方案。

（1）加装套筒

为避免油封的唇口对材质较软的传动轴造成磨损，在油封和轴接触处给轴装上一个套筒，如图 8-22 所示。其材料选用强度、硬度较高的材料，外表面设计成合适的粗糙度以使密封性能达到最优。通常以 $Ra=0.2\sim0.8\mu m$ 为宜，表面的硬度至少为 HRC45。当圆周速度超过 4m/s 时，硬度至少为 HRC55。套筒表面淬硬时，淬硬深度不小于 0.3mm，在渗氮后表面应抛光。

为避免套筒表面磨削时产生螺旋线痕迹，加工时应采用径向进给的磨削工艺。为便于油封的装入，套筒上油封的装入端应有 15°～30°的倒角，上面不应有毛刺和粗糙的机加工痕迹，以免划伤油封唇口。套筒另一端靠在轴肩上，为方便套筒的更换，特别车出一段二阶轴肩，其外径小于套筒外径而大于套筒内径。套筒内径和轴的外径采用 H8/m7 的过盈配合，装配时采用铜锤打入。

密封结构经过加装套筒后，由于套筒的外表面硬度相对原来的传动轴表面有大幅提高，所以可以长时间保持良好的密封效果。因此套筒对传动轴实现了有效保护，并在磨损后可以更换，与以前更换整根传动轴相比，大大降低了更换费用。

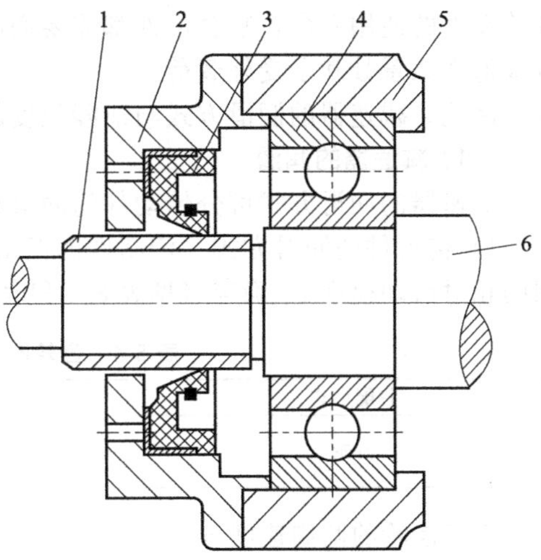

图 8-22　加装套筒后的密封结构
1—套筒；2—壳体；3—油封；4—轴承；
5—装置体；6—传动轴

（2）加装聚四氟乙烯环

在不方便安装套筒的情况下，也可以采用加装聚四氟乙烯环的方法来防止轴的快速磨损。如图 8-23 所示，在传动轴上和油封唇口的接触处车出凹槽，然后在里面加装一个聚四氟乙烯环来代替轴和油封接触。加工出的凹槽深度过大会影响传动轴的强度，太小又会使固定于槽中的聚四氟乙烯环失去塑紧能力而产生转动，所以凹槽的尺寸一般为深 2.5～3mm，宽 20～30mm。在装聚四氟乙烯环前，先车制一个外径锥度为 10°～15°的圆锥小套，如图 8-23 所示，将其套在轴上，用来把聚四氟乙烯环的内径胀大。聚四氟乙烯环的内径要比凹槽底径小 1.5mm，宽度比凹槽宽度小 0.5mm，其外径因还需加工，所以可以比传动轴外径稍大些。装配时把圆锥套和聚四氟乙烯环一起放入 50＃机油桶中慢慢加热到 190℃，维持 20min 后，先把圆锥套捞出套在轴上，再把聚四氟乙烯环装入凹槽内，用石棉布包好慢慢冷却，聚四氟乙烯环便会紧紧地箍紧在凹槽内。然后在车床上加工聚四氟乙烯环，使环的外径与轴径相同，加工完毕后即可与油封装配使用。实践证明，聚四氟乙烯环和橡胶油封组成的摩擦副十分耐磨，特别是有油润滑的条件下，磨损速度更慢。同时聚四氟乙烯环在磨损后还可以应用上述热装法更换，所以大大延长了传动轴的使用寿命。上述方法还可以用于修复已经磨损的传动轴。

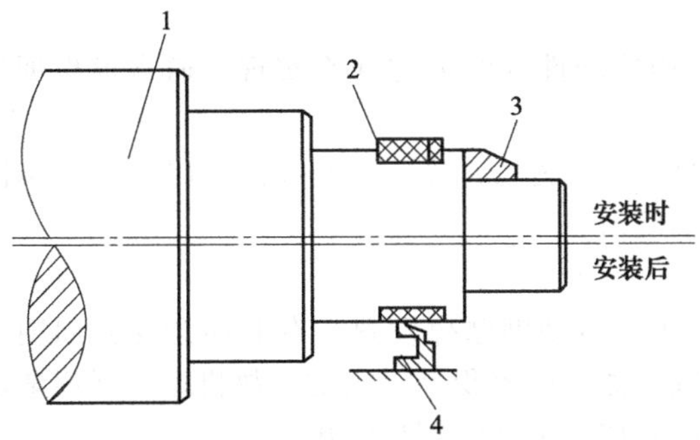

图 8-23　加装聚四氟乙烯环原理图
1—传动轴；2—聚四氟乙烯环；3—圆锥套；4—油封

8.6　减速器密封及泄漏治理

8.6.1　减速器漏油的综合治理

减速器的基本结构是由机体、机盖和一对或几对传动件组成的。在机体上设有放油孔及堵丝和安插油尺的孔及测油尺；在机盖上设有窥视孔盖及透气塞；机体与机盖扣合后轴承处有闷盖、调整盖和透盖。其传动大都为齿轮传动或蜗轮蜗杆传动，无论何种传动方式，为保证传动件的使用寿命，啮合齿面都需要润滑油润滑，润滑油在齿面上形成吸附膜和反应膜，以降低摩擦系数和承受外载荷。

因此，减速器的润滑方式与泄漏程度的关系是十分密切的。

(1) 减速器的润滑

减速器的润滑方式可分传动件的润滑和轴承的润滑两种。

1) 传动件的润滑方式　传动件的润滑方式应根据齿轮的圆周速度 v、蜗轮与蜗杆齿面间的相对滑动速度 v_s 确定（见表 8-4 和表 8-5）。

表 8-4　齿轮圆周速度与润滑方式的关系

装配形式	圆周速度 v/(m/s)	润滑方式
齿轮	<10～12	油池润滑
	>12～15	喷油润滑

直齿齿轮的圆周速度 v：

$$v=\pi d_1 n_1/(6\times 10^4)\ (\text{m/s}) \tag{8-2}$$

式中　d_1——小齿轮分度圆直径，mm；

n_1——小齿轮的转速，r/min；

表 8-5　齿面间滑动速度与润滑方式的关系

装配形式	滑动速度 v_s/(m/s)	润滑方式	装配形式	滑动速度 v_s/(m/s)	润滑方式
蜗杆在下	<10	油池润滑	蜗杆在上	<4	油池润滑
	>10	喷油润滑		>4	喷油润滑

齿面间滑动速度 v_s：

$$v_s=\pi d_1 n_1/(6\times 10^4\cos\gamma)\ (\text{m/s}) \tag{8-3}$$

式中　d_1——蜗杆分度圆直径，mm；

n_1——蜗杆的转速，r/min；

γ——蜗杆分度圆导程角。

2) 轴承的润滑方式　轴承的润滑尽可能利用传动件的润滑方式来实现。通常可根据齿轮或蜗杆（下置）的圆周速度来选择。

当齿轮圆周速度 v>2～3m/s 时采用飞溅润滑；当圆周速度 v<2～3m/s 时采用油脂润滑；而对于转速很高的运动副，常采用压力喷油润滑。

(2) 减速器漏油的原因分析

1) 因温升而产生的压力差　减速器在运转中，运动副摩擦发热，有时还会受到周围高温环境的影响，使减速器内温度升高，但由于减速器内的容积是一定的，故机内压强逐渐增加。若减速器密封不严，在运转时，润滑油在压差作用下从缝隙处渗出。

2) 减速器结构设计不合理或加工、拆装存在问题

① 设计的减速器没有通风罩或窥视孔盖上无透气塞。

② 制造过程中，铸件未进行退火或时效处理。

③ 存在砂眼、夹渣、气孔、裂纹等缺陷。

④ 加工精度低劣。

⑤ 拆装不合理。

3) 密封件密封失效　一般减速器的轴封通常采用毛毡、合成橡胶、氟塑料或密封胶等弹性大的材料。组装时，使之受压缩产生弹性变形，而将结合面缝隙密封起来。但如果轴颈与密封件的接触面并非十分理想，并且在运转过程中，轴颈和密封件也会被磨损，如不及时更换，则会发生漏油。

4）不严格执行操作、维护和检修规程

① 不定时、不定量加注、更换油脂。

② 新旧油脂混合使用。

③ 结合面损坏、或不修理、或修理不彻底又装上。

④ 检修时，对零件接合面上的污物清除不彻底、清洗不干净，密封材料涂抹厚薄不匀。

⑤ 维修后不及时封盖，尘土、脏物落在接合面上或密封部位。

5）油品选择或加油量不当　一般减速器常采用 HJ-40、HJ-50 号机械润滑油，也可采用 HL-30、HL-20 齿轮油及 HJ3-28 轧钢机油等润滑。应根据负荷、转速、温度等条件来选用减速器的润滑油，一味地追求润滑油的黏度越大越好是不对的；减速器加油量过多，也是漏油的原因之一。

（3）防止减速器漏油的基本方法

防止减速器漏油的基本方法是均压、畅流、堵漏和改换润滑材料。

1）均压　减速器内压大于外界大气压是减速器产生漏油的主要原因之一，而且压差越大，漏油越严重。如果设法使机内外压力均衡，漏油就可阻止。因此，不少减速器都设置有相应的均压装置，如机盖最高处设计通气罩、窥视孔盖处设计透气塞等。

2）畅流　使被旋转的齿轮洒在机壳内壁的油尽快并按一定方向流回油池，不要让它在轴头密封处聚积，以防止油沿轴头渗透出来。通常的方法有：在轴头设油封圈，在机座中分面上铣一条环形的回油槽和在上盖内壁轴头上部设置半圆形环等，使溅到机盖上的油顺利地流到机座的油池内。

3）堵漏　主要是在中分面和轴头密封处采取措施，选用适当的密封材料和元件，将其间隙堵好。

4）改换润滑材料　减速器采用稀油润滑，由于稀油的渗透能力强，所以容易产生漏油。如果将稀油润滑改为固体润滑材料润滑，机内根本不存在润滑油，则无上述问题。

（4）常见减速器漏油部位及其治理

常见减速器漏油部位、漏油原因及其治理见表 8-6。

表 8-6　常见减速器漏油部位、漏油原因及其治理

序号	漏油部位	漏油原因	治理方法
1	放油堵丝	丝扣配合不严；密封垫破损	更换垫片
2	油杯尺孔	油标尺与其孔密封不严	在油标尺孔内加装一根套管，插入到油位面以下
3	结合面	盖和机座由于时效反应，引起变形，造成间隙	①用螺栓紧固机盖和机座后，其间隙一般要求小于 0.05mm ②封盖前，应将结合面清洗干净，在中分面采用液态密封胶或厌氧胶密封
4	轴封（透盖）	设计原因	制作轴头罩、开回油沟、采用迷宫式干油轴封、改进轴封的设计
		安装原因	安装人员要思想重视、认真对待，并采取有效措施
5	闷盖	闷盖与机壳的配合存在间隙	清洗闷盖、机盖和机座的环形槽，并在槽内涂上密封材料（白漆、液态密封胶等）
6	窥视孔	窥视孔盖通常是铸件，其边缘不平整，故密封接合面不严密	封盖之前要用直尺检查一下平直度，不平之处应用锉刀等工具锉平
7	机壳及油船	接触面密封不严，密封垫破损	改进设计，并用密封胶或环氧树脂灌封

（5）两种从根本上杜绝减速器漏油的方法

1）采用先进的螺旋密封　目前，多数减速器密封采用的方法是毛毡密封、油封、迷宫密封和机械密封。这些密封方法都是采取“防”的方式，油液一旦突过其防线，密封就失效。当然也可以多设置几道防线，以阻止漏油的发生。但随着时间的增长，密封元件老化、磨损，由轴上带出的油量不断增加，终归还是要漏的。螺旋密封法是一种积极的防漏方法，它能把漏出的油送回油箱，防漏效果明显。螺旋密封有各种不同的结构形式，这里重点介绍一种将原来通盖部位的毛毡密封改为直通型螺旋密封加毛毡密封的方法（见图 8-24 和图 8-25)。改后防漏效果明显。

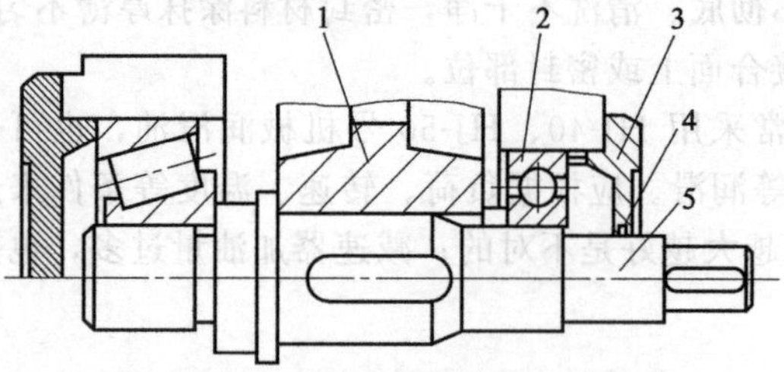

图 8-24　改造前减速器毛毡密封

1—齿轮；2—轴承；3—透盖；4—毛毡；5—传动轴

在减速器高速轴和低速轴的通盖部位、紧靠轴承内圈的外侧，安装一个螺旋密封套。此套以静配合方式紧固在轴上，随轴转动。在螺旋密封的外圆柱面上车削与轴旋转方向相反的螺纹，牙形可以为梯形、平顶三角形或锯齿形，螺纹密封套上的螺纹外径与轴头通盖的内径同心度要求不大于 0.02mm，如果采用锯齿形螺纹，则推力面要向机内。在轴头通盖内径处加工一个横向突出的圆台，使通盖内径处的宽度与螺旋密封套的宽度相等，轴头通盖内外圆同心度不大于 0.02mm，轴头通盖与螺旋密封套的配合为间隙配合。在螺旋密封套的外径或轴头通盖的内径外边缘车一个 5×8mm 的回油槽，还需在轴头通盖下边钻一个直径为 $\phi 3 \sim 5$mm 的斜回油孔，这样泄漏的油便可通过此孔，经轴承流回油池。当减速器运转时，飞溅的润滑油企图从轴头通盖与螺旋密封套之间的间隙向外泄漏，此时就会被随轴转动的螺旋密封套上的螺纹面推回到机内油池。

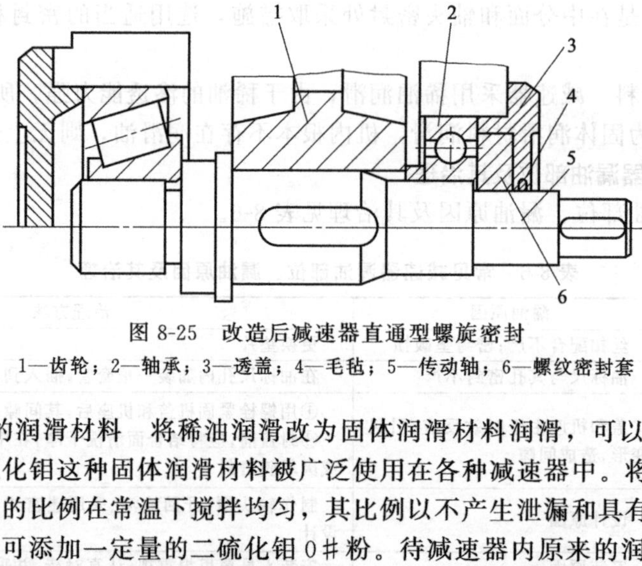

图 8-25　改造后减速器直通型螺旋密封

1—齿轮；2—轴承；3—透盖；4—毛毡；5—传动轴；6—螺纹密封套

2）采用新型的润滑材料　将稀油润滑改为固体润滑材料润滑，可以从根本上杜绝减速器漏油。现在二硫化钼这种固体润滑材料被广泛使用在各种减速器中。将二硫化钼锂基脂同 40＃机械油按规定的比例在常温下搅拌均匀，其比例以不产生泄漏和具有较好的流动性为原则，有条件的话，可添加一定量的二硫化钼 0＃粉。待减速器内原来的润滑油放出并清洗干净后，将该混合油脂倒入其中。混合油脂的数量与原来采用稀油润滑的用量相同。经跟踪设备的运转，证明该混合油脂能改善润滑状况，而且有较好的治漏效果。

应特别注意的是：未经跑合的新齿轮不宜采用二硫化钼固体润滑，因在运转中产生的铁屑粘在油膏上，会加速齿轮的磨损。另外，要注意定期加换润滑脂。对于换脂间隔，可采用滚动轴承的换脂估算公式计算：

$$t=k\left[\frac{14\times 10^{6}}{n\sqrt{d}}-4d\right] \tag{8-4}$$

式中　t——换脂间隔，h；

k——轴承型式系数，球面和圆锥滚子轴承 $k=1$，圆柱和针状滚子轴承 $k=5$，向心球

轴承 $k=10$；

n——转速，r/min；

d——轴承内径，mm。

8.6.2 变速器油封使用和装配

（1）变速器油封的使用要求

1）油封对孔的安装要求　图 8-26 所示为安装孔的示意图。

一般情况下，外露骨架的外径比安装孔径大 0.13mm，内包骨架外径比安装孔大 0.51mm。在实际生产中，油封和孔的配合公差应根据使用工况、使用部位、材质确定，且不可一概而论。

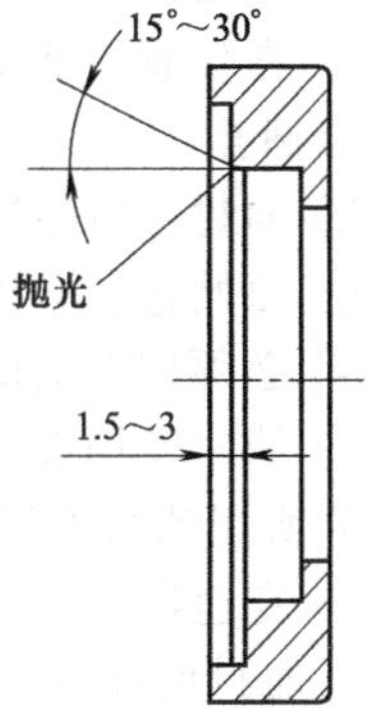

图 8-26　油封安装孔

安装孔座的材料、粗糙度、硬度、倒角有以下要求：

常用材料为黑色金属，类似的铝材料也是可以的。当采用非黑色金属材料时，需考虑材料热膨胀系数的影响。

安装孔内表面的粗糙度。对于内包骨架，粗糙度 Ra 为 1.6～6.3μm；对于外露骨架，粗糙度 Ra 为 0.8～3.2μm；对于铝，粗糙度 Ra 为 2.5～5μm。

对孔的硬度不做特别要求，但是其硬度必须能维持与油封的过盈量。

孔端倒角一般为 15°～30°，深度 1.5～3.0mm，倒棱处应抛光处理。

2）油封对轴的安装要求　安装轴的示意图如图 8-27 所示。

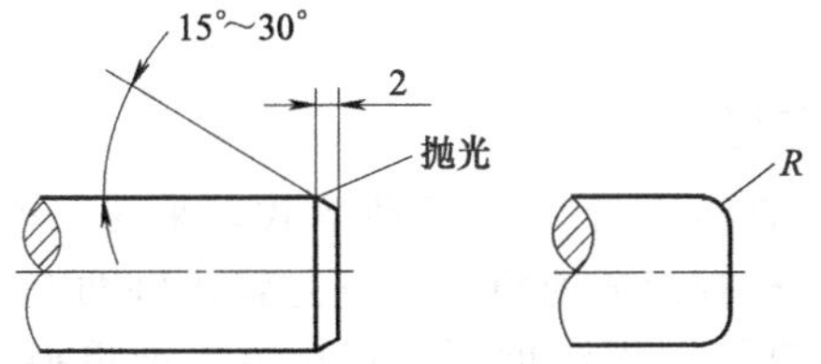

图 8-27　装配轴

安装轴的材料、粗糙度、硬度、倒角等有以下要求：

轴的材料最好采用中碳钢（如 45 钢），也可用低碳钢（如 20CrMnTi）或高碳钢。对与油封唇口配合的材料表面进行热处理，可提高轴表面的硬度。例如，中碳钢进行高频淬火或氰化处理、低碳钢进行渗碳淬火或氰化处理，均可提高轴的耐磨性。

油封最合适的表面粗糙度 Ra 为 0.2～0.8μm，且轴切痕螺旋角不超过 0°±0.05°，油封最经济实用的粗糙度 Ra 为 0.4μm。

油封配合的轴表面硬度≥30HRC；或表面高频淬火、渗碳淬火或氰化处理，硬度 50～64HRC。

轴端倒角一般为 15°～30°，深度≥2mm，倒棱处应抛光处理。

（2）变速器油封的安装

无论油封的结构多么合理，装配场合多么合适，只要油封安装不当就会影响油封的正常使用。事实上，由于安装知识的缺乏或操作不小心导致的安装不当是油封寿命缩短或漏油最为常见的原因。安装前，应进行以下检查。

① 检查所用油封尺寸是否和轴、孔相配。

② 所用油封应无任何损伤，如凹痕、划痕或划伤等。如果密封件很脏，必须认真清洗干净。

③ 孔口需倒角以防油封外圈被刮伤。

④ 轴表面应清洗干净并无任何损伤，如磕伤、刮伤、裂缝、生锈或倒角有毛刺等缺陷。

⑤ 油封所通过的轴端均要倒角或倒圆。

安装前，先要在油封唇口上涂抹少许润滑油或润滑脂（聚四氟乙烯油封除外）。

对于外露骨架油封，为了克服油封外露骨架与孔的配合间隙，油封压入前，在外露骨架上涂抹密封胶，以提高配合表面的密封效果。

由于油封与安装孔为过盈配合，在安装过程中，要选用合适的夹具。用压力机（压床）压入，压力要均匀地作用在油封的周边，并且尽可能地靠近外径处。如果没有合适的夹具，可以使用软面芯轴、杯形或筒形底座进行压装，但应避免直接打击油封，以防损伤密封唇口；也可以用木块和锤子将油封直接打入孔中。注意：利用木块和锤将油封打入时，为避免倾斜，应尽量击打中心，使油封均匀进入孔中。

安装后，检查油封弹簧是否脱落，油封外圈是否有切伤，油封外端面是否平整。

（3）注意事项

① 在保管中要防止灰尘和生锈，不能直接受阳光照射，不能受压，以及不能用绳和金属丝等捆扎。

② 油封必须存放在阴凉、无尘、通风的地方，温度在15～25℃，相对湿度在65%以下。

③ 原始包装必须完整，油封使用前必须平放在原始包装内，不能挂在钩子或钉子上。

④ 必须用合适的安装工具安装。

⑤ 油封使用部位必须保持清洁，并防止外界灰尘进入密封腔体。

⑥所用油封不得超过其最高许用线速度。

⑦ 变速器油封应具有耐油性、耐候性、耐磨性、耐高低温（－40～150℃）、长寿命等特性，油封设计时要考虑旋向。

⑧ 与油封接触的轴表面硬度≥30HRC（变速器轴、输出法兰盘表面经过渗碳淬火和高频淬火，硬度为50～64HRC），粗糙度 Ra 为 0.2～0.8μm，和油封配合的轴端倒角 15°～30°，深度≥2mm；和油封相配合的油封孔座端面要有15°～30°的倒角，粗糙度 Ra 为 0.8～3.2μm，深度1.5～3.0mm，底面圆角尺不大于0.5mm。倒棱处应抛光处理。

⑨ 油封所通过的轴端均要倒角或倒圆。

8.6.3 SEW三合一减速机拆卸工艺及密封形式的改进

某1250t/h装船机行走机构为电机、减速机、制动器三合一的驱动形式，采用SWE KA97单键空心轴减速机。装船机自投入使用以来，所有行走减速机均出现过输出轴两端严重漏油的问题，需更换骨架油封，但是该减速机难以拆下。无法拆下减速机就不能更换油封。为此，对该减速机的拆卸工艺和密封形式进行了改进。

（1）存在问题及原因分析

1）减速机输出轴两端漏油严重　以矿粉、煤炭等散货作业为主，工作环境恶劣，粉尘多，减速机输出轴两端的骨架油封裸露在外，粉尘堆积导致油封易磨损失效，造成减速机漏油严重。

2）减速机拆卸困难

① 减速机拆卸阻力大。由于减速机采用的是单键空心轴，且配合长度达300mm，平键长250mm；矿粉、煤炭等粉尘进入到空心轴内，造成减速机拆卸阻力很大。

② 装配设计未考虑拆装工艺。虽然SEW公司提供了该减速机的专用拆装工具，但是装船机在行走轮轴与减速机装配设计上未考虑拆装工艺，导致拆装工具无法使用。

③ 由于减速机与行走轮间的间隙较小，千斤顶只能在外侧顶压行走轮轴。由于减速机空心轴的外径小于行走轮轴套的内径，压床顶压不到空心轴，空心轴不受力，减速机无法拆下。如直接顶压减速机壳体则容易导致其碎裂。

（2）改进方案

1）拆装工艺改进　将原单一轴套改为两只分体式轴套，其外侧加工出台阶（见图8-28），利用自制压床顶压带台阶的轴套，直接使减速机空心轴受力，将行走轮顶出（见图8-29），从而解决了减速机拆卸难题，同时避免了减速机壳体碎裂。

第一次拆卸采用如下方法：先拆除行走轮盖板螺丝，然后在行走轮轴套上焊接两个厚度

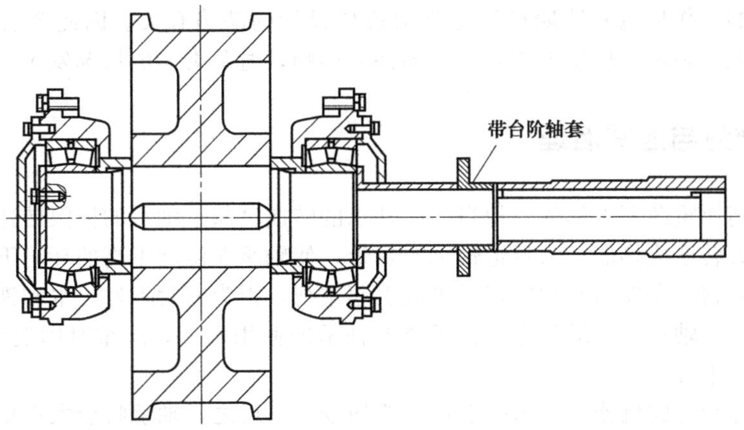

图 8-28　改进后的轴套

为 22mm 的对接半圆环，自制小型压床，使用 200t 液压千斤顶顶压行走轮轴，将行走轮顶出。

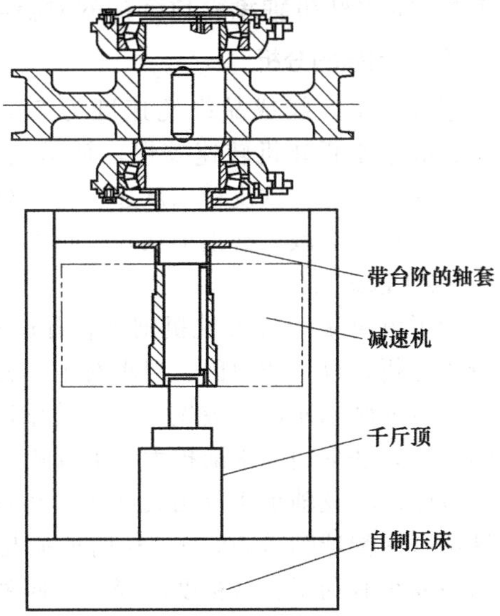

图 8-29　新的拆卸工艺

2）密封防尘改进　在输出轴两端加装密封防尘盖板（见图 8-30），并利用 SEW 减速机壳体上预留的丝孔进行紧固。盖板内加注锂基脂进行辅助密封，内侧盖板上设置油道，定期向内侧盖板内加注锂基脂，这样既可避免粉尘进入空心轴内，又可避免骨架油封接触粉尘造成频繁损坏，大大提高了骨架油封的寿命，解决了 SEW 减速机漏油的问题，同时避免了灰尘进入空心轴，减速箱拆卸更加轻松。

（3）改进效果

改进后的 SEW 三合一减速箱密封良好，能够适应散货码头的恶劣环境，改进后未出现漏油问题，且能够轻松地拆卸，方便维修。

SEW 三合一减速机出现严重漏油及拆卸困难

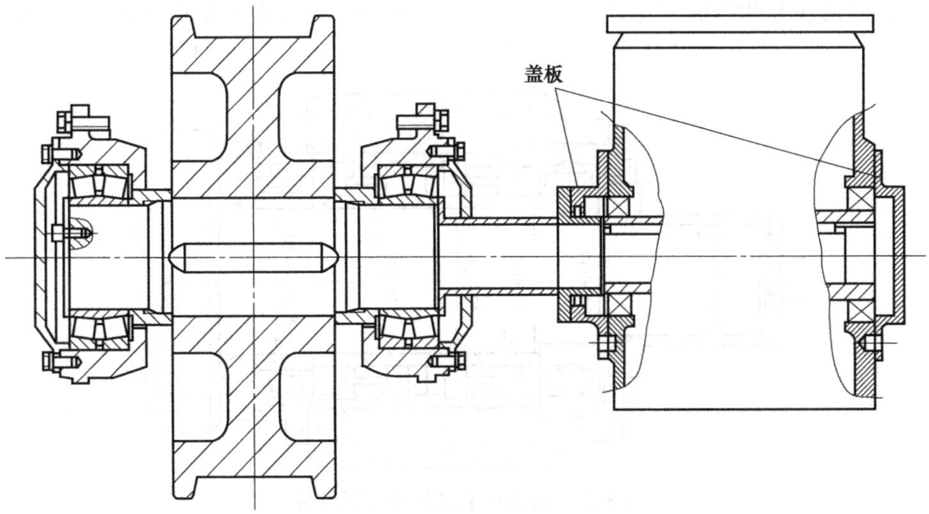

图 8-30　加装密封防尘盖板的输出轴两端

问题，与特殊的工作环境和装船机行走驱动机构设计的缺陷有关。因此今后在采购新设备时，应严格把关，多考虑环境因素对相关部件的影响，避免类似的情况发生。

8.7 轴承密封与泄漏治理

轴承是在高速重载下工作的，相当多的轴承的转速已超过轴承的极限转速。高速和重载产生的摩擦损失转变成热能。为带走轴承的热量，使轴承在温度不高的环境下工作，系统须冷却，有密封问题，尤以水冷却的密封更应引起重视，因为密封不好，水和铁渣、异物进入轴承，将严重破坏轴承的润滑条件，轻者降低轴承的使用寿命，严重时则造成烧损、卡死，并使轧辊或油箱报废。

密封件设计较好的机器，轴承的消耗一般均较少；反之，轴承将会大量报废。因此，选用高质量、长寿命的密封件，应引起各厂的高度重视。

8.7.1 水平轧机轴承密封结构的分析与改进

（1）问题的分析

某公司生产线成品终轧速度为 50m/s，年生产能力达到 6×10^6t 以上。ϕ450mm 和 ϕ350mm 水平粗轧机转速较慢，轴承迷宫密封结构设计不合理，热轧时，轧辊用水冷却，大量冷却水和氧化铁皮粉末从迷宫密封处进入轧机轴承，使轧辊轴承润滑系统严重污染，油质恶化，性能衰减，磨损加剧，严重影响了轧机轴承的使用寿命。

（2）改进方案

为了解决 ϕ450mm 轧机轴承装置进水或氧化铁皮等脏物的问题，对轧辊轴承密封结构进行了分析，以查找原因，寻求对策。密封不良是轧辊轴承损坏的一个主要原因，如果外界污染物侵入轴承座内，最先污染的是靠近外侧的润滑脂，使轴承零件表面出现磨损，随着污染物增加，磨损面会逐渐扩大，沿圆周方向形成裂纹并逐渐扩展，最终使套圈开裂，严重时还会报废轧辊及轴承座等相关部件。轧辊轴承采用四列圆柱滚子轴承（FC5678220）配装止推轴承（深沟球轴承 6052）。径向负荷与轴向负荷分别由两种轴承承担，各自发挥其特性，轴向间隔小有利于轧材精度的提高，四列圆柱滚子轴承内外圈可分离互换，使轧辊安装、拆卸方便，内圈与辊颈紧配合，避免产生“爬动”，维修检查容易。轧辊在装配时（图 8-31），防水套 6 与轧辊 1 同时转动，而内侧压盖 5 则固定在轴承座 4 上。迷宫式密封装置使防水套与内侧压盖间两次互相镶嵌成迷宫状，防水套槽与内侧压盖突出部分必须有一定的间隙，以

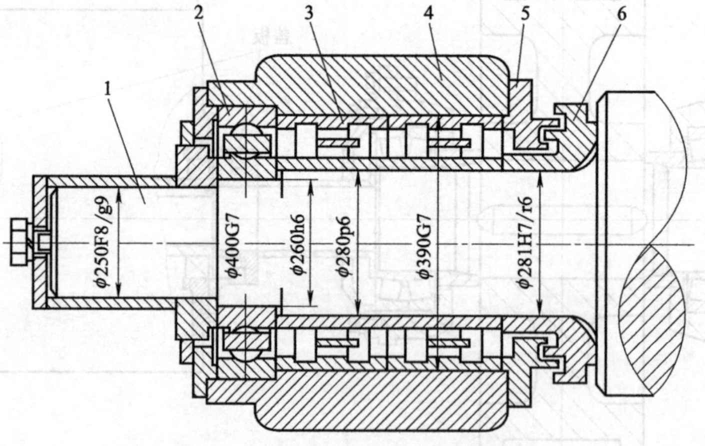

图 8-31　改造前轧辊轴承密封结构

1—轧辊；2—轴承 6052；3—轴承 FC5678220；4—轴承座；5—压盖；6—防水套

免两者相碰。轴承油脂润滑，轧机用的自然冷却水，经迷宫间隙，冲走轴承内的油脂，并将氧化铁皮带入轴承内，造成轴承缺油，最终出现卡死烧损现象。轴承密封结构不合理，使密封性能达不到生产要求。

根据特殊的工况条件，对轧辊轴承采用了两种密封组合，即径向间隙迷宫密封和骨架油封，改进时（图 8-32），保留原迷宫式部分结构，即内侧压盖 5 与防水套 7 的一次镶嵌，镶嵌的间隙很小，为 1.5mm，并加长防水套的外圆舌边尺寸进行更有效的防水，J 型油封 6 安装在内侧压盖内孔与防水套外圆之间，J 型油封可以将压盖与防水套的间隙完全封住，杜绝或减少了水和氧化铁皮进入轴承内。J 型油封具有耐磨、价格便宜、易安装等优点。

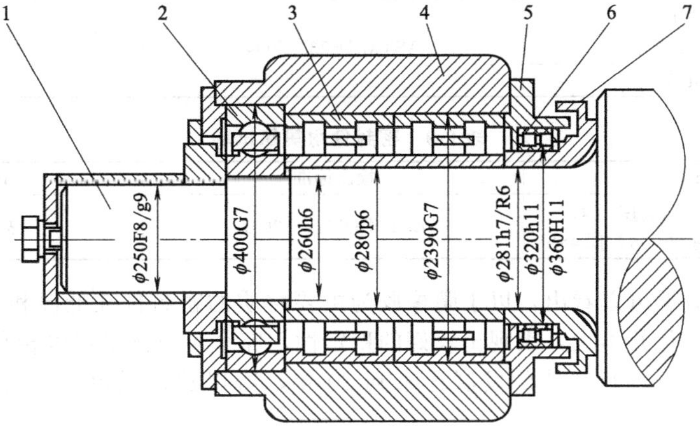

图 8-32　改造后轧辊轴承密封结构

1—轧辊；2—轴承 6052；3—轴承 FC5678220；4—轴承座；5—压盖；6—J 型油封；7—防水套

（3）使用效果及经济效益

改进后的轧辊轴承装置投入使用后，“烧辊”次数大为降低，有的轧辊到了轧制吨位下线后，解体检查轧辊轴承使用情况，其表面非常干净，基本上没有水珠和氧化铁皮等杂质，轴承还可继续使用。

改进后的密封结构，安装简便快速，密封效果良好，“烧辊”现象大为减少，降低了轴承和轧辊的消耗，减少了更换轧辊的时间，提高了轧制生产作业率。仅减少和节约轴承消耗，每年的经济效益在 120 万元以上，因减少“烧辊”，减少更换轧辊时间，提高设备有效作业率，每年可增产 3×10^4t 以上。

8.7.2　风电转盘轴承密封件选型与安装

密封件对风电轴承的使用性能和寿命起着至关重要的作用，根据轴承的结构尺寸、使用场合及工况选择材料、结构合适的密封件就显得尤为重要。密封件的正确安装同样重要，不但可保证风电轴承的精度和性能，更利于保证风电轴承的正常使用寿命。

（1）密封件材料

轴承密封件使用的材料常见有 I-3 耐油橡胶、丁腈橡胶和氟橡胶等。目前比较常见的是 I-3 耐油橡胶，其适合常温和轴承精度要求不高的工况；丁腈橡胶的综合性能较好，风电行业等对精度要求较高的转盘轴承密封件常选用此种材料制造；氟橡胶耐油、耐热且耐化学性能好，但其价格较高，没有前两种使用普遍。风电轴承的工作环境温度一般为－40～50℃，要求使用寿命为 20 年。因此，风电轴承对密封件材料的要求为：低温性能好，扯断强力高，耐磨性好且使用寿命较长。为了了解丁腈橡胶的性能是否适合风电轴承的工况，进行了相应试验，结果见表 8-7～表 8-9。

表 8-7　密封件常规试验

试验项目	检测标准	试验结果
拉伸强度	ASTM D412—2006ae2	19.9MPa
扯断伸长率		252%
邵氏硬度	ASTM D2240—2006	76 HSA
邵氏硬度（-30℃）		83 HSA
低温测试（-40℃，3min）	ASTM D2137—2005	无脆裂

表 8-8　密封件老化试验（100℃，70h）

试验项目	检测标准	试验结果
拉伸强度变化率	ASTM D573—2004	+3.5%
扯断伸长率变化率		-15%
硬度变化率		+4%

表 8-9　密封件耐臭氧试验

试验条件	检测标准	试验结果
臭氧浓度 25×10^{-6}%，温度 40℃，湿度 50%RH，伸长量 20%，时间 48h	ASTM D1149—2007	表面无裂纹

从表中试验数据可以看出，以丁腈橡胶为主要材质的密封件在低温和高温两种情况下，材质本身的性能变化并不大，表现出较好的稳定性，完全可以满足风电转盘轴承的使用环境要求。不过国内风电轴承行业的发展还未到 20 年，所以建议风电轴承的密封件 5 年更换一次。

（2）密封件类型及选型

1）类型　风电转盘轴承常用密封件有单唇密封和双唇密封两种。转盘轴承使用的单唇密封通常有 3 个尺寸，主体厚度为 3mm、5mm 和 10mm，而国内风电转盘轴承多采用厚度为 5mm 的单唇密封件。

单唇密封件的主体部分设计有均匀分布的多个突起点（图 8-33），可以增加其与密封槽之间的摩擦力（图 8-34），防止密封件脱出与打滑。双唇密封件有内唇和外唇，其外唇可以阻挡水分、灰尘及其他有害物质侵入轴承内部，内唇可防止润滑脂泄漏。密封件上的多个半圆形突起可起到定位作用等。这 3 个点使其与密封槽配合形成一个密封闭合回路（图 8-35），从而使密封效果更好且使用更持久可靠。

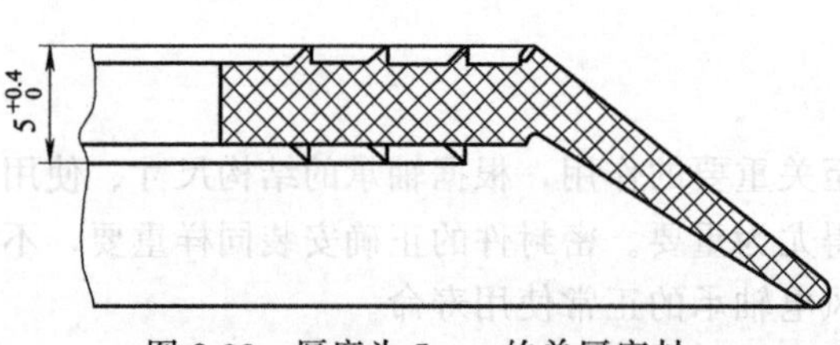

图 8-33　厚度为 5mm 的单唇密封

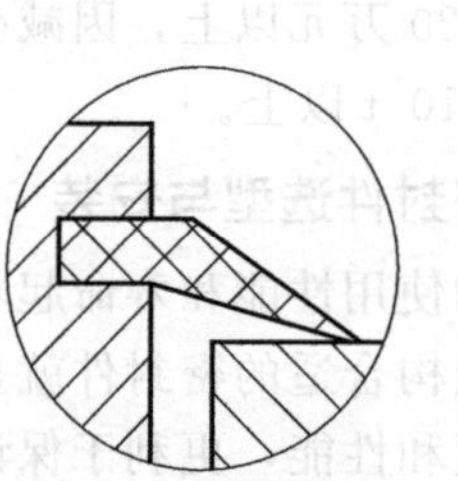

图 8-34　单唇密封件与密封槽的配合

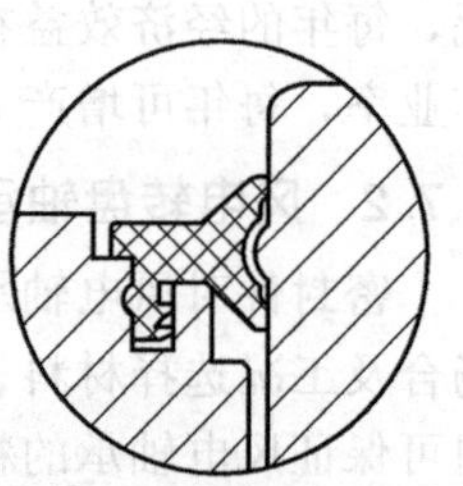

图 8-35　双唇密封件与密封槽的配合

2）选型　由于风电机组对轴承寿命要求比较长，而且工作环境比较恶劣，大多数位于气温较低（-40℃左右）、风沙较大的地区，对密封件的密封效果要求较高。而大多数风电厂家还要求保证轴承滚道内的油脂不外溢，所以风电转盘轴承基本均选用双唇密封件来满足主机的使用要求。但是由于偏航轴承多数为单排四点接触球结构，有时因其外形结构、尺寸无法满足内、外圈均采用双唇密封，这时可根据轴承的具体结构和尺寸选择 1 个单唇密封

+1 个双唇密封，以满足轴承的使用要求。

（3）密封件对摩擦力矩的影响

由于风电机组对轴承启动摩擦力矩有一定的要求，其启动摩擦力矩是判定产品是否合格的一个重要指标，所以须严格控制。对轴承启动摩擦力矩有较大影响的 3 个因素是初始摩擦扭矩、润滑脂和密封件。尤其是双唇密封件对启动摩擦力矩有较大的影响，表 8-10 给出了 1.5kW 风机用轴承安装密封件前、后摩擦力矩的变化。

表 8-10 风电轴承安装密封件前、后的摩擦力矩对比

试验项目	数值/N・m
轴承空载摩擦力距	1000～3000
密封件产生的摩擦力距	2500～4000
安装密封件后总的力距	3500～7000

从表 8-10 可知，轴承密封件对风电轴承的启动摩擦力矩影响较大，所以密封件的好坏及选用对风电轴承也是一个重要考察指标。

（4）安装方法及注意事项

1）安装　密封件安装是否得当对轴承的使用及其寿命有着较大的影响。如果安装方法合理，不仅可以提高工作效率，还能显著降低劳动强度。以下是转盘轴承密封件比较通用的安装过程。

① 首先由设计人员计算轴承所用密封件的长度，并将其标注于图纸上；装配人员根据图示，用剪刀按照计算出的长度剪下对应的密封件，然后用专用的黏合剂将其粘接起来，并确认粘接牢固。

② 在密封件两个密封唇口之间涂少量润滑脂，即图 8-36 中内唇处（单唇不需要涂），并在密封槽选择 8 个等分点，将粘接好的密封圈先置入这 8 个点内，然后从两个相距 180°的定位点两侧开始向中间安装，用胶木棒或气动锤慢慢将粘接好的密封件完全嵌入密封槽内。

③ 按顺时针或逆时针方向检验密封件整圈是否压实，有无不平整或凸、凹等缺陷。

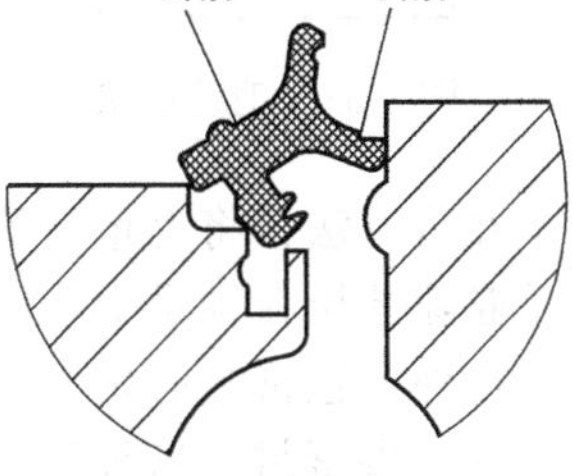

图 8-36 双唇密封件安装示意图

2）注意事项

① 密封件按计算的长度剪下后需要将其接头处修剪平齐，这样便于接口的粘接，并保证其粘接的牢固性。

② 使用 8 点等分的方法安装密封件是要控制密封件的拉伸和挤压量，尽量让其在安装后保持自然平整的状态，这样可以减少密封件在轴承工作中的受力，保证其正常使用寿命。

③ 涂抹少许润滑脂可以使安装更加容易，且安装后必须保证整个密封件压实、平整，否则容易出现溢脂、漏脂现象。

3）其他类型密封件的安装　除了长条剪裁型的密封件，还有一种整体型的密封件。整体型密封件是按照要求的使用长度直接做成密封圈的形式，其具有无接头、尺寸精确和可以有效避免安装过程中过量拉伸等优点。整体型密封件安装方式与长条剪裁型是一样的，采用 8 点等分法进行安装。整体型密封件长度须按需求定制，有一定局限性，而且其造价较高，所以目前国内企业通常不予选用。

8.7.3 利用毛毡和盘根改进轴承密封

毛毡密封、盘根密封在一些特殊场合使用效果好。

（1）UCF317 轴承的密封

某抛丸清理机的提升机底辊轴承使用不到两周就会损坏，轴承型号 UC317，瓦座型号

F317。原来设计的结构中，UC317 轴承因进入了大量的铁砂粉尘而损坏，结构中有密封圈作为轴承的防护，UC317 轴承自身也有防尘盖，但正是密封圈的损坏才造成了轴承损坏。UC 轴承和 F 瓦座自身能自动调心，即使两侧轴承同心度差，轴承也会自行调节，而这正是提升机底辊选择这种轴承的原因。但是密封圈安装在开有流砂槽的密封板上，无法跟随轴承调心，密封圈使用很短一段时间就会因不同心而损坏。再有轴承上的防尘盖与轴承有间隙，而且铁制防尘盖在使用中会产生对铁砂小颗粒的吸附现象，灰尘及铁砂小颗粒就会进入轴承，造成轴承损坏。对此处的密封进行改进，把原来的旋转油封改为迷宫式加 V 型密封圈，V 型密封圈有轴向密封作用，可以补偿较大的尺寸误差和角度偏差。但由于工作环境太恶劣，实际使用中效果并不好，后来采用了毛毡做密封取得非常好的效果。这里使用的毛毡密封不是传统的毛毡圈密封，而是一种以往从没有过的形式。

对 UC317 轴承，选用厚度为 10mm 的毛毡，剪成如图 8-37 所示的形状，这个形状和 F317 瓦座的内部形状大小相同。中间孔直径 110mm，安装见图 8-38。

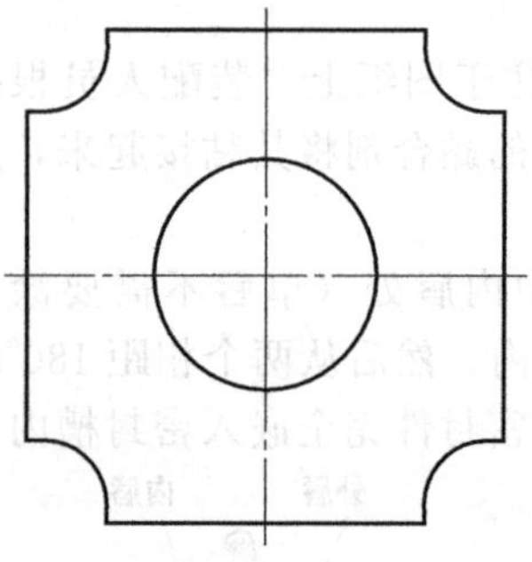

图 8-37　毛毡形状

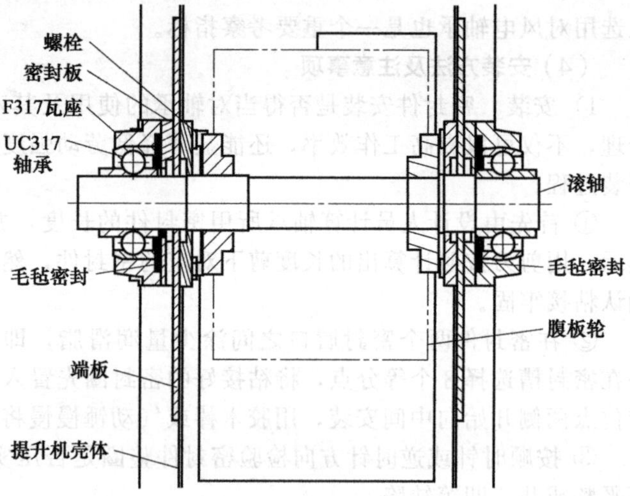

图 8-38　毛毡安装图

安装方法：将毛毡一侧涂黄油，并使涂黄油侧毛毡紧贴在轴承上。由于螺栓的压紧使毛毡无缝隙地压在轴承上，无论条件怎样恶劣都不会有灰尘及铁砂颗粒进入轴承中。

这种毛毡密封有别于以往使用的密封方法，主要借助于轴承上的防尘盖，相当于将防尘盖进行了再密封。这种毛毡密封耐冲击，即使在毛毡密封处有灰尘或砂子堆积也不影响密封效果。此种毛毡密封非常适用于 UC 系列轴承的密封，尤其是多尘、环境恶劣的工作场合，如除尘设备中的除灰螺旋、螺旋筛等。

（2）混砂机齿式转盘轴承的密封

一台 T36/20 型混砂机使用齿式转盘轴承，轴承结构见图 8-39。使用半年后，轴承转动困难，拆开后发现轴承内进了砂子。因密封圈周围有砂子，转动时砂子与密封圈一同转动，当转动停止时，砂子因惯性继续运动就会进入密封圈，从而进入轴承滚道内，造成轴承转动困难。新轴承密封弹性较好，使用时间会长一些，但也不会超过一年。对混砂机齿式转盘轴承的密封进行改进，采用聚四氟材料的盘根，效果非常好并且简单。

参看图 8-39，测出图 8-39 中 L 后，选用 L_1（盘根尺寸 L_1 比 L 长 0.5～1mm），即选用 $L_1 \times L_1$ 的聚四氟盘根，该单位所用的齿式转盘轴承 $L=9.5$mm，选用 10mm×10mm 的聚四氟盘根。选好聚四氟盘根后，先将原来转动困难的齿式转盘轴承修复一下，将轴承外环螺栓拆掉使轴承能够自由旋转，拆掉原有的密封，从内外环间隙内注入洗油，一边旋转一边注入洗油，直到转动灵活为止。注意，下部要有接油盘，不能让油随意流淌且现场严禁烟

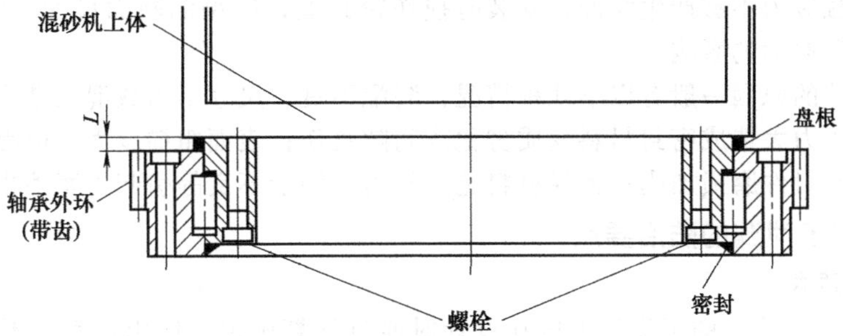

图 8-39 混砂机轴承结构

火，以防洗油被点燃。洗净后用油泵从注油孔加油，也要不停地转动，让油从内外环间隙挤出（用手捻干油会发现里面有砂子），将挤出的干油擦除。这样不断地注入擦除，直到挤出的干油没有砂子为止。将内环上的螺栓拆松，使其增大到容易将聚四氟盘根放入，要使盘根紧贴在轴承内环上，沿着内环绕一圈后将多余部分截断，将两个头连接在一起即可。然后将内环螺栓拧紧，再将外环螺栓固定。

由于盘根为 10mm×10mm，大于间隙 L（9.5mm），当内环螺栓紧固后，聚四氟盘根被压小一些，同时和混砂机上体及轴承外环上平面紧密接触，保证了砂子不会侵入。聚四氟盘根耐磨还可以自润滑，使用一到两年都没有问题。如果轴承又转不动了，可以用上面的方法继续修复而不用更换轴承。该办法简单易行，比起更换轴承，无论是维修成本还是维修时间都节省很多。

8.8 液压密封故障分析及泄漏治理

8.8.1 液压系统常见泄漏的分析

（1）泄漏机理分析

泄漏是指在液压元件及系统的容腔内流动或暂存的流体少量越过容腔边界，由高压侧向低压流出的现象。产生泄漏的主要原因：一是组成液压密封工作腔的各零件间有间隙；二是两侧存在压差，即间隙是主要的泄漏通道。泄漏分内泄漏和外泄漏，内泄漏是工作介质从高压腔向低压腔的泄漏，即串油；外泄漏是工作介质从工作腔向元件和系统外部的泄漏，即漏油。

（2）常见泄漏现象

目前，液压系统的泄漏问题在使用过程中还不可避免。表 8-11 列出的是部分液压设备检修过程中经常发现的泄漏现象。

表 8-11 液压设备泄漏现象

泄漏设备	泄漏部位	主要泄漏现象
CPC-10 叉车	倾动缸	挡圈损坏，挤出间隙咬伤密封圈，造成漏油
	提升缸	开始使用，短时间泄漏，拆开无异常。低压时，泄漏；高压时，泄漏停止
长江 25T 吊车	伸缩缸	伸缩缸尺寸长，防尘圈密封唇有油，往复伸缩过程中逐步形成油滴
	支腿缸	支腿偏心动载荷大，密封圈摩擦磨损加剧，造成漏油
K184 压裂机组	液压马达	压力高导致密封圈过分磨损，出现泄漏

（3）泄漏原因分析

静密封失效的原因主要是：管接头松动产生泄漏，振动破坏静密封或降低密封圈的使用寿命；密封材料与介质不相容，造成密封圈变质失效；托伸、压缩量不当致使密封圈产生永久变形，或接触应力不够产生泄漏；安装时损伤密封圈；O 型圈断面尺寸不够，弹性不足，不能补偿偏心和振动的影响。

动密封失效的原因一般有以下几种情况：装配不良、尺寸不当或混入杂质引起密封件损坏；温度高、压力大造成密封材料变质劣化或间隙咬伤；表面粗糙度大、电镀不匀，摩擦运动速度大造成密封件磨损加剧；密封材料选用不当、润滑不良等引起干摩擦损坏密封件。

8.8.2 液压系统泄漏的防治要点

（1）基本要求

① 控制压力。系统的工作压力应在设计时通过计算确定，使用过程中不应随便调整或改变。

② 控制温度的变化。控制液压系统温度的升高，一般从油箱的设计和液压管道的设置方面着手。为了提高油箱的散热效果，可以增加油箱的散热表面，把油箱内部的出油和回油用隔板隔开。油箱液压油的温度一般允许达到 55～65℃，最高不得超过 70℃。当自然冷却的油温超过允许值时，就需要在油箱内部增加冷却水管或在回油路上设置冷却器，从而降低液压油的温度。设置液压管路时应该使油箱到执行机构之间的距离尽可能短，管路的弯头，特别是 90°的弯头要尽可能少，以减少压力损失，减少摩擦。

③ 保持液压油的清洁度。采用滤油装置对液压油定期或连续地进行过滤，尽可能减少液压油的杂质含量，保证油液的清洁度符合国家标准。

④ 在日常维护中，要加强对设备的检查，对液压油进行定期化验，确保油质的清洁符合标准。选择符合标准的耐用的密封装置，定期或周期对密封装置进行更换，加强设备维护，最大限度地减少泄漏，确保液压设备的正常运行。

（2）维修检查要点

为了防止泄漏，在更换元件、软管以及硬管时，需要遵循以下几条原则。

① 一般应按照原来的管道位置和长度更换，原因是设备上原来管道的位置是经过精心设计的，特别是一些车辆上的管道位置，由于空间窄小，设计时都尽量考虑了避免振动和磨损，所以应按原来的管道尺寸和位置更换新的管道。这样做会避免产生新的故障。

② 避免在管道布置时产生角度很大的急弯。急弯在任何形式的液压管线中都会对油液产生节制作用，从而引起油液过热。应当选取合适的管道弯曲半径，对软管来讲，凭经验，其弯曲半径应当等于 10 倍的软管外径。尤其是在工作期间软管需要弯曲时，一个比较大的弯曲半径是必要的；硬管的弯曲半径应等于管道外径的 2.5～3 倍。

③ 不要试图用力（超过允许的转矩）旋紧管接头，这样做带来的后果是使管接头损坏和密封圈变形。

④ 应使管道长度尽可能地短。管道越长，内阻就愈大。更换管道时，不要用一根长的管道来代替原来比较短的管道。但也不要使管道短到弯曲半径小于所规定的值，应当仔细测量原始管道的长度，考虑所有的弯曲部分，然后用相同长度的管道替代。需要注意的是，当软管被加压时，有轻微缩短的趋势，所以在更换软管时要考虑这一点，留出些长度上的裕量。

⑤ 应当使用合适的支架和管夹。主要原因是避免软管与软管之间或软管与硬管之间或者软管与设备之间形成摩擦，摩擦会缩短软管的寿命，导致早期的软管更换。确信使用合适的管夹，不合适的管夹比没有管夹好不了多少，在一个比较松的管夹内，软管的前后移动会引起磨损。还要使用推荐的管接头，假如管接头与管道不是精确匹配的话，阻力和泄漏将由此产生。

⑥ 安装时要使用合适的工具。不要用管钳子之类的工具代替扳手，不要使用密封胶来防止泄漏。

⑦ 无论什么时候在从系统中拆除软管和硬管时，都要用干净的材料盖住拆除部分的管道，

也不要用废旧的材料堵塞系统的管道和元件，棉丝纤维材料与其他类型的污物一样有害。

此外，液压元件的加工精度、液压系统管道连接的牢固程度及其抗振能力、设备维护的状况等，也都会影响液压设备的泄漏。

8.8.3 液压缸密封失效典型问题分析

(1) 背压结构设计失效

当两个密封圈前后串联安装时，被活塞杆从油腔中拉出的微油膜会在两道密封之间的封闭区内汇集形成油环，当液压缸的行程较长时，油环的压力会迅速升高形成背压 p_1，可能会超过系统的压力 p，以致引起密封件折叠或从其座上被推出。背压问题的形成见图 8-40 背压形成原理，改进结构见图 8-41。

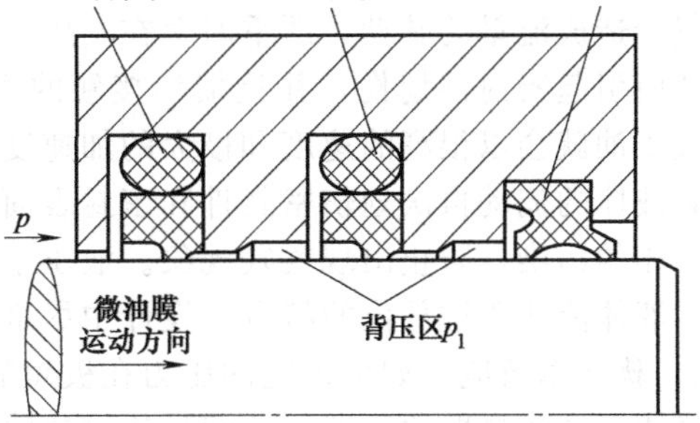

图 8-40 背压问题形成原理

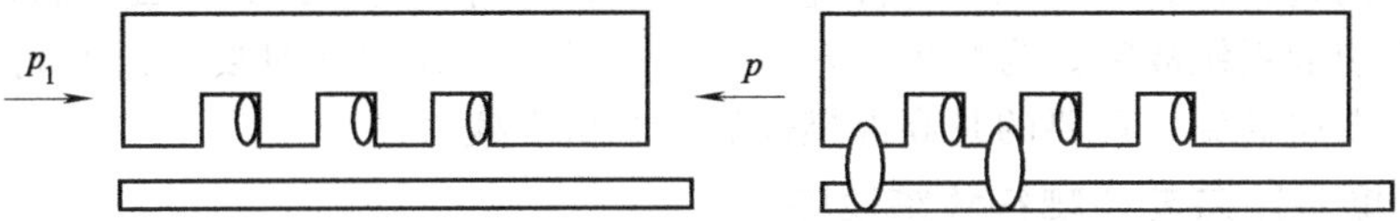

图 8-41 背压改进结构

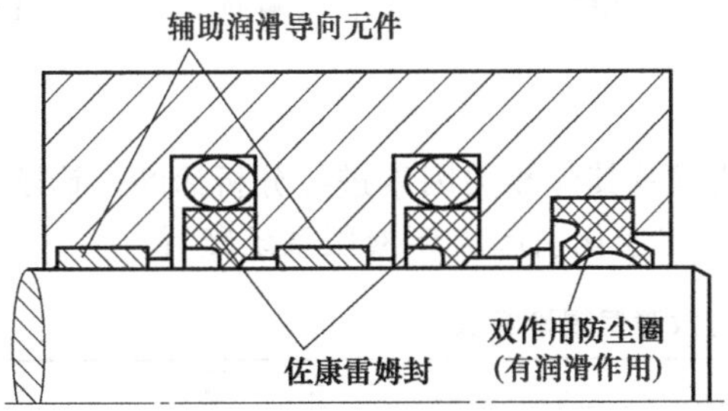

图 8-42 佐康雷姆封结构原理

背压问题可通过合理的密封设计解决。当活塞杆缩回时，困在两道密封之间的油液被活塞杆带回到系统中形成回吸效应，这样就能有效地防止背压产生。例如，德国宝色霞板公司于 1973 年研制的被称作特康斯特封的 PTFE 刃状密封就具有很好的回吸效果和抗挤出性能。该公司近年来又成功研制新型的杆密封件——佐康雷姆封，在串联密封中增加了辅助导向件，辅助件为充填青铜的 PTFE 复合物，起润滑和导向作用，见图 8-42。佐康雷姆封是成组使用的密封圈，这种密封结构借助两种密封圈的优势，具有优良的回收特性和极低的摩擦力，被广泛用于压力小于 25MPa 的往复运动的孔与轴间的动密封。

(2) 安装和启动结构设计失效

安装密封圈时一般需要使用专业工具，尤其在安装较大密封圈时一定要使用专用工具。在安装过程中要特别小心，以防切伤或划伤密封圈或划伤密封表面而造成泄漏。若启动时密封处泄漏且跑合之后泄漏现象仍未消失，就要考虑是安装和启动结构的原因了。此外，在启动试压时压力要适中，升压不可太快，以免还未跑合的密封圈变形损坏。

O 型圈在安装时必须按要求安装，挡圈要安在低压一侧，所通过的轴端、轴肩必须按设计要求倒圆，不能有尖角。圆角半径至少应等于 O 型圈截面的直径，金属表面不能有毛刺、生锈或腐蚀等，密封槽棱边应按要求修圆，以免划伤密封圈造成泄漏。在装配前各装配件必须严格清洗，不能带有颗粒或杂质，所通过的偶合面要有较低的粗糙度，并涂有润滑剂，以减少对密封面的磨损。

(3) 气体污染引起的密封失效

大气是引起液压系统故障的重要因素。在标准大气压下，油液中可溶解约 9%的空气，在高压下，空气和其他气体在油液中的溶解度更大，当压力降低时，它们就逸出。因此，液压系统在运转之前应放掉空气，以免造成严重的故障。常用的方法是在初次启动或长时间停机后启动前，反复点动液压系统开关几次以释放泵或阀内的空气。

1）气蚀　溶于液体内的气体释放出来形成气泡存在液体内，这种现象叫气穴现象。气穴不仅会造成流量的脉动，严重时会在高压下爆裂，这就是气蚀。气蚀将产生噪声和冲击振动，从而引起密封件划伤，并且损伤接触的固体表面。一旦密封表面被凹点和气孔凹坑损坏，液压油就会以很高的速度和极大的加速度流经纵向伤痕而加剧磨损，金属表面崩掉的颗粒随着液体的流动再次划伤密封件和密封表面，加速密封失效的进程。所以压缩体内一定要防止气体的污染，防止出现气穴现象。液压系统中要设排气装置，针对气穴一般发生在通道狭窄、液体流速激增部位的特点，设计中尽量避免急变管径，控制急变部位的压力比值。

2）狄塞尔效应　如果系统的压力在极短的时间内急剧升高，气泡就被加热到能使气泡中的气体混合物自燃的程度，这就是狄塞尔效应。例如，一个直径 $D=25$mm 的空气泡，在几 ms 内从大气压压缩到 50MPa，气泡中心的温度将升至 2500℃。如果这种效应发生在密封或支承环的附近，密封和支承环将被烧焦。除了元件直接失效外，环或密封烧焦产生的坚硬碎颗粒也将引起系统故障。为减少狄塞尔效应的危害，在设计时要注意密封材料的选用，这种材料不仅要耐高温，重要的是高温燃烧后不会留下残渣。

8.8.4　外圆磨床液压系统爬行故障诊断

（1）故障现象

某 MQ1350A 外圆磨床工作台爬行，被磨工件表面粗糙度高，并呈鱼鳞状，还有不规则的波浪纹，给企业带来了很大的损失。

（2）原因分析

对这台液压设备使用的情况、故障历史和现状以及其他相关因素进行分析诊断，诊断过程如表 8-12 所示。得出结论是液压油不合格及密封圈老化引起磨床液压系统爬行。

表 8-12　磨床液压系统爬行故障逻辑诊断表

序号	问题假设	措　施	结　果
1	操纵部位不灵敏	更换滑阀、开停阀、换向阀、进给阀、进退阀	经检查仍有爬行现象，假设不成立
2	系统压力过低或不稳定	检查阀类元件，将减压阀压力调至 0.4～0.6MPa，工作台润滑油稳定器压力调至 0.05～0.15MPa	运行过程中压力正常，假设不成立
3	系统其他部位有泄漏	通电后，油泵经溢流阀压力调至 1～1.2MPa	卸荷状态进入工作状态，压力上升稳定，说明系统其他部位完好，假设不成立
4	滑动部件阻力不正常	对滑动部件进行调整，并加润滑油	检查无异常情况，假设不成立
5	液压缸与滑动部件安装不妥	调整液压缸及部件的正确性	经检查安装正确，无异常情况，假设不成立
6	吸油部分结构不合理，引起吸油困难	将吸油管、滤油器、油泵拆开清洗并调整	运行时，此部分正常，假设不成立
7	管道、泵、阀、油缸漏气	清洗调整各部件，检查此部分是否有漏气现象	系统工作后，未出现明显振动及噪声，此部分无漏气现象，假设不成立
8	密封件磨损、老化	更换液压缸密封件	更换密封件后，爬行稍有好转，但仍不能消除，假设成立
9	液压油不合格	利用放气阀在全行程移动，排除系统内空气	每当工作台行至床身左端时，放气阀一端就产生气泡，爬行明显，快慢都是如此，假设成立

（3）解决对策

① 更换密封圈。由于市场上购买的密封圈其材质不能完全得到保证，密封圈使用寿命较短，需常更换。

② 更换液压油。原使用的液压油为 32＃机油，使用了一段时间后便因油液油质污染等因素形成气泡，造成爬行。更换 AN32G 防爬行导轨油，换油时严格按换油标准进行，换油后经检查试车，爬行消除。

采用上述处理方法后，磨出来的工件表面粗糙度符合要求，这台磨床使用良好，满足了生产上的需要。

8.8.5 多级套筒伸缩式双作用液压缸故障分析及改进

（1）故障现象

某桥梁机械有限公司某产品上选用两级套筒伸缩式双作用液压缸，活塞与套筒采用螺纹嵌套式，在加工工艺上与活塞式单作用油缸相同，质量上易保证，可靠性好，但结构复杂。

某次顶升作业后检修发现，活塞杆拉伤，出现泄漏；同时油缸出现卡阻，一级活塞杆缩不回的现象。为避免更大事故的发生，对该多级油缸进行拆检，发现导向限位部分已产生塑性变形，平坦的台阶边沿损坏，尖锐的铁屑将活塞杆的镀铬层划伤，进一步损坏了密封圈，引起了油缸的泄漏；同时空载缩缸时回油背压较高，压力损失很大。

（2）原因分析

对油缸进行了分析，多级套筒伸缩式双作用油缸出于自身结构的考虑，缸径和活塞杆直径的选择都偏大，如图 8-43 所示。一级缸径和杆径分别为 $\phi200$、$\phi190$，二级缸径和杆径分别为 $\phi160$、$\phi150$。每级油缸每边只有 5mm 的间隙，通常油缸从最大的一级开始逐级伸出，即 $\phi200$ 油缸带着套在其内的第二级最先移动，在一级行程完全伸出后，下一级才开始伸出；而在缩回时，最小的一级完全缩回以后，下一级才开始移动，逐级缩回到缸筒内。

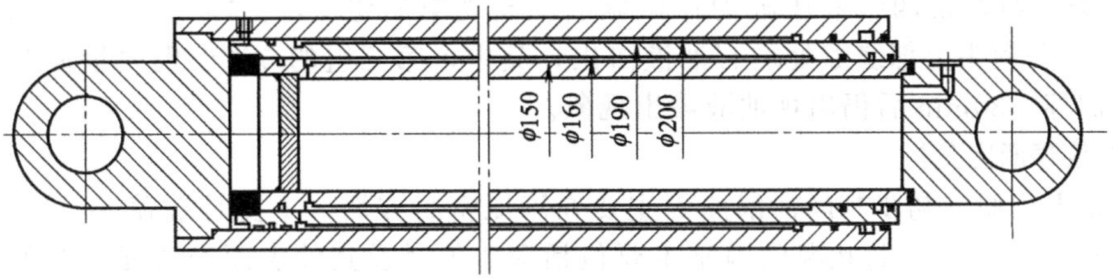

图 8-43　两级伸缩双作用油缸结构

各级活塞与导向限位接触面非常小，如果油缸伸出速度较快，活塞就会与限位处发生碰撞，长期碰撞会使导向限位部位发生塑性变形，导致活塞杆发卡，划伤镀铬层，油缸的反复伸缩会进一步损伤密封圈，从而造成卡阻和泄漏。

所选用油缸第一级速比 10.5，二级速比 8.25，当第一级伸出到位后，相同流量进入第二级，其伸出速度增大，而油缸没有设计缓冲装置，快速伸出的活塞在行程末端会撞击导向部位，该部位未经特殊处理，时间长后就发生了故障。

至于缩缸时回油背压高，主要是由多级缸的速比较大引起的，同样的油量进入有杆腔，无杆腔排油量数十倍地扩大，而在系统设计时，大多是按泵的供油量进行选择的，忽略了由速比引起的流量增加，油缸级数越多，影响越大，系统背压的增加也就越大，从而出现空载缩缸时需要加大发动机油门或消耗功率的怪现象。

（3）解决对策

如果能降低油缸伸出速度，让其平缓到达行程终点，就可解决碰撞问题。因此对液压原理进行了改进，如图 8-44 所示。

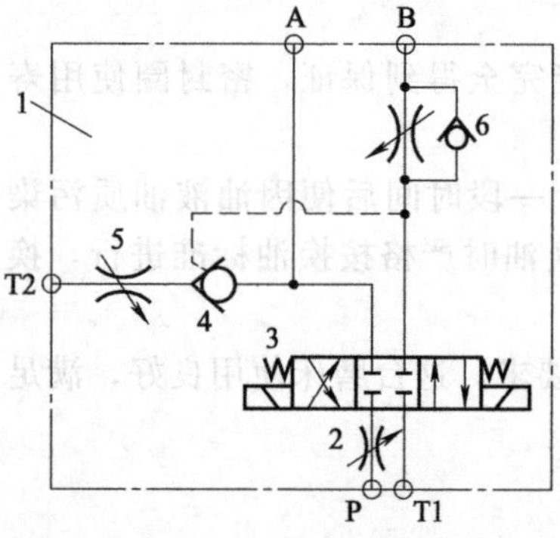

图 8-44 液压原理

1—阀块；2，5—节流阀；3—电磁换向阀；4—液控单向阀；6—单向节流阀

多级缸伸出时，电磁换向阀 3 处于右位，节流阀 2 先对泵的来油进行调节，有杆腔的回油通过单向节流阀 6 的单向阀回油箱，同时高压油将液控单向阀 4 封闭，使油缸的伸出速度可控，避免发生高速撞击。

多级缸缩回时，电磁换向阀 3 处于左位，节流阀 2 先对泵的来油进行调节，单向节流阀 6 根据速度要求对流量进行二次调节，同时高压油通往液控单向阀 4 的控制口，将液控阀打开，使其反向流通，无杆腔的回油一路经液控单向阀 4 和节流阀 5 回油箱，节流阀 5 可调节背压，防止缩回太快而在无杆腔产生真空，引起系统振动和噪声；无杆腔排出的另一路液压油可经电磁换向阀，经 T1 口回油箱。

8.8.6 液压缸动密封外泄漏故障分析与排除实例

（1）液压缸的结构及故障现象

某液压缸的结构如图 8-45 所示。主要包括锁头、端盖、弹簧、筒体及密封组件等。压力油液由进油口进入液压缸，随着压力的逐渐升高，压力油克服弹簧预紧力后压缩弹簧，使锁头向下运动。当系统开始卸载时，油缸内油液压力迅速降低，当液压力与弹簧力失去平衡后，弹簧将推动锁头活塞向上运动，至此，该单作用液压缸完成一个工作循环。

该液压缸在锁头与端盖发生相对滑动时或动作后出现外泄漏现象。为准确定位故障发生的部位，进行了 4 组（每组 6 台液压油缸）试验，结果发现：

① 在该单作用液压缸动作后将液压系统卸载，发现第一组 5＃及第二组 5＃单作用液压缸端盖锁头上部缝隙处有微量油液渗出。将油液擦掉，30min 后仍有微量油液渗出。

② 对第三组及第四组液压缸动作试验后，发现第三组 2＃、4＃、5＃和第四组 1＃、6＃液压缸端盖锁头上部缝隙处均有油液渗出，其中，第三组的 5＃出现大量泄漏。将所有泄漏油液擦掉，30min 后仍出现油液渗出现象。

（2）故障原因分析

通过以上实验，初步判断泄漏原因主要在液压密封方面，主要是端盖 O 型密封圈。影响该端盖 O 型密封圈密封状况的因素主要包括锁头外径及其外表面光洁度、端盖内密封沟槽相关尺寸及其表面光洁度、O 型密封圈型号。

下面采用排除法对该液压缸产生漏油现象的可能原因进行分析。

1）锁头外径及外表面光洁度　锁头外径如果偏小或者锁头表面有毛刺、棱边，均可使单作用液压缸动作时 O 型密封圈无法起到密封作用，导致液压油沿上述缝隙渗出至单作用液压缸锁头外部。拆卸后重新测量出现泄漏的 7 件单作用液压缸锁头外径，发现均未出现尺寸超差现象，并且该 7 件锁头的外表面没有毛刺或棱边等影响其表面光洁度。因此，液压缸产生漏油不是因锁头外径尺寸加工误差及外表面光洁度不满足设计要求造成的。

2）端盖内密封沟槽相关尺寸及表面光洁度　如图 8-46 所示，在端盖内对密封圈密封作用有影响的 2 个尺寸为沟槽内直径 $\phi41^{+0.22}_{+0.14}$mm 及沟槽宽度 $4.8^{+0.25}_{0}$ mm。对拆卸下来的 7 件单作用液压缸端盖进行测量，得出的测量数据如表 8-13 所示。

表 8-13　测量数据

要求值	实测值						
	1 组-5＃	2 组-5＃	3 组-2＃	3 组-4＃	3 组-5＃	4 组-1＃	4 组-6＃
$\phi41^{+0.22}_{+0.14}$	ϕ41.10	ϕ41.10	ϕ41.09	ϕ41.06	ϕ41.43	ϕ41.15	ϕ41.03
$4.8^{+0.25}_{0}$	4.85	4.91	4.88	4.85	4.95	4.90	4.80

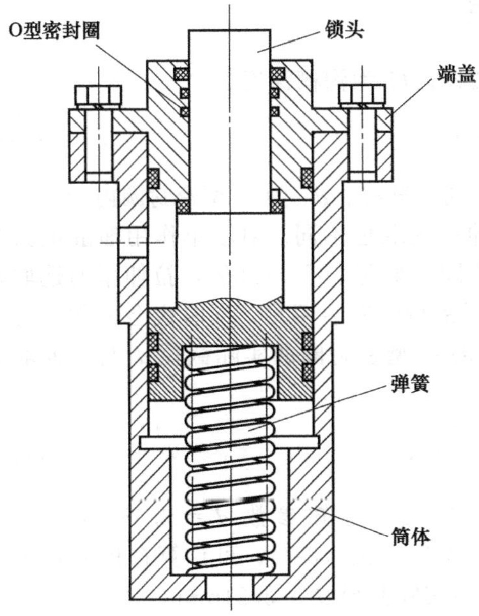

图 8-45　液压缸结构

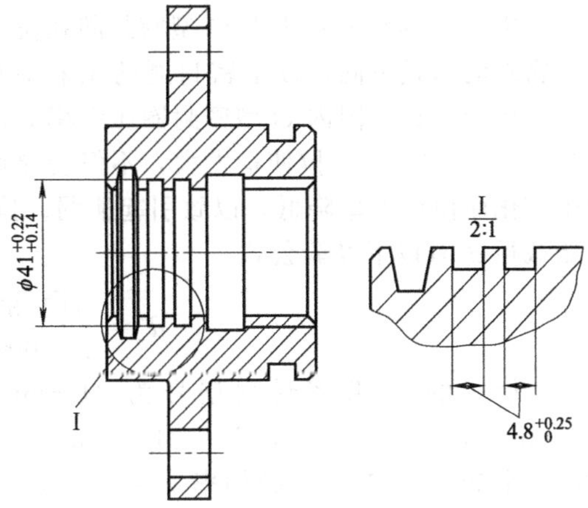

图 8-46　端盖内密封沟槽相关尺寸

从表 8-13 可以看出，3 组 5＃单作用液压缸端盖加工尺寸严重超差，这与该位置出现大量泄漏现象吻合；其他端盖内密封沟槽内直径加工尺寸也都存在偏大的现象。

在拆卸过程中还发现在密封沟槽中有部分细小沙粒，并且拆卸工作状态正常的液压缸端盖，也发现其中有部分细小沙粒。

通过对比分析可以得出结论：端盖内密封沟槽内直径加工尺寸偏大是造成液压缸泄漏的一个主要原因，沟槽内表面光洁度也是影响液压缸泄漏的原因之一。

3）O 型密封圈型号及尺寸　在拆卸 7 件液压缸的过程中并未发现有 O 型密封圈破损的情况。该液压缸端盖内选用密封圈型号为 34.5mm×3.55mm，查阅《机械设计手册》发现，该型号的密封圈用于活塞杆动密封时要求设计的密封沟槽内直径为 ϕ39.995～41.1mm，从以上实测数据可以看出该沟槽尺寸与所选用 O 型密封圈型号不匹配。因此，设计中所选用的 O 型密封圈型号尺寸与沟槽设计尺寸不匹配，是造成液压缸泄漏的主要原因。

（3） O 型密封圈的计算及选型

从以上分析可以看出，影响该单作用液压缸锁头外泄漏的原因为：

① 所选用的 O 型密封圈型号尺寸与沟槽设计尺寸不匹配。

② 端盖密封沟槽内径加工尺寸偏大及沟槽内表面存在细小杂质。

从 O 型密封圈密封机制可知，O 型密封圈良好的密封效果很大程度上取决于 O 型密封圈尺寸与沟槽尺寸的正确匹配，以形成合理的密封圈压缩量与拉伸量。若 O 型密封圈压缩量过小，则会引起泄漏；压缩量过大，则会导致 O 型密封圈橡胶应力松弛而引起泄漏。同样，O 型密封圈在工作中拉伸过度，会使 O 型密封圈截面直径 d 变小，而造成 O 型密封圈的压缩率降低，以致引起泄漏。往复运动密封的 O 型密封圈装入沟槽内起预密封作用的示意图如图 8-47 所示。液压密封原理中用压缩率 W 和拉伸率 α 来衡量 O 型密封圈的预密封作用。

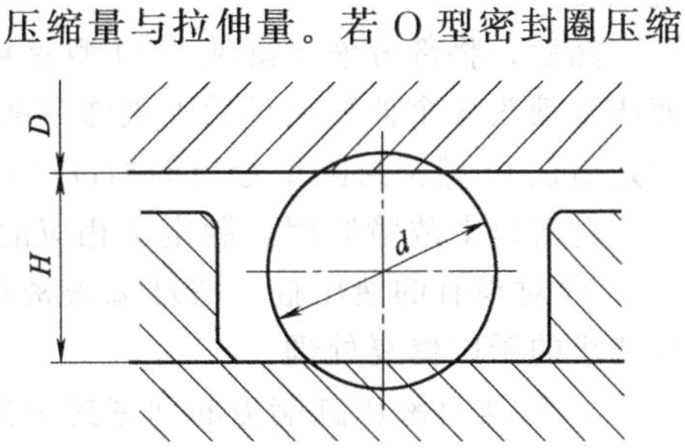

图 8-47　O 型密封圈预密封作用示意图

压缩率：

$$W=\frac{d'-H}{d'} \tag{8-5}$$

式中，d'为O型密封圈在工作状态下的实际截径；H为沟槽深度。

拉伸率：

$$\alpha=\frac{D+d}{d_1+d}-1 \tag{8-6}$$

式中，D为轴径；d为O型密封圈在拉伸前的初始截径；d_1为O型密封圈内径。

密封的形式不同，O型密封圈的压缩率及拉伸率选取也不同。对于单作用油缸锁头处的往复运动密封，国内O型密封圈压缩率的选取范围一般是10%～20%，拉伸率的选取要求是1.5%～2.0%。拉伸量太大，不但会导致O型密封圈安装困难，同时也会因截面直径发生变化而使压缩率降低，以致引起泄漏。拉伸后的O型密封圈的实际截径d'与拉伸前的初始截径d有以下经验公式：

$$d'=\sqrt{\left|\frac{1.35}{100a}-0.35\right|}\times d \tag{8-7}$$

所使用的O型密封圈型号为34.5mm×3.55mm。已知参数$d=3.55\text{mm}$，$H=3.11\text{mm}$，$D=34.94\text{mm}$，$d_1=34.5\text{mm}$，根据式（8-5）～式（8-7），可计算在拉伸状态下的压缩率$W=3.115\%$，拉伸率$a=1.156\%$，拉伸后实际截径$d'=3.21\text{mm}$。

由于所选型号的O型密封圈在拉伸状态下的截径d变小，导致该密封圈在使用过程中的压缩率变小，即压缩量不能满足往复运动密封的要求，致使该单作用油缸内油液通过O型密封圈与密封沟槽之间的间隙缓慢泄漏。

通过查阅相关设计手册，预采用O型密封圈35.5mm×3.55mm替换原有密封圈。采用式（8-5）～式（8-7）进行计算，可得到拉伸状态下的压缩率$W=22.25\%$，拉伸率$a=-1.434\%$，拉伸后实际截径$d'=4\text{mm}$。

从计算结果可以看出，采用35.5mm×3.55mm密封圈后的压缩率为22.25%，比推荐值稍大，理论上可以满足使用要求，但是安装到位后，该密封圈的截径d'比初始截径d稍大，所以，在安装过程中该密封圈并非处于拉伸状态，而是处于微量压缩状态，因此在安装时要注意防止密封圈被啃伤，避免造成严重的油液泄漏。

综上所述，液压缸端盖处油液泄漏原因主要是所选O型密封圈型号尺寸与沟槽设计尺寸不匹配。更改合适的O型密封圈型号后，理论上可以解决该单作用液压缸动密封外泄漏油的问题。

（4）液压缸端盖密封改造

在现场将第三组5#液压缸端盖换成加工尺寸合格的端盖，并将7件有漏油现象的液压缸端盖密封沟槽内的杂质清理干净。然后用35.5mm×3.55mmO型密封圈替换原来的O型密封圈，在装配完成后进行100次液压缸锁头伸缩动作，然后关闭系统，24h后无任何泄漏现象发生。

然后，将部分液压缸端盖O型密封圈再次更换为34.5mm×3.55mmO型密封圈，动作液压缸锁头5个伸缩循环后油液渗漏故障复现，从而证实该液压缸端盖处油液泄漏的主要原因是所选O型密封圈型号与沟槽设计尺寸不匹配。

针对以上故障原因，制定了相应的液压缸端盖改造措施：

① 对现有的液压缸，清理端盖密封沟槽内的杂质，并重新测量沟槽深度，对不满足设计要求的予以修复处理。

② 将所有液压缸端盖的动密封更换成型号为35.5mm×3.55mm的O型密封圈。

采用以上措施改造后，选择4组共24件单作用液压缸进行了100次伸缩动作试验，无任何泄漏现象发生，从而彻底解决了该单作用液压缸动密封外泄漏的故障。

8.8.7 液压破碎锤密封泄漏的分析与改造

液压破碎锤广泛用于楼房拆除、道路建设、冶金和矿山等工程中。

（1） RHB322 破碎锤的结构

某 RHB322 破碎锤结构如图 8-48 所示，它通过活塞与高速换向阀相互控制对方的油路通断，来实现活塞在高压氮气和高压油的联合作用下，在缸体中作往复冲程运动。工作参数如下。

流量：130～200L/min；工作压力：16～18MPa；拍节：330～380 次/min；输出功率：6100W；氮气室压力：0.6～1.2MPa；高压蓄能器压力：5～6MPa。

（2） RHB322 破碎锤故障分析

RHB322 破碎锤原密封结构如图 8-49 所示。

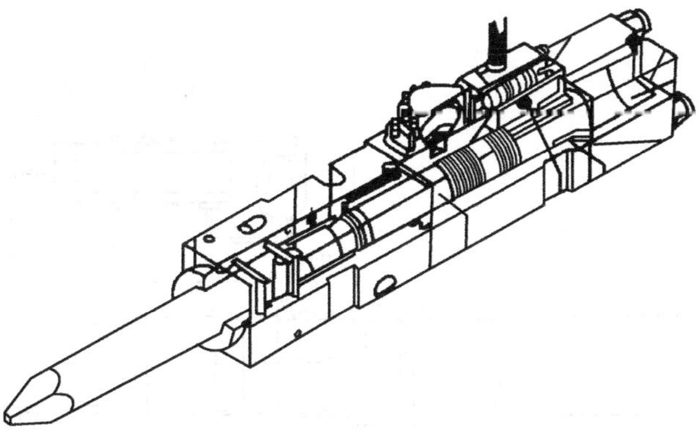

图 8-48 RHB322 破碎锤

系统使用 200～500h 时出现了冲击频率明显下降、冲击无力和漏油等故障，对该破碎锤密封结构进行分析，发现以下缺陷与不足。

1）密封方式没有分段考虑 根据破碎锤的工作原理分析，柱塞与缸体拉伤的部位主要集中在提升段、运动段和气液段。提升段和气液段的密封件起封油、支撑作用，使运动段形成均匀配合间隙，并得到充分润滑。提升段应保证液压油不外泄，气液段应满足氮气和液压油不串腔。原设计中没有考虑各段功能差异，而采用相同的密封方式。

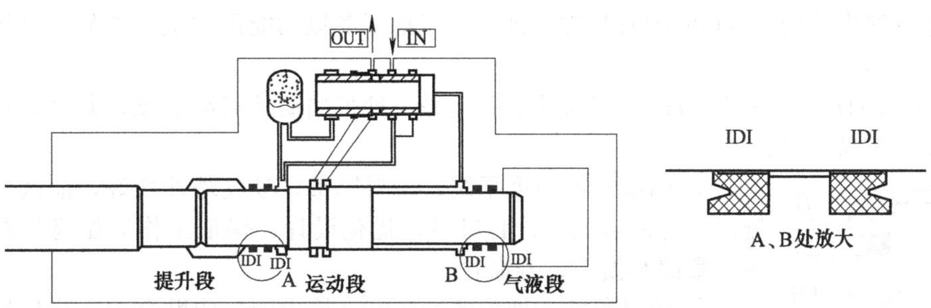

图 8-49 RHB322 破碎锤原密封结构

2）密封件材料的选择不合适 原设计采用的是聚氨酯密封件（IDI），特别是在气液段，聚氨酯橡胶耐水性差，工作一段时间后，容易被氮气中的水分分解，且在气室封中，聚氨酯摩擦力过大，非常容易在温度升高后烧损，损坏密封件，造成内腔压力不稳定，从而引起金属表面过度挤压，油温瞬间升高，使间隙中的油膜变薄，引起缸体被柱塞拉伤，致使破碎锤报废。

3）密封件功能单一，且摩擦阻力过大 破碎锤属于往复动密封，密封的功能是阻止泄漏，提高密封性会增加摩擦力，摩擦力增加直接导致运动能力与质量降低，并且摩擦力过大会加速密封的磨损，导致密封被破坏。所以在动密封中，处理好密封、摩擦、磨损和润滑的关系，对提高工作件的使用寿命很关键。而原设计中只使用单一功能的 IDI 密封件，很难同时处理好这些因素，并且IDI密封件是一种大截面的U型圈，静压时有很好的预紧力，工作时能承受较大范围的压力，但同时带来的柱塞径向压力梯度较大。在同样条件下，IDI的接触面积大会造成较大的摩擦力，使油温升高，使油液过热老化。

正常工作的油温一般在45～55℃，当油温超过60℃后，油温每升高8℃，油的老化速度则加快1倍。油温升高，油液黏度降低，油膜变薄，造成两直线运动表面直接摩擦，在破碎锤330～380次/min的往复运动下，两接触面很快磨损拉伤。这就不难解释当压力油从3MPa瞬间升高到160～180MPa时缓冲破坏出现故障的现象。

（3） RHB322破碎锤密封结构的改进

改进后RHB322破碎锤的密封结构如图8-50所示。

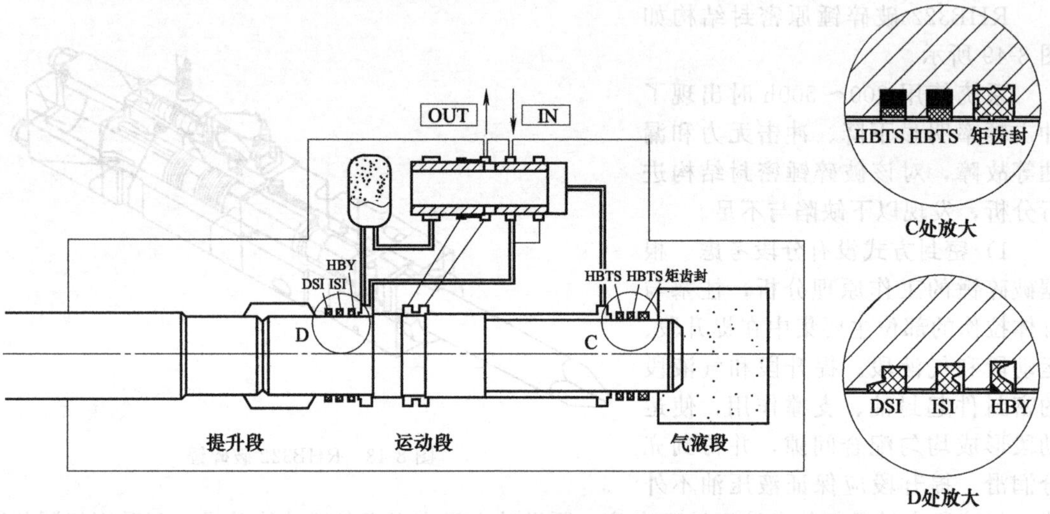

图8-50 改进后RHB322破碎锤的密封结构

改进方案中采用了NOK的密封件系列，并考虑了各段功能需求上的差异。具体改进方法如下。

1）选用HBY密封件 HBY密封件实际上是一种带挡圈的聚酰氨酯密封件，截面如图8-51所示。其特点是：

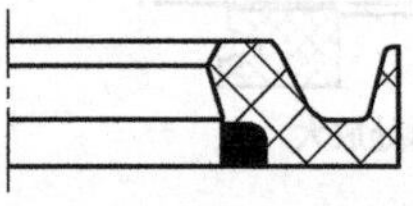

图8-51 HBY密封件

① 凹槽左侧角度平缓，材料厚重，吸收缓冲性好，能减少柱塞一侧产生的冲击压力；唇口经过优化设计，保证工作面始终处在润滑状态，摩擦磨损小，寿命长；

② 倾斜角大，增大非摩擦面（槽内壁）的贴合力，降低柱塞密封件的摩擦阻力和摩擦热；

③ 材料为聚酰胺树脂，可承受40MPa的压力，抗剪切能力远大于聚氨酯橡胶，增加它可以大大降低对密封件的剪切破坏；

④ 优化的截面几何形状使它有良好的回油能力，无困油现象和背压。

2）采用组合密封 在提升段，以HBY作主密封件，承受系统压力，允许一定厚度的油膜通过，保证在高压下有较低的摩擦磨损；用ISI作副密封，利用其低压性能优秀的特点挡住通过HBY的油膜，保证外泄漏为0，且其截面和凹槽比IDI小，对柱塞压力梯度小，从而摩擦力小，降低磨损；增加DSI作为补充，防尘挡污。

3）选用两个串联的HBTS同轴密封圈 同轴密封圈就是由具有自润滑性能、低摩擦因数且与对偶金属无黏性作用的工程塑料，如聚四氟乙烯，所制成的密封滑环和作为弹性体的橡胶 O 型圈组合而成。其特点是：①聚四氟乙烯是一种稳定性高的高性能工程塑料，具有优良的耐热性，其摩擦因数低，抗黏性优良，强度和硬度高于合成橡胶，但具有与合成橡胶接近的柔软性和一定的变形恢复性能；②动、静态密封性能均较好，两个同轴密封圈前后串联使用，几乎可以达到零泄漏；③作为弹性体的 O 型圈不与密封耦合面直接接触，不存在扭曲、翻转、挤隙等问题，工作可靠；④适用于高压、高速，最高工作压力允许达到 60MPa，最大往复运动速度允许达到 15m/s；⑤适用的温度范围为－45～200℃。

4）选用矩齿封　选用矩齿形缓冲气室封，与 IDI 相比，对柱塞的压应力仅为原来的 1/10～1/8，同时比 X 型密封多一道缓冲环，不易被高压油冲破，不易被剪切破坏。

（4）试验测试

对改进后的 RHB322 破碎锤密封结构进行冲击性试验、油温试验和摩擦阻力试验（摩擦阻力试验时摘掉阀芯，让 IN 和 OUT 与大气相通）。试验条件为：油压 16～18MPa；冲程 200mm；柱塞速度 2200mm/s；试验用油为长城 N68 液压油；油温 70℃；缸体内径 150mm；滑动距离 79.2km。试验结果如图 8-52～图 8-54 所示。

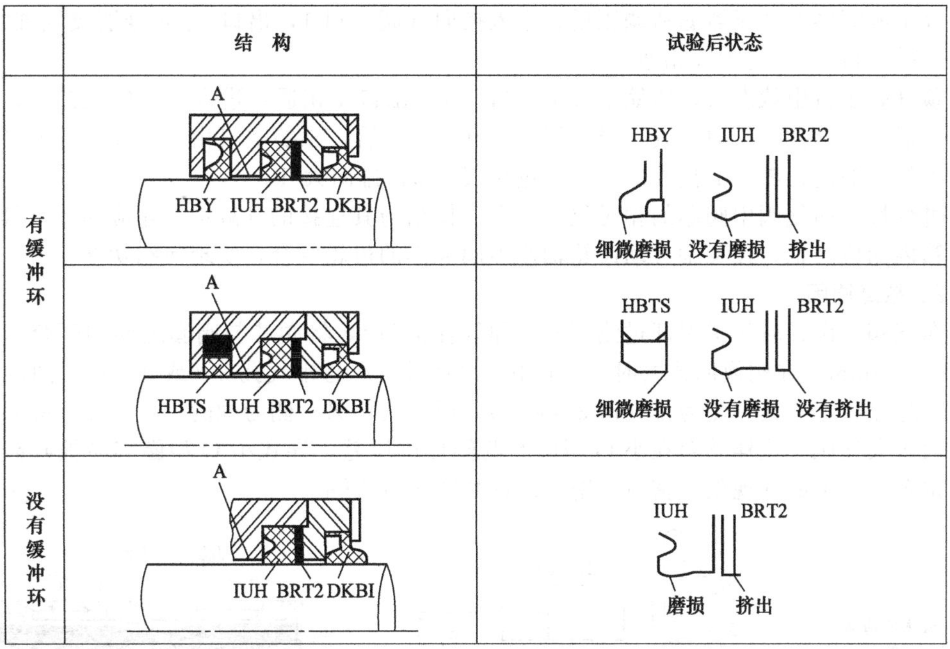

图 8-52　冲击性试验结果

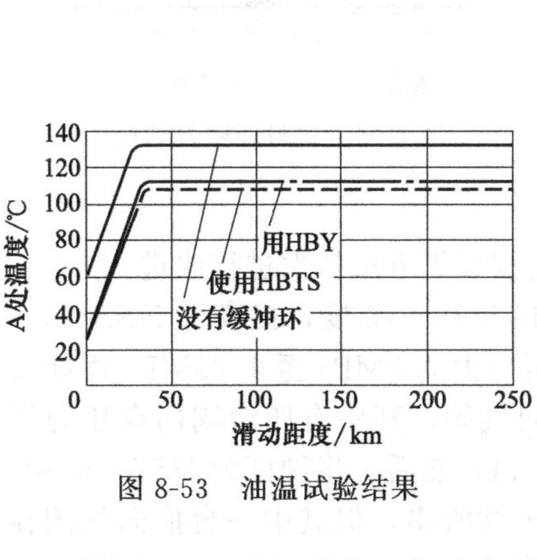

图 8-53　油温试验结果

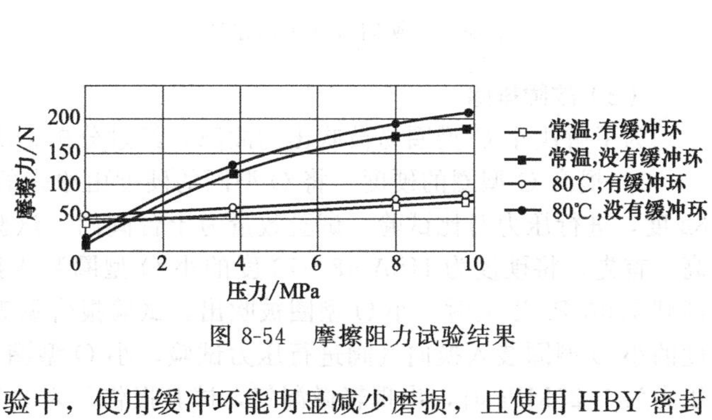

图 8-54　摩擦阻力试验结果

从图 8-52 可以看出，在冲击性试验中，使用缓冲环能明显减少磨损，且使用 HBY 密封件和 HBTS 同轴密封圈时没有挤出现象。

从图 8-53 可以看出，在同样的滑动距离中，使用 HBY 密封件和 HBTS 同轴密封圈能明显降低油温。

从图 8-54 可以看出，使用缓冲环能明显减小摩擦阻力，且摩擦力大小相对稳定。

8.9 气动密封故障分析及泄漏治理

8.9.1 换向气阀泄漏故障的排除

某重型汽车换挡换向气阀工作在高温、粉尘等恶劣环境中，常会出现阀体中的 O 型圈偏离原密封位置，导致换向气阀漏气，影响变速箱的正常工作。

（1）换向气阀

换向气阀是两位五通阀，由阀体、阀芯、阀套、上盖、下盖、密封件及弹簧等零件组成。该换向气阀在重型汽车变速箱中的工作原理如图 8-55 所示，系统空压机中产生的压缩空气经分水滤清器及减压器滤清调压后，进入换向气阀入口 1，出口 2、4 分别接气缸的高、低挡腔，排气口 3、5 与大气相通。

当顶杆处于自由状态时，压缩空气由入口 1（与出口 4 相通）进入气缸的低挡腔，高挡腔的余气通过排气孔 3 排向大气。当顶杆被下压 4mm 后，压缩空气由入口 1（与出口 2 相通）进入气缸的高挡腔，低挡腔的余气通过排气孔 5，排向大气。

通过变换换向气阀中阀芯的相对位置，可以控制与其连接的气缸进行相应动作，气缸推动齿轮箱内的拨叉轴，拨叉轴拨动齿轮轴使不同大小的齿轮咬合，实现换挡功能。

（2）故障原因

换向气阀在设计时为了保证过流面积（即气体流量），将阀芯与阀套之间的配合间隙单边设计为 0.5mm。在阀换向排气时，工作孔 2（或孔 4）与排气孔 3（或孔 5）之间的小 O 型圈处于悬浮状态，其一侧为排气口 3（或 5），通大气；另一侧为阀的工作口 2（或 4），工作气压大于大气压，这样就会在小 O 型圈的两侧形成压差，导致小 O 型圈容易被吹离原来的工作位置，产生漏气现象。密封环密封结构如图 8-56 所示。

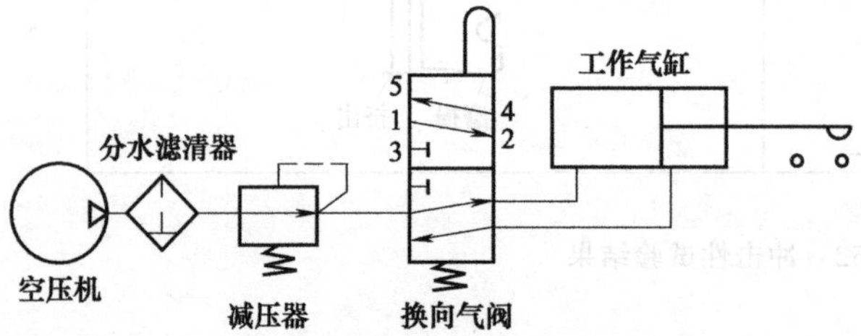

图 8-55 换向气阀工作原理

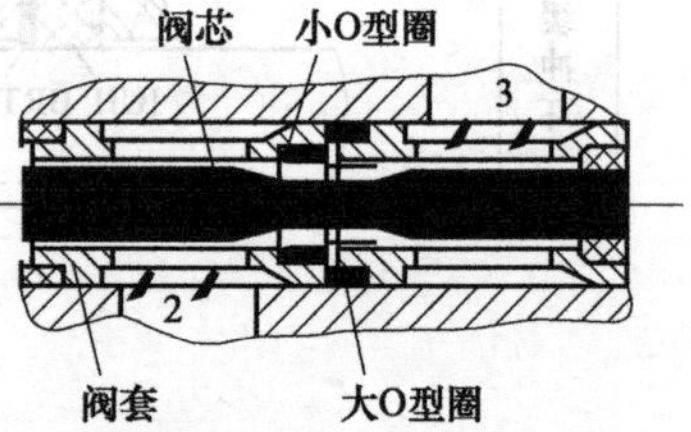

图 8-56 密封环密封结构

（3）故障排除

为了解决小 O 型圈易被吹出的故障，经过分析，决定按以下方法依次进行改进。

1）提高 O 型圈的硬度　将 O 型圈的硬度由原来的 HSA 68～73 度，提高至 HSA 75～82 度，进行压力对比试验。试验数量为十台阀门，试验压力由 0.8MPa 至 1.25MPa 逐渐提高。首先，将硬度为 HSA 68～73 度的小 O 型圈装入换向气阀，其中有四台阀门在压力提高到 1.0MPa 以上时，小 O 型圈被吹出，试验报告见表 8-14；然后，将硬度为 HSA 75～82 度的小 O 型圈装入换向气阀进行压力试验，小 O 型圈均未被吹出，但其中一台换向气阀在压力为 1.25MPa 时，出现轻微漏气，试验报告见表 8-15。

表 8-14 双 H 气阀压力试验（动作 800 次）
硬度为 HSA68～73 度

压力/MPa						
0.8	0.85	0.9	0.95	1.0	1.1	1.2
合格	合格	合格	合格	3 孔漏		
合格	合格	合格	5 孔漏			
合格	合格	合格	合格	合格	合格	合格
合格	合格	合格	合格	合格	合格	合格
合格	合格	合格	合格	合格	合格	5 孔漏
合格	合格	合格	合格	合格	5 孔漏	合格
合格	合格	合格	合格	合格	合格	合格
合格	合格	合格	合格	合格	合格	合格
合格	合格	合格	合格	合格	合格	合格
合格	合格	合格	合格	合格	合格	合格

表 8-15 双 H 气阀压力试验（动作 800 次）
硬度为 HSA75～82

压力/MPa						
0.8	0.85	0.9	0.95	1.0	1.1	1.2
合格	合格	合格	合格	合格	合格	合格
合格	合格	合格	合格	合格	合格	合格
合格	合格	合格	合格	合格	合格	合格
合格	合格	合格	合格	合格	合格	合格
合格	合格	合格	合格	合格	合格	合格
合格	合格	合格	合格	合格	合格	合格
合格	合格	合格	合格	合格	合格	合格
合格	合格	合格	合格	合格	合格	合格
合格	合格	合格	合格	合格	合格	合格
合格	合格	合格	合格	合格	合格	合格

可见，硬度偏低（HSA68～73 度）的小 O 型圈易被吹出，故障率为 20%；硬度较高（HAS 75～82 度）的小 O 型圈没有被吹出的现象，但密封性能下降。所以，提高小 O 型圈的硬度，不是解决问题的最优方法。

2）增大 O 型圈的截面直径　将 O 型圈截面直径由 1.8 增大至 62.0，则小 O 型圈在同样硬度值时的刚度增大。对 10 件产品进行压力试验，采用硬度为 HSA72～78 度的 O 型圈，小 O 型圈均未被吹出，且密封可靠。随后，抽出两台产品进行寿命试验，其中一台在 1.25MPa 压力下，动作至 10.5 万次时出现小 O 型圈被吹出的故障。所以，这种方法也不能从根本上解决该问题。

3）减小阀芯与阀套之间的间隙　将阀芯与阀套之间的单边配合间隙由 0.5mm 调整到 0.4mm 和 0.35mm。经试验，O 型圈均没有发生偏离位置现象，但流量比未改动前小 10%，这是用户所不允许的。

4）采用组合密封环密封结构　换向气阀的密封是靠安装时的预压力使密封圈产生变形来实现的。产品在工作时，大 O 型圈固定，小 O 型圈处于悬浮状态。采用组合密封环密封结构后，大、小 O 型圈合二为一呈密封环形式，密封环设计有台阶，与阀套台阶吻合，且密封环在阀体和阀芯之间，由上下两个阀套卡紧，从而起到固定密封圈不动的效果，这样从根本上解决小 O 型圈易被吹出的设计缺陷。组合密封环结构如图 8-57 所示。

组合密封环密封性能可靠，适应性强，使用寿命长，结构简单，制造安装方便，仅用一个密封环即可实现孔与轴的密封。

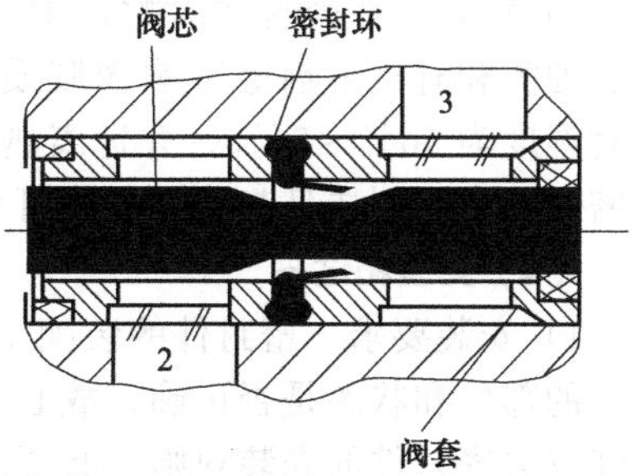

图 8-57　组合密封环结构

8.9.2 气动摩擦离合器密封失效的分析及预防

由湿式气动摩擦离合器、液压过载保护装置等先进结构组成的开式固定台压力机精度稳定，刚性高，使用寿命长，操作简便，并具有寸动、单次和连续行程的功能，是用户首选的开式压力机之一。

某些部位的失效在日常使用中也难免会发生，特别是湿式气动摩擦离合器的密封失效将直接影响机床的性能和使用，故越来越受到生产厂家的重视。

尽管人们把密封件作为易损件处理，但密封件并不一定是产生密封失效的唯一原因。通过对失效密封造成离合器不能正常工作的分析可知，密封的失效与设计、零件加工、密封件的存贮、装配调试等均有一定的关系。

目前湿式气动摩擦离合器中的活塞密封件多采用O型圈，其结构简单，易于制造，装拆方便，也有采用星型圈（截面为X形）密封的。

为从根本上消除因密封件失效而出现的故障，经过对失效事例的分析，发现密封失效主要有以下影响因素，并且应采取相应的措施。

（1）设计

1）配合零件的表面粗糙度　密封件与配合零件表面的粗糙度应相匹配，特别是活动密封件与相关零件的表面粗糙度选择应适当，其 Ra 的最大允许值应小于 $1.6\mu m$。

2）工作条件　对活动密封件工作中的往复速度、最高温升等要有足够的考虑。应避免密封件的某些主要性能（如耐温）在临界状态下长期工作，以延长密封件的使用寿命。

3）防密封件拧扭　为预防密封件在装配过程中造成拧扭，与密封件相切的端面棱边都应设计安装倒角。若密封件拧扭着装入沟槽中，橡胶除受压缩应力外，又受附加扭应力，会使其应力松弛或产生永久性变形。为防止拧扭现象的发生，必须使活塞外圆与其上的沟槽有一定精度要求的同轴度公差。而这点往往被某些设计者所忽略。

4）改进密封结构　目前常见的往复运动密封均为一道O型密封圈。若零部件结构（如轴向尺寸等）允许，采用平行的二道密封圈密封，其效果将会更好。不过，这对零件（活塞的外圆和沟槽）的加工精度要求将有所提高。

（2）相关零件的加工和运输

密封件的工作可靠性和使用寿命在很大程度上取决于设计的正确与否。但零件的材质、加工、运输也与密封失效有一定关系。

零件的加工必须遵守三按原则：严格按照技术标准、按照设计图样和按照工艺文件进行加工。

零件上的划痕、刮伤、气孔、集中的或螺旋状的加工痕迹是不允许存在的，特别是与密封件相配合的运动表面。若零件的结构和现有设备允许，最好以磨削为终加工。

搬运过程中应有工位器具相配合，任何磕伤、碰毛、锈蚀等均会影响密封质量。

（3）密封件的采购与贮存

1）产品质量符合标准要求　密封件的材质、化学成分和性能等必须符合有关标准及某些设计的特殊要求。因一般使用单位均缺少密封件检测手段，故密封件生产厂必须对自已生产的产品有严格的出厂检验程序，做到不合格产品不出厂。

2）贮存　在密封件的贮存中，应保持清洁，避免阳光直射和雨雪浸淋，并严禁与酸、碱、油类和有机溶剂等影响橡胶质量的物质接触。贮存的基本环境是：温度为15～35℃，相对湿度为50%～80%，并远离热源1m以上，离地面高度不少于0.5m。按上述条件贮存的密封件，从制造日起的一年内可放心使用。

（4）安装和试车

1）安装要求　密封件的装配正确与否对密封性能至关重要。安装后，一般很难再检查密封的部位和状态是否正确，故必须由技术熟练、经验丰富的技工进行这项工作。同时还应遵守有关密封件的安装规则，必要时应使用安装工具。

2）试车注意事项　气动密封试车前，首先必须保证气源的清洁。若气源中的水分、杂质过多，势必加速密封件的过早磨损，故在对气源进行过滤的同时，要定期对过滤器进行放水。其次是密封件的润滑，在系统设计时应设置油雾器。在试车或使用过程中用油要适量，可通过调节油雾器油针的开度来控制油量大小，并注意观察油雾器油杯中的油位，以便及时补油。

综上所述，要使湿式气动摩擦离合器可靠地工作，密封件的可靠密封至关重要。故必须保证设计、加工、采购、贮存、装配、调试等各个环节的质量，避免因密封失效而导致损失。只有这样，才能使整个产品质量得以提高、趋于稳定，使用户放心、满意。

第9章 机械设备温度异常故障诊断与排除

温度是一个很重要的物理量，它表示物体的冷热程度，也是物体分子运动平均动能大小的标志。物体的许多物理现象和化学性质都与温度有关，许多生产过程均是在一定的温度范围内进行的。温度是工业生产中的重要工艺参数，为保证生产工艺在规定的温度条件下完成，需要对温度进行监测和调节。另一方面，温度也是表征设备运行状态的一个重要指标，设备出现机械、电气故障的一个明显特征就是温度升高，同时温度的异常变化又是引发设备故障的一个重要因素。有统计资料表明，温度检测约占工业检测总数的50%。因此，温度与设备的运行状态密切相关，温度监测也因此而在设备故障诊断的整个技术体系中占有重要的地位。

9.1 机械设备温度异常问题的分析

9.1.1 机械系统过热的危害

机械系统温度异常升高是系统过热，系统过热的危害如下。

① 机械摩擦副局部温度高，造成零部件烧损。

② 导致摩擦副润滑油膜改变，引起摩擦与磨损。摩擦与磨损又导致温度进一步上升。

③ 加速液压、润滑油液的氧化变质。

④ 影响密封圈和防尘圈的寿命，造成油液和空气泄漏，系统的效率降低。在损坏的密封圈和防尘圈处，污染物也会进入系统，进一步缩短了系统的寿命。

⑤ 导致机械设备性能参数改变，精度降低。

⑥ 导致系统驱动负载的能力下降。

因此，对系统的温度进行有效的监控是至关重要的。

9.1.2 机械系统过热的原因及预防的措施

系统过热的原因主要有以下几个方面。

（1）机械摩擦

有相对运动的零部件装配不当、形位公差不合要求、间隙小或表面精度不合要求，产生不正常的机械摩擦。机器的轴承或齿轮在运转过程中会由于严重磨损而过度发热。摩擦副工作表面精度和表面粗糙度是保证形成良好润滑的重要条件，例如，曲轴的直径、圆度、直线度、轴颈圆角达不到技术要求，会使曲轴轴颈与轴承间隙发生变化，减小油膜厚度或阻止油膜形成，导致润滑条件不好，使金属直接接触，轴承出现不正常高温与磨损。

有相对运动的零部件表面润滑不良，产生不正常的机械摩擦，引起温度升高。例如，轴瓦是发动机、压缩机重要的零件之一，运转中受力比较复杂，承受着很大的气体爆发力和运动惯性以及连杆盖压紧力的作用，并且受力是周期交变的，工作环境相当恶劣，极易出现“烧瓦抱轴”。这是指发动机曲轴与支承其转动的滑动轴承——曲轴瓦、连杆瓦之间，由于润滑不良出现干摩擦和半干摩擦，产生高温，在高温、高压和高转速下，轴颈与轴瓦相互烧结，导致发动机无法正常运转的现象。轴瓦在运转中出现了不应有的剥离、龟裂、烧损和严重拉伤等现象，轻者需要更换主轴瓦及连杆活塞组，重者会使柴油机曲轴颈严重拉伤，甚至还会使曲轴、机体报废。这一故障不但给正常的生产带来严重的干扰，而且还会造成很大的经济损失。造成发动机烧瓦抱轴的原因虽然是多方面的，但归根到底是其润滑条件被破坏，引起摩擦性质改变而形成黏附磨损。

系统超载，产生不正常的机械摩擦与功率损耗，也会引起高温。

（2）冷却不力或散热不足

冷却装置不合要求，如冷却器设计选择错误，冷却器失效（损坏、堵塞、进入空气或结垢)，冷却介质不合要求（温度高、压力低、流量小等）。

冷却系统元件损坏将导致冷却系统无法工作。有时会使冷却液从破损处泄漏，如水管破裂处。若发现冷却系统元件有损坏，如水泵、风扇叶片等，均应及时修理，以保证机器正常的工作温度。

机械装置结构设计不利于散热。

系统周围散热条件不利。

冷却系统温度传感器失效或连接导线断路，信号线对地短路等，必定导致温控失效。

（3）液压、润滑及其他流体机械的过热与预防

1）液压、润滑及其他流体机械的过热　流体介质黏度不合要求。黏度过低，泄漏严重，导致节流阀热。黏度过高则内摩擦过大也引起异常发热。

流体介质变质或污染也会引起油液温度升高。元件内部磨损，间隙加大，泄漏增大，缝隙流动导致节流发热。压力过高也导致泄漏增大与节流发热。

例如，发动机主要配件（如曲轴、轴瓦、缸体、连杆）以及润滑油中杂质较多，或装配过程中的二次污染，金属磨屑或外来硬性物质进入曲轴轴瓦工作表面，当这些金属磨粒形成的高点大到足以同轴颈接触面产生摩擦时，曲轴转动很容易拉伤瓦合金及曲轴颈，导致轴承衬层被破坏。瓦背与座孔之间的异物（主要是磨粒）使轴瓦背与座孔贴合不好，由于热传导不良，引起轴瓦表面局部温度升高。同时由于载荷不均，在轴瓦表面出现异常高压区，加剧了局部磨损。多起烧瓦抱轴事故表明，事故是由于杂质等异物引起的，这些杂质与异物一部分源自机械磨损，另一部分则源自零件的清洁度与油管路内的清洁度不合要求。对于杂质重量、数量和尺寸严重超标，堵塞主油道这种情况，发动机在出厂前的试验中就会发生拉瓦，同时表现出机油压力低、漏气量大等现象，这种情况属于发动机前期故障。至于发动机中杂质总重量合格但杂质尺寸不合格的情况，会在瓦上造成划伤现象但是不会马上造成拉瓦或抱瓦。因此，必须加强零件的清洁度和装配清洁度，同时也要加强机油滤清系统的滤清效果。

液压系统设计调整不当，过多的液压能（流量）没有到油缸驱动负载转变为机械能，而是在溢流阀溢流转变为温度能。

液压、润滑系统流动阻力大，压力损失引起温度升高，如管路过细过长，局部阻力大(如节流元件)，回油背压太高。

系统中油箱的液位太低，油路过滤器堵塞或管道过细，引起管路流量下降，没有足够的油液用于带走摩擦副产生的热量。

2）液压、润滑及其他流体机械过热的预防　采取以下措施，可以有效防止流体系统过热的产生。

使用黏度合适的油，使用设备制造商推荐的黏度。使用黏度高的油液，特别在周围环境温度比较低的地区、将引起流动摩擦力的增加和过热的产生。若使用黏度过低的油，又会加剧泄漏，产生节流发热。故黏度必须适中。

如果系统中有软管，应当将其可靠地夹紧和定位，且避免使软管太靠近车辆的变速箱或者靠近发动机，否则都将引起软管过热，会导致通过它的油液过热，所以应避免使用长度尺寸不够的软管，并确信所安装的软管没有突然的急弯，因为这也会增加油液流动的摩擦力，造成结果是油液的温度升高。

当泵和其他元件磨损时，应及时更换，磨损的元件会形成泄漏的增加，结果会使泵在过长的时间内满流量输出，而油液通过狭窄的泄漏间隙会形成很大的压力降，满流量输出情况随时间的增加也增加了流体摩擦力产生的时间，因此，会使油液的温度增加。

保持系统外部和内部的清洁，系统外部的污染物起到一个隔绝和阻碍正常的油液冷却的作用，系统内部的污染物会引起磨损导致油液泄漏，两种情况的发生都会引起热量的产生。

经常检查油箱的液位，油位过低会造成系统没有足够的油液带走热量。

定期更换过滤器滤芯，避免过滤器堵塞。

回油背压过高也是油温过高的原因之一，应检查背压增加的原因并排除。

正确调整和运行液压系统，当系统无动作时，应处于卸荷运行状态。

定时检查冷却器和定期对冷却器除垢。

（4）电气系统发热

电动机运行时温升过高，不仅会使寿命缩短，严重时还会造成火灾。如发现电动机温升过高，应立即停机处理。温升过高原因如下：

① 负荷过大。若拖动机械传动带太紧和转轴运转不灵活，会造成电动机长期过负荷运行。这时应使机械维修人员适当放松传动带，拆开检查机械设备，使转轴灵活，并设法调整负荷，使电动机保持在额定负荷状态下运行。

② 工作环境恶劣。如电动机在阳光下暴晒，环境温度超过 40℃，或通风不畅的环境条件下运行，将会引起电动机温升过高。可搭简易凉棚遮阴或用鼓风机、风扇吹风，用以清除电动机本身风道的油污及灰尘，以改善冷却条件。电源电压过高或过低。电动机在电源电压变动－5%～10%以内运行，可保持额定容量不变。若电源电压超过额定电压 10%，会引起铁心磁通密度急剧增加，使铁损增大而导致电动机过热。具体检查方法是可用交流电压表测量母线电压或电动机的端电压，若是电网电压原因，应向供电部门反映解决；若是电路压降过大，应更换较大截面积的导线和缩短电动机与电源的距离。

③ 电源断相。若电源断相，使电动机单相运行，短时间就会造成电动机的绕组急剧发热烧毁。因此，应先检查电动机的熔断器和开关状况，然后用万用表测量前部线路。

④ 笼型转子导条断裂、开焊或转子导条截面积太小，使损耗增加而发热，可在停机后测试转子温度，查找故障原因并予以排除。

⑤ 电动机启动频繁或正反转次数过多，应限制启动次数，正确选用过热保护或更换适合设备要求的电动机。

⑥ 三相电压严重不平衡，应检查定子绕组相间或匝间是否短路以及定子绕组接地情况。

⑦ 轴承润滑不良或卡住，应检查轴承室温度是否高于其他部位，检查润滑脂是否太少或干涸。

⑧ 通风系统发生故障，是因为风路堵塞或散热片积灰太多、油垢太厚而影响通风散热。

⑨ 转子与定子铁心相摩擦，产生连续的金属撞击声，易引起局部温升过高。用抽心检查，找出故障原因进行排除。

⑩ 采取轴流式风扇的电动机，若风扇旋转方向反了，也会造成电动机过热。

⑪ 传动装置发生故障（摩擦或卡涩现象），引起电动机过电流发热，甚至使电动机卡住

不转，造成电动机温度急剧上升，绕组很快被烧坏。

⑫ 重绕的电动机由于绕组参数变化，将会造成电动机在试运行时发热，可测量电动机的三相空载电流，若大于额定值，则说明匝数不足，应增加匝数。

⑬ 外部接线错误。Δ联结的电动机误接成Y联结，虽然可以启动并带负荷运行，但负荷稍大电流会超过额定电流引起发热；若Y联结电动机误接成Δ联结，空载时即可超过额定电流而无法运行。

9.2 温度的检测

9.2.1 温度测量方式及常用测温仪表

温度测量方式可分为接触式与非接触式两类。

使温度计和被测物的表面很好地接触，经过足够长的时间达到热平衡，则二者的温度必然相等，温度计显示的温度即为被测物表面的温度，这种方式称为接触式测温。

非接触测温利用物体的热辐射能随温度变化的原理来测定物体的温度。由于感温元件不与被测物体接触，因而不会改变被测物体的温度分布。且辐射热与光速一样快，故热惯性很小。

接触式与非接触式两种测温方式的比较如表9-1所示。

表 9-1 接触式与非接触式测温的比较

比较项目	接触式测温	非接触式测温
必要条件	检测元件与测量对象有良好的热接触 测量对象与检测元件接触时，要使前者的温度保持不变	检测元件应能正确接收测量对象发出的辐射 应明确知道测量对象的有效发射率或重现性
特点	测量热容量小的物体、运动的物体等的温度有困难 受环境的限制 可测量物体任何部位的温度 便于多点、集中测量和自动控制	不会改变被测物体的温度分布 可测量热容量小的物体、运动的物体等的温度 一般是测量表面温度
温度范围	容易测量1000℃以下的温度	适合高温测量
响应速度	较慢	快

温度监测仪表、仪器的种类繁多，它们的工作原理各有不同，但都是利用某一物质具有随温度变化的某种性质作为测温依据的。目前，温度计的制造是利用下列几种物质的性质：物体体积随温度的变化，金属（或半导体）电阻的变化，热电偶电动势的激发以及加热物体的辐射等。

常用测温仪表如表9-2所示。

表 9-2 常用测温仪表

测温方式	分类名称		作用原理
接触式测温	热膨胀式温度计	液体式	液体或固体受热膨胀
		固体式	
	压力表式温度计	液体式	封闭在固定容积中的液体、气体或某种液体的饱和蒸汽受热体积膨胀或压力变化
		气体式	
		蒸气式	
	电阻温度计		导体或半导体受热电阻值变化
	热电偶温度计		物体的热电性质
非接触式测温	光电高温计		物体的热辐射
	光学高温计		
	红外测温仪		
	红外热像仪		
	红外热电视		

9.2.2 接触式温度测量

测量温度的方式大多是接触式测量，即必须把温度计和被测物的表面很好地接触，方可得出正确的结果，故称为接触式测温。常用于设备诊断的接触式温度监测仪器有下列几种。

（1）热膨胀式温度计

这种温度计是利用液体或固体热胀冷缩的性质制成的，如水银温度计、双金属温度计、压力表式温度计等。

双金属温度计是一种固体热膨胀式温度计，它用两种热膨胀系数不同的金属材料制成感温元件，一端固定，另一端自由。由于受热后，两者伸长不一致而发生弯曲，使自由端产生位移，将温度变化直接转换为机械量的变化（如图 9-1 所示）。利用这一特性，可以制成各种形式的温度计。双金属温度计结构紧凑、耐震、价廉、能报警和自控，可用于现场测量气体、液体及蒸气温度。

压力表式温度计利用封闭在感温筒中的液体、气体等受热后体积膨胀或压力变化，通过毛细管使波登管端部产生角位移，带动指针在刻度盘上显示出温度值（图 9-2）。测量时感温筒放在被测介质内，适用于测量对感温筒无腐蚀作用的液体、蒸气和气体的温度。

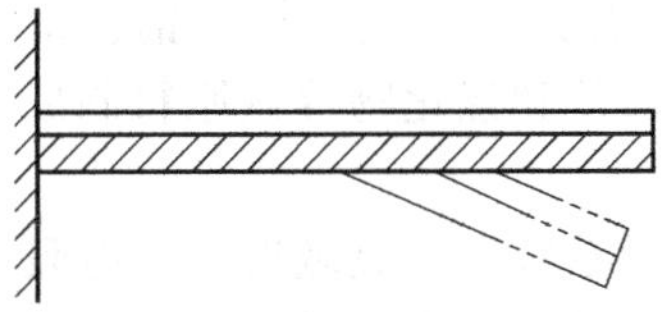

图 9-1　双金属温度计

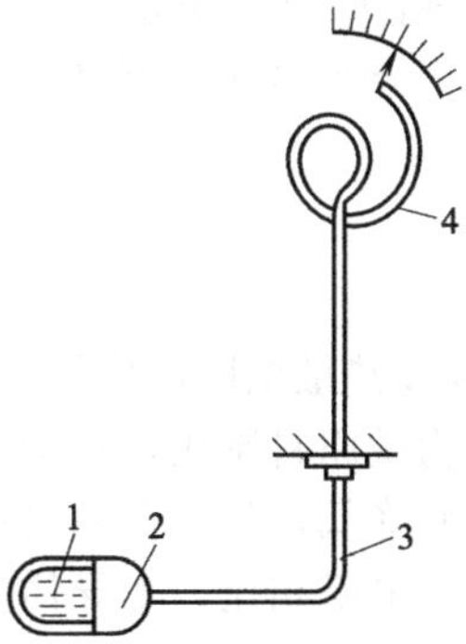

图 9-2　压力表式温度计

1—酒精等；2—感温筒；3—毛细管；4—波登管

（2）电阻式温度计

电阻式温度计的感温元件是用电阻值随温度变化的金属导体或半导体材料制成。当温度变化时，感温元件的电阻也变化，通过测量回路的转换，在显示器上显示出温度值。电阻式测温是接触式测温的一种主要方式，广泛地用于各工业领域以及科学研究部门。

用作电阻式温度计的感温元件有金属丝电阻及半导体热敏电阻。

1）金属丝电阻温度计　一般金属导体受热后电阻率增加。在一定的温度范围内，电阻与温度的关系为

$$R_t = R_0[1+\alpha(t-t_0)] = R_0(1+\alpha\Delta t) \tag{9-1}$$

式中　R_t——温度为 t 时的电阻；

R_0——温度为 t_0 时的电阻；

α——电阻温度系数，随材料不同而异。

由式（9-1）可知，电阻增加的数值正比于温度差（$t-t_0$），所以通过测量导体的电阻就可以确定被测量物体的温度值。常用的测温电阻丝材料有铂、铜、镍等。铂电阻温度计的结构如图 9-3 所示。铂丝绕在玻璃棒上，置于陶瓷或金属制成的保护管内，引出的导线有二线式、三线式。工业热电阻的结构如图 9-4 所示。

为了测出金属丝的电阻变化，一般是将其接入平衡电桥中。电桥输出的电压正比于金属丝的电阻值变化。该电压的变化由动图式仪表直接测量或经放大器放大输出，实现自动测量

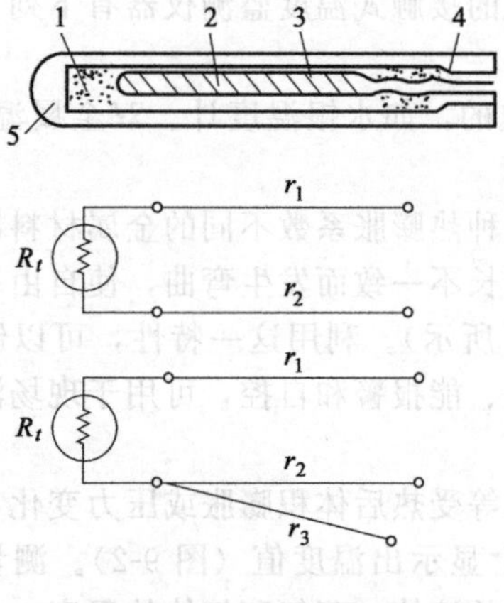

图 9-3　铂电阻温度计

1—氧化铝粉；2—玻璃轴；3—铂丝；
4—引出导线；5—保护管

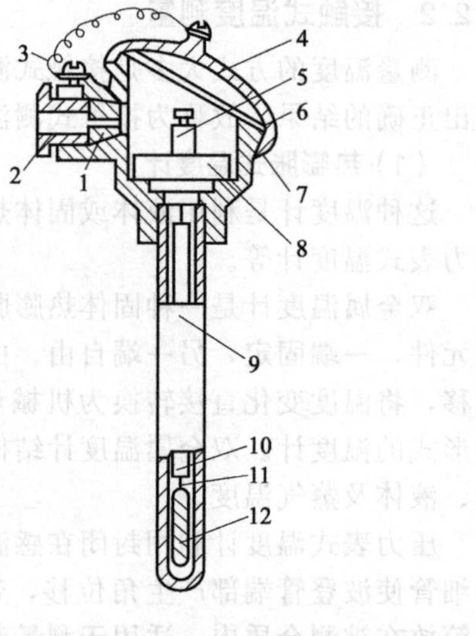

图 9-4　工业热电阻的结构

1—出线密封圈；2—出线螺母；3—小链；4—盖；5—接线柱；
6—密封圈；7—接线盒；8—接线座；9—保护管；
10—绝缘管；11—引出线；12—感温元件

或记录。

2）半导体热敏电阻温度计　半导体热敏电阻通常是用铁、锰、镍、铝、钴、镁、铜等的金属氧化物做原料制成，也常用它们的碳酸盐、硝酸盐和氯化物等做原料制成。它的阻值随温度升高而降低，具有负的温度系数。

与金属丝电阻相比，半导体热敏电阻具有电阻温度系数大、灵敏度高、电阻率大、结构简单、体积小、热惯性小、响应速度快等优点。它的主要缺点是电阻温度特性分散性很大、互换性差、非线性严重，且电阻温度关系不稳定，放测温误差较大。

（3）热电偶温度计

热电偶温度计由热电偶、电测仪表和连接导线组成，广泛地用于 300～1300℃温度范围内的测温。

热电偶可把温度直接转换成电量，因此对温度的测量、调节、控制以及对温度信号的放大、变换都很方便。它结构简单，便于安装，测量范围广，准确度高，热惯性小，性能稳定，便于远距离传送信号。因此，它是目前使用最普遍的接触式温度测量仪表。

1）热电偶测温的基本原理　由两种不同的导体（或半导体）A、B组成的闭合回路中，如果使两个接点处于不同的温度，回路就会出现电动势，称为热电势，这一现象即是热电效应，组成的器件为热电偶。若使热电偶的一个接点温度 t_0 保持不变，即产生的热电势只和另一个接点的温度有关，则测量热电势的大小就可知道该接点的温度值了。

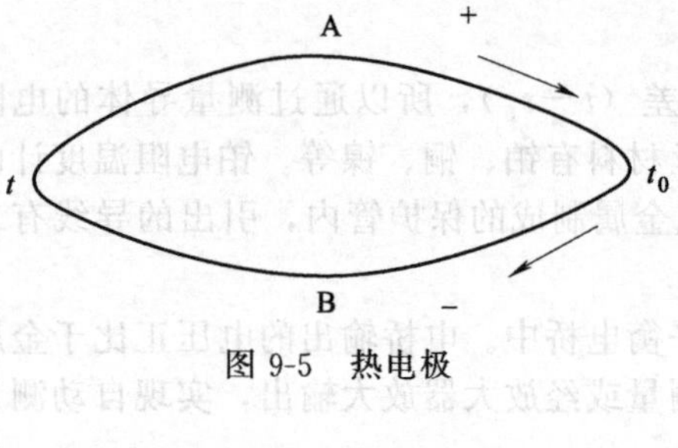

图 9-5　热电极

组成热电偶的两种导体，称为热电极。通常把 t_0 端称为自由端、参考点或冷端，而另一端称为工作端、测量端或热端。如果在自由端电流是从导体 A 端流向导体 B，则 A 称为正热电极，B 称为负热电极，如图 9-5 所示。

2）标准化热电偶　所谓标准化热电偶是指制造工艺比较成熟，应用广泛，能成批生产，性能优良而稳定并已列入工业标准化文件中的热电偶。这类热电偶发展早，性能稳定，互换性好，并有与其配套的显示仪表可供使用，十分方便。

3）非标准化热电偶　非标准化热电偶没有被列入工业标准，用在某些特殊场合，如高温、低温、超低温、高真空和有核辐射等场所。常用的非标准化热电偶主要有钨铼热电偶、铱铑系热电偶、镍铬-金铁热电偶、镍钴-镍铝热电偶、铂钼 5-铂钼 0.1 热电偶、非金属热电偶等。

4）热电偶的结构　常用的普通型热电偶是由热电极（热偶丝）、绝热材料（绝缘管）和保护套管等部分构成，其热电偶本体是一端焊接的两根金属丝。当被测介质对热电偶不会产生侵蚀作用时，可不用保护套管，以减小接触测温误差与滞后。普通工业用热电偶的典型结构如图 9-6 所示。

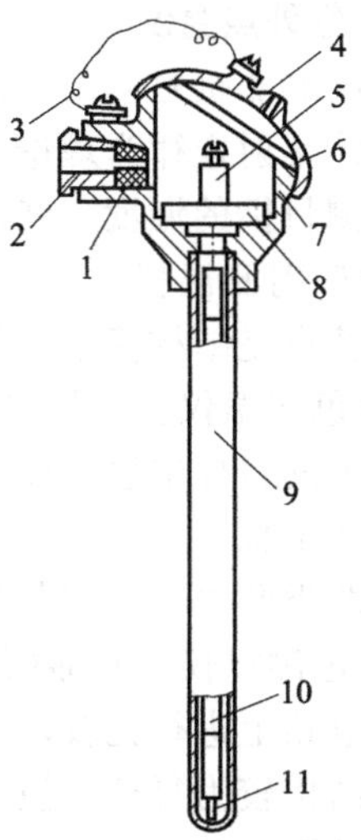

图 9-6　工业用热电偶的典型结构

1—出线孔密封圈；2—出线孔螺母；3—链条；4—盖；5—接线柱；6—密封圈；7—接线盒；8—接线座；9—保护管；10—绝缘管；11—热电偶丝

对于工业部门的应用，应考虑耐高压、耐强烈振动和耐冲击，常采用特殊的热电偶。

为了测量微小面积上的瞬变温度，可用薄膜热电偶，测量端小而薄。

9.2.3　非接触式温度测量

（1）非接触式测温的原理

在太阳光谱中，红光光谱之外的区域里存在着一种看不见的、具有强烈热效应的辐射波，称为红外线。一般可见光的波长为 0.4～0.7μm，红外线的波长范围相当宽，达 0.75～1000μm。通常它又分为四类：近红外，波长 0.75～3μm；中红外，波长 3～6μm；远红外，波长 6～15μm；超远红外，波长 15～1000μm。

红外线和所有电磁波一样，具有反射、折射、散射、干涉、吸收等性质。它在真空中的传播速度为 3×10^8 m/s。

自然界中的任何物体，只要它本身的温度高于绝对零度，就会产生热辐射。物体温度不同，辐射波长的组成成分就不同，辐射能的大小也不同，该能量中包含可见光与不可见的红外线两部分。物体的温度在 1000℃以下时，其热辐射中最强的波均为红外辐射；只有在温度达到 3000℃，近于白炽灯丝的温度时，它的辐射能才包含足够多的可见光。

物体的温度与辐射功率的关系由斯蒂芬-玻尔兹曼定量给出。斯蒂芬-玻尔兹曼辐射定律告诉我们，物体的温度越高，辐射强度就越大。只要知道了物体的温度及其比辐射率，就可算出它的辐射功率；反之，如果测出了物体的辐射强度，就可以算出它的温度，这就是红外测温技术的依据。

最初的辐射式温度计都是高温计，有单色辐射、全辐射和比色高温计，它们又可分为光学计和光电计两种。近年来，为适应工业生产和科学技术的要求，辐射式温度计的测量范围逐渐向中温（100～700℃）和低温（小于 100℃）方向扩展。由于 2000K 以下的辐射大部分能量不是可见光而是红外线，因此红外测温得到了迅猛的发展和应用。红外测温的手段不仅有红外点温仪、红外线温仪，还有红外电视和红外成像系统等设备，除可以显示物体某点的温度外，还可实时显示出物体的二维温度场，温度测量的空间分辨率和温度分辨率都达到了相当高的水平。红外成像系统除带黑白、彩色监视器外，还有多功能处理器、录像机、实时记录器、软盘记录仪等。

（2）红外点温仪

对温度的非接触测温手段，最轻便、最直观、最快速、最价廉的是红外点温仪。红外点温仪以黑体辐射定律为理论依据，通过对被测目标红外辐射能量进行测量，经黑体标定，从而确定被测目标的温度。红外点温仪按其选择使用的接收波长分为三类。

① 全辐射测温仪。接收测量波长从零到无穷的目标的全部辐射能量，由黑体校定出目标温度。特点是结构简单、使用方便，但灵敏度较低，误差也较大。

② 单色测温仪。选择单一辐射光谱波段接收能量进行测量，它靠单色滤光片选择接收特定波长下的目标辐射，以此来确定目标温度。特点是结构简单、使用方便、灵敏度高，并能抑制某些干扰。

以上两类测温仪会因各种目标的比辐射率不同而产生误差。

③ 比色测温仪。它靠两组（或更多）不同的单色滤光片收集两相近辐射波段下的辐射能量，在电路上进行比较，由此比值确定目标温度。它基本上可消除比辐射率带来的误差。其特点是结构较为复杂，但灵敏度较高，在中高温测温范围内使用较好。它受测试距离和其间吸收物的影响较小。

红外点温仪通常由光学系统、红外探测器、电信号处理器、温度指示器及附属的瞄准器、电源及机械结构等组成。

光学系统的主要作用是收集被测目标的辐射能量，使之汇聚在红外探测器的接收光敏面上。其工作方式分为调焦式和固定焦点式。光学系统的场镜有反射式、折射式和干涉式三种。

红外探测器的作用也是把接收到的红外辐射能量转换成电信号输出。测温仪中使用的红外探测器有两大类：光探测器和热探测器。典型的光探测器具有灵敏度高、响应速度快等特点，适于制作扫描、高速、高温度分辨率的测温仪。但它对红外光谱有选择吸收的特性，只能在特定的红外光谱波段使用。典型的热探测器有热敏电阻、热电堆、热释电探测器等。它们对红外光谱无选择性，使用方便、价格便宜，但响应慢、灵敏度低。其中，热释电探测器对变化的辐射会有响应，因此为了实现对固定目标的测量，还需对入射的辐射进行调制，其灵敏度较其他热探测器高，适于中低温测量。

电信号处理器的功能有：探测器产生的微弱信号放大，线性化输出处理，辐射率调整处理，环境温度补偿，抑制非目标辐射产生干扰，抑制系统噪声，供温度指示的信号或输出，供计算机处理的模拟信息，电源部分及其他特殊要求的部分。

温度指示器一般有两种：普通表头指示和数字显示，数字显示读数直观、精度高。

红外点温仪原理框图见图 9-7。

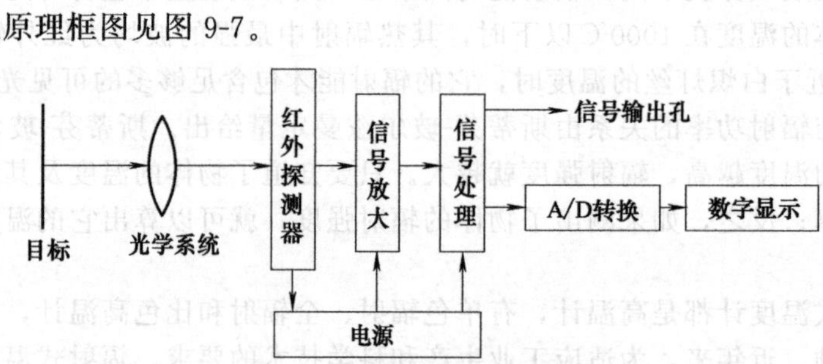

图 9-7　红外点温仪原理框图

（3）红外热成像仪

红外热成像系统是利用红外探测器、光学成像物镜和光机扫描系统，在不接触的情况下接收物体表面的红外辐射信号，该信号转变为电信号后，再经电子系统处理传至显示屏上，得到与景物表面热分布相应的实时热图像。它可绘出空间分辨率和温度分辨率都较好的设备温度场的二维图形，从而就把景物的不可见热图像转换为可见图像，使人类的视觉范围扩展到了红外语段。

红外热成像系统（图 9-8）是一个利用红外传感器接收被测目标的红外线信号，经放大和处理后送至显示器上，形成该目标温度分布二维可视图像的装置。

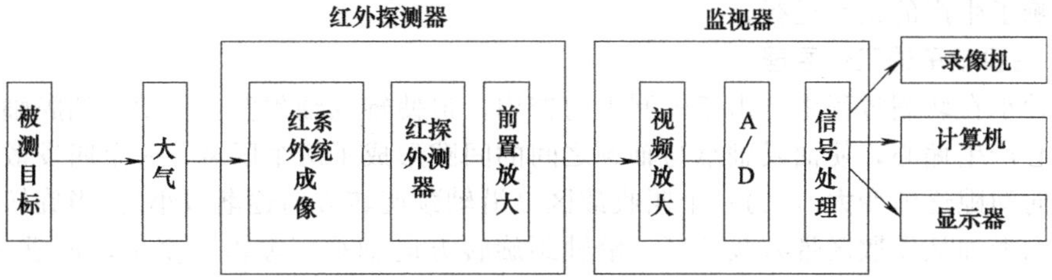

图 9-8　红外热成像系统

热成像系统的主要部分是红外探测器和监视器，性能较好的应有图像处理器。为了对图像实时显示、实时记录并进行复杂的图像分析处理，先进的热像仪都要求达到电视兼容图像显示。红外探测器又称扫描器或红外摄像机、摄像头等，其基本组成有：成像物镜、红外探测器、控制电路及前置放大器。

① 成像物镜。根据视物大小和像质要求，可由不同透镜组成。

② 红外探测器。红外元件是一小片半导体材料，或是在薄弱的基片上的化学沉淀膜。

③ 前置放大器。由探测器接收并转换成的电信号是比较微弱的，为便于后面进行电子学处理，必须在扫描前进行前置放大。

④ 控制电路。该控制电路有两个作用：一是消除由制造和环境条件变化产生的非均匀性；另一个是使目标能量的动态大范围变化适应电路处理中的有限动态范围。

红外探测器的主要性能包括元数、每个元的探测率、响应率、时间常数及这些参数的均匀性及制冷性能等。

目前最先进的热成像系统为焦平面式的红外热像仪，探测器无须制冷，无须光机扫描机构，体积小，智能化程度高，在现场使用起来非常方便。

（4）红外热电视

红外热像仪具有优良的性能，但它装置精密，价格比较昂贵，通常在一些必需的、测量精度要求较高的重要场合使用。对于大多数工业应用，如果并不需要太高的温度分辨率，就不必选用红外热像仪，而可以用红外电视。红外电视虽然只具有中等水平的分辨率，可是它能在常温下工作，省去制冷系统，设备结构更简单些，操作更方便些，价格比较低廉，对测温精度要求不太高的工程应用领域使用红外热电视是适宜的。

红外热电视采用热释电靶面探测器和标准电视扫描方式。被测目标的红外辐射通过热电视光学系统聚焦到热释电靶面探测器上，用电子束扫描的方式得到电信号后，经放大处理，将可见光图像显示在荧光屏上。

红外电视是 20 世纪 70 年代发展起来的。近年来，由于器件性能改善，特别是采用先进的数字图像处理和微机数据处理技术，整机的性能显著提高，已能满足多数工业部门的实用要求。便携式热电视，过去都没有温度标定装置，不能测量目标温度。近年来已研制出具有温度测量功能的便携式热电视，该仪器实际上是把红外辐射温度计和热电视巧妙地结合在一起，因此在显示目标热像的同时，还可读出位于监视器屏幕中心位置的温度。

9.3　轴承温度异常故障诊断与维修实例

9.3.1　棒材轧机油膜轴承烧瓦原因分析

某棒材轧机是悬臂式棒材轧机，全线采用 18 架连轧工艺，初轧 6 架（685 轧机 4 架，

510 轧机 2 架），480 中轧机 6 架，365 精轧机 6 架，其中 685 和 510 等 6 架初轧机使用的是油膜轴承。使用原料 160mm×160mm×12m 方坯，设计年产量 60 万 t，已达到 90 万 t。投产前三年运行正常，三年以后经常发生烧瓦事故，最严重时，一个月曾发生 5 次烧瓦事故，严重地影响了生产的正常运行。

（1）油膜轴承的工作原理

油膜轴承在轧制过程中，由于轧制力的作用，迫使辊轴轴颈发生移动，油膜轴承中心与轴颈的中心产生偏心，使油膜轴承与轴颈之间的间隙形成了两个区域，一个叫发散区（沿轴颈旋转方向间隙逐渐变大），另一个叫收敛区（沿轴颈旋转方向逐渐减小）。当旋转的轴颈把有黏度的润滑油从发散区带入收敛区，沿轴颈旋转方向轴承间隙由大变小，形成一种油楔，使润滑油内产生压力。油膜内各点的压力沿轧制方向的合力就是油膜轴承的承载力。当轧制力大于承载力时，轴颈中心与油膜轴承中心之间的偏心距增大，在收敛区内轴承间隙沿轴颈旋转方向变陡，最小油膜厚度变小，油膜内的压力变大，承载力变大，直至与轧制力达到平衡，轴颈中心不再偏移，油膜轴承与轴颈完全被润滑油隔开，理论上形成了全流体润滑。

从油膜轴承的工作原理可知，油膜轴承系统内的一个最重要的参数就是最小油膜厚度。如果最小油膜厚度值太小，而润滑油中的金属杂质颗粒过大，金属颗粒的外形尺寸大于最小油膜厚度时，金属颗粒随润滑油通过最小油膜厚度处时，就造成金属接触，严重时就会烧瓦。另外如果最小油膜厚度值太小，当出现堆钢等事故时，很容易造成轴颈和油膜轴承的金属接触而导致烧瓦。最小油膜厚度值的大小与油膜轴承的结构尺寸及材料、相关零件的加工精度及油膜轴承系统的安装精度、润滑油及轧制力的大小等有关。

（2）影响油膜轴承烧瓦的因素分析

1）油膜轴承的结构尺寸和材料

① 油膜轴承的轴承间隙。油膜轴承的轴承间隙实际上就是油膜轴承与轴颈之间的间隙，油膜轴承结构参数的设计主要是轴承间隙的设计。轴承间隙过大，不容易形成油膜；轴承间隙过小，会导致最小油膜厚度值小且润滑油温升高。一般情况下，对棒材轧机来说，轴承间隙最好在轴颈直径的 1‰～2‰之间。685 和 510 轧机轴承间隙与轴颈直径的比值为：685 轧机，1.023‰～1.256‰；510 轧机，1.148‰～1.449‰。可见 685 轧机和 510 轧机油膜轴承间隙都在其轴颈直径的 1.023‰～1.449‰，且速度越高间隙比越大（510 轧机的轧制速度大于 685 轧机），均在设计要求的范围内。

② 油膜轴承的厚度差。油膜轴承的厚度差是指油膜轴承任意两点的厚度的差值。此处使用的油膜轴承都是全圆薄壁油膜轴承，在自然状态下，允许有一定的椭圆度。使用时，将油膜轴承压入偏心套内，油膜轴承的外圆跟偏心套的内圆完全贴合，油膜轴承又恢复成一个圆柱形。油膜轴承厚度差的大小直接反映了内外圆柱形的同心度的大小。厚度差大会使油膜轴承内外圆柱面同心度和同轴度受到影响，轴承间隙受到破坏，使局部最小油膜厚度变小，而导致油膜轴承烧瓦。某厂 685 和 510 轧机油膜轴承的厚度差都要求控制在 0.02mm 的范围内。

③ 油膜轴承的材料。油膜轴承的烧瓦还与油膜轴承的材料有关。即使油膜轴承的结构尺寸设计和厚度差的精度都满足要求，但实际上也不能保证油膜轴承时刻处在全流体润滑状态。在正常的生产过程中，机械零件肯定会有磨损，虽然有过滤器过滤，但润滑油中仍不可避免地存在金属颗粒，当这些金属颗粒随润滑油通过最小油膜厚度处时，会造成油膜轴承内表面的磨损。通过对油膜轴承材料的选择，可以减轻这种磨损，从而延长油膜轴承的使用寿命。685 和 510 轧机油膜轴承材料选用的是一种复合材料，外圆钢背为 20＃优质碳素钢，内表面离心浇铸上一层铜铅合金，牌号为 ZQCuPb10Sn10。铜铅合金层摩擦因数低，具有很好的耐磨性，散热性能和承载性能都优于巴氏合金，且具有一定的镶嵌性和顺应性，完全可以满足初轧机的使用工况。

2）相关零件的加工精度和安装精度　与油膜轴承系统相关的零件包括油膜轴承、偏心套组件和轧辊轴。油膜轴承系统最理想的工作状态是：油膜轴承内表面与偏心轴承座内表面同心，前后两油膜轴承的中心连线与轧辊轴的中心线同心。偏心套组件是由加工好的两个偏心轴承座和一个连接件组合而成。因而前后两个偏心轴承座上的内孔和定位销孔，以及连接件上前后两个定位销孔的位置精度要求非常高，使两个偏心轴承座通过定位销孔与连接件安装好后，前后两个偏心轴承座内孔的中心线能保证同心。另外轧辊轴上前后两个油膜轴承对应的轴颈也必须保证同心，否则沿轴颈旋转方向上的油楔难以形成，或者使油楔的梯度趋于平缓，最终导致最小油膜厚度值变小，严重时会导致轴颈和油膜轴承的局部接触，造成油膜轴承烧瓦。

另外，新的轧辊轴和修理后的轧辊轴必须要进行动平衡试验，且进行配重，以达到规定的精度等级，否则轧辊轴的不平衡量将导致离心力，高速旋转的轧辊轴在离心力的作用下，会增大烧瓦的危险。

此外，油膜轴承、偏心套组件和轧辊轴安装时要达到一定的精度，否则也会造成油膜轴承的烧瓦。例如，装油膜轴承时，油膜轴承外表面没有清洗干净，会造成油膜轴承内表面局部点凸起，导致金属接触；野蛮装配油膜轴承，用大铁锤将油膜轴承敲打进偏心轴承座，经常会造成油膜轴承的局部变形，从而引起烧瓦；装油膜轴承时，沿周向的位置不对，致使进油孔没对上，因缺油而烧瓦。

3）润滑油　在轧制生产过程中润滑油也会导致油膜轴承的烧瓦事故。其中主要的影响因素有 3 个，即润滑油中的杂质、润滑油的供油和润滑油的温度。

润滑油中主要有两种杂质，一种是金属颗粒，另一种是水。由于轧机连续工作，机件不可避免地产生磨损。虽然过滤器可以过滤出大量的金属颗粒，但若滤芯没有及时更换，或被击穿，也会造成润滑油中大于最小油膜厚度的金属颗粒的含量超标，从而造成油膜轴承内表面最小油膜厚度处的铜铅合金急剧磨损，轴承间隙发生改变。当轴承间隙与轴颈直径的比值大于 2%时，就应及时更换，否则很容易引起烧瓦。

由于辊箱端面的密封圈失效或没有及时更换，会导致辊箱进水。水进入到润滑油中后，会影响润滑油的理化性能和承载性能，最终导致烧瓦。

润滑油的供油系统将 38～42℃且没有杂质的润滑油以一定的压力供应到辊箱内，以保证设备的有效润滑。但是如果出现下列故障时，就会引起烧瓦事故的发生：密封失效而漏水，润滑油被乳化；过滤器失效，金属颗粒超标；管路内污垢太多或管路改动，弯管处太多，压力损失大，致使进入辊箱内的润滑油的流量太小，在油膜轴承内无法形成油膜。

润滑油的温度直接影响着润滑油的黏度，而润滑油的黏度又影响着承载力的大小。润滑油的温度随轴承转速的升高而升高，随轴承间隙的减小而升高。润滑油的温度高时，其黏度下降，承载力降低，从而引起烧瓦。

油膜轴承的烧瓦也与负荷有关。负荷增大，最小油膜厚度变小，将增大油膜轴承的磨损，导致烧瓦。

（3）采取的改进措施

1）保证备件的加工质量　油膜轴承、偏心套组件和轧辊轴是备件质量管理的重点，对偏心套组件的内孔尺寸、油膜轴承的厚度差、轧辊轴轴颈的外径以及 3 种备件的同心度一定要仔细测量。

2）制定合理的备件更换周期　对油膜轴承、辊箱水封油封、滤芯等备件要制定出合理的更换周期，油膜轴承每 3 个月要检查一次，测量轴承间隙，如不超过轴颈直径的 2‰，则继续使用。另外，不管间隙是否符合标准，油膜轴承使用一年后必须更换。油封水封和过滤器滤芯要定期更换，以确保润滑油中金属颗粒和水的含量在允许的范围内。

3）保证供油系统工作　为了保证供油系统的正常工作，要做到定时放水、定时检查油温和供油压力。

4）精心装配　油膜轴承安装时，可采取冷冻措施，即装配前先将油膜轴承放到－80℃的冰箱中冷冻，2 h后安装油膜轴承，油膜轴承就很易被压入偏心轴承座内。另外装配前要对油膜轴承、偏心套组件和轧辊轴有关尺寸进行检测。装配完成后，再通过检测有关点的间隙来确定轧辊轴是否与偏心套组件同心。

5）强化管理解决过负荷问题　首先强调在生产中坚决杜绝轧低温钢现象。必须严格按照规程加热钢坯，保证钢坯在炉中的加热时间和各段加热温度，避免出炉钢坯"外熟里生"烧不透的现象。其次就是强调均衡生产，严格按计划组织生产，避免出现月初松，月末紧，突击抢任务的现象。另外是加强对经常发生烧瓦事故辊箱的过负荷监控，及时掌握这些辊箱的生产运行中的负荷情况，及时采取措施，避免轧机过负荷现象的发生。

9.3.2　设备轴承金属温度异常及轴承故障的区分

（1）正确进行设备故障诊断的首要条件

转动设备在运行中要通过一些监视测点来观察其正常与否，轴承温度是一个重要的监测参数。正确判别轴承金属温度异常的真伪，是进行正确的故障诊断，进而正确处理的首要条件。测量仪表是进行设备运行监测的眼睛，是进行故障分析的依据。但测量仪表也是设备，也存在发生故障的可能。通过测量参数的异常变化来判别是机务设备本身的故障，还是测量设备的故障，这是正确处理异常问题的首要条件。

错误的判别将导致错误的处理结果，导致不该发生的事故或差错。无论是依靠自动调节或保护系统来实现，还是采用人工干预的方法都是如此。那么，如何判别是测量仪表故障还是机械设备故障呢？这就要从其本质的规律去研究。测量仪表属于电工电子学科范畴，机械设备属于工程物理学范畴，两类设备的正常工作和异常状态特性必定符合各自学科的客观规律。

（2）某机组非计划停运概况

某机组因4号瓦4TE3220-DEH温度跳变到167℃，4号瓦温度保护动作，汽机跳闸、锅炉MFT（Main Fuel Trip，主燃料跳闸），发电机解列，中断了机组380天长周期运行的纪录。事后检查，事发只因为该测温元件的测量回路，可能因长期运行线路绝缘受损，导致测量信号跳变。由一起小小的仪表测量系统故障，导致了机组非计划停运的发生。

（3）温度测量方面可能出现的故障及其特征

1）温度测量概况　温度测量分为就地测量和远传测量两种，就地测量多采用膨胀式温度计，包括液体玻璃温度计、固体温度计和压力式温度计。远传测量包括热电偶温度计、热电阻温度计、辐射式温度计、数字式温度计等。其中热电偶温度计和热电阻温度计在远传测量中被广泛采用，一般来说，300℃以上的大多采用热电偶温度计，300℃以下的大多采用热电阻温度计，4号机组4号瓦温度采用的就是热电阻温度计。

2）热电阻法温度测量可能存在的故障或隐患

① 测温元件制作。热电阻法测是利用一些材料的电阻随温度变化的特性，借感温元件电阻的测量，来确定被测温度。热电阻测温元件采用的是线径极细的高强度漆包铜丝（或铂丝），在拉制过程中，可能会因拉力不均产生先天缺陷。在涂绝缘材料过程中可能会出现漏涂或涂层不均的情况。热电阻测温元件为消除电感效应，一般采用双线并绕，在绕制过程中，也会产生新的伤痕、应力或绝缘损坏。经过消除拉制和绕制应力以及老化筛选后，可能还会有剩余应力。在绕制后与传导引线焊接，因焊点极小，焊接质量也会出现问题。尽管现在测温元件已用自动化生产，出现缺陷的可能性已大幅度降低，但随着测温元件小型化进程，测温元件本身的问题彻底消除是很难做到的。

② 测温元件安装。以汽轮机轴承金属温度测量为例，要实现远程测量，需将埋在轴瓦中的测点位置引到集控室，有许多环节会影响正常的测量。首先是在轴承箱内引线的走向，既要沿比较隐蔽的位置布线，防止检修误碰和油流冲刷，又要考虑测温元件安装就位后，机务检修的方便，防止在轴瓦就位过程中传输导线被压伤压断。在轴瓦和瓦枕跨越时要留一定长度的导线，保证其自由度，防止运行中因轴瓦微小移动（轴瓦自位转动或随转子膨胀移动）而拉断。引线用线卡固定或穿保护套管时，要注意不要损伤导线。在穿出轴承箱时，采用的航空插头插座的接触电阻及两导线焊接质量也是影响热电阻测量的关键因素之一。在长期运行中，测温元件及传输导线长期在油液、油烟的浸泡下，绝缘材料会老化，测温元件与传输导线的焊接点、传输导线与航空插头插座的焊接点也可能出现接触电阻增加或接触不良的情况。测温元件及传输导线因磨损出现故障的现象也是难免的。

另外，为避免现场干扰而采用屏蔽导线，在安装和运行过程中也会出现屏蔽层破损、测温元件或传输导线与屏蔽层绝缘损坏，导致接地或抗干扰性下降的情况。

③ 传输导线的安装。从轴承箱引出后一般要经过就地端子箱、集控室控制柜二次端子排和测量仪表表后端子接线排（或插座）等三处以上的接线，这些地方的端子接触电阻亦包含在反映温度的总回路电阻中，如有一处接触不良，所反映的温度则是偏高的。另外热电阻测量回路的传输导线属于弱电电缆，容易受到强磁场干扰。如电缆排列全程不能有效做到强弱电缆分开排放，很容易受到干扰。

④ 测量回路。热电阻法温度测量一般采用电桥法将热电阻变化信号，转换成不平衡电压信号，然后采用适当方式进行温度显示。因轴瓦到集控室的传输导线比较长，传输导线受环境温度变化的影响，其线路电阻的阻值会随之改变，影响被测对象的正常测量。为克服这一缺点，在采用电桥法测量时，一般采用三线制接线，从测温元件引出点处就实行三线制，把两根传输导线的电阻分别放在电桥的两个桥臂上，使两根传输导线的线路电阻受环境温度的影响完全抵消，当两侧线路电阻不一致时，还将线路电阻配足到规定的阻值。在实际接线时，部分测点不是采用完全的三线制，如从航空插头或就地端子箱之后再采用三线制，这样在此点之前的线路电阻将被接到电桥的同一桥臂，此线路电阻随环境温度的变化会对测量精度造成影响。另外，人工配制的线路电阻的精度、质量也是影响测量的一个因素。

⑤ 温度测量二次仪表及信号转换。随着热工测量技术的飞速发展，温度测量二次仪表及信号转换技术更新换代也非常快，但无论如何发展，将测量元件的热电阻值信号转换成模拟量或数字量信号，直到反映出真实的被测温度，总存在着产生测量误差的隐患，存在包括二次仪表装置本身故障在内的故障隐患。

综上所述，在根据测量仪表（装置或信号）反映的温度进行设备监视、调整、保护的过程中，应充分认识测量系统存在的可靠性问题及可能会对需要的动作造成的误导。

3）热电阻法温度测量故障的故障特征　测量设备在上述环节可能出现的故障，有着其与机械设备故障不同的特殊规律性，一般可以根据故障特征的规律进行判断。热电阻测量法应有电工电子学科所具有的以下特点。

① 断路故障。这是最常见的故障之一，当断路发生后，测量回路电阻值达到最大，反映的温度值将达到二次仪表量程的最大值。变化速率往往是瞬间发生。有些具有断阻保护的测量系统中，输出值为零，或有断阻报警功能。

② 短路故障。这也是最常见的故障之一，当短路发生后，测量回路电阻值视短路发生点的位置而定，如测量元件外部短路，反映温度的电阻值将为零，线路电阻分别在电桥二臂，电桥失去平衡，输出为反向不平衡电压，温度显示为二次仪表量程的最小值。

当测量元件内部匝间短路时，视短路的情况而定，电阻值的减小也是瞬间突变的。有些具有短路保护的测量系统中也有报警功能。

③ 接地故障。此类故障发生在测量回路某点与测量对象或屏蔽层，出现接地现象，其现象要视接地发生点而论，电桥的输出或突然增大，或突然反向输出不平衡电压，温度显示为二次仪表量程的最大或最小值。

④ 缓变现象。此类故障发生不多，一般发生在不完全的三线制的测量回路中，会受环境温度的缓慢变化影响，变化速度极慢，变化规律随季节变化而变。一般情况较难发现，对测量的影响较小。另外，因测温元件温阻特性改变，可能使测量误差出现漂移，但出现这种情况的概率和产生的误差都是极小的。

⑤ 扰动故障。扰动故障一般有两种，一种是因测量系统接触不良引起的，它又有断路接触不良和短路接触不良两种。另一种是受强电干扰引起的。

当测量系统接触不良时，要视接触点松动的情况而定。呈现跳升或突降现象，变化幅度随接触不良情况而变。接触不良发生时，接触点松动情况一般是不可逆的，只会越来越松，所以变化幅度越来越大，频率越来越高，最终断路或短路。

测量系统受强电干扰时，测量信号的变化幅度要视干扰强度而定，一般能够测量到高次谐波。另外，热电偶温度测量系统的各种故障特征也具有与轴承故障明显不同，与热电阻温度测量系统相似的故障特征，这里不展开讨论。

（4）轴承故障的特征

目前使用比较广泛的轴承有滑动轴承和滚动轴承两种形式，前者需要配置供油系统进行强迫冷却，后者只需定期更换油脂以改善润滑。二者虽然结构有所不同，但出现温度异常时表现出的故障特征有相似之处，与温度测量的故障特征是明显不同的。

1）巴氏合金材料的物理特性和滑动式轴承故障特征

① 巴氏合金材料的物理特性。巴氏合金（简称乌金）具有优良的减摩性、可嵌入性以及跑合性，摩擦系数有油时为0.005，无油时为0.28。是良好的润滑材料，被广泛用于工程机械的轴承上。但其承载能力以及耐热、耐疲劳性能较差，平均硬度仅为HM30。它是一种类似蜡烛的软质低熔点材料，不像水的熔点为0℃（实际它的固相转换点和液相转换点温度均为0℃），巴氏合金的固相点温度为240℃，液相点温度为370℃，浇铸轴瓦时的温度一般控制在450～480℃。其硬度和疲劳强度随温度的升高而降低，在150℃时大约只是常温时的1/3。因此，各制造厂对不同的轴承所要求控制的正常工作温度和报警温度是有一定差别的，正常工作温度允许范围较广，一般在70～110℃之间，报警和跳机值的要求也有所不同，如东汽机组1＃～6＃瓦为115℃跳机，7＃和8＃瓦为105℃跳机，上汽机组规定报警Ⅰ值为99℃，Ⅱ值为112℃。

② 乌金轴瓦的几种典型故障形式。

a. 烧瓦。烧瓦又称刮擦、胶合、烧熔，其所表现的故障严重程度有所不同。这是一种较常见的故障现象。在故障发生初期轴瓦温度升高并不会导致乌金熔化，但是由于轴瓦温度升高不能及时冷却，造成乌金硬度下降，当抬轴高度不够或油膜不稳定时，轴颈和乌金将会发生轻微摩擦，此时已软化的乌金很容易被高速旋转轴颈挤压，粘连在轴上（即胶合现象），粘连的这部分乌金又带起了更多的巴氏合金，进一步破坏了不稳定的油膜，增加了摩擦力，使发热量增加和积累，导致温度进一步上升。如不能及时有效处理，瓦温会迅速上升，最终出现乌金真正的熔化。所以，我们看到的轴承故障并不是真正的烧瓦，而应是刮擦或胶合，只有轴承温度超过240℃才是真正的烧瓦。

b. 龟裂。乌金轴瓦在使用一段时间后，瓦面上会出现纵横交错的裂纹，乌金裂成了好多碎块，但它们仍然嵌在瓦胎上。乌金轴瓦出现龟裂的实质是材料出现疲劳裂纹。

c. 掉块。龟裂进一步发展就形成掉块，轴瓦上的乌金层成片地从瓦胎上剥落下来。乌金轴瓦产生掉块的主要原因与龟裂相同，此外，轴瓦的乌金层过厚和乌金与瓦胎结合不牢也是产生掉块的重要原因。乌金层过厚，当轴瓦在载荷作用下发生变形时，由于乌金与瓦胎结合层处的剪切力较大，容易造成脱离。

d. 外力机械损坏。轴瓦在安装、储运、检修过程中，由于堆放位置不合理或操作失误，往往会造成轴瓦乌金的损坏，如机械外力造成掉块、瓦面凹坑等缺陷。

③ 滑动轴承金属温度变化的规律。滑动轴承的金属温度及其变化要符合工程物理学的转子动力学、流体力学、传热学和能量守恒的基本规律。该轴承的发热量，在轴承结构一定的情况下，与轴的转速、轴颈直径和承载宽度、承载力、摩擦系数等因素有关。轴承的散热量包括自然散热和强迫散热两部分，其中强迫散热起到关键作用。强迫散热量，在轴承结构、进油方式和油的热比容一定的情况下，与油的温度、流量有关。

当发热量与散热量相等时，轴承温度维持稳定。当发热量高于散热量时，在其他条件不变的情况下，温度将是多余热量对时间的积分函数，温升曲线将是一条积分曲线。在发生乌金胶合的情况下，摩擦系数、发热情况、润滑和冷却情况都随时间而恶化，轴承的温升曲线可能会是一条不可逆的发散的曲线。只有通过改变转速、油温、油量等可控的手段，温度才会回落。但轴承乌金胶合受损的状况是不可逆的，是逐步积累逐渐恶化的。在故障的后期往往还会出现振动异常的情况。

根据以上关系，获得相关参数后，轴承的温升曲线应该是可模拟的。另外，根据迄今为止国内外各种汽轮发电机组轴承故障发生的历史数据、资料，对各种类型轴承的故障进行分类统计，对实际轴承的温升曲线归纳分析，也能够统计分析出轴承发生烧瓦故障时温升的速率，找出故障时轴承金属温度变化的规律。这是今后需要研究的重要课题。

2）滚动轴承温度变化的规律　滚动轴承的故障种类较多，其温度及其变化要符合转子动力学、传热学和能量守恒的基本规律。轴承的发热量在轴承结构一定的情况下，与轴的转速、承载力、润滑情况等因素有关。散热为自然散热。温度的变化与发热量与散热量的平衡有关，其变化规律与滑动轴承有相似之处，同时在故障早期就会出现较强的振动。

3）轴承故障的其他特征　当出现轴承故障时，往往会伴有其他参数的变化。例如，回油温度、振动、电流等参数会随轴承故障的发生出现。

（5）机械设备故障特征和测量设备故障特征的区别

机械设备的工作和参数测量的实现分属不同的学科，其故障特征有着不同学科的特殊规律，有着明显的区别。轴承发生故障时与温度测量系统发生故障时的金属温度变化规律是完全不同的。二者的区别是：

1）相对变化幅度不同　轴承故障的相对变化幅度小，测量系统故障的相对变化幅度很大。当测量系统断路、短路或接触不良时，信号会大幅度跳变。

2）变化周期（频率）不同　轴承故障一般不会出现周期性变化，如不进行人工干预，一般是不可逆的。如进行人工干预，它会回落到正常的工作温度，不会呈周期性变化。测量系统故障虽然不是明显有规律的周期性变化，但其变化频率极高（当测量系统接触不良和外界干扰时，信号会出现高频），变化周期可能呈不稳定变化（当测量系统接触不良时，可能是不稳定的脉冲式大幅度跳变），也可能呈周期性变化（当外界干扰时，信号会出现与干扰源同周期的变化）。

3）变化速率不同　轴承故障的相对变化速率慢。利用变化速率理论上应该可以对不同故障情况进行计算或模拟。也可以根据各种汽轮发电机组轴承故障发生的历史数据、资料，对各种类型轴承的故障进行分类统计归纳。一般来说，故障状态下温升的数量级，可能是以℃/min来衡量的。

测量系统故障变化速率快，与前者相比相差的根本不是一二个数量级偏差的问题。可以℃/ms（或 μs）来衡量，甚至是光电速度。

当轴承金属温度保护需要保留时，这一特征可以作为设定延时时间的参考。

4）相关参数变化　当出现轴承故障时，往往会伴有其他参数的变化。比如回油温度、振动、电流等参数，会随轴承故障的发生同时出现。

当测量系统发生故障时，几乎不可能会伴有其他故障同时出现。

5）规律性不同　根据国内外各种汽轮发电机组轴承故障发生的历史数据、资料，以及某公司历史上所发生的几起轴承故障的经验，从温度变化的趋势可以明显看出轴承发生故障和测量系统发生故障，其温度的变化规律是完全不同的。

（6）结论

测量仪表故障和机械设备故障的故障特征应分别符合电工电子学科和工程物理学的客观规律和特征。

轴承出现温度异常故障时，不可能出现像测量系统故障那样的大幅度阶跃跳变，或是脉冲式不稳定跳变，变化速率明显低于测量系统故障那样大幅度阶跃跳变的速率，且伴有测量系统故障不可能具有的相关参数变化。以上不同的故障特征可以作为判别温度异常真伪的方法，指导决策如何处理温度异常事件。

9.4　液压系统温度异常故障诊断与维修实例

9.4.1　采煤机液压系统故障的分析与改进

（1）采煤机液压系统

某连续采煤机液压系统主要功能是实现截割臂升降、铲板的升降和浮动、输送机的升降和摆动、稳定靴的升降以及泥浆泵的排污。系统设置泵源为一台双联齿轮泵，主泵通过一组六联多路换向阀向截割臂、铲板、刮板输送机、稳定靴液压缸和自动补油回路供压力油，还向辅助油路中的电磁阀及多路换向阀的电液阀供先导控制油。泥浆泵的排污由附泵单独提供压力油，其开闭由电磁阀控制。

（2）液压系统的问题及分析

① 系统采用定量泵＋多路换向阀的形式，节流调速，能量损失大，系统发热量大，需要设置冷却器。

② 齿轮泵工作压力不高，承受液压冲击能力较差，而连续采煤机在割煤工作时需要承受较大的外力冲击，而且是连续工作，因此使用寿命短。

③ 采用定量开式系统，结构简单，便于维护，制造和维修成本低。

（3）液压系统的改进

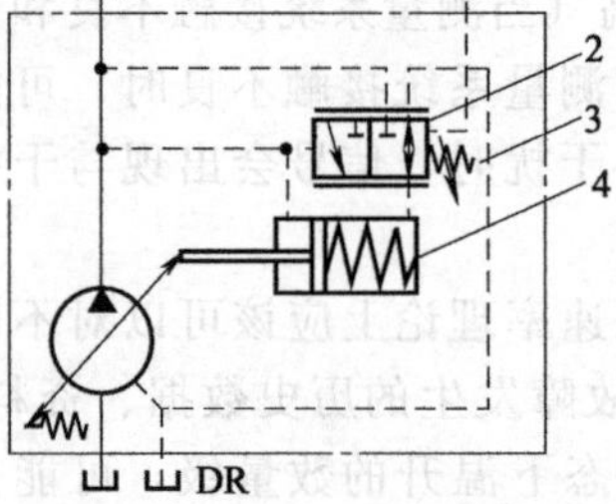

图 9-9　负载传感控制原理

1—可调节流阀；2—负载传感阀；3—弹簧；4—变量缸

1）基本措施　改进后的连续采煤机液压系统采用负载传感变量泵＋负载传感比例多路换向阀形式（见图 9-9）。

2）负载传感控制　负载传感也叫负载反馈，是依靠负载压力控制泵变量的一种闭环控制系统，主要依靠负载传感阀 2 来实现控制。其原理是负载传感阀 2（压力控制阀）与可调节流阀 1 配合调节泵斜盘摆角，控制泵的流量，使其适应执行元件的需求。液压系统中泵的排量受换向阀、节流孔等元件的影响，这些元件安装在外部执行元件和泵之间，为叙述简单，把这些元件等效为可调节流阀 1。

可调节流阀 1 比较其两端的压力并保持其压差 Δp 恒定，从而保证泵的流量恒定。压差 Δp 由刚度为 K_1 的弹簧调整，一般一个液压系统对应一个固定值，Δp 的可调范围为 1.4～

2.5MPa，有的厂家设定值可以达到 3.5MPa。本系统调定值是 2.5MPa。

当泵提供的流量大于执行机构的需求流量时，Δp 增大，负载传感阀 1 就会在压差作用下向右移动，减小负载传感阀 1 的回油开口，增大 p_1 方向进油的开口，从而导致伺服活塞 4 向左移动，推动泵的斜盘向较小排量方向移动，减小泵的输出流量，直到满足工作机构的流量需求，建立新的平衡，保证泵的流量保持恒定。

反之当流量小于工作机构的需求流量时，Δp 减小，负载传感阀 2 就会在压差作用下向左移动，增大负载传感阀 2 的回油开口，减小 p_1 方向进油的开口，从而导致伺服活塞 4 向右移动，推动泵的斜盘向较大排量方向移动，增大泵的输出流量，直到满足工作机构的流量需求，建立新的平衡，使泵的流量保持恒定。

当工作机构不工作时，外负载为零，p_2 压力为零，p_1 与 Δp 相等，此时泵没有输出流量，只有很少一部分流量满足泵自身空运转时的内部泄漏。负载传感阀 2 的特性只与工作机构的设定流量有关，与负载和输入转速无关。

3）改进后液压系统的特点

① 液压系统在非工作状态下，比例多路阀上的公共负载反馈信号泄压，泵的负载反馈阀口上没有压力信号，系统处于无负载状态，泵的斜盘处在最小摆角，输出流量仅供满足泵的内泄。这样系统在非工作状态时能量损失较小，发热少。

② 工作状态下，泵的负载反馈阀 2 通过比例多路阀取回负载压力信号，根据所需流量控制泵的斜盘摆角，避免了多余流量的输出，减小了能量损失与发热量。

③ 变量泵工作压力高，抗冲击能力强，寿命长。

④ 采用负载传感控制后系统发热量小，不需再设置冷却器。

9.4.2 盾构机液压油温度过高故障的分析与排除

（1）故障概述

德国海瑞克公司生产的土压平衡式盾构机，曾用于某地铁一号线的隧道施工。在现场施工中，两台盾构机均出现液压油温度过高报警现象（该盾构机液压系统各装置设定报警温度均为 60℃）。检查盾构机的工作负荷知，刀盘扭矩只有 1900kN·m（最大设定扭矩为 4350kN·m）；螺旋输送机只有 120kN·m（最大设定扭矩为 239kN·m）。由于盾构机负荷很小，而且各液压装置回油均畅通，所以可以排除盾构机负荷过大和液压装置回油油路不畅导致液压系统油温过高的可能。但由于液压油箱的油温也过高，所以可以推断，盾构机整个液压系统油温过高可能是由于液压油冷却装置有问题引起的。由于液压油箱的油液是通过冷却水进行冷却的，如图 9-10 所示，所以当盾构机进水压力低、进水温度高、水过滤器滤网堵塞、液压油箱油位不足，以及液压油和冷却器的冷却水回路不畅时，都将引起液压油温度过高而报警。

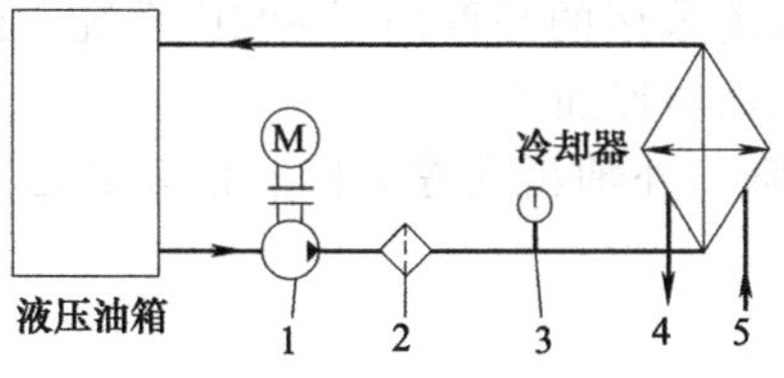

图 9-10 箱油液过冷却系统

1—供油泵；2—过滤器；3—油压表；4—出水管；5—进水管

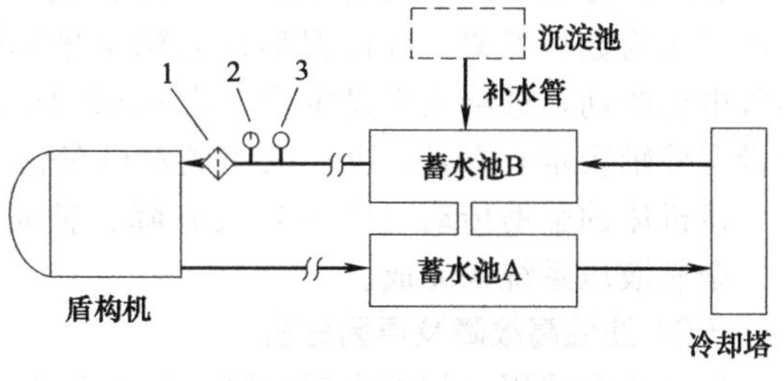

图 9-11 水循环示意图

1—水过滤器；2—水压表；3—水温表

（2）问题的分析

1）检查进水压力　若盾构机进水压力低，整个盾构机水流量不足，引起冷却器进水压力低，通过冷却器的水流量小、流速慢，使液压油得不到有效冷却，将导致液压油温度过高。检查盾构机进水水压表（见图 9-11），压力值为 0.5MPa，压力正常。

2）检查进水温度　若盾构机进水温度高，引起冷却器进水温度也高，液压油同样得不到有效冷却，将导致液压油温度高。盾构机进水温度受环境影响大，当环境温度高时，进水温度就高，进水温度要求不超过 30℃ 才为正常范围。检查图 9-11 所示盾构机的进水温度表，证明进水温度正常。

3）检查水过滤器滤网　卸下水过滤器的顶盖，取出滤网，得知滤网清洁干净（事先已清洗）。

4）检查液压油箱的油位　观察液压油箱的油位，查得油位正常，油箱油量充足。

5）检查液压油冷却回路　卸下液压油过滤器的滤芯，发现滤芯清洁。检查液压泵的供油压力，结果压力正常。用手分别触摸冷却器进、出油管，发现进油管较热，出油管也较热。由此可知，液压油在冷却器中未得到很好的冷却，说明冷却器有故障。卸下液压油冷却器，检查冷却器的进水口和出水口，发现冷却器进、出水口的水道小孔被污垢和铁锈等脏物堵塞。

用清洗剂及高压水清洗冷却器内部的水道小孔，并用铁丝疏通每一个小孔，直至冷却器水道完全畅通。将清洗干净的冷却器重新安装试机，液压油的温度正常，油温报警现象消失，说明故障已被排除。

由于水管是铁管，容易生锈，自来水中含有不少铁锈杂质，这些水未经处理就通过水泵直接供入盾构机。虽经过水过滤器过滤，但由于水过滤器滤网网眼较大，只能滤掉直径较大的杂质，而其他的杂质和形成的水垢等脏物容易堵塞冷却器内部的水道小孔，使冷却器水流不畅，液压油不能正常冷却，从而导致油温过高而报警。

（3）改进措施

为了解决这一问题，对供水装置进行了改进，即增加了一个沉淀池（见图 9-11 中虚线部分）。对蓄水池的补水，先在沉淀池中进行沉淀和软化处理，再补水至蓄水池中，并将原蓄水池中的沉淀脏物清洗干净，在蓄水池 B 中加入防锈剂，使供入盾构机的水干净清洁。改进后，两台盾构机再未出现过因冷却器内部水道小孔被脏物堵塞而引起液压系统油温过高而报警的现象。

9.4.3 数控不落轮对车床油温高故障的分析与处理

（1）系统概述

某 CKASO13A/I 数控不落轮对车床是一台用于机车轮对的轮缘和踏面不解体加工的专用设备。该机床最大加工工件直径为 ϕ1250mm。机床主传动采用摩擦传动，由三速交流电动机驱动，通过降速齿轮传动，可使摩擦轮获得 27、36、55r/min 三种转速（见图 9-12）。机床刀架为数控刀架，数控刀架设有两个坐标轴（横向 X、纵向 Z），各坐标轴分别由交流伺服电机驱动，进给最小设定单位为 0.0001mm。数控系统采用的是西门子 802D 系统。机床设有外轴箱定心方式，可一次完成对机车轮对轮缘、踏面仿形加工。

该机床的辅助传动（摩擦轮架升降、轴向控制轮升降、外轴箱支撑升降、活动轨道伸缩）全靠液压系统来完成。

（2）油温高故障及原因分析

该机床在使用中频繁出现故障，如轴箱支承升降不利或卡死、轴向控制轮升降不到位、摩擦轮出现闷车、活动轨道伸缩不到位、液压润滑泵烧损、轮对镟修过程中频繁出现故障报警等情况，给机车检修工作带来不利影响。经过深入现场对该机床的控制系统进行检查，并

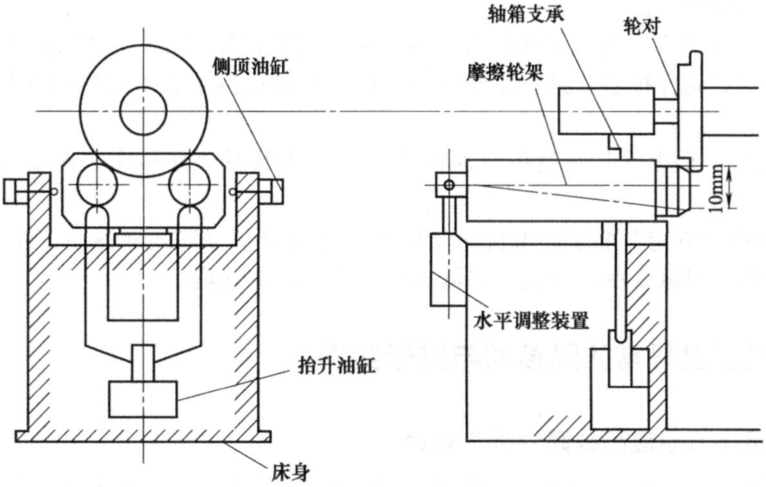

图 9-12　数控不落轮对车床

对机车轮对镟修过程进行全过程的盯防，最终发现造成该机床频繁出现上述故障的根本原因是系统控制油路油温过高。

造成系统油温过高的原因如下：

① 散热条件差：机床的油箱及机床都安装在地坑里，油箱又固定在地坑的角落里，三面环墙仅一面透气，而镟修的铁屑也堆积在地坑里，造成机床的外部散热条件极差。

② 压力调整过高：该机床因各种原因造成系统压力升高，再加上机床操作人员为提高机车轮对的加工速度将系统压力调高，且未及时恢复。

③ 机床连续工作时间长：由于轮对镟修任务量大，为及时完成机车轮对加工任务，机床操作人员经常加班加点进行机车轮对镟修，造成该机床连续工作时间经常超过 12h。

④ 泄漏点多：该机床采用的是液压控制，为完成各项系统功能要求，机床液压系统复杂，油路点多面杂，从而使系统可能发生的泄漏点增加，因油液损耗发热及系统爬行故障摩擦发热增大。

⑤ 管道布置不合理，弯多、接头多，有些管道过细过长。由于机床控制全靠液压系统完成，为完成各项机床功能控制，使机床控制系统管路来回穿梭，有些管路细长，接头过多，拐弯多，从而使系统油阻增大，发热多。

⑥ 油液黏度大：季节不同对系统用油的黏度要求也不同，黏度不合适也会造成系统油温升高。

（3）改进措施

① 散热条件：通知设备操作人员每班工作后及时清理液压柜表面，随时清理液压柜周围铁屑，保证散热区域干净整洁；同时在液压站加装制冷空调，保证散热区域内干净整洁，散热良好。

② 压力调整：合理调整系统压力，在满足机床工作的前提下，尽量降低油压并注意随时检测系统压力，不得使系统各点压力超过标定值；另外对该机床液压系统设置 11 个压力测试点，根据实际工作情况定时用测压装置对各压力测试点测试，并根据所测压力值对机床的液压系统故障进行分析、判断、排除。

③ 机床连续工作时间：由设备管理部门与不落轮对车床使用部门联系，合理安排机车轮对镟修时间，尽量使机床连续工作时间不超过 12h。

④ 管道布置：对该机床系统控制管路重新布置、改造、安装，减少一些不必要的接头、

弯道，并更换过细油管。

⑤ 泄漏点：采用加工精度高的液压元件，并提高装配精度，严格控制相配件配合间隙，并定期对管路及各阀件排查，紧固各处松动部位，及时更换状态不好的密封件，保证无滴、漏油现象。

⑥ 油液黏度：根据季节及设备对油液黏度的要求及时更换机床系统油液，定期检测，保证油液黏度合适。

⑦ 根据润滑“五定”要求，由机床操作工对各润滑部位注入润滑油，注意改善运动零部件的润滑条件，以减少摩擦损失，降低工作负荷，减少发热。

9.5 空压机温度异常故障诊断与维修实例

9.5.1 空压机排气温度高故障分析与处理

某石化公司 1000 万吨炼油项目空压站共引进 3 台英格索兰（CENTAC）C95055MX3HP 型离心空压机，3 级压缩，标准条件下流量 9000m^3/h，排气压力 0.85MPa（G），1～3 级全采用内置管壳式冷却器，流程如图 9-13。该压缩机担负着 10^7 吨/年炼油所有装置的仪表风和工业风的供应，在生产中发挥着至关重要的作用。对空压机来讲，压缩机的压缩能力主要受各级排气温度影响，而冷却器的冷却效果决定了排气温度，因此冷却器运行情况对压缩机压缩能力至关重要。

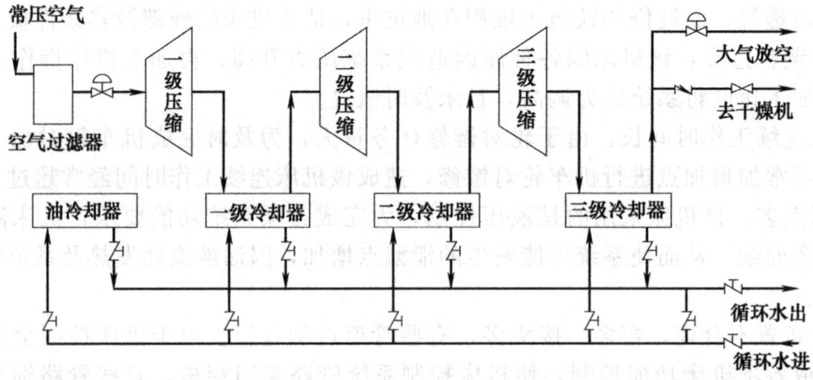

图 9-13 C95055MX3HP 型空压机流程

（1）故障概述

该压缩机自投用以来实际加载时间不到 3000h，与另外 2 台压缩机超过 10000h 的加载时间相比，该机的运行时间较短。3 台压缩机实际一开两备，A 机备用时间较长，加载一段时间后一级排气温度就会出现持续升高的情况，接近报警和联锁停机值，制约该压缩机长周期运行。表 9-3 列举了该机组各级冷却器排气温度报警值和联锁值设置。

表 9-3 C95055MX3HP 型空压机各级冷却器排气温度报警值和联锁值设置表 ℃

压缩机级数	实际排气温度	报警值	联锁停机值
一级	46	49	52
二级	38	49	52
三级	33	49	52

（2）故障分析

1）压缩机冷却器冷却水侧门型密封胶垫故障率高的问题 CENTAC 压缩机的冷却器采用的是内置式设计，因此机组结构紧凑、占地面积小，冷却水在进入冷却器后依靠进口接口处的门型密封胶垫将进水侧和排水侧分开，该机组原厂设计是采用合成胶水将门型胶垫粘贴在冷却水接口处的外壳上。

该门型密封胶垫故障率高的主要表现为门型垫密封失效，原因有以下 2 点：安装时接触面不均匀；受水压冲击，长时间运行后门型胶垫跑位。这在空压站另外 2 台压缩机中均有表现。

2）压缩机冷却器管束结构的堵塞问题　CENTAC 压缩机冷却器是环形的，采用的是筒状结构，位于各压缩级中间，其中水走管外，空气走管内，水与空气逆向流动，由于管内有鳍片，空气在通过管内时循环冷却水在管外以相反的方向同时流动，大大提高了换热效率，这也是该结构的优点。但是由于管束排布比较紧凑（壳程只有不大于 2mm 间距），因此循环水的填料粉末以及悬浮物等极易富集并卡在壳程中，又降低了换热效果，因此排气温度高不排除壳程堵塞的问题。

3）循环水指标控制情况　循环水的供水压力偏低或者供水温度偏高是无法满足压缩机冷却器的要求，同样会造成排气温度高。从记录和相关数据比对来看，该机组的循环水供水压力始终在 0.45MPa 以上，供水温度为 18～28℃，与设计压力≥0.45MPa 和设计温度≤30℃的要求相比，完全可以满足。只有一级排气温度偏高，且压力只有 0.35MPa，证明循环水大系统不存在问题，但一级冷却器循环水存在问题。

4）循环水水质控制情况　从循环水水质实际情况来看：总硬度用 $CaCO_3$ 来表示，实际值大于 5.4×10^8，远高于小于 10^8 的要求，酸度为 pH8.6，高于 pH6.0～8.0 范围，单从水质情况看不能完全满足机组的要求，总硬度过高可能造成结垢加剧，不过循环水中悬浮物实测值小于 2×10^7，低于不超过 5×10^7 的要求，如果悬浮物指标控制不好，加上冷却器管束的紧凑排布，也会增加冷却器壳程堵塞可能性。从水质指标来看水质情况还是基本能够满足压缩机需要的。

5）循环水流量不足　循环水供水压力和温度正常的情况下，水量对压缩机冷却器的效率影响较大。表 9-4 是各级冷却器设计换热面积与便携式流量计实测流量对比。

表 9-4　C95055MX3HP 型空压机各级冷却器换热面积与实测流量对比表

排气温度	换热面积/m^2	实测流量/(m^3/h)
一级冷却器	47.26	12
二级冷却器	36	23
三级冷却器	26.7	21

单台压缩机设计循环水总流量应大于 $75m^3/h$，单级循环水流量应大于 $20m^3/h$。从实测数据来看，一级冷却器的实际流量偏小，循环水在一级冷却器处水量不足，这是一级排气温度高的主要原因。

6）循环水流程设计问题　空压站循环水系统总管上没有主过滤器，每个冷却器的入口安装了 Y 型过滤器，管线为 DN50，极易堵塞，主要堵塞物为循环水塔填料，且该压缩机一级冷却器处于循环水总管线的末端，盲端管线较短，见图 9-14，由于循环水填料老化、破裂问题，填料被带到管线末端无法及时清除，在主管线末端集聚，堵塞了末端压缩机的进水主线，降低了循环水的流速，影响了冷却器的换热效果。

（3）应对措施

1）更换门型胶垫　针对门型胶垫故障高的问题，对门型胶垫进行更换，发现门型垫已出现跑偏和断裂的问题，造成循环水走短路，影响了冷却器的冷却效果。

2）一级冷却器壳程除灰　利用本装置 0.70MPa 压缩空气对一级冷却器壳程进行吹扫，吹扫过程发现灰尘较多，经吹扫清理干净。

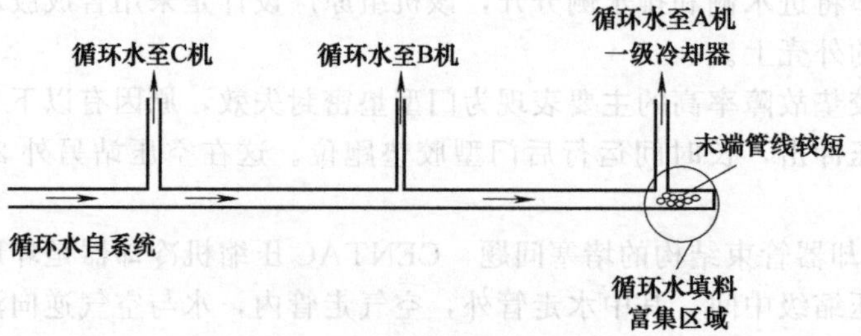

图 9-14　压缩机循环水线图

3）对一级冷却器循环水线加临时流程　为解决该机一级冷却器循环水进口因填料堵塞造成流量下降的问题，就近将 B 机油冷器循环水通过临时线改入 A 机组，A 机运行时 B 机为备用机，且油路循环水耗量较小，流程变动后不影响 B 机的备用和运行，见图 9-15。经测量在压力不变的情况下，总水量由 $12m^3/h$ 增加至 $24m^3/h$，效果明显。

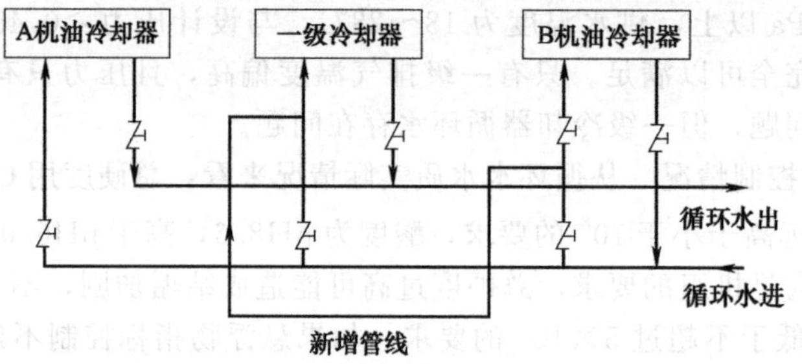

图 9-15　A 机一级冷却器循环水线改造图

4）对循环水侧进行化学清洗除垢　从管壁结垢的成分分析，主要为碳酸盐类水垢，通过材质及垢样分析，确定采用盐酸酸洗工艺。对冷却器进行了化学清洗。清洗流程为：水冲洗及系统试漏→酸洗→中和钝化排放→水冲洗→检查复位。在化学清洗的过程中，每隔 15min 进行一次 pH 值测定和澄清度目测，当清洗液中的氢离子浓度不变时，说明反应完全，清洗结束。

经过以上措施，对分析的各种原因进行了验证，再次开机，一级缸实际排气温度降低了 11℃，效果明显，且运行一段时间后再未出现温度升高的情况，检修达到了预期的效果，见表 9-5。

表 9-5　C95055MX3HP 型空压机一级排气温度前后对照表　℃

排气温度	处理前排气温度	处理后排气温度	前后温差
一级	46	35	11

9.5.2　螺杆式空压机排气温度高故障的诊断

（1）螺杆式空压机的组成和工作原理

螺杆式空压机是容积式回转型压缩机。空气的压缩依靠装于机壳内互相平行啮合的阴阳转子的齿槽的容积变化来实现。空气由吸入侧推向排出侧，共经历吸入、压缩、排气三个工作过程。

1）吸入过程　吸入过程也称进行过程，当转子转动时，主副转子的齿沟空间在转至与进气口连通时，外界空气开始向主副转子的齿沟空间充气，随着转子的回转，两个齿间容积各自不断扩大，至封闭时为最大，此时转子的齿沟空间与进气口的空间相通，可使外界空气进入阴、阳转子齿沟内，当空气充满整个齿沟时，两转子进气侧端面与外径螺旋线转至机壳的密封区，封闭了齿沟间的空气，此时进气停止。

2）封闭压缩和喷油过程　主副两转子在吸气终了时，主副转子齿外缘会与机壳封闭，此时空气在齿沟内封闭不再外流，即封闭过程。两转子继续转动，由于阴、阳转子齿的互相侵入，阴、阳转子齿间封闭容积渐渐减少，齿沟内的气体逐渐被压缩，压力提高，直到该齿间容积与排气口连通为止，此即压缩过程。压缩的同时润滑油亦因压力差的作用而喷入压缩室内与空气混合。

3）排气过程　当阴、阳转子的封闭容积转到与机壳排气口相通时，压缩气体压力最高，并开始排出，直至两转子的齿间容积为零，完成排气过程。随着转子的继续回转，重复上述过程，开始吸气过程，并开始一个新的压缩循环。

（2）排气温度超高故障的分析

在常规运行状况下，空压机排气温度应控制在75～95℃之间，若超过95℃，系统就会自动报警；超过100℃，系统则会自动停机，此时应对系统及其设备进行如下排查，以保证空压机的正常运行。

1）润滑系统与油路元件　在停机泄压后，一是应确保润滑油处于静止状态时的油位略高于高油位标志线。在设备运行时，油气桶油位必须高于低油位标志线，油位不足应及时加油。二是通过查看油过滤器、分离器两端的压差开关来判断过滤器是否堵塞，并采取及时更换滤芯的方法加以解决。三是检查安装于油冷器前方，用于维持机头排气温度在压力露点之上的温控阀。其工作原理是在开机时因油温较低，温控阀的支路开启，经冷却的线路关闭，润滑油不经冷却风扇直接喷入机头；待油温升至67℃以上，温控阀会慢慢打开，至72℃时达到全开启，此时油会全部经过油冷器再进入机体内。一旦温控阀失灵，则润滑油可能不经过油冷器直接进入机头，造成超温。为保证温控阀的正常工作，必须对其阀芯上的大小两个热敏弹簧的疲劳弹性系数进行校验，并检测阀体磨损程度，及时维修或更换失灵的温控阀。

2）冷却系统　复盛双螺杆式空气压缩机采用的是风冷冷却系统，压缩空气和润滑油流过冷却器散热片，经冷却风扇进行冷却。为确保油温的冷却效果，应及时清除散热片上的灰尘，对不能正常运行的冷却风扇或电机进行维修或更换。

3）进气和排气系统　及时更换已堵塞的空气过滤器滤芯，调校过高的排气压力，使其达到出厂压力值，以防止因机组负荷增加而引发超温故障。

4）环境温度　为确保复盛空压机所处的环境温度不超过40℃，在夏季高温时，宜在空压机房加装空调，以确保其工作环境温度符合相应的技术要求，防止引发超高温故障停车。

5）温度传感器　更换故障温度传感器，检修温度传感器接线是否正常，以防止温度传感器故障或因接线松动、断路等因素影响，在排气温度正常的情况下产生误报警或停车。

9.5.3　主空压机故障导致船舶漂航事故的分析

某轮，船龄3年，装有两台H-64型主空压机。该轮两台主空压机在短时间内相继不能正常工作，使机舱控制空气压力都难以保持，不得不停车漂航。在漂航19h后，其中一台“带病”运行，维持航行30多小时后到达目的港。

（1）事故的经过

某日15时左右（航经东南沿海），该轮自国外载货返我国北方港口卸货。自动起停的NO.2主空压机高温报警不能正常工作，值班轮机员即将NO.1主空压机置自动起停状态，运行不到10 min，NO.1空压机即故障停机，且检查时发现在飞轮处盘车时已不能转动。再次转换启动NO.2空压机，不久，NO.2空压机又发生不正常报警，无法正常工作。至此，两台主空压机均已处于不能正常工作的状态。在轮机长的带领下，机舱人员投入了紧张、艰苦的检查、抢修工作。先是发现NO.1空压机已经因高温拉缸，活塞咬死，缸套表面拉毛；更换备件、缸套表面稍加处理后装复再投入运行，很快又拉缸咬死，且这次缸套、活塞、连杆大端轴承、滑油泵等已遭损坏。NO.1 主空压机已无备件可换，暂时已无法再修复。NO.2 主空压机虽经反复拆装、检查，就是找不到引起冷却水高温导致无法正常工作的原因。20 多小时后，终因无法维持最低的控制空气压力，主机被迫停车，船舶漂航。

直到这时，船长才告诉公司因主空压机故障，主机不能运行，停车漂航。又经过 19h 的紧张抢修，终于使 NO.2 主空压机在带“病”的情况下勉强运行（只能维持到 2MPa 左右的气压），主机恢复航行 30 多小时后抵国内目的港。

（2）事故原因分析

该轮空压机的冷却系统与一般的空压机冷却系统一样，并无特别之处。空压机自带的水泵将来自淡水冷却器的冷却水增压后经空压机再送回淡水冷却器，在空压机自带的水泵的出口处有观察镜，可查验出水情况，图 9-16 为 H-64 型空压机冷却水系统示意图。

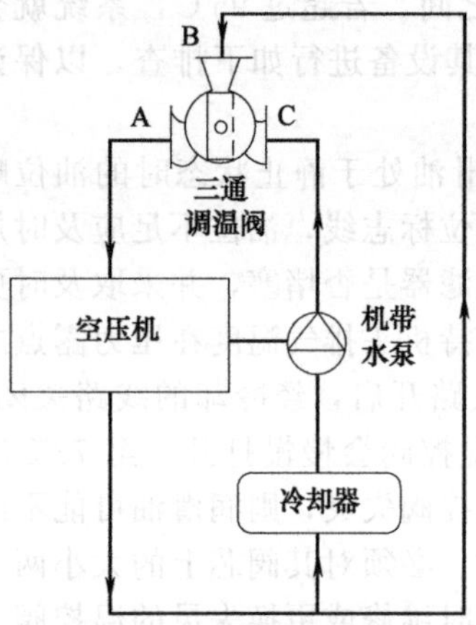

图 9-16　H-64 型空压机冷却水系统示意图

在自来水管上装有一个三通调温阀，A 口用于进空压机的冷却水，B 口用于部分出空压机高温冷却水，C 口用于另一部分出空压机经冷却器的低温冷却水，A 口装有感温元件，可根据空压机出口温度自动调节高、低温冷却水量。抵港后检查发现，三通调温阀 A 口卡死在进水量很小的位置上，也就是说，该阀已不起调节作用。由于进水量太小，出口水温过高，使空压机一运行就高温报警，无法正常工作。而 NO.1 主空压机正是人为地反复强制运行造成拉缸及一系列的主要部件损坏。从船上整个检查、抢修的过程来看，是以下几点使主管人员没能对故障的根本原因做出正确的判断和处理。

1）系统管路不熟悉　高压空气进入冷却腔固然会在观察镜内出现“气泡”，但判断空气侧是否有漏泄应该不是太难的事，无非是在缸头、缸套和空气冷却管三个地方查找漏泄处。如果真的泄漏到观察镜内有大量“气泡”以至于空压机无法正常工作的话，用简单的试压就可验证。空压机一启动，观察镜内水位会很快降低，很容易想到进口水太少。三通调温阀如果工作正常的话，其所接三路管子和空压机进、出水管子的表面温度应该是可以明显感觉出来的。在三通调温阀上标有说明，指出了在自动调节功能失灵时如何变为手动调节；这个阀起什么作用，工作是否正常，当时的主管人员都没有注意，更谈不上如何调节。但是，40 多小时的检查、抢修，居然没有一个人想到它的存在和可能出问题。

2）处理故障的方法不当　在 NO.2 主空压机第一次高温报警不能正常工作和换用 NO.1 主空压机后很快就发生活塞卡死、拉缸的情况下，没有确认究竟是高温误报警，还是真报警，更没有找到原因，就盲目更换备件后再启动运行，导致 NO.1 主空压机损坏。这很明显是处理故障的方法上出了偏差。

3）分析故障原因的思路欠缺　主管人员在整个检查、抢修过程中，看到了在空压机一启动，自带水泵的出口处观察镜内就有“气泡”，且水位很快降低，便断定是高压空气进入冷却腔造成的，并沿着这个思路做了大量的检查、拆装工作，但始终找不到漏泄之处，又始终排除不了这个疑点，在分析故障原因的思路上走进了误区。当一个故障出现时，人们总是按自己的认知和经验来做出最有可能是什么原因的判断，这是习惯思维，也是正常和对的；但当按这种判断做了大量的尝试和实践后，仍没有得到印证时，应该换一下寻找故障的思路和方向，否则，就会迷失方向。

（3）经验教训

在整个故障的处理抢修中，轮机部全体船员包括船舶领导除了承受巨大的体力消耗外，还要承受很大的精神压力，包括经济的损失、船舶停车漂航、船期耽误。反观此次事故的发生和处理，作为船舶轮机人员，有几点也许值得认真思考。

1）认真贯彻船岸互动制度，确保船舶安全生产　船舶机械设备发生各种各样的故障是难免的。故障会给船舶生产和船员生命带来影响和威胁。由于船舶生产的特点及外部环境的特殊性，一旦发生故障，岸基地技术和物质支持受到限制，往往比岸上发生故障更难处理，后果更严重。就此次事故来说，它的最终结果也许算不上严重，一万多美元的备件费和一天不到的船期。但从过程来看，第一台主空压机发生故障时，主管人员没有引起足够重视；两台空压机均不能正常工作时，没有想到可能会引起主机停车、船舶失去动力，更没有想到应该及时报告公司；时值冬季，船处东南沿海，失去动力而漂航的船，没有评估过其潜在的危险。现在各个公司为了把安全生产责任制落到实处，制订和实施了一系列要求、规定、检查和奖惩制度，实践证明，它取得了良好效果，也为广大船员所欢迎。如果理解片面，在关系船舶安全大事上仍在盘算可能损失的局部利益，就会在事关安全的大事上主次不分、处置不当。由此可见，船舶安全生产需要确确实实做到船岸互动才能奏效。

2）注重设备的维护管理，减少故障的发生　事故或故障的发生虽然在形式上有时表现为突发和偶然，但一定是有其内在的联系和必然的规律。所以，一定要遵循规章，按时做好维修、保养、检查，这样就会少出事，甚至不出事；若是敷衍了事，得过且过，甚至弄虚作假，出事只是时间早晚，不出事纯属侥幸。3 年的船龄，应算是新船。高、低压空气冷却水腔内已经脏堵得很严重了，没有人想到检查和清通；三通调温阀，影响着两台空压机的冷却，没有人注意它的存在和作用。这些充分证明了该船轮机人员平常的维护管理做得很不到位。不管新船、老船，没有平时良好的维修保养就一定会变得不安全。

3）谨慎处理事故，提高轮机人员处理突发故障的能力　空压机是常见机型，冷却管系也无特别之处。没有与公司及时沟通并做详细汇报很不应该。在 NO.1 空压机已经在缸内发现拉缸现象时，没搞清原因盲目更换备件，再盲目投入运行是错误的。

9.6　发动机温度异常故障诊断与维修实例

9.6.1　柴油机运转中的自动熄火的诊断与处理

一台农用车 S195 单缸水冷柴油机在运转中自动熄火，启动后柴油机运转正常，但运转约半个小时后，柴油机运转吃力，造成自动熄火，无法再启动。待柴油机完全冷却后，柴油机又可以启动而且运转正常，但工作约半个小时后，又出现上述状况。

经检查，该柴油机的水箱水位正常，油路畅通，喷油嘴雾化正常，但机油压力过低。拆开发动机机体后，发现油底壳机油已呈凝结状，机油滤网堵塞，发动机烧瓦。原来该柴油机已经停用 1 年，已有 1 年未更换机油，造成机油凝结堵塞滤网。刚启动时，轴与轴瓦之间的间隙正常，所以发动机运转正常。由于机油道堵塞、供油不畅，造成润滑不良，使轴与轴瓦之间形成干摩擦而发热膨胀卡死。机体冷却后，轴与轴瓦之间的间隙恢复正常，可启动运转，但工作时间久了，故障依然。

排掉机油、更换轴瓦、清洗滤网和机油道、装好发动机、加注清洁机油后，重新启动，该柴油机运转正常不再熄火。因此，使用柴油机时，应注意机油量并勤换机油，保障发动机正常运转。

9.6.2　康明斯柴油机不能转动的诊断与处理

某车用康明斯 NT855-C280 型柴油机启动运转不到 15min 就突然熄火了，此时计时器显示的柴油机累计工作时间为 1480h。

初步分析认为，可能是蓄电池放电过多，电量不足而不能使启动机带动柴油机运转。于是，换了一台蓄电池而其结果依旧。

又认为，可能是启动机有故障而不能带动柴油机运转，但启动机的空载试验结果正常，说明启动机无故障。

在用撬棍（从启动机安装孔处插入）上下撬动柴油机飞轮齿圈时，发现齿圈不转，说明是柴油机或柴油机之后的机械部分产生的阻力大于启动机的启动力，致使柴油机不运转。

据此认为，可能发生故障的部位有柴油机、动力传动箱和液力变矩器三处。柴油机的故障可能是汽缸中进入了硬物，使活塞不能运行、烧瓦抱轴、正时齿轮卡死等；动力传动箱的故障可能是齿轮卡死或液压泵损坏而阻碍了驱动齿轮转动；变矩器的故障可能是零件损坏。

排查时决定先拆下变矩器，拆下变矩器后用手转动变矩器动力输入驱动齿轮，变矩器运转平稳无卡阻，可初步判定故障不在变矩器。拆下动力传动箱中与飞轮齿圈相啮合的中间齿轮，用手能轻松地转动驱动液压泵的各个齿轮，说明故障不是出自动力传动箱。此时，仍撬不动柴油机飞轮，因此，可判断故障部位在柴油机上。

放出柴油机的机油并过滤，发现油中有较多的磨屑，但不能确定磨屑的出处。

将柴油机吊下，拆检柴油机时发现，油底壳内有两片半圆环（此环共四片，用于调整曲轴的轴向间隙），另外两片也已磨损、烧蚀并黏结于曲轴上，第七道主轴承严重烧蚀、抱轴，使曲轴不能转动，各道轴承都有不同程度的损伤。将活塞连杆组向缸盖方向推，都能推动，说明活塞上部无硬物，因此没有拆卸汽缸盖检查，正时齿轮室内各齿轮无卡死现象。因第七道主轴颈表面有较大损伤，经测量其他主轴颈和各道连杆轴颈后决定磨削整根曲轴，使其尺寸减小 0.25mm。精磨后将各道主轴承装复，依次逐渐加力紧固（每加力一次，转动一次曲轴），当加力到标准扭矩时，却不能转动曲轴。

经拆检发现，第七道主轴承被刮伤，同时第七道主轴颈上有两条白色的线纹，磁力探伤检验证明那是两条裂纹。

裂纹是在轴承烧损、抱轴时因过热而产生的。由于轴承座紧固螺栓拧到标准扭矩时，轴颈发生变形，裂纹增大，在转动曲轴时刮伤新轴承。换新轴承、新曲轴（均为标准型）并按要求装配后试机，运转正常，表明故障已被排除。

该机之所以发生烧瓦抱轴的严重事故，根本原因是没有按要求及时更换机油和机油滤清器。事后了解到，该机只在新机磨合后更换了机油和机油滤清器，而在以后近 1000h 的作业中再没有更换过机油和机油滤清器。特别是在进入冬季后，没有进行过应有的维护，而使用手册中则要求每 250h 或每半年应更换一次机油和机油滤清器，必要时还可适当缩短更换周期。造成此次事故的另一原因是操作不当。该机启动后，虽然进行了 5min 的怠速运转，但该机在严寒条件下工作，环境温度低，柴油机预热不够，在摩擦表面还未形成良好油膜的情况下就倒车、加载工作，致使柴油机烧瓦抱轴。因此，该机操作中在启动柴油机并怠速运转 5 min 后，应加大油门，使柴油机空载中速运转，以提高柴油机温度、增加机油泵供油量，使各部分充分润滑。当水温达到 50℃后，反复多次操作工作装置，待水温达到 70℃后再投入作业，以减少机件的磨损。

9.6.3 汽车发动机冷却系统泄漏故障及案例分析

为了使车辆冷却系统更好地发挥作用，要注意对其进行认真仔细的维护。冷却系统出现故障时，应该及时排除，减少发动机磨损。

(1) 冷却液泄漏

冷却液泄漏是冷却系统最常见的故障之一，冷却系统工作时冷却介质不断减少而降低冷却效果，特别在大负荷工况下，易使发动机过热。外部渗漏时，会发现地面上有冷却液。通常是由于机件的老化破损或管路连接不紧密等所致。

例 1：某车主反映，在汽车发动机散热器出水口和橡皮胶管接合处会滴出冷却液。维修人员先用压缩空气吹，外围的液滴被吹干后，启动发动机，又看到有液滴从管子下方渗出，维修人员建议把连接管拆下来检查。首先，松开管子与散热器的接头，冷却液流出后，维修员用镜子和手电筒观察管子的内部，没发现有任何裂痕、缝隙等，散热器接口处也没有破损痕迹。维修人员确定为接触不紧密所致。处理方法是在散热器接口管子上涂上红色的黏合胶，等待一段时间，再把橡胶出水管接回去，添加冷却液，启动发动机，泄漏停止。

还有一种为内部渗漏。这种形式通常表现为无明显的外滴现象，但必须经常添加冷却液。

例 2：某丰田凌志车，车主抱怨说，冷却液总是需要 2 天添加一次，停车时未发现有漏出的冷却液。维修人员在车上也未发现管路破损的痕迹。但查看补偿水箱盖时，发现里边有锈斑一样的红色物质。于是确定补偿水箱盖泄漏，导致冷却液蒸发。建议更换补偿水箱盖，然后添加冷却液，启动发动机，泄漏停止。

有一种发生在缸体或缸盖上的微小泄漏，汽车在正常行驶时，迎面风流会将其蒸发，当汽车停驶时，不容易发现。此时，要采用冷却系统压力测试仪给冷却系统施加压力，再查找泄漏点。

（2）冷却系统元件堵塞

冷却系统元件中易堵塞的构件是散热器和管子。因为散热器中易沉积水垢等大颗粒杂质，散热器被堵后，流经的冷却液不均匀，使发动机温度不稳定或过热。

例 3：1 辆桑塔纳 2000 型轿车的车主抱怨，车子在平坦的路面行驶时，冷却液温度正常，可在天气晴朗有阳光照射或者爬坡时冷却液温度过高。车上未安装节温器。维修员把节温器安装上去，添加冷却液，却发现冷却液温度表仍然处于高温状态。再试做分析，节温器的作用是限制冷却液流量，使发动机尽快达到或接近工作温度。车主已声明未安装节温器，这就相当于在发动机工作时，节温器一直处于全开状态，而处于这种状态时，冷却液温度仍然过高，那么安装节温器就不能解决问题。再观察冷却系统管路均完好无损。触摸散热器上下两端的进出水管，发现散热器上方管子很热，而下方管子很凉。虽然风扇有很强的散热作用，但不至于产生这么大的温差。最后确定为散热器堵塞，使冷却液流通不畅，导致冷却液温度过高，或使冷却液温度不稳定。

（3）冷却系统元件损坏

冷却系统元件的损坏将导致冷却系统无法工作。

例 4：某帕萨特轿车，行驶里程 6×10^{4}km，水泵损坏。驾驶员听到异常响声，急忙熄火，停下来检查并要求施救车前来把故障车拖到维修站。维修员把水泵拆下来，发现里面的叶片已削掉好几截，里面的冷却液几乎漏光。建议更换水泵。

若是节温器损坏，比如节温器一直关闭大循环水路，就会造成发动机过热；又如节温器一直打开，这种情况使冷却液即使在发动机处于冷车状态下，也在发动机和散热器之间进行循环，导致发动机冷车过度冷却，升温缓慢，燃油雾化不良，油耗增加，气缸磨损加剧。

（4）发动机过热

例 5：某丰田大霸王，行驶 3～5km 就开始过热开锅。打开发动机舱检查，并无明显泄漏。但是散热器到副水箱的连接软管有小量冷却液溢出。因为发动机大负荷工作时，热负荷大，此时高温冷却液蒸气大部分进入副水箱；当散热器内部温度下降，形成真空时，由于软管泄漏无法将副水箱中的冷却液吸回散热器。时间久了，散热器中冷却液不足导致发动机过热。更换软管，故障排除。

（5）柴油机散热器进油

例 6：某 6135K-9a 型柴油机在使用中突然发现散热器中有油污漂浮，且油质较稠、发黑、黏性较大。

首先可排除是柴油，其次排除液压油进入水道。

考虑变速器、变矩器油液经变矩器冷却器与散热器冷却水发生热交换，有可能是变矩器冷却器内泄。由于变矩器油压（0.18～0.28MPa）大于散热器水压，故变矩器油可能进入水箱。观察变速器油液面，无明显变化。拆检变矩器冷却器，把水道中灌满水，油道一头堵死，另一头用高压气体吹，并保持油道有一定的压力（大于0.1MPa），未发现水道有气泡溢出，检测说明变矩器冷却器没有内泄。

水箱中依然存在油污，并不断增加，那么最有可能就是柴油机机油散热器（0.1～0.3MPa）内泄。观察发现，油底壳机油明显减少。将机油散热器拆下，用上述办法测试，并将水箱、水道清洗干净，加入洁净水，试机几小时后发现，水箱中又存有不少油污。更换新散热器，清洗水箱后试机，结果还是存在漏油问题。

再分析该机的冷却系统和润滑系统，除去已排除的因素外，在同一部件上同时存在水道和油道的还有柴油机机体和气缸盖。由于机体内水道较复杂，本着由外及里、从易到难的检修原则，分别对缸盖进行拆检，仍然用上述方法测试，检测Ⅲ缸时发现水道中有大量气泡溢出。于是断定Ⅲ缸缸盖内有裂缝，导致水、油道相通，机油压力高，进入水道。

更换Ⅲ、Ⅳ缸缸盖后试机，水箱中再无油污出现，至此彻底解决了水箱进油的故障。

（6）电控发动机冷却液温度传感器及其连接线路故障

如果发生冷却液温度传感器失效或连接导线断路、信号线对地短路等，发动机ECU就无法获得正确的冷却液温度信息。此时ECU自诊断系统将点亮仪表中的发动机故障警告灯，提醒驾车员电控系统存在故障，同时有些发动机ECU将接通风扇强制运行。此时，应该连接故障诊断仪，读取故障码，并检查相关线路以排除故障。如果风扇长期运行，不仅增加燃油消耗，而且会使发动机工作在正常温度以下，增加发动机的磨损。

（7）采用CAN网络结构的发动机冷却强度控制系统故障

对于采用网络智能控制系统的发动机冷却系统，如果网络线路发生故障，要认真观察其是否处在降级（备用）模式。东风雪铁龙凯旋轿车如果CAN网与自动变速器ECU之间中断联系，会导致风扇以低速运行。

9.7 泵类设备温度异常故障诊断与维修实例

9.7.1 高温泵机械密封失效分析与改进

P-101泵是EO/EG装置反应器的凝液水泵，为8X15SVH型单级悬臂式离心泵，投产以来，机械密封失效频繁，运行周期平均为1个月左右。为此在检修过程中对该机封故障进行了分析，并采取了相应的改造措施。

（1）泵端机封及冲洗系统

该泵采用单端面、内装式、高背压型机械密封，动、静环材质分别为碳化钨、石墨浸树脂，密封圈为硅橡胶O型圈。

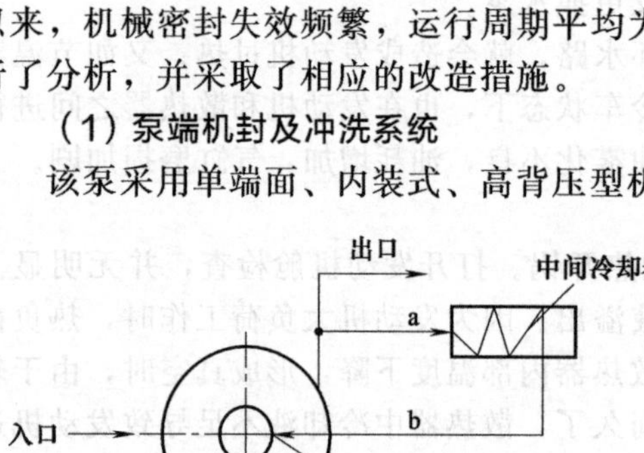

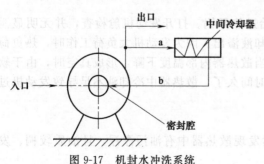

图9-17　机封水冲洗系统

密封端面采用内冲洗方式，如图9-17所示，从泵出口管线引出的高温（264℃）水经中间冷却器冷却后注入密封腔，对密封端面进行冲洗冷却。

（2）故障诊断

1）故障现象　机封部件拆检后，发现主要故障现象是：

① 动、静环 O 型密封圈失效，老化变硬，O 型截面变成方形；

② 静环失效，密封端面被咬蚀出现彗星状痕迹；

③ 补偿环磨损；

④ 补偿环弹簧失效，失去补偿作用。

2）失效分析　故障原因分析表明，密封冲洗系统存在问题及密封腔温度过高是造成机械密封频繁失效的主要原因。

① 机械密封冲洗系统分析。如图 9-17 所示，原设计的机械密封外冲洗系统是自该泵出口引出的水经过冷却器后，流入密封腔对机封端面进行冲洗。但经计算，冲洗液压差 $\Delta p<0$，即密封冲洗系统实际为外冲洗。

为进一步验证，在现场进行了实际测量，以判断密封冲洗液流向。用测温仪分别对中间冷却器两侧的密封冲洗管线表面 a、b 两点进行温度测量，a 点的温度是 85.7℃，b 点的温度是 135.2℃，温差达 50℃左右，证实液体是自密封腔经换热器换热后流向泵出口，即密封冲洗液是逆流。

② 内冲洗失效造成静环咬蚀。内冲洗液对密封端面起冲洗、润滑、冷却作用，冲洗液正常压差为 0.05～0.1MPa，流速在 3～4.6m/s 范围内。内冲洗失效，机封端面为半液摩擦，介质内的颗粒或结晶进入摩擦端面，进一步加剧端面的磨损，产生较高的摩擦热而无法有效带走，造成机封静环端面因温度过高而出现金属咬蚀现象，导致机械密封泄漏。

③ 密封腔温度高造成密封圈老化变形。由于密封冲洗系统失去作用，密封冲洗液逆流，密封腔内介质温度等于操作温度（264℃），超过硅橡胶 O 型密封圈的使用温度范围（－60～260℃），造成密封圈很快老化与塑性变形，机械密封泄漏。

（3）机械密封的改造措施

① 如图 9-18 所示，从该泵旁边的 P-102A 泵的出口引入温度为 85℃、压力为 3.2MPa（可调）的水至密封腔进行外冲洗，关闭原来的自冲洗管线，以降低密封腔温度并提高冲洗液压力至 3.2MPa。

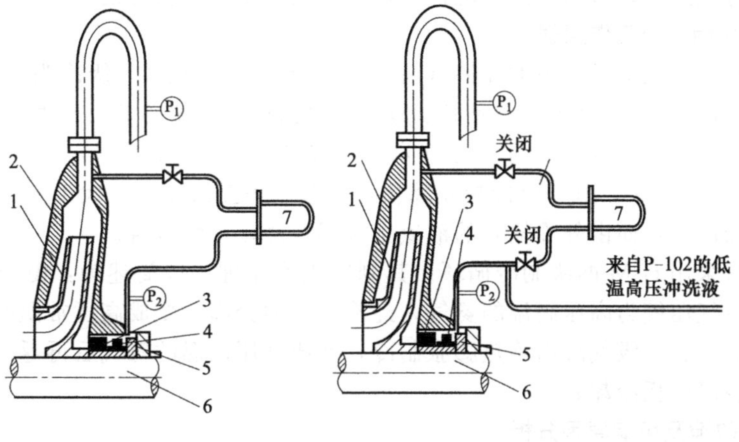

图 9-18　冲洗系统改造图

1—叶轮；2—蜗壳；3—挡水圈；4—动环；5—静环；6—轴；7—换热器

② 如图 9-19 所示，在叶轮上开四个 ϕ8mm 的平衡孔，降低叶轮背压的同时起到平衡轴向力作用，但泵的容积效率损失增加。经过核算，平衡孔的泄漏量为设计流量的 2%～5%，使密封腔内压力降低了 0.1MPa 左右，使冲洗液压差 $\Delta P=0.6$MPa。

③ 如图 9-20 所示，为了降低叶轮上增开平衡孔对泵容积效率的影响，调整叶轮定距套

尺寸，把叶轮的背隙由 10mm 减至 4mm，进一步降低叶轮背侧压力，提高冲洗液压差。

④ 改进泵的操作步骤。改造后介质和冲洗液之间温差很大，先打开密封冲洗液，使冲洗液压力达到 3.2MPa，再按步骤启动泵，以防止密封元件因急冷急热而脆裂。

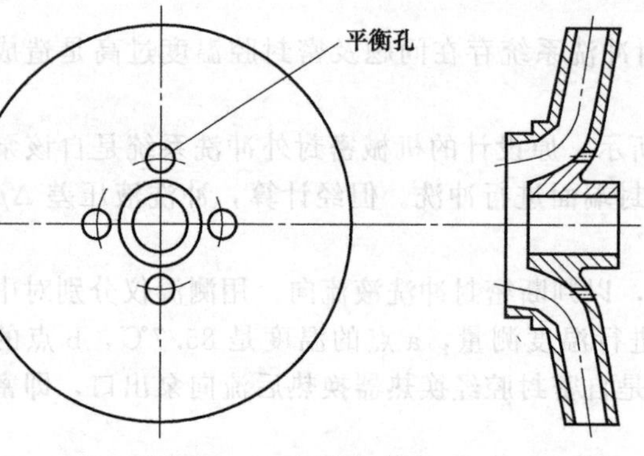

图 9-19　叶轮改造图

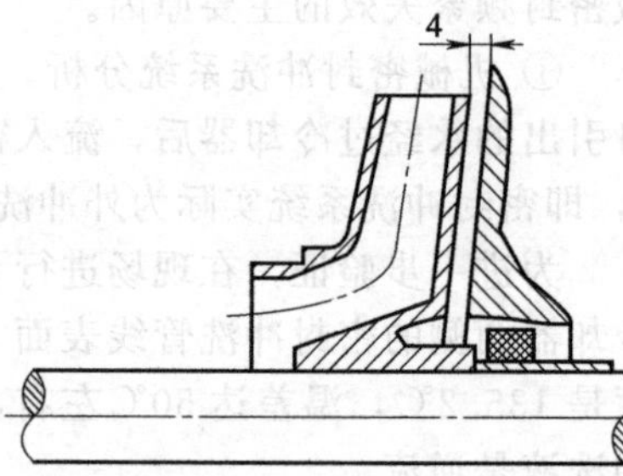

图 9-20　改造后叶轮背隙调整图

（4）效果

改造后的机械密封冲洗系统自投入运行以来密封腔表面温度为 85℃，大大低于改造前的 135.2℃，压力表显示密封腔外冲洗液压力 3.2MPa，符合使用要求。4 个月后对机封拆卸检查，各密封元件完好无损。机封已稳定运行，工艺操作稳定性和可靠性大幅提高。密封冲洗系统改造后取得了满意的效果，消除了装置安全生产的一大隐患，创造了可观的经济效益。

9.7.2　低温泵故障分析及其解决措施

低温泵是 20 世纪 70 年代末发展起来的一种新型抽气设备，其利用低温表面对被抽气体分子进行冷凝、吸附和捕集，可以获得高真空和超高真空，具有无污染、抽速较大、运行平稳、操作简单等优点，是目前空间环境模拟设备中的主要真空获得设备。

（1）低温泵组成及工作原理

低温泵通常由氦压缩机、泵的壳体（泵腔）、冷头（含一级及二级冷头）、冷屏（一级冷板口径大于 500mm，一级冷板通常使用液氮冷屏代替）、二级冷板、障板、冷头测温传感器、真空规、安全阀等组成，如图 9-21 所示。低温泵的抽气口径为 160～1320mm。口径小于等于 500mm 的低温泵，其一级冷板及障板由一级冷头提供冷量；大于 500mm 的低温泵，通常不使用一级冷板，而由外界输入的液氮给冷屏及障板提供冷量。

低温泵通常采用 G-M 两级制冷循环。其制冷工作原理可以简述为：氦压缩机将来自冷头的低压低温氦气压缩为高压高温的氦气，经冷却、油分离，变成高压常温的纯净氦气进入冷头，在冷头的一、二级气缸内绝热膨胀制冷，变成低压低温的氦气后再返回压缩机。如此反复循环，使各级冷板冷却。

（2）典型故障及可能原因分析

1）冷头典型故障及原因分析

① 冷头组成及功能简介。低温泵冷头的内部结构如图 9-22 所示，主要由气缸、活塞组成。活塞通过密封环与气缸密封连接，形成一、二级冷头，分别包含一级蓄冷器及二级蓄冷器。一、二级冷板对应安装在一、二级冷头上。活塞由电机或配气盘来驱动，在气缸内做往复运动，确保进入冷头内的高压氦气在一、二级冷头（布置有测温传感器）内进行绝热膨胀制冷，逐渐降低一、二级冷头温度。

② 二级冷板活性炭脱落的问题。二级冷板安装在泵腔内，因此与二级冷板有关的故障

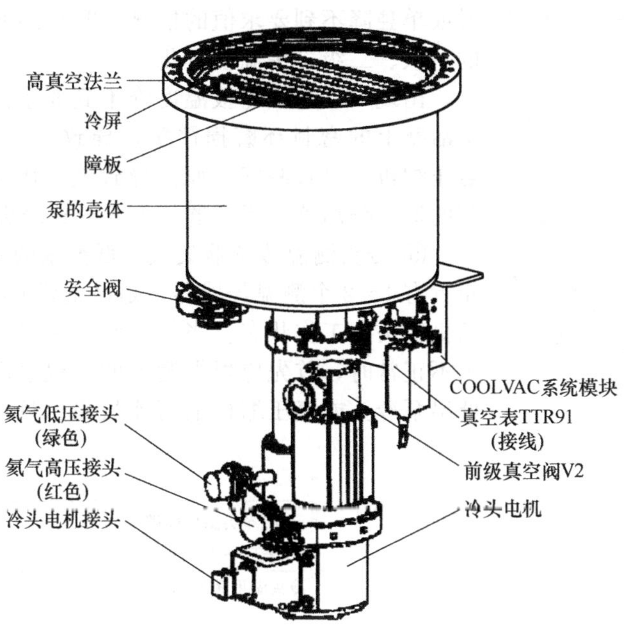

图 9-21　莱宝 COOLVAC 低温泵组成

不易发现，其中最容易发生的问题是活性炭脱落，如图 9-23 所示。活性炭脱落有两种情况：一是完全脱落，活性炭颗粒或黏结在一起的活性炭块掉落在屏蔽板上；二是虚脱，表面上看活性炭颗粒还是粘接在二级冷板上，但是稍用外力触碰就会脱落。活性炭脱落会影响低温泵对氢气、氦气的抽速，严重时，脱落的活性炭因振动等原因运动到屏蔽板与泵壳之间，在其间搭起一座“热桥”，导致一、二级冷板的温度降不下来或泵壳外表结霜严重。

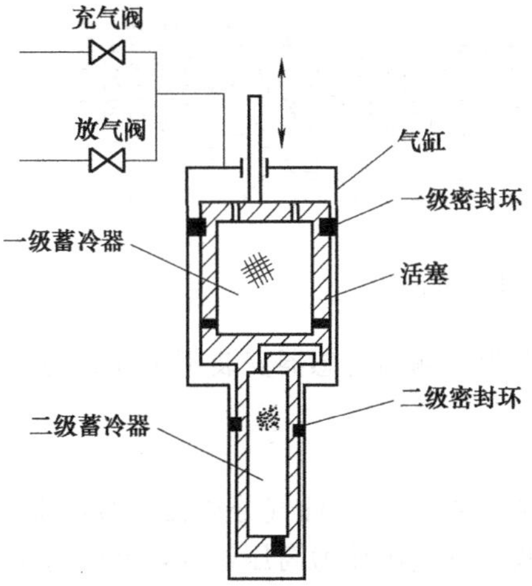

图 9-22　制冷机低温泵冷头内部结构

图 9-23　低温泵二级冷板活性炭脱落

③ 冷头运行时声音异常。低温泵在正常运行过程中会发出有规律的声音。当发出不规律的、分贝偏高的运行声音时，表明冷头出了问题，此类声音多由冷头活塞变形导致与气缸的摩擦增大、间隙改变所致。某型号低温泵在使用过程中出现运行声音异常后，打开冷头发现活塞开裂，如图 9-24 所示。当冷头内含油或氦气不纯时也可能导致冷头运行声音异常。

④ 一、二级冷板温度无法降到要求值。低温泵正常工作过程中，一级冷板温度可以降到 65K 以下，二级冷板温度降到 15K 以下。当出现故障时，会发生一、二级冷板的温度同

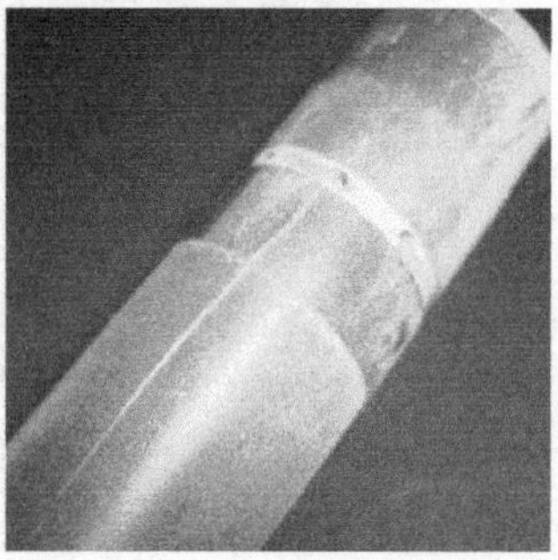

图 9-24　低温泵冷头内活塞开裂变形

时或单独降不到要求值的情况。图 9-25 所示为某型号低温泵的一级、二级冷头温度变化。

出现一、二级冷板温度降不到要求值的主要原因有：冷头活塞上的密封环磨损严重，导致一、二级冷头之间串气；氦压缩机、氦管漏气等原因导致氦气压力不足；氦压缩机内部的油气分离器、吸附器等失效导致冷头活塞内部进油。

⑤ 冷头测温传感器失效。低温泵的一、二级冷板通常都布置有 1～2 个测温传感器，是最重要的测温点，用以检测压缩机冷头的工作状态。当低温泵的一级或二级冷板的温度显示不正常时，首先应根据测得的低温泵内真空度等指标排除低温泵冷头或氦压缩机的可能故障。只有排除了这些部位的

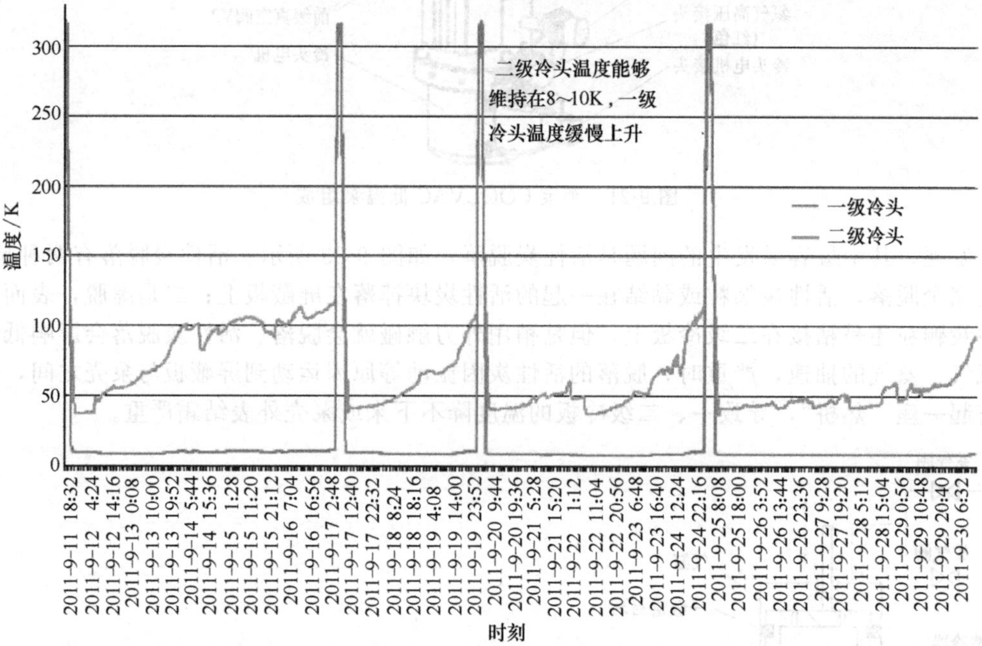

图 9-25　低温泵异常后的一、二级冷头温度曲线

故障后，才能判定为测温传感器的失效故障。可能的原因为：测温传感器安装不牢固；传感器自身损坏或信号传输线路断路。

2）氦压缩机典型故障及可能原因分析

① 氦压缩机组成及功能简介。氦压缩机通常由压缩机、换热器、油气分离器、吸附器、配套的阀门以及控制电路组成。其功能是将来自冷头的低压氦气压缩为高压氦气，并经过换热器、油气分离器及吸附器的过滤作用，将氦气纯化。

② 氦压缩机漏气。氦压缩机漏气的典型现象是其压力表示值低于要求值。氦压缩机与氦管、冷头连接在一起，若要判断是否为氦压缩机单独漏气，需要将氦管从氦压缩机上拆下后，往氦压缩机内充入氦气至要求的静态压力值，观察压力的变化。发生漏气的部位多为压缩机内部油气分离器、吸附器等连接部位以及压缩机内部的工艺孔。漏气与氦压缩机运行过程中的周期性振动、工艺孔处的密封失效等有关。

③ 氦压缩机过热保护。氦压缩机在运行中突然停止，二级冷板的温度迅速上升，一段时间以后，重新启动氦压缩机又能正常运行，且二级冷板的温度等指标均恢复到正常范围，

此情况称为氦压缩机过热保护。可能原因有：氦压缩机的循环水系统运行中断；氦压缩机内部的冷却水管道或换热器结垢严重，无法进行正常换热。

④ 溢流阀损坏。当发现低温泵的二级冷头存在降温困难、运行声音异常等情况时，可能原因为氦压缩机内的溢流阀损坏。溢流阀损坏后，氦压缩机内的压缩机油就会穿过吸附器进入到冷头内，引起冷头运行不正常。

3）其他典型故障　低温泵运转过程中，泵腔内真空度不能满足使用要求也是常见的故障情况，究其原因，除由上述冷头及氦压缩机故障引起外，还应重点考虑泵腔本身是否存在泄漏，包括泵腔本体、泵腔与阀门连接处、泵腔内液氮冷屏（口径大于 500mm 的低温泵）、与泵腔连接的阀门等。图 9-26 为某型号低温泵使用过程中泵壳外表面结霜，原因为泵腔内的液氮冷屏汇总管泄漏。

（3）解决措施及使用注意事项

1）二级冷板活性炭脱落　将二级冷板表面原有的活性炭清除干净后重新粘接活性炭（一般选用椰子壳活性炭）。低温胶的选用很关键，其性能的好坏直接决定了活性炭的粘接牢固性及使用寿命。二级冷板重新投入使用后，应注意以下事项：

① 低温泵抽气过程中要避免抽除含有油蒸气的气体；

② 低温泵使用后应及时处理，避免二级冷板长期处于泵腔内高水分的状态。

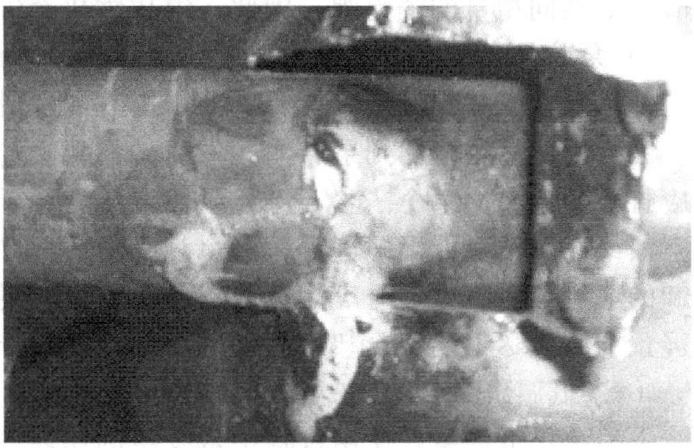

图 9-26　某型号低温泵泵腔内液氮冷屏汇总管泄漏（白色为肥皂泡）

2）冷头运行声音异常　冷头运行声音异常时应及时关闭氦压缩机。首先在冷头及氦压缩机均处于常温状态下对冷头及氦压缩机进行氦气置换，以判断是否为氦气不纯引起冷头声音异常；其次可以检测氦压缩机出气口的气体是否含油。如果检测到油，则可以肯定是由此原因引起的。否则直接拆开冷头，检查活塞是否变形等，确定具体故障部位及原因后进行针对性的维修。

3）一、二级冷板温度降不到要求值　如果是氦压缩机压力不足，应对其进行补气至规定值，否则拆开冷头进行检查。冷头内一、二级之间的活塞环磨损严重甚至破裂是导致一、二级冷板温度降不到要求值的常见原因，应及时对磨损严重或破裂的活塞环进行更换。如果拆开冷头发现活塞环完好，但是冷头内有油，除了对冷头进行除油处理外，还应追根溯源，对氦压缩机进行检查。若经分析，冷头内的油确定来自氦压缩机，则可根据氦压缩机漏油的部位采取针对性的维修措施。图 9-27 为氦压缩机出气口出油检测装置及用于吸油的纸张与毛毡检测前后对比。

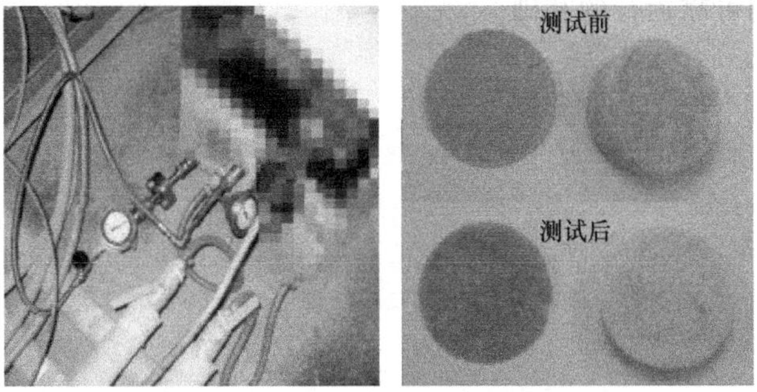

(a)　(b)

图 9-27　氦压缩机出气口出油检测装置及用于吸油的纸张与毛毡检测前后对比

4）氦压缩机漏气　氦压缩机漏气时，通常要先将氦压缩机与氦管断开，以免发生误判断。当确定为氦压缩机漏气时，应使用氦质谱检漏仪对其检漏，利用检漏仪的吸枪对漏点进行定位，确定漏点后再制定维修方案。因氦压缩机内压力一般高于 1.5MPa，所以维修时一定要先将氦压缩机内氦气排出。如果氦压缩机漏气缓慢，也可以通过不断补气的方式维持运行。在使用过程中应注意，氦压缩机要采取隔振措施。氦压缩机内通常具有减振弹簧，使用过程中应确保其发挥作用。例如，CTI-8500 氦压缩机，使用前应检查压缩机的运输螺钉是否拆下，否则减振弹簧不起作用。

5）氦压缩机过热保护　氦压缩机过热保护通常由循环水引起。当发生此类故障时，首先要检查氦压缩机的循环水系统是否正常工作。若为循环水系统的原因，则应停止循环水系统工作并排查原因后再恢复工作。否则，可能原因为氦压缩机内的换热器管路结垢而导致水流不畅。综上，氦压缩机在使用过程中应保证所使用循环水的水质满足要求。另外，还应根据使用情况不定期对循环水系统进行维护维修。

6）溢流阀损坏　溢流阀的损坏多发生在氦压缩机充气时，由充气压力过高所致，若损坏时应更换同型号的溢流阀。因此，氦压缩机充气时应格外注意不能过充。

7）泵腔内真空度不能满足使用要求　当泵腔内真空度不能满足使用要求或者是使用过程中低温泵泵壳“出汗”甚至结霜时，应立即停机。若有液氮冷屏，则同时停止液氮的供应。因为液氮一旦泄漏到泵腔内，液氮的汽化会造成泵腔内温度的降低以及压力的升高。此时应打开低温泵的某个法兰，避免泵腔内压力高于大气压。低温泵回到常温后应采用氦质谱真空法或充压法对低温泵进行检漏。为避免低温泵使用过程中出现泄漏，应注意：需要定期拆卸的法兰在每次安装时应注意确保密封良好；对于泵腔内含有液氮冷屏的低温泵，在进行冷屏预冷时应尽量延长冷却时间，避免骤冷骤热导致焊缝疲劳开裂。

（4）低温泵使用及维护建议

上述都是低温泵在使用过程中常发生的比较典型的问题。从统计规律上看，尽管低温泵的工作可靠性比较高，但也有必要加强其在使用过程中的维护保养，这将有助于延长使用寿命，降低故障发生的频度。维护保养工作应侧重以下几方面：

① 应根据说明书规定的周期更换吸附器。

② 综合低温泵各个运行参数判断是否要更换活塞组件。

③ 加强泵腔的维护，包括清洁、除油、测温点检查以及活性炭粘接等。

④ 尽量使用加热再生的方式进行低温泵再生。

⑤ 为氦压缩机配备的冷却循环水系统应定期除垢。

⑥ 保证为氦压缩机补充的氦气纯度不低于 99.999%。

⑦ 备份一些氦压缩机保险管、氦管和吸附器等关键器件及冷头充放气接头等。

⑧ 制定合理可行的操作规程及维护保养程序。

低温泵是环模设备重要的清洁高真空获得设备，应用广泛。只有掌握低温泵自身的运行规律及一些典型的故障处理措施，才能确保其稳定运行。当然，制定合理可行的操作规程，及时进行维护保养也是保证低温泵长期可靠运行的基础。

第10章 液压泵故障诊断与排除

液压泵是液压系统的动力元件，负荷大、精度高、价格贵、易损坏。这一章结合图解介绍各类液压泵的结构、功能、损坏状况，以及安装、调试、维护、检查、故障诊断与排除、修理方法。

10.1 齿轮泵故障诊断与排除

齿轮泵是液压系统中应用十分广泛的动力元件，具有结构简单、价格便宜、自吸能力强、抗油液污染能力强等优点。

10.1.1 齿轮泵结构图示

CB型齿轮泵结构如图10-1所示。

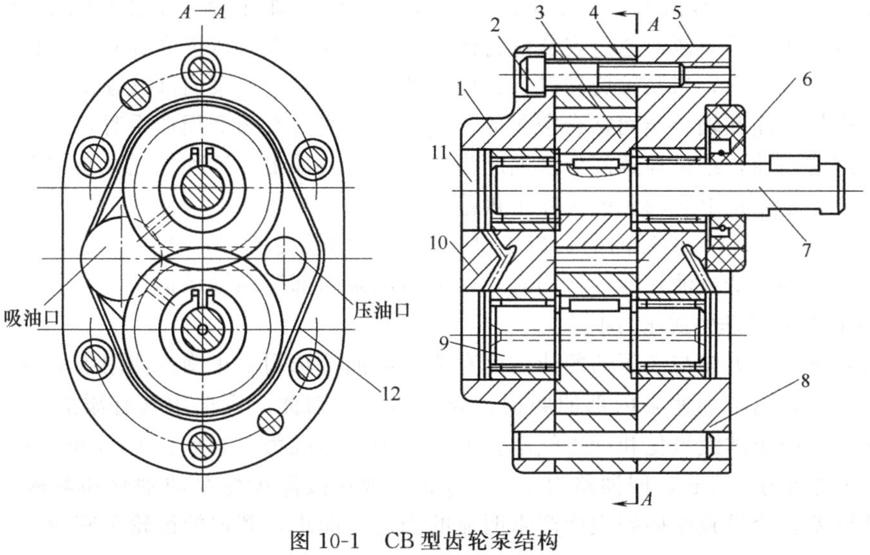

图10-1 CB型齿轮泵结构

1—后盖；2—螺钉；3—齿轮；4—泵体；5—前盖；6—油封；7—长轴；8—销；9—短轴；10—滚针轴承；11—压盖；12—泄油通槽

图10-2所示为力士乐GC型内啮合齿轮泵。

10.1.2 齿轮泵常见故障及其原因

(1) 泵不出油

如果在主机调试中发现齿轮泵不来油，首先应检查齿轮泵的旋转方向是否正确。齿轮泵

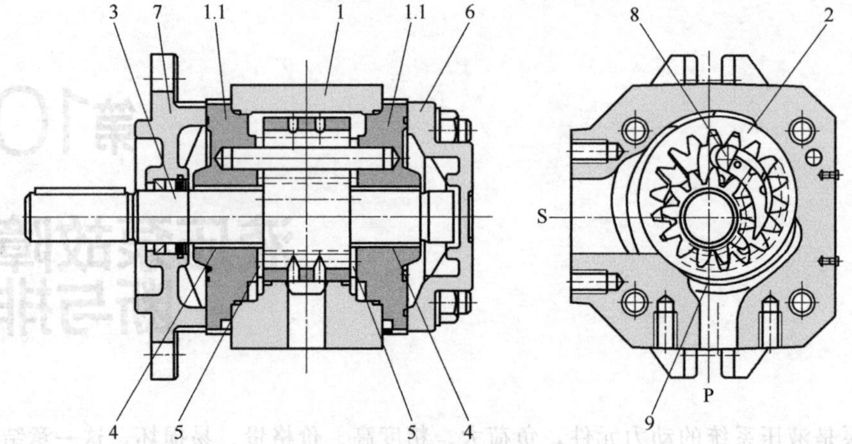

图 10-2 力士乐 GC 型内啮合齿轮泵

1—泵体；1.1—轴承罩；2—环形齿轮；3—小齿轮轴；4—轴承；5—轴向补偿板；6—泵盖；7—安装法兰；8—支撑销；9—压力区

有左、右旋之分，如果转动方向不对，其内部齿轮啮合产生的容积差形成的压力油将使油封被冲坏而漏油。其次应检查齿轮泵进油口端的滤油器是否堵塞，如堵塞，会造成吸油困难或吸不到油，并产生吸油胶管被吸扁的现象。

（2）油封被冲出

① 齿轮泵旋向不对。当泵的旋向不正确时，高压油会直接通到油封处，由于一般低压骨架油封最多只能承受 0.5MPa 的压力，因此将使油封被冲出。

② 齿轮泵轴承受轴向力。产生轴向力往往与齿轮泵轴伸端与联轴套的配合过紧有关，即安装时将泵用锤子硬砸或通过安装螺钉硬拉将泵轴伸端强行压进联轴套。这样就使泵轴受到一个向后的轴向力，当泵轴旋转时，此向后的轴向力将迫使泵内部磨损加剧。由于齿轮泵内部是靠齿轮端面和轴套端面贴合密封的，当其轴向密封端面磨损严重时，泵内部轴向密封会产生一定的间隙，结果导致高低压油腔沟通而使油封冲出。这种情况在自卸车行业中出现得较多，主要是主机上联轴套的尺寸不规范所致。

③ 齿轮泵承受过大的径向力。齿轮泵安装时的同轴度不好，会使泵受到的径向力超出油封的承受极限，造成油封漏油。同时，也会造成泵内部浮动轴承损坏。

（3）建立不起压力或压力不够

出现此种现象大多与液压油的清洁度有关，如油液选用不正确或使用中油液的清洁度达不到标准要求，均会加速泵内部的磨损，导致内泄。因此，应选用含有添加剂的矿物液压油，这样可以防止油液氧化和产生气泡。油液的黏度标准为 $(16\sim80)\times10m^2/s$。过滤精度为：输入油路小于 $60\mu m$，回油路为 $10\sim25\mu m$。观察故障齿轮泵的轴套和侧板，若所用油液的清洁度差，会导致摩擦副表面产生明显的沟痕，而正常磨损的齿轮泵密封面上只会产生均匀的面痕。

特别提醒： 液压油的清洁度、氧化安定性、抗泡沫性能等与液压泵的磨损关系密切，选用液压油时应关注相关参数。

（4）流量达不到标准

① 进油滤芯太脏，吸油不足。

② 泵的安装高度高于泵的自吸高度。

③ 齿轮泵的吸油管过细造成吸油阻力大。一般最大的吸油流速为 0.5～1.5m/s。

④ 吸油口接头漏气造成泵吸油不足。通过观察油箱里是否有气泡即可判断系统是否漏气。

(5) 轮泵炸裂

铝合金材料齿轮泵的耐压能力为 38～45MPa，在其无制造缺陷的前提下，齿轮泵炸裂肯定是受到了瞬间高压。

① 出油管道有异物堵住，造成压力无限上升。

② 安全阀压力调整过高，或者安全阀的启闭特性差，反应滞后，使齿轮泵得不到保护。

③ 系统如使用多路换向阀控制方向，有的多路阀可能为负开口，这样可能会出现因死点升压而憋坏齿轮泵。

(6) 发热

① 系统超载，主要表现为压力或转速过高。

② 油液清洁度差，内部磨损加剧，使容积效率下降，油从内部间隙泄漏节流而产生热量。

③ 出油管过细，油流速过高，一般出油流速为 3～8m/s。

小技巧：人手指感觉温度的误差不大于 4～6℃。当液压系统温度为 0℃左右时用手指触摸感觉冰凉；10℃左右手感较凉；20℃左右手感稍凉；30℃左右手感微温有舒适感；40℃左右手感如触摸高烧病人；50℃左右手感较烫；60℃左右手感很烫并可忍受 10 s 左右；70℃左右手感灼痛且接触部位很快出现红色；80℃以上瞬间接触手感麻辣火烧。可据此判断泵发热温升。

(7) 噪声严重及压力波动

① 滤油器污物阻塞不能起滤油作用；或油位不足，吸油位置太高，吸油管露出油面。

② 泵体与泵盖的两侧产生硬物冲撞，泵体与泵盖不垂直密封，旋转时吸入空气。

③ 泵的主动轴与电机联轴器不同心，有扭曲摩擦；或泵齿轮啮合精度不够。

小技巧 1：液压泵的噪声可能由吸入空气和机械精度低引起。吸入空气引起的噪声沉闷且周期性不明显。机械精度低引起的噪声更加尖利且周期性明显。可据此判别故障原因。

小技巧 2：液压泵机械精度主要涉及三方面：泵设计制造、泵安装调试、泵运行时间及负荷，可分别从这三方面查找泵系统精度低的实际原因。

10.1.3 内啮合齿轮泵常见故障与排除

内啮合齿轮泵压力高、无困油现象、流量脉动小，噪声低，性能优于外啮合齿轮泵。常见故障、原因与排除方法如表 10-1 所示。

表 10-1 内啮合齿轮泵常见故障、原因与排除方法

故障	故障原因	排除方法
流量不够或不出油	吸油口滤油器吸入阻力较大	降低吸入阻力
	吸油管漏气，油液面太低	消除漏气原因，提高油液面
	吸入滤网堵死	清洗滤网
	油温过高	冷却油液
	零件磨损	更换零件
	泵反转	纠正转向
	键剪断	换新键
压力波动或没有压力	液压系统中压力阀本身不能正常工作	更换压力阀
	系统中有空气	排除空气
	吸入不足，夹有空气消除吸入阻力	加大吸油管径
	吸油管上螺栓松动、漏气	拧紧吸入口连接螺栓
	泵中零件损坏	更换零件

续表

故　障	故障原因	排除方法
噪声过大	吸入阻力太大,吸力不足	增加管径,减少弯头
	泵体内有空气	开车前泵体内注满工作油
	前后盖密封圈损坏	换密封圈
	油泵安装机架松动	固紧机架
	安装油泵时,同轴度、垂直度超差,使主轴受径向力	重新安装校正同轴度、垂直度
	轴承磨损严重	更换轴承
	油液黏度太大	降低黏度
	油箱油液有大量泡沫	消除进气原因
油温上升过快	油箱容积太小或油冷却器冷却效果太差	增加油箱容积,改进冷却装置
	油泵零件损坏	更换损坏零件
	油液黏度过高	选用合适的油液
油泵漏油	前后盖O型圈或前盖油封损坏	更换损坏零件
	泵体内回油孔堵塞	清洗泵体回油孔

10.1.4　塔机顶升系统液压泵故障的排除

某TQY系列塔机顶升系统（见图10-3、图10-4），在使用中出现顶升液压缸缸筒上升一半（活塞杆在下）突然停止的故障，致使塔帽上下两难，直接影响施工进度，误工误时。

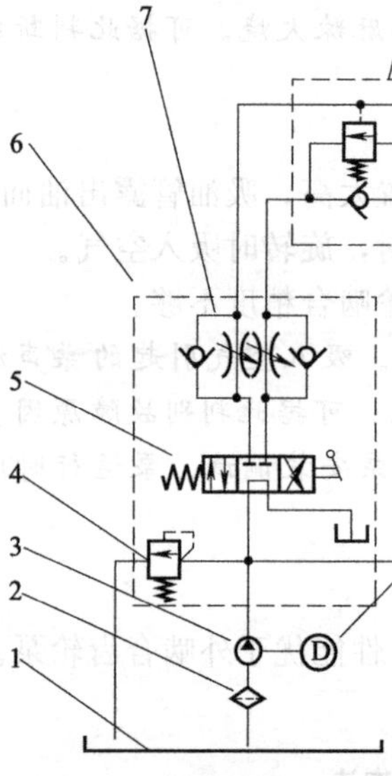

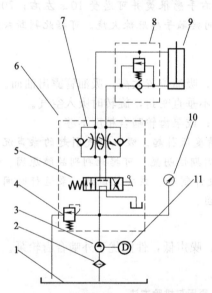

图10-3　顶升液压系统工作原理图

1—油箱；2—滤油器；3—齿轮泵；4—溢流阀；5—手动换向阀；6—组合阀；7—节流阀；8—限速锁；9—液压缸；10—压力表；11—电机

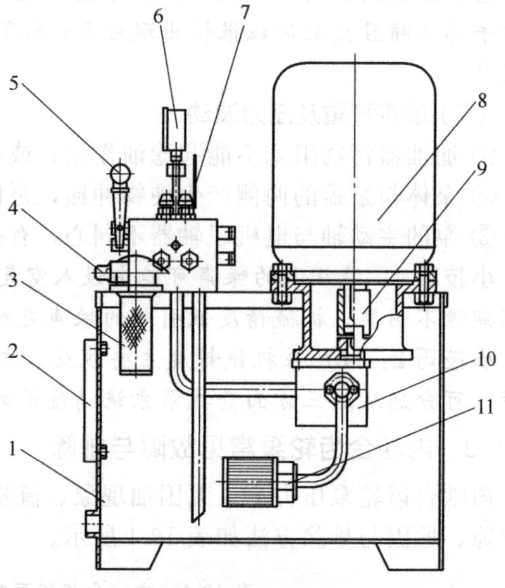

图10-4　液压泵站

1—油箱；2—液位计；3—空气滤清器；4—溢流阀；5—手动换向阀；6—压力表；7—节流阀；8—电机；9—联轴器；10—齿轮泵；11—滤油器

经过拆卸检查发现故障原因全部是齿轮泵泵体爆裂，系统打不上油，造成液压缸上下两难的问题，更换新的齿轮泵后，短时间内又出现这种情况，不能从根本上解决问题。

故障产生的原因不是齿轮泵质量不好，而是电动机经十字滑块联轴器与齿轮泵连接的同轴度不好，泵轴上所受的径向载荷超过泵制造厂的规定，将液压油挤向泵体的一边，使泵体超过耐压极限而爆裂，导致系统停止工作。

将十字滑块联轴器的配合间隙放大0.1mm，以消除安装误差，修正电动机经滑块联轴器与齿轮泵连接的同轴度误差，装配后电动机与齿轮泵的连接运转灵活、无卡滞现象。

10.1.5 双联齿轮泵的故障分析与改进

(1) 结构形式

某双联齿轮泵结构为浮动轴套型轴向间隙自动补偿，安装方式为输入花键轴与传动轴输出端的花键套相连，传动轴的另一端与分动箱取力器输出端连接，传动夹角约 5°，最高转速 1497r/min，双联齿轮泵的排量为 25mL/r 和 25mL/r，额定压力为 20MPa，容积效率>90%，额定转速 2000r/min。其结构形式如图 10-5 所示。

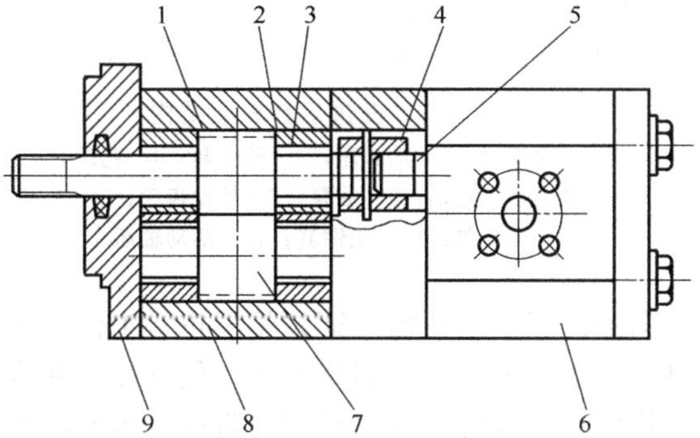

图 10-5 齿轮泵结构

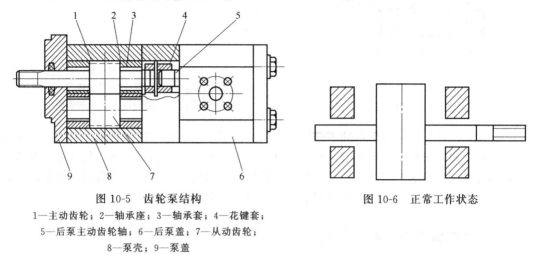

1—主动齿轮；2—轴承座；3—轴承套；4—花键套；5—后泵主动齿轮轴；6—后泵盖；7—从动齿轮；8—泵壳；9—泵盖

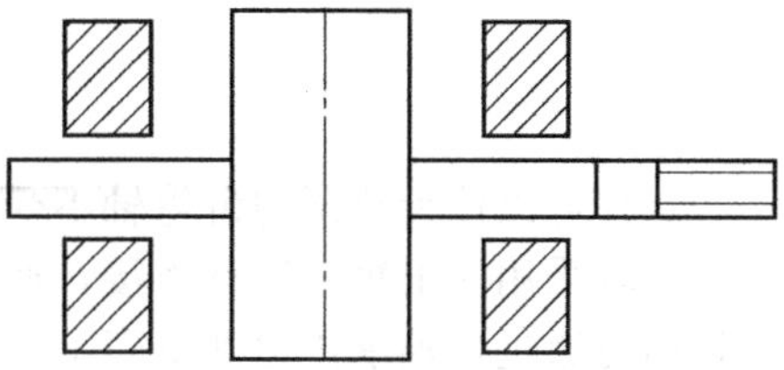

图 10-6 正常工作状态

(2) 故障

齿轮泵通过传动轴带动齿轮副啮合，在啮合过程中，形成一个连续的吸油、排油过程。为保证能够可靠地得到高压液体，齿轮的周边环境需要进行密闭。由于齿轮是运动件，也只能允许齿轮同周边的零件存在微小间隙。齿轮的齿顶和壳体内孔表面间及齿轮端面和盖板间间隙很小，而且啮合齿的接触面接触紧密起密封作用并把二腔隔开。因此，齿轮传动时泵便连续地、周期性地排油。正常工作状态如图 10-6 所示。

对齿轮泵正常工作影响最大的是齿轮轴向两端与轴套的间隙和齿轮外圆同泵壳的间隙。齿轮轴向的间隙控制是作用在浮动轴套上的压力油，使浮动轴套与齿轮端面按一定的压紧系数压紧，从而使其间形成适当的油膜。浮动轴套中有 DU 材料轴承，在泵启动或空载时油压还未建立，O 型密封圈的弹性可以使浮动轴套与齿轮之间产生必要的压紧。齿轮外圆面的间隙控制是通过工作时低压端齿顶同泵壳内圆贴合来保证的。

该齿轮泵要求不能承受轴向力和径向力，而由于产品的结构限制，采取从分动箱取力器取力，通过一个传动轴传递动力。传动轴一端用法兰盘与取力器连接，另一端用花键套与齿轮泵花键连接。

传动过程中，传动轴的重力和转动时的离心力以及扰动力作用在齿轮泵输入轴上，表现为轴向力和径向力，轴向力通过花键套与花键的滑动消除。齿轮泵的外接齿轮轴是一个悬伸臂，当径向力作用在悬伸臂上时，这个作用力使齿轮轴有转动的趋势。

当作用力不足以克服齿轮的压紧力时，齿轮泵的内部环境还能够保持正常工作状态，此时，齿轮泵仍能够正常工作；当作用力超过齿轮的压紧力，齿轮同轴套分离并形成足够的间隙时，齿轮泵将会因高低压腔室之间出现内漏而失效。异常工作状态如图 10-7 所示。

(3) 改进方案

为了解决该问题，在原双联齿轮泵前端采用双列球轴承支撑结构，消除传动轴带来的径向力对齿轮泵的不利影响。改进后齿轮泵结构如图 10-8 所示。

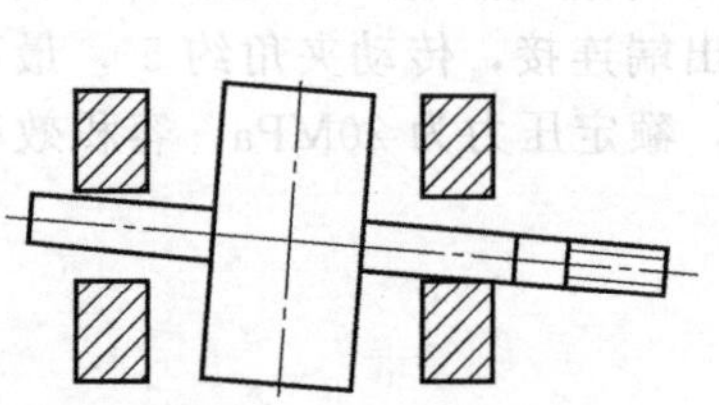

图 10-7　异常工作状态

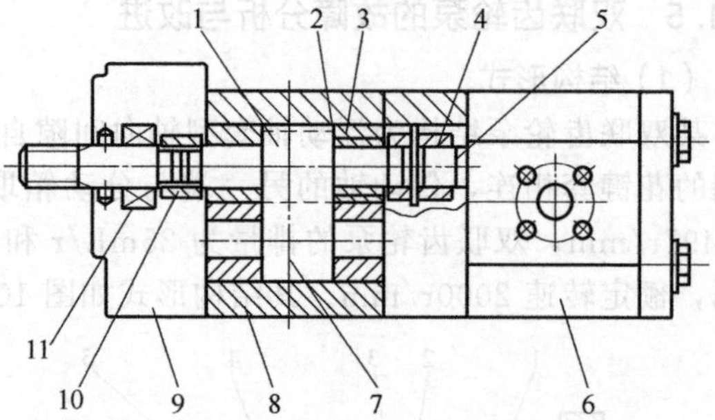

图 10-8　改进后齿轮泵结构

1—主动齿轮；2—轴承座；3—轴承套；4—花键套；
5—后泵主动齿轮轴；6—后泵；7—从动齿轮；8—泵壳；
9—泵盖；10—花键套；11—滚动轴承

这样可以使齿轮泵的齿轮轴不受外界径向力的影响，从而保证齿轮泵正常工作。齿轮泵与传动轴采用一根短轴进行连接，通过在泵前端面增加一个双列球轴承，使从传动轴传递来的径向力通过球轴承传递到泵壳上。通过结构变化，将传动轴的径向力阻截在齿轮轴外，切断外界径向力的传入，明显改善齿轮泵的工作条件，故障得以消除。

10.2　叶片泵故障诊断与排除

叶片泵的额定压力为 6～16MPa，高水平的达 21MPa 以上。叶片泵的流量脉动小，噪声较低，大多数用在固定设备上，如机床、组合机床、部分塑料注射机和自制设备等。

10.2.1　叶片泵结构

YB1 型叶片泵结构如图 10-9 所示，图 10-10 所示为力士乐公司 PV 型变量叶片泵。

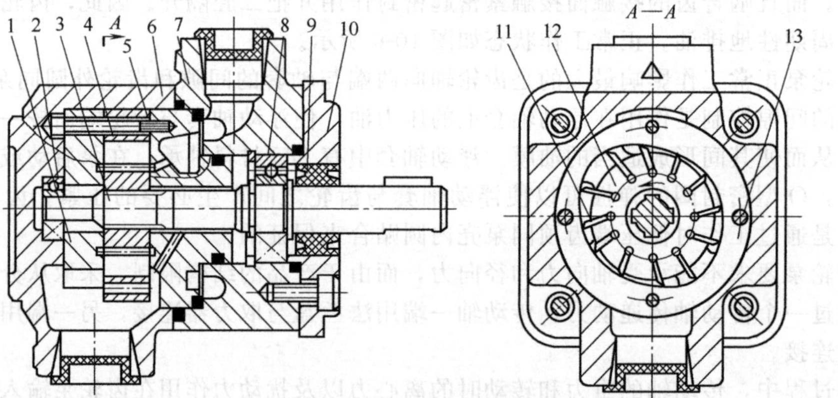

图 10-9　YB1 型叶片泵

1—左配油盘；2,8—轴承；3—泵轴；4—定子；5—右配油盘；
6—泵体；7—前泵体；9—油封；10—盖板；11—叶片；
12—转子；13—紧固螺钉

10.2.2　叶片泵常见故障产生原因及排除方法

叶片泵常见故障产生原因及排除方法如表 10-2 所示。

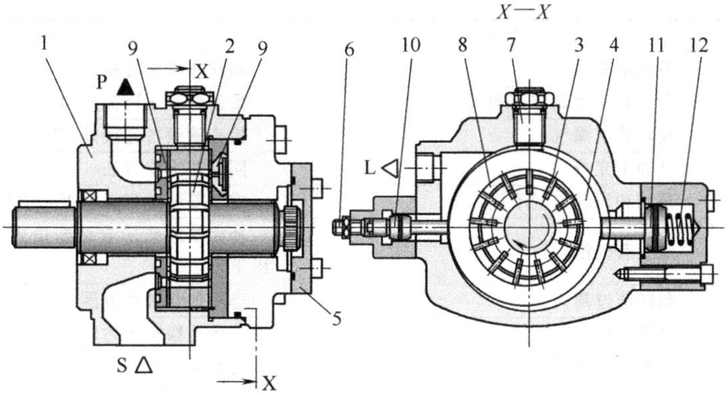

图 10-10　PV 型变量叶片泵

1—壳体；2—转子；3—叶片；4—定子环；5—泵盖；6—流量设定螺钉；7—高度调整螺钉；8—容腔；9—油口侧板；10—小活塞；11—大活塞；12—弹簧

表 10-2　叶片泵常见故障产生原因及排除方法

现　象	产生原因	排除方法
液压泵吸不上油或无压力	原动机与液压泵旋向不一致	纠正原动机旋向
	液压泵传动键脱落	重新安装传动键
	进出油口接反	按说明书选用正确接法
	油箱内油面过低，吸入管口露出油面	补充油液至最低油标线以上
	转速太低，吸力不足	提高转速到液压泵最低转速以上
	油黏度过高使叶片运动不灵活	选用推荐黏度的工作油
	油温过低，使油黏度过高	加温至推荐正常工作油温
	系统油液过滤精度低导致叶片在槽内卡住	拆洗、修磨液压泵内脏件，仔细重装，并更换油液
	吸入管道或过滤装置堵塞造成吸油不畅	清洗管道或过滤装置，除去堵塞物，更换或过滤油箱内油液
	吸入口过滤器过滤精度过高造成吸油不畅	按说明书正确选用过滤器
	吸入管道漏气	检查管道各连接处，并予以密封、紧固
	小排量液压泵吸力不足	向泵内注满油
流量不足达不到额定值	转速未达到额定转速	按说明书指定额定转速选用电动机转速
	系统中有泄漏	检查系统，修补泄漏点
	由于泵长时间工作、振动使泵盖螺钉松动	拧紧螺钉
	吸入管道漏气	检查各连接处，并予以密封、紧固
	吸油不充分	
	油箱内油面过低	补充油液至最低油标线以上
	入口滤油器堵塞或通流量过小	清洗过滤器或选用通流量为泵流量 2 倍以上的滤油器
	吸入管道堵塞或通径小	清洗管道，选用不小于泵入口通径的吸入管
	油黏度过高或过低	选用推荐黏度工作油
	变量泵流量调节不当	重新调节至所需流量
压力升不上去	泵不上油或流量不足	同前述排除方法
	溢流阀调整压力太低或出现故障	重新调试溢流阀压力或修复溢流阀
	系统中有泄漏	检查系统、修补泄漏点
	由于泵长时间工作、振动、使泵盖螺钉松动	拧紧螺钉
	吸入管道漏气	检查各连接处，并予以密封、紧固

续表

现　象	产生原因	排除方法
压力升不上去	吸油不充分	同前述排除方法
	变量泵压力调节不当	重新调节至所需压力
噪声过大	吸入管道漏气	检查管道各连接处，并予以密封、紧固
	吸油不充分	同前述排除方法
	泵轴和原动机轴不同心	重新安装达到说明书要求精度
	油中有气泡	补充油液或采取结构措施，把回油口浸入油面以下
	泵转速过高	选用推荐转速范围
	泵压力过高	降压至额定压力以下
	轴密封处漏气	更换油封
	油液过滤精度过低导致叶片在槽中卡住	拆洗修磨泵内脏件并仔细重新组装，并更换油液
	变量泵止动螺钉调整失当	适当调整螺钉至噪声达到正常
过度发热	油温过高	改善油箱散热条件或增设冷却器使油温控制在推荐正常工作油温范围内
	油黏度太低，内泄过大	选用推荐黏度工作油
	工作压力过高	降压至额定压力以下
	回油口直接接到泵入口	回油口接至油箱液面以下
振动过大	泵轴与电动机轴不同心	重新安装达到说明书要求精度
	安装螺钉松动	拧紧螺钉
	转速或压力过高	调整至许用范围以内
	油液过滤精度过低，导致叶片在槽中卡住	拆洗修磨泵内脏件，并仔细重新组装，并更换油液或重新过滤油箱内油液
	吸入管道漏气	检查管道各连接处，并予以密封、紧固
	吸油不充分	同前述排除方法
	油液中有气泡	补充油液或采取结构措施，把回油口浸入油面以下
外泄漏	密封老化或损伤	更换密封
	进出油口连接部位松动	紧固螺钉或管接头
	密封面磕碰	修磨密封面
	外壳体砂眼	更换外壳体

10.2.3 YB1-6 型定量叶片泵烧盘机理分析及修复

（1）烧盘机理分析

某 YB1-6 型双作用式定量叶片泵，其压油配流盘结构如图 10-11 所示。在额定压力 6.3MPa 时，经计算，内侧向外的推力最大约为 3700N，而外侧向内的推力大约为 6760N。承力比约为 1.8。巨大的力差使配流盘压向定子和转子部位泄漏，其中的机械杂质微粒随泄漏油进入转子与配流盘之间，这时杂质微粒不但要做径向运动，而且要随转子做旋转运动。这时杂质微粒中较硬的颗粒在轴向力的作用下，像车刀一样划向转子和配流盘。转子主动旋转，且转子的材料为 20Cr 渗碳淬火，测量其表面硬度达到 60HRC 左右；配流盘为灰铸铁，其硬度只有 100～120HB；结果划伤的是硬度较低的配流盘。从配流盘剥落的金属微粒黏结在硬杂质的表面，形成焊瘤，焊接在转子的表面。时间越长，焊瘤越大，配流盘表面划伤的环沟就越深。现场实地测量其中一个烧盘的油泵，工作噪声达到 85dB 以上，压力振摆达到 ±1.1MPa. 转子表面的焊瘤高度约 0.2mm，对应的配流盘表面划伤的环沟深 0.09mm。

（2）预防烧盘的措施

预防 YB 型双作用式定量叶片泵的烧盘，延长其寿命，最主要的措施是保持油液的清洁并预防出口压力的超载。

① 保持油液的清洁。每季度清洗、更换一次油液，及时更换泵的进口滤油器，在系统回油口加接过滤精度较高的滤油器，可使泵的寿命延长约一倍。泄漏油经过滤后再进入油箱，油泵的寿命将会进一步提高。

② 减小压油配流盘内外侧的承力比。将压油配流盘外侧的承压面积减小，使内外侧的承力比减小到 1.2，即使在额定压力的 1.5 倍，即 9.6MPa 的情况下，该配流盘的内外推力之差也不过只有 1490N，是原泵的 50%。该型泵向外的推力和压向定子的力之比为 1∶1.25。这一环节没有引起厂家足够的重视。减小承力比理论上可大大缓解烧盘的产生。

③ 适当提高配流盘材料的表面硬度。可用表面淬火的方法对铸铁材料配流盘的表面进行热处理，使其表面硬度适当提高。或改用铸钢调质做配流盘，当其硬度提高到 20～30HRC 时，可在一定程度上减少烧盘。

④ 改变转子与配流盘摩擦副。在配流盘的表面镶一层青铜，这样可以改变转子与配流盘之间的摩擦系数，减少划伤配流盘、转子产生焊瘤的烧盘现象。这一应用在高压齿轮泵上的措施能否用于叶片泵有待试验研究。

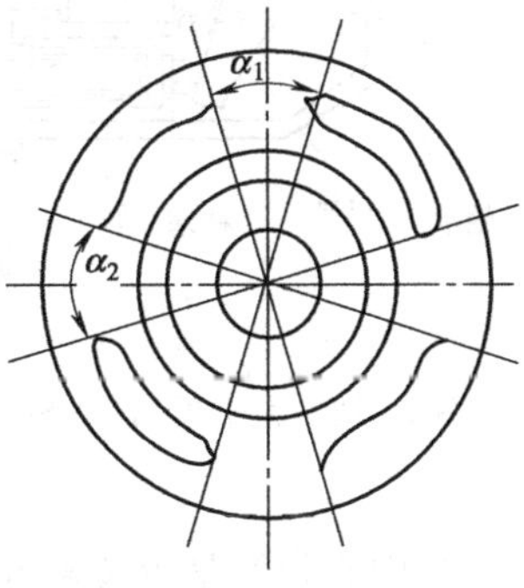

α_1
α_2

图 10-11 压油配流盘结构

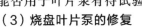

(3) 烧盘叶片泵的修复

烧盘叶片泵的修复如图 10-12 所示。

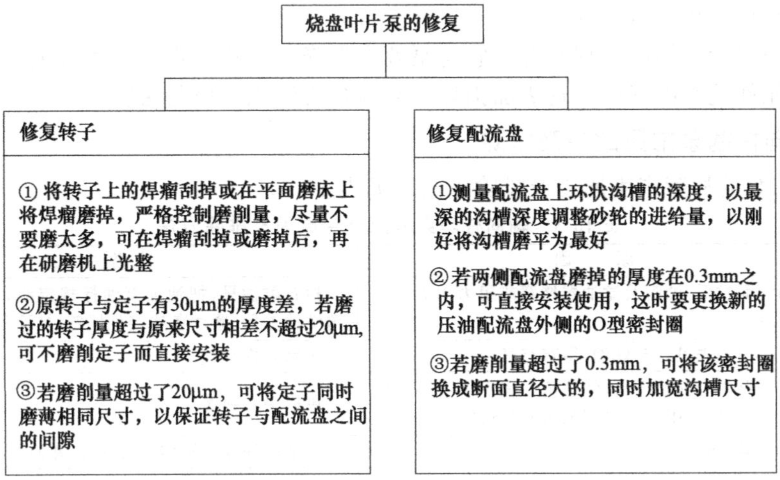

烧盘叶片泵的修复
修复转子
① 将转子上的焊瘤刮掉或在平面磨床上将焊瘤磨掉，严格控制磨削量，尽量不要磨太多，可在焊瘤刮掉或磨掉后，再在研磨机上光整
②原转子与定子有30μm的厚度差，若磨过的转子厚度与原来尺寸相差不超过20μm，可不磨削定子而直接安装
③若磨削量超过了20μm，可将定子同时磨薄相同尺寸，以保证转子与配流盘之间的间隙
修复配流盘
①测量配流盘上环状沟槽的深度，以最深的沟槽深度调整砂轮的进给量，以刚好将沟槽磨平为最好
②若两侧配流盘磨掉的厚度在0.3mm之内，可直接安装使用，这时要更换新的压油配流盘外侧的O型密封圈
③若磨削量超过了0.3mm，可将该密封圈换成断面直径大的，同时加宽沟槽尺寸

图 10-12 烧盘叶片泵的修复

10.3 轴向柱塞泵故障与排除

轴向柱塞泵具有压力高、功率大、易于改变排量等突出优点，被广泛应用。这类泵结构复杂，使用维修的技术管理要求也高。

10.3.1 轴向柱塞泵结构图示及主要磨损部位

力士乐 A10VSO 型变量柱塞泵如图 10-13 所示。

斜轴式无铰轴向柱塞泵如图 10-14 所示。

拆卸分解轴向柱塞泵，可检查泵的下列方面：

① 配流盘是否磨损、拉槽，柱塞与缸孔之间的间隙是否过大。这些磨损与压力、流量下降、泄漏油管内泄漏增大等症状有关。

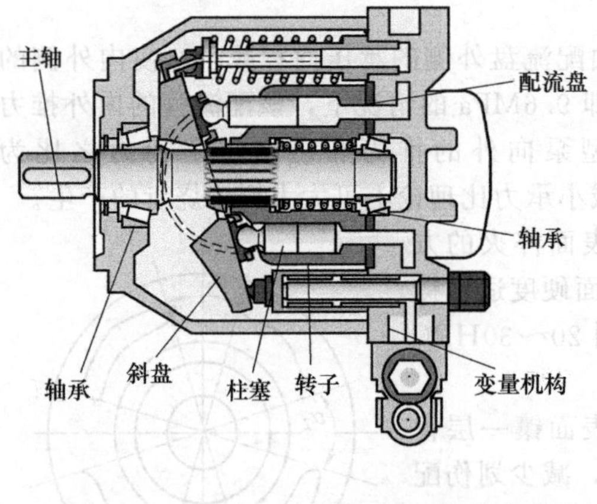

图 10-13　力士乐 A10VSO 型变量柱塞泵

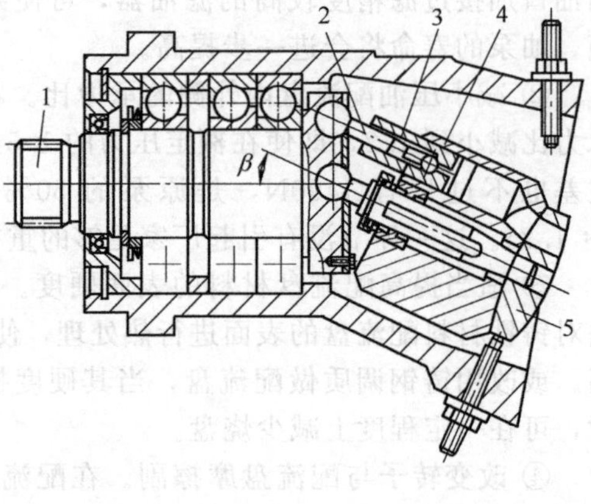

图 10-14　斜轴式无铰轴向柱塞泵

1—传动轴；2—连杆；3—柱塞；4—缸体；5—配流盘

② 中心弹簧是否疲软或折断，它与压力、流量下降有关。

③ 柱塞阻尼孔是否阻塞，它与滑靴干摩擦时泵在运行中发出尖叫声有关。

④ 滑靴与柱塞头是否松动，它与噪声增大有关。

⑤ 滑靴与斜盘之间的磨损情况，它与泵效率下降、发热、噪声增大有关。

⑥ 内部元件是否因气蚀出现表面损坏；泵内是否沉积磨屑与污物。

10.3.2　轴向柱塞泵常见故障及排除

轴向柱塞泵的故障产生原因及排除方法，见表 10-3。

表 10-3　轴向柱塞泵故障产生原因及排除方法

现象	原　因	排除方法
流量不够	箱油面过低，油管及滤油器堵塞或阻力太大以及漏气等	检查贮油量，把油加至油标规定线，排除油管堵塞，清洗滤油器，紧固各连接处螺钉，排除漏气
	泵壳内预先没有充好油，留有空气	排除泵内空气
	液压泵中心弹簧折断，使柱塞回程不够或不能回程，导致缸体和配油盘之间失去密封性能	更换中心弹簧
	配油盘及缸体或柱塞与缸体之间磨损	磨平配油盘与缸体的接触面，单缸研配，更换柱塞
	对于变量泵有两种可能，如为低压可能是油泵内部摩擦等原因，使变量机构不能达到极限位置造成偏角小所致；如为高压，可能是调整误差所致	低压时，使变量活塞及变量头活动自如；高压时，纠正调整误差
	油温太高或太低	根据温升选用合适的油液
压力脉动	配油盘与缸体或柱塞与缸体之间磨损，内泄或外漏过大	磨平配油盘与缸体的接触面，单缸研配，更换柱塞，紧固各连接处螺钉，排除漏损
	变量泵可能由于变量机构的偏角太小，使流量过小，内泄相对增大，因此不能连续对外供油	适当加大变量机构的偏角，排除内部漏损
	伺服活塞与变量活塞运动不协调，出现偶尔或经常性脉动	偶尔脉动，多因油脏，可更换新油，经常脉动，可能是配合件研伤或憋劲，应拆下修研
	进油管堵塞，阻力大及漏气	疏通进油管及清洗进口滤油器，紧固进油管段的连接螺钉
噪声	泵体内留有空气	排除泵内的空气
	油箱油面过低，吸油管堵塞及阻力大，以及漏气等	按规定加足油液，疏通进油管，清洗滤油器，紧固进油段连接螺钉
	泵和电动机不同心，使泵和传动轴受径向力	重新调整，使电动机与泵同心

续表

现象	原　因	排 除 方 法
发热	内部漏损过大	修研各密封配合面
	运动件磨损	修复或更换磨损件
漏损	轴承回转密封圈损坏	检查密封圈及各密封环节，排除内漏
	各接合处O型密封圈损坏	更换O型密封圈
	配油盘和缸体或柱塞与缸体之间磨损（会引起回油管外漏增加，也会引起高低腔之间内漏）	磨平接触面，配研缸体，单配柱塞
	变量活塞或伺服活塞磨损	严重时更换
变量机构失灵	控制油道上的单向阀弹簧折断	更换弹簧
	变量头与变量壳体磨损	配研两者的圆弧配合面
	伺服活塞、变量活塞以及弹簧心轴卡死	机械卡死时，用研磨的方法使各运动件灵活
	个别通油道堵死	油脏时，更换新油
泵不能转动（卡死）	柱塞与油缸卡死（可能是油脏或油温变化引起的）	油脏时，更换新油，油温太低时，更换黏度较小的机械油
	滑靴落脱（可能是柱塞卡死，或有负载引起的）	更换或重新装配滑靴
	柱塞球头折断（原因同上）	更换零件

10.3.3　更换阳极装置柱塞泵的检测与维修

（1）柱塞泵的供油形式

全液压更换阳极装置是某铝电解厂电解槽阳极更换机构。液压系统所用的柱塞泵为直轴斜盘式柱塞泵，供油方式为自吸油型，通过柱塞泵的自吸油能力实现供油。

对于自吸油型柱塞泵，液压油箱内的油液不得低于油标下限，要保持足够数量的液压油。液压油的清洁度越高，液压泵的使用寿命越长。

（2）柱塞泵用轴承

柱塞泵最重要的部件是轴承，如果轴承出现游隙，则不能保证柱塞泵内部3对摩擦副的正常间隙，同时也会破坏各摩擦副的静液压支承油膜厚度，降低柱塞泵轴承的使用寿命。据制造厂提供的资料，轴承的平均使用寿命为10000h，超过此值就需要更换。

拆卸下来的轴承，没有专业检测仪器是无法检测出轴承的游隙的，只能采用目测，如发现滚柱表面有划痕或变色，就必须更换。

在更换轴承时，应注意原轴承的英文字母和型号，柱塞泵轴承大多采用大载荷容量轴承，最好购买原厂家原规格的产品，如果更换另一种品牌，应请对轴承有经验的人员查表对换，目的是保持轴承的精度等级和载荷容量。

（3）三对摩擦副检查与修复

1）柱塞杆与缸体孔　表10-4为柱塞泵零件的更换标准，当表中所列的各种间隙超差时，可按下述方法修复。

表10-4　柱塞泵零件的更换标准

柱塞杆直径	$\phi16$	$\phi20$	$\phi25$	$\phi30$	$\phi35$	$\phi40$
标准间隙	0.015	0.020	0.025	0.030	0.035	0.040
极限间隙	0.040	0.050	0.060	0.070	0.080	0.090
柱塞杆球头与滑靴球窝						
标准间隙	0.010	0.010	0.015	0.015	0.020	0.020
极限间隙	0.30	0.30	0.30	0.35	0.35	0 35

① 缸体镶装铜套的，可以采用更换铜套的方法修复。首先把一组柱塞杆外径修整到统一尺寸，再用1000#以上的砂纸抛光外径。缸体安装铜套有3种方法：缸体加温热装或铜套低温冷冻挤压，过盈装配；采有乐泰胶粘着装配，这种方法要求铜外套外径表面有沟槽；

缸孔攻丝，铜套外径加工螺纹，涂乐泰胶后，旋入装配。

② 熔烧结合方式的缸体与铜套，修复方法如下：采用研磨棒，手工或机械方法研磨修复缸孔；采用坐标镗床，重新镗缸体孔；采用铰刀修复缸体孔。

③ 采用表面工程技术，方法如下：电镀技术，在柱塞表面镀一层硬铬；电刷镀技术，在柱塞表面刷镀耐磨材料；热喷涂或电弧喷涂或电喷涂，喷涂高碳马氏体耐磨材料；激光熔敷，在柱塞表面熔敷高硬度耐磨合金粉末。

④ 缸体孔无铜套的缸体材料大多是球墨铸铁，在缸体内壁上制备非晶态薄膜或涂层。因为缸体孔内壁有了这种特殊物质，所以才能组成硬硬配对的摩擦副。如果盲目地研磨缸体孔，把缸体孔内壁这层表面材料研掉，摩擦副的结构性能也就改变了。去掉涂层的摩擦副，如果强行使用，就会使摩擦面温度急剧升高，柱塞杆与缸孔发生胶合。

另外在柱塞杆表面制备一种独特的薄膜涂层，涂层有减摩、耐磨、润滑功能，这组摩擦副实际还是硬软配对，一旦改变涂层，也就破坏了最佳配对材料的摩擦副，就要送到专业修理厂修理。

2）滑靴与斜盘　滑靴与斜盘的滑动摩擦是斜盘柱塞泵 3 对摩擦副中最为复杂的一对。表 10-5 列出柱塞杆球头与滑靴球窝的间隙，如果柱塞与滑靴间隙超差，柱塞腔中的高压油就会从柱塞球头与滑靴间隙中泄出，滑靴与斜盘油膜减薄，严重时会造成静压支承失效，滑靴与斜盘发生金属接触摩擦，滑靴烧蚀脱落，柱塞球头划伤斜盘。柱塞杆球头与滑靴球窝超出公差 1.5 倍时，必须成组更换。

斜盘用一段时间后，斜盘平面会出现内凹现象，在采用平台研磨前，首先应测量原始尺寸和平面硬度。研磨后，再测出研磨量是多少，如在 0.18mm 以内，对柱塞泵使用无妨碍；如果超出 0.2 mm 以上，则应采用氮化的方法来保持原有的氮化层厚度。斜盘平面被柱塞球头刮削出沟槽时，可采用激光熔敷合金粉末的方法进行修复。激光熔敷技术既可保证材料的结合强度，又能保证补熔材料的硬度，且不会降低周边组织的硬度。也曾采用铬相焊条进行手工堆焊，补焊过的斜盘平面需重新热处理，最好采用氮化炉热处理。不管采用哪种方法修复斜盘，都必须恢复原有的尺寸精度、硬度和表面粗糙度。

3）配流盘与缸体配流面的修复　全液压更换阳极装置柱塞泵配流盘为平面配流，平面配流形式的摩擦副可以在精度比较高的平台上进行研磨。缸体和配流盘在研磨前，应先测量总厚度和应当研磨掉的厚度，再补偿到调整垫上。配流盘研磨量较大时，研磨后应重新热处理，以确保淬硬层硬度（见表 10-5）。

表 10-5　柱塞泵零件硬度标准

柱塞杆推荐硬度	HS84	斜盘表面推荐硬度	＞HS90
柱塞杆球头推荐硬度	＞HS90	配流盘推荐硬度	＞HS90

缸体与配流盘修复后，应检查配合面的泄漏情况，即在配流盘面涂上凡士林油，把泄油道堵死，涂好油把配流盘平放在平台或平板玻璃上。再把缸体放在配流盘上，在缸孔中注入柴油，要间隔注油，即一个孔注油，一个孔不注油，观察 4 h 以上，若柱塞孔中柴油无泄漏和串流，说明缸体与配流盘研磨合格。

小技巧： 拆卸分解柱塞泵，主要检查三对摩擦副、弹簧、轴承。

10.3.4　加工中心液压泵故障的分析

(1) 故障概况

一台美国 CINCINNATI（辛辛那提）公司生产的 HMC-800 卧式加工中心，其液压泵调压部分的原理见图 10-15。该液压系统供应机床的全部辅助功能动作，如机械手自动换刀，主轴松紧刀，高、低挡自动转换，B轴、托盘夹紧动作。

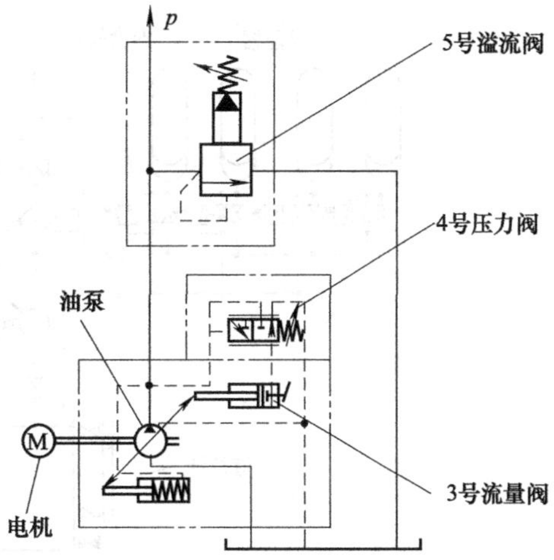

图 10-15　液压泵调压原理

油泵电机功率7.5kW，油泵为Rexroth（力士乐）公司的轴向变量柱塞泵，型号Al0VS071DR-30PPKC62，排量81.4L/min，压力6.89MPa。3号阀和4号阀均安装在泵体上，是泵自带装置，由于该油泵立式安装，3号和4号阀都随泵浸入油箱，平时不方便观察和调整。5号阀安装在泵体外部的液压站集成块油路中，调整比较方便。有一段时间，机床出现液压系统的主液压泵电机空气开关时常跳闸现象，用钳型电流表检测电机电流为20A左右。维修工在排除电机本身和电气控制原因后，根据经验怀疑油泵压力高造成电机过载，将图10-15中5号阀压力调低，结果第二天情况更为恶化，最终导致液压电机烧毁。

（2）故障分析与排除

认真分析液压原理并结合故障现象发现，压力系统中3号阀和4号阀均为液压泵自带调节阀，作用分别是限流和调压。

3号阀调定的是液压泵的最大输出流量，此参数是液压泵的关键参数，是液压设备油泵选型的主要依据，油泵所匹配的电机也根据此参数计算确定。出厂前厂家已按所能负荷的最大流量调定，一般情况不允许用户任意调节，否则将出现电机负荷大、液压油发热和噪声等故障。

4号阀的作用是保证油泵输出流量随系统负载的变化而变化，从而获得设定的稳定压力（p_4）。当油泵输出压力$<p_4$时，4号阀内的滑阀不动作，油泵控制流量的斜盘在弹簧的作用下斜角增大，此时油泵输出流量逐渐增大（电机负荷也逐渐增大），系统压力也上升趋于p_4。当油泵输出压力$>p_4$时，4号阀的内阀芯右移，使油进入3号阀的流量控制油缸内，推动活塞左移从而克服弹簧力使泵内控制流量的斜盘斜角减小，此时油泵输出流量逐渐减小（电机负载也逐渐减小），系统压力也下降趋于p_4。

5号阀为液压系统的溢流阀，起安全阀作用。正常情况下5号阀压力值应略高于4号阀压力值（$p_5>p_4$）。5号阀只在液压系统中外来压力（如机床y轴向下移动时，平衡油缸内向外排出的油液压力）高于4号阀压力时卸荷，从而保护油泵和液压元件不受损害。

如若$p_5<p_4$，压力油就已经从5号阀卸荷了。所以，根据变量柱塞泵的工作原理，油泵控制流量的斜盘一直处于最大斜角，油泵则一直以最大流量输出，电机长期处于最大负荷，从而导致油泵电机过载乃至烧毁。此次调低5号阀压力使$p_5<p_4$，就是造成电机损坏的根本原因。因此，遇到设备液压故障应先分析研究液压原理图，不能只凭经验和感觉盲目处理。调整液压压力时，不能只看压力表值，应一边调整一边检测液压电机电流，同时注意观察油液温升和油泵噪声变化。

10.3.5　生产线液压泵站压力低故障分析与处理

（1）连续生产线液压泵站及压力低故障的原因

连续生产线上的液压系统，一般由一个集中供油的液压泵站和多个液压阀组成，控制多个执行机构。液压泵站包括油箱、循环过滤冷却装置、高压供油装置等。高压供油装置给整个系统供应压力油。某轧钢生产线液压泵站的高压供油装置的配置如图10-16所示，包括多台并联的高压泵，每台泵出口配置溢流阀、过滤器、单向阀；各高压泵输出的压力油汇总到压力总管，在压力总管上，配置有蓄能器、压力开关，卸压阀等。

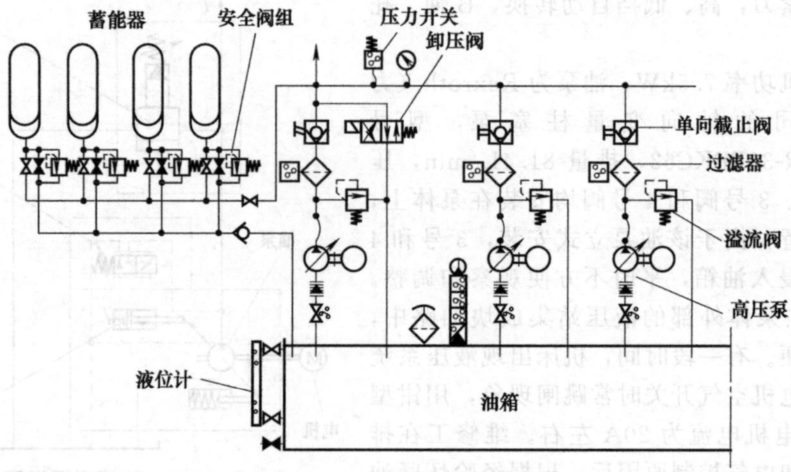

图 10-16　典型液压泵站的高压供油装置

高压供油装置是液压泵站的心脏部分，要求供油压力保持稳定，不能低于一定值。如果压力过低，执行机构就不能正常工作。例如，某轧机液压系统，高压泵站额定压力为26MPa，压力低报警节点为22MPa，压力过低（系统发生保护性停机）的压力节点为20MPa。

液压泵站压力低故障是一种常见的故障，由于牵涉的因素很多，因此，在故障原因查找上往往会花较长时间，对连续生产线产生较大的影响。

液压泵站压力低的可能原因有多种，从大的方面分，可以分为两类：一类是液压泵站供应的压力油减少，供油流量无法满足整个系统峰值流量的需要，导致短时间内压力低；另一类是系统的内泄漏增加，大量的压力油浪费掉，在大流量的执行机构动作时，系统压力下跌，导致压力报警。对投入运行多年的液压系统，这两类因素往往会叠加在一起，导致压力低报警，这类故障往往查找起来更为困难。

（2）供油量减少导致系统压力低

液压泵长时间使用后，随着磨损加剧，泵的内泄漏逐渐增加。当泵的容积效率下降到一定程度，就可能发展为液压泵站压力低的故障。除了泵本身的磨损外，泵本身带的流量或压力调节阀故障，泵出口的安全阀故障，蓄能器有效容积减少，都会导致高压供油装置输出的压力油量减少。当输出的压力油流量减少到一定程度，就会导致系统压力低报警。

某彩涂板连续生产线出口段液压设备由一套集中的液压泵站供油。液压系统包括：4个液压阀台，控制30多组液压执行机构的动作；液压泵站的高压供油部分有3台高压泵，工作制度是2用1备；压力总管出口并联了2台蓄能器。

故障现象：彩涂机组出口液压泵站报警故障。系统正常工作时压力是9MPa，在故障发生是压下跌到5MPa。

故障原因查找过程：

① 检查液压泵出口的溢流阀和蓄能器的安全阀是否异常开启，方法是用手触摸阀体表面或溢流阀至油箱的管路，检查是否有异常发热并判断，结果正常。

② 液压阀台的内泄漏检查，用手触摸液压阀台上各个阀，检查是否有异常发热并判断，结果正常。

③ 用手逐个触摸各个阀台出口至液压执行机构的液压管路表面的温度，判断执行机构有没有异常的内泄漏，结果正常。

④ 检查每台液压泵输出流量是否有差别，用手触摸每台泵出口的压力管路和泄漏油管道表面，发现一台泵出口的压力管路表面比较热，而另外一台泵出口管路的表面温度明显低，判断出口管路温度低的泵输出的流量小。

故障处理：开启备用泵，系统压力达到7MPa，还是没有达到系统正常的压力；更换一台新泵后，系统压力达到正常。

（3）内泄漏增加导致系统压力低

系统内泄漏增加，压力油通过内泄漏消耗掉，如果内泄漏大到一定程度，当多个执行机构同时动作或者需要大流量的执行机构动作时，系统正常的工作压力无法保持而产生压力低报警。

某平整机液压泵站如图10-17所示，该泵站由3个高压泵单元和1组蓄能器构成，3台高压泵2用1备，平整机高压系统包含4个阀台，分别控制2个推上缸的AGC系统和弯辊平衡等辅助动作系统。

故障现象：在平整机正常轧制时，系统压力正常，在20～21MPa之间。平整机靠辊过程中，高压泵站的压力快速下跌，从正常工作时的21MPa跌到14.5MPa（压力低报警的设定值）以下，导致平整机靠辊失败，机组无法正常运行。

故障处理：

① 因为压力低报警发生在靠辊时，因此首先怀疑是平整机推上缸的控制回路存在异常，检查推上缸的速度、伺服电流和阀门工作时的状况，未发现异常。

② 检查系统蓄能器站各个蓄能器是否正常。在泵站压力21MPa时，关闭所有蓄能器的切断阀，逐个开启蓄能器泄压阀手柄半圈，检查蓄能器卸压时间，发现无明显差别，并且压力突然快速下降的压力点基本在14.5MPa左右。检查后判断蓄能器充气压力正常，皮囊无破损，蓄能器工作正常。

③ 检查每台高压泵的泄漏油和压力油管道表面的温度，无明显差别，切换备用泵，压力低报警仍旧发生。

④ 逐个检查阀台，检查平整机顶部控制弯辊、平衡和机架内辅助动作的阀及管路，没有发现异常温升的点和明显的压力油流动。

⑤ 当检查1＃机架推上缸阀台和2＃机架推上缸阀台时（位置很靠近），在1＃机架阀台旁，听到很明显的压力油声音；用手摸两个阀台的回油管，发现1＃阀台的回油管温度明显高，判断1＃机架推上缸的阀台存在严重内泄漏。

⑥ 对1＃机架推上缸阀台的所有阀用手触摸检查温度并听声音来源，发现P腔与T腔之间的常闭截止阀处发热严重，检查该阀的手柄，发现阀没有完全关闭；关闭该阀后，压力油流动的声音消失。

⑦ 再次操作，泵站压力最低为

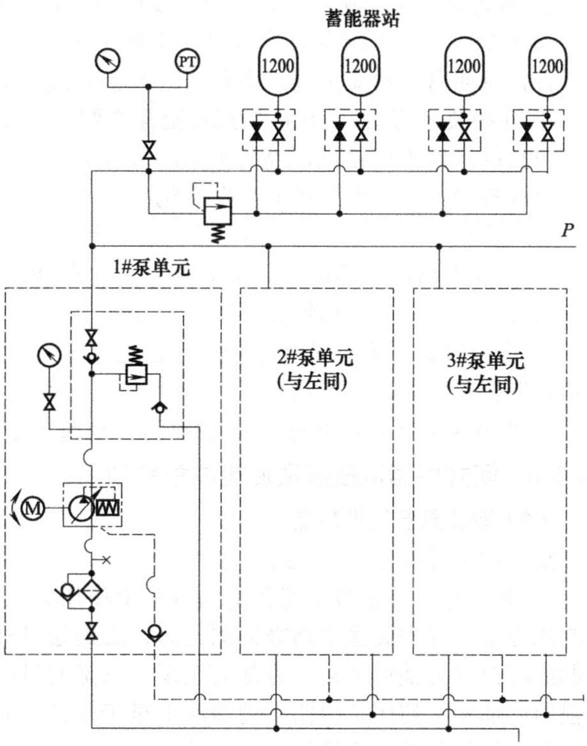

图10-17　某平整机液压泵站

19MPa 左右，系统恢复正常。

故障原因：常闭的截止阀异常开启的原因是阀的操作手轮处的锁紧螺母没有锁紧，系统经过长时间的振动，阀杆逐渐转动，内泄漏逐渐变化，达到一定程度时，导致系统供油不足而产生压力报警。

（4）综合性原因导致压力低报警

现场大型泵站压力低的故障，往往不是单一的原因造成。运行时间较长的液压系统，高压泵大多存在不同程度的磨损，系统中的阀、油缸等元器件的内泄漏也逐渐加大，如果不及时更换或处理逐渐内泄漏严重的泵、阀和液压缸等元件，系统压力会逐渐降低，当这种变化累积到一定程度，系统就会发生压力低报警。这种报警故障，是由多种原因引起的，处理起来比较困难，需要系统的排查和处理。

某轧机高压液压系统高压供油部分如图 10-17 所示，包括 5 台高压泵，4 用 1 备；该高压系统包括 10 个液压阀台，分别为机架的 AGC 阀台 5 个，弯辊、平衡和 CVC 阀台（5 个）。该轧机已投产 15 年。

故障现象：该轧机在支撑辊换辊状态时，多次发生系统压力低和油温高报警，因为压力过低或油温过高，系统的联锁保护起作用，使系统自动停止运行。

现场检查发现多个异常：

① 液压油箱油温偏高，轧机正常轧制时，温度达到 55 ℃左右，轧机在换辊状态，温度在短时间内上升到 60℃以上，并随时间的推移继续上升。

② 运转的 4 台高压泵中，1＃泵的泵体外壳温度比其他泵高，泄漏油管道的温度也异常高，说明该泵存在磨损，容积效率降低。3＃泵的高压油输出管道表面温度明显低于其他在用泵同样部位的温度，并且泵上指示泵的斜盘摆角的指针一直在 0°位置不变，说明该泵变量调整机构失效，泵无流量输出。

③ 阀台处多个溢流阀阀体外壳温度明显偏高，说明溢流阀异常泄漏。

④ 1 个机架压下阀台的蓄能器安全阀组出口的排放管道表面发热严重，并伴有油流动的声音，说明蓄能器安全阀组中常闭的截止阀或溢流阀异常开启。

⑤ 在换支承辊时，5＃机架阀台至操作侧入口支承辊平衡缸的管路明显发热，至其余三个平衡缸的管路表面较凉，说明操作侧入口的支承辊平衡缸存在内泄漏。

上述现象说明，系统多处存在劣化。

故障处理：

① 将存在内泄漏的蓄能器安全阀组中异常开启的常闭截止阀关闭，更换阀体表面温度很高的 2 个溢流阀后，油箱温度下降到 55℃。

② 将内泄漏严重的支承辊平衡缸更换，并更换内泄漏严重的1＃泵，将 3＃泵切换到备用状态后，系统压力报警消除。

③ 将 3＃泵上的恒压调节阀更换后，3＃泵流量恢复正常。

10.3.6 闭式回路液压泵及使用注意事项

（1）液压泵各组件功能

图 10-18 所示为一个闭式泵功能图。

1）补油泵　补油泵 2 提供的油有三个作用，一是为控制装置部分、变量机构部分提供控制压力油，并提高主油路吸油侧压力；二是通过补油安全阀 6 冲洗壳体，将液压泵因间隙泄漏的高温油冲洗回油箱，冷却液压泵；三是通过冲洗阀 5 使闭式系统中的低压侧的部分热油强制回油箱，使闭式回路中的油液不至于连续循环，油温过高而失效。正由于这些作用，补油泵的失效将带来主液压泵的失效。

2）压力切断阀　压力切断阀 3 的控制压力取自 A、B 两个高压油口中的高压油。一旦

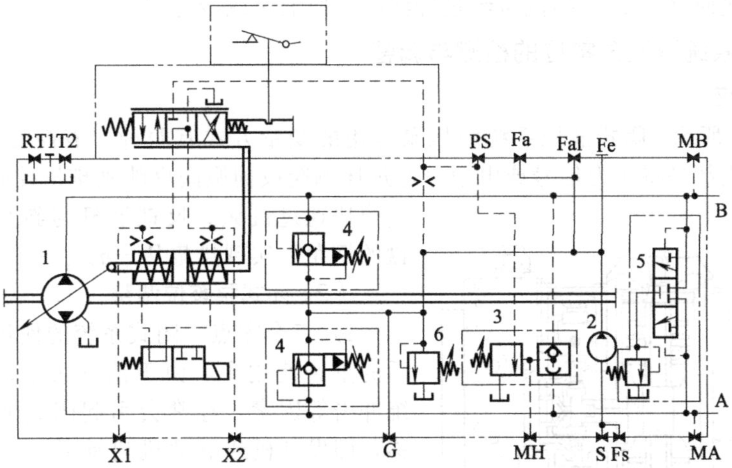

图 10-18 闭式泵及相关回路

1—主泵；2—补油泵；3—压力切断阀；4—高压溢流阀；5—冲洗阀；6—补油安全阀

超过设定压力，此阀将到控制变量机构的控制油卸回液压泵壳体，液压泵快速回到中位。由于与高压溢流阀功能相同，且只在某个压力点上工作，故其特性不同于溢流阀，称为压力切断阀。

3）高压溢流阀　高压溢流阀 4 的主要功能不同于通常的溢流阀的作用，而是用于消除液压泵回零位过程中产生的压力。高压溢流阀与压力切断阀的压力设定对系统及主泵的工作压力及保护功能有较大影响。

（2）液压泵壳体注油

在开机前先安装好油管，由于油的黏度大、管道长，液压泵泄油管路中的空气无法排出，使液压泵结构中的轴承、斜盘、配流盘等均有干摩擦的可能，容易造成早期失效。这在工厂调试短时间内反映不出来，待用户使用一段时间后才能看到，因此要格外注意。

（3）液压泵吸油管注油、排气

由于油的黏度大、管道长，液压泵吸油管路中的空气排不出去，再加上调试时安装人员在 30s 内将发动机的速度从启动急升速到 2500r/min，补油泵的早期磨损不可避免。

二次排气可能将闭式系统中的空气排到液压泵，使液压泵的顶部变量机构部分有空气存在，变量稳定性差，高速运动时有异声。

（4）系统布管

系统布管的关键点：

① 确保液压泵的壳体压力尽量小些，不能超过骨架油封的耐压值，绝对压力 4bar[1]。

② 吸油口压力，绝对压力 0.8bar。

另外布管时必须考虑有如下测压点，调试时必须检测：

① 液压泵吸油口，检测真空度；

② 液压泵的 Fe 口，检测补油压力；

③ 液压泵的 Ps 口，检测控制装置的压力；

④ 液压泵的 T1 或 T2 口，检测壳体压力。

（5）冷却

闭式系统的冷却功率按照主泵功率的 25%（补油泵 2 的排量约为主泵 1 排量的 25%）

[1] $1bar=10^5Pa$。

配置，因为闭式回路中 25%的流量经过冲洗阀 5 回油箱或冷却器。

10.3.7 闭式系统液压泵零位的检测与调整

(1) 闭式泵

如图 10-19 所示，闭式液压系统液压泵常用的变量方式有两种：液控变量及电控变量。这两种变量方式都是将压力信号或电信号通过比例阀或伺服阀反映到排量控制模块，排量控制模块通过机械式反馈连杆与斜盘连接，改变斜盘的摆角，实现排量从 $-q_{max}$ ~ $+q_{max}$ 的变化。

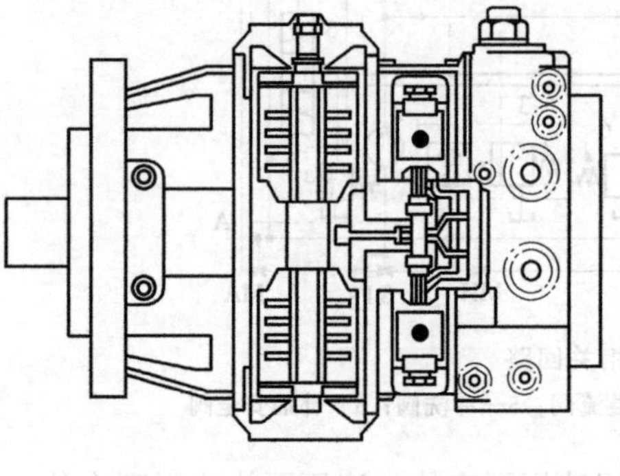

图 10-19　闭式液压系统液压泵

(2) 闭式泵零位调整

1) 三个零点　闭式系统的使用过程中或检修后的重新使用中，由于油液污染、机械误差、系统冲击等因素，经常会引起闭式液压泵的零点偏移，即发动机或电动机启动后，在系统不给电或不给出控制压力的情况下，液压泵的两个高压油口 A 或 B 存在高于补油泵的压力，使马达运转或有运转的趋势。由于零点偏移会造成各种元件失控，出现误动作，特别是有较高精密度要求的系统，将给线路施工作业质量带来极大影响。一旦发现液压泵零点偏移，必须在作业之前进行检测、调整。

闭式系统液压泵的零点一般有三个：液压零点、机械零点和电气零点。

在液压泵的使用中，如果液压泵没有接收到任何控制信号（机械连杆、液控管路、电控插头等），而斜盘因为内部作用力的关系偏离原始设定点，而且与斜盘连接的机械反馈杆带动伺服控制阀芯运动后不能将斜盘调节回原设定位置点时，液压泵依然有排量输出，此时的现象就称为零点偏移。

如图 10-20 所示为一种液压泵所有的压力测试口。

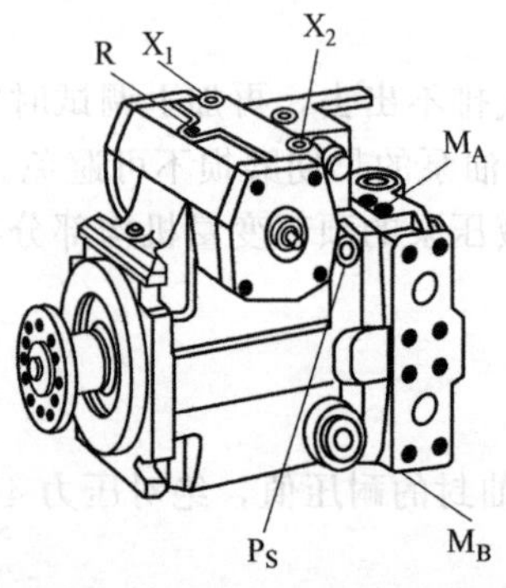

图 10-20　液压泵压力测试口

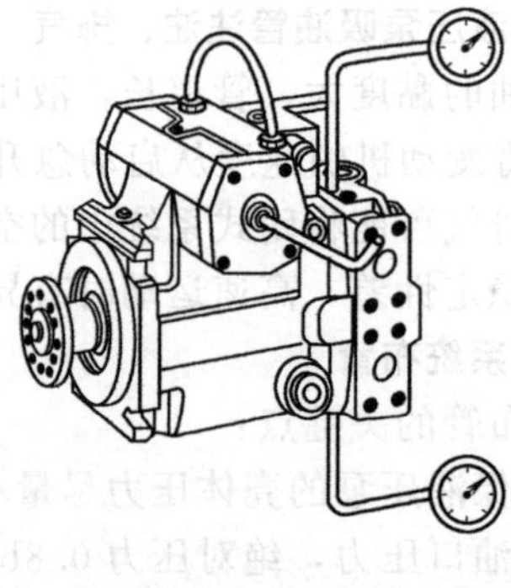

图 10-21　将液压泵 X_1、X_2 油口短接并在 M_A、M_B 处连接压力表

图 10-20 中，M_A、M_B：高压，60MPa 压力表；P_S：控制压力，6MPa 压力表；X_1、X_2：6MPa 压力表；R：壳体压力，1MPa 压力表。

2) 测试零点偏移　图 10-20 所示的压力测试口连接上压力表，启动液压泵，但不给出控制信号，观察各个压力表的状况，如果 M_A、M_B 不同，则说明此时系统的零点有偏移，需要调节。

3) 判断何种零点偏移　如图 10-21 所示，将液压泵 X_1、X_2 油口短接（X_1、X_2 压力为变量伺服缸两端压力)，并在 M_A、M_B 处连接压力表，空载启动液压泵。如果两侧压力不同，则可判断为机械零点偏移，如果两侧压力相同则可判断为液压零点偏移。

4）机械零点调整　保持液压泵 X_1、X_2 短接，松开锁紧螺母，慢慢旋转内六角螺栓，调至两个压力表上显示的压力数值一致为止。当两边压力表显示数值相同时，拧紧内六角螺栓，上紧锁紧螺母，并再检查一下两边压力表显示的压力是否一致。启动液压泵，观察 M_A、M_B 压力是否一致，如果一致则说明机械零点已经调整好。

5）液压零点调整　当确定机械零点没有问题时，如果液压泵启动，在没有给出任何控制信号的情况下，液压泵仍然有压力输出，则需要调节液压零点，如图 10-22 所示。

将 X_1、X_2 测压口连接 6MPa 压力表，启动液压泵，松开液压泵上的锁紧螺母，用螺丝刀慢慢调整带槽螺钉，直到两边测量点 X_1、X_2 压力表上显示的压力数值一致为止。用螺丝刀拧紧带槽螺钉，拧紧锁紧螺母。

启动液压泵，观察 M_A、M_B 压力是否一致，如果一致则说明液压零点已经调整完毕。

6）电气零点调整　在确定机械零点、液压零点没有问题后，如果液压泵启动，并且没有任何控制信号加载在液压泵上，液压泵仍然有流量输出，这种情况下即可判断是电气零点偏移。此时需要在液压泵控制放大板上的输出信号端接入一块电流表，保持输入电位计的零位，测量放大板上的输出信号。如果输出不为零，则调整放大板上的电位计直至输出为零，即可使电气零位回位。

10.4　径向柱塞泵故障诊断与排除

径向柱塞泵具有一系列优点：配流轴与缸体之间的径向间隙均匀，滑动表面的磨损与间隙泄漏小，容积效率高；滑履与定子内圆的接触为面接触，而且接触面实现了静压平衡，接触面的比压很小；可以实现多泵同轴串联，液压装置结构紧凑；改变定子相对缸体的偏心距可以改变排量，其变量方式灵活，可以具有多种变量形式。

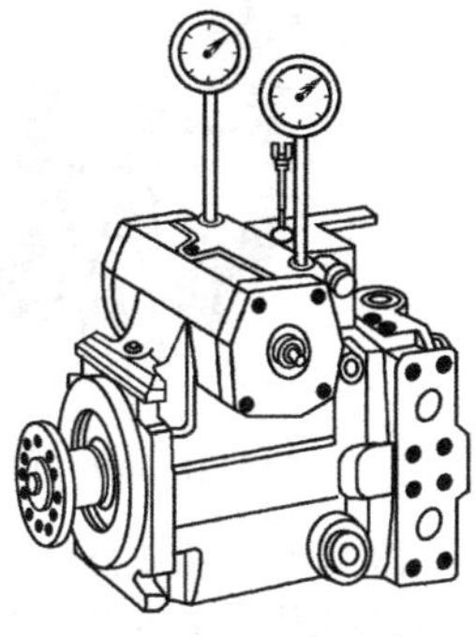

图 10-22　调节液压零点

10.4.1　径向柱塞泵结构

图 10-23 所示为配流轴式径向柱塞泵，图 10-24 所示为哈威公司 R 型径向柱塞泵。

R 型径向柱塞泵是由阀配式星形排列的柱塞缸组成。通过多达 6 排柱塞缸的并联配置，可以实现较大的流量输出。一般情况下，电机驱动泵，并通过法兰和联轴器与泵连接。该泵可派生多个压力输出口。最大压力 $P_{max}=700bar$ 最大流量 $Q_{max}=91.2L/min$。R 型径向柱塞泵技术参数见表 10-6。

表 10-6　R 型径向柱塞泵技术参数

系列代号	几何行程流量/L·min^{-1}	流量/L·min^{-1}	运行压力/bar
6010	4.58	6.5	700
6011	10.7	15.3	700
6012	21.39	30.4	700
6014	42.78	60.8	700
6016	64.18	91.2	700
7631	1.59	2.27	700

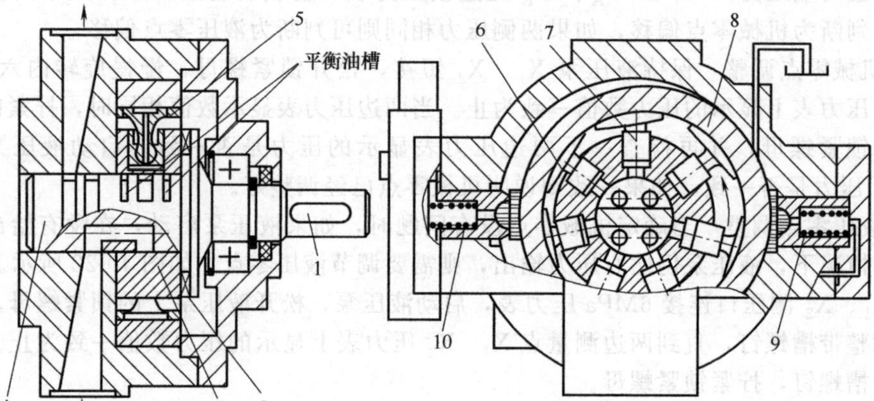

图 10-23　配流轴式径向柱塞泵

1—传动轴；2—离合器；3—缸体（转子）；4—配流轴；5—定子环；6—滑履；
7—柱塞；8—定子；9,10—控制活塞

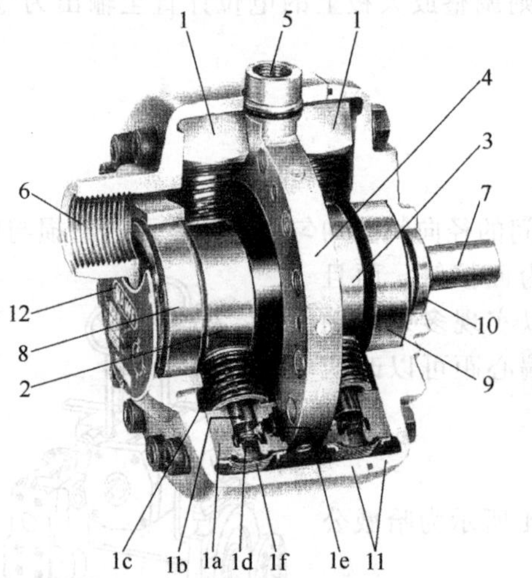

图 10-24　哈威公司 R 型径向柱塞泵

1—缸体组件；1a—缸体；1b—柱塞；1c—吸油行程复位弹簧；1d—集成吸油阀；1e—集成压油阀；1f—过滤器；2—压油行程后偏心轴颈；3—压油行程前偏心轴颈；4—压力油集流板；5—压力油输出口；6—吸油口；7—驱动轴；8—后主轴承；9—前主轴承；10—轴封；11—泵壳；12—铭牌

10.4.2　径向柱塞泵常见故障及诊断

（1）失效形式及特殊部位摩擦副的分析

径向柱塞泵存在几乎所有液压泵的失效机理，如污染（引起堵塞、磨损等）、泄漏、气蚀以及液压卡死等。但是它也存在其特殊的失效机理，它的主要失效形式是由油液污染和运动副之间的摩擦引起的。

1）污染失效　油液污染往往是现场造成径向柱塞泵严重磨损、堵塞、卡死以及失效的重要原因。径向柱塞泵的故障主要是由于油液污染造成的，因此控制污染度是提高径向柱塞泵使用可靠性的重要保证。

2）磨损失效　磨损失效造成径向柱塞泵的流量扬程降低及振动增加。正常情况下，径向柱塞泵中的各元件在一定的使用期限内磨损量逐渐积累，并不影响其正常功能，但当磨损量积累到一定值时，泵性能下降到一定程度，就认为该泵失效了。同时磨损失效还会使液压系统发生振动并产生噪声，使系统的非线性增加，磨损速度大大加快。

3）径向柱塞泵易产生故障的运动摩擦副及改进方法

① 配流轴与转子摩擦副：配流轴与转子是相对运动的机件，机件表面直接接触，将引起干摩擦或半干摩擦，从而显著增加阻力、磨损和功率失效，严重者还会烧伤或拉伤机件表面，甚至出现抱轴现象。

若机件表面间有一定的间隙并充满润滑油液，就会建立起润滑油膜，机件表面就不会直接接触，这将大大改善工作条件，减少功率损失，提高工作效率并延长使用寿命。所以，高速运动的配流轴与转子间必须保证有一定的间隙，建立油膜静压支承。但是如果间隙太大，油液在高压作用下，势必产生向壳体和吸油区的泄露，使容积效率降低，因此，在新型径向柱塞泵的研制中，决定配流轴与转子间隙范围是很重要的。新型径向柱塞泵应用静压支承技术，精心设计配流轴结构，采用油槽内部沟通加阻尼器的方法，改善封油带压力分布情况，使转子对配流轴压紧力与反推力基本相等，从而使这一对摩擦副工作条件大大改善，提高工作寿命。

② 柱塞与转子孔摩擦副：柱塞沿转子孔间的相对运动是柱塞沿转子孔的轴向移动，也会出现摩擦现象，而且还可能引起柱塞组件脱落，磨损增大，泄露增加，柱塞表面与转子孔表面拉伤，柱塞卡滞、卡死。在新型径向柱塞泵中，一般均采用短行程柱塞，所以在变量范围内柱塞的相对运动速度不至于很大。而柱塞组件与转子孔间的不平衡力由连杆承受，这一摩擦副的各个摩擦面基本均衡，使机械效率明显提高。

③ 连杆头部滑靴与定子环内表面摩擦副：滑靴与定子面易产生干摩擦或半干摩擦，滑动线速度高于其他摩擦副。大泵径向尺寸大，尤为明显，对摩擦副的材料要求很高。该摩擦副阻力大磨损大，出现故障较多。连杆与定子内表面间的滑靴，适当增大了接触面积，可以降低接触比压，使泵的压力进一步提高。柱塞中心孔使高压油进入滑靴底部，产生一定的液压反推力，与作用在柱塞腔的液压力基本平衡，摩擦副间形成边界油膜，产生半液体半固体的摩擦。

④ 连杆球头与连杆球窝摩擦副：连杆球头与连杆球窝间由于连杆摆角较小，柱塞球窝又通过中间孔与压力油相通，形成强迫润滑，所以这一摩擦副的摩擦并不严重，但是球头和球窝配合精度不高，将产生不必要的泄露。

（2）诊断方法

根据以上对径向柱塞泵故障特点以及机理的分析，提出表 10-7 所列的诊断方法。

表 10-7　径向柱塞泵故障诊断方法

分类	诊断方法	内　　容
油液性能判断	油质分析	黏度、氧化度、比重和水分等的离线分析
通过分析油样诊断设备的劣化	铁粉记录图分析	根据油中磨损粉末的数量、形态和颜色等，诊断设备的劣化原因
	NAS 等级管理	分析油液中污染颗粒的数量
测量径向柱塞泵发生的应力诊断设备的劣化	振动法	利用径向柱塞泵工作时产生的振动诊断劣化
	噪声信号诊断法	利用径向柱塞泵工作时产生的噪声诊断劣化
	压力脉动法	利用油压的脉动诊断劣化

10.4.3　径向变量柱塞泵故障分析与修复实例

某厂从博世公司进口的径向变量柱塞泵在使用中出现故障，无法达到正常工作压力（要求工作压力大于 25MPa，并能调整压力使之逐渐减小，流量能自动调节），不能满足使用要求。

（1）故障分析与修复

1）径向柱塞泵结构特点　该径向柱塞泵（见图 10-25）的工作原理：由星形的液压缸转子 8 产生的驱动转矩通过十字联轴器 2 传出，定子 5 不受其他横向作用力，转子装在配油轴 1 上。位于转子中的径向布置的柱塞 7 通过静压平衡的滑靴 6 紧贴着偏心行程定子 5。柱塞和滑靴球相连，并通过卡环锁定。2 个挡环 4 将滑靴卡在行程定子上，泵转动时，它依靠离心力和液压力压在定子上。当转子转动时，由于行程定子的偏心作用，柱塞作往复运动，它的行程为定子偏心距的两倍，改变偏心距即可改变泵的排量。

滑靴与定子为线接触，接触应力高，配油轴受到径向不平衡液压力的作用易磨损，磨损后的间隙不能补偿，泄漏大，故泵的工作压力、容积效率和转速都比轴向柱塞泵低。

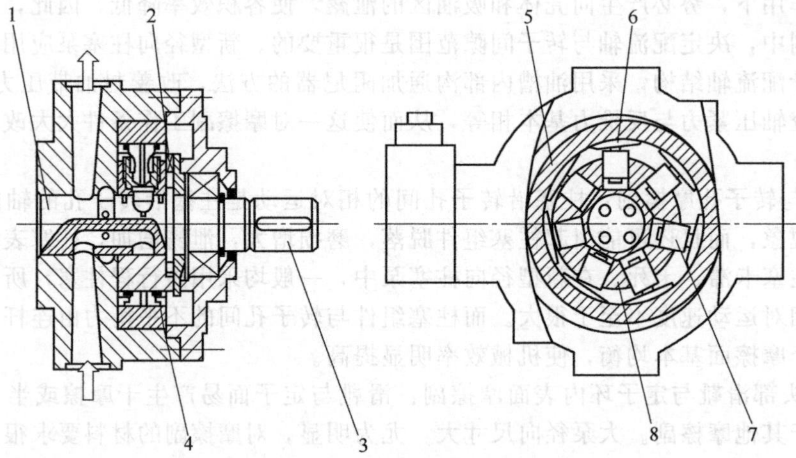

图 10-25 径向柱塞泵结构图

1—配油轴；2—十字联轴器；3—传动轴；4—挡环；5—定子；6—滑靴；7—柱塞；8—转子

2）故障原因分析　由于滑靴与定子接触处为线接触，特别容易磨损，此处很可能就是故障点。通过拆检，果然发现滑靴与定子的贴合圆弧面磨损严重，圆弧面上的合金层已有磨痕，部分合金层已磨掉。定子内曲面的磨损程度稍轻，只有划痕。由于滑靴圆弧推力面大于活塞上的推力面，使其无法紧紧贴在定子内曲面上，因此运动密封不严而造成内泄漏增大，致使液压系统无法建立起较高的压力。

3）修复方案及实施　经分析，找到了造成内泄漏量过大、建立不起较高压力的原因，制定修复定子内曲面和滑靴圆弧面的方案如下：

① 滑靴的修复。针对滑靴圆弧推力面上合金层已有磨损，采用研磨的方法，利用定子的内圆弧面，用平面工装靠在研磨轨迹上加 800＃研磨膏进行研磨，研磨后将滑靴圆弧推力面贴紧在定子内曲面上。为了检验研磨后两面贴合情况，将煤油从滑靴上的通径口倒入，煤油不漏，证明其研磨效果较好，起到了密封作用。

② 定子的修复。定子内曲面的磨损程度比较轻，仅有划痕，采用金相砂纸轻轻磨去表面划痕，并将 8 个滑靴的圆弧推力面分别与其研配，直至滑靴的圆弧推力面不漏油即可。

（2）修复效果

零件修复完进行装配，并到现场将该泵接入实际使用的液压系统，系统运转良好，能够建立起较高的压力，最大压力 p_{max} 可达到 35MPa，工作压力 p 可达到 28MPa，模具能轻松提起，提起以后压力 p 逐步降低，流量 Q 增大到超过 80L/min，效率提高，完全符合工作要求，修复效果令用户非常满意。

10.4.4 加热炉径向柱塞泵高温原因分析与处理实例

（1）系统的基本情况

某热轧厂加热炉步进梁液压系统主泵换代国产的新型轴配流径向柱塞泵，投入负荷运行后，即发现主泵异常温升，泵壳体温度一般在 64～75℃，最高时达 80.7℃，泵内摩擦副的温度至少在 100℃以上。

（2）造成异常高温的原因

步进梁液压动力系统功能多，控制环节复杂，并有电液伺服、外部控制、双向变量、闭式供油、前置助吸等多种功能及特点，该液压系统主泵为轴配流双向变量径向柱塞泵，前置泵为轴配流单向定量径向柱塞泵。

由于加热工艺的要求，全液压步进梁有正循环步进、反循环步进、原地踏步等多种工作方法，就是说该步进梁并不是长期连续工作，而是根据加热温度和不同钢种要求的在炉时间作不同的步进循环周期运动，也就是说步进梁有时运动，有时停止。根据主液压系统的工作原理可知，不管步进梁是上升、下降，还是前进、后退，只要步进梁运动，液压系统主泵就必须有液压油吸入和液压油输出，此时泵内各零部件、各摩擦副摩擦产生的热量由液压油不断地吸入压出而带走，液压油一方面起到润滑的作用，另一方面起到循环冷却的作用。主泵前置泵均不可能异常温升。然而，当步进梁不动作时，径向柱塞泵定子偏心 $e=0$，也就是说泵的输出流量 $Q=0$，而电机并未停止转动，径向柱塞泵的转子在电机正常驱动下仍以额定的转速不停地转动。此时转子与配流轴、滑靴与定子摩擦产生的热量无介质带走，致使泵内摩擦副产生的热量急剧增加，所产生的热量只有靠泵壳体自然散热降温。特别是轧制硅钢时，要求在炉时间长，步进梁前进循环周期慢，一般 5～8min 才运动一次，此时泵的温升更高。

（3）异常高温造成的危害

异常高温对液压系统元件造成的影响是很大的，它直接关系到主机工作的安全性和可靠性。

① 高温使液压油黏度变低，液压元件内部泄漏量增大。

② 液压油黏度变低后，使液压泵的容积效率下降。

③ 高温使零部件产生热膨胀，导致配合间隙减小，直至卡死或烧损，轴配流径向柱塞的抱轴问题就是该泵几十年来国内久攻不下的重要原因之一。

④ 加速零部件的磨损，降低元件使用寿命。

⑤ 高温使橡胶密封件早期老化，失去弹性，丧失密封性能，缩短使用寿命。

⑥ 加速油液的氧化变质，降低正常使用寿命。

⑦ 油液氧化产生的酸性物质直接腐蚀金属，导致液压元件磨损加剧，减少使用寿命。

⑧ 油液氧化产生大量的沉淀物污染系统，导致设备故障，加速液压元件的磨损。

（4）降低主泵温度的措施

新型径向柱塞泵外壳体本身设有两个 M42×2 的螺孔，除了作泄漏油口使用之外，必要时还可作循环冷却油管连接口使用，即一螺孔接循环压油，另一螺孔接循环回油和泄漏油的共用口，与泵本身的高压工作油没有任何直接关系。

1）改造方案一　液压系统除了驱动步进梁运转的主系统外，还配有控制和冷却过滤循环系统。冷却过滤循环齿轮泵输出的液压油通过 $20\mu m$ 的过滤器、冷却器过滤冷却后直接回油箱。为此，循环系统的液压油可通过管道适当改造直接引入主泵外壳体作冷却循环用，方案一的优点是：

① 利用原有的循环冷却过滤系统，不用另外增加专用泵站及冷却系统；

② 分流部分循环油作 1～4＃主泵的冷却液；

③ 4 台主泵分别设置了壳体进油回油截止阀，需要冷却时，打开截止阀，泵检修更换时关闭即可，使用维修十分方便快捷。

缺点是：

① 需要增加部分循环冷却油管；

② 循环过滤冷却油系统需要增设一个溢流阀，以限定进入主泵壳体的循环冷却油压在 0.1MPa 以下，防止损坏泵轴头的旋转轴用密封；

③ 需新设 8 台截止阀，增加改造总投入 12 万元。

2）改造方案二　步进梁液压系统主泵为双向变量，前置助吸，闭式供油。主泵本身设有前置助吸功能，前置泵输出的油液在为主泵助吸补油的同时作循环冷却液，用来降低主泵的温度，改造方案二如图 10-26 所示。这是两全其美、综合利用的最佳方案，它的优点

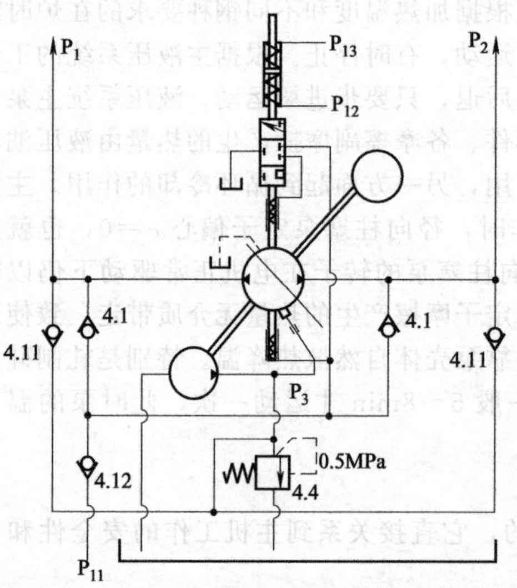

图 10-26　改造后的径向柱塞泵系统图

P_1，P_2—系统控制主油路；P_3—前置泵控制油路；P_{11}—控制系统动力源油路；P_{12}，P_{13}—变量泵控制油路

在于：

① 不用改造原循环过滤冷却系统；

② 节省了新增管路 30m 左右，同时节省了溢流阀、截止阀等元件，节省改造投资 12 万元左右；

③ 巧妙利用系统的工作原理，最大限度发挥前置泵的作用。

步进梁运动时主泵必须向系统输出相应流量的压力油，主泵工作时前置泵必须给主泵补油助吸，此时主泵有来自油箱的低温液压油吸入和压出，泵摩擦产生的热量由液压油带走，泵不可能产生异常温升。

但当步进梁不运动时，主泵也无液压油输出，此时主泵的变量偏心 $e=0$ 即 $q=0$，但电机仍在转动，主泵的转子仍在转动，此时摩擦产生的热量无介质带走，只有通过泵壳体自然而缓慢散热。此时主泵又不需补油，前置泵输出的油液全部通过溢流阀溢回油箱，但此时正是主泵迫切需要冷却降温的时候。方案二利用前置泵输出的油液分流部分作主泵的循环冷却液，它既不影响主泵的补油助吸，又冷却了主泵。在主泵补油不足时，还可将主泵的内泄漏油回补给主泵。这是解决主泵异常温升最合理的方案。表 10-8 为改造后的主泵壳体温度原始记录。3＃、4＃泵为换代国产新型轴配流径向柱塞泵，1＃泵为法国斯坦因公司原装轴向柱塞泵，油箱油温控制正常均为 42℃。

表 10-8　国产 3＃、4＃泵与 1＃法国泵温度对比　　℃

时间		泵号		
		3	4	1
4.18	13:20	56	50	55
	15:30	54	49	54
	17:50	55	50	54
4.19	8:30	54	49	54
	10:00	54	49	54

（5）改造后的效果

经改造以后，主泵壳体的温度大大下降，已接近使用法国进口泵，具体温度指数如表 10-8 所示，通过实际生产运行考核，主泵前置泵均工作正常，温度变化平稳，实践证明改造是十分成功的。

第11章

液压阀故障诊断与排除

液压控制阀在液压系统中被用来控制液流的压力、流量和方向，保证执行元件按照要求进行工作，属控制元件。液压阀基本结构包括阀芯、阀体和驱动阀芯在阀体内做相对运动的装置。驱动装置可以是手调机构，也可以是弹簧或电磁铁。液压阀基本工作原理：利用阀芯在阀体内做相对运动来控制阀口的通断及阀口的大小，实现压力、流量和方向的控制。流经阀口的流量 q 与阀口前后压力差 Δp、阀口面积 A 有关，始终满足压力流量方程；作用在阀芯上的力是否平衡则需要具体分析。

11.1　单向阀故障诊断与排除

11.1.1　单向阀概述

单向阀在液压系统中主要用来控制液流单方向流动。常用的单向阀有普通单向阀和液控单向阀两类。普通单向阀在液压系统中的作用是只允许液流沿管道一个方向流动，另一个方向的流动则被截止。按阀芯形状不同，普通单向阀有球阀和锥阀两种。液控单向阀是一类特殊的单向阀，它除了实现一般单向阀的功能外，还可以根据需要由外部油压控制，实现逆向流动。液控单向阀的阀芯通常为锥阀。液控单向阀的安装连接方式有管式、板式和法兰式等。

图 11-1 所示为单向阀符号，图 11-2 所示为液控单向阀符号。

图 11-1　单向阀符号

图 11-2　液控单向阀符号

11.1.2　单向阀结构类型图示

图 11-3 所示为 SV 系列带预开口的液控单向阀。图 11-4 所示为双液控单向阀。

11.1.3　单向阀使用注意事项及故障诊断与排除

单向阀使用维修应注意以下事项：

① 正常工作时，单向阀的工作压力要低于单向阀的额定工作压力；通过单向阀的流量要在其通径允许的额定流量范围之内，并且应不产生较大的压力损失。

特别提醒：无论何种阀，实际流量远大于额定流量时，会产生较大的压力损失。

② 单向阀的开启压力有多种，应根据系统功能要求选择适用的开启压力，应尽量低，以减小压力损失；而作背压功能的单向阀，其开启压力较高，通常由背压值确定。

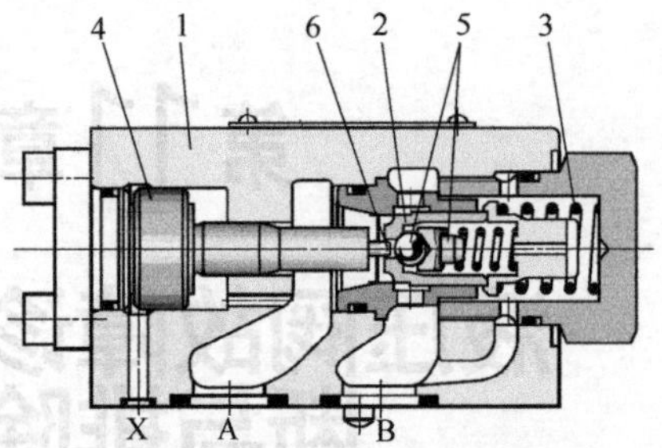

图 11-3　SV 系列带预开口的液控单向阀

1—阀体；2-主阀芯；3—弹簧；4—控制活塞；5—卸压阀；6—卸压阀推杆

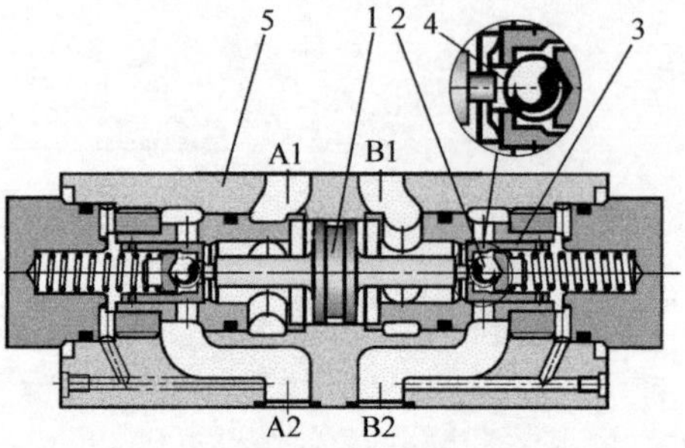

图 11-4　双液控单向阀

1—控制活塞；2—卸压阀；3—主阀芯；4—卸压通道；5—阀体

③ 在选用单向阀时，除了要根据需要合理选择开启压力外，还应特别注意工作时流量应与阀的额定流量相匹配，因为当通过单向阀的流量远小于额定流量时，单向阀有时会产生振动。流量越小，开启压力越高，油中含气越多，越容易产生振动。

特别提醒：无论何种阀，实际流量远小于额定流量时，易产生振动或不稳定。

④ 注意认清进、出油口的方向，保证安装正确，否则会影响液压系统的正常工作。特别是单向阀用在泵的出口，如反向安装可能损坏泵或烧坏电机。单向阀安装位置不当，会造成自吸能力弱的液压泵的吸空故障，尤以小排量的液压泵为甚。故应避免将单向阀直接安装于液压泵的出口，尤其是液压泵为高压叶片泵、高压柱塞泵以及螺杆泵时，应尽量避免。如迫不得已，单向阀必须直接安装于液压泵出口时，应采取必要措施，防止液压泵产生吸空故障。可使液压泵的吸油口低于油箱的最低液面，以便油液靠自重能自动充满泵体；或者选用开启压力较小的单向阀等措施。

小技巧：可采取在连接液压泵和单向阀的接头或法兰上开一排气口。当液压泵产生吸空故障时，可以松开排气螺塞，使泵内的空气直接排出，若还不够，可自排气口向泵内灌油解决。

⑤ 单向阀闭锁状态下泄漏量是非常小的，甚至为零。但是经过一段时期的使用，因阀座和阀芯磨损就会引起泄漏，而且有时泄漏量非常大，会导致单向阀的失效。故磨损后应注意研磨修复。

⑥ 单向阀的正向自由流动的压力损失也较大，一般为开启压力的 3～5 倍，约为 0.2～0.4MPa，高的甚至可达 0.8Mpa。故使用时应充分考虑，慎重选用，能不用时就不用。

单向阀的常见故障及诊断排除方法见表 11-1。

表 11-1　单向阀的常见故障及诊断排除方法

故障现象	故障原因	排除方法
单向阀反向截止时，阀芯不能将液流严格封闭而产生泄漏	阀芯与阀座接触不紧密、阀体孔与阀芯的不同轴度过大、阀座压入阀体孔有歪斜等	重新研配阀芯与阀座或拆下阀座重新压装，直至与阀芯严密接触为止
单向阀启闭不灵活，阀芯卡阻	阀体孔与阀芯的加工几何精度低，二者的配合间隙不当；弹簧断裂或过分弯曲	修整或更换

11.1.4　液控单向阀使用注意事项及故障诊断与排除

液控单向阀使用维修应注意以下事项：

① 应注意控制压力是否满足反向开启的要求。如果液控单向阀的控制引自主系统，则要分析主系统压力的变化对控制油路压力的影响，以免出现液控单向阀的误动作。

特别提醒：必须保证液控单向阀有足够的控制压力，绝对不允许控制压力失压。

② 根据液控单向阀在液压系统中的位置或反向出油腔后的液流阻力（背压）大小，合理选择液控单向阀的结构（简式还是复式）及泄油方式（内泄还是外泄）。对于内泄式液控单向阀来说，当反向油出口压力超过一定值时，液控部分将失去控制作用，故内泄式液控单向阀一般用于反向出油腔无背压或背压较小的场合；而外泄式液控单向阀可用于反向出油腔背压较高的场合，以降低最小的控制压力，节省控制功率。如图 11-5 所示，系统若采用内卸式，则柱塞缸将断续下降发出振动和噪声。当反向进油腔压力较高时，则用带卸荷阀芯的液控单向阀，此时控制油压力降低为原来的几分之一至几十分之一。如果选用了外泄式液控单向阀，应注意将外泄口单独接至油箱。

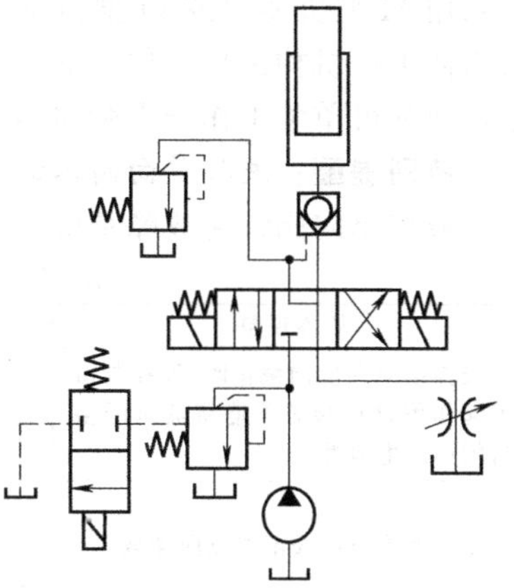

图 11-5　液控单向阀用于反向出油腔背压较高的场合

特别提醒 1： *内泄式液控单向阀一般用于反向出油腔无背压或背压较小的场合；外泄式液控单向阀可用于反向出油腔背压较高的场合。*

特别提醒 2： *液压缸无杆腔与有杆腔面积之比不能太大，否则会造成液控单向阀打不开。*

③ 用两个液控单向阀或一个双向液控单向阀实现液压缸锁紧的液压系统中，应注意选用 Y 型或 H 型中位机能的换向阀，以保证中位时，液控单向阀控制口的压力能立即释放，单向阀立即关闭，活塞停止。假如采用 O 型或 M 型机能，在换向阀换至中位时，由于液控单向阀的控制腔压力油被闭死，液控单向阀的控制油路仍存在压力，使液控单向阀仍处于开启状态，而不能使其立即关闭，活塞也就不能立即停止，产生了窜动现象。直至换向阀的内泄漏使控制腔泄压后，液控单向阀才能关闭，影响其锁紧精度。但选用 H 型中位机能应非常慎重，因为当液压泵大流量流经排油管时，若遇到排油管道细长或局部阻塞或其他原因引起的局部摩擦阻力（如装有低压滤油器、或管接头多等），可能使控制活塞所受的控制压力较高，致使液控单向阀无法关闭而使液压缸发生误动作。Y 型中位机能就不会形成这种结果。

特别提醒： *液控单向阀回路中的换向阀应采用 H 或 Y 型机能，不能采用 M 型机能（或 O 型机能）。*

④ 工作时的流量应与阀的额定流量相匹配。

⑤ 安装时，不要搞混主油口、控制油口和泄油口，并认清主油口的正、反方向，以免影响液压系统的正常工作。

⑥ 带有卸荷阀芯的液控单向阀只适用于反向油流是一个封闭容腔的情况，如油缸的一个腔或蓄能器等。这个封闭容腔的压力只需释放很少的流量，即可将压力卸掉。反向油流一般不与一个连续供油的液压源相通，这是因为卸荷阀芯打开时通流面积很小，油速很高，压力损失很大，再加上这时液压源不断供油，将会导致反向压力降不下来，需要很大的液控压力才能使液控单向阀的主阀芯打开。如果这时控制管道的油压较小，就会出现打不开液控单向阀的故障。

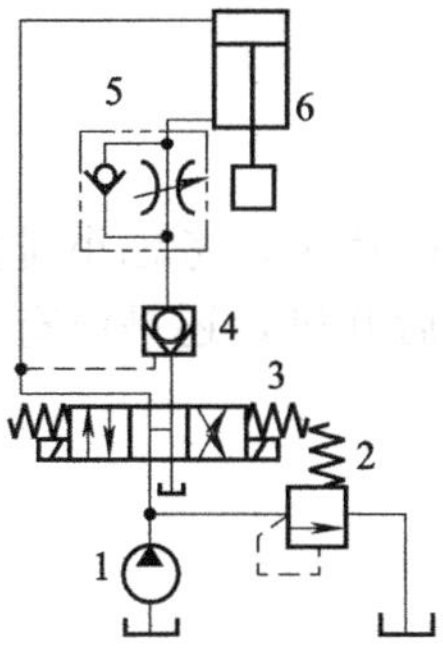

图 11-6　平衡回路

⑦ 图 11-6 所示系统液控单向阀一般不能单独用于平衡回路，否则活塞下降时，由于运动部件的自重使活塞的下降速度超过了由进油量设定的速度，致使缸 6 上腔出现真空，液控单向阀 4 的控制油压过低，单向阀关闭，活塞运动停止，直至油缸上腔压力重新建立起来后，单向阀又被打开，活塞又开始下降。如此重复即产生了爬行或抖

动现象，出现振动和噪声。通过在无杆腔油口与液控单向阀 4 之间串联一单向节流阀 5，系统构成了回油节流调速回路。这样既不致因活塞的自重而下降过速，又保证了油路有足够的压力，使液控单向阀 4 保持开启状态，活塞平稳下降。换向阀 3 同样应采用 H 或 Y 型机能，若采用 M 型机能（或 O 型机能），则由于液控单向阀控制油不能即时卸压，将回路锁紧，从而使工作机构出现停位不准，产生窜动现象。另外，通过在液控单向阀控制油路中设置阻尼，使其可单独工作于平衡回路，此种回路可节省节流阀，更经济。

特别提醒：液控单向阀不能单独用作平衡阀。

液控单向阀常见故障及诊断排除方法见表 11-2。

表 11-2 液控单向阀常见故障及诊断排除方法

故障现象	故障原因	排除方法
液控单向阀反向截止时(即控制口不起作用时)，阀芯不能将液流严格封闭而产生泄漏	阀芯与阀座接触不紧密、阀体孔与阀芯的不同轴度过大、阀座压入阀体孔有歪斜等	重新研配阀芯与阀座或拆下阀座重新压装，直至与阀芯严密接触为止
复式液控单向阀不能反向卸载	阀芯孔与控制活塞孔的同轴度超标、控制活塞端部弯曲，导致控制活塞顶杆顶不到卸载阀芯，使卸载阀芯不能开启	修整或更换
液控单向阀关闭时不能回复到初始封油位置	阀体孔与阀芯的加工几何精度低、二者的配合间隙不当、弹簧断裂或过分弯曲而使阀芯卡阻	修整或更换

11.1.5 单向阀造成液压泵吸空故障的分析与排除

在液压系统中，一般在液压泵的出口处安装一个单向阀，用以防止系统的油液倒流和负载突变等原因引起的冲击对液压泵造成损害。单向阀设置不当会引起液压泵的吸空故障。

（1）故障现象与排除过程

某液压泵启动后，系统始终没有压力，判断是液压泵没有流量输出所致。将液压泵出口管道接头松开，启动液压泵，果然没有流量输出。

检查后确认：

① 电机转向与液压泵旋向相符；

② 液压泵的进出油口连接正确；

③ 油箱中油液达到足够高的液位；

④ 油温正常，油液黏度满足液压泵的使用要求；

⑤ 电机的转速符合液压泵的使用要求。

该泵是立式安装的，电机在油箱盖板上面，液压泵在油箱盖板下面，将泵吊起，对泵的吸入系统进行检查，确认：

① 吸油管道不漏气；

② 吸油口滤油器淹没在液面以下足够多；

③ 吸油滤油器没有堵塞，容量足够大；

④ 吸油管道通径足够、不过长，弯头也不多。

重新安装后，启动液压泵，仍无流量输出。此泵是排量为 8ml/r 的叶片泵。考虑小排量叶片泵自吸能力较弱，就从松开的管接头处沿出油管道向泵内灌油，然后开机，还是没有流量输出。

疑点集中到泵的传动键和泵本身，拆下泵并解体，确认：

① 传动键完好，没有脱落也没有断裂；

② 泵内零件未见异常，叶片运动灵活自如，没有卡住。

泵出口处的单向阀引起了注意。该单向阀直接安装在泵的出油口，从出油管道接头处向泵灌油时，因单向阀阻隔，油液到不了液压泵内腔。将单向阀阀芯抽出，无须灌油，一开机液压泵就输出流量了。

（2）故障机理分析

单向阀引起液压泵的吸空故障分析如下。

根据流体力学原理，在液压泵启动前，液压泵吸油、压油管道及油液状态如图 11-7 所示。此时，$p_1=p_2=p_0$。

液压泵启动时，吸油管道中的一部分空气被抽到出油管道内，吸油管道内的气体质量由 m_1 变为 $m_1-\Delta m$，压力 p_1 变为 $p_0-\Delta p_1$。而出油管道中的气体质量由 m_2 变为 $m_2+\Delta m$，压力 p_2 变为 $p_0+\Delta p_2$。这相当于出油管道内的气体被压缩，而吸油管道内形成一定的真空度，如图 11-8 所示。

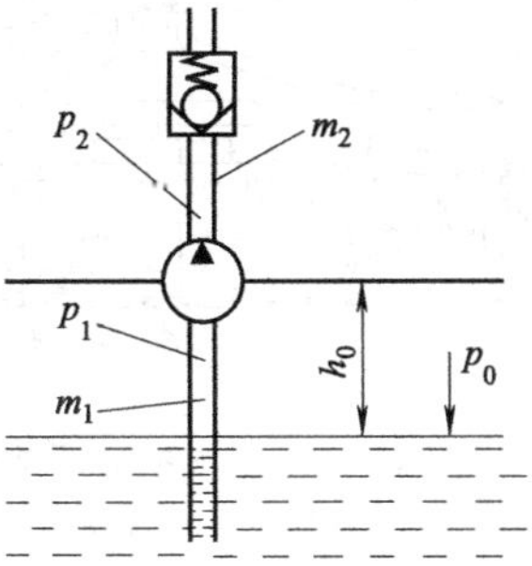

图 11-7　液压泵启动前的状态

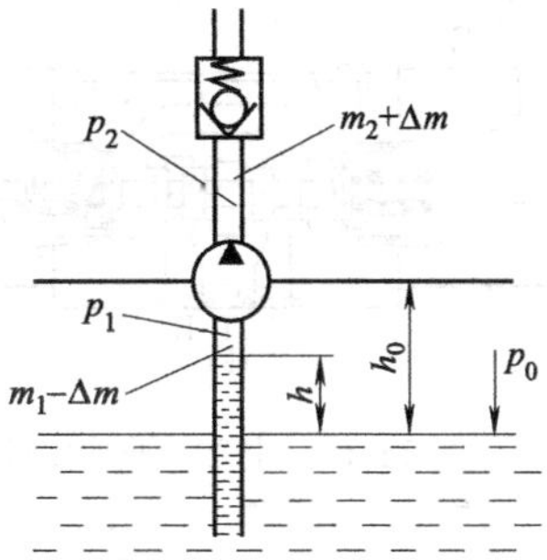

图 11-8　液压泵启动时的状态

$$\Delta p_1=p_0-p_1=h\rho g$$

$$h=(p_0-p_1)/\rho g \tag{11-1}$$

式中，h 为吸油管道内的真空度，m；p_0 为大气压力，Pa；p_1 为绝对压力，Pa；ρ 为液体的密度，kg/m^3；g 为重力加速度，m/s^2。

由式（11-1）可知，吸油管道内的真空度随其内绝对压力 p_1 的降低而增大。当真空度 $h\geqslant$ 吸油高度 h_0 时，液压泵就可以吸入液压油。很显然，此处没有满足 $h\geqslant h_0$ 的条件，原因如下。

当单向阀直接安装于液压泵的出口时，泵的压油窗口到单向阀的出油管道的空间十分狭小，这样液压泵的传动组件（叶片副、柱塞副、螺杆副等）从吸油窗口将吸油管道内的气体抽出，经压油窗口压排到出油管道时，这部分气体便受到较大程度地压缩。而泵的传动组件在结束压排时，其工作腔内留有剩余容积，其内残留着受到压缩的空气。当泵的传动组件再次转到吸油窗口时，剩余容积内的压缩空气就会膨胀，部分或全部占据工作腔容积，甚至还会有部分气体又回流到吸油管道内，如此就导致无法将吸油管道内的空气进一步抽出，无法使吸油管道内的绝对压力 p_1 进一步降低，若此时真空度尚未满足 $h\geqslant h_0$ 的条件，液压泵就将吸不上油，产生吸空故障。

11.2　换向阀故障诊断与排除

换向阀用于控制油路的通断或改变液流的方向，实现液压执行机构的启动、停止或运动方向的改变。

11.2.1　换向阀结构类型

图 11-9 为二位三通电磁换向阀符号，图 11-10 为三位四通电液换向阀符号。

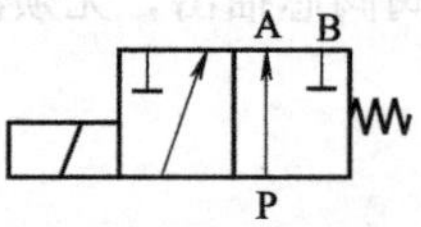

图 11-9　二位三通电磁换向阀符号

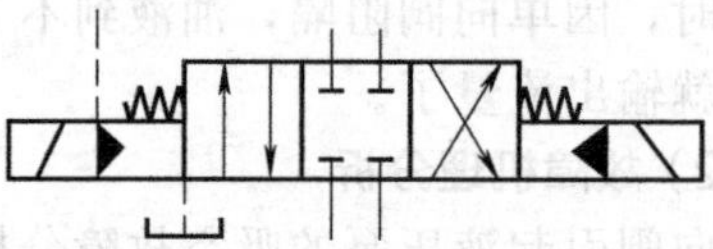

图 11-10　三位四通电液换向阀符号

图 11-11 所示为电磁换向阀，图 11-12 所示为电液换向阀。

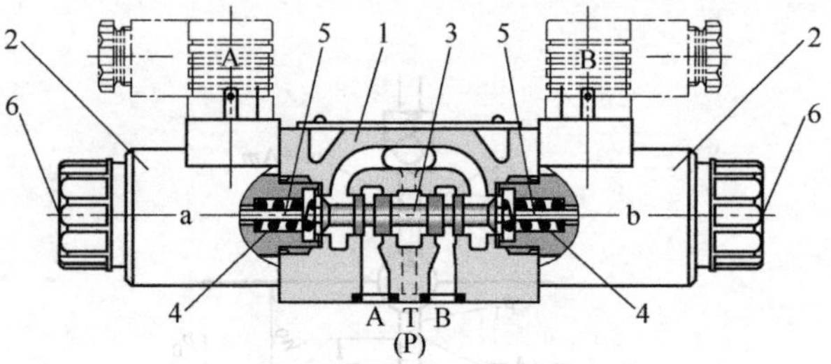

图 11-11　电磁换向阀结构

1—阀体；2—电磁铁；3—阀芯；4—弹簧；
5—推杆；6—手轮

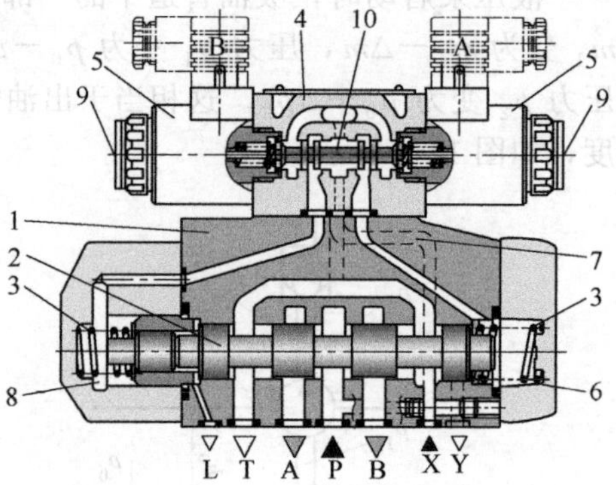

图 11-12　电液换向阀结构

1—主阀体；2—主阀芯；3—主阀弹簧；4—先导阀体；
5—电磁铁；6—控制腔；7—控制油通道；
8—控制腔；9—手轮；10—先导阀芯

图 11-13 所示为电磁球阀，图 11-14 所示为手动换向阀。

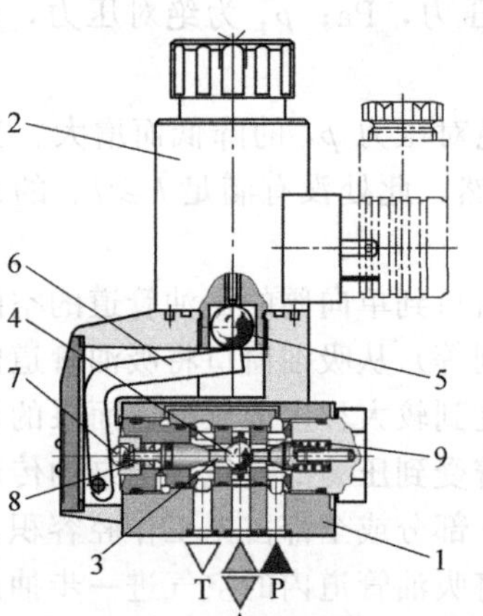

图 11-13　电磁球阀

1—阀体；2—电磁铁；3—推杆；4,5,7—钢球；
6—杠杆机构；8—定位球套；9—弹簧

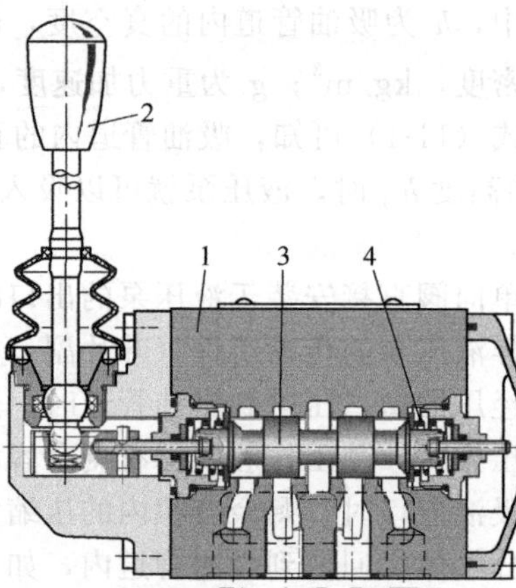

图 11-14　手动换向阀

1—阀体；2—操纵杆；3—阀芯；4—弹簧

图 11-15 所示为换向阀控制方式符号。图 11-16 所示为三位四通换向阀中位机能结构图与符号。

11.2.2　换向阀常见故障诊断与排除

换向阀在使用中可能出现的故障现象有阀芯不能移动、外泄漏、操纵机构失灵、噪声过大等，产生故障的原因及排除方法如表 11-3 所示。

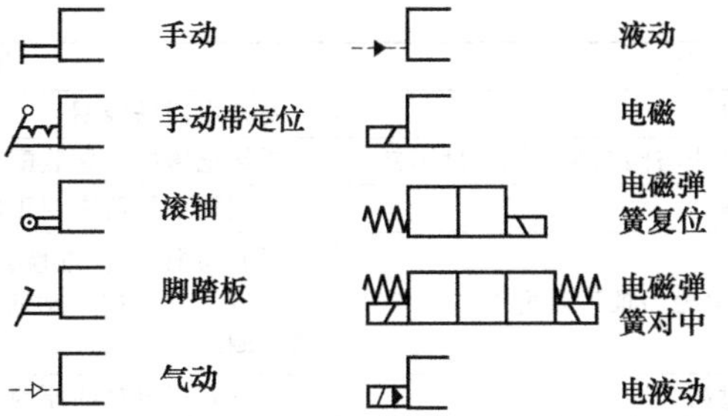

图 11-15 换向阀控制方式符号

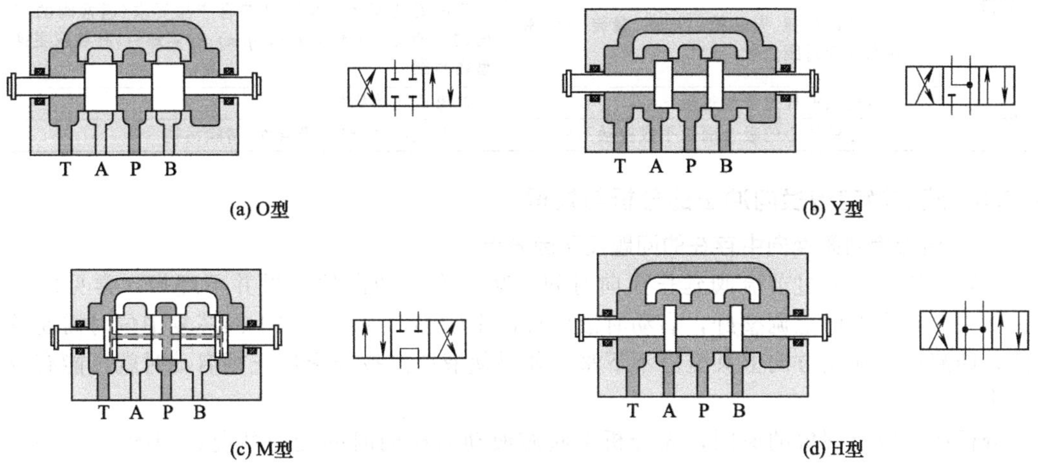

图 11-16 换向阀中位机能结构图与符号

表 11-3 换向阀使用中可能出现的故障及诊断排除方法

故障	原 因	排除方法
阀芯不能移动	阀芯表面划伤、阀体内孔划伤、油液污染使阀芯卡阻、阀芯弯曲	卸开换向阀，仔细清洗，研磨修复或更换阀芯
	阀芯与阀体内孔配合间隙不当，间隙过大，阀芯在阀体内歪斜，使阀芯卡住；间隙过小，摩擦阻力增加，阀芯移不动	检查配合间隙，间隙太小，研磨阀芯，间隙太大，重配阀芯，也可以采用电镀工艺，增大阀芯直径。阀芯直径小于20mm时，正常配合间隙在0.008～0.015mm范围内；阀芯直径大于20mm时，间隙在0.015～0.025mm正常配合范围内
	弹簧太软，阀芯不能自动复位；弹簧太硬，阀芯推不到位	更换弹簧
	手动换向阀的连杆磨损或失灵	更换或修复连杆
	电磁换向阀的电磁铁损坏	更换或修复电磁铁
	液动换向阀或电波动换向阀两端的单向节流器失灵	仔细检查节流器是否堵塞、单向阀是否泄漏，并进行修复
	液动或电液动换向阀的控制压力油压力过低	检查压力低的原因，对症解决
	气控液压换向阀的气源压力过低	检修气源
	油液黏度太大	更换黏度适合的油液
	油温太高，阀芯热变形卡住	查找油温高的原因并降低油温
	连接螺钉有的过松，有的过紧，致使阀体变形，阀芯移不动。另外，安装基面平面度超差，紧固后基面也会变形	松开全部螺钉，重新均匀拧紧。如果因安装基面平面度超差阀芯移不动，则重磨安装基面，使基面平面度达到规定要求

续表

故障	原　因	排除方法
电磁铁线圈烧坏	线圈绝缘不良	更换电磁铁线圈
	电磁铁铁芯轴线与阀芯轴线同轴度不良	拆卸电磁铁重新装配
	供电电压太高	按规定电压值来纠正供电电压
	阀芯被卡住,电磁力推不动阀芯	拆开换向阀,仔细检查弹簧是否太硬、阀芯是否被脏物卡住以及其他推不动阀芯的原因,进行修复并更换电磁铁线圈
	回油口背压过高	检查背压过高的原因,对症解决
外泄漏	泄油腔压力过高或O型密封圈失效造成电磁阀推杆处外渗漏	检查泄油腔压力,如多个换向阀泄油腔串接在一起,则将它们分别接口油箱;更换密封圈
	安装面粗糙、安装螺钉松动、漏装O型密封圈或密封圈失效	磨削安装面使其粗糙度符合产品要求(通常阀的安装面的粗糙度Ra不大于0.8μm);拧紧螺钉,补装或更换O型密封圈
噪声大	电磁铁推杆过长或过短	修整或更换推杆
	电磁铁铁心的吸合面不平或接触不良	拆开电磁铁,修整吸合面,清除污物

11.2.3　液控换向阀换向冲击的分析与处理

(1)电液换向阀换向中存在的问题及原因分析

实际应用中，通过节流阀延长换向时间、减少换向冲击的效果并不理想。常见的问题是：如果在一个方向上调整好，启动时液压缸冲击较小，而反方向上阀芯复中位时需要较长时间，即液压缸在反方向上甚至停不下来。如果使液压缸按要求停止则启动时就可能有较大的冲击。

分析产生以上现象的原因，先分析主阀芯液动力换向时的受力情况，如图11-17所示。假设主阀芯在中位时，电磁铁得电，此时主阀芯在左侧压力油推动下，克服右侧对中弹簧的压力及双单向节流阀的节流阻力实现向右移动，完成换向。

主阀芯换向时的受力 F_1

$$F_1=PA-F-P_1A \tag{11-2}$$

式中，P 为系统压力；A 为主阀芯的压力面积；P_1 为双单向节流阀的节流阻力；F 为主阀芯的右侧复位弹簧的阻力。

再分析同一侧主阀芯的弹簧力复位时的受力情况，如图11-18所示，假设主阀芯在左位，电磁铁失电。此时主阀芯受压一侧的弹簧的推力 F，克服节流阀的节流阻力，使主阀向右移动，完成复位。

主阀芯复位时的受力 F_2

$$F_2=F-P_1A \tag{11-3}$$

式中，A 为主阀芯的压力面积；P_1 为双单向节流阀的节流阻力；F 为主阀芯的左侧复位弹簧的弹力。

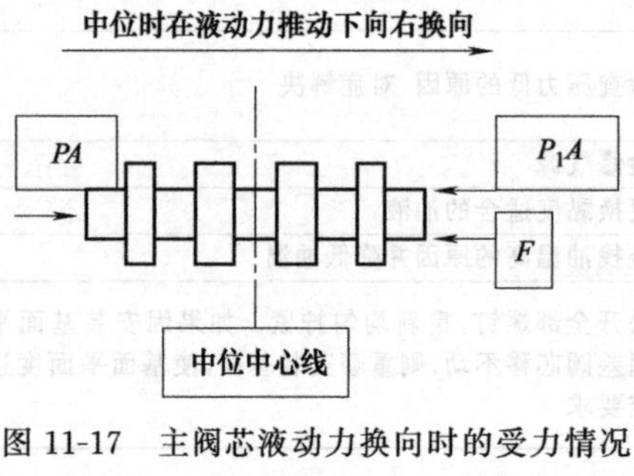

图11-17　主阀芯液动力换向时的受力情况

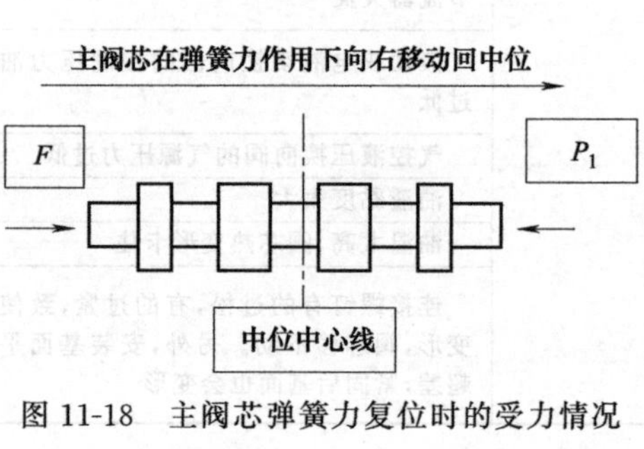

图11-18　主阀芯弹簧力复位时的受力情况

由公式（11-2）和式（11-3）可知，由系统压力 P 产生的推力通常远大于弹簧力 F，在液动力换向速度和弹簧力复位速度相同情况下，两个公式中的节油压力 P 是相等的，F_1 将远大于 F_2，但两个换向速度不可能相等。因此，通过同一回油阻力的调整来达到液动力换向和弹簧力复位速度一致是不可能的，主阀芯在一个方向上的液动力换向速度总是大于在另一个方向上的弹簧复位速度。

（2）改进方法

通过以上的分析知道，通过调节同一回油阻力来降低液控换向阀液动力换向和弹簧力复位的速度，将带来换向和复位速度的巨大差异。为了避免以上问题，如图 11-19 所示，在电磁阀与主阀之间安装一只 P 口减压阀，降低压力 P。增加减压阀时只要将电液阀的电磁阀及节流阀拆除，在节流阀与主阀之间插入一只减压阀，将紧固螺栓加长相应的减压阀厚度重新紧固即可。实际调整过程可先调节节流阀，使弹簧复位时的液压冲击达到最佳效果后，将节流阀锁死，再通过调整减压阀使反方向上的换向冲击效果至最佳。压力 P 调整至 3～4.5MPa 较为理想。

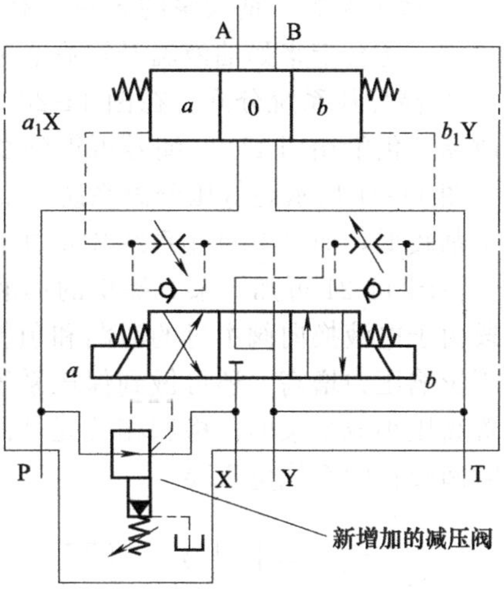

图 11-19　改进后的电液换向阀液压原理

增加减压阀可明显减少液压冲击与管道的漏油，有利于延长液压软管的使用寿命。

特别提醒：电液换向阀控制油路的阻尼节流阀开口调得太小，容易引起主阀复位困难。

11.2.4　电液换向阀引出的系统故障的分析及改进

（1）现有系统分析

图 11-20 所示为现有液压机双泵保压液压系统原理图。它的功能为下压工件、保压、顶出工件。图中低压大流量泵 1 的参数为：额定压力 6.3MPa，额定流量 16L/min；高压小流量泵 2 的参数为：额定压力 31.5MPa，额定流量 10L/min。当主液压缸 12 需快速下行时，泵 1、泵 2 同时向活塞腔低压大流量供油。当主液压缸 12 接触到工件开始工作行程，即进入保压阶段时，系统压力升至压力继电器 8 设定压力，压力继电器发信号，低压大流量泵 1 通过电磁阀 4 和溢流阀 5 组成的卸载回路实现低压状态下的卸载，同时泵 1 与泵 2 之间的单向阀 3 在泵 2 压力油作用下迅速关闭，泵 1 停止供油，泵 2 输出的油液仍经电液换向阀 9 继续供给主液压缸 12，实现保压作用。当保压结束后，阀 9 处右位工况，泵 2 参与工作，实现主液压缸活塞杆缩回，之后顶料缸 13 相应动作，即完成一个工作循环。顶料缸 13 在低压状态下工作，只有在保压期间相关回路和元件才处于高压状态。

当系统流量大于 63L/min 时一般选用电液换向阀，电液换向阀由电磁阀和液动阀组合而成，它适用于大流量高压系统。优点为换向简单、可靠，省去控制油管，空循环压力也较低；缺点为当主阀采用液压强制对中时，阀体较长，结构复杂。

由于电液阀的容量比较大，大规格的换向阀绝对泄漏量将相对较大，在高压时漏损较大（每阀有 1～5L/min 左右），特别是处于高压状态时先导阀漏损较大，当系统压力达 31.5MPa 时，电液换向阀的内部泄漏量高达 1.8L/min。在保压阶段，只有泵 2 供油，阀 14 虽不工作，但阀内和缸 13 仍处于高压状态下，根据力的可传递性原理，这条支路仍在泄漏之列，加上主缸系统，故整个系统的泄漏量与泵 2 输出的流量相比绝对是一个高值。从理论上分析，液压泵的流量与压力之间无紧密函数关系，但实际上压力大小通过油液的泄漏间接地对流量有一定的影响，即泵压升高，由于泄漏所致，油液有所减少，可能导致液压缸的保压压力上不去。

（2）系统改进

图 11-20 所示系统采用了开泵保压方法，压力的稳定取决于溢流阀的质量。但开泵保压系统功率损失较大，解决方法有如下两种。

① 增大泵容。增大泵的容量，高压泵加上大流量必然价格昂贵，同时，系统能量损失将增多，还会带来如油液温升过高、氧化变质等其他问题，因而不是好的方案。

② 高低压系统分开。在图 11-20 基础上不加任何元件，只把有关元件间的连接关系略加改动，仍沿用图 11-20 编号可得到图 11-21 所示的高低压分离系统。

图 11-21 所示高低压分离系统特点：泵 1 专供低压系统，低压大流量的泵的价格和运行成本都较低，而泵 2 只在系统中的主液压缸进入保压阶段时才向系统提供高压小流量的油液。由图 11-21 可知，泵 2 提供的油液不经过系统中的两个电液换向阀，从而消除了在保压阶段由于电液换向阀本身的泄漏和顶料缸的泄漏而导致压力下降的原因，使泵 2 向系统增压时不影响压力增高，还可做到保压系统流量尽可能小，以可靠保压为界线，这样不但降低了购置高压小流量泵的价格和相关元件的耐压等级，而且又消除了一些隐含故障，特别是对保压时间较长的系统更重要。

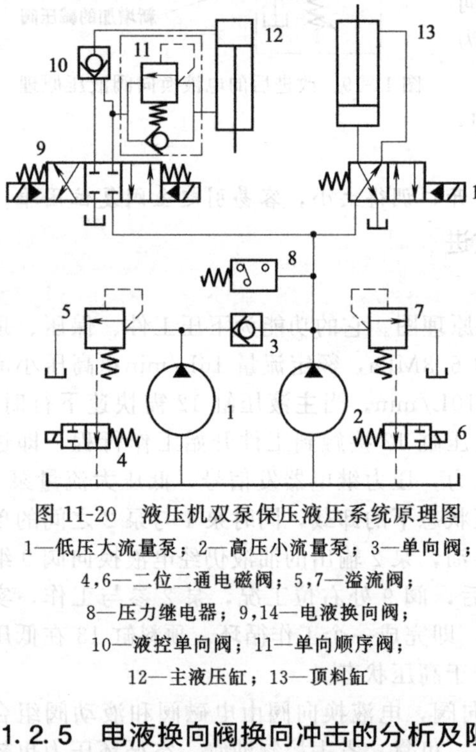

图 11-20　液压机双泵保压液压系统原理图

1—低压大流量泵；2—高压小流量泵；3—单向阀；4，6—二位二通电磁阀；5，7—溢流阀；8—压力继电器；9，14—电液换向阀；10—液控单向阀；11—单向顺序阀；12—主液压缸；13—顶料缸

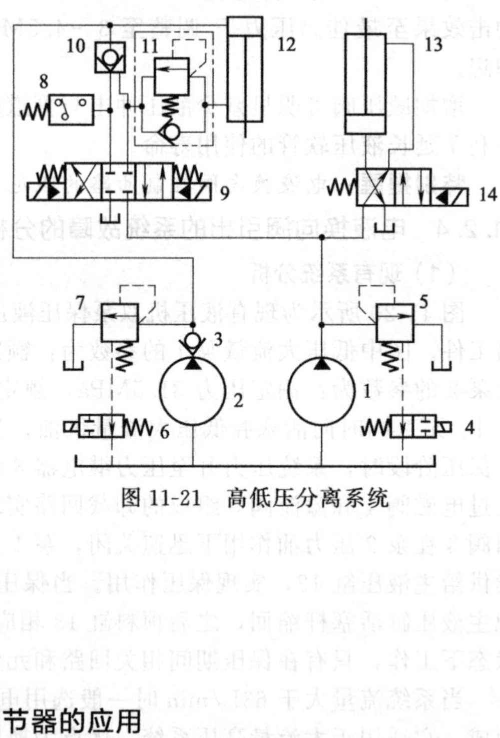

图 11-21　高低压分离系统

11.2.5　电液换向阀换向冲击的分析及阻尼调节器的应用

（1）带阻尼调节器的电液换向阀

图 11-22 与图 11-23 为带阻尼调节器的电液换向阀的结构图及图形符号。当电磁阀 1 两端的电磁铁 DT1、DT2 都不通电时，电磁阀 1 的阀芯处于中位。液动阀阀芯因其两端没接通控制油液（而接通油箱），在对中弹簧的作用下，也处于中位。电磁铁 DT1 通电时，液动阀阀芯移向右移动，控制油液经双单向节流阀 2 右边单向阀通入主阀左端容腔 6，推动主阀芯 4 移向右端，主阀右端容腔 5 的油液则经双单向节流阀 2 右边节流阀、电磁阀 1 流回油箱。主阀芯 4 移动的速度由双单向节流阀 2 右边节流阀的开口大小决定。同样道理，若电磁铁 DT2 通电，主阀芯 4 移向左端（使油路换向），其移动速度由双单向节流阀 2 左边节流阀

的开口大小决定。

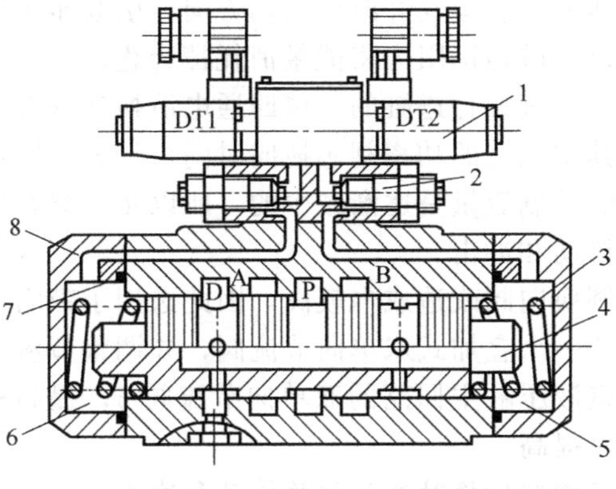

图 11-22 带阻尼调节器的电液换向阀

1—电磁阀；2—双单向节流阀；3—弹簧；4—主阀芯；5—右端容腔；6—左端容腔；7—密封件；8—阀体

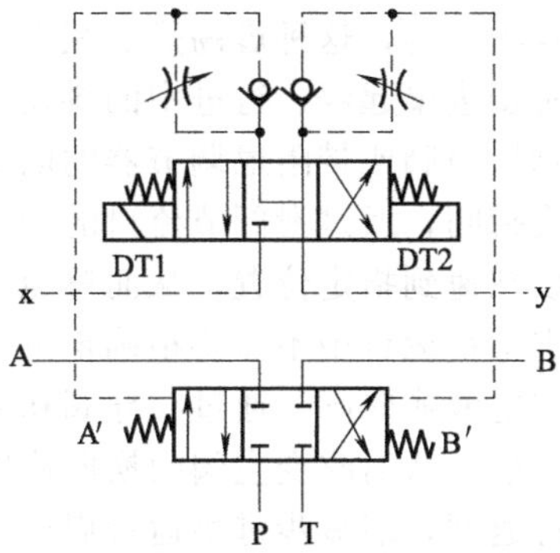

图 11-23 带阻尼调节器的电液换向阀的图形符号

（2）应用实例

某步进梁液压系统主要为阀控缸系统（见图 11-24），该系统在实际运行中存在以下缺陷：

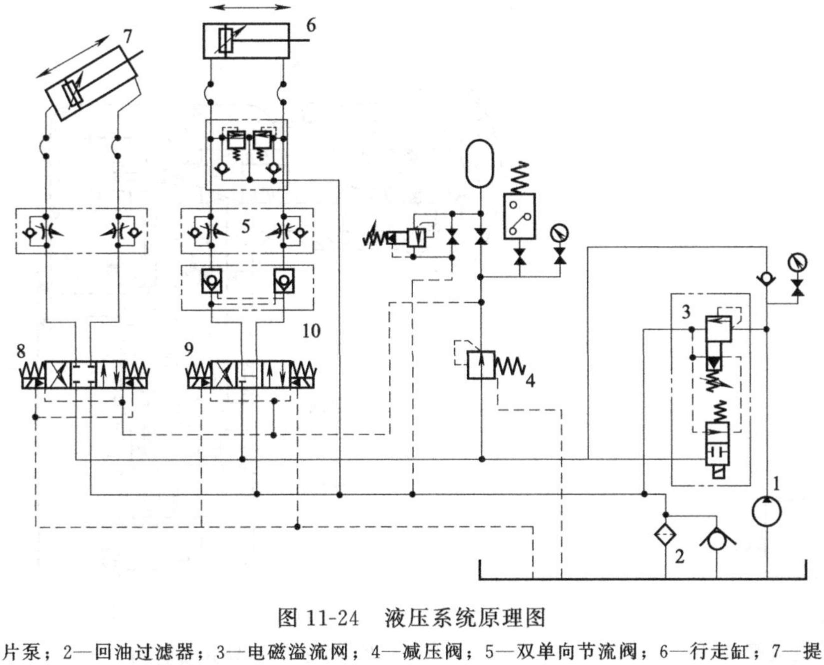

图 11-24 液压系统原理图

1—叶片泵；2—回油过滤器；3—电磁溢流网；4—减压阀；5—双单向节流阀；6—行走缸；7—提升缸；8,9—电液换向阀；10—液压锁

① 步进梁在行走中，因电液换向阀的切换而发生抖动；

② 电液换向阀 9 切换时，步进梁液压冲击较大，无法进一步提高缸速，难以提高产量。

经现场排查发现问题主要出在系统回路的电液换向阀上，系统所选用阀均为 4WEH 系列（无节流调速功能），因此，当步进梁行走缸以一定的速度运行到位时，由于换向阀突然切换到中位使液压缸两腔的油路封闭，虽然系统设有补油减振装置，但钢卷和步进梁装置的惯性力仍将使缸活塞继续运动，此时缸的回油腔油液因受活塞压缩而压力突然升高，进油腔油液的压力降低并有可能出现空穴现象，造成两腔压力反向变化，当钢卷和步进梁装置的动能转化为液压缸两腔封闭油液及弹簧的势能时，活塞停止运动并改变运动方向，引起步进梁的一次抖动震荡，这种震荡是衰减性的，直到通过克服运动阻力将能量消耗掉为止。

改善步进梁起停、行进中的抖动和冲击，可将步进梁行进缸的三位四通电液换向阀改为电液比例换向阀或带阻尼调节器的电液换向阀，其主油路的功率阀芯换向时间可调整，因此在阀切换瞬间，通过滑阀节流口的缓冲，液压缸的控制流量是逐渐减少的，所以步进梁在停止时连续减速到指定位置，从而避免了步进梁的抖动和冲击。

步进梁在运行中不需要精确定位，且电液比例换向阀改造成本较高，因此选用了带阻尼调节器的电液换向阀。通过在导阀和主阀之间安装一个叠加式双单向节流阀，并调整节流阀开口度大小，从而改变主阀的换向速度。同时调整液压缸主回路的双单向节流阀5，提高液压缸运行速度，缩短步进梁运行周期，使产量得以提高。

小技巧：适当调节电液换向阀阻尼调节器，可抑制切换时液压缸的抖动和冲击。

11.3 溢流阀故障诊断与排除

溢流阀用于调定或限制液压系统的最高压力，图11-25所示为溢流阀符号。

11.3.1 溢流阀结构类型图示

先导式溢流阀结构如图11-26所示。

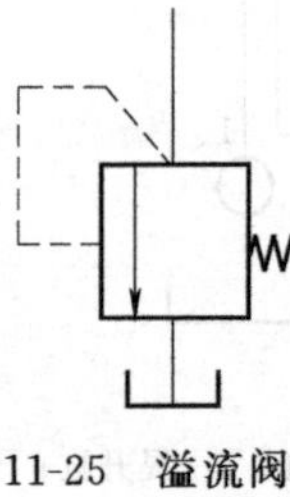

图11-25　溢流阀符号

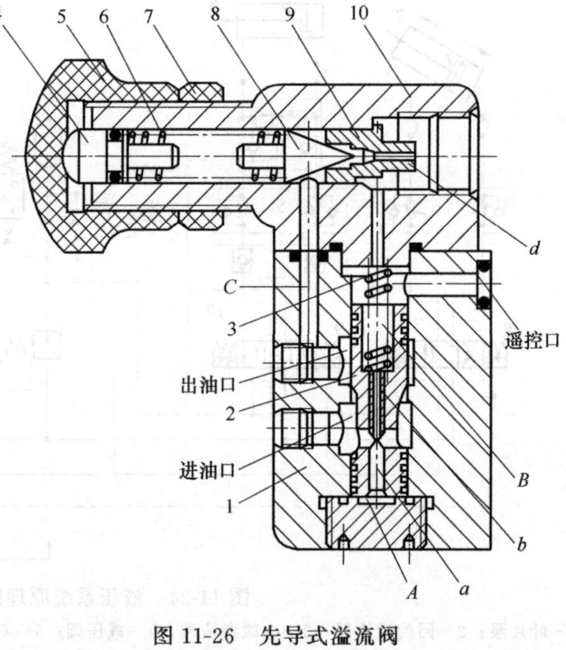

图11-26　先导式溢流阀

1—阀体；2—滑阀；3—弱弹簧；4—调节杆；5—调节螺帽；6—调压弹簧；7—螺母；8—锥阀；9—锥阀座；10—上盖

图11-27所示为Rexroth公司DZW型电磁溢流阀。

图11-28所示为锥阀式直动型溢流阀，可实现高压大流量的控制。

11.3.2 溢流阀常见故障与排除

（1）系统压力波动

引起压力波动的主要原因：①调节压力的螺钉由于震动而使锁紧螺母松动造成压力波

动；②液压油不清洁，有微小灰尘存在，使主阀芯滑动不灵活，因而产生不规则的压力变化，有时还会将阀卡住；③主阀芯滑动不畅造成阻尼孔时堵时通；④主阀芯圆锥面与阀座的锥面接触不良，没有经过良好磨台；⑤主阀芯的阻尼孔太大，没有起到阻尼作用；⑥先导阀调正弹簧弯曲，造成阀芯与锥阀座接触不好，磨损不均。

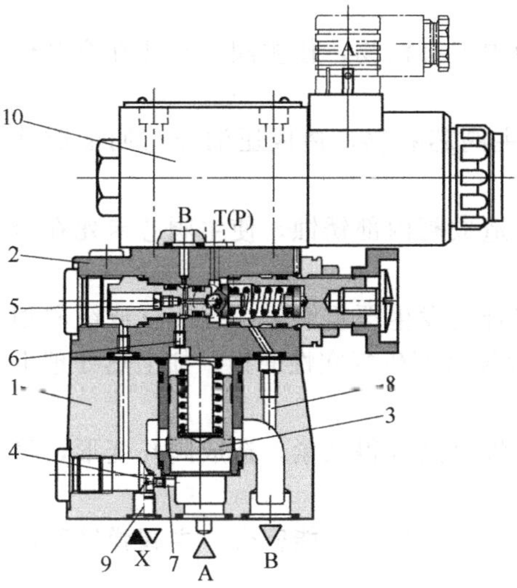

图 11-27　DZW 型电磁溢流阀

1—主阀体；2—先导阀体；3—主阀芯；4,6—阻尼孔；5—先导阀座；7—先导油通道；8—先导油回油通道；9—遥控通道；10—电磁阀

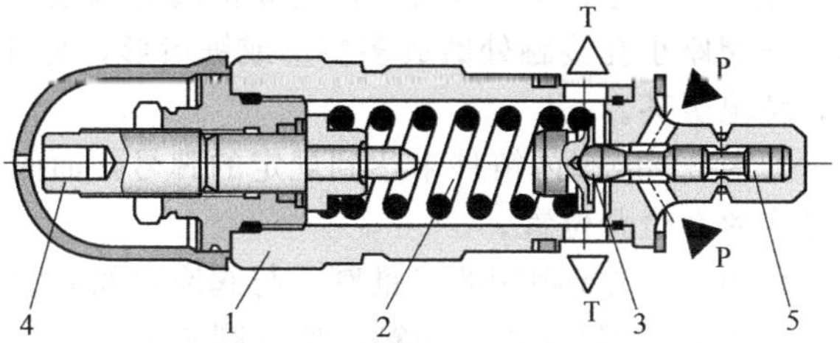

图 11-28　锥阀式直动型溢流阀

1—阀体；2—弹簧；3—球头；4—调节螺栓；5—阀芯

解决方法：①定时清理油箱、管路，对进入油箱、管路系统的液压油要过滤；②如管路中已有过滤器，则应增加二次过滤元件，或更换二次元件的过滤精度，并对阀类元件拆卸清洗，更换清洁的液压油；③修配或更换不合格的零件；④适当缩小阻尼孔径。

（2）系统压力完全加不上去

原因 1：①主阀芯阻尼孔被堵死，如装配时主阀芯未被清洗干净，油液过脏或装配时带入杂物；②装配质量差，在装配时装配精度差，阀间间隙调整不好，主阀芯在开启位置卡住；③主阀芯复位弹簧折断或弯曲，使主阀芯不能复位。

解决方法：①拆开主阀清洗阻尼孔并重新装配；②过滤或更换油液；③拧紧阀盖紧固螺钉，更换折断的弹簧。

原因 2：先导阀故障。①调正弹簧折断或未装入；②锥阀、钢球未装；③锥阀碎裂。

解决方法：更换破损件或补装零件，使先导阀恢复正常工作。

原因 3：远控口电磁阀未通电（常开型）或滑阀卡死。

解决方法：检查电源线路，查看电源是否接通；如正常，说明可能是滑阀卡死，应检修或更换失效零件。

原因 4：液压泵故障。① 液压泵连接键脱落或滚动；②滑动表面间间隙过大；③叶片泵的叶片在转子槽内卡死；④叶片和转子方向装反；⑤叶片中的弹簧受高频周期负载作用而疲劳变形或折断。

解决方法：①更换或重新调正连接键，并修配键槽；②修配滑动表面间间隙；③拆卸清洗叶片泵；④纠正装错方向；⑤更换折断弹簧。

原因 5：进出油口装反。

解决方法：调整过来。

（3）失压或压力上升得很慢

故障现象：系统上压后，立刻失压，旋动手轮再也不能调节起压或压力升得很慢，甚至一点儿也上不去。

原因1：主阀芯阻尼小孔被污物堵塞，先导流量几乎为零，压力上升很缓慢，完全堵塞时，压力一点儿也上不去。

原因2：主阀芯上有毛刺，或阀芯与阀孔配合间隙内卡有污物，使主阀芯卡死在全开位置，系统压力不去。

原因3：主阀平衡弹簧漏装或折断，进油压力使主阀芯右移，造成压油腔与回油腔连通，压力上不去。

原因4：液压设备在运输使用过程中，因保管不善造成阀内部锈蚀，使主阀芯卡死在全开（P与O连通）位置，压力上不去。

原因5：使用较长时间后，先导锥阀与阀座小孔密合处发生严重磨损，有凹坑或纵向划痕，或阀座小孔接触处磨成多棱形或锯齿形，另外此处经常产生气穴性磨损，加上热处理不好，情况更甚。

原因6：因阀体铸件未达到规定的牌号，而阀安装螺钉又拧得太紧，造成阀孔变形，将阀芯卡死在全开位置。

原因7：先导阀阀芯（锥阀）与阀座之间有大粒径污物卡住，不能密合，主阀弹簧腔压力 p_2 通过先导锥阀连通油箱，使主阀芯上移，压力上不去。

原因8：拆修时装配不注意，先导锥阀斜置在阀座上，不能密合，或漏装调压弹簧。

原因9：对先导式溢流阀，使用时如未将遥控口堵住（非遥控时），或者设计时将回路安装板钻通，使孔连通油箱，则压力始终上不去。

处理措施：

① 适当增大主阀芯阻尼孔直径。我国溢流阀阻尼直径多为 $\phi0.8$mm、$\phi1.0$mm、$\phi1.2$mm，可改为 $\phi1.5\sim1.8$mm，这对静特性并无多大影响，但滞后时间可大大减少。

② 拆洗主阀及先导阀，并用 $\phi0.8\sim1.0$mm 粗的钢丝通一通主阀芯阻尼孔，或用压缩空气吹通。可排除许多情况下压力上升慢的故障。

③ 用尼龙刷等清除主阀芯阀体沉削槽尖棱边的毛刺，保证主阀芯与阀体孔配合间隙在0.008～0.015mm下灵活运动。

④ 板式阀安装螺钉、管式阀管接头不可拧得过紧，防止因此而产生的阀孔变形。

（4）系统压力升不高

故障现象：即使全紧调压手轮，压力也只上升到某一值后便不能再继续上升，特别是油温高时，尤为显著。

1）主阀　故障原因：

① 主阀芯锥面磨损或不圆，阀座锥面磨损或不圆；

② 锥面处有脏物粘住；

③ 锥面与阀座由于机械加工误差导致不同心；

④ 主阀芯与阀座配合不好，主阀芯有别劲或损坏，使阀芯与阀座配合不严密；

⑤ 主阀压盖处有泄漏，如密封垫损坏、装配不良、压盖螺钉有松动等；

⑥ 主阀芯卡死在某一小开度上，呈不完全的微开启状态，此时，压力虽可上升到一定值，但不能再升高；

⑦ 对Y型、YF型阀，较大污物进入主阀芯小孔内，部分阻塞阻尼小孔，使先导流量减少。

解决方法：

① 更换或修配溢流阀体或主阀芯及阀座；

② 清洗溢流阀使之配合良好或更换不合格元件；

③ 拆卸主阀调正阀芯，更换破损密封垫，消除泄漏使密封良好。

2）先导阀　故障原因：

① 先导阀调压弹簧变形、断裂或弹力太弱，选用错误，调压弹簧行程不够，致使锥阀与阀座结合处封闭性差；

② 液压油中的污物、水分空气及其他化学性腐蚀物质使锥阀与阀座磨损，锥阀接触面不圆；

③ 接触面太宽，容易进入脏物，或被胶质粘住；

④ 调压手轮螺纹有效深度不够或螺纹有碰伤，使调压手轮不能拧紧到极限位置，调节杆不能完全压下，弹簧也就不能完全压缩到应有的位置，压力也就不能调到最大。

解决方法：更换不合格件或检修先导阀，使之达到使用要求。

3）卸荷控制阀　故障原因：

① 远控口在电磁常闭位置时内漏严重；

② 阀口处阀体与滑阀严重磨损；

③ 滑阀换向未达到正确位置，造成油封长度不足；

④ 远控口管路有泄漏。

解决方法：

① 检修更换失效件，使之达到要求；

② 检查管路消除泄漏。

4）液压系统压力偏低故障查找流程　液压系统压力偏低故障查找流程如图 11-29 所示。

（5）压力突然升高且压力下不来

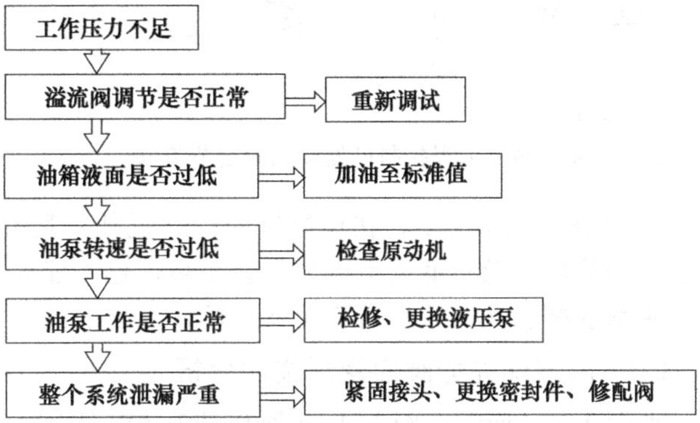

图 11-29　液压系统压力偏低故障查找流程

原因 1：①主阀芯零件工作不灵敏，在关闭状态时突然被卡死；②加工的液压元件精度低，装配质量差，油液过脏等。

原因 2：先导阀阀芯与阀座结合面粘住脱不开，造成系统不能实现正常卸荷；调正弹簧弯曲别劲。

原因 3：系统超压甚至超高压，溢流阀不起溢流作用。先导锥阀前的阻尼孔被堵塞后，油压纵然再高也无法作用或打开锥阀阀芯，调压弹簧一直将锥阀关闭，先导阀不能溢流，主阀芯上、下腔压力始终相等，在主阀弹簧作用下，主阀一直关闭，不能打开，溢流阀失去限压溢流作用，系统压力随着负载的增高而增高。当执行元件终止运动时，系统压力在液压泵的作用下甚至产生超高压现象。此时，很容易造成拉断螺栓、泵被打坏等恶性事故。

原因 4：Y 型、YF 型溢流阀采用内泄式。Y 型阀阀体上工艺销打入过深，封住了内泄通道；YF 型溢流阀主阀上中心泄油孔被堵死；这两种情况先导流量无油液回油，p_1 腔与 p_2 腔压力相等，主阀芯上的弹簧力使其关闭，压力下不来。

对于上述原因产生的故障可一一查明予以排除。

（6）压力突然下降

原因 1：

① 主阀芯阻尼孔突然被堵；

② 主阀盖处密封垫突然破损；

③ 主阀芯工作不灵敏，在开启状态突然卡死，如零件加工精度低、装配质量差、油液过脏等；

④ 先导阀芯突然破裂，调正弹簧突然折断。

原因 2：远控口电磁阀电磁铁突然断电使溢流阀卸荷；远控口管接头突然脱口或管子突然破裂。

解决方法：

① 清洗液压阀类元件，如果是阀类元件被堵，则还应过滤油液；

② 更换破损元件，检修失效零件；

③ 检查消除电气故障。

（7）在二级调压回路及卸荷回路压力下降时产生较大振动和噪声

原因：当某个压力值急剧下降时，管路及执行元件将会产生振动；这种振动将随加压一侧的容量增大而增大。

解决方法：

① 要防止振动噪声的产生，必须使压力下降时间（即变化时间）不小于 0.1s。可在溢流阀远程控制口处接入固定节流阀，如图 11-30 所示，此时卸荷压力及最低调整压力将变高。

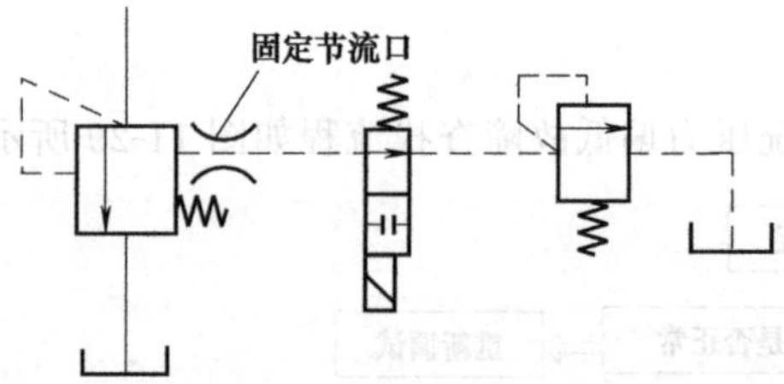

图 11-30　溢流阀的远程控制口处接入固定节流阀

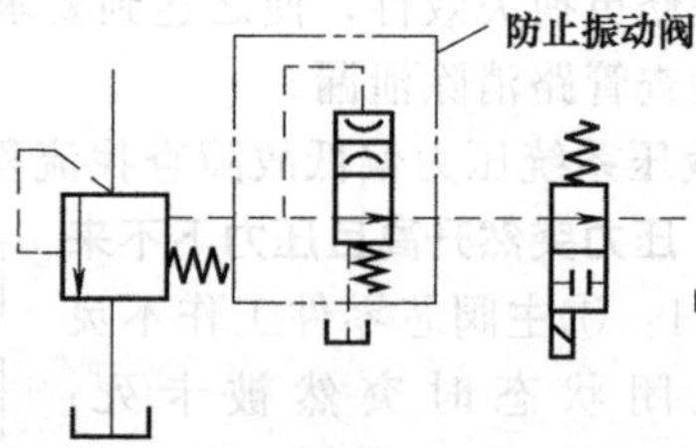

图 11-31　远控口管路使用防止振动阀

② 如图 11-31 所示，在远控口的管路里使用防止振动阀，并且具有自动调节节流口的功能，卸荷压力及最低调整压力不会变高，也不能产生振动和噪声。

特别提醒： 液压系统高压转低压时，溢流阀的切换必须平缓，避免突变。

11.3.3　溢流阀先导阀口密封失效分析

如图 11-32 所示，阀芯上有划伤或压痕［图 11-32（a）］，阀口锐边有伤痕［图 11-32（b）］，阀芯与阀口密封不严［图 11-32（b）］，都会造成阀的泄漏量增大。假设阀处于某一工作状态时正常溢流量为 q_c，附加泄漏量为 q_0，且 q_0 小于 q_c。由于从阀口流出的总流量增

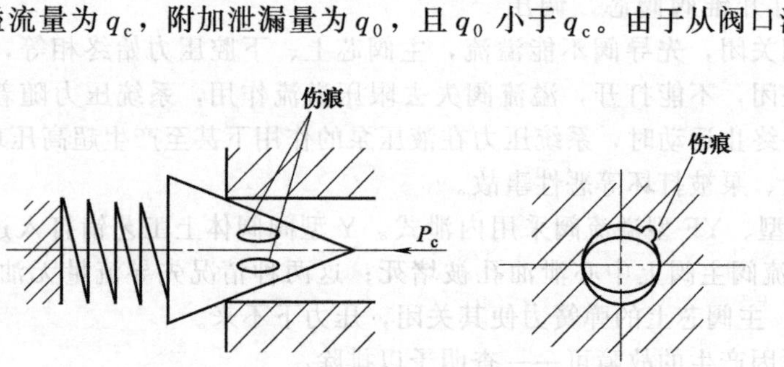

图 11-32　溢流阀先导阀口密封失效

大，流量平衡被破坏，阀进口压力 P_c 降低，阀开度变小，阀正常溢流量减小。当阀开度减小到某一状态时，正常溢流量减少值等于附加泄漏量，阀的进出口流量又平衡，进口压力 P_c 又基本获得稳定。这时，阀口仍未关闭，阀的调压值仍在调压偏差内，压力基本还稳定。若附加泄漏量稍大于正常溢流量，即使阀口全关闭，无溢流，从阀口流出的流量还是比原来大，但流入阀口的流量未变，流量平衡被破坏。所以，阀口关闭后，阀进口压力还要降低。随进口压力降低，泄漏量减小，当减小到等于正常溢流量时，阀口流量平衡，阀进口压力暂时稳定。

此时阀已失去对压力的稳定作用，阀口压力随外负载及干扰而变化。阀口附加泄漏量越大，阀关闭后，阀前压力越低。

阀口附加泄漏量对阀口压力的影响既与附加泄漏量大小有关，又与正常溢流量大小有关。当附加泄漏量相对正常溢流量较小，阀通过关小开口，能抵消附加泄漏量，压力就基本稳定。当附加泄漏量相对正常溢流量较大，阀即使全关闭，也抵消不完附加泄漏量，阀口压力下降就较厉害。一定的附加泄漏量对阀的小开度工况影响最明显。

先导阀由于以上原因发生掉压时，P_c 值可能略低于正常值，也可能低很多。不管哪一种情况，主阀肯定开启溢流，主阀口压力应略低，或低很多。这种故障有些是突发的，有些是渐发的。很明显，调高压力时，无变化；调低压力时，先不变化，后跟随下降。液压系统的泵及其他各类控制阀、管、执行器等有不同程度泄漏甚至串流时，也会引起系统压力下降。这种情况下，系统压力低于溢流阀调压值，所以溢流阀将关闭不溢流。这类故障出现后，调压规律与先导阀密封失效故障的情况相同。

11.3.4 先导溢流阀故障分析与排除

某试验台在使用中数次发生被试液压泵不能加载的情况：调整不起作用，被试液压泵输出压力建立不起来。

溢流阀结构见图 11-33。当用于远控的直动溢流阀手轮逆时针完全旋松时，先导溢流阀远控口大量通过油液，主阀芯上阻尼孔口中油液流动速度很快，在 A、B 两腔压差 Δp 的作用下，主阀芯上行，主阀溢流口开启处于卸荷状态。当直动溢流阀手轮逐渐顺时针转动时，流经先导溢流阀远控口的油液流量减少，主阀芯阻尼孔 a 中油液流速减慢，Δp 减小，在主阀弹簧的作用下，主阀芯逐渐下移，主阀溢流口过流面积逐渐减小，使进油口压力逐渐上升，被试泵得以逐渐加载。

上述故障很可能是由于主阀芯卡滞造成的，当 A、B 两腔压差 Δp 减小时，主阀弹簧不能使主阀芯下移，导致被试液压泵输出油压 P 建立不起来。

为证实直动溢流阀的工作情况，首先卸开直动溢流阀回油管，转动其手柄，观察其回油情况正常。然后拆检先导溢流阀。先导溢流阀主阀芯在主阀体Ⅱ的孔中及在先导阀体Ⅰ的孔中滑动都很自如，仔细观察发现先导阀体Ⅰ的孔壁一侧有明显的局部摩擦痕迹。由此可知，主阀芯卡滞是由于主阀体的孔与先导阀体的孔同心度差造成的。

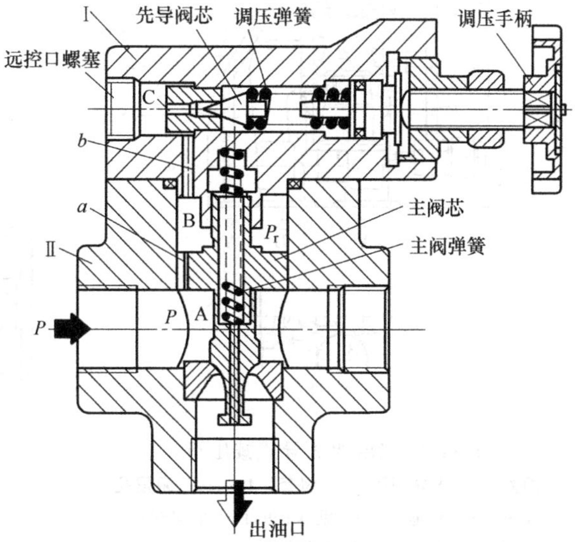

图 11-33　先导式溢流阀（YF 型）

考虑将主阀芯磨细，这种方法虽

然简单易行，但必然使其间隙的泄漏量增大，尤其是先导阀体的孔与主阀芯配合间隙的泄漏量增大，相当于先导阀不能关闭，而使先导溢流阀失效。考虑主阀芯卡滞的根本原因是上述主阀体的孔与先导阀体的孔同心度差，用锉刀对先导阀的定位止口进行修整。将先导阀体的孔有摩擦痕迹部位相应一侧的止口外圆柱面修锉约 0.02mm。定位止口修整后，在装配时须进行定位找正。具体做法是：在拧紧先导阀体与主阀体连接螺栓的同时，通过出油口用螺丝刀反复顶推主阀芯，当主阀芯发卡时，用榔头敲击先导阀体来找正与主阀体的位置，直至拧紧螺栓后，主阀芯仍能灵活滑动。

经修理后，该阀再未发生任何故障。

11.4 减压阀故障诊断与排除

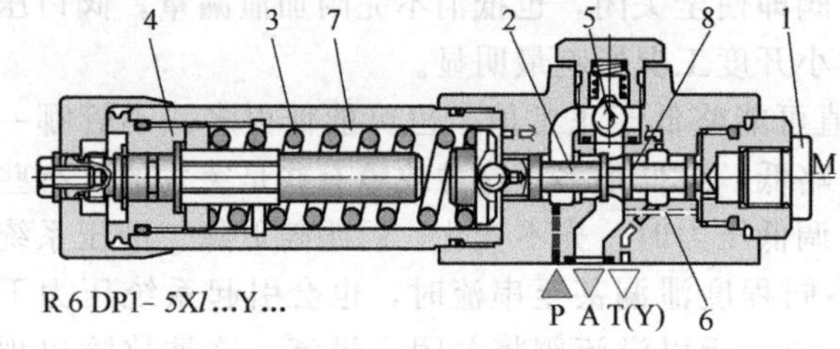

图 11-34　DR6DP 型直动式减压阀

1—压力表接头；2—控制滑阀；3—弹簧；4—调压件；5—单向阀；6—测压通道；7—弹簧腔；8—控制凸肩

减压阀是一种将出口压力（二次回路压力）调节到低于它的进口压力（一次回路压力）的压力控制阀，应用十分广泛。其特点是出口压力为基本稳定的调定值，不随外部干扰而改变。

11.4.1 减压阀结构类型图示

图 11-34 所示为 DR6DP 型直动式减压阀。图 11-35 所示为 DR 型先导式减压阀。图 11-36 所示为 DR10K 插装型先导式减压阀。

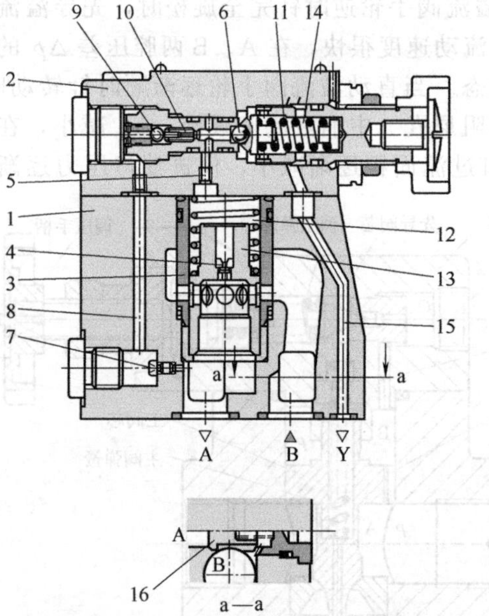

图 11-35　DR 型先导式减压阀

1—阀体；2—先导阀体；3—阀套；4,7,10—阻尼孔；5,8—先导油通道；6—钢球；9,16—单向阀；11—调压弹簧；12—主阀弹簧腔；13—主阀芯；14—先导阀弹簧腔；15—先导阀回油路

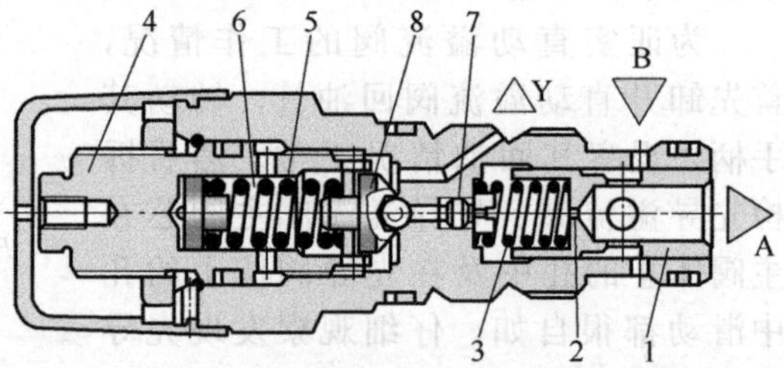

图 11-36　DR10K 插装型先导式减压阀

1—主阀；2,7—阻尼孔；3—主弹簧；4—调压件；5—先导阀弹簧；6—先导阀弹簧腔；8—先导阀

11.4.2 减压阀常见故障及诊断排除

减压阀的常见故障及诊断排除方法见表 11-4。

表 11-4 减压阀的常见故障及诊断排除方法

故障现象	故障原因	诊断排除方法
不能减压或无二次压力	泄油口不通或泄油通道堵塞，使主阀芯卡阻在原始位置，不能关闭；先导阀堵塞	检查泄油管路、泄油口、先导阀、主阀芯、单向阀等并修理；检查排除执行器机械干扰
二次压力不能继续升高或压力不稳定	先导阀密封不严，主阀芯卡阻在某一位置，负载有机械干扰；单向减压阀中的单向阀泄漏过大	
调压过程中压力非连续升降，而是不均匀下降	调压弹簧弯曲或折断	拆检换新

11.4.3 减压阀引起的故障及改进实例

（1）减压回路压力不稳的处理

图 11-37 所示为一组合机床的液压系统。该系统要实现的工作循环为：工件夹紧—(进给缸）快进—工进—快退—停止—工件松开。工件先夹紧进给缸再快进的动作顺序由压力继电器控制。工件夹紧后，夹紧缸无杆腔压力升高，升至压力继电器动作压力时，压力继电器发出得电的电信号，从而控制进给缸快进。夹紧缸工作压力由减压阀保证。

故障是当进给缸快进时，发现工件有所松动，加工出的零件尺寸误差大。

由于进给缸快进时为空载快进，进给缸无杆腔压力低于减压阀的调定压力，致使减压阀不工作，减压阀进口压力下降，出口压力也随之下降，使工件不能夹紧。

在减压阀前串一单向阀（如图 11-38 所示），进给缸快进时，单向阀关闭，将进给油路和夹紧油路隔开，从而保证夹紧缸的工作压力，以防工件松动。

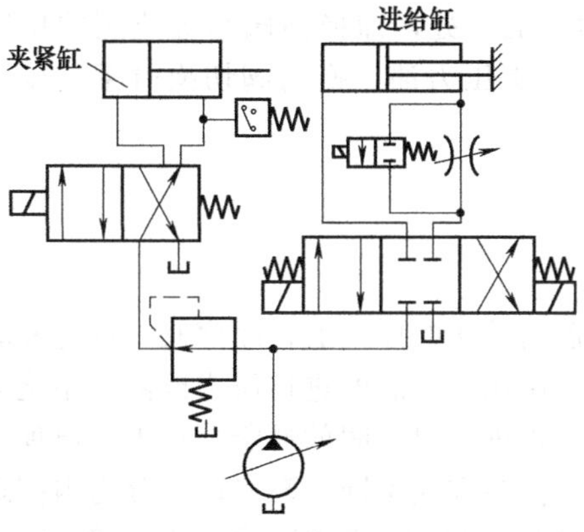

图 11-37 组合机床液压系统

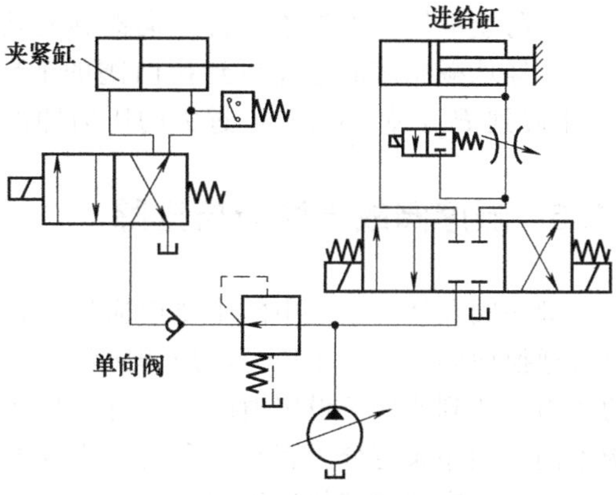

图 11-38 改进后的系统

特别提醒： *减压阀本身不具稳压功能，油路需另外采取稳压措施。*

（2）节流阀与减压阀的相对安装位置

减压回路中液压缸速度需要调节时，需注意节流阀与减压阀的相对安装位置。

如图 11-39 所示，当液压缸 2 的速度需要调节时，如果将节流阀 4 安装在减压阀前，当减压阀 3 泄漏（从减压阀泄油口流回油箱的油液）大时会产生调节失灵或速度不稳定的故障。

为防止这一故障，可将节流阀从图中位置改为串联在减压阀后，这样就可以避免减压阀泄漏对油缸 2 速度产生影响。

（3）压力冲击问题及处理

多级减压回路在压力转换时易产生冲击现象。

如图 11-40 所示的双级减压回路，它是在先导式减压阀 1 遥控油路上接入溢流阀 3，使减压回路获得两种预定的压力。如果将换向阀 2 接在溢流阀 3 前，当换向阀 2 的电磁铁不通电时，系统压力由减压阀 1 来调节；当换向阀 2 的电磁铁通电时，系统压力由溢流阀 3 来调节。这种回路的压力切换由换向阀 2 实现，当压力由 P_1（P_2）切换到 P_2（P_1）时，由于换向阀 2 与溢流阀 2 间的油路内切换前没有压力，故当换向阀切换（换向阀 2 的电磁铁通电）时，溢流阀 2 遥控口处的瞬时压力由 P_1 下降到几乎为零后再回升到 P_2，两级压力转换时会产生压力冲击现象。

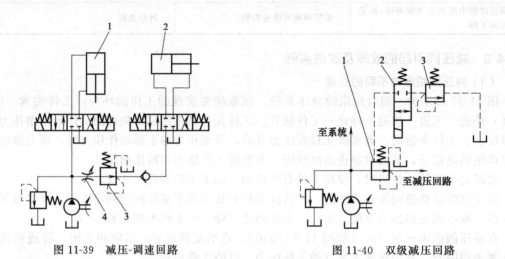

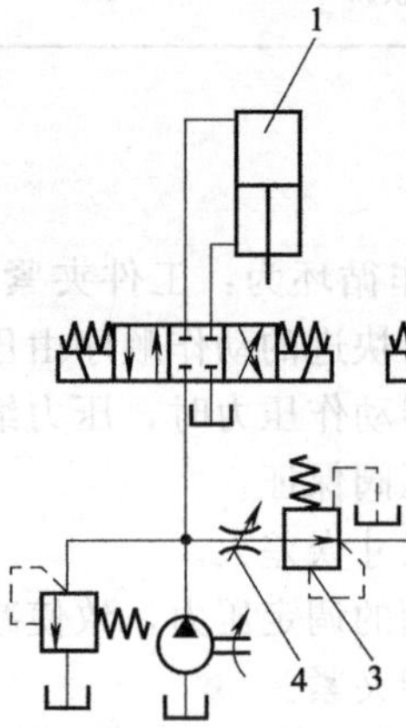

图 11-39　减压-调速回路

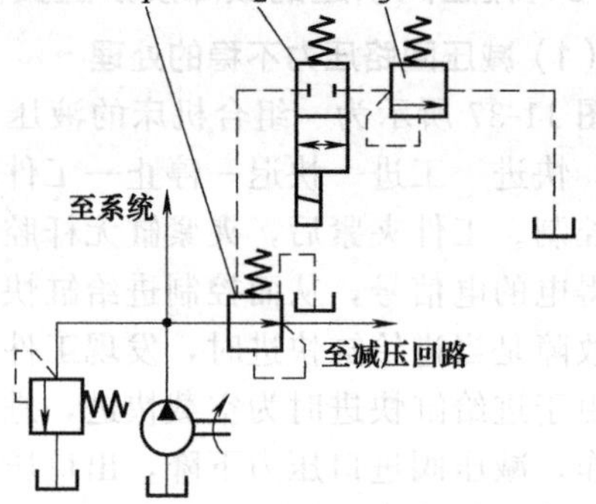

图 11-40　双级减压回路

为防止液压冲击现象，将换向阀接在溢流阀的出油口处，即换向阀与溢流阀的位置互换，这样从减压阀的遥控口到换向阀的油路里经常充满压力油，换向阀切换时系统压力从 P_1 下降到 P_2，便不会产生过大的压力冲击。

11.5　顺序阀故障诊断与排除

顺序阀在液压系统中的主要用途是控制多执行器的动作顺序。通常顺序阀可视为液动二位二通换向阀，其启闭压力可用调压弹簧设定。当控制压力（阀的进口压力或液压系统某处的压力）达到或低于设定值时，阀可以自动启闭，实现进、出口间的通断。按工作原理与结构不同，顺序阀可分为直动式和先导式两类；按压力控制方式不同，顺序阀可分为内控式和外控式。顺序阀与其他液压阀（如单向阀）组合可以构成单向顺序阀（平衡阀）等复合阀，用于平衡执行器及工作机构自重或使液压系统卸荷等。

11.5.1　顺序阀结构类型图示

图 11-41 所示为先导式顺序阀，图 11-42 所示为 Rexroth 公司 DZ 型顺序阀，图 11-43 所示为 DZ6DP 型直动式顺序阀，图 11-44 所示为顺序阀符号。

11.5.2　顺序阀使用要点

顺序阀的使用注意事项可参照溢流阀的相关内容，同时还应注意以下几点：

① 顺序阀通常为外泄方式，所以必须将卸油口接至油箱，并注意泄油路背压不能过高，以免影响顺序阀的正常工作。

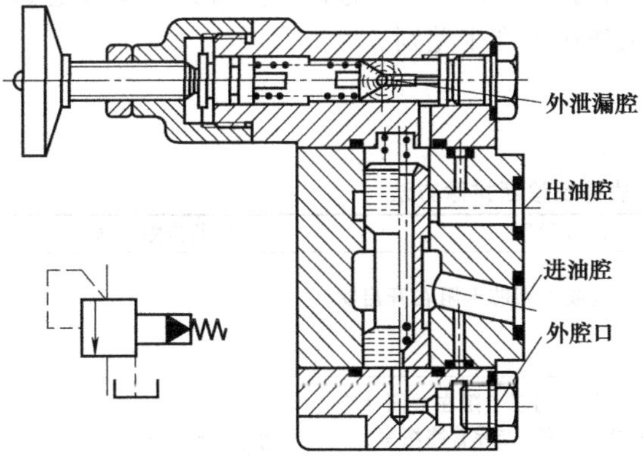

图 11-41　先导式顺序阀

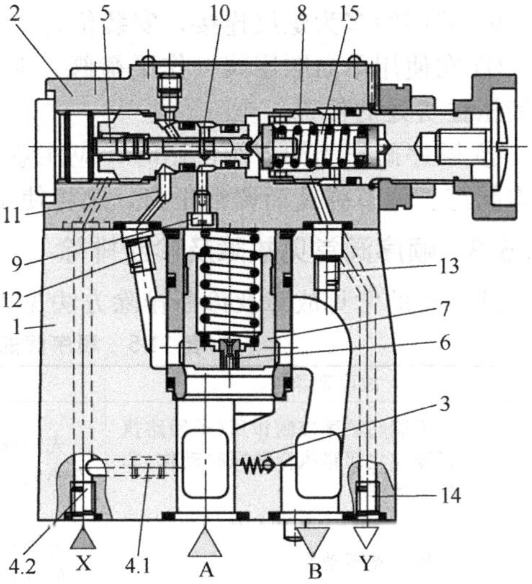

图 11-42　DZ 型顺序阀

1—阀体；2—先导阀体；3—单向阀；4.1—控制油路（内控）；4.2—控制油路（外控）；5—活塞；6,9—阻尼孔；7—主阀芯；8—调压弹簧；10—控制凸肩；11,12—控制油路；13—控制油回油（内泄）；14—控制油回油（外泄）；15—弹簧腔

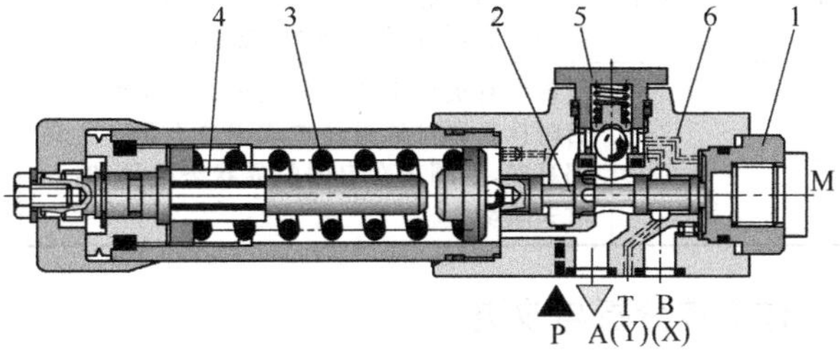

图 11-43　DZ6DP 型直动式顺序阀

1—压力表座；2—滑阀；3—调压弹簧；4—调节件；5—单向阀；6—控制油路

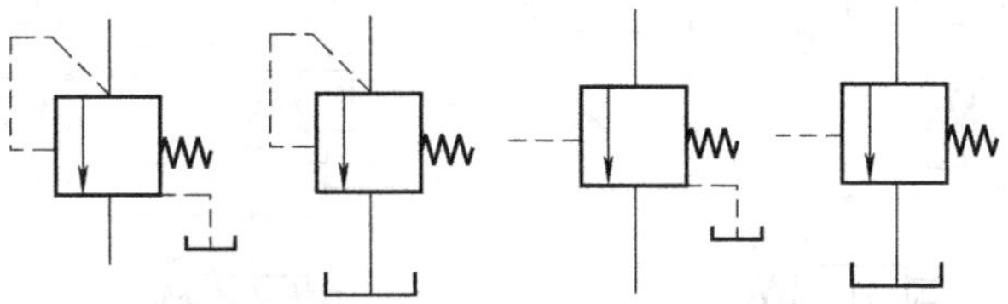

(a) 内控外泄　(b) 内控内泄　(c) 外控外泄　(d) 外控内泄

图 11-44　顺序阀符号

② 应根据液压系统的具体要求选用顺序阀的控制方式，对外控式顺序阀应提供适当的控制压力油，以使阀可靠启闭。

③ 启闭特性太差的顺序阀通过流量较大时会使一次压力过高，导致系统效率降低。

④ 所选用的顺序阀，开启压力不能过低，否则会因泄漏导致执行器误动作。

⑤ 顺序阀的通过流量不宜小于额定流量过多，否则将产生振动或其他不稳定现象。

⑥ 顺序阀多为螺纹连接，安装位置应便于操作和维护。

⑦ 在使用单向顺序阀（作平衡阀）时，必须保证密封性，不产生内部泄漏，能长期保证液压缸所处的位置。

⑧ 顺序阀作为卸荷阀使用时，应注意它对执行元件工作压力的影响。因为卸荷阀通过调整螺钉、调节弹簧而调整压力，这将使系统工作压力产生差别。

11.5.3 顺序阀常见故障及诊断排除

顺序阀的常见故障及诊断排除方法见表 11-5。

表 11-5 顺序阀的常见故障及诊断排除方法

故障现象		故障原因	诊断排除方法
顺序阀	不能起顺序控制作用(子回路执行器与主回路执行器同时动作,非顺序动作)	先导阀泄漏严重或主阀芯卡阻在开启状态不能关闭	拆检、清洗与修理
	执行器不动作	先导阀不能打开,主阀芯卡阻在关闭状态不能开启,复位弹簧卡死,先导管路堵塞	
	作卸荷阀时液压泵一启动就卸荷	先导阀泄漏严重或主阀芯卡阻在开启状态不能关闭	
	作卸荷阀时不能卸荷	先导阀不能打开,主阀芯卡阻在关闭状态不能开启,复位弹簧卡死,先导管路堵塞	
单向顺序阀	不能保持负载不下降,不起平衡作用	先导阀泄漏严重或主阀芯卡阻在开启状态不能关闭	拆检、清洗与修理,拆检时必须用机械方法将负载固定不动,以免落下
	负载不能下降,液压缸能够伸出但不能缩回	先导阀不能打开,主阀芯卡阻在关闭状态不能开启,复位弹簧卡死,先导管路堵管	
	执行器爬行或振动	负载有机械干扰或虽无干扰而主阀芯开启时执行器排油过速造成进油不足产生局部真空,主阀芯在启闭临界状态跳动,时开时关跳动	消除机械干扰并在导轨等处加润滑剂,如无效则应在阀出口处另加固定节流孔或节流阀

11.5.4 顺序阀顺序动作失控分析与改进

图 11-45（a）为原设计液压回路，其中液压泵为定量泵，液压缸 A 所属回路为进口节流调速回路，液压缸 A 的负载是液压缸 B 负载的 1/2。在液压缸 B 前安装了顺序阀 4，阀 4

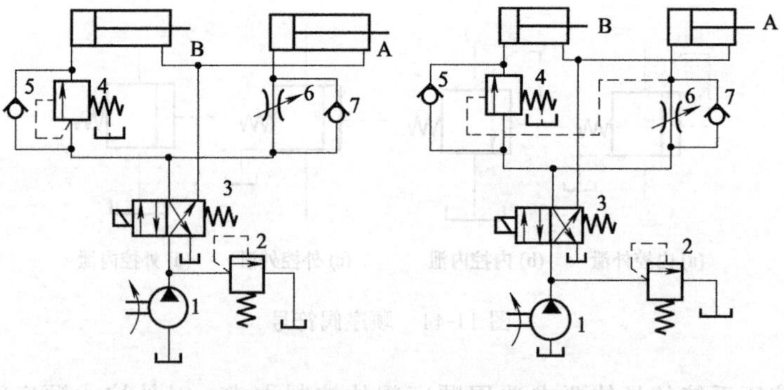

(a) 顺序阀工作不正常的液压控制系统　(b) 改造后工作正常的液压控制系统

图 11-45 液压控制系统

1—液压泵；2—溢流阀；3,4—顺序阀；5,7—单向阀；6—阻尼压力调定值比溢流阀 2 低 1MPa。

设计要求：液压缸 A 先动作，当其完成动作后液压缸 B 再动作。

故障现象：顺序动作不正常。

当启动液压泵并使电磁换向阀 3 通电处于左位时，液压缸 A、B 基本同时动作，未能达到设计要求。

故障分析：属于顺序阀类型选择不当，不能按设计要求完成顺序动作。

液压缸 B 前安装的是内控式顺序阀，这种阀是直接利用阀进口处的油压力来控制阀芯动作的。在溢流阀溢流时，系统工作压力已达到打开顺序阀的压力，使顺序阀 4 开启，压力油经顺序阀 4 进入液压缸 B，使液压缸 B 也开始动作。使用这种顺序阀，只能使液压缸 B 先不动作，但实现不了液压缸 A 动作后 B 再动作的要求。

解决措施：将内控式顺序阀更换成外控式顺序阀。

改进后的液压系统如图 11-45（b）所示。将阀 4 由内控式顺序阀更换成外控式顺序阀，并将其外控油路接在液压缸 A 与节流阀之间，顺序阀启闭由液压缸 A 的负载压力决定，与顺序阀的进口压力无关。因此，将外控顺序阀的控制压力调得比液压缸 A 的负载压力稍高一点，就能实现设计所要求的动作。

特别提醒：顺序阀的控制油压必须直接取自负载油压。

11.5.5 顺序阀压力调整故障与排除

液压系统如图 11-46 所示。系统中设置了两个顺序阀，其中顺序阀 5 控制液压缸 6 在液压缸 7 运动到终点后再动作；顺序阀 4 控制液压缸 6 在液压缸 7 返回到初始位置时再开始回程运动。

故障现象：液压缸 6 的运动速度慢。

故障分析及排除：属压力调定值不匹配。一般来说，速度慢常见原因是泄漏严重，包括阀内泄漏、液压缸内泄漏等，或者是液压泵流量未达到要求值。但经检查，不属于此类原因。后在检查溢流阀回油管时发现，液压缸 6 运动时有大量油液从回油管流出，说明溢流阀开始溢流，由此判定是因溢流阀与顺序阀的压力调定值不匹配引起的。一般而言，图 11-46 中的顺序阀的调定压力比液压缸 7 的工作压力高 0.4～0.5MPa。

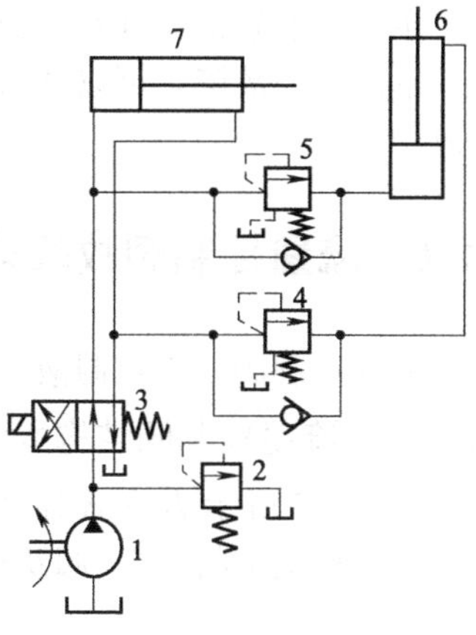

图 11-46　两个顺序阀工作的液压系统

1—液压泵；2—溢流阀；3—电磁换向阀；4,5—顺序阀；6,7—液压缸

若溢流阀的压力值也按这一值调节，则在顺序阀打开时，溢流阀也开始溢流（因而在液压缸 6 运动时，有大量油液从回油管流出）。因此，应将溢流阀的压力调得比顺序阀的压力高。如果高出的数值不够，当液压缸 6 在运动过程中外载增大时，即液压缸 6 的工作压力达到溢流阀的调定压力时，溢流阀将开始溢流，液压缸 6 的运动速度随即慢下来。所以，应将溢流阀的压力调到比顺序阀的压力高 0.5～0.8MPa，使之相互匹配，故障即可排除。

11.5.6 采用单向顺序阀的平衡回路的故障及解决措施

在单向顺序阀的平衡回路（如图 11-47 所示）中，单向顺序阀的调整压力稍大于工作部件的自重在油缸下腔中形成的压力，这样，工作部件在静止时，单向顺序阀关闭，油缸就不会自行下滑；工作时，油缸下腔产生的背压力能平衡自重。不会产生下行时的超速现象。但

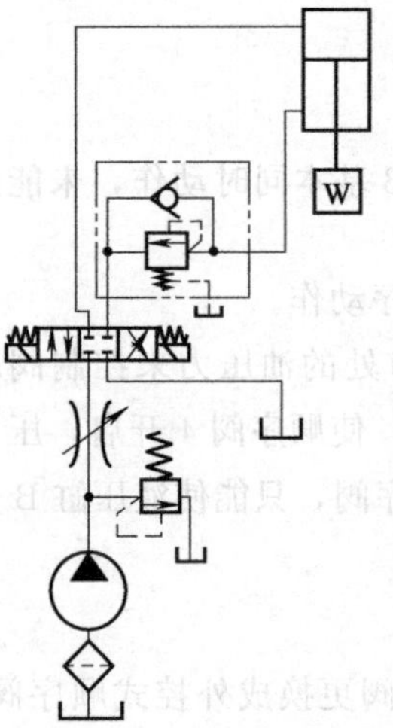

图 11-47　单向顺序阀的平衡回路

由于有背压必须提高油缸上腔进油压力，要损失一部分功率。这种平衡回路的主要故障有两类。

（1）停止位的位置不正确

理论上认为换向阀处于中位时，油缸内活塞可停留在任意位置上。而实际的情况并非如此，活塞要下行一段距离后才能停止，即出现停位位置点不准确的故障。产生这一故障的原因是：①停位电信号在控制电路中传递的时间与电磁换向阀换向时间都偏长，使发信号到活塞停止运动有一时间差。②从油路分析，出现下滑说明油缸下腔的油液在停位信号发出后还在继续回油。当换向阀瞬时关闭时，油液会产生液压冲击，负载的惯性也会产生液压冲击，二者之和使油缸下腔产生的总压力远远大于回油路上单向顺序阀的调定压力，易使该阀打开，此时换向阀处于中位关闭状态，但油液能从单向顺序阀的外泄口流回油箱，直到压力降为调定值为止。以上原因使油缸下腔的油液减少，必然导致停位点不准确。

解决措施：①检查调整各元器件的动作灵敏度。采用交流电磁换向阀，可使换向时间由 0.2s 降到 0.07s；②单向顺序阀处泄漏口油路上可增加二位二通电磁换向阀，正常工作时，使换向阀导通；停位时，使换向阀切断，使油缸下腔油液无处可泄，以满足停位精度。

（2）停机（或暂停）时缓慢下滑

主要是油缸活塞杆密封处的泄漏，单向顺序阀和换向阀的内泄漏较大所致。

解决这一故障，可以从解决泄漏来考虑。另外可增加液控单向阀，对防止缓慢下滑很有效。

11.6　流量控制阀故障诊断与排除

流量控制阀用于控制液压管路通流量的大小，进而控制执行机构的速度或转速。

11.6.1　流量控制阀结构类型图示

图 11-48 所示为管式连接节流阀及符号，图 11-49 所示为双通道单向节流阀及符号，图 11-50 所示为单向调速阀及符号。

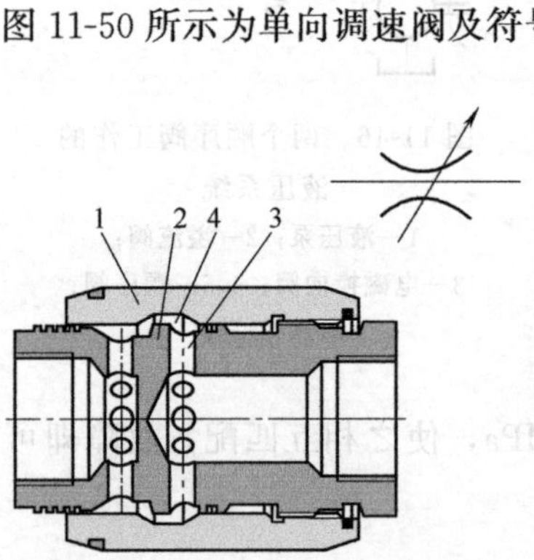

图 11-48　管式连接节流阀及符号

1—阀套；2—阀芯；3—油道；4—可变节流口

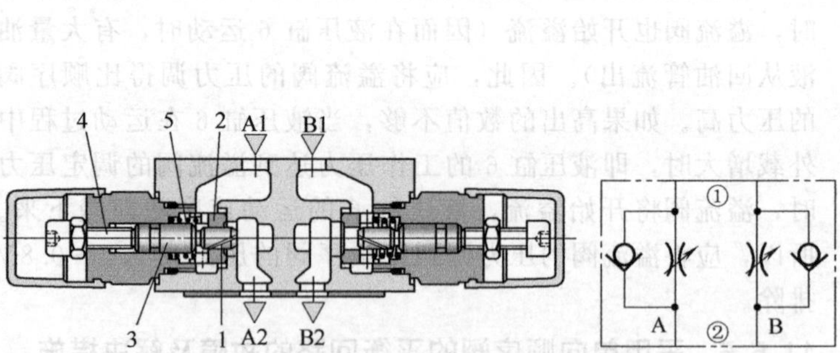

图 11-49　双通道单向节流阀及符号

1—节流口；2—单向阀；3—节流阀芯；4—调节螺栓；5—弹簧

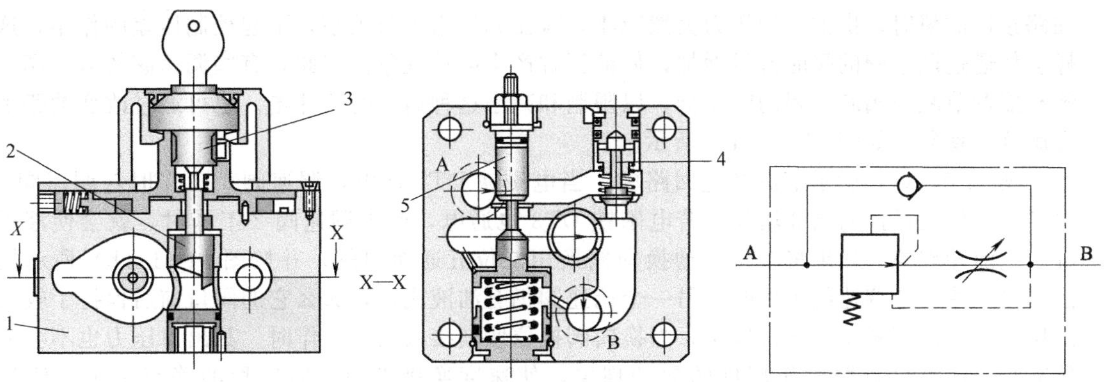

图 11-50　单向调速阀及符号

1—阀体；2—节流阀；3—调节件；4—单向阀；5—减压阀

11.6.2　流量控制阀常见故障及诊断与排除

节流阀的常见故障及诊断排除方法见表 11-6。

表 11-6　节流阀的常见故障及诊断排除方法

故障现象	故障原因	排除方法
流量调节失灵	密封失效;弹簧失效;油液污染致使阀芯卡阻	拆检或更换密封装置;拆检或更换弹簧;拆开并清洗阀或换油
流量不确定	锁进装置松动;节流口堵塞;内泄漏量过大;油温过高;负载压力变化过大	锁紧调节螺钉;拆洗节流阀;拆检或更换阀芯与密封;降低油温;尽可能使负载不变化或少变化
行程节流阀不能压下或不能复位	阀芯卡阻或泄油口堵塞致使阀芯反力过大;弹簧失效	拆检或更换阀芯;泄油口接油箱并降低泄油背压;检查更换弹簧

调速阀的常见故障及诊断排除方法见表 11-7。

表 11-7　调速阀的常见故障及诊断排除方法

故障现象	故障原因	排除方法
流量调节失灵	密封失效;弹簧失效;油液污染致使阀芯卡阻	拆检或更换密封装置;拆检或更换弹簧;拆开并清洗减压阀芯和节流阀芯或换油
流量不稳定	调速阀进出口接反,压力补偿器不起作用;锁进装置松动;节流口堵塞;内泄漏量过大;油温过高;负载压力变化过大	检查并正确连接进出口;锁紧调节螺钉;拆洗节流阀;拆检或更换阀芯与密封;降低油温;尽可能使负载不变化或少变化

11.6.3　节流阀使用要点

普通节流阀的进出口，有的产品可以任意对调，但有的产品则不可以对调，具体使用时，应按照产品使用说明接入系统。

节流阀不宜在较小开度下工作，否则极易阻塞并导致执行器爬行。

行程节流阀和单向行程节流阀应用螺钉固定在行程挡块路径的已加工基面上，安装方向可根据需要而定；挡块或凸轮的行程和倾角应参照产品说明设计，不应过大。

节流阀开度应根据执行器的速度要求进行调节，调闭后应锁紧，以防松动而改变调好的节流口开度。

11.6.4　调速阀使用应注意的问题

（1）启动时的冲击

对于图 11-51（a）所示的系统，当调速阀的出口堵住时，其节流阀两端压力相等，减压阀芯在弹簧力的作用下移至最左端，阀开口最大。当将调速阀出口迅速打开时，其出油口与油路接通的瞬时，出油口处压力突然减小，减压阀口来不及关小，不起控制压差的作用，这样会使通过调速阀的瞬时流量增加，使液压缸产生前冲现象。因此，有些调速阀的减压阀上装有能调节减压阀芯行程的限位器，以限制和减小这种启动时的冲击。也可通过改变油路来克服这一现象，如图 11-51（b）所示。

图 11-51（a）所示节流调速回路中，当电磁铁 DT1 通电，调速阀 1 工作时，调速阀 2 出口被二位三通换向阀 3 堵住。若电磁铁 DT3 也通电，改由调速阀 2 工作时，就会使液压缸产生前冲现象。如果将二位三通换向阀换用二位五通换向阀，并按图 11-51（b）所示接法连接，使一个调速阀工作时，另一个调速阀仍有油液流过，那么它的阀口前后保持了较大的压差，其内部减压阀开口较小，当换向阀换位使其接入油路工作时，其出口压力也不会突然减小，因而可克服工作部件的前冲现象，使速度换接平稳。但这种油路有一定的能量损失。

（2）最小稳定压差

节流阀、调速阀的流量特性如图 11-52 所示。由图 11-52 可见，当调速阀前后压差大于最小值 $\Delta p_{\min}$ 时，其流量稳定不变（特性曲线为一水平直线）。当其压差小于 $\Delta p_{\min}$ 时，由于减压阀未起作用，故其特性曲线与节流阀特性曲线重合，此时的调速阀相当于节流阀。所以在设计液压系统时，分配给调速阀的压差应略大于 $\Delta p_{\min}$，以使调速阀工作在水平直线段。调速阀的最小压差约为 1MPa（中低压阀为 0.5MPa）。

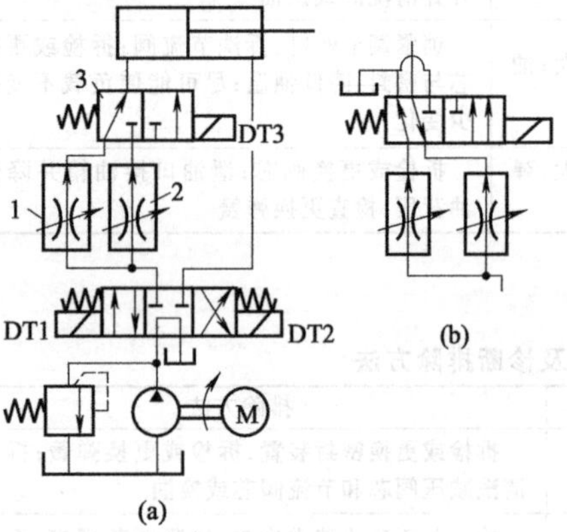

图 11-51　调速系统

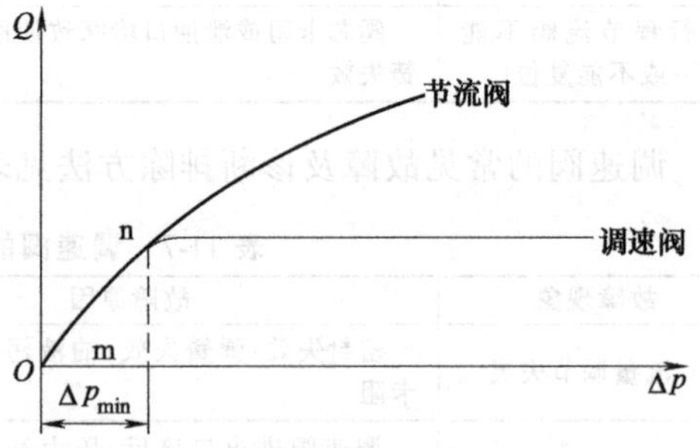

图 11-52　节流阀、调速阀的流量特性

（3）方向性

调速阀（不带单向阀）通常不能逆向使用，否则，定差减压阀将不起压力补偿器作用。在使用减压阀在前的调速阀时，必须让油液先流经其中的定差减压阀，再通过节流阀。若逆向使用，如图 11-53 所示，则由于节流阀进口油压 p_3 大于出口油压 p_2，那么 $(p_2A_1+p_2A_2)<(p_3A+F_s)$，即定差减压阀阀芯所受向右的推力永远小于向左的推力，定差减压阀阀芯始终处于最左端，阀口全开，定差减压阀不工作，此时调速阀也相当于节流阀使用了。

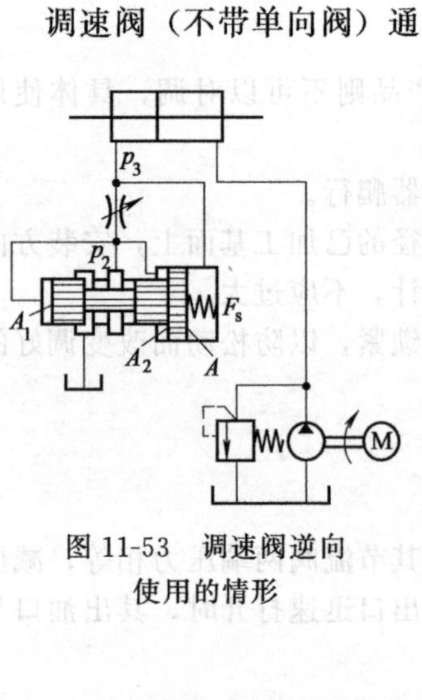

图 11-53　调速阀逆向使用的情形

特别提醒：调速阀如果装反便失去稳定压差功能，液压缸运动速度会受负载变化影响，不能平稳。

（4）流量的稳定性

在接近最小稳定流量工作时，建议在系统中调速阀的进口侧设置管路过滤器，以免阀阻塞而影响流量的稳定性。

流量调整好后，应锁定位置，以免改变调好的流量。

特别提醒： *压力阀、流量阀调整好后，都应锁定位置避免漂移。*

11.6.5 出口节流调速易被忽视的问题

（1）节流调速元件位置设计不当

采用调速阀的出口节流调速系统［见图 11-54（a）］，从表面上看，系统的设计可以实现预期要求，但工作一段时间后，油液温升过高，影响系统正常工作，其原因分析如下。

① 液压缸 3 处于停止位置时，系统没有卸载，泵输出的压力油全部通过换向阀 2 中位和调速阀 1 流回油箱，损失的压力能转换为热量，使油温升高。

② 液压缸 3 回程时，阀 2 右位回油也要经阀 1 回油箱，其节流损失使油温升高。

这说明在设计出口节流调速回路时，应设置好节流调速元件的位置，将系统改为图 11-54（b）所示的结构，在液压缸的出油口与电磁换向阀之间安置调速阀，与增加的单向阀 4 并联，系统液压缸快退时油液经单向阀直接进入液压缸有杆腔，实现快退动作，可避免油液温升过高。

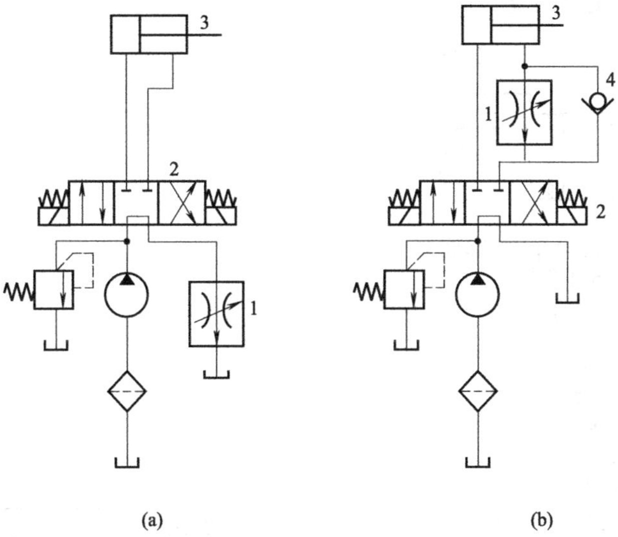

图 11-54 采用调速阀的出口节流调速回路

（2）采用调速阀后容易忽视负载变化的影响

在节流调速回路中，如不能保证调速元件压差为一定值，执行器运动速度就不稳定，即使回路设计合理，也同样导致液压缸速度随负载变化。与节流阀相比，调速阀能够更好实现执行器运动速度的稳定，但调速阀由减压阀和节流阀两个液阻串联，所以在正常工作时，至少要保证有 0.5MPa 的压差，压差若小于 0.5MPa，定差减压阀便不能正常工作，也就不能起压力补偿作用，不能使节流阀前后压差恒定，通过流量随外负载变化，导致液压缸速度不稳定。所以要考虑适当提高回路溢流阀设定压力，保证外负载增大时，调速阀工作点不超过定差减压阀起补偿作用的临界点，以保证执行器速度稳定。

11.7 插装阀故障诊断与排除

二通插装阀是插装阀基本组件（阀芯、阀套、弹簧和密封圈）插到特别设计加工的阀体内，配以盖板、先导阀组成的一种多功能的复合阀。因每个插装阀基本组件有且只有两个油口，故被称为二通插装阀，早期又称为逻辑阀。

11.7.1 插装阀概述

（1）二通插装阀的特点

二通插装阀具有下列特点：流通能力大，压力损失小，适用于大流量液压系统；主阀芯行程短，动作灵敏，响应快，冲击小；抗油污能力强，对油液过滤精度无严格要求；结构简单，维修方便，故障少，寿命长；插件具有一阀多能的特性，便于组成各种液压回路，工作稳定可靠；插件具有通用化、标准化、系列化程度很高的零件，可以组成集成化系统。

（2）二通插装阀的组成及应用

二通插装阀由插装元件、控制盖板、先导控制元件和插装块体四部分组成。图 11-55 是二通插装阀的典型结构。

控制盖板用以固定插装件，安装先导控制阀，内装梭阀、溢流阀等。控制盖板内有控制油通道，配有一个或多个阻尼螺塞。通常盖板有五个控制油孔：X、Y、Z_1、Z_2 和中心孔 a（见图 11-56）。盖板是按通用性来设计的，具体运用到某个控制油路上时有的孔可能被堵住不用。为防止将盖板装错，盖板上的定位孔起标定盖板方位的作用。另外，拆卸盖板之前必须看清、记牢盖板的安装方法。

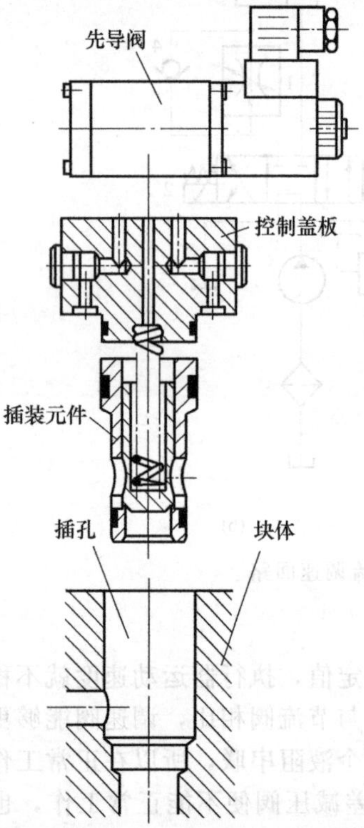

图 11-55　二通插装阀的典型结构

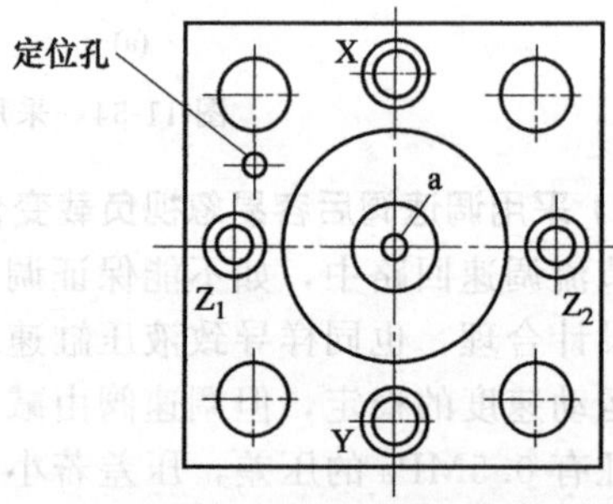

图 11-56　盖板控制油孔

先导控制元件称作先导阀，是小通径的电磁换向阀。块体是嵌入插装元件、安装控制盖板和其他控制阀、沟通主油路与控制油路的基础阀体。

根据用途不同分为方向阀组件、压力阀组件和流量阀组件。同一通径的三种组件安装尺寸相同，但阀芯的结构形式和阀套座直径不同。三种组件均有两个主油口 A 和 B、一个控制口 X，如图 11-57 所示。

11.7.2 二通插装阀常见故障分析

图 11-58 所示为二通插装阀结构，二通插装阀常见故障有以下几种。

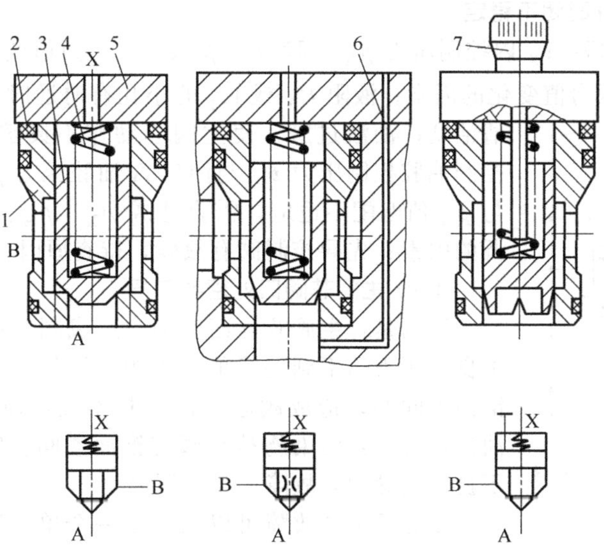

(a) 方向阀组件　　(b) 压力阀组件　　(c) 流量阀组件

图 11-57　插装阀基本组件

1—阀套；2—密封件；3—阀芯；4—弹簧；5—盖板；6—阻尼孔；7—阀芯行程调节杆

(1) 主阀芯不能关闭

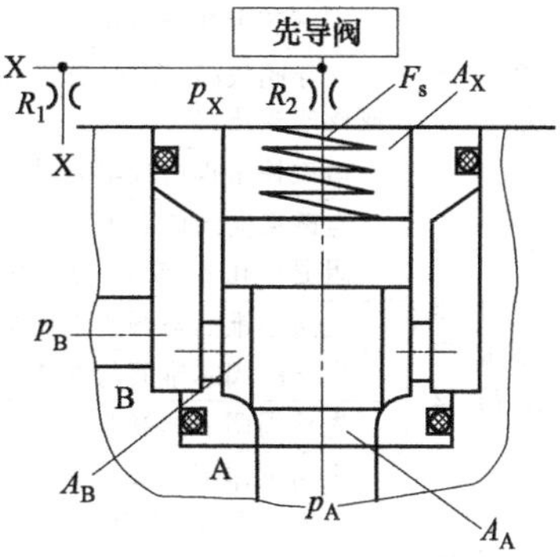

图 11-58　二通插装阀结构

主阀芯关闭的条件是：

$$F_s+p_XA_X>p_AA_A+p_BA_B$$

式中，F_s 为弹簧力；p_A、p_B、p_X 分别为 A、B、X 油口的液体压力；A_A、A_B、A_X 分别为上述各油口在阀芯上的有效作用面积。

因此，主阀芯不能关闭的原因有：控制油腔 A 内的控制压力 p 值过低，使主阀芯不容易关闭；F_s 弹簧力过小或弹簧断裂，使主阀芯不容易迅速复位；液阻 R_1 或 R_2 的小孔被堵塞，控制油未能进入控制油腔 A_X，造成主阀芯关不死；先导阀有故障或控制盖板有异常，如控制信号误动作或泄漏等；主阀芯与阀套制造精度差，致使主阀芯卡在开启状态的位置上；油液过脏，油污颗粒将阀芯卡在开启状态的位置上；主阀芯锥面与阀座锥面密封不良，可以使主阀芯打开；液阻 R_1 与 R_2 匹配不适应，也会造成主阀芯开启；阀套与集成块体间密封圈老化失效，也会使主阀芯开启。

(2) 主阀芯不能开启

主阀芯开启的条件是：

$$F_s+p_XA_X<p_AA_A+p_BA_B$$

因此，主阀芯不能开启的原因有：控制油腔 A_X 内的控制压力 p_X 值过高，使主阀芯打不开；F_s 弹簧力过大，使主阀芯打不开；油路口 A 或油路口 B 内油液压力 p_A 或 p_B 过低，使主阀芯打不开；液阻 R_2 小孔被堵塞，使主阀芯控制油腔 A_X 内油液不能排出，致使主阀芯打不开；先导阀有故障，如控制信号误动作等；主阀芯与阀套制造精度差，致使主阀芯卡在关闭状态的位置上；油液过脏，油污颗粒将主阀芯卡在关闭状态的位置上。

（3）主阀芯时开时闭不稳定

原因是：控制油腔 A_X 内控制压力 p_X 不稳定或 p_A、p_B 压力值变化造成的，需查影响 p_X、p_A、p_B 三者压力值变化的因素；液阻 R_1 或 R_2 的小孔有时通时堵的现象，需查油液清洁度；油液过脏，使主阀芯动作不灵敏，需查油液清洁度；控制油腔控制压力 p_X 与油口 A 油腔压力 p_A 匹配不适应或 p_B 与 p_X 值匹配不适应，需查造成 p_X、p_A、p_B 三者压力值不协调的因素；先导控制阀有故障，待查原因。

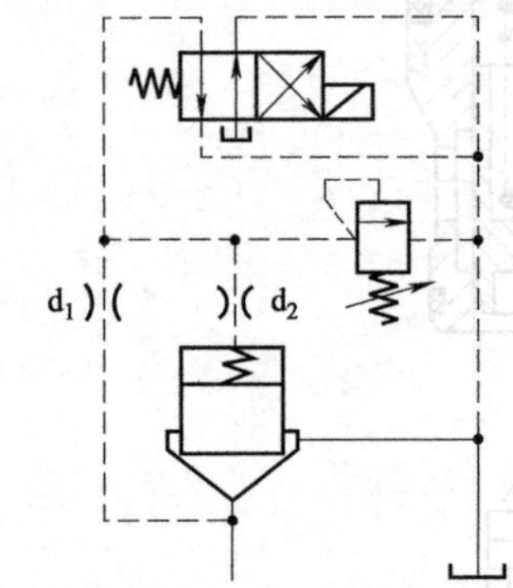

图 11-59 工作原理

（4）主阀芯阀口处密封不严

原因是：主阀芯锥面磨损，造成阀芯锥面与阀座锥面密封不良，压力达不到要求值；主阀芯圆柱面与锥面或阀套内孔与锥面不同心，造成阀芯锥面密封不良，使压力达不到要求值；油液过脏，其污染物粘在阀芯锥面或阀套座锥面上，造成密封不良；先导阀有故障，需查原因。

二通插装阀故障可以从一个一个单元进行分析与排除。在此以二通插装溢流阀故障原因分析为例，对图 11-59 所示二通插装溢流阀故障进行分析与排除，见表 11-8。

表 11-8 二通插装溢流阀故障分析与排除

现象	原 因	排除方法
系统无压力	阻尼孔 d 被堵塞	清洗阻尼孔、查油质
	主阀芯卡在开启位置上；主阀芯复位弹簧断裂	清洗阀、更换弹簧、检查油质
	先导阀故障：先导阀阀芯碎裂；调节弹簧断裂；先导阀阀座被压出	检查、清洗、修复、更换
	电磁铁未得电或电磁铁线圈被烧坏	检查电气线路、修理电磁铁或更换
	电磁换向阀阀芯卡住在卸荷位置	清洗、修复
系统压力不稳定（忽高忽低）	阻尼小孔 d_1 或 d_2 有时堵时通现象	清洗、检查油质
	主阀芯锥面与阀座锥面配合不严	清洗、修复或更换
	先导阀阀芯锥面与阀座锥面接触不良	
	先导阀调节弹簧弯曲	更换
	主阀工作不灵敏	清洗、检查油质
系统压力居高不下	阻尼小孔 d_2 被堵塞	清洗阻尼塞、检查油质
	先导阀调节弹簧过硬	更换
	先导阀阀芯紧压于阀座锥面脱不开	清洗、更换
	主阀芯卡死在关闭位置上	清洗、修配
系统压力升不高	主阀芯锥面与阀座锥面密封不严	清洗、修配
	先导阀阀芯锥面与阀座锥面磨损严重	清洗、修配、更换
	先导阀调节弹簧过软	更换
	控制盖板端面有泄漏	更换密封圈
	电磁换向阀滑阀与阀体孔磨损严重；电磁铁未将滑阀推到终端（有效位置）	清洗、修复、更换
系统压力不卸荷	电磁铁可能处在带电状态	检查、改正
	使滑阀复位的弹簧力过小或弹簧断裂	更换
	阻尼孔 d_2 被堵死	清洗阻尼塞、检查油质
	装配时漏装了阻尼塞 d_1	清洗后装上阻尼塞

11.8 伺服阀故障诊断与排除

电液伺服阀是使电液两者结合，变电气信号为液压信号的转换装置，是现代电液控制系统中的关键部件，它能用于位置控制、速度控制、加速度控制、力控制等各方面，其突出特点是体积小、结构紧凑、功放系数大、直线性好、动态响应好、死区小、精度高，符合高精度伺服控制系统的要求，因此在工业自动控制系统中得到了越来越多的应用。

11.8.1 伺服阀结构类型图示

图 11-60 所示为力反馈喷嘴挡板式电液伺服阀。图 11-61 所示为带电反馈的电液伺服阀。

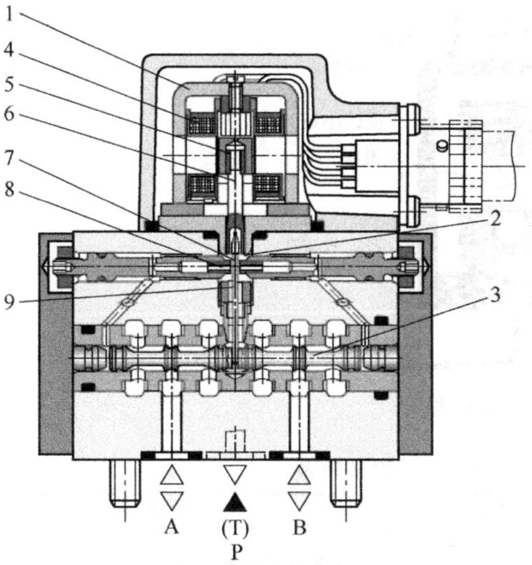

图 11-60 力反馈喷嘴挡板式电液伺服阀

1—力矩马达；2—喷嘴；3—滑阀；4—线圈；5—衔铁；6—扭矩管；7—挡板；8—可变节流孔；9—反馈弹簧

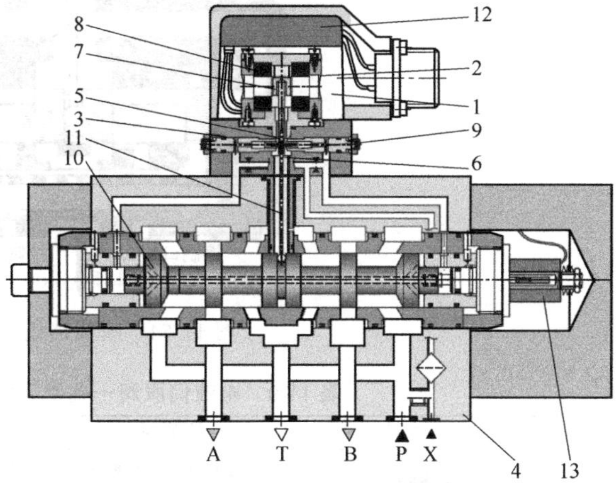

图 11-61 带电反馈的电液伺服阀

1—级阀；2—力矩马达；3—液压放大器；4—阀体；5—扭矩管；6—挡板；7—衔铁；8—线圈；9—节流口；10—主阀芯；11—反馈件；12—电子元件；13—位移传感器

11.8.2 喷嘴挡板式电液伺服阀的故障

(1) 电液伺服阀损坏图解

图 11-62 所示为 MOOG79 系列伺服阀主阀芯的损坏情况，图 11-63 所示为伺服阀反馈杆的损坏情况。

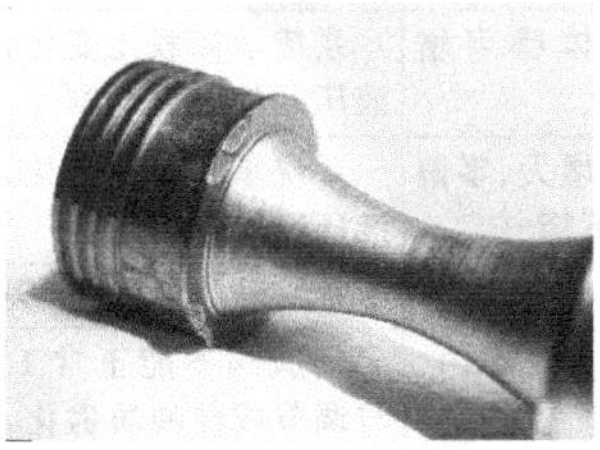

图 11-62 伺服阀主阀芯的损坏情况

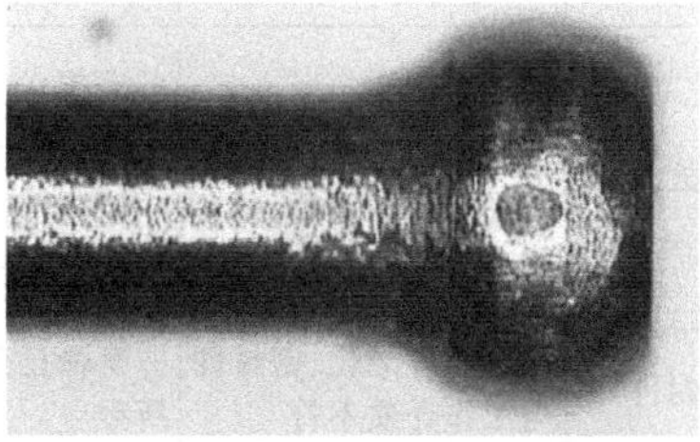

图 11-63 伺服阀反馈杆的损坏情况

(2) 电液伺服阀的故障模式

喷嘴挡板式伺服阀原理如图 11-64 所示，主要由电磁、液压两部分组成。电磁部分是永磁式力矩马达，由永久磁铁、导磁体、衔铁、控制线圈和弹簧管组成。液压部分是结构对称的二级液压放大器，前置级是双喷嘴挡板阀，功率级是四通滑阀；滑阀通过反馈杆与衔铁挡板组件相连。

电液伺服阀出现故障将导致系统无法正常工作，不能实现自动控制，甚至引起系统剧烈振荡，造成巨大的经济损失。

电液伺服阀一些常见的典型故障、原因及现象见表 11-9。

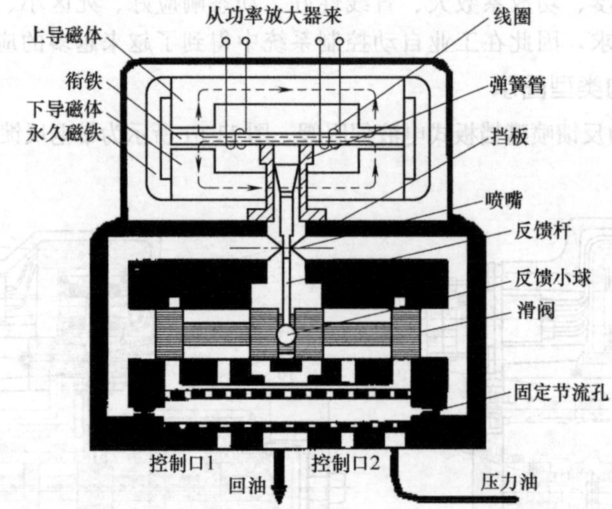

图 11-64　喷嘴挡板式伺服阀原理图

表 11-9　电液伺服阀一些常见的典型故障、原因及现象

项目	故障模式	故障原因	现象	对 EH 系统影响
力矩马达	线圈断线	零件加工粗糙，引线位置太紧凑	阀无动作，驱动电流 I＝0	系统不能正常工作
	衔铁卡住或受到限位	工作气隙内有杂物	阀无动作、运动受到限制	系统不能正常工作或执行机构速度受限制
	反馈小球磨损或脱落	磨损	伺服阀滞环增大，零区不稳定	系统迟缓增大，系统不稳定
	磁钢磁性太强或太弱	主要是环境影响	振动、流量太小	系统不稳定，执行机构反应慢
	反馈杆弯曲	疲劳或人为所致	阀不能正常工作	系统失效
喷嘴挡板	喷嘴或节流孔局部堵塞或全部堵塞	油液污染	伺服阀零偏改变或伺服阀无流量输出	系统零偏变化，系统频响大幅度下降，系统不稳定
	滤芯堵塞	油液污染	伺服阀流量减少，逐渐堵塞	引起系统频响下降，系统不稳定
滑阀放大器	刃边磨损	磨损	泄漏、流体噪声增大、零偏增大	系统承卸载比变化，油温升高，其他液压元件磨损加剧
	径向阀芯磨损	磨损	泄漏逐渐增大、零偏增大、增益下降	系统承卸载比变化，油温升高，其他液压元件磨损加剧
	滑阀卡滞	污染、变形	滞环增大、卡死	系统频响降低，迟缓增大
密封件	密封件老化、密封件与工作介质不符	寿命已到、油液不适所致	阀不能正常工作内、外渗油、堵塞	伺服阀不能正常工作，阀门不能参与调节或使油质劣化

特别提醒 1： 当系统发生严重的故障时，应先检查和排除电路和伺服阀以外的环节，然后再检查伺服阀。

特别提醒 2： 伺服阀若在使用中出现振荡现象，可通过改变管路的长度、连接板或液压执行器的安装形式消除。

特别提醒 3： 伺服阀在安装时，阀芯应处于水平位置，管路采用钢管连接，安装位置尽可能靠近执行器。

（3）引起电液伺服阀故障的主要原因

现场调查显示伺服阀卡涩故障占 70%，内泄漏量大占 20%左右，由其他原因引起的零偏不稳占5%左右。从统计数字看，这些故障发生得比较频繁。经过现场调研分析及多次试验发现，造成伺服阀故障频繁的原因主要有以下三个方面。

① 油质的劣化。伺服阀是一种很精密的元件，对油质污染颗粒度的要求很严，抗燃油污染颗粒度增加，极易造成伺服阀堵塞、卡涩，同时形成颗粒磨损，使阀芯的磨损加剧，内泄漏量增加；酸值升高，对伺服阀部件产生腐蚀作用，特别是对伺服阀阀芯及阀套锐边的腐蚀，是使伺服阀内泄漏增加的主要原因。

② 使用环境恶劣。伺服阀长期在高温下工作，对力矩马达的工作特性有严重影响，同时长期高温下工作加速了伺服阀的磨损及油质的劣化，形成恶性循环。

③ 控制信号有较强的高频干扰，致使伺服阀经常处于低幅值高频抖动，这样伺服阀的弹簧管将加速疲劳，刚度迅速降低，导致伺服阀振动，现正对此问题进行处理。

11.8.3 火电机组电液伺服阀失效分析及预防

（1）电液伺服阀常见失效形式

1）变形失效　一个零部件或构件的变形失效可能是塑性的，也可能是弹性的；可能产生裂纹，也可能不产生裂纹。在电液伺服阀中汽门卡涩，或者是汽门不能正常启动，或者是阀芯不能正常转动等，均是由于这些部件或部件局部的几何形状或尺寸发生变化引起变形失效。

2）腐蚀失效　金属零部件同环境之间因化学或电化学作用而产生的腐蚀失效可能是均匀腐蚀发生在金属零部件的表面，也可能在金属零部件表面出现局部腐蚀。局部腐蚀尤其是其中的点腐蚀往往可穿透容器、导管、阀套，并可使设备泄漏，产生破坏。

通过对抗燃油的油质进行分析和研究发现，抗燃油酸值升高对电液伺服阀部件可产生腐蚀，尤其点腐蚀作用非常严重。当电液伺服阀阀芯、阀套的点腐蚀特别厉害时，就会引起泄漏失效。

3）磨损失效　金属零部件的磨损范围涵盖从轻度的抛光型磨损，到严重的材料快速磨掉并使表面粗化。磨损是否构成零部件的失效，要看磨损是否危及零件的工作能力。例如，一个电液伺服阀的精密配合的阀芯，哪怕是轻度的抛光型磨损，也可能引起严重的泄漏而导致失效。又如，电液伺服阀工作状态下油液中质地较硬的微细颗粒长期冲刷滑阀节流口、喷嘴和挡板，日积月累，也会使阀套锐角边磨损、尺寸改变，导致部件性能下降，甚至引起泄漏失效。

4）疲劳失效　金属零部件经一定次数循环应力作用后，金属零部件将出现裂纹或断裂。疲劳断裂是由循环应力、拉应力以及塑性应变共同作用发生的。电液伺服阀中凡受循环应力或应变作用的零件，如弹簧管等，均可产生疲劳断裂失效。

机械零件在断裂过程中，大多是受几种断裂失效机理所控制，经常出现的失效形式为复合型失效，如磨损腐蚀失效、磨损疲劳失效等。

（2）电液伺服阀失效的主要原因

1）设计缺陷　零件设计上的缺陷多半是由于对复杂零件未做可靠性的应力计算及对零件在实际工况条件下运行所受的载荷类型、载荷大小、载荷变化缺少足够的考虑造成的。如果仅考虑零件拉伸强度和屈服强度，而忽视了脆性断裂、疲劳损伤、局部腐蚀、微动磨损等机理亦能引起失效，就会在设计上造成严重的错误。在设计上常常需要避免的缺陷是机械缺口。

缺口会引起应力集中，容易形成失效源。例如，受弯曲或扭转载荷的轴类零件，变截面处的圆角半径过小就属这类设计缺陷。

2）选材不当　选材涉及产品的形状和几何尺寸，它与实际运行工况的环境关系密切。每一种可预见的失效机理都可作为最佳选材的重要判据。就零部件在实际运行而言，潜在的失效机理似乎是疲劳或脆性断裂，甚至还包括磨损或腐蚀的交互作用。

在选材中，最困难的是那些与材料受工作时间影响的机械行为有关的问题，例如耐磨损、耐腐蚀等，除了掌握实验室的试验数据外，还应根据实际工况做模拟试验所得的资料为选材的依据。另外，还应重视材料质量，防止由于材料中存在缺陷引起意外的失效事故。材料内部和表面缺损都可能降低材料的总强度，相当于缺陷的作用，使裂纹由此扩展，成为最先产生点腐蚀的位置，或成为晶间腐蚀的裂源。

3）环境介质　通常将含有一种或多种腐蚀介质的环境称为腐蚀环境。对于电液控制系统而言，其环境包括抗燃油、电液伺服阀、橡胶密封件、油泵、硅藻土中和装置、贮油罐等组成的循环油路封闭系统。在机组运行过程中，上述产品或部件必须符合使用标准，不允许任何污染颗粒或腐蚀介质混入系统中。电厂机组实际运行的实践证明，汽轮机发生故障或停机事故多数是由控制系统抗燃油污染导致电液伺服阀失效。机组控制系统抗燃油污染问题更为复杂，不仅与机组安装、管道清洗、焊接工艺、油品质量等因素有关，而且还与电液伺服阀的损伤、橡胶密封件质量及其性能老化等系统内部因素有关，所以抗燃油污染问题的治理及其管理有相当难度。

（3）预防措施

1）加强抗燃油的检验及管理　电液控制系统中普遍采用磷酸酯抗燃油，这类油是人工合成的，在使用过程中容易劣化，使油质性能下降，并使污染颗粒度增加和酸值提升，最终油的质量指标超过规定标准。要对原始油液进行检验，使抗燃油颗粒度等级控制在 NAS5～6 级范围之内，未经检验的油液一律不准用于电液控制系统中。在运行过程中亦要抽样检验油液的颗粒大小及酸值等指标，严禁污染颗粒进入控制系统，尤其是严格禁止 5～10μm 颗粒污染物进入，还要使油样检验规范化。另外，还要加强油路管道、油泵、油罐等部件的管理，在使用之前一定要冲洗干净，不许留下污染物或腐蚀介质，尤其要选用合格的密封材料，如氟硅橡胶。

运行实践证实，由于抗燃油污染造成的电液伺服阀事故约占总事故率的 50%。

2）加强对电液控制系统的检查和维护　在运行中必须定期检查和维护电液伺服阀，电液控制系统中的软、硬部件应按规定即按检修质量标准进行检修，对关键零件或部位进行认真检查，及时掌握损伤程度，以便立即采取治理措施，避免事故发生。例如，必须对电液伺服阀进行跟踪检查，并且每半年要清洗一次。对电液伺服阀清洗时，应采用无氯离子的清洗剂，否则极易造成电液伺服阀阀芯或转子产生局部腐蚀失效。电液伺服阀拆装时必须用高倍率光学显微镜，最好用扫描电子显微镜（SEM）对各零件表面，特别是对阀芯及阀套锐边的表面进行认真检查。若发现电液伺服阀的阀芯及阀套锐边的表面存在点腐蚀或严重的腐蚀坑等缺陷，必须立即更换。

11.8.4　电液伺服阀高频颤振故障的分析

图 11-65 为电液伺服系统液压原理图，偏差电压信号经放大器放大后变为电流信号，控制电液伺服阀输出压力，推动液压缸移动。随着液压缸的移动，反馈传感器将反馈电压信号与输入信号进行比较，然后重复以上过程，直至达到输入指令所希望的输出量值。

电液伺服系统试验台原理如图 11-66 所示，计算机自动生成控制信号、自动检测系统的状态及分析系统的时域响应和频域响应等，实现控制系统自动运行。

图 11-66 所示为电液伺服系统试验台原理图，电液伺服系统在试验台上调试时，液压缸运动中出现高频颤振现象，尤其当输入信号频率在 5～7Hz 时更为严重。经分析及检查发现，液压缸的高频颤振现象是由电液伺服阀颤振造成的，电液伺服阀 1～7Hz 的输入信号被 50Hz 的高频交流信号所调制，致使伺服阀处于低幅值高频抖动。如果伺服阀经常处于这种工作状态，则伺服阀的弹簧管将加速疲劳，刚度迅速降低，最终导致伺服阀损坏。此 50Hz

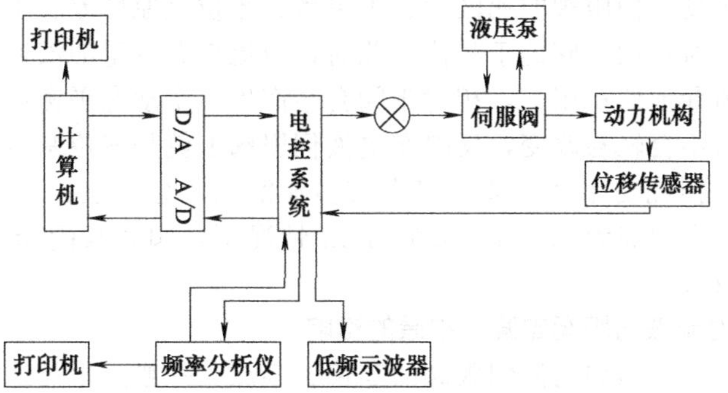

图 11-65　电液伺服系统液压原理图

的高频交流信号为干扰信号，其来源可能有两方面，一是电源滤波不良；二是外来引入的干扰信号。首先从电源上考虑，由于整个电路工作正常，所以排除了电源滤波不良的可能性。在故障诊断中，将探头靠近控制箱内腔的任何部位，都出现干扰信号，即使将电源线拔下，还是有干扰信号。于是检查与控制箱连接的地线，发现没有与地线网相连，而是与暖气管路相连。由于暖气管路与地接触不良，不但起不到接地作用，反而成了天线，将干扰信号引入。于是，将地线重新与地线网连接好，试验台工作正常。由此可知，液压系统发生故障还应从电气控制方面检查，这一点需要特别注意。

11.8.5　电液伺服系统零偏与零漂

用户选用伺服阀一般希望阀的零漂、零偏小，不灵敏区小，线性度好，但要减小伺服阀的零漂难度相当大，因为伺服阀零漂是伺服阀元件制造精度及使用环境的综合反应，在伺服阀生产调试过程中，经常发生调好的伺服阀零位在油压、油温都没有变化的情况下，零位又发生了变化。因此，零位很难调。

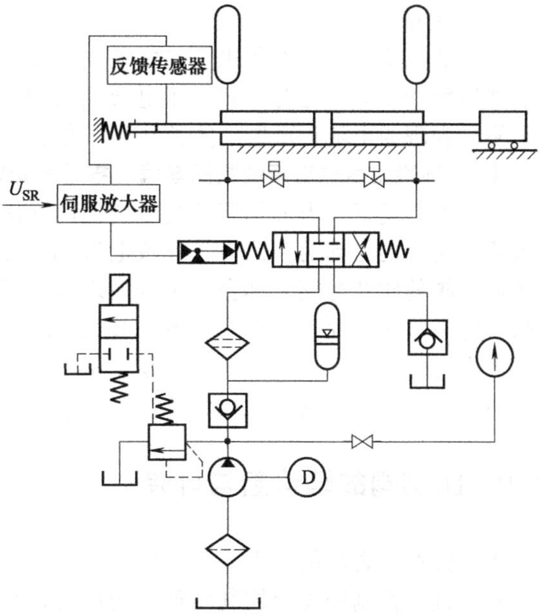

图 11-66　电液伺服系统试验台原理图

（1）电液伺服阀的零漂、零偏

零偏是电液伺服阀的一个重要性能指标。电液伺服阀的零偏一般指实际零点相对坐标原点的偏移，它用使阀处于零点所需输入的电流值相对于额定电流的百分比表示。

电液伺服阀的零漂是指工作条件或环境变化所导致的零偏的变化，也用其对额定电流的百分比表示。

生产制造中电液伺服阀元件参数不对称容易造成电液伺服阀的零偏和零漂。供油压力或油温变化时，也会引起伺服阀零点的变化，称为压力零漂或温度零漂，也用额定电流的百分比来表示。一般平时所说的零漂是指当供油压力和油温一定时，电液伺服阀零点（输出流量为零的位置）变化，实际上是电液伺服阀死区的变化，用所需控制的电流值相对于额定电流的百分比表示。

（2）阀芯与阀套方孔的遮盖量对伺服阀零偏、零漂的影响

有人做过试验发现，在电液伺服阀为负开口且处于零位，阀芯稍有移动，但伺服阀输出

还为零时，其性能表现为伺服阀的死区大、不灵敏、零位复原性差、不稳定；伺服阀在零开口附近，稍微正开口时，伺服阀处于零位，此时，节流口有少量油液通过，在供油压力一定时，阀芯在节流口泄漏油的作用下，相对于阀套会产生一个动态平衡位置，只要油压保持不变，此动态平衡点就不会轻易改变，反映在电液伺服阀上就是零位基本保持稳定。当伺服阀为正开口且较大时，损耗功率大，节流口有较多泄漏油，会引起振动。反复研究和实践发现，在阀芯与阀套配合间隙为0.004～0.006mm情况下，阀芯与阀套方孔的最佳遮盖量为单边−0.006mm左右。

（3）力矩马达对电液伺服阀零偏、零漂的影响

力矩马达稳定性直接影响电液伺服阀的零偏、零漂。一般力矩马达滞环大，与其组成的电液伺服阀的零偏、零漂相对也大，在生产实践中发现，力矩马达装配时对称性差，与其组成的电液伺服阀零位不稳定，零偏、零漂相当大。因此，力矩马达在与滑阀配合时，其装配的机械对称性相当重要。

（4）油液对电液伺服阀零漂的影响

电液伺服系统对所使用的油液清洁度要求较高，一般要求达到M00G2级。目前在电液伺服系统中普遍采用磷酸酯抗燃油，这是一种人工合成油，在使用过程中极易劣化，主要表现为污染颗粒度增加。污染颗粒度增加即油液变脏以后，电液伺服阀工作时，阀芯在阀套内产生的摩擦力就增大，需更大的电信号推动阀芯运动，电液伺服阀的零漂范围变大。因此，对电液伺服系统所用的油液要定期检查，在系统中设置过滤设备，以保证油液的质量。

油液的温度和压力变化也会对电液伺服系统的零漂产生影响。当电液伺服系统中所使用的油液温度和压力变化时，相对于电液伺服阀原来零位的动态平衡被破坏，直到达到新的动态平衡，表现为电液伺服阀的零位产生了偏移，此种零位的偏移很难消除。

（5）环境温度对电液伺服阀零偏、零漂的影响

在低温环境下，电液伺服系统所使用的油液会变得很黏稠，直接加大了电液伺服阀工作时阀芯在阀套内运动的摩擦力，导致电液伺服系统零偏、零漂变大。另外，在低温环境下，电液伺服阀的阀芯与阀套都会产生冷缩现象，但由于阀套方孔通流槽附近壁较薄，相对于阀芯凸肩更易收缩，此时，滑阀负开口电液伺服阀的阀芯对阀套方孔通流槽的遮盖量变得更大，工作时死区更大，直接表现为零位不稳定，零偏、零漂范围更大。因此，在低温环境下使用的电液伺服阀滑阀应采用正开口。

11.9 比例阀故障诊断与排除

比例阀按主要功能分类，分为压力控制阀、流量控制阀和方向控制阀三大类，每一类又可以分为直接控制和先导控制两种结构形式，直接控制用在小流量小功率系统中，先导控制用在大流量大功率系统中。比例阀的输入单元是电-机械转换器，它将输入的电信号转换成机械量。转换器有伺服电机和步进电机、力马达和力矩马达、比例电磁铁等形式。但常用的比例阀大多采用了比例电磁铁，比例电磁铁根据电磁原理设计，能使其产生的机械量（力或力矩和位移）与输入电信号（电流）的大小成比例，再连续地控制液压阀阀芯的位置，进而实现连续地控制液压系统的压力、方向和流量。

11.9.1 比例阀结构图解

图11-67所示为比例方向阀，图11-68所示为比例溢流阀，图11-69所示为比例调速阀。

特别提醒：图11-68比例溢流阀中13是安全阀，调定压力为电调最高压力＋1MPa左右。

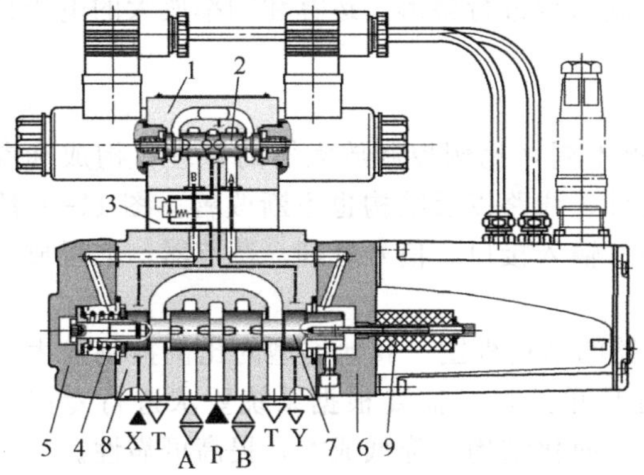

图 11-67 比例方向阀

1—先导阀座；2—先导阀芯；3—减压阀；4—弹簧；5,6—阀盖；7—主阀芯；8—主阀座；9—比例电磁铁

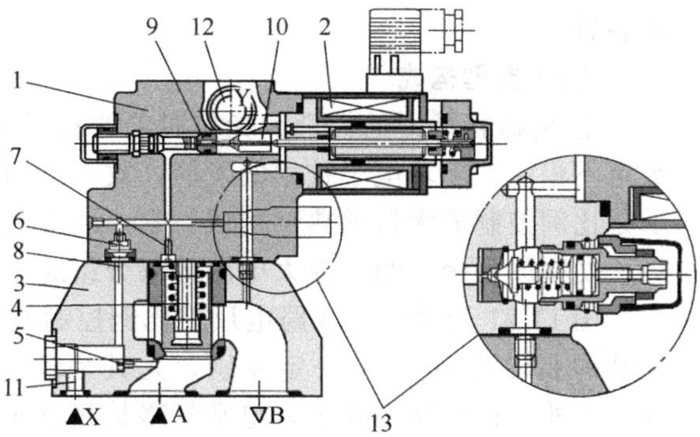

图 11-68 比例溢流阀

1—先导阀；2—比例电磁铁；3—主阀；4—主阀芯；5—螺堵；6,7—节流阀；8—先导油路；9—阀座；10—锥阀；11—X口；12—Y口；13—安全阀

11.9.2 比例控制放大器

一个完整的电液比例系统是由比例阀和比例放大器共同组成，比例放大器的作用是对比例阀进行控制。它的主要功能是产生放大器所需的电信号，并对电信号进行综合、比较、校正和放大。为了使用方便，往往还包括放大器所需的稳压电源、颤振信号发生器等，此外，还有带传感器的测量放大器等。其中校正和放大对电液比例系统的性能影响最大。

（1）基本要求

对比例放大器的基本要求是能及时地产生正确有效的控制信号。及时地产生控制信号意味着除了有产生信号的装置外，还必须有正确无误的逻辑控制与信号处理装置。正确有效的控制信号意味着信号的幅值和波形都应该满足比例阀的要求，与电-机械转换装置（比例电磁铁）相匹配。为了降低比例组件零位死区的影响，放大器应具有幅值可调的初始电流功能；为降低滞环的影响，放大器的输出电流中应含有一定频率和幅值的颤振电流；为减小系统启动和制动时的冲击，阶跃输入信号应能自动生成可调的斜坡输入信号。同时，由于控制系统中用于处理的电信号为弱电信号，而比例电磁铁的控制功率相对较高，所以必须用功率放大器进行放大。

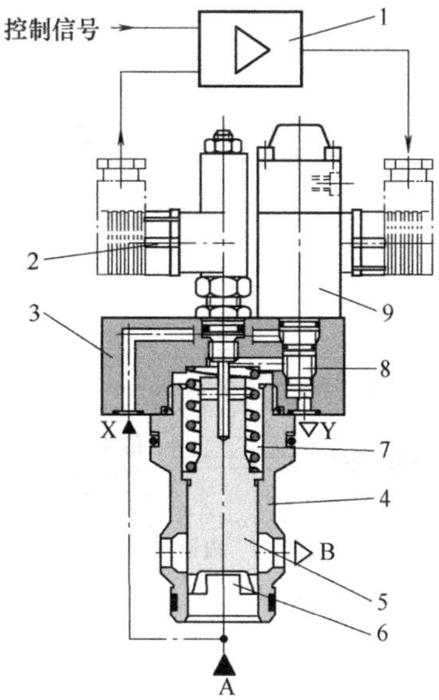

图 11-69 比例调速阀

1—放大器；2—反馈件；3—阀盖；4—阀套；5—主阀芯；6—主阀口；7—弹簧；8—先导阀；9—比例电磁铁

在电液比例控制系统中，对比例控制放大器一般有以下要求：

① 良好的稳态控制特性。

② 动态响应快，频带宽。

③ 功率放大级的功耗小。

④ 抗干扰能力强，有很好的稳定性和可靠性。

⑤ 较强的控制功能。

⑥ 标准化，规范化。

实际上，比例放大器是一个能够对弱电的控制信号进行整形、运算和功率放大的电子控制装置。

（2）典型构成

电-机械转换器的类别和受控对象的技术要求不同，比例控制放大器的原理、构成和参数也不相同。随着电子技术的发展，放大器的组件、线路以及结构也不断改善。图 11-70 所示是比例控制放大器的典型构成，它一般由电源、输入接口、信号处理、调节器、前置放大级、功率放大级、测量放大电路等部分组成。

图 11-71 所示是一双路电反馈比例控制放大器的结构框图。其他类型的比例控制放大器在结构上与图 11-68 有一定差别，尤其是信号处理单元，常需要根据系统要求进行专门设计；另外，根据使用要求，也常省略某些单元，以简化结构，降低成本，提高可靠性。

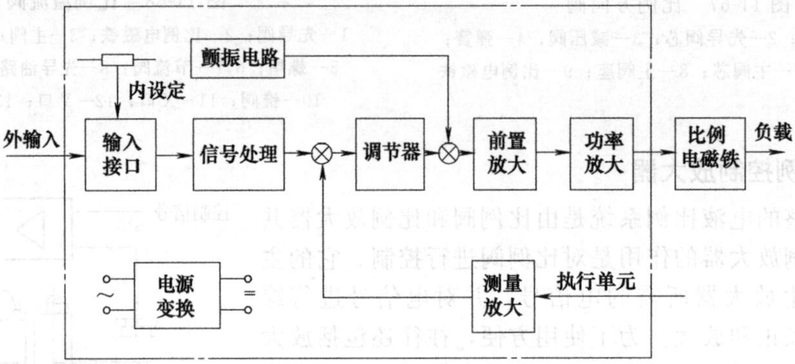

图 11-70　比例控制放大器的典型构成

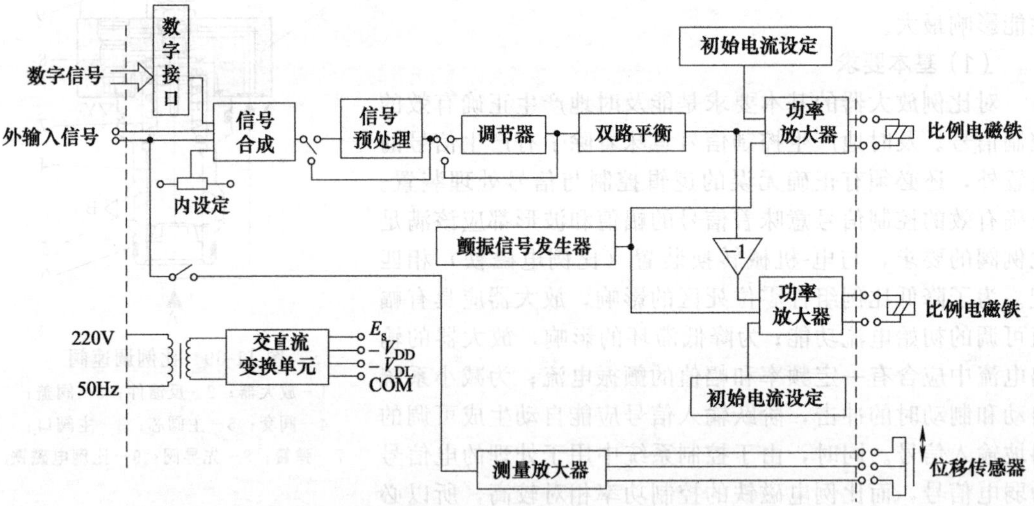

图 11-71　双路电反馈比例控制放大器结构框图

11.9.3　比例阀故障分析与排除

对于一般的电液比例阀，阀的主体结构组成及特点与传统液压阀相差无几，因此这部分的常见故障及诊断排除方法可以参看各类控制阀故障诊断与排除。其电气-机械转换器部分的常见故障及诊断排除方法可以参看产品说明书。

（1）比例电磁铁与放大器故障

① 由于插头组件的接线插座（基座）老化、接触不良以及电磁铁引线脱焊等导致比例电磁铁不能工作（不能通入电流）。此时可用电表检测，如发现电阻无限大，可重新将引线

焊牢，修复插座并将插座插牢。

② 线圈组件的故障有线圈老化、线圈烧毁、线圈内部断线以及线圈温升过大等。线圈温升过大会造成比例电磁铁的输出力不够，甚至会使比例电磁铁不能工作。线圈温升过大时，可检查通入电流是否过大、线圈是否漆包线绝缘不良、阀芯是否因污物卡死等，一一查明原因并排除；对于断线、烧坏等现象，须更换线圈。

③ 衔铁组件的故障主要有衔铁与导磁套构成的摩擦副在使用过程中磨损，导致阀的力滞环增加。还有推杆导杆与衔铁不同心，也会引起力滞环增加，必须排除。

④ 焊接不牢，或者使用中在比例阀脉冲压力的作用下使导磁套的焊接处断裂，使比例电磁铁丧失功能。

⑤ 导磁套在冲击压力下发生变形，以及导磁套与衔铁构成的摩擦副在使用过程中磨损，导致比例阀出现力滞环增加的现象。

⑥ 比例放大器有故障，导致比例电磁铁不工作。此时应检查放大器电路的各元件情况，消除比例放大器电路故障。

⑦ 比例放大器和电磁铁之间的连线断开或放大器接线端子接线脱开，使比例电磁铁不工作。此时应更换断线，重新连接牢靠。

（2）比例压力阀故障分析与排除

比例压力阀只是在普通的压力阀的基础上，将调压手柄换成比例电磁铁而已。因此，它也会发生各种压力阀所发生的那些故障，各种压力阀的故障原因和排除方法完全适用于对应的比例压力阀（如溢流阀对应比例溢流阀），可参照进行处理。此外还有以下几种。

1）比例电磁铁无电流通过，调压失灵　发生调压失灵时，可先用电表检查电流值，判断究竟是电磁铁的控制电路有问题还是比例电磁铁有问题，或者阀部分有问题，可对症处理。

2）压力上不去　现象：虽然流过比例电磁铁的电流为额定值，但压力一点儿也上不去，或者得不到所需压力。

例如，图 11-72 所示的比例溢流阀，在比例先导调压阀 1（溢流阀）和主阀 5 之间仍保留了普通先导式溢流阀的先导手调调压阀 4，在此处起安全阀的作用。当阀 4 调压压力过低时，虽然通过比例电磁铁 3 的电流为额定值，但压力上不去。此时相当于两级调压（比例先导阀 1 为一级，阀 2 为一级）。若阀 4 的设定压力过低，则先导流量从阀 4 流回油箱，使压力上不来。此时应调定阀 4 的压力比阀 1 的最大工作压力高 1MPa 左右。

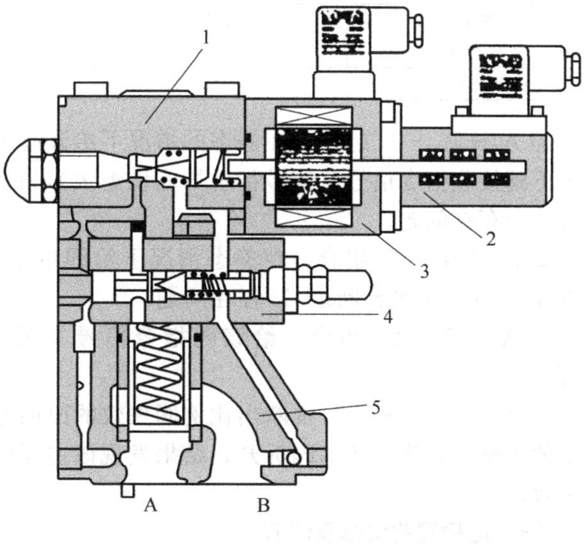

图 11-72　比例溢流阀

1—比例先导调压阀；2—位移传感器；3—比例电磁铁；4—手调调压阀；5—主阀

（3）比例流量阀的故障分析与排除

1）流量不能调节，节流调节作用失效

① 比例电磁铁未能通电。产生原因有：比例电磁铁插座老化，接触不良；电磁铁引线脱焊；线圈内部断线等。

② 比例放大器有问题。

2）调好的流量不稳定　比例流量阀流量是通过改变通入其比例电磁铁的电流调节的。输入电流值不变，调好的流量应该不变。但实际上调好的流量（输入同一信号值时）在工作过程中常发生某种变化，这是力滞环增加所致。

滞环是指当输入同一信号（电流）值时，由于输入的方向不同（正、反两个方向），引起输出流量（或压力）变化的最大值。

影响力滞环的因素主要是存在径向不平衡力及机械摩擦。减小径向不平衡力及减小摩擦系数等可减少机械摩擦对滞环的影响。滞环减小，调好的流量自然变化较小。具体可采取如下措施：

① 尽量减小衔铁和导磁套的磨损。

② 推杆导杆与衔铁要同心。

③ 注意油液清洁，防止污物进入衔铁与导磁套之间的间隙内而卡住衔铁，使衔铁能随输入电流值按比例均匀移动，不产生突跳现象。突跳现象一旦产生，比例流量阀输出流量也会跟着突跳，使所调流量不稳定。

④ 导磁套衔铁磨损后，要注意修复，使二者之间的间隙保持在合适的范围内。这些措施对维持比例流量阀所调流量的稳定性是相当有效的，也是相当好的。

一般比例电磁铁驱动的比例阀滞环为3%～7%，力矩马达驱动的比例阀滞环为1.5%～3%，伺服电机驱动的比例阀滞环为1.5%左右，采用伺服电机驱动比例流量阀，流量的改变量相对要小一些。

（4）比例阀故障诊断对比分析法

对比分析法通过对比分析比例阀的先导阀、主阀、集成放大器的性能，找到问题部件。一般情况下，对比分析法在具体实施过程中，需要借助其他性能稳定、型号相同的阀。将性能稳定的阀与失效阀的3大部件进行不同组合，利用阀自身的特性，找到出现问题的部件，这种方法需要严谨的思维和敏锐的判断力，同时需要维修人员具备一定的维修经验。

下面结合一实例来说明。该阀的失效形式表现为接收不到指令信号，输入0～10V的信号，阀始终处于关闭状态。

为了便于描述，将完好比例阀与失效比例阀的各部件分别进行标示，如表11-10所示。

表11-10　完好比例阀与失效比例阀的各部件

对象	集成放大器	先导阀	主阀
完好比例阀	A_1	B_1	C_1
失效比例阀	A_2	B_2	C_2

① $A_1+B_2+C_2$ 组合。在静态的情况下给该阀指令信号，发现信号指示灯为红色（正常情况下阀接收指令信号，信号指示灯应该熄灭），说明该阀的 B_2（先导阀）、C_2（主阀）最少有一个存在问题。

② $A_1+B_2+C_1$ 组合。在静态情况下给阀指令信号，发现信号指示灯熄灭，可以断定 B_2 完好，综合①可推断出 C_2 存在问题。

③ $A_2+B_1+C_1$ 组合。给该阀指令信号发现信号指示灯熄灭，说明集成放大器 A_2 完好。

综合①～③分析，可推断出比例阀失效的原因是该阀的主阀 C_2 出现了问题。为了证明判断的正确性，将失效的阀拆开，结果发现该主阀阀芯位移传感器的探针折断，与分析的结果一致。

（5）比例阀的维修及调节

实际故障维修过程中，对存在问题的零部件可以采取直接更换的方法，同时要对该阀的电气零点和死区进行调节，如果有实验条件还要对维修后阀的行程进行验证。

1）更换存在问题的零部件　更换法是对存在问题的零部件进行整体或者部分更换。更换法在阀的维修中应用相当广泛。该方法的关键是查找出现问题的部件，找到问题后就可更换一个与之相同的完好部件，一般情况下通过这种维修方法就能使阀实现正常工作。导致比例阀失效比较普遍的原因是阀的密封件过度磨损、阀芯位移传感器探针折断，而集成放大器一般不会出现问题。

2）电气零点的调节　比例阀可能工作在恶劣的环境中，而其电气零点易受到外界环境的干扰。因此，更换了失效的零部件后应对电气零点进行检测，对不符合要求的应重新标定。

一般检测方法如下：给比例阀的放大器供电（一般情况下 0～24 V），确保阀芯处于断电状态。用万用电表（直流挡，0.25V 量程）检测阀芯位移反馈信号，在阀芯没有接收指令的条件下，要求阀芯位移反馈电压为零。如果不为零就应调节阀芯位移传感器的调节螺母，直至阀芯反馈电压为零。

3）死区的调节　比例阀存在死区，一般为10%左右。不同类型比例阀的死区可以通过该阀产品手册的电流、电压-流量曲线查得。对于高性能的比例阀，死区可控制在 5%之内。检测的方法是给阀输入死区对应的指令信号，通过万用电表检测阀芯位移反馈信号，看其是否存在对应的关系。假设阀的死区开口幅度为 0～100%，对应反馈电压为 0～10V，如果阀的死区开口幅度为 5%，则对应的反馈电压应该为 0.5V，如果没有对应，则应调节集成放大器的死区调节螺钉直至反馈电压为 0.5V。

4）阀行程的验证　在试验台上，对阀输入不同的指令信号，检测各种状态阀芯位移反馈信号，通过它们之间的对应关系来判断维修后阀的性能。如果不能满足对应关系，建议送代理商或厂家维修。

11.9.4　鼓风机调速比例控制系统故障分析与处理

某煤气加压站两台具有调速能力的 D500-12 型煤气鼓风机，其调速方式为在鼓风机与主电机之间加装了一套 YT02 型黏液调速离合器。

（1）液压控制系统原理及基本组成部分

当煤气鼓风机需要改变转速时，调整电子控制器的旋钮，电子控制器能稳定输出 0～850 mA 的控制电流，用来控制电液比例溢流阀阀芯开度，调整溢流量的大小，使控制油压在 0～2.5MPa 范围内变化，从而推动活塞，达到通过控制摩擦片间油膜厚度来改变离合器输出转速的目的，见图 11-73。

（2）调速控制系统比例阀常见故障分析与处理方法

1）电液比例阀卡滞　油质不清洁是引起电液比例阀卡滞的主要原因。由于比例阀内部各运动部件之间间隙很小，油中含有机械杂质和运行中油质劣化（如油中进水等）将引起阀内各运动部件卡滞和锈蚀，从而导致煤气鼓风机在调节过程中出现主电机工作电流不稳定甚至过流现象。

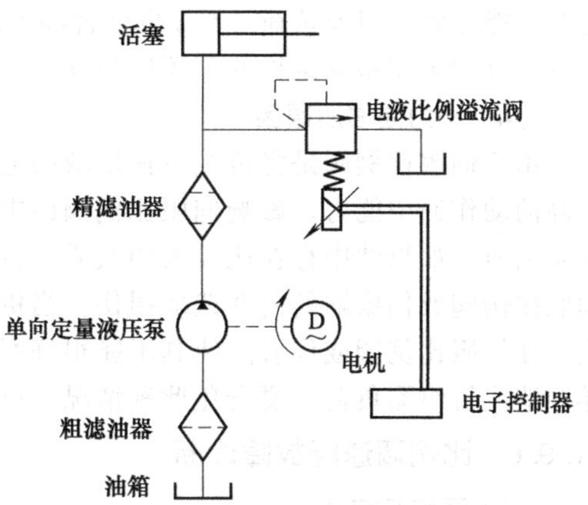

图 11-73　调速液压控制系统原理

处理方法：①对电液比例阀进行解体清洗，特别是阀体内各油道内的滤网。②提高控制系统精滤油器的滤精度。根据有关技术手册得知，此工况下精滤油器过滤精度应选为 10μm，而实际设备所匹配的精滤油器过滤精度为 20μ m，其过滤能力远达不到要求。③严格控制油质在储运和运行中被污染，如封堵油箱上原有的两个回油孔，可有效防止水分和各种杂质进入油箱，设备在检修后，要彻底清洗油箱内部，防止注入新油后二次污染。

2）电液比例阀不动作　电液比例阀不动作的原因是比例阀内部主油道上的过滤网被杂质完全堵死，而使控制油无法进入主油道。后来在给调速器换油时发现，控制油泵的吸油口第一道粗滤油器已脱落掉入油箱，使第一道过滤系统失去作用，致使大量大直径杂质直接进入阀体内的第二道过滤网，引起比例阀主油道堵塞。

处理方法：重新安装好第一道粗滤油器，清洗比例阀内部的过滤网。

3）比例电磁铁故障　比例电磁铁在动作时，一部分高压油液由工作腔沿导杆间隙渗入电磁铁末端端盖处，当油液积累到一定程度时，形成困油现象，由于油液不可压缩，当比例电磁铁再动作时，发生动作不灵敏甚至不动作现象。

处理方法：打开比例电磁铁端盖处的泄油孔，排出油液即可。

11.9.5　水电厂机组调速器系统溜负荷原因分析

（1）存在的问题

某水电厂调速器系统投产以来，4 台机都存在不同程度溜负荷问题。所谓溜负荷是指机组负荷在没有增减指令的情况下突然上升或下滑。其基本现象是机组在正常运行时，机组负荷突然上升或下降，有时能恢复到以前设定值，有时不能。

（2）伺服比例阀原因

伺服比例阀的功能是把输入的电气控制信号转换成输出流量控制。机组正常运行时调速器应处于自动运行工况。所谓调速器系统处于自动运行工况是指伺服比例阀在运行的情况下，电厂机组负荷的调整是由伺服比例阀将负荷增减的电信号转换为输出流量到达伺服缸驱动主配压阀，主配压阀将液压放大到主接力器动作导叶。机组运行工况要求它必须具有高精度、高响应性，同时，在结构上还要求伺服比例阀具有良好的耐污能力及防卡能力。如果伺服比例阀存在工作不正常的情况，就有可能引起机组负荷的调整值与实际应该达到的数值存在偏差，严重时引起机组溜负荷。

要避免此种情况，除了做好伺服比例阀的定期检修维护外，还应建立定期试验更换制度。

（3）伺服缸原因

液压反馈式伺服缸是液压柜的重要部件，它的作用是将输入的流量按比例转换成位移输出，机组运行工况要求它必须具有很高的尺寸稳定性、耐磨性、抗腐蚀能力以及很高的回中能力，同时，在结构上还要求液压反馈缸具有良好的排污能力。在机组长期运行过程中，由于油质或其他原因造成伺服缸损坏或者运行性能达不到要求，使机组在运行中伺服缸卡塞，也有可能导致机组溜负荷。1 号机就曾经出现过此类情况。要避免此类事故的发生，除了做好伺服缸的定期检修维护外，还应建立定期试验更换制度。

（4）压力油油质原因

由于伺服比例阀是将机组负荷增减的电信号转换为流量控制，这就要求伺服比例阀要有极高的动作回中能力。影响伺服比例阀回中的原因除了伺服比例阀本身特性以外，还有一个就是油质。如果油中存在比较大的杂质，特别是金属性的杂质，在机组运行过程中，就会对伺服比例阀或伺服缸的内壁造成损伤。当机组增减负荷动作伺服比例阀及伺服缸时，油中杂质卡住伺服比例阀或伺服缸使其不能很好回中，使机组负荷调整值与实际值存在比较大的差异，造成机组溜负荷。要避免此种情况，可以将调速器用油过滤一遍，再更换滤网。

11.9.6　比例调速阀故障诊断

（1）系统及症状

某液压系统如图 11-74 所示。

系统的症状为：液压缸在接近工作位置时有冲撞现象，液压马达转速调整不灵敏。

（2）故障的诊断

分别对这两个症状进行分析，找出它们的可能原因，再综合对比。

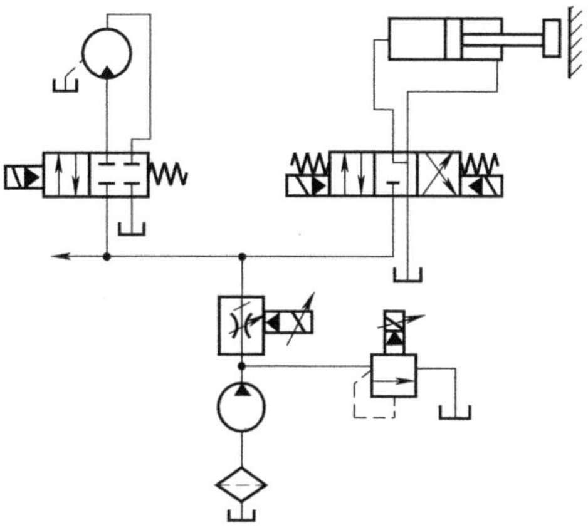

图 11-74 液压系统

1）液压缸冲撞问题的分析

引起液压缸冲撞的可能原因有：①液压缸内混入空气，在液压缸接近工作位置时，尽管已切换速度（由快速转慢速），但压缩的流体释放能量，使液压缸继续以高速运行，由此撞击工作台面；②液压缸接近工作位置时，由于行程开关或电路故障，未能发出快速转慢速的控制信号，使液压缸保持原速，撞击工作面；③比例流量阀故障（包括比例放大器故障）使流速失去控制，无法使液压缸减速。

2）液压马达转速调整不灵问题的分析

引起问题的可能原因有：①控制液压马达转速的比例数码器故障，不能调节比例流量阀的流量；②比例流量阀或其放大器故障，使流速控制不灵；③液压马达或其负载出现异常，使速度调节更加困难。

将两症状的可能原因作对比，便可发现，比例阀及放大器故障是两症状共同的可能原因，故其出现的可能性最大。进一步分解比例流量阀发现，主阀芯弹簧已折断，引起流量失控，进而引起液压缸的冲撞与液压马达速度调节不灵敏。

小技巧：液压阀内部故障失效，主要有四方面的原因：阀移动部分被卡住；节流小孔被堵住；几何精度超差；弹簧问题。因此，失效液压阀拆卸分解后应主要检查这四方面。

第12章

液压缸与液压马达故障诊断与排除

12.1 液压缸故障诊断与排除

12.1.1 液压缸概述

液压缸是将液压能转变为机械能的装置，它将液压能转变为直线运动或摆动的机械能。

按结构形式分：活塞缸，又分单杆活塞缸、双杆活塞缸；柱塞缸；摆动缸，又分单叶片摆动缸、双叶片摆动缸。

按作用方式分：单作用液压缸，一个方向的运动依靠液压作用力实现，另一个方向的运动依靠弹簧力、重力等实现；双作用液压缸，两个方向的运动都依靠液压作用力来实现；复合式缸，活塞缸与活塞缸的组合、活塞缸与柱塞缸的组合、活塞缸与机械结构的组合等。

图 12-1 所示为单杆活塞式液压缸，它由缸筒 26、活塞杆 1、前后缸盖 22 和 29、活塞杆导向环 4、活塞前缓冲 9 等主要零件组成。活塞与活塞杆用螺纹连接，并用止动销 14 固定。前、后缸盖通过法兰 23 和螺钉（图 12-1 中未示）压紧在缸筒的两端。为了提高密封性能并减小摩擦力，在活塞与缸筒之间、活塞杆与导向环之间、导向环与前缸盖之间、前后缸盖与缸筒之间装有各种动、静密封圈。当活塞移动接近左右终端时，液压缸回油腔的油只能通过缓冲柱塞上通流面积逐渐减小的轴向三角槽和可调缓冲器 24 回油箱，对移动部件起制动缓

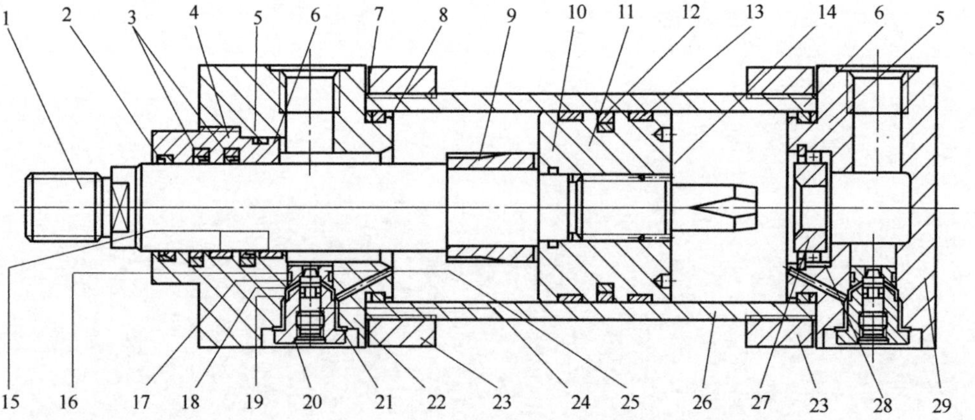

图 12-1　单杆活塞式液压缸结构

1—活塞杆；2—防尘圈；3—活塞杆密封；4—活塞杆导向环；5,7,16,19—反衬密封圈；6,8,10,17,18—O 型密封；9—活塞前缓冲；11—活塞；12—活塞密封；13,15—低摩密封；14—螺钉止动销；20—止动销；21—密封圈；22—前缸盖；23—法兰；24—可调缓冲器；25—螺纹止动销；26—缸筒；27—后缓冲套；28—后止动环；29—后缸盖

冲作用。缸中空气经可调缓冲器中的排气通道排出。

从图 12-1 可以看到，液压缸的结构可以分为缸筒和缸盖、活塞和活塞杆、密封装置、缓冲装置和排气装置五个部分。

液压缸安装连接形式主要有脚架式、耳环式、铰轴式。

12.1.2 液压缸不能动作

① 执行运动部件的阻力太大。排除方法：排除执行机构中存在的卡死、楔紧等问题；改善运动部件的润滑状态。

② 进油口油液压力太低，达不到规定值。排除方法：检查有关油路系统的泄漏情况并排除泄漏；检查活塞与活塞杆处密封圈有无损坏、老化、松脱等现象；检查液压泵、压力阀是否有故障。

③ 油液未进入液压缸。排除方法：检查油管、油路、特别是软管接头是否已被堵塞，应依次检查从缸到泵的有关油路并排除堵塞；检查溢流阀的锥阀与阀座间的密封是否良好；检查电磁阀弹簧是否损坏或电磁铁线圈是否烧坏；油路是否切换不灵敏。

④ 液压缸本身滑动部件的配合过紧，密封摩擦力过大。排除方法：活塞杆与导向套之间应选用 H8/f8 配合；检查密封圈的尺寸是否严格按标准加工；如采用的是 V 型密封圈，应将密封摩擦力调整到适中程度。

⑤ 由于设计和制造不当，当活塞行至终点后回程时，压力油作用在活塞的有效工作面积过小。排除方法：改进设计，重新制造。

⑥ 活塞杆承受的横向载荷过大，别劲大或拉缸、咬死。排除方法：安装液压缸时，应保证缸的轴线位置与运动方向一致；使液压缸承受的负载尽量通过缸轴线，避免产生偏心现象；长液压缸水平旋转时，活塞杆因自重产生挠度，使导向套、活塞产生偏载，导致缸盖密封损坏、漏油，活塞卡在缸筒内，对此可采取如下措施：加大活塞，活塞外圆加工成鼓凸形，改善受力状况，以减少和避免拉缸；活塞与活塞杆的连接采用球形接头。

⑦ 液压缸的背压太大。排除方法：减少背压。液压缸不能动作的重要原因是进油口油液压力太低，即工作压力不足。造成液压系统工作压力不足的原因主要是液压泵、驱动电机和调压阀有故障，还有就是滤油器堵塞、油路通径过小、油液黏度过高或过低；油液中进入过量空气；污染严重；管路接错；压力表损坏等。

12.1.3 动作不灵敏（有阻滞现象）

液压缸动作不灵敏不同于液压缸的爬行现象。此现象是指液压缸动作的指令发出后液压缸不能立即动作，需短暂的时间后才能动作，或时而能动时而又停止不动，表现出运行很不规则。此故障的原因及排除方法主要有：

① 液压缸内有空气。排除方法：通过排气阀排气。检查活塞杆往复运动部位的密封圈处有无吸入空气，如有，则更换密封圈。

② 液压泵运转有不规则现象，泵转动有阻滞或有轻度咬死现象。排除方法：根据液压泵的类型，按其故障形成的原因分别加以解决，具体方法请参看有关资料。

③ 带缓冲装置的液压缸反向启动时，常出现活塞暂时停止或逆退现象。排除方法：单向阀的孔口太小，使进入缓冲腔的油量太少，甚至出现真空，因此在缓冲柱塞离开端盖的瞬间会出现上述故障现象。对此，应加大单向阀的孔口。

④ 活塞运动速度高时，单向阀的钢球跟随油流流动，以致堵塞阀孔，致使动作不规则。排除方法：将钢球换成带导向肩的锥阀或阀芯。

⑤ 橡胶软管内层剥离，使油路时通时断，造成液压缸动作不规则。排除方法：更换橡胶软管。

⑥ 液压缸承受一定的横向载荷。排除方法：与液压缸不能动作的排除方法相同。

12.1.4 运动有爬行现象

（1）液压缸之外的原因

① 运动机构刚度太小，形成弹性系统。排除方法：适当提高有关组件的刚度，以减小弹性变形。

② 液压缸安装位置精度差。排除方法：提高液压缸的装配质量。

③ 相对运动件间的静摩擦系数与动摩擦系数差别太大，即摩擦力变化太大。

④ 导轨的制造与装配质量差，使摩擦力增加，受力情况不好。排除方法：提高制造与装配质量。

（2）液压缸自身原因

① 液压缸内有空气，使工作介质形成弹性体。排除方法：充分排除空气，检查液压泵吸油管直径是否太小，吸油管接头密封是否良好，以防止泵吸入空气。

② 密封摩擦力过大。排除方法：活塞杆与导向套的配合采用 H8/f8，密封圈的尺寸应严格按标准加工；采用 V 型密封圈时，应将密封摩擦力调整到适中程度。

③ 液压缸滑动部位有严重磨损、拉伤和咬着现象。

12.1.5 钢包回转台举升液压缸故障分析及改进

某钢厂连铸机钢包回转台举升液压缸在使用 3 个月后发生故障，造成停机 76h 的重大设备事故。事故发生后，检查发现液压缸的前法兰端盖变形、螺钉断裂。首先对断裂的螺钉进行了理化检验，检验结果表明螺钉属于高应力断裂，但其质量符合标准要求。排除螺钉质量问题后，对举升液压缸的结构进行了分析和计算，发现液压缸结构设计不合理，原设计存在缺陷。

（1）连铸机钢包回转台举升液压缸工作状况分析

1）液压缸工作原理　连铸机钢包回转台举升液压缸为柱塞式液压缸，柱塞动作为直线举升，靠负载下降，行程为 600mm。液压系统具备调速功能，当供油压力高于 22MPa 时，通过溢流阀溢流，其工作原理见图 12-2。

2）液压缸的结构分析　图 12-3 为连铸机钢包回转台举升液压缸的结构示意图。柱塞向上移动（图中向左移动）为上升动作，向下移动（图中向右移动）为下降动作。在上升过程中，有杆腔 C 中的油液经油口 A 流回无杆腔。在油口 A 经过 B 点之前，C 腔中的油压与工作油压相等；当油口 A 经过 B 点后，有杆腔中的油液将通过导向套 3 与柱塞杆之间的微小

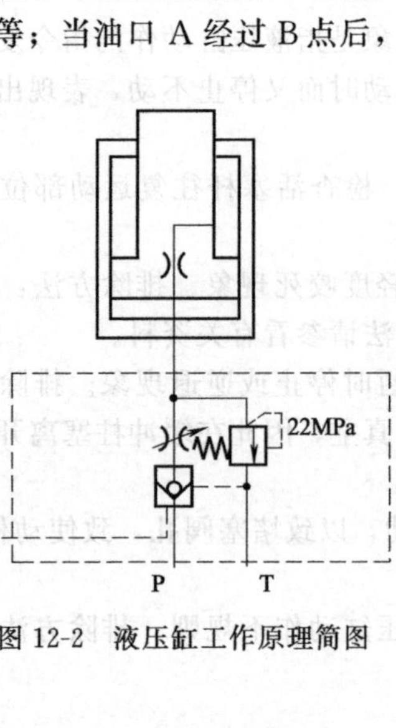

图 12-2　液压缸工作原理简图

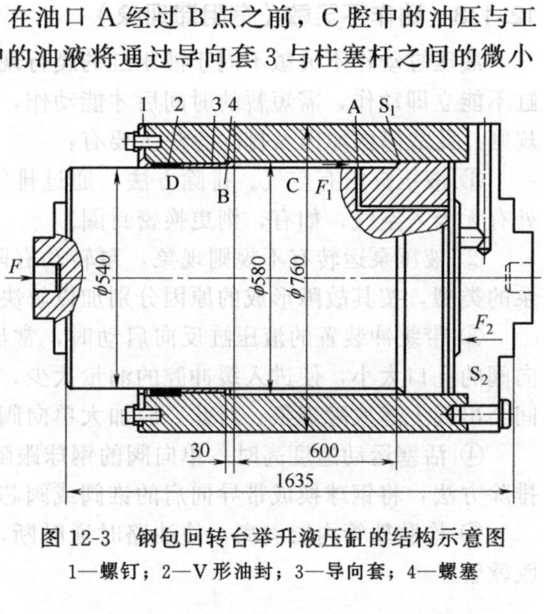

图 12-3　钢包回转台举升液压缸的结构示意图

1—螺钉；2—V 形油封；3—导向套；4—螺塞

间隙进入油口 A 回流，由于柱塞上升速度即有杆腔内油液被压缩的速度高于油液回流速度，有杆腔内油液的压力将不断升高，其压力向下作用使柱塞运动减速，起到阻尼缓冲作用。但在液压缸实际工作过程中，由于间隙极小，油液回流速度远低于油液被压缩的速度，油口 A 基本丧失了回油作用，使有杆腔处于近似封闭状态，导致有杆腔内油液压力异常升高，其向上的作用力导致前法兰螺钉断裂，端盖被顶开。其力的作用可分为两个阶段。

第一阶段：油液经导向套 3 作用于 V 形油封 2 上。其作用力向上压缩 V 形油封，使油封下面产生间隙并充满高压油。

第二阶段：高压油液作用在 V 形油封下平面 D 上，其作用力推动油封向上作用于法兰。

3）计算分析

① 计算有杆腔内油液的压力

当油口 A 向上经过 B 点后，可以将有杆腔看作全封闭状态。此时，由于有杆腔内油液无法回流，油液压力增高，为保证柱塞上升速度，液压缸的工作压力也要相应增高。由图 12-2 可知，由于进油管路上有溢流阀，其工作压力最高可达到 22MPa。当工作压力达到 22MPa 后，受有杆腔内油液压力作用，柱塞作减速运动。取油口 A 经过 B 点后且液压缸工作压力为 22MPa 时作为研究工况，对柱塞进行受力分析，此时柱塞受力平衡。由图 12-3 可知：

$$F+F_1=F_2 \tag{12-1}$$

式中　F——负载产生的重力；

F_1——有杆腔油液作用在平面 S_1 上的力；

F_2——无杆腔油液作用在柱塞平面 S_2 上的力。

$$F=mg \tag{12-2}$$

式中，m 为回转臂质量、满包质量、空包质量之和，约为 150t；g 为重力加速度，取 $g=9.8\text{m/s}^2$。

$$F_1=p_1S_1 \tag{12-3}$$

式中　p_1——有杆腔油液的压力，未知待求；

S_1——有杆腔油液作用面积。

$$F_2=p_2S_2 \tag{12-4}$$

式中　p_2——液压缸工作压力，$p_2=22\text{MPa}$；

S_2——柱塞面积。

将式（12-2）～式（12-4）代入式（12-1）中得：

$$mg+p_1S_1=p_2S_2$$

即

$$p_1=(p_2S_2-mg)/S_1 \tag{12-5}$$

已知：柱塞直径为 0.58m，柱塞杆直径为 0.54m，则：$S_1=0.14\text{m}^2$；$S_2=1.056\text{m}^2$；$mg=1.47\times10^3\text{kN}$。

将各项代入式（12-5）得：

$$p_1=155.443\text{MPa}$$

$$F_1=p_1S_1=21.762\times10^6\text{N}$$

② 计算油液在两个阶段中产生的力

油封直径为 0.5425m，则油液在第一阶段产生的力 f_1：

$$f_1=p_1\pi(0.5425^2-0.54^2)=1.38\times10^6\text{N}$$

由图 12-3 可知，间隙内的油液压力与有杆腔内油液压力是相等的，并且平面 D 的面积与 S_1 相等，显然，有 $F_1=p_1S_1=2.1762\times10^7\text{N}$，则油液在第二阶段产生的力 f_2：

$$f_2=F_1=p_1S_1=2.1762\times10^7\text{N}$$

③ 前法兰端盖螺钉强度校核。

液压缸前法兰端盖共有 12 个 M30×80、10.9 级的紧固螺钉，由《机械设计手册》查得每个螺钉的保证载荷为 $f_s=4.66\times10^5$N。

每个螺钉所受的最大载荷 $f_{max}=f_2/12=1.8135\times10^6N\gg f_s$

当有杆腔内油液产生的压力在第二阶段向上作用于油封并推动油封向上作用于法兰时，每个螺钉所受的最大载荷远远大于其保证载荷。因此，必将导致螺钉断裂、法兰变形。

(2) 改进措施

有杆腔内油液无法回流而使油压异常增大是法兰损坏的原因，必须降低其油压才能保证液压缸的正常工作。将螺塞 4 去掉，并在同一位置连接了一条管路回油箱，在管路上加装了一个溢流阀，见图 12-4，溢流阀的设定压力为 31.5MPa，当油口 A 经过 B 点后油液压力异常增高时可进行卸压，对前法兰端盖起到保护作用。

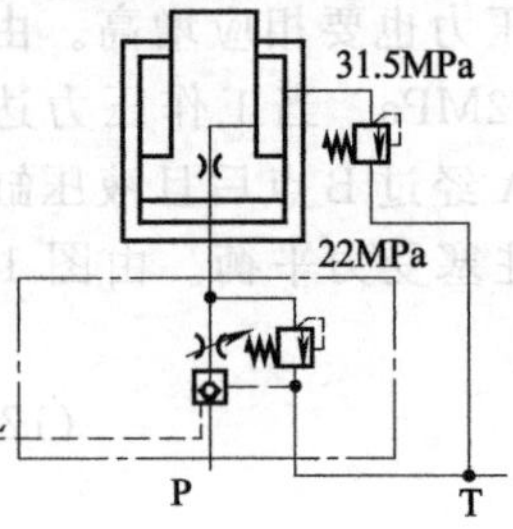

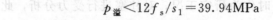

图 12-4 改进后的液压缸原理图

溢流阀的设定压力 $p_{溢}$ 的选定：有杆腔中的油液产生的力必须小于 12 个紧固螺钉保证载荷的总和，即

$$p_{溢}<12f_s/s_1=39.94\text{MPa}$$

将溢流阀的压力设定为 31.5MPa，既保证了液压缸的阻尼缓冲作用，又保证了紧固螺钉的安全使用。

12.1.6 工程机械液压缸不保压故障与修理

工程机械液压缸的锁紧回路系统如图 12-5 所示，由液压泵 1、换向阀 2、液控单向阀 3、液压缸 4 及溢流阀 5 等组成。机械作业中常遇到液压缸不能保压故障，即发生活塞杆自然移动（俗称跑缸）现象。

(1) 原因分析

究其原因主要有以下几种，并各有其独特的故障征兆（见表 12-1）。

表 12-1 活塞杆自然移动主要原因

因素	故障现象	原因分析
液压缸内有空气	液压缸活塞杆出现爬行、颤抖，液压油管脉动大	①液压缸内部形成负压，空气被吸入缸内 ②油箱中油面过低，液压泵吸入空气 ③系统各管接头、阀等密封不良 ④油箱的进出油管之间距离过短 ⑤液压缸在制造和修配时，形状偏差、尺寸公差和配合间隙不符合要求 ⑥滤清器容量不够或附着其上的脏物较多
液控单向阀反向泄漏	在阀芯关闭状态，拆开液控单向阀外泄管路，有大量油液流出，用一字旋具贴近阀腔侧听时，有液流声	①液控单向阀密封不严或卡滞 ②因换向阀中位机能选用不当(一般为 H,Y)或其他原因使控制油压 K 无法释放，使换向阀中位时，单向阀关闭不严
液压缸外泄漏	活塞杆端、缸盖接合面、管接头等处漏油	①活塞杆密封圈破损老化，活塞杆拉伤 ②缸盖接合面、管接头、胶圈破损 ③液压油黏度过低 ④液压缸进油口阻力太大或周围环境温度太高等引起液压油温度过高
液压缸内泄漏	液压缸推力不足，速度慢，或液压缸工作时建立不起最高额定压力	①活塞上密封圈老化、龟裂或安装时扭转 ②缸筒内壁有较深的纵向拉伤

(2) 问题的处理

① 液压缸内存在较多空气时，可让液压缸在空载或轻载状态下进行大行程往复运动，

直至空气排净；若液压缸上部设有排气装置，可松开排气阀螺钉排出油液中的气体。此外，应对导致空气混入的损坏元件进行修复。

② 当液控单向阀存在反向泄漏时，应检查阀芯是否偏磨或划痕。若损坏程度较轻，可用 0.001 mm 的氧化铝磨粒加入机油调配成研磨剂修复后用煤油渗透法检验。如果是因控制油压 K 无法释放造成单向阀关闭不严，则应检查液压回油路的背压是否过高，回油过滤器是否阻塞或检查所更换的换向阀中位机能与原配是否相符。

③ 液压缸外泄漏现象比较直观，若是活塞杆端密封圈或缸盖处接合面 O 型圈老化、损伤，应予更换；若是活塞杆出现轴向拉伤，则可采用镀铬修复或换新活塞杆。

④ 液压缸内泄漏是液压缸不保压诸多因素中影响最大的一种，且故障分析不像其他因素那样直观，因为阀件、液压泵的泄漏或系统溢流阀、分流阀调节不当都可能产生类似液压缸内泄漏的故障征兆，故在修理液压缸之前，应查询液压缸工作压力、活塞全行程时间等资料，了解液压缸不保压现象属偶发型还是渐变型等，并与历史记录或标准值做比较。

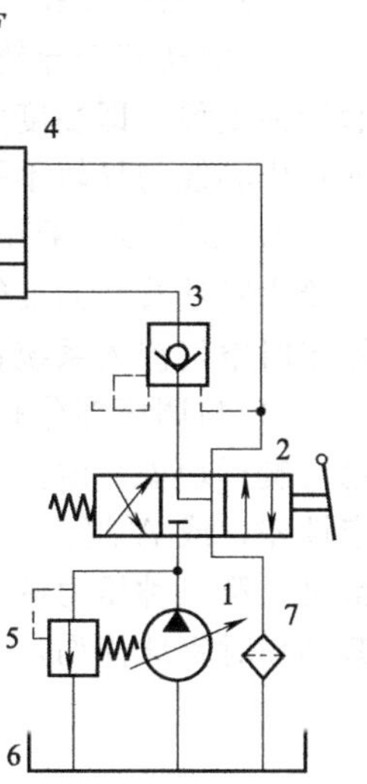

图 12-5 工程液压缸锁紧回路图

1—液压泵；2—换向阀；3—液控单向阀；4—液压缸；5—溢流阀；6—油箱；7—回油过滤器

⑤ 一旦确定液压缸产生了内泄漏，应将液压缸解体，并更换活塞上的各种密封圈，具体工艺过程如下：

a. 拆卸、检查。先清理修理场地，将液压缸外部清洗干净，准备好防尘用品。然后利用工作油压将活塞杆移到缸筒的任意末端，松开溢流阀，使回路卸压，排出液压缸两腔的油液，各油口接头处、活塞杆端螺纹用生料带或尼龙布包好。注意：拉出活塞时应保持活塞与缸筒的同轴度偏差在 0.05mm 内，活塞端面与缸筒中心线的垂直度偏差在 0.05mm 内。最后，检查缸筒内有无纵向拉痕。

b. 组装。用煤油或其他清洗液将缸筒内壁、活塞和活塞杆清洗干净。去掉毛刺，修复轻度拉痕，并涂抹一层液压油膜。再检查新换密封圈有无龟裂老化现象，并在装入液压缸前涂上一层高熔点的润滑脂。活塞推入液压缸过程中，应严格控制上述同轴度和垂直度偏差，以免装配时活塞上的密封圈唇口受损。

c. 调试。液压缸组装好后，应进行整个液压系统的试运转，先复校各连接处的紧固情况，调整系统溢流阀压力至规定值，启动液压泵供油并检查有无漏油情况，排除液压缸及系统中的空气，最后让液压缸进行重载试运转，并记录其工作压力、活塞杆运动速度等技术参数。

12.1.7 液压刨床滑枕爬行故障分析与处理

（1） B690 刨床液压系统的问题

B690 刨床液压系统见图 12-6。其液压系统由叶片泵、溢流阀、换向阀、进给阀、制动阀、调速阀、背压阀、主油缸等组成。

某 B690 液压刨床在加工机械零件时滑枕经常出现走走停停的问题。加工零件吃刀量大时，走得非常慢，情况严重时还会出现闷车，使生产不能顺利进行。

当液压系统出现故障时，滑枕可能产生不均匀的停顿和跳跃现象，称为液压爬行，特别在低速状态下尤为显著，严重时在较高的运动速度下，也能观察到这种现象。机床滑枕爬行严重影响零件加工精度和表面光洁度，并缩短刀具的使用寿命，尤其是出现闷车现象时，将使生产无法进行。影响爬行的因素很多也较复杂。

（2）相关原因

1）滑枕移动导轨摩擦阻力大　滑枕移动导轨的精度差、接触不良，使油膜不易形成；润滑油太稀，即黏度太小，在导轨面间无法形成油膜；压板调整太紧，或压板有弯曲现象；油缸中心线与导轨不平行；活塞杆弯曲；油缸内孔拉毛；活塞与活塞杆同轴度误差大等。

2）空气浸入液压系统　油面过低，吸油不流畅；滤油器堵塞，吸油口处形成局部真空；油箱中吸油管与回油管距离太近，造成回油飞溅的气泡被吸油管吸入；回油管未浸入油面，停车时空气浸入系统；接头密封不严，空气侵入；液压元件密封性能差等。

3）与调压部分有关的压力控制阀有故障　压力有时突然升高和下降，使滑枕行程不平稳有爬行现象。溢流阀、背压阀有故障，或无级调速阀（节流阀、减压阀）节流变化大，稳定性差，或A阀、B阀压力调整不当，都能间接造成滑枕爬行问题。前两种故障原因比较常见，第三种压力调节阀及流量控制阀的故障不常见，容易忽视，多表现为在长期使用或频繁动作时钢球撞伤，不能密封阀口，弹簧疲劳变形失效。

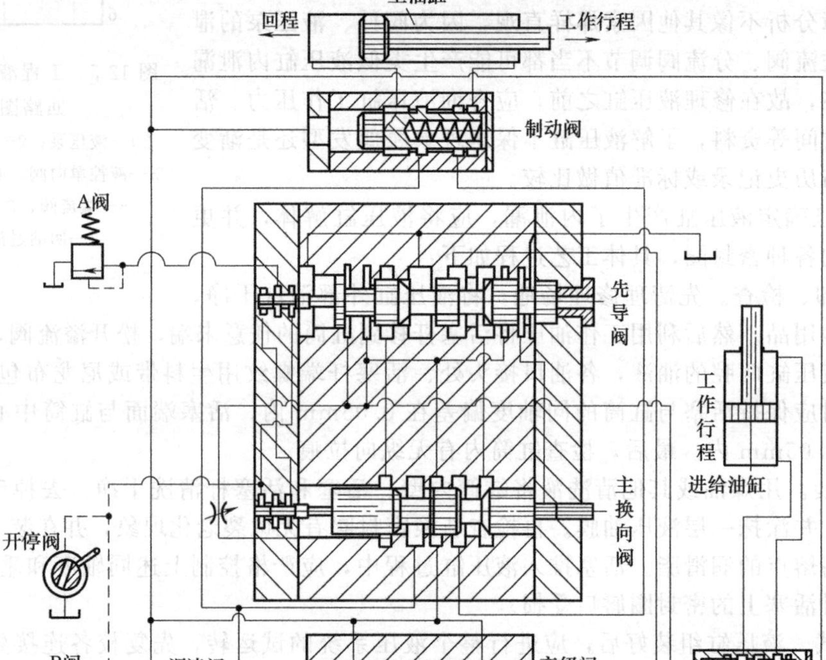

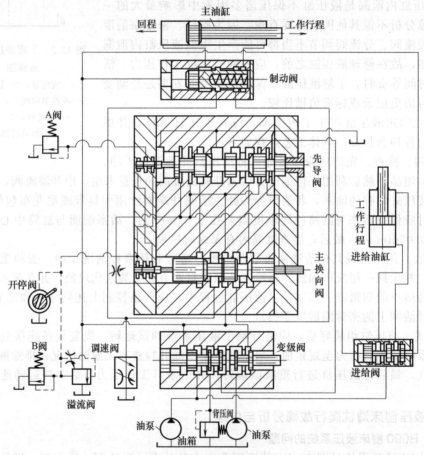

图12-6　B690刨床液压系统

4）刨床滑枕精度问题　由于长期使用，刨床滑枕精度已严重超出设计标准。

上面对B690液压刨床滑枕爬行机理的分析表明：液压爬行是一个多因素综合作用产生的问题。要消除液压爬行故障，应从导轨的润滑、空气的排除、失效弹簧的更换、阀座的修复等方面采取措施。

（3）问题的处理

针对液压系统和滑枕存在的问题，采取以下处理措施。

1）滑枕移动导轨摩擦阻力大问题　彻底修复导轨精度。对接口的新导轨采用涂上一层薄薄的氧化铬，用手对研几次，减少刮研点，这样摩擦阻力可减小。采用黏度较大的润滑油，并适当加大滑枕的润滑油量。修复压板，并重新调整。修复、更换或重装有关零件。

2）空气侵入液压系统问题　增大吸油管与回油管相隔距离；拆卸清洗滤油器；更换脏油，油箱补油至油标线；拧紧各管接头，检查密封，修理或更换有关液压元件；将回油管插入油中，然后以较快速度开几次空车，以工作油缸活塞的最大行程进行几次空运转，排出空气。

3）调压阀的故障　重新调整 A 阀、B 阀及背压阀压力，更换 B 阀钢球和变形失效的弹簧，修复阀座。

12.2　液压马达故障诊断与排除

液压马达是将液体压力能转换为机械能的装置，输出转矩和转速，是液压系统的执行元件。马达与泵在原理上有可逆性，但因用途不同结构上有些差别。马达要求正反转，其结构具有对称性；而泵为了保证其自吸性能，结构上采取了某些措施。液压马达的使用维护及修理方法，在诸多方面与液压泵是相同的。

12.2.1　外啮合齿轮马达故障分析与排除

（1）轴封漏油

① 泄油管的背压太大，泄油管不畅通。

② 泄油管通路因污物堵塞，或设计时管径过小、弯曲太多等。

③ 马达轴封质量不好，或者选择错误，或者油封破损而漏油。

（2）转速下降，扭矩降低

① 齿轮两侧和侧板（或马达前后盖）接触面磨损拉伤，造成高低压腔之间的内泄漏量大，甚至串腔。

② 齿轮油马达径向间隙超差。

③ 油泵因磨损使径向间隙和轴向间隙增大。

④ 因液压系统调压阀（如溢流阀）调压失灵压力上不去、各控制阀内泄漏量大等，造成进入油马达的流量和压力不够。

⑤ 油液温升，油液黏度过小，致使液压系统各部位内泄漏量大。

⑥ 工作负载过大，转速降低。

（3）噪声过大，并伴有振动和发热

① 系统中进了空气。

② 齿轮马达的齿轮齿形精度不好、马达滚针轴承破裂、个别零件损坏、齿轮内孔与端面不垂直、前后盖轴承孔不平行等，造成旋转不均衡、机械摩擦严重，导致噪声和振动大。

（4）低速下速度不稳定，有爬行现象

① 系统混入空气。

② 回油背压太小。

③ 齿轮马达与负载连接不好，存在较大同轴度误差，从而造成马达内部配油部分高低压腔的密封间隙增大，内部泄漏加剧，流量脉动加大。同时，同轴度误差也会造成各相对运动面间摩擦力不均而产生爬行现象。

④ 齿轮的精度差。

⑤ 油温高和油液黏度变小。

12.2.2 内啮合摆线齿轮液压马达故障分析与排除

（1）低转速下速度不稳定，有爬行现象

① 摆线转子的齿面拉毛，拉毛的位置摩擦力大，未拉毛的位置摩擦力小，这样就会出现转速和扭矩的脉动。

② 定子的圆柱针轮在工作中转动不灵活。

（2）转速降低，输出扭矩降低

① 同外啮合齿轮泵。

② 当转子和定子接触线因齿形精度不好、装配质量差或者接触线处拉伤而使内泄漏较大时，会造成容积效率下降、转速下降以及输出扭矩降低。

③ 配流轴和机体的配流位置不对，两者的对应关系失配，即配流精度不高，将引起转速和输出扭矩的降低。

④ 配流轴磨损，内泄漏大，影响了配油精度；或者因配流套与油马达体壳孔之间配合间隙过大，或因磨损产生间隙过大，影响了配油精度，使容积效率低，而影响了油马达的转速和输出扭矩。

（3）启动性能不好，难以启动

国产 BMP 型摆线马达是靠弹簧顶住配流盘来保证初始启动性的，如果此弹簧疲劳折断，则启动性能不好。

12.2.3 叶片马达故障分析与排除

（1）输出转速不够（欠速），输出扭矩也低

① 转子与定子厚度差太大（超过 0.04mm），使转子与配油盘滑动配合面之间的配合间隙过大。

② 配油盘拉毛或拉有沟槽。

③ 推压配油盘的支承弹簧疲劳或折断。

④ 控制压力油未作用在配油盘背面，补偿间隙作用失效。

⑤ 定子内曲线表面磨损拉伤。

⑥ 叶片因污物或毛刺卡死在转子槽内不能伸出。

⑦ 油温过高或油液黏度选用不当。

⑧ 油泵供给油马达的流量与压力不足。

⑨ 油马达出口背压过大。

（2）负载增大时，转速下降很多

① 同上述原因。

② 油马达出口背压过大。

③ 进油压力低。

（3）噪声大、振动严重（马达轴）

① 与负载连接的联轴器及皮带轮同轴度超差过大，或者外来振动。

② 油马达内部零件磨损及损坏，如滚动轴承保持架断裂、轴承磨损严重、定子内曲线拉毛等。

③ 叶片底部的扭力弹簧过软或断裂。

④ 定子内表面拉毛或刮伤。

⑤ 叶片两侧面及顶部磨损及拉毛。

⑥ 油液黏度过高，油泵吸油阻力增大，油液不干净，污物进入油马达内。

⑦ 空气进入油马达，采取防止空气进入的措施。

⑧ 油马达安装螺钉或支座松动引起噪声和振动。

⑨ 油泵工作压力调整过高，使油马达超载运转。

（4）低速时转速颤动，产生爬行

① 油马达内进了空气，必须予以排除。

② 油马达回油背压太低。

③ 内泄漏量较大。

（5）低速时启动困难

① 高速小扭矩叶片马达多为燕式弹簧折断。

② 低速大扭矩叶片马达则是顶压叶片的弹簧折断或漏装，使进回油串腔，不能建立起启动扭矩。

③ 波形弹簧疲劳。

12.2.4 轴向马达故障分析与排除

（1）油马达的转速提不高，输出扭矩小

油马达的输出功率 $N=pQ\eta$（p 为输入油马达的液压油的压力；Q 为输入油马达的流量；η 为油马达的总效率）。输出转矩 $T=pQn/2\pi$（n 为液压马达的转速）。因此，产生这一故障的主要原因是：输油马达的压力 P 太低；输入油马达的流量 Q 不够；油马达的机械损失和容积损失。具体表现为：

① 油泵供油压力不够，供油流量太少，可参阅油泵的故障排除中流量不够和压力不去的有关内容。

② 油泵到油马达之间的压力损失太大，流量损失太大，应减少油泵到油马达之间管路及控制阀的压力、流量损失，如管道是否太长、管接头弯道是否太多、管路密封是否失效等，根据情况逐一排除。

③ 压力调节阀、流量调节阀及换向阀失灵。可根据压力阀、流量阀及换向阀故障排除方法予以排除。

④ 油马达本身的故障，如油马达各接合面产生严重泄漏。例如缸体与右端盖之间、柱塞与缸体孔之间的配合间隙过大或因磨损导致内泄漏增大，拉毛导致相配件摩擦别劲，容积效率与机械效率降低等，可根据情况予以排除。

⑤ 如果是油温过高与油液黏度使用不当等原因，则要控制油温和选择合适的油液黏度。

（2）油马达噪声大

① 油马达输出轴的联轴器、齿轮等安装不同心与别劲等。可校正各联结件的同心度。

② 油管各连接处松动（特别是进油通道），有空气进入油马达或油液污染。

③ 柱塞与缸体孔因磨损严重而间隙增大。可刷镀重配间隙。

④ 推杆头部（球面）磨损严重，输出轴两端轴承处的轴颈磨损严重。可通过电镀或刷镀轴颈位置修复。

⑤ 外界振动的影响，甚至产生共振，或者油马达未安装牢固等。找出振动原因便可排除，如消除外界振源的影响。

（3）内外泄漏

产生外泄漏的主要原因是：输出轴的骨架油封损坏；油马达各管接头未拧紧或因振动而松动；油塞未拧紧或密封失效等。

产生内泄漏大的原因是：柱塞与缸体孔磨损，配合间隙大；弹簧疲劳，缸体与配油盘的配油贴合面磨损，引起内泄漏增大等。

可根据上述情况，找出故障原因，然后进行排除。

12.2.5 径向马达故障分析与排除

（1）转速下降，转速不够

① 配油轴磨损或者配合间隙过大。如 JMD 型、CLJM 型、YM-3.2 型等以轴配油的液压马达，当配油轴磨损时，使配油轴与相配的孔（如阀套或配油体壳孔）间隙增大，造成内泄漏增大，压力油漏往排油腔，使进入柱塞腔的流量大为减小，导致转速下降。此时可刷镀配油轴外圆柱面或镀硬铬修复，情况严重者需重新加工更换。

② 配油盘端面磨损，拉有沟槽。如 JMDG 型、NHM 型等采用配油盘的油马达，当配油盘端面磨损，特别是拉有较深沟槽时，内泄漏增大，使转速不够；另外，压力补偿间隙机构失灵也造成这一现象。此时应平磨或研磨配油盘端面。

③ 柱塞上的密封圈破损。柱塞密封破损后，造成柱塞与缸体孔间密封失效，内泄漏增加。此时需更换密封圈。

④ 缸体孔因污物等原因拉有较深沟槽，应予以修复。

⑤ 连杆球铰副磨损。

⑥ 系统方面的原因。例如，油泵供油不足、油温太高、油液黏度过低、油马达背压过大等，均会造成油马达转速不够的现象，可查明原因，采取对策。

（2）输出扭矩不够

① 同上①～⑥。

② 连杆球铰烧死，别劲。

③ 连杆轴瓦烧坏，造成机械摩擦阻力大。

④ 轴承损坏，造成回转别劲。

可针对上述原因采取相应的措施。

（3）油马达不转圈，不工作

① 无压力油进入油马达，或者进入油马达的压力油压力太低，可检查系统压力上不来的原因。

② 输出轴与配油轴之间的十字连接轴折断或漏装，应更换或补装。

③ 有柱塞卡死在缸体孔内，压力油推不动，应拆修使之运动灵活。

④ 输出轴上的轴承烧死，可更换轴承。

（4）速度不稳定

① 运动件之间存在别劲现象。

② 输入的流量不稳定。例如，泵的流量变化太大，应检查。

③ 运动摩擦面的润滑油膜被破坏，造成干摩擦，特别是在低速时产生抖动（爬行）现象。此时要注意检查连杆中心节流小孔的阻塞情况，应予以清洗和换油。

④ 油马达出口无背压调节装置或无背压，此时受负载变化的影响，速度变化大，应设置可调背压。

⑤ 负载变化大或供油压力变化大。

（5）马达轴封处漏油（外漏）

① 油封卡紧、唇部的弹簧脱落，或者油封唇部拉伤。

② 油马达因内部泄漏大，导致壳体内泄漏油的压力升高，大于油封的密封能力。

③ 油马达泄油口背压太大。

可针对上述原因做出处理。

12.2.6 挖掘机行走马达工作无力的分析与修复

挖掘机工作一段时间后，会出现诸如行走速度、爬坡能力、直行程度下降，左右转弯能力相差太大等现象。排除发动机无力、液压泵效率降低、操纵阀磨损、调节阀调节压力降低、环境的影响和履带张紧程度左右不等诸因素之后，可基本确定是由于行走马达驱动能力降低（即行走马达无力）造成的。

（1）问题的分析

工况下行走马达无力的故障多由马达的缸体与配流盘之间的磨损过度所致。缸体与配流盘的接触表面属平面密封形式，其间有一定的接触压力和适当厚度的油膜，这样才能具有良好的密封性，减少磨损，延长使用寿命。

缸体相对于配流盘是转动的，进入缸体和由缸体排出的液压油都通过配流盘的腰形窗孔。当液压油被污染时，在缸体与配流盘之间，特别是腰形窗孔与缸体接触的环形范围，极易造成磨损并日趋严重。液压油在接触平面之间的泄漏，特别是进、出油窗口之间过渡区域的泄漏，将造成进出油口压力差的减小。液压马达的平均扭矩 M 为：

$$M=\frac{\Delta pq}{2\pi} \tag{12-6}$$

式中　Δp——马达进出油口的压力差；

　　q——马达的理论排量。

Δp 减小将导致马达平均扭矩降低，工作无力。只要恢复缸体与配流盘之间的密封，尽量达到设计所要求的进出油口的压力差，即可排除故障。

（2）修复方法

修复平面接触的磨损的方法如下：

首先将待修复的缸体与配流盘清洗干净，然后将配流盘有磨痕的一面用平磨磨光，恢复接触平面的密封能力。由于配流盘的修复是靠磁力吸附在平磨的工作台上进行磨削的，加工前必须清理工作台台面与配流盘背面的杂物及毛刺，否则加工后配流盘上下平面的平行度将难以保证。在加工缸体有磨痕的平面时，由于磨损面多是铜质镀层，虽可用平磨加工，但铜屑极易粘嵌到砂轮的工作面上。每加工一个都要检查砂轮的工作面是否有粘嵌的铜屑，并及时清理，必要时可用金刚石刀具对砂轮的工作面进行修整。

另外，磨削前装夹时，由于缸体与磨床工作台接触面大多有凸缘，单靠磁力无法固定牢固，必须借助夹具加以固定。同时应检查被加工面与工作台平面的平行度和柱塞孔与工作台面的垂直度，经调整无误后方可加工。

缸体与配流盘的磨损面经磨光后，还应以配流盘为基准对缸体磨光后的铜质平面进行刮研，以求更好的贴合程度。但绝对禁止用类似凡尔砂的磨料在其间进行研磨，以防磨料嵌入铜质镀层中，加剧平面之间的磨损。

缸体与配流盘平面的密封需要有适当厚度的油膜。这种油膜的形成依赖于两平面之间存在的接触比压，这个比压是通过压缩弹簧来实现的。然而，当缸体和配流盘因磨损并经磨削之后尺寸减小时，靠原先的压缩弹簧所产生的缸体与配流盘之间的接触比压相对减小，因此仍会造成接触平面之间液压油的泄漏，马达进出油口压力差减小，平均扭矩不能恢复。要解决此问题可给弹簧加一垫圈，或按所加垫圈的厚度将原垫圈加厚。

所加垫圈的厚度应根据缸体和配流盘经磨削后几何尺寸的减小而定。考虑弹簧长期使用后张力下降，这一垫圈应稍厚一些为宜，一般为减小尺寸的 2～5 倍。

12.2.7　低速大扭矩液压马达窜漏的诊断与修复

（1）问题及诊断

某进口柱塞式低速大扭矩液压马达，工作压力为 0～25MPa，转速为 0～30r/min，可方便地实现正反转及无级调速。使用多年后，液压马达出现了输出轴油封漏油、转速不稳、压力波动等故障。经分析发现高压油在缸体柱塞孔和活塞之间窜漏是最大的故障成因。

拆检液压马达，发现轴承滚子磨损严重，导致转轴偏摆变大，引起油封泄漏；轴承磨屑随油进入油缸，造成活塞和油缸配合面磨损严重并有拉伤，导致窜漏。

（2）修复的方法

① 更换轴承和油封。

② 翻新油缸和活塞，油缸内径尺寸为 ϕ123.8mm，如镗缸，需再配制活塞，加工难度大。据经验，决定将成品国产柴油机标准 ϕ120mm 缸筒改制成缸套镶嵌在原机座上，即可不加工缸的内孔。具体做法是：在原机座油缸孔的基准上找正后将原 ϕ123.8mm 孔镗至 ϕ135mm；将 ϕ120mm 柴油机标准缸套加工为衬套（内孔不加工)。为保证内孔不变形，制作心轴将缸套紧固后再加工，使外径同座孔有 0～0.02mm 的过盈。

③ 将原活塞表面精磨后再抛光，同缸的配合间隙为 0.04～0.07mm，再加工宽度为 3.2mm 的标准活塞环槽。

④ 加工后用工装将缸套压入缸座；活塞环采用标准环。

采取上述维修方法后，缸径比以前小 2.5%，工作压力提高至原来的 1.06 倍左右，原工作压力为 20MPa，现为 21MPa 左右，可以满足使用要求。

12.2.8 搬运机起升机构马达故障分析与排除

某 MDEL900 轮胎式搬运机，主要用于高速铁路或客运专线 32m、24m、20m 双线整孔预制混凝土箱梁的吊运，以及预制场内 YL900 运梁车装梁等。液压系统由行走驱动、转向、悬挂、起升等几大回路与液压辅助系统组成，其中液压卷扬起升回路通过开式系统的高压变量泵供油给变量马达，由微电系统控制比例换向阀驱动卷筒，可实现无级调速。

（1）故障现象

该机卷扬起升机构失速，即“溜钩”，表现为重载吊梁下落或起升刚启动时，梁片不受控制自由下落，卷扬机在梁片自重负载作用下向落钩方向转动。

“溜钩”对轮胎式搬运机来说是一种很危险的故障，出现“溜钩”时，现场操作人员必须立即按下急停开关，防止梁片继续下落，而紧急制动易对搬运机造成较大冲击而损坏液压元件和机械结构件。

（2）故障分析

上述故障会造成卷扬钢丝绳绳头脱开和钢丝绳断裂等严重的机械故障，上述故障主要是由卷扬机起升马达或马达平衡阀（见图 12-7）的失效造成的。

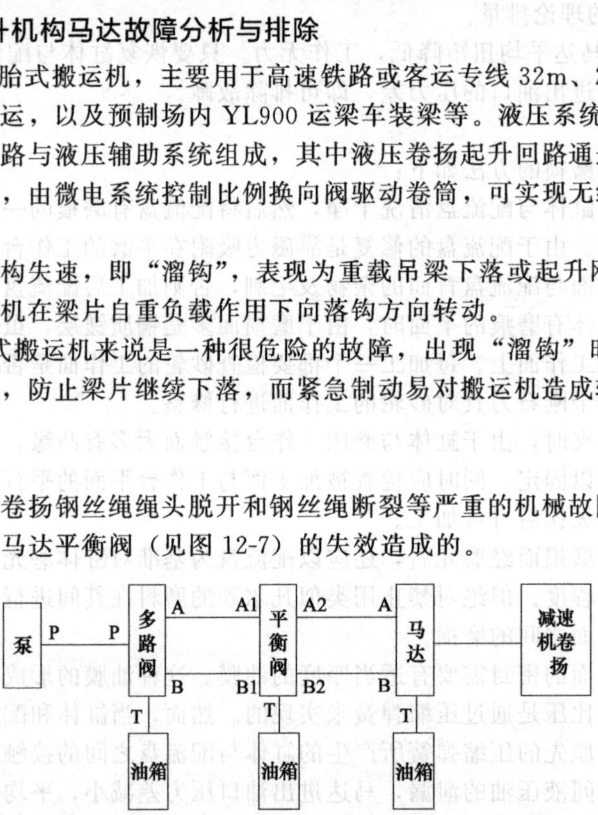

图 12-7　液压马达和平衡阀

对液压系统来说，马达平衡阀是为卷扬机马达的起升和下落提供背压的重要液压元件，可以保证卷扬机在梁片的负载下不会自由下落。若是系统油液不洁，导致平衡阀阀芯卡死，打开后无法关闭，便无法为卷扬机马达提供背压而造成梁片自由下落。

此外，卷扬机起升马达如果由于长期使用磨损，甚至“绞碎”等，也会造成马达起升或下落时无法在马达回油腔形成背压，造成卷扬机“溜钩”。

（3）故障检测

空载时负载很小，不易出现“溜钩”现象。搬运机出现卷扬起升机构失速一般是在重载吊梁的情况下，此时，由于面临梁片下落的风险，所以只能进行简易检测。

在卷扬的钳盘制动器制动的情况下，由专业的液压维护人员将卷扬机马达的泄油口打开，收集流出的液压油，若油液里有大量的金属杂质、粉末，则说明马达磨损严重或已经“绞碎”，此时不能再进行卷扬动作，以免杂质进入液压系统；若没有，则操作卷扬多路阀观察马达能否建立压力。若不能建立压力，在确定卷扬多路阀无故障时，可以认为马达严重磨损；若能，则可以认为是平衡阀失效。

（4）故障排除

由于预制梁场的生产安排非常紧凑，同时，搬运机上使用的液压马达和平衡阀等液压元件均采用进口元件，不易得到替换零件，所以一般首先将元件拆卸后进行清洗，若清洗不能消除故障，则采用完全替换的方法，对液压马达或平衡阀进行同型号完全替代。

在卷扬的制动器制动的情况下进行元件清洗或替换，必须由专业液压维护人员先操作卷扬起升多路阀对马达进行充油后，方能打开制动器进行卷扬机的起升和下落试动作。

第13章 液压辅件故障与排除

液压辅件是系统的一个重要组成部分，它包括蓄能器、过滤器、冷却器、密封件等。液压辅件的合理使用与妥善维修在很大程度上影响液压系统的效率、噪声、磨损、温升、泄漏、工作可靠性等重要技术性能。

13.1 蓄能器故障与排除

13.1.1 蓄能器概述

蓄能器是一种能把液压能储存在耐压容器里，待需要时又将其释放出来的能量储存装置。蓄能器是液压系统中的重要辅件，对保证系统正常运行、改善其动态品质、保持工作稳定性、延长工作寿命、降低噪声等起着重要的作用。蓄能器给系统带来的经济、节能、安全、可靠、环保等效果是明显的。在现代大型液压系统，特别是具有间歇性工况要求的系统中尤其值得推广使用。

如图 13-1 所示，皮囊式蓄能器由铸造或锻造而成的压力罐、皮囊、气体入口阀和油入口阀组成。皮囊材质按标准通常采用丁腈橡胶（R）、丁基橡胶（IR）、氟化橡胶（FKM）、环氧乙烷-环氧化氯丙烷橡胶（CO）等材料。

囊式蓄能器由耐压壳体、弹性气囊、充气阀、提升阀、油口等组成。这种蓄能器可做成各种规格，适用于各种大小型液压系统；胶囊惯性小，反应灵敏，适合用作消除脉动；不易漏气，没有油气混杂的可能；维护容易，附属设备少，安装容易，充气方便，是目前使用最多的。

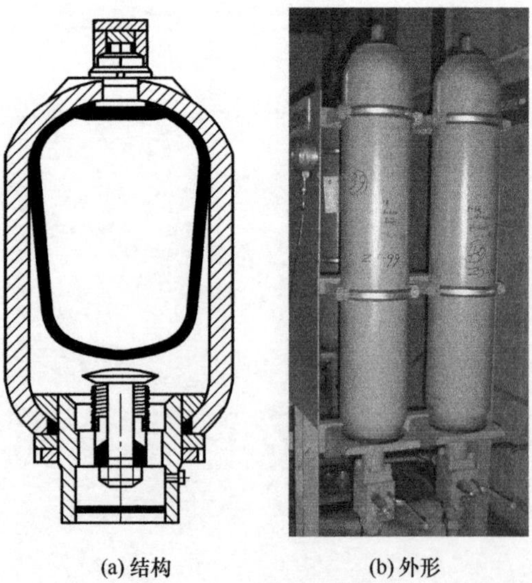

(a) 结构　　(b) 外形

图 13-1　皮囊式蓄能器

活塞式蓄能器利用活塞将气体和液体隔开，活塞和筒状蓄能器内壁之间有密封，所以油不易氧化。这种蓄能器寿命长、重量轻、安装容易、结构简单、维护方便，但是反应灵敏性差，不适于低压吸收脉动。图 13-2 所示为活塞式蓄能器结构图与符号，图 13-3 所示为活塞式蓄能器外形。

隔膜式蓄能器是两个半球形壳体扣在一起，两个半球之间夹着一张橡胶薄膜，将油和气分开。其重量和容积比最小，反应灵敏，低压消除脉动效果显著。隔膜式蓄能器橡胶薄膜面积较小，气体膨胀受到限制，所以充气压力有限，容量小。

图 13-4 所示为隔膜式蓄能器结构。图 13-5 所示为隔膜式蓄能器外形。

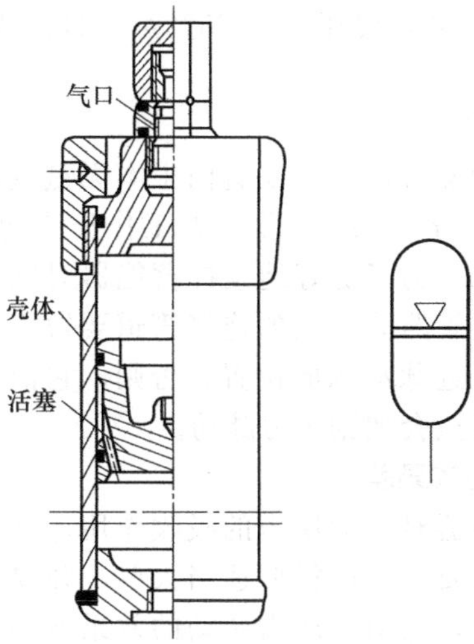

图 13-2 活塞式蓄能器结构图与符号

图 13-3 活塞式蓄能器外形

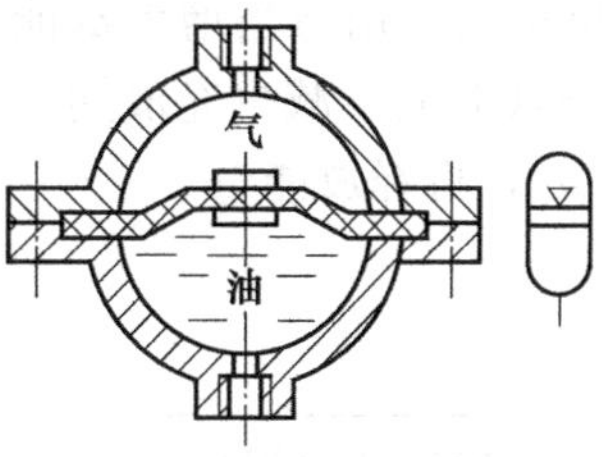

图 13-4 隔膜式蓄能器结构

(a) 国内隔膜式蓄能器产品

(b) HYDAC隔膜式蓄能器产品

图 13-5 隔膜式蓄能器外形

13.1.2 蓄能器常见故障的诊断与排除

以 NXQ 型皮囊式蓄能器为例说明蓄能器的故障现象及排除方法，其他类型的蓄能器可进行参考。

（1）皮囊式蓄能器压力下降严重，经常需要补气

皮囊式蓄能器中，皮囊的充气阀为单向阀的形式，靠密封锥面密封（见图 13-6）。蓄能器在工作过程中受到振动时，有可能使阀芯松动，使密封锥面 1 不密合，导致漏气。或者阀芯锥面上拉有沟槽，或者锥面上粘有污物，均可能导致漏气。此时可在充气阀的密封盖 4 内垫入厚 3mm 左右的硬橡胶垫 5，以及采取修磨密封锥面使之密合等措施解决。

另外，如果出现阀芯上端螺母 3 松脱，或者弹簧 2 折断或漏装的情况，有可能使皮囊内氮气顷刻泄完。

（2）皮囊使用寿命短

其影响因素有：皮囊质量；使用的工作介质与皮囊材质的相容性；是否有污物混入；选用的蓄能器公称容量不合适（油口流速不能超过 7m/s）；油温太高或过低；作储能用时，往复频率是否超过 1 次/10s，超过则寿命开始下降，若超过 1 次/3s，则寿命急剧下降；安装是否良好；配管设计是否合理等。

另外，为了保证蓄能器在最小工作压力时能可靠工作，并避免皮囊在工作过程中与蓄能器的菌型阀相碰撞，延长皮囊的使用寿命，p_0 一般应在 0.75～0.91 的范围内选取；为避免在工作过程皮囊的收缩和膨胀的幅度过大而影响使用寿命，要让 $p_0>25\%p_2$，即要求 $p_1>33\%p_2$。

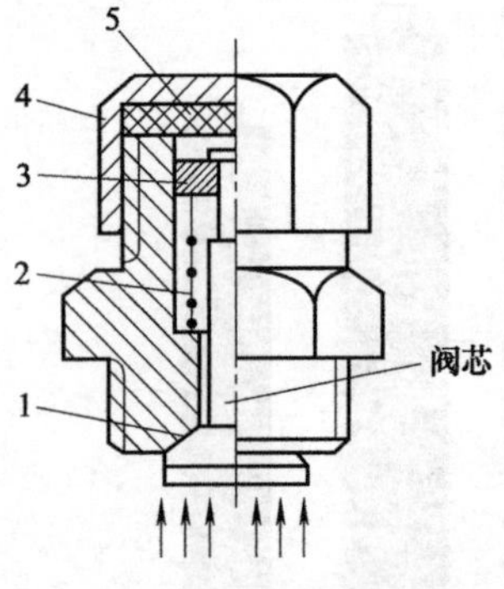

图 13-6　皮囊蓄能器气阀简图

1—密封锥面；2—弹簧；3—螺母；4—密封盖；5—硬橡胶垫

（3）蓄能器不起作用

产生原因主要是气阀漏气严重，皮囊内根本无氮气，以及皮囊破损进油。另外，当 $p_0>p_2$，即最大工作压力过低时，蓄能器完全丧失蓄能功能。为了更好地发挥蓄能器对脉动压力的吸收作用，蓄能器与主管路分支点的连接管道要短，通径要适当大些，并要安装在靠近脉动源的位置。否则，它消除压力脉动的效果就差，有时甚至会加剧压力脉动。

（4）吸收压力脉动的效果差

为了更好地发挥蓄能器对脉动压力的吸收作用，蓄能器与主管路分支点的连接管道要短，通径要适当大些，并要安装在靠近脉动源的位置。否则，它消除压力脉动的效果就差，有时甚至会加剧压力脉动。

（5）蓄能器释放出的流量稳定性差

蓄能器充放液的瞬时流量是一个变量，特别是在大容量且 $\Delta p=p_2-p_1$ 范围又较大的系统中，若要得较恒定的和较大的瞬时流量，可采用下述措施：①在蓄能器与执行元件之间加入流量控制；②将几个容量较小的蓄能器并联，取代一个大容量蓄能器，并且几个容量较小的蓄能器采用不同的充气压力；③尽量减少工作压力范围 ΔP，也可以采用适当增大蓄能器结构容积（公称容积）的方法；④在一个工作循环中安排足够的充液时间，减少充液期间系统其他部位的内泄漏，使在充液时确保蓄能器的压力能迅速升到 p_2，再释放能量。

表 13-1 为国产 NXQ-L 型皮囊式蓄能器的允许充放流量。

表 13-1　NXQ-L 型皮囊式蓄能器允许充放流量

蓄能器公称容积/L	NXQ-L0.5	NXQ-L1.6～NXQ-L6.3	NXQ-L10～NXQ-L40
允许充放流量/(L/s)	1	3.2	6

13.2　过滤器故障诊断与排除

过滤器作为液压系统中的辅助元件，其在污染控制方面的作用是极其重要的。液压油的注入、系统的运行、油的污染控制等，都离不开过滤器。

13.2.1　鉴别过滤器滤芯质量

（1）滤材

滤材有金属网、金属毡、玻璃纤维、植物纤维、有机化学纤维等多种。

金属网由金属细丝编织而成，分方目和斜纹细目，它流通阻力小，可在很高的温度范围使用。主要用于系统的粗过滤，它属于表面过滤，可反复清洗使用。吸油滤芯一般选用 60～300μm 的金属网滤材，润滑系统有时使用 25～200μm 的金属网。现在也有 5～20μm 的金属网滤材用于特殊场合。

金属毡是由金属纤维制成的毡，具有玻璃纤维的性能，属纵深过滤。它具有迷宫式三维构造，疏松度高，流通阻力小，纳污能力强，使用寿命长，能在很大的温度范围使用。精度范围是 5～20μm。由于它价格昂贵，只有在过滤特殊介质或是要求高温时才使用，可清洗(要用超声波清洗机清洗)、反复使用。

玻璃纤维是现在最常见也是性能最好的滤材之一，它广泛应用在液压系统中，属于纵深过滤，精度范围是 1～30μm，并受工作环境变化影响较小，流通阻力小，纳污能力强。在超过规定的压差范围里仍有很高的滤除细微颗粒的能力。化学耐受性好，但不适用于水乙二醇混合液。

有机化学纤维也是一种很不错的滤材，它的精度范围是 3～30μm，属纵深过滤，可耐受很高的压差，流通阻力小，纳污量大。化学耐受力强，特别适用于乳化液和合成液压液。耐撕扯，但精度随温度变化略有变化。

植物纤维是最早使用的纤维滤材，由于它孔径分布不均匀，不能用绝对精度来表达，只用名义精度表达过滤精度，过滤效率较低，但由于成本较低，温度使用范围较玻璃纤维宽，所以广泛用于发动机润滑、柴油、汽油和空气的过滤，一般名义精度范围是 10～100μm。纤维的粗细影响滤材的精度与通油能力。纤维越细精度越高；孔隙越多，压差 Δp 越小；纤维与纤维之间要靠树脂胶粘。胶粘均匀的滤材具有高的抗破损能力，在压力、流量波动、温度、老化等因素影响下不会使纤维破损脱落，导致颗粒通过滤材，造成系统污染。纤维应使用惰性纤维，无化学反应，不产生膨胀，不受贮存期的限制。现在世界上使用最多的是复合纤维，它一般为 3～5 层，中间过滤层为短纤维，内外保护层为长纤维。

(2) 滤芯结构

滤芯结构如图 13-7 所示。高性能的滤芯结构应当是：高强度、无污染、无毛刺、无化学反应的内骨架；内外支承网应具有足够的强度、无污染、无毛刺、无化学反应；内外衬纸应具有高通过能力、高的抗拉强度，应使用长纤维、无脱落、无化学反应的材料；高性能滤材应由惰性纤维和高强度树脂做成，孔径要均匀，单位面积微孔数量要多，具有合理且最适宜的厚度；先进的纵缝黏结，黏接处无泄漏，使用高强度惰性的黏合剂使上下盖与滤材组件粘合牢固，无泄漏；合理选择密封形式，保证与滤体连接处不泄漏；外加固应使滤材组件紧靠内骨架，增强抗冲击能力。

(3) 生产工艺和设备

生产环境、生产工艺、生产设备是决定能否生产出高质量滤芯的基本条件。

滤芯必须在无尘车间内生产，一般要达到十万级，检测试验要在一千级清洁实验室。

滤芯的滤材一般都要做成波纹状，它一般由 3～5 层折叠而成，必须采用强力滤材成形设备，这样才能使多层复合纤维紧紧靠在支承网上，如果支承网与纤维滤材没有靠死，就说明它制作工艺欠佳。值得注意的是，如果滤芯是由外向内流则波纹折应紧靠内骨架，如果滤芯是由内向外流则波纹折应紧靠外骨架。

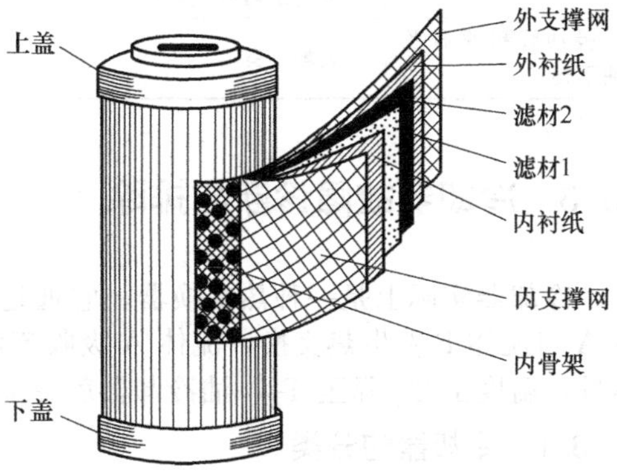

图 13-7　常见滤芯的结构

在滤芯的生产中，纵缝搭接与上下盖粘接是非常重要的一个环节，人们往往容易忽视。现在世界上比较先进的是用双组分胶均匀混合，用细的输出管均匀加在纵缝连接处，再通过加热软化，使胶渗透到接口处的纤维内部，继续加热使固化，便牢固地把接头接上；也有用铁皮夹连接中缝的，但它不能用于高精度滤芯。现在国内有的厂家采用了专用粘接机，把双组分的胶按特定比例通过特制输出管进行几十万次混合，使两种成分混合非常均匀且无气泡。这是手工搅拌和普通电机搅拌所无法达到的。

滤芯的上下盖、骨架、支承网的材料和表面处理一定要满足现场系统介质的要求。材料有塑料、普通钢、不锈钢、铝等。表面处理有发蓝、镀锌、镀镍、镀铬等。究竟用何种材质和何种表面处理方法，一定要事先做相容性试验。

一般优质滤芯都有内外两层包装，内层是真空塑封，外层是具有一定强度的纸盒。真空塑封是为了保证在运输过程中和现场安装使用时外界污染物不会污染滤芯表面；而外面的硬纸盒是为了保护滤芯在运输及贮存过程中不受压震、撞击等因素影响而使滤材破损。

（4）检测标准

现在滤芯都按 ISO 标准进行试验，有关的标准如下：ISO 2942 结构完整性试验；ISO 2943 材料与介质的相溶性试验；ISO 2941 抗破裂试验；ISO 3723 额定轴向载荷试验；ISO 3768 压降流量特性测定；ISO 3724 流动疲劳特性试验；ISO 4572 过滤性能的多次通过试验。

（5）外表质量

外表质量是指滤芯做成后给人的外观印象，主要包括：上下盖加工光洁度和表面处理是否美观；滤材波纹是否均匀，是否与上下盖垂直；上下盖和滤材、滤材纵缝的粘胶是否适当、均匀、无气泡且美观；真空塑封是否完好，产品型号是否印制清楚。

13.2.2 过滤器常见故障及消除方法

过滤器常见故障及消除方法见表 13-2。

表 13-2 过滤器常见故障及消除方法

现象	原因分析	消除方法
过滤精度达不到设计要求	过滤材料(介质)损坏	检查修补或更换
	过滤器件装配不好，进出滤芯密封不严密	检查重装过滤器
	网式过滤器介质选择不当	按铜丝网孔径为 0.12mm(100 目/in)、0.08mm(180 目/in)检查更换滤网
	磁性过滤器流速过快或很脏	调整流速为 0.23～0.69m/s，清除吸附在磁块的铁屑
过滤器的通过能力下降、过滤压力损失大	过滤器污脏，孔隙(线隙)堵塞	进出口压差超过规定时(一般少于 0.5MPa)应清洗或更换滤芯
	油液老化生成的胶质粘在滤孔周壁，减少通过面积	用溶剂洗除胶质，无法洗除时应更换过滤器
	选用的油液黏度过高或气温下降使油变黏稠	选择适当黏度的油液，寒冷地区(季节)要加热油液
	圆盘板式过滤器堵塞严重	勤转动括板，清除赃物，如仍不理想，应拆开清洗吹干
	夹持滤网的内外骨架孔没有对齐	重新装配使孔对齐
	磁过滤器磁块碎裂	检查更换
吸油管粗滤器吸油不畅	装配不良	重新装配，使吸油管口距过滤器网底面保持 2/3 高度为宜

13.3 冷却器故障诊断与排除

冷却器实际上是一种热交换器，它通过物理的传感传热、对流传热等热交换方式，使流体 A 与流体 B 发生热交换，流体 A 吸收流体 B 的热量，温度由 T_3 增至 T_2，流体 B 散发出热量，温度由 T_3 降至 T_2，油冷却器就建立在这一基本原理上。

13.3.1 冷却器的分类

使用的油冷却器有水冷式、风冷式和电冰箱式等类型。液压机械上多采用下述的水冷式油冷却器。

水冷式油冷却器有盘管式（蛇形管）、列管式、多层螺旋管式和带散热翅片式等多种（图 13-8）。

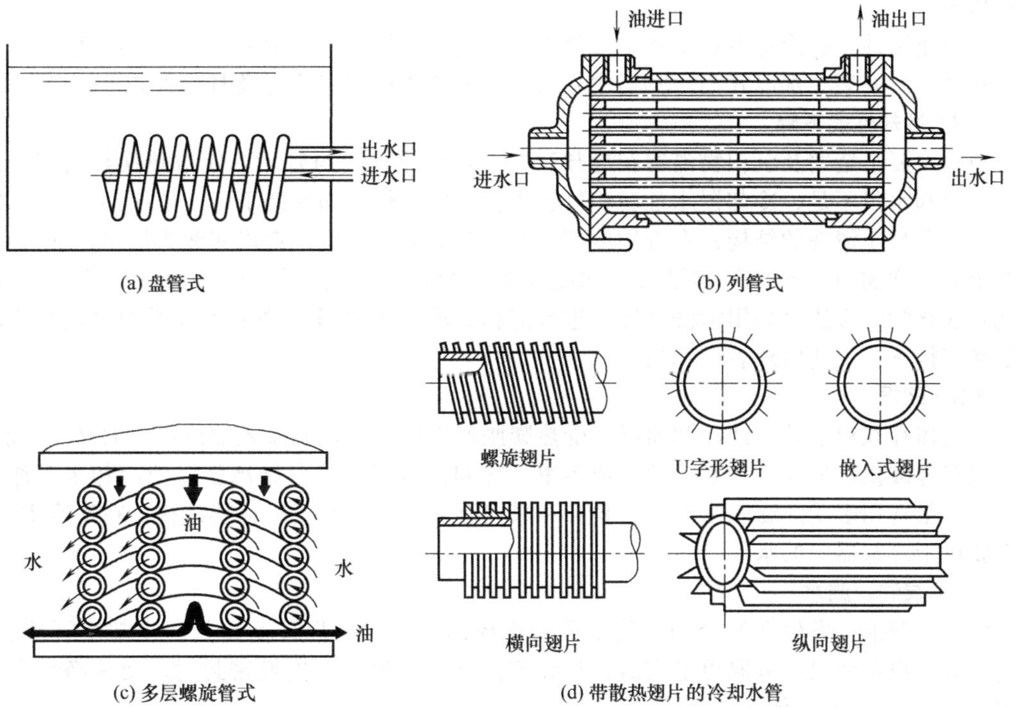

图 13-8　水冷式油冷却器

盘管式水冷式油冷却器结构简单，只需用铜管盘绕成螺旋状即可，但传热效率低，冷却效果差；列管式和带翅片的列管式结构较复杂，但工作可靠，传热效率高，其中带翅片的列管式传热效率更高。但都不及国外设备上的类似于电冰箱的油冷却器。

图 13-9 所示为液压泵站常用的板式冷却器，这类冷却器传热效率较高。

13.3.2　冷却器故障的分析与排除

图 13-9　板式冷却器

（1）油冷却器被腐蚀

产生腐蚀的主要影响因素是材料、环境（水质、气体）以及电化学反应。

选用耐腐蚀性的材料是防止腐蚀的重要措施。目前列管式油冷却器多用散热性好的铜管制作，其离子化倾向较强，会因与不同种金属接触产生接触性腐蚀（电位差不同），例如，定孔盘、动孔盘及冷却铜管管口往往产生严重腐蚀。解决办法：一是提高冷却水质；二是选用铝合金、钴合金制的冷却管。

另外，冷却器的环境包含溶存的氧、冷却水的水质（pH 值）、温度、流速及异物等。水中溶存的氧越多，腐蚀反应越激烈；在酸性范围内，pH 值降低，腐蚀反应越活泼，腐蚀越严重，在碱性范围内，铝等两性金属腐蚀的可能性会随 pH 值的增加而增加；流速增大，一方面增加了金属表面的供氧量，另一方面流速过大，产生紊流涡流，会产生气蚀性腐蚀；另外水中的砂石、微小贝类细菌附着在冷却管上，也往往产生局部侵蚀。

还有，氯离子的存在增加了使用液体的导电性，使电化学反应引起的腐蚀增大。特别是氯离子吸附在不锈钢、铝合金上也会局部破坏保护膜，引起孔蚀和应力腐蚀。一般温度增高腐蚀增加。

为防止腐蚀，在冷却器选材和水质处理等方面应多加重视，前者往往难以改变，后者用户可想办法。安装在水冷式油冷却器中用来防止电蚀作用的锌棒要及时检查和更换。

（2）冷却性能下降

原因主要是堵塞及沉积物滞留在冷却管壁上，结成硬块与管垢，使散热换热功能降低。另外，冷却水量不足、冷却器水油腔积气也均会造成散热冷却性能下降。解决办法：设计成难以堵塞和易于清洗的结构；在选用冷却器的冷却能力时，应尽量以实践为依据，并留有较大的余地（增加10%～25%容量）；不得已时采用机械的方法（如刷子、压力、水、蒸气等冲洗）或化学的方法（如用清洗剂等）进行清扫；增加进水量或用温度较低的水进行冷却；拧下螺塞排气；清洗内外表面积垢。

（3）破损

两流体存在温度差，油冷却器材料受热膨胀产生热应力，或流入油液压力太高，可能招致有关部件破损。另外，在寒冷地区或冬季，晚间停机时，管内结冰膨胀使冷却水管炸裂。所以要尽量选用耐受热膨胀影响的材料，并采用浮动头之类的变形补偿结构；在寒冷季节每晚都要放干冷却器中的水。

（4）漏油、漏水

漏水、漏油多发生在油冷却器的端盖与筒体结合面，或焊接不良处、冷却水管破裂处等。此时可根据情况，采取更换密封、补焊等措施予以解决。更换密封时，要洗净结合面，涂敷一层“303”或其他粘结剂。

小技巧：出现流出的油发白、排出的水有油花的现象，说明冷却器损坏，引起漏油、漏水。

（5）过冷却

一些冷却回路溢流阀的溢流量是随系统的负载流量变化而变化的，因而发热量也将发生变化，有时产生过冷却，造成浪费。为保证系统有合适的油温，可采用可自动调节冷却水量的温控系统。若低于正常油温，停止冷却器的工作，甚至可接通加热器。

（6）冷却水质不好（硬水），冷却铜管内结垢，造成冷却效率降低

此时可清洗油冷却器，方法如下：①用软管引洁净水高速冲洗回水盖、后盖内壁和冷却管内表面，同时用清洗通条进行洗刷，最后用压缩空气吹干。②用三氯乙烯溶液进行冲洗，使清洁液在冷却器内循环流动，清洗压力为0.5MPa左右，清洗时间视溶液情况而定。最后将清水引入管内，直至流出清水为止。③将四氯化碳溶液灌入冷却器，经15～20min后视溶液颜色而定，若混浊不清，则更换新溶液重新浸泡，直至流出溶液与洁净液差不多为止，然后用清水冲洗干净，此操作要在通风环境中进行，以免中毒。清洗后进行水压试验，合格后方可使用。

小技巧：液压系统温度过高是产生的热量大于发散所致。热量主要由机械摩擦、压力损失、流量损失引起；热量的发散涉及冷却装置、系统结构、环境等。温度过高故障分析可视情况对上述因素逐项考察。

第14章

气动系统故障诊断与排除

气动控制阀主要有方向控制阀、压力控制阀和流量控制阀三大类。方向控制阀可分为单向型控制阀和换向型控制阀；压力控制阀可分为减压阀、溢流阀和顺序阀；流量控制阀可分为节流阀、单向节流阀和排气节流阀等。气动控制阀组合成各类气动回路，气动回路能实现较复杂多变的控制功能。

14.1 控制阀故障诊断与排除

14.1.1 方向控制阀

按气流在阀内的流动方向，方向控制阀可分为单向型控制阀和换向型控制阀；按控制方式，方向阀分为手动控制、气动控制、电磁控制、机动控制等。

（1）气压控制换向阀

用气压力来使阀芯移动换向的操作方式称为气压控制。常用的多为加压控制和差压控制。加压控制是指施加在阀芯控制端的压力逐渐升高到一定值时，使阀芯迅速移动换向的控制。差压控制是指阀芯采用气压复位或弹簧复位的情况下，利用阀芯两端受气压作用不同而产生的轴向力差值，使阀芯迅速移动换向的控制。按阀芯结构特性可分截止式换向阀和滑阀式换向阀，滑阀式换向阀与液压换向阀的结构和工作原理基本相同。图 14-1 为二位三通截止式气控换向阀工作原理。

（2）电磁控制换向阀

由电磁力推动阀芯进行换向。图 14-2（a）所示为二位三通电磁控制换向阀处于常态，图 14-2（b）为通电状态，图 14-2（c）为图形符号。

（3）方向阀的维护与检查

方向阀在使用过程中应注意日常的保养和检修。这不仅是防止发生故障的有力措施，而且是延长元件使用寿命的必要条件。

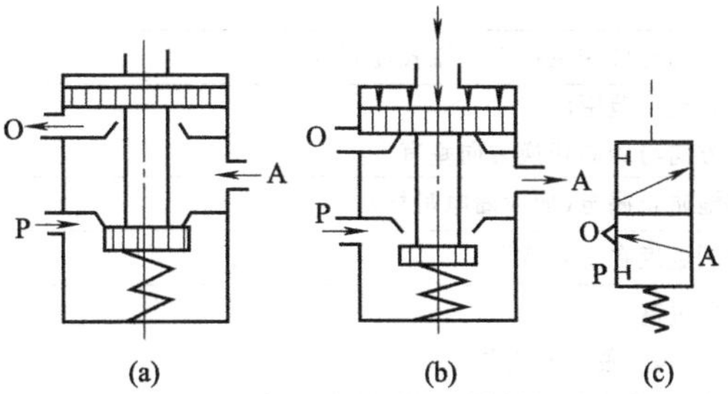

图 14-1 气压控制换向阀工作原理

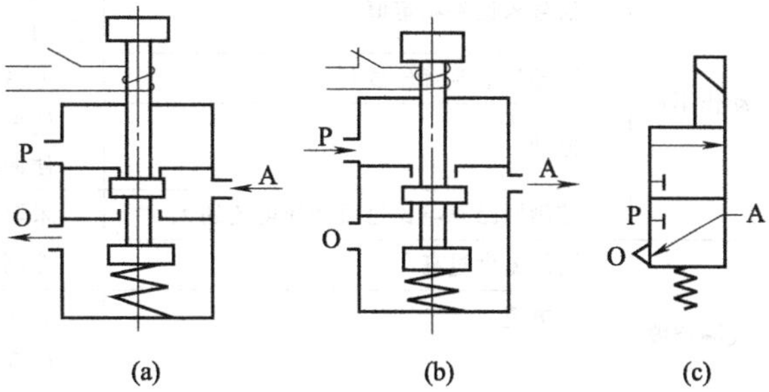

图 14-2 电磁控制换向阀工作原理

日常的保养和检修一般分日检、周检、季检和年检等几种层次。

各种层次保养与检修的主要任务见表 14-1。

表 14-1 各种层次保养与检修的主要任务

保养与检修层次	主要任务
日检	对冷凝水、污物的处理，及时排放空气压缩机、冷却装置、储气罐、管道中的冷凝水及污物，以免它们进入方向阀中造成故障
周检	油雾器进行管理，使方向阀得到适中的油雾润滑，避免方向阀因润滑不良而造成故障
季检	检查方向阀是否漏气、动作是否正常，发现问题及时采取措施处理
年检	更换即将损坏的元件，使平常工作中经常出现的故障，通过大修彻底解决

检修方向阀时，首先要了解故障的原因，这对节省修理时间、提高修理质量都有很大帮助。因此，需要详细了解阀的结构，才能从故障现象迅速找到故障的根源。

(4) 电磁阀故障及排除方法

要找到电磁换向阀的故障原因，必须掌握气动阀主要技术性能指标和常见故障及排除方法。主阀故障还要参考气动三通气控换向阀主要技术性能指标，这样才能彻底解决电磁换向阀故障。气动三通气控换向阀主要技术性能指标包括：软质密封、间隙密封的公称通径、有效截面积、泄漏量、耐久性、最低控制压力、换向时间、最高换向频率、工作频度等。以上具体数据查阅有关方向阀的技术性能指标。

电磁阀的故障可分为铁芯的机械故障、异物等侵入后引起的故障和电气原因引起的故障。

先导电磁阀的故障及排除方法见表 14-2。

表 14-2 电磁阀的故障原因及处理对策

故障	原因	对策
电磁阀不切换	切换信号未加入	检查控制回路，对控制元件的故障、配线错误或断线予以改正
	信号未达到额定值	检查使用电压是否过低、电压是否不对，更正为额定使用范围内
	线圈烧坏	更换线圈并消除烧坏原因
	阀芯滑动部分进入灰尘	更换阀芯或清洗干净
	有油的劣化物质进入阀芯	更换阀芯或清洗干净，装设油雾分离器
	阀芯橡胶被油泡胀，因为： ①使用润滑油不当 ②混入油的劣化物	 检查润滑油，使用透平油 检查油的劣化物混入情况，装设油雾分离器
	弹簧折断、生锈	更换弹簧，除掉冷凝液
	使用压力过低	使压力升到最低使用压力以上
	压力降过大 阀体冻结	换用有效截面积大的电磁阀 除掉冷凝液，设置干燥器
动作不灵	信号未达到额定值	检查使用电压是否过低、电压是否不对，更正为额定使用范围内
	因排气节流背压过高	电磁阀结构允许用在排气节流式控制处
	振动	使振动在允许范围内 使振动方向与阀芯切换方向垂直
	控制回路漏电比返回动作电流还大	采取措施防止漏电(加大漏电阻抗)
线圈烧毁	周围温度过高	控制周围温度在正常范围
	过电流	加入电压过高 检查线圈、阀芯使正常工作 对双电控式，检查是否两侧线圈同时通电，如有则更正

续表

故障	原　　因	对　　策
有蜂鸣声	短路线圈损坏、脱落	更换线圈
	线圈的吸合面上有灰尘	除掉灰尘
	吸力不足，可能因电压过低或线圈短路	控制电压在规定范围内 更换线圈
空气泄漏	阀内混入灰尘、切屑，密封件的碎屑	拆卸、清扫
	密封部分破损、划伤，有碎屑	拆卸、清扫、更换密封件
	因高温使密封件变形	使温度在允许范围内，或改变密封件材料(氟橡胶)
	密封部分安装不好	按正规要求安装
	因电压、气压压力不足，阀芯未换向到位	使电压、气压达到规定使用范围

14.1.2 压力控制阀故障分析与排除

(1) 直动型减压阀

图 14-3 所示为 QTY 型直动型减压阀的结构图与符号。其工作原理如下：阀处于工作状态时，压缩空气从左端输入，经阀口 11 节流减压后再从阀出口流出。旋转手柄 1，压缩调压弹簧 2、3 推动膜片 5 下凹，阀杆 6 带动阀芯 9 下移，打开进气阀口 11，压缩空气通过阀口 11 的节流作用，使输出压力低于输入压力，以实现减压作用。与此同时，有一部分气流经阻尼孔 7 进入膜片室 12，在膜片下部产生向上的推力。当推力与弹簧的作用力相互平衡时，阀口开度稳定在某一值上，减压阀的出口压力便保持一定。阀口 11 开度越小，节流作用越强，压力下降也越多。

若输入压力瞬时升高，经阀口 11、后的输出压力随之升高，膜片室内的压力也升高，破坏了原有的平衡，使膜片上移，有部分气流经溢流孔 4、排气口 13 排出。在膜片上移的同时，阀芯 9 在复位弹簧 10 的作用下也随之上移，减小进气阀口 11 开度节流作用加大，输出压力下降，直至使膜片两端作用力重新平衡为止，输出压力基本又回到原数值上。

相反，输入压力下降时，进气节流阀口开度增大，节流作用减小，输出压力上升，使输出压力基本回到原数值上。

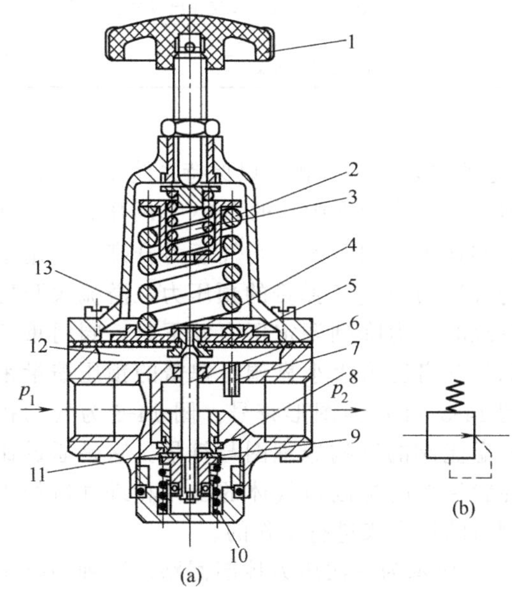

图 14-3　QTY 型直动型减压阀

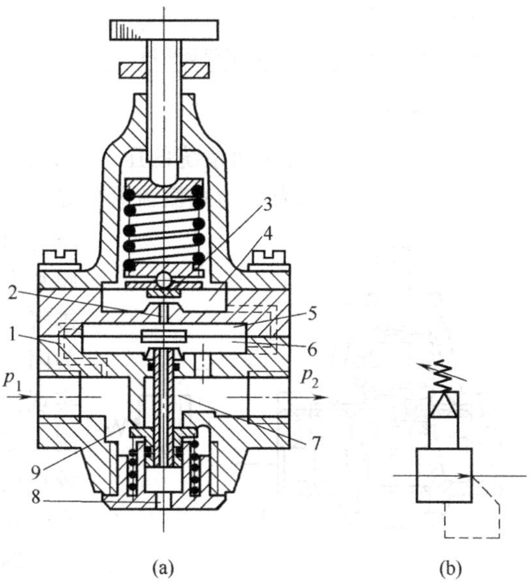

图 14-4　内部先导型减压阀

(2) 先导型减压阀

图 14-4 所示为内部先导型减压阀结构图与符号，它由先导阀和主阀两部分组成。当气流从左端流入阀体后，一部分经进气阀口 9 流向输出口，另一部分经固定节流孔 1 进入中气室 5，经喷嘴 2、挡板 3、孔道反馈至下气室 6，经阀杆 7 中心孔及排气孔 8 排至大气。

把手柄旋到一定位置，使喷嘴挡板的距离在工作范围内，减压阀就进入工作状态。中气室 5 的压力随喷嘴与挡板间距离的减小而增大，于是推动阀芯打开进气阀口 9，立即有气流流到出口，同时经孔道反馈到上气室 4，与调压弹簧相平衡。

若输入压力瞬时升高，输出压力也相应升高，通过孔口的气流使下气室 6 的压力也升高，破坏了膜片原有的平衡，使阀杆 7 上升，节流阀口减小，节流作用增强，输出压力下降，使膜片两端作用力重新平衡，输出压力恢复到原来的调定值。当输出压力瞬时下降时，经喷嘴挡板的放大也会引起中气室 5 的压力比较明显地提高，而使阀芯下移，阀口开大，输出压力升高，并稳定到原数值上。

(3) 减压阀的故障原因及处理

减压阀的故障原因及处理对策见表 14-3。

表 14-3 减压阀的故障原因及处理对策

故障	原因	对策
出口压力上升	阀的弹簧损坏折断	更换弹簧
	阀体中阀座部分损伤	更换阀体
	阀座部分被异物划伤	清洗、检查进口处过滤件
	阀体的滑动部分有异物附着	清洗、检查进口处过滤件
外部漏气	膜片破损	更换膜片
	溢流阀座损伤	更换溢流阀座
	由出口处进入背压空气	出口处的装置及回路检查
	密封垫片损伤	更换密封件
	手轮止动螺母松动	拧紧
压降太大	阀的口径过小	换用大口径的阀
	阀内有异物堆积	清扫、检查过滤器
拧动手轮但不能减压	溢流阀溢流孔堵塞	清扫、检查过滤器
	使用了非溢流式	更换使用溢流式或在出口处装设排压阀
阀门异常振动	弹簧位置安装不正	使安装位置正常
无法调节压力	调节弹簧折断	调换调节弹簧

(4) 溢流阀

溢流阀的作用是当气动系统的压力上升到调定值时，与大气相通以保持系统压力的调定值。图 14-5 (a) 所示为直动式溢流阀的结构原理，气压作用在膜片的力小于调压弹簧的预压力时，阀处于关闭状态。当气压力升高，作用于膜片上的气压力超过了弹簧的预压力，溢流阀开启排气，系统的压力降到调定压力以下时，阀门重新关闭。阀的开启压力大小靠调压弹簧的预压缩量来实现。图 14-5 (b) 为图形符号。图 14-6 为气动控制先导式溢流阀的结构原理图与符号。它是通过比较作用在膜片上的控制口气体的压力和进气口作用在截止阀口的压力来进行工作的。

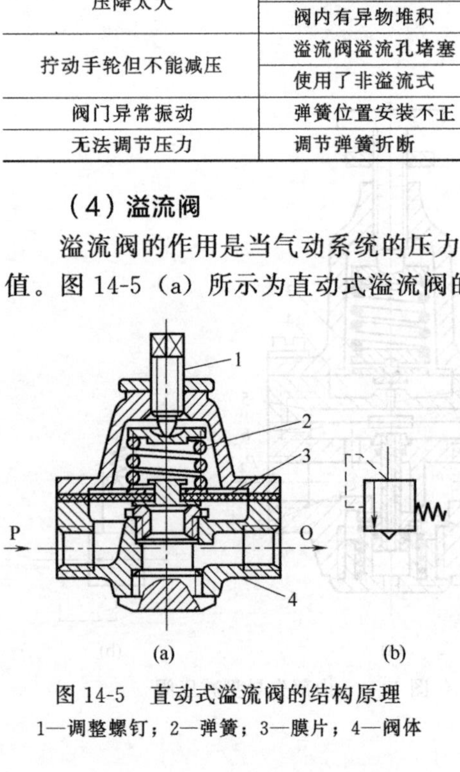

图 14-5 直动式溢流阀的结构原理

1—调整螺钉；2—弹簧；3—膜片；4—阀体

图 14-7 所示为一次压力控制回路，这种回路主要使贮气罐输出的压力稳定在一定的范围内。常用电触点压力表 1 控制。一旦罐内压力超过规定上限，

电触点压力表内的指针碰到上触点，使中间继电器断电，电机停转，空气压缩机停止运转，压力不再上升。当贮气罐中压力下降到预定下限时，指针碰到下触点，使中间继电器通电，电机启动，向贮气罐供气。当电触点压力表或电路发生故障而失灵时，压缩机不能停止运转使贮气罐压力不断上升，在超过预定上限时，溢流阀就开启溢流，从而起安全保护作用。

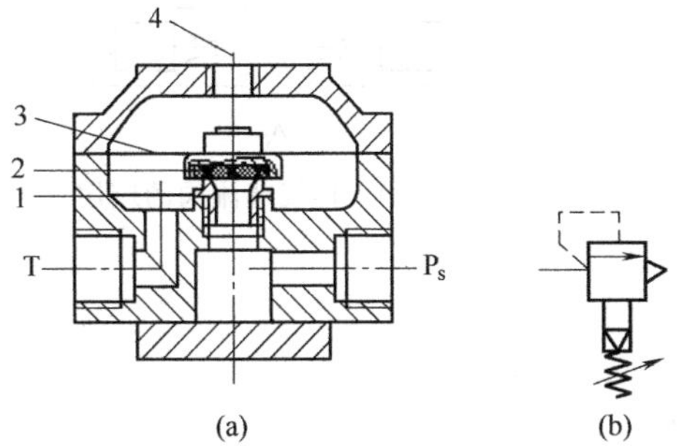

图 14-6　气动控制先导式溢流阀

1—阀座；2—阀芯；3—膜片；4—先导压力控制口

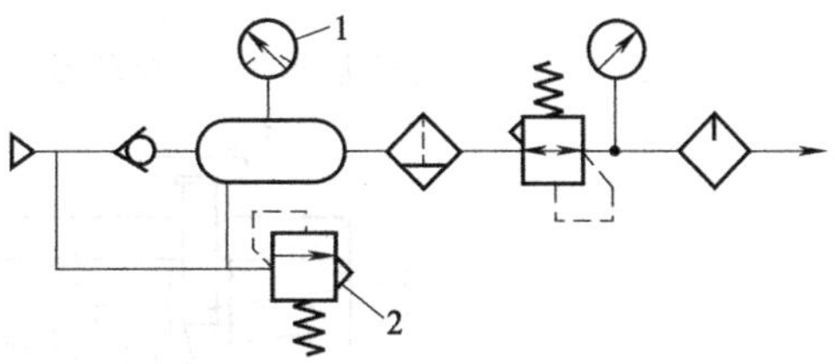

图 14-7　一次压力控制回路

（5）溢流阀故障诊断及排除

溢流阀的故障一般是阀内进入异物或密封件损伤，严重的故障主要是由回路和溢流阀不匹配以及元件本身的故障引起的。一般溢流阀的常见故障及排除方法见表 14-4。

表 14-4　溢流阀的常见故障及排除方法

故障	原因	排除方法
压力虽超过调定溢流压力但不溢流	阀内部的孔堵塞	清洗
	阀的导向部分进入异物	
压力虽没有超过调定值，但在出口却溢流空气	阀内进入异物	清洗
	阀座损伤	更换阀座
	调压弹簧失灵	更换调压弹簧
溢流时发生振动（主要发生在膜片式阀），其启闭压力差（$P_开 - P_闭$）较小	压力上升速度很慢，溢流阀放出流量多，引起阀振动	出口侧安装针阀微调溢流量，使其与压力上升量匹配
	因气源到溢流阀之间被节流，溢流阀进口压力上升慢而引起振动	增大气源到溢流阀的管道口径，以消除节流
从阀体或阀盖向外漏气	膜片破裂（膜片式）	更换膜片
	密封件损伤	更换密封件

14.1.3　流量控制阀故障分析与排除

流量控制阀是通过改变阀的通流截面积来实现流量控制的元件，它包括节流阀、单向节流阀和排气节流阀等。

排气节流阀只能安装在气动装置的排气口处，图 14-8 为排气节流阀的工作原理图，气流进入阀内，由节流口 1 节流后经消声套 2 排出，因而它不仅能调节执行元件的运动速度，还能起到降低排气噪声的作用。图 14-9 所示为排气节流阀的应用回路，把两个排气节流阀安装在二位五通电磁换向阀的排气口上，可控制活塞的往复运动速度。

图 14-10 为单向节流阀结构原理图。其节流阀口为针型结构。气流从 P 口流入时，顶开单向密封阀芯 1，气流从阀座 6 的周边槽口流向 A，实现单向阀功能；当气流从 A 流入时，单向阀芯 1 受力向左运动紧抵截止阀口 2，气流经过节流口流向 P，实现反向节流功能。

单向节流阀的故障原因及处理对策如表 14-5 所示。

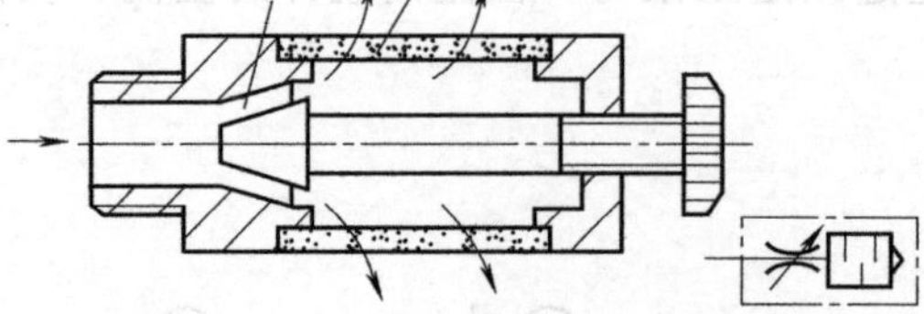

图 14-8　排气节流阀的工作原理图

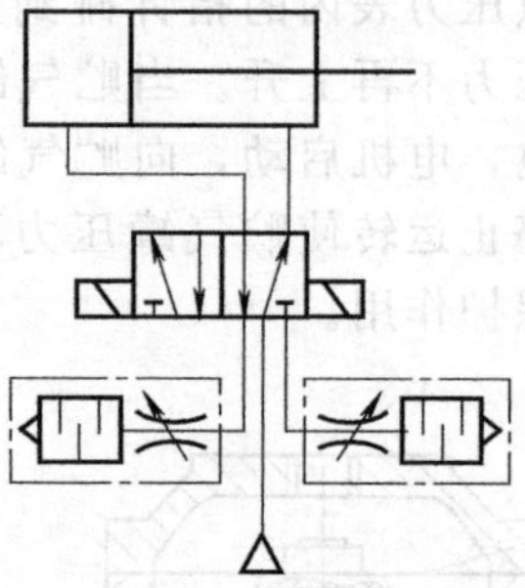

图 14-9　排气节流阀的应用

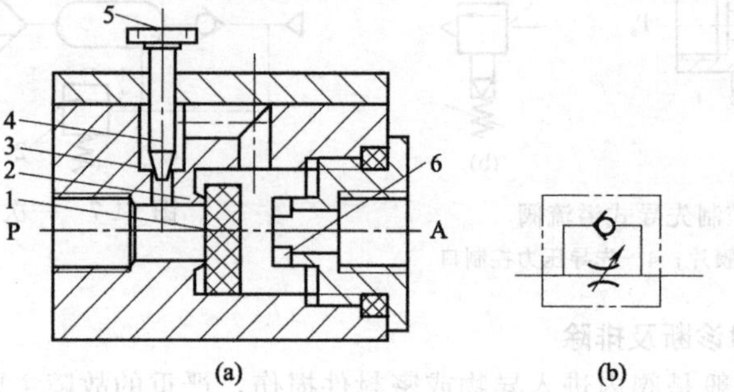

图 14-10　单向节流阀

1—单向阀芯；2—单向截止阀口；3—节流阀座；4—节流阀芯；5—调节手轮；6—阀座

表 14-5　单向节流阀的故障原因及处理对策

故　　障	原　　因	对　　策
虽气缸能动作但不圆滑	单向节流阀的安装方向不对（成为进气节流式）	使单向节流阀按原来规定的方向安装
	气缸运行途中负载有变动	减少气缸的负载率
	气缸超过低速极限	气缸低速极限为 50mm/s，超过此界限宜用气液缸或气液转换器
气缸速度慢	和元件、配管比，单向节流阀的有效截面积过小	单向节流阀的控制流方向的有效截面积和同口径的其他元件相比过小，在确认原因及数据后应更换
微调困难	节流阀内有尘埃进入	拆卸通路并清洗
	选择比规定过大的单向节流阀	确认数据后选择略大的元件
产生振动	单向节流阀中的单向阀的开启压力接近气源压力，导致单向阀振动	改变使用压力

14.2　气缸故障诊断与排除

14.2.1　气缸的工作原理

（1）普通气缸

1）单作用气缸　图 14-11 所示为弹簧复位式单作用气缸，这种气缸在夹紧装置中应用较多。这种气缸一个方向的运动由气压驱动，另一方向的运动由其他机械力驱动。

2）双作用气缸　单活塞杆双作用气缸的结构原理如图 14-12 所示。所谓双作用是指活塞的往复运动均由压缩空气来推动。在单伸出活塞杆的动力缸中，活塞右边面积比较大，当空气压力作用在右边时，工作行程速度较慢且作用力大；返回行程时，由于活塞左边的面积较小，所以速度较快且作用力变小。此类气缸的使用最为广泛，一般用于包装机械、食品机械、加工机械等设备上。

（2）特殊气缸

1）气液阻尼缸　气液阻尼气缸是由气缸和液压缸组合而成，它以压缩空气为能源，利用油液的不可压缩性并通过控制流量来获得活塞的平稳运动，调节活塞的运动速度。图 14-13 所示为气液阻尼缸的工作原理。它的液压缸和气缸共用同一缸体，两活塞固定在同一活塞杆上。

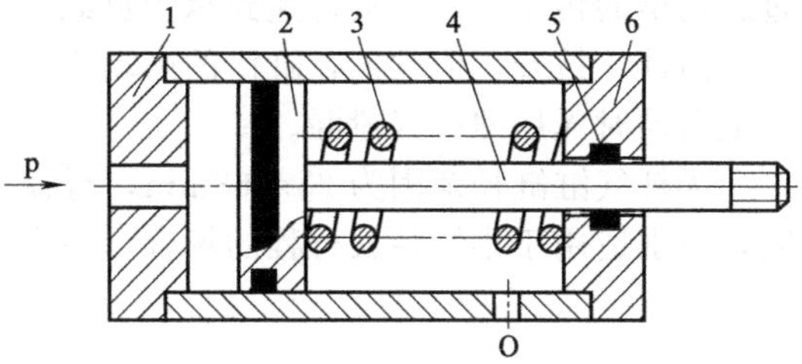

图 14-11　弹簧复位式单作用气缸

1—后缸盖；2—活塞；3—弹簧；4—活塞杆；5—密封件；6—前缸盖

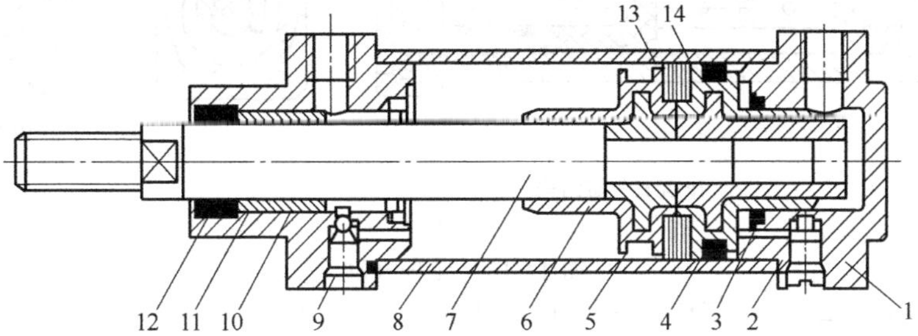

图 14-12　普通型单活塞杆双作用气缸

1—后缸盖；2—密封圈；3—缓冲密封圈；4—活塞密封圈；5—活塞；6—缓冲柱塞；7—活塞杆；8—缸筒；9—缓冲节流阀；10—导向套；11—前缸盖；12—防尘密封圈；13—磁铁；14—导向环

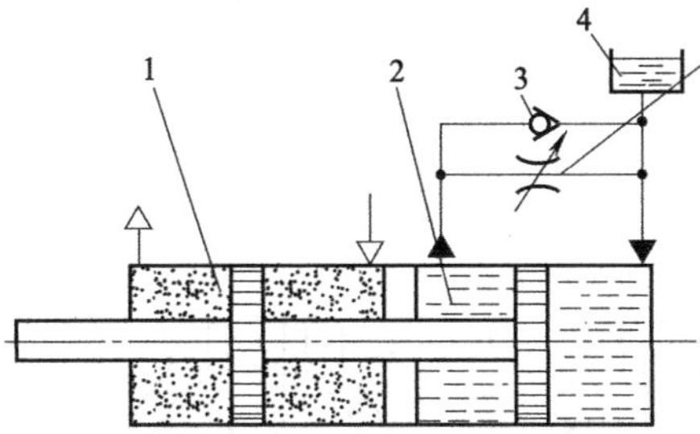

图 14-13　气液阻尼缸的工作原理

1—气缸；2—液压缸；3—单向阀；4—油箱；5—节流阀

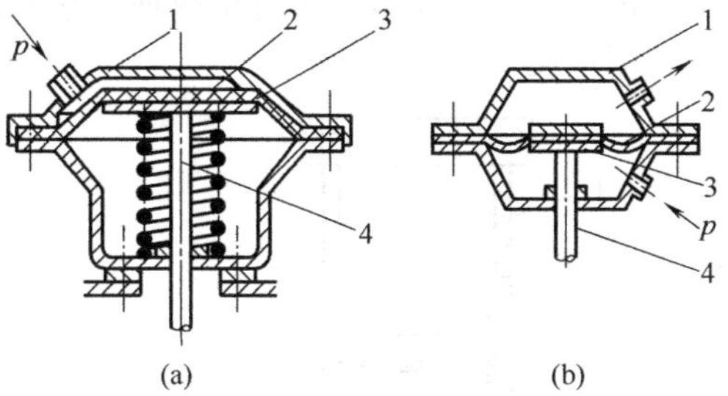

图 14-14　薄膜式气缸

1—缸体；2—膜片；3—膜盘；4—活塞杆

气液阻尼缸运动平稳、停位精确、噪声小，与液压缸相比，它不需要液压源，经济性好。同时具有气缸和液压缸的优点。

2）薄膜式气缸　图 14-14 所示为薄膜式气缸，它是一种利用膜片在压缩空气作用下产生变形来推动活塞杆做直线运动的气缸。它有单作用式［图 14-14（a）］和双作用式［图 14-14（b）］两种。薄膜式气缸中的膜片有平膜片和盘形膜片两种，因受膜片变形量限制，活塞位移较小，一般都不超过 50mm。

3）无活塞杆气缸　无杆气缸没有普通气缸的刚性活塞杆，它利用活塞直接或间接实现直线运动，如图 14-15 所示。无杆气缸由缸筒 2、抗压密封件 4、防尘密封件 7、无杆活塞 3、左、右缸盖 1、传动舌片 5、导架 6 等组成。拉制而成的铝气缸筒沿轴向长度方向开槽，为防止内部压缩空气泄漏和外部杂物侵入，槽被内部抗压密封件 4 和外部防尘密封件 7 密封。内、外密封件都是塑料挤压成形件，且互相夹持固定，如图 14-15（b）所示。无杆活塞 3 的两端带有唇型密封圈。活塞两端分别进、排气，活塞将在缸筒内往复移动。该运动通过缸筒槽的传动舌片 5 被传递到承受负载的导架 6 上，此时，传动舌片将防尘密封件 7 与抗压密封件 4 挤开，但它们在缸筒的两端仍然是互相夹持的。因此，传动舌片与导架组件在气缸上移动时无压缩空气泄漏。

无杆气缸缸径范围为 25～63mm，行程可达 10m。这种气缸最大的优点是节省了安装空间，特别适用于小缸径长行程的场合，在自动化系统、气动机器人中获得大量应用。

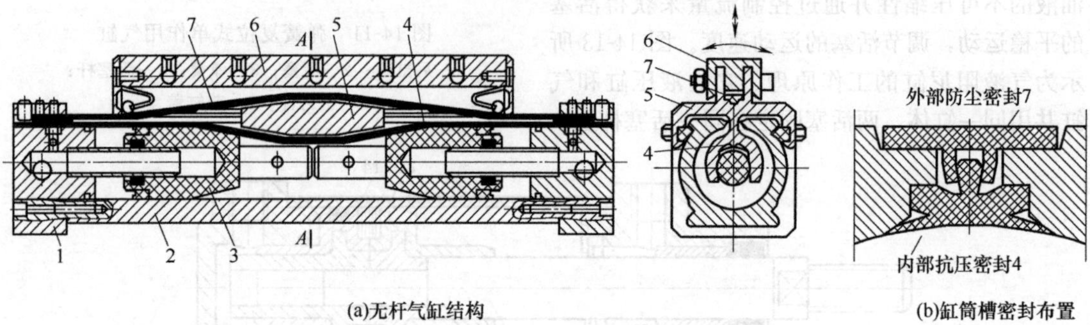

图 14-15　无杆气缸

1—左、右缸盖；2—缸筒；3—无杆活塞；4—内部抗压密封件；5—传动舌片；6—导架；7—外部防尘密封件

4) 冲击气缸　冲击气缸是把压缩空气的能量转化为活塞高速运动能量的一种气缸。活塞最大速度可以达到 10m/s 以上，利用此动能做功，与同尺寸的普通气缸相比，其冲击能要大上百倍。

冲击气缸有普通型和快速型两种，它们的工作原理相同，图 14-16 所示为普通冲击气缸的结构原理图。

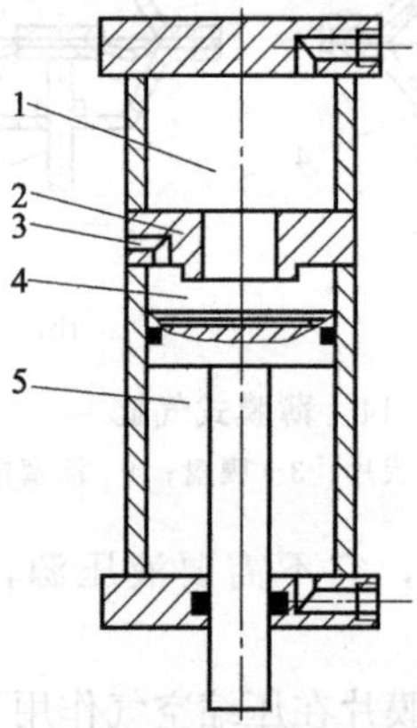

图 14-16　普通冲击气缸的结构原理图

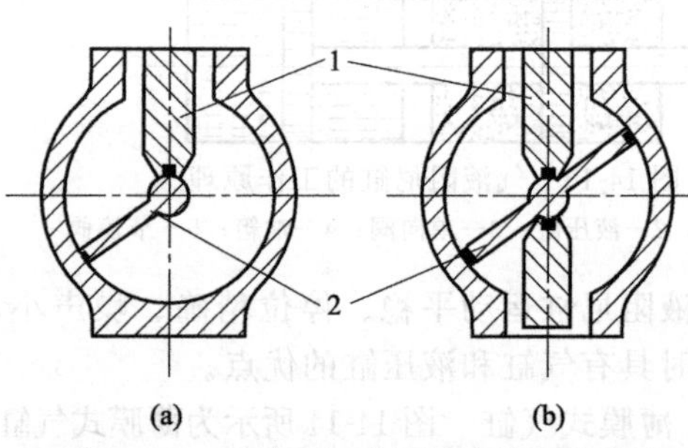

图 14-17　叶片式摆动气缸的结构原理图

1—叶片；2—定子

冲击气缸由活塞杆腔 5、活塞腔 4 和蓄能腔 1 三个工作腔，以及带有排气小孔 3 的中盖 2 组合，冲击气缸的工作过程一般分为如下三步。

① 压缩空气进入冲击气缸活塞杆腔，蓄能腔与活塞腔通大气，活塞上移至上限位置，封住中盖上的喷嘴，中盖与活塞间的环型空间经排气小孔 3 与大气相通。

② 蓄能腔进气，其压力逐渐上升，与中盖喷嘴口密封接触的活塞面上承受的向下推力逐渐增大，与此同时，活塞杆腔排气，其压力逐渐变小，活塞杆腔活塞下端面的受力逐渐减小。

③ 当活塞上端推力大于下端的推力时，活塞立即离开喷嘴口向下运动，在喷嘴打开的

瞬间，活塞腔与蓄能腔立刻连通，活塞上端的承压面突然增大为整个活塞面，于是活塞在巨大的压力差作用下，加速向下运动，使活塞、活塞杆等运动部件瞬间加速到很高的速度，获得最大冲击速度和能量。

5）摆动气缸

摆动气缸也称摆动气马达，是一种在小于360°范围内做往复摆动的气动执行元件，输出力矩使机构实现往复摆动。摆动气缸的最大摆动角度有90°、180°、270°三种规格。摆动气缸按结构特点分为叶片式、齿轮齿条式等。

叶片式摆动气缸分为单叶片式和双叶片式两种。单叶片式输出轴摆动角度小于360°，双叶片式输出轴摆动角小于180°。它是由叶片轴转子（输出轴）、定子、缸体和前后端盖等组成的。图14-17所示为叶片式摆动气缸的结构原理图，在输出转矩相同的摆动气缸中，叶片式体积最小，质量最轻。

气缸工作的平稳性直接影响驱动机构能否正常工作。气缸的爬行等异常现象对驱动机构工作的平稳性影响较大。

14.2.2 气缸爬行分析

（1）气源处理不符合要求

由于气源不够干燥或气缸在高温潮湿的条件下工作，气源内的水分聚积于气缸工作腔内，导致活塞或活塞杆工作表面锈蚀，加大了缸筒和活塞密封圈、活塞杆和组合密封圈之间的摩擦力。由此引起的爬行现象，在维修中会发现工作腔内有锈水。

另外气源中的杂质也会导致气缸出现爬行现象。防范的办法是加强气源的过滤和干燥，定期排放分水滤气器和油水分离器的污水；定期检查分水滤气器是否正常工作。

（2）装配不符合要求

气缸的装配若不符合要求会导致气缸出现爬行现象。主要原因有：气缸端盖密封圈压得太死或活塞密封圈的预紧力过大；活塞或活塞杆在装配中出现偏心。防范的办法是：适当地减小密封圈的预紧力或重新安装活塞和活塞杆，使活塞或活塞杆不受偏心载荷作用。

（3）关键的工作表面加工精度不符合要求

对气缸来说，缸筒内径的加工精度要求是比较高的，表面粗糙度根据活塞所使用的密封圈的形式而定。

用O型橡胶密封圈时为3级精度，粗糙度Ra为0.4；用Y型橡胶密封圈时为4～5级精度，粗糙度Ra为0.4。圆柱度、圆度误差不能超过尺寸公差的一半，端面与内径的垂直度误差不大于尺寸公差的2/3。有些气缸，缸筒内壁的粗糙度远远不能满足要求，从而使活塞上的孔用密封圈与缸筒之间的摩擦系数加大，导致气缸启动压力升高，出现爬行现象。活塞上的密封圈磨损加剧，从而导致气缸内泄，不能满足工作要求。防范的办法是提高缸筒和活塞杆工作表面的加工精度。

（4）润滑不良

气缸的相对滑动面润滑的好坏直接影响气缸的正常工作。在装配时，所有气动元件的相对运动工作表面都应涂润滑脂。在气动系统运行过程中，油雾器应保持正常工作状态。若油雾器出现故障，会使相对运动工作表面之间的摩擦加剧，引起气缸的输出力不足，动作不平稳并出现爬行现象。同时在设计时也应充分考虑气缸的工作环境，防止冷却水喷射到气缸上引起锈蚀。

应调整活塞杆的中心；检查油雾器的工作是否可靠及供气管路是否被堵塞。当气缸内有冷凝水和杂质时，应及时清除。

（5）缓冲故障

气缸的缓冲效果不良一般是由缓冲密封圈磨损或调节螺钉损坏所致。此时，应更换密封圈和调节螺钉。

气缸的活塞杆和缸盖损坏一般是由活塞杆安装偏心或缓冲机构不起作用造成的。对此，应调整活塞杆的中心位置；更换缓冲密封圈或调节螺钉。

（6）泄漏

气缸出现内、外泄漏一般是因活塞杆安装偏心、润滑油供应不足、密封圈和密封环磨损或损坏、气缸内有杂质及活塞杆有伤痕等造成的。所以，当气缸出现内、外泄漏时，应重新调整活塞杆的中心，以保证活塞杆与缸筒的同轴度；须经常检查油雾器工作是否可靠，以保证执行元件润滑良好；当密封圈和密封环出现磨损或损坏时，须及时更换；若气缸内存在杂质，应及时清除；活塞杆上有伤痕时，应换新。

14.2.3 气缸的故障原因与排除

气缸的常见故障和排除方法列于表 14-6～ 表 14-8。

表 14-6 气缸的故障、原因及处理对策

故障	原因	对策
输出力不足	压力不足	检查压力是否正常
	活塞密封件磨损	更换密封件
缓冲不良	缓冲密封件破损	更换缓冲密封件
	缓冲调节阀松动	调节后锁定
	缓冲通路堵塞	除掉异物(固化油、密封带等)
	负载过大	外部加设缓冲机构
	速度过快	加设外部缓冲机构或减速回路
速度过慢	排气通路受阻	检查单向节流阀、换向阀、配管的尺寸
	负载与气缸实际输出力相比过大	提高使用压力 增大气缸内径
	活塞杆弯曲	更换活塞杆并消除弯曲的原因
动作不稳定	活塞杆被咬住	检查安装情况,去掉横向载荷
	缸筒生锈、划伤	修理,伤痕过大则更换
	混入冷凝液、异物	拆卸、清扫、加设过滤器
	产生爬行现象	速度低于 50mm/s 时,使用气液缸或气液转换器
活塞杆和衬套之间漏泄	活塞杆密封件磨损	更换密封件
	活塞杆偏心	调整气缸安装,去掉加入的横向载荷
	活塞杆被划伤	伤痕小可修补,伤痕大则应更换
	混入异物	除去异物,安装防尘罩
活塞杆弯曲	与负载相连的活塞杆不能伸出	对安装进行调整。在固定式安装中,活塞杆端部与负载应采用浮动式接头;耳环式和轴销式安装时,气缸的运动平面要和负载的运动平面一致
	行程终端有冲击,缓冲效果差	缸的缓冲容量不够时在外部另装设缓冲装置,或在气动回路中设置缓冲机构
活塞两端串气	活塞密封圈损坏	更换密封圈
	润滑不良	检查油雾器是否失灵
	活塞被卡住	重新安装调整使活塞杆不受偏心和横向载荷
	密封面混入杂质	清洗除去杂质,加装过滤器
锁紧气缸停止时超越量大	配管距离过长	为加快响应,缸与阀间距离应尽量短,制动排气孔可装设快排阀
	带动的负载过重	确认规格,减少负载至允许值
	运动速度过快	确认规格,使速度低于允许速度,以提高定位精度

续表

故障	原因	对策
活塞杆损坏	有偏心横向负荷	消除偏心横向负荷
	活塞杆受冲击负荷	冲击不能加在活塞杆上
	气缸的速度太快	设置缓冲装置
缸盖损坏	缓冲机构不起作用	在外部或回路中设置缓冲机构

表 14-7 摆动气缸的故障、原因及处理对策

故障	原因	对策
摆动速度慢	速度控制阀关闭	调整单向节流阀
	阀、配管的气体流量不足	换成大尺寸元件
	负载过大	换输出力大的元件
动作不圆滑	摆动速度过慢	使用气液转换器或气液摆动缸，用液阻调速
	密封件泄漏	更换密封件
	负载大小在摆动途中有变化（如受重力影响等）	使用气液转换器或气液摆动缸
输出轴部分有空气泄漏	输出轴密封件磨损（叶片式）	更换密封件
	活塞密封件磨损（齿轮齿条式）	更换密封件

表 14-8 气液元件的故障、原因及处理对策

故障	原因	对策
气液转换器的气孔冒油	液压油量过多	当执行元件运动到顶端时油面越过上限
	液面上升速度超过 200mm/s	增大气液转换的内径以减低液面上升速度
	回路中产生气泡，液压油的视在体积增大，产生溢流	增大配管直径使管内流速低于 3m/s，管内无负压
	执行元件有内漏，液压油渗漏到空气腔室中	回路中加装断流阀，使运动停止时封闭液压回路
虽然用了液压单向阻尼阀但速度仍不均匀	与缸的推力相比，工件的阻力过大	提高工作压力，增大缸径使负载变化的比例减小
虽使用了增压器但液压缸的输出力仍不足	使用的液压配管是橡胶软管，未考虑软管膨胀的影响	将部分配管或全部配管改为金属管，减少膨胀损失
	液压配管中含有气泡，油压升不起来	把配管、执行元件内的空气全部排掉，使液压管内无气
	增压器、执行元件有内漏	检查并更换密封件
使用增压器工作时，执行元件的退回和增压器的退回不同步	因配管的阻力大，增压器的退回速度比执行元件的退回速度大（配管内产生真空）	配管过长时减短
		液压油黏度高时换低的
		增压器的空气一侧加装单向节流阀以减少退回速度

14.3 气动马达故障诊断与排除

14.3.1 叶片式气动马达

叶片式气动马达主要由转子、定子、叶片及壳体组成。叶片式气动马达有 3～10 个叶片，安装在一个偏心转子的径向沟槽中。其工作原理如图 14-18 所示。

叶片式气动马达转速高，但工作比较稳定，维修要求比活塞式气动马达为高。

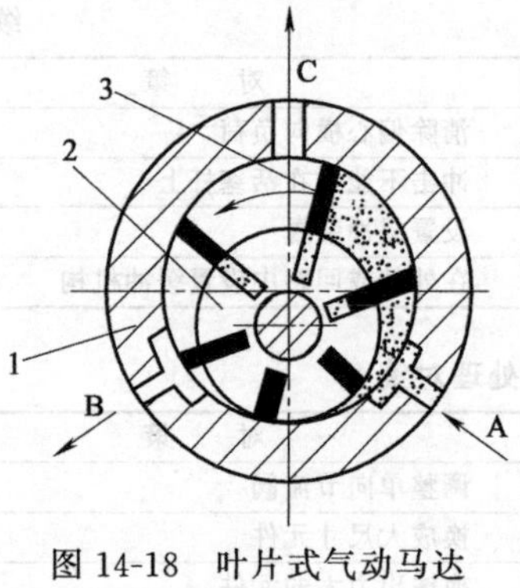

图 14-18 叶片式气动马达

1—定子；2—偏心转子；3—叶片

叶片式气动马达故障及排除方法见表 14-9。

14.3.2 活塞式气动马达

图 14-19 所示为五缸径向活塞式气动马达结构原理图，五个气缸均匀分布在气动马达壳体的圆周上，压缩空气进入配气阀后顺序推动各活塞，从而带动曲轴连续旋转。

活塞式气动马达转速一般在 250～1500r/min，功率在 0.1～50kW。结构复杂，维修要求一般，但检修必须重视质量。常见的故障及排除方法见表 14-10。

表 14-9 叶片式气动马达故障及排除方法

故障		原因分析	排除方法
输出功率明显下降	叶片严重磨损	断油或供油不足	检查供油器，保证润滑
		空气不净	净化空气
		长期使用	更换叶片
	前后气盖磨损严重	轴承磨损，转子轴向窜动	更换轴承
		衬套选择不当	调整衬套
	定子内孔纵向波浪槽	泥沙进入定子	更换修复定子
		长期使用	
	叶片折断	转子叶片槽喇叭口太大	更换转子
	叶片卡死	叶片槽间隙不当或变形	更换叶片

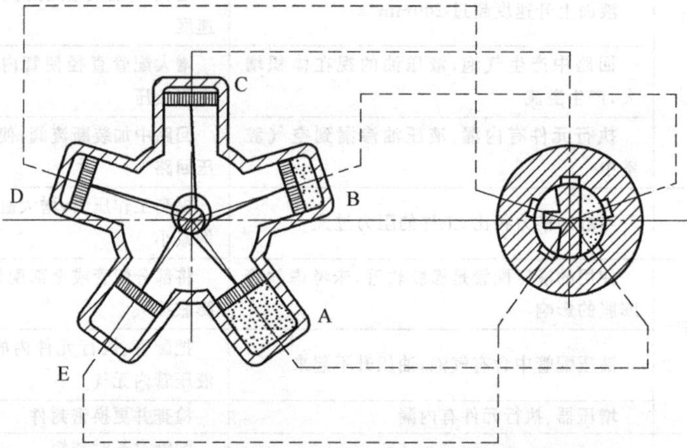

图 14-19 五缸径向活塞式气动马达结构原理图

表 14-10 活塞式气动马达故障及排除方法

故　　障	原因分析	排除方法
功率转速显著下降	配气阀装反	重装
	缸活塞环磨损	更换零件
	气压低	调整压力
耗气量大	管路系统漏气	更换零件
	缸、活塞环、阀套磨损	检修气路
运行中突然不转	润滑不良	加油
	气阀卡死、烧伤	更换零件
	曲轴、连杆、轴承磨损	更换零件
	气缸螺钉松	拧紧
	配气阀堵塞、脱焊	重焊

14.4 气动辅助元件及故障诊断与排除

14.4.1 过滤器

过滤器的作用是滤除压缩空气中的油污、水分和灰尘等杂质。不同的使用场合对气源的过滤程度要求不同，所使用的过滤器亦不相同。常用的过滤器分一次过滤器、二次过滤器和高效过滤器。

(1) 一次过滤器

一次过滤器也称简易过滤器，其滤灰效率为 50%～70%。它由壳体和滤芯组成，按滤芯所采用的材料不同可分为纸质、织物（麻布、绒布、毛毡）、陶瓷、泡沫塑料和金属（金属网、金属屑）等过滤器。空气进入空压机之前，必须经过简易空气过滤器，滤除空气中所含的一部分灰尘和杂质。

(2) 二次过滤器

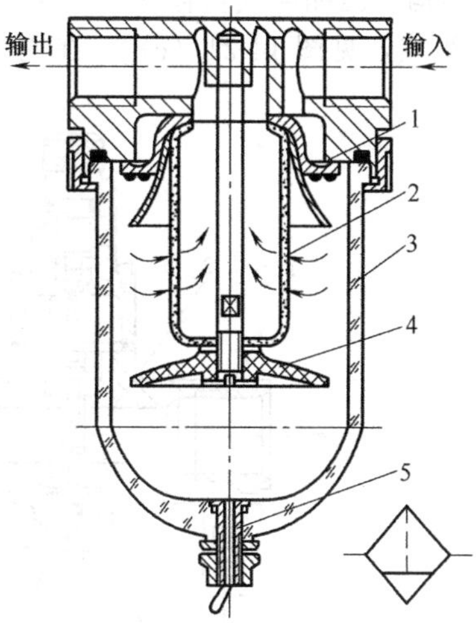

图 14-20　二次过滤器的结构

图 14-20 所示为二次过滤器的结构图。其工作原理是：压缩空气从输入口进入后，被引入旋风叶子 1，旋风叶子上有许多成一定角度的缺口，迫使空气沿切线方向产生强烈旋转。这样夹杂在空气中的较大水滴、油滴和灰尘等便获得较大的离心力与存水杯 3 的内壁碰撞，从空气中分离出来沉到水杯底部。然后，气体通过中间的滤芯 2，部分杂质、灰尘被滤掉。为防止气体旋转的旋涡将存水杯 3 中积存的污水卷起，在滤芯下部设挡水板 4。为保证空气过滤器正常工作，必须及时将存水杯中的污水通过排水阀 5 排放。

高效过滤器的过滤效率更高，它是采用滤芯孔径很小的精密分水滤气器，其滤灰效率能达到 99%。

过滤器的故障原因及处理对策如表 14-11 所示。

表 14-11　过滤器的故障原因及处理对策

故　障	原　因	对　策
压力降增大	过滤元件阻塞	洗净元件或更换
	流量增大超过适当范围	使流量降到适当范围内或用大容量的过滤器代换
冷凝液从出口侧排出	罩壳内的冷凝液流出量过大： ①忘记排掉冷凝液 ②自动排水器故障	除去冷凝液： ①定期排出冷凝液 ②拆卸、清洗或修理
	流量增大超过适当范围	使流量降到适当范围或用大容量的过滤器代换
出口侧出现灰尘异物	过滤元件破损	更换过滤元件
	过滤元件密封不良	重新正确安装过滤元件
向外部漏气	垫圈密封不良	更换垫圈
	合成树脂罩壳龟裂	更换罩壳
	排水阀故障	拆卸、清洗或修理
合成树脂罩壳破损	在有机溶剂气体环境中使用	换用金属罩壳
	压缩机润滑油中特种添加剂的影响	换用其他种类的压缩机润滑油
	压缩机吸入空气中含有对树脂有害的物质	换用金属罩壳
	用有机溶剂清洗罩壳	更换罩壳(清洗改用中性洗涤剂)

14.4.2 油雾器

（1）油雾器的类型

油雾器是一种特殊的注油装置，它以压缩空气为动力，将润滑油喷射成雾状并混合于压缩空气中，随着压缩空气进入需要润滑的部位，达到润滑气动元件的目的。

油雾器分一次油雾器和二次油雾器两种。图 14-21 所示为普通型油雾器（一次油雾器）的结构。压缩空气从输入口 1 进入后。通过小孔 3 进入截止阀［由阀座 5、钢球 12 和弹簧 13 组成，见图 14-21（c）］，在钢球 12 上下表面形成压力差，此压力差被弹簧 13 的弹簧力

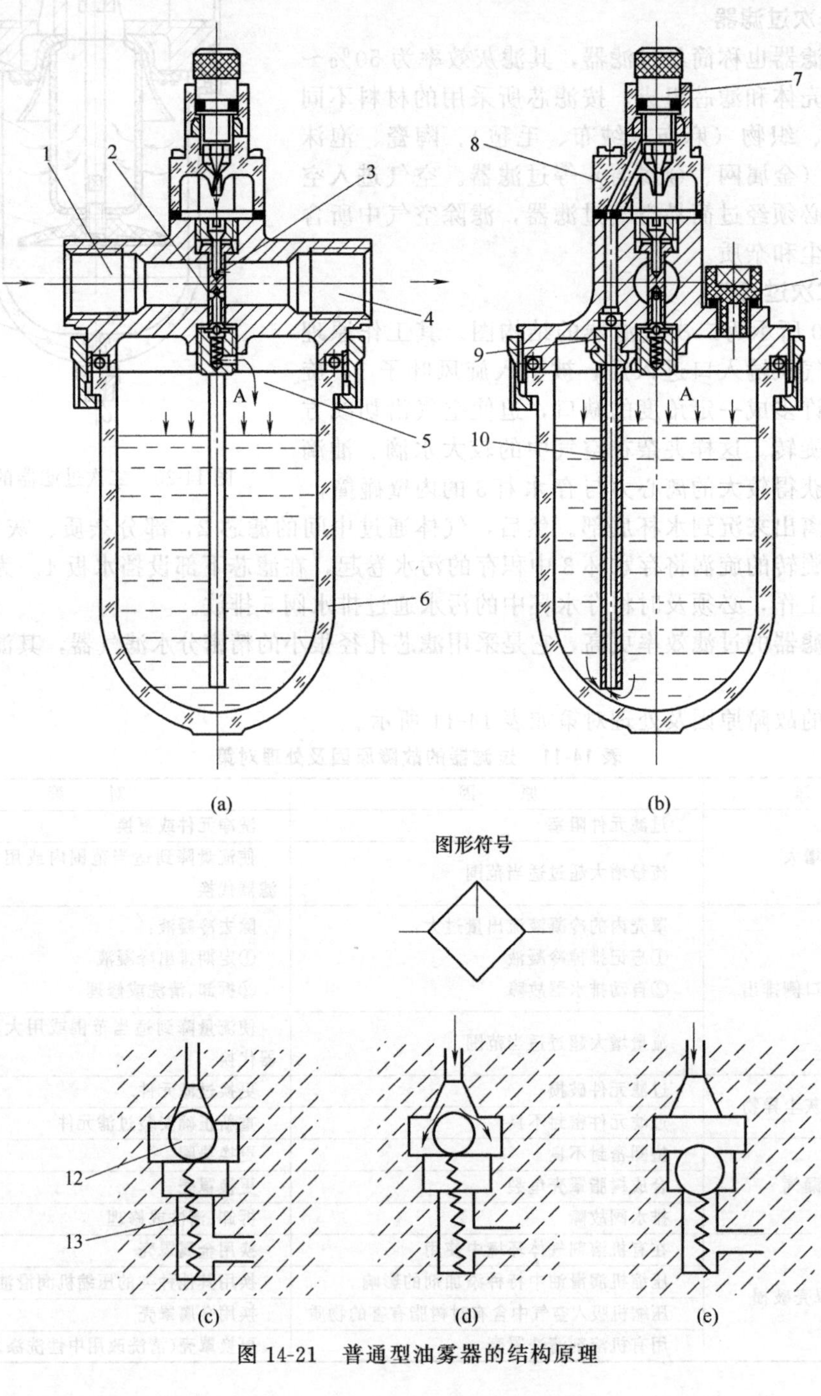

图 14-21　普通型油雾器的结构原理

所平衡，使钢球处于中间位置，因而压缩空气就进入贮油杯 6 的上腔 A，油面受压，压力油经吸油管 10 将单向阀 9 的钢球托起，钢球上部管道有一个边长小于钢球直径的四方孔，使钢球不能将上部管道封死，压力油能不断地流入视油器 8 内，到达喷嘴小孔 2 中，被主通道中的气流从小孔 2 中引射出来，雾化后从输出口 4 输出。视油器上部的节流阀 7 用来调节油量，可在 0～200 滴/分钟范围内调节。其工作情况如图 14-21（c）～(e)。

雾油器能在进气状态下加油，这时只要拧松油塞 11，A 腔与大气相通而压力下降，同时输入进来的压缩空气将钢球 12 压在阀座 5 上，切断压缩空气进入 A 腔的通道，如图 14-21（e）所示。又由于吸油管中单向阀 9 的作用，压缩空气也不会从吸油管倒灌到贮油杯中，所以就可以在不停气状态下向油塞口加油。加油完毕，拧上油塞，截止阀又恢复工作状态，油雾器又重新开始工作。

（2）油雾器使用注意事项

在使用过程中注意以下要求：

① 正常使用过程中如发生不滴油现象，应检查进口空气流量是否低于起流量，是否漏气，油量调节针阀或油路是否堵塞。

② 使用时应及时排除油杯底部沉积的水分，以保证润滑油的纯度。一般可过油雾器底部的排水旋钮排水，排水完毕后应迅速拧紧旋钮。

③ 油杯内油面低至油位下限时，应及时加油。油雾型油雾器可实现不停气加油；微雾型油雾器必须先停气，后加油。油面不得超过油位上限位置。

④ 油杯一般是用聚碳酸酯制成的透明容器，应避免接触有机溶剂、合成油等，并避免在这些化学物质的气氛中使用。

⑤ 发现密封圈损坏时应及时更换。新的密封圈应涂上润滑脂再安装。

（3）油雾器的故障原因及处理对策

油雾器的故障原因及处理对策如表 14-12 所示。

表 14-12　油雾器的故障原因及处理对策

故　障	原　因	对　策
没有滴油 （滴下量无法调节）	使用油种不当	拆卸、清洗并采用正确的透平油
	油的通路被灰尘等异物阻塞	拆卸并清洗油的通路
	油面没有加压	拆卸并清洗空气导入罩壳部分
	因油质劣化流动性差	拆卸、清洗后换用新油
	因周围温度过低，油的黏度增高	使周围温度提高到适用温度
	油量调节螺钉不良	拆卸并清洗油量调节螺钉
	油雾器气流方向装反	变换安装方向
罩壳内的油有冷凝液混入	过滤器罩壳内冷凝液积存过多流入油雾器	排出冷凝液同时将过滤器内积水定期排出
向外部漏气	垫圈密封不良	更换垫圈
	合成树脂罩壳龟裂	更换罩壳
	滴油视窗破裂	更换视窗
合成树脂罩壳和 滴油视窗破损	在有机溶剂气体环境中使用	使用金属罩壳及玻璃视窗
	压缩机润滑油中特殊添加剂的影响	换用其他种类的压缩机润滑油
	压缩机吸入空气中含有对树脂有害的物质	换用金属罩壳
	罩壳和滴油视窗用有机溶剂清洗	换掉罩壳（清洗改用中性洗涤剂）

第15章 机械设备在线监测与故障诊断

15.1 在线监测技术概述

15.1.1 在线监测的作用

随着现代化大生产的不断发展和科学技术的不断进步，作为主要生产工具的机械设备正朝着大型、高速、精密、连续运转以及结构复杂的方向发展。在满足生产要求的同时，设备发生故障的潜在可能性和方式也在相应增加，并且设备一旦发生故障，就可能造成严重的甚至是灾难性的后果。如何确保机械设备的安全正常运行已成为现代设备运行维护和管理的一大课题。

为减小由于零件失效所产生的损失，一些预防性维护技术如定期维护、点检维护等已得到普遍应用。这些方法虽然能有效减小零件失效的概率，但无法预防零件的意外失效。同时，定期维护时设备需重组、提前更换未失效的关键零件等而带来一定的损失，使预防性维护的效率较低、维护成本较大。

利用状态监测的维护技术并采用按需维护的策略，可以大大减少不必要的停机维护，并可依据设备的运行状态合理安排维护时间，从而大大提高机电系统的工作效率。状态维护技术的实现依赖于设备的状态监测及故障的准确诊断与定位。对机械设备进行在线监测是保障其安全、稳定、长周期、满负荷、高性能、高精度、低成本运行的重要措施。

15.1.2 在线监测技术应用与发展

所谓在线监测（on-line monitoring）是指对机械设备运行过程及状态进行信号采集、分析诊断、显示、报警及保护性处理的全过程。在线监测是在被测设备处于运行的条件下，对设备的状况进行连续或定时监测，通常是自动进行的。

设备在线监测技术以现代科学理论中的系统论、控制论、可靠性理论、失效理论、信息论等为理论基础，以包括传感器在内的仪表设备、计算机、人工智能为技术手段，并综合考虑各对象的特殊规律及客观要求，因此它具有现代科技系统先进性、应用性、复杂性和综合性的特征。

1951年，美国西屋公司的约翰逊（John S. Johnson）针对运行中发电机因槽放电的加剧导致电机失效，提出并研制了运行条件下监测槽放电的装置，这可能是最早提出的在线监测思想。20世纪60年代，美国最先开发监测和诊断技术，成立了庞大的故障研究机构，每年召开1～2次学术交流会议。日本在线监测技术起步并发展于20世纪70年代，1975年，由基础研究进入开发研究阶段，并推广应用。20世纪70年代以来，苏联的在线监测技术发展也很快。

我国开展在线监测技术的开发应用已有数十年了，此项工作对提高设备的运行维护水平、及时发现故障隐患、减少事故和排放的发生起到了积极作用。20 世纪 80 年代以来，我国的在线监测技术得到了迅速发展。

在当代科学技术条件下，在线监测技术呈以下发展趋势：

多功能多参数的综合监测和诊断，即同时监测能反映设备运行的多个特征参数；

对设备运行实施集中监测和诊断，形成一套完整的分布式在线监测系统；

不断提高监测系统的可靠性和灵敏度；

在不断积累监测数据和诊断经验的基础上，发展人工智能技术，建立人工神经网络和专家系统，实现诊断的自动化。

15.1.3 在线监测系统的组成

各类在线监测系统可能由于应用场合和服务对象不同、采用技术的复杂程度不同而呈现较大的差异，但一般主要由以下部分组成：

① 数据采集部分。它包括各种传感器、适调放大器、A/D 转换器、存储器等。其主要任务是信号采集、预处理及数据检验。信号预处理包括电平变换、放大、滤波、疵点剔除和零均值化处理等，而数据检验一般包括平稳性检验以及正态性检验等。

② 监测、分析与诊断部分。这部分由计算机硬件和功能丰富的软件组成，硬件构成了监测系统的基本框架，而软件则是整个系统的管理与控制中心，起着中枢的作用。状态监测主要是借助各种信号处理方法对采集的数据进行加工处理，并对运行状态进行判别和分类，在超限分析、统计分析、时序分析、趋势分析、谱分析、轴心轨迹分析以及启停机工况分析等的基础上，给出诊断结论，更进一步还要求指出故障发生的原因、部位，并给出故障处理对策。

③ 结果输出与报警部分。用于将监测、分析和诊断所得的结果和图形通过屏幕显示、打印等方式输出。当监测特征值超过报警值后，可通过特定的色彩、灯光或声音等进行报警，有时还可进行停机连锁控制。结果输出也包括机组日常报表输出和状态报告输出等。

④ 数据传输与通信部分。简单的监测系统一般利用内部总线或通用接口（如 RS232C 接口、GPIB 接口）来实现部件之间或设备之间的数据传递和信息交换，对于复杂的多机系统或分布式集散系统往往需要通过数据网络来进行数据传递与交换。有时还需要借助调制解调器（MODEM）及光纤通信方式来实现远距离数据传输。

15.2 机械设备在线监测与故障诊断应用实例

15.2.1 压缩机在线监测系统

某炼厂催化重整装置有 5 台往复压缩机，运行介质均为氢气，工作压力最高为 2.2MPa，均为装置的关键设备。往复式压缩机的结构复杂，易损件多，运行过程中故障率高。一旦出现故障，容易发生着火爆炸等安全事故，造成不可估量的损失。之前对 5 台机组的维护主要为状态检修和事后检修，预知检修方面尚缺乏相应的手段。为了保证机组的安全平稳运行，提高机组运行的安全系数，5 台压缩机于 2014 年 5 月安装了往复压缩机网络化监测诊断系统，通过安装在机组上的状态监测系统对机组运行状态动态监测及分析诊断，实现了对机组运行状态的网络实时监测、故障诊断，达到了机组预知维修的目标，提高了机组连续运转周期，减少了停机维修时间和成本，最重要的是有力地保证了往复压缩机组的安全运行。

(1) 技术方案

要实现对往复压缩机组各类故障作出灵敏准确的早期预测、分析诊断，必须研发一套往复机运行状态监测系统。该系统必须安装相关硬件设施对往复机各运行参数进行实时捕捉采集及传导转换，并通过先进的数据分析软件将捕捉采集到的信息分成分析模块；同时为了生产装置和厂家的技术人员均能方便掌握机组参数曲线的变化，及时发现机组出现的异常情况，厂家需设立远程中心监控室，而且必须实现监测数据的网络化共享。BH 5000R 往复压缩机在线监测系统正是基于此而研发，并有效应用于现场。

BH 5000R 系统硬件包括往复压缩机监测所需的各类测量传感器、数据采集器、数据应用管理器等，软件包括往复压缩机状态监测诊断系统。技术人员通过该系统能够分析诊断往复压缩机运行时出现的机械类故障和热力类故障，对往复机组安全运行及科学维修提供决策支持，以帮助优化设备的运行。厂家设立的远程中心监控室可实现中心监控室远程监控、分析、诊断、维修决策。

（2）往复式压缩机网络化监测诊断系统

1）往复压缩机网络化监测诊断系统监测信号类别

① 阀门温度-热电阻。用途：测量进排气阀温度，监测气阀故障。

② 活塞杆位置（沉降）-电涡流传感器。用途：测量活塞杆位置，监测支承环、活塞环、十字头等故障。

③ 冲击信号-冲击传感器。用途：测量冲击信号，监测拉缸、水击、连接松动等冲击类故障。

④ 壳体振动-加速度传感器。用途：测量振动加速度、速度信号，监测基础振动、壳体振动、不平衡类故障。

⑤ 键相信号-电涡流传感器。用途：提供信号采集触发，用于故障诊断参考。

2）往复压缩机组网络化实时监测诊断系统实现功能　往复压缩机网络化监测诊断系统 BH 5000R 包括传感器、隔离式安全栅、数据采集器、应用服务器及远程状态监测诊断系统软件。现场状态监测点布置如图 15-1 所示，由气阀温度测点、活塞杆沉降测点、十字头冲击测点、曲轴箱振动测点、键相测点组成。

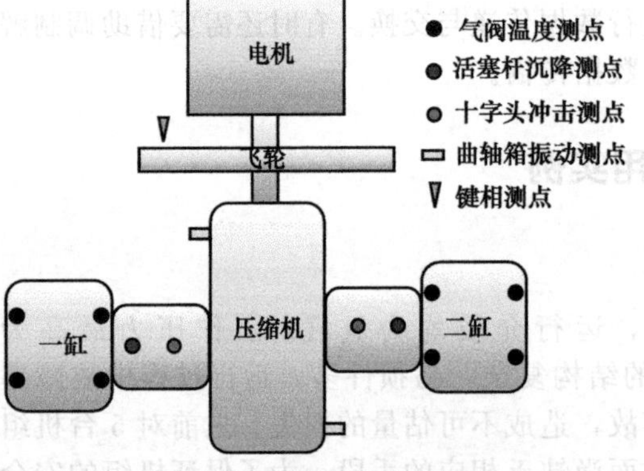

图 15-1　压缩机组测点布置

表 15-1　机组运行时出现的各类故障

监测信号类型	故障特征
气阀温度信号	气阀泄漏，阀片断裂，活塞环损坏，泄漏，填料磨损、泄漏
十字头加速度信号	撞缸，活塞杆断裂，连杆组件断裂，液击，拉缸，十字头滑道磨损，连杆大、小头瓦磨损，阀片断裂
曲轴箱速度信号	曲轴断裂，撞缸，活塞杆断裂，连杆组件断裂，液击，主轴承磨损，连杆大头瓦磨损
活塞杆沉降/偏摆信号	活塞杆断裂，活塞组件严重磨损，拉缸，填料磨损，活塞组件断裂
键相信号	是往复压缩机基于相位故障诊断的基础，也是上述各种故障分析的基础

该系统能够在线实时分析诊断机组运行时出现的各类故障（见表 15-1），对机组安全运行及科学维修提供决策支持，帮助优化设备的运行，主要功能如下。

① 早期故障诊断功能。由于在线网络连续运行，监测系统可以全自动地连续记录各机组的运行状态。根据记录的状态数据，通过各种分析手段，能够及时发现早期出现的故障征兆，同时机组运行的任何异常现象都可记录并保存下来。

② 自动报警功能。可对表征机组运行状态的各种监测量（振动、轴位移、键相、温度、

压力等）进行在线报警检查。实现统计各种监测量快变、缓变、趋势、波动情况等信息并以事件触发的形式自动触发声光报警，同时可根据机组运行情况通过自适应学习实时调整各种报警及事件触发的门限值，真正实现对机组运行状态有效数据无遗漏、无冗余、快速准确记录，从而为早期故障预报及故障诊断提供依据。

③ 强大的报表功能。系统根据记录的实时和历史数据，判断出设备是正常状态还是非正常状态，评估监测诊断报告和振动参数报表，形成各设备的运行参数调整和检修建议报告，作为设备运行和检修工作的参考资料。

（3）现场实际应用

1）机组运行情况概述　J202 往复压缩机组由电机驱动，均为 4 列（缸）双作用卧式对置平衡式往复压缩机组。

2017 年 3 月 29 日至 2017 年 8 月 15 日机组运行期间，机组振动信号出现了一些异常情况：1＃缸振动情况不稳定，1＃缸缸体振动由 $60m/s^2$ 异常增大至 $200m/s^2$ 以上，曲轴箱振动测点存在 0.7mm/s 至 1.6mm/s 的增大趋势，1＃缸加速度波形及曲轴箱振动波形均在曲轴转角 60°、240°左右存在冲击且冲击能量显著增大，BH 5000R 系统报警。

2）机组故障诊断分析　使用 BH 5000R 往复压缩机在线监测系统对上述往复压缩机组自 2017 年 3 月以来的运行情况进行综合分析，发现以下现象：

① 1＃缸缸体振动趋势自开车以来存在持续增大情况，自 2017 年 3 月 29 日至 2017 年 6 月底，机组 1＃缸振动趋势由 $60m/s^2$ 持续增大至 $200m/s^2$ 左右，振动波形在曲轴转角 60°、240°左右存在冲击且冲击能量显著增大，如图 15-2、图 15-3 所示。

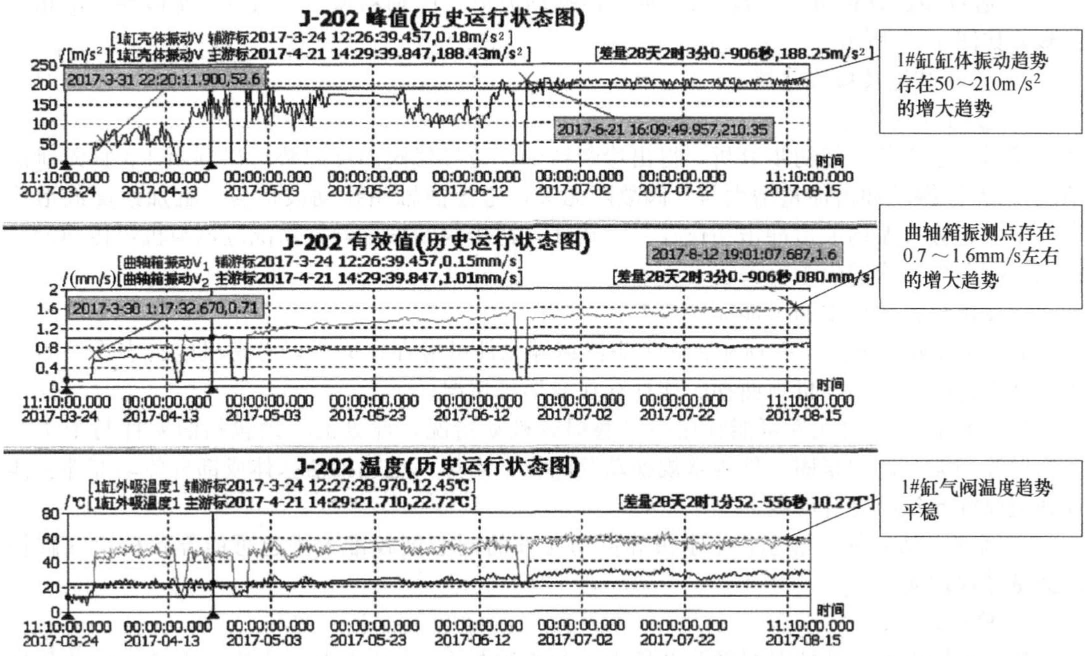

图 15-2　J-202 机组 1＃缸运行状态分析图谱

② 曲轴箱振动 V_1 测点存在 0.55～0.85mms 的增大趋势，曲轴箱振动 V_2 测点存在 0.7～1.6mms 的增大趋势，振动波形在曲轴转角 60°、240°左右存在冲击且冲击能量显著增大，如图 15-2、图 15-3 所示。

③ 机组 1＃缸气阀温度趋势平稳，如图 15-2 所示。

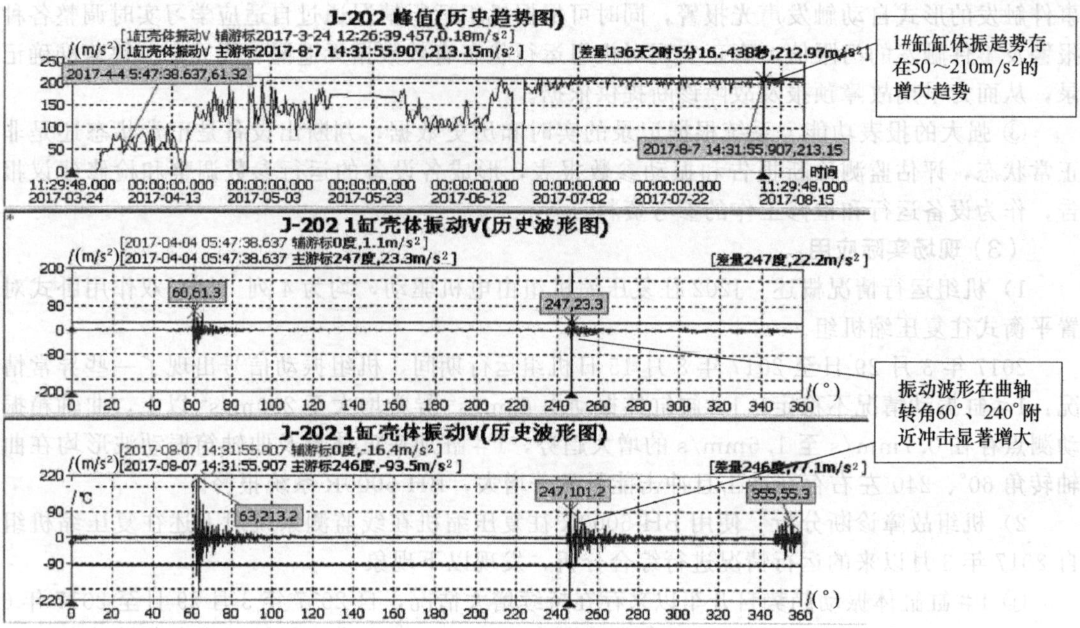

图 15-3　J-202 机组 1＃缸运行状态图

④ 通过相位分析可以发现，1＃缸缸体振动波形、曲轴箱振动 V_1、V_2 波形的冲击相位一致，如图 15-3 所示。

3）诊断结论及检修建议

① 诊断分析结论

根据上述现象，经初步分析，得出诊断结论：通过气阀温度趋势可以判断 1＃缸无泄漏情况，1＃缸振动冲击能量增大与气阀故障无关，考虑曲轴箱振动波形与气缸加速度波形均存在增大趋势且振动波形冲击相位存在一致性，初步判断振动异常情况应该与机组传动元件松动、配合不当或磨损等有关。

引发机组振动异常的可能原因包括：

a. 1＃缸大小头瓦、主轴瓦、十字头滑道等元件可能存在磨损，考虑机组曾多次发生过轴瓦磨损情况，不排除机组曲拐、连杆存在变形等情况。

b. 传动部件连接元件可能存在一定磨损或松动情况，此处的松动包括活塞杆与十字头及活塞等相关元件的紧固元件等常规松动及配合不当等，也包括活塞体或部分传动部件主体存在裂纹等导致的配合问题。

c. 活塞、活塞杆、缸套、十字头等传动元件的同心度校准不当也可能导致机组气缸振动能量异常增大。

② 检维修建议

建议现场根据生产情况择期开缸检查 1＃缸主轴瓦、大小头瓦、十字头滑道等传动部件有无磨损情况，对相关传动元件的变形或配合不当等情况进行检查；若从机组传动元件、配合情况上未发现异常，可考虑对 1＃缸活塞体、缸套进行检查，检查元件主体是否有裂纹，并对气缸同心度进行校准。

4）现场检修情况　2017 年 8 月 22 日 J-202 停机检查，测量 1＃缸连杆大、小头瓦间隙，小头瓦间隙值 0.13mm（标准值 0.06～0.10mm），对该小头瓦进行更换；检查十字头上下滑板接触面积及间隙，未见异常；检测 1＃缸连杆直线度偏差 0.10mm，对该列连杆进行更换，检修后开机运行正常。

测量机 J-202 的 1# 缸连杆直线度偏差 0.10mm，由于连杆小头瓦端面总定位间隙标准值为 0.15～0.17mm，该偏差直接导致大小头瓦接触面积及间隙不均，同时影响连杆与曲柄销、十字头销垂直度，导致连杆运转过程中不能自由摆动，最终压缩机运行时导致大小头瓦局部受力不均，引起十字头、曲轴等部位异常振动。

此次利用在线监测系统及早发现压缩机运行异常，并采用多点监测数据为维修提供参考，对压缩机问题的发现、解决起到重要指导作用。

15.2.2 轴瓦磨损在线监测系统

在工业和交通领域，轴瓦异常磨损是设备运转部件主要破坏形式之一。目前对轴瓦异常磨损的监测主要采用油液监测法，通过监测润滑油油样所含金属粉末种类和含量变化来确定异常磨损现象的发生，但这种监测方法只是对已经发生的磨损情况的被动检测，无法准确地确定磨损发生的部位，不能对设备磨损起防止和控制作用。因此，要开发轴瓦磨损实时在线监测系统，能够在轴瓦发生粘着磨损、磨粒磨损等瞬间系统发出报警，技术管理人员能根据各种实时信息提前采取防控措施。对大型的水电机组、燃气/蒸汽轮机组、船舶柴油机等，轴瓦磨损实时在线监测更有意义，因为此类设备的轴瓦发生异常磨损后，会导致严重的停工、停产，甚至是设备严重损坏与事故。

（1）轴瓦磨损在线监测系统概况

轴瓦磨损在线监测系统适用于监测液体动压润滑状态下轴颈相对于轴瓦偏心位移的变化趋势，能够实时显示轴瓦的偏心率随径向外载荷的动态变化，当最大的偏心率 X_{max} 等于许用的最大偏心率 $[X_{max}]$ 时，能够瞬间发出轴瓦磨损报警。同时还能够在线监测润滑油的质量变化，对润滑油的综合介电常数的变化、动力黏度和运动黏度的变化、温度和密度的变化进行实时监测，并为视情况换新润滑油提供有效的参考依据，防止由于润滑油污染、变质引起轴瓦磨损。

该系统主要由信号采集传感器、工控主板、触屏显示器组成，系统结构如图 15-4 所示。其中信号采集传感器用于采集各种开关量和模拟量信号，这些传感器有润滑油液特性分析传感器、高精度电容测量仪表、差动电容式微位移变送器、转速传感器、压力传感器、温度传感器。

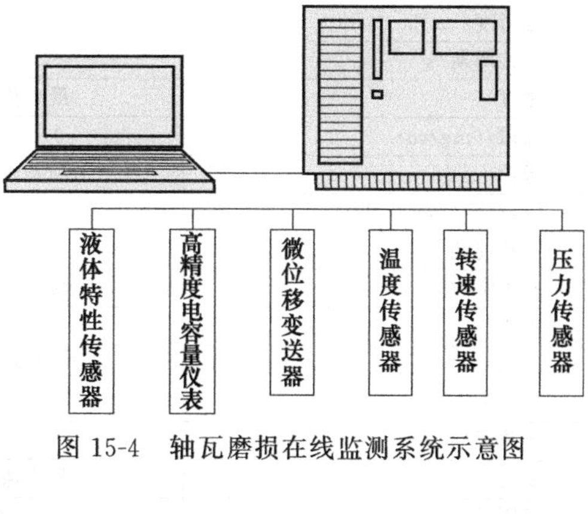

图 15-4　轴瓦磨损在线监测系统示意图

（2）信号采集传感器

1）油液特性分析传感器

① 油液特性分析传感器的作用。FPS2800 B12C4 是一款独特的液体特性传感器，可直接并同时测量液体的黏度、密度、介电常数和温度。它利用音叉技术检测诸如发动机油、燃油、传动油、刹车液、液压油、齿轮油、冷冻液和溶剂等的多个物理属性之间的直接和动态关系。这种多参数的分析能力改善了液体特性的运算法则。传感器采用通用的数字 CAN J1939 协议，数字输出为 J1939，CAN2.0B 标准或 CAN2.0A 具有高分辨率的参数读数，方便与主控制器连接。如图 15-5 所示。

② 油液特性分析传感器的参数特性。它的监测参数类型及参数测量范围和参数转换通信数据表如表 15-2 和表 15-3 所示。计量特性：在 V_{CC}＝12V 直流，T＝100℃的最大参数显示范围。

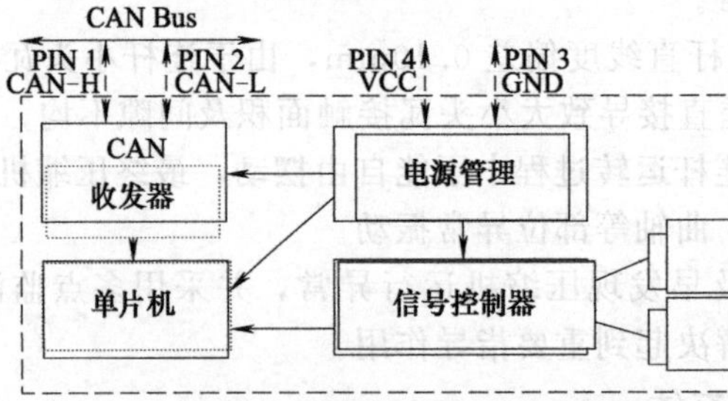

图 15-5　液体特性分析传感器模块

表 15-2　液体特性传感器参数特性

多功能监测参数	符号	最小值	典型值	最大值	单位
动力黏度	η	0.5	15	50	mPa・s(cP)
动力黏度精度＞10mPa・s(cP)		－5	＋/－0.2	＋5	%
动力黏度精度＜10mPa・s(cP)			＋/－0.2		mPa・s(cP)
密度	ρ	0.65	0.85	1.50	gm/cc
密度精度		－3	＋/－1	＋3	%
介电常数	ε	1.0	2.0	6.0	
介电常数精度		－3	＋/－1	＋3	%
温度范围	T	－40		150	℃
温度精度	T		0.1		℃

表 15-3　参数信号转换通信数据表

	传输数据		
动力黏度	最小值	典型值	最大值
极限/mPa・s	0.0		1003.9
极限	0×0000		0×FAF9
分辨度/(mPa・s/bit)		0.015625	
上传周期/s		30	
密度	最小值	典型值	最大值
极限/(mg/cc)	0.000		1.9608
极限	0×0000		0×FAF6
分辨度/(mg/cc/bit)		0.00003052	
上传周期/s		30	
介电常数	最小值	典型值	最大值
极限	0.00		7.842
极限	0×0000		0×FAF1
分辨度		0.00012207	
上传周期/s		30	
温度	最小值	典型值	最大值
极限/℃	－273.0		＋1735
极限	0×0000		0×FB00
分辨度/(℃/bit)		0.03125	
上传周期/s		30	

③ 油液特性分析传感器的通信方式。该传感器采用 CAN2.0 J1939 协议串行异步通信方式。每帧以 8 字节 250Kb 波特率传输，其通信协议如表 15-4 所示。

2）高精度电容测量仪

① 高精度电容测量仪的作用和工作原理。润滑油在长期使用过程中容易受到污染和氧化变质，油液中的水分、金属磨屑等极性物质含量增大，总酸值增大，使润滑油综合

相对介电常数也增大，特别是水分含量导致的增长最为显著。另外，如果润滑油中金属磨粒含量增加，虽然反映在润滑油综合介电常数的增加量较小，但在轴瓦径向载荷较大的情况下，当轴瓦的最小油膜厚度小于磨粒直径时，进入到轴瓦间隙的金属磨粒会刺破油膜造成轴瓦与轴颈的摩擦表面间接接触，形成轴瓦摩擦表面磨粒磨损。此时电容的测量值为 0，呈电容短路状态。润滑油质量恶化造成的磨损类型，可以通过监测润滑油的综合相对介电常数值和电容测量值来确定。监测润滑油的综合介电常数变化是实现轴瓦磨损在线监测的措施之一。

表 15-4 油液特性分析传感器通信协议表

FPS2800 标准 SPN 和标准 PGN				
参数	SPN	PGN	字节位置	字节长度
动力黏度	5055	64776	1	2
密度	5056	64776	3	2
介电常数	5468	64776	7	2
温度传感器	175	65262	3	2
通信代码状态	N/A	65329	1	1
在指令书写和数据读取之间必须无延迟，CAN 传输波特率为 250Kbps				

高精度电容测量仪表用于检测轴颈和轴瓦在液体动压润滑状态下的电容值。它是基于 AVR ATmega48v 单片机芯片开发的数字式测量仪表，利用在特定的频率下电容 RC 充放电回路原理检测待测电容值。高精度电容测量仪接线图如图 15-6 所示。

② 高精度电容测量仪的特点：

测量精度 1%。

测量范围为 1pf～500μf。

自动量程切换。

具有调零功能。不接任何电容，按一下“ZERO”按键，仪器显示“C0”，进入校零状态，完成后“C0”消失，恢复正常工作状态。校零值自动保存在单片机的 EEPROM 内，关机不会丢失，开机时自动恢复。

测量结果实时串行输出，可用 PC 记录。

③ 高精度电容测量仪的通信方式。高精度电容测量仪采用 RS232 接线端口与工控主板进行通信，将实时测得的电容参数以 ASC II 码的形式传输给工控主板。输出的串行数据格式 ASCII 码包含序号、测量时间（秒）、测量电容三个字段，即 SSSSS TTTTT. tt CCCCU。

3）微位移差动电容变送器

① 微位移差动电容变送器的作用与接线。微位移差动电容变送器用于检测轴颈在轴瓦中偏心率的变化。该变送器将轴颈与上下轴瓦组成的差动电容极板和 2088 扩散硅智能板卡的输入接线端相接，如图 15-7 所示。

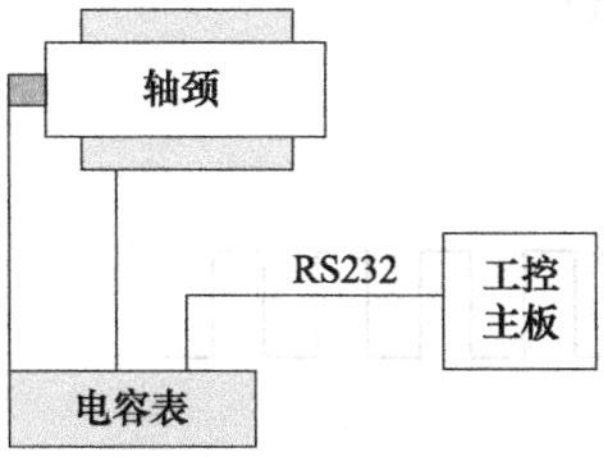

图 15-6 高精度电容测量仪接线示意图

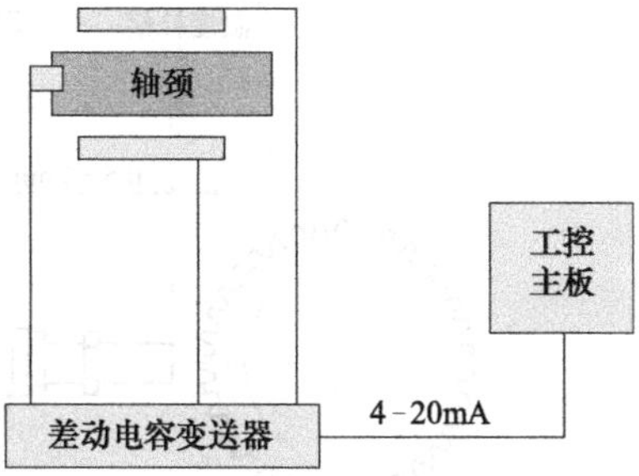

图 15-7 差动电容变送器接线示意图

② 微位移差动电容变送器的特点。JT2088扩散硅智能板卡以单片机CPU为主体，可进行逻辑运算、编程，模拟电路与数字电路相结合，可以输出模拟信号，也可以根据要求输出数字信号。可通过液晶显示模块的按键进行设备的参数组态，并可通过调试程序等进行参数设置和补偿，整机线性精度优于0.2%。

通过主板按键"S"和"Z"也可实现PV清零和有源量程修正、小信号清除及清零功能。

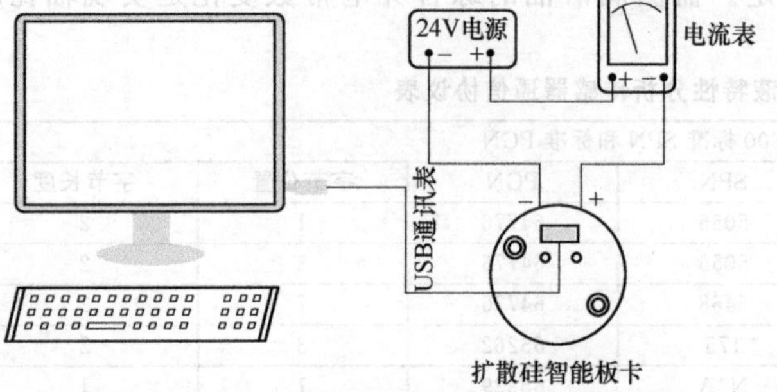

图15-8　差动电容变送器校准线路连接示意图

③ 微位移差动电容变送器的校准。对于确定好的微位移差动电容变送器，在安装调试过程中要对其进行校准。先按照图15-8所示进行线路连接，然后在利用校准的调试软件进行设置，如图15-9所示。

4）转速传感器

① 霍尔效应式转速传感器的作用与特点。通过联轴器与被测轴连接，当轴转动时将转角转换成电脉冲信号，除了供二次仪表使用，还将脉冲信号输入到工控主板I/O端口，通过工控主板的PWM端口和系统软件将脉冲频率转换成传动轴的转速。使用时在旋转物体上粘一块小磁钢，传感器被固定在距离磁钢一定距离内，探头对准磁钢S极即可进行测量。该传感器具有体积小、结构简单、无触点、启动力矩小等特点，使用寿命长，可靠性高，频率特性好，并可进行连续测量。图15-10所示为利用转速传感器测齿轮转速，直接输出方波信号的工作原理。

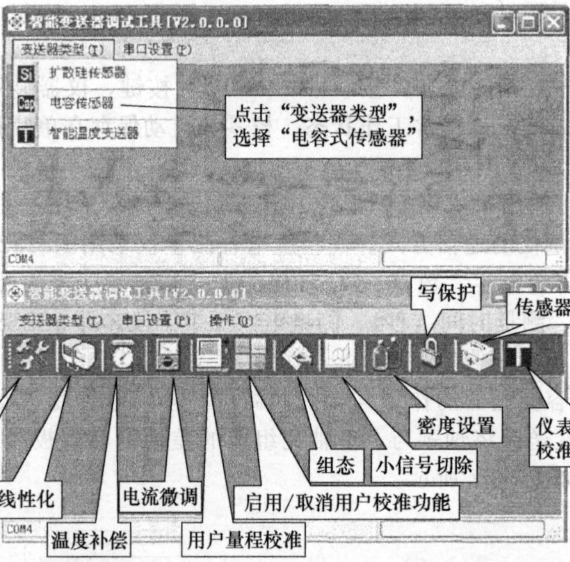

图15-9　差动电容变送器校准调试软件

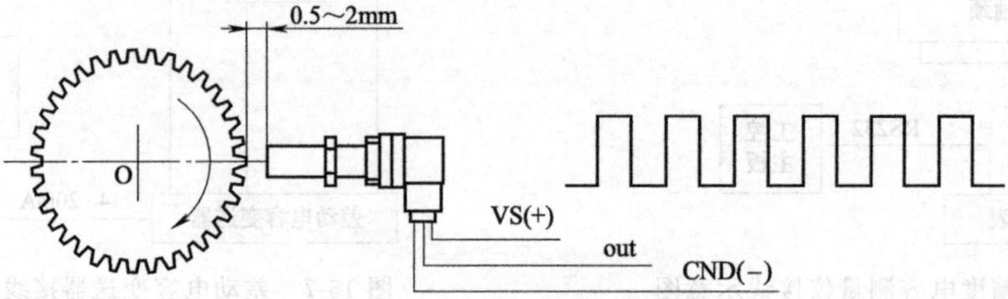

图15-10　转速传感器测速示意图

② 霍尔效应式转速传感器的输出特性。

测量范围：1～10000r/min；

输出波形：矩形脉冲波；

输出信号幅值：高电平 5±0.5V，低电平 0.5V；

检测距离≤4mm；

每转脉冲数：与磁钢贴片数一致；

5）压力传感器　采用扩散硅式压力传感器检测润滑油供油压力，测量范围 0～1.0MPa，输出 4～20mA 模拟量电流信号。

（3）工控主板

1）工控主板的作用与特点　EMB8612IA 是一款高性能工业控制板，该控制板采用 EMB86121 嵌入式模块开发而成。采用 ST 公司的 32bit Cortex-M3 内核 ARM STM32F103ZET6 作为核心控制器。其开发平台系统结构如图 15-11 所示。

图 15-11　工控主板开发平台系统结构

2）工控主板的主要特性

① MCU 为 ST 公司 STM32F103ZET6，512KB 程序 FLASH，64KB RAM、最高 72MIPS 执行速度；

② 板载 512KB RAM（IS62WV26256）；

③ 板载 8KB EEPROM（AT24C64）；

④ 板载 2MB 数据 FLASH（AT45DB161D）；

⑤ 板载 256MB NAND FLASH（K9F2G08UOB）；

⑥ RTC 时钟，只需外接电池座实现停电保护功能；

⑦ 1 个 PWR 电源指示灯及 1 个运行指示灯；

⑧ 5 路光电耦合隔离输出，加 ULN2803 驱动，可以直接驱动继电器；

⑨ 5 路光电耦合隔离输入，支持 5V、12V、24V 电压输入；

⑩ 2 路高速 PWM 信号输出；2 路高速脉冲信号输入；

⑪ 8 路 12 位 AD 转换，其中 6 路单端输入（信号量程 0～＋5V、0～＋10V、－5～＋5V、－10～＋10V）；2 路 4～20mA 电流环输入或差分输入（信号量程 0～＋5V、0～＋10V、－5～＋5V、－10～＋10V）；

⑫ 2 路 12 位 DA 输出，输出信号范围 0～＋10V；

⑬ 4 路 RS232 通信接口；

⑭ 1 路带光电耦合隔离 RS485（半双工）通信接口；

⑮ 1 路带光电耦合隔离 CAN 通信接口，支持 CAN2.0A 和 CAN2.0B；

⑯ 1 个 USB2.0 从机通信接口（与 CAN 不能同时使用）；

⑰ 1 个 SD 卡读写接口，可以用于系统启动、恢复、数据存储等应用；

⑱ 一个 10M/100M（DM9000A）自适应以太网络接口，该以太网接口可以用于系统应用软件调试和网络通信等试验；

⑲ 扩展 16 位总线输出接口，可以直接驱动各种彩色 TFT LCD，支持 SPI 触摸屏；

⑳ 内置独立看门狗，确保系统永远不死机；

㉑ 产生 2.5V 电压基准，初始精度已经校准：±1mV，20ppm；

㉒ ＋12V～＋24V 供电，JTAG 调试接口。

3）驱动软件库

① 1个蜂鸣器及1个运行ID指示驱动程序；

② IIC接口的EEPROM驱动程序；

③ SP总线读写驱动程序；

④ SPI FLASH擦除读写驱动程序；

⑤ RTC时钟驱动程序；

⑥ 独立看门狗驱动程序；

⑦ 10输入输出驱动程序；

⑧ 4路高速PWM信号输出驱动程序；

⑨ 2路光高速脉冲信号输入驱动程序；

⑩ 8路AD信号采集转换程序；

⑪ 2路DA输出控制程序；

⑫ 5路DART通信驱动程序（2路RS232，3路TTL电平）；

⑬ 1路CAN通信驱动程序；

⑭ USB从机通信驱动程序（虚拟串口通信）；

⑮ 扩展RAM读写驱动程序；

⑯ NAND FLASH读写驱动程序，增加坏块管理功能；

⑰ 驱动各种TFT LCD驱动程序；

⑱ 外扩总线接口驱动程序；

⑲ SD卡文件读写驱动程序；

⑳ DM900A以太网通信驱动程序；

㉑ MOBUS主从通信驱动程序；

㉒ UCOS-II移植程序；

㉓ Fat FS文件系统移植程序；

㉔ LWIP TCPIP协议栈移植程序；

㉕ μCGUI移植程序。

4）工控主板I/O接口的功能与连接设备，如表15-5所示。

表15-5　工控主板I/O接口的功能与连接设备

标号	功能说明	连接设备
JP3	J LINKV8仿真器接口	仿真器
JP4	以太网接口	以太网
JP5	SD卡	SD卡
JP6	外部总线 TFT LCD接口	TFT液晶屏
JP7	5路光耦隔离输出接口	继电器
JP8	5路光耦隔离输入接口(PWM接口)	霍尔式转速传感器
JP9	4路RS232通信接口	高精度电容仪表
JP10	1路带隔离RS485通信接口	触屏显示器
JP11	1路带隔离CAN通信接口	液体特性分析传感器
JP12	2路12位DA输出接口	
JP13	6路单端模拟信号输入接口(0～10V)	压力传感器
JP14	2路4～20mA电流环信号输入接口	差动电容变送器
JP15	电源输入接口	直流12V
JP16	USB从机接口	USB主设备

（4）触屏监测显示器

DGUS屏采用直接变量驱动显示方式，所有的显示和操作都是基于预先配置好的变量配置文件来工作的。迪文公司提供 PC 端的配置软件——DGUS 配置工具。通过 DGUS 配置工具配置完成后，生成 3 个主要文件：13. BIN、14. BIN、CONFIG. TXT。DGUS 二次开发技术以微指令（Micro Code）形式集成了大量工业自行化处理相关软件，如串口通信、CRC、线性方程求解、Modbus 协议处理、数据库操作等。

1）DGUS 触控显示屏主要功能　该控制方案通过 DCS001 检测当前动态参数，同时参数动态曲线和数据将实时显示于液晶屏。

动态参数值可进行设定操作，并允许参数上下波动最大值的设定、测量数据的保存周期设定等。

测量数据的保存与历史数据查询。

2）DGUS 屏 HMI 工程制作

① 制作人机交互界面

在 PC 机上，GUI 界面可以使用 PHOTOSHOP 等图片制作软件进行设计。把 GUI 分解成控件并按页面来配置，控件显示直接由变量控制；将通过 PC 软件配置好的控件文件（14. BIN）下载到 DGUS 屏后，通过串口改写变量值即可实现控件显示的相应改变。

② 配置各参数显示变量

借助迪文提供的 PC 组态开发软件，在相应页面位置添加一个变量数据录入控件，设置好录入格式（字体大小、光标模式、显示颜色、小数点长度、数据源、数据类别），预览 OK 后通过 SD 卡把生成的控件文件（13. BIN）下载到 DGUS 屏。

③ 配置参数录入控件

用户软件只需要定时（或者参数变化时）通过串口把参数值刷新到对应的数据源地址，当显示切换到对应页面时，屏幕就自动按照预先设定格式显示出来。触摸屏或键盘录入过程，通过 PC 软件按照页面定义的触控文件（13. BIN）来控制，用户软件仅需要定时（或者参数改变时）来读取录入变量值即可。

④ 制作 MODBUS 指令表

在命令参数设置界面第一行的每个单元格添加一个数据变量显示和变量数据录入控件配置好数据格式，VP 地址为 5008H-500FH，每行代表一条 MODBUS 指令（占用 8 个地址 16 个字节），最多支持 1023 条指令。MODBUS 指令要满足两个条件：这些被控对象使用标准串口通信协议，具有相同的波特率，通信格式是 N81；控制这些设备使用的是固定内容的控制指令，比如调节参数是使用“+”和“−”指令，而不是直接赋值。

3）迪文触控屏人机界面 HMI 开发过程

① 先设计界面，并下载到迪文 HMI 中。

② 在 0×1E 配置文件中定义好操作按键的位置和键码索引的指令 ID。

③ 在 0×1A 配置文件中定义好索引 ID 对应的控制串口上传指令（即设备的控制指令）。

④ 把 0×1E、0×1A 配置文件下载到迪文 HMI 中。

⑤ 使用 0×E0 指令，把串口调整到需要的波特率，并把 Paral 参数设置为 0×20。

⑥ 联机测试。把配置文件、图片、字库、图标库等借助 SD 卡下载到 DGUS 屏，进行界面测试和修改（第②、③步）。把串口连上用户 MCU 系统，进行数据联调。

（5）人机界面

轴瓦磨损在线监测系统的人机界面主要包括以下几部分。

1）显示窗口　轴瓦偏心率 x 柱状动态显示窗口、润滑油黏度 η 柱状动态显示窗口、润滑油综合介电常数 ε 柱状动态显示窗口、润滑油密度 ρ 柱状动态显示窗口、润滑油温度 T 柱状动态显示窗口，如图 15-12～图 15-16 所示。

① 轴瓦偏心率动态变化说明。在润滑油不含金属磨屑状态下，轴颈与轴瓦表面直接接

触时，$X_{计算}=X_{测量}=X_{许用}$时，系统发出磨损报警，$X_{许用}$由许用最小油膜厚度 $[h]$ 确定，即 $X_{许用}=\{\delta-[h]\}/\delta$。

在润滑油含有金属磨屑状态下，轴颈与轴瓦表面间接接触时，$X_{测量}<X_{计算}=X_{许用}$，系统发出磨粒磨损报警。

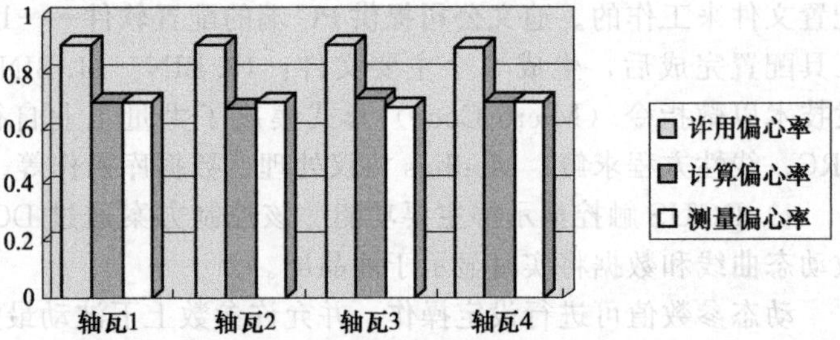

图 15-12　轴瓦偏心率动态显示图

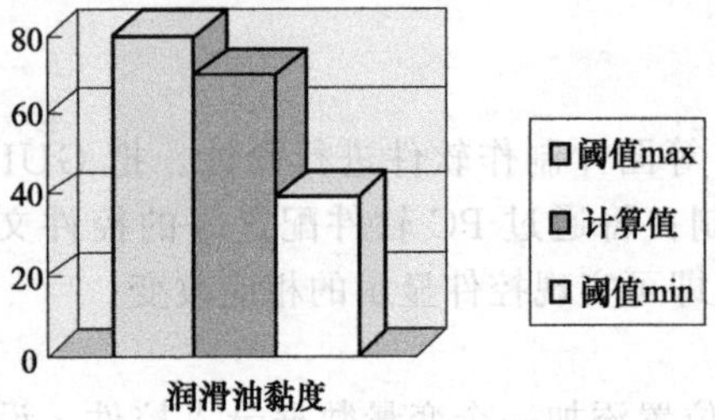

图 15-13　润滑油黏度动态显示图

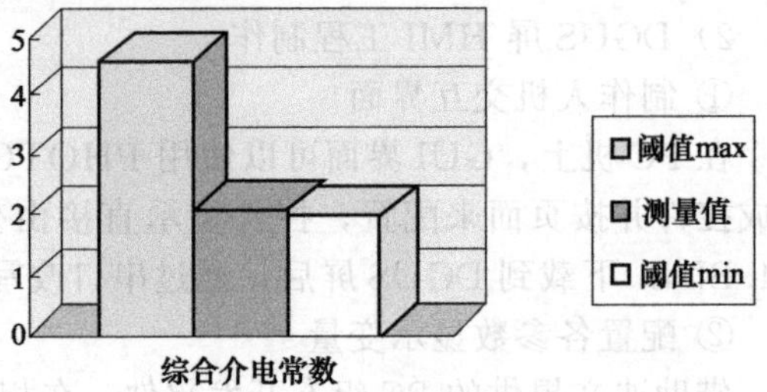

图 15-14　润滑油介电常数动态显示图

② 润滑油黏度动态变化说明。润滑油油压在小于 5MPa 内对黏度的影响很小可忽略不计，油压大于 20MPa 时就会对黏度影响较大，故润滑油的黏度在油压小于 5MPa 时只取决于油温和黏温系数，润滑油黏度的最大阈值 η_{max} 和最小阈值 η_{min} 可在轴瓦偏心率 $x=x_{max}$ 和 $x=x_{min}$ 条件下求得。正常情况下润滑油计算黏度 η 在 $x=x_{min}$ 时 $\eta=\eta_{max}$，在 $x=x_{max}$ 时 $\eta=\eta_{min}$；若润滑油长时间使用，则有可能会出现 η 在 $x=x_{min}$ 时 $\eta\neq\eta_{max}$，在 $x=x_{max}$ 时 $\eta\neq\eta_{min}$，这说明润滑油混入高黏度或低黏度油料或润滑油氧化变质。

③ 润滑油介电常数动态变化说明。润滑油介电常数的最大阈值 $\varepsilon_{max}=4.65$，当实测润滑油介电常数 $\varepsilon=\varepsilon_{max}$ 时需要更滑润滑油；润滑油介电常数的最小阈值由换新的润滑油介电常数确定。

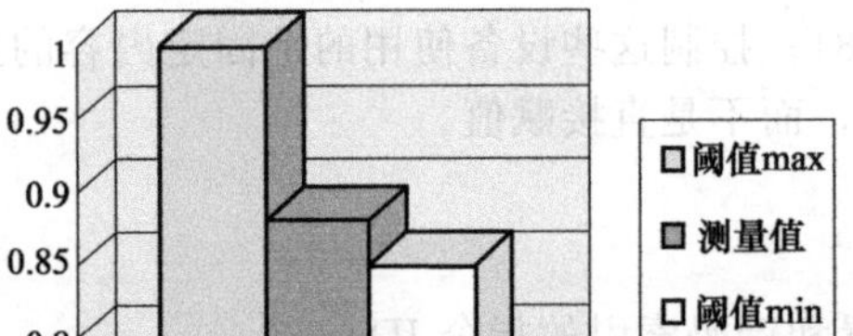

图 15-15　润滑油密度动态显示图

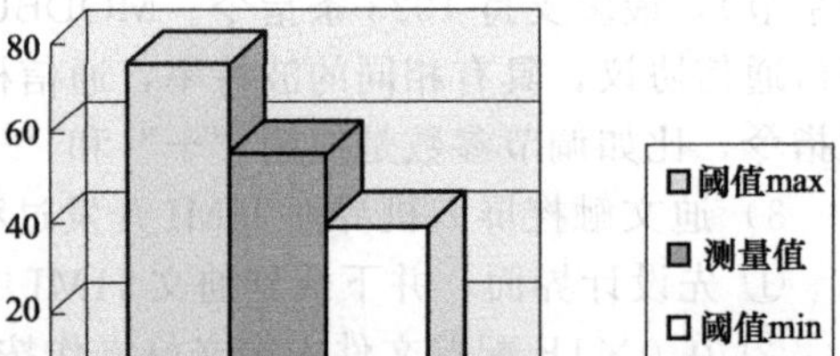

图 15-16　润滑油温度动态显示图

④ 润滑油密度动态变化说明。由于润滑油油压在小于 20MPa 内对密度的影响很小可忽略不计，故润滑油的密度只取决于油温和膨胀系数，润滑油密度的最大阈值 ρ_{max} 和最小阈值 ρ_{min} 可在新换润滑油和正常的进口工作油温上、下限值（T_{1min}，T_{1max}）的条件下进行标定。在正常的情况下，润滑油特性分析传感器输出的测量密度值 ρ 在（T_{1min}，T_{1max}）与（ρ_{min}，ρ_{max}）相对应；若测量密度值 ρ 超出了（ρ_{min}，ρ_{max}）范围，则表明润滑油混入了低密度或高密度介质。

⑤ 润滑油温度动态变化说明

润滑油温度的最大阈值 T_{1max} 和最小阈值 T_{1min} 由轴瓦在径向外载荷（0，$F_{r_{max}}$）范围内正常工作时进行标定轴瓦进油温度范围（T_{1min}，T_{1max}）。当润滑油特性分析传感器输出的测量温度值 T_1 超出标定的（T_{1min}，T_{1max}），则表明轴瓦进油温度控制系统失控。

2）润滑油综合介电常数 ε 实时显示和趋势报警　润滑油综合介电常数 ε 实时显示和趋势报警分析监测，如图 15-17 所示。

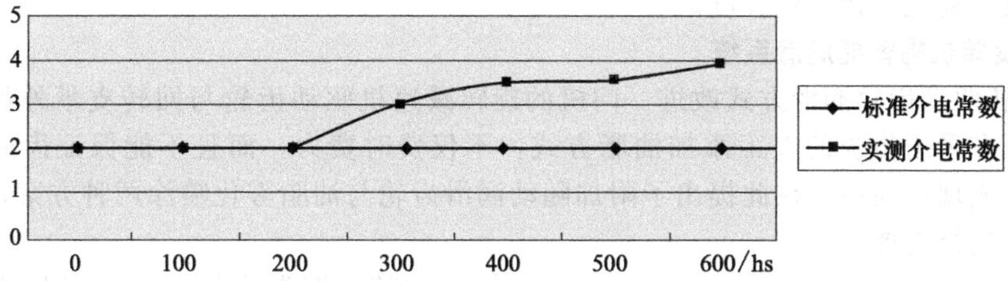

图 15-17　润滑油综合介电常数 ε 趋势报警分析监测图

3）用户参数设定　用户可以根据轴瓦和轴颈实际测量的参数进行设定，如表 15-6 所示。

表 15-6　用户参数设置

设置参数 \ 设置对象	轴瓦 1	轴瓦 2	轴瓦 3	轴瓦 4
轴瓦直径 D_1/mm	×××.××	×××.××	×××.××	×××.××
轴瓦表面粗糙度 R_{z1}/μm	×.××	×.××	×.××	×.××
轴颈直径 D_2/mm	×××.××	×××.××	×××.××	×××.××
轴颈表面粗糙度 R_{z2}/μm	×.××	×.××	×.××	×.××
相对间隙 ψ	×.××	×.××	×.××	×.××
半径间隙 δ/mm	×××.××	×××.××	×××.××	×××.××

15.2.3　起重机旋转机构智能润滑及在线监测系统

门座起重机（简称门机）是一种重要的且具有代表性的旋转类型的有轨运行式起重机。其旋转机构作用是使被起吊的货物围绕门机的旋转中心转动，以达到在水平面内运移货物的目的。

如图 15-18 所示，回转支承式旋转结构主要包括电机、制动器、行星减速机、驱动齿轮以及回转支承。旋转结构作为门机工作中使用频率较高的部位，必须满足门机低速正反转、制动平稳、安全可靠的要求，其运行稳定性直接影响整个设备的使用性能与生产效率。因此，门机的旋转机构在使用过程中必须具有完备的润滑、维护、保养与监测措施，以保证整机能够高效、平稳运行，从而延长设备使用寿命，降低使用成本，提高设备安全可靠性；反之，润滑不当则可能导致异响、振动甚至设备损坏。某码头 40t×45m 门机回转支承发生异响，此后响声加重并有保持架及滚动体从密封条处挤出。在更换回转支承时发现，内部上排滚动体发生锈蚀，即润滑工作不到位，滚动摩擦副运动时

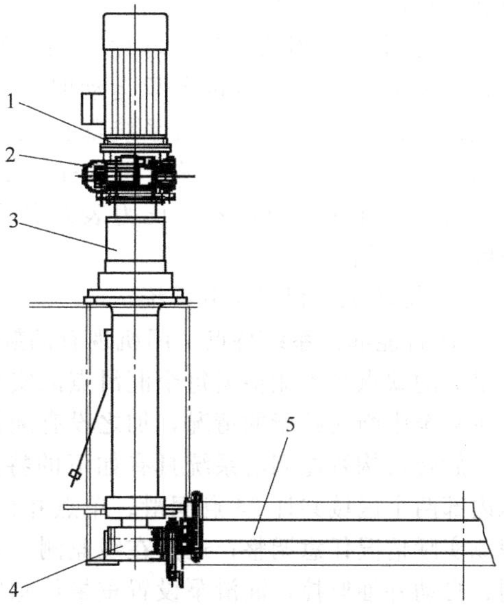

图 15-18　门机旋转机构示意图

1—电机；2—制动器；3—行星减速机；4—驱动齿轮；5—回转支承

没有润滑脂，长期严重磨损导致了设备损坏。事实证明，旋转机构的良好润滑是门机维护管理中重要的一环。

以门机旋转机构润滑系统（主要对旋转驱动齿轮啮合面、回转支承两部分进行润滑）为主要对象，加入了旋转机构智能润滑系统，配置在线振动监测设备，提高了门机设备的安全可靠性以及自动化、智能化程度。

（1）旋转机构智能润滑系统

1）旋转驱动齿轮润滑方式改进　门机的旋转减速机驱动齿轮与回转支承外齿面间的润滑，基本还在采用传统的人工添加油脂方式，不仅费时费力，而且不能保证齿面间润滑均匀，并易造成现场油污。在此提出了附加随动润滑齿轮与油脂雾化喷涂两种方案，用户可根据自身条件进行选择。

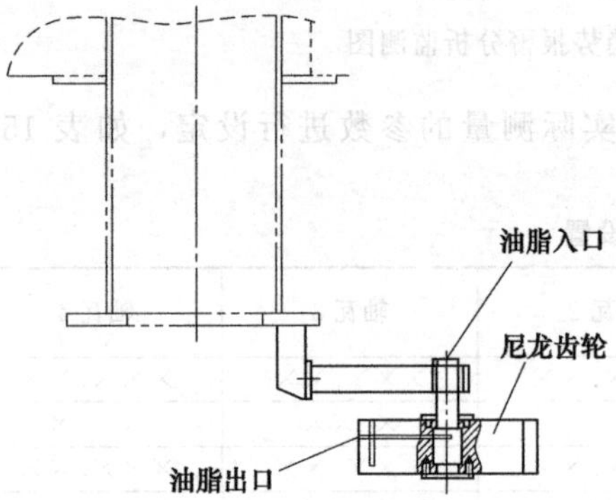

图 15-19　附加随动润滑齿轮布置示意图

① 附加随动润滑齿轮。该方案具体布置如图 15-19 所示。随动齿轮及固定轴通过焊接支架与转盘结构的减速机长轴孔底盘相连，齿轮固定轴需机加工出油脂入口与出口（出口一般在齿轮一周均布三组），与随动齿轮间安装深沟球轴承以保证相对转动。当旋转机构工作时，随动齿轮也与回转支承外齿圈啮合转动，油脂通过固定轴的油脂入口进入固定轴与齿轮间的密闭油腔，再被挤入随动齿轮内的油路，从油脂出口进入齿轮与回转支承间的啮合面，从而实现润滑。油脂输入量应根据现场经验设定，以保证出口处油脂由于黏性形成凸起，在齿轮转动一周过程中即被啮合面吸收，而不会由于出油量过大外溢形成油污。同时，为便于加工及不影响驱动性能，随动齿轮材料选用具有一定弹性的尼龙材料。

该方案成本较低，并便于在油脂入口通过连接管路实现集中润滑、自动润滑及智能润滑。在使用中，需要根据实际情况设定油脂随动添加量，避免润滑不充分或者润滑过量造成浪费与油污。

② 油脂雾化喷涂。油脂雾化喷涂方案的原理较简单，是在驱动齿轮附近设置雾化喷嘴，当驱动齿轮相对回转支承运动时，润滑系统工作，呈雾状的油脂被喷涂至齿轮啮合面实现润滑。油脂雾化喷涂系统部件较多，除电控系统可以与智能润滑系统集成外，其他可分为 3 个部分：储油罐，用来存储 2＃锂基脂，并配备液位计；高压输送设备，包含空压机、高压泵、恒压器、压力表及各类压力阀与管件等；雾化喷涂设备，主要为雾化喷嘴及支架结构。

2）旋转机构智能润滑系统

① 智能润滑系统特点。门机现有的旋转机构润滑系统多为单线、双线的集中润滑方式，其最大的缺点是不能根据每个润滑点的实际情况进行给油，容易发生局部润滑过多而浪费或过少甚至中断而缺脂的情况，加之没有配备监测系统，长此以往易造成设备故障。

旋转机构智能润滑系统具有如下的特点：实现旋转驱动齿轮-回转支承啮合面与回转支承内部两个区域共计 26 点润滑；单点并行供油，每个润滑点的供油量、循环供油时间根据现场实际情况任意调整；逐点在线监测，采用计量传感器与电磁阀对每个润滑点实现在线监测；自动补油监控，润滑泵设置重量传感器，润滑脂不足时提请进行补油；有效提升设备安全可靠性与自动化程度，降低维修维护人员的劳动强度。

② 智能润滑系统方案及配置。门机旋转机构智能润滑系统布置方案如图 15-20 所示。润滑系统开始工作时（即由每个点反馈的供油循环时间到达时），由控制系统控制润滑泵站

的启动；润滑泵注油至主管路后，各个给定编号的定量电磁给油装置根据传感器反馈的信号与所设定的给油量比较后决定是否打开，给对应的润滑点供油；当给油量达到设定值后，控制系统发出指令，对应的定量电磁给油装置关闭。在此过程中，26 个润滑点均为独立工作，互不干扰；同时，每个点对应的流量传感器实时自动监测，不仅反馈润滑脂流量并由系统记录时间，而且也肩负着故障监测的功能，一旦异常将反馈至控制系统报警，方便维修人员对给定编号的润滑点实现定点处理。

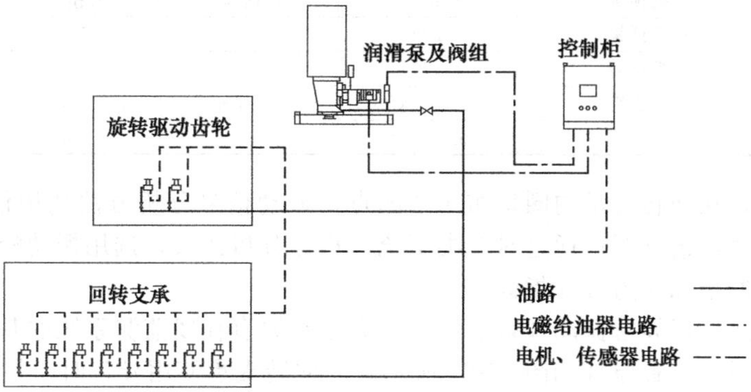

图 15-20　门机旋转机构智能润滑系统布置方案

智能润滑系统具体组成及配置如下：

控制系统。其主要实现控制润滑泵站启停、电磁给油器的运行、电机及传感器信息反馈。为避免设备过于烦琐，其 PLC 直接与门机 PLC 合并，并可以扩充远程手动润滑模式。

润滑泵站。由高压柱塞泵、泵站电机、重力传感器、压力传感器等组成，作为智能润滑系统的核心工作部件，向每路润滑点输送润滑脂。

电磁给油装置。由电磁阀、流量传感器和信息处理模块组成，设置单独箱体，并加装高压截止阀和过滤器，以保证精密元件的正常工作与维修便利性。

管路布置。考虑门机处于潮湿、有盐雾的码头的工作环境中，润滑管道及接头应采用不锈钢管，材质等级不低于 304。润滑点处的所有接头采用钩接式三通式加油接头以保证可以实现手动加油。

（2）旋转机构在线监测系统

在线监测系统基于旋转机构关键部件的振动信号，辅助智能润滑系统工作，以期充分保证旋转机构的安全使用效果。

1）在线监测系统方案布置　根据旋转机构的传动机理与现场工况，主要对旋转机构的回转支承及驱动齿轮进行振动监测，其中在回转支承内圈均布 4～6 个振动测点，在驱动齿轮的输入轴轴套（即下定位圈）布置 2 个振动测点。

监测系统数据采集硬件主要由 3 部分构成：工控机、数据采集分析仪（至少 16 同步输入通道且采样频率高于 200kHz）和压电式加速度传感器。传感器负责采集回转支承、驱动齿轮及输入轴振动产生的振动信号，数据采集分析仪与工控机连接，将采集到的模拟信号转换为数字信号，为故障分析提供数据。

2）信号分析与预警子系统　对于门机的旋转机构，由于其具有重载荷、变转速、变载荷、低速度的特点，在信号分析时需要通过比较优选出最佳的信号处理方法。此外，异常振动信号的确定，也依赖于对大数据的归纳与总结，即首先至少对同机型正常设备进行较长时期的检测以确定合理的报警阈值。以某码头 40t×45m 门机为实验对象，经过较长时间的数据采集，归纳了部分预警值，现对较有特点的回转支承监测分析结果进行说明，如表 15-7 所示。

表 15-7 回转支承振动测点预警参考值（阴影为确定的最终预警值）

统计指标		测点一	测点二	测点三	测点四
振动峰值	一级预警	$6m/s^2$	$6m/s^2$	$6m/s^2$	$6m/s^2$
	二级预警	$12m/s^2$	$9m/s^2$	$9m/s^2$	$9m/s^2$
振动谷值	一级预警	$-6m/s^2$	$-5m/s^2$	$-10m/s^2$	$-7m/s^2$
	二级预警	$-12m/s^2$	$-7m/s^2$	$-12m/s^2$	$-12m/s^2$
振动峰峰值	一级预警	$12m/s^2$	$12m/s^2$	$16m/s^2$	$14m/s^2$
	二级预警	$15m/s^2$	$15m/s^2$	$20m/s^2$	$18m/s^2$
脉冲指标	一级预警	100	80	120	80
	二级预警	200	150	200	150
振动有效值	一级预警	$0.5m/s^2$	$0.4m/s^2$	$0.3m/s^2$	$0.3m/s^2$
	二级预警	$0.7m/s^2$	$0.6m/s^2$	$0.5m/s^2$	$0.5m/s^2$

监测分析中，在回转支承内圈均布 4 个测点，振动信号分析方法选用信号的时域分析、频谱分析和包络解调谱分析；通过对多类型统计指标分析比较，选用振动峰值、谷值、峰峰值、有效值与脉冲指标作为最佳指标。

在确定了监测分析异常振动预警值后，研究中在原有在线监测系统的基础上设计了声光报警功能，声光报警装置原理如图 15-21 所示。当回转支承使用异常时，报警器会以声光形式提醒维修检验，此后通过对振动信号与现场情况进行详细分析，确定问题成因并采取对应方案。

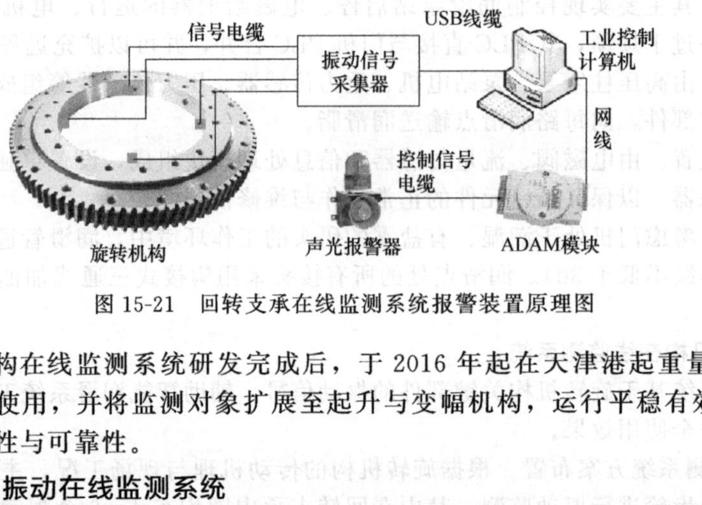

图 15-21 回转支承在线监测系统报警装置原理图

门机旋转机构在线监测系统研发完成后，于 2016 年起在天津港起重量最大的 500t×30m 门机上投入使用，并将监测对象扩展至起升与变幅机构，运行平稳有效，提升了关键机构运行的稳定性与可靠性。

15.2.4 多级泵振动在线监测系统

乙烯泵是某石化乙烯厂的主要设备，其作用是将乙烯输送至裂解装置或下游生产装置，平衡乙烯装置和下游装置生产不同步的问题。现场 2 台乙烯泵（56-P-0001A/B）均安装有 BH5000 状态检测系统。利用该系统可以实时监测电机和主泵的振动状态和振动变化趋势。对于振动异常的部位，通过分析振动信号的特征，可诊断设备运行出现的缺陷，为设备进行预防性检修提供参考和指导。

（1）乙烯泵的结构

2 台乙烯泵（56-P-0001A/B）由 Flowserve 供货（出厂编号：G207078BA），属于立式多级筒袋泵，2008 年安装，2009 年 5～6 月单机试运行，其基础设计参数如表 15-8 所示。

（2）乙烯泵的振动监测系统

1）BH5000 在线监测系统　BH5000 在线监测系统架构见图 15-22。该系统是北京博华信智科技股份有限公司开发的针对离心压缩机、往复压缩机、离心泵进行在线状态监测的系统，围绕可视化管理、设备状态统计、设备状态检测诊断、案例库模块、系统接口等功能模块，以设备状态监测和故障诊断预警指标为量化指标向各级设备专业管理人员提供维修决策依据，实现以状态维修为主、状态维修和预防维修相结合的设备维护方法，并为设备管理从定性管理向数字化定量管理打下基础。其功能组成见图 15-23。

表 15-8　泵的基础设计参数

设备位号	56-P-0001A/B
设备型号	300WUC-2R-8-IND
电机型号	DHSL-400LM-0.2M/400kW
额定电流/A	44.5（6kV）
输送介质	乙烯
比重	0.45
介质温度/℃	−35
扬程/m	910
额定（最小）流量/$m^3 \cdot h^{-1}$	183（930）

2）乙烯泵的振动监测系统　BH5000 在线监测系统是在电机驱动端及机泵轴承箱处各有 2 个振动传感器监测点，将监测信号传送至状态监测系统中，显示电机和机泵的振动、加速度情况。乙烯泵的振动监测系统如图 15-24 所示。

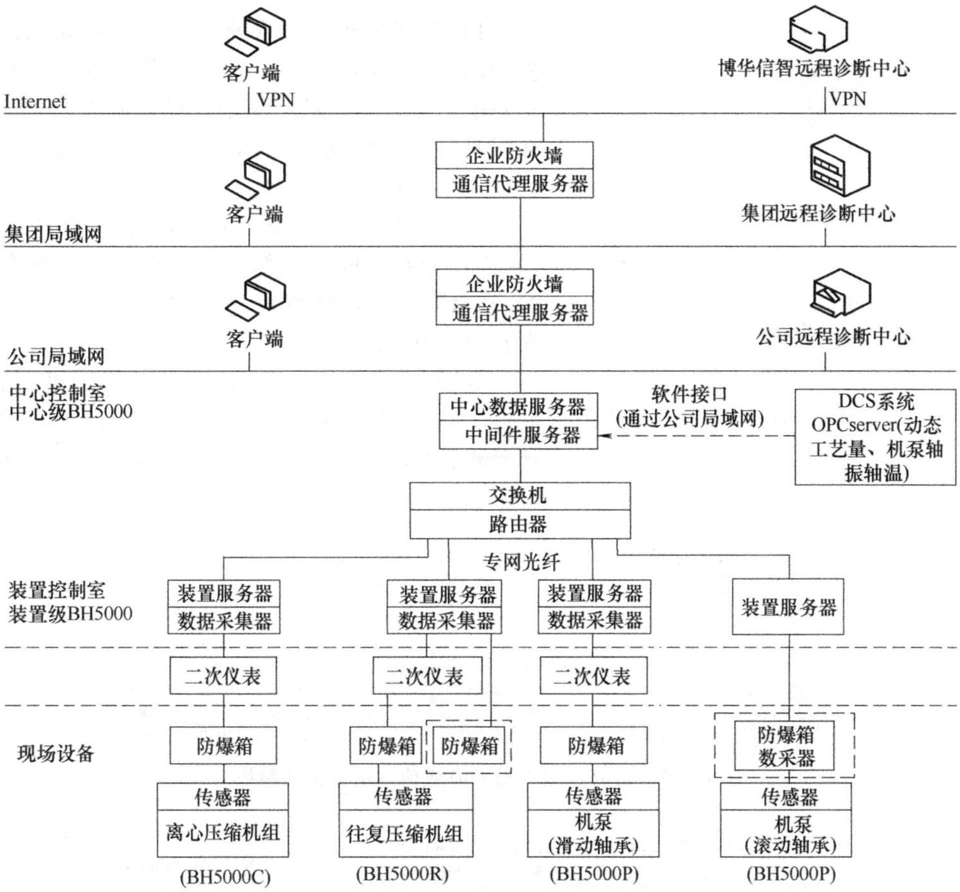

图 15-22　BH5000 在线监测系统架构

（3）乙烯泵的振动分析

2017 年 12 月 3 日 00：45，通过 BH5000 在线监测系统发现，此泵端轴承 2Ha 和 2Va 加速度开始缓慢上涨，泵端轴承 2Hv 和 2Vv 振动趋势未见明显上涨趋势。现场机泵测振在 1.3mm/s 左右，加速度为 6.5m/s^2，最高达到 41m/s^2，以上数据均在正常范围内，在此期间对电机及联轴器的排查也未发现异常，但机泵的加速度一直呈缓慢上涨趋势。至 12 月 4

日 21：30，将运行中的 A 泵切至 B 泵运行，对 A 泵的振动频谱进行分析，查找原因。

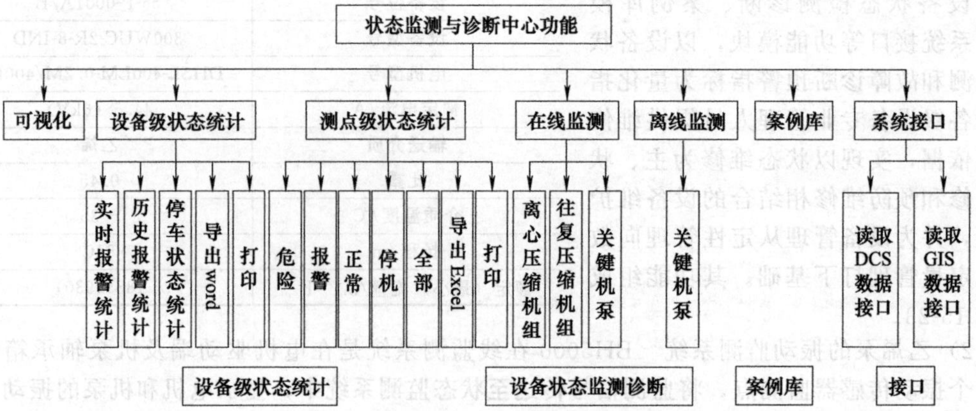

图 15-23　BH5000 系统功能组成

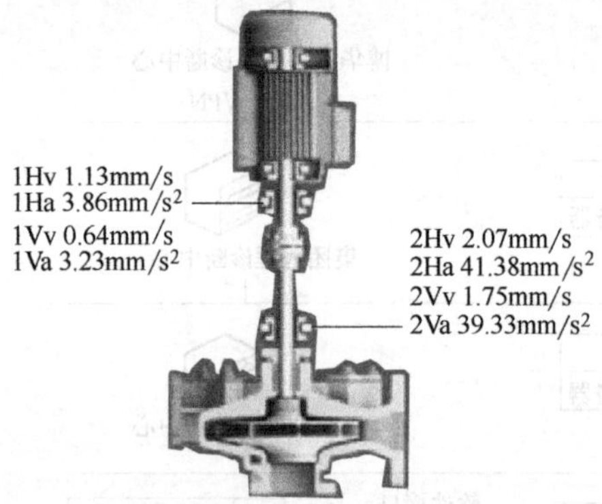

图 15-24　乙烯泵 BH5000 振动监测系统

1）测试分析　调取前一周的 56-P-0001A 历史振动趋势（见图 15-25），显示电机端和泵端轴承振动烈度正常，总体趋势平稳，最大值为 2.26mm/s，在标准范围内。分析 56-P-0001A 2Hv 的历史波形（见图 15-26），波形正常。

由 56-P-0001A 2Hv 历史速度幅值谱（见图 15-27）分析 2Hv 频谱，发现频域中虽然有 1X、2X 和 3X，但是幅值较低，最高为 1.21 mm/s，在正常范围内。

分析 56-P-0001A 2Vv 历史振动趋势（见图 15-28）发现，前一周振动趋势平稳，2017 年 12 月 4 日起振动逐渐上升，12 月 5 日 17：45 达到峰值，最大振动烈度为 3.39mm/s，但低于 4.5mm/s 报警值，仍在正常范围内。

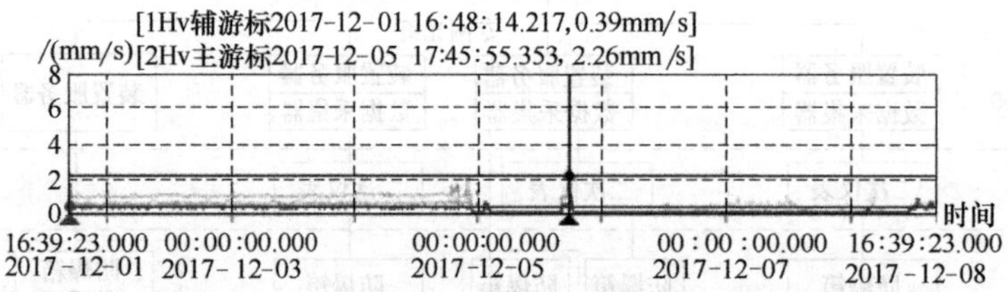

图 15-25　56-P-0001A 通频有效值（历史振动趋势）

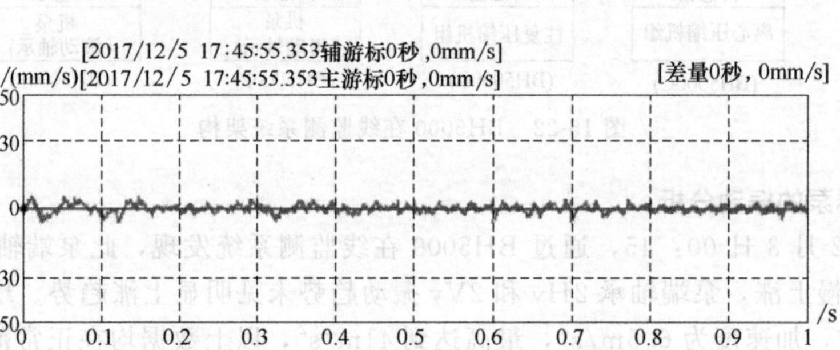

图 15-26　56-P-0001A 2Hv（历史波形）

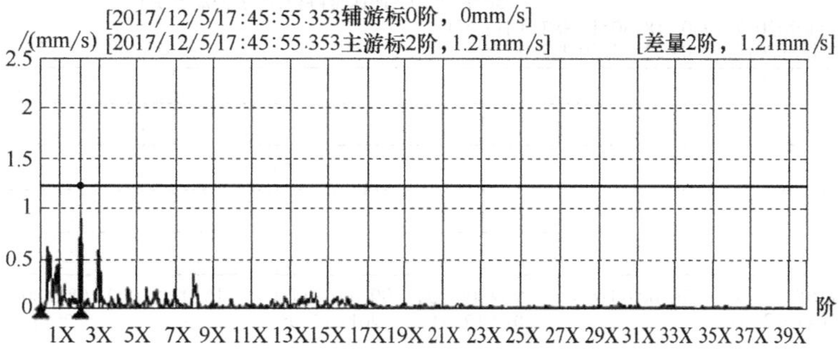

图 15-27　56-P-0001A 2Hv（历史速度幅值谱）

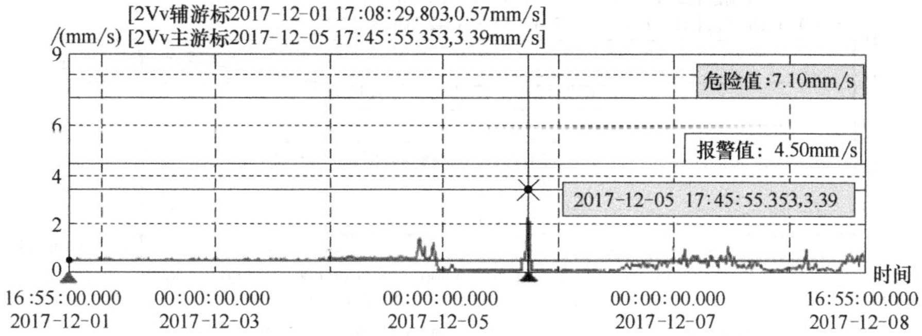

图 15-28　56-P-0001A 2Vv 通频有效值（历史振动趋势）

分析 56-P-0001A 2Vv 历史速度幅值谱（见图 15-29）发现，频域中未见转子故障频率，且振动幅值很低，但可见干扰谱线增多，底噪抬升（噪声大）。

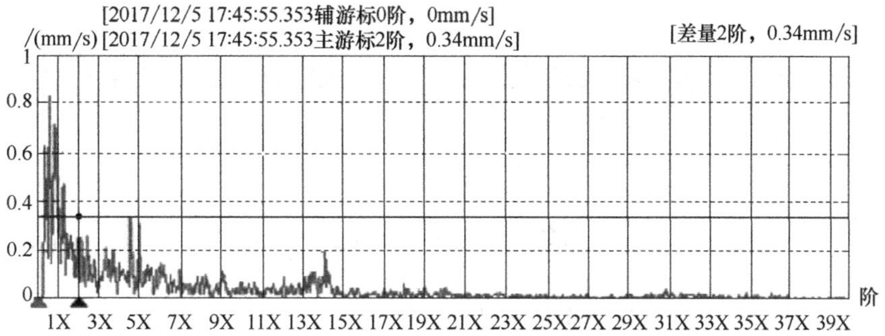

图 15-29　56-P-0001A 2Vv 历史速度幅值谱

分析 56-P-0001A 2Ha 加速度趋势（见图 15-30）可知，2017 年 11 月振动幅值较低，趋势平稳，12 月 4 日 18：47 加速度达到第一个峰值，5 日 17：45 达到第二个峰值；冲击能量从平均 9GIE 上升到 200 GIE。过高的加速度和冲击能量表明轴承很可能出现了故障，且是突发性故障。

从在线系统可以看出，此泵于 12 月 4 日 21：30 停机，直到 5 日 16：25 才开机。开机后，加速度值迅速升高，至 17：45 达到最大值，18：26 再次停机。第 2 次开机后，仅运转了 2h 即再次停机。

分析 56-P-0001A 2Va 历史波形（见图 15-31）发现，图中出现周期性冲击信号，周期为 0.1s。

对 2Va 倒频谱进行精密分析诊断，发现波形图中出现周期性冲击信号，每 0.05s 一次大的冲击，每个周期内还有 2～3 次小的冲击。通过计算，此信号频率为 20Hz。

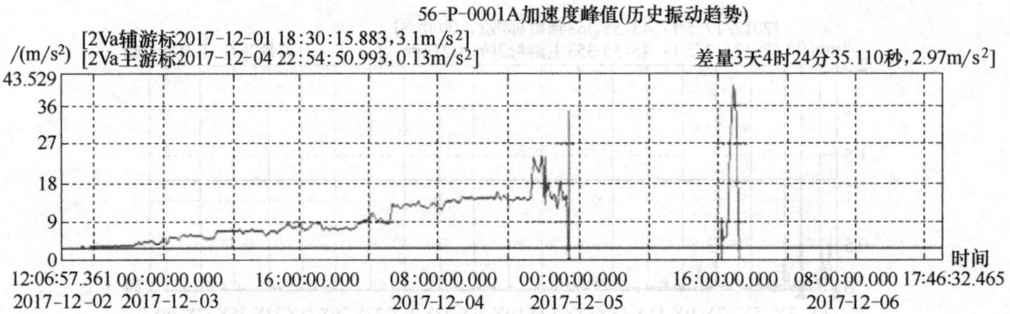

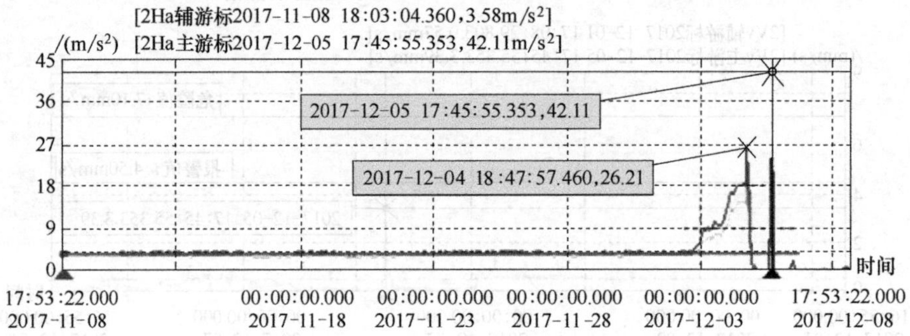

图 15-30 56-P-0001A 2Ha 加速度趋势（历史振动趋势）

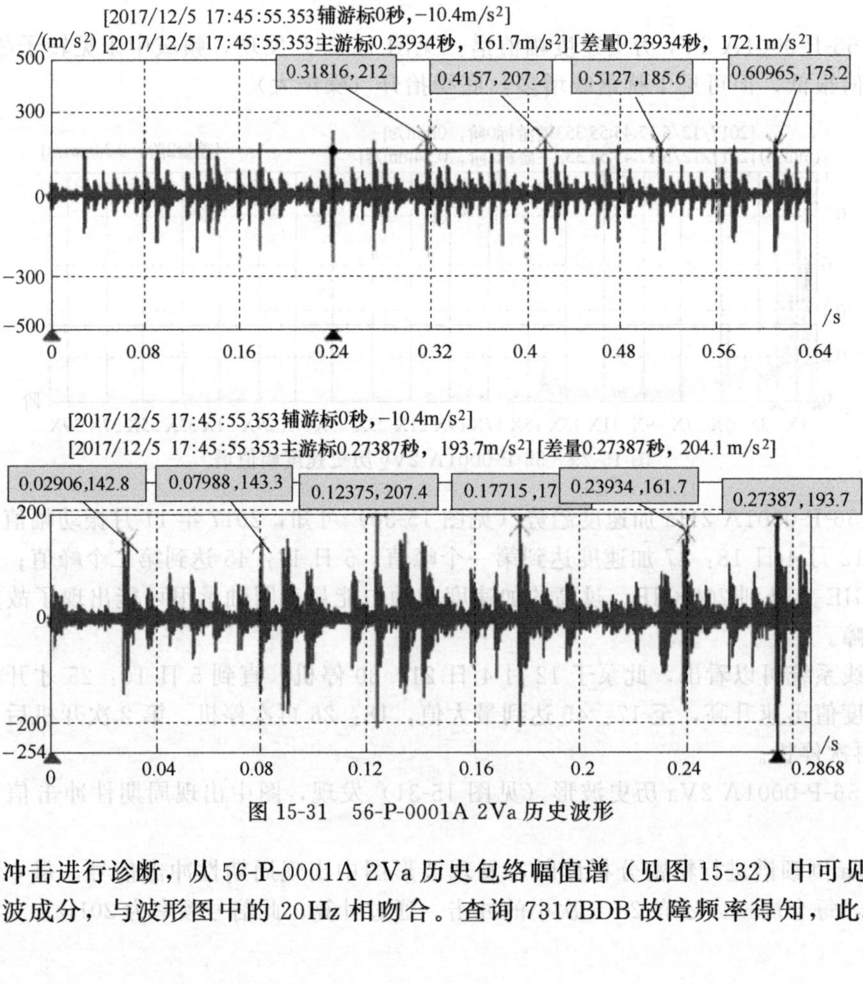

图 15-31 56-P-0001A 2Va 历史波形

针对冲击进行诊断，从56-P-0001A 2Va 历史包络幅值谱（见图 15-32）中可见 20Hz 频率及其谐波成分，与波形图中的 20Hz 相吻合。查询 7317BDB 故障频率得知，此频率为保持架故障频率，说明保持架出现故障。

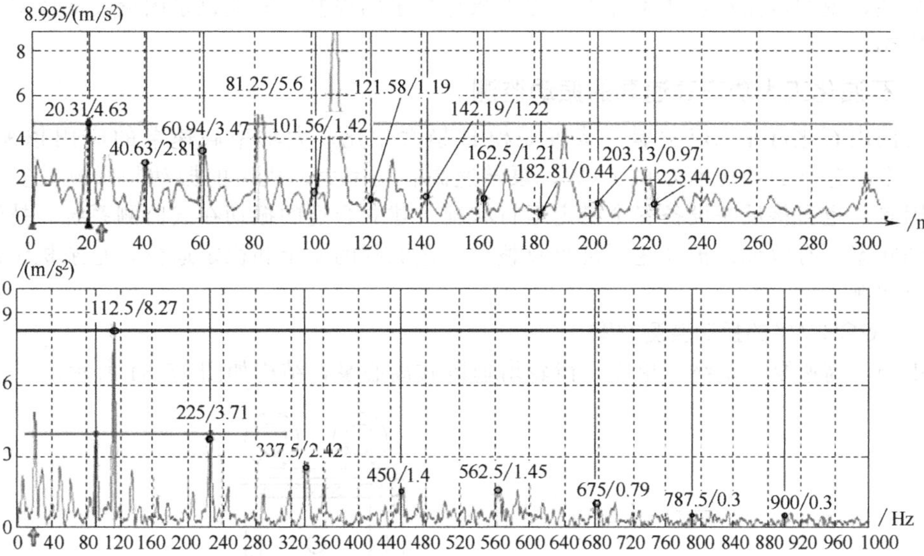

图 15-32　56-P-0001A 2Va 历史包络幅值谱

2Va 包络频谱中出现 112Hz 频率及其谐波频率，且存在±20Hz 边带，此边带为保持架频率。该频率与滚珠故障频率非常接近（滚珠故障频率为 106Hz），很可能滚珠也出现故障。

2）诊断意见

① 测点 1 和测点 2 振动烈度（速度值）较低，波形频谱正常，可以排除电机故障和泵的转子类故障。

② 泵轴承保持架很可能已经磨损。

③ 包络频谱图中出现 112Hz 频率及其谐波频率，且存在±20Hz 的边带（保持架故障频率）。此频率与滚珠故障频率非常接近（滚珠故障频率 106Hz），很可能滚珠也出现了故障。

12 月 5 日下午机泵试运 2h，重新采集振动、加速度频率并对其进行分析，结果也进一步验证了这个诊断意见。

（4）机泵预防性检修情况

结合机泵振动、加速度频谱的诊断分析意见，车间安排对机泵进行预防性检修。12 月 7 日钳工对机泵进行了拆检，发现此泵有 3 个 7317BDB 轴承，均为 NSK 轴承厂家生产，其中最上面一个轴承的一个滚珠表面剥落严重，损坏的滚珠与保持架碰磨，造成保持架出现明显磨损（见图 15-33），与 12 月 5 日状态监测分析诊断结果一致。

图 15-33　缺陷轴承的滚珠和保持架

12 月 7 日设备检修公司钳工对 56-P-0001A 机泵轴承全部进行了更换。12 月 8 日 12：28 该泵开机运行。

使用 VM63 测振仪测得重新开机运行后的速度值为 0.8mm/s，加速度为 $1.6mm/s^2$，远低于振动标准值，机泵运行正常，故障消除。

此次乙烯泵的检修是利用监测得到的振动、加速度信号对机泵进行了全面分析和诊断，结合机泵的结构特点，分析出各振动成分的来源，进而判断出机泵轴承箱处轴承存在缺陷。

根据诊断的结果，提前制定了机泵的检修计划。机泵后期的检修实际结果验证了振动诊断分析的可靠性，说明该振动监测系统可有力地指导机泵的检修，避免机泵因突发故障对平稳生产造成影响。

15.2.5 石油化工大功率高速泵的振动监测

随着国内石化行业飞速发展，装置规模日趋大型化，大功率高速泵的应用越来越多。GSB-W7 型高速泵的轴功率为 630 kW。泵转速高、功率大，机组的振动是影响其安全运行的重要因素，也直接反映设备安全稳定运行状况。建立合适的振动在线监测系统，持续监测泵的振动状态，有效地保护高速泵机组及整个工艺流程的安全和稳定运行，是泵机组需要解决的重要问题。

（1） GSB-W7 的振动监测方案

GSB-W7 高速泵为单级、单吸、齿轮增速卧式离心泵，结构如图 15-34 所示。

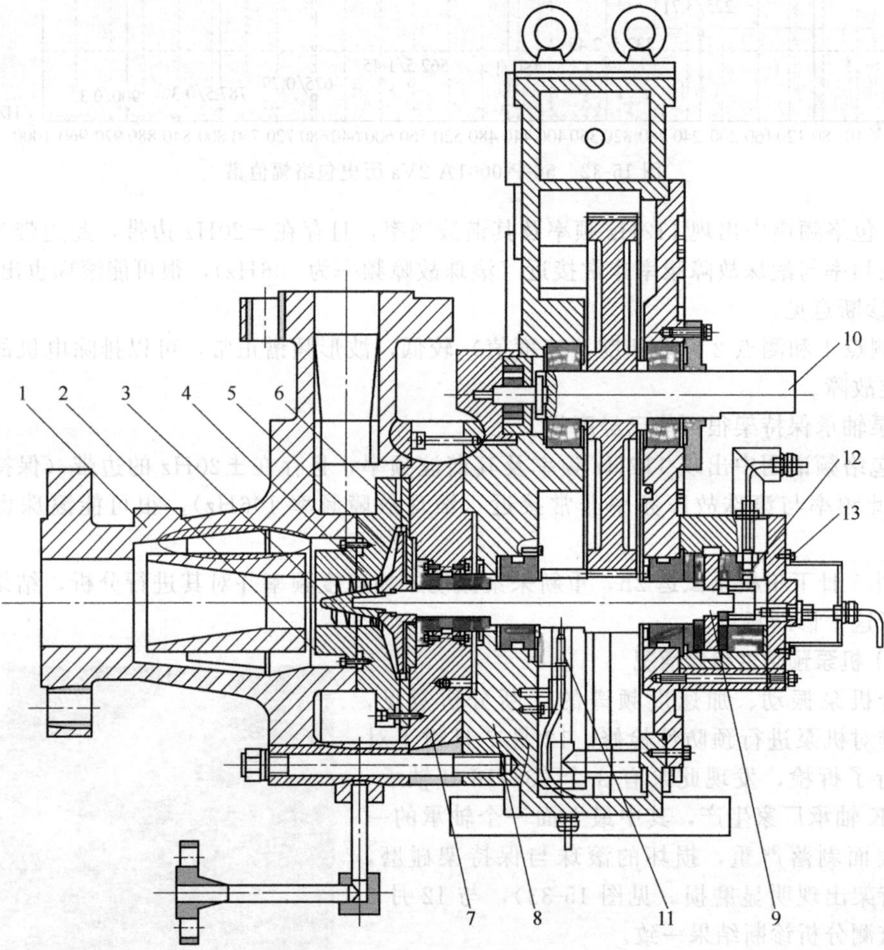

图 15-34 高速泵 GSB-W7 结构

1—泵壳；2—诱导轮外套；3—诱导轮；4—扩压器；5—叶轮；6—后隔板；7—泵盖；8—齿轮箱；9—高速轴；10—低速轴；11—径向传感器；12—键相位传感器；13—轴向传感器

该振动监测方案通过传感器把振动信号转换成电压信号，将电压信号输入到数据采集处理系统或监测系统，然后输出 4～20 mA 信号或开关量到用户分布式控制系统（DCS），参与控制连锁。测量高速轴振动幅值的传感器为电涡流传感器，测量齿轮箱体振动的传感器为速度或加速度传感器（根据用户要求选择），选择 Bently 3300 系列产品。

1）高速轴径向振动的测量　在高速轴前径向滑动轴承处沿径向成 90°安装两个电涡流传感器，如图 15-35 所示，用于监测前径向轴承处高速轴的水平、垂直径向振动位移，可为诸如转子的不平衡、不对中、轴承碰磨等机械问题的判定提供关键信息。其中 X 代表水平方向，Y 代表垂直方向，从电机端看 Y 位于 X 逆时针旋转 90°的位置。

2）高速轴轴向振动的测量　在高速轴驱动端安装一个电涡流传感器，用于监测轴向窜动量，得到运行中轴向受力的变化情况、推力轴承轴向磨损等重要信息，为状态监测和机组保护提供依据。

泵在启动、运转、停车过程中，高速轴连同止推盘等转子系统组件会沿轴向窜动。轴向位移的测量需要设定基准值（即零点值），基准值应位于轴向窜动的中间位置，此时轴端与探头的间距为基准间距，对应的电压为基准电压（为定值）。安装时，自由状态下高速轴往往并不处于轴向窜动的中间位置，按照此状态确定传感器与轴端初始间距容易造成由于初始间距不合适导致测量值超过设定的停车值，进而导致连锁停车。

如图 15-36 所示，高速轴转子系统组件轴向位置最左端定义为左极限，最右端定义为右极限，此距离即为两个推力轴承之间的轴向间隙窜动量 x，将这一距离的中点定义为轴向位移的零点位置。安装轴向位移传感器时，必须以该零点位置为基准，在此基础测得的轴向位移值和设定的停车值（如±0.22 mm）才有意义。具体操作方法为：

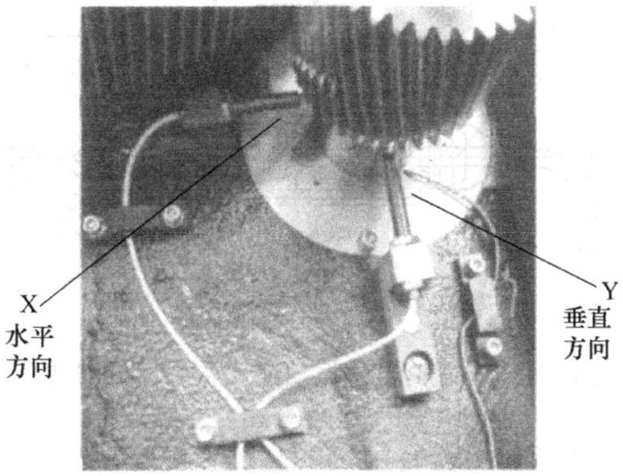

图 15-35　高速轴径向振动传感器的安装

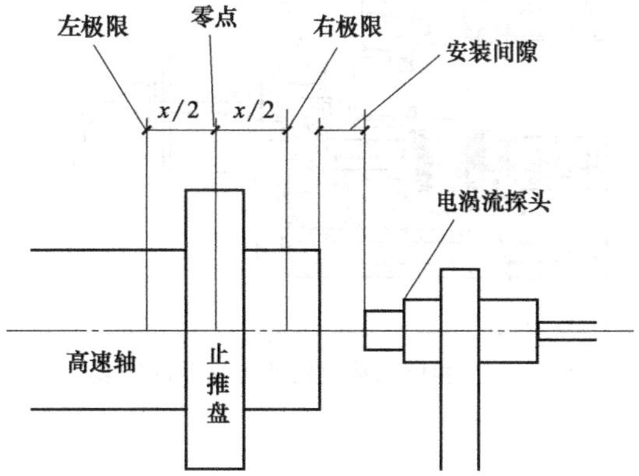

图 15-36　高速轴轴向位移探头的安装

① 调整传感器与轴端间距，使间隙电压值近似处于传感器特性曲线线性范围的中部，见图 15-37；

② 采用专用工具分别将高速轴转子系统推到左极限和右极限位置，并记录间隙电压值，间隙电压的差值对应的间距即为轴的窜动量 x；

③ 将高速轴转子系统重新推到左极限位置，调整传感器与轴端间距，使间隙电压值对应的间距为基准间距与 $x/2$ 之和，即可保证零点值位于轴向窜动的中间位置。

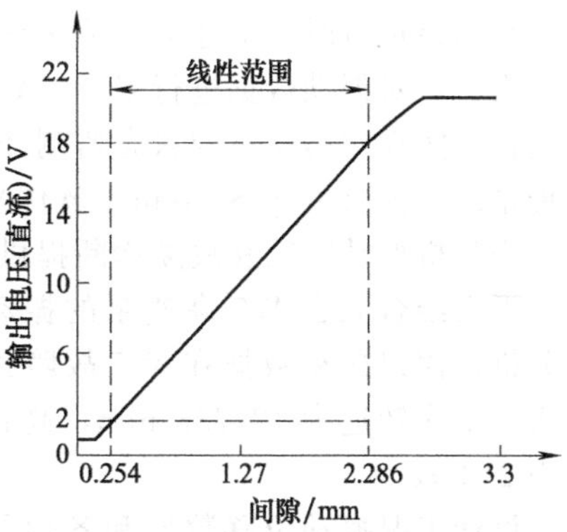

图 15-37　涡流传感器特性曲线

3）振动相位的测量　在旋转机械振动分析中，相位是不可或缺的参数之一，相位是指振动信号与转轴上某一标记之间的相位差。相位的变化直接反映了转轴上不平衡力角度的变化。键相位测量方法之一是在转轴上开一个键槽，安装键相传感器，每当键槽转动到键相传感器处时，就会产生一个脉冲信号。通过将键相位脉冲信号与轴的振动信号比较，可以确定振动的相位角，用于轴的动平衡分析及设备的故障分析与诊断等。另外通过对脉冲计数，可以测量轴的转速。

由于 W7 的高速轴轴颈小，在转轴上仅开一个键槽，给后续的动平衡工作带来非常大的困难。如果在转轴上对称的开两个键槽，数据采集时会以其中一个键槽为基准，这样就不能准确定位不平衡力的角度，但仍然可以为径向位移信号提供相位基准，得到相位的变化情况及转速信息，并且大大减少了动平衡的工作。具体方法为：在推力轴承处高速轴上沿轴向对称开设两个键槽，径向安装一个电涡流传感器，用于键相位的测量。需要注意的一点是，由于轴向位移传感器和键相位传感器的距离较近，为避免产生交叉干扰，将轴向位移探头下移，如图 15-38 所示。

4）齿轮箱体振动的测量　在齿轮体上安装一个速度或加速度传感器（根据用户要求），用来监测齿轮箱体的振动情况，如图 15-39 所示。

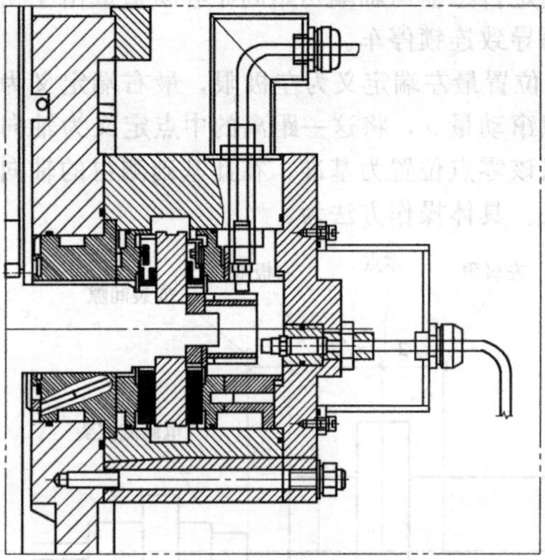

图 15-38　相位和轴向振动传感器的安装

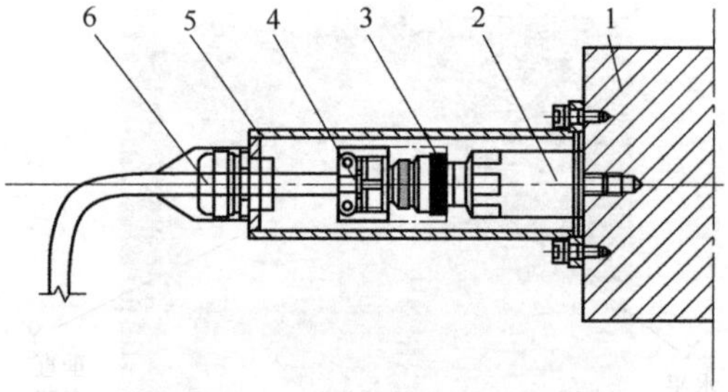

图 15-39　齿轮箱体振动速度传感器的安装

1—齿轮箱体；2—速度计；3—速度计接头；
4—接头保护器；5—速度计保护盒；6—电缆填料函

（2）振动数据分析应用

高速泵运行时，上述电涡流传感器和速度或加速度传感器的振动信号输入 Bently 3500 监测系统，对振动数据进行采集、处理，然后输出 4～20mA 信号或开关量到 DCS，参与控制连锁，实现对高速泵的状态监测和保护。同时，可以将采集的振动数据输入到专业的数据处理系统（如 Bently System 1 软件），进行振动波形和频谱、轴心轨迹、波德图等的图形绘制，为分析振动特征和故障诊断提供依据。

下面结合某台 W7 高速泵的振动情况进行分析，探讨振动数据在 W7 故障诊断中的应用。工作转速为 12773r/min，高速轴的工频为 213Hz。

设计工况位移数据和各项的要求值见表 15-9，可以看到壳体的振动速度和高速轴的轴向位移均能满足运行要求，高速轴的径向振动位移相对偏大。

表 15-9　W7 泵设计工况振动数据及要求值

项目	试验值	要求值
径向 X 位移/(μm,pp)	34	≤18
径向 Y 位移/(μm,pp)	30	≤18
轴向位移/mm	0.060	−0.22～0.22
壳体振动速度/(mm·s^{-1},RMS)	1.55	≤4.5

1）振动波形和频谱　波形反映振动量随时间的变化情况，即信号的时域特征。频谱反映复杂信号所含频率分量，即振动信号的频域特征。不同故障具有不同的频率特征，

根据频谱特征可以对故障性质做初步判断，如不平衡、共振、摩擦等故障的特征频率为工频，轴承油膜振荡故障的频率为低频，电磁激振故障的频率为高频等。图 15-40 显示高速轴径向振动的时域和频域特性，水平和竖直方向的振动波形均为正弦波，呈周期性变化，毛刺特征并不明显；振动频率主要为高速轴的工频及少量的 2 倍工频，工频幅值分别为 25μm 和 22μm。

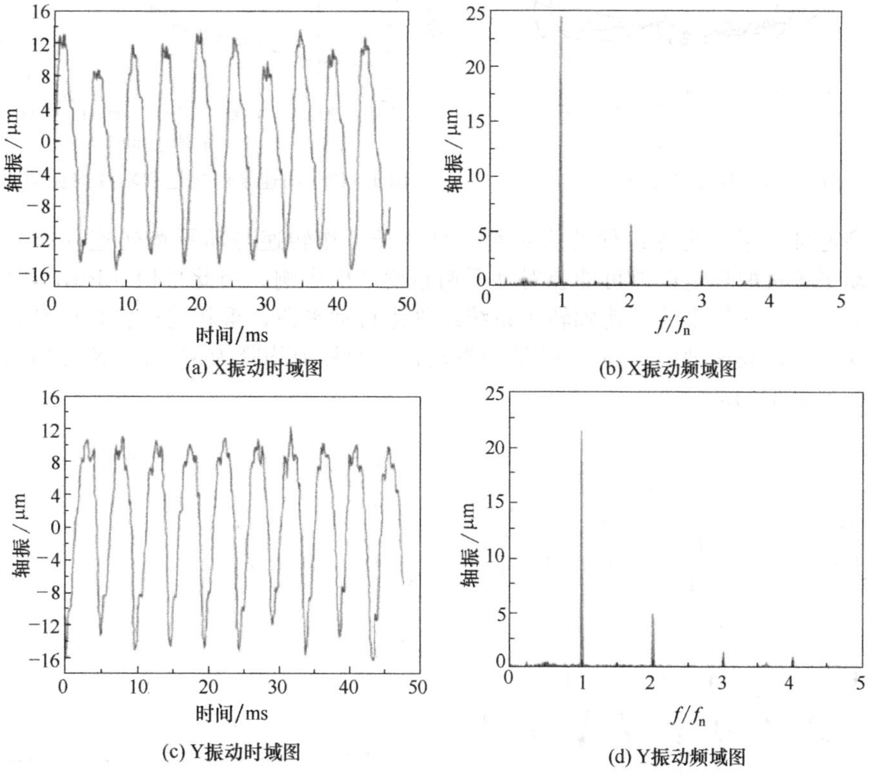

(a) X振动时域图　(b) X振动频域图

(c) Y振动时域图　(d) Y振动频域图

图 15-40　高速轴径向振动时域和频域图

2）轴心轨迹　忽略轴向的振动，认为转轴是在径向平面内振动。通过在转轴径向安装的互相垂直的两个涡流传感器（X 和 Y），可以确定转子在轴承中的位置。将不同时刻转子在轴承中位置的变化连为一条曲线，得到转子在轴承内的振动轨迹，即轴心轨迹。不同的故障具有不同形状的轴心轨迹，如不平衡故障的典型轨迹为稳定的椭圆，动静摩擦故障的轨迹上可能出现不稳定的毛刺点等。

图 15-41 为轴心轨迹图，可以看到轴心轨迹相对比较规则，为一个椭圆，可以初步确定轴振动位移偏大主要是由动不平衡引起的。

3）波德图　将机组启停过程中振动幅值和相位随转速的变化情况以图形方式表达出来，即可得到波德图。通过波德图，可以判定系统临界转速、不平衡量并分析机组启停过程中的振动差别，如不平衡力随转速升高而增大，部件在固有频率对应的转速附近会产生共振。

图 15-42 给出了高速泵停机过程中轴径向振动波德图，典型特征为振动幅值随转速的升高不断增大。因为高速泵的工作转速远低于 1 阶临界转速，可以排除共振故障的可能性。

综合上述分析，可以认为该高速泵轴振动位移偏大主要是由动不平衡引起的。

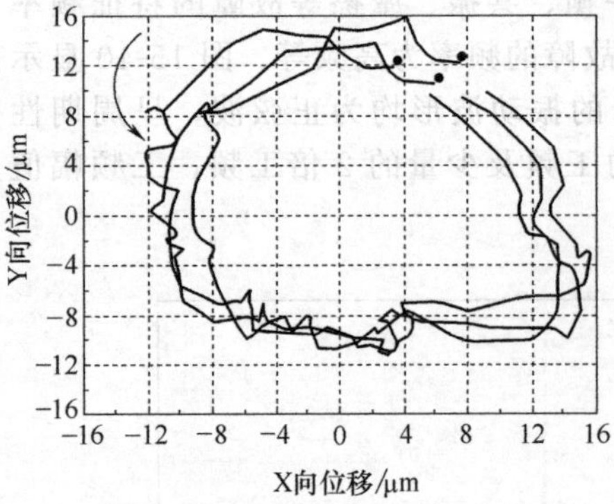

图 15-41 轴心轨迹图

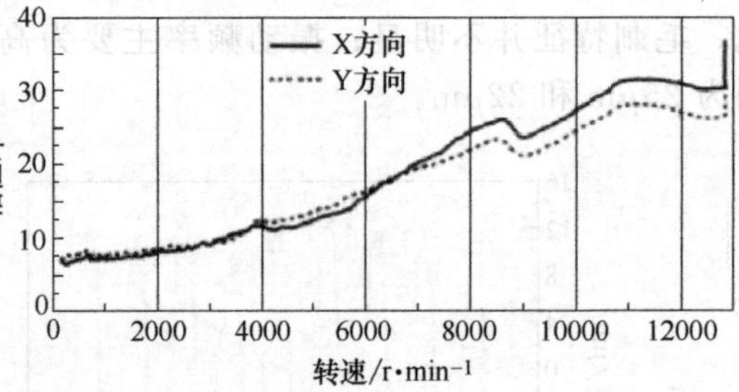

图 15-42 高速泵停机过程轴径向振动波德图

由于高速轴转子系统各组件的质量小，且转子工作转速与动平衡转速（900r/min）相差很大，动平衡机的标定误差可能会对动平衡精度产生影响。因此采用 API610 中确定残余不平衡量的方法，对该泵的高速轴转子系统组件进行动平衡，重新进行整机试验，得到动平衡后的振动数据，高速轴的径向 X 和 Y 的振动位移峰峰值均降为 17μm，X 方向的振动波形和频域特征见图 15-43。

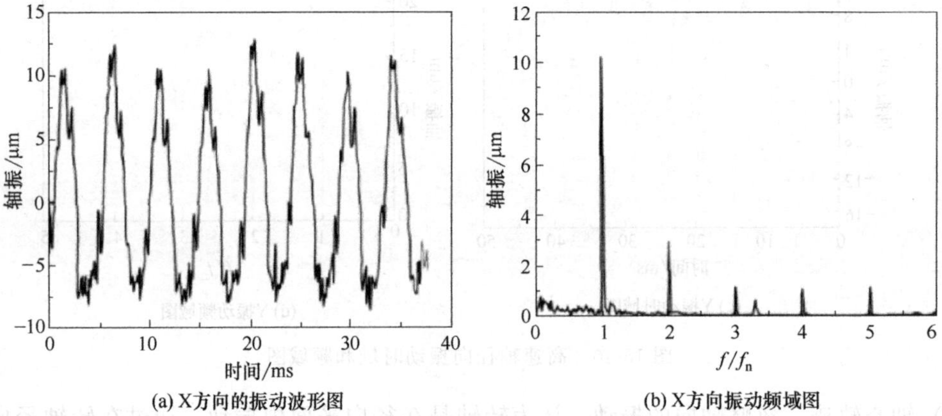

图 15-43 X 方向的振动波形和频域特征

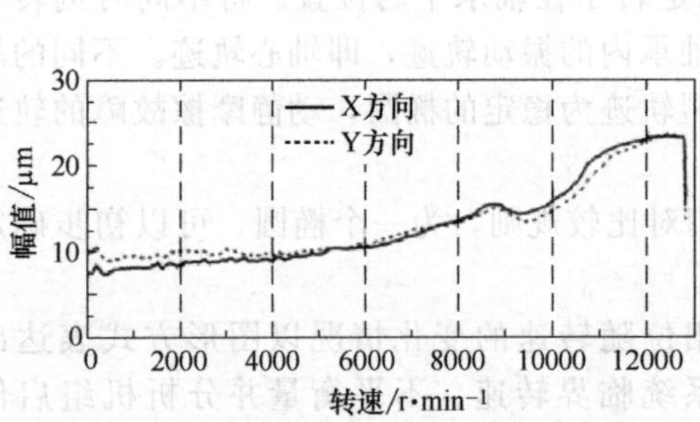

图 15-44 停机过程中轴径向振动波德图

由图 15-43 可见振动幅值大幅度降低。停机过程中轴径向振动波德图如图 15-44 所示，停机瞬间振动幅值突然增大，转速低于 8000r/min 后幅值随转速的变化趋于平缓。因此，经过动不平衡处理后，该高速泵振动特性得到明显改善。

15.2.6 挖掘机状态监测与故障诊断系统

(1) 系统整体方案

1）方案选择 挖掘机的状态监测与故障诊断系统是一个集信号采集、工况分析、状态显示以及故障诊断为一体的多任务信息处理系统。为了解决状态监测和故障诊断中多任务与实时性的矛盾，整个系统由状态监测与故障诊断两个子系统组成，前一个子系统完成挖掘机状态实时监测功能，后一个子系统完成挖掘机故障诊断功能。

系统结构的实现有两种形式：

① 上—下位机组成的系统。这类系统往往由机上和机下两部分组成，安装于挖掘机上的部分进行工况监测、数据记录和状态显示，而诊断计算机则置于控制室。当需要对挖掘机上的部分进行检查时，插入手持式终端，读取现场采集的全部工况数据并存储，然后取下手持式终端，在控制室中将数据输入到诊断计算机中，就可以诊断液压系统、动力系统、机构和装置系统、附属系统等各部分故障，同时也能诊断自身的故障，采用这种方式可以让多台挖掘机共享一套诊断计算机终端，节省费用，也便于维护和备件管理及打印报表等。

② 随机安装的系统。该系统采用彩色液晶显示器，能动态反映主机系统的参数变化，部分关键参数用曲线实时跟踪指示，还能利用经验知识对此实时数据综合利用，进行故障的推理，从而寻找出故障点。有的还可以进行作业量统计，这类系统通常具有黑匣子的功能，即记录故障过去的发展状况，便于区别是机器本身的故障还是操作人员违反操作引起的损坏，并对不合理的操作予以提示。

上述的两种形式是目前大多数挖掘机状态监测与故障诊断系统所采用的，但国内成功的应用实例仍然很少。在线诊断的实现受制于被诊断系统的构造、运行方式和工作场所等多方面因素，因此本系统结构采用第一种形式完成挖掘机运行状态的在线监测和离线故障诊断功能，该形式的缺点是信息数量有限等。

2）系统模型的构建　挖掘机工作时产生噪声、振动、污染、高温，且存在不稳定因素，所以本系统工作环境恶劣。为完成预定功能，系统对参数采集精度、运行的稳定性和可靠性等要求都较高，但控制方面没有什么要求，因此，下位机只要采用高性能的单片机，并配以相应的数据处理和抗干扰技术，完全能满足系统实时性要求，上位机则采用普通的 PC 机。上下位机的通信采用 RS232 串口通信，由下位机保存挖掘机约 4h 的工况数据，然后插入掌上电脑读取该数据，再传送给上位机。系统的模型如图 15-45 所示。

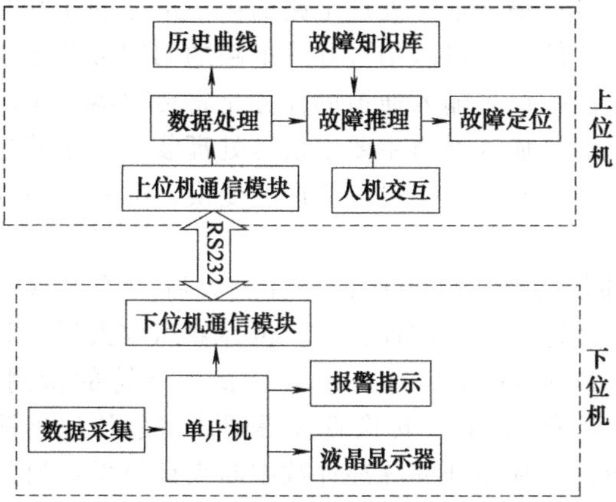

图 15-45　挖掘机的状态监测与故障诊断系统模型

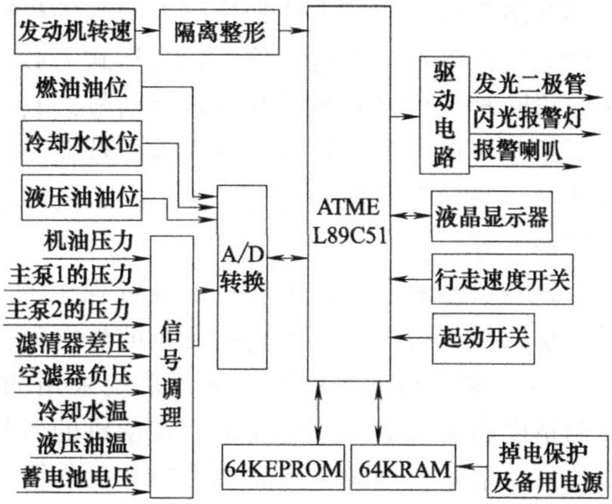

图 15-46　挖掘机的状态监测系统结构

（2）状态监测系统

1）系统功能分析　本系统是以 SWE4.2 挖掘机为监测对象，选取发动机转速、燃油油位、机油压力、主泵 1 和主泵 2 压力、液压油温度、液压油油位、冷却水温度、冷却水水位、滤清器差压、空滤器负压、蓄电池电压、启动开关和行走速度开关共 14 路参数为检测项目，通过对这些参数进行自动监测和工况分析，为挖掘机的运行状态趋势分析和故障诊断打下基础。系统的主要功能如下：

① 数据采集功能。自动采集挖掘机 14 路运行工况参数，包括发动机转速、燃油油位、机油压力等。

② 数据处理和存储功能。自动进行采集数据的处理，包括清除误差、曲线拟合等，并生成数据文件存储起来供二次处理使用。

③ 显示功能。通过液晶显示器显示当前的运行状态。

④ 报警功能。设备故障或运行参数超限时均能发出报警，可根据异常的严重程度进行三级报警，并记录报警信息。

⑤ 曲线绘制和打印功能。能够自动绘制特性曲线，并作出趋势分析。

⑥ 通信功能。通过 RS232 串口通信向上位机传送所采集的数据信息。

系统单片机选用 ATMEL89C51，同时扩充 64KEPROM 用于存贮报警限值和相应检测程序，扩充带掉电保护的 64KRAM 用于存贮挖掘机的 4h 工况数据。系统的结构如图 15-46 所示。

系统测试原理如下：将传感器检测到的发动机转速、发动机油压、冷却液温度、液压油油位、行走速度开关等参数值送入微机，进行分析计算，并将实测值与内置的标准值比较，判断挖掘机运行状态是否良好，并将异常征兆用发光二极管、闪光报警灯和报警喇叭进行三级报警，同时将相关数值保存下来传送到上位机进行曲线绘制、趋势分析和打印输出。

2）系统硬件　系统硬件按功能的不同划分为主处理器模块、信号处理模块、电源模块、通信模块、状态与报警模块五个部分。

① 主处理器模块。系统采用 ATMEL89C51 微处理器，扩充带掉电保护的 64KRAM 用于存贮挖掘机的 4h 工况数据。该模块由 EPROM、RAM、I/O、掉电保护以及液晶显示驱动组成。

② 信号处理模块。

a. 输入信号处理电路。输入信号处理电路是微处理器与外界联系的通道，输入信号处理电路的一部分用于接收数字信号，数字信号来自诸如启动开关等；输入信号处理电路的另一部分用于接收和转换各种传感器输入的模拟信号；输入信号处理电路的第三部分用于与其他计算机控制系统进行通信，信号形式为脉冲数字信号；输入信号处理电路的第四部分用于接收诊断触发信号，也是脉冲数字信号。其中，模拟信号输入通道的任务是将传感器产生的模拟信号转换为数字信号后输入微处理器。模拟信号输入通道主要由信号处理装置、多路选择开关、采样保持器和模数（A/D）转换器组成。信号处理装置包括标度变换、电平转换和信号滤波等。

在本监测系统中，发动机试验过程中的机油压力转换成电压信号并放大后，送入 A/D 板的输入端进行采集，反映温度量的热电阻信号经过热电阻调理板后，再经隔离放大板送到 A/D 板的输入端进行数据采集。系统采用的 A/D 和 D/A 都为 12bit，因此，系统的检测、控制精度均能满足试验的要求。发动机的转速，不能由 A/D 转换直接得到。霍尔传感器测得的转速信号经隔离整形后接到单片机的输入端口，利用外部脉冲计数中断来计算发动机的转速。

尽管监测系统中的启动开关信号是数字信号，但是，这些信号并不能直接由微处理器进行处理，还需要数字信号输入通道进行电平转换和抗干扰等处理，只有将输入的数字信号转换为 TTL 电平，才能被微处理器接收。

b. 输出信号处理电路。该电路的作用是在微处理器和显示器以及报警电路之间建立联系，由微处理器产生的控制信号都是数字信号，因此输出信号处理电路为数字信号输出通道。数字信号输出通道的作用是将微处理器产生的数字控制信号传输给数字信号控制的报警电路。

③ 电源模块。系统各种传感器、信号处理电路、单片机主机及外围芯片、通信电路等都需要合适的电源才能正常工作，它们所需电压并不相同。对系统电源模块的要求为：处于

恶劣环境中仍能正常工作，有较宽的供电电压变化范围，能防止从电源地线引入的干扰，采用高可靠性元件，功率及电压裕度也较大。

④ 通信模块。使用RS232串口通信。该模块的功能是处理主机和单片机之间的通信，主机给下位机发送指令，下位机给主机发送检测数据。该模块传送的信息包括：命令信息，即上位机的控制指令发送到下位机；数据信息，即单片下位机检测到的状态信息发送到上位PC机中，以便主机进行监控和进一步数据分析处理。

⑤ 状态与报警模块。为了将程度不同的紧急状况传递给司机，系统根据检测的参数性质采用三级报警的方法。第一级报警：通过装置上相应的二极管发光实现。它只是提醒司机注意，在这种情况下机器还能工作一段时间，如燃油液位超过低限等。第二级报警：通过总报警灯和故障项发光二极管同时发光报警。这种报警要求司机密切注视故障的发展，但不需立即关机，这类故障多属高温问题，如液压系统油温过高、发动机温度过高等。第三级报警：报警喇叭、总报警灯和故障项发光二极管同时动作以示报警。第三级报警内容包括发动机油压过低、液压油位过低、无冷却液等。对这级报警，司机应立即关机检查并修理。

3）系统软件　系统软件的要求：软件结构清晰、简洁、流程合理；各功能程序实现模块化、子程序化，这样既便于调试，又便于移植和修改；具有自诊断功能，在系统工作前先运行自诊断程序；采用软件抗干扰措施，提高系统的可靠性。图15-47所示为A/D采样模块流程，图15-48所示为检测参数模块流程。

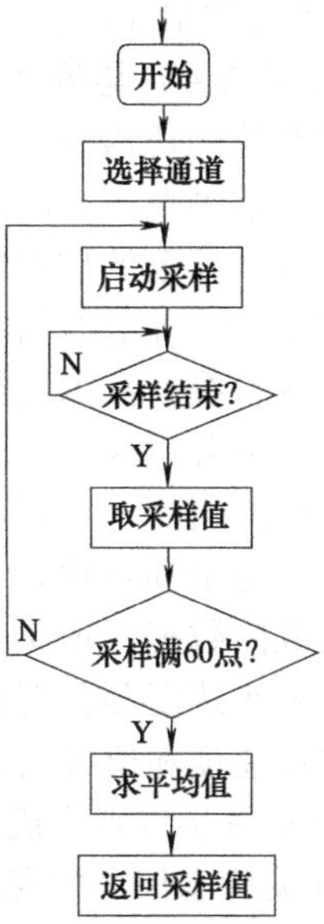

图15-47　A/D采样模块流程

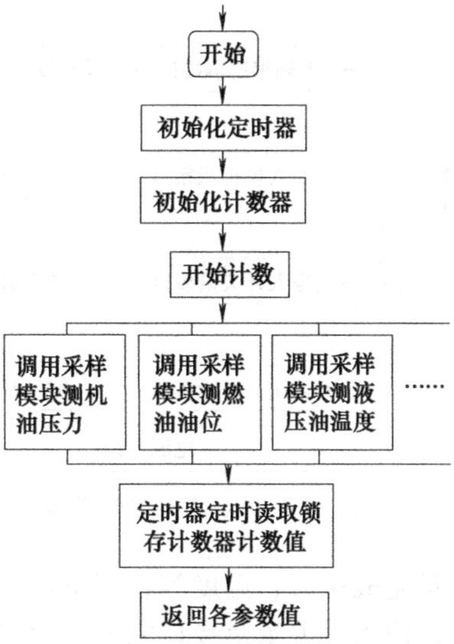

图15-48　检测参数模块流程

（3）故障诊断系统

提取下位机各检测项的数据，进行曲线绘制和趋势分析，同时对时域信号进行FFT变换，利用频谱分析的方法，对挖掘机系统进行故障检测和诊断。

挖掘机故障诊断专家系统，收集、整理挖掘机的故障知识，构建完整的故障知识库，将专家知识、检测系统传来的信息以及人机交互的信息进行融合分析，通过推理机制进行故障定位，并提出维修方案。

15.2.7　煤矿防爆绞车状态监测与故障诊断系统

目前防爆绞车普遍采用手动调速，缺少状态监测及动态速度-位置图，手动调速方式完全依赖于司机的自身经验，操作随意性大，导致绞车运行不平稳，超速现象时有发生，严重影响了煤矿的安全生产。煤矿井下恶劣的工作环境和绞车复杂的工况，造成其系统故障频繁。现场人员对故障的规律缺乏认识，难以预防各种随机因素引起的故障和把握故障状态，造成系统故障诊断不准、故障排除时间长，严重影响井下提升作业效率。

（1）系统功能需求

影响绞车安全运行的因素很多，其中系统的工作状态最为关键同时其故障也最难判断，因此监测的主要任务是监测绞车的状态，并结合故障智能诊断技术诊断系统的故障。状态监测系统的功能应涵盖以下内容：

① 实时监测系统的主要状态参数，如绞车滚筒的转速、加速度，主要液压回路的压力，闸瓦位移、油温等。

② 监测控制信号，包括减速点信号、制动信号、开车信号、提升信号和下放信号等。

③ 监测参数的数据处理和在线显示。

④ 状态数据的记录和存储，为绞车运行状态库的建立提供信息。

⑤ 当系统运行出现故障、参数超出正常区间时，提供声光报警。

⑥ 记录运行管理信息，如操作人员、运行操作时间、班提升钩数等信息。

故障诊断系统的功能应主要包括以下内容：

① 根据监测系统每天记录的系统状态信息，形成绞车运行历史状态库。

② 利用历史状态库分析提升绞车系统的工作状况，为检修维护提供决策信息。

③ 通过记录和分析系统的工作状况和常见故障来诊断故障的类型和可能的故障位置。

（2）状态监测与故障系统总体结构

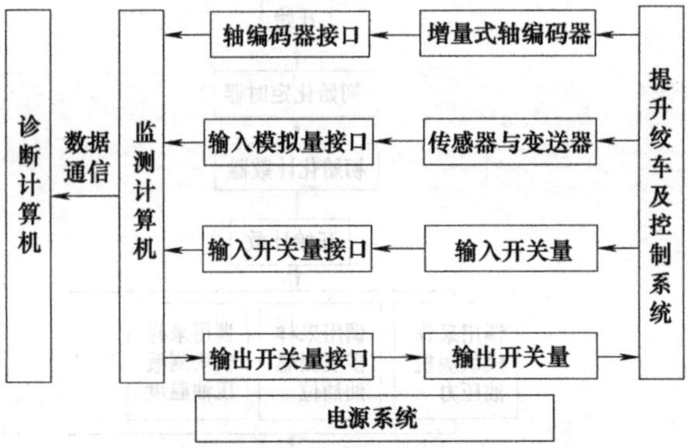

图 15-49 绞车状态监测与故障诊断系统结构

根据系统功能需求，并结合绞车的运行工况、监测技术、故障诊断技术和通信技术等，绞车的监测与故障诊断系统采用图 15-49 所示的结构方案。系统由本地监测系统、数据通信系统和远程诊断系统三部分组成。

监测计算机用于工况数据采集、处理、分析、显示和传输，出现故障时报警并记录故障数据；增量式轴编码器用于将提升绞车速度和位置转换为脉冲电信号，完成速度和位置的测量。传感器与变送器完成压力、温度等物理量信号的传感与变送；输入模拟量接口则完成与监测计算机的连接；输入开关量及接口完成位置校正开关、设备启停等开关状态信号的变换与变送，及与监测计算机的连接；输出开关量及接口完成报警器、后备减速等开关输出信号的变换与变送，及与监测计算机的连接；电源系统为本地监测系统提供所需的各种交直流稳压电源。

诊断计算机、专用诊断软件和数据通信等构成远程诊断系统，实现对绞车的远程故障诊断，其中基于专家系统和实例推理的故障智能诊断系统是核心，可实现绞车正常状态和故障状态记录与分析。

（3）硬件系统

为了实现对绞车运行状态参数的全面监测，并利于工人操作，监测系统硬件设计主要包括监测计算机及人机接口、输入模拟量接口、输入/输出开关量接口及电源系统。其中最重要的是监测计算机及人机接口、输入模拟量接口。

1）监测计算机及人机接口　考虑煤矿井下条件及多路模拟量和开关量监测的需要，一般PLC难以满足要求，而工控机也存在系统复杂、散热困难等问题，监测计算机选择嵌入式微型计算机PC104系列的SCM-7020，并配备了2个扩展模块ADT600，构成一个高性能的数据采集与控制系统。

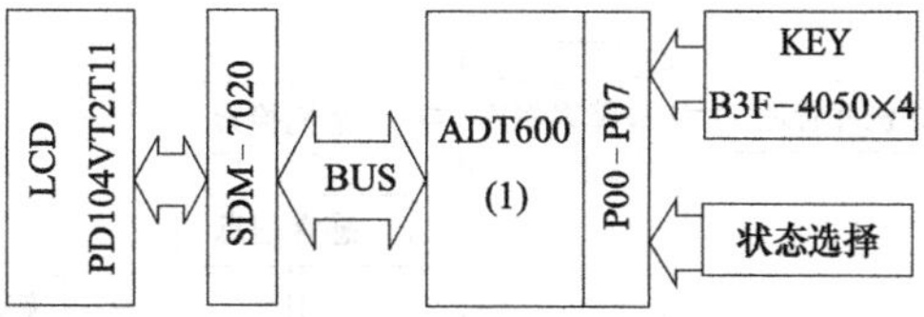

图 15-50　人机接口结构

人机接口包括键盘、状态选择和显示器，如图15-50所示。键盘由“ESC”“↑↓”“←→”和“OK”4个按键组成；状态选择包括检修与运行、提物与提人4个输入开关量。

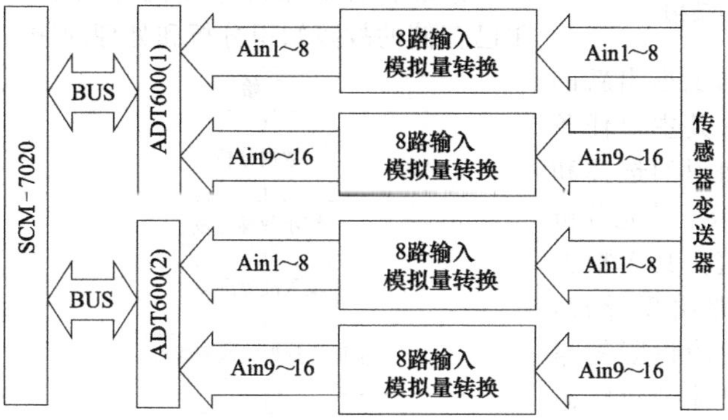

图 15-51　模拟量输入接口结构

2）模拟量输入接口　如图15-51所示，共有32路模拟量输入，每8路为一组，每一路的结构如图15-52所示。电气隔离采用ISO-A4P1297型直流电流信号隔离放大转换器。它将输入的直流电流信号按比例转换成直流电压信号。

（4）监测系统软件

监测软件系统基于PC104，在PC104 BISO和DOS6.22下运行，利用C语言和汇编语言开发，可实现数据采集与处理、故障判别与报警、状态与参数显示、系统设置和人机接口等功能。监测软件主要包括系统调度程序、窗口管理与界面显示、参数设置、数据采集与处理、故障判别、数据文件管理等。

软件系统功能主要包括：

① 行程、速度和加速度计算与曲线显示。

② 闸瓦位移测量与磨损补偿校正。

③ 减速提示。

④ 压力、温度显示。

⑤ 报警提示，对超速、过卷进行画面和声音报警提示。

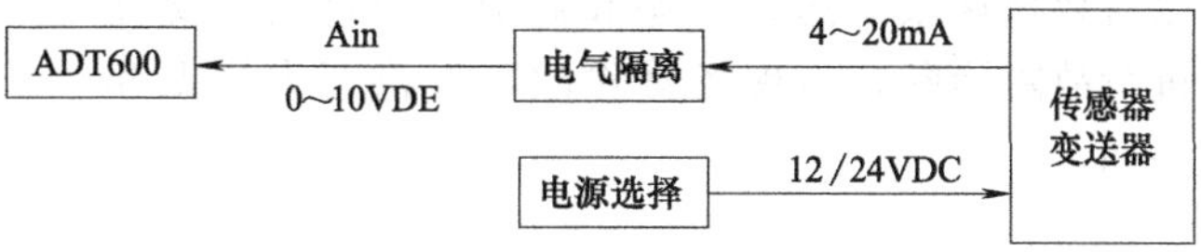

图 15-52　模拟量转换原理

⑥ 操作状态显示，运行时直接显示“提人”“提物”。

⑦ 参数设置，分别设置提人、提物时上下停车点位置、上下校正点位置、上下减速点位置等，设置最大限制速度。

⑧ 保存数据，保存一个月内每天最后一钩的运行数据，包括位置、速度、加速度、压力、报警信息、运行状态等所有显示数据，采样间隔为0.1s，保存操作错误信息（200K字节）。

⑨ 运行状态数据和故障。

⑩ 操作错误记录查询，查询近期操作错误信息。

根据速度-位移曲线的变化，司机进行手动操作绞车，监测得到的实际速度-位移曲线与参考曲线基本相符，避免了超速现象，加速度变化也较平稳，同时系统可监测绞车的各主要参数，保障了绞车的安全运行，提高了生产效率。

（5）故障诊断系统

系统的故障诊断和排除需要大量独特的专家实践经验和诊断策略，因故障的外在表现往往与多种潜在故障有关，且症状与原因之间也存在各种各样的重叠和交叉，给故障诊断带来

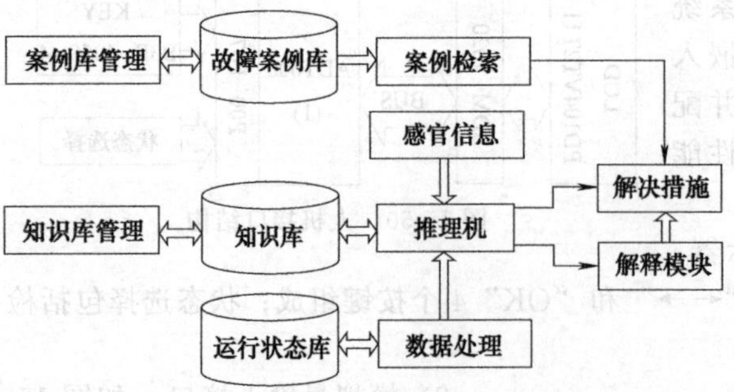

图 15-53　故障诊断专家系统的基本结构

推理机是利用知识库中的已有知识推出新的事实的计算机，是专家系统的核心，其主要任务就是在问题求解过程中适时地决定知识的选择和运用。具体的推理流程如图 15-54 所示。首先分析采集的状态数据，以提取故障特征值；其次根据故障特征值初步判定系统中哪些回路出现异常，明确故障诊断范围；然后按一定的故障诊断策略确定故障诊断顺序；最后系统根据具体的故障范围调用故障诊断模块进行故障诊断。

在 Windows 平台下，运用 Visual Basic 6.0，结合数据库技术，开发了绞车故障诊断专家系统。该系统主要由人机接口模块、知识库管理模块、案例库管理模块、数据分析模块、故障诊断模块、用户管理模块和系统帮助模块七部分组成。通过分析状态监测信号并提取特征数据，技术人员可以有效把握系统运行状态和趋势；通过人机交互进行故障诊断，为现场排除故障提供有力依据和参照。

不便。在分析绞车故障模式及故障机理的基础上，建立绞车的故障诊断专家系统。

故障诊断专家系统的基本结构如图 15-53 所示，其设计思想是将故障知识和控制推理策略分开，形成一个故障诊断知识库。同时将监测系统采集到的运行数据保存到数据库，形成历史运行状态库，系统在控制推理策略的导引下。利用已存储的故障知识分析和处理问题。

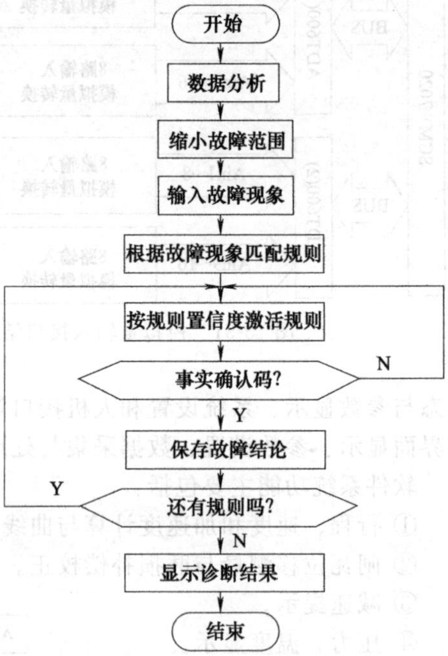

图 15-54　诊断推理流程

15.3　液压系统在线监测与故障诊断技术应用实例

15.3.1　旋挖钻机液压监测系统

旋挖钻机工况恶劣，加上旋挖钻机液压系统本身的复杂性，给钻机的维护管理带来了很大困难。旋挖钻机液压系统发生故障会直接影响其施工效率。实时监测系统能够提供旋挖钻机液压系统的工况监测和设备健康管理，保证钻机安全、稳定、长周期优质运行，可以有效提高钻机运行的可靠性与安全性，将旋挖钻机定期维护提升为按需维护与预测维护。

(1) 系统方案

某公司 TR 系列旋挖钻机液压系统采用负流量控制的主控制回路、先导控制回路，副控制系统为负载敏感系统，液压系统结构如图 15-55 所示。

考虑旋挖钻机液压系统涉及的工作参数信号较多，且流量传感器和扭矩传感器的安装和使用会对旋挖钻机的原有机械和液压系统产生不利影响，确定了直接测量和间接测量参数及测量方案，整个旋挖钻机液压系统的实时监测方案如图 15-56 所示。

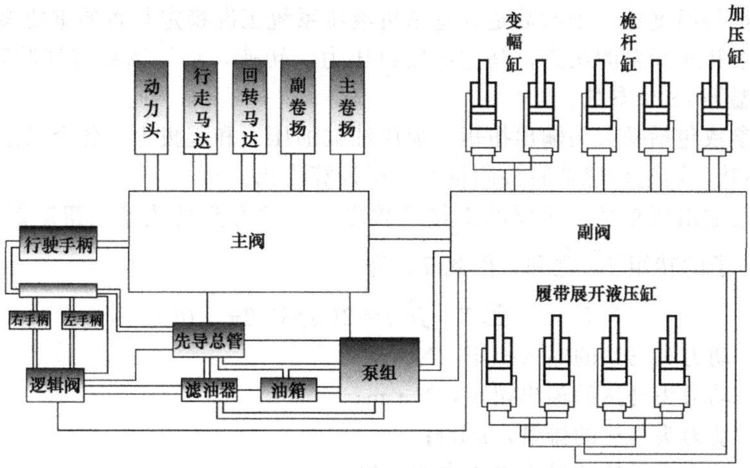

图 15-55　液压系统示意图

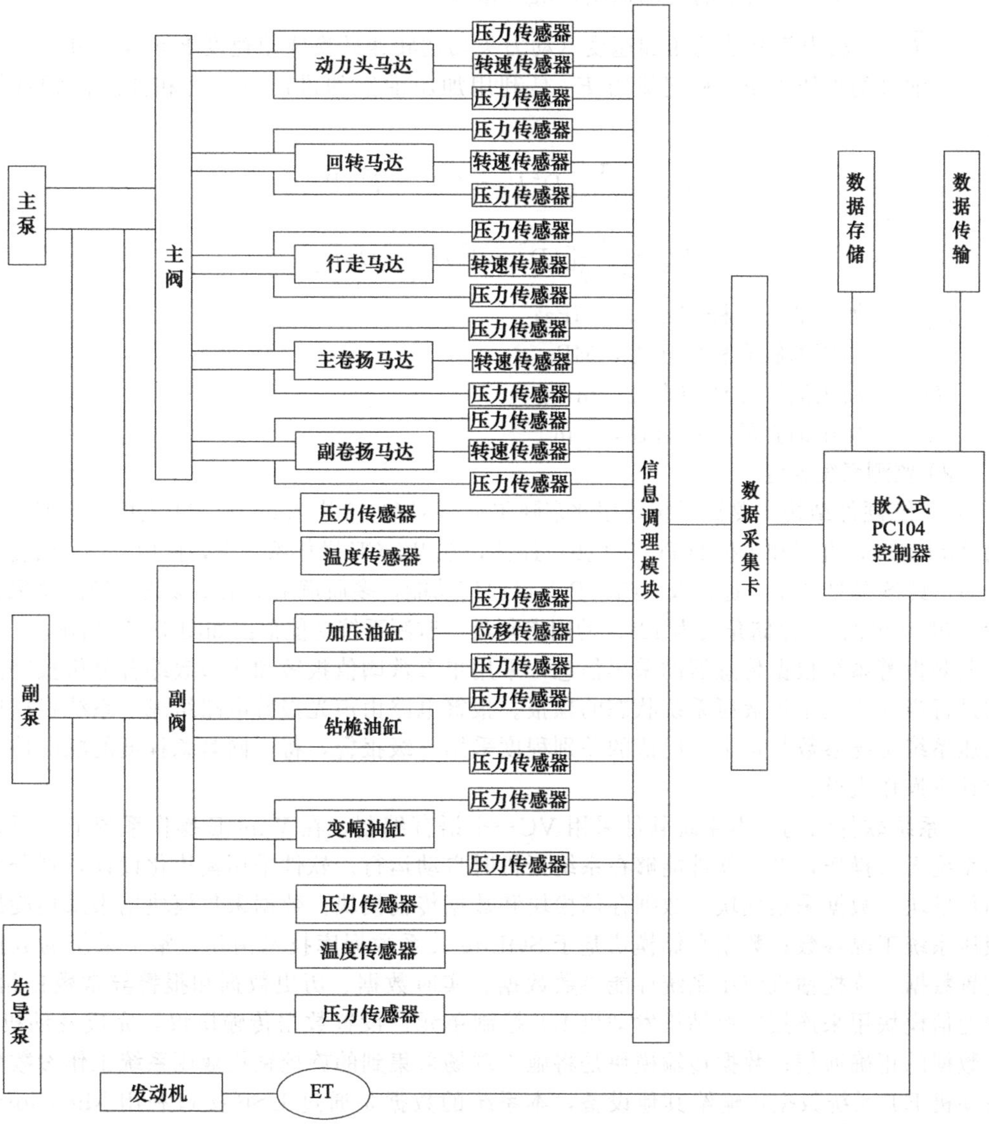

图 15-56　实时监测系统研制方案框图

压力、流量与温度这3个参数是旋挖钻机液压系统工况稳定与否的重要参数。直接测量参数包括主副泵和先导泵的压力，马达进出口压力、转速，加压油缸有杆腔和无杆腔压力、流量，油箱油温等28个参数。

间接测量参数包括动力头输出扭矩、加压油缸加压力和起拔力、各个马达和加压油缸的流量等12个参数，通过传感器直接测量的数据计算得出。

动力头马达输出扭矩是最重要的工作参数之一，动力头马达输入扭矩$\sum T$等于输出扭矩T_L和马达转子的转矩$J\ddot{\theta}$之和，因此T_L为

$$T_L=2(\sum T-J\ddot{\theta})=2(\Delta pV/2\pi-J\ddot{\theta}) \tag{15-1}$$

式中 $\sum T$——动力头马达的输入扭矩，N·m；

T_L——动力头马达的输出扭矩，N·m；

V——动力头马达的排量，ml/r；

Δp——动力头马达的进出口压力差，MPa；

J——动力头马达的转动惯量，kg·m^2；

$\ddot{\theta}$——动力头马达的角加速度（动力头马达转速转换成角速度求导），rad/s^2。

加压油缸的加压力F_1和起拔力F_2是利用加压油缸的进出口压力和油缸面积计算得到的。

$$\begin{aligned}F_1&=\frac{\pi}{4000}[D^2P_1-(D^2-d^2)P_2]\\F_2&=\frac{\pi}{4000}[(D^2-d^2)P_2-D^2P_1]\end{aligned} \tag{15-2}$$

式中 P_1——加压油缸无杆腔压力，MPa；

P_2——加压油缸有杆腔压力，MPa；

D——加压油缸无杆腔直径，mm；

d——加压油缸活塞杆直径，mm。

（2）监测系统结构

1）系统硬件结构　测试系统选用北京阿尔泰ARM8019嵌入式PC 104主板，数据采集卡采用ART2153，直接和主板的PC 104接口连接，在WinCE操作系统下，使用C++语言编程完成的，具备RS232串口通信及TCP/IP网口通信功能，多通道采集工作参数，最高总采样频率为500K（可调），存储介质为128G的固态硬盘。监测系统功能框图如图15-57所示。

监测报警系统根据传感器的采集信息，采用单参数阈值报警和多参数综合分析报警两种方式进行当前旋挖钻机液压系统状态的预报。报警电路由声光报警电路组成，系统根据监测的液压系统工况参数与正常工况值的差别程度采用三级报警，将不同紧急程度的状况传递给旋挖钻机操作人员。

2）系统软件结构　本系统软件采用VC++语言编制，在WinCE操作系统下运行，并且本系统无人操作，系统软件能够在系统开机时自动运行。软件采用模块化设计，划分为数据通信模块、数据采集模块、数据存储模块和数据传输模块。数据采集模块用来采集旋挖钻机液压系统工况参数；数据存储模块基于SQLite关系数据库技术构建，整个系统的数据库由配置数据、旋挖钻机液压系统性能参数数据、实时数据、历史数据和报警异常数据组成；数据通信模块用来连接旋挖钻机发动机ET控制单元，设置数据传输协议，完成发动机ET系统数据的正确通信；数据传输模块是将施工现场采集到的旋挖钻机液压系统工作参数数据和发动机ET系统数据传输给其他设备，本系统的数据是通过USB接口利用MicrosoftActiveSync（基于Windows Mobile的设备的最新同步软件）传输到其他计算机。实时监测系

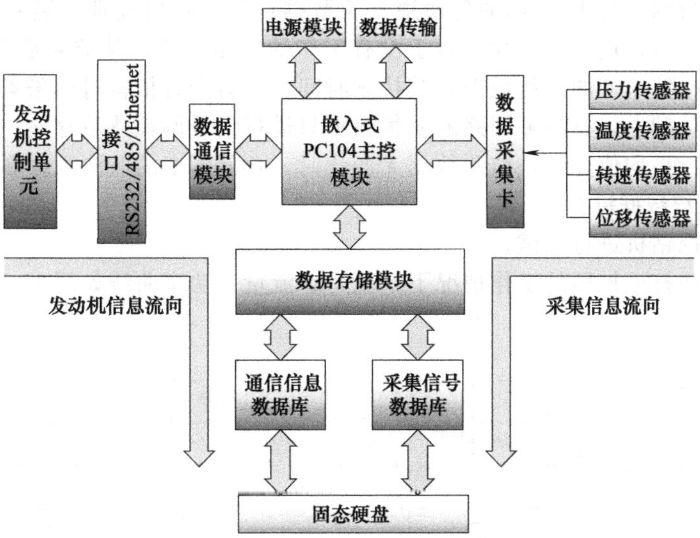

图 15-57　实时监测系统功能框图

统的整个数据采集存储软件流程如图 15-58 所示。

（3）采集数据处理

采集数据的数据处理包括以下 3 个部分。

① 数据采集前的低通滤波和 4～20mA 电流转换成 1～5V 电压，通过信号调理模块实现。

② 数据采集后的参数值到实际值的转换和实时监测系统利用监测参数值计算出各执行元件的参数是通过采集卡的编程实现的，对 AD 原码 LSB 数据转换成的电压值进行滑动平均滤波，然后将传感器的电压值转换成实际的测试量，计算出旋挖钻机液压系统工作参数的数值。

③ 数据存入数据库时的数据处理通过程序编程和 SQLite 关系数据库实现。

本实时监测系统为车载式系统，在长时间的监测过程中会采集海量的数据，因此对海量采集数据进行了压缩处理。

旋挖钻机液压系统在正常工作时，各个液压回路不是同时进行的，既有单独工作、复合工作又有协调工作，并且各个回路在整个旋挖钻机工作过程中所用工作时间不同。为了便于采集数据的压缩处理，首先在监测过程中判定旋挖钻机液压系统工作回路。

海量采集数据的压缩处理：①对于

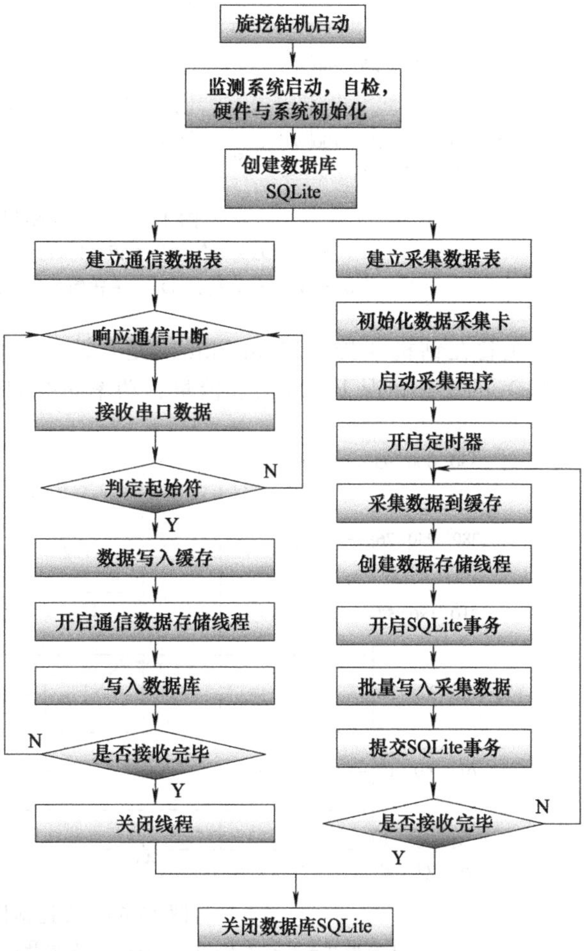

图 15-58　数据采集存储软件流程图

无报警时的采集数据，是将 1s 内的各通道采集数据进行平均值处理，然后在判定其工作液压回路的基础上，进行进一步压缩。对于没有工作的液压回路，其监测数据基本上无变化，在进行存储时，存储不变的监测数据和其持续时间。②对于有报警时的采集数据，在判定其工作液压回路的基础上，有故障回路的采集数据只进行信号调理然后存储；回路没有异常的通道采集数据进行平均值处理，监测数据无变化时，存储不变的监测数据和其持续时间。

（4）监测系统数据输出

对某型号旋挖钻机进行测试。

动力头在 6 挡打土加压的工作情况下，压力、流量、功率曲线如图 15-59 所示。

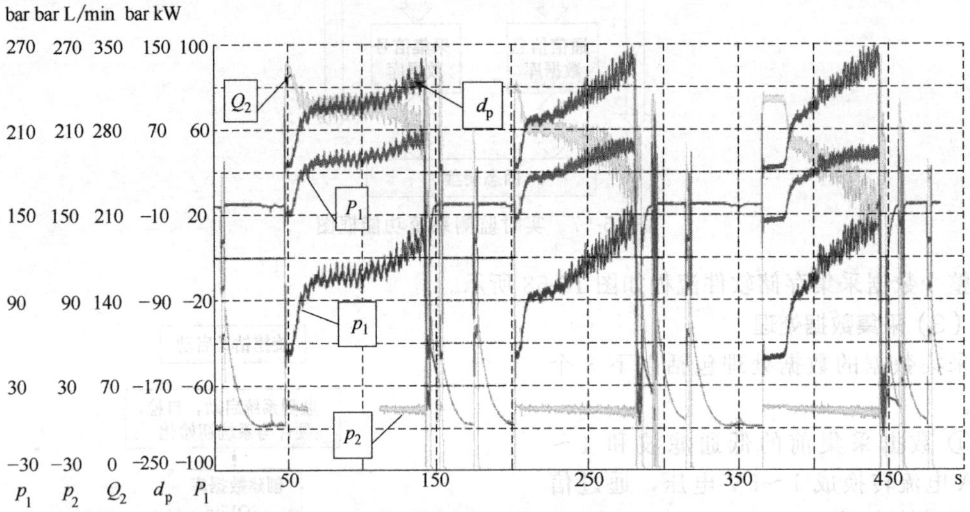

图 15-59 旋挖钻机动力头测试

p_1—动力头正转侧压力值，bar；p_2—动力头反转侧压力值，bar；

$d_p=p_1-p_2$，bar；Q_2—正转侧流量，L/min；P_1—正转侧功率，kW

主卷在钻机 6 挡（1600r/min）提升钻杆（含钻斗）深井，有水，总长第二节钻杆出（23m）的工作情况下，压力、流量、功率曲线如图 15-60 所示。

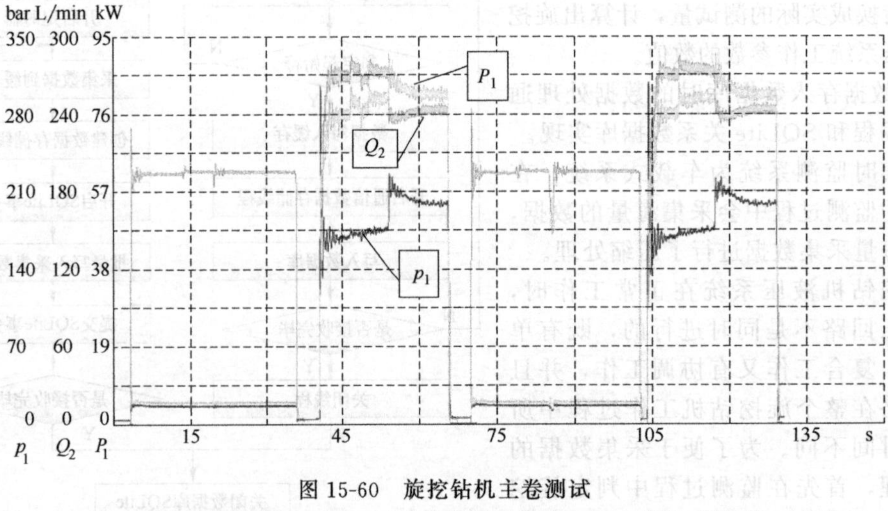

图 15-60 旋挖钻机主卷测试

p_1—主卷提升合流后压力，bar；Q_2—主卷提升合流后流量，与 p_1 为同一处采样，L/min；

P_1—主卷提升合流后功率（计算值 $P_1=p_1Q_2/600$），kW

15.3.2 基于多传感器信息融合的液压系统在线监测与故障诊断

液压系统的结构和功能一般都比较复杂，与其关联的系统也比较多，依靠单一传感器很难准确反映系统的实际状态，在进行状态监测和故障诊断时必须利用大量的传感器，从多个不同的信息源获得有关系统状态的特征参数，并将这些信息进行有效的集成与融合，这样才能较为准确和可靠地实现系统状态的识别和故障的诊断与定位。

（1）监测与诊断特征参数的选择

尽管能反映液压系统状态的特征信息多种多样，但若信息特征选择不当，就不能有效地进行状态监测和诊断，因此，测量参数的选择非常重要。原则上在选择状态特征信息时，要考虑以下几点：

① 由于各种不同的特征信号所容纳的信息量是不相同的，所以应选择那些最能确切反映设备客观状态的信息作为特征。对于液压系统而言，其根源性参数主要包括压力、流量和温度。

② 优先采用那些有助于尽早发现故障的特征。利用振动信号可对液压泵早期的故障进行诊断。

③ 选取的特征与系统状态之间应呈单值关系，切忌出现模棱两可的现象。对于液压系统而言，由于系统存在非线性特性，在故障与特征之间常常会出现一对多或多对多的情况，在选择监测参数与后期诊断时需特别注意。

④ 所选信号测量传感器的安装要求尽量不改变原有回路结构，不干扰系统的正常工作。液压系统的压力测量相对来说较容易，一般系统设计时都会留有接口，即使没有预留接口也可通过在管路中加入三通接头来实现，一般不会影响系统的工作。而流量信号的测取就相对较难，一方面是流量计体积一般都较大，在液压系统现有回路中难于安装，另一方面流量计的加入也会带来系统的压力损失，影响系统的正常工作。

⑤ 所选特征应便于测量、便于分析，使整个状态监测系统费用经济合理。液压系统的监测与诊断往往是在后期加上去的，特别要兼顾原有回路的结构特点和经济成本。以QY40B液压汽车起重机为例来具体说明测量参数的选取原则。QY40B液压汽车起重机为全液压起重机，其液压系统主要包括液压泵、回转机构、伸缩机构、变幅机构和起升机构，其中液压泵为三联齿轮泵。在实际工作中，根据QY40B起重机液压系统的特点，选择以下参数作为监测与诊断的测量参数。

开关量：回油滤油器堵塞指示、油箱油位过低指示、电磁阀通断信号等；

模拟量：压力（包括系统压力和各执行元件进出口压力）、温度（油箱液压油温度）、振动加速度（泵壳振动信号）、液压油污染度、发动机转速和工作计时等。

（2）系统结构

1）系统的总体结构　液压系统状态监测与故障诊断系统由一个中心处理单元和若干个信号采集单元组成（信号采集单元的个数视机械设备的结构而定），各单元通过CAN总线进行通信。信号采集单元负责各种信号的采集及某些信号（主要是振动信号和动态压力信号）的特征提取，把信号发送给中心处理单元，同时在系统初始化时对传感器进行标定、校准和故障识别。中心处理单元负责对各采集单元发送来的数据进行分析处理，判断系统所处的状态，发出局部级或系统级报警信号，提醒操作人员注意或采取相应措施。同时，中心处理单元还可在系统有报警或用户要求时调用故障诊断模块进行故障分析和定位，给出维修措施或处理建议。系统的总体结构如图15-61所示。

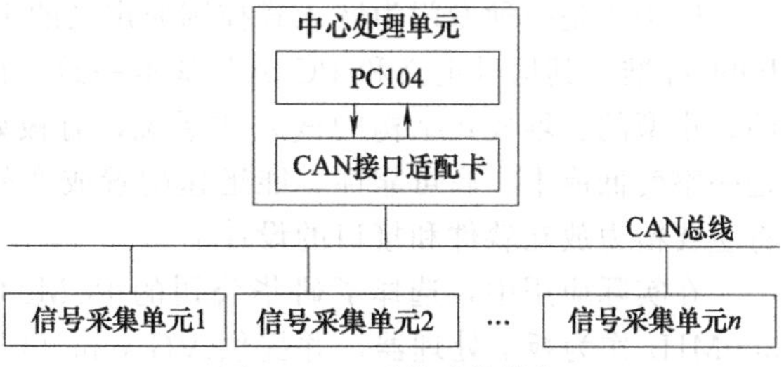

图15-61　系统总体结构

2）信号采集单元　信号采集单元直接安装固定在机械设备各主要部位上，完成传感器的故障诊断、标定和校准、工况参数采集、信号的特征提取和CAN总线通信。信号采集单元主要由传感器、信号调理、A/D转换、DSP（或MCU）、数字量输入模块、FLASH存储器和CAN总线接口组成，其结构如图15-62所示。信号采集单元又根据中心控制器和功能的不同分为最小系统节点和智能节点。

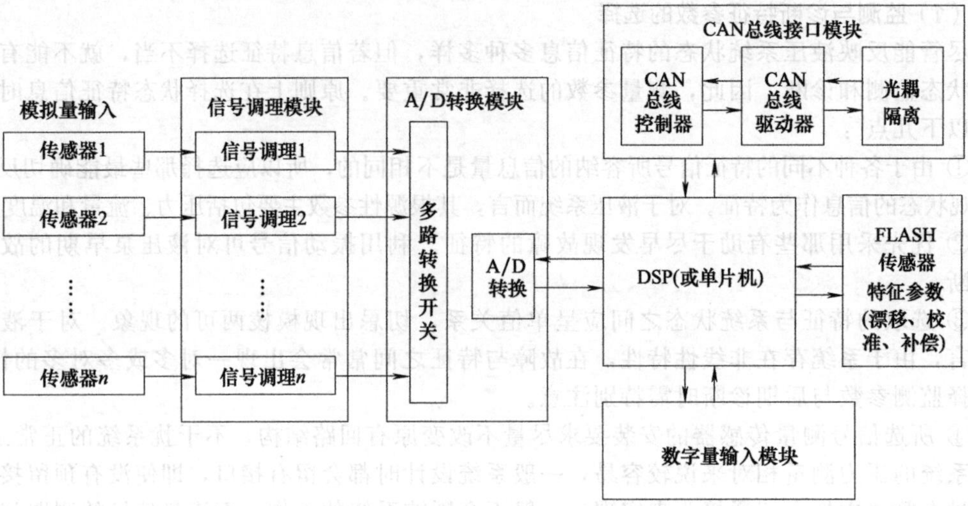

图15-62　数据采集单元的结构

① 最小系统节点。最小系统节点中心控制器使用了AD公司的ADUC812，CAN总线控制器使用Philips公司的SJA1000。系统初始化时，最小系统节点首先利用FLASH存储器中传感器的校准数据，对各路传感器进行故障诊断、标定和校准，以确保各传感器能正常工作，若传感器异常，则向中心处理单元发送错误报告。在系统正常工作时，最小系统节点根据中心处理单元的命令进行信号采集，并将信号采集的结果发送给中心处理单元。

② 智能节点。智能节点的功能除了完成最小系统节点的功能外，还对采集的信号（主要是振动信号和动态压力信号）进行数字滤波和特征提取，主要是FFT变换和小波变换，这样可以减轻中心处理单元的计算量，提高响应速度。智能节点的中心控制器采用TI公司的DSP芯片TMS320F2812。TMS320F2812是TI公司新推出的一款32位定点高速DSP芯片，最高每秒钟可执行150百万条指令（150MIPS），另外片上还集成了丰富的外部资源，非常适合系统对智能节点数据采集和特征提取的要求。

3）中心处理单元　中心处理单元位于驾驶室内，主要完成采集信号的处理、工作状态的判断与报警以及故障诊断等工作。由于系统为在线车载式系统，要求系统的抗振性和可靠性要好，同时对系统的性能和功能要求也较高，综合上述因素，选择了PC104总线的嵌入式PC方案。

PC104是一种专门为嵌入式控制而定义的工业控制总线，实质上是一种紧凑型的IEEE-P996标准，其信号定义和PC/AT基本一致，但电气和机械规范却完全不同，是一种优化的、小型的、堆栈式结构的嵌入式系统，有极好的抗振性。PC104嵌入式计算机模块系列是一整套低成本、高可靠性、能迅速配置成产品的结构化模块。采用PC104总线方案可以将主要精力放在软件和接口的设计上。

在实际应用中，选择了研华公司的PCM3350作为CPU模块板。PCM3350采用GX1-300MHz作为板上处理器，并提供VGA和TFTLCD的显示支持，集成了10/100 BASE-T快速以太网（Fast Ethernet）芯片，方便用户进行远程监测与诊断。同时选用PCM3730作为数字 I/O 板，控制报警面板上的 LED 指示灯和蜂鸣器，以实现系统的声光报警。另外开发了 104 总线 CAN 通信适配卡，以实现中心处理单元与各信号采集单元的数据交换。中心处理单元的结构如图 15-63 所示。

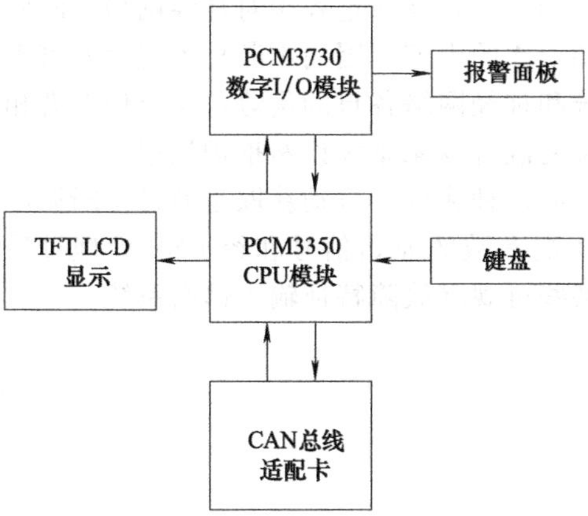

图 15-63　中心处理单元结构

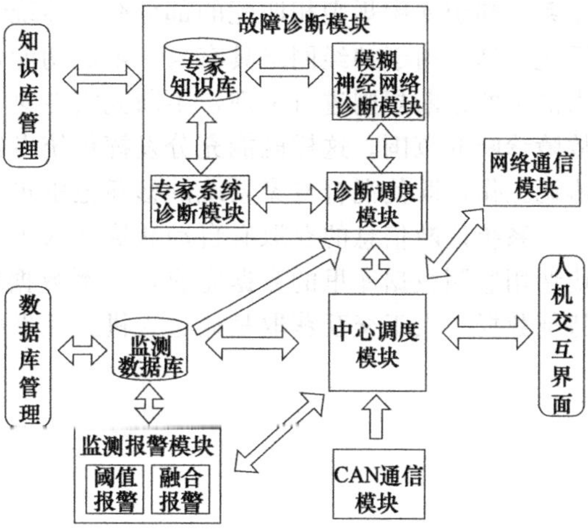

图 15-64　软件系统的整体结构

（3）系统的软件结构

1）整体结构　软件系统的操作平台选择 Windows 系统，开发工具为 Visual C++6.0，数据库采用 ACCESS 小型桌面数据库。软件采用模块化设计，主要包括中心调度模块、监测数据库、监测报警模块、故障诊断模块、CAN 通信模块及网络通信模块等。软件系统的整体结构见图 15-64。其中，中心调度模块是软件的核心，负责整个系统工作的调度和控制。监测数据库主要用来存放各信号采集单元采集的工况参数，通过数据库管理界面可实现对监测数据的选择、导入和导出等功能。监测报警模块根据监测数据判断工作状况，当状态异常时发出报警。故障诊断模块可根据监测数据和用户人工输入进行液压系统的故障诊断，给出诊断结论和维修措施等。CAN 通信模块完成 CAN 总线通信的底层协议，并将接收到的数据送监测数据库。网络通信模块使系统可通过 Internet 和远程监测与故障诊断中心进行通信，并使用 Socket 技术将本地数据库中的数据导入远程监测与故障诊断中心数据库，实现了机械设备的远程监测与故障诊断。

2）监测报警模块　监测报警模块采用单参数阈值报警和多参数融合报警两种方式。单参数阈值报警是将单个工况参数的监测数据与其正常工作状态的标准阈值进行比较，根据差别程度进行报警。多参数融合报警首先将几个关键工况参数的监测值与阈值的差值进行归一量化，然后用信息融合的方法（这里采用了神经网络）进行综合，给出系统级的状态指示。同时，监测报警模块根据具体工况恶劣程度的不同将报警分为三级，具体如下。

第一级报警：在此种情况下机器还能工作一段时间；

第二级报警：这种报警要求使用人员密切注视故障的发展，但不需要立即关机；

第三级报警：当报警模块判断系统故障严重时，采用第三级报警。出现这级报警时，操作人员应立即关机检查并修理。

3）故障诊断模块　液压系统结构的复杂性使其故障具有多层次性、模糊和不确定性等特点，很难用单一的判别方式将各种故障截然分开。因此故障诊断模块采用了传统专家系统与神经网络相结合的诊断方式。

该系统的知识以两种方法表述，一种是将专家经验形式化成规则，存储于知识库；另一种是通过现场历史数据对网络进行训练，将难以形式化的专家经验以非线性映射的形式存储于神经网络的各节点上。诊断调度机构针对不同情况用规则和神经网络对液压系统故障进行诊断，得出相应的诊断结果。

故障诊断模块工作时，诊断调度模块将监测数据库的数据取出并进行分类，将与传统专家系统知识库中规则相匹配的部分交给传统专家系统处理，将剩余的部分交给神经网络专家系统处理。由于神经网络具有自学习的功能，诊断调度将在诊断过程中对神经网络不断归纳出的新的诊断规则进行整理，不断充实专家系统知识库的内容，因而不断扩大混合专家系统故障诊断的范围。这样既能充分发挥传统专家系统和神经网络各自的优势，又能使二者相互协调工作，既使混合专家系统的诊断范围扩大，又使混合专家系统诊断推理快速。

系统诊断信息的获取有自动获取和人工交互获取两种途径。自动获取是通过诊断调度模块调用监测数据库里的数据完成，监测数据包括工况参数的原始信号和经 DSP 处理过后的特征数据。人工交互获取是通过人机交互界面将某些可观察故障特征输入诊断系统。

第16章 机械设备远程监测与故障诊断

16.1 远程诊断与监测概述

对机械设备运行状态进行监测，以实现预测维修，减少停机损失，提高生产效率。设备监测系统从最初的人工现场维护方式，发展到以网络为基础的监测系统，逐步向远程监测方式发展，实现了设备运行现场与控制终端的分离。

16.1.1 设备远程诊断与监测的概念

远程诊断与监测系统是一个分布式控制系统，它基于监测设备、计算机网络及软件，实现对监测信息的处理、传输、存储、查询、显示和交互，以实现诊断专家无须到现场就可以对远距离发生的故障进行诊断，并可以实现异地专家的实时协同诊断，其研究内容包括远程监测（Remote Monitoring)、远程诊断（Remote diagnosis)、协同诊断（Consuitation of Speciaiists）等几个主要部分。

设备的远程诊断与监测系统是计算机科学、通信技术与故障诊断技术相结合的一种新的设备故障诊断模式。远程诊断系统的诊断对象是工业现场的生产设备。网上传输的是设备运行的状态信息及故障诊断所需的信息。

三个主要因素激发了基于 Internet 的设备远程监测与故障诊断系统的研究、开发和应用。

① 增加了专家数量。进行诊断时，诊断者都需要根据设备当时的实际情况、现场的基本参数进行分析和判断。但由于企业内部专业技术人员比较少，设备出现故障时专家又由于地域原因不能及时到位，往往会因为时间的延误造成巨大的经济损失。而采取远程诊断这种经济、简便的方法，通过计算机把现场数据及时送到专家手中，就可以像专家在现场一样准确、及时地作出判断、采取有效措施解决问题。远程诊断系统网络沟通了管理部门、运行现场、诊断专家、设备制造厂之间的信息，积累和综合了各方面的经验知识，提高了故障诊断的准确率。

② 在保证诊断性能的同时降低了系统成本。利用网络可以缩短收集故障信息的时间，提高故障诊断的效率，降低维修难度与成本，减少意外停机时间，避免漏诊和误诊，大幅提高可靠性和平稳性。远程诊断综合了单机在线监测与故障诊断和分布式在线监测与故障诊断方式的优点，对每个机组分别配置一套数采监测系统，多台数采监测系统共享一套诊断系统。这样，既保证了监测的实时性（即使在诊断时也能保证不中断监测)，又节约了监测诊断系统的成本。

③ 实现了诊断知识的共享，避免了知识的重复获取。在全球企业中，具有相似设备的企业经常分布在不同地区，它们完全可以使用相同的基于知识的诊断系统。在工作过程中，

一个企业中发现的新规则可能对于另一个企业是完全未知的，这将导致同样的知识获取过程要在许多不同的地区重复，时间被浪费了。而基于 Internet 的设备远程监测与故障诊断系统可以使不同的监测诊断现场与同一个诊断中心建立联系，所有的诊断信息都可由网络获得，使不同企业的用户共享同样的诊断知识，通过 Internet 可以搜集尽可能多的知识，仅需获取诊断知识一次便可以使所有的企业都使用它。因此，它是一个完全开放的系统。利用诊断网络可在更高层次优化诊断维修系统，合理配置和调用各类资源。可以实现设备的异地协同诊断，使多个诊断系统服务于同一台设备以及多台设备共享同一个诊断系统，以弥补单个系统领域知识的不足，提高故障的可靠性和智能化水平。

16.1.2 远程监测与诊断系统的组成

大型机电设备的结构越来越复杂，其功能分布和地域分布具有分散性。远程诊断系统通过工业局域网把分布的各个局部现场独立完成特定功能的本地计算机互联起来，从而实现资源共享、协同工作和分散监测，再基于 Internet 计算机网络系统实现远程操作、管理和诊断。远程监测与诊断系统的控制面向多元化，对象面向分散化，其分散式控制系统由现场设备、接口与计算机设备以及通信设备组成。

（1）系统构成

为实现设备的远程监测与诊断，系统必须具备图 16-1 所示的功能。

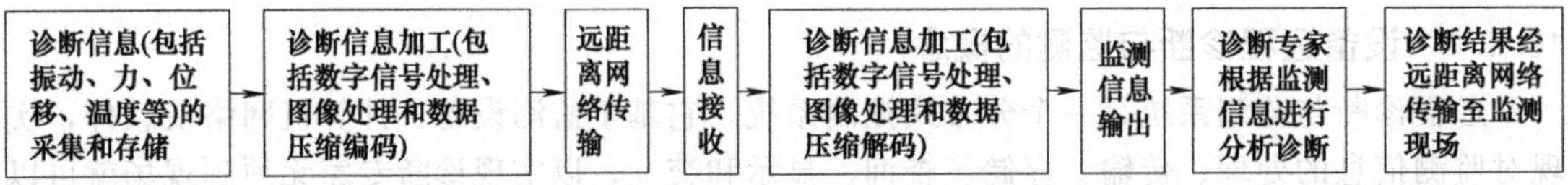

图 16-1 设备远程监测与诊断系统功能

系统由硬件、软件和诊断人员组成。

（2）远程监测与诊断系统的硬件

系统的硬件指故障检测手段，通常是完成诊断信息采集、处理分析和判断的仪器装备。

检测部分的硬件包括各种测量传感器、测量仪、带通滤波器、放大器、模/数转换器、计算机、显示记录装置、分析仪、打印机、报警器等。

信息处理部分的硬件有编解码器、摄像机、显示器、扬声器、话筒、音频合成器及录制设备。

传输部分的硬件包括组成传输通道和现场监测系统的信息转换接口，其中有切换、放大、调制解调接口、图像处理等设备。传输通道包括切换设备及电缆、光缆、微波、卫星等。

另外还有网络管理部分的设备。系统与上述硬件组合在一起的部分也是必不可少的。

（3）远程监测与诊断系统的软件

远程监测与诊断系统的软件包括状态监测与信号分析软件、信息处理软件系统、多点控制单元及为保证协同诊断正常进行所需要的网络管理软件与数据库等。

（4）远程监测与诊断系统的人员

包括机器日常运行操作人员、维修人员和专业诊断人员。由于移动的是数据而不是人，所以远程专业诊断人员选择范围更大，诊断时间减少，诊断结果更可靠。诊断系统的组成人员可根据诊断任务的复杂程度和现场条件进行合理搭配。

16.1.3 远程监测与诊断的模式

目前，监测与诊断模式主要有三个方面：

（1）依靠设备自身的监测模块

为了实现更好的数控系统监测和诊断，一些厂商纷纷在系统内部构建自己的监测和诊断模块，依靠自身实现对电器、系统相关信息的监测。通过利用自身提供的接口与电脑或者远程诊断中心相连，从而实现对设备运转状况的监测。例如，西门子数控系统，它通过系统自身诊断模块，同时配合与设备相关的电器实现系统与远程中心的通信。

（2）依靠网络实现与远程诊断中心信息交互

随着计算机产业的迅猛发展和普及应用，监测技术也有了很大的变化，国外许多著名的设备制造商都在所生产的设备中添加了远程诊断模块，实现了基于网络的远程监测和维护。在设备内伺服驱动及逻辑控制等单元以现场总线的方式与控制器相连，而控制器通过网络与系统外的其他控制系统或远程诊断中心连接。通过网络对设备进行远程监测、远程控制、远程诊断和远程维修服务、技术服务等，人们可以在远离设备的地方及时了解设备的运行状态，并对其进行相应的操作，打破了地域的限制，实现了资源和技术的共享。对制造商来说，可以对设备及时维护，对设备性能进行及时跟踪调查以实现进一步改进设计，同时，可降低企业设备维护费用，提高产品售后服务水平，快速响应市场要求，提高产品质量。

（3）独立的监测系统

为了更好地监测设备的物理状态，进行相关的故障诊断，采用独立的监测诊断平台是一种相当流行的方法。图 16-2 所示为某数控机床监测系统，监测电脑与机床以及数控系统直接连接，能够及时地接收机床的状态信息，如机床运行与停止、故障报警等。同时，电脑还可以通过网络与远程诊断中心、专家等进行交互，及时反馈机床状态并对故障做出处理。

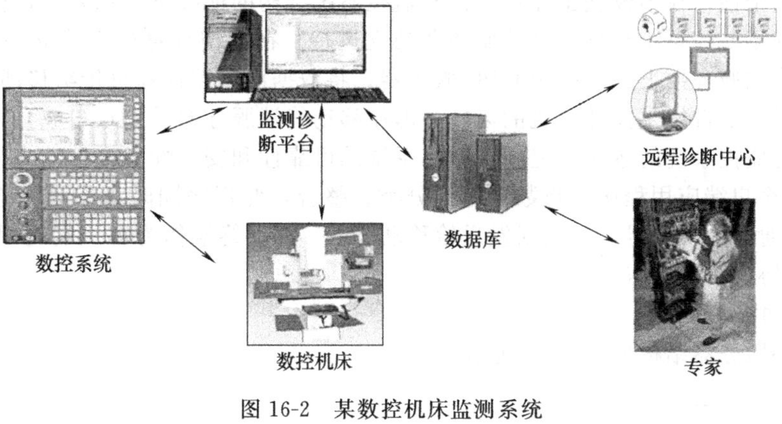

图 16-2　某数控机床监测系统

16.1.4　远程监测与诊断系统的网络体系和运行模式

（1）远程监测与诊断系统的网络体系

图 16-3 为远程监测诊断系统的网络体系。现场监测是这一系统的起点，它完成对设备的实时监测和监测信息的采集、存储与处理，监测信息经处理后变成可以进行远距离网络传输的形式，远程监测诊断中心为某一领域或单位的故障诊断专家组成的虚拟诊断中心，它对异地传输来的监测信息进行处理、分析，综合各专家意见，得出诊断结果并给出对策，通过网络反馈至现场指导问题的解决。诊断

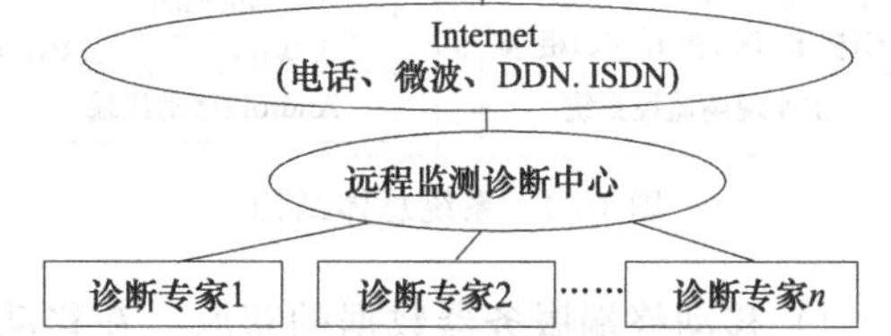

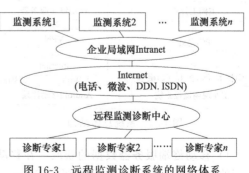

图 16-3　远程监测诊断系统的网络体系

专家可以是人，也可以是故障诊断专家系统。

（2）远程监测与诊断系统的运行模式

远程监测诊断系统的运行模式一般分为两种：实时诊断和电子信函诊断。

实时诊断是专家通过视讯会议系统与其他专家及现场监测人员一起进行实时讨论，根据需要实时监测，然后给出诊断意见。

电子信函诊断是专家以现场监测系统传输过来的信息为依据进行分析判断，然后以电子信函方式将诊断结果反馈至监测现场。

16.2 机械设备远程状态监测与诊断实例

16.2.1 铝板带冷轧远程监测系统

冷轧是铝板带生产过程的重要组成部分，也是板带质量控制的重要环节。在生产中，生产过程监控可以实时监测设备工艺参数、运行状态和生产进度等。在此，基于 Android 平台，在 Basic4Android＋Java JDK＋Android SDK 开发环境中开发监控系统，移动终端客户端通过移动网络与移动终端服务器相连，进行数据交换，在客户端设计友好的使用界面，实现了数据直观显示。

（1）总体方案

系统总体结构如图 16-4 所示，图 16-4 中左侧表示工业现场已有的监控系统，数据主要由 PCI 采集板卡采集得到，工业现场各计算机之间通过以太网通信。为了确保工业现场计算机运行的安全性，在不改变工业现场已有监控系统结构的前提下，加入一台移动终端服务器，使工业现场监控系统与移动终端服务器独立运行。在监控计算机上建立一个 OPC 客户端，在移动终端服务器上建立一个 OPC 服务器，将数据由监控计算机传给移动终端服务器，从而降低新增系统带给主控计算机的风险，即使移动终端服务器受到攻击或自身崩溃，也同样不影响原有监控系统的运作，提高了整体系统的可靠性和安全性。在移动终端服务器上同时运行 OPC 客户端应用程序，将数据重新分类、整合，此程序同时又作为与移动终端交换数据的 TCP 通信的服务器，将数据发送给移动终端。移动终端作为客户端利用 Socket 套接字通过 TCP 协议实现通信。

（2）移动终端服务器

移动终端服务器结构如图 16-5 所示。

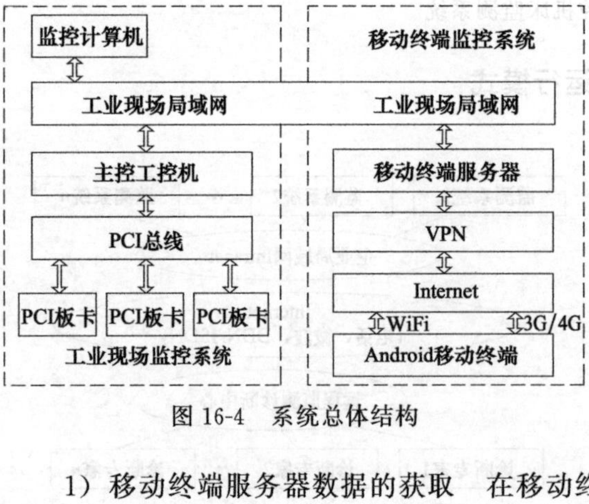

图 16-4　系统总体结构

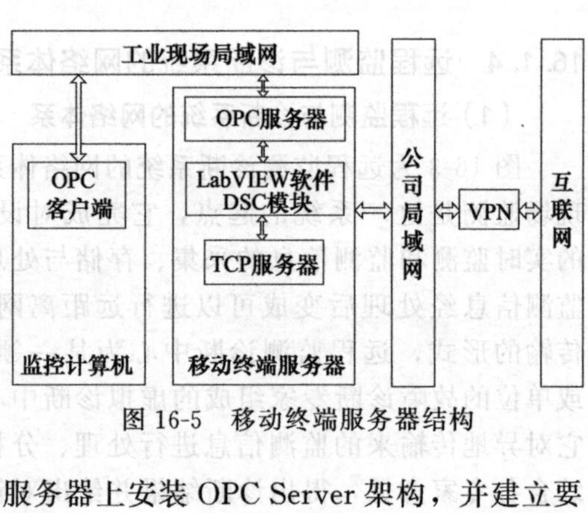

图 16-5　移动终端服务器结构

1）移动终端服务器数据的获取　在移动终端服务器上安装 OPC Server 架构，并建立要应用的 Channel（通道）和其所属的 Device（设备），然后建立要用到的变量，注意设置变量的类型、地址。将移动终端服务器通过有线网卡连接到工业现场局域网，并依据计算机名识别本机，必要时对客户端和服务器进行 DCOM 配置，然后建立两者之间的远程连接，监控计算机上的 OPC 客户端将数据写入移动终端服务器上的 OPC 服务器网。OPCServer 变量列表（部分）如图 16-6 所示。图 16-6 中，TagName 为变量名称；Address 为地址；Data Type 为数据类型；Scan Rate 为扫描周期；Scaling 为缩放比例。

Tag Name	Address	Data Type	Scan Rate	Scaling
bo板型辊上升	K0500.04	Boolean	100	None
bo冷却自动	K0500.02	Boolean	100	None
bo倾斜自动	K0500.01	Boolean	100	None
bo弯辊自动	K0500.00	Boolean	100	None
bo压力自动	K0500.03	Boolean	100	None
板带编号	S0001	String	100	None
板型值001	K0308	Double	100	None
板型值002	K0312	Double	100	None
板型值003	K0316	Double	100	None
板型值004	K0320	Double	100	None

图 16-6　OPC Server 变量列表（部分）

2）基于 LabVIEW 的服务器软件　移动终端服务器上的程序由 LabVIEW 软件开发，主要分为 5 个模块：与 OPC 服务器数据连接；服务器端用户管理；客户端用户管理；TCP 通信；数据显示。服务器端软件构架如图 16-7 所示。

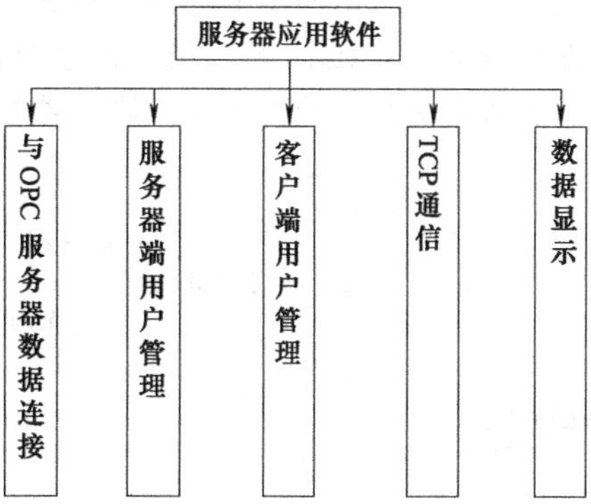

图 16-7　服务器端软件构架

与 OPC 服务器数据连接模块：首先要安装 LabVIEW 软件的 DSC（数据记录与监控）模块，并新建一个 I/O Server，然后创建 LabVIEW 软件与 OPC 标签之间的连接，创建通过 I/O Server 连接到 OPC 标签的共享变量，这样就实现了在 LabVIEW 程序中操作 OPC 服务器中的数据。

用户管理模块：在移动终端服务器上建立服务器端用户数据库和客户端用户数据库，用于储存用户信息。在程序中要借助 LabVIEW 软件的用户库 LAB SQL 来操作数据库，从而实现用户注册、注销、登录验证及客户端用户信息查询，客户端用户必须先在移动终端服务器上注册。用户管理前面板如图 16-8 所示，客户端用户注册 LabVIEW 程序如图 16-9 所示。

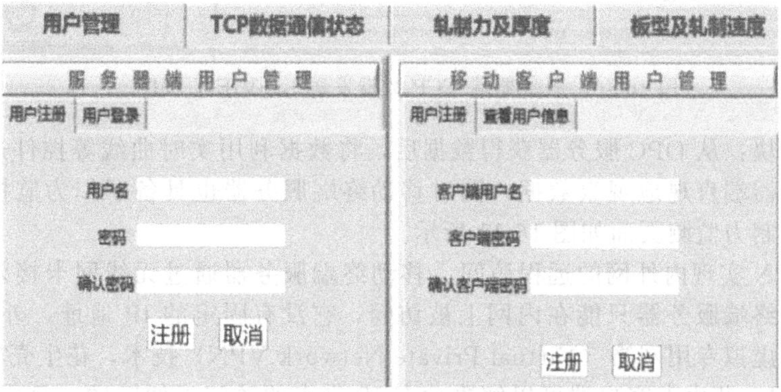

图 16-8　用户管理前面板

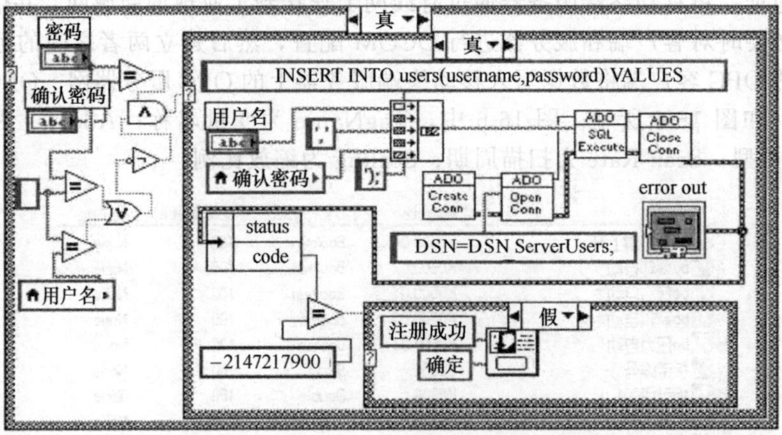

图 16-9 客户端用户注册 LabVIEW 程序

TCP 通信模块：服务器端与客户端的数据交换通过 TCP 通信实现。服务器传输给客户端的监控数据采用四字节的浮点形式，并对整体的输出数据进行封装，按照“四字节帧头＋数据＋两字节 CRC16 校验值＋四字节帧尾”的格式封装，客户端收到数据后按照此格式解开，从而确保数据的正确性。服务器端 TCP 数据发送 LabVIEW 程序如图 16-10 所示。

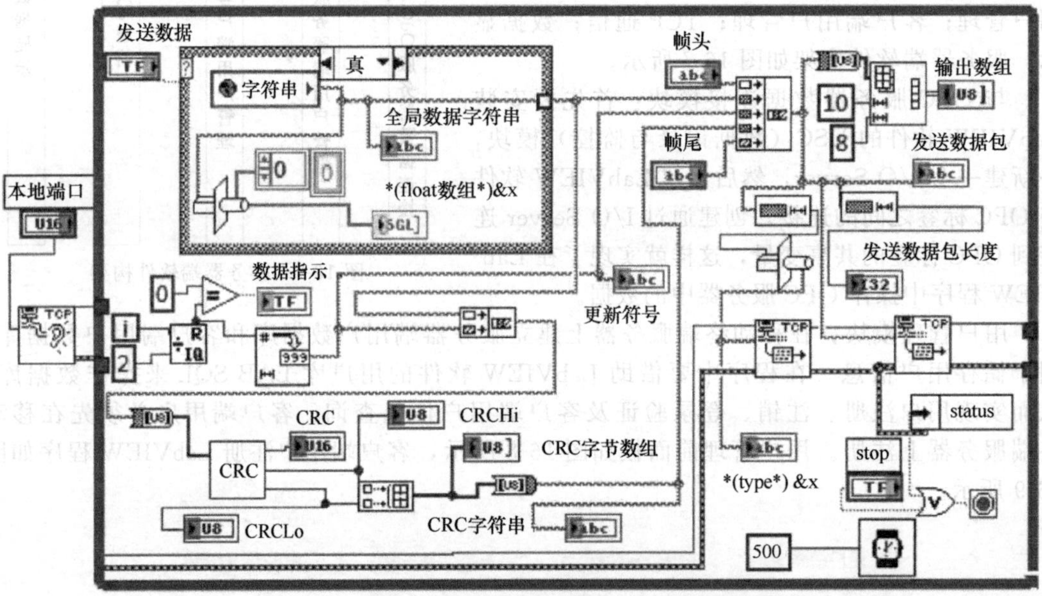

图 16-10 服务器端 TCP 数据发送 LabVIEW 程序

数据显示模块：从 OPC 服务器获得数据后，将数据利用实时曲线等控件进行显示，这样就可以在服务器端直观地观察数据，同时移动终端服务器也具备了作为监控计算机的能力。服务器端轧制力监测页面如图 16-11 所示。

3）利用 VPN 实现内外网的远程访问 移动终端服务器通过无线网卡接入工业现场局域网，但是移动终端服务器只能在内网上被访问，它没有固定的 IP 地址，外网无法访问；因此，需要利用虚拟专用网络（Virtual Private Network VPN）技术，花生壳软件就是实现 VPN 的一种方式。花生壳客户端可以解决动态 IP 带来的访问不便问题，只要在动态 IP 的服务器上安装、运行花生壳客户端，并登录在线，花生壳客户端就会自动将注册用户激活了，花生壳服务的域名记录指向该服务器当前的公网 IP 地址，实现域名和动态 IP 地址即时绑定。

（3） Android 客户端

1）开发环境　客户端的开发环境为 Basic4Android ＋ Java JDK ＋ Android SDK。Basic4Android（B4A）是以色列 Anywhere Software 公司开发的整合开发环境，这是针对 Android 平台开发的一套简单且功能强大的快速应用开发工具，可以让 Visual Basic 语言的使用者直接使用 BASIC 语言来开发 Android APP。B4A 能够将开发者撰写的 BASIC 程序编译转换成 Java 程序来建立 Android APP，且其执行效能并不打折扣。因为 Android APP 的原生开发是使用 Java 语言，所以建立 B4 A 开发环境必须安装 Java JDK。此外，还要安装 Android SDK，它可以提供 Android 模拟器，用于程序的测试运行。

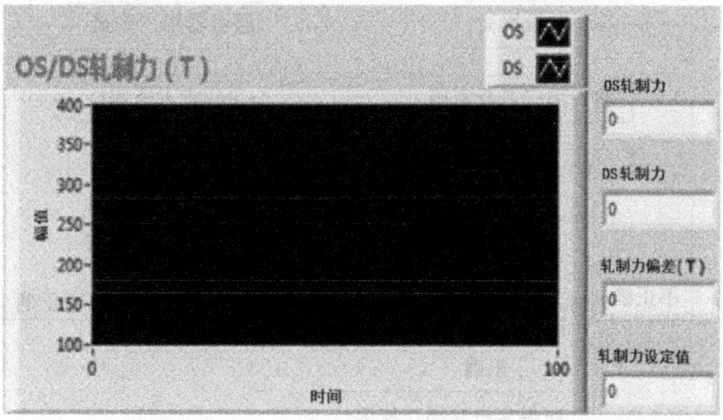

图 16-11　服务器端轧制力监测页面

2）客户端的架构　客户端架构如图 16-12 所示。在界面架构方面，用一个 TahHost 控件连接所有的子页面，通过登录认证后会激活其他应用界面的权限，主要包括 5 个界面：通信界面、冷轧监控主界面、轧制力界面、板形控制（Automatic Flatness Control，AFC）界面和板厚控制（Automatic Gauge Control，AGC）界面。采用模块化设计的思想，程序包括 1 个主模块和 10 个自定义控件类模块，5 个界面均是自定义控件类模块的实例。

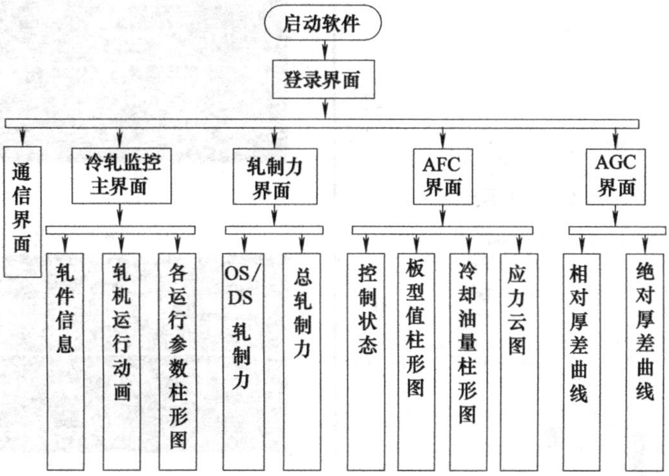

图 16-12　客户端架构

3）用户管理及通信模块　用户必须首先在移动终端服务器上注册，用户数据会被写入用户管理数据库，在客户端登录时输入用户名和密码，通过网络通信发送到移动终端服务器，移动终端服务器将输入信息与用户管理数据库信息比对，如果正确，则通过网络通信通知移动终端通过验证。移动终端作为客户端利用 Socket 套接字通过 TCP 协议实现通信，通信界面上可以通过操作连接和断开通信。连接是利用服务器的域名（IP 地址）以及端口创建新的 Socket 连接，通过该端口号向服务器发送连接请求。成功连接后客户端启动侦听，准备接收来自服务器指定端口发送的数据。移动终端接收到数据会产生一个事件，在这个事件中，对接收到的数据进行解包，并通过各个模块的数据更新接口函数分发给各个子模块并显示。客户端用户认证过程如图 16-13 所示。

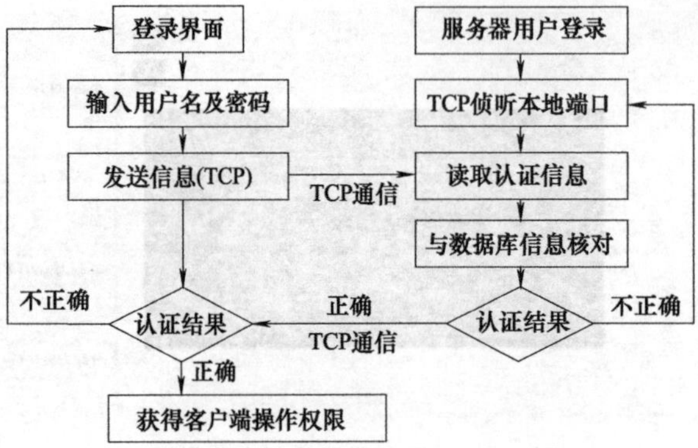

图 16-13　客户端用户认证过程

4）自定义控件类模块的开发　采用模块化设计与面向对象设计的思想，使程序的结构更加清晰，提高了程序的可重用性与可扩展性。客户端监控界面如图 16-14 所示。通信界面、冷轧监控主界面、轧制力界面、AFC 界面和 AGC 界面均用独立的类模块编写，在主模块中只要将对象实例化，再调用它的 Initialize 方法，就可以在 TabHost 控件的 Tab 中生成对应的界面，其部分代码如下：

```
PanelThick501. Initialize（“”）
WavThick. Initialize（PanelThick501）
```

通过以上代码，可以生成 AGC 界面，然后在接收新数据的事件过程中调用它的 DrawWav（）方法，其代码如下：

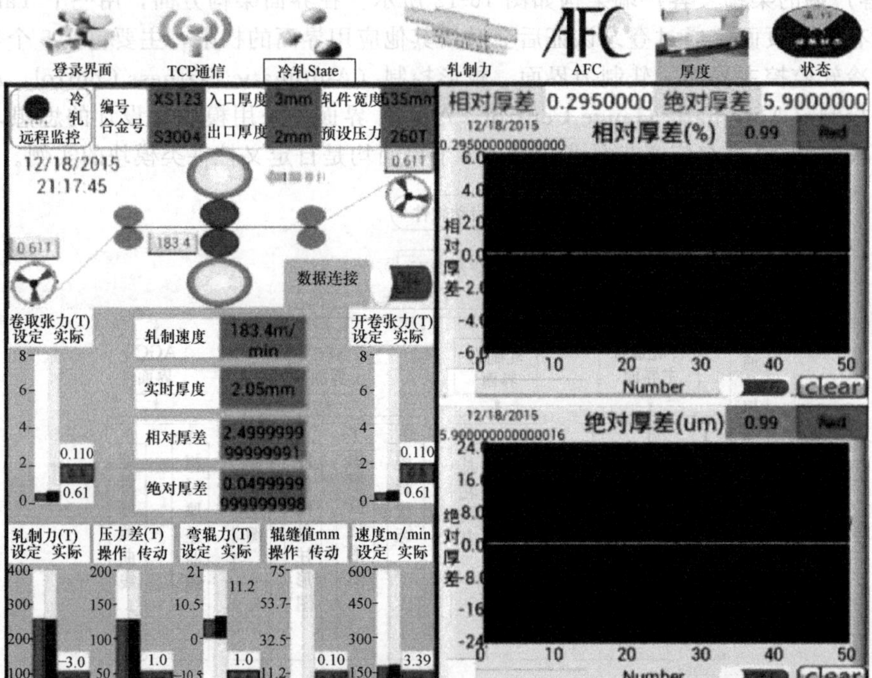

图 16-14　客户端监控界面

将更新的数据作为实参传给 AGC 界面中的变量，就实现了数据的实时显示。这 5 个类模块由其他更基础的类模块和开发环境自带的控件构成。基本的自定义控件类有单列柱形图、双列柱形图、单系列曲线图、双系列曲线图和板带应力云图等。每个自定义控件类都有它的属性和方法，通过它的属性可以对对象实例进行具体设置，通过它的方法可以对其进行具体的操作。例如，波形图控件可以通过它的 DrawWav（NewData As Double）方法更新显示数据，利用 setWavForm（LWavColor As Int，LTitleColor As Int，LLineWidth As Int）方法设置曲线颜色、标题颜色、曲线线宽，通过 ClearData（）方法清除波形数据，通过 StopData () 方法使动态波形暂停等，使操作灵活、界面多样。

（4）系统测试

本系统依托某铝业公司铝板带冷轧生产线设计并进行了调试运行。

硬件设备：移动终端服务器（ThinkPad 笔记本，Win7 64 位操作系统，安装 NI OPC Server2013、LabVIEW 2012、LabVIEW DSC 2012、新花生壳客户端）；Android 移动终端（MI 1s 手机，Android 4.1.2 系统）。

测试环境：移动终端服务器连接工业现场局域网，Android 手机在任意地点连接 WiFi 或移动网络。

测试结果如下：

① 用户能够在移动终端服务器上注册，用户数据库可以查看用户名及密码。

② 移动终端服务器上 OPC Server 架构的数据可以实时获取，200ms 刷新一次。

③ 客户端能够使注册用户正常登录，非注册用户无权限。

④ 客户端与移动终端服务器通信正常，实现了移动终端随时随地访问服务器获取数据。

⑤ 客户端在较好的网络环境下数据更新快，在网络较差的环境下数据更新时间间隔不均匀。

⑥ 客户端界面操作流畅，数据显示正常、直观，实现了对铝板带冷轧生产过程的远程移动监控。

⑦ 服务器端和客户端运行稳定，对工业现场监控系统无影响。

（5）结语

铝板带冷轧远程监测系统总体上以 C/S 模式构建，在 Android 移动设备上实现了随时随地对铝板带冷轧生产过程的实时监控，硬件及运行成本低，具有便捷性与实用性强的特点。经过测试可知系统运行稳定，数据显示界面人性化，实时性好，为构建整体的铝板带生产线远程移动监控系统打下良好的基础。

16.2.2 高速铁路运架提设备远程监测与智能故障诊断

高铁运架提设备主要包括 900t 运梁车，900t 提梁机、900t 架桥机。这些设备多系露天作业，受风雨、日晒、大气、粉尘影响，工作环境恶劣，故障频繁；加之施工生产的特性决定了它们工作在各工地上，分散性大，流动性强，给故障的及时排除带来了很大困难。为了保障处于异地的施工设备的良好技术状态，建立远程智能故障诊断及维护系统，将异地的信息技术协调起来进行实时诊断和维护是很必要的。

（1）高铁运架提设备远程监测与智能故障诊断系统的总体结构

根据高铁运架提设备对服务、信息化管理以及产品安全可管理性等的要求，高铁运架提设备远程监测与智能故障诊断体系采用了基于 GPS/GPRS 技术、Internet B/S 技术以及车载计算机控制技术的远程智能故障诊断系统，在诊断方法上采用基于信号和基于知识的故障诊断方法。其远程智能故障诊断系统的总体结构分 3 个部分：设备监控层，网络传输通道，远程智能诊断服务中心。

① 设备监控层，包括车载控制系统、车载终端。位于运架提设备上，负责运输车日常状态检测、智能控制等任务。设备监控层包括状态检测和 GPRS/GPS 数据采集传输终端，状态信号的获取主要是依靠传感器或其他监测手段检测故障信号。当传感器出现故障时，故障信息通过接收车载计算机数据获得，并在客户端出现提示。GPRS/GPS 数据采集传输终端的核心模块包括主控芯片和 GPRS/GPS 模块。

② 网络传输通道，包括 GPS/GPRS 卫星、远程网络和网络协议、Internet 网络服务器等。

③ 远程智能诊断服务中心系统设在设备制造或研究中心，它主要包括知识库、数据库、

推理机、解释器及知识维护管理模块等。当用户建立好知识库与数据库后，系统启动推理机，读取故障信息，利用知识库中的知识推理得出诊断结论，并将诊断信息存入动态数据库。服务器端选用 Windows2000 server 系统作为工作平台，采用 IIS5.0（Internet Information Service）搭建 Web 服务器，客户端基于 Windows 系统安装 Internet 浏览器，以 B/S 为系统结构模型，并运用 ASP＋SQLServer2000 网络编程技术以及 Html、JavaScript 语言等来完成远程故障诊断网站的建立。远程智能故障诊断系统的结构如图 16-15 所示。

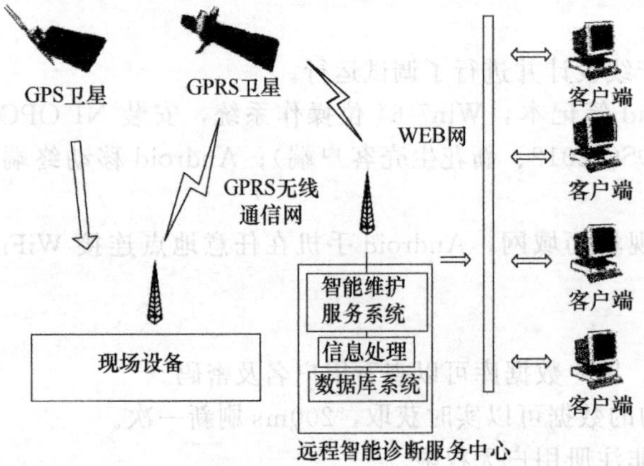

图 16-15　远程智能故障诊断系统工作流程

（2）系统功能

高速铁路运架提设备远程智能故障诊断系统实现的功能包括 GPS 定位、远程状态监控、数据统计分析、远程控制、远程故障智能诊断、远程维护，下面分层说明各个部分的功能。

1）设备监控层

① 状态监测

主要是测取与设备运行有关的状态信号。状态信号是故障信息的唯一载体，也是诊断的唯一依据。因此在状态监测中及时、准确地获取状态信号是十分重要的。状态信号的获取主要是依靠传感器或其他监测手段检测故障信号。检测中主要有以下几个过程：a. 信号测取，主要是通过电量或传感器组成的探测头直接感知被测对象参数的变化；b. 中间变换，主要完成由探测头取得信号的变换和传输；c. 数据采集，就是把中间变换的连续信号进行离散化。数据是诊断的基础，能否采集到足够长的客观反映设备运行状态的信息，是诊断成败的关键。

高铁运架提设备状态检测的主要包括以下内容。

发动机：转速、冷却水温度、冷却水液位、机油压力、机油温度、燃油油量、系统电压、发动机故障代码、发动机工作小时、发动机启动次数、油耗等。

液压系统：主泵出口压力、变幅阀出口压力、回转泵出口压力、伸缩缸压力、悬挂系统压力、转向系统压力、辅助系统压力、交流液压信号的提取、主卷阀出口压力、副卷阀出口压力、主卷制动压力、副卷制动压力、液压油温等。

机械系统：车架、转向、悬挂系统扭矩、受力变形等。

工作状态信息：车体水平度、风速、回转角度、配重重量、允许载荷、实际载荷、载荷百分比等。

② GPRS/GPS 数据采集传输终端

被监测的设备端安装有 GPRS/GPS 数据采集终端，GPRS/GPS 数据采集传输终端工作时，由传感器采集的性能数据传给该终端，该终端可将采集到的数据通过 GPRS/GPS 传递到远程服务器。

2）网络传输通道　网络传输通道主要通过 GPS/GPRS 卫星、Internet 网络服务器等实现。GPS 是一个高精度、全天候和全球性的无线电导航、定位和定时的多功能系统，GPS 由 3 个部分构成：地面控制部分、空间卫星和用户 GPS 接收机，依靠 GPS/GPRS 卫星与服务器实现数据通信和转化。GPRS 作为 GSM 中现有电路交换系统与短信息服务的补充，提供给移动用户高速公共移动通信网络和互联网服务。

3）远程智能诊断服务中心　远程智能诊断服务中心提供广域范围内的共享诊断资源平台，为客户提供共享资源和多种智能诊断与维护手段，并可与客户进行交互。中心的核心资源是知识库、数据库，它们一方面向客户提供诊断与维护服务，另一方面又通过诊断专家从客户端获得资料加以精炼、提取，来丰富自身的诊断智能并提高远程服务能力。主要功能有：

① 创建集团用户、创建监控设备、创建设备用户：创建集团用户包括用户的车型、需求、车辆的软件工作等；监控设备信息包括制造单位、设备名称、设备类型、生产日期等；设备用户信息包括用户名、用户权限分配等。

② 装备运行状态监测：在对远程装备进行诊断维护时，根据采集的信息进行状态监测，包括设备监控层采集的数据信息、设备位置查询、历史运动轨迹、设置设备工作区域等。

③ 知识库、数据库的管理与更新：中心对客户提供诊断和维护时会产生新知识，需要处理并规范化以补充更新系统知识库；同时还可以获取中心技术讨论板块的诊断知识，更新当前知识库；中心诊断支持能力的增强，取决于以上两库的丰富程度和有效的检索提取手段。

④ 远程监测与分析：可直接对设备进行监测，并对原始信号分析处理，进行故障诊断。

⑤ 智能诊断：利用诊断中心的各种智能诊断手段对装备当前状态进行智能诊断，得出装备当前可能出现的故障或故障区域，以便为用户提供诊断维护策略。

⑥ 诊断任务管理：对新的诊断任务、正在进行的诊断任务、已完成的诊断任务的管理。

⑦ 在线辅助诊断：用户使用此功能可进行信号分析、运行趋势预报等，并可使用中心的各种智能诊断工具，如专家系统等。

⑧ 协作管理：对诊断过程中可能涉及的协作问题进行管理，如多个专家之间协同诊断会议等。

⑨ 设备运行趋势分析报告、诊断报告的生成，诊断结果规范化处理以及处理结果存储、显示。

16.2.3　盾构机远程在线监测系统

地铁盾构机是用于挖掘地铁隧道的典型的机电液一体化设备，其施工环境异常恶劣，设备故障率高。研究开发盾构施工远程智能诊断技术具有很强的现实意义。

（1）系统原理以及总体结构

根据盾构机的工作环境特点，系统将传感器采集到的盾构机状态信号通过硬件驱动接口进行适当处理、转换，传送给机载控制系统的状态信息数据库并储存，然后以图表的形式实时地显示在机载监控中心的屏幕上，供现场人员参考。与此同时，机载监控系统中的盾构状态信息以及故障数据通过 GPRS 或有线光纤同步更新远程监控中心的数据库中的数据，使远程监控中心能实时了解所有盾构机目前的运行状态，查询其状态参数、历史记录以及故障的原因。系统整体设计如图 16-16 所示。

（2）数据采集与传输系统

对盾构公司提供的近 20 年盾构故障的历史记录进行分析，并综合考虑盾构中各部件对盾构施工影响的严重程度和维护成本，决定就几个关键部位进行状态信息的采集。选择刀盘驱动系统、液压系统和电控系统这三个部分作为研究对象，实现数据采集和在线监测。

1）刀盘驱动系统　刀盘驱动系统检测部件包括主轴承、减速箱和主电机。针对主轴承，分析实际施工情况并考虑轴承失效原因（环境潮湿、泥沙进入轴承、润滑油系统污染、侧载、锈蚀），选择监测主轴承运行状态的振动参数，拟在主轴承水平、垂直和轴向三个方向上各安装专业的低频加速度传感器，以提取特征参数，上位机屏幕显示轴承的振动频谱，分

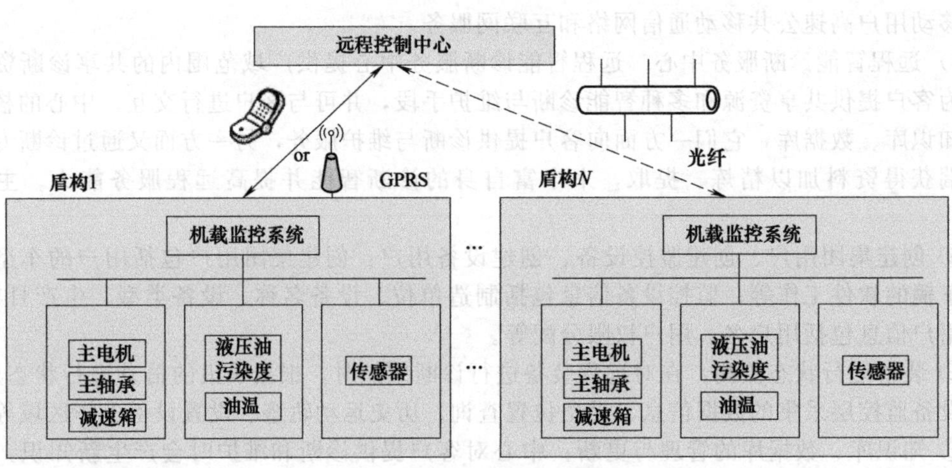

图 16-16　系统整体设计

析主轴承的故障及趋势。

对于减速箱，只要正确分析设备振动的频谱就可以及时发现故障。减速箱常见故障为异常声音和异常温升，这些均能引起异常振动。

盾构电机常见故障可以分为两类：机械故障和电气故障。常用解决办法是检测振动信号，即在主电机的驱动端和非驱动端各安装一个加速度传感器，将信号通过电缆传送到上位机，以分析故障变化趋势。一般变频器都具有过流、过载保护和过热报警的功能，而且盾构机的主电机装有编码器和温度传感器等其他检测部件，所以对于预警作用，原有检测传感器也能起到一定的作用。

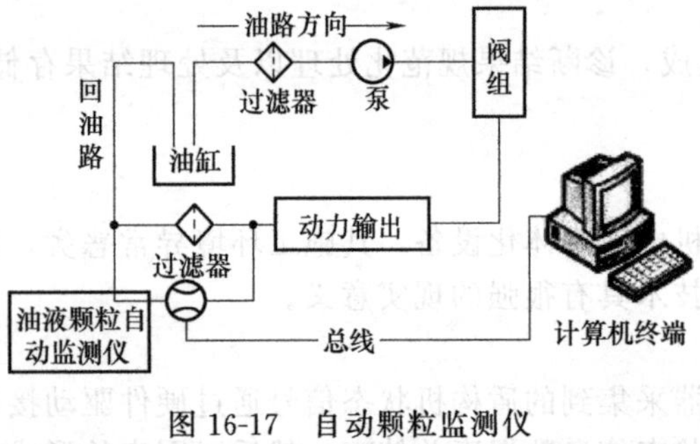

图 16-17　自动颗粒监测仪

2）液压系统　液压系统是盾构检测系统中的重点监测部分，主要监测液压油污染问题和油温。

盾构液压油污染主要由泥土或金属颗粒物引起，采用自动颗粒计数仪来测液压油的污染度。仪器经 RS232 总线与上位机通信，如图 16-17 所示。监测仪自带程序对污染度超标的油液进行报警提示并显示污染度等级，另外上位机显示油液污染度变化趋势并预警，以保证液压系统工作可靠。

液压系统输入功率往往大于输出功率，损失的能量全部转变为热量，被油液和液压元器件吸收，导致油温上升。所以在泵和主油路内安装专业测量流体温度的传感器，油温过高时报警。

3）电控系统　电控系统故障有两种情况：一是传感器已经损坏，无法读数，或者传感器所输出的数值基本不变；二是传感器由于各种原因，比如老化、环境恶劣等，使传感器传递数值偏离正常范围，无法作为参考值。针对这两种故障形式，拟建立传感器标准数值范围作为蓝本用于对照，编写程序以查询方式检查各传感器传输数值是否跟蓝本有出入，考虑干扰因素，将规定以一定的出错次数作为程序判断该传感器发生故障的条件。

（3）机载控制系统

机载控制系统包含嵌入式盾构施工状态信息监测单元、完整的采集数据库单元以及数据库管理单元。传输系统模块采集并处理盾构机各采集点的实时状态参数，将这些参数传给机载控制中心的状态信息数据库并存储。计算机数据库管理软件通过调用这些数据来完成盾构机的实时状态的显示和查询，以及现场人员对盾构机的故障诊断和检索等功能。这样机载自带的控制系统就可以图示设备当前状态，并且能在设备发生故障时报警或发生故障之前预警。通过调用机载控制中心状态信息数据库中的数据，工作人员可以随时查询本机状态、预警等信息。

除了盾构机实时状态的显示、查询和预警以外，机载控制系统还包括由数据挖掘技术实现的盾构历史工况故障数据辅助知识库和专家系统。程序可以根据用户提供的故障现象，根据故障树分析法给出每层故障原因，即中间事件，用户可以依据这些中间事件，层层检索直至找到底层事件，即故障最可能的原因，然后程序也可以根据用户需要显示底层事件并推荐专家的解决办法。

整个机载控制中心结构如图 16-18 所示。

（4）远程监控系统

远程监控中心的主要功能是监控、预警、故障诊断及远程诊断等。如图 16-19 所示，中心通过有效可靠的通信手段，有选择地实时收集远程各台施工中的盾构状态数据，分析和确定各台设备的当前工作状态，根据内嵌的专家系统对收集的数据实现远程诊断管理，包括进行整合分析、判断、统计以及变化趋势分析，如有问题则及时分析和诊断，并为施工中的盾构机提供远程报警、故障定位、故障解决方案查询等功能。监控中心的软件系统还提供了完善的盾构机工作状况统计功能和详细查询功能，并能根据所收集到的数据估计指定盾构设备中所检测的关键部件的使用寿命，在适当时间给出预警信息。

现有的盾构施工信息传输平台支持盾构施工远程及智能诊断系统。整合企业乃至行业专家资源，为今后多点分散的盾构施工提供远程维护支撑，为各类盾构中的各关键部件实现在线监测及远程诊断提供可扩展的系统平台。

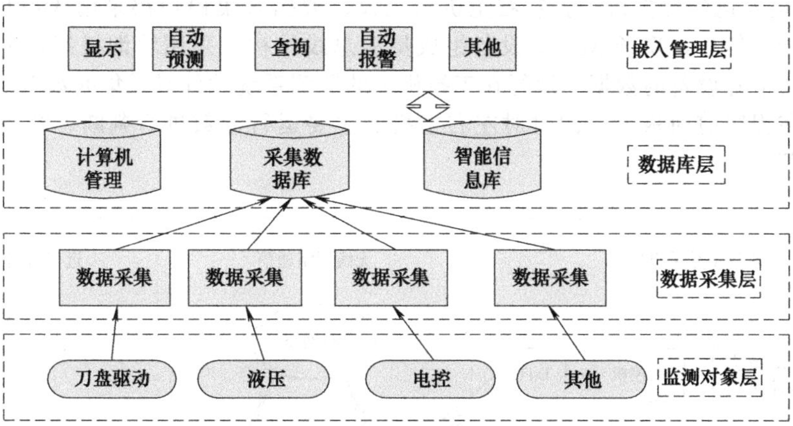

图 16-18　机载控制中心

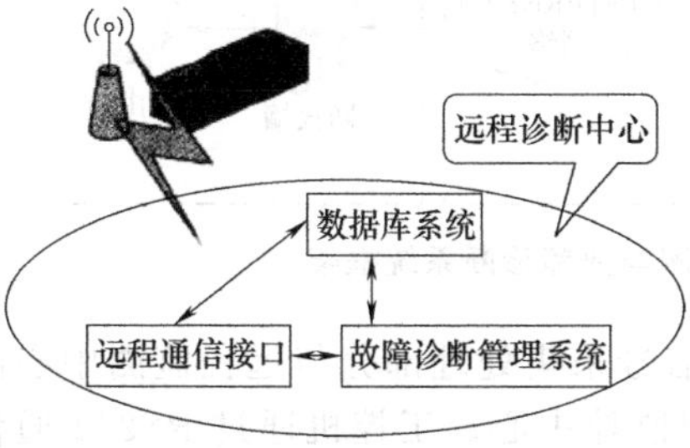

图 16-19　远程监控系统

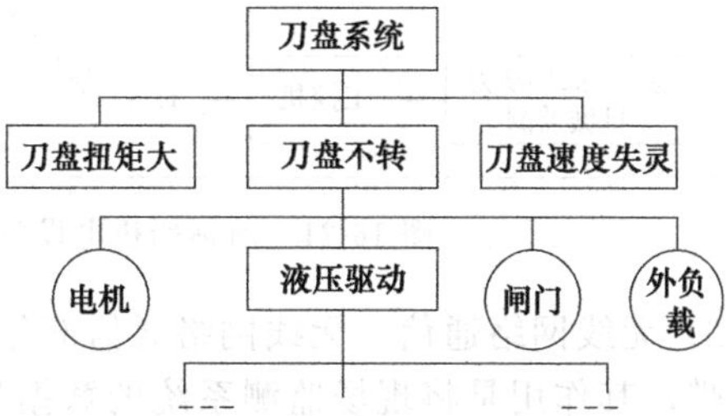

图 16-20　故障树分析法

（5）盾构施工故障智能诊断系统

针对盾构故障诊断的特点，故障诊断系统通过将专家系统的自动推理功能，即专家系统基于规则的反向推理，与贝叶斯方法相结合的方法来实现。由贝叶斯方法推理出底层故障中后验概率较大的故障原因，由专家系统基于规则的反向推理方法，推理出上面几层故障症状并给出合理解释。

结合对盾构机工况的研究，在故障分析中引入故障树分析法，建立盾构故障分析树，如图 16-20 所示。它能直观地反映故障与其原因之间的逻辑关系，是故障分析和专家系统知识库之间的纽带。在盾构机运行期间，同时还存在着故障与征兆的不确定性且难以用常规的二值逻辑关系来描述的运行状态，诸如此类问题可以用贝叶斯方法有效解决。

16.2.4 航标船机电设备远程监测与故障诊断

船舶动力机械作为船舶航行的心脏，直接影响船舶的安全航行，船舶动力机械监测系统可以帮助船舶工作人员及时掌握船舶动力机械设备的运行规律，分析船舶的实时运行状况，而且远程技术人员可以通过系统发送的动力机械运行参数，辅助现场进行故障诊断。

（1）系统概况

船舶动力机械监测系统需要综合考虑船岸通信特点，充分利用现有的网络和通信资源，力求信息传递准确、安全、可靠，系统使用要求简洁实用、方便操作、维护简单。根据船岸通信特点，船舶动力机械监测系统分为三部分：现场信号采集处理、无线网络通信和远程监测中心三部分，系统总体框架如图 16-21 所示。

1）现场信号采集处理　现场信号采集处理部分是整个系统的数据来源，硬件包括船舶现场的传感器、信号采集模块、RS-485 总线和工控机。其中传感器采集温度、压力、液位等模拟量信号，采集模块采集上述传感器的电流或者电压信号，将其转化成数字信号，并通过 RS485 通信发送到计算机中。左右主机监控仪、数据采集模块都采用 Modbus 协议，由 RS485 总线传递信号，现场 RS485 设备组成星型总线结构，采用轮询机制，由工控机发送指令读取总线上各设备的数据。运行在工控机上的监测系统软件对采集的数据进行相应的处理，并显示在程序前面板上，同时对左右主机的主要运行参数进行判断，若超出报警界限值，则发出警报。

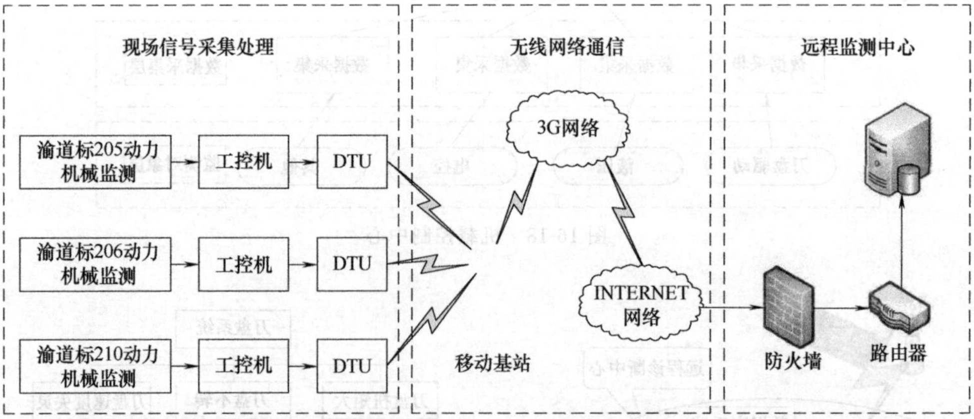

图 16-21　航标船机电设备故障远程监测与故障诊断系统框架

2）无线网络通信　无线网络通信部分作为现场信号采集处理部分与远程监测中心的连接纽带，其作用是将现场监测系统的数据发送到远程监控中心。工控机通过 RS232 通信接口将处理后的数据发送到 3G 网络无线通信模块 DTU，DTU 获取数据后由 3G 模块封装成数据包，发送至3G网络与Internet网络上。

3）远程监测中心　远程监测中心位于航道管理部门监测中心，通过ADSL与Internet连接，接收DTU传输的数据，存入数据库。现场信号采集处理部分通过3G网络将船舶动力机械工况监测参数发送至远程监测中心服务器的不同端口，远程监测中心通过侦听不同的端口实现对多个船舶的同时监测。

（2）机电设备信号采集

信号采集是实现远程监测和故障诊断的基础，通过这些参数，管理人员才能掌握机电设备的运行状况，而故障诊断模块才能对机电设备进行故障诊断，发现机电设备存在的危险。航标船的机电设备主要包括柴油机、发电机、舵机、辅机等。需要监测的参数如表16-1所示。

表16-1　需要监测的参数

参数类型	参数	范围	通信协议
柴油机	主机转速	0～2500r/min	主机协议
	主机水温	0～150℃	主机协议
	主机油压	0～10MPa	主机协议
	排气温度	0～500℃	主机协议
	齿轮箱油压	0～10MPa	主机协议
	缸盖振动	0～5kHz	Modbus 协议
	缸体振动	0～5kHz	Modbus 协议
发电机	发电机电压	0～390V	J1939 协议
	发电机频率	0～60Hz	J1939 协议
	机油压力	0～20MPa	J1939 协议
	冷却水温	0～150℃	J1939 协议
舵机	舵机压力	0～20MPa	Modbus 协议
	舵机舵角	±35℃	Modbus 协议
其他设备	尾轴转速	0～2500r/min	Modbus 协议
	油箱液位	0～1.5m	Modbus 协议

机电设备远程监测硬件主要包括传感器、信号采集模块、数据通信模块、工控机和DTU等。通信模块的作用是将监控仪的RS485通信接口转换成RS232通信接口，从而将监控仪监测到的信号参数采集到工控机中。工控机的作用是对监测到的信号进行分析、处理，存储和显示状态信息和故障信息，并且通过DTU将船上设备信息发送到远程数据端。左右主机为柴油发动机，并且已有YPH-P型柴油机控制箱对柴油发动机的运行参数，如柴油机转速、冷却水温等，进行了监测，因此对于控制箱已经监测了的参数本系统不再另外增加传感器进行信号采集，而是直接从控制箱中读取。控制箱通过串口线连接工控机，根据控制箱协议发送通信命令，获取发动机状态参数。

发电机为MDKBR-1200133E型柴油发电机，发电机监测仪采用的是CAN通信。由于发电机监测仪对所需监测的发电机运行参数都已进行了监测，因此本系统只需要从发电机监测仪预留的通信接口中读取数据。发电机监测仪预留的CAN通信接口通过CAN转USB模块转换成USB通信接口与工控机相连。使用J1939协议对获取的数据进行解析，即可得到发电机的状态参数。

还要对排气温度、舵机压力进行监测。排气温度使用热电偶采集排气口处的温度，后接热电偶变送器将热电偶采集到的信号变换成4～20mA的电流信号。舵机压力使用压力传感变送器采集，输出的也是4～20mA的电流信号。工控机上没有模拟量信号接口，不能和这些设备直接相连，需要通过ADAM4117进行模拟量转换，ADAM4117使用RS485连接到工控机，即可得到舵机和排气口的状态参数。

（3）机电设备故障诊断

航标船的机电设备故障主要包括柴油机故障和发电机故障，发电机自身使用J1939协议进行通信，该协议在传输数据中不仅包含了发电机状态参数，同时也包含了发电机的故障，通过对数据进行解析可以得到发电机的故障情况。而柴油机使用的监控仪只传输柴油发动机的状态参数，故障情况需要使用故障诊断方法监测，主要过程包括信号监测、特征提取、状态识别和诊断决策等过程。

1）信号监测　柴油机故障诊断的第一步是利用传感器采集柴油机的状态和振动信号等参数。因为柴油机内部结构复杂，构件互相影响，柴油机的故障表现和故障原因之间存在复杂的模糊对应关系，因此在进行柴油机故障诊断的过程中需要监测的参数很多，主要可以分为状态参数和振动参数。柴油机故障诊断所需监测的参数及相应的传感器如表 16-1 与图 16-22 所示。

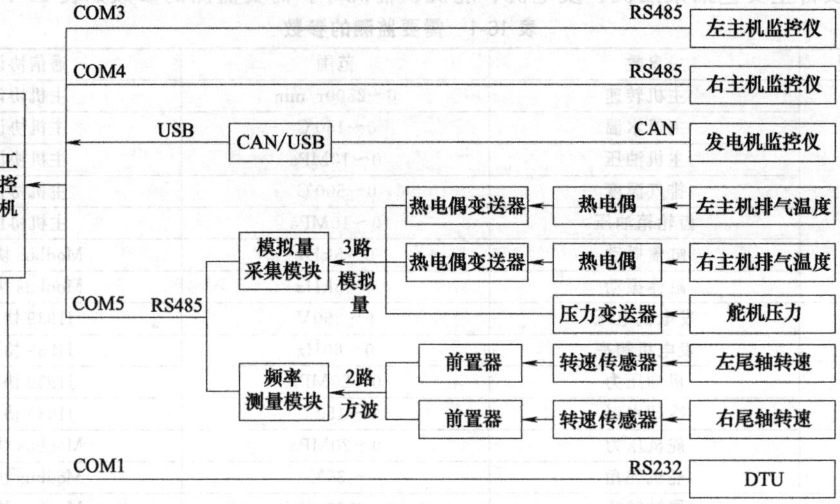

图 16-22　柴油机远程监测总体框架

柴油机转速数据通过给监控仪发送命令码可以获取。而柴油机缸盖振动信号和缸体振动信号通过在柴油机缸盖和缸体上安装加速度传感器来得到。

2）特征提取　柴油机的状态参数可以直接反映柴油机的当前状态，而无须进行特征提取。非状态参数并不能直接反映出柴油机的运行状态、故障及故障原因，但其特征参数包含着重要的运行状态信息和故障信息。因此，在进行柴油机故障诊断时需对柴油机的非状态参数进行特征提取。主要的非状态参数有瞬时转速信号和振动信号。由于柴油机振动激励源多，监测的振动信息包括各种成分和干扰，噪声夹杂在信号中。因此，在利用局域波对振动信号进行特征提取之前必须对振动信号进行去噪处理，提高信噪比和时频分析的准确性。小波去噪是一种实现复杂信号信噪分离的理想工具。因此对振动信号进行局域波法特征提取之前需先对信号进行小波去噪处理。综上所述，对柴油机振动信号处理的主要步骤是先对信号进行小波去噪处理，然后利用局域波法对振动信号进行特征提取，根据提取的特征参数判断柴油机的故障信息。

3）状态识别　状态识别指的是根据传感器监测到的柴油机状态参数判断出柴油机当前的运行状态，这是利用神经网络进行信息融合，从而判断柴油机故障的前提。柴油机的状态参数指的是可以直接反映柴油机运行状态而不需要进行特征提取的参数，如油温、油压、冷却水温等参数。柴油机的状态参数在出厂前都经过测试，形成了性能指标。因此，可以将测试值作为参考值，在进行状态识别时将实际监测值与参考值相比较，识别出相应的故障。

4）诊断决策　柴油机是一个十分复杂的非线性动力系统，激励和响应具有非线性和非平稳性。从系统的角度看，柴油机系统又可细分为多个小的子系统：燃油系统、冷却系统、润滑系统、启动系统和进排气系统五大系统。这些子系统之间是相互联系相互影响的。由于零部件很多，一个故障源的故障在传播路径上会遇到其他故障源的干扰和故障叠加；另一方面，同一个故障源的故障会沿着不同的传播路径传播。因此造成了柴油机故障源与故障的表现形式并不是一对一的简单映射关系，而是存在着一个故障源多个故障表现形式（一对多）的现象。正是由于柴油故障源与故障表现形式之间的这种复杂对应关系，使如何通过机电设备的状态参数识别故障类型、分析故障原因，是柴油机故障诊断系统的关键所在。由于柴油机故障诊断需采集的信号参数很多，因此必须采用一种合适的信息融合方法提高信息融合的速度和准确性。因此，采用基于模糊神经网络方法实现故障诊断。

基于模糊神经网络方法的基本思想是：首先是 n 个传感器分别对多个目标进行监测。然后将采集到的状态参数与标准值比较，对信号进行特征提取，分别得到各参数的故障信息估计值。将第一个传感器的估计值 x_1 与第二个传感器的估计值 x_2 进行融合，得出融合结果 x_{12}。再把 x_{12} 与第三个传感器的估计值相融合得到融合结果 x_{123}。以此类推，直到实现 n 个传感器估计值的融合，从而得出最终的故障诊断结果。具体过程如图 16-23 所示。

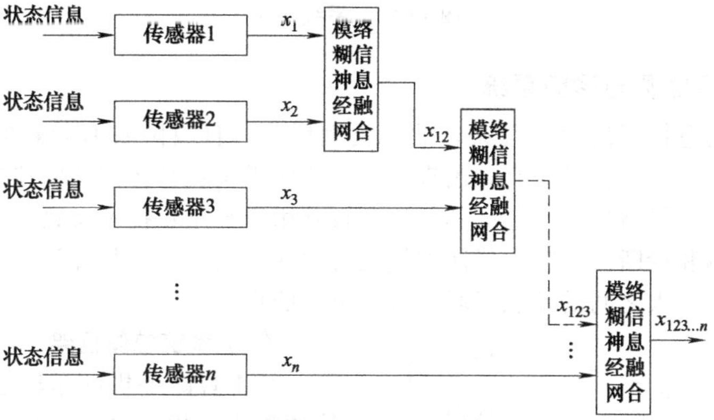

图 16-23　基于模糊神经网络的多传感器多目标信息融合

（4）远程监控中心系统

远程监测中心系统软件对接收到的数据进行解析，并对数据保存和处理，为管理人员掌握航标船机电设备运行状态提供依据。系统主要包括界面以及数据的处理和存储部分。

主界面上需要显示的信息包括设备运行状态、故障报警、数据走势、历史数据查询和专家系统。因此，人机界面上分为五大显示模块，通过标签页实现不同显示模块间的划分，通过点击相应的按钮实现标签页的切换。每一个界面模块又分为各子区域。其中，设备运行状态页面包括左右主机和柴油发电机的主要运行参数显示，包括转速、油温、油压、水温等参数。故障报警模块包括报警指示灯显示、故障信息和维修建议。数据走势界面以曲线的形式显示设备转速、油压和冷却水温的运行趋势。历史数据查询提供根据日期和时间进行数据查询和报表打印的功能，报表打印功能使程序通过与工控机相连的打印机将查询到的数据打印出来。在专家系统界面，用户可以手工输入或从文件中导入数据，专家系统根据输入或导入的数据结合专家知识库进行故障诊断，并将诊断的结果显示在界面。系统功能如图 16-24 所示。

系统在主界面的左上方显示当前接收数据的时间，在主界面的右下方是功能切换按钮，通过选择可以切换到状态监测界面、故障报警界面、查询打印界面。在主界面中，当机电设备运行正常时，运行指示灯显示绿色；当机电设备发生故障时，运行指示灯变暗，故障指示灯显示红色。主界面中包含了主机、发电机、舵机等机电设备的状态参数，通过仪表控件显示。用户切换到故障报警界面时，可以查看详细的故障信息，该界面中包含主机的故障信息，并给出故障原因以及维修建议。

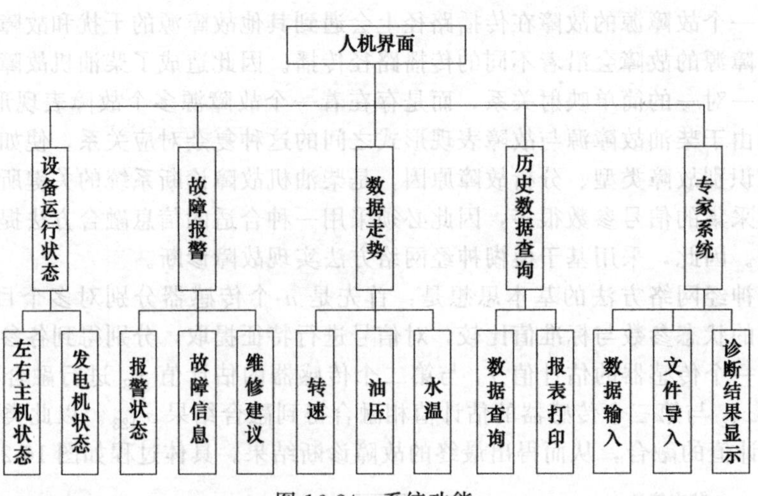

图 16-24 系统功能

16.2.5 车辆远程监测与诊断系统

汽车发动机的电控系统日趋复杂，故障类型增多，且故障具有隐蔽的特点，诊断更困难。智能手机发展迅速，普及率高，出现了使用智能手机代替传统诊断仪器，利用蓝牙来获取数据的构想。移动网络环境日趋成熟，本项目利用 Internet 技术将数据进行远程传输，实现车辆的远程监测和诊断。这样不仅能够解决时间和空间对汽车故障诊断的限制，而且对构建车联网和实现车与人之间的信息互联都具有重要的意义。

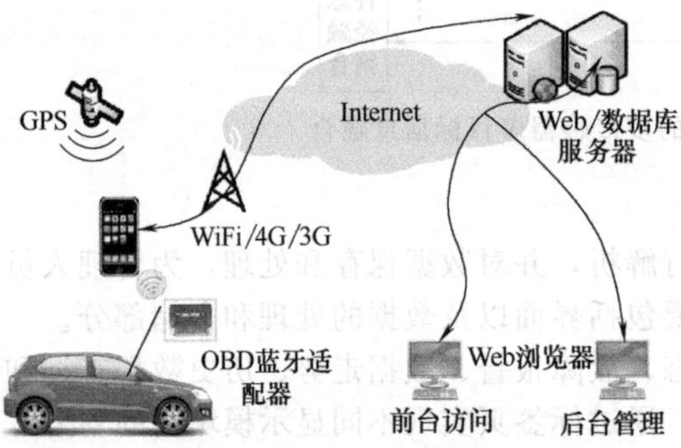

图 16-25 系统整体结构

（1）系统总体框架

基于智能手机的车辆远程监测与诊断系统的整体结构如图 16-25 所示，主要由具有 OBDII 诊断接口的汽车、OBD 蓝牙适配器、智能手机、服务器和 Web 浏览器组成。

OBD 蓝牙适配器插接在汽车的 OBDII 诊断接口上，智能手机通过蓝牙与适配器建立连接，进而和汽车进行交互。手机端通过发送不同的 PIDs（parameterIDs）指令来获取汽车 ECU 存储的当前车辆状态信息，包括 DTC 类型及数量、引擎转速、车速、冷却液温度、引擎负荷、燃油液位、进气歧管绝对压力等。此外，利用智能手机自身配备的传感器还可以采集一些辅助性数据，比如 GPS 信息和陀螺仪信息。

从汽车 OBDII 诊断接口获取的原始数据在手机端完成协议解析和处理，并实时显示在手机端，实现车辆状态信息的本地查看。同时，借助智能手机的数据远传能力，将实时车况及故障信息按 JSON 格式定时上传到远程服务器，并录入数据库。

Web 端采用 B/S 架构开发一套车辆信息查询系统，远程人员通过 Web 浏览器访问服务器来查看车辆的实时状态和故障信息，即实现远程监控。从功能上划分，汽车是数据源；智能手机完成了数据的采集、处理、本地显示和远传；服务器端完成了数据的存储并响应手机和浏览器的访问；Web 浏览器是前台访问和后台管理的显示终端。

（2）OBDII 标准及协议解析

1）OBDII 诊断接口　依据 OBDII 标准生产的每辆车上都装有一个 16 针的诊断接口，一般位于汽车方向盘的左下方，该诊断接口具有统一的尺寸和引脚分配，如图 16-26 所示。

2）OBDII 诊断模式　符合 OBDII 标准的通信协议一般有 5 种：SAEJ1850PWM，SAEJ 1850VPW，ISO9141-2，ISO14230-4（KWP2000），ISO15765-4（CAN-BUS）。KWP2000 是 2003 年以后汽车上常用的 K 线协议，使用 OBDII 诊断接口上的 7 号引脚，该协议存在 2 种变体，区别在于通信初始化的方法。CAN-BUS 是最新的一种协议，使用 OBDII 诊断接口上的 6 和 14 号引脚进行差分通信，该协议存在 4 种变体，它们的区别在于标识符的长度和总线速度。

虽然协议有多种，但是均符合 OBDII 标准，所以对上层而言，数据的传输方式和诊断模式都是一致的。OBDII 共有 9 种诊断模式，见表 16-2。在汽车状态信息监测和诊断中，最常用到的是模式 1 和模式 3。

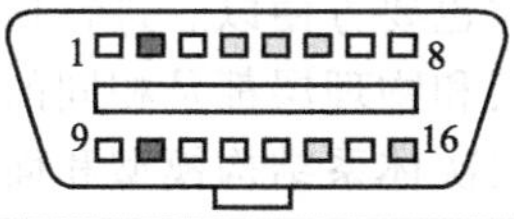

1	未使用	9	未使用
2	SCP+	10	SCP−
3	未使用	11	未使用
4	底盘地线	12	未使用
5	信号地线	13	PEPS
6	CAN高端	14	CAN底端
7	K导线(福特9141)	15	L导线(福特9141)
8	未使用	16	电瓶电源线

图 16-26　OBDII 诊断接口和引脚分配

表 16-2　OBD II 9 种诊断模式

模式编号	描　述
1	请求动力系统当前数据
2	请求冻结帧数据
3	请求排放相关动力系统故障诊断码
4	请求/复位排放相关的诊断信息
5	请求氧传感器监测测试结果
6	请求非连续监测系统 OBD 测试结果
7	请求连续监测系统 OBD 测试结果
8	请求控制车载系统或进行组件测试
9	读车辆和标定识别号

3）协议解析　向汽车请求数据的指令是模式编号＋PIDs 的形式，然后根据协议对响应的数据进行解析。

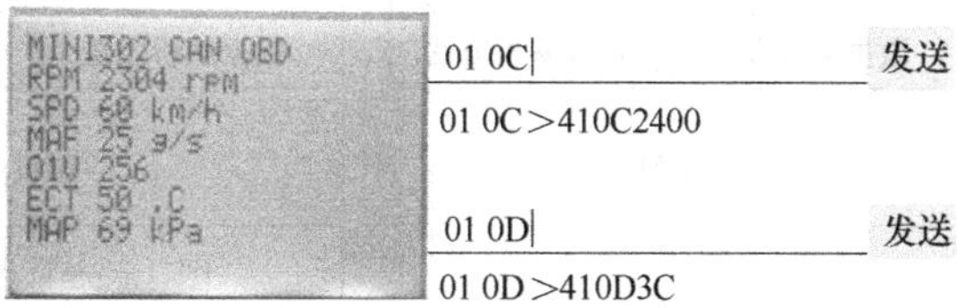

图 16-27　汽车状态模拟和部分 OBD 指令返回结果

OBDII 标准的模式 1 中涵盖了从 010C 到 0187（十六进制）的 PIDs，每条指令对应一项汽车数据。部分 OBD 指令及指令请求结果如图 16-27 所示。例如，010C 是获取汽车引擎转速，假设收到回复数据 410C2400，其中 410C 表示请求的是 010C，2400 表示汽车引擎转速，解析过程为：$(2\times16+4)\times256/4=2304\text{r/min}$。010D 是获取当前车速，假设收到回复数据 410D3C，其中 410D 表示请求的是 010D，3C 是十六进制的车速，转化为十进制即为 60km/h。

模式 3 是获取汽车的故障码，其发送指令直接为 03。获取的故障码是一种 5 位的标准形式，其中第一位是字母，后面 4 位是数字。故障码的第一位字母表明其代表的系统。字母规定如下：B 代表车体，C 表示底盘，P 代表动力系统，U 代表网络通信系统。每个故障码单一映射到具体故障，例如，P0117 表示冷却液温度传感器电路低输入，P0198 表示发动机机油温度传感器电路高输入。需要说明的是，在获取故障码前通常会先发送 01 01，读取 ECU 存储的故障码的数量。若故障码数量不为 0，则进行读取，若存在多个故障码，获取时以标准形式并列返回。

（3）数据获取、传输和存储

系统的核心是将原本存储在汽车内部的数据读取出来，并在手机端进行处理和展示，同时传送到远端，实现数据从汽车内部到手机端再到远程服务器的流动。

为了使蓝牙通信代替有线连接，需要 1 个插接在汽车 OBDII 诊断接口上的蓝牙适配器，其内部主要由 1 个 ELM327 芯片和 1 个蓝牙模块构成。ELM327 芯片支持所有符合 OBDII 标准的协议，并对其进行了固化。蓝牙模块是将串口数据转为蓝牙方式传送。

数据获取的步骤如下：

① 以 OBD 蓝牙适配器作为蓝牙主机，智能手机作为从机，建立 Socket 连接。

② 完成 OBD 蓝牙适配器（ELM327）的初始化配置。

③ 手机端发送 OBD 指令，获取相应的汽车原始状态数据。

④ 在手机端完成数据的解析、处理和本地展示。

⑤ 向服务器发送 HTTP 请求，将数据打包远传，并录入数据库。

1）指令封装　手机端发送的指令包括配置蓝牙适配器的 AT 指令和获取汽车数据的 OBD 指令，即上述的模式编号＋PIDs 的形式。指令的发送和接收数据的解析都是在手机端自动完成的，加之 OBDII 的 PIDs 种类繁多且不同汽车厂商对 PIDs 的支持还存在差异，所以良好的设计就显得尤为重要，不仅需要考虑复用性，同时也要方便以后进行拓展。

无论是哪种指令，其数据交换过程中经历的数据链路层和物理层都是相同的，差异在于指令的内容和返回数据的解析方式。借鉴计算机网络中的层次体系结构模型和面向对象的编程思想，方案如下：

① 构造基类，封装数据发送和接收的相关操作，完成底层的数据传输。至于上层交付数据的内容，则不需要关心。

② 派生出子类，子类中添加具体的指令并实现返回数据的解析方法，如图 16-28 所示。

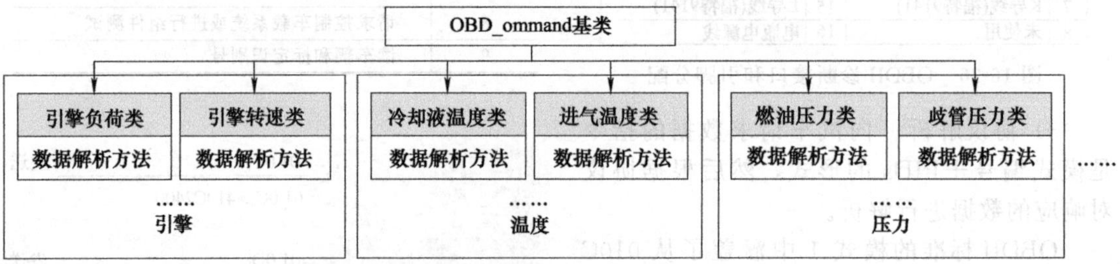

图 16-28　指令封装设计

这样不仅很大程度上实现了代码复用，减少了开销，而且对于后续修改和拓展都十分便利。

2）数据的获取策略　汽车内部的状态数据是随运行实时变化的，所以手机端需要循环发送欲获取数据对应的 OBD 指令。系统中数据的获取遵循以下两条原则：

① 数据的获取不能阻塞 UI 的交互；

② 尽可能做到数据实时更新。

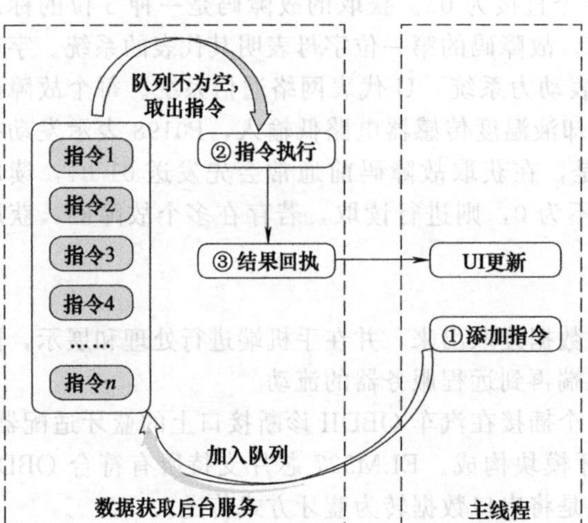

图 16-29　消息获取策略

以 Android 智能手机系统为例，由于数据的获取具有重复性和非交互性，所以采用后台服务是比较合适的。为了适应数据获取策略，系统中设计了一个指令队列，如图 16-29 所示。该队列由主 UI 线程和后台服务线程共享，主 UI 线程只要检测到队列未满就往其中添加指令，而后台服务中开辟的线程则不断地从队列中取出指令并执行，然后将结果以异步串行机制返回给主 UI 线程，直至队列为空。

需要注意的是，对共享队列的操作可能产生并发性的问题，所以对应的添加指令和取出指令都应该设计成原子操作。

3）数据远程传输　数据的远程传输是实现远程监测和诊断的关键，具体的任务是手机端发起 HTTP 请求，将手机端处理好的车辆信息数据按固定格式打包并传送到服务器，经服务器端的响应程序解析后存入数据库。数据上传过程中采用 JSON 格式，这是一种以 Key-Value 来保存对象的格式，如图 16-30（a）所示，其语义性不如 XML 直观，但比 XML 体积更小，在网络上传输时更省流量。数据采用定时上传的方式，由于需要长期执行且不需要和用户交互，所以在 Android 系统中使用服务来完成是比较合适的。对于定时上传，则使用 Alarm 机制配合实现。在启动数据传输后，首先会执行数据上传，然后在服务中启动一个 Tms 的定时广播，Tms 后发送一条广播内容。Alarm 机制中的广播接收器接收到广播后就会再次启动服务，从而构成一个定时循环，如图 16-30（b）所示。但数据上传的具体时间间隔还受网络环境的影响，准确地说，该设计保证了每次上传数据结束到下次启动数据传输的间隔为 Tms。

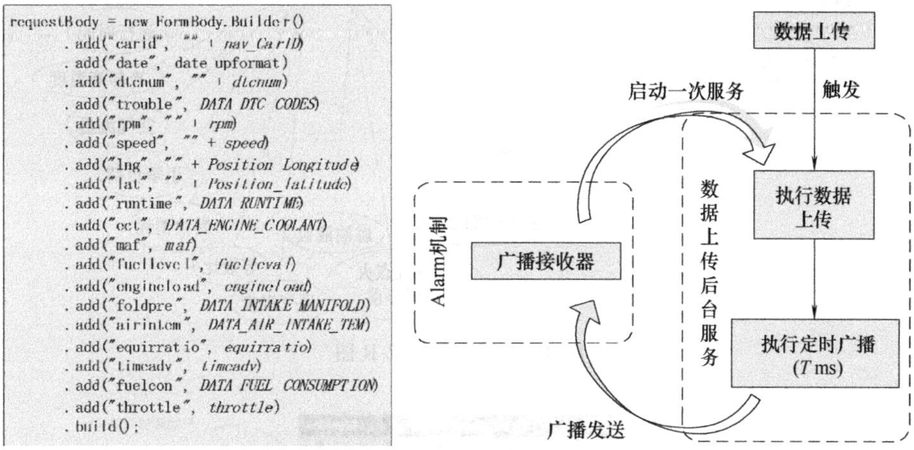

(a) 数据上传格式　　(b) 方案

图 16-30　数据上传格式及方案

4）数据存储　传输到远端的数据存储在数据库中，为手机端和 Web 浏览器访问服务器时提供数据支持。手机端每次上传的数据包称为一条记录，数据存储是以用户账号来组织的。一个用户账号可以拥有多辆车，一辆车包含多条记录，每条记录就是该时刻车辆的状态数据和故障信息。数据库的 E-R 图如图 16-31 所示。

手机端上传数据是以用户登录为前提的，没有账号时，可以通过手机端应用程序或 Web 浏览器完成用户注册。对数据库的操作包括：用户注册、上传车辆信息记录等增添操作，用户登录验证、读取历史数据等查询操作，信息变更和清除的修改与删除操作。数据库操作是由服务器端的响应程序完成的，主要使用 PHP 编写。

关于数据存储还需要强调的一点是用户信息的安全性问题，因为用户信息一旦泄露，危及的绝不单单只是本系统，所以设计时一定要避免敏感信息的明文存储，本系统中使用 MDS＋Salt 来对用户信息进行加密。

（4）系统 GUI

系统在本地以手机作为显示终端来和用户进行交互，手机端应用程序在后台完成了数据的获取、处理和传输任务，并将车辆的状态数据和故障信息实时显示出来。本系统中以 Android 平台开发客户端应用程序，如图 16-32 所示。该应用程序能展示车辆的实时信息，并提供用户注册、登录等相关操作，同时还集成了地图、GPS 定位等服务。

系统在远程以 Web 浏览器作为显示终端来展示车辆的监测数据和故障信息。Web 端以用户的账号和密码作为登录入口，如图 16-33（a）所示。登录验证成功后，用户可以对账号下的车辆进行监测，车辆的数据来自数据库，信息展示界面如图 16-33（b）所示。

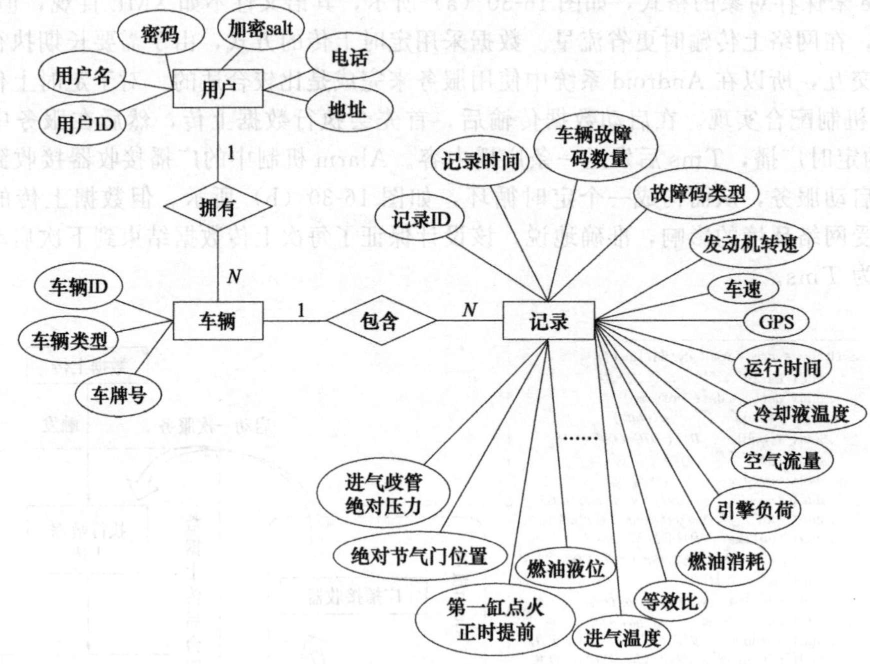

图 16-31　数据库 E-R 图

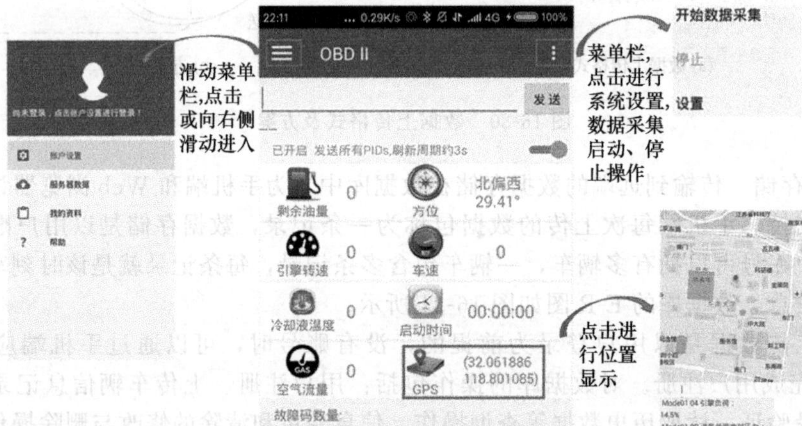

图 16-32　Android 客户端 GUI 操作说明

车辆的每条记录值包含若干条子项，每个子项对应汽车的一个监测项或监测部位。由于记录是定时上传的，所以时间长了之后数据量会比较大。为了快速监测到异常，在 Web 端使用了 Echarts 图表来直观地展示数据，部分图表如图 16-34 所示。X 轴为数据上传的日期，并支持对时间范围的缩放，Y 轴为各子项的状态值。

(a) 登录界面

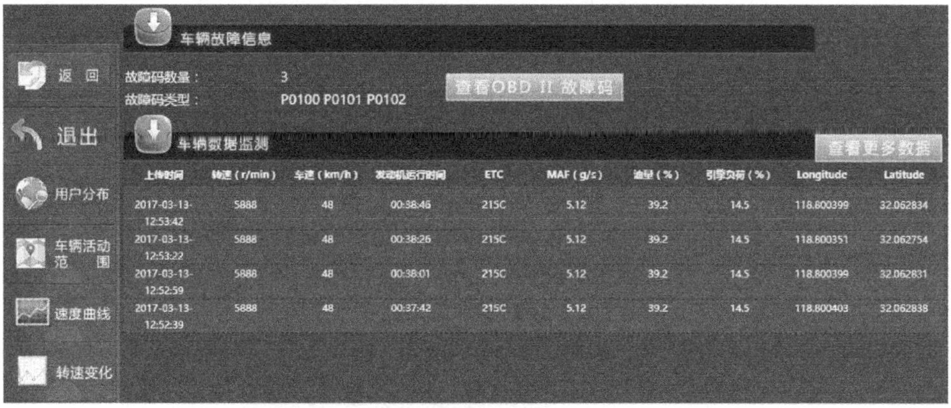

(b) 信息展示界面

图 16-33　Web 登录界面及数据展示

16.2.6　巡航四足机器人及远程监测系统

一种基于 GNSS 的拥有自主巡航功能的四足爬行机器人，带有相应的远程监测系统，系统能够实现对机器人精准定位，并将位置信息和运动轨迹准确传输到上位机，通过远程遥控对机器人运动轨迹进行调整和控制。同时，机器人获取的环境和地理数据通过 GPRS 无线传输技术传送到上位机显示界面，实现了机器人精准探测和数据的实时显示，减少了由于运动轨迹偏差而带来的探测误差，提高探测准确性。

（1）四足机器人

拥有自主巡航功能的四足爬行机器人采用智能化体系架构、模块化结构，具有体积小、灵活性好和稳定性强的优点。该机器人包括主体、执行系统、数据采集系统、能源系统、控制系统。执行系统包含四条机械腿，可解决履带式探测机器人的越障困难和体积、质量较大的问题。机器人结构如图 16-35 所示。

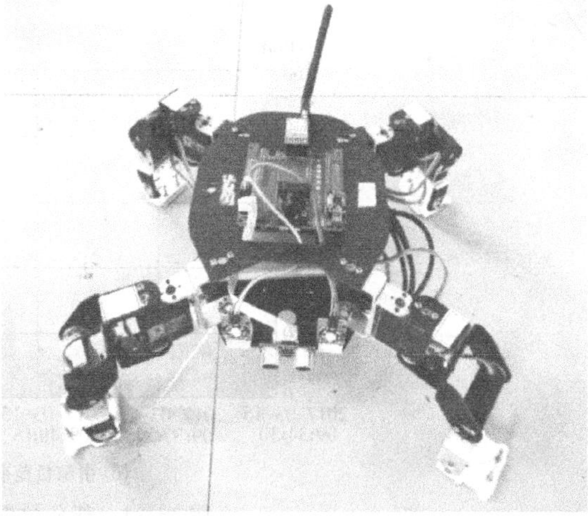

图 16-35　自主巡航四足机器人

（2）监测系统硬件

这是一款基于全球卫星导航系统，并结合无线通信技术、单片机控制技术，对环境、地理参数及机器人实时位置信息采集和处理的实时监测系统。该监测系统由

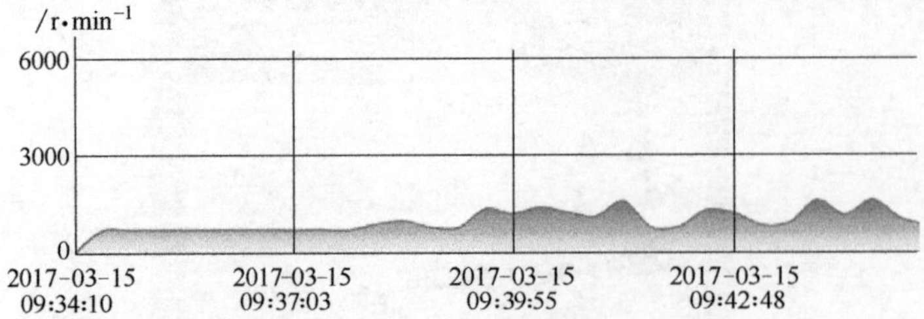

(a) 转速变化曲线

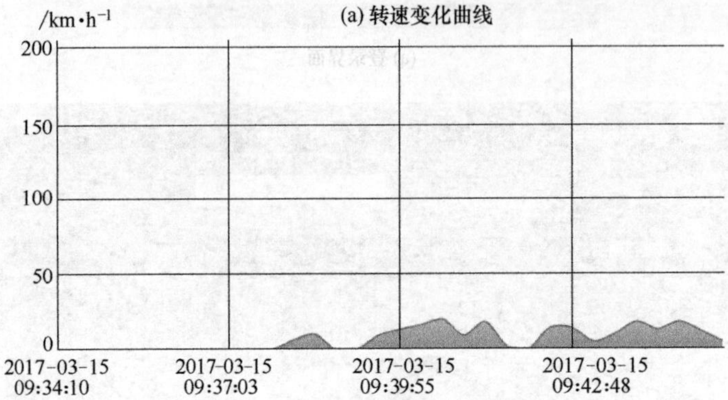

(b) 速度变化曲线

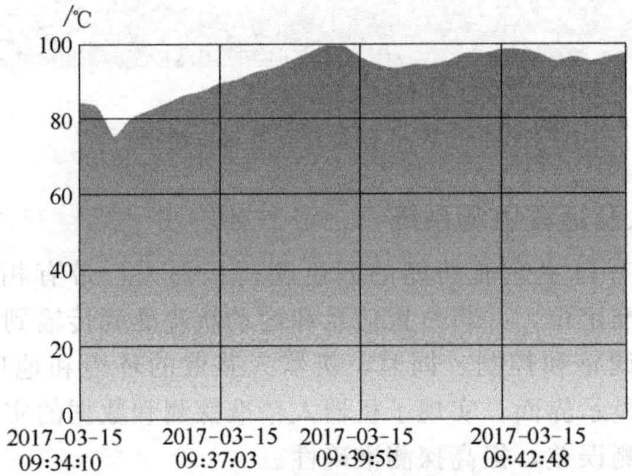

(c) 发动机冷却液温度

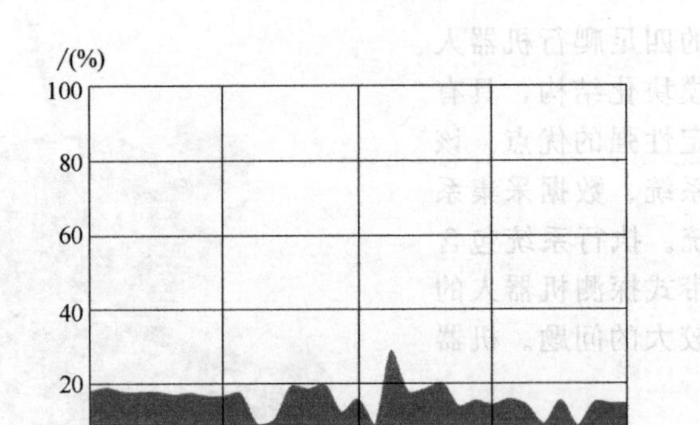

(d) 引擎负荷变化曲线

图 16-34 部分数据可视化监测图

四个部分组成，包括环境参数采集端、GPS/北斗定位模块、无线通信模块和中央处理器，系统框图如图 16-36 所示。

该系统实现的功能如下。

卫星定位，自主巡航：通过 GPS/北斗定位模块，对机器人的实时位置、方向、速度等信息进行跟踪，并传送给远程监控中心，上位机可发送已设定探测区域指令让机器人按照指定区域路线自主前行。

远程通信：利用 GPRS 无线通信技术实现与远程监控中心的信息交流。

自动调节：通过将 GPS/北斗定位模块向远程监控中心发送的机器人实时位置与上位机向机器人发送的指定区域路线进行比较，完成运动路线的自动调整，同时也可通过手动发送运动指令调整。监测系统的工作流程如图 16-37 所示。

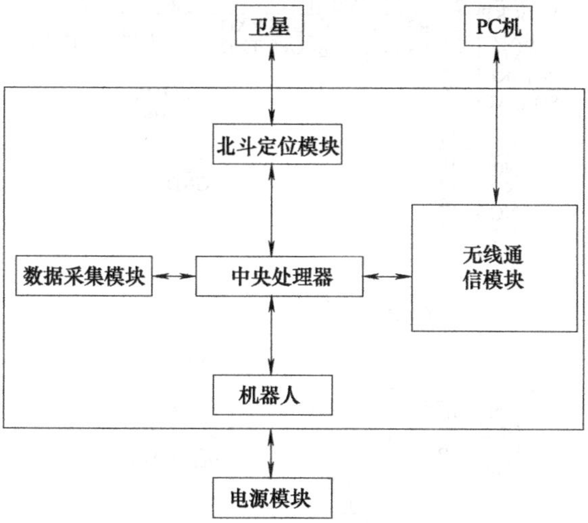

图 16-36　远程监测系统硬件框图

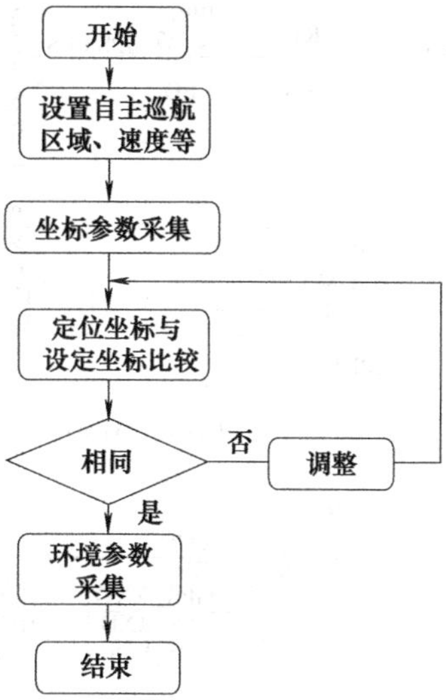

图 16-37　监测系统工作流程

1）卫星定位端硬件　定位模块用来采集机器人在环境探测中的实时坐标、速度和方向等参数，通过定位模块请求连接卫星信号，并将接收到的机器人坐标信息传送到中央处理器，由中央处理对当前的位置信息包括经纬度进行解析。同时，中央处理器接收模块接收远程监控中心发送的机器人规划区域路线、速度、时间等指令，并将当前实际经纬度与远程监控中心发来的已设定位置数据进行对比，如果偏离路线，机器人自动修正或者通过手动发送指令调整路线，向设定路线区域靠拢并进行环境参数采集，实现机器人的精准探测。

要实现机器人及系统的微型化和便捷化，选用 SkyTraq 公司生产的型号为 ATK-S1216F8-BD 的 GPS/北斗定位模块，该模块使用 51216F8-BD 模组，特性如下。

① 体积小巧，性能优异，测量输出频率最大可达 20Hz，模块通过串口进行各种参数设置并保存在内部 flash 中，方便使用。

② 模块接口为 TTL 电平，兼容 3.3V/5V 电压，TXD/RXD 阻抗为 120Ω，便于连接多种单片机系统。

③ 包含 167 个通道，支持 QZSS、WAAS、MSAS、EGNOS、GAGAN。冷启动灵敏度为－148dBm，捕获追踪灵敏度为－165dBm。

④ 该模块支持 NMEA-0183V3.01/SkyTraqbinary 协议。工作温度范围为－40～85℃，可靠度高，适应性强。

⑤ 该模块拥有可充电备用电池，可实现断电后保存数据的功能（断开主电源后，备用

电池可持续半小时左右的定位数据保存)。

⑥ 通过 ATK-S1216F8-BDGPS/北斗定位模块，任何微控制器（3.3V/5V 电源）都可以非常方便地实现卫星定位，也可以连接电脑，利用软件实现定位功能。定位模块 ATK-S1216F8-BD 的工作电路如图 16-38 所示。

2）数据采集端硬件　数据采集模块主要是实现对探测区域的环境温度、湿度等数据的检测和采集，由多种传感 A/D 转换器和外围电路组成。该采集端将采集到的环境温度、湿度和风速等信息传送到中央处理器，由处理器进行接收和分析，再通过无线通信模块传输到远程监控中心，监控客户端对数据库中的数据进行读取和显示，完成对环境数据的实时监测。

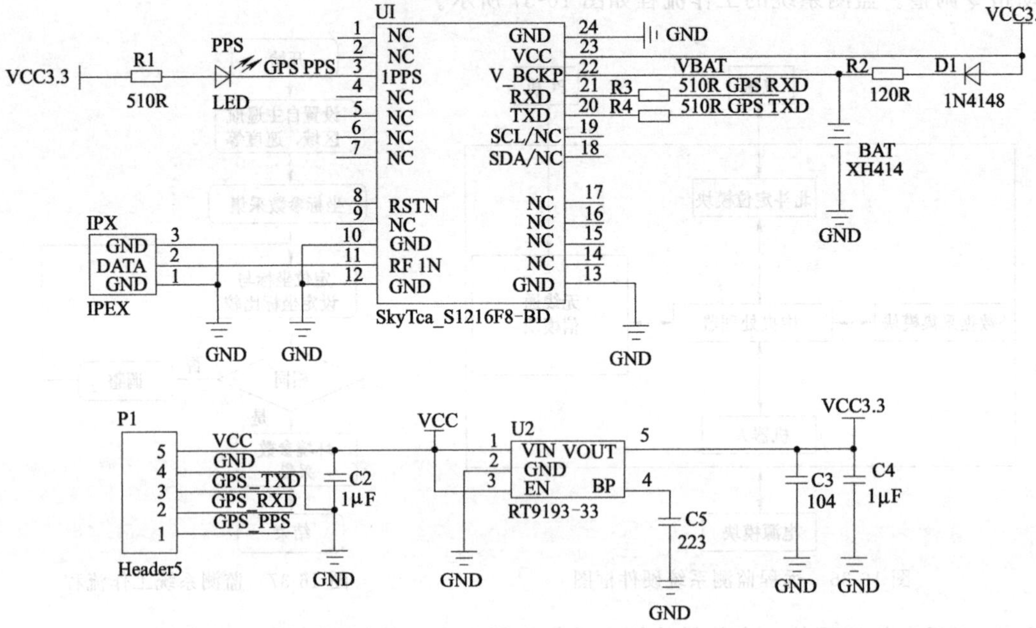

图 16-38　定位模块 ATK-S1216F8-BD 电路

3）机器人控制端硬件　整个机器人采用嵌入式 STM32F429IGT6 单片机作为控制系统的核心，主要实现数据收发、计算处理等功能。芯片采用 ArmCortex-M4 内核，具有高达 256KB 的 SRAM，支持 SDRAM，包含 140 个 GPIO 口，运行频率最高可达 180MHz，拥有更快的 A/D 转换速度和更低的 ADC/DAC 工作电压。

STM32F429GT6 单片机，一方面负责将数据采集模块收集的环境数据参数进行解读、分析并发送给远程服务器，由服务器接收解析后存入数据库，监控客户端对数据库进行读取和显示；另一方面接收 ATK-S1216F8-BD 定位模块采集的机器人实时位置，同时接收远程监控中心发送的指令实现对机器人运动控制。使用该芯片可以加快数据的接收、处理和发送，加快工作效率。

4）无线通信硬件　无线通信作为上位机与控制端数据交换、指令收发的桥梁，是监测系统中最重要的环节之一。

无线通信采用 4G 网络和北斗短报文通信模块。

北斗短报文通信是北斗一代的特有功能，在没有移动通信信号的情况下，利用北斗短报文通信功能便可以实现北斗卫星、地面服务中心、北斗定位终端的双向通信。4G 网络是第四代移动通信技术，其传输速度值范围为 20～100Mbps，覆盖面积大，十分适合应用在大面积的环境探测中。

选用 SkyTop 公司生产的 LH-MK04A 作为北斗短报文通信模块，该模块集成了 RDSS 射频收发芯片、功放芯片、基带电路等，模块内置 RNSS/GPS 模块。该模块具有集成度高、功耗低、兼容接收 RDSS/RNSS 卫星导航信号等优点，能够实现机动载体的实时高精度定位、测速等，非常适用于区域探测。

该模块负责完成数据的收发功能。首先，短报文信息发送方把含有信息接收方通信内容和 ID 的通信信号加密后再通过卫星转发到地面中心站。然后，先解密和再加密后加入持续广播的出站电文中，由卫星发送给用户终端设备。最后，由接收方接收出站信号，解调解密出站电文，完成一次远程通信。

（3）系统软件

1）单片机软件　整个监测系统采用模块化设计，STM32F429IGT6 单片机系统程序全部使用 C 语言在 KeiluVision5 开发环境下进行编程、调试，结合 Thumb-2 指令集，无须模式转换，并自带 STM32CubeF4 固件包，可以找到任一外设的对应例程从而进行快速移植。

单片机通电后，先对串口 UART、定时器、GPIO 口和 HAL 库等进行初始化，并对环境数据采集端的传感器模块、A/D 和北斗定位模块进行配置和初始化，采用单总线操作时序来读取温度、湿度等传感器的数值。进入主程序之后，通过循环调用函数来获取实时位置、环境参数值，并对其进行分析解读后通过无线传输模块传送至远程监控中心移动客户端显示界面。

2）监控中心上位机软件　图 16-39 为上位机软件功能开发流程图。上位机软件主要实现对数据的接收、解读和显示，并根据实际情况发送相应的操作指令。使用 Microsoft 基础类库（MFC）和 VisualC，结合 C 语言进行上位机软件界面开发。单片机将数据发送给上位机接收后，上位机进行数据读取和显示。在上位机软件设计过程中使用卡尔曼滤波器对数据进行过滤处理，以提高定位精度。基于人机友好、操作简单的原则，系统的上位机软件功能如下。

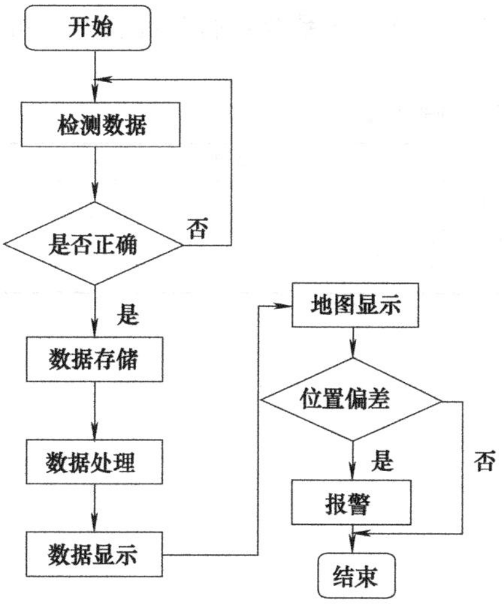

图 16-39　上位机软件功能开发流程图

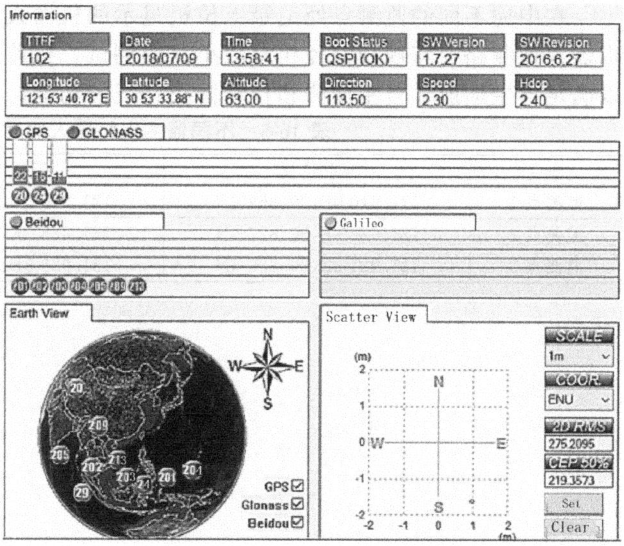

图 16-40　上位机显示系统信息

实时监测：在上位机软件界面上实时显示由 GPS/北斗定位模块采集的机器人当前位置信息、运动方向和速度。

报警提示：当机器人的实际位置和规划的路径出现偏差时，上位机会报警提示。

远程遥控：根据不同情况，可以通过上位机发送相应指令，实现对四足机器人的运动控制。

(4) 系统运行和测试

对机器人及远程监测系统进行实验测试。选取一处天台作为测试场地，机器人启动后，通过上位机软件向其发送规划路径指令，机器人沿着指定的路径进行运动。如图 16-40 所示，卫星对机器人当前位置的定位信息：(121.534078E，30.5333.88N)，速度 2.30km/h。到达指定区域后开始环境参数的采集并实时传送到上位机显示界面，如图 16-41 所示，温度 34℃，湿度 68.2%，风速 1.7m/s。当 GPS/北斗定位模块传达的定位信息与指定路径发生偏差时，上位机自动报警且实时调整位置。

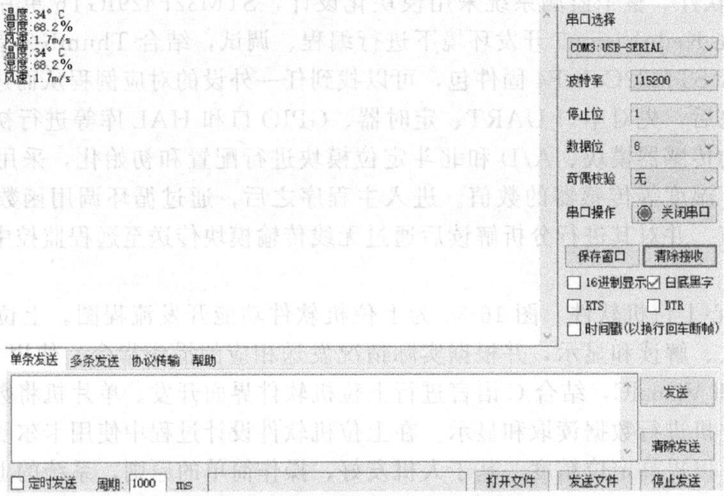

图 16-41　上位机环境数据接收界面

在中途不同的监测点处记录上位机显示的机器人实时位置和规划位置，如表 16-3 所示，机器人探测路径与规划路径相差较小。经测试，机器人系统以及监测系统运行状况良好，可以满足自主巡航、自主探测和自动修正路线的功能。

表 16-3　不同监测点机器人实时位置和规划位置

地点	实时位置	规划位置	速度/$m \cdot s^{-1}$
监测点 1	121.910 0E,30.869 9N	121.910 0E,30.869 9N	0.6
监测点 2	121.922 3E,30.877 6N	121.928 3E,30.869 9N	0.6
监测点 3	121.924 3E,30.889 6N	121.929 3E,30.893 9N	0.6

参 考 文 献

[1] 黄志坚. 机械设备故障诊断技术及维修案例精选 [M]. 北京：化学工业出版社，2016.

[2] 黄志坚. 机械设备振动故障监测与诊断 [M]. 北京：化学工业出版社，2017.

[3] 黄志坚. 润滑技术及应用 [M]. 北京：化学工业出版社，2015.

[4] 黄志坚. 轧辊与轧辊轴承使用维修技术 [M]. 北京：冶金工业出版社，2008.

[5] 黄志坚. 汽车润滑技术及应用 [M]. 北京：化学工业出版社，2016.

[6] 黄志坚. 机械装备密封技术及泄漏治理 [M]. 北京：机械工业出版社，2015.

[7] 黄志坚. 车辆密封与泄漏治理 [M]. 北京：化学工业出版社，2017.

[8] 黄志坚. 液压元件安装调试与故障维修 [M]. 北京：冶金工业出版社，2013.

[9] 黄志坚. 图解液压元件使用及维修技术 [M]. 北京：中国电力出版社，2015.

[10] 黄志坚. 气动设备使用与维修技术 [M]. 北京：中国电力出版社，2009.

[11] 黄志坚. 液压系统故障智能诊断与监测 [M]. 北京：电子工业出版社，2013.

[12] 陈金刚. 电动机滚动轴承和润滑脂及故障预防 [J]. 电机技术，2014，2.

[13] 石鑫. 摊铺机集中润滑系统常见故障及维护 [J]. 交通世界，2018，15.

[14] 刘欣，张亚平，刘玉成. 兆瓦级风电机组变桨集中润滑系统选型及故障诊断研究 [J]. 风机技术，2014，6.

[15] 栗飞，路宜驰. 930E 卡车自动润滑系统失效的故障分析 [J]. 露天采矿技术，2016，3.

[16] 李勇. 空气压缩机润滑故障及对策分析 [J]. 化工管理，2018，11.

[17] 赵洪波. 锻压机传动轴承过热原因分析与对策 [J]. 装备维修技术，2008，4.

[18] 赵跃军. 机械压力机滑动轴承常见故障与修理 [J]. 装备维修技术，2003，3.

[19] 洪武辉. 矿山机械润滑管理与保养探索研究 [J]. 科技创新与应用，2015，36.

[20] 赵鹏兵，张亚茹. 大型电动挖掘机油脂润滑系统原理及故障排查方法 [J]. 工程机械与维修，2015，8.

[21] 张竞. 润滑油脂化检在矿山设备故障诊断中的应用 [J]. 露天采矿技术，2016，6.

[22] 宋树林，郭斌，王冠勇. 往复压缩机在线监测系统的现场应用 [J]. 化工设备与管道，2018，4

[23] 白绍瑞. 轴瓦磨损在线监测系统的设计 [D]. 大连：大连海事大学，2016.

[24] 刘峰. 门座式起重机旋转机构智能润滑及在线监测系统研究 [J]. 天津科技，2018.

[25] 吕文明，马卫伟，蔡树伟等. 振动监测对多级泵检修中的指导应用 [J]. 石油化工设备技术 2018，5.

[26] 王伟，张焰明. 旋挖钻机液压监测系统开发及应用 [J]. 建筑机械化，2018，2.

[27] 杨欢欢，刘鸿飞. 铝板带冷轧远程监测系统的研究与设计 [J]. 现代制造工程，2017，9.

[28] 段原昌. 航标船机电设备远程监测与故障诊断系统开发 [J]. 中国水运，2017，9.

[29] 刘昌鑫，叶桦，仰燕兰，徐丽娜. 基于智能手机的车辆远程监测与诊断系统的设计 [J]. 机械设计与制造工程，2017，11.

[30] 吴子岳，宋彦良，吴志峰，刘善民. 基于 GNSS 的自主巡航四足机器人及远程监测系统设计 [J]. 全球定位系统，2018，5.